T0236308

Essener Beiträge zur Mathematikdidaktik

Reihe herausgegeben von

Bärbel Barzel, Fakultät für Mathematik, Universität Duisburg-Essen, Essen, Deutschland

Andreas Büchter, Fakultät für Mathematik, Universität Duisburg-Essen, Essen, Deutschland

Florian Schacht, Fakultät für Mathematik, Universität Duisburg-Essen, Essen, Deutschland

Petra Scherer, Fakultät für Mathematik, Universität Duisburg-Essen, Essen, Deutschland

In der Reihe werden ausgewählte exzellente Forschungsarbeiten publiziert, die das breite Spektrum der mathematikdidaktischen Forschung am Hochschulstandort Essen repräsentieren. Dieses umfasst qualitative und quantitative empirische Studien zum Lehren und Lernen von Mathematik vom Elementarbereich über die verschiedenen Schulstufen bis zur Hochschule sowie zur Lehrerbildung. Die publizierten Arbeiten sind Beiträge zur mathematikdidaktischen Grundlagen- und Entwicklungsforschung und zum Teil interdisziplinär angelegt. In der Reihe erscheinen neben Qualifikationsarbeiten auch Publikationen aus weiteren Essener Forschungsprojekten.

Weitere Bände in der Reihe https://link.springer.com/bookseries/13887

Hana Ruchniewicz

Sich selbst diagnostizieren und fördern mit digitalen Medien

Forschungsbasierte Entwicklung eines Tools zum formativen Selbst-Assessment funktionalen Denkens

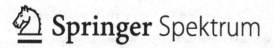 Springer Spektrum

Hana Ruchniewicz
Universität Duisburg-Essen
Essen, Nordrhein-Westfalen
Deutschland

Dissertation der Universität Duisburg-Essen, 2021
Von der Fakultät für Mathematik der Universität Duisburg-Essen genehmigte Dissertation zur Erlangung des Doktorgrades der Naturwissenschaften „Dr. rer. nat."

Datum der mündlichen Prüfung: 27. April 2021

Erstgutachterin: Prof. Dr. Bärbel Barzel, Universität Duisburg-Essen
Zweitgutachter: Prof. Dr. Paul Drijvers, Universität Utrecht

ISSN 2509-3169   ISSN 2509-3177 (electronic)
Essener Beiträge zur Mathematikdidaktik
ISBN 978-3-658-35610-1   ISBN 978-3-658-35611-8 (eBook)
https://doi.org/10.1007/978-3-658-35611-8

Die Deutsche Nationalbibliothek verzeichnet diese Publikation in der Deutschen Nationalbibliografie; detaillierte bibliografische Daten sind im Internet über http://dnb.d-nb.de abrufbar.

© Der/die Herausgeber bzw. der/die Autor(en), exklusiv lizenziert durch Springer Fachmedien Wiesbaden GmbH, ein Teil von Springer Nature 2022
Das Werk einschließlich aller seiner Teile ist urheberrechtlich geschützt. Jede Verwertung, die nicht ausdrücklich vom Urheberrechtsgesetz zugelassen ist, bedarf der vorherigen Zustimmung des Verlags. Das gilt insbesondere für Vervielfältigungen, Bearbeitungen, Übersetzungen, Mikroverfilmungen und die Einspeicherung und Verarbeitung in elektronischen Systemen.
Die Wiedergabe von allgemein beschreibenden Bezeichnungen, Marken, Unternehmensnamen etc. in diesem Werk bedeutet nicht, dass diese frei durch jedermann benutzt werden dürfen. Die Berechtigung zur Benutzung unterliegt, auch ohne gesonderten Hinweis hierzu, den Regeln des Markenrechts. Die Rechte des jeweiligen Zeicheninhabers sind zu beachten.
Der Verlag, die Autoren und die Herausgeber gehen davon aus, dass die Angaben und Informationen in diesem Werk zum Zeitpunkt der Veröffentlichung vollständig und korrekt sind. Weder der Verlag noch die Autoren oder die Herausgeber übernehmen, ausdrücklich oder implizit, Gewähr für den Inhalt des Werkes, etwaige Fehler oder Äußerungen. Der Verlag bleibt im Hinblick auf geografische Zuordnungen und Gebietsbezeichnungen in veröffentlichten Karten und Institutionsadressen neutral.

Planung/Lektorat: Marija Kojic
Springer Spektrum ist ein Imprint der eingetragenen Gesellschaft Springer Fachmedien Wiesbaden GmbH und ist ein Teil von Springer Nature.
Die Anschrift der Gesellschaft ist: Abraham-Lincoln-Str. 46, 65189 Wiesbaden, Germany

Geleitwort

Digitalisierung zum Gestalten individueller Diagnose und gezielter Förderung, zum formativen Assessment, wird in der Bildungslandschaft als wichtiges Potenzial diskutiert und ist gerade mit Blick auf pandemiebedingte Notwendigkeiten zum Aufarbeiten entstandener Wissenslücken hoch aktuell. Im Strategiepapier der KMK (2016) zur Bildung in der digitalen Welt wird der Einsatz digitaler Medien zur Individualisierung betont und in der Realisierung adaptiver Itemauswahl und Nutzung von Hyperlinkstrukturen zudem die Chance gesehen, die Selbstständigkeit der Lernenden zu fördern. Betrachtet man jedoch aktuelle digitale Assessment-Angebote im Netz, so bleibt Diagnose meist auf Kalkül reduziert. Zudem wird die Selbstständigkeit oberflächlich auf das eigenständige Lösen kalkülorientierter Aufgaben begrenzt. Das technische System ist es, das die Kontrolle von Aufgaben übernimmt, Schülerantworten als richtig oder falsch einstuft und weitere Übungen vorschlägt. Dabei werden größtenteils prozedurale Fertigkeiten gefestigt, jedoch werden Lernende weniger in ihrem Verstehen und in ihrer Selbstständigkeit gestützt.

Hana Ruchniewicz setzt genau hier an und widmet sich in ihrer Arbeit der Gestaltung eines digitalen Tools zur Selbstdiagnose und -förderung. In drei Design-Zyklen ist die App SAFE (Selbst-Assessment für Funktionales Denken – ein elektronisches Tool) entstanden. Diese nutzt Hyperlinkstrukturen, überlässt dabei aber den einzelnen User:innen die inhaltliche und strukturelle Kontrolle. Realisiert wurde das digitale Tool anhand der inhaltsbezogenen Kompetenz des Wechsels von situativer zu graphischer Darstellung im Themenbereich des funktionalen Denkens.

In ihrer Arbeit hat Hana Ruchniewicz nicht nur einen überzeugenden Prototyp eines Tools zum formativen Selbst-Assessment entwickelt, sondern außerordentlich wertvolle und wichtige Theoriebeiträge geleistet, um digitales formatives

Selbst-Assessment besser erfassen zu können. So münden ihre Ergebnisse in Assessment-Typisierungen, die sowohl für weitere Forschung als auch für Lehre in Schule und Hochschule bereichernd und aufschlussreich sind. Gerade mit der Entwicklung einer fundierten Theorie zum formativen Selbst-Assessment leistet Hana Ruchniewicz einen wichtigen Beitrag, Metakognition besser fassen zu können mit Blick auf Forschung und auf unterrichtliche Realisierung. Vor allem aber konkretisiert sie, wie ein Design guter digitaler Assessment-Angebote konkret gelingen kann, damit die digitalen Angebote den Einzelnen in seiner Selbstverantwortung und Selbstständigkeit stärken im Zusammenspiel mit dem Verstehen und Durchdringen des fachlichen Gegenstands. Die Ergebnisse ihrer akribischen Studien mit Schüler:innen wie Studienanfänger:innen zeigen das große Potenzial digitaler Tools, bei dem User:innen die Verantwortung des Prozesses eines diagnosegeleiteten Förderns in der Hand behalten und nicht vom Rechner geführt und diktiert werden. Dies ist umso bedeutsamer, da aktuelle Toolentwicklungen gerade diesen metakognitiven Anspruch außer Acht lassen.

Die vorliegende Arbeit von Hana Ruchniewicz ist in vielerlei Hinsicht außerordentlich. Hier sei zunächst die klare Struktur benannt, die sie trotz der hochkomplexen Arbeit im Zusammenspiel von konkreter Tool-Entwicklung und empirisch-analytischer Durchdringung leistet. Die Trias von mathematischem Inhalt, Selbst-Assessment und digitalem Medium gibt dabei Orientierung und zieht sich von theoretischer Fundierung über Forschungsfragen und Dokumentation der drei Entwicklungszyklen bis hin zu den Ergebnissen. Dabei erzeugt sie maximale Transparenz des sehr komplexen, wissenschaftlichen Prozesses und offenbart dadurch einen hohen Maßstab an theoretisch fundiertem, gutem Design digitaler Lernangebote.

Neben dieser hoch eloquenten empirischen Arbeit hat Hana Ruchniewicz im Prozess der Tool-Entwicklung die schwierige Balance gemeistert, Firmenvertreter und Programmentwickler stets von fachdidaktischen Notwendigkeiten zu überzeugen, um das Design des Tools nicht monolithisch aus Gründen der Programmiereffizienz und einem schnellen Scaling Up leiten zu lassen.

Es ist ihr mit der gesamten Arbeit ein stimmiges Ganzes gelungen, das einen wichtigen, innovativen Beitrag leistet mit wegweisenden Impulsen zu den Herausforderungen digitalen Assessments.

Essen   Prof. Dr. Bärbel Barzel
im Juni 2021

Danksagung

Die vorliegende Arbeit stellt das Ergebnis meines Dissertationsprojekts dar, welches ich während meiner Tätigkeit als wissenschaftliche Mitarbeiterin an der Fakultät für Mathematik der Universität Duisburg-Essen von Mai 2014 bis Dezember 2020 durchgeführt habe. Während dieser unglaublich lehrreichen Zeit durfte ich von der Zusammenarbeit mit zahlreichen Personen profitieren, denen ich an dieser Stelle meinen Dank aussprechen möchte.

Meiner Mentorin *Bärbel Barzel* danke ich für das familiäre und unterstützende Arbeitsumfeld, ihr unermessliches Vertrauen, alle mir eingeräumten Freiheiten, ihr stets offenes Ohr und ihre fachlich weit gestreute Expertise. Vor allem durch deine immense Energie und Begeisterungsfähigkeit bist du mir beruflich wie privat ein Vorbild.

Meinem Zweitgutachter *Paul Drijvers* danke ich für die schönen und lehrreichen Begegnungen auf zahlreichen Tagungen, den gemeinsamen Austausch und seinen fachdidaktischen Wissensschatz. Besonders hervorzuheben ist seine Bereitschaft mich zu unterstützen, obwohl ihm diese Dissertation in deutscher Sprache präsentiert wurde. Dank u wel!

Meiner *Arbeitsgruppe* danke ich für unzählige formelle wie informelle Gespräche und Diskussionen im Büro, in der Teeküche, beim Mittagessen, auf Tagungen, in Videokonferenzen oder unserer jährlichen Summer School. Eure professionelle und emotionale Unterstützung hat mich immer wieder auf meinem Weg bestärkt und vorangebracht.

Den *Essener Kolleg:innen der Mathematikdidaktik* – insbesondere Raja Herold-Blasius, Maximilian Pohl, Julia Joklitschke und Lisa Göbel – danke ich für die jahrelange Begleitung und Bestärkung, eure Ideen, Rückmeldungen und Anregungen.

Den *Kolleg:innen des EU-Projekts FaSMEd* – insbesondere Ingrid Mostert – danke ich für die vielen fachlichen Diskussionen zum Einsatz digitaler Medien für formatives Assessment und die Einblicke in unterschiedlichste Schulsysteme, wissenschaftliche Arbeitsweisen sowie Theorien. Mein professionelles Handeln profitiert nachhaltig von den vielfältigen Expertisen und Perspektiven, die in diesem internationalen Projekt zusammengetroffen sind.

Dr. Stephen Arnold von Texas Instruments und der Firma *The Virtual Dutchmen* danke ich für die Programmierungen der zweiten (TI-Nspire^{TM}) bzw. dritten (iPad App) Version des SAFE Tools. Für die Unterstützung bei der Formatierung meiner Arbeit danke ich *Dominic Blasius*.

Shai Olsher von der Universität Haifa danke ich für unsere Diskussionen zu verschiedenen Feedbackformen beim Einsatz digitaler Medien und den Austausch von Ideen, um mehr Eigenverantwortung an Lernende abzugeben.

Schließlich danke ich meiner *Familie* und meinen *Freunden* für ihre ständige Begleitung, Unterstützung und Rückendeckung.

Essen   Hana Ruchniewicz
im März 2021

Kurzzusammenfassung

Formative Selbstdiagnosen ermöglichen Lernenden die Ausbildung metakognitiver und selbstregulativer Strategien, mit deren Hilfe sie eigene Stärken und Schwächen aufdecken können. Zur Durchführung solcher Assessments bieten digitale Medien vielzählige Potentiale zur Unterstützung von Lernenden, z. B. erlauben Hyperlinks individuelle Lernpfade. Allerdings beschränken sich bisherige Angebote meist auf Selbst-Assessment-Tests mit eher geschlossen Aufgabenformaten, die Nutzer:innen externes Feedback zum eigenen Kenntnisstand bereitstellen. Dabei fehlen Formate, die Lernenden ein eigenverantwortliches, inhaltsbasiertes Selbst-Assessment ermöglichen.

In dieser Arbeit wird daher ein digitales Tool zum formativen Selbst-Assessment im Rahmen einer Design Research Studie mit drei Zyklen entwickelt und mit verschiedenen Zielgruppen (1. Zyklus: $n_1 = 11$, 8. Jahrgangsstufe; 2. Zyklus: $n_2 = 4$, 10. Jahrgangsstufe und 2. Fachsemester; 3. Zyklus: $n_3 = 16$, 1. & 2. Fachsemester) erprobt. Als Lerngegenstand wird exemplarisch der situativ-graphische Darstellungswechsel funktionaler Zusammenhänge gewählt, da sich diese Basiskompetenz sowohl zur Diagnose von Vorstellungen zum Funktionsbegriff als auch zur Förderung funktionalen Denkens eignet. Aufgabenbasierte Interviews werden mittels qualitativer Inhaltsanalyse auf drei Ebenen analysiert: kognitiv, metakognitiv und technisch.

Inhaltlich zeigt sich, welche Kompetenzen und Vorstellungen Lernende beim Darstellungswechsel nutzen, aber auch welche Fehler und -ursachen auftreten. Auf der metakognitiven Ebene wird ersichtlich, welche mentalen Prozesse während der Selbstdiagnosen der Proband:innen ablaufen. Dabei können sechs Typen formativer Selbst-Assessments identifiziert werden, die von einem Missverstehen von Beurteilungskriterien und einer rein verifizierenden Prüfung der Korrektheit eigener Lösungen bis hin zu einer diagnostizierenden Reflexion eigener Fehlerursachen reichen. Schließlich demonstriert die Interaktion der Lernenden mit dem digitalen Tool, welche Potentiale und Gefahren spezifische Designelemente zur Unterstützung der formativen Selbst-Assessments sowie der Ausbildung funktionalen Denkens mitbringen.

Abstract

Formative self-assessment allows students to develop strategies of metacognition and self-regulation, which can be used to identify one's own strengths and weaknesses. To conduct such assessments, digital technologies offer various affordances to students (and educators). For example, hyperlinks permit individualized learning paths. However, existing tools primarily include self-assessment tests which use closed items and provide students with external feedback. Additional approaches are missing that stimulate students to evaluate their own work self-reliantly and based on content-specific criteria.

Thus, the presented study aims at the development and evaluation of a digital tool for formative self-assessment that students use autonomously. Three cycles of development, design experiments, analysis and redesign were conducted with different groups of potential users (1st cycle: $n_1 = 11$, 8th grade; 2nd cycle: $n_2 = 4$, 10th grade & 2nd semester at university; 3rd cycle: $n_3 = 16$, 1st & 2nd semester at university). As an exemplary content, translations from situations describing functional relationships to the according graphs were chosen. This topic is not only suitable to make students' images of functions explicit but may also foster their functional thinking. Task-based interviews are analysed on three levels using qualitative content analysis: cognitive, metacognitive and technological.

Regarding the content, the presented study shows which competencies and notions of functions students use in their translations from situation to graph and which mistakes occur. On a metacognitive level, the study reconstructs students' mental processes during their self-assessments. Six types of formative self-assessments can be identified. These reach from a misunderstanding of criteria for success and a simple verification of correctness to a diagnostic reflection of one's own work. Finally, the students' uses of the digital tool show, which affordances and constraints specific design elements have to support students in their formative self-assessment and functional thinking.

Inhaltsverzeichnis

1   Einleitung 1

Teil I   Theoretischer Hintergrund

2   **Formatives Selbst-Assessment** 13
   2.1   Warum formatives Selbst-Assessment durchführen? 13
   2.2   Begriffliche Grundlagen: Assessment, Diagnose und
      Evaluation 15
   2.3   Formatives Assessment 16
      2.3.1   Empirische Evidenz zur Wirksamkeit 20
      2.3.2   Lernförderliches Feedback 22
      2.3.3   Konzeptualisierung von formativem Assessment 26
   2.4   Selbst-Assessment 33
      2.4.1   Exkurs: Metakognition, Selbstregulation und
          SRL 37
      2.4.2   Empirische Evidenz zur Wirksamkeit 42
      2.4.3   Empirische Evidenz zur Qualität 47
   2.5   Formatives Selbst-Assessment 52

3   **Funktionales Denken** 59
   3.1   Warum funktionales Denken fördern? 59
   3.2   Begriffliche Grundlagen und mathematische
      Spezifizierung 60
      3.2.1   Funktionale Zusammenhänge, funktionale
          Abhängigkeiten und Funktionen 61
      3.2.2   Der Funktionsbegriff und seine curriculare
          Verankerung 62

3.3   Funktionales Denken: Ein didaktisches Konzept   65
        3.3.1   Erste Definitionen funktionalen Denkens   65
        3.3.2   Exkurs: Zwei Theorien zur Sinnzuschreibung
                  mathematischer Inhalte: Grundvorstellungen und
                  Concept Images   69
        3.3.3   Grundvorstellungen und Anwendungsbezug als
                  integrale Bestandteile funktionalen Denkens   73
3.4   Entwicklung der Kovariationsvorstellung   76
3.5   Entwicklung funktionalen Denkens im Lernprozess   79
3.6   Darstellungen   84
        3.6.1   Externe und interne Darstellungen   86
        3.6.2   Deskriptionale und depiktionale Darstellungen   87
        3.6.3   Arten von Funktionsdarstellungen   88
3.7   Darstellungswechsel   93
        3.7.1   Arten von Darstellungswechseln   94
        3.7.2   Kognitive Aktivitäten beim Wechsel zwischen
                  Funktionsdarstellungen   95
        3.7.3   Schwierigkeit von Darstellungswechseln   100
3.8   Typische Fehler und Fehlvorstellungen   105
        3.8.1   Graph-als-Bild Fehler   107
        3.8.2   Falsche Achsenbezeichnung   110
        3.8.3   Fehlerhafte Skalierung   112
        3.8.4   Missachtung der Eindeutigkeit einer Funktion   112
        3.8.5   Übergeneralisierungen, Funktionsprototypen und
                  die Illusion der Linearität   114
        3.8.6   Zeitunabhängige Situationen   118
        3.8.7   Punkt-Intervall-Verwechslung   119
        3.8.8   Steigungs-Höhe-Verwechslung   120
3.9   Funktionales Denken beim situativ-graphischen
        Darstellungswechsel   122

4   Digitale Medien   129
4.1   Warum digitale Medien nutzen?   129
4.2   Begriffliche Grundlagen und die instrumentale Genese   131
4.3   Potentiale und Gefahren digitaler Medien für die
        Unterstützung formativer Selbst-Assessments   134
        4.3.1   Einsatz digitaler Medien zum formativen
                  Assessment   135
        4.3.2   Einsatz digitaler Medien zum Selbst-Assessment   139

	4.3.3	Neue Aufgabenformate	149
	4.3.4	Hyperlinkstruktur	152
4.4		Potentiale und Gefahren digitaler Medien für die Ausbildung funktionalen Denkens	153
	4.4.1	Entlastung von Routinetätigkeiten	153
	4.4.2	Schnelle Verfügbarkeit von Darstellungen	156
	4.4.3	Simultane Anzeige multipler Darstellungen	159
	4.4.4	Dynamisierung	162
	4.4.5	Interaktivität	166
	4.4.6	Verlinkung von Darstellungen	170
	4.4.7	Lenkung des Handelns	178
4.5		Einsatz digitaler Medien zum formativen Selbst-Assessment funktionalen Denkens	181

Teil II Empirische Untersuchung

5	**Rahmen der forschungsbasierten Toolentwicklung**		**187**
5.1	Forschungsinteresse		187
	5.1.1	Zielsetzung der Studie	187
	5.1.2	Forschungsfragen	192
5.2	Zugrundeliegende Forschungsprojekte		193
	5.2.1	Das EU-Projekt FaSMEd	193
	5.2.2	Bildungsgerechtigkeit im Fokus	194
5.3	Fachdidaktische Entwicklungsforschung		195
5.4	Studiendesign		196
5.5	Methode der Datenerhebung: aufgabenbasierte Interviews und lautes Denken		202
	5.5.1	Theoretische Grundlagen zur Erhebungsmethode	203
	5.5.2	Datenerhebung in der vorliegenden Studie	204
5.6	Methode der Datenauswertung: Qualitative Inhaltsanalyse		206
	5.6.1	Theoretische Grundlagen zur Auswertungsmethode	206
	5.6.2	Datenauswertung in der vorliegenden Studie	208
	5.6.3	Güte der Auswertungsmethode	235

6	**Erster Entwicklungszyklus (Papierversion)**		**243**
6.1	Zielsetzung		243
6.2	Das SAFE Tool: Papierversion		244
	6.2.1	Toolstruktur	244
	6.2.2	Überprüfen (A1.1)	247

6.2.3   Check (A1.2) 251
6.2.4   Gut zu wissen (A2.1–A2.5) 253
6.2.5   Üben (A3.1–A3.8) 257
6.2.6   Erweitern (A4) 273
6.3   Datenerhebung: Stichprobe und Durchführung 275
6.4   Analyse der aufgabenbasierten Interviews 277
6.4.1   F1a: Fähigkeiten und Vorstellungen beim
situativ-graphischen Darstellungswechsel
funktionaler Zusammenhänge 277
6.4.2   F1b: Fehler und Schwierigkeiten beim
situativ-graphischen Darstellungswechsel
funktionaler Zusammenhänge 283
6.4.3   F2: Rekonstruktion formativer
Selbst-Assessmentprozesse 289
6.4.4   F3: Einfluss der Toolnutzung auf das
a) funktionale Denken und b) formative
Selbst-Assessment der Lernenden 297
6.5   Expertenbefragung 326
6.6   Fazit zum ersten Entwicklungszyklus 328
6.6.1   Implikationen für die Weiterentwicklung des
SAFE Tools 328
6.6.2   Reflexion der Methode zur Datenerhebung 329
7   Zweiter Entwicklungszyklus (TI-Nspire^{TM} Version) 333
7.1   Zielsetzung 333
7.2   Das SAFE Tool: TI-Nspire^{TM} Version 334
7.2.1   Toolstruktur 335
7.2.2   Überprüfen 337
7.2.3   Check 341
7.2.4   Info 343
7.2.5   Üben 352
7.2.6   Erweitern 365
7.3   Datenerhebung: Stichprobe und Durchführung 366
7.4   Analyse der aufgabenbasierten Interviews 367
7.4.1   F1a: Fähigkeiten und Vorstellungen beim
situativ-graphischen Darstellungswechsel
funktionaler Zusammenhänge 368

		7.4.2	F1b: Fehler und Schwierigkeiten beim situativ-graphischen Darstellungswechsel funktionaler Zusammenhänge	372
		7.4.3	F2: Rekonstruktion formativer Selbst-Assessmentprozesse	376
		7.4.4	F3: Einfluss der Toolnutzung auf das a) funktionale Denken und b) formative Selbst-Assessment der Lernenden	383
	7.5	Klassenbefragungen		406
	7.6	Implikationen zur Weiterentwicklung des SAFE Tools		408
8	**Dritter Entwicklungszyklus (iPad App)**			**411**
	8.1	Zielsetzung		411
	8.2	Das SAFE Tool: iPad Applikation		412
		8.2.1	Toolstruktur	413
		8.2.2	Test	415
		8.2.3	Check	418
		8.2.4	Info	420
		8.2.5	Üben	425
		8.2.6	Erweitern	439
	8.3	Datenerhebung: Stichprobe und Durchführung		440
	8.4	Analyse der aufgabenbasierten Interviews		442
		8.4.1	F1a: Fähigkeiten und Vorstellungen beim situativ-graphischen Darstellungswechsel	442
		8.4.2	F1b: Fehler und Schwierigkeiten beim situativ-graphischen Darstellungswechsel funktionaler Zusammenhänge	453
		8.4.3	F2: Rekonstruktion formativer Selbst-Assessmentprozesse	464
		8.4.4	F3: Einfluss der Toolnutzung auf das a) funktionale Denken und b) formative Selbst-Assessment der Lernenden	490
	8.5	Implikationen zur möglichen Weiterentwicklung des SAFE Tools		530
9	**Zusammenfassung und Diskussion**			**535**
	9.1	Zusammenfassung und Diskussion zentraler Ergebnisse		535

9.1.1   Welche a) Fähigkeiten und Vorstellungen sowie
b) Fehler und Schwierigkeiten zeigen Lernende
beim situativ-graphischen Darstellungswechsel
funktionaler Zusammenhänge? 536

9.1.2   Welche formativen Selbst-Assessmentprozesse
können rekonstruiert werden, wenn Lernende
mit einem digitalen Selbstdiagnose-Tool
arbeiten? 544

9.1.3   Inwiefern unterstützt die Nutzung eines digitalen
Selbstdiagnose-Tools Lernende in ihrem a)
funktionalen Denken sowie b) formativen
Selbst-Assessment? 550

9.2   Methodische Stärken und Grenzen der vorliegenden
Studie 557

Teil III   Resümee

10 Fazit und Ausblick 563

10.1   Fazit 563

10.2   Ausblick 570

10.2.1   Erweiterung des Tooldesigns: Integration einer
Lehrerseite 570

10.2.2   Konsequenzen für die Praxis 573

10.2.3   Weiterführende Forschungsfragen 574

Literaturverzeichnis 577

Abbildungsverzeichnis

Abbildung 1.1   (a) Emres Lösung zur Diagnoseaufgabe; (b) Dynamisch-verlinkte Darstellung als Musterlösung im digitalen Selbst-Assessment Tool ... 3

Abbildung 2.1   Theorierahmen des EU-Projekts FaSMEd (Aldon et al., 2017, S. 553 ff; Ruchniewicz & Barzel, 2019b, S. 52) 28

Abbildung 2.2   Assessment Activity Cycle (in Anlehnung an Ruiz-Primo & Li, 2013, S. 222) 30

Abbildung 2.3   Formatives Assessment Modell (Harlen, 2007, S. 120) 31

Abbildung 2.4   Selbst-Assessment Kreislauf (McMillan & Hearn, 2008, S. 41) 35

Abbildung 2.5   Formatives Selbst-Assessment (FSA) Modell 56

Abbildung 3.1   (a) Verstehensmodell zum Funktionsbegriff (Zindel, 2019, S. 45); (b) Facettenmodell zum Kern des Funktionsbegriffs (Zindel, 2019, S. 39) 75

Abbildung 3.2   Beispielrepräsentation: Die Titanic im Größenvergleich (Yzmo, 2007) 85

Abbildung 3.3   Darstellung eines funktionalen Zusammenhangs durch ein realistisches Bild (iPad App Version des SAFE Tools) 90

Abbildung 3.4   Translation-Verification Modell (Adu-Gyamfi et al., 2012, S. 161) 97

Abbildung 3.5   Kodierschema für mathematische Darstellungswechsel (Bossé et al., 2011, S. 126) 102

Abbildung 3.6   Beispielitem zum Erfassen des Graph-als-Bild
                Fehlers (Nitsch, 2015, S. 234) 108
Abbildung 3.7   Items in Anlehnung an die Studien von (a) Tall
                und Bakar (1992, S. 42); (b) Kösters (1996, S. 10)
                und (c) Vermeintlicher Zeit-Entfernungs-Graph
                (Kerslake, 1982, S. 128) 114
Abbildung 3.8   Items zur Untersuchung der (a)
                Punkt-Intervall-Verwechslung (Bell &
                Janvier, 1981, S. 37) und (b)
                Steigungs-Höhe-Verwechslung (in Anlehnung
                an Janvier, 1978, zitiert nach Clement, 1985, S. 4) ... 120
Abbildung 4.1   Darstellung diganostischer Informationen durch
                digitale Medien (a) Ergebnis einer Kurzumfrage
                mit ARS (Cusi et al., 2019, S. 20); (b)
                Assessmentmodul in DAE (Wright et al., 2018,
                S. 215) 138
Abbildung 4.2   Typisches Item in einem computerbasierten
                Selbst-Assessment-Test mit automatisch
                generiertem Feedback (Wang, 2011, S. 1066) 144
Abbildung 4.3   Beispielitem zurVerwendung interaktiver
                Darstellungen in digitalen Assessments (smart
                test; Stacey & Wiliam, 2013, S. 726) 151
Abbildung 4.4   (a) Statische Darstellung des Zaunproblems; (b)
                Andeutung einer dynamischen Repräsentation
                desselben Problems (in Anlehnung an Kaput,
                1987, S.191) 163
Abbildung 4.5   Verlinkte Darstellung zum Zaunproblem
                (*https://geogebra.org/m/KCFvjDrw*) 171
Abbildung 5.1   Typischer Verlauf einer fachdidaktischen
                Entwicklungsforschungsstudie (In Anlehnung
                an Gravemeijer & Cobb, 2006, S. 19 ff; Prediger
                et al., 2012, S. 453) 196
Abbildung 5.2   Gesamtverlauf der vorliegenden Design Research
                Studie 197
Abbildung 5.3   Ablauf der qualitativen Inhaltsanalyse in der
                vorliegenden Studie (in Anlehnung an Kuckartz,
                2016, S. 45) 209
Abbildung 5.4   Beispiel der Video-Kodierung in der Software
                MAXQDA 228

Abbildung 5.5   Beispiel für ein Prozessdiagramm zum formativen
                Selbst-Assessment 233
Abbildung 6.1   Struktur des SAFE Tools (Papierversion) 246
Abbildung 6.2   Überprüfen-Aufgabe (Papierversion) 249
Abbildung 6.3   Musterlösung zur Überprüfen-Aufgabe
                (Papierversion) 251
Abbildung 6.4   Check (Papierversion) 252
Abbildung 6.5   Vorder- und Rückseite der Gut zu wissen Karte
                A2.3: Graph-als-Bild Fehler 255
Abbildung 6.6   Gut zu wissen Karte A2.4: Missachtung der
                Eindeutigkeit 256
Abbildung 6.7   Üben 1: Beginnt der Graph im Nullpunkt?
                (Papierversion) 258
Abbildung 6.8   Musterlösung zu Üben 1 (Papierversion) 260
Abbildung 6.9   Üben 3: Wann steigt, fällt oder bleibt ein Graph
                konstant? (Papierversion) 262
Abbildung 6.10   Üben 4: Warum ist ein Graph kein Abbild der
                Situation? (Papierversion) 264
Abbildung 6.11   Musterlösung zu Üben 4 (Papierversion) 265
Abbildung 6.12   Üben 5 inklusive Musterlösung: Wann ist ein
                Graph eindeutig? (Papierversion) 267
Abbildung 6.13   Üben 6: Wie werden die Achsen eines Graphen
                beschriftet? (Papierversion) 268
Abbildung 6.14   Üben 7: Welcher Füllgraph passt zu der welcher
                Vase? (Papierversion) 270
Abbildung 6.15   Musterlösung zu Üben 7b: Füllgraphen zeichnen
                (Papierversion) 271
Abbildung 6.16   Üben 8 inklusive Musterlösung: Angler
                (Papierversion) 272
Abbildung 6.17   Musterlösung der Erweitern-Aufgabe
                (Papierversion) 275
Abbildung 6.18   (a) Robins Lösung der Überprüfen-Aufgabe und
                (b) der Aufgabenwiederholung 302
Abbildung 6.19   Mögliche Zeit-Geschwindigkeits-Graphen
                in Üben A3.3 304
Abbildung 6.20   Emils graphische Darstellung des Schulwegs
                in A3.2 inklusive Korrekturen 313
Abbildung 6.21   Vase 4 und zugehöriger Füllgraph f aus Üben
                A3.7 des SAFE Tools 317

Abbildung 6.22   Linns Lösung zur Wiederholung der
                 Überprüfen-Aufgabe inkl. Korrekturen   319
Abbildung 7.1   Struktur des SAFE Tools (TI-Nspire^{TM} Version)   336
Abbildung 7.2   Überprüfen-Aufgabe (TI-Nspire^{TM} Version) 338
Abbildung 7.3   Text der Musterlösung zur Überprüfen-Aufgabe
                 (TI-Nspire^{TM} Version)   340
Abbildung 7.4   Check (TI-Nspire^{TM} Version)   342
Abbildung 7.5   Info 1: Nullstellen (TI-Nspire^{TM} Version)   345
Abbildung 7.6   Erste Seite von Info 2: Art der Steigung
                 (TI-Nspire^{TM} Version)   346
Abbildung 7.7   Visualisierung in Info 3: Grad der Steigung
                 (TI-Nspire^{TM} Version)   347
Abbildung 7.8   Info 4: Graph-als-Bild Fehler (TI-Nspire^{TM}
                 Version)   348
Abbildung 7.9   Info 5: Missachtung der Eindeutigkeit
                 (TI-Nspire^{TM} Version)   350
Abbildung 7.10   Visualisierung in Info 6: Achsenbeschriftung
                 (TI-Nspire^{TM} Version)   351
Abbildung 7.11   Üben 1: Wann erreicht ein Graph den Wert null?
                 (TI-Nspire^{TM} Version)   354
Abbildung 7.12   Üben 2: Wann steigt, fällt oder bleibt ein Graph
                 konstant? (TI-Nspire^{TM} Version)   355
Abbildung 7.13   Üben 3: Wann steigt oder fällt ein Graph schneller
                 bzw. langsamer? (TI-Nspire^{TM} Version)   357
Abbildung 7.14   Üben 6: Wie werden die Koordinatenachsen
                 eines Funktionsgraphen beschriftet? (TI-Nspire^{TM}
                 Version)   361
Abbildung 7.15   Musterlösung zu Üben 7b: Füllgraph zeichnen
                 (TI-Nspire^{TM} Version)   363
Abbildung 7.16   Üben 8: Welche Entfernung hat der Golfball
                 mit der Zeit nach dem Abschlag? (TI-Nspire^{TM}
                 Version)   364
Abbildung 7.17   Abbildung aus Info 1 in der TI-Nspire^{TM} Version
                 des SAFE Tools   389
Abbildung 7.18   Ayses (a) erster Lösungsansatz
                 (Zeit/Geschwindigkeit) und (b) Lösungsgraph
                 (Zeit/Füllhöhe) zur ersten Teilaufgabe von Üben 3 . . .   391
Abbildung 7.19   Vase 5 und zugehöriger Füllgraph c aus Üben 7a
                 des SAFE Tools   395

Abbildung 7.20   Struktur von Nicoles formativen
                 Selbst-Assessmentprozess bzgl. CP6 402
Abbildung 7.21   Charakterisierung von Nicoles
                 formativen Selbst-Assessmentprozess
                 bzgl. CP6 und Seldas formativen
                 Selbst-Assessmentprozess bzgl. CP1 403
Abbildung 7.22   Struktur von Seldas formativen
                 Selbst-Assessmentprozess
                 bzgl. CP6 404
Abbildung 7.23   Seldas formative Selbst-Assessmentprozess bzgl.
                 der Nullstellen (CP1) 405
Abbildung 7.24   Struktur von Seldas formativen
                 Selbst-Assessmentprozess bzgl. CP1 406
Abbildung 8.1   Struktur des SAFE Tools (iPad App) 413
Abbildung 8.2   Musterlösung zu Üben 3c im SAFE Tool (iPad
                 App) 414
Abbildung 8.3   Test-Aufgabe des SAFE Tools (iPad App).eps 416
Abbildung 8.4   Dynamisch-verlinkte Simulation als Musterlösung
                 zur Test-Aufgabe (iPad App) 417
Abbildung 8.5   Check (iPad App) 419
Abbildung 8.6   Info 2: Art der Steigung (iPad App) 422
Abbildung 8.7   Info 3: Graph-als-Bild Fehler (iPad App) 423
Abbildung 8.8   Info 4: Missachtung der Eindeutigkeit (iPad App) 425
Abbildung 8.9   Üben 1: Wann erreicht ein Graph den Wert null?
                 (iPad App) 428
Abbildung 8.10   Musterlösung zur ersten Teilaufgabe von Üben 1
                 (iPad App) 429
Abbildung 8.11   Üben 2: Wann steigt, fällt oder bleibt ein Graph
                 konstant? (iPad App) 430
Abbildung 8.12   Musterlösung zur dritten Teilaufgabe von Üben 2
                 (iPad App) 431
Abbildung 8.13   Üben 3a: Warum ist der Graph kein Abbild der
                 Situation? (iPad App) 432
Abbildung 8.14   Üben 4: Welcher Zusammenhang ist funktional?
                 (iPad App) 434
Abbildung 8.15   Üben 5: Wie werden die Koordinatenachsen eines
                 Funktionsgraphen beschriftet? (iPad App) 435
Abbildung 8.16   Üben 6a: Welcher Füllgraph passt zu welcher
                 Vase? (iPad App) 437

Abbildung 8.17   Dynamisch-verlinkte Simulation als Musterlösung
                  zu Üben 6b (iPad App) 438
Abbildung 8.18   Erweitern a) inklusive Musterlösung (iPad App) 440
Abbildung 8.19   Muster zur Identifikation von FSA-Typ 1 in einem
                  FSA-Prozessdiagramm 469
Abbildung 8.20   Muster zur Identifikation von FSA-Typ 2 in einem
                  FSA-Prozessdiagramm 471
Abbildung 8.21   Muster zur Identifikation von FSA-Typ 3 in einem
                  FSA-Prozessdiagramm 474
Abbildung 8.22   Muster zur Identifikation von FSA-Typ 4 in einem
                  FSA-Prozessdiagramm 476
Abbildung 8.23   Muster zur Identifikation von FSA-Typ 5 in einem
                  FSA-Prozessdiagramm 478
Abbildung 8.24   Muster zur Identifikation von FSA-Typ 6 in einem
                  FSA-Prozessdiagramm 481
Abbildung 8.25   FSA-Prozessdiagramme zur Test-Aufgabe von
                  Mirja und Meike 483
Abbildung 8.26   Verteilung der FSA-Typen in den
                  Selbst-Assessments zur Test-Aufgabe 484
Abbildung 8.27   Zusammenhang zwischen den FSA-Typen und
                  einer akkuraten Selbst-Evaluation 485
Abbildung 10.1   Formatives Selbst-Assessment Modell 567
Abbildung 10.2   (a) Ausschnitt einer Lehrertabelle der
                  TI-Nspire^{TM} Version des SAFE Tools;
                  (b) Beispiel für die Rekonstruktion einer
                  Schülerlösung als Punktmenge 571
Abbildung 10.3   Cover-Ansicht der Lehrerseite in der iPad App
                  Version des SAFE Tools 572

Tabellenverzeichnis

Tabelle 2.1 Charakterisierende Merkmale formativen
Assessments (Cizek, 2010, S. 8) 19

Tabelle 2.2 Feedbacktypen (in Anlehnung an Shute, 2008, S. 160) ... 23

Tabelle 2.3 Fünf Schlüsselstrategien formativen
Assessments (in Anlehnung an Wiliam &
Thompson, 2008, S. 63f) 26

Tabelle 2.4 Zusammenfassung zentraler Definitionen zum Begriff
(Selbst-)Assessment 53

Tabelle 2.5 Cluster zur Identifikation von Teilschritten im
formativen Selbst-Assessmentprozess 55

Tabelle 3.1 Typische Darstellungsarten einer Funktion
(in Anlehnung an Büchter & Henn, 2010, S. 35;
Klinger, 2018, S. 61) 84

Tabelle 3.2 Charakterisierung von Funktionsdarstellungen auf
Symbol- und Abstraktionsebene (in Anlehnung
an Vogel, 2006, S. 53; Nitsch, 2015, S. 97) 88

Tabelle 3.3 Veranschaulichung der Grundvorstellungen zu
Funktionen an der graphischen Darstellung
(in Anlehnung an Wittmann, 2008, S. 21) 93

Tabelle 3.4 Beispielhafte Tätigkeiten bei Darstellungswechseln
zwischen gängigen Funktionsrepräsentationen
(in Anlehnung an Klinger, 2018, S. 67; Laakmann,
2013, S. 90) 99

Tabelle 3.5 Schwierigkeit von Darstellungswechseln zwischen
Funktionsrepräsentationen (Bossé et al., 2011, S. 127) ... 103

Tabelle 3.6   Zusammenfassung und Charakterisierung
                ausgewählter Definitionen zum Begriff funktionales
                Denken 124

Tabelle 4.1   Ergebnisse ausgewählter Metastudien
                zur Wirksamkeit digitaler Medien im
                Mathematikunterricht (in Anlehnung an Drijvers,
                2018, S. 166) 130

Tabelle 4.2   Möglichkeiten digitaler Medien zur
                Funktionsdarstellung 182

Tabelle 4.3   Ausgewählte Potentiale und Gefahren spezifischer
                Merkmale digitaler Medien für formatives
                Selbst-Assessment und funktionales Denken 183

Tabelle 5.1   Deduktives Kategoriensystem zum funktionalen
                Denken 212

Tabelle 5.2   Deduktives Kategoriensystem zum formativen
                Selbst-Assessment 214

Tabelle 5.3   Deduktives Kategoriensystem zu Potentialen &
                Gefahren der Toolnutzung 215

Tabelle 5.4   Kategoriensystem zum funktionalen Denken nach
                dem 1. Materialdurchlauf 217

Tabelle 5.5   Finales Kategoriensystem zum funktionalen Denken
                beim situativ-graphischen Darstellungswechsel 220

Tabelle 5.6   Kategoriensystem zum formativen Selbst-Assessment
                nach dem 1. Materialdurchlauf 222

Tabelle 5.7   Finales Kategoriensystem zum formativen
                Selbst-Assessment beim situativ-graphischen
                Darstellungswechsel 225

Tabelle 5.8   Finales Kategoriensystem zu Potentialen & Gefahren
                bei der Toolnutzung 227

Tabelle 5.9   Beispiel für die Kurzdarstellung der Kodierungen
                zum funktionalen Denken 230

Tabelle 5.10   Beispiel für die Kurzdarstellung der Kodierungen
                zum formativen Selbst-Assessment 231

Tabelle 5.11   Auswahl der Videosequenzen zur doppelten
                Kodierung funktionalen Denkens 237

Tabelle 5.12   Interkoder-Übereinstimmung zweier Raterinnen bei
                einer Kodeüberlappung von mindestens 25 % 239

Tabelle 5.13   Auswahl der Videosequenzen zum konsensuellen
                Kodieren von FSA- Prozessen 241

Tabelle 6.1 Lösungen, gezeigte Fähigkeiten und Vorstellungen der Proband:innen des ersten Entwicklungszyklus beim Überprüfen 278

Tabelle 6.2 Aufgetretene Fehler und Schwierigkeiten der Proband:innen des ersten Entwicklungszyklus beim Überprüfen 289

Tabelle 6.3 Übersicht der Kodierungen zum formativen Selbst-Assessment der Proband:innen des ersten Entwicklungszyklus beim Überprüfen 291

Tabelle 6.4 Übersicht der genutzten Toolelemente im ersten Entwicklungszyklus 299

Tabelle 7.1 Lösungen, gezeigte Fähigkeiten und Vorstellungen der Proband:innen des zweiten Entwicklungszyklus beim Überprüfen 369

Tabelle 7.2 Aufgetretene Fehler und Schwierigkeiten der Proband:innen des zweiten Entwicklungszyklus beim Überprüfen 376

Tabelle 7.3 Übersicht der Kodierungen zum formativen Selbst-Assessment der Proband:innen des zweiten Entwicklungszyklus beim Überprüfen 377

Tabelle 7.4 Übersicht der genutzten Toolelemente im zweiten Entwicklungszyklus 384

Tabelle 7.5 Feedback der Klassen zur TI-Nspire™ Version des SAFE Tools 407

Tabelle 8.1 a) Lösungen, Fähigkeiten und Vorstellungen der Proband:innen des dritten Entwicklungszyklus beim Test 445

Tabelle 8.1 b) Fortsetzung: Lösungen, Fähigkeiten und Vorstellungen der Proband:innen des dritten Entwicklungszyklus beim Test 446

Tabelle 8.2 Aufgetretene Fehler und Schwierigkeiten der Proband:innen des dritten Entwicklungszyklus bei der Test-Aufgabe 465

Tabelle 8.3 Typen formativer Selbst-Assessments 467

Tabelle 8.4 Auftreten der FSA-Typen nach dem berücksichtigten Beurteilungskriterium 487

Tabelle 8.5 Übersicht der genutzten Toolelemente im dritten Entwicklungszyklus 491

Tabelle 8.6   Anzahl kodierter Videosegmente zur Kategorien
               „Hürden der Toolnutzung" 492
Tabelle 8.7   Zusammenhang spezifischer Designelemente des
               SAFE Tools und einzelner Teilschritte formativen
               Selbst-Assessments (Anzahl von Überscheidungen
               bei der Video-Kodierung) 515
Tabelle 8.8   Nutzung spezifischer Designelemente beim
               formativen Selbst-Assessment 529
Tabelle 9.1   Häufigkeit aufgetretener Fehler und Schwierigkeiten
               aller Proband:innen sowie identifizierte Ursachen 541

Einleitung

Emre ist Student des Fachs Mathematik mit der Lehramtsoption HRSGe (Haupt-, Real-, Sekundar- und Gesamtschulen) im ersten Bachelor Fachsemester. Zur Wiederholung und Wiedererarbeitung von Basiskompetenzen aus der Schulmathematik bearbeitet er eine offene Diagnoseaufgabe in einer digitalen Lernumgebung. Darin soll ein Graph zu einer beschriebenen Fahrradfahrt skizziert werden, „aus dem man ablesen kann, wie sich die Geschwindigkeit in Abhängigkeit von der Zeit verändert." Somit handelt es sich um eine Aufgabe zum situativ-graphischen Darstellungswechsel funktionaler Zusammenhänge. Während Emre das Anfahren des Fahrrads und das Fahren mit konstanter Geschwindigkeit auf einer Straße korrekt in die graphische Darstellung übersetzt, wird er für die Teilsituation, in welcher der Fahrradfahrer einen Hügel hinauffährt, von visuellen Eigenschaften der Situation abgelenkt. Anstatt einen fallenden Graph-Abschnitt zu zeichnen, um darzustellen, dass das Fahrrad beim Hochfahren langsamer wird, skizziert Emre einen steigenden Abschnitt, um darzustellen, dass es *„von der Straße auf den Hügel, also dass das hochgehen soll"* (Emre 03:41-03:44). Diesen Graph-als-Bild Fehler wiederholt er anschließend, um das Stehenbleiben auf dem Hügel, das Runterfahren sowie das Anhalten am Ende der Situation zu repräsentieren. Sein Lösungsgraph ist in Abbildung 1.1(a) zu sehen.

Im Anschluss an die Aufgabenbearbeitung betrachtet Emre eine Musterlösung in Form einer dynamisch-verlinkten Repräsentation der situativen und graphischen Darstellung des funktionalen Zusammenhangs zwischen Zeit und Geschwindigkeit (s. Abbildung 1.1(b)). Er erkennt:

> *„Ja, also hier [zeigt auf den ersten fallenden Graph-Abschnitt der Musterlösung] war jetzt genau das, wo vorhin mein Fehler war! Ich hatte vorhin sofort hoch gezeichnet, weil er ja auf einen Berg hochfährt, aber die Geschwindigkeit ist ja meistens eigentlich nicht mehr so hoch, also er fährt nicht mehr so schnell wie vorher, weil er auf den Berg*

© Der/die Autor(en), exklusiv lizenziert durch Springer Fachmedien Wiesbaden GmbH, ein Teil von Springer Nature 2022
H. Ruchniewicz, *Sich selbst diagnostizieren und fördern mit digitalen Medien*, Essener Beiträge zur Mathematikdidaktik, https://doi.org/10.1007/978-3-658-35611-8_1

erstmal hochfahren muss, und deshalb geht das [zeigt entlang des ersten fallenden Graph-Abschnitts] auch eigentlich richtig runter. Und dann [zeigt entlang des stark steigenden Graph-Abschnitts der Musterlösung] wieder hoch eigentlich, weil wenn man von oben nach unten fährt, fährt man viel schneller eigentlich runter und deshalb geht auch die Geschwindigkeit hoch. Und das ist halt der Unterschied [zeigt erst auf die situative und dann die graphische Darstellung], den ich vorhin im Kopf eigentlich auch so hatte, aber ich konnte das mir nicht so vorstellen [zeigt auf den Funktionsgraphen]." (Emre 06:06–06:45)

In seiner Äußerung wird auf einer kognitiven Ebene deutlich, dass die Musterlösung in der digitalen Lernumgebung Emre beim Darstellungswechsel zwischen situativer und graphischer Funktionsrepräsentation unterstützt. Da die beschriebene Situation in der Musterlösung veranschaulicht und eine dynamische Verlinkung zwischen beiden Darstellungsformen integriert ist, wird eine Ablenkung durch visuelle Situationseigenschaften verhindert. Zudem erlaubt die gezeigte Simulation, dass sich Emre nicht auf die Situation (Hochfahren) versteift, sondern die gemeinsame Veränderung der Größen Zeit und Geschwindigkeit fokussiert. Auf einer metakognitiven Ebene kann festgehalten werden, dass die dynamisch-verlinkte Repräsentation ein Selbst-Assessment initiiert. Emre erfasst selbstständig seinen Graph-als-Bild Fehler sowie dessen Ursache, indem er seine eigene Aufgabenbearbeitung mit dem Graphen aus der Musterlösung vergleicht, eine Abweichung feststellt, seine Vorstellung während der Aufgabenbearbeitung reflektiert und den entsprechenden Graph-Abschnitt der Musterlösung bezüglich (im Folgenden: bzgl.) des funktionalen Zusammenhangs zwischen Zeit und Geschwindigkeit interpretiert.

Dieser kurze Einblick in das Interview mit Emre, welches im Rahmen der hier vorgestellten Design Research Studie durchgeführt wurde, verdeutlicht den Kern der vorliegenden Arbeit. Im Fokus des Erkenntnisinteresses steht die Frage, inwiefern digitale Medien Lernende beim formativen Selbst-Assessment bzgl. ihrer Kompetenz zum situativ-graphischen Darstellungswechsel funktionaler Zusammenhänge unterstützen.

Ausgangspunkt des Dissertationsprojekts war das EU-Projekt FASMEd (Raising Achievement through Formative Assessment in Science and Mathematics Education) bei dem der Einsatz digitaler Medien zur Unterstützung formativen Assessments im mathematisch-naturwissenschaftlichen Unterricht untersucht wurde (*www.fasmed.eu*; s. Abschnitt 5.2.1). *Formatives Assessment* meint die lernprozessbegleitende Diagnose von Kompetenzen zur Anpassung einer Lehrtätigkeit, um den Lernprozess besser auf Schülerbedürfnisse anzupassen und das Schließen von Lücken zwischen aktuellem Lernstand und intendiertem Lernziel zu unterstützen. Im Gegensatz zu einer reinen Lernstandserhebung (summatives Assessment), schließt die formative Diagnose demnach das Treffen von Entscheidungen über

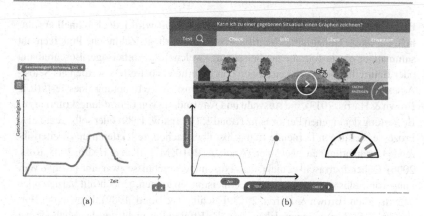

Abbildung 1.1 (a) Emres Lösung zur Diagnoseaufgabe; (b) Dynamisch-verlinkte Darstellung als Musterlösung im digitalen Selbst-Assessment Tool

mögliche Fördermaßnahmen ein (Black & Wiliam, 2009; Cizek, 2010; Schütze et al., 2018). Sie gilt als eine der vielversprechendsten Methoden zur Verbesserung schulischen Lernens, da zahlreiche empirische Studien einen Zuwachs von Schülerleistungen durch formatives Assessment nachweisen (Black & Wiliam, 1998a; Kingston & Nash, 2011; Rakoczy et al., 2019). Dabei wird in der Literatur stets die Bedeutung einer aktiven Beteiligung der Lernenden am Assessmentprozess im Hinblick auf konstruktivistische Lerntheorien betont. Durch Methoden des Selbst- und Peer-Assessments sollen die Lernenden metakognitive sowie selbstregulative Strategien ausbilden und auf ein lebenslanges (Weiter-)Lernen vorbereitet werden (Black & Wiliam, 1998b; Heritage, 2007; Nicol & Macfarlane-Dick, 2006). Formatives Assessment wird daher als kooperativer Prozess zwischen einer Lehrkraft und ihren Schüler:innen konzeptualisiert. Obwohl dabei der Lehrperson die (Haupt-)Verantwortung für den Lehr-Lern-Prozess innewohnt, sollen Selbstdiagnosen als integraler Bestandteil formativen Assessments verstanden werden (Cizek, 2010; Harlen, 2007; Ruiz-Primo & Li, 2013; Wiliam & Thompson, 2008).

> „Ultimately, self-assessment by students is neither an optional extra nor a luxury but has to be seen as essential to the practice of formative assessment (Black & Wiliam, 1998). Students have to be active in their own learning, since no one else can learn for them, and unless they are able to evaluate their own strengths and weaknesses and how they might deal with them, they are unlikely to make progress." (Heritage, 2013, S. 191)

Betrachtet man die Literatur zum *Selbst-Assessment* wird jedoch schnell ersichtlich, dass kein einheitliches Begriffsverständnis vorliegt. Zahlreiche Praktiken mit summativer sowie formativer Zielsetzung, welche die Vorhersage, Beschreibung oder Beurteilung eigener Leistungen durch Lernende betreffen, werden als Selbst-Assessment bezeichnet, beispielsweise die eigenständige Benotung eines Tests (u. a. Brown & Harris, 2013), die Auswahl und Anwendung von Beurteilungskriterien zur Bewertung der eigenen Performanz (Boud & Falchikov, 1989) oder selbstregulative Prozesse, bei denen Lernende sich selbst überwachen, reflektieren und weiterführende Lernhandlungen auswählen (Andrade, 2010; McMillan & Hearn, 2008; Ross, 2006). Daher überrascht es nicht, dass Forschungsergebnisse zwar eine positive Wirkung von Selbst-Assessments auf Lernleistungen zeigen, jedoch mit variierenden Effektstärken (Brown & Harris, 2013; Falchikov & Boud, 1989). Brown und Harris (2013, S. 386) betonen dabei, dass die Effektivität nicht mit der Methode per se, sondern vielmehr mit der kognitiven Aktivierung der Lernenden zusammenhängt. Geht man davon aus, dass die Diagnose eigener Kompetenzen das Durchdringen angestrebter Lernziele und damit verbundener Erfolgskriterien erfordert, wird nicht nur das Potenzial von Selbst-Assessments für den Erkenntnisgewinn deutlich (Andrade, 2010). Daraus leitet sich die Fragestellung ab, ob Lernende überhaupt dazu fähig sind, sich selbst realistisch einzuschätzen. Da angenommen wird, dass inadäquate Selbstbeurteilungen zu lernhinderlichen Entscheidungen führen bzw. affektive Faktoren wie Selbstwirksamkeitserwartungen, Motivation oder Anstrengungsbereitschaft negativ beeinflussen können (Panadero et al., 2016; Ross, 2006), befasst sich eine Vielzahl der Studien im Bereich Selbst-Assessment mit der Frage nach der Validität bzw. Reliabilität dieser Diagnosemethode (Brown & Harris, 2013; Ross, 2006). Allerdings wird kritisiert, dass zu wenige Forschungsergebnisse zeigen, ob auch vermeintlich inakkurate Selbst-Assessments lernförderlich wirken können (Falchikov & Boud, 1989; Panadero et al., 2016). Zudem ist wenig darüber bekannt, welche mentalen Prozesse während eines Selbst-Assessments ablaufen (Andrade, 2019), wie hilfreich selbstgeneriertes Feedback ist und wie Lernende diagnostische Informationen aus ihren Selbst-Assessments nutzen (Andrade, 2010; Brown & Harris, 2013).

An dieser Stelle setzt die vorliegende Arbeit an. Aus den theoretischen Grundlagen zum formativen Assessment sowie Selbst-Assessment wird in **Kapitel** 2 der Begriff *formatives Selbst-Assessment* eingeführt. Darunter werden metakognitive und selbstregulative Prozesse verstanden, bei denen Lernende selbstverantwortlich diagnostische Informationen zum eigenen Lernstand erfassen, interpretieren, im Hinblick auf inhaltliche Beurteilungskriterien bewerten und nutzen, damit sie begründete Entscheidungen für weitere Schritte in ihrem Lernprozess treffen können. Um solche Prozesse zu untersuchen, ist die Entwicklung einer Lernumgebung erforderlich, welche formative Selbst-Assessments initiieren kann. Aus diesem Grund wird der Ansatz der fachdidaktischen Entwicklungsforschung für die vorliegende Studie gewählt. Dieser ermöglicht nicht nur die forschungsbasierte Konzeption von Lernmaterialien, sondern zielt zudem auf die Weiterentwicklung lokaler Lehr-Lern-Theorien, da das Designprodukt im zyklischen Forschungsprozess wiederholt erprobt und hervorgerufene Lernprozesse analysiert werden (Gravemeijer & Cobb, 2006; Swan, 2014; van den Akker et al., 2006).

Da bei jeder Diagnose der fachliche Inhalt eine übergeordnete Rolle spielt, dient **Kapitel** 3 der Analyse und Spezifizierung des Lerngegenstands. Die Ausbildung funktionalen Denkens wird als Lernziel gewählt, weil ein adäquater Umgang mit dem Funktionsbegriff zur mathematischen Grundbildung gehört. Eine Wiederholung dieser Thematik ist für fast alle Jahrgangsstufen sowie die Hochschulbildung relevant (Greefrath et al., 2016; vom Hofe et al., 2015), wodurch eine dazu konzipierte Lernumgebung vielfältig einsetzbar ist. Unter dem Begriff *funktionales Denken* werden in der Mathematikdidaktik alle Vorstellungen und Kompetenzen summiert, die jemanden dazu befähigen, den mathematischen Funktionsbegriff vollständig zu verstehen und variabel anwenden zu können. Dazu müssen Lernende insbesondere drei Grundvorstellungen zu Funktionen aufbauen, die jeweils andere Facetten des Begriffs hervorheben: Funktionen können statisch-lokal betrachtet als eindeutige Zuordnungen zwischen zwei Größen verstanden werden. Eine dynamische Sichtweise wird eingenommen, wenn die gemeinsame Veränderung der beteiligten Größen fokussiert wird. Schließlich kann eine Funktion ganzheitlich als eigenständiges Objekt aufgefasst werden (Malle, 2000b; Vollrath, 1989; vom Hofe, 2003). Daneben ist für die Anwendung des Funktionsbegriffs essentiell, dass Lernende funktionale Abhängigkeiten in verschiedenen Situationen erfassen bzw. in diese hineinsehen können. Hierfür müssen die beiden beteiligten Größen identifiziert, als variabel wahrgenommen und die Richtung ihrer Abhängigkeit bestimmt werden (Zindel, 2019). Neben diesen Kompetenzen ist der Umgang mit unterschiedlichen Funktionsdarstellungen entscheidend für das funktionale Denken, da mathematische Objekte nicht real existieren, sondern über ihre Repräsentationen zugänglich sind (Duval, 1999; Duval, 2006). Funktionen werden in der Regel (im Folgenden: i. d. R.) situativ als verbale Beschreibung oder realistisches Bild, numerisch als Tabelle, symbolisch als Gleichung oder in Form eines Graphen dargestellt (u. a. Klinger, 2018). Neben der Kenntnis über jeweilige Vor- und Nachteile dieser Darstellungsarten und einem Bewusstsein dafür, dass sie dieselbe Funktion repräsentieren können (Sierpinska, 1992), gilt die Fähigkeit zum flexiblen Wechsel zwischen ihnen als ausschlaggebend für funktionales Denken.

Einerseits zeigt sich funktionales Denken durch die Ausführung eines *Darstellungswechsels*. Um Informationen über eine Funktion aus ihrer Ausgangsdarstellung zu entnehmen und angemessen in die Zieldarstellung übersetzen zu können, müssen geeignete (Grund-)Vorstellungen zum Funktionsbegriff aktiviert werden (Adu-Gyamfi et al., 2012; Gagatsis & Shiakalli, 2004; Rolfes, 2018). Andererseits können sich solche Vorstellungen durch Darstellungswechsel ausbilden. Beim Entdecken von Funktionseigenschaften in unterschiedlichen Darstellungsformen und dem Herstellen von Verbindungen zwischen ihnen, können tiefere Einblicke in das repräsentierte Objekt gewonnen werden (Adu-Gyamfi et al., 2012; Duval, 2006; van Someren et al., 1998). Aus diesem Grund eignen sich Darstellungswechsel in besonderer Weise als Inhalte für eine Lernumgebung zum formativen Selbst-Assessment, da sie sich nicht nur zur Diagnose von Schülervorstellungen eignen, sondern auch zur Förderung von Kompetenzen zum funktionalen Denken eingesetzt werden können. Um die Komplexität des Themengebiets zu reduzieren, wird in dieser Arbeit der Darstellungswechsel von einer situativen in eine graphische Funktionsrepräsentation fokussiert.

Der *situativ-graphische Darstellungswechsel* stellt einen Modellierungsprozess dar. Obwohl die Übersetzung einer Situation in ein mathematisches Modell herausfordernd ist, zeigen sich gleichzeitig die Vorstellungen und Kompetenzen der Lernenden (Janvier, 1978; Nitsch, 2015). Daher überrascht es, dass dieser Übersetzungsprozess sowohl in der Schulpraxis (Leuders & Naccarella, 2011) als auch in der Forschung bislang weniger beachtet wurde. Zahlreiche Studien untersuchen die Fähigkeiten von Lernenden beim Wechsel zwischen numerischen, graphischen und symbolischen Funktionsrepräsentationen (Adu-Gyamfi et al., 2012; Bossé et al., 2011; Markovits et al., 1986), wobei häufig die Verbindung zwischen Graph und Funktionsterm fokussiert wird (Leinhardt et al., 1990). Zudem werden Items zur Interpretation graphischer Darstellungen, d. h. zum graphisch-situativen Darstellungswechsel, eingesetzt (z. B. Clement, 1985; Hadjidemetriou & Williams, 2002; Kaput, 1992; Nitsch, 2015). Aus solchen Studien lassen sich Hypothesen zu erwartbaren Fehlern oder Fehlvorstellungen für die fokussierte Übersetzungsrichtung von Situation zu Graph ableiten. Beispielsweise ist anzunehmen, dass Lernende – wie Emre im Eingangsbeispiel – den Graphen mit einem Abbild der Sachsituation verwechseln. Allerdings besteht keine ausreichende empirische Evidenz, um die Kompetenzen, Vorstellungen und Schwierigkeiten von Lernenden beim situativ-graphischen Darstellungswechsel ausgiebig zu beschreiben.

Wurde das Ziel spezifiziert eine Lernumgebung zum formativen Selbst-Assessment beim situativ-graphischen Darstellungswechsel funktionaler Zusammenhänge zu entwickeln, stellt sich die Frage nach der Art ihrer Umsetzung. Aufgrund der voranschreitenden Digitalisierung sowie der dadurch wachsenden Notwendigkeit zum Aufbau einer umfassenden Medienkompetenz (KMK, 2016a), liegt die Konzeption einer *digitalen Lernumgebung* nahe. Aktuell zeigt die Corona-

Pandemie, wie wichtig ein lernförderlicher Einsatz digitaler Medien für eine zeitgenössische (Schul-)Bildung ist. Dass Deutschland hier im internationalen Vergleich noch Entwicklungspotential aufweist, zeigt z. B. eine Studie der Universitäten Duisburg-Essen, Utrecht und Antwerpen, die Lehrkräfte ($N = 1719$) zur Gestaltung ihres mathematischen Distanzunterrichts während der ersten Schulschließung im Rahmen der COVID-19 Pandemie befragte. Die Ergebnisse zeigen, dass deutsche Lehrkräfte im Vergleich zu ihren niederländischen und flämischen Kolleg:innen signifikant seltener synchrone Lehrformen wie Videokonferenzen nutzen, eher bekannte Inhalte thematisieren, prozedurale Fähigkeiten trainieren und weniger oft Aufgaben einsetzen, welche Rückschlüsse auf das Verstehen der Lernenden erlauben (Drijvers et al., 2021). Dass ähnliche Ergebnisse für den regulären Unterricht erwartbar sind, zeigt sich etwa anhand der PISA Studie 2012. Nur ca. 28 % der deutschen Schüler:innen gaben an, mindestens einmal monatlich im Mathematikunterricht mit digitalen Medien zu arbeiten. Damit bleibt Deutschland hinter dem OECD Durchschnitt zurück (OECD, 2015). Wie die aktuelle „Math@Distance"-Studie aufzeigt, ist neben der Einsatzhäufigkeit aber vor allem die Frage entscheidend, wie und zu welchem Zweck digitale Medien verwendet werden (Drijvers et al., 2021).

Da der Einsatz digitaler Medien nicht dem Selbstzweck dienen darf, sondern einen Wissensaufbau unterstützen muss, gilt es, in **Kapitel** 4 *mögliche Potentiale des digitalen Medieneinsatzes* vor dem formulierten Lernziel zu erörtern. In Bezug auf die Förderung funktionalen Denkens bieten digitale Medien durch neue Visualisierungsmöglichkeiten einen Mehrwert. Durch die Verwendung dynamischer, interaktiver oder verlinkter Repräsentationen können etwa Größenveränderungen kontinuierlich beobachtet oder Funktionsdarstellungen manipuliert werden (z. B. Ferrara et al., 2006; Kaput, 1992). Hierdurch können funktionale Abhängigkeiten nicht nur leichter untersucht, sondern auch ein Variablenverständnis aufgebaut und insbesondere die Kovariationsvorstellung unterstützt werden (z. B. Doorman et al., 2012; Drijvers, 2003; Kaput, 1987; Lichti, 2019; Rolfes, 2018). Nichtsdestotrotz zeigen zahlreiche Studien auch mögliche Gefahren des Medieneinsatzes. Beispielsweise wird betont, dass Lernende nicht automatisch Verbindungen zwischen unterschiedlichen Funktionsrepräsentationen ausbilden, wenn sie z. B. mit verlinkten Darstellungen arbeiten (Schoenfeld et al., 1993; Yerushalmy, 1991). Vielmehr kommt es auf die individuelle Nutzung sowie die kognitive Aktivierung der Lernenden an (Heid & Blum, 2008). Dieser Gedanke wird in der Theorie der instrumentalen Genese aufgegriffen. Diese unterscheidet Artefakte (Gegenstände oder Materialien), die einem Lernenden zur Verfügung gestellt werden und bestimmte Nutzungsweisen ermöglichen, und Instrumente, die Lernende durch ihren gezielten Gebrauch des Artefakts selbst konstruieren (Trouche, 2005; Rabardel, 2002; Rezat, 2009). Diese

Wechselwirkung zwischen Nutzer:in und digitalem Medium wird in der vorliegenden Arbeit durch die Verwendung des Toolbegriffs unterstrichen. Ein *Tool* kann als Lernmedium verstanden werden, welches zwar bewusst verwendet wird, dessen Nutzungsweisen aber nicht vollständig verinnerlicht wurden, sodass es (noch) nicht als Instrument zu bezeichnen ist (Monaghan et al., 2016).

Für den Einsatz im Assessmentbereich bieten digitale Medien vielfältige Potentiale, da sie z. B. die Art der verwendeten Aufgaben, deren Bewertung oder die Rückmeldungen an Schüler:innen verändern können (Drijvers et al., 2016; Stacey & Wiliam, 2013). Zudem werden Möglichkeiten zur Individualisierung von Lernwegen, z. B. durch adaptive Itemauswahl oder Hyperlinkstrukturen, und die Förderung von Selbstständigkeit hervorgehoben (KMK, 2016a). Empirische Ergebnisse zeigen eine positive Wirkung digitaler Medien auf Lernleistungen sowohl bei der Verwendung für formative Assessments (z. B. McLaughlin & Yan, 2017; Shute & Rahimi, 2017) als auch für Selbst-Assessments (z. B. Roder, 2020; Wang, 2011). Vor allem der unmittelbaren Bereitstellung elaborierter Feedbacks wird ein positiver Einfluss auf Lernresultate zugeschrieben (Van der Kleij et al., 2015). Allerdings verwenden digitale Angebote zum (Selbst-)Assessment meist geschlossene Aufgabenformate. Komplexere Problemlöse- oder Modellierungskompetenzen stehen weniger im Fokus (Drijvers et al., 2021; Maier, 2014). Hinzu kommt, dass Schülerantworten oftmals automatisch bewertet werden und ihnen computergeneriertes Feedback und Fördermaterialien bereitgestellt werden. Taras (2003) geht sogar soweit, externes Feedback als integralen Bestandteil von Selbst-Assessment zu fordern. Sie vertritt die Meinung, dass Lernende nicht über ausreichend Fachwissen verfügen, um eigene Fehler und deren Ursachen ohne eine Rückmeldung von außen festzustellen. Demgegenüber steht die Auffassung, dass Schüler:innen durch die Verwendung externen Feedbacks zu passiv im eigenen Assessmentprozess bleiben und sie zu wenig Gelegenheit zur Selbstregulation erhalten (McLaughlin & Yan, 2017; Nicol & Milligan, 2006).

Die vorliegende Arbeit soll zur Klärung dieses Konflikts beitragen. Mit dem zuvor geschilderten Begriffsverständnis von formativem Selbst-Assessment wird davon ausgegangen, dass Lernende (ohne externe Evaluation) ihre Kompetenzen selbstständig und eigenverantwortlich beurteilen können. Dieser Prozess soll mithilfe des *SAFE Tools* (**S**elbst-**A**ssessment für **F**unktionales Denken **E**lektronisches Tool) – wie bei Emre im Eingangsbeispiel – initiiert, strukturiert und unterstützt werden. Das SAFE Tool wird im Rahmen der vorgestellten Studie in drei Designzyklen aus Konzeption, Erprobung, Analyse und Anpassung entwickelt. Zur Datenerhebung werden vorrangig aufgabenbasierte Interviews und die Methode des lauten Denkens eingesetzt. Die Interviews werden videographiert und durch eine qualitative Inhaltsanalyse mit deduktiv-induktiver Kategorienbildung ausgewertet. Die

Analysen erlauben es nicht nur, das funktionale Denken der Proband:innen beim situativ-graphischen Darstellungswechsel zu erfassen, sondern auch ihre formativen Selbst-Assessmentprozesse zu rekonstruieren. Zudem wird die jeweilige Toolnutzung fokussiert. Hierdurch wird deutlich, inwiefern Lernende technologie-gestützt dazu befähigt sind, eigene Kompetenzen selbst zu diagnostizieren, diese diagnostischen Informationen selbstregulativ zu nutzen, um begründete Entscheidungen für ihren weiteren Lernprozess zu treffen und eigenständig Erkenntnisgewinne zu erzielen. Im ersten und zweiten Zyklus werden die Interviews jeweils um eine Experten- bzw. zwei Klassenbefragungen ergänzt, um weitere Rückmeldungen bzgl. des Designs in der Weiterentwicklung des SAFE Tools zu berücksichtigen. Das vollständige Studiendesign sowie die verwendeten Methoden werden in **Kapitel** 5 vorgestellt. Anschließend dienen die **Kapitel** 6 bis 8 dazu, die drei (Haupt-)Entwicklungszyklen im Detail zu präsentieren. Dabei wird nicht nur das jeweilige Design der entsprechenden Toolversion beschrieben und Designentscheidungen begründet. Diese Kapitel thematisieren insbesondere die Analysen der durchgeführten Interviews und die Darstellung gewonnener Erkenntnisse. In **Kapitel** 9 werden zentrale Ergebnisse aller drei Entwicklungszyklen zusammengefasst und diskutiert. Daneben werden methodische Stärken und Grenzen der vorliegenden Studie aufgezeigt. Die Arbeit schließt mit einem Resümee in **Kapitel** 10. Dieses enthält ein Fazit sowie einen Ausblick auf mögliche Anknüpfungspunkte für die (Schul-)Praxis sowie weiterführende Forschungsfragen.

Teil I
Theoretischer Hintergrund

Formatives Selbst-Assessment 2

2.1 Warum formatives Selbst-Assessment durchführen?

Formatives Assessment stellt derzeit eine der vielversprechendsten Methoden zur Verbesserung schulischen Lernens dar. Durch eine prozessbegleitende Diagnose von Schülerkompetenzen soll dabei der Unterricht besser an die Bedürfnisse der Lernenden angepasst werden. Zudem zielt formatives Assessment auf eine stärkere Einbindung der Schüler:innen in die Steuerung und Evaluation ihres Lernprozesses. So wird es ihnen möglich, Lücken zwischen einem intendierten Lernziel und dem aktuellen Lernstand zu schließen (z. B. Black & Wiliam, 2009, S. 7; Cizek, 2010, S. 4 ff; Schütze et al., 2018, S. 697). Folglich verschwimmen beim formativen Assessment im Unterricht die Grenzen zwischen Instruktion, Diagnose und Förderung.

Entscheidend dabei ist insbesondere die aktive Beteiligung der Lernenden (z. B. Bernholt et al., 2013, S. 14; Black & Wiliam, 1998b, S. 144; Sadler, 1989, S. 121). Dadurch dass sie in den Mittelpunkt des Diagnoseprozesses gestellt werden, trägt formatives Assessment dazu bei, Mathematikunterricht schülerzentrierter zu gestalten (Thompson et al., 2018, S. 5). Zudem zeigen „Erkenntnisse aus der ‚Feedback-Kultur' […], dass es wichtig ist, Lernende verstärkt in die Organisation, Durchführung und Auswertung der Lernprozesse mit einzubeziehen" (Moser Opitz & Nührenberger, 2015, S. 504). Hierdurch können sie ein Verständnis für ihren aktuellen Lernstand sowie notwenige Lernhandlungen entwickeln. Dabei nutzen sie einerseits metakognitive und selbstregulative Strategien (s. Abschnitt 2.4.1): „They reflect on their learning, monitoring what they know and understand and determining when they need more information" (Heritage, 2007, S. 142). Andererseits können durch Selbst-Assessments Fähigkeiten zur Selbstregulation entwickelt werden (z. B. Heritage, 2007, S. 142; Nicol & Macfarlane-Dick, 2006, S. 207).

© Der/die Autor(en), exklusiv lizenziert durch Springer Fachmedien Wiesbaden GmbH, ein Teil von Springer Nature 2022

H. Ruchniewicz, *Sich selbst diagnostizieren und fördern mit digitalen Medien*, Essener Beiträge zur Mathematikdidaktik, https://doi.org/10.1007/978-3-658-35611-8_2

Wird die Ausbildung metakognitiver und selbstregulativer Strategien als ein Hauptziel formativen Assessments verstanden, ist die Durchführung von Selbst-Assessments essentiell. Insbesondere mit Blick auf die Vorbereitung der Schüler:innen auf ihr späteres (Berufs-)Leben und ein lebenslanges Lernen ist ihr Einsatz im Unterricht notwendig (Barzel et al., 2019, S. 79 f). Winter (2004) merkt etwa an, dass ein „Lernen des Lernens" unmöglich ist, wenn Schüler:innen nicht an der Reflexion und Evaluation eigener Lerntätigkeiten beteiligt sind (Winter, 2004, S. 14; zitiert nach Moser Opitz & Nührenberger, 2015, S. 504). Darüber hinaus kann nur so Verantwortung für den eigenen Lernprozess übernommen werden (Fernholz & Prediger, 2007, S. 14).

Gründe für formatives Selbst-Assessment sind demzufolge auf kognitiver, metakognitiver und affektiver Ebene zu beschreiben. Bezogen auf die kognitive Ebene kann eine intensive Auseinandersetzung der Schüler:innen mit Lernzielen sowie Erfolgskriterien zu einem tieferen Verstehen der mathematischen Inhalte führen (Bürgermeister & Saalbach, 2018, S. 200). Zudem sehen Brown und Harris (2013) das größte Potential von Selbst-Assessments zur Verbesserung von Schülerleistungen in der Ausbildung selbstregulativer Strategien: „Perhaps the most powerful promise of self-assessment is that it can raise student academic performance by teaching pupils self-regulatory processes, allowing them to compare their own work with socially defined goals and revise accordingly" (Brown & Harris, 2013, S. 367).

Dies hängt eng mit der metakognitiven Ebene zusammen. Werden Lernende zur Quelle von Rückmeldungen über ihren eigenen Fortschritt, müssen sie diesen überwachen und reflektieren. Demzufolge ist die Anwendung metakognitiver Strategien während eines Selbst-Assessmentprozesses erforderlich (Bürgermeister & Saalbach, 2018, S. 200). Hierdurch kann auch die affektive Ebene beeinflusst werden. Lernen Schüler:innen ihren eigenen Lernprozess zu überwachen und zu regulieren, übernehmen sie mehr Eigenverantwortung und sind weniger von der Lehrkraft abhängig (Brown & Harris, 2013, S. 367 f). Dadurch können sie Kompetenz- und Autonomieerleben erfahren (Bürgermeister & Saalbach, 2018, S. 200). Aus Sicht der Selbstbestimmungstheorie von Deci und Ryan (2008) sind dies psychologische Grundbedürfnisse, welche gegeben sein müssen, um für das Lernen motiviert zu sein (Deci & Ryan, 2008, S. 182 f). Dies erklärt, warum eine gesteigerte intrinsische Motivation sowie eine höhere Anstrengungsbereitschaft als Potenziale von Selbst-Assessments gelten (z. B. Brown & Harris, 2013, S. 367 f; McMillan & Hearn, 2008, S. 40). Ferner hängen diese Vorteile damit zusammen, dass beim formativen Selbst-Assessment individuelle Lernziele fokussiert werden. Dadurch, dass sie an die Bedürfnisse und den Lernstand der einzelnen Schüler:innen angepasst werden, kann „das Risiko einer Über- oder Unterforderung bei den Lernenden" minimiert werden (Bürgermeister & Saalbach, 2018, S. 200). Schließlich kann hierdurch ihr

Selbstbewusstsein sowie ihre Selbstwirksamkeitserwartung gesteigert werden (z. B. Harlen, 2007, S. 126).

2.2   Begriffliche Grundlagen: Assessment, Diagnose und Evaluation

In Bezug auf schulisches Lernen versteht man unter *Assessment* „den Prozess, mit dem Hinweise zum Lernstand von Schüler:innen erfasst und genutzt werden" (Schütze et al., 2018, S. 699). Während der Begriff in der englischen Literatur weit verbreitet ist, wird im Deutschen häufiger der Begriff *Diagnose* verwendet. Dieser stammt vom griechischen Wort *diagnosis* ab, was als „Hindurch-Erkenntnis, Durch-Blick, Unterscheidung, Entscheidung, Urteil" übersetzt wird (Moser Opitz & Nührenberger, 2015, S. 494). Unter Diagnose kann daher das zielgerichtete Erheben von Informationen über Schülerleistungen für ein angemessenes pädagogisches und didaktisches Handeln verstanden werden (Hußmann et al., 2007, S. 1). Beide Begriffe beinhalten demnach sowohl das Erfassen wie auch das Verwenden von Daten zum Wissensstand der Lernenden. Aus diesem Grund werden die Begriffe *Assessment* und *Diagnose* in dieser Arbeit synonym verwendet.

Dagegen versteht man unter einer *Evaluation* den Prozess „of determining the worth of, or assigning a value to, something on the basis of careful examination and judgement" (NCTM, 1995, S. 3). Eine Evaluation entspricht daher einer Leistungsbewertung oder -beurteilung. Beispielsweise wird der Klassenarbeit einer Schülerin die Note „gut" zugeordnet, da sie 80 % der Aufgaben richtig gelöst hat.

Moser Opitz und Nührenberger (2015) weisen darauf hin, dass auch Diagnosen stets mit einer Leistungsbewertung einhergehen. Um den Lernstand von Schüler:innen zu ermitteln, ist stets das Ziehen von Vergleichen notwendig (Moser Opitz & Nührenberger, 2015, S. 494). Auf diese Weise können Informationen über die Diskrepanz zwischen aktuellen Leistungen und den gewünschten Lernzielen gewonnen und diese beurteilt werden (Moser Opitz & Nührenberger, 2015, S. 491). Allerdings sollte sich eine Diagnose nicht auf die Erfassung von Leistungen beschränken, sondern insbesondere dahinterstehende Vorstellungen und Kompetenzen der Lernenden sichtbar machen (Hußmann et al., 2007, S. 1). Daher kann eine *Evaluation* als Teilaspekt des *Assessments* angesehen werden, wobei dieses weiter reicht und je nach Ziel auch Tätigkeiten zur Förderung oder Selektion von Lernenden beinhaltet (Moser Opitz & Nührenberger, 2015, S. 494; Thompson et al., 2018, S. 4).

Werden – wie in dieser Arbeit – Diagnoseprozesse untersucht, ist es hilfreich, deren Charakteristika zu bedenken. Moser Opitz und Nührenberger (2015) beschreiben fünf Merkmale von Assessments. Demnach sind Diagnosen (Moser Opitz & Nührenberger, 2015, S. 495 f):

- *Momentaufnahmen*: Sie finden in spezifischen Situationen statt, können diese nur teilweise widerspiegeln und erfassen Schülerleistungen, welche hinsichtlich der Zeit oder Situation instabil sind.
- *wertgeleitet*: Persönliche Beliefs und Erfahrungen beeinflussen die Entscheidungsfindung im Diagnoseprozess.
- *theoriebestimmt*: Jede Diagnose enthält eine gewisse Leistungsbewertung. Sie erfolgt aufgrund von Vergleichen zwischen gezeigten Schülerleistungen und einer Bezugsnorm. Diese ergibt sich aus vorgegebenen Kategorien, Begriffen oder Konzepten.
- *nicht Selbstziel*: Die Diagnosen selbst legitimieren keine Folgerungen oder Fördermaßnahmen. Diese werden stets durch die dahinterstehende theoretische Bezugnorm begründet.
- *fehlerbehaftet*: Diagnoseergebnisse werden durch die äußere Erhebungssituation beeinflusst. Daher ist die Einhaltung von Regeln und Gütekriterien während der Diagnose zentral.

Obwohl diese Merkmale auf alle Diagnoseprozesse zutreffen, können sich diese erheblich voneinander unterscheiden. Je nach Fokus kann ein Assessment auf unterschiedlichen Ebenen (z. B. ganze Klasse oder individueller Schüler), zu verschiedenen Zeitpunkten im Lehr-Lernprozess (z. B. Lernausgangsdiagnose, -prozessdiagnose oder -ergebnisdiagnose) sowie zu diversen Zwecken (summativ oder formativ) stattfinden (Hußmann et al., 2007, S. 2; Schütze et al., 2018, S. 699). Da sich die vorliegende Arbeit auf das formative Assessment konzentriert, wird dieses Rahmenkonzept im folgenden Abschnitt 2.3 näher vorgestellt.

2.3   Formatives Assessment

„Unter ‚formativem Assessment' versteht man die lernprozessbegleitende Beurteilung von Leistungen mit dem Ziel, diese diagnostischen Informationen zu nutzen, um Unterricht und letztlich das individuelle Lernen zu verbessern." (Schütze et al., 2018, S. 698)

Das *formative Assessment* oder *assessment for learning* beschreibt einen während des Lernens ablaufenden Prozess zur Identifikation von Schülerleistungen mit dem Ziel, ihr Lernen zu verbessern und optimal an ihre Bedürfnisse anzupassen (Bell & Cowie, 2001, S. 540; Schütze et al., 2018, S. 699). Es umfasst die Erhebung, Interpretation und Nutzung diagnostischer Informationen durch Lehrkräfte, Lernende oder Mitschüler:innen (*peers*), um Entscheidungen über die nächsten Schritte im (Lehr-)Lernprozess zu treffen, „that are likely to be better, or better founded, than the decisions they would have taken in the absence of the evidence that was elicited" (Black & Wiliam, 2009, S. 9). Mit dieser Definition betonen Black und Wiliam (2009), dass Lehrkräfte und Lernende für den formativen Assessmentprozess verantwortlich sind. Zudem beachten sie durch die Formulierung „likely" die Unvorhersehbarkeit von Lernprozessen. Auch eine noch so gut geplante Intervention führt nicht zwingend zu einem höheren Erkenntnisgewinn für alle Schüler:innen. Schließlich stellen sie die Handlungsentscheidungen, die auf Grundlage der erhobenen Informationen getroffen werden, als zentral für formatives Assessment heraus (Black & Wiliam, 2009, S. 10). Dies wird ebenso in der Definition von Bell und Cowie (2001) deutlich:

> „Assessment can be considered formative only if it results in action by the teacher and students to enhance student learning." (Bell & Cowie, 2001, S. 539)

Im Gegensatz dazu zielt das *summative Assessment* oder *assessment of learning* auf eine reine Leistungsbewertung. Der Wissensstand von Lernenden soll zu einem bestimmten Zeitpunkt, oftmals am Ende eines Lernprozesses, zusammenfassend festgestellt werden. Dadurch kann etwa eine Notenvergabe erfolgen oder die Diagnose wird für selektive Zwecke verwendet (z. B. Bernholt et al., 2013, S. 13; Schütze et al., 2018, S. 699). Ein klassisches Beispiel stellt eine Klausur dar, die am Ende einer Unterrichtsreihe die erlernten Kompetenzen beurteilt.

Die Unterscheidung zwischen summativen und formativen Assessments beruht demnach in erster Linie auf dem jeweiligen Zweck. „Während der summative Ansatz also aufzeigt, *ob* die Schülerinnen und Schüler bestimmte Lernziele erreicht haben (Fokus auf das Lernprodukt), macht das formative Assessment sichtbar, *was* die Lernenden bereits wissen oder können und wo aktuell ihre Verständnisschwierigkeiten liegen (Fokus auf den Lernprozess)" (Bürgermeister & Saalbach, 2018, S. 195; Hervorhebung im Original). Daher ist nicht unbedingt die Art der Datenerhebung, sondern die Form ihrer Nutzung entscheidend. Wiliam und Thompson (2008) stellen heraus, dass dasselbe Diagnoseinstrument sowohl summativ als auch formativ verwendet werden kann, je nachdem, wozu die gewonnenen Informationen eingesetzt werden (Wiliam & Thompson, 2008, S. 60). Dabei kann die Implementa-

tion formativen Assessments im Unterricht vielfältige Formen annehmen. Shavelson
et al. (2008) beschreiben diese Praxis auf einem Kontinuum zwischen spontanen
Reaktionen auf Schüleräußerungen (*on-the-fly*) bis zu formal geplanten (*embedded*)
Diagnosen, die fest im Curriculum verankert sind (Shavelson et al., 2008, S. 300 f).
Wichtig ist, dass stets eines von vier Hauptzielen formativen Assessments verfolgt
wird (Cizek, 2010, S. 4):

(1) Identifikation der Stärken und Schwächen von Lernenden,
(2) Unterstützung von Lehrkräften bei der Planung nachfolgender Unterrichtsein-
    heiten,
(3) Unterstützung von Schüler:innen bei der Steuerung ihres eigenen Lernens, der
    Korrektur ihrer eigenen Arbeit und beim Erlangen von Fähigkeiten zur Selbs-
    tevaluation,
(4) Förderung einer zunehmenden Autonomie und Verantwortung der
    Schüler:innen beim Lernen.

Sadler (1989) sieht dagegen die Identifikation eines „optimum gap between an
individual learner's current status and the aspiration" als ein Hauptziel formativen
Assessments (Sadler, 1989, S. 130). Diese optimale Kompetenzlücke kann im Sinne
von Vygotsky (1978) als *Zone der nächsten Entwicklung* (*zone of proximal development, ZPD*)[1] verstanden werden (Heritage, 2007, S. 142). Sie beschreibt den
individuellen Lernbereich, in dem bedeutsame Fortschritte im Erkenntnisgewinn
möglich sind (Bürgermeister & Saalbach, 2018, S. 200). In diesem Zusammenhang können die von Black und Wiliam (2009) betonten Handlungsentscheidungen
beim formativen Assessment, welche den (Lehr-)Lernprozess auf die Bedürfnisse
der Schüler:innen anpassen sollen, als Maßnahmen zum *Scaffolding*[2] interpretiert
werden. Sie beschreiben die Handlungen, welche in der ZPD durchgeführt werden,
um den Lernenden beim Schließen der diagnostizierten Lücke zwischen aktuellem
Leistungsstand und Lernziel zu helfen (Heritage, 2007, S. 142).

---

[1] Die ZPD wird definiert als Entfernung zwischen aktuellem Entwicklungsniveau, das Lernende beim selbstständigen Problemlösen zeigen, und potenziellem Entwicklungsniveau, das
sie mithilfe einer Anleitung der Lehrkraft oder in Zusammenarbeit mit leistungsstärkeren
Peers erreichen könnten (Vygotsky, 1978, S. 38).

[2] Der ursprünglich aus der Sprachbildung stammende Begriff Scaffolding gebraucht die Meta-
pher eines vorübergehend aufgebauten Gerüsts, um Maßnahmen zur gezielten Hilfestellung
beim Erkenntnisgewinn in der Interaktion eines Lehr-Lernprozesses zu beschreiben (z. B. van
Oers, 2014, S. 535).

In der Literatur wird formatives Assessment – neben seinen Zielen – vor allem über verschiedene charakterisierende Merkmale beschrieben. Bernholt et al. (2013) identifizieren eine Integration der Diagnose in den Lehr-Lernprozess, Kontinuität, die aktive Beteiligung von Lernenden in Form von Peer- und Selbst-Assessments sowie das Bereitstellen von lernförderlichem Feedback als Gemeinsamkeiten aller formativen Assessmentprozesse (Bernholt et al., 2013, S. 14). Ähnliche Facetten werden von McMillan (2010) genannt. Er betont, dass es sich beim formativen Assessment um einen Prozess handelt, an dem Lehrkräfte und Lernende beteiligt sind, der während oder nach einer Instruktion erfolgt und Feedback sowie eine instruktionelle Anpassung hervorbringt (McMillan, 2010, S. 42). Bürgermeister und Saalbach (2018) nennen neben einer prozessorientierten Diagnostik, formativen Rückmeldung und aktiver Partizipation der Lernenden auch das adaptive Unterrichten sowie transparente Lernziele und -beurteilungskriterien als Kennzeichen (Bürgermeister & Saalbach, 2018, S. 196). Cizek (2010) zählt zehn Charakteristika solcher Diagnosen auf (s. Tabelle 2.1). Allerdings merkt er an, dass nicht alle diese Merkmale erfüllt sein müssen, um ein Assessment als formativ zu bezeichnen. Vielmehr beschreiben diese Punkte Eigenschaften, die eine positive Wirkung formativen Assessments begründen (Cizek, 2010, S. 7).

Obwohl die verschiedenen Autoren unterschiedliche Schwerpunkte setzen, um formatives Assessment zu beschreiben, ergibt sich insgesamt ein einheitliches Bild. Zudem herrscht Konsens darüber, dass formatives Assessment lernförderlich wirken kann. Inwiefern diese Behauptung empirisch belegbar ist, wird im folgenden Abschnitt 2.3.1 näher betrachtet.

Tabelle 2.1 Charakterisierende Merkmale formativen Assessments (Cizek, 2010, S. 8)

1. Requires students to take responsibility for their own learning.
2. Communicates clear, specific learning goals.
3. Focuses on goals that represent valuable educational outcomes with applicability beyond the learning context.
4. Identifies the student's current knowledge/skills and the necessary steps for reaching the desired goals.
5. Requires development of plans for attaining the desired goals.
6. Encourages students to self-monitor progress toward the learning goals.
7. Provides examples of learning goals including, when relevant, the specific grading criteria or rubrics that will be used to evaluate the student's work.
8. Provides frequent assessment, including peer and student self-assessment and assessment embedded within learning activities.
9. Includes feedback that is non-evaluative, specific, timely, related to the learning goals, and provides opportunities for the student to revise and improve work products and deepen understandings.
10. Promotes metacognition and reflection by students on their work.

2.3.1 Empirische Evidenz zur Wirksamkeit

„Formatives Assessment gilt als eines der wirksamsten Rahmenkonzepte zur Förderung schulischen Lernens." (Schütze et al., 2018, S. 697)

In der Literatur finden sich zahlreiche Aussagen, welche die Effektivität formativen Assessments insbesondere bezüglich einer Verbesserung von Schülerleistungen betonen. Beispielsweise spricht Cizek (2010) von der „best hope for stimulating gains in student achievement" (Cizek, 2010, S. 3). Oftmals werden derartige Behauptungen mithilfe eines Reviews von Black und Wiliam (1998a) begründet (Rakoczy et al., 2019, S. 154). Darin untersuchen die Autoren etwa 250 Veröffentlichungen und schlussfolgern, dass: „[t]he research reported here shows conclusively that formative assessment does improve learning" (Black & Wiliam, 1998a, S. 61). In einer späteren Publikation aus demselben Jahr geben sie darüber hinaus an, dass sich Effektstärken zum Einfluss formativen Assessments auf Schülerleistungen zwischen $d = 0.40$ und $d = 0.70$ belaufen. Diese seien größer als bei vielen anderen Interventionsformen (Black & Wiliam, 1998b, S. 141).

Allerdings bleibt diese Argumentation nicht ohne Kritik. Zunächst wird bemängelt, dass es sich bei der Untersuchung von Black und Wiliam (1998a) um keine quantitative Metastudie handelt und angegebene Effektstärken daher nur wenig Aussagekraft besitzen (Bennett, 2011, S. 10; Rakoczy et al., 2019, S. 154). Des Weiteren werden auf methodische Schwächen der einbezogenen Studien verwiesen (Kingston & Nash, 2011, S. 28 f). Schließlich verallgemeinern Black und Wiliam (1998a) Aussagen aus sehr heterogenen Quellen, die unterschiedliche Facetten formativen Assessments betrachten. Beispielsweise konzentrieren sich einzelne Quellen auf die Auswirkungen von Lehrerassessments, wohingegen andere Selbstmonitoring fokussieren (Schütze et al., 2018, S. 703). Daher sind ihre Schlussfolgerungen nur schwer auf die Wirksamkeit formativen Assessments zurückzuführen, da nicht eindeutig ist, wie das Konzept operationalisiert wird (Rakoczy et al., 2019, S. 154; Schütze et al., 2018, S. 703).

Solche Kritikpunkte sind in neueren Publikationen weniger zu finden. Kingston und Nash (2011) berichten von einer Metastudie zum Einfluss formativen Assessments auf Leistungen von Schüler:innen im Grund- und Sekundarschulalter. Aufgrund konkreter Auswahlkriterien inkludieren sie 13 Untersuchungen mit 42 Effektstärken. Sie finden eine geringe, aber signifikante durchschnittliche Effektstärke von $d = 0.20$. Daneben zeigt sich, dass die Wirksamkeit formativen Assessments sowohl vom Schulfach als auch von dessen konkreter Umsetzung abhängt (Kingston & Nash, 2011, S. 33). Die Autor:innen vermuten, dass Variationen in den Effektstärken auf unterschiedliche Feedbackarten während der Interventionen zurückzuführen sind. Daher kritisieren sie, dass in den betrachteten Studien die Form der Rückmeldung – als zentraler Aspekt formativen Assessments – nicht detailliert beschrieben wird und fordern dies für zukünftige Forschungsprojekte (Kingston & Nash, 2011, S. 34).

Eine Studie, welche sowohl die Intervention als auch das eingesetzte Feedback genau beschreibt, stammt aus dem Forschungsprojekt „Conditions and Consequences of Classroom Assessment (Co^2CA)" (Rakoczy et al., 2019, S. 157). Daran nahmen 26 Realschullehrkräfte mit 620 Schüler:innen aus der neunten Jahrgangsstufe teil. Lehrkräfte der Experimental- und Kontrollgruppe erhielten Fortbildungen zum mathematischen Inhalt einer 13-stündigen Unterrichtsreihe zum Thema Satz des Pythagoras. Zusätzlich nahm die Experimentalgruppe an einer Schulung zum Thema formatives Assessment und prozessbezogenes Feedback teil. Während der Unterrichtsreihe führten sie zu drei Zeitpunkten formative Diagnosen durch. Dabei lösten die Lernenden eine mathematische Aufgabe. Die Lehrkräfte gaben ihnen eine schriftliche Rückmeldung zu ihren Stärken, Schwächen und Strategien für die Weiterarbeit. Obwohl keine Unterschiede hinsichtlich der Schülerleistungen zu finden sind, können Auswirkungen des formativen Assessments in den Experimentalklassen nachgewiesen werden. Die Schüler:innen nahmen das eingesetzte Feedback als hilfreicher wahr, schätzten ihre Selbstwirksamkeit höher ein und interessierten sich stärker für die mathematischen Aufgaben als Lernende der Kontrollgruppe (Rakoczy et al., 2019, S. 157 ff). Zudem wird in einer weiteren Studie des Co^2CA-Projekts gezeigt, dass die aktive Beteiligung von Lernenden im Assessmentprozess positive Auswirkungen auf die Anstrengungsbereitschaft und Motivation der Schüler:innen hat (Bürgermeister et al., 2014, S. 50).

Insgesamt weisen empirische Ergebnisse durchaus auf eine positive Wirkung formativer Assessments auf das Lernen hin. Dabei scheinen nicht nur kognitive, sondern auch affektive und metakognitive Merkmale beeinflusst zu werden. Allerdings besteht weiterer Forschungs- und Entwicklungsbedarf bezüglich der konkreten Implementation (Schütze et al., 2018, S. 698). Außerdem besteht aufgrund der Komplexizität des Konzepts und den vielfältigen Möglichkeiten zur praktischen Umsetzung die Notwendigkeit, näher zu spezifizieren, was effektives formatives Assessment beinhaltet (Bennett, 2011, S. 6 ff; Rakoczy et al., 2019, S. 155). Als zentraler Aspekt wird immer wieder ein lernförderliches Feedback genannt und auch als Faktor für unterschiedlich ausgeprägte Effekte formativen Assessments vermutet (z. B. Kingston & Nash, 2011, S. 34). Daher wird im folgenden Abschnitt 2.3.2 zunächst näher betrachtet, wie ein lernförderliches Feedback beschrieben werden kann. Anschließend werden in Abschnitt 2.3.3 Modelle zur konkreten Konzeptualisierung formativen Assessments vorgestellt.

2.3.2 Lernförderliches Feedback

Im formativen Assessmentprozess können Lehrkräfte gewonnene Hinweise über den Lernstand ihrer Schüler:innen auf zwei Arten als Rückmeldung nutzen. Einerseits können sie auf deren Basis ihren Unterricht besser an die Bedürfnisse der Lernenden anpassen. Andererseits können sie ihnen „diagnostische Informationen individuell rückmelden, so dass diese ihren Lernprozess optimieren können" (Schütze et al., 2018, S. 700). Steht – wie in dieser Arbeit – das Selbst-Assessment im Mittelpunkt, ist besonders Letzteres, das heißt eine Rückmeldung an die Lernenden, relevant.

Ein derartiges Verständnis von *Feedback* stimmt in weiten Teilen mit der Definition von Hattie und Timperley (2007) überein:

> „[…] feedback is conceptualized as information by an agent (e. g., teacher, peer, book, parent, self, experience) regarding aspects of one's performance or understanding." (Hattie & Timperley, 2007, S. 81)

Dieses Begriffverständnis unterstreicht, dass Feedback stets als Konsequenz einer Leistung und damit im Kontext eines Lernprozesses zu sehen ist (Hattie & Timperley, 2007, S. 81 f). Während Hattie und Timperley (2007) darauf hinweisen, dass eine Rückmeldung vom Empfänger akzeptiert, modifiziert oder abgelehnt werden kann und damit nicht unmittelbar zu einer (gewünschten) Handlung führt, ist die Definition von Ramaprasad (1983) strikter. Er bezeichnet nur solche Informationen als Feedback, die in irgendeiner Form zur Veränderung einer identifizierten Lücke führen (Ramaprasad, 1983, S. 4).

Dies wird im Begriffsverständnis von *formativem Feedback* jedoch abgeschwächt. Laut Wiliam und Thompson (2008) enthält dieses neben Informationen zur gezeigten Leistung lediglich Hinweise für Handlungsmöglichkeiten, durch die Lernende eine Lücke zwischen dem aktuellen Lernstand und angestrebten -ziel schließen können (Wiliam & Thompson, 2008, S. 61). Für Shute (2008) ist es ausreichend, wenn die vermittelte Rückmeldung versucht ein modifiziertes Verhalten hervorzurufen:

> „Formative feedback is definied […] as information communicated to the learner that is intended to modify his or her thinking or behavior for the purpose of improving learning." (Shute, 2008, S. 154)

Zahlreiche Untersuchungen weisen Feedback im Vergleich zu anderen Interventionen eine hohe Effektivität auf Lernleistungen nach. Hattie (1999) findet in seiner

Tabelle 2.2 Feedbacktypen (in Anlehnung an Shute, 2008, S. 160)

Feedback type		Description
Verification	Verification	Informs about the correctness of a response (e.g., right–wrong, or overall percentage correct)
	Correct response	Informs about correct answer to a specific problem, with no additional information
	Try again	Informs about an incorrect response and allows one or more attempts to answer a problem
	Error flagging	Highlights errors in a solution, without giving correct answer
Elaborated	Elaborated	General term relating to the provision of an explanation about why a specific response was correct or not
	Attribute isolation	Provides information addressing central attributes of the target concept or skill being studied
	Topic contingent	Provides information relating to the target topic currently being studied (e.g., reteaching material)
	Response contingent	Focusses on the learner's specific response; may describe why the incorrect answer is wrong and why the correct answer is correct
	Hints/cues/prompts	Guides learner in the right direction, e.g., strategic hint on what to do next or a worked example or demonstration; avoids explicitly presenting the correct answer
	Bugs/misconceptions	Requires error analyses and diagnosis; Provides information about the learner's specific errors or misconceptions (e.g., what is wrong and why)
	Informative tutoring	Provides verification feedback, error flagging, and strategic hints on how to proceed; correct answer is usually not provided

Metaanalyse eine durchschnittliche Effektstärke von $d = 0.79$ (Hattie & Timperley, 2007, S. 83). Kluger und DeNisi (1996) berichten von einer niedrigeren Effektstärke von $d = 0.38$ (Kluger & DeNisi, 1996, S. 273). Diese Variabilität zeigt, dass es auf die Art der Rückmeldung ankommt, inwiefern diese die Performanz von Lernenden beeinflussen kann (Hattie & Timperley, 2007, S. 83 f.).[3]

Shute (2008) unterscheidet zwei Rückmeldungsarten in Bezug auf ihren Informationsgehalt: *verifizierendes* und *elaboriertes* Feedback. Die verifizierende Rückmeldung enthält lediglich eine Angabe darüber, ob eine Antwort korrekt ist. Dahingegen beinhaltet elaboriertes Feedback Erklärungen zur Frage nach dem Warum (Shute, 2008, S. 158). Beide Feedbacktypen können in unterschiedlichen Formen auftreten, welche in Tabelle 2.2 zusammengefasst werden.

Forschungsergebnisse zeigen, dass Feedback signifikant effektiver ist, wenn „it provides details of how to improve the answer rather than just indicating whether the student's work is correct or not" (Shute, 2008, S. 157). Daher sollte effektives Feedback Elemente zur Verifikation und Elaboration beinhalten. Allerdings sind

---

[3] Detailliertere Informationen zu Forschungsergebnissen bzgl. Feedbacks, deren Gestaltung und Einflussfaktoren für ihre Effektivität (z. B. Aufgabenschwierigkeit und personenbezogene Aspekte) lassen sich etwa bei Hattie und Timperley (2007), Kluger und DeNisi (1996) oder Shute (2008) finden.

die Ergebnisse bzgl. einzelner Variationen der Feedbackarten (s. Tabelle 2.2) nicht schlüssig. Obwohl spezifischere Rückmeldungen generell als wirkungsvoller angesehen werden, spielen weitere Faktoren, wie etwa Komplexität, eine Rolle. Ist ein Feedback zu lang oder kompliziert, könnten es Lernende ignorieren. Darüber hinaus scheint insbesondere die Art und Qualität des Inhalts entscheidend für eine positive Wirkung von Feedback auf Lernleistungen (Shute, 2008, S. 158 ff).

Formative Rückmeldungen sollten klar und beschreibend formuliert sein (Heritage, 2007, S. 142), sich auf konkrete Beurteilungskriterien beziehen (Bernholt et al., 2013, S. 14) sowie den Lernenden Informationen darüber bereitstellen, inwieweit sie Fortschritte bezogen auf ein spezifisches Ziel zeigen (Hattie & Timperley, 2007, S. 85). Zudem lassen sich höhere Effekte auf Lernleistungen finden, wenn sich Rückmeldungen auf eine gestellte Aufgabe beziehen, anstatt Lob oder Tadel zu kommunizieren (Hattie & Timperley, 2007, S. 84).

> „[…] feedback is likely to be more effective when it causes a cognitive rather than an affective reaction." (Wiliam, 2010, S. 33)

Derartige Forschungsergebnisse finden sich im Feedbackmodell von Hattie und Timperley (2007) wieder. Dieses geht von der Annahme aus, dass Feedback darauf zielt, Diskrepanzen zwischen dem aktuellen Verständnis und einem gewünschten Lernziel zu schließen. Daher kann es als effektiv angesehen werden, wenn es Informationen zu folgenden drei Komponenten beinhaltet (Hattie & Timperley, 2007, S. 86 ff):

- *Feed Up*: Beantwortet die Frage: „Wohin gehst du?" und spezifiziert Lernintentionen und -ziele.
- *Feed Back*: Beantwortet die Frage: „Wie kommst du voran?" und spezifiziert Informationen zum aktuellen Lernstand bezogen auf das zu erreichende Ziel.
- *Feed Forward*: Beantwortet die Frage: „Wohin gehst du als nächstes?" und spezifiziert mögliche Strategien oder Handlungsanweisungen zur Erreichung des Lernziels.

Diese drei Fragen können jeweils auf vier unterschiedlichen Ebenen beantwortet werden:

- *Aufgabe*: Diese Ebene fokussiert Informationen hinsichtlich einer gestellten Aufgabe oder deren Lösung. Dabei wird erörtert, wie gut die Aufgabe bewältigt wurde. Dies könnte etwa die Feedbacktypen „Verification", „Correct Response" oder „Bugs/Misconceptions" umfassen (s. Tabelle 2.2).

- *Prozess*: Diese Ebene fokussiert den Prozess der Aufgabenbearbeitung. Dabei wird der Weg zur Aufgabenlösung, dahinterstehende Strukturen oder Zusammenhänge zu anderen Problemstellungen explizit. Hier ist weniger die Performanz bei einer Aufgabenlösung relevant, sondern wie und warum eine Aufgabe durch bestimmte Tätigkeiten gelöst werden kann. Das heißt, der Prozess des Verstehens steht im Vordergrund.
- *Selbstregulation*: Diese Ebene fokussiert die Fähigkeit der Lernenden zur Überwachung und Regulation ihrer Handlungen, um ein Lernziel zu erreichen.
- *Selbst*: Diese Ebene fokussiert persönliche Merkmale der Lernenden. Dabei werden z. B. keine spezifischen Leistungen beachtet, sondern Lob oder Tadel ausgesprochen.

Während Rückmeldungen auf den ersten drei Ebenen zu Lernfortschritten führen können, gilt Feedback auf der Selbst-Ebene als uneffektiv (Hattie & Timperley, 2007, S. 102).

Zusammenfassend lässt sich festhalten, dass formatives Feedback dann lernförderlich ist, wenn es nicht nur die Richtigkeit eines Lernprodukts verifiziert oder sich auf persönliche Merkmale der Lernenden beschränkt. Vielmehr müssen elaborierte Informationen über gewünschte Lernziele, den aktuellen Fortschritt zu deren Erreichung sowie mögliche Handlungen, um diesen näher zu kommen, bereitgestellt werden. Dabei können sich die Rückmeldungen sowohl auf eine konkrete Aufgabe, verallgemeinerte Lösungsstrategien und Zusammenhänge als auch die Selbstregulation der Lernenden beziehen. Entscheidend für den Lernprozess ist, dass derartige Informationen genutzt werden, um mögliche Erkenntnislücken zu schließen. Aus diesem Grund stellt Feedback einen zentralen Aspekt formativen Assessments dar. Dies wird insbesondere in Modellen zu dessen Konzeptualisierung deutlich, welche im folgenden Abschnitt 2.3.3 vorgestellt werden.

Im Hinblick auf das in dieser Arbeit fokussierte Selbst-Assessment sei angemerkt, dass bislang wenige Forschungsergebnisse zur Qualität selbstgenerierter Feedbacks durch Schüler:innen bzgl. der eigenen Lernprozesse und -produkte (im Folgenden: *Selbst-Feedback*) existieren. Andrade (2010) bemerkt etwa: „[...] much of the research on feedback involves feedback generated by external sources" (Andrade, 2010, S. 102).

2.3.3 Konzeptualisierung von formativem Assessment

Schlüsselstrategien nach Wiliam und Thompson (2008)

Wiliam und Thompson (2008) konzeptualisieren formatives Assessment über fünf Schlüsselstrategien, welche in Tabelle 2.3 dargestellt sind (Wiliam & Thompson, 2008, S. 63 f). Dazu betrachten sie zum einen die drei unterschiedlichen Akteure im Diagnoseprozess: die Lehrkraft, die Lernenden und ihre Mitschüler:innen (Peers). Zum anderen beziehen sie sich auf drei zentrale Phasen des Lehr-Lernprozesses, welche von Ramaprasad (1983) in Bezug auf das Formulieren von Feedback beschrieben wurden (s. Abschnitt 2.3.2). Es soll ermittelt werden:

- wo die Lernenden hin wollen bzw. sollen (Lernziel),
- wo sie sich in ihrem Lernprozess befinden (Lernstand),
- was sie tun müssen, um dahin zu gelangen (erforderliche Lernschritte).

Tabelle 2.3 Fünf Schlüsselstrategien formativen Assessments (in Anlehnung an Wiliam & Thompson, 2008, S. 63 f)

	Where the learner is going	Where the learner is right now	How to get there
Teacher	1 Clarifying learning intentions and criteria for success	2 Engineering effective classroom discussions and other learning tasks that elicit evidence of student understanding	3 Providing feedback that moves learners forward
Peer	Understanding and sharing learning intentions and criteria for success	4 Activating students as instructional resources for one another	
Learner	Understanding learning intentions and criteria for success	5 Activating students as the owners of their own learning	

Die erste Strategie formativen Assessments bezieht sich auf die Klärung und Kommunikation des Lernziels. Lehrkräfte sollen dieses sowie die damit verbundenen Beurteilungskriterien „individuell, spezifisch und herausfordernd" auswählen, formulieren und kommunizieren. Lernende müssen die Zielvorgaben hingegen verstehen und gegebenenfalls an ihre Peers weitergeben (Schütze et al., 2018, S. 700). Die zweite Schlüsselstrategie besteht darin, Gelegenheiten zur Erfassung diagnostischer Informationen über den Lernstand der Schüler:innen zu schaffen. Lehrkräfte können dies durch die Anleitung einer Diskussion im Unterricht oder die Formulierung von

Diagnoseaufgaben erreichen. Die dritte Schlüsselstrategie umfasst das für diesen Prozess zentrale Feedback. Es soll Schüler:innen dazu befähigen, Lücken zwischen der aktuellen Leistung und dem Lernziel zu schließen (Wiliam & Thompson, 2008, S. 63 f). Dazu können Lehrkräfte einerseits selbst die gewonnenen Informationen als Rückmeldung nutzen, um ihren Unterricht an die Bedürfnisse der Lernenden anzupassen. Andererseits können sie ihren Schüler:innen „diagnostische Informationen individuell rückmelden, so dass diese ihren Lernprozess optimieren können" (Schütze et al., 2018, S. 700). Die vierte Strategie besteht darin, Lernende als instruktionale Ressourcen füreinander zu aktivieren. Sie werden im Rahmen von Peer-Assessments angehalten, die Leistungen ihrer Mitschüler:innen zu beurteilen, rückzumelden und gegebenenfalls (im Folgenden: ggf.) bei der Überwindung von Fehlern zu helfen. Die Strategie begründet sich durch eine sozial-kooperative Sichtweise, bei der Lernen als sozialer Prozess verstanden wird (Black & Wiliam, 2009, S. 9). Schließlich umfasst die fünfte Schlüsselstrategie, dass Schüler:innen für das eigene Lernen verantwortlich gemacht werden, indem sie Selbst-Assessments durchführen (Wiliam & Thompson, 2008, S. 63 f). Hierdurch können sie „zur eigenen Rückmeldequelle werden" und lernen, ihren Lernprozess selbstständig zu steuern (Schütze et al., 2018, S. 701). Theoretisch ist diese Strategie nicht nur aufgrund positiver Auswirkungen von Selbst-Assessments, sondern auch durch Konzepte wie Metakognition, Motivation oder Interesse begründet (Black & Wiliam, 2009, S. 9).

Der FaSMEd Theorierahmen

Obwohl Wiliam und Thompson (2008) in ihrer Konzeptualisierung verschiedene Akteure und Phasen des Lehr-Lernprozesses berücksichtigen, erachten sie hauptsächlich die Lehrkraft als verantwortlich für den formativen Assessmentprozess. Es ist die Lehrkraft, die Lernziele festlegt (Strategie 1), diagnostische Informationen erhebt (Strategie 2), Feedback gibt (Strategie 3) und Lernende als instruktionale Ressourcen für ihre Peers und sich selber aktiviert (Strategien 4 und 5). Diese Sichtweise wurde in dem EU-Projekt FaSMEd[4] zum formativen Assessment mit digitalen Medien erweitert. Der FaSMEd Theorierahmen (s. Abbildung 2.1) betont stärker, dass jeder Akteur des Lehr-Lernprozesses (Lehrkraft, Peers, Lernende) Verantwortung für den Prozess des formativen Assessments übernehmen kann. Dazu werden jedem Akteur alle fünf Schlüsselstrategien formativen Assessments nach Wiliam und Thompson (2008) zugesprochen. Darüber hinaus wird in dem Modell eine dritte Dimension namens „Functionalities of Technology" betrachtet. Diese

---

[4] FaSMEd ist das Akronym für „Raising Achievement through Formative Assessment in Science and Mathematics Education" (*www.fasmed.eu*).

erlaubt es, verschiedene Rollen digitaler Medien während des formativen Assessmentprozesses zu beschreiben (Ruchniewicz & Barzel, 2019b, S. 51).

Der FaSMEd Theorierahmen, der in Abbildung 2.1 dargestellt wird, dient als theoretisches Modell zur Charakterisierung und Analyse von technologiebasierten formativen Assessmentprozessen. Die Dimension der *Akteure* (*agent/s*) drückt aus, wer diagnostiziert: die Lehrkraft, Peers oder die Lernenden selbst. Idealerweise sind alle Akteure in einen formativen Assessmentprozess involviert, da die „[…] assessment activity can help learning if it provides information that teachers and their students can use as feedback in assessing themselves and one another […]" (Black et al., 2004, S. 10).

Die Dimension der *formativen Assessment Strategien* (*FA strategies*) bezieht sich auf die Schlüsselstrategien nach Wiliam und Thompson (2008), welche hier weiter gefasst werden. Beispielsweise wird davon ausgegangen, dass nicht nur die Lehrkraft, sondern auch Schüler:innen ein Lernziel festsetzen können (Strategie 1). Ebenso ist es ihnen möglich, Informationen über ihre eigenen Leistungen zu erheben (Strategie 2). Dies erfolgt etwa durch das Bearbeiten diagnostischer Aufgaben. Darüber hinaus können sowohl die Mitschüler:innen als auch Lernende selbst eine effektive Rückmeldung über ihren Leistungsstand formulieren (Strategie 3). Zudem könnten auch die Lernenden ihre Peers als instruktionale Ressourcen aktivieren (Strategie 4). Fragen sie ihre Mitschüler:innen danach, einen Lösungsansatz

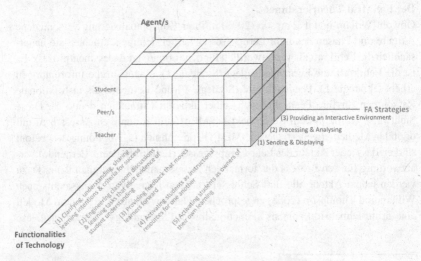

Abbildung 2.1 Theorierahmen des EU-Projekts FaSMEd (Aldon et al., 2017, S. 553 ff; Ruchniewicz & Barzel, 2019b, S. 52)

zu beurteilen oder ihnen einen Zusammenhang zu erklären, übernehmen Lernende selbst Verantwortung für ihren Lernprozess ohne dazu von der Lehrkraft aufgefordert zu werden (Strategie 5). Dies zeigt sich z. B. darin, dass der eigene Lernprozess mittels metakognitiver Aktivitäten selbst reguliert wird (s. Abschnitt 2.4.1).

Die Dimension *Funktionalitäten der Technologie* (*functionalities of technology*) spezifiziert, welche Rolle digitale Medien beim formativen Assessment übernehmen. Basierend auf den Ansätzen zur Umsetzung formativer Diagnosen im mathematisch-naturwissenschaftlichen Unterricht, welche im Projekt FaSMEd empirisch erprobt wurden, werden drei Funktionalitäten unterschieden:

- *Senden & Anzeigen* (*Sending & Displaying*): Involviert alle digitalen Medien, welche die Kommunikation im Unterricht anregt, indem ein einfacher Austausch von Dokumenten oder Daten ermöglicht wird. Dazu zählt z. B. das Verschicken einzelner Aufgaben an Schülergeräte, das Übermitteln eigener Antworten an die Lehrkraft oder das Projizieren eines Schülerbildschirms auf die Tafel, damit seine/ihre Lösung im gesamten Klassenverband diskutiert werden kann.
- *Verarbeiten & Analysieren* (*Processing & Analysing*): Berücksichtigt alle digitalen Medien, die Daten innerhalb eines formativen Assessments sammeln, umwandeln oder verarbeiten. Diese Rolle wird etwa erfüllt, wenn es sich um eine Software handelt, die automatisch Feedback auf der Grundlage bestimmter Schülerantworten generiert. Auch sogenannte Audience Response Systeme, welche in Echtzeit statistische Auswertungen bzgl. im Klassenzimmer durchgeführter Umfragen erstellen, übernehmen diese Funktionalität (s. Abschnitt 4.3).
- *Bereitstellen einer interaktiven Lernumgebung* (*Providing an interactive Environment*): Schließt digitale Medien ein, die es Lernenden erlauben, mathematische oder naturwissenschaftliche Inhalte interaktiv zu erkunden oder ihnen Impulse zur Selbstreflexion liefern. Diese Rolle kann im formativen Assessmentprozess beispielsweise von digitalen Medien übernommen werden, wenn Lernende mit dynamischer Geometriesoftware, Funktionenplottern, dynamischen Visualisierungen oder dem hier entwickelten SAFE Tool arbeiten (Aldon et al., 2017, S. 553 ff; Ruchniewicz, 2017a, S. 76 f; Ruchniewicz & Barzel, 2019b, S. 51 f; Wright et al., 2018, S. 210 ff).

Assessment Activity Cycle nach Ruiz-Primo und Li (2013)
Eine weitere Operationalisierung formativen Assessments ist bei Ruiz-Primo und Li (2013) zu finden. Sie betonen den zyklischen, kontinuierlichen Prozesscharakter formativer Diagnosen. Dabei besteht der *Assessment Activity Cycle* aus vier miteinander verbundenen Handlungen. Diese stimmen größtenteils mit den Schlüsselstrategien nach Wiliam und Thompson (2008) überein: 1) Lernziele klären;

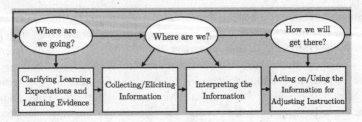

Abbildung 2.2 Assessment Activity Cycle (in Anlehnung an Ruiz-Primo & Li, 2013, S. 222)

2) Informationen über Schülerverständnis erheben; 3) erhobene Informationen interpretieren und 4) darauf basierend handeln (s. Abbildung 2.2).

Nach Ruiz-Primo und Li (2013) liegt eine *formative Assessment Episode* vor, wenn alle vier Aktivitäten durchgeführt wurden. Dies erfolgt im Unterricht als sozialer Prozess, an dem Lehrkräfte und Schüler:innen beteiligt sind, im Rahmen eines bestimmten inhaltlichen Kontextes und durch verschiedene Strategien, welche sowohl formaler als auch informeller Natur sein können. Beispielsweise ist das Erheben von Informationen mittels Fragen im Unterrichtsgespräch, Tests oder über Selbsteinschätzungen durch die Lernenden möglich (Ruiz-Primo & Li, 2013, S. 221 ff).

Formatives Assessment Modell nach Harlen (2007)
Auch Harlen (2007) stellt formatives Assessment als zyklischen Prozess dar (s. Abbildung 2.3). Dabei werden die währenddessen zu treffenden Entscheidungen über die nächsten Schritte im (Lehr-)Lernprozess fokussiert. Zudem stellt sie die Schüler:innen ins Zentrum der Diagnose, da sie diejenigen sind, die das Lernen vornehmen. Die Doppelpfeile zwischen den Lernenden und einzelnen Assessmentschritten deuten an, dass sie einerseits Feedback von der Lehrkraft erhalten, andererseits aber auch selbst diagnostische Informationen bereitstellen und Entscheidungen über ihren weiteren Lernprozess treffen können (Harlen, 2007, S. 119 f). Feedback wird hier demnach nicht explizit als eine Stratgie oder ein Schritt beim formativen Assessment aufgeführt, sondern implizit als Entscheidungsgrundlage betrachtet (Bürgermeister & Saalbach, 2018, S. 196).

Zu Beginn eines formativen Assessmentzyklus arbeiten die Schüler:innen an einer Aktivität A, welche zur Erreichung eines spezifischen Lernziels intendiert ist. Hierdurch bietet sich sowohl für die Lehrkraft als auch die Lernenden eine Möglichkeit, um Hinweise bzgl. der Erreichung des Lernziels zu generieren. Zur Interpretation dieser diagnostischen Informationen müssen die mit dem Lernziel verbundenen Beurteilungskriterien verstanden werden. Die Evaluation der gewonnenen Hinweise erfolgt sowohl aufgrund der fachlichen Zielvorstellung (*criterion-referenced*) als auch bzgl. des jeweiligen Kenntnisstands eines Individuums (*student-referenced*). Schließlich führt die Beurteilung des aktuellen Leistungsstands zu einer Entscheidung über die nächsten Schritte im Lernprozess, welche konkret durch die Anregung der nächsten Aktivität B umgesetzt werden (Harlen, 2007, S. 119 f).

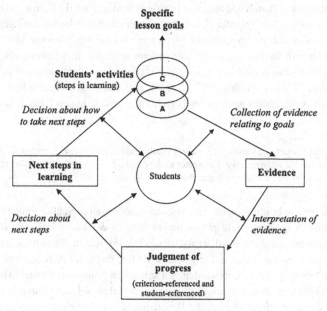

Abbildung 2.3 Formatives Assessment Modell (Harlen, 2007, S. 120)

Fazit und Konsequenz für die Betrachtung von Selbst-Assessments
Obwohl die vier Modelle unterschiedliche Facetten formativen Assessments betonen, wird dessen Komplexität in allen Konzeptualisierungen deutlich. Zudem wird formatives Assessment stets als kollaborativer Prozess verstanden. Er wird sowohl von der Lehrkraft als auch den Schüler:innen im Klassenverband durchgeführt, um den Unterricht und das Lernen fortlaufend an die Bedürfnisse und den Kenntnisstand der Lernenden anzupassen (Cizek, 2010, S. 6 f). Daher warnen Schütze et al. (2018) davor, einzelne Facetten des Konzepts isoliert zu betrachten. Dies könnte den

Eindruck erwecken, formatives Assessment ließe sich auf nur eines seiner Merkmale beschränken (Schütze et al., 2018, S. 701). Obgleich von der gesonderten
Betrachtung einzelner Elemente abgeraten wird, ist die Unterstützung der Schü-
ler:innen beim Entdecken eigener Stärken und Schwächen sowie der Steuerung des
eigenen Lernens als zentrales Ziel formativen Assessments hervorzuheben. Daher
fokussiert die vorliegende Arbeit das Selbst-Assessment durch Lernende, da es nicht
nur als Teil, sondern auch als spezielle Form des formativen Assessments verstanden werden kann. Bereits in den vorherigen Abschnitten wurde dieser wiederholt als
wichtiger Aspekt genannt und mit einer positiven Wirkung auf die Performanz sowie
Selbstregulation oder Eigenständigkeit von Schüler:innen in Verbindung gebracht.
Oftmals finden sich in der Literatur Aussagen, welche die Relevanz von Selbstdiagnosen innerhalb des formativen Assessments ausdrücken, beispielsweise: „The
ultimate user of assessment information that is elicited in order to improve learning,
is the pupil" (Black & Wiliam, 1998b, S. 144). McMillan (2013) beobachtet zudem,
dass Selbst-Assessments auch in der Forschung verstärkt in den Blick genommen
werden:

> „Now that formative assessment is clearly established as a key type of student evalua-
> tion, the field is moving toward a greater understanding of student self-assessment as
> a critical component of formative assessment." (McMillan, 2013, S. 9)

Daher überrascht es umso mehr, dass Selbstdiagnosen durch Schüler:innen bislang
wenig Platz in der Unterrichtspraxis finden (Brown & Harris, 2013, S. 367). In
einer Fragebogenstudie mit 46 Realschullehrkräften zeigen Bürgermeister et al.
(2014) etwa, dass partizipative Diagnosemethoden, das heißt Assessments, in die
Lernende bewusst einbezogen werden, am seltensten praktiziert werden. Häufiger
erheben Lehrkräfte diagnostische Informationen verbal in Unterrichtsgesprächen,
während der Tafelarbeit oder bei der Besprechung von Tests sowie notenzentriert
(Bürgermeister et al., 2014, S. 47 ff).

Auch in gesetzlichen Vorgaben werden Selbst-Assessments durch Schüler:innen
– insbesondere solche mit einer formativen Zielsetzung – nur bedingt gefordert. In
den Bildungsstandards des Fachs Mathematik für den mittleren Schulabschluss wird
z. B. die Fähigkeit zum selbstständigen Lernen als Ziel des Mathematikunterrichts
benannt (KMK, 2004, S. 6). Zudem finden sich etwa im Kernlehrplan Mathematik
des Landes Nordrhein-Westfalen für die Realschule prozessbezogene Kompeten-
zerwartungen an Schüler:innen. Im Bereich des Argumentierens und Kommuni-
zierens sollen sie am Ende der Sekundarstufe I Problembearbeitungen überprüfen
und bewerten können sowie beim Problemlösen dazu befähigt sein, Lösungswege

und Ergebnisse zu überprüfen und zu bewerten (MSB NRW, 2004, S. 14). Direkte Aufforderungen zu Selbstdiagnosen finden sich nicht.

Aus diesen Gründen zielt die vorliegende Arbeit darauf hin, den Prozess des formativen Selbst-Assessments durch Schüler:innen sowie sein Potential für ihr Lernen eingehend zu untersuchen. Im folgenden Abschnitt 2.4 wird *Selbst-Assessment* zunächst losgelöst von einer formativen Zielsetzung betrachtet.

2.4 Selbst-Assessment

„What is self-assessment, and what is not? This question is surprisingly difficult to answer, as the term *self-assessment* has been used to describe a diverse range of activities - […]" (Andrade, 2019, S. 1, Hervorhebung im Original)

Obwohl die Bedeutung von Selbst-Assessments für das Lernen sowie formative Assessment bereits in den vorherigen Abschnitten 2.1 und 2.3 verdeutlicht wurde, ist eine Begriffsklärung von *Selbst-Assessment* nicht trivial. Das liegt zum einen daran, dass verschiedene Definitionen in der Literatur zu finden sind. Zum anderen werden vielfältige Begriffe mit Selbst-Assessments assoziiert, welche teilweise synonym verwendet werden. Brown und Harris (2013) bemerken:

„Many terms have been used to describe the process of students assessing and providing feedback on their own work, including self-assessment, self-evaluation, self-reflection, self-monitoring, and more generally, reflection." (Brown & Harris, 2013, S. 368)

Aus diesem Grund werden zunächst verschiedene Definitionen vorgestellt und voneinander abgegrenzt. Brown und Harris (2013) vertreten das umfassendste Begriffsverständnis von Selbst-Assessment als „a descriptive and evaluative act carried out by the student concerning his or her own work and academic abilities" (Brown & Harris, 2013, S. 368). Dabei schließen sie die Bewertung eigener Arbeitsergebnisse, z. B. durch das Erörtern ihrer Qualität im Vergleich zu Feedbacks der Lehrkraft oder das Ermitteln einer Note (*scoring*), ebenso ein, wie die Vorhersage eigener Leistungen in bevorstehenden Tests. Vielfältige Bewertungssysteme können die Grundlage solcher Selbstdiagnosen darstellen. Zum Beispiel werden Checklisten mit wichtigen Aufgabeneigenschaften, Ampeln, die das Verständnis der Schüler:innen durch verschiedene Farben ausdrücken, oder Punktzahlen verwendet. Dabei ist Selbst-Assessment nicht nur auf einzelne Aufgaben beschränkt, sondern bezeichnet auch die Einschätzung, inwiefern allgemeinere Fertigkeiten erreicht werden (z. B. Wie gut kann ich Funktionsgraphen zeichnen?). Zentral ist, dass es die Lernenden selbst sind, die nicht ihre persönlichen Merkmale, sondern akademische Leistungen oder Kompetenzen erfassen, einschätzen und beurteilen (Brown & Harris, 2013, S. 368 ff).

Ein ähnlich breites Begriffsverständnis, das sowohl die Beschreibung als auch Bewertung eigener Performanzen beinhaltet, lässt sich bei Panadero et al. (2016) finden. Sie betonen ebenfalls die Vielfältigkeit der praktischen Umsetzung, indem sie Selbst-Assessment als „a wide variety of mechanisms and techniques through which students describe (i.e., assess) and possibly assign merit or worth to (i.e., evaluate) the quality of their own learning processes and products" definieren (Panadero et al., 2016, S. 804). Im Gegensatz zu Brown und Harris (2013) schließen sie demnach keine Leistungsvorhersagen ein, sondern sehen Selbst-Assessments als retrospektive Handlungen zur Einschätzung vergangener Lerntätigkeiten. Zudem unterstreichen sie, dass Lernende dabei selbst diagnostische Informationen nutzen und es beispielsweise nicht ausreicht einer Lehrkraft zu signalisieren, ob sie einen Sachverhalt verstanden haben (Panadero et al., 2017, S. 75).

Ein engeres Begriffsverständnis zeigt sich bei Boud und Falchikov (1989). Sie beschreiben Selbst-Assessment als kriterienbasierte Bewertung eigener Lernleistungen durch Schüler:innen. Boud und Falchikov (1989) definieren: „Student self-assessment occurs when learners make judgments about aspects of their own performance" (Boud & Falchikov, 1989, S. 529). Dabei sind sowohl die Identifikation von Evaluationskriterien, als auch die Beurteilung auf ihrer Grundlage entscheidend. Sind Lernende nicht an der Festlegung der Kriterien beteiligt, sprechen die Autoren von *self-marking*. Allerdings merken sie an, dass diese Praxis in vielen Studien zum Selbst-Assessment verwendet wird und nicht zwischen den Begriffen unterschieden wird (Boud & Falchikov, 1989, S. 529 f).

Zwei Definitionen, welche Selbst-Assessment als selbstregulativen Prozess mit formativer Zielsetzung beschreiben, liefern Ross (2006) sowie McMillan und Hearn (2008). Ross (2006) sowie Ross et al. (2002b) definieren Selbst-Assessment in Anlehnung an Klenowski (1995) als „the evaluation or judgment of ‚the worth' of one's performance and the identification of one's strength and weaknesses with a view to improving one's learning outcomes" (Klenowski, 1995, S. 146; Ross et al., 2002b, S. 45). Ferner operationalisieren sie Selbst-Assessment über drei selbstregulative Prozesse, die genutzt werden müssen, um das eigene Verhalten wahrnehmen und beurteilen zu können: Selbst-Beobachtung, Selbst-Evaluation und Selbst-Reaktion. Zunächst müssen Lernende durch *Selbst-Beobachtung* (*self-observation*), ihre Aufmerksamkeit absichtlich auf bestimmte Aspekte ihres zu bewertenden Lernprozesses oder -produkts lenken. Anschließend wird mittels *Selbst-Evaluation* (*self-judgment*) erörtert, inwiefern diese Ziele erreicht werden. Schließlich erfolgt bei der *Selbst-Reaktion* (*self-reaction*) eine Interpretation des Grades der Zielerreichung, welche ausdrückt, inwiefern Lernende mit dem Resultat ihrer Lerntätigkeiten zufrieden sind (Ross, 2006, S. 6).

Auch McMillan und Hearn (2008) beschreiben Selbst-Assessment als zyklischen Prozess mit formativer Zielsetzung: „[…] a process by which students 1) monitor and evaluate the quality of their thinking and behavior when learning and 2) identify strategies that improve their understanding and skills" (McMillan & Hearn, 2008, S. 40). Durch die Betonung des Selbst-Monitoring als wichtigen Bestandteil nehmen sie metakognitive Vorgänge stärker in den Blick. Zudem sind nach ihrer Definition nicht nur gezeigte Leistungen, sondern insbesondere auch Denkprozesse und Lernstrategien Gegenstand des Selbst-Assessments. Ihr Begriffsverständnis konzeptualisieren McMillan und Hearn (2008) in dem Modell des *Selbst-Assessment Kreislaufs* (*student self-assessment cycle*, s. Abbildung 2.4). Demnach setzt sich Selbst-Assessment aus drei Komponenten zusammen, welche fortlaufend in einem zyklischen Prozess miteinander verbunden sind: *Lernziele und -strategien*[5], *Selbst-Monitoring* und *Selbst-Evaluation*. Zunächst müssen Schüler:innen die Lernziele und damit verbundene Beurteilungskriterien verinnerlichen, auf deren Basis die Selbstdiagnose stattfindet. Die ausgeübten Lernstrategien werden mittels Selbs-Monitoring überwacht und der Fortschritt zur Erreichung der Lernziele beurteilt. Dabei stellen die Lernenden Feedback über ihren eigenen Lernprozess bereit und identifizieren die nächsten Lernziele oder -strategien, um ihr Verständnis und ihre Performanz zu verbessern (McMillan & Hearn, 2008, S. 40 f). Insgesamt handelt es sich beim beschriebenen Prozess also um formatives Assessment (s. Abschnitt 2.3).

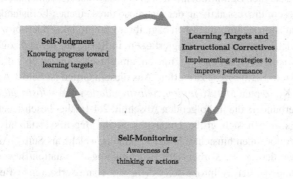

Abbildung 2.4 Selbst-Assessment Kreislauf (McMillan & Hearn, 2008, S. 41)

---

[5] Die Autoren sprechen von „instructional correctives", um Lernstrategien zu beschreiben, die aufgrund einer vorherigen Selbstdiagnose als nächste Schritte im Lernprozess identifiziert wurden (McMillan & Hearn, 2008, S. 41).

Schließlich definiert Andrade (2010) Selbst-Assessment explizit als formativen Diagnoseprozess:

> „Self-assessment is a process of formative assessment during which students reflect on the quality of their work, judge the degree to which it reflects explicitly stated goals or criteria, and revise their work accordingly." (Andrade, 2010, S. 91)

Dieses Verständnis von Selbst-Assessment grenzt sie von den Begriffen *Selbst-Evaluation* und *Selbst-Reflexion* ab. Von einer Selbst-Evaluation spricht sie, wenn Lernende ihre eigene Arbeit benoten (*grading*). Das heißt, es handelt sich eher um einen summativen Beurteilungsprozess, bei dem eine Leistung mithilfe eines quantitativen Maßes bewertet wird. Dagegen zielt eine Selbst-Reflexion laut Andrade (2010) nicht darauf ab, bestimmte Lernprodukte, sondern allgemeine Fähigkeiten zum Kennenlernen eigener Stärken und Schwächen zu beurteilen. Für ihr Begriffsverständnis von Selbst-Assessment resultiert daraus im Gegensatz zu den Definitionen von Ross (2006) sowie McMillan und Hearn (2008), dass sich dieser Prozess auf eine qualitative Evaluation konkreter, aufgabenspezifischer Lernprodukte (z. B. Aufgabenlösung, mündliche Präsentation, usw.) bezieht. Dabei stellt die Überarbeitung einer vorherigen Schülerlösung einen wichtigen Bestandteil dar. Praktiken, welche ausschließlich auf eine quantitative Bewertung eigener Leistungen abzielen werden explizit ausgeschlossen (Andrade, 2010, S. 92).

Allen vorgestellten Definitionen von Selbst-Assessment ist gemeinsam, dass Lernende bei diesem Prozess aktiv an der Diagnose ihres eigenen Lernstands beteiligt sind. Dabei müssen sie Informationen bzgl. ihrer Lernprodukte oder -prozesse, Vorstellungen oder Lernstrategienutzung erfassen, in Bezug auf herangezogene Beurteilungskriterien evaluieren und ggf. nutzen, um Entscheidungen über die nächsten Schritte in ihrem Lernprozess zu treffen. Aus diesem Grund ist Selbst-Assessment eng mit den Konzepten *Metakognition*, *Selbstregulation* und *selbstreguliertes Lernen* (*SRL*) verbunden, die im folgenden Abschnitt 2.4.1 näher beschrieben werden.

Allerdings zeigen sich große Unterschiede im Begriffsverständnis der verschiedenen Autor:innen hinsichtlich: der Praktiken, welche als Selbst-Assessment bezeichnet werden (z. B. Vorhersage, Beschreibung, Evaluation/Bewertung von Schülerleistungen); der Teilprozesse, welche als charakterisierende Bestandteile identifiziert werden (z. B. Verstehen von Lernzielen, Selbst-Monitoring, Selbst-Evaluation, Selbst-Reaktion); dem Nutzer der gewonnenen diagnostischen Informationen (nur Schüler:innen oder auch Lehrkraft); dem Diagnosegegenstand (z. B. einzelne Aufgabenbearbeitung, Lernprozess oder allgemeinere Kompetenzen); sowie der zugelassenen Bewertungsgrundlagen (z. B. kriterienbasiert, quantitative Maße wie Punktzahlen, relative Maße wie Ratingskalen). Diese Unterschiede sind von besonderer Bedeutung, wenn man Forschungsergebnisse zum Thema Selbst-Assessment einordnen will. Aktuell lassen sich zwei (Haupt-)Forschungsrichtungen ausmachen, welche im Laufe dieses Kapitels diskutiert werden. Zum einen fragen Studien nach der Wirksamkeit von Selbst-Assessments. Hier steht die Effektivität oder der Nutzen für den Erkenntnisgewinn sowie weitere lernförderliche Faktoren im Vordergrund (s. Abschnitt 2.4.2). Zum anderen wird gefragt: Wie kann die Qualität von Selbst-Assessments eingeschätzt werden? Dabei wird fokussiert, inwiefern Lernende sich selbst realistisch beurteilen können (s. Abschnitt 2.4.3). Gleichwohl wird der aktuelle Forschungsstand zum Selbst-Assessment als lückenhaft bezeichnet:

> „However, not enough is known about what students do, think and feel when they are asked to self-assess, to enable researchers to construct a useful theory of self-assessment or to determine the most effective approaches to self-assessment in the classroom." (Andrade & Du, 2007, S. 162)

Hier setzt die vorliegende Arbeit an, indem *formatives Selbst-Assessment* in Abschnitt 2.5 basierend auf den Ausführungen zum formativen Assessment (s. Abschnitt 2.3) sowie zum Selbst-Assessment (s. Abschnitt 2.4) synthetisierend konzeptualisiert wird.

2.4.1   Exkurs: Metakognition, Selbstregulation und SRL

Stellen Schüler:innen während des Selbst-Assessments durch den Vergleich eigener Aufgabenlösungen mit einem vorgegebenen Beurteilungskriterium fest, dass ein Fehler gemacht wurde, ist von der Anwendung einer metakognitiven Strategie auszugehen. Entscheiden sie sich daraufhin bewusst dafür, die Aufgabenbearbeitung noch einmal zu ändern, führen sie eine selbstregulative Tätigkeit aus (in Anlehnung an Rott, 2013, S. 83). Dieses Beispiel verdeutlicht den engen Zusammenhang zwischen Selbst-Assessment und den Konzepten *Metakognition* sowie *Selbstregulation*. Darüber hinaus wird von einem positiven Einfluss der Selbstdiagnose auf Fähigkeiten zum *selbstregulierten Lernen* (*SRL*) ausgegangen (s. Abschnitt 2.4.2). Andersherum kann Selbst-Assessment als zentrales Element von SRL verstanden werden, da es „involves awareness of the goals of a task and checking one's progress toward them" (Andrade & Brookhart, 2016, S. 298). Aufgrund ihrer Relevanz für das Selbst-Assessment werden diese drei Konzepte im folgenden Exkurs erläutert. Zunächst wird dabei ihr Zusammenhang betrachtet, bevor sie im Einzelnen thematisiert werden.

Metakognition, Selbstregulation und SRL werden in der Literatur häufig genannt, ohne dass eine präzise Abgrenzung dieser „often entangled bodies of literature" vorgenommen wird (Dinsmore et al., 2008, S. 392). In Bezug auf die beiden erstgenannten Konzepte kann etwa festgestellt werden, dass „[s]ome researchers consider self-regulation to be a subordinate component of metacognition […], whereas others regard self-regulation as a concept superordinate to metacognition […]" (Veenman et al., 2006, S. 4). Zulma Lanz (2006) identifiziert drei Arten von Beziehungen zwischen den Begriffen Metakognition und Selbstregulation: 1) Selbstregulation wird als Teilkomponente von Metakognition aufgefasst, 2) beide Terme werden synonym verwendet oder 3) beide Konzepte werden als Teilaspekte von SRL betrachtet (Ibabe & Jauregizar, 2010, S. 245 f). Allerdings lassen sich auch bezüglich SRL widersprüchliche Ansichten finden. Während SRL Modelle oftmals Aspekte von Metakognition und Selbstregulation enthalten (Dinsmore et al., 2008, S. 394), sehen andere Autoren Selbstregulation dem SRL übergeordnet (z. B. Stoppel, 2019, S. 45).

Solche konzeptuellen Unklarheiten lassen sich ebenfalls in den verwendeten Definitionen dieser drei Begriffe ausmachen. Dinsmore et al. (2008) vergleichen in einer Metaanalyse insgesamt 255 Studien aus den Jahren 2003-2007 und identifizieren sieben Schlüsselworte, welche routinemäßig zur Definition aller drei Konzepte verwendet werden: „monitor, control, regulate, cognition, motivation, behavior and knowledge" (Dinsmore et al., 2008, S. 400). Daher schlussfolgern sie, dass allen drei Begriffen ein konzeptueller Kern gemeinsam ist:

> „These commalities reveal an undeniable conceptual core binding the three constructs, namely, that individuals make efforts to monitor their thoughts and actions and to act accordingly to gain some control over them. It is, in effect, a marriage between self-awareness and intention to act that aligns these bodies of work." (Dinsmore et al., 2008, S. 404)

Dieser gemeinsame Kern sei aber kein Grund dafür, Metakognition, Selbstregulation und SRL synonym zu verwenden, sondern zeige vielmehr die Notwendigkeit sie in Forschungsarbeiten klar voneinander abzugrenzen (Dinsmore et al., 2008, S. 404). Die *Unterschiede* der Konzepte sind auf ihre Ursprünge in jeweils verschiedenen Forschungsdisziplinen zurückzuführen. Der Begriff Metakognition entstammt der entwicklungspsychologischen Gedächtnisforschung und diente zunächst als Erklärungsansatz für „die mit dem Alter zunehmende kognitive Leistungsfähigkeit des Menschen" (Hasselhorn & Labuhn, 2008, S. 28). Das ebenfalls aus der Psychologie stammende Konzept Selbstregulation fokussiert dagegen die „person-environment-action dynamic" (Dinsmore et al., 2008, S. 405). Dabei erfolgt eine Regulation des eigenen Handelns stets als Interaktion einer Person mit seiner Umwelt (Dinsmore et al., 2008, S. 393). Ein Unterschied beider Konzepte besteht demnach darin, dass die Selbstregulation als Reaktion eines Individuums auf seine (externe) Umgebung erfolgt, wohingegen Metakognition durch die Person selbst, d. h. durch interne kognitive Prozesse, angeregt wird (Dinsmore et al., 2008, S. 405). Zudem hat Metakognition ausschließlich eine kognitive Orientierung, während Selbstregulation im ursprünglichen Sinn die Kontrolle von Handlungen und Emotionen beschreibt (Dinsmore et al., 2008, S. 393). SRL stammt schließlich aus der pädagogisch-psychologischen Lernforschung und verfügt damit – im Vergleich zu den anderen beiden Konzepten – über einen spezifischen Fokus auf das Lernen. Dabei werden sowohl kognitive, metakognitive als auch affektive Aspekte betrachtet (Dinsmore et al., 2008, S. 404; Hasselhorn & Labuhn, 2008, S. 28). Zusammenfassend ist festzustellen:

> „Differences between metacognition, SR, and SRL may lie in *what* is being monitored or controlled. In self-regulation and self-regulated learning, monitoring or control may refer to behavior, cognition, or motivation, while metacognition likely emphasizes monitoring and control of cognition, specifically." (Dinsmore et al., 2008, S. 401)

Metakognition

Der Begriff *Metakognition* wurde erstmals von Flavell (1976, 1979) verwendet und kann als das Wissen über und die Kontrolle von eigenen kognitiven Prozessen verstanden werden (Veenman et al., 2006, S. 3). Nach dieser Definition beinhaltet Metakognition zwei Komponenten[6]:

- *metakognitives Wissen*: Diese Komponente bezieht sich auf das Wissen, über das eine Person im Hinblick auf die eigenen kognitiven Prozesse oder Produkte verfügt. Beispielsweise die Kenntnis über eigene Erinnerungsfähigkeiten oder Faktoren, welche eine Aufgabenbearbeitung erleichtern (Flavell, 1979, S. 907; Hasselhorn, 1992, S. 37).
- *metakognitive Aktivitäten/Strategien*[7]: Diese Komponente umfasst Tätigkeiten zur aktiven Überwachung und Regulation eigener kognitiver Funktionen. Unterschiedliche Autor:innen geben dazu verschiedene Subkategorien an: „die vor, während und nach einer Aufgabenbearbeitung liegenden Tätigkeiten des Planens, Überwachens und Prüfens" (Sjuts, 2003, S. 19); die Planung, Überwachung und Steuerung eigener Lernprozesse (Hasselhorn, 1992, S. 42); Prozesse zur Ana-

---

[6] Die hier verwendeten Bezeichnungen sind auf Flavell (1979, S. 906) zurückzuführen.

[7] Diese Komponente wird als Selbstregulation bezeichnet, wenn diese als Teil von Metakognition verstanden wird (z. B. Rott, 2013, S. 88 ff.).

lyse, Planung, Überwachung und Bewertung (Brown, 1978, zitiert nach Hasselhorn, 1992, S. 38)); Handlungen der „Orientierung, Planung, Überwachung, Regulation und Evaluation" (Konrad, 2005, S. 27); oder „Planung, Monitoring und Reflexion" (Cohors-Fresenborg & Kaune, 2007, S. 7 ff). Unabhängig davon lassen sich metakognitive von kognitiven Strategien abgrenzen. Während kognitive Strategien direkt auf die Verarbeitung des Lerninhalts zielen, sind ihnen die metakognitiven dadurch übergeordnet, dass sie die Überwachung und Steuerung kognitiver Aktivitäten bezwecken (Flavell, 1979, S. 909; Leutner & Leopold, 2006, S. 162).

Darüber hinaus betrachtet Flavell (1979) eine dritte Komponente:

- *metakognitive Erfahrungen/Sensitivität*: Sensitivität bezeichnet die Bereitschaft und das Gespür dafür, dass eine spezifische Lernsituation die Anwendung metakognitiven Wissens oder Strategien erfordert. Sie entsteht als Folge metakognitiver Erfahrungen, z. B. der Wahrnehmung einer Aufgabenbearbeitung als herausfordernd oder dem Gefühl eine Aufgabenstellung noch nicht verstanden zu haben. Solche Intuitionen und Erfahrungen über die Möglichkeiten eigener Kognitionen stellen die Voraussetzung zur Anwendung von Metakognitionen dar (Flavell, 1979, S. 908 f; Hasselhorn, 1992, S. 37 ff; Sjuts, 2003, S.19).

Zusammenfassend lässt sich Metakognition in Form folgender Definition beschreiben, welche alle drei Komponenten beinhaltet:

> „Metakognition wird als Sammelbegriff für eine Reihe von Phänomenen, Aktivitäten und Erfahrungen verwendet, die mit dem *Wissen* und der *Kontrolle* über eigene kognitive Funktionen (z. B. Wahrnehmung, Lernen, Gedächtnis, Verstehen, Denken) zu tun haben. Von den übrigen Kognitionen heben sich Metakognitionen dadurch ab, dass kognitive Zustände oder Funktionen die Objekte sind, über die reflektiert wird." (Hasselhorn & Labuhn, 2008, S. 28; Hervorhebung im Original)

Jedoch bleibt die Verwendung des Begriffs nicht ohne Schwierigkeiten. Zunächst ist es „häufig schwer abzugrenzen, was ‚meta' und was ‚kognitiv' im einzelnen bedeutet" (Konrad, 2005, S. 23). Dieselbe Person, die eine kognitive Funktion ausführt, ist gleichzeitig diejenige, welche diese auf einer höheren Meta-Ebene kontrolliert und steuert. Dabei ist zu beachten, dass Metakognitionen ebenfalls (spezifische) Kognitionen darstellen: „[o]ne cannot split one's self in two, of whom one thinks whilst the other observes him thinking" (Veenman et al., 2006, S. 5). Hinzu kommt, dass sich kognitive und metakognitive Aktivitäten gegenseitig beeinflussen und nicht getrennt voneinander auszuführen sind (Veenman et al., 2006, S. 5 f). Des Weiteren kommt es in Lernprozessen zu komplizierten Vernetzungen einzelner Komponenten von Metakognition. Beispielsweise sind metakognitive Erfahrungen erforderlich, damit Lernende überhaupt metakognitive Strategien anwenden, durch welche sie wiederum Aspekte ihres metakognitiven Wissens zum Ausdruck bringen. Daher lassen sich einzelne Komponenten empirisch kaum unterscheiden (Hasselhorn & Labuhn, 2008, S. 30). Schließlich lässt sich Metakognition nur bedingt durch beobachtbares (Schüler-)Verhalten dokumentieren (Konrad, 2005, S. 23). Nichtsdestotrotz gibt es Hinweise darauf, dass sich Metakognition beispielsweise mithilfe der Methode des lauten Denkens (s. Abschnitt 5.5) untersuchen lässt: „[o]ccasionally, metacognition can be observed in students' verbalized self-instructions, such as ‚this is difficult for me, let's do it step-by-step' or ‚wait, I don't know what this word means'" (Veenman et al., 2006, S. 6). Zudem bemerken Hasselhorn und Labuhn (2008), dass sich in einer Vielzahl von Lernprozessen „wenigstens eines von zwei Merkmalen [finden lässt]: Es kommt zur *Reflexion* über den eigenen Lernprozess und zu *strategischen Aktivitäten*" (Hasselhorn & Labuhn, 2008, S. 30; Hervorhebung im Original).

Für die vorliegende Studie ist folgende Erkenntnis aus der Metakognitionsforschung von Relevanz. Kinder beginnen ab einem Alter von etwa 8-10 Jahren Fähigkeiten zu einer realistischen Selbstwahrnehmung und Ausübung metakognitiver Strategien zu entwickeln (Hasselhorn & Labuhn, 2008, S. 31; Veenman et al., 2006, S. 8). Daher ist davon auszugehen, dass Lernende ab dem Eintritt in die Sekundarstufe kognitiv dazu befähigt sind, ihre eigenen Gedanken zu reflektieren und somit Selbst-Assessments durchzuführen.

Selbstreguliertes Lernen (SRL) und Selbstregulation
Selbstreguliertes Lernen (*SRL*) kann als „an active, constructive process whereby learners set goals for their learning and then attempt to monitor, regulate, and control their cognition, motivation, and behavior, guided and constrained by their goals and the contextual features in the environment" definiert werden (Pintrich, 2000, S. 453). Schüler:innen, die selbstreguliert lernen, setzen sich demzufolge selbstständig Ziele und gehen planvoll vor, um diese zu erreichen, während sie ihre Gedanken, Tätigkeiten sowie Motivation im Lernprozess kontrollieren und steuern. Somit beinhaltet SRL neben einer kognitiven auch eine metakognitive sowie affektive Komponente (z. B. Andrade & Brookhart, 2016; Hasselhorn & Labuhn, 2008, S. 32).

Darüber hinaus stellt SRL einen eher langwierigen Prozess dar, bei dem Lernende unterschiedliche *selbstregulative Strategien* anwenden (Stoppel, 2019, S. 45). Diese können unterschiedlichen Phasen des SRLs zugeordnet werden. Beispielsweise beschreibt Zimmerman (2000, S. 16 ff) SRL in Form von drei zyklisch auftretenden Phasen:

- *Vorbereitung (forethought)*: Dieser prä-aktionalen Phase werden Tätigkeiten zur Aufgabenanalyse, z. B. das Festlegen von Lernzielen oder die Auswahl und Sequenzierung von Problemlösestrategien, sowie zur Regulation motivationaler Beliefs, z. B. die Einschätzung der eigenen Selbstwirksamkeitserwartung, zugeordnet.
- *Handlungs- oder Willenskontrolle (performance or volitional control)*: In dieser Phase werden Tätigkeiten zur Selbstbeobachtung oder -kontrolle während einer Lernhandlung ausgeführt. Dazu gehören z. B. das Richten der Aufmerksamkeit oder die Überwachung eines Strategieeinsatzes.
- *Selbstreflexion (self-reflection)*: Im Anschluss an eine Lerntätigkeit müssen selbstregulierte Lerner etwa eigene Ergebnisse evaluieren oder ihre Zufriedenheit damit einschätzen. Diese Phase der Selbstreflexion führt zu einer neuen Vorbereitungsphase.

In diesem Phasenmodell wird der enge Zusammenhang zwischen SRL und Selbst-Assessment sichtbar, da einige selbstregulative Strategien – insbesondere solche zur Selbstbeobachtung und -reflexion – für beide Konzepte als zentral angesehen werden können (Andrade, 2010, S. 95 ff).

Abschließend kann folgendes Begriffsverständnis festgehalten werden. Bei der Verwendung metakognitiver und selbstregulativer Strategien üben Lernende Tätigkeiten aus, welche sich auf die Planung, Überwachung, Reflexion und Steuerung ihrer kognitiven Funktionen sowie Lernhandlungen beziehen. Dabei zielen sie nicht direkt auf die inhaltliche Verarbeitung des Lerngegenstands, sondern dienen vorwiegend der Regulation des Lernprozesses. Demnach können sie auf einer Meta-Ebene betrachtet werden. Der Begriff metakognitiv wird hier ausschließlich in Bezug auf Kognitionen, selbstregulativ dagegen in Bezug auf die Steuerung von Handlungen gebraucht. Die affektive Komponente der Selbstregulation wird in dieser Arbeit nicht betrachtet.

2.4.2   Empirische Evidenz zur Wirksamkeit

Einfluss von Selbst-Assessments auf Lernleistungen

Wie wirksam ist Selbst-Assessment? Dieser Frage wird in Forschungsarbeiten nachgegangen, indem der Einfluss von Selbst-Assessments auf die akademische Leistung von Lernenden untersucht wird. Zwei Metastudien liefern hierzu Erkenntnisse:

Brown und Harris (2013) analysieren 84 Einzelstudien zu Selbst-Assessments im Primar- und Sekundarbereich unterschiedlicher Fachrichtungen. Sie berichten von einer Effektstärke mit Median zwischen $d = 0.40$ und $d = 0.45$ (Brown & Harris, 2013, S. 381). Zu einem ähnlichen Wert von einer durchschnittlichen Effektstärke von $d = 0.47$ kommen Falchikov und Boud (1989) für 57 Studien aus dem Sektor der höheren Bildung (Falchikov & Boud, 1989, S. 419). Geht man im Bildungsbereich davon aus, dass alle Interventionen eine mittlere Effektstärke von $d = 0.40$ aufweisen (Hattie & Timperley, 2007, S. 83), handelt es sich dabei um einen moderaten Effekt (Brown & Harris, 2013, S. 381).

Zudem gibt es Hinweise darauf, dass Lernleistungen steigen, wenn Schüler:innen bzgl. der Durchführung von Selbst-Assessments unterrichtet werden. Fontana und Fernandes (1994) berichten z. B. von der Implementation regelmäßiger Selbst-Assessments im Mathematikunterricht von Dritt- und Viertklässlern (8–14 Jahre) in Portugal. Dabei wurden Strategien zum Selbst-Assessment über einen Zeitraum von zwei Semestern wöchentlich im Unterricht geübt und die Lernenden vermehrt zur Selbstständigkeit angehalten. Evaluationen erfolgten zunächst als Bewertungen nach richtig oder falsch, wurden dann mithilfe vorgegebener Kriterien der Lehrkraft und schließlich durch gemeinsam mit den Lernenden festgelegte Kriterien durchgeführt. Der Einfluss dieser Interventionen auf die Mathematikleistungen wurde mit Pre- und Post-Tests gemessen. Die Experimentalgruppe bestand dabei aus 354 Schüler:innen und die Kontrollgruppe aus 313 Lernenden. In der Studie zeigen sich signifikante Unterschiede zugunsten der Experimentalgruppe. Während 88.2 % dieser Lernenden im Post-Test bessere Ergebnisse als im Pre-Test erzielten, konnten sich nur 72.3 % der Lernenden aus der Kontrollgruppe verbessern. Die Autoren schlussfolgern, dass bereits sehr junge Kinder Methoden des Selbst-Assessments erlernen können. Zentral sei es, klare Beurteilungskriterien bereitzustellen, Selbstdiagnosen nicht in eine kompetitive Lernumgebung einzugliedern und diese regelmäßig durchzuführen (Fontana & Fernandes, 1994, S. 408 ff).

Ross et al. (2002b) untersuchen die Wirkung eines zwölfwöchigen Selbst-Assessment Trainings auf die Problemlösefähigkeiten von Fünft- und Sechstklässler:innen. Dabei wurden Maßnahmen zur Förderung der Lernenden innerhalb von vier Stufen realisiert: 1) Lernende wurden an der Auswahl von Beurteilungskriterien beteiligt; 2) Lernenden wurde aufgezeigt, wie diese Kriterien angewendet werden, um Lernprodukte zu bewerten; 3) Lehrkräfte gaben Feedback bezogen auf die Selbst-Assessments der Lernenden und 4) Ergebnisse der Selbst-Assessments wurden zur Erstellung von Übungsplänen genutzt. In einem Pre- ($n = 514$) und Post-Test ($n = 494$) lösten Lernende jeweils eine Problemlöseaufgabe zu Beginn und am Ende des Trainings. Ihre Leistungen wurden anhand von fünf Dimensionen (Aufgabenverständnis, Planen, Problem lösen, Lösung überprüfen, Lösung erklären) auf einer Skala von 1–10 bewertet. Das Ergebnis zeigt eine signifikant positive, aber kleine Wirkung auf die Mathematikleistung der Lernenden mit einer Effektstärke von 0.40 (Ross et al., 2002b, S. 48 ff).

Allerdings gibt es auch wenige Studien, die von einer negativen Wirkung auf Lernleistungen berichten. Ross et al. (2002a) verglichen etwa die Mathematikleistungen von Lernenden zweier Klassen der elften Jahrgangsstufe. Die Klasse, welche Selbst-Assessments im Unterricht durchführte, zeigt im Vergleich zur Kontrollgruppe eine Reduktion ihrer Leistungen ($d = -0.35$). Interviews mit den Lernenden offenbaren, dass sie aufgrund der Selbst-Assessments annehmen, zentrale mathematische Konzepte trotz großer Anstrengung nicht verstehen zu können (Ross, 2006, S. 5). Dieses Ergebnis lässt sich anhand eines Modells von Ross (2006) erklären, welches den Einfluss von Selbst-Assessments auf Lernleistungen vereinfachend beschreibt. Darin wird angenommen, dass Selbstdiagnosen Einfluss auf die Selbstwirksamkeitserwartung der Lernenden haben. Bewerten Schüler:innen ihre Arbeit als falsch, so kann daraus eine geringere Selbstwirksamkeitserwartung resultieren. Dies kann wiederum dazu führen, dass sie zukünftig unrealistische Lernziele verfolgen oder nur eine geringe Anstrengungsbereitschaft aufbringen. Beides zusammen erklärt eine niedrigere Performanz. Resultiert ein Selbst-Assessment dagegen in einer positiven Bewertung, kann die Selbstwirksamkeitserwartung der Lernenden steigen. Dies kann dazu führen, dass sich Lernende zukünftig höhere Lernziele setzen und bereit sind, mehr Anstrengung für den eigenen Lernprozess aufzuwenden, was zu einer Leistungssteigerung führen kann (Ross, 2006, S. 6 f). Diese Annahmen scheinen plausibel, da der Einfluss von Selbst-Assessments auf Selbstwirksamkeitserwartungen von Lernenden empirisch nachweisbar ist. Panadero et al. (2017) finden diesbezüglich in einer Metaanalyse von 19 Einzelstudien im Schnitt eine große Effektstärke von $d = 0.73$ (Panadero et al., 2017, S. 86).

Insgesamt zeigen empirische Ergebnisse einen positiven Einfluss von Selbst-Assessments auf Schülerleistungen, allerdings mit variierenden Effektstärken (Brown & Harris, 2013, S. 381). Dies kann auf die variablen Implementationen von Selbstdiagnosen zurückgeführt werden. Dabei scheint für eine Leistungssteigerung nicht die Methode per se relevant. Vielmehr ist das Level der kognitiven Aktivierung ausschlaggebend. Beurteilen sich Lernende beispielsweise anhand fachlicher Kriterien, sind sie kognitiv stärker an ihrer Diagnose beteiligt, als wenn sie z. B. die Zufriedenheit über ihr Verständnis mithilfe von Smileys einschätzen (Brown & Harris, 2013, S. 386). Wie das Modell von Ross (2006) verdeutlicht, kann eine positive Wirkung von Selbst-Assessments auf zahlreiche Faktoren im Lernprozess zurückgeführt werden. Oftmals verbindet man mit Selbstdiagnosen höhere Selbstwirksamkeitserwartungen und eine gesteigerte interne Motivation (z. B. Panadero et al., 2016, S. 813). Daher wird die Frage nach der Wirksamkeit nicht nur in Bezug auf Schülerleistungen, sondern insbesondere auch im Zusammenhang mit Strategien zum selbstregulierten Lernen (SRL) betrachtet (s. Abschnitt 2.4.1).

Einfluss von Selbst-Assessments auf Metakognition und Selbstregulation

Ein enger Zusammenhang von Selbst-Assessment und Selbstregulation, selbstreguliertem Lernen (SRL) sowie Metakognition wird insbesondere in theoretischen Arbeiten beschrieben (z. B. Andrade, 2010; Andrade & Brookhart, 2016; Kenney & Silver, 1993). Eine Verbindung der Konzepte ist dadurch zu erklären, dass Diagnosen das Verstehen angestrebter Lernziele und verbundener Erfolgskriterien erfordern. Zudem müssen Lernprozesse oder -produkte in Bezug auf diese evaluiert werden. Daher scheint es plausibel, dass Selbst-Assessments Reflexionen sowie Planungs-, Überwachungs- und Regulationsprozesse anregen (Panadero et al., 2017, S. 76; Topping, 2003, S. 59). Allerdings existiert diesbezüglich nicht ausreichend empirische Evidenz. Beispielsweise bezeichnen Brown und Harris (2013) die Forschungsergebnisse zum Einfluss von Selbst-Assessment auf SRL als „not robust" und Topping (2003) als „small, but encouraging" (Brown & Harris, 2013, S. 383; Topping, 2003, S. 64).

Brown und Harris (2013) fassen in ihrer Metaanalyse Ergebnisse vielfältiger Studien zum Einfluss von Selbst-Assessment auf selbstregulative Strategien zusammen. Sie berichten etwa, dass Lernende vermehrt Beurteilungskriterien nutzen, welche sich auf eigene Fähigkeiten anstatt auf soziale Vergleiche beziehen. Zudem zählen eine größere Anstrengungsbereitschaft bei schwierigen Aufgaben oder das Überdenken angemessener Lernstrategien zu den Auswirkungen in betrachteten Studien (Brown & Harris, 2013, S. 383).

Panadero et al. (2017) betrachten drei verschiedene Variablen zum Einfluss von Selbst-Assessments auf SRL in einer Metaanalyse von 19 Studien. „Learning SRL" beschreibt selbstregulative Strategien, die mit positiven Wirkungen auf Lernprozesse assoziiert werden, etwa bzgl. metakognitiver Strategien oder Motivation. Unter „Negative SRL" werden regulative Handlungen gefasst, die von Angst, Stress oder Erfolgsdruck rühren, z. B. das Vermeiden schwieriger Aufgaben. Während SRL Komponenten dieser beiden Variablen in den betrachteten Studien mittels Fragebögen erhoben wurden, umfasst „SRL measured qualitatively" drei Studien, die qualitative Daten berücksichtigen (z. B. durch lautes Denken erhoben). Diese werden separat betrachtet, da die Validität von Messinstrumenten zum SRL in Frage gestellt wird (Panadero et al., 2017, S. 82). Für die drei Variablen wurden kleine bis mittlere Effektstärken von $d = 0.23$ für „Learning SRL", $d = -0.65$ für „Negative SRL" und $d = 0.43$ für „SRL measured qualitatively" gefunden. Die Autoren schließen, dass Interventionen zur Förderung von Fähigkeiten zum Selbst-Assessment einen positiven Einfluss auf das SRL haben (Panadero et al., 2017, S. 86).

Des Weiteren gibt es Hinweise darauf, dass die Einführung regelmäßiger Selbst-Assessments unter Anweisung einer Lehrkraft zu höherer Selbstständigkeit und einer Übernahme von Verantwortung für den eigenen Lernprozess führt. In der Studie von Fontana und Fernandes (1994) wird gezeigt, dass Lernende durch die regelmäße Anwendung von und Unterweisung zu Selbst-Assessments selbstständiger werden (Fontana & Fernandes, 1994, S. 415). Ähnliches beobachten Stallings und Tascione (1996), die Selbstdiagnosen im Mathematikunterricht weiterführender Schulen und Universitätskursen implementierten. Dabei wurde jeder Test nach der Korrektur zunächst ohne Feedback an die Lernenden zurückgegeben. Sie wurden angehalten eine schriftliche Diagnose der eigenen Arbeit anzufertigen. Darin sollten aufgetretene Fehler sowie ein korrekter Lösungsprozess wörtlich beschrieben und der Fehlertyp als konzeptuell oder prozedural eingestuft werden. Anschließend wurden sowohl die Tests wie auch die Selbst-Assessments mit der Lehrkraft besprochen. Zu Beginn der Kurse fiel es Lernenden schwer, die Art ihrer Fehler zu bestimmen und angemessene Evaluationskriterien zu verwenden, da oftmals die aufgebrachte Anstrengung berücksichtigt wurde, anstatt sich bzgl. mathematischer Inhalte einzuschätzen. Später gebrauchten Lernende mehr Fachbegriffe und wandten Selbst-Assessments auch dann im Unterricht an, wenn sie nicht explizit dazu aufgefordert wurden (Stallings & Tascione, 1996, S. 548 ff).

Fernholz und Prediger (2007) implementierten regelmäßige Selbst-Assessments zur Sicherung mathematischen Basiswissens und -könnens in Wiederholungsphasen mit Klassen der sechsten und siebten Jahrgangsstufe. Da es Lernenden oftmals schwerfiel, passende Übungsaufgaben auszuwählen, wurden zu Beginn Selbstdiagnosetests (*Checks*) durchgeführt. Damit wurden Lernende bei der Einschätzung ihres Lernstands und Identifikation ihres Übungsbedarfs unterstützt. Bei der Einführung dieser Checks fiel auf, dass es Lernende zunächst herausforderte, Selbst-Assessments von Testsituationen und einem damit verbundenen Erfolgsdruck zu trennen sowie Schwächen zuzugeben. Fernholz und Prediger (2007) empfehlen daher die Kommunikation über Selbsteinschätzungen mit der Lehrkraft und eine „Ritualisierung der Selbstdiagnose" im Unterricht (Fernholz & Prediger, 2007, S. 17). Nach zwei Jahren konnte eine veränderte Lernkultur und Haltung der Schüler:innen beobachtet werden. Stärkere Lernende wurden sich ihres Wissens bewusst und wählten anspruchsvollere Übungsaufgaben. Im Unterricht gaben Schüler:innen Fehler offen zu und baten selbstständig zu spezifischen Inhalten um Unterstützung. Die Identifikation von Lücken konnte als Lernchance wahrgenommen werden und diese mithilfe von Übungsmaterialien in den Wiederholungsphasen geschlossen werden. Allerdings zeigen sich auch Grenzen bzgl. des Lernerfolgs beim Selbst-Assessment:

„Wo es nicht um Wiederauffrischung, sondern um Neuerarbeitung geht, wird der Berg
an Anforderungen schnell sehr groß, und dann ist Hilfestellung essentiell." (Fernholz
& Prediger, 2007, S. 18)

Dies ist nicht verwunderlich, da ein gewisses Maß an (Vor-)Wissen und Verstehen
notwendig ist, damit Lernende ihre Kompetenzen in einem Themengebiet adäquat
einschätzen und Fehler erkennen können (Hattie & Timperley, 2007, S. 86).

2.4.3   Empirische Evidenz zur Qualität

Ein Großteil der Studien zum Selbst-Assessment beschäftigt sich mit der Frage,
inwiefern Schüler:innen eigene Lernprodukte oder -prozesse realistisch beurteilen
können (Andrade, 2019, S. 5). Es wird angenommen, dass „falsche" Selbsteinschätzungen zu lernhinderlichen Entscheidungen führen können, welche nicht durch
die Kompetenzen der Lernenden gestützt werden (Panadero et al., 2016, S. 811).
Beispielsweise könnten sie bestimmte Aufgabenformate vermeiden oder aufgrund
einer Fähigkeitsüberschätzung wenig Anstrengungsbereitschaft für ihren Lernprozess aufwenden. Daher ist die Qualität der Selbst-Assessments relevant (Brown
& Harris, 2013, S. 370). Diese wird vorwiegend anhand der zwei Testgütekrite-
rien Validität und Reliabilität festgemacht, welche im Folgenden näher betrachtet
werden.

Validität von Selbst-Assessments
In der klassischen Testtheorie gibt die Validität (Gültigkeit) eines Messinstruments
an, ob damit tatsächlich erfasst wird, was gemessen werden soll (Bortz & Döring,
2006, S. 200). Die Validität von Selbst-Assessments wird vorrangig über deren
Genauigkeit (*accuracy*) ermittelt. Diese wird mittels der Übereinstimmung einer
Selbstdiagnose von Lernenden mit externen Bewertungen eines Experten (z. B.
Lehrkraft) oder eines Leistungstests erfasst (Panadero et al., 2016, S. 812; Ross,
2006, S. 3).
  Bezogen auf Lernende des Primar- und Sekundarbereichs ergibt die Metastudie
von Brown und Harris (2013):

„The correlation between self-ratings and teacher ratings [...], between self-estimates
of performance and actual test scores [...], and between student and teacher rubric-
based judgements [...] tended to be positive, ranging from weak to moderate (i.e.,
values ranging from $r \approx 0.20$ to 0.80), with few studies reporting correlations greater
than 0.60." (Brown & Harris, 2013, S. 384)

In Bezug auf Studierende wird von einer Metastudie berichtet, welche Selbst-Evaluationen (*self-gradings*) mit denen von Lehrkräften vergleicht. Obwohl es häufiger zu Übereinstimmungen zwischen Testbewertungen kommt (Boud & Falchikov, 1989, S. 537), variiert die Korrelation stark zwischen Werten von -0.05 und 0.82, wobei eine durchschnittliche Korrelation von $r = 0.39$ gefunden wird (Falchikov & Boud, 1989, S. 420).

Demnach liefern empirische Arbeiten gemischte Ergebnisse bzgl. der Genauigkeit von Selbst-Assessments. Allerdings werden zahlreiche Einflussfaktoren ausfindig gemacht, von denen einige im Folgenden diskutiert werden. Ein Faktor, der die Genauigkeit von Selbst-Assessments beeinflusst, ist das *Alter* von Lernenden. Jüngere tendieren dazu, ihre Leistungen zu überschätzen. Dahingegen stimmt das Selbst-Assessment von älteren Lernenden eher mit der Beurteilung einer Lehrkraft oder Testergebnissen überein (Brown & Harris, 2013, S. 384). Beispielsweise führte Blatchford (1997) eine Längsschnittstudie durch, in der Selbst-Assessments mit denselben Lernenden im Alter von 7 ($N = 133$), 11 ($N = 175$) und 16 Jahren ($N = 108$) untersucht wurden. Die Schüler:innen sollten in Interviews ihre Mathematikleistung auf einer dreistufigen Skala (gut, schlecht oder weder noch) einschätzen. Ihre Bewertung wurde mit Ergebnissen standardisierter Mathematiktests verglichen. Während sich die Siebenjährigen nicht akkurat einschätzten und ihre Leistungen eher überbewerteten, ergeben sich bei den Elf- und Sechzehnjährigen signifikante Korrelationen zwischen Selbstbeurteilung und Testergebnis (Blatchford, 1997, S. 346 ff). Dieser Trend ist dadurch zu erklären, dass jüngere Kinder Performanzen enthusiastischer beurteilen. Zudem sind sie unerfahrener und verfügen ggf. nicht über ausreichend kognitive Fähigkeiten, um Leistungen adäquat zu bewerten (Ross, 2006, S. 3).

Dies scheint plausibel, wenn man bedenkt, dass die *akademische Leistung* als zentraler Faktor für akkurates Selbst-Assessment identifiziert wird. Leistungsschwächere tendieren zur Überschätzung, Leistungsstärkere in geringerem Maße zur Unterschätzung ihrer Fähigkeiten (Boud & Falchikov, 1989, S. 540; Brown & Harris, 2013, S. 385). Dabei werden schwache Schüler:innen beim Selbst-Assessment doppelt beeinträchtigt. Zum einen zeigt sich, dass sie nicht über genügend Expertise in einem Themengebiet verfügen. Zum anderen sind sie sich dessen nicht immer bewusst, da sie herangezogene Beurteilungskriterien nicht verstehen. Brown und Harris (2013) sprechen in diesem Zusammenhang von einem „dual handicapping effect" (Brown & Harris, 2013, S. 370). Andere Autor:innen vermuten, dass Novizen mehr kognitive Ressourcen für die Aufgabenbearbeitung aufbringen, sodass sie weniger auf die Überwachung des eigenen Lernprozesses achten können (Panadero et al., 2016, S. 818), oder dass Überschätzungen auf den Wunsch zur

Erhaltung des Selbstbewusstseins zurückzuführen sind (Brown & Harris, 2013, S. 370).

Zudem ist die verwendete *Bewertungsgrundlage* ausschlaggebend für die Genauigkeit von Selbst-Assessments. Es gibt Anzeichen dafür, dass Lernende häufig fachlich irrelevante Kriterien wie die aufgewendete Anstrengung oder soziale Vergleiche beachten, während sie die Qualität ihrer Arbeit beurteilen. Allerdings wird eine höhere Genauigkeit erzielt, wenn spezifische, inhaltsbezogene Kriterien herangezogen werden (Brown & Harris, 2013, S. 385; Panadero et al., 2016, S. 815). Ein Problem für Lernende könnte sein, dass sie zu wenig über ihre eigenen Lernziele und damit verbundene Erfolgskriterien wissen:

> „The main problem is that pupils can assess themselves only when they have a sufficiently clear picture of the targets that their learning is meant to attain." (Black & Wiliam, 1998b, S. 6)

Darüber hinaus lässt sich die Genauigkeit von Selbst-Assessments steigern, wenn Lernende diese *trainieren* (Ross, 2006, S. 9). Topping (2003) nennt etwa „the amount of scaffolding, practice and feedback", welches Lernende bezogen auf ihr Selbst-Assessment durch eine Lehrkraft erhalten, als Faktoren zur Steigerung der Validität (Topping, 2003, S. 64). Dies kann etwa durch eine Studie von Ramdass und Zimmerman (2008) bestätigt werden. Sie zeigen, dass eine Intervention zum Training einer Strategie, mit der eigene Antworten zu schriftlichen Divisionsaufgaben überprüft werden können, zu akkurateren Selbst-Assessments von Fünft- und Sechstklässler:innen führte (Ramdass & Zimmerman, 2008, S. 25 ff). In der Studie von Straumberger (2018) wurde der Einsatz von Selbstdiagnosebögen in individuellen Übungsphasen vor Klassenarbeiten zu vier Zeitpunkten während eines Schuljahrs im Mathematikunterricht dreier fünfter Klassen ($N = 48$) untersucht und mit Ergebnissen dieser Leistungstests verglichen. Dabei sollten Lernende ihre Kompetenzen (z. B. „Ich kann den Abstand zwischen einem Punkt und einer Geraden bestimmen.") anhand einer vierstufigen Skala von „unsicher" bis „sehr sicher" einschätzen. Insgesamt zeigt sich, dass die Genauigkeit der Selbst-Assessments über die vier Messzeitpunkte zunahm. Dabei kann eine Verringerung von Leistungsüberschätzungen beobachtet werden. Zudem zeigt sich eine positive Tendenz bzgl. einer Leistungssteigerung (Straumberger, 2018, S. 46 ff). Ross (2006) vermutet, dass Trainings Lernenden dabei helfen, bestimmte Aspekte ihrer Arbeit zu fokussieren, ihre Evaluationskriterien zu überdenken sowie positive Reaktionen auf korrekt erkannte Stärken und Schwächen zu implementieren (Ross, 2006, S. 6).

Reliabilität von Selbst-Assessments

Die Reliabilität (Zuverlässigkeit) gibt als Testgütekriterium an, wie genau ein Messinstrument ist. Dabei spielt vor allem die *Stabilität* der Messung eine Rolle. Das bedeutet es wird beurteilt, inwiefern wiederholte Durchführungen dasselbe Ergebnis erzielen (Bortz & Döring, 2006, S. 196). Mit Blick auf die Reliabilität stellt sich demnach die Frage, inwiefern Ergebnisse aus Selbst-Assessments als konsistent eingestuft werden können (Ross, 2006, S. 2).

In einem Review schlussfolgert Ross (2006), dass empirische Ergebnisse auf die Zuverlässigkeit von Selbst-Assessments in Bezug auf verschiedene Aufgabenformate, unterschiedliche Inhalte eines Fachgebiets und über kürzere Zeiteinheiten hindeuten. Dagegen ist eine Reliabilität längerfristig, insbesondere für jüngere Lernende, und bezogen auf unterschiedliche Fächer nicht nachweisbar (Ross, 2006, S. 3). Im Bereich Mathematik kann dies z. B. durch die Studien von Blatchford (1997) sowie Ross et al. (2002b) belegt werden (s. Abschnitt 2.4.2). In der Längsschnittstudie von Blatchford (1997) veränderten sich die Selbst-Assessments der Lernenden bzgl. ihrer Mathematikleistungen signifikant im Alter von elf Jahren im Vergleich zu ihrer Selbsteinschätzung mit sieben. Beachtet man, dass die Siebenjährigen ihre Leistungen überschätzten, während dieselben Lernenden mit elf Jahren akkuratere Selbsteinschätzungen vornahmen, verwundert dieses Ergebnis nicht. Ein Vergleich von Selbst-Assessments der Lernenden mit elf versus sechzehn Jahren zeigt, dass diese relativ stabil blieben (Blatchford, 1997, S. 351). Ross et al. (2002b) finden eine hohe interne Stabilität ($\alpha = 0.91$) der Selbst-Assessments von Fünft- und Sechstklässler:innen bzgl. ihrer Problemlösefähigkeiten, welche für fünf verschiedene Dimensionen evaluiert wurden (Ross et al., 2002b, S. 49).

Die vorgestellten Forschungsergebnisse müssen allerdings kritisch betrachtet werden. Zunächst basieren viele Studien auf sehr einfachen Methoden des Selbst-Assessments, deren Ergebnis in Form einer Note, Punktzahl oder auf einer simplen Bewertungsskala (z. B. gut, mittel, schlecht) angegeben wird. Dabei ist der Nutzen solcher Diagnosen fraglich. Gefordert wird, dass Lernende bei der Ausbildung von Fähigkeiten unterstützt werden, die ihnen ein verständnisorientiertes Urteil ermöglichen (Boud & Falchikov, 1989, S. 532). Dies gelingt, wenn Selbst-Assessments stärker auf *inhaltsbezogene Bewertungskriterien* gründen:

> „It is probably more important that students are able to accurately detect or diagnose what is wrong or right about their work and why it is that way than be able to accurately predict a holistic or total score or grade their work might earn." (Panadero et al., 2016, S. 813)

Bezogen auf die Validität von Selbst-Assessments wird daher z. B. vorgeschlagen, dass zwischen einer Punktgenauigkeit (*scoring accuracy*) und einer Inhaltsgenauigkeit (*content accuracy*) zu unterscheiden ist (Panadero et al., 2016, S. 817).

Hinzu kommt, dass die Umsetzung komplexerer Formen des Selbst-Assessments häufig mit unterschiedlich angelegten Trainings verbunden ist. Forschungsergebnisse lassen sich daher nur schwer verallgemeinern und allein auf Effekte des Selbst-Assessments zurückführen. Außerdem wird infrage gestellt, ob der Vergleich von Schüler- und Experten-Assessments ein passendes Maß zur Bestimmung der Validität darstellt. Obwohl dies im Bildungsbereich zumindest als soziale Vereinbarung akzeptiert wird (Panadero et al., 2016, S. 812), liegt dabei die Annahme zugrunde, dass Experteneinschätzungen als Referenzwerte selbst valide und reliabel sind (Topping, 2003, S. 59). Allerdings können Lehrkräfte die Leistungen ihrer Schüler:innen nicht immer adäquat einschätzen (Falchikov & Boud, 1989, S. 427), zumal alle Diagnosen fehlerbehaftet sind (s. Abschnitt 2.2). Daneben ist unklar, ob die Genauigkeit von Selbst-Assessments überhaupt erstrebenswert ist. Beispielsweise schlussfolgern Falchikov und Boud (1989) in ihrer Metastudie, dass auch inakkurate Selbst-Assessments lernförderlich sein können, weil sie Schüler:innen Feedback über den eigenen Lernprozess und über angemessene Beurteilungskriterien bereitstellen (Falchikov & Boud, 1989, S. 427). Dahingegen identifizieren Panadero et al. (2016) eine Lücke im Forschungsstand hinsichtlich der Frage: „[…] whether it is possible to benefit educationally from self-assessment – even when students misjudge their own performance." (Panadero et al., 2016, S. 817). Auch Andrade (2019) sowie Brown und Harris (2013) merken an, dass nicht viel darüber bekannt sei, wie Lernende (in)akkurate Informationen aus ihren Selbst-Assessments weiterverarbeiten (Andrade, 2019, S. 7; Brown & Harris, 2013, S. 388).

Schließlich betont Andrade (2019), dass sich zukünftige Forschungsarbeiten stärker auf die während eines Selbst-Assessments ablaufenden mentalen Prozesse fokussieren sollten (Andrade, 2019, S. 9 f). In dieselbe Richtung geht die Forderung von Andrade und Brookhart (2016). Sie wollen, dass durch Selbst-Assessments hervorgerufene Schlussfolgerungen bzw. Anpassungen des eigenen Lernprozesses vermehrt adressiert werden:

> „Research is needed on the adjustments that students make to their work and learning processes (if any) in response to both formative and summative assessment." (Andrade & Brookhart, 2016, S. 303)

Insgesamt lässt sich ein Forschungsdesiderat hinsichtlich der Frage ausmachen, inwiefern Lernende Selbst-Assessments zu komplexen Aufgabenstellungen anhand inhaltsbezogener Kriterien durchführen können, welche Schlussfolgerungen sie daraus ziehen, welche Prozesse dabei ablaufen und ob sich dadurch Lernfortschritte erkennen lassen.

2.5   Formatives Selbst-Assessment

In dieser Arbeit wird der Frage nachgegangen, inwiefern Lernende selbstständig ihre eigenen Kompetenzen inhaltsbezogen erfassen und erhobene Informationen zur Steuerung ihres Lernprozesses nutzen können. Aus diesem Grund wird der Begriff *formatives Selbst-Assessment* als Synthese der in den Abschnitten 2.3 und 2.4 betrachteten Termini formatives Assessment und Selbst-Assessment eingeführt. Folgendes Begriffsverständnis wurde aus der Zusammenfassung und Charakterisierung der zentralen Definitionen dieses Kapitels (s. Tabelle 2.4) abgeleitet:

> **Formatives Selbst-Assessment** ist ein Prozess, bei dem Lernende unter Verwendung metakognitiver und selbstregulativer Strategien Informationen über ihren eigenen Lernstand im Hinblick auf spezifische Lernziele erfassen, interpretieren, bewerten und nutzen, um begründete Entscheidungen über nächste Schritte in ihrem Lernprozess zu treffen.

Zur Beschreibung dieses Prozesses wird das *Formative Selbst-Assessment (FSA) Modell* (s. Abbildung 2.5) genutzt. Dieses wurde unter Berücksichtigung der in Abschnitt 2.3.3 thematisierten Konzeptualisierungen formativen Assessments (FA) sowie den in Abschnitt 2.4 erläuterten Modellen zum Selbst-Assessment (SA) entwickelt:

(1) den Schlüsselstrategien formativen Assessments nach Wiliam und Thompson (2008) sowie ihrer Erweiterung im FaSMEd Theorierahmen (z. B. Ruchniewicz & Barzel, 2019b),

(2) dem Assessment Activity Cycle nach Ruiz-Primo und Li (2013),

(3) dem formativen Assessment Modell nach Harlen (2007),

(4) der Operationalisierung über selbstregulative Prozesse nach Ross (2006),

(5) dem Selbst-Assessment Kreislauf nach McMillan & Hearn (2008).

Dazu wurden in den genannten Modellen zunächst einzelne Teilschritte identifiziert, welche den jeweiligen Konzeptualisierungen zugesprochen werden. Diese wurden gemäß der zentralen Feedbackphasen von Ramaprasad (1983) sowie Hattie und

Tabelle 2.4 Zusammenfassung zentraler Definitionen zum Begriff (Selbst-)Assessment

Begriffe	Definitionen	Charakterisierende Merkmale
Diagnose/Assessment		
Schütze et al. (2018, S. 699)	„Prozess, mit dem Hinweise zum Lernstand von Schülerinnen und Schülern erfasst und genutzt werden"	Erfassung und Nutzung von Informationen über den Lernstand
Hußmann et al. (2007, S.1)	Zielgerichtetes Erheben von Informationen über Schülerleistungen für ein angemessenes pädagogisches und didaktisches Handeln	
Evaluation		
NCTM (1995, S. 3)	„process of determining the worth of, or assigning a value to, something on the basis of careful examination and judgement"	Leistungsbewertung
Formatives Assessment		
Schütze et al. (2018, S. 698)	„lernprozessbegleitende Beurteilung von Leistungen mit dem Ziel, diese diagnostischen Informationen zu nutzen, um Unterricht und letztlich das individuelle Lernen zu verbessern"	kooperativer Prozess von Lehrkraft und Lernenden im Unterricht, lernprozessbegleitend/fortlaufend,
Black & Wiliam (2009, S. 9)	„Practice in a classroom is formative to the extent that evidence about student achievement is elicited, interpreted, and used by teachers, learners, or their peers, to make decisions about the next steps in instruction that are likely to be better, or better founded, than the decisions they would have taken in the absence of the evidence that was elicited."	Ziel ist die Verbesserung des Lernens, Erfassung, Interpretation, Rückmeldung und Nutzung von Informationen über Lernstand
Bell & Cowie (2001, S. 539)	„Assessment can be considered formative only if it results in action by the teacher and students to enhance student learning"	
Selbst-Assessment		
Brown & Harris (2013, S. 368)	„descriptive and evaluative act carried out by the student concerning his or her own work and academic abilities"	uneinheitliches Begriffsverständnis, Vorhersage, Beschreibung und/oder Bewertung eigener Lernprozesse, -produkte oder -leistungen durch Lernende,
Panadero et al. (2016, S. 804)	„a wide variety of mechanisms and techniques through which students describe (i.e., assess) and possibly assign merit or worth to (i.e., evaluate) the quality of their own learning processes and products"	
Boud & Falchikov (1989, S. 529)	Students making „judgments about aspects of their own performance"	teilweise Nutzung diagnostischer Informationen mit Ziel eigenes Lernen zu verbessern,
Ross et al. (2002, S. 45)	„the evaluation or judgment of 'the worth' of one's performance and the identification of one's strength and weaknesses with a view to improving one's learning outcomes"	
McMillan & Hearn (2008, S. 40)	„process by which students 1) monitor and evaluate the quality of their thinking and behavior when learning and 2) identify strategies that improve their understanding and skills"	Nutzung metakognitiver und selbstregulativer Tätigkeiten
Andrade (2010, S. 91)	„process of formative assessment during which students reflect on the quality of their work, judge the degree to which it reflects explicitly stated goals or criteria, and revise their work accordingly"	

Timperley (Hattie & Timperley, 2007) folgenden drei Fragestellungen zugeordnet: *Wo möchte ich hin?*, *Wo stehe ich gerade?* und *Wie komme ich dahin?* (s. Abschnitten 2.3.2 und 2.3.3). Das resultierende Cluster ist Tabelle 2.5 zu entnehmen. Daraus können sechs Teilschritte formativer Selbst-Assessments abgeleitet werden, welche zur Betonung des Prozesscharakters in einem zyklischen Modell dargestellt werden (s. Abbildung 2.5).

Die Entwicklung des FSA Modells erweist sich zur adäquaten Beschreibung formativer Selbst-Assessmentprozesse als notwendig. Im Gegensatz zum formativen Assessment, bei dem es sich um einen kooperativen Prozess einer Lehrkraft sowie Lerngruppe handelt, agieren die Schüler:innen dabei eigenverantwortlich und selbstständig. Obwohl Selbst-Assessments in der Literatur zum formativen Assessment als relevante Bestandteile herausgestellt werden, sind die beschriebenen Praktiken nur bedingt mit einer Eigenverantwortung der Lernenden in Verbindung zu bringen. So ist es z. B. die Lehrkraft, welche Lernenden Feedback bzgl. ihrer Aufgabenbearbeitungen bereitstellt oder den Unterricht aufgrund diagnostischer Informationen anpasst (s. Abschnitt 2.3). Beim formativen Selbst-Assessment sind es dagegen allein die Schüler:innen, die einen vollständigen formativen Diagnosezyklus durchlaufen. Ebenso wenig lässt sich ein solcher Prozess durch existierende Konzeptualisierungen des Begriffs Selbst-Assessment detailliert beschreiben. Eine Vielzahl der Definitionen inkludiert Praktiken, die nicht zu einer formativen Zielsetzung passen. Beispielsweise wird eine reine Selbst-Benotung (*self-marking*) oder die eigene Leistungsvorhersage als Selbst-Assessment bezeichnet. Betrachtet man diejenigen Definitionen, die eine formative Zielsetzung enthalten (z. B. Ross, 2006; Andrade, 2010), so werden bei ihnen wichtige Bestandteile formativen Assessments, wie das Interpretieren diagnostischer Informationen, das Generieren von Feedback oder das Treffen von Entscheidungen über die nächsten Schritte im Lernprozess, nicht immer explizit. Des Weiteren beschränkt sich das Begriffsverständnis von Andrade (2010) auf einzelne Aufgabenbearbeitungen als Diagnosegegenstand. Der von McMillan & Hearn (2008) beschriebene Selbst-Assessment Kreislauf kommt dem Begriffsverständnis von formativem Selbst-Assessment in dieser Arbeit am nächsten. Allerdings werden auch in diesem Modell die zu treffenden Handlungsentscheidungen nur implizit in Form einer Anwendung sogenannter *Instructional Correctives* antizipiert. Zudem werden metakognitive Strategien der Lernenden auf das Monitoring beschränkt und die Interpretation bzw. Reflexion eigener Aufgabenlösungen und dahinterstehender Vorstellungen vernachlässigt (s. Abschnitt 2.4 und Tabelle 2.5).

Das FSA dahinterstehender Modell (s. Abbildung 2.5) konzeptualisiert formatives Selbst-Assessment als zyklischen Prozess, welcher auf einer metakognitiven und selbstregulativen Handlungsebene stattfindet. Da die kognitiven Handlungen nicht direkt auf eine inhaltliche Verarbeitung des Lerngegenstands zielen, sondern

Tabelle 2.5 Cluster zur Identifikation von Teilschritten im formativen Selbst-Assessmentprozess

Konzeptualisierung	Wo möchte ich hin?	Wo stehe ich gerade?			Wie komme ich dahin?	
FSA Modell	Lernziele/Beurteilungskriterien verstehen	Diagnostische Informationen zum eigenen Lernstand erfassen	Diagnostische Informationen zum eigenen Lernstand interpretieren	Diagnostische Informationen zum eigenen Lernstand evaluieren	Selbst-Feedback formulieren	Entscheidungen über nächsten Schritt im Lernprozess treffen
FA Modelle						
1) FA Schlüsselstrategien (Wiliam & Thompson 2008; FaSMEd Theorierahmen)	Understanding learning intentions and criteria for success	Eliciting evidence of student understanding	Acting as the owner of one's learning		Providing feedback that moves learners forward (Externes Feedback)	Acting on/Using the information for adjusting instruction
2) Assessment Activity Cycle (Ruiz-Primo & Li 2013)	Clarifying learning expectations and learning evidence	Collecting/Eliciting information	Interpreting the information			
3) FA Modell (Harlen 2007)	Specific lesson goals	Collection of evidence relating to goals	Interpretation of evidence	Judgment of progress (criterion-referenced & student-referenced)	Implizit wird externes Feedback der Lehrkraft als Entscheidungsgrundlage für Lernende betrachtet	Decision about next steps / Decision about how to take next step
SA Modelle						
4) selbstregulative Prozesse (Ross 2006)		Selbst-Beobachtung		Selbst-Evaluation	Selbst-Reaktion	
5) SA Kreislauf (McMillan & Hearn 2008)	Learning targets	Self-Monitoring: Awareness of thinking or actions		Self-Judgment: Knowing progress toward learning targets	Implizit wird Selbst-Feedback als Folge der Selbst-Evaluation zwecks der Auswahl von „instructional correctives" integriert	Implementation of instructional correctives

primär der Planung, Überwachung, Reflexion und Steuerung des eigenen Lernprozesses dienen, handelt es sich bei den einzelnen Teilschritten um metakognitive und selbstregulative Strategien (s. Abschnitt 2.4.1). Dabei wird angenommen, dass nicht jeder formative Selbst-Assessmentprozess zwangsweise alle beschriebenen Teilschritte enthält oder diese sequenziell durchlaufen werden. Vielmehr wird dann von formativem Selbst-Assessment gesprochen, wenn die metakognitiven und selbstregulativen Aktivitäten der Lernenden alle drei übergeordneten Fragestellungen in den Blick nehmen:

Wo möchte ich hin?

- *Lernziele/Beurteilungskriterien verstehen*: Um den eigenen Lernstand einzuschätzen, muss man sich vorgegebener oder selbst gesetzter Lernziele bewusst werden. Diese stellen die Bezugsnorm dar, mit der man seine eigenen Kompetenzen abgleicht. Zudem ist entscheidend, die damit verbundenen Beurteilungskriterien zu identifizieren. Darunter werden Aspekte gefasst, auf die man seine Aufmerksamkeit während des Diagnoseprozesses lenken muss. Wird z. B. das Durchführen situativ-graphischer Darstellungswechsel funktionaler Zusammenhänge als Lernziel gefordert, so können die richtige Beschriftung und Skalierung der Koordinatenachsen sowie das korrekte Skizzieren der Steigung geeignete

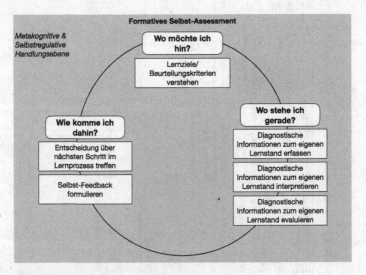

Abbildung 2.5 Formatives Selbst-Assessment (FSA) Modell

Kriterien zur Selbstdiagnose darstellen. Solche Bewertungsaspekte müssen von den Lernenden nicht nur ausgewählt oder identifiziert, sondern auch verstanden werden. Das heißt, sie wissen, warum ein bestimmtes Kriterium gilt.

Wo stehe ich gerade?

- *Diagnostische Informationen zum eigenen Lernstand erfassen*: Obwohl die Aufforderung zur Bearbeitung diagnostischer Aufgaben in Lernumgebungen oder Fragen einer Lehrkraft automatisch zum Produzieren diagnostischer Informationen führt, ist bei diesem Teilschritt das bewusste Wahrnehmen eigener Lernprodukte, wie z. B. Argumentationen, Aufgabenbearbeitungen oder verbalen Äußerungen im Unterrichtsgespräch, ausschlaggebend. Diese müssen von den Lernenden als Hinweise über ihre eigenen Kompetenzen und Vorstellungen erkannt werden, bevor sie als Diagnosegrundlage dienen können.
- *Diagnostische Informationen zum eigenen Lernstand interpretieren*: Werden die betrachteten Lernprodukte hinsichtlich dahinterliegender Vorstellungen oder Argumentationen analysiert, erfolgt eine Interpretation eigener „Rohdaten". Dieser Teilschritt wird etwa vollzogen, wenn Lernende die eigene Argumentation während oder nach einer Aufgabenbearbeitung noch einmal nachvollziehen. Das heißt, es findet eine Reflexion eigener diagnostischer Informationen statt.
- *Diagnostische Informationen zum eigenen Lernstand evaluieren*: Die Selbst-Evaluation umfasst den Vergleich eigener Lernprodukte mit angestrebten Lernzielen auf der Grundlage zuvor identifizierter Beurteilungskriterien sowie die darauf beruhende Leistungsbewertung.

Wie komme ich dahin?

- *Selbst-Feedback formulieren*: Selbst-Feedback kann in Anlehnung an Hattie und Timperley (2007) als von Lernenden selbstgenerierte Informationen bzgl. des eigenen Verständnisses oder der eigenen Performanz verstanden werden (s. Abschnitt 2.3.2; Hattie & Timperley, 2007, S. 81). Bei diesem Teilschritt agieren Lernende demnach als eigene Rückmeldequelle, indem sie z. B. ein Fazit aus ihrer Selbstbeurteilung und -reflexion ziehen oder mögliche Konsequenzen für ihr weiteres Handeln ableiten.
- *Entscheidung über nächsten Schritt im Lernprozess treffen*: Aufgrund der formativen Zielsetzung beim FSA ist eine Entscheidung über die nächsten Handlungsschritte zentral. Ein alleiniges Erheben und Evaluieren diagnostischer Informationen reicht nicht aus, um einen formativen Assessmentzyklus abzuschließen.

Vielmehr müssen die gewonnenen Erkenntnisse genutzt werden, um den eigenen Lernprozess begründet zu steuern.

Soll formatives Selbst-Assessment untersucht werden, ist die Verwendung einer Lernumgebung notwendig, welche derartige Prozesse iniitieren kann. Die Entwicklung und Erforschung eines solchen Tools erfordert jedoch zunächst eine Spezifizierung des Lerngegenstands. Da Lernende sich während des formativen Selbst-Assessments im Hinblick auf ihre fachlichen Kompetenzen einschätzen, kann der Diagnoseprozess nicht losgelöst vom mathematischen Inhalt betrachtet werden. Bennett (2011, S. 5) erklärt beispielsweise: „To realise maximum benefit from formative assessment, new development should focus on conceptualising well-specified approaches […] rooted within specific content domains." Daher ist eine Analyse des mathematischen Inhalts, welcher als Lerngegenstand bzw. -ziel für die Diagnose gewählt wird, vorzunehmen. Diese muss z. B. aufzeigen, welche Kompetenzen Lernende beherrschen sollen, welche Bedingungen für eine erfolgreiche Performanz erfüllt sein müssen oder welche konzeptuellen Schwierigkeiten auftreten können. Aus diesem Grund dient das folgende Kapitel 3 der Untersuchung des für diese Arbeit gewählten Lerngegenstands: dem funktionalen Denken.

Funktionales Denken 3

3.1 Warum funktionales Denken fördern?

> „Das Denken in Zuordnungen und Veränderungen durchzieht die gesamte Mathematik vom Kindergarten bis zur Universität. Es findet seine wichtigste Konkretisierung im Funktionsbegriff [...]." (Hofe et al., 2015, S. 149)

Funktionales Denken und der damit verbundene mathematische Funktionsbegriff stellen einen zentralen Inhalt des Mathematikunterrichts fast aller Altersstufen dar. Während Lernende vor und in der Primarstufe Funktionen durch die Betrachtung alltäglicher Situationen, in denen eine Größe von einer anderen abhängig ist, und durch die Verwendung verschiedener Darstellungen solcher (funktionaler) Zusammenhänge (z. B. Fahrpläne, Speisekarten, Temperaturdiagramme) kennenlernen, wird der mathematische Begriff erst in der Sekundarstufe spezifiziert (Greefrath et al., 2016, S. 36). Damit wird ein wichtiges Fundament zum Weiterlernen in der gymnasialen Oberstufe und Hochschule gelegt. Dort treten Funktionen besonders in Auseinandersetzungen mit der Teildisziplin Analysis und Konzepten wie Grenzwerten, Differentiation und Integration auf (Klinger, 2018, S. 119 ff).

Da das funktionale Denken besonders in der Sekundarstufe, in der die Schüler:innen erstmalig mit dem Funktionsbegriff konfrontiert werden, aufgebaut werden soll, ist dieser Kompetenzbereich fest in den „Bildungsstandards im Fach Mathematik für den Mittleren Schulabschluss" verankert (KMK, 2004). Dort taucht der Umgang mit funktionalen Zusammenhängen sowohl in allgemeinen mathematischen Kompetenzen, z. B. „mathematische Darstellungen verwenden" oder „mathematisch modellieren", wie auch als eine von fünf inhaltlichen Leitideen auf. Demzufolge bestehen die Ziele des Mathematikunterrichts u. a. darin, dass Lernende funktionale Abhängigkeiten inner- und außermathematisch erkennen und beschrei-

© Der/die Autor(en), exklusiv lizenziert durch Springer Fachmedien Wiesbaden GmbH, ein Teil von Springer Nature 2022
H. Ruchniewicz, *Sich selbst diagnostizieren und fördern mit digitalen Medien*, Essener Beiträge zur Mathematikdidaktik,
https://doi.org/10.1007/978-3-658-35611-8_3

ben sowie unterschiedliche Funktionsdarstellungen analysieren, vergleichen und zwischen diesen wechseln können (KMK, 2004, S. 7 ff).

Die curriculare Verankerung des Funktionsbegriffs ist nicht nur durch dessen Bedeutung für die Mathematik, sondern auch durch dessen Verbreitung in anderen (Natur-)Wissenschaften zu erklären. Diese Verwendungsvielfalt kann auf die wichtige Rolle der Funktion als mathematisches Modell zur Beschreibung von Alltagsphänomenen zurückgeführt werden (Vollrath, 2014). Damit lassen sich z. B. erfasste Messdaten auswerten, darstellen und darauf basierende Prognosen treffen. Um solche Anwendungskontexte adäquat als funktionale Zusammenhänge zu interpretieren und mit ihnen und ihren verschiedenen Darstellungsformen erfolgreich umzugehen, ist die Ausbildung eines funktionalen Denkens nötig. Dieses umfasst nicht nur ein konzeptuelles Begriffsverständnis des mathematischen Funktionsbegriffs, sondern eben auch die Fähigkeit, funktionale Beziehungen zwischen Größen zu erkennen und zu nutzen.

3.2   Begriffliche Grundlagen und mathematische Spezifizierung

Nachdem in Abschnitt 3.1 begründet wurde, warum es sinnvoll ist, sich im Mathematikunterricht mit funktionalen Zusammenhängen zu beschäftigen und auf die Ausbildung eines funktionalen Denkens zu zielen, erfolgt nun eine genauere Klärung dieser Begriffe. Zunächst wird der Ausdruck funktionaler Zusammenhang definiert und gegen die Termini Funktion sowie funktionale Abhängigkeit abgegrenzt (s. Abschnitt 3.2.1). Dabei wird auf die Darstellung der historischen Entwicklung des Funktionsbegriffs verzichtet. Diese kann in zahlreichen Arbeiten nachvollzogen werden (z. B. Greefrath et al., 2016; Höfer, 2008; Klinger, 2018; Kokol-Voljč, 1996; Krüger, 2000a; Nitsch, 2015; Stölting, 2008; vom Hofe et al., 2015). Vielmehr werden zwei Definitionen des Begriffs Funktion gegenübergestellt und deren Bedeutung für die Integration des Funktionsbegriffs in den mathematischen Schulunterricht beleuchtet (s. Abschnitt 3.2.2). Anschließend wird das didaktische Konstrukt funktionales Denken als Vereinigung und Erweiterung beider Perspektiven spezifiziert (s. Abschnitt 3.3). Dieses stellt einen zentralen Aspekt der vorliegenden Arbeit dar, da es ausdrückt, welche Vorstellungen und Fähigkeiten Lernende für einen erfolgreichen Umgang mit Funktionen ausbilden müssen.

3.2.1 Funktionale Zusammenhänge, funktionale Abhängigkeiten und Funktionen

Zusammenhänge zwischen verschiedenen Größen treten vielfach im Alltag auf. Zum Beispiel wird auf dem Wochenmarkt der aktuelle Kilopreis für eine Gemüsesorte beworben, bei einer Autofahrt die voraussichtliche Ankunftszeit aufgrund der Länge der bevorstehenden Strecke vorhergesagt oder die Temperatur an einem Ort zu unterschiedlichen Tageszeiten gemessen. Ist eine derartige Zuordnung eindeutig, das bedeutet, dass jedem Wert einer Größe nur genau ein Wert einer anderen Größen zugewiesen ist, so spricht man von einem *funktionalen Zusammenhang* (Büchter, 2008, S. 5). Damit ist also ein kontextuell gebundenes Phänomen gemeint, welches mithilfe des mathematischen Objekts *Funktion* beschrieben werden kann. Büchter (2008) formuliert diese Unterscheidung wie folgt:

> „[F]unktionale Zusammenhänge [lassen sich] als solche Beziehungen zwischen Größen, Merkmalen, Eigenschaften, etc. definieren, die sich angemessen durch Funktionen beschreiben lassen. Dabei ist der eigentliche funktionale Zusammenhang dem jeweiligen Kontext verhaftet und die Funktion ein abstraktes mathematisches Modell, das verschiedene Zusammenhänge in unterschiedlichen Kontexten beschreiben kann." (Büchter, 2008, S. 5)

Hinzu kommt, dass ein funktionaler Zusammenhang oftmals als „ungerichtete bzw. beliebig gerichtete" Abhängigkeit zwischen (zwei) Größen verstanden werden kann (Zindel, 2019, S. 9 f). Im Wochenmarktbeispiel ist intuitiv der zu zahlende Preis von dem Gewicht des Gemüses abhängig. Es wäre aber auch denkbar, den Zusammenhang durch eine Funktion zu beschreiben, die angibt, wieviel Gemüse man aufgrund des Betrags in der mitgenommen Geldbörse kaufen kann. Wird der funktionale Zusammenhang also durch eine Funktion beschrieben bzw. mathematisiert, so muss die „Richtung der Abhängigkeit" eindeutig festgelegt werden (Zindel, 2019, S. 10). Bei einer *Funktion* handelt es sich demnach um das mathematische Modell eines „gerichteten" funktionalen Zusammenhangs (Zindel, 2019, S. 10).

Solche Zusammenhänge werden auch als *funktionale Abhängigkeiten* bezeichnet. Büchter und Henn (2010) nutzen diesen Begriff zur Beschreibung funktionaler Zusammenhänge, welche ein gerichtetes Alltagsphänomen beschreiben. Laut den Autoren hinge es vom jeweiligen Erkenntnisinteresse ab, ob man von funktionalem Zusammenhang oder von funktionaler Abhängigkeit spreche (Büchter & Henn, 2010, S. 10 f). Geht es im Wochenmarktbeispiel lediglich darum, eine Beziehung zwischen den Größen Geldbetrag und Warengewicht aufzuzeigen, sind beide Richtungen der Abhängigkeit zulässig. Hat man in einer konkreten Anwendungssituation eine spezifische Frage, z. B. „Wie viele Äpfel bekommt man für zehn Euro?" oder

„Wie viel muss man für ein Kilogramm Erdbeeren bezahlen?", so spielt die Richtung der Abhängigkeit eine entscheidende Rolle. Zindel (2019) erweitert den Begriff funktionale Abhängigkeit um eine kognitive Dimension. Sie definiert ihn als „die *Vorstellung* eines gerichteten funktionalen Zusammenhangs und damit ein wichtiges (präskriptiv intendiertes oder deskriptiv erfasstes individuelles) Verstehenselement zum Funktionsbegriff" (Zindel, 2019, S. 10, Hervorhebung im Original). Damit betont sie, dass das Erkennen oder Interpretieren einer funktionalen Abhängigkeit in einer Alltagssituation bereits ein kognitives Verständnis beziehungsweise funktionales Denken erfordert.

Zusammenfassend wird in dieser Arbeit begrifflich unterschieden zwischen Alltagsphänomenen, welche eindeutige Zuordnungen zwischen Größen darstellen (funktionaler Zusammenhang), mathematischen Objekten zu deren Beschreibung (Funktion) und Vorstellungen, die mit dem Erfassen der Phänomene und der Zuweisung einer Richtung der Abhängigkeit einhergehen (funktionale Abhängigkeit). Um mit funktionalen Zusammenhängen adäquat umzugehen, ist es für Lernende nicht nur wichtig, funktionale Abhängigkeiten in Alltagssituationen zu erkennen bzw. hineinzusehen, sondern auch ein konzeptuelles Verständnis vom mathematischen Funktionsbegriff aufzubauen. Daher wird im Folgenden zunächst das mathematische Objekt Funktion spezifiziert.

3.2.2   Der Funktionsbegriff und seine curriculare Verankerung

Im Mathematikunterricht kann der Begriff Funktion auf zwei Weisen definiert werden, die jeweils anderen Konzepten zugrunde liegen. Zum einen lässt sich eine Funktion, basierend auf den Arbeiten des deutschen Mathematikers Richard Dedekind (1831–1916), als eindeutige Zuordnung definieren:[1]

> „Eine Funktion ist eine eindeutige Zuordnung der Elemente einer nicht-leeren Menge A zu den Elementen einer Menge B. Jedem Element $x \in A$ wird eindeutig ein Element $y \in B$ zugeordnet." (vom Hofe et al., 2015, S. 155)

Dieser *Dedekind'sche Funktionsbegriff* erfasst mit der Idee der eindeutigen Zuordnung zweier Größen den inhaltlichen Kern funktionaler Zusammenhänge und kann zur Beschreibung natürlicher Phänomene genutzt werden. Aus diesem Grund ist die obige Definition nicht nur leicht auf verschiedene Alltagssituationen anwend-

---

[1] Dedekind gebraucht die Bezeichnung „Abbildung", die aus heutiger Sicht synonym mit „Funktion" verstanden wird (Büchter, 2011, S. 14).

bar, sondern „[…] ermöglicht eine dynamische Sichtweise auf Funktionen" (vom Hofe et al., 2015, S. 155). Nichtsdestotrotz ist sie mathematisch nicht präzise, da nicht expliziert wird, was unter „zuordnen" zu verstehen ist (Büchter & Henn, 2010, S. 19).

Solch eine Präzision wird durch die *mengentheoretische Definition*, welche von der überwiegend französischen Mathematikergruppe „Nicolas Bourbaki" in den 1930er Jahren zum Aufbau einer axiomatisch-deduktiven Begründung der Mathematik genutzt wurde und auf Felix Hausdorff (1868–1942) zurückzuführen ist, erreicht. Sie beschreibt die Funktion als Menge geordneter Paare:

> „Gegeben seien zwei nicht-leere Mengen A und B. Eine Funktion f von A nach B ist eine Relation, d. h. eine Teilmenge des kartesischen Produkts $A \times B$, die linkstotal und rechtseindeutig ist, d. h. für jedes Element $x \in A$ existiert genau ein Element $y \in B$ mit $(x \mid y) \in f$." (Büchter & Henn, 2010, S. 19)

Während diese *Hausdorff'sche Definition* einer formal strengen Begriffshierarchie folgt, wird eine Funktion hier, im Gegensatz zur dynamischen Zuordnungsvorstellung des Dedekind'schen Funktionsbegriffs, statisch als Menge aufgefasst. Büchter und Henn (2010) merken an, dass ein solcher Verlust inhaltlicher Vorstellungen bei der Präzisierung von Begriffen charakteristisch für die Mathematik sei (Büchter & Henn, 2010, S. 20). Daher plädieren die Autoren dafür im Unterricht darauf zu achten, dass trotz Abstraktion mathematische Begriffe stets mit inhaltlichen Vorstellungen verknüpft bleiben (Büchter & Henn, 2010, S. 20).

Diese Forderung spiegelt sich aus historischer Sicht in den Diskussionen um die curriculare Einbindung des Funktionsbegriffs wieder. Insbesondere im 20. Jahrhundert wurde darüber debattiert, ob Funktionen axiomatisch als statische Objekte oder zuordnungsorientiert als Prozesse vermittelt werden sollen.[2] Dabei wurde speziell während zwei Zeitepochen jeweils eine Sichtweise für den Mathematikunterricht bevorzugt. In der Meraner Reform von 1905 wurde unter der Leitung von Felix Klein (1849–1925) eine „Erziehung zur Gewohnheit des funktionalen Denkens" gefordert und Funktionen als dynamische Prozesse fokussiert (Gutzmer, 1905, S. 544). Sie sollten als zentrale Idee im Spiralcurriculum verankert werden und im Mathematikunterricht wiederholt in verschiedenen Themengebieten auftauchen. Zudem sollten Anwendungen und graphische Darstellungen stärker einbezogen werden (Krüger, 2000b, S. 222 ff). Allerdings wurden die geplanten Reformvorschläge nur teilweise in der Praxis umgesetzt. Bereits zu Beginn der 1920er Jahre wurde funktionales Denken uminterpretiert und die Funktion als eindeutige Zuordnung einzelner

---

[2] Dieser Diskurs ist nicht zuletzt durch die von Sfard (1991) beschriebene „Prozess-Objekt-Dualität" mathematischer Begriffe zu erklären, welche in Abschnitt 3.5 näher betrachtet wird.

Punkte anstelle eines dynamischen Änderungsprozesses gedeutet. Gleichwohl war die Definition nach Dedekind geläufig (Krüger, 2000b, S. 234 ff). Dagegen forderte die „Neue Mathematik" in den 1960er und 1970er Jahren eine formale Strenge des Unterrichtsfachs, um die Kluft zwischen Schule und Hochschule zu verringern (Hamann, 2011, S. 347). Funktionen wurden in dieser Epoche im Sinne der Mengenlehre (Hausdorff'sche Definition) unterrichtet. Diese „übertriebene Orientierung an Formalitäten" führte aber schon ab den 1980er Jahren vermehrt zu Kritik und es wurde wieder für mehr Anwendungsorientierung in der Schulmathematik geworben (Höfer, 2008, S. 27).

Detailliertere Ausführungen der historischen Entwicklung des Curriculums bezogen auf den Funktionsbegriff lassen sich z. B. in den Arbeiten von Höfer (2008), Klinger (2018), Krüger (2000a) und Spiegelhauer (2017) finden. Die hier präsentierte Kurzdarstellung zeigt bereits, dass weder die formale Strenge der Hausdorff'schen Definition noch die Zuordnungsorientierung des Dedekind'schen Funktionsbegriffs für sich alleine ausreicht. Daher können aus heutiger Sicht beide Definitionen als fachliche Aspekte (*Zuordnungsaspekt* und *Paarmengenaspekt*) aufgefasst werden, welche sich zur Begriffsklärung eignen. Im Schulunterricht überwiegt heute durch die Verwendung alltäglicher Kontexte und die damit verbundene Anwendungsorientierung jedoch die Auffassung einer Funktion als Zuordnung (Greefrath et al., 2016, S. 47). Das Verständnis des Funktionsbegriffs ist damit aber keineswegs auf eine Zuordnung einzelner Werte beschränkt, sondern umfasst die Vorstellung einer dynamischen Veränderung voneinander abhängiger Größen sowie eine ganzheitliche Sicht. Das liegt daran, dass eine Definition allein nicht als „gedankliche Basis für den Umgang mit Funktionen" dienen kann (vom Hofe et al., 2015, S. 161). Vollrath (2014) drückt diese Diskrepanz zwischen Definition und Begriffsbildung wie folgt aus:

> „Was eine Funktion ist, lernt niemand wirklich durch eine Definition. Vielmehr bilden sich Vorstellungen über Funktionen durch das Kennenlernen einzelner Funktionen und Funktionstypen und der verschiedenen Darstellungsweisen sowie der typischen Fragestellungen und Einsichten in das ‚Wesen' der Funktionen." (Vollrath, 2014, S. 121 f)

Aus didaktischer Sicht ist es daher notwendig zu erörtern, welche Vorstellungen Lernende im Umgang mit Funktionen, ihren Anwendungen und Darstellungen für ein umfangreiches Begriffsverständnis ausbilden müssen. Dies wird (im deutschsprachigen Raum) durch das Konzept des funktionales Denkens gefasst, welches im Folgenden näher beleuchtet wird.

3.3   Funktionales Denken: Ein didaktisches Konzept

In den Abschnitten 3.1 und 3.2 ist funktionales Denken bereits mehrfach erwähnt worden. Es wurde deutlich, dass es sich dabei um einen didaktischen Begriff zur Beschreibung dessen handelt, was es bedeutet, Funktionen ganzheitlich zu verstehen und anwenden zu können. Dabei wurden Aspekte wie ein konzeptuelles Verständnis des Funktionsbegriffs, die Fähigkeit zum Erkennen funktionaler Abhängigkeiten in Alltagssituationen oder der Umgang mit verschiedenen Darstellungen genannt. Obwohl damit schon eine Art Begriffsklärung erfolgt ist und die Bezeichnung laut Vollrath (1989) so suggestiv sei, dass kaum ein Bedürfnis zur Definition entstehe (Vollrath, 1989, S. 6), zeigen sich doch viele unterschiedliche Charakteristika funktionalen Denkens in seinen Begriffsklärungen. Daher werden im Folgenden verschiedene Definitionen und Aspekte funktionalen Denkens erörtert und schließlich eine eigene Arbeitsdefinition formuliert (s. Abschnitt 3.9).

3.3.1   Erste Definitionen funktionalen Denkens

Der Begriff *funktionales Denken* tritt erstmals, wie in Abschnitt 3.2.2 dargestellt, in den Meraner Reformvorschlägen von 1905 auf (Krüger, 2000a, S. 168). Zu dieser Zeit verstand man darunter eine „gebietsübergreifende Denkgewohnheit, die den gesamten Mathematikunterricht und nicht nur einzelne Gebiete, z. B. das Thema Funktionen im Algebraunterricht, betrifft" (Krüger, 2000b, S. 224). Der Blick von Lernenden sollte auf „Veränderlichkeiten" gelenkt und das Erkennen sowie Beschreiben funktionaler Abhängigkeiten geschult werden (Krüger, 2000a, S. 167 ff). Zudem wurden graphische Funktionsdarstellungen betont und ihre Anwendungen z. B. zum Lösen von Gleichungen in den Unterricht integriert (Krüger, 2000b, S. 225). Auch das „Prinzip der Bewegung" wurde vorwiegend in der Geometrie verwendet. Das bedeutet, dass geometrische Figuren nicht als starr, sondern vielmehr als bewegliche Objekte wahrgenommen werden sollten (Krüger, 2000b, S. 226).[3]

Nachdem die Reformideen aber nicht im Sinne der Initiatoren umgesetzt und im Verlauf des 20. Jahrhunderts in Vergessenheit geraten waren, trifft das funktionale

---

[3] Diese Denkweise entspricht weitestgehend dem von Roth (2005) beschriebenen *beweglichen Denken* und ist damit von der heutigen Auffassung funktionalen Denkens abgegrenzt, die im Gegensatz zur Meraner Reform etwa auch die Betrachtung der Zuordnung einzelner Werte beinhaltet. Im Gegensatz zum funktionalen Denken im Sinne der Meraner Reform schließt das bewegliche Denken aber auch den Objektaspekt, also die Sicht einer Funktion als Ganzes, ein (Roth, 2005, S. 30 ff).

Denken erst seit den 1980er Jahren wieder auf größeres Interesse in der Mathematikdidaktik (Krüger, 2000b, S. 236 ff). Eine Ausnahme stellt Oehl (1970) dar, der das Konzept bereits zuvor beschreibt:

> „Wird diese durch eine Funktion bestimmte und darstellbare Abhängigkeit (funktionale Abhängigkeit) bewußt erfaßt und bei der Lösung von Aufgaben nutzbar gemacht, so spricht man von funktionalem Denken. Es geht hier nicht um das mathematisch-wissenschaftliche Verständnis des Funktionsbegriffs, sondern um das didaktisch so wichtige Sinnverständnis für das Verknüpftsein von zwei Wertereihen [...]." (Oehl, 1970, S. 244)

Somit greift Oehl (1970) den Ansatz der Meraner Reform auf, bei dem funktionales Denken die Fähigkeit zum Erfassen funktionaler Abhängigkeiten beinhaltet. Außerdem integriert er ebenfalls eine anwendungsorientierte Sichtweise, da er die Nutzung dieser Fähigkeit zur Aufgabenlösung explizit nennt. Im Gegensatz zum Meraner Ansatz betont er aber weder die Betrachtung von Veränderlichen noch die damit verbundene Dynamik funktionalen Denkens. Stattdessen verdeutlicht er, dass ein „Sinnverständnis" von Funktionen, also ein konzeptuelles Begriffsverständnis, für eine funktionale Denkweise nötig ist.

In Anlehnung an Oehl (1970), ist es schließlich Vollrath (1989), der den Begriff nachhaltig prägt:

> „Funktionales Denken ist eine Denkweise, die typisch für den Umgang mit Funktionen ist." (Vollrath, 1989, S. 6)

Diese trivial erscheinende Definition, bei der Vollrath (1989) funktionales Denken eng mit dem mathematischen Funktionsbegriff verknüpft, erlaubt es, sowohl den Zuordnungsaspekt als auch den Paarmengenaspekt dieses Begriffs (s. Abschnitt 3.2.2) einzubeziehen (Vollrath, 1989, S. 7). Vollrath (1989) erweitert funktionales Denken demzufolge von einer Betrachtung der Abhängigkeiten und Veränderungen von Größen um die mengentheoretische Auffassung. Zudem lässt er Entwicklungen bezüglich des Funktionsbegriffs explizit zu, sodass die Stärke von Vollraths Definition in der Offenheit des Begriffs funktionales Denken gesehen werden kann. Büchter (2011) warnt allerdings davor, dass diese Öffnung nicht dazu führen dürfe, dass das Konzept an „Kontur und innerer Kohärenz" verliere (Büchter, 2011, S. 16).

Vollrath (1989) schränkt die Vagheit seiner Definition ein, indem er das „Typische" für die Arbeit mit Funktionen spezifiziert. Hierzu nennt er drei Aspekte, welche in jeder Funktionsdarstellung auftreten und jeweils andere Sichtweisen auf Funktionen zulassen:

(1) „Durch Funktionen beschreibt oder stiftet man Zusammenhänge zwischen Größen: einer Größe ist dann eine andere zugeordnet, so daß die eine Größe als abhängig gesehen wird von der anderen." (Vollrath, 1989, S. 8)

(2) „Durch Funktionen erfaßt man, wie Änderungen einer Größe sich auf eine abhängige Größe auswirken." (Vollrath, 1989, S. 12)

(3) „Mit Funktionen betrachtet man einen gegebenen oder erzeugten Zusammenhang als Ganzes." (Vollrath, 1989, S. 15)

Der erste *Zuordnungsaspekt*[4] funktionalen Denkens hebt zum einen die „Eindeutigkeit der Zuordnung" und zum anderen die „Abhängigkeit von Größen" hervor (Vollrath, 1989, S. 8). Er stellt eine statisch lokale Sichtweise auf funktionale Zusammenhänge dar. Dabei kann eine Funktion als Zuordnungsvorschrift einzelner Werte in dem Sinne verstanden werden, dass jedem x genau ein $f(x)$ zugeordnet wird. Demnach wird der Zuordnungsaspekt in der Funktionsdefinition nach Dedekind stark hervorgehoben (Malle, 2000b, S. 8). Im Sinne der mengentheoretischen Funktionsdefinition kann der Zuordnungsaspekt so verstanden werden, dass jedem Element einer Definitionsmenge genau ein Element einer Zielmenge zugeordnet wird (Greefrath et al., 2016, S. 47). Der Zuordnungsaspekt tritt in jeder Darstellungsform einer Funktion in unterschiedlicher Weise auf. In einer senkrechten Tabelle beschreibt er beispielsweise den zeilenweisen Zusammenhang einzelner Wertepaare und in einer situativen Beschreibung ist er besonders hervorgehoben, wenn konkrete Werte der Größen einander zugewiesen werden. Anhand eines Graphen ist er beim punktweisen Ablesen einzelner Werte präsent oder in der numerischen Formelschreibweise ist direkt ersichtlich, wie man für ein bestimmtes x das zugehörige $f(x)$ berechnen kann (Malle, 2000b, S. 9). Daher sind typische Fragestellungen, welche diesen Aspekt betonen zum Beispiel: „Welches $f(x)$ gehört zu einem bestimmten x?" oder andersherum „Welches x gehört zu einem bestimmten $f(x)$?" (Malle, 2000b, S. 9).

Der zweite Aspekt funktionalen Denkens bezieht sich auf das *Änderungsverhalten* und betont die Auswirkung einer systematischen Variation der unabhängigen Größe auf die davon abhängige Größe. Er findet sich daher in Beziehungen zwischen Größen, wie beispielsweise „Je größer x wird, desto größer wird y", wieder (Vollrath, 1989, S. 12). In Anlehnung an den englischsprachigen Begriff „covariation" (Confrey & Smith, 1994, S. 33) wird dieser Aspekt auch *Kovariationsaspekt* genannt (Malle, 2000b). Diese Bezeichnung unterstreicht die hier eingenommene dynamische Sichtweise, bei der eine Funktion beschreibt wie sich zwei Größen mit-

---

[4] Der „Zuordnungsaspekt" nach Vollrath (1989) ist nicht mit dem im Abschnitt 3.2.2 erwähnten „Zuordnungsaspekt" im Sinne von Greefrath et al. (2016) zu verwechseln. Vollrath (1989) bezieht sich hier auf einen Teil des didaktischen Konstrukts funktionales Denken, wohingegen Greefrath et al. (2016) auf die mathematische Definition des Funktionsbegriffs abzielen.

einander verändern, also „Ko-Variieren" (Malle, 2000b, S. 8). Daher kennzeichnet der Kovariationsaspekt in senkrechten Wertetabellen den spaltenweisen Zusammenhang, aus dem zum Beispiel ersichtlich wird, wie sich die Werte von $f(x)$ mit den Werten von x verändern. In einer situativen Beschreibung wird er ersichtlich, wenn auf die Veränderungen der abhängigen Größe in Bezug auf die unabhängige Größe eingegangen wird. In einem Graphen wird dies durch das Beobachten des Wachstumsverhaltens deutlich. Dahingegen kann man aus einer numerischen Darstellung nur indirekt Schlüsse auf die Kovariation zweier Größen ziehen. Zum Beispiel könnte man anhand der Formel einer linear wachsenden Funktion bemerken, dass die Funktionswerte steigen müssen, wenn man für x immer größere Zahlen einsetzt (Malle, 2000b, S. 8). Typische Fragestellungen, die die Kovariation fokussieren sind beispielsweise: „Wie ändert sich $f(x)$, wenn x verdoppelt wird?" oder „Wie muss x geändert werden, damit $f(x)$ fällt?" (Malle, 2000b, S. 9).

Der *Ganzheitsaspekt* oder *Objektaspekt* funktionalen Denkens betrachtet „nicht nur einzelne Wertepaare, sondern die Menge aller Wertepaare bzw. die Zuordnung als neues Objekt" (Vollrath, 1989, S. 15). Diese globale Sicht erlaubt es, Funktionen als eigenständige mathematische Objekte zu verstehen, mit denen weitere Operationen (z. B. Addition, Verkettung) möglich werden (vom Hofe et al., 2015, S. 162). Außerdem können mit ihrer Hilfe die zu einer Funktion gehörigen Eigenschaften, z. B. in Bezug auf Symmetrie, Stetigkeit oder Extremstellen, in den Fokus rücken (Greefrath et al., 2016, S. 49 f). Eine Funktion kann dann durch einen charakteristischen Graphen, Term oder mithilfe eines bestimmten Namens beschrieben werden (Leuders & Prediger, 2005, S. 3). Beispielsweise kann eine quadratische Funktion durch eine Parabel und mithilfe einer Funktionsgleichung der Form $f(x) = ax^2 + bx + c$ dargestellt werden. Fragestellungen, welche den Ganzheitsaspekt hervorheben sind beispielsweise: „Welche typische Form hat der Graph einer linearen Funktion?" oder „Wie viele Extremstellen hat die vorliegende Funktion?".

Diese drei Aspekte funktionalen Denkens nach Vollrath (1989) werden aus heutiger Sicht als *Grundvorstellungen* zu Funktionen interpretiert (vom Hofe, 2003, S. 6). Die Grundvorstellungstheorie dient der Beschreibung der Bedeutung, die eine Person mit einem mathematischen Inhalt oder Begriff verbindet oder verbinden soll (vom Hofe, 1992). In der englischsprachigen Literatur wird diese Sinnzuschreibung häufig mithilfe des Konstrukts *Concept Image* gefasst (Tall & Vinner, 1981). Im Gegensatz dazu beinhaltet das Konzept der Grundvorstellungen aber nicht nur die hier angedeutete deskriptive Perspektive, sondern auch eine normativ gesetzte, welche verdeutlicht, was Schüler:innen im Umgang mit einem mathematischen Inhalt lernen sollen. Aufgrund der zentralen Rolle, die der Aufbau tragfähiger Vorstellungen zu Funktionen sowohl für das Begriffsverständnis als auch für die Ausbildung funktionalen Denkens hat, sollen im folgenden Exkurs die beiden genannten Theorien näher erläutert, mit Bezug auf den Funktionsbegriff konkretisiert und gegeneinander abgegrenzt werden.

3.3.2 Exkurs: Zwei Theorien zur Sinnzuschreibung mathematischer Inhalte: Grundvorstellungen und Concept Images

Um das Verstehen bzw. die mentalen Modelle einer Person zu einem mathematischen Inhalt zu konzeptualisieren, findet sich eine Fülle an Bezeichnungen, z. B. „intuitive meaning" (Fischbein, 1983, S. 71), „mental object" (Freudenthal, 1983, S. 33), „Grundverständnis" (Blum & Kirsch, 1979, S. 10), „meanings" (Sierpinska, 1992, S. 29) oder „student conceptions" (Confrey, 1990, S. 4). Diesen Begriffen ist die Motivation gemeinsam, Fehlvorstellungen von Lernenden dadurch zu erklären, dass die individuell aufgebaute Sinnhaftigkeit bzgl. eines mathematischen Sachverhalts von dem abweichen kann, was die Lehrkraft formal-adäquat anstrebt (vom Hofe, 1995, S. 103). Im deutschsprachigen Raum hat sich dazu das Konzept der Grundvorstellungen (vom Hofe, 1992; vom Hofe, 1995) und in der englischen Literatur die Unterscheidung von „Concept Definition" und „Concept Image" (Tall & Vinner, 1981; Vinner & Hershkowitz, 1980) durchgesetzt.

Grundvorstellungen

Grundvorstellungen charakterisieren „fundamentale mathematische Begriffe oder Verfahren und deren Deutungsmöglichkeiten in realen Situationen" (vom Hofe, 1995, S. 98). Sie können als Vermittler zwischen „Mathematik, Individuum und Realität" verstanden werden (vom Hofe, 1995, S. 98). Dabei nennt vom Hofe (1995) drei Aspekte der individuellen Begriffsbildung, welche als Teile des Grundvorstellungskonzeptes gesehen werden können:

- „*Sinnkonstituierung eines Begriffs* durch Anknüpfung an bekannte Sach- und Handlungszusammenhänge bzw. Handlungsvorstellungen,
- *Aufbau entsprechender (visueller) Repräsentationen* bzw. ‚Verinnerlichungen', die operatives Handeln auf der Vorstellungsebene ermöglichen,
- *Fähigkeit zur Anwendung eines Begriffs auf die Wirklichkeit* durch Erkennen der entsprechenden Struktur in Sachzusammenhängen oder durch Modellieren des Sachproblems mit Hilfe der mathematischen Struktur." (vom Hofe, 1995, S. 98 f)

Zur Sinnstiftung spielen demnach die Anknüpfung an vorhandene Wissensstruk-
turen und Handlungsmuster sowie die Anwendung in lebensweltlichen Sachkontexten eine entscheidende Rolle (vom Hofe & Blum, 2016, S. 230). Dabei wird
die Annahme gemacht, dass sich Grundvorstellungen in der Auseinandersetzung
mit einem mathematischen Begriff ausbilden können. Sie „wachsen, entwickeln
sich, ergänzen sich gegenseitig und haben insofern einen *dynamischen Charakter*"
(vom Hofe, 1995, S. 98; Hervorhebung im Original). Sie entstehen zunächst durch
gegenständliche Handlungserfahrungen in konkreten Anwendungssituationen. Die
dadurch aufgebauten *primären Grundvorstellungen* können demzufolge bereits im
Vorschulalter entwickelt werden. Sie werden nach und nach durch den Umgang
mit mathematischen Darstellungen des Begriffs und die unterrichtliche Anleitung
von Lehrkräften durch *sekundäre Grundvorstellungen* ersetzt (vom Hofe, 2003,
S. 6). Dabei entsteht ein „immer leistungsfähigeres System mentaler mathematischer Modelle", welches es Schüler:innen ermöglicht, den mathematischen Begriff
flexibel anzuwenden (vom Hofe, 2003, S. 6).

Die durch den Prozess der Begriffsbildung aufgebauten Grundvorstellungen
können als individuelle Erklärungsmodelle der Lernenden aufgefasst werden. Sie
beschreiben, welche Vorstellungen Schüler:innen in der Auseinandersetzung mit
einem mathematischen Inhalt tatsächlich ausbilden. Dieser *deskriptive Aspekt*
erlaubt es, Grundvorstellungen als mentale Repräsentationen der Lernenden zu charakterisieren, die eventuell auch Fehlvorstellungen umfassen (vom Hofe & Blum,
2016, S. 231 ff). Im Gegensatz dazu können Grundvorstellungen aber auch als didaktische Kategorien verstanden werden, die präzisieren, welche Vorstellungen Lernende für ein adäquates Verständnis aufbauen sollen. Sie stellen somit tragfähige
Interpretationen eines mathematischen Inhalts dar, die das Ergebnis einer ausgiebi-
gen stoffdidaktischen Analyse dieses Inhalts und seiner Anwendungsbereiche sind
(vom Hofe & Blum, 2016, S. 231 f). Dieser *normative Aspekt* erlaubt es, Lehren-
den mögliche Ansätze aufzuzeigen, um ein mathematisches Konzept zugänglich
zu machen. In diesem Sinne haben Grundvorstellungen einen „vermittelnden Charakter" (vom Hofe, 1995, S. 98). Die hier vorgenommene Differenzierung zwischen
deskriptiven und normativen Aspekten bezieht sich allerdings nicht auf unterschiedliche Grundvorstellungen, sondern lediglich auf die Art der Anwendung dieses
Konzepts (vom Hofe & Blum, 2016, S. 232). Es bietet sich an, um sowohl die vom
Lernenden aufgebauten Vorstellungen als auch die von der Lehrkraft intendierten
Lernziele zu beschreiben. Damit kann der Frage nachgegangen werden, inwiefern
diese voneinander abweichen und wie eine Überwindung von möglichen Diskrepanzen aussehen könnte. Diese dritte Anwendungsmöglichkeit der Grundvorstel-
lungsidee bezeichnet vom Hofe (1995) als *konstruktiven Aspekt* (vom Hofe, 1995,
S. 103).

Bezogen auf den Funktionsbegriff lässt sich das Grundvorstellungskonzept wie folgt konkretisieren: Bereits im Kindesalter machen Lernende im Alltag erste Erfahrungen mit funktionalen Zusammenhängen und Abhängigkeiten zwischen Größen (s. Abschnitt 3.1). Dadurch bauen sich konkrete Handlungsvorstellungen (primäre Grundvorstellungen) bzgl. Funktionen auf ohne, dass die Lernenden zu diesem Zeitpunkt mit dem mathematischen Begriff in Berührung gekommen sind. Im Unterricht setzen sie sich ab der Sekundarstufe immer wieder mit verschiedenen Funktionen, Funktionstypen und ihren Darstellungen auseinander. Hierbei werden sekundäre Grundvorstellungen aufgebaut. Die drei von Vollrath (1989) beschriebenen Aspekte funktionalen Denkens (s. Abschnitt 3.3.1): Zuordnung, Kovariation und Objekt können normativ als intendiertes Lernziel aufgefasst werden. Sie repräsentieren die Vorstellungen, die Lernende in Bezug auf Funktionen aufbauen sollen. Weichen die deskriptiv beobachtbaren Schülervorstellungen von diesen ab, so kann überlegt werden, wie die Fehlvorstellungen konstruktiv zu beheben sind.

Concept Images
Die zweite Theorie zur Sinnkonstituierung beschäftigt sich ebenfalls mit den Vorstellungen, die Lernende in der Auseinandersetzung mit einem mathematischen Begriff aufbauen und betrachtet, inwiefern diese von formalen Definitionen abweichen. Vinner & Hershkowitz (1980) unterscheiden dazu zwischen *Concept Definition* und *Concept Image* (Vinner & Hershkowitz, 1980, S. 177). Unter der *Concept Definition* wird eine verbale Definition eines mathematischen Begriffs verstanden. Dabei kann es sich um eine von Schüler:innen selbst konstruierte Definition oder auch eine Umformulierung der vorgegebenen Wortwahl handeln, die Lernende benutzen, um sich den mathematischen Begriff zu erklären. In diesem Fall spricht man von der *Personal Concept Definition* (Tall & Vinner, 1981, S. 153). Diese kann von einer formal anerkannten Begriffspräzisierung, der *Formal Concept Definition*, abweichen (Tall & Vinner, 1981, S. 153). Das *Concept Image* besteht dagegen aus allen mentalen Repräsentationen (s. Abschnitt 3.6.1), die eine Person mit einem mathematischen Begriff in Verbindung bringt, sowie einer Reihe von Eigenschaften, welche dem mathematischen Objekt oder Prozess zugeschrieben werden (Vinner & Hershkowitz, 1980, S. 177). Es umfasst damit alle kognitiven Strukturen, die über einen langen Zeitraum in Bezug auf den mathematischen Begriff aufgebaut wurden, schließt Anwendungen des Begriffs ein und hat einen dynamischen Charakter. Tall und Vinner (1981) formulieren diese Definition wie folgt:

> „We shall use the term *concept image* to describe the total cognitive structure that is associated with the concept, which includes all the mental pictures and associated properties and processes. It is built up over the years through experiences of all kinds,

changing as the individual meets new stimuli and matures." (Tall & Vinner, 1981, S. 152)

Auf der Grundlage dieser beiden Begriffe macht die Theorie zwei Grundannahmen. Zum einen wird vorausgesetzt, dass Lernende ein Concept Image aber nicht zwingend eine Concept Definition benötigen, um mit einem mathematischen Begriff umzugehen. Es wird sogar davon ausgegangen, dass Schüler:innen eine formale Definition nicht zum Problemlösen einsetzen können oder diese wieder vergessen, wenn mathematische Begriffe im Unterricht ausschließlich durch die Präsentation von Concept Definitions eingeführt werden (Vinner & Hershkowitz, 1980, S. 177). Zum anderen kann eine formale Definition aber dabei helfen, das Concept Image zu formen und Vorstellungen zu einem Begriff aufzubauen (Vinner, 1983, S. 294), sodass sich Concept Image und Concept Definition gegenseitig bedingen können. Das bedeutet, dass der Aufbau von Vorstellungen durch eine geschickt formulierte Definition begünstigt werden kann und die Auseinandersetzung mit einem mathematischen Begriff in verschiedenen Kontexten nötig ist, um diesen anwenden zu können. Dabei gehen Tall und Vinner (1981) davon aus, dass je nach Aufgabenstellung oder Anwendungskontext und zu verschiedenen Zeitpunkten unterschiedliche Teile des Concept Images aktiviert und damit beobachtbar werden, was sie durch den Begriff *Evoked Concept Image* ausdrücken (Tall & Vinner, 1981, S. 152).[5]

Bezogen auf den Funktionsbegriff lässt sich die Theorie wie folgt verstehen: Im Umgang mit funktionalen Zusammenhängen bauen Lernende ein umfangreiches Konstrukt aus mentalen Repräsentationen sowie zugeschriebenen Eigenschaften für den Begriff Funktion auf. Dieses ganzheitliche Concept Image kann z. B. die Ideen beinhalten, dass Funktionen durch eine Formel vorgegeben, durch einen symmetrischen Graphen dargestellt werden oder auch eine eindeutige Zuordnung beschreiben. Das Concept Image kann also auch Fehl- oder vorläufige Vorstellungen beinhalten. Bei der Formal Concept Definition kann es sich etwa um die mengentheoretische Funktionsdefinition handeln (s. Abschnitt 3.2.2). Diese formale Begriffsklärung weicht häufig von den Personal Concept Definitions der Lernenden ab, welche durch empirische Untersuchungen sichtbar werden können (z. B. Vinner, 1983; Vinner & Dreyfus, 1989).

Folglich lässt sich mithilfe des Concept Images empirisch erörtern, welche Vorstellungen Lernende bzgl. eines mathematischen Begriffs aufgebaut haben und inwiefern diese von einer formalen Definition abweichen. Es handelt sich daher um ein rein deskriptives Konstrukt. Daher können die vom Lernenden aufgebau-

---

[5] Vinner (1983) betont eher den zeitlichen Aspekt dieser Vorstellungsaktivierung und spricht vom *Temporary Concept Image* (Vinner, 1983, S. 297).

ten Grundvorstellungen als zentraler Teil ihres Concept Images verstanden werden (Weigand, 2015, S. 263). Darüber hinaus bietet die Grundvorstellungstheorie normativ die Möglichkeit, zu beschreiben, welche Vorstellungen Lernende für ein tragfähiges Begriffsverständnis ausbilden sollen. Formale Definitionen spielen dabei eher eine untergeordnete Rolle. Weitere Gemeinsamkeiten und Unterschiede beider Theorien sind bei Klinger (2018) zu finden. In dieser Arbeit können die in den durchgeführten Interviews beobachtbaren Vorstellungen der Lernenden zum Funktionsbegriff als deskriptive Grundvorstellungen bzw. als Evoked Concept Images und somit als Teil der Concept Images von Lernenden aufgefasst werden. Für die Entwicklung des digitalen Tools, welches Lernende bei der Diagnose und Förderung ihrer Kompetenzen zum funktionalen Denken unterstützen soll, ist vor allem die normative Sichtweise und damit die Frage entscheidend, welche Grundvorstellungen von den Lernenden aufgebaut werden sollen.

3.3.3 Grundvorstellungen und Anwendungsbezug als integrale Bestandteile funktionalen Denkens

In aktuelleren Definitionen funktionalen Denkens wird die Ausbildung der drei Aspekte nach Vollrath (1989): Zuordnung, Kovariation und Objekt, welche heute als (normative) Grundvorstellungen zum Funktionsbegriff verstanden werden (s. Abschnitt 3.3.2), aufgrund ihrer Relevanz für die Anwendung beim Problemlösen integriert. Leuders und Prediger (2005) erklären etwa:

> „Schülerinnen und Schüler zu einem Denken in Funktionen zu führen, bedeutet, sie zu befähigen, in unterschiedlichen Situationen Zusammenhänge funktional zu erfassen, mit informellen und auch formaleren Mitteln zu beschreiben, und mit Hilfe dieser Mittel Probleme zu lösen. Dazu müssen Lernende die beschriebenen Grundvorstellungen aufbauen, denn sie stellen die Bindeglieder zwischen der realen Situation und dem mathematischen Funktionsbegriff dar." (Leuders & Prediger, 2005, S. 3)

Über die Aufnahme aller drei Aspekte bzw. Grundvorstellungen in die Definition funktionalen Denkens herrscht in der (deutschsprachigen) Literatur weitgehend Konsens (z. B. Barzel & Ganter, 2010; Ganter, 2013; Hoffkamp, 2011; Klinger, 2018; Müller-Philipp, 1994; Nitsch, 2015; Vogel, 2006; vom Hofe et al., 2015). Büchter (2011) plädiert dagegen für die Betonung des Kovariationsaspekts, indem er funktionales Denken als „Denken in funktionalen Zusammenhängen, bei dem das Änderungsverhalten der beteiligten Größen im Mittelpunkt steht" auffasst (Büchter, 2011, S. 17). Diese Sichtweise kann dadurch begründet werden, dass gerade der

Kovariationsaspekt für das „praktische Arbeiten mit Funktionen" unabdingbar ist, aber die in der Schule gängige (Dedekind'sche) Funktionsdefinition ausschließlich den Zuordnungsaspekt betont (Malle, 2000b, S. 8). Schüler:innen zeigen daher größere Defizite hinsichtlich des Kovariationsaspekts. Allerdings kann empirisch nachgewiesen werden, dass auch der Zuordnungsaspekt nicht ausreichend im Bewusstsein von Lernenden verankert ist (Malle, 2000b, S. 8). Darüber hinaus kritisiert Rolfes (2018) an Büchters Definition, dass sich die Zuordnungs- und Kovariationsvorstellungen nicht trennscharf voneinander abgrenzen lassen, sodass ein Ausschluss des Zuordnungsaspekts vom funktionalen Denken wenig sinnvoll erscheine (Rolfes, 2018, S. 11). Daher wird in dieser Arbeit die Auffassung geteilt, dass sich alle drei Grundvorstellungen als charakteristisch für das funktionale Denken ausweisen.

Der Aufbau dieser Grundvorstellungen ist für Leuders und Prediger (2005) Voraussetzung dafür, funktionale Abhängigkeiten in unterschiedlichen Sachsituationen zu erkennen und beim Problemlösen zu nutzen (Leuders & Prediger, 2005, S. 4). Dieser Anwendungsbezug funktionalen Denkens in Realsituationen ist auch in der Definition von Stölting (2008) zu finden, der bei der Wortwahl von Vollrath (1989) den Begriff „Funktionen" durch „funktionale Abhängigkeiten" ersetzt (Stölting, 2008, S. 16). Damit stellt er sicher, dass keine rein mathematische Sichtweise eingenommen, sondern die Bedeutung funktionalen Denkens für außermathematische Alltagskontexte betont wird (Stölting, 2008, S. 17). Ebenso hebt Zindel (2020) diese Verbindung zwischen Mathematik und realer Welt hervor. Funktionales Denken umfasse neben der „Fähigkeit, funktionale Zusammenhänge zu mathematisieren und Funktionen zu interpretieren" sowie der „Fähigkeit, eine funktionale Abhängigkeit in verschiedenen Darstellungen zu identifizieren und diese zu vernetzen" insbesondere auch „das Anwenden von Funktionsverständnis auf die jeweilige Situation" (Zindel, 2020, S. 3 f).

Zindel (2019) fasst dabei Funktionsverständnis als „die Vorstellung einer funktionalen Abhängigkeit" auf (s. Abschnitt 3.2.1; Zindel, 2019, S. 10). Diese konkretisiert sie in ihrem *Verstehensmodell zum Funktionsbegriff* (s. Abbildung 3.1(a)). In Anlehnung an das kognitionspsychologische Verstehensmodell von Drollinger-Vetter (2011) wird das Begriffsverständnis darin durch Prozesse des Auffaltens und Verdichtens innerhalb und zwischen drei Ebenen beschrieben. Auf der obersten Ebene werden der Funktionsbegriff und seine Vernetzungen zu anderen mathematischen Begriffen, z. B. Größe oder Variable, betrachtet. Ist zwischen diesen ein mentales Begriffsnetz ausgebildet, in dem sich Lernende flexibel bewegen können, gilt der Funktionsbegriff als verstanden (Hiebert & Carpenter, 1992, S. 67). Einzelne Begriffe innerhalb dieses Netzes werden durch das *Verdichten* bereits erlernter Inhalte aufgebaut. Bei Bedarf kann ein Begriff wieder in seine zugehörigen Verstehenselemente *aufgefaltet* werden. Zwischen den Ebenen der Begriffe

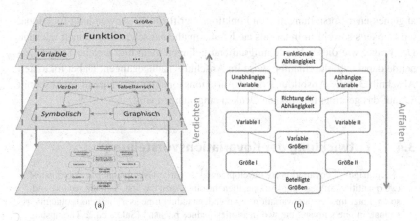

(a)   (b)

Abbildung 3.1 (a) Verstehensmodell zum Funktionsbegriff (Zindel, 2019, S. 45); (b) Facettenmodell zum Kern des Funktionsbegriffs (Zindel, 2019, S. 39)

und der Verstehenselemente befindet sich die Darstellungsebene, da ein mathematischer Begriff nur über externe Darstellungsformen zugänglich ist und jede externe Repräsentation unterschiedliche Aspekte eines mathematischen Objekts hervorheben kann (s. Abschnitt 3.6). Zindel (2019) identifiziert für die unterste Ebene des Modells Verstehenselemente zum Funktionsbegriff, die für alle Darstellungsarten und jeden Funktionstypen relevant sind. Diese bezeichnet sie als *Kern des Funktionsbegriffs* und fasst sie in einem Facettenmodell zusammen (s. Abbildung 3.1(b); Zindel, 2019, S. 17). Wird das Modell von oben nach unten gelesen, beschreibt es den Auffaltungsprozess der Vorstellung einer funktionalen Abhängigkeit in seine einzelnen Verstehenselemente. Liest man das Modell von unten nach oben, wird ersichtlich, welche Verstehenselemente verdichtet werden müssen, damit Lernende eine funktionale Abhängigkeit erfassen können. Demnach muss zunächst erkannt werden, dass es um die Beziehung zweier beteiligter Größen geht, welche in einer konkreten Anwendungssituation als „Größe I" und „Größe II" identifiziert werden können. Zudem ist die Einsicht über die Variabilität dieser Größen relevant. Wird schließlich auch die Richtung der Abhängigkeit zwischen den Größen beachtet, sodass diese in einer Situation als unabhängige bzw. abhängige Variable identifiziert werden, haben Lernende eine Vorstellung über die funktionale Abhängigkeit aufgebaut (Zindel, 2019, S. 39 f.).

Unabhängig davon, ob Funktionsverständnis mithilfe des Grundvorstellungskonzepts, über die Ausbildung von Concept Images oder über das Auffalten und Verdichten von Verstehenselementen konzeptualisiert wird, ist die Entwicklung angemessener Vorstellungen zum Funktionsbegriff für die Anwendung funktionalen Denkens sowohl in inner- als auch außermathematischen Situationen relevant. Der Frage, wie dieser Vorstellungsaufbau gelingen kann und welche Stufen Lernende dabei evtl. durchlaufen, wird im Anschluss nachgegangen. Dabei fokussiert Abschnitt 3.4 die Ausbildung der Kovariationsvorstellung, während in Abschnitt 3.5 auf das gesamte funktionale Denken eingegangen wird.

3.4   Entwicklung der Kovariationsvorstellung

„[…] images of covariation are developmental. In early development one coordinates two quantities' values - think of one, then the other, then the first, then the second, and so on. Later images of covariation entail understanding time as a continuous quantity, so that, in one's image, the two quantities' values persist." (Saldanha & Thompson, 1998, S. 299)

Wie dieses Zitat verdeutlicht, nehmen Saldanha & Thompson (1998) an, dass sich die Kovariationsvorstellung im individuellen Lernprozess entwickeln kann (Saldanha & Thompson, 1998, S. 299). Sie ist ausgebildet, wenn Lernende über ein „sustained image of two quantities' values (magnitudes) simultaneously" verfügen (Saldanha & Thompson, 1998, S. 298). Das bedeutet, sie können die kontinuierliche Veränderung zweier Größen gleichzeitig erfassen. Dabei wird angenommen, dass Lernende zunächst die Variation zweier Größen separat verfolgen. Durch die Exploration funktionaler Zusammenhänge können sie die Veränderungen der Größen dann wechselseitig miteinander in Beziehung setzen. Schließlich gelingt es Vorstellungen darüber aufzubauen, wie eine Größe variiert wird, wenn man simultan die Veränderung einer anderen betrachtet (Oehrtman et al., 2008, S. 13).

Mögliche Unterschiede während dieser Vorstellungsveränderung beschreiben Carlson et al. (2002) im sogenannten *Covariation Framework*, welches von Thompson und Carlson (2017) weiterentwickelt wurde. In dem Modell werden fünf (bzw. sechs) sukzessiv aufeinander aufbauende Kompetenzstufen (*Level*) bzgl. der Fähigkeit zum *Covariational Reasoning* beschrieben. Damit werden alle kognitiven Aktivitäten von Lernenden „involved in coordinating two varying quantities while attending to the ways in which they change in relation to each other" bezeichnet (Carlson et al., 2002, S. 354). Das Covariational Reasoning ist demnach nicht vollständig mit der Kovariationsvorstellung im Sinne der Grundvorstellungstheorie gleichzusetzen. Werden dabei alle kognitiven Aktivitäten zur Betrachtung zweier sich miteinander verändernder Größen eingeschlossen, wird die Fokussierung einzelner Wertepaare der Zuordnungsvorstellung zugeschrieben. Obwohl das Covariation Framework diese Unterscheidung nicht vornimmt, kann man es zur Beschreibung einer Entwicklung der Kovariationsvorstellung nutzen. Die einzelnen Level des Frameworks sind nicht als sequentiell zu durchlaufende Schritte im Prozess des individuellen Vorstellungsaufbaus zu verstehen. Vielmehr können sie unterschiedliche Ausprägungen der Kovariationsvorstellung von Lernenden bei konkreten Aufgabenbearbeitungen beschreiben. Dabei wird angenommen, dass die höheren Verständnisstufen eine anspruchsvollere Einsicht in die Kovariation zweier Größen charakterisieren (Carlson et al., 2002, S. 356; Thompson & Carlson, 2017, S. 427).

Auf der untersten Verständnisstufe (*No coordination*) hat eine Person keinerlei Vorstellung einer gemeinsamen Veränderung zweier Größen. Zwar können Variationen einzelner Größen betrachtet, diese aber nicht miteinander in Beziehung gesetzt werden (Thompson & Carlson, 2017, S. 441). Das Level der *Precoordination of values* beschreibt eine asynchrone Kovariationsvorstellung. Die Veränderung einer Größe kann zwar auf Variationen der anderen zurückgeführt werden, allerdings betrachtet man die Größen stets nacheinander. Der Veränderungsprozess verläuft asynchron. Zunächst verändert sich eine Größe, daraufhin die andere, dann wieder die erste, usw. (Carlson et al., 2002, S. 359; Thompson & Carlson, 2017, S. 441). Auf der nächsten Stufe (*Gross coordination of values*) zeigen Lernende eine grobe Kovariationsvorstellung und können die Richtung von Veränderungen der Variablenwerte benennen. Typisch für dieses Level sind Beschreibungen wie: „der Wert dieser Größe fällt, während diese Größe steigt" (Carlson et al., 2002, S. 357; Thompson & Carlson, 2017, S. 441). Auch das vierte Level des Covariational Reasonings beschreibt eine grobe Kovariationsvorstellung. Laut Thompson und Carlson (2017) können Lernende auf der Stufe der *Coordination of values* die Werte einer Größe x so mit den Werten einer Größe y in Beziehung setzen, dass sie die Bildung diskreter Wertepaare (x, y) im Sinne von multiplikativen Objekten[6] antizipieren (Thompson & Carlson, 2017, S. 441). Allerdings bezieht sich diese Beschreibung im Sinne der Grundvorstellungstheorie eher auf die Vorstellungen einer Funktion als Zuordnung oder Objekt. In Bezug auf die Kovariationsvorstellung eignet sich die Erklärung dieser Stufe durch Carlson et al. (2002), die sie mit *quantitative coordination* bezeichnen, besser. Demnach können Lernende auf diesem Level den Wert einer Größenveränderung quantitativ erfassen. Wird beispielsweise die funktionale Abhängigkeit zwischen Wassermenge und Füllhöhe beim Befüllen einer Vase mit Wasser betrachtet, kann auf dieser Kompetenzstufe festgestellt werden, dass die Füllhöhe um zwanzig Zentimeter steigen muss, wenn man fünfzig Milliliter Wasser hinzufügt (Carlson et al., 2002, S. 357 ff). Das bedeutet, es geht hier nicht um

---

[6] Ein *multiplikatives Objekt* bezeichnet die mentale Verbindung zweier Größen. Es wird gebildet, indem zwei Größen sowie ihre jeweiligen Eigenschaften zu einem neuen Objekt zusammengefasst werden, welches simultan sowohl die eine als auch andere Größe beinhaltet (Thompson & Carlson, 2017, S. 433).

die simultane Betrachtung einzelner Werte innerhalb eines Wertepaares, sondern vielmehr darum, den Unterschied zwischen jeweils zwei Wertepaaren quantitativ wahrzunehmen.

Die beiden letzten Verständnisstufen des Covariation Frameworks beruhen auf der Unterscheidung zweier Denkweisen zur Betrachtung von Veränderungen. Castillo-Garsow (2010) beschreibt, dass sich Lernende Größenvariationen entweder *stückweise* (*chunky*) oder *kontinuierlich* (*smooth*) vorstellen. Bei einer *stückweisen Vorstellung* nehmen sie Veränderungen als „occuring in completed chunks" wahr (Castillo-Garsow et al., 2013, S. 33). Das heißt, sie haben eine diskrete Vorstellung, bei der Veränderungen stets am Ende eines abgeschlossenen Intervalls erfolgen. Wird z. B. die Bewegung eines Autos betrachtet, das mit einer Geschwindigkeit von 65 Kilometern pro Stunde fährt, so beinhaltet die stückweise Vorstellung, dass das Auto nach einer kompletten Zeiteinheit von einer Stunde eine Strecke von 65 Kilometern gefahren ist (Castillo-Garsow, 2012, S. 9). Zwar können sich Lernende dabei Zwischenwerte dieser Intervalle vorstellen, – so wissen sie etwa, dass die Zeit kontinuierlich vergeht und das Auto nicht plötzlich von einem Ort verschwindet und an einem anderen wieder auftaucht – aber sie gehen davon aus, dass die gemessenen Größen diese Zwischenwerte nicht annehmen (Thompson & Carlson, 2017, S. 427 f). Demnach werden bei der stückweisen Vorstellung Veränderungen in Intervallen betrachtet, ohne dabei die Variationen innerhalb dieser Intervalle zu berücksichtigen (Castillo-Garsow et al., 2013, S. 33). Im Gegensatz dazu verstehen Lernende mit einer *kontinuierlichen Vorstellung* Veränderungen als kontinuierliche Prozesse, die im Moment der Vorstellung ablaufen (*change in progress*). „Ongoing change is generated by conceptualizing a variable as always taking on values in the continuous, experiential flow of time" (Castillo-Garsow, 2010, S. 195). Lernende, die diese Vorstellung von Veränderungen zeigen, können z. B. erfassen, dass ein Auto in einer Stunde nicht 65 Kilometer weit fahren kann, ohne dabei jeden dazwischenliegenden Zeitpunkt und jede dazwischenliegende Entfernung zu durchlaufen (Castillo-Garsow, 2012, S. 11).

Darauf beruhend beschreibt das Level der *Chunky continuous covariation* eine stückweise Kovariationsvorstellung. Lernende auf dieser Verständnisstufe stellen sich simultan eine gemeinsame Veränderung beider Größen vor. Allerdings erfolgen Variationen dabei stets stückweise, d. h. innerhalb diskreter Intervalle. Dahingegen wird die höchste Stufe des Covariational Reasonings (*Smooth continuous covariation*) erreicht, wenn man sich simultan kontinuierliche Veränderungen zweier Größen miteinander vorstellen kann (Thompson & Carlson, 2017, S. 441).

Dass der Aufbau einer solchen Vorstellung eine besondere Herausforderung für Lernende darstellt, zeigen Carlson et al. (2002) in einer Studie mit 20 leistungsstarken Studierenden im zweiten Semester eines Analysiskurses. Die meisten

Lernenden zeigten beim Bearbeiten von Aufgaben Kovariationsvorstellungen bis zur Stufe der „quantitative coordination". Das heißt, sie konnten eine grobe Richtung gemeinsamer Größenvariationen benennen und diese auch quantitativ erfassen. Allerdings stellte die gleichzeitige Vorstellung einer kontinuierlichen Veränderung zweier Größen auch für diese leistungsstarken Lernenden ein Problem dar. Beispielsweise konnten sie Wendepunkte von Funktionsgraphen nicht als die Punkte identifizieren, bei denen die Richtung der Steigung von steigend zu fallend oder umgekehrt wechselt (Carlson et al., 2002, S. 373).

3.5 Entwicklung funktionalen Denkens im Lernprozess

> „ [Funktionales Denken] bezeichnet das Denken in Zusammenhängen, das sich in der Auseinandersetzung mit bestimmten Phänomenen entfalten kann." (Barzel & Ganter, 2010, S. 15)

Barzel und Ganter (2010) heben in Anlehnung an Vollrath (1989) hervor, dass der Ursprung funktionalen Denkens in der Beschäftigung mit *Phänomenen* liegt, denen funktionale Zusammenhänge zugrunde liegen. Dazu zählen z. B. Vorgänge, bei denen Funktionen genutzt werden, um die zeitlich abhängige Entwicklung einer Größe zu betrachten; Kausalitäten, bei denen Funktionen zur Beschreibung von Abhängigkeiten im Sinne von Ursache und Wirkung, wie „Je schneller das Auto fährt, umso kürzer dauert die Fahrt.", genutzt werden; oder Messungen, bei denen Funktionen Eigenschaften von Objekten quantitativ erfassbar machen, indem Größen (z. B. Gewicht, Länge oder Temperatur) Zahlenwerte zugeordnet werden. Diese und weitere solcher Phänomene sind bei Vollrath (1989, 2014), Barzel und Ganter (2010) sowie Greefrath et al. (2016) ausführlicher beschrieben. Die genannten Autor:innen teilen die Ansicht, dass funktionales Denken in der Auseinandersetzung mit solchen Phänomenen entsteht. Für Vollrath (1989) beginnt es mit intuitiven Vorstellungen bzgl. funktionaler Zusammenhänge, z. B. „Je mehr ..., desto mehr ...", welche Kinder bereits im Vorschulalter ausbilden können (s. Abschnitt 3.1; Vollrath, 1989, S. 27). Darauf aufbauend beschreibt er einen zyklischen Entwicklungsprozess:

> „Im Vollzug des funktionalen Denkens, in der Auseinandersetzung mit neuen Phänomenen, werden neue Erfahrungen erworben, die zu einer weiteren Entfaltung des funktionalen Denkens führen." (Vollrath, 1989, S. 29)

Phänomene stellen demzufolge sowohl die Grundlage zur Entwicklung als auch zur Anwendung funktionalen Denkens dar. Zudem können sie als Bestandteil dieser

Denkweise aufgefasst werden. Greefrath et al. (2016) nennen sie als eines von drei charakterisierenden Aspekten funktionalen Denkens auf einer Stufe mit Grundvorstellungen (s. Abschnitt 3.3.2) und Darstellungsformen (s. Abschnitt 3.6). Funktionales Denken bedeute unter anderem, „Phänomene, denen funktionale Zusammenhänge zugrunde liegen (z. B. zeitliche Entwicklungen, Kausalzusammenhänge […]) erfassen, beschreiben sowie die gefundenen Zusammenhänge interpretieren und für Problemlösungen verwenden" zu können (Greefrath et al., 2016, S. 70). Das ist laut Vollrath (1989) damit zu begründen, dass sich die Ausprägung funktionalen Denkens auch in den Phänomenen zeigt, welche Lernende als „Erfahrungsgrundlage" zur Anwendung des Funktionsbegriffs kennen (Vollrath, 1989, S. 23).

Sollen Vorstellungen zum Funktionsbegriff aufgebaut werden, ist neben der Befassung mit geeigneten Phänomenen die Frage entscheidend, inwiefern Lernende *unterschiedliche Verständnisebenen* durchlaufen bzw. welche epistemologischen Hürden (s. Abschnitt 3.8) sie dabei überwinden müssen. Freudenthal (1983) beschreibt „das Objektverständnis von Funktionen als entscheidenden gedanklichen Durchbruch im mathematischen Denken" (vom Hofe et al., 2015, S. 163). Diese Auffassung wird von Sfard (1991) geteilt, die mathematische Begriffe als Dualität von Prozessen und Objekten auffasst. Das bedeutet, dass eine Funktion sowohl einen Prozess beschreiben kann als auch ein eigenständiges Objekt darstellt. Im mathematischen Begriffsbildungsprozess unterscheidet Sfard (1991) drei Schritte:

(1) *Interiorization*: Dabei werden Lernende mit einem Begriff als Prozess vertraut und können einfache Operationen damit durchführen. Bezogen auf den Funktionsbegriff bedeutet dies z. B., dass man einen Funktionswert durch Einsetzen eines Wertes der unabhängigen Variable in eine Funktionsgleichung berechnen kann (Sfard, 1991, S. 18 f).

(2) *Condensation*: Während dieser Phase können einzelne Prozesse allmählich als Ganzes betrachtet, miteinander verglichen oder kombiniert werden. Eine Funktion könnte zunehmend als Zuordnungsvorschrift verstanden werden, anstatt einzelne Werte zu betrachten, sodass sie z. B. als Graph dargestellt werden kann (Sfard, 1991, S. 19).

(3) *Reification*: Schließlich führt dieser Schritt dazu, dass ein mathematischer Begriff als eigenständiges Objekt aufgefasst werden kann, dessen globale Eigenschaften sowie Beziehungen zu anderen Objekten untersucht und auf dem wiederrum neue Operationen durchgeführt werden können. Eine Funktion kann beispielsweise einem bestimmten Funktionstypen zugeordnet werden (Sfard 1991, S. 20).

Das Funktionsverständnis entwickelt sich laut Sfard (1991) demnach von der Auffassung einer Funktion als Prozess zu der kognitiv anspruchsvolleren als Objekt. Dubinsky und Harel (1992) beschreiben den Begriffsbildungsprozess ähnlich, nennen dazu aber vier aufeinander aufbauende Verstehensebenen, die sich ausschließlich auf Funktionen beziehen:

(1) *Prefunction Conception*: Zunächst verfügen Lernende über ein präfunktionales Verständnis, welches nicht ausreicht, um Aufgaben bzgl. des Funktionsbegriffs zu lösen.

(2) *Action Conception*: Auf dieser Ebene können sie Funktionen manipulieren. Ein Funktionswert kann etwa berechnet werden, indem ein x-Wert in die Funktionsgleichung eingesetzt und eine Reihe von Operationen durchgeführt werden, welche durch die Formel vorgegeben sind. Es handelt sich dabei um eine statische Funktionsauffassung, weil jeder Schritt der Manipulation einzeln betrachtet wird.

(3) *Process Conception*: Wird eine Funktion als dynamische Transformation voneinander abhängiger Variablen gedeutet, welche immer denselben manipulierten Wert produzieren, sofern derselbe Ausgangswert eingesetzt wird, ist die Stufe der Process Conception erreicht. Die Funktion wird nun als vollständiger Prozess verstanden.

(4) *Object Conception*: Dabei werden Funktionen als neue, eigenständige Objekte verstanden, auf denen wiederum Manipulationen und Transformationen möglich sind. Der kognitive Prozess zur Abstraktion einer Funktion in ein Objekt wird als *Encapsulation* bezeichnet (Dubinsky & Harel, 1992, S. 85). Dabei werden alle speziellen Eigenschaften der betrachteten Funktion, z. B. das Änderungsverhalten der Werte oder ihr Anwendungskontext, „eingekapselt" und als Ganzes betrachtet. Die Funktion wird dadurch ein „Objekt auf höherer Ebene" (vom Hofe et al., 2015, S. 163).

Obwohl sich ihre Bezeichnungen und Beschreibungen leicht von den jeweils anderen Autor:innen unterscheiden, können die von Sfard (1991) sowie Dubinsky und Harel (1992) beschriebenen Verstehensebenen des Funktionsbegriffs als größtenteils identisch aufgefasst werden. Während Sfard (1991) auf den Ebenen der Interiorization und Condensation von einer Prozessauffassung spricht, sehen Dubinsky und Harel (1992) den Unterschied ihrer ersten beiden Phasen darin, dass bei einer Action Conception zwar Operationen auf einer Funktion ausgeführt, diese von Lernenden aber noch nicht als vollständiger Prozess verstanden werden. Eine solche Prozessauffassung erfolgt erst auf der Stufe der Process Conception. Gemeinsam ist den Autor:innen, dass die Objektauffassung die höchste Stufe des Funktionsverständnisses darstellt. Der Abstraktionsschritt, um eine Funktion als neues Objekt auffassen zu können, wird von Sfard (1991) als Reification und von Dubinsky und Harel (1992) als Encapsulation bezeichnet. Durchgesetzt haben sich in der (englischsprachigen) Literatur weitestgehend die Formulierungen der letztgenannten Autoren, deren Stufen auch als APO (Action, Process, Object) Theorie bezeichnet werden.

Die APO Theorie kann nur bedingt auf die deutschsprachige Grundvorstellungstheorie bezogen werden (s. Abschnitt 3.3.2). Während der Objektaspekt im Sinne der Grundvorstellungen weitestgehend der Object Conception entspricht, sind die Grundvorstellungen Zuordnung und Kovariation sowohl für die Ebene der Action Conception als auch für die Process Conception relevant (vom Hofe et al., 2015, S. 162). Im Gegensatz zu Dubinsky und Harel (1992), die ihre Conceptions als aufeinander aufbauende Verstehensebenen beschreiben, wird für ein umfassendes Funktionsverständnis oftmals ein gleichmäßiger Aufbau aller drei Grundvorstellungen gefordert (z. B. Greefrath et al., 2016, S. 70). Ob die Kompetenz von Lernenden im Umgang mit Funktionen als Objekte im Sinne einer höheren Ebene in einer idealtypischen individuellen Begriffsgenese betrachtet werden kann, wird in der Literatur kontrovers diskutiert. Während Autor:innen wie Sfard (1991) sowie Dubinsky und Harel (1992) dieser Aussage zustimmen, schränkt sie vom Hofe (2001) ein. Er sieht die Objektebene nur dann als geistigen Fortschritt, wenn sie die anderen Verständnisstufen umfasst und nicht von ihnen isoliert wird (vom Hofe, 2004, S. 55). Aufgrund einer Fallstudie, die den Umgang mit Funktionen als manipulierbare Objekte innerhalb einer computergestützten Lernumgebung betrachtet, unterscheidet er zwei Funktionsvariationen durch Schüler:innen (vom Hofe, 2001, S. 117; vom Hofe, 2004, S. 54):

- *Manipulierender Umgang*: Lernende operieren mit Funktionen als „eingekapselte" Objekte, welche einen gegenständlichen Charakter aufweisen. Zum Beispiel wird durch die Eingabe verschiedener Parameterwerte in eine Gleichung das Objekt „Funktionsgraph" bewegt.
- *Reflektierender Umgang*: Lernende beziehen die objektartige Darstellung einer Funktion, z. B. als Graph oder Tabelle, auf den zugrundeliegenden funktionalen Zusammenhang. Das Objekt Funktion wird also gedanklich „ausgekapselt" und bestimmte Eigenschaften rücken in den Fokus. Zum Beispiel wird durch die Betrachtung von Daten und ihrer graphischen Repräsentation deren Passung reflektiert.

Demnach ist es möglich, Funktionen als Objekte zu manipulieren ohne über ein tieferes Begriffsverständnis zu verfügen. Erst wenn der manipulierende Umgang durch die Lernenden hinterfragt wird, können sie Funktionen erfolgreich zur Modellierung von Alltagskontexten nutzen. Daher sieht vom Hofe (2004) die Basis für einen verständnisvollen Umgang mit Funktionen in der Verbindung beider Manipulationsformen und damit im Wechsel von „Ein- und Auskapselung" bzw. zwischen Prozess- und Objektauffassung (vom Hofe, 2004, S. 55).

Diese Forderung ist vergleichbar mit DeMarois und Tall (1996), die mit der *Proceptual Conception*[7] eine fünfte Ebene zur APO Theorie ergänzen, welche die höchste Stufe des Funktionsverständnisses darstellt. In Anlehnung an Gray und Tall (1994) definieren sie das *Procept* als Fusion eines Prozesses, eines Konzepts und eines gemeinsamen Symbols, welches jeden der anderen beiden Aspekte aktivieren kann. Der Prozess der Multiplikation von zwei und drei kann z. B. ebenso wie das Konzept ihres Produkts durch das Symbol „2 · 3" repräsentiert werden. Lernende auf der Verständnisstufe des Procepts sind daher in der Lage, flexibel zwischen der Process und Object Conception zu wechseln. Das bedeutet, dass sie Funktionen je nach Bedarf als Prozesse oder eigenständige Objekte betrachten können (DeMarois & Tall, 1996, S. 2).

Durch den Aspekt des gemeinsamen Symbols wird beim Procept ein zuvor bereits häufig genannter Teilaspekt funktionalen Denkens aufgegriffen, der nun fokussiert werden soll: die *Darstellungen* mathematischer Funktionen. Diese werden etwa in der Begriffsklärung von Rolfes (2018) hervorgehoben:

> „Funktionales Denken bezeichnet lernbare kognitive Prozesse für die Interpretation und Konstruktion von externen Repräsentationen funktionaler Zusammenhänge, wobei kognitive Prozesse im Zusammenhang mit dem Änderungsverhalten einen zentralen Aspekt des funktionalen Denkens darstellen." (Rolfes, 2018, S. 12)

Neben dem Fokus auf die Rolle von Darstellungen grenzt er durch die Bezeichnung funktionalen Denkens als „lernbare kognitive Prozesse" in dieser Definition den Begriff gegen den von Schwank (u. a. 1996, 2003) verwendeten Begriff zur Bezeichnung einer persönlichen Tendenz zum Denken in „Handlungsfolgen und Wirkungsweisen" ab (Schwank, 1996, S. 171).

Darstellungen sind für funktionales Denken zentral, da funktionale Zusammenhänge in den unterschiedlichsten Formen auftreten, denn „Funktionen haben viele Gesichter" (Herget et al., 2000, S. 115). Sie können z. B. situativ durch Beschreibungen oder Bilder dargestellt sein, numerisch in einer Tabelle auftreten, symbolisch durch einen Term oder auch mithilfe eines Graphen repräsentiert werden (Herget et al., 2000). Tabelle 3.1 liefert ein Beispiel dafür, wie ein und dieselbe Funktion auf die vier genannten Arten repräsentiert werden kann. Aufgrund dieser Darstellungs-

---

[7] DeMarois und Tall (1996) verwenden im Gegensatz zu Dubinsky und Harel (1992) den Begriff *Layer* anstelle von *Conception*.

Tabelle 3.1 Typische Darstellungsarten einer Funktion (in Anlehnung an Büchter & Henn, 2010, S. 35; Klinger, 2018, S. 61)

Darstellungsart	Beispiel
situativ	Eine zwölf Zentimeter hohe, zylinderförmige Vase wird mit einem gleichmäßigen Wasserstrahl befüllt. Nach sechs Sekunden ist die Vase voll.

numerisch								
	Zeit (s)	0	2	4	6	8	10	12
	Füllhöhe (cm)	0	4	8	12	12	12	12

graphisch	

symbolisch	$f(x) = \begin{cases} 2x, \text{wenn } x \leq 6 \\ 12, \text{wenn } x > 6 \end{cases}$

vielfalt und der Tatsache, dass Lernende oftmals annehmen, eine Repräsentation würde die dargestellte Funktion eindeutig charakterisieren (Schwarz & Dreyfus, 1995, S. 261), ist es für ein funktionales Denken notwendig, verschiedene Repräsentationsformen mit ihren Vorzügen und Grenzen zu kennen. Zudem muss eingesehen werden, dass die verschiedenen Darstellungen ein und dasselbe Konzept repräsentieren:

> „Awareness of the limitations of each of the representations and of the fact that they represent one and the same general concept are certainly fundamental conditions of understanding functions." (Sierpinska, 1992, S. 49)

Daher wird in Abschnitt 3.6 fokussiert, was unter einer Darstellung mathematischer Begriffe im Allgemeinen und Funktionen im Speziellen zu verstehen ist, welche Rolle sie für die Begriffsbildung spielen und welche Vorzüge bzw. Grenzen gängige Funktionsdarstellungen aufweisen.

3.6   Darstellungen

> „There is no knowledge without representation." (Duval, 2000, S. 58)

Darstellungen oder *Repräsentationen*, wie sie in dieser Arbeit synonym bezeichnet werden, stehen in der Mathematik im Mittelpunkt des Lernens und Verstehens

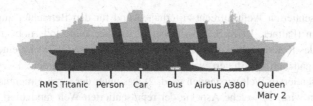

RMS Titanic Person Car Bus Airbus A380 Queen
Mary 2

Abbildung 3.2 Beispielrepräsentation: Die Titanic im Größenvergleich (Yzmo, 2007)

(Duval, 1999, S. 3). Dies begründet Duval (1999) mit der Natur mathematischen Wissens, welches ausschließlich über Repräsentationen zugänglich ist. In anderen (Natur-)Wissenschaften ist ein direkter Zugang zu einem Objekt über die eigene Wahrnehmung oder mithilfe von Instrumenten möglich. Beispielsweise kann in der Astronomie ein Sternenbild durch ein Teleskop beobachtet oder in der Biologie eine Zelle mithilfe eines Mikroskops betrachtet werden. Dahingegen sind mathematische Objekte nicht direkt wahrnehmbar, sondern werden erst durch ihre Repräsentationen für unser Denken zugänglich (Duval, 2006, S. 107). Darin sieht Duval (1999) eine Gefahr für das Mathematiklernen, denn für ein Verständnis sei es nötig, die mathematischen Objekte nicht mit ihren Darstellungen zu verwechseln, durch welche sie aber erst durchdringbar werden. In diesem Zusammenhang spricht er vom „paradoxen Charakter mathematischen Wissens" (Duval, 1999, S. 4).

Für das funktionale Denken bedeutet dies, dass zwischen dem mathematischen Objekt Funktion und seinen Repräsentationen, z. B. in Form von Graphen oder Termen, unterschieden werden muss. Dafür ist zunächst zu klären, was man unter einer Darstellung versteht. Palmer (1978) bietet folgende Definition:

> „A representation is, first and foremost, something that stands for something else."
> (Palmer, 1978, S. 262)

Demzufolge handelt es sich bei einer Darstellung um ein Modell, welches anstelle des eigentlich Betrachteten verwendet werden kann, es also (re-)präsentiert (Palmer, 1978, S. 262 ff). Palmer (1978) nimmt damit implizit die Existenz zweier zweckmäßig getrennter Welten an, welche aus Objekten bestehen, die jeweils durch die Beziehung zwischen ihnen charakterisiert werden: die *repräsentierte Welt* und die *repräsentierende Welt*. Eine Darstellung entsteht, indem ein Objekt aus der repräsentierten Welt auf ein Objekt der repräsentierenden Welt abgebildet wird, wobei einige Aspekte des Repräsentierten in seinem Modell reflektiert werden. Das bedeutet, dass die Aufgabe der repräsentierenden Welt darin besteht, Informationen aus der repräsentierten Welt aufrecht zu erhalten und für den Betrachter zugänglich zu machen (Palmer, 1978, S. 266). Dabei ist es aber keinesfalls notwendig alle Aspekte des Referenzobjekts zu modellieren. Für Palmer (1978) ist eine Repräsentation gänzlich spezifiziert, wenn fünf Aspekte geklärt wurden: 1) was unter der repräsentierten Welt verstanden wird, 2) was unter der repräsentierenden Welt verstanden wird, 3) welche Aspekte der repräsentierten Welt modelliert werden, 4) welche Aspekte der repräsentierenden Welt die Modellierung vornehmen und 5) welche Korrespondenz zwischen beiden Welten besteht (Palmer, 1978, S. 262). Aus diesem Grund spricht er von einem ganzen *Repräsentationssystem* anstatt von einer einzelnen Repräsentation (Palmer, 1978, S. 262). Auch Goldin und Kaput (1996) betonen, dass Darstellungen nicht isoliert vorkommen, sondern komplexen Systemen angehören, die entweder individuell oder kulturell konventional sein können (Goldin & Kaput, 1996, S. 398). Beispielsweise sind kartesische Graphen als Repräsentationssystem zu verstehen, da sie eine systematische Struktur vorgeben, in der sich vielfältige Informationen bzgl. einer Größenbeziehung abbilden lassen. So gehören zu einem Graphen etwa zwei skalierte Achsen, welche eine Abhängigkeit zwischen zwei Größen spezifizieren, oder einzelne Punkte, die als geordnete Wertepaare interpretiert werden (Goldin & Kaput, 1996, S. 405).

Abbildung 3.2 zeigt ein weiteres Beispiel für ein solches Repräsentationssystem, welches durch folgende Punkte spezifiziert werden kann: 1) die Verkehrsmittel aus der realen Welt stellen die Objekte der repräsentierten Welt dar, 2) die skizzierten Längsschnittabbildungen bilden die Objekte der repräsentierenden Welt, 3) die Größenverhältnisse zwischen den einzelnen Objekten werden modelliert, 4) diese Beziehung zeigt sich etwa in den Längen der repräsentierten Verkehrsmittel, sodass z. B. 5) die Skizze der Titanic dreimal so lang ist wie die des Airbus A380, da diese Relation etwa das Verhältnis der Längen eines echten Airbus A380 und der realen Titanic beschreibt. Andere Informationen oder Beziehungen zwischen den Objekten der repräsentierten Welt werden durch Abbildung 3.2 nicht modelliert. So können z. B. keine Aussagen über das Gewicht, die maximale Reichweite oder mögliche Passagierzahlen getroffen werden.

3.6.1 Externe und interne Darstellungen

Bezogen auf die materielle Existenz und die damit verbundene Möglichkeit zur direkten Beobachtung einer Darstellung wird in Anlehnung an die Kognitionspsychologie zwischen *externen* und *internen* bzw. *mentalen Repräsentationen* unterschieden. Während externe Repräsentationen in physischer Gestalt, z. B. als Wörter, Graphen, Bilder, Gesten oder Gleichungen auftreten, sind interne Repräsentationen nicht direkt beobachtbar. Sie existieren lediglich als mögliche mentale Konfigurationen eines Individuums, d. h. sie sind rein kognitiver Natur (Goldin & Kaput, 1996, S. 399 f). Beide Repräsentationsformen sind unerlässlich für das Mathematiklernen. Externe Darstellungen ermöglichen die Kommunikation über mathematische Inhalte. Interne Repräsentationen werden benötigt, damit über mathematische Inhalte nachgedacht werden kann (Hiebert & Carpenter, 1992, S. 66). Dabei geht man von einer wechselseitigen Beziehung beider Darstellungsarten aus:

> „[…] the form of an external representation […] with which a student interacts makes a difference in the way the student represents the quantity or relationship internally. Conversely, the way in which a student deals with or generates an external representation reveals something of how the student has represented that information internally." (Hiebert & Carpenter, 1992, S. 66)

Daraus ergeben sich für den Lehr-Lern-Prozess zwei zentrale Folgerungen. Zum einen ist für die Diagnose des Schülerverständnisses anzunehmen, dass sich durch die Aufforderung zum Erstellen einer externen Repräsentation Informationen zu ihren mentalen Vorstellungen über den repräsentierten Begriff generieren lassen. Zum anderen kann die Ausbildung interner Repräsentationen durch die Lernenden angeregt werden, indem geeignete externe Darstellungen zur Kommunikation über die mathematischen Inhalte im Unterricht verwendet werden.

3.6.2 Deskriptionale und depiktionale Darstellungen

Sowohl externe als auch interne Repräsentationen können in Abhängigkeit der verwendeten Zeichen (Symbolebene) und den damit verbundenen Nutzungseigenschaften in *deskriptionale* und *depiktionale Darstellungen* unterschieden werden. Eine Deskription „besteht aus Symbolen, die einen Sachverhalt beschreiben" (Schnotz & Bannert, 1999, S. 220). Dabei versteht man unter einem Symbol ein beliebiges Zeichen, welches keine Ähnlichkeit mit dem Bezeichneten aufweist, sondern über Konventionen mit diesem verknüpft ist. Beispielsweise stellen von den gängigen Funktionsdarstellungen Wertetabellen, Situationsbeschreibungen und Funktionsterme deskriptionale Repräsentationen dar. Dagegen wird eine Depiktion aus ikonischen Zeichen gebildet, die über gemeinsame strukturelle Eigenschaften oder Ähnlichkeiten mit dem Bezeichneten verbunden sind (Schnotz & Bannert, 1999, S. 220). Dazu zählen etwa Funktionsgraphen oder realistische Bilder zur Beschreibung eines funktionalen Zusammenhangs (Nitsch, 2015, S. 96).

Durch die verschiedenartigen Zeichen sind Deskriptionen und Depiktionen für jeweils andere Zwecke vorteilhaft. Deskriptionale Darstellungen haben eine größere Ausdrucksmächtigkeit, um abstrakte Zusammenhänge darzustellen (Schnotz & Bannert, 1999, S. 220). Beispielsweise kann die situative Beschreibung: „Gegeben sei eine linear wachsende Funktion." eine Menge an Geraden beschreiben, die ikonisch nicht in einer Darstellung repräsentiert werden kann. Dafür sind Depiktionen, wie der Graph einer linearen Funktion, eindeutig festgelegt und informationell vollständig. Daher eignen sie sich insbesondere für das Ziehen von Schlussfolgerungen, weil die gesuchten Informationen direkt ablesbar sind. Beispielsweise wird aus einem Funktionsgraphen unmittelbar ersichtlich, ob ein bestimmter Punkt auf dem Graphen liegt (Schnotz & Bannert, 1999, S. 220; Rolfes, 2018, S. 51).

Neben der Differenzierung auf Symbolebene unterscheidet Vogel (2006) Funktionsdarstellungen danach, ob sie innermathematischer Natur sind (mathematische Modellebene) oder ein realweltliches Phänomen beschreiben (reale Modellebene; Vogel, 2006, S. 53). Nitsch (2015) bezeichnet dies als Trennung auf *Abstraktionsebene* (Nitsch, 2015, S. 96). Tabelle 3.2 zeigt, wie die gängigen Darstellungsformen gemäß der Symbol- und Abstraktionsebene charakterisiert werden können. Diese Unterscheidung ist dann entscheidend, wenn man den Wechsel zwischen einzelnen Darstellungsarten genauer betrachtet (s. Abschnitt 3.7).

Tabelle 3.2 Charakterisierung von Funktionsdarstellungen auf Symbol- und Abstraktionsebene (in Anlehnung an Vogel, 2006, S. 53; Nitsch, 2015, S. 97)

		Symbolebene	
		Deskription	Depiktion
Abstraktionsebene	mathematische Modellebene	symbolisch, numerisch	graphisch
	reale Modellebene	situativ (verbale Beschreibung)	situativ (realistisches Bild)

3.6.3 Arten von Funktionsdarstellungen

Wird eine Funktion dargestellt, so erfasst die jeweilige Repräsentation bestimmte Aspekte dieses mathematischen Objekts. Allerdings darf die Darstellung nicht mit der eigentlichen Funktion verwechselt werden, da eine Repräsentation nicht das gesamte Objekt beschreiben kann (Gagatsis & Shiakalli, 2004, S. 648). Im Sinne der Definition von Palmer (1978) werden also nicht alle Aspekte der repräsentierten Welt modelliert (s. Abschnitt 3.6). Vielmehr können unterschiedliche Darstellungen einer Funktion genutzt werden, um ein umfassendes Verständnis des dahinterliegenden Konzepts zu erhalten (s. Abschnitt 4.4.3; Gagatsis & Shiakalli, 2004, S. 648). Daher ist für das funktionale Denken entscheidend, dass Schüler:innen gängige Funktionsdarstellungen, wie die in Tabelle 3.1, kennen und auch ihre jeweiligen Eigenschaften, Stärken sowie Schwächen einschätzen können. Exemplarisch soll dies an der situativen und graphischen Darstellung von Funktionen verdeutlicht werden, die in dieser Arbeit im Fokus stehen.

Situative Darstellung

Oftmals wird die *situative Darstellung* einer Funktion mit einer *verbalen Beschreibung* des zugrundeliegenden funktionalen Zusammenhangs gleichgesetzt. Beispielsweise benutzt Nitsch (2015) die Bezeichnung „situative Beschreibung" ausschließlich für verbale Repräsentationen (Nitsch, 2015, S. 97 f) oder Klinger (2018) spricht von der „situativ-sprachlichen Darstellungsform" und erklärt, dass dabei „[d]ie Funktion bzw. der funktionale Zusammenhang [...] in einem Text i. d. R. in prosaischer Form erläutert und ggf. durch eine situative Skizze unterstützt" wird (Klinger, 2018, S. 63). Rolfes (2018) argumentiert, dass eine Aussage wie „Es wird wärmer." bereits als verbale Beschreibung eines funktionalen Zusammenhangs interpretiert werden kann, da deutlich würde, welche Beziehung zwischen Größen (Lufttemperatur in Abhängigkeit von Zeit) betrachtet und welche Kovariation der Größen (Temperatur steigt monoton in gewisser Zeitspanne) impliziert wird (Rolfes, 2018, S. 16). Dagegen fasst Zindel (2019) die „verbale Darstellung" enger, indem sie diese als explizite Beschreibung eines gerichteten funktionalen Zusammenhangs auffasst und sie somit sogar von einer situativen Beschreibung, in die eine funktionale Abhängigkeit erst „hineingesehen" werden muss, abgrenzt (Zindel, 2019, S. 13).

Durch diese unterschiedlichen Auffassungen der verbalen Funktionsdarstellung wird bereits deutlich, wie wichtig eine Spezifizierung dieser meist intuitiv genutzten Darstellungsart ist. Denn mit „verbaler Beschreibung" könnte die gesamte Aufgabenstellung, eine Situationsbeschreibung oder der verbale Ausdruck einer funktionalen Abhängigkeit gemeint sein (Zindel, 2019, S. 12). Daher unterscheiden Bossé et al. (2011) zwischen *verbaler Situation* (*verbal situation*) und *verbaler Deskription* (*verbal description*). Unter einer verbalen Situation wird die wörtliche Beschreibung einer Realsituation verstanden, z. B. „Ein Kilogramm Kirschen kosten auf dem Wochenmarkt 2.99 Euro." Dahingegen versteht man unter der verbalen Deskription die sprachlich artikulierte Charakterisierung einer tabellarischen, symbolischen oder graphischen Funktionsdarstellung, z. B. „Die Funktion ist linear und hat eine Nullstelle im Koordinatenursprung." Eine verbale Situation hat somit

Abbildung 3.3 Darstellung eines funktionalen Zusammenhangs durch ein realistisches Bild (iPad App Version des SAFE Tools)

immer einen außermathematischen Kontextbezug, während die verbale Deskription rein innermathematischer Natur sein kann (Bossé et al., 2011, S. 116 f). Da in dieser Arbeit kontextuell eingebundene Aufgaben zum Darstellungswechsel von der Situation zum Graphen fokussiert werden, ist hier die verbale Funktionsdarstellung gemäß einer verbalen Situation zu verstehen.

Nichtsdestotrotz wird die situative Darstellung in dieser Arbeit nicht auf verbale Beschreibungen beschränkt, sondern im Sinne von Janvier (1978) breiter gefasst:

> „In fact, a verbal description is not the only way to characterise a situation. Actually, means to describe or simply create situations are numerous. One can think of diagrams, pictures, photographs, films, model works, simulation devices and obviously experiments." (Janvier, 1978, S. 3.4)

Diese Definition einer *situativen Funktionsdarstellung* schließt also weitere non-verbale Repräsentationsformen ein. Insbesondere sind dabei *realistische Bilder* zu nennen. Darunter werden Visualisierungen, wie z. B. Zeichnungen, Fotographien, Cartoons oder Landkarten, verstanden, die eine eindeutige Ähnlichkeit zur dargestellten Realität aufweisen (Schnotz, 2011, S. 167). Da bei dieser Darstellungsart die Größen des funktionalen Zusammenhangs nicht immer eindeutig bestimmt sind, erfordert sie eine Interpretation des Betrachters, denn die funktionale Abhängigkeit muss erst in die Situation hineingesehen werden. Zudem muss man sich die gemeinsame Veränderung der Größen vorstellen, sodass eine „mentale Dynamisierung" des statischen Bilds erfolgen muss, um den funktionalen Zusammenhang zu erfassen (Rolfes, 2018, S. 27 ff). Abbildung 3.3 zeigt als Beispiel der Darstellung eines funktionalen Zusammenhangs durch ein realistisches Bild eine Skizze, welche den Weg einer Fahrradfahrt abbildet. Versucht man den dargestellten funktionalen Zusammenhang zu ergründen, so muss nicht nur die Bewegung des Fahrrads mental in die Zeichnung projiziert, sondern auch die zu betrachtenden Größen festgelegt werden: Hier könnte z. B. sowohl die Geschwindigkeit des Fahrrads als auch die Entfernung vom Startpunkt oder die zurückgelegten Höhenmeter in Abhängigkeit von der Zeit dargestellt sein.

Versteht man nun die situative Darstellung einer Funktion als verbale oder bildhafte Beschreibung des zugrundeliegenden funktionalen Zusammenhangs, lässt sich diese Darstellungsform näher charakterisieren. Ihr größtes Potential für das funktionale Denken liegt in der durch sie erzeugten Verbindung zwischen Mathematik und Realität. Die situative Darstellung ist wenig abstrakt und kann an Alltagsvorstellungen der Lernenden anknüpfen (Nitsch, 2015, S. 98; Stölting, 2008, S. 67). Allerdings werden mathematische Eigenschaften einer Funktion oder ihr Verlauf oftmals erst ersichtlich, wenn eine Übersetzung der Situation in eine andere Darstellungsform stattfindet (Nitsch, 2015, S. 100). Zudem kann eine betrachtete Situation komplex sein, sodass sie eventuell durch bestimmte Annahmen zu vereinfachen ist, bevor sie als Funktion zweier Größen modelliert werden kann. Demnach ist die Interpretation eines funktionalen Zusammenhangs in einer realen Situation immer auch subjektiv (Büchter & Henn, 2010, S. 10)

In wiefern die situative Darstellung die Grundvorstellungen zu Funktionen betont, hängt von ihrer jeweiligen Wortwahl bzw. Gestaltung ab. Formulierungen wie „in Abhängigkeit von" oder „wird zugeordnet" und die Angabe konkreter Wertepaare heben den Zuordnungsaspekt hervor (Nitsch, 2015, S. 100). Dagegen fokussieren qualitativ beschriebene Prozesse, wie z. B. „Er fährt die ganze Zeit mit gleichbleibender Geschwindigkeit.", die Kovariation der beteiligten Größen. Der Objektaspekt wird in situativen Darstellungen am wenigsten hervorgehoben (Klinger, 2018, S. 64). Dennoch kann auch diese Grundvorstellung repräsentiert werden, beispielsweise im Fall einer verbalen Deskription, bei der globale Eigenschaften des Graphen versprachlicht werden, z. B. „Die Funktion ist linear."

Graphische Darstellung

In der Mathematik wird der *Graph* einer Funktion mengentheoretisch definiert:

> Ist A eine nicht-leere Menge und B eine Menge mit $A, B \subset \mathbb{R}$ und $f : A \to B$ eine Funktion, so bezeichnet man die Menge $G_f = \{(x \mid f(x)) \mid x \in A\}$ als Funktionsgraph (kurz: Graph)." (Büchter & Henn, 2010, S. 18)

In dieser Arbeit ist damit jedoch die zeichnerische Darstellung dieser Menge innerhalb eines kartesischen Koordinatensystems gemeint. Dabei muss das verwendete Koordinatensystem nicht unbedingt explizit werden:

„[…] by cartesean graph we mean any graphical representation which makes use of two orthogonal axes – even implicitly." (Janvier, 1978, S. 1.7)

Die Stärke dieser Darstellungsart liegt in ihrer Anschaulichkeit. Es können zahlreiche Wertepaare der Funktion in geordneter Form (nährungsweise) abgelesen, die Änderungen der beteiligten Größen durch den Verlauf des Graphen erkannt und auch die Intensität dieser Variationen ersichtlich werden (Nitsch, 2015, S. 98; Stölting, 2008, S. 63). Zudem ist ein direktes Ablesen von Funktionseigenschaften, wie etwa Extrem- und Wendestellen oder das Änderungsverhalten, möglich (Klinger, 2018, S. 65). Allerdings kann mittels der graphischen Darstellung immer nur ein Ausschnitt der Funktion repräsentiert werden. Zudem handelt es sich bei den Punkten eines Graphen aufgrund von Ungenauigkeiten beim Zeichnen und der Skalierung stets um Annäherungen (Stölting, 2008, S. 63). Aus diesem Grund stehen bei der graphischen Darstellung „eher die qualitativen Eigenschaften einer Funktion" im Fokus (Humenberger & Schuppar, 2019, S. 7).

In der graphischen Darstellung sind alle drei Grundvorstellungen zu Funktionen deutlich erkennbar (s. Tabelle 3.3). Der Zuordnungsaspekt wird fokussiert, wenn einzelne Punkte des Graphen betrachtet werden (Nitsch, 2015, S. 100). Der Kovariationsaspekt rückt in den Vordergrund, wenn der Graph intervallweise analysiert oder dessen Verlauf gefolgt wird. Veränderungen werden also nicht mehr lokal, sondern regional betrachtet, wodurch die Wahrnehmung der Funktion dynamisch erfolgt (Laakmann, 2013, S. 84). Allerdings gelingt die Betonung der Kovariation eher, wenn ein Graph mit einem alltäglichen Kontext in Verbindung gebracht wird. Pummer (2000) lies Proband:innen im Alter von 11–22 Jahren sowohl situativ eingekleidete als auch rein innermathematische Graphen beschreiben. Dabei zeigt sich, dass der Kovariationsaspekt im Fall der situativen Einkleidung eher aufgegriffen wird als bei der abstrakten Darstellung (Pummer, 2000, zitiert nach Malle, 2000b, S. 8 f). Schließlich kann der Objektaspekt bei Betrachtung des gesamten Graphen in den Fokus rücken, z. B. wenn Charakteristika des Objekts Funktion wahrgenommen oder Graphen wie Parabeln und Geraden voneinander abgegrenzt werden (Klinger, 2018, S. 65). Obwohl die ablesbaren Funktionseigenschaften stets auf den dargestellten Ausschnitt beschränkt bleiben, ist die graphische Darstellung entscheidend, um die Grundvorstellung einer Funktion als Objekt zu fördern:

„Dass mit einer linearen Funktion die Vorstellung einer Geraden verbunden wird oder mit einer quadratischen Funktion eine Parabel, ist ein Ergebnis der graphischen Darstellung. Die gesamte Form wird so mental abgespeichert." (Laakmann, 2013, S. 85)

Tabelle 3.3 Veranschaulichung der Grundvorstellungen zu Funktionen an der graphischen Darstellung (in Anlehnung an Wittmann, 2008, S. 21)

Zuordnung	Kovariation	Objekt
	f(x) nimmt zu / x nimmt zu	Gerade

3.7 Darstellungswechsel

Im Allgemeinen beziehen sich *Darstellungswechsel*, die in der englischsprachigen Literatur auch als Übersetzungen (*translations*) betitelt werden, auf kognitive Prozesse, die vollzogen werden, wenn Informationen, die in einer Ausgangsdarstellung (*source*) enthalten sind, in eine Zieldarstellung (*target*) transformiert werden (Janvier, 1987, S. 29; Bossé et al., 2011, S. 113). Für funktionales Denken spielen diese Prozesse aus zwei Gründen eine besondere Rolle, da sie sowohl für die Anwendung als auch die Entwicklung funktionalen Denkens Relevanz besitzen.

Zum einen zeigt sich funktionales Denken in der Fähigkeit Darstellungswechsel flexibel auszuführen (z. B. Barzel et al., 2005b, S. 20; Gagatsis & Shiakalli, 2004; Nitsch et al., 2015, S. 674). Höfer (2008) betrachtet Darstellungswechsel in seinem Modell „Das Haus des funktionalen Denkens" sogar als eine von nur zwei Dimensionen zur Konzeptualisierung und Analyse dieser Denkweise. Er erweitert eine Tätigkeitsmatrix, wie diese in Tabelle 3.4 abgebildet ist, lediglich um die Schritte zum Verstehen des Funktionsbegriffs gemäß der APO Theorie (s. Abschnitt 3.5; Höfer, 2008, S. 53). Funktionales Denken kann also als Vorraussetzung für Wechsel zwischen Funktionsrepräsentationen betrachtet werden. Das ist damit zu begründen, dass dafür Grundvorstellungen zu Funktionen aktiviert werden müssen (Padberg & Wartha, 2017, S. 2). Rolfes (2018) betont, dass Darstellungswechsel stets über mentale Repräsentationen verlaufen. Eine gegebene (externe) Darstellung muss zunächst verstanden und intern repräsentiert werden, bevor die Übersetzung in eine andere (externe) Darstellung stattfinden kann (s. Abschnitt 3.6.1; Rolfes, 2018, S. 41). Das bedeutet, Darstellungswechsel sind nicht im Sinne eines „Input-Output" Prozesses zu verstehen, bei dem automatisch eine Überführung der Ausgangs- in die Zieldarstellung stattfindet. Vielmehr laufen dabei komplexe Denkprozesse ab, auf die in

Abschnitt 3.7.2 näher eingegangen wird (Adu-Gyamfi et al., 2012, S. 160; Rolfes, 2018, S. 40 ff).

Zum anderen kann sich funktionales Denken durch die Ausführung von Darstellungswechseln (weiter-)entwickeln (z. B. Duval, 2006, Gagatsis & Shiakalli, 2004, S. 645; Kuhnke, 2013, S. 19 ff; Zindel, 2019, S. 13). Lernende können während einer Übersetzung „über das Entdecken und Erkennen der Begriffseigenschaften in verschiedenen Darstellungen" Verbindungen zwischen den Repräsentationen herstellen und auf diese Weise zu einem Verständnis des Funktionsbegriffs gelangen (Hoffkamp, 2011, S. 46).

3.7.1 Arten von Darstellungswechseln

Je nachdem, ob ein Darstellungswechsel direkt erfolgt oder eine zusätzliche Zwischendarstellung (*transitional representation*) zur Hilfe genommen wird, unterscheidet Janvier (1978) zwischen *direkten* und *indirekten* Darstellungswechseln (Janvier, 1978, S. 3.3; Bossé et al., 2011, S. 114).

Duval (2000) unterscheidet zwei Arten von Darstellungswechseln zwischen semiotischen Repräsentationen (Duval, 2000, S. 63). Durch die Unterscheidung zwischen *semiotischen* und *natürlichen* Darstellungen lenkt er den Blick auf deren kognitive Funktionen. Während eine semiotische Repräsentation intentional hergestellt wird, um ein repräsentiertes Objekt zwecks der Kommunikation oder der kognitiven Verarbeitung zu bezeichnen, entsteht eine natürliche Repräsentation unbewusst, z. B. in einem Traum, als Spiegelbild oder durch eine Reflexion (Duval, 1999, S. 5; Duval, 2000, S. 59 f; Iori, 2017, S. 280). Beide dieser kognitiven Darstellungsarten können sowohl in Form von externen als auch mentalen Repräsentationen auftreten (s. Abschnitt 3.6.1). Eine semiotische Repräsentation wird durch ein zugrundeliegendes Zeichensystem (*semiotic system*) bewusst produziert, während natürliche Repräsentationen durch physische Geräte, wie Spiegel oder Kameras, oder durch organische Systeme, wie Träume oder Erinnerungen, eher zufällig hervorgerufen werden (Duval, 2000, S. 58).

Um Zugang zu mathematischem Wissen zu erhalten, ist es unumgänglich mathematische Objekte oder Prozesse mittels semiotischer Repräsentationen, also mithilfe von Zeichensystemen, darzustellen (s. Abschnitt 3.6). Daher fasst Duval (1999) alle mathematischen Aktivitäten als Darstellungswechsel zwischen semiotischen Repräsentationen auf (Duval, 1999, S. 4 f). Er unterscheidet dabei zwischen *Treatments* und *Conversions* (Duval, 2000, S. 63). Treatments sind solche Darstellungswechsel, welche innerhalb eines zugrundeliegenden Zeichensystems erfolgen, also beispielsweise die Paraphrasierung eines Satzes, die Umformung eines Rechenterms oder ein Wechsel der Achsenskalierung eines kartesischen Graphen. Ein semiotisches System, welches Treatments zulässt, wie z. B. die natürliche Sprache, algebraische Rechenterme oder kartesische Graphen, bezeichnet Duval (2000) als *Repräsentationsregister* (*register of representation*) (Duval, 2000, S. 63). Im Gegensatz zum Treatment wird bei einer Conversion das zugrundeliegende Zeichensystem einer Repräsentation verändert, wobei das repräsentierte Objekt weiterhin erhalten bleibt. Ein solcher Darstellungswechsel zeichnet sich durch die Alternation zwischen zwei Repräsentationsregistern aus und erfolgt beispielsweise beim Zeichnen eines Graphen zu einer Funktionsgleichung oder beim Erstellen einer Wertetabelle aufgrund der verbalen Beschreibung einer funktionalen Abhängigkeit (Duval, 2006, S. 112).

In der Fähigkeit zum Darstellungswechsel zwischen verschiedenen Repräsentationsregistern (Conversion) sieht Duval (2006) die Grundlage für ein konzeptuelles Verständnis mathematischer Begriffe:

> „Changing representation register is the threshold of mathematical comprehension for learners at each stage of the curriculum." (Duval, 2006, S. 128)

Das ist darauf zurückzuführen, dass jedes Register, also jede Darstellungsart, andere Eigenschaften des dargestellten Objekts zugänglich macht (s. Abschnitt 3.6.3). Beim Wechsel zwischen ihnen muss das repräsentierte Objekt erst in den verschiedenen Darstellungen identifiziert werden (Duval, 2006, S. 112 ff). Auch Adu-Gyamfi et al. (2012) betonen: „[…] it is not the representations that are translated but rather the ideas or constructs expressed in them" (Adu-Gyamfi et al., 2012, S. 159).

Ist das Ausführen von Darstellungswechseln Voraussetzung und Ziel für ein umfassendes Begriffsverständnis von Funktionen, können zwei Konsequenzen für die Gestaltung von Lehr-Lern-Prozessen abgeleitet werden. Zum einen sollten multiple Repräsentationen desselben mathematischen Objekts in Lernumgebungen eingesetzt werden, die eine Vernetzung einzelner Darstellungsformen initiieren. Zum anderen sollten Aufgabenstellungen explizit zum Darstellungswechsel auffordern, um diesen Prozess zu unterstützen.

3.7.2 Kognitive Aktivitäten beim Wechsel zwischen Funktionsdarstellungen

Werden Lernende zur Durchführung von Darstellungswechseln zwischen Funktionsrepräsentationen aufgefordert, um funktionales Denken zu entwickeln oder anzuwenden, stellt sich die Frage, welche kognitiven Tätigkeiten sie dabei ausführen. Um dies zu elaborieren, werden entsprechende Aufgabenstellungen entweder danach klassifiziert, welche allgemeine kognitive Aktivitäten Schüler:innen zu deren Lösung vollziehen müssen, oder es wird jeder spezifische Wechsel zwischen unterschiedlichen Darstellungsarten als eigene kognitive Tätigkeit aufgefasst.

Allgemeine kognitive Aktivitäten bei Darstellungswechseln
Den ersten Ansatz verfolgen Leinhardt et al. (1990), die bei der Betrachtung von Aufgaben im Bereich Funktionen zwischen Aktivitäten zur *Interpretation* und *Konstruktion* differenzieren. Die Interpretation bezieht sich auf Tätigkeiten, durch die Schüler:innen die Bedeutung einer bestimmten Repräsentation erfassen. Dahingegen beinhaltet Konstruktion die Generierung einer neuen Darstellung. Beide Aufgabentypen werden außerdem danach unterschieden, ob eine Funktionsdarstellung zur Lösung eher lokal oder global betrachtet werden muss und ob dabei eher qualitative oder quantitative Eigenschaften der Funktion fokussiert werden (Leinhardt et al., 1990, S. 8 ff). Während unmittelbar ersichtlich wird, warum ein Darstellungswechsel (im Sinne einer Conversion) als Konstruktion einer Funktionsdarstellung charakterisiert werden kann, hängt dies bei einer Interpretation von der Ausgangsdarstellung ab. Soll etwa ein Graph interpretiert werden, so hängt es vom jeweils Bezeichneten ab, ob dazu ein Wechsel zwischen unterschiedlichen Repräsentationsformen nötig ist. Liegt dem Graphen ein Sachkontext zugrunde, so muss für dessen Interpretation ein Darstellungswechsel von der graphischen zur situativen Darstellung erfolgen. Handelt es sich um einen innermathematischen Graphen, ist bei der Interpretation ein reines Wahrnehmen von Funktionseigenschaften innerhalb des Repräsentationsregisters Graph denkbar (Leinhardt et al., 1990, S. 8). Die Tätigkeit der Interpretation kann demnach auch ohne einen Darstellungswechsel (Conversion) erfolgen. Dagegen kann eine Konstruktion meist nicht ohne interpretative Handlungen durchgeführt werden (Leinhardt et al., 1990, S. 13).

Eine ähnliche Klassifizierung von Schülerhandlungen beim Wechsel zwischen Funktionsdarstellungen ist bei Nitsch et al. (2015) zu finden. Sie zeigen empirisch, dass es sich beim *Identifizieren*, *Konstruieren* sowie *Beschreiben und Begründen* jeweils um voneinander unabhängige Tätigkeiten beim Darstellungswechsel handelt (Nitsch et al., 2015, S. 665 f). Beim Identifizieren geht es um das Erkennen wichtiger Eigenschaften eines funktionalen Zusammenhangs in einer Ausgangsdarstellung (als ersten Schritt beim Darstellungswechsel) oder um das Registrieren zweier Darstellungen, die dieselbe Funktion repräsentieren (wenn sowohl die Ausgangs- als auch die Zieldarstellung gegebenen sind). Das Identifizieren entspricht demnach einer Interpretation im Sinne von Leinhardt et al. (1990). Das Konstruieren kann mit der Tätigkeit der Konstruktion bei Leinhardt et al. (1990) gleichgesetzt werden. Schließlich wird durch das Beschreiben und Begründen eine weitere Tätigkeit beim Darstellungswechsel beschrieben. Sie umfasst die Verbalisierung eigener

Handlungen oder die Erklärung, warum ein Darstellungswechsel richtig bzw. falsch ausgeführt wird (Nitsch, 2015, S. 157 ff).

Einen anderen Fokus setzen Adu-Gyamfi et al. (2012) in einer Studie zu Darstellungswechseln zwischen numerischen, graphischen und symbolischen Repräsentationen linearer Funktionen. Sie analysieren 258 solcher Übersetzungsprozesse von Universitätsstudierenden. Dabei werden drei miteinander in Wechselwirkung stehende Überprüfungstätigkeiten identifiziert, die bei einer korrekten Übersetzung ablaufen. Diese werden im *Translation-Verification Modell* zur Beschreibung kognitiver Aktivitäten beim Repräsentationswechsel dargestellt (s. Abbildung 3.4; Adu-Gyamfi et al., 2012, S. 161):

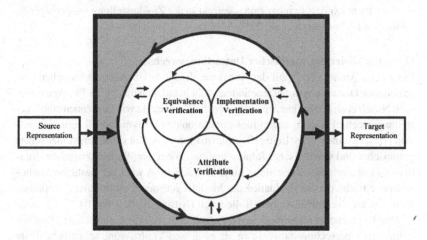

Abbildung 3.4 Translation-Verification Modell (Adu-Gyamfi et al., 2012, S. 161)

- *Implementationsprüfung (Implementation Verification)*: Diese Phase eines Übersetzungsprozesses beschreibt die Überprüfung der dazu notwendigen (algorithmischen) Tätigkeit. Dabei handelt es sich z. B. um das Plotten von Punkten beim numerisch-graphischen Darstellungswechsel. Solche Aktivitäten können allein prozedural verlaufen, ohne dass Lernende darauf achten, was sie genau manipulieren. Dennoch muss die korrekte Ausführung solcher Handlungen kontrolliert werden (Adu-Gyamfi et al., 2012, S. 161).
- *Eigenschaftsprüfung (Attribute Verfication)*: Diese stellt sicher, dass die in der Ausgangsdarstellung repräsentierten Funktionseigenschaften angemessen in der Zieldarstellung kodiert werden. Diese Phase bezieht sich somit auf die Identifika-

tion von Funktionsmerkmalen in ihren Darstellungsformen, welche im Übersetzungsprozess erhalten bleiben müssen. Zudem ist ein Verständnis dafür gefordert, wie die Repräsentationsstrukturen manipuliert oder interpretiert werden können. Dadurch wird ermöglicht, die in beiden Darstellungen repräsentierten Funktionseigenschaften miteinander zu vergleichen und aufeinander zu beziehen (Adu-Gyamfi et al., 2012, S. 162).

- *Gleichheitsprüfung* (*Equivalence Verification*): Auch sie dient dazu, sich der semiotischen Kongruenz beider Darstellungen zu vergewissern. Im Gegensatz zur Eigenschaftsprüfung geht es aber darum sicherzustellen, dass Ausgangs- und Zieldarstellung dasselbe mathematische Objekt repräsentieren. Das heißt, dass alle Informationen der Ausgangsdarstellung – auch Funktionseigenschaften, die darin nicht explizit sichtbar sind – korrekt in der Zieldarstellung wiedergegeben werden (Adu-Gyamfi et al., 2012, S. 163).

Operationalisierung spezifischer Darstellungswechsel

Der zweite Ansatz beruht auf der Annahme, dass jede Übersetzung zwischen verschiedenen Darstellungsarten eine andere, voneinander unabhängige Tätigkeit erfordert. Nitsch et al. (2015) konzeptualisieren die Kompetenz von Lernenden zum Darstellungswechsel etwa in einem fünf-dimensionalen Strukturmodell. Eine Dimension erfasst je eine wechselseitige Transformation zwischen situativer, numerischer, graphischer und symbolischer Repräsentation, wobei der Wechsel zwischen situativer und numerischer Darstellung nicht berücksichtigt wird, da dieser im Mathematikunterricht, der zur Evaluation des Modells getesteten Neunt- und Zehntklässler:innen, eine vernachlässigbare Rolle spielt (Nitsch, 2015, S. 661 ff).

Das Kompetenzstrukturmodell von Nitsch et al. (2015) nimmt keine *Direktionalität* der Übersetzungsprozesse an, da zu dessen Verifizierung schriftliche Tests genutzt wurden und davon auszugehen ist, dass die Denkprozesse der Lernenden beim Lösen von Aufgaben zu einem bestimmten Darstellungswechsel nicht unbedingt linear verlaufen (Nitsch, 2015, S. 661 ff). Dahingegen postuliert Janvier (1978) eine Richtungsabhängigkeit, indem er z. B. den Darstellungswechsel von einem Graphen in eine Situation mit der Tätigkeit „Interpretieren" und die gegensätzliche Übersetzung von Situation zu Graph als „Skizzieren" bezeichnet (Janvier, 1987, S. 29). Dadurch ergeben sich für die vier gängigen Repräsentationsarten insgesamt sechzehn unterschiedliche Darstellungswechsel. Welche Tätigkeiten Schüler:innen für jeden dieser Darstellungswechsel zu vollziehen haben, wird in Tabelle 3.4 exemplarisch aufgezeigt. Dabei beziehen sich die Einträge auf der Diagonalen (grauer Hintergrund) auf Treatments, also Darstellungswechsel innerhalb einer Repräsentationsart, während die verbleibenden Felder Conversions, d. h. Darstellungswechsel zwischen verschiedenen Repräsentationsformen, beschreiben (s. Abschnitt 3.7.1).

Tabelle 3.4 Beispielhafte Tätigkeiten bei Darstellungswechseln zwischen gängigen Funktionsrepräsentationen (in Anlehnung an Klinger, 2018, S. 67; Laakmann, 2013, S. 90)

von \ zu	situativ	numerisch	**graphisch**	symbolisch
situativ	Umformulieren	Messen, Werte finden	**Skizzieren**	Modellieren, algebraisch beschreiben
numerisch	Interpretieren der abgelesenen Tabellenwerte bzgl. des Kontexts	Verfeinern oder Vergröbern der Tabelle	Punkte einzeichnen und ggf. verbinden	Interpolieren, Annähern (z. B. durch Regressionen)
graphisch	Interpretieren des Graphen bzgl. des Kontexts	Werte ablesen	Ändern der Achsenskalierungen	Typische Form erkennen, Annähern (Kurve hindurchlegen)
symbolisch	Interpretieren der Formel durch deuten der Variablen	Wertepaare berechnen	Skizzieren	Algebraisch umformen

Klinger (2018) weist darauf hin, dass derartige Tabellen bereits in zahlreichen Arbeiten zum Umgang von Lernenden mit funktionalen Zusammenhängen zu finden sind (z. B. Bossé et al., 2011, S. 119; Janvier, 1978, S. 3.2; Klinger, 2018, S. 67; Leuders & Prediger, 2005, S. 6; Nitsch, 2015, S. 103; Swan, 1982, S. 155). Die in dieser Arbeit verwendeten Einträge orientieren sich größtenteils an den Dissertationen von Klinger (2018) und Laakmann (2013).

Betrachtet man die Einträge von Tabelle 3.4, in denen die situative Darstellung als Ausgangs- oder Zieldarstellung vorkommt (ausgenommen vom Treatment „Umformulieren"), so ist hier eine besondere Verbindung zwischen Realität und Mathematik erkennbar. Die Einträge der ersten Spalte beschreiben *Interpretationsprozesse*, bei denen Lernende eine gegebene Funktionsrepräsentation innerhalb eines Sachkontextes deuten müssen. Dahingegen stellen die Einträge der ersten Zeile *Modellierungsprozesse* dar, bei denen eine Mathematisierung der gegebenen Sachsituation stattfinden muss (Janvier, 1978, S. 3.4). Bezogen auf die Charakterisierung von Funktionsdarstellungen gemäß ihrer Symbol- und Abstraktionsebene in Tabelle 3.2 (s. Abschnitt 3.6.2) lassen sich diese Prozesse als Wechsel zwischen der realen und mathematischen Modellebene deuten. Darüber hinaus wird aus der Klassifikation ersichtlich, dass jeder Darstellungswechsel (abgesehen von Transformationen zwischen der numerischen und der symbolischen Repräsentationsform) entweder einen Wechsel der Abstraktions- oder Symbolebene beinhaltet. Bei Übersetzungen zwischen verbalen Beschreibungen und Funktionsgraphen ist sogar ein Wechsel auf beiden Ebenen notwendig (Nitsch, 2015, S. 102). Es lässt sich vermuten, dass solche Darstellungswechsel eine besondere Herausforderung für Lernende darstellen. Daher wird im Folgenden darauf eingegangen, wie die Schwierigkeit eines Darstellungswechsels eingeschätzt werden kann und welche Faktoren diese bedingen.

3.7.3   Schwierigkeit von Darstellungswechseln

Zahlreiche Studien zeigen, dass Darstellungswechsel für Lernende eine besondere Herausforderung darstellen (z. B. Arcavi, 2003, Duval, 2006; Schoenfeld et al., 1993). Dies verwundert nicht, wenn man die zahlreichen kognitiven Aktivitäten betrachtet, die für Übersetzungen zwischen Funktionsdarstellungen notwendig sind (s. Abschnitt 3.7.2). Allerdings zeigt sich, dass nicht jeder Wechsel zwischen Repräsentationsformen dieselben Anforderungen mit sich bringt. Die Schwierigkeit eines Darstellungswechsels kann auf zwei Ebenen beurteilt werden. Einerseits spielen schülerbasierte Faktoren eine Rolle. Andererseits sind Aspekte relevant, welche sich auf die beteiligten Darstellungsarten selbst beziehen (Bossé et al., 2011, S. 114).

Zu den *schülerbasierten Faktoren* zählen die spezifischen (kognitiven) Tätigkeiten, welche Lernende für einen Darstellungswechsel bewerkstelligen müssen. Wie in Abschnitt 3.7.2 deutlich wird, erfordern Übersetzungen zwischen verschiedenen Arten von Funktionsdarstellungen jeweils unterschiedliche Kompetenzen. Zudem kann die Anforderung beeinflusst werden, wenn ein Darstellungswechsel nicht direkt, sondern über eine Zwischendarstellung erfolgt (s. Abschnitt 3.7.1). Der zusätzliche Übersetzungsschritt kann zu einer erhöhten Komplexität und somit Fehleranfälligkeit führen (Bossé et al., 2011, S. 121). Andersherum kann dieser Prozess aufgrund der veränderten Tätigkeiten durch Zwischenschritte auch vereinfacht werden. Beispielsweise sind Lernende häufig in der Lage von einer verbalen in eine graphische Darstellung zu wechseln, indem sie zunächst eine Wertetabelle anlegen (Bossé et al., 2011, S. 118). Schließlich spielt die Unterrichtserfahrung der Schüler:innen eine entscheidende Rolle. Nicht alle Darstellungswechsel werden im Unterricht gleichermaßen behandelt, sodass Lernende mit einigen Darstellungsarten und Übersetzungsprozessen vertrauter sind als mit anderen (Bossé et al., 2011, S. 114).

Bei den *repräsentationsbasierten Faktoren* ist zu beachten, dass Darstellungswechsel verschiedene Interpretationsfähigkeiten erfordern (Bossé et al., 2011, S. 114). Während es z. B. beim Wechsel von einer numerischen in eine graphische Repräsentation ausreicht die Funktion lokal zu betrachten, muss sie beim situativ-graphischen Darstellungswechsel global gedeutet werden (s. Abschnitt 3.7.2; Bossé et al., 2011, S. 119 f). Zudem ist entscheidend, dass einige Darstellungswechsel mehr Übersetzungsschritte oder aufgrund ihrer Komplexität ein tieferes Verständnis des Funktionsbegriffs erfordern (Bossé et al., 2011, S. 114). Das Berechnen von Wertepaaren beim symbolisch-numerischen Darstellungswechsel ist etwa weniger anspruchsvoll als das Skizzieren eines Graphen (Bossé et al., 2011, S. 119).

Schließlich identifizieren Bossé et al. (2011) drei Dimensionen zur Charakterisierung von Funktionsdarstellungen, um verschiedene Schwierigkeitsgrade von Übersetzungsprozessen zu unterscheiden:

- *Merkmalsdichte (attribute density, D)*: Diese charakterisiert eine Repräsentation in Bezug darauf, wie viele Informationen sie für einen Darstellungswechsel bereitstellt und wie mühsam es ist, zusätzliche Informationen aus ihr zu entnehmen. Die Wertetabelle einer linearen Funktion hat z. B. eine geringe Merkmalsdichte, wenn sie in eine Funktionsgleichung übersetzt werden soll. Sie enthält durch die große Anzahl von Wertepaaren meist eine Menge an (unnötigen) Informationen und kann relevante Funktionseigenschaften, wie den y-Achsenabschnitt oder die Steigung, verschleiern. Dies erfolgt etwa durch eine ungünstige Anordnung der Wertepaare. Die Merkmalsdichte gängiger Funktionsdarstellungen wird wie folgt von niedrig bis hoch eingeschätzt: Tabelle, verbale Beschreibung, Graph und Gleichung (Adu-Gyamfi et al., 2012, S. 168; Bossé et al., 2011, S. 123).
- *Informationslücken (fact gaps, FG)*: Ihre Anzahl in Ausgangs- und Zieldarstellung beeinflusst die Schwierigkeit eines Darstellungswechsels. Informationslücken bezeichnen Funktionseigenschaften, die in einer Darstellung nicht repräsentiert werden (s. Abschnitt 3.6). Ihre Anzahl hängt davon ab, ob eine Repräsentation als Source oder Target fungiert und inwiefern Lernende befähigt sind, Repräsentationen zu transformieren, um evtl. fehlende Informationen zu erschließen. Die Anzahl der Informationslücken beim symbolisch-graphischen Darstellungswechsel quadratischer Funktionen kann z. B. reduziert werden, indem die Funktionsgleichung faktorisiert wird, sodass die Nullstellen des Graphen direkt ablesbar sind (Bossé et al., 2011, S. 122).
- *Ablenkungsfaktoren (confounding facts, C)*: Gemeint sind diejenigen Informationen über eine abgebildete Funktion, die zwar in der Ausgangs- oder Zieldarstellung enthalten, für einen Repräsentationswechsel aber irrelevant sind (Bossé et al., 2011, S. 122).

Aufgrund dieser Faktoren und unter Einbezug empirischer Studien – z. B. bzgl. auftretender Schülerfehler (s. Abschnitt 3.8) oder kognitiver Aktivitäten bei Übersetzungsprozessen (s. Abschnitt 3.7.2) – erstellen Bossé et al. (2011) ein Kodierschema zur Charakterisierung gängiger Darstellungswechsel (s. Abbildung 3.5).

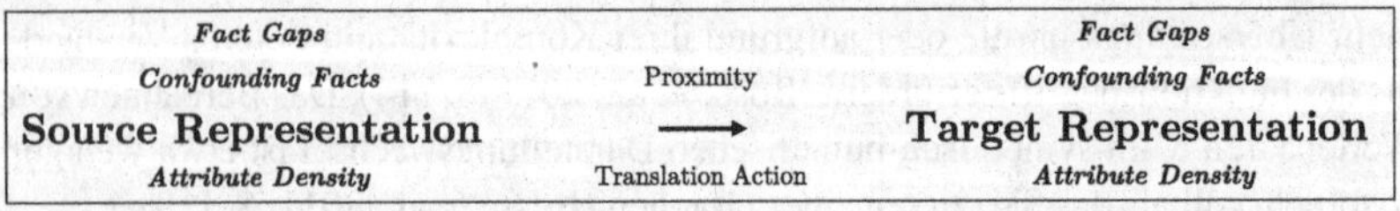

Fact Gaps		*Fact Gaps*
Confounding Facts	Proximity	*Confounding Facts*
Source Representation	$\longrightarrow$	**Target Representation**
Attribute Density	Translation Action	*Attribute Density*

Abbildung 3.5 Kodierschema für mathematische Darstellungswechsel (Bossé et al., 2011, S. 126)

Dieses umfasst die Dimensionen Merkmalsdichte (D), Informationslücken (FG) und Ablenkungsfaktoren (C), welche jeweils für die Ausgangs- und Zieldarstellung als niedrig (low) oder hoch (high) eingeschätzt werden. Zudem ist die durchzuführende Übersetzungstätigkeit (translation action) unterhalb und die nötige Interpretationstiefe (proximity) als lokal oder global oberhalb des Pfeils benannt. Letztlich werden Zwischendarstellungen (transitional representation) einbezogen, wenn ein Darstellungswechsel typischerweise über solche ausgeführt wird (Bossé et al., 2011, S. 126). Mithilfe dieser Kodierung ordnen Bossé et al. (2011) Darstellungswechsel zwischen Funktionsrepräsentationen gemäß ihrer Schwierigkeit von oben leichter bis unten schwerer (s. Tabelle 3.5).

Aus Tabelle 3.5 wird ersichtlich, dass Darstellungswechsel, bei denen eine lokale Sichtweise auf die repräsentierte Funktion (Zuordnungsvorstellung) ausreicht, leichter eingestuft werden als solche, die eine globale Interpretation der Funktionseigenschaften (Kovariations- und Objektvorstellung) erfordern. Außerdem gelten Übersetzungsprozesse als einfacher, wenn deren Ausgangsdarstellung über wenige Informationslücken und Ablenkungsfaktoren verfügen. Das liegt daran, dass die für den Darstellungswechsel wichtigen Funktionsmerkmale direkt erkannt und somit leichter interpretiert werden können. Bezüglich der Charakterisierung von Zieldarstellungen lässt sich festhalten, dass Darstellungswechsel in eine Repräsentation mit vielen Informationslücken und Ablenkungsfaktoren sowie einer geringen Merkmalsdichte eine größere Herausforderung bildet. Dies trifft auf die verbale Darstellung zu, weshalb die drei Darstellungswechsel, welche am schwierigsten eingestuft werden, solche sind, bei denen in eine verbale Repräsentation übersetzt wird. Als Zieldarstellung ist diese wenig greifbar, sodass Lernende verunsichert sind, wann ein Darstellungswechsel abgeschlossen ist (Bossé et al., 2011, S. 126 ff.).

Der hier fokussierte situativ-graphische Darstellungswechsel wird von Bossé et al. (2011) als „eher schwierig" eingestuft. Zum einen ist die Interpretation der situativen Repräsentation als Ausgangsdarstellung aufgrund ihrer vielen Informationslücken und Ablenkungsfaktoren sowie der geringen Merkmalsdichte anspruchsvoll. Zudem muss die Funktion bei ihrer Übersetzung in einen Graphen global

Tabelle 3.5 Schwierigkeit von Darstellungswechseln zwischen Funktionsrepräsentationen (Bossé et al., 2011, S. 127)

Student Ability to Perform Particular Translations	Translations Coded with Fact Gaps, Confounding Facts, Attribute Density, Proximity, Translation Actions, and Transitional Representations	
Generally Able to Perform These	*FG=low* *FG=low* *C=low* local *C=low* **table → graph** *D=low* plotting *D=high*	*FG=low* *FG=low* *C=low* local *C=low* **symbolic → table** *D=high* computing *D=low*
	FG=low *FG=low* *C=low* local *C=low* **graph → table** *D=high* reading off *D=low*	*FG=low* *FG=low* *C=high* local *C=low* **verbal → table** *D=low* measuring *D=low*
Generally Able to Perform This (Using a Transitional Representation)	*FG=low* *FG=high* *C=low* global *C=high* **symbolic → graph** «» *D=high* sketching *D=high*	*FG=low* *FG=low→low* *FG=low* *C=low* local *C=low→low* local *C=low* **symbolic → table → graph** *D=high* computing *D=low* plotting *D=high* └ Process employing transitional representation ┘
Less Able to Perform These	*FG=high* *FG=low* *C=high* global *C=high* **table → symbolic** *D=low* fitting *D=high*	*FG=low* *FG=low* *C=high* global *C=high* **graph → symbolic** *D=high* curve fitting *D=high*
Less Able to Perform These (Using a Transitional Representations)	*FG=high* *FG=high* *C=high* global *C=high* **verbal → graph** «» *D=low* sketching *D=high*	*FG=low* *FG=low→high* *FG=low* *C=high* local *C=low→high* local *C=high* **verbal → table → graph** *D=low* measuring *D=low* plotting *D=high* └ Process employing transitional representation ┘
	FG=high *FG=low* *C=high* global *C=high* **verbal → symbolic** «» *D=low* modeling *D=high*	*FG=low* *FG=low→high* *FG=low* *C=high* local *C=low→high* global *C=high* **verbal → table → symbolic** *D=low* measuring *D=low* fitting *D=high* └ Process employing transitional representation ┘
Rarely Able to Perform These	*FG=low* *FG=high* *C=high* global *C=high* **graph → verbal** *D=high* interpretation *D=low*	*FG=low* *FG=high* *C=low* global *C=high* **symbolic → verbal** *D=high* parameter recognition *D=low*
	FG=high *FG=high* *C=high* global *C=high* **table → verbal** *D=low* reading *D=low*	

betrachtet werden. Bei dieser Bewertung ist allerdings zu beachten, dass sich Bossé et al. (2011) lediglich auf verbale Beschreibungen beziehen und somit von der in Abschnitt 3.6.3 dargestellen Definition situativer Funktionsrepräsentationen, welche etwa auch realistische Bilder einschließt, abweichen. Zudem beruht die Einschätzung auf der Annahme, dass situativ-graphische Darstellungswechsel vermehrt über eine numerische Zwischendarstellung erfolgen und somit von Lernenden in zwei einfachere Übersetzungsschritte zerlegt werden können. Das ist aber nur dann möglich, wenn in der Ausgangsdarstellung konkrete Funktionswerte gegeben sind. Wird der Darstellungswechsel einer qualitativen Funktion gefordert, könnte dies den Schwierigkeitsgrad erhöhen. Ferner lässt die Charakterisierung von Funktionsdarstellungen gemäß ihrer Symbol- und Abstraktionsebene (s. Abschnitt 3.6.2) vermuten, dass verbal-graphische Darstellungswechsel besonders schwierig sind, weil sie einen Wechsel beider Ebenen erfordern (s. Abschnitt 3.7.2).

Diese Hypothese wird durch die Ergebnisse einer Studie von Gagatsis und Shiakalli (2004) unterstützt. Sie untersuchen die Fähigkeit von 195 Universitätsstudierenden zum Wechsel zwischen verbalen, graphischen und symbolischen Funktionsrepräsentationen. Die Studie zeigt, dass die Lösungsquoten für Übersetzungsprozesse von einer verbalen in eine graphische Darstellung geringer ausfallen als für Wechsel von verbalen in symbolische Repräsentationen (Gagatsis & Shiakalli, 2004, S. 653). Ferner deutet die Studie von Hadjidemetriou und Williams (2002) mit 425 Schüler:innen im Alter von 14–15 Jahren auf deren Fähigkeiten und Verständnis beim Umgang mit Funktionsgraphen. Neben der Interpretation unstetiger Graphen wird „Sketching complex graphs to tell a story (including non-linear)" als Kompetenz beschrieben, welche das höchste Performanzniveau der Lernenden ausmacht (Hadjidemetriou & Williams, 2002, S. 76).

Wie in diesem Abschnitt deutlich wird, hängt die Schwierigkeit einen Darstellungswechsel auszuführen von vielen verschiedenen Faktoren ab. Nichtzuletzt sind verschiedene kognitive Aktivitäten und ein tiefes Verständnis der Darstellungsarten sowie repräsentierten Funktionen nötig, um flexibel zwischen unterschiedlichen Repräsentationsregistern zu wechseln. Deshalb verwundert es nicht, dass bei solchen Übersetzungsprozessen immer wieder Fehler beobachtet werden, welche zahlreich in der Literatur beschrieben sind. Für das Anwenden funktionalen Denkens gilt es, solche zu vermeiden. Für dessen Förderung ist zudem entscheidend, dass mögliche Fehlvorstellungen und Ursachen diagnostiziert sowie überwunden werden. Daher beleuchtet der folgende Abschnitt 3.8 typische Lernschwierigkeiten im Bereich des funktionalen Denkens.

3.8   Typische Fehler und Fehlvorstellungen

Bevor auf die *typischen Schülerfehler*, *Fehlvorstellungen* und *epistemologische Hürden* im Bereich des funktionalen Denkens eingegangen wird, sind diese Begriffe kurz zu spezifizieren. Umfassendere Ausführungen zum Thema Fehler und Fehlerkultur im Mathematikunterricht lassen sich z. B. in den Arbeiten von Nitsch (2015), Radatz (1980) und Schoy-Lutz (2005) finden.

Bei der Bearbeitung einer Mathematikaufgabe kann ein *Fehler* zunächst als eine „erroneous response to a question" aufgefasst werden (Hadjidemetriou & Williams, 2002, S. 69). Allerdings stellt sich bei dieser Definition die Frage, wie die Feststellung von etwas Fehlerhaftem erfolgt. Daher werden in der pädagogischen Psychologie Fehler konkreter als von einer Norm abweichende Sachverhalte oder Prozesse verstanden (Oser et al., 1999, S. 11).

> „Normen stellen das Bezugssystem dar, und ohne Normen oder Regeln wäre es nicht möglich, fehlerhafte und fehlerfreie Leistungen, das Richtige vom Falschen zu unterscheiden." (Oser et al., 1999, S. 11)

Diese Definition unterstreicht neben der Relevanz einer vorhandenen Norm die Tatsache, dass Fehler sowohl als Produkt als auch Prozess zu begreifen sind. Im Mathematikunterricht treten sie zunächst verbal oder schriftlich als sichtbare „Produkte eines Wahrnehmungs- und Denkprozesses" auf, welche als *Fehlerphänomene* bezeichnet werden (Prediger & Wittmann, 2009, S. 3). Tritt ein solches Fehlerphänomen gehäuft auf, so spricht man von einem *Fehlertyp* oder *-muster*. Dahinter stecken oftmals mehrere miteinander in Wechselwirkung stehende *Fehlerursachen*, „die sich auf den eigentlichen Fehlerprozess beziehen" und aufzeigen, warum ein Fehler begangen wird (Prediger & Wittmann, 2009, S. 3).

Bezogen auf die jeweiligen Ursachen eines Irrtums unterscheidet man zwischen *Flüchtigkeitsfehlern* und *systematischen Fehlern*. Ein Flüchtigkeitsfehler liegt vor, wenn er eigenständig vom Lernenden behoben werden kann, sobald dieser darauf aufmerksam gemacht wird. Er ist häufig das Produkt von Konzentrationsproblemen oder einem überlasteten Arbeitsgedächtnis. Ein systematischer Fehler dagegen ist bei gleichen Aufgabentypen reproduzierbar und kann von Schüler:innen nicht direkt behoben werden. Daher können systematische Fehler auf das Vorliegen von Fehlvorstellungen bzgl. des Lerngegenstands hinweisen. Sie äußern sich meist dadurch, dass Lernende nicht versuchen ihr Fehlverhalten zu korrigieren, sondern dieses zu erläutern und gegenüber anderen zu verteidigen (Prediger & Wittmann, 2009, S. 2 ff). Nachweislich steckt hinter der Mehrheit von Schülerfehlern ein System (z. B. Radatz, 1980, S. 72; Schoy-Lutz, 2005, S. 313). Daher ist es wichtig, die Denkweisen zu ergründen, die hinter solchen Fehlern stecken.

„[…] misconceptions are defined as incorrect features of student knowledge that are repeatable and explicit." (Leinhardt et al., 1990, S. 30)

Fehlvorstellungen lassen sich demzufolge als stabile, fehlerhafte Konzepte innerhalb des individuellen Verständnisses bzgl. mathematischer Begriffe definieren. Sie treten auf, wenn „Begriffe und Symbole, mit denen im Mathematikunterricht umgegangen wird vom Schüler mit einer völlig anderen Bedeutung gefüllt werden, als im Sinne der Sache adäquat wäre" (vom Hofe, 1995, S. 10). Das heißt, man kann von Fehlvorstellungen sprechen, wenn die deskriptiven Grundvorstellungen der Lernenden nicht mit den normativen Grundvorstellungen des mathematischen Begriffs übereinstimmen bzw. wenn ein Teil des Concept Images im Widerspruch zur Concept Definition steht (s. Abschnitt 3.3.2; Lichti, 2019, S. 24). Leinhardt et al., (1990, S. 5) verweisen darauf, dass „a misconception may develop as a result of overgeneralizing an essentially correct conception, or may be due to inference from everyday knowledge". Danach können sich Fehlvorstellungen ausbilden, wenn die Alltagsvorstellungen der Schüler:innen von der mathematischen Auffassung eines Begriffs abweichen. Dies kann als Widerspruch zwischen primären und sekundären Grundvorstellungen interpretiert werden (s. Abschnitt 3.3.2; Nitsch, 2015, S. 23). Zudem können sich Fehlvorstellungen beim Aufbau sekundärer Grundvorstellungen ausbilden. Aufgrund des Spiralcurriculums müssen Lernende ihre Vorstellungen bzgl. des Funktionsbegriffs immer wieder erweitern (Nitsch, 2015, S. 24). Dabei können Übergeneralisierungen und der unpassende Gebrauch von Prototypen auftreten, z. B. wenn eine lineare Funktion zur Modellierung einer quadratisch wachsenden Flächen angenommen wird, wie bei der von Klinger (2018, S. 251 ff) in Anlehnung an De Bock et al. (2007, S. 92) beschriebenen Weihnachtsmannaufgabe (Illusion der Linearität; s. Abschnitt 3.8.5).

Neben Fehlern und Fehlvorstellungen, welche die individuellen Begriffsbildungs- und Denkprozesse eines Lernenden betreffen, werden Erschwernisse für den Verständnisaufbau identifiziert, welche dem mathematischen Inhalt selbst innewohnen. Solche *epistemologischen Hürden* lassen sich als weitverbreitete „blind beliefs" bzw. unbewusste Denkschemata auffassen, welche innerhalb eines tragfähigen Verständnisaufbaus von allen Lernenden überwunden werden müssen (Sierpinska, 1992, S. 27 f). Für den Funktionsbegriff beschreibt Sierpinska (1992) sechzehn epistemologische Hürden und begründet diese weitestgehend durch dessen historische Entwicklung. Beispielsweise nennt sie das Missachten der Richtung einer Abhängigkeit von Größen als epistemologische Hürde. Das bedeutet, dass

Lernende erst die Notwendigkeit für die Unterscheidung zwischen unabhängiger und abhängiger Variable erkennen müssen, bevor eine weitere Konzeptualisierung des Funktionsbegriffs erfolgen kann (Sierpinska, 1992, S. 38). Ebenso wie Fehlvorstellungen dienen solche epistemologische Hürden als mögliche Erklärungsansätze für auftretende Fehler. Daher ist ihre Betrachtung für die Diagnose und Förderung funktionalen Denkens zentral.

Die folgenden Abschnitte beschreiben spezifische Fehlertypen, welche beim situativ-graphischen Darstellungswechsel auftreten können. Ferner wird erörtert, welche Fehlvorstellungen oder epistemologischen Hürden diese möglicherweise verursachen. Die fokussierten Schwierigkeiten werden als „typisch" bezeichnet, da sie in der Literatur weit rezitierte Fehler und Fehlvorstellungen darstellen. Das heißt, sie treten bei einer Vielzahl von Lernenden unterschiedlichen Alters und unterschiedlicher Herkunft auf und sind daher bei der Bearbeitung von Aufgaben zum Darstellungswechsel von der Situation zum Graphen funktionaler Zusammenhänge zu erwarten.

3.8.1 Graph-als-Bild Fehler

Beim *Graph-als-Bild Fehler* handelt es sich um eine typische Fehldeutung bei Darstellungswechseln zwischen situativen und graphischen Repräsentationen. Dabei wird der Graph einer Funktion als fotografisches Abbild der zugrundeliegenden Realsituation betrachtet (Clement, 1985, S. 4). Lernende mit dieser Fehlvorstellung sind nicht in der Lage, Graphen als abstrakte Repräsentation einer Beziehung zwischen zwei Variablen aufzufassen (Carlson et al., 2002, S. 355; Hadjidemetriou & Williams, 2002, S. 72). Malle (2000a) weist darauf hin, dass „derartige Interpretationsfehler […] situationsabhängig [sind] und häufig durch die dargestellte Situation provoziert" werden (Malle, 2000a, S. 5). Janvier (1978) spricht in diesem Zusammenhang davon, dass die Schüler:innen von „visuellen Distraktoren" der Realsituation fehlgeleitet werden (Janvier, 1978, S. 82).

Häufig handelt es sich bei Situationen, die einen Graph-als-Bild Fehler hervorrufen, um Bewegungsabläufe, bei denen Zusammenhänge zwischen Größen wie Zeit, Entfernung und Geschwindigkeit betrachtet werden (Nitsch, 2015, S. 142), oder andere dynamische Prozesse, wie das Befüllen von Gefäßen, bei dem etwa die Füllhöhe in Abhängigkeit von der Füllmenge modelliert wird (Carlson, 1998, S. 124). Ein Beispiel für eine solche Situation liefert die „Skifahrer"-Aufgabe (s. Abbildung 3.6; Nitsch, 2015, S. 234). Skizziert sind das realistische Bild (s. Abschnitt 3.6.3) einer Skipiste sowie vier Funktionsgraphen, welche jeweils die Geschwindigkeit in Abhängigkeit von der Zeit beschreiben. Aufgabe ist es, den

In folgendem Bild ist ein Skifahrer zu sehen, der den Hang hinunter fährt. Der Funktionswert v(t) gibt die Geschwindigkeit zum Zeitpunkt t an.

Welcher Graph beschreibt die Situation am besten?

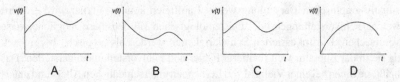

Abbildung 3.6 Beispielitem zum Erfassen des Graph-als-Bild Fehlers (Nitsch, 2015, S. 234)

Graphen auszuwählen, der diesen funktionalen Zusammenhang für die abgebildete Skifahrt darstellt. Der Graph-als-Bild Fehler tritt auf, wenn Lernende den zweiten Graphen aufgrund seiner visuellen Ähnlichkeit zur Skipiste auswählen, obwohl der erste Graph die passende Beziehung zwischen Zeit und Geschwindigkeit repräsentiert.

Wird bei dieser Fehlvorstellung, wie in der Skifahrer-Aufgabe, die Form des gesamten Graphen fokussiert, spricht Clement (1985) von einem *Global Correspondence Error* (Clement, 1985, S. 6). Neben diesem globalen Graph-als-Bild Fehler, kann auch die Betrachtung einzelner visueller Eigenschaften der Situation fehlerhaft auf ein spezifisches Merkmal des Graphen übertragen werden. Etwa wenn der Schnittpunkt zweier Zeit-Entfernungs-Graphen als Zeitpunkt des Aufeinandertreffens zweier Autos verstanden wird. In diesem Fall liegt ein lokaler Graph-als-Bild Fehler (*Local Correspondence Error*) vor (Clement, 1985, S. 8).

Zahlreiche Studien bestätigen das Auftreten dieses Fehlertyps für Lernende in der Sekundarstufe I (z. B. Hadjidemetriou & Williams, 2002; Hoffkamp, 2011; Janvier, 1978; Kerslake, 1977; Li, 2006), Sekundarstufe II (z. B. Nitsch, 2015; Klinger, 2018) und der Hochschule (z. B. Carlson, 1998; Monk, 1992). Nitsch (2015) findet etwa in einer Studie mit 569 Lernenden aus den Jahrgangsstufen 9–11, dass nur 66.1 % die Skifahrer-Aufgabe korrekt lösten, obwohl dieses Item vergleichsweise leicht eingeschätzt wird. 19.3 % der Schüler:innen zeigten dagegen den Graph-als-Bild Fehler (Nitsch, 2015, S. 283). Eine ähnliche Häufigkeit findet sich bei Klinger (2018) für dasselbe Item in einer Studie mit über 3000 Schüler:innen der Jahrgangsstufen 10–11. Die Lösungsquote lag bei 68.5 %, wohingegen 17.4 % der Lernenden die zweite Antwortmöglichkeit auswählten (Klinger, 2018, S. 263). Obwohl dieser Fehlertyp demnach auch in höheren Jahrgangsstufen verbreitet ist, scheint der Graph-als-Bild Fehler insbesondere bei jüngeren Schüler:innen aufzutreten. Hofmann & Roth (2018) vergleichen in einer Studie Kompetenzen von Lernenden der 7. (N = 26) und 8. (N = 40) Jahrgangsstufe bzgl. Darstellungswechsel zwischen situativen und graphischen Funktionsrepräsentationen. Dabei zeigten 88 % der Siebtklässler:innen den Graph-als-Bild Fehler, während dieses Fehlermuster nur bei 43 % der Achtklässler:innen auftrat (Hofmann & Roth, 2018, S. 820 f).

Als mögliche Ursache des Graph-als-Bild Fehlers nennt Hoffkamp (2011) die ikonische anstelle einer symbolischen Deutung des Graphen und führt dies auf die fehlende Einnahme einer dynamischen Sichtweise auf den funktionalen Zusammenhang zurück (Hoffkamp, 2011, S. 13). Einen ähnlichen Erklärungsansatz nutzen Carlson et al. (2010), indem sie den Graph-als-Bild Fehler mit Lernenden in Verbindung bringen, die sich im Sinne der APO Theorie (s. Abschnitt 3.5) auf der Stufe der Action Conception befinden. Auf dieser wird der Graph als Kurve oder fixiertes Objekt in einer Ebene wie eine geometrische Figur gedeutet. Die Schüler:innen haben demnach eine statische Sichtweise und können Graphen nicht als Darstellung der Zuordnung einer Menge an Eingabewerten zu einer Menge an Ausgabewerten verstehen (Carlson et al., 2010, S. 116). Diese dynamische Sichtweise auf eine Funktion als Prozess wird erst auf der Stufe der Process Conception erreicht (Oehrtman et al., 2008, S. 8).

Auch Monk (1992) bemerkt, dass Graph-als-Bild Fehler eher bei Fragestellungen auftreten, die den Kovariationsaspekt („across time questions") betreffen. Er beobachtet, dass Studierende Graphen zu Bewegungsabläufen richtig interpretieren, wenn die Fragestellung eine punktweise Betrachtung des funktionalen Zusammenhangs erfordert, aber scheitern, wenn es um die gemeinsame Veränderung der dargestellten Größen geht. Dies führt er auf sogenannte *blurred concepts* der Lernenden bzgl. Größen wie Zeit, Entfernung und Geschwindigkeit zurück. Das bedeutet, dass die Lernenden nur über „naive Ideen" dieser Variablen verfügen, welche sie nicht „robust", sondern lediglich in manchen Situationen deuten können (Monk, 1992, S. 175 ff). Solche unzureichenden Alltagsvorstellungen bzgl. bestimmter Größen und deren Veränderungen miteinander oder bezogen auf das Lesen von Bildern führen Leinhardt et al. (1990) ebenfalls als mögliche Ursache dieses Fehlertyps an (Leinhardt et al., 1990, S. 5, 24 ff). Diese können als primäre Grundvorstellungen zu funktionalen Zusammenhängen aufgefasst werden (Nitsch, 2015, S. 23). Mögliche Ursache des Graph-als-Bild Fehlers ist demnach, dass Lernende ihre primären Grundvorstellungen noch nicht ausreichend durch sekundäre ersetzen konnten und weitere unterrichtliche Unterweisungen nötig sind (s. Abschnitt 3.3.2).

Letztlich ist die fehlende Überwindung einer epistemologischen Hürde ein denkbarer Grund zum Auftreten des Graph-als-Bild Fehlers (s. Abschnitt 3.8). Sierpinska (1992) erklärt, dass „[v]ery often, in observing changes, students have difficulty in identifying what is changing [...]. They do not analyze the situation, they take it as a whole, as a phenomenon like raining or snowing" (Sierpinska, 1992, S. 33). Die gedankliche Hürde besteht darin, dass man sich nur darauf konzentriert, wie sich „Dinge" verändern und nicht beachtet, was variiert wird bzw. welche funktionale Abhängigkeit dargestellt ist (Sierpinska, 1992, S. 36).

Aus diesen möglichen Fehlerursachen lassen sich Maßnahmen zur Überwindung des Graph-als-Bild Fehlers ableiten. Eine Möglichkeit hierzu stellt eine stärkere Verknüpfung zwischen Zuordnungs- und Kovariationsvorstellung bei Aufgaben zum Darstellungswechsel zwischen situativen und graphischen Funktionsrepräsentationen dar (Monk, 1992, S. 193). Lernende sollten dazu aufgefordert werden, das Verhalten einer Funktionen an einzelnen Punkten, aber auch auf ganzen Intervallen zu beschreiben (Oehrtman et al., 2008, S. 12). Malle (2000a) postuliert im Falle qualitativer Situationsbeschreibungen und Graphen zudem „das Eintragen von Zahlen auf den Achsen" als ersten Schritt einer möglichen Fehlerüberwindung und betont, dass der Graph „als Menge von Zahlenpaaren" zu deuten ist (Malle, 2000a, S. 5).

3.8.2 Falsche Achsenbezeichnung

Die *falsche Beschriftung der Koordinatenachsen* stellt einen weiteren Fehlertypen beim Zeichnen von Funktionsgraphen dar, der möglicherweise auf die epistemologische Hürde zurückzuführen ist, dass Lernende eine Veränderung fokussieren, ohne zu beachten, welche Größen sich verändern (Sierpinska, 1992, S. 36). Busch (2015) nennt die „intuitive Achsenbezeichnung" als einen von sechs typischen Schülerfehlern in Bezug auf die graphische Darstellung. Damit drückt sie aus, dass Lernende bei diesem Fehler die Beschriftung der Achsen „[...] intuitiv und entgegen der Konvention, die x-Achse mit der unabhängigen Variable [...] und die y-Achse mit der abhängigen Variable [...] zu bezeichnen", vornehmen (Busch, 2015, S. 32).

Als mögliche Fehlerursache wird neben einem unzureichenden Verständnis des zugrundeliegenden funktionalen Zusammenhangs auch eine mangelhafte Vorstellung zur (un-)abhängigen Variable genannt (Busch et al., 2015, S. 322). Diese kann auf eine weitere epistemologische Hürde beim Erlernen des Funktionsbegriffs zurückgeführt werden, nämlich die Beachtung der Variablenreihenfolge. Lernende müssen erkennen, dass eine Unterscheidung zwischen unabhängiger und abhängiger Größe notwendig ist, um einen funktionalen Zusammenhang zu beschreiben. Zudem ist die Reihenfolge dieser Variablen entscheidend, denn der unabhängigen Größe wird stets eindeutig die abhängige Größe zugeordnet (Sierpinska, 1992, S. 38). Da diese beiden Schritte unerlässlich für das Funktionsverständnis sind, integriert Zindel (2019) sie in ihr Model zum Kern des Funktionsbegriffs (s. Abschnitt 3.3.3). Wurde dieser Kern begriffen, dürfte die richtige Reihenfolge der Achsenbeschriftung keine Schwierigkeit für Lernende darstellen.

Allerdings beobachtet Carlson (1998), dass es vielen Schüler:innen schwerfällt, den „Funktionswert" mit dem y-Wert eines Graphen in Verbindung zu bringen, da sie die Fachsprache bzgl. des mathematischen Begriffs nicht verstehen (Carlson, 1998, S. 141). Zudem beobachtet Kerslake (1982), dass Lernende auch bei der Interpretation von Achsenbeschriftungen durch visuelle Distraktoren beeinflussbar sind. Sie vermuten z. B. die Größe Höhe aufgrund der damit verbundenen vertikalen Messrichtung stets auf der y-Achse, sogar wenn die Größe bereits auf der x-Achse eingetragen ist (Kerslake, 1982, S. 127). Von solchen Fehlinterpretationen ungewohnter Situationen sprechen auch Hadjidemetriou und Williams (2002), welche die „pupils' tendency to reverse the x and y co-ordinates and their inability to adjust their knowledge in unfamiliar situations" als typischen Fehler beim funktionalen Denken identifizieren (Hadjidemetriou & Williams, 2002, S. 72). Schließlich wäre eine unzureichende Vorstellung zu den Größen des funktionalen Zusammenhangs, die intuitiv nur als „blurred concepts" vorliegen, eine denkbare Fehlerursache (s. Abschnitt 3.8.1; Monk, 1992, S. 192).

Zur Überwindung dieses Fehlertyps sollte zunächst eine Klärung der Konventionen und Fachsprache zur graphischen Funktionsdarstellung erfolgen. Anschließend kann die Identifikation der unabhängigen und abhängigen Variable in gegebenen Situationen geübt werden, was vielen Lernenden bereits Probleme bereitet (Zindel, 2019, S. 37). Dabei können z. B. Umkehrfunktionen gebildet und somit die Rollen der Variablen vertauscht (Oehrtman et al., 2008, S. 39) sowie ungewohnte Zusammenhänge betrachtet werden. So kann man vermeiden, dass Lernende Achsenbeschriftungen übergeneralisieren und etwa die Größe Zeit stets auf der x-Achse vermuten (Janvier, 1998, S. 85). Schließlich ist beim Erstellen von Funktionsgraphen darauf zu achten, dass Lernende die Koordinatenachsen wirklich selbst beschriften. Dies erscheint trivial, ist aber für viele Aufgabenstellungen nicht von Relevanz:

> „Many studies take for granted students' ability to construct the axes of the coordinate system. Hence construction of axes is rarely a part of most graphing tasks: the axes, properly scaled and labeled, are provided as givens. Yet, there is evidence that the construction of axes requires a rather sophisticated set of knowledge and skills."
> (Leinhardt et al., 1990, S. 43)

3.8.3 Fehlerhafte Skalierung

Wie das obige Zitat von Leinhardt et al. (1990) verdeutlicht, werden bei Aufgaben zum Erstellen eines Funktionsgraphen oftmals nicht nur die Koordinatenachsen und deren Beschriftung, sondern auch ihre Skalierung vorgegeben. Daher verwundert es nicht, dass Lernende Schwierigkeiten bei „einer sinnvollen Einteilung der Skala" und im „flexiblem Umgang mit Skalierungen" zeigen (Busch, 2015, S. 32). Oftmals tendieren Schüler:innen dazu, die Koordinatenachsen prototypisch einzuteilen, etwa in Einer- oder Zehnerschritten (Busch, 2015, S. 32). Dies kann auch bei Fehlinterpretationen von Graphen beobachtet werden, bei denen eine Skala vorgegeben ist, die von den Lernenden aber nicht beachtet wird (Hadjidemetriou & Williams, 2002, S. 72). Zudem zeigen viele Schüler:innen geringe Kenntnisse über die Konventionen bzgl. der Skalierung kartesischer Koordinatenachsen. Sie wählen etwa verschiedene Skalierungen für den positiven und negativen Teil derselben Achse, bezeichnen den Schnittpunkt der Achsen nicht als Nullpunkt oder nehmen an, dass x- und y-Achse stets über dieselbe Einteilung verfügen (Leinhardt et al., 1990, S. 43; Kerslake, 1982, S. 125 f).

Bedenklich ist ein Nichtbeachten oder Fehlinterpretieren der Skalierung, wenn eine Veränderung der Achsen nicht mit der variierten Gestalt des Graphen verknüpft wird. Beispielsweise können zwei gleich aussehende Geraden für identisch gehalten werden, obwohl sie aufgrund ihrer Skalierung andere Informationen darstellen. Andersherum könnten zwei Graphen unterschiedlicher Form nicht als Repräsentationen derselben Funktion erkannt werden (Kerslake, 1982, S. 127 f). Kerslake (1982) findet für ein solches Item zur Identifikation verschiedener Graphen desselben funktionalen Zusammenhangs Lösungsquoten von 46.4 %, 63.4 % und 68.5 % für dreizehn- (N = 459), vierzehn- (N = 755) bzw. fünfzehnjährige (N = 584) Schüler:innen (Kerslake, 1982, S. 128). Daher fordern Leinhardt et al. (1990, S. 44): „Learners need to develop an understanding of which features of a graph are indigenous to the graph itself (e. g., the y-intercept) and which features are responsive to the system on which it is constructed (e. g., the slope of the graph)".

3.8.4 Missachtung der Eindeutigkeit einer Funktion

Ein anderer typischer Fehlertyp, der beim situativ-graphischen Darstellungswechsel auftreten kann, ist die *Missachtung der Eindeutigkeit* als definierende Funktionseigenschaft. Insbesondere bei graphischen Darstellungen achten Lernende nicht darauf, dass jedem Wert der unabhängigen Größen nur genau ein Wert der abhängigen Größe zugeordnet sein kann.

In einer Untersuchung von Tall und Bakar (1992) erkannten nur 4 % von 28 Schüler:innen im Alter von 16–17 Jahren sowie 20 % von 109 Studierenden im zweiten Semester in Großbritannien, dass der Graph in Abbildung 3.7(a) keine Funktion darstellt (Tall & Bakar, 1992, S. 41 f). Die Autoren merken allerdings an, dass die geringe Lösungsquote womöglich auf die nicht eindeutige Aufgabenstellung zurückzuführen ist. Da keine Achsenbeschriftungen vorgegeben sind, wird nur implizit von der Konvention ausgegangen, dass die unabhängige Größe auf der x-Achse dargestellt wird (Tall & Bakar, 1992, S. 42). Dies ist in der Studie von Kösters (1996), welche dieselbe Untersuchung in Österreich wiederholte, nicht der Fall. Mit dem abgewandelten Item in Abbildung 3.7(b) zeigt sich eine höhere Lösungsquote. Immerhin identifizierten 67 % von 147 Schüler:innen im Alter von 15–18 Jahre sowie 75 % von 39 Mathematikstudierenden im 1.–10. Semester, dass der abgebildete Graph keine Funktion repräsentiert (Kösters, 1996, S. 9 ff). Allerdings fällt auf, dass alle Studierenden mit einer richtigen Aufgabenlösung auch eine korrekte Begründung mithilfe der Funktionseindeutigkeit lieferten, während dies nur für etwa die Hälfte der Schüler:innen zutrifft (Kösters, 1996, S. 11). Die Autor:innen beider Studien vermuten als Fehlerursache, dass Lernende ihre Entscheidung darüber, ob eine Funktion vorliegt, nicht aufgrund einer Definition treffen, sondern sich stattdessen auf prototypische Vorstellungen beziehen (Kösters, 1996, S. 11; Tall & Bakar, 1992, S. 42).

In der bereits erwähnten Studie von Hofmann und Roth (2018) missachteten 77 % der Siebtklässler:innen sowie 60 % der Achtklässler:innen die Eindeutigkeit von Funktionen (Hofmann & Roth, 2018, S. 820). Neben den Schüler:innen wurden auch 223 Mathematik-Lehramtsstudierende im ersten oder zweiten Bachelorsemester innerhalb einer Interventionsstudie hinsichtlich ihrer diagnostischen Kompetenz bzgl. Darstellungswechsel zwischen situativen und graphischen Funktionsrepräsentationen untersucht. Die Studierenden erhielten eine fachdidaktische Einführung zum Thema funktionales Denken und analysierten als Vortest die Stärken und Schwächen einer Schülergruppe, welche in einem präsentierten Video einen qualitativen Funktionsgraphen konstruieren. Anschließend wurden vier bis acht weitere Fälle betrachtet und im Nachtest dasselbe Video erneut beurteilt. Dabei nehmen „nur jeweils 3 % der Studierenden in Vor- und Nachtest die Verletzung der Eindeutigkeit" wahr (Hofmann & Roth, 2018, S. 821). Man kann daher vermuten, dass die Studierenden entweder selbst Schwierigkeiten damit haben, diese Funktionseigenschaft zu beachten oder die Missachtung der Eindeutigkeit nicht in den graphischen Darstellungen der Lernenden erkennen. Hofmann und Roth (2018) vermuten, dass eine fehlende Thematisierung der Funktionseindeutigkeit im Unterricht dazu führt, dass Lernende diesen Fehler nicht verbessern (Hofmann & Roth, 2018, S. 821).

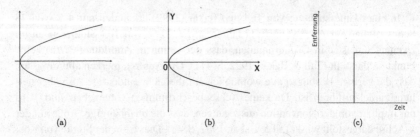

Abbildung 3.7 Items in Anlehnung an die Studien von (a) Tall und Bakar (1992, S. 42); (b) Kösters (1996, S. 10) und (c) Vermeintlicher Zeit-Entfernungs-Graph (Kerslake, 1982, S. 128)

Auffällig ist, dass die Eindeutigkeit oftmals missachtet wird, wenn Lernende aufgrund der situativen Einkleidung durch visuelle Eigenschaften des Graphen abgelenkt werden. Das heißt, dieser Fehlertyp kann zusammen mit einem Graph-als-Bild Fehler auftreten. Kerslake (1982) präsentierte Lernenden vermeintliche Zeit-Entfernungs-Graphen und fragte, welche davon Bewegungen darstellen. Dabei erkannten nur 9.5 %, 8.4 %, bzw. 15 % der dreizehn- ($N = 459$), vierzehn- ($N = 755$), bzw. fünfzehnjährigen ($N = 584$) Proband:innen, dass der Graph in Abbildung 3.7(c) keine Bewegung zeigt. Die restlichen Schüler:innen beschrieben, wie die Bewegung einer Person aufgrund des Graphen ablaufen könnte, z. B. „going east, then due north, then east" oder „went along a corridor, then up in a lift, then along another corridor" (Kerslake, 1982, S. 128 f).

Zusammenfassend lassen sich prototypische Funktionsvorstellungen, eine fehlende Thematisierung im Unterricht und die Ablenkung durch visuelle Eigenschaften des Graphen als mögliche Fehlerursachen für die Missachtung der Eindeutigkeit ausmachen. Um diesen Fehler zu überwinden, scheint es daher sinnvoll, Lernende das Argumentieren über die Eindeutigkeit für verschiedene (un-)bekannte Funktionstypen üben zu lassen und dabei besonders situativ eingekleidete Graphen zu integrieren.

3.8.5 Übergeneralisierungen, Funktionsprototypen und die Illusion der Linearität

In den vorherigen Abschnitten wird bereits deutlich, dass Lernende dazu neigen, ihnen bekannte Funktionstypen oder -eigenschaften in – aus mathematischer Sicht – unpassenden Situationen anzuwenden oder deren Gültigkeit zu erwarten. Diese

Übergeneralisierung geht mit der Ausbildung mentaler Funktionsdarstellungen einher, welche als *Prototypen* bezeichnet (z. B. Hadjidemetriou & Williams, 2002; Kösters, 1996; Tall & Bakar, 1992) oder als Concept Images der Lernenden gedeutet werden (s. Abschnitt 3.3.2). Diese Vorstellungen entstammen meist einem Bedürfnis nach Regelmäßigkeiten (Nitsch, 2015, S. 109) und können die Ursache für zahlreiche Fehlertypen darstellen. Viele beziehen sich auf die Frage, was unter einer Funktion zu verstehen ist. Zum Beispiel werden abschnittsweise definierte oder konstante Funktionen von Lernenden nicht als solche identifiziert (Kösters, 1996, S. 13; Leinhardt et al., 1990, S. 30f; Markovits et al., 1986, S. 20; Tall & Bakar, 1992, S. 48f). Zudem können Schüler:innen den Anspruch stellen, dass Funktionen stets durch eine symbolische Formel darstellbar sein müssen (Sierpinska, 1992, S. 46; Vinner, 1983, S. 302). Auch Eigenschaften wie Stetigkeit oder Symmetrie werden häufig erwartet und als notwendige Bedingungen der Funktionsdefinition missverstanden (Leinhardt et al., 1990, S. 31; Nitsch, 2015, S. 109).

Dies zeigt sich vorwiegend in Untersuchungen zu Schülervorstellungen bzgl. Graphen. Vinner (1983) identifiziert folgende Idee als ein gängiges Concept Image von Lernenden der 10. und 11. Jahrgangsstufe: „A graph of a function should be ‚reasonable'. [...] [Many students] claimed that a graph of a function should be symmetrical, persistent, always increasing or always decreasing, reasonably increasing, etc." (Vinner, 1983, S. 303). Ähnliches beobachten Vinner und Dreyfus (1989) für Studierende und Mathematiklehrkräfte. Zudem wird festgestellt, dass viele Lernende im Alter zwischen 15–18 Jahren einen Prototypen verinnerlicht haben, der nur Funktionsgraphen zulässt, die nicht abrupt abbrechen, regelmäßig sind und keine Sprünge aufweisen (Kösters, 1996, S. 13). Hadjidemetriou und Williams (2002) finden zwei weitere Prototypen bzgl. der graphischen Darstellung bei Lernenden der Klassen neun und zehn. Zum einen tendieren Schüler:innen in ungeeigneten Situationen dazu, den Graphen mit der Funktionsgleichung $y = x$ zu zeichnen. Zum anderen sehen Lernende mit einem „origin prototype" den Koordinatenursprung als Teil aller Funktionsgraphen (Hadjidemetriou & Williams, 2002, S. 72).

Solche Übergeneralisierungen und Funktionsprototypen entstehen durch die Erfahrungen der Lernenden mit Funktionen im Mathematikunterricht.

„The majority of examples that students are exposed to are functions whose rules of correspondence are given by formulas that produce patterns that are obvious or easy to detect when graphed. Hence, students develop the idea that only patterned graphs represent functions; others look strange, artificial, or unnatural." (Leinhardt et al., 1990, S. 30f)

Demnach dominiert im Mathematikunterricht die Betrachtung einfacher Funktionen. Zur Vermeidung prototypischer Vorstellungen könnte daher für die Untersuchung komplexerer Graphen plädiert werden. Tall und Bakar (1992) geben allerdings zu bedenken:

> „The learner cannot construct the abstract concept of function without experiencing examples of the function concept in action, and they cannot study examples of the function concept in action without developing prototype examples having built-in limitations that do not apply to the abstract concept." (Tall & Bakar, 1992, S.50)

In diesem Sinne ist die Ausbildung prototypischer Vorstellungen, unzureichender Concept Images oder die Übergeneralisierung von Funktionseigenschaften beim individuellen Prozess der Begriffsbildung unabdingbar. Für die Vermeidung oder Überwindung von Fehlern ist im Unterricht aber darauf zu achten, dass neues Wissen ausreichend mit dem Vorwissen der Schüler:innen verknüpft wird (Nitsch, 2014, S. 8). Darüber hinaus sollten „untypische" Beispiele einbezogen werden, da diese für Lernende eine große Herausforderung darstellen (z. B. Markovits et al., 1986, S. 22). Dies gilt ganz besonders für nicht-lineare Funktionen. Zahlreiche Untersuchungen postulieren, dass Schüler:innen lineare Funktionen[8] – sogar in unpassenden Situationen – bevorzugen (De Bock et al., 2007, S. 2). Aus diesem Grund wird im Folgenden näher auf dieses Phänomen der Illusion der Linearität eingegangen.

Illusion der Linearität

> „Linearity is such a suggestive property of relations that one readily yields to the seduction to deal with each numerical relation as though it were linear." (Freudenthal, 1983, S. 267)

Unter der *Illusion der Linearität* wird die Tendenz von Lernenden verstanden, Eigenschaften linearer Zusammenhänge zu übergeneralisieren. Dieses Phänomen zeigt sich bei Schüler:innen aller Altersstufen und in Bezug auf unterschiedliche

---

[8] Hier wird nicht zwischen *proportionalen* und *affin-linearen* Funktionen unterschieden, da die Illusion der Linearität bzgl. beider Funktionstypen auftritt. In der Hochschulmathematik wird der Begriff *lineare Funktion* im Sinne einer proportionalen Abbildung verwendet. Eine Funktion $f : \mathbb{R} \to \mathbb{R}$ ist dann *linear*, wenn die Bedingungen: $f(x + y) = f(x) + f(y)$ für alle $x, y \in \mathbb{R}$ und $f(k \cdot x) = k \cdot f(x)$ für alle $x, k \in \mathbb{R}$ erfüllt sind (Humenberger & Schuppar, 2019, S. 29). Dagegen wird der Begriff in der Schulmathematik mit *affin-linearen* Funktionen gleichgesetzt. Eine Funktion ist dann *linear*, wenn ihr Graph eine Gerade darstellt bzw. ihre Funktionsgleichung der Form $f(x) = m \cdot x + b$ mit $m, b \in \mathbb{R}$ entspricht (Humenberger & Schuppar, 2019, S. 29).

mathematische Teilgebiete (De Bock et al., 2007, S. 2). Bezogen auf den Funktionsbegriff werden lineare Funktionen als Prototyp für alle Funktionen verinnerlicht
(Hoffkamp, 2011, S. 28) und auch dann zur Beschreibung realweltlicher Phänomene
genutzt, wenn dies für eine Situation unangebracht ist (Klinger, 2018, S. 87).

Markovits et al. (1986) zeigen, dass Lernende im Alter von 14–15 Jahren überwiegend lineare Funktionen und Geraden als Beispiele generieren (Markovits et al.,
1986, S. 24). Ebenso identifizieren Janvier (1998, S. 81 f), Leinhardt et al. (1990,
S. 33 f) sowie Hadjidemetriou und Williams (2002, S. 77) die falsche Annahme
von Linearität als ein typisches Fehlermuster beim Zeichnen von Funktionsgraphen. Stölting (2008) beobachtet in seiner Interviewstudie die „lineare Fixierung"
einer Neuntklässlerin unter anderem beim Zeichnen von Füllgraphen zu vorgegebenen Gefäßen (Stölting, 2008, S. 262). Dabei versäumte es die Schülerin, ihr teilweise richtiges Verständnis der zugrundeliegenden Situation graphisch darzustellen
(Stölting, 2008, S. 262 ff). Solche Differenzen zwischen den Argumentationen der
Lernenden in situativen Kontexten und ihren graphischen Darstellungen derselben
berichten auch Hadjidemetriou und Williams (2002) in einer Studie mit 425 Lernenden im Alter zwischen 14–15 Jahren (Hadjidemetriou & Williams, 2002, S. 80).
Bei einem Testitem sollte ein Graph skizziert werden, der darstellt, wie sich die
Körpergröße einer Person mit der Zeit nach ihrer Geburt verändert. Nur etwa 5 %
der Proband:innen löste die Aufgabe korrekt. Während 19 % einen nicht-linearen
Graphen durch den Koordinatenursprung zeichneten, skizzierten über 20 % die
Gerade zur Gleichung $y = x$ mit der Begründung: „Je älter man wird, umso größer
wird man." Sogar 34 % der Schüler:innen zeichnete eine steigende Ursprungsge-
rade, die ab einem x-Wert von ca. 18 Jahren durch eine Konstante fortgesetzt wurde
(Hadjidemetriou & Williams, 2010, S. 72 ff).

Als mögliche Ursache für die Illusion der Linearität wird genannt, dass Lernende
gerade Linien als „exakter" wahrnehmen (Leinhardt et al., 1990, S. 33). Hadjidemetriou und Williams (2002), die eine Anwendung linearer Prototypen auch bei
Lehrkräften feststellen, vermuten zudem, dass die Verwendung linearer Funktionen
zur Modellierung von Realsituationen im Schulkontext zur Vereinfachung von Aufgaben durch Lehrende und Lernende weitgehend akzeptiert wird (Hadjidemetriou
& Williams, 2002, S. 83). Stölting (2008) geht dagegen von der Ausbildung eines
„stark eingeschränkten concept images" aufgrund der Dominanz linearer Funktionen im Curriculum aus (Stölting, 2008, S. 264). Ebenso argumentieren zahlreiche
Autor:innen, dass lineare Funktionen durch ihre Position zu Beginn des Unterrichts
zum Funktionsbegriff sehr präsent sind (z. B. Hoffkamp, 2011, S. 28; Leinhardt et al.,
1990, S. 34). Schließlich wird eine zu dominante Zuordnungsvorstellung als Ursache
für diesen Fehlertyp vermutet. Lernende, die dazu tendieren, Graphen punktweise
zu betrachten, erstellen diese für gewöhnlich durch das Plotten und geradlinige Ver-

binden einzelner Punkte. Dadurch können sie eine Tendenz zur Übergeneralisierung entwickeln (Hadjidemetriou & Williams, 2010, S. 82).

Zur Vermeidung einer linearen Fixierung sollte demnach auf eine angemessene Einbindung nicht-linearer Funktionen „von Anfang an" geachtet werden (Stölting, 2008, S. 99). Zudem sollte die Kovariation von Größen fokussiert und besonders bei der Betrachtung graphischer Darstellungen explizit werden. Dazu kann das Erstellen und die Reflexion qualitativer Graphen, bei denen keine exakten Funktionswerte gegeben sind, nützlich sein. Durch ihren Einsatz kann das schlichte Abarbeiten eines erlernten Kalküls unterbunden und stattdessen der Aufbau von inhaltlichem Verständnis gefördert werden (Klinger, 2018, S. 78 f).

3.8.6 Zeitunabhängige Situationen

Eine weitere Schwierigkeit bei situativ-graphischen Darstellungswechseln bildet der Umgang mit *zeitunabhängigen Situationen*. Lernende sind aufgrund ihrer Alltagsvorstellungen mit Kontexten vertraut, in denen Zeit die unabhängige Variable einer funktionalen Abhängigkeit darstellt. Zudem ist die Variation der Zeit unidirektional, d. h. ihr Wert wird ausschließlich steigen, da Zeit stets vergeht. Als unabhängige Variable läuft die Zeit also implizit mit. Bei der Betrachtung eines zeitabhängigen Zusammenhangs muss daher nur die Veränderung einer Größe beachtet werden. Dies gilt auch für Situationen, in denen nicht direkt die Zeit, sondern eine zeitabhängige Größe wie Temperatur oder Geschwindigkeit die unabhängige Variable bildet (Leinhardt et al., 1990, S. 28). Krabbendam (1982) beschreibt z. B., dass Lernende im Fall der Situationsbeschreibung „Je näher wir nach Amsterdam kommen, desto voller wird der Zug." das Näherkommen als graduellen Prozess verstehen, obwohl hier nicht die Zeit, sondern die Entfernung als unabhängige Größe betrachtet wird (Krabbendam, 1982, S. 142). Für solche zeitabhängigen Situationen können Veränderungen einfacher erfasst werden, da sie leicht als dynamische Prozesse zu verstehen sind, die mental simuliert werden können (Janvier, 1998, S. 82).

Im Gegensatz dazu müssen Lernende bei zeitunabhängigen Situationen zwei Variablen und deren Veränderung miteinander überblicken (Krabbendam, 1982, S. 141). Eine derartige Situation zu visualisieren ist anspruchsvoller und kann daher zu größeren Schwierigkeiten beim Skizzieren eines Graphen führen. Swan (1985) erklärt, dass zum Zeichnen eines zeitabhängigen Graphen die Betrachtung eines einzelnen Prozesses ausreicht, wohingegen man für zeitunabhängige Situationen eine Vielzahl an Prozessen berücksichtigen muss. Beispielsweise kann man sich leicht die Messung der zurückgelegten Wegstrecke eines Wettrennens zu verschiedenen Zeitpunkten während desselben Rennens vorstellen und in ein Koordinatensystem übertragen. Betrachtet man umgekehrt einen Graphen, aus dem man ablesen kann, wie sich die Zeit eines Rennens abhängig von der Distanz verändert, sind vielzählige Rennen zu berücksichtigen (Swan, 1985, S. 217).

Leuders und Naccarella (2011) nennen ein fehlendes Kovariationsverständnis als mögliche Ursache für Schwierigkeiten mit zeitunabhängigen Situationen. Sie beschreiben etwa, wie eine Schülerin einen Graphen zur Darstellung des Preises verkaufter Musikvideos in Abhängigkeit von deren Anzahl deutet. Dabei interpretiert die Lernende den Graphen „zeitlich". Sie nimmt an, dass der steigende Verlauf darstellt, dass der Preis für die Kunden teurer ist, die ihre Musikvideos zu einem späteren Zeitpunkt kaufen (Leuders & Naccarella, 2011, S. 23). Eine derartig unpassende Annahme zeitlicher Veränderungen beobachtet Janvier (1998) auch bei 226 Studierenden. Diese sollten einen Graphen zeichnen, der beschreibt wie sich die Zeit eines Fluges von Montreal nach Paris mit seiner Geschwindigkeit verändert. Etwa 16 % der Lernenden skizzierten eine zeitabhängige Funktion (*chronicle*) der Geschwindigkeit für einen einzelnen Flug (Janvier, 1998, S. 85). Janvier (1998) erklärt das Vorgehen der Studierenden dadurch, dass sie einen richtigen Lösungsansatz für eine falsche Situation anwenden (Janvier, 1998, S. 95). Zudem stellt er heraus, wie wichtig die korrekte Interpretation zeitabhängiger wie zeitunabhängiger Situationen für die Ausbildung der Kovariationsvorstellung von Funktionen ist. Daher plädiert er dafür, dass Chronicles als epistemologische Hürde angesehen werden können, die alle Lernenden für ein umfassendes Funktionsverständnis richtig deuten und ausschließlich in passenden (zeitabhängigen) Situationen verwenden müssen (Janvier, 1998).

3.8.7 Punkt-Intervall-Verwechslung

> „As they interpret graphs, students often narrow their focus to a single point even though a range of points (an interval) is more appropriate." (Leinhardt et al., 1990, S. 37)

Bei der *Punkt-Intervall Verwechslung* handelt es sich um einen Fehler, der sich auf die Vermischung der Interpretation einzelner Punkte und der Betrachtung eines Intervalls bezieht. Dieses Phänomen tritt vor allem bei der Deutung von Funktionsgraphen – also beim graphisch-situativen Darstellungswechsel – auf (Bell & Janvier, 1981; Leinhardt et al., 1990). Dennoch kann es bei Übersetzungsprozessen in die Gegenrichtung erwartet werden, z. B. bei der Validierung eines gezeichneten Graphen. Ein prominentes Beispielitem, welches zur Untersuchung dieses Fehlertyps dient, entstammt einer Studie von Bell und Janvier (1981) und bezieht sich auf den in Abbildung 3.8(a) dargestellten Graphen. Die Punkt-Intervall-Verwechslung zeigt sich etwa bei der Frage, wann die Mädchen schwerer sind als die Jungen. Oftmals nennen Lernende darauf einen einzelnen Zeitpunkt, obwohl ein Zeitintervall treffender wäre. Allerdings ist zu beachten, dass sie aufgrund der Ambivalenz des Frageworts „wann" theoretisch nicht falsch antworten. Trotzdem ist eine generelle Tendenz der Lernenden zur punktweisen Interpretation von Graphen erkennbar (Leinhardt et al., 1990, S. 37; Monk, 1992). Das liegt daran, dass es Schüler:innen leichter fällt, eine Funktion im Sinne einer Zuordnung zu deuten anstatt die Kovariation der beteiligten Größen oder die Funktion als Ganzes zu erfassen (Lichti, 2019, S. 25). Die Tendenz zur punktweisen Betrachtung von Graphen kann zu einem weiteren Fehlertyp führen, der im Folgenden beschrieben wird.

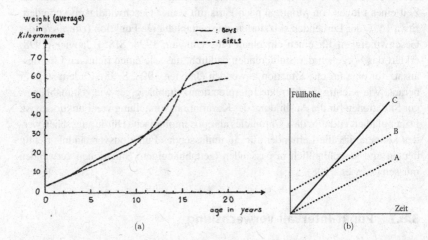

(a)   (b)

Abbildung 3.8 Items zur Untersuchung der (a) Punkt-Intervall-Verwechslung (Bell & Janvier, 1981, S. 37) und (b) Steigungs-Höhe-Verwechslung (in Anlehnung an Janvier, 1978, zitiert nach Clement, 1985, S. 4)

3.8.8   Steigungs-Höhe-Verwechslung

Von einer *Steigungs-Höhe-Verwechslung* spricht man, wenn es Lernenden nicht gelingt „die Änderungsrate vom aktuellen Bestand einer Größe zu unterscheiden" (Roth, 2005, S. 107). Im Gegensatz zur Punkt-Intervall-Verwechslung, bei der eine Funktion punkt- anstatt abschnittsweise betrachtet wird, erfolgt hier die Verwechslung zwischen Funktionswert und Steigung in einem einzigen Punkt des Graphen.

Janvier (1978) beobachtet diesen Fehler bei Schüler:innen für den situativ-graphischen Darstellungswechsel. Beispielsweise wurde den Lernenden Graph A in Abbildung 3.8(b) als Füllgraph eines weiten, zylinderförmigen Gefäßes vorgelegt. Anschließend sollten sie einen solchen Graphen für ein schmaleres Gefäß, das mit Wasser befüllt wird, zeichnen. Einige Proband:innen skizzierten den parallelen Graphen B, welcher sich im Vergleich zu Graph A durch dieselbe Steigung aber größere Funktionswerte für die Füllhöhe auszeichnet. Sie erkannten nicht, dass die in einem schmaleren Gefäß schneller steigende Füllhöhe durch Graph C, d. h. durch eine größere Steigung, dargestellt wird (Clement, 1985, S. 3 f).

Als mögliche Ursache für diesen Fehler nennen Leinhardt et al. (1990), dass Schüler:innen zwei Merkmale des Funktionsgraphen, nämlich den Funktionswert und die Steigung, miteinander vertauschen (Leinhardt et al., 1990, S. 37). Eine andere Erklärung liefern Bell & Janvier (1981), die davon ausgehen, dass globale Eigenschaften des Graphen missachtet werden (Bell & Janvier, 1981, S. 37). Dies könnte auf eine Vermischung der Grundvorstellungen Zuordnung und Kovariation zurückzuführen sein (Lichti, 2019, S. 25). Einen weiteren Erklärungsansatz bieten McDermott et al. (1987), die bei einer Befragung von Studierenden feststellen, dass diese lediglich nicht verstehen, welches Merkmal des Graphen eine bestimmte physikalische Größe repräsentiert (McDermott et al., 1987, S. 504). Dies führt Clement (1985) auf einen „misplaced link between a successfully isolated variable and an incorrect feature of the graph" zurück (Clement, 1985, S. 3). Fragt man Lernende in Bezug auf den Graphen in Abbildung 3.8(a) z. B., ob die Mädchen oder Jungen im Alter von 14 Jahren mehr an Gewicht zunehmen, können sie zwar die zu vergleichende Größe (Gewichtszunahme) bennenen, diese aber nicht dem korrekten Merkmal des Graphen (Steigung) zuordnen (Hadjidemetriou & Williams, 2002, S. 80). Allerdings kann eine Steigungs-Höhe-Verwechslung nicht ausschließlich auf Probleme mit der graphischen Funktionsdarstellung zurückgeführt werden. Clement (1985) weist darauf hin, dass Lernende physikalische Größen wie Geschwindigkeit und absolute Position auch dann verwechseln, wenn sie nicht in einem Graphen repräsentiert sind (Clement, 1985, S. 3). Dieses Phänomen könnte durch die von Monk (1992) beschriebenen „blurred concepts" der Lernenden bzgl. dieser Größen erklärt werden (s. Abschnitt 3.8.1; Nitsch, 2015, S. 146).

Schließlich identifizieren Hadjidemetriou und Williams (2002) zwei mögliche Ursachen für Steigungs-Höhe-Verwechslungen durch Interviews mit Schüler:innen im Alter von 14–15 Jahren. Zum einen wird beobachtet, dass Lernende, die bei dem Item bzgl. Abbildung 3.8(a) die Steigung des Graphen in einem Punkt mit dem Funktionswert verwechseln, durchaus in der Lage sind, die Änderung eines der Graphen separat korrekt zu interpretieren. Beispielsweise wird erkannt, dass ein steilerer Teil des Mädchen-Graphen bedeutet, dass diese innerhalb des betrachteten Zeitintervalls schneller an Gewicht zunehmen. Sobald beide Graphen verglichen werden, dient der größte Funktionswert in einem Punkt als Distraktor für die größte Steigung in diesem Punkt (Hadjidemetriou & Williams, 2002, S. 80). Zum anderen wird ersichtlich, dass Lernende die Steigung eines Graphen in einem Punkt nicht konzeptualisieren können: „Thus they may correctly read slope and height for a graph globally: the confusion is not really between slope and height, but a problem of constructing a slope at a point rather than over an interval" (Hadjidemetriou & Williams, 2002, S. 83).

Aus diesen vielfältigen Fehlerursachen lassen sich Ansätze zur Förderung von Lernenden, die eine Steigungs-Höhe-Verwechslung zeigen, ableiten. Zunächst kann die Interpretation von Graphen in verschiedenen Kontexten geübt werden. Dabei sollte vor allem die unterschiedliche Bedeutung von Funktionswert und Steigung in der jeweiligen Situation sowie die Betrachtung der Kovariation in verschiedenen Intervallen im Fokus stehen. Lernende sollten mit dem Begriff Steigung vertraut gemacht werden. Insbesondere die Konzeptualisierung der momentanen im Gegensatz zur mittleren Änderungsrate scheint dabei entscheidend (Hadjidemetriou & Williams, 2002, S. 83).

3.9   Funktionales Denken beim situativ-graphischen Darstellungswechsel

In diesem Kapitel wird deutlich, dass das Verstehen von und der Umgang mit Funktionen einen zentralen Teil der mathematischen Grundbildung darstellt. Um den Funktionsbegriff ganzheitlich zu durchdringen, müssen Lernende angemessene (Grund-)Vorstellungen aufbauen. Dafür und zur Anwendung des Begriffs, etwa beim Problemlösen oder zur mathematischen Modellierung, ist es notwendig, mit verschiedenen Funktionsdarstellungen umgehen und zwischen diesen wechseln zu können. Darüber hinaus spielt das Erkennen funktionaler Abhängigkeiten in vielfältigen Sachkontexten eine zentrale Rolle. Um derartige Kompetenzen und Wissenselemente von Lernenden in Bezug auf den mathematischen Funktionsbegriff zu beschreiben, werden sie unter dem Begriff des *funktionalen Denkens* zusammengefasst:

Funktionales Denken kann als didaktischer Sammelbegriff von (Grund-)Vorstellungen und Kompetenzen aufgefasst werden, die Lernende dazu befähigen, den mathematischen Funktionsbegriff ganzheitlich zu verstehen und vielfältig anzuwenden.

Daher können Definitionen dieses Begriffs voneinander abweichen, je nachdem welche Fähigkeiten oder Wissensfacetten von den jeweiligen Autor:innen hervorgehoben werden. Tabelle 3.6 fasst ausgewählte Begriffsklärungen in der Reihenfolge, in der sie in diesem Kapitel vorgestellt wurden, zusammen. Dabei werden jeweils charakterisierende Merkmale funktionalen Denkens bestimmt, die in den Definitionen betont sind. Daraus und aus den Ausführungen in diesem Kapitel lassen sich die Kompetenzen zum funktionalen Denken grob in drei Bereiche unterteilen. Diese Gliederung erlaubt es, das funktionale Denken zu konkretisieren:

(1) *Inhaltsaspekte*: Dieser Kompetenzbereich funktionalen Denkens schließt alle inhaltlichen Wissenselemente zum Funktionsbegriff ein. Lernende müssen Funktionen etwa als mathematische Modelle zur Beschreibung einer Größenbeziehung deuten (s. Abschnitt 3.2.1), eine Definition sowie zugehörige Bezeichnungen wie unabhängige und abhängige Variable kennen oder Funktionseigenschaften wie die Eindeutigkeit berücksichtigen. Darüber hinaus gilt es, zu wissen, dass Funktionen als Zuordnung, Kovariationen oder Objekte betrachtet werden können (s. Abschnitt 3.3.3). Des Weiteren müssen Lernende spezifische Funktionstypen als Konkretisierung des Begriffs und Gegenbeispiele zu dessen Abgrenzung kennen. Auch ein Wissen um typische Fehlertypen, die es zu vermeiden gilt, kann zu den Inhaltsaspekten funktionalen Denkens gezählt werden (s. Abschnitt 3.8).

(2) *Realweltliche Anwendungssituationen*: Dieser Kompetenzbereich umfasst Fähigkeiten für die Anwendung des Funktionsbegriffs zur Beschreibung realweltlicher Situationen. Beispielsweise müssen funktionale Abhängigkeiten in verschiedenen Kontexten erfasst werden. Das bedeutet nach Zindel (2019), dass Lernende die Verstehenselemente zum „Kern des Funktionsbegriffs" identifizieren (und verdichten) müssen (s. Abschnitt 3.3.3). Zudem sollen Funktionen zur Beschreibung verschiedener Phänomene, zum Problemlösen und Modellieren eingesetzt werden (s. Abschnitte 3.3.2 und 3.5).

(3) *Darstellungen*: Da eine Funktion nur über ihre externen Darstellungsformen zugänglich ist, müssen zum funktionalen Denken vielfältige Kompetenzen in Bezug auf Funktionsrepräsentationen ausgebildet werden (s. Abschnitt 3.6).

Tabelle 3.6 Zusammenfassung und Charakterisierung ausgewählter Definitionen zum Begriff funktionales Denken

Autor/en	Definition	Charakteristische Merkmale
Oehl (1970, S. 244)	„Wird diese durch eine Funktion bestimmte und darstellbare Abhängigkeit (funktionale Abhängigkeit) bewußt erfaßt und bei der Lösung von Aufgaben nutzbar gemacht, so spricht man von funktionalem Denken."	- „Sinnverständnis" zum Funktionsbegriff statt Definition - Erfassen funktionaler Abhängigkeiten - Umgang mit Darstellungen - Anwendung beim Lösen von Aufgaben
Vollrath (1989, S. 6)	„Funktionales Denken ist eine Denkweise, die typisch für den Umgang mit Funktionen ist."	- Verknüpfung mit Funktionsbegriff (erlaubt innermathematische Sicht) - 3 Aspekte: Zuordnung, Änderungsverhalten und Objekt - Entwicklung & Anwendung durch Beschäftigung mit realweltlichen Situationen (Phänomenen) - Kenntnis von Phänomenen als „Erfahrungsgrundlage"
Leuders & Prediger (2005, S. 3)	„Schülerinnen und Schüler zu einem Denken in Funktionen zu führen, bedeutet, sie zu befähigen, in unterschiedlichen Situationen Zusammenhänge funktional zu erfassen, mit informellen und auch formaleren Mitteln zu beschreiben, und mit Hilfe dieser Mittel Probleme zu lösen. Dazu müssen Lernende die beschriebenen Grundvorstellungen aufbauen [...]."	- 3 Grundvorstellungen: Zuordnung, Kovariation und Objekt - Erfassen funktionaler Abhängigkeiten - Umgang mit Darstellungen - Anwendung beim Lösen von Problemen
Büchter (2011, S. 17)	„Funktionales Denken soll verstanden werden als Denken in funktionalen Zusammenhängen, bei dem das Änderungsverhalten der beteiligten Größen im Mittelpunkt steht."	- Denken in funktionalen Zusammenhängen - Änderungsverhalten von Größen fokussiert (Kovariation)
Stölting (2008, S. 16)	„Unter funktionalem Denken versteht man eine Denkweise, die typisch für den Umgang mit funktionalen Abhängigkeiten ist."	- Fokus auf außermathematische (realweltliche) Situationen
Barzel & Ganter (2010, S. 15)	„Der Begriff bezeichnet das Denken in Zusammenhängen, das sich in der Auseinandersetzung mit bestimmten Phänomenen entfalten kann."	- Denken in funktionalen Zusammenhängen - Entwicklung & Anwendung durch Beschäftigung mit realweltlichen Situationen (Phänomenen)
Greefrath et al. (2016, S. 70)	„Funktionales Denken bedeutet demnach: - *Phänomene*, denen denen funktionale Zusammenhänge zugrunde liegen [...] erfassen, beschreiben sowie die gefundenen Zusammenhänge interpretieren und für Problemlösungen verwenden, - *Grundvorstellungen* zu Funktionen [...] situationsangemessen nutzen und zwischen verschiedenen Grundvorstellungen flexibel wechseln, - *Darstellungsformen* von Funktionen [...] verstehen, erstellen, interpretieren, ineinander transformieren und problemlösend nutzen."	- Erfassen funktionaler Zusammenhänge - Anwendung beim Lösen von Problemen - Nutzung von und flexibler Wechsel zwischen Grundvorstellungen - Verstehen, konstruieren und nutzen verschiedener Darstellungen - Durchführen von Darstellungswechseln
Rolfes (2017, S. 25)	„Funktionales Denken bezeichnet lernbare kognitive Prozesse für die Interpretation und Konstruktion von externen Repräsentationen funktionaler Zusammenhänge, wobei kognitive Prozesse im Zusammenhang mit dem Änderungsverhalten einen zentralen Aspekt des funktionalen Denkens darstellen."	- „lernbare kognitive Prozesse" (in Abgrenzung zur individuell veranlagten Denkweise nach Schwank (1996, 2003)) - Interpretation funktionaler Zusammenhänge in verschiedenen externen Darstellungen - Konstruktion verschiedener Darstellungen - Fokus auf Änderungsverhalten von Größen (Kovariation)
Höfer (2008, S. 12, S. 53)	„Beim funktionalen Denken geht es darum, Fähigkeiten, Fertigkeiten und Wissen im Umgang mit Funktionen gewinnbringend zur Problemlösung einzusetzen." Operationalisierung durch das Modell: „Haus des funktionalen Denkens"	- Anwendung von Wissen & Kompetenzen bzgl. Funktionsbegriff beim Lösen von Problemen - Konzeptuelles Verständnis des Funktionsbegriffs (nach APO Theorie: Action, Process und Object-Verständnis) - Durchführen von Darstellungswechseln

Dazu gehören das Wissen um spezifische Stärken und Schwächen einzelner Darstellungsarten sowie die Umsetzung sozial-fachlich festgelegter Konventionen zu deren Nutzung. Beispielsweise müssen Lernende bei der Skalierung von Koordinatenachsen darauf achten, dass die Abstände zwischen zwei Markierungen stets gleich Große Intervalle abbilden. Zudem gilt es, funktionale Abhängigkeiten sowie zentrale Funktionseigenschaften in einer Repräsentation zu identifizieren. Schließlich müssen Lernende für ein funktionales Denken flexibel zwischen unterschiedlichen Darstellungsarten wechseln können (s. Abschnitt 3.7).

Aufgrund der Komplexität funktionalen Denkens wird in dieser Arbeit eine dazu gehörige Kompetenz – die Fähigkeit zum Wechsel von einer situativen zu einer graphischen Funktionsdarstellung (situativ-graphischer Darstellungswechsel) – fokussiert. Dieser Repräsentationswechsel stellt eine besondere Herausforderung für Lernende dar. Gemäß der Charakterisierung von Funktionsdarstellungen nach Vogel (2006) und Nitsch (2015) ist für diesen Übersetzungsprozess ein Wechsel der Abstraktionsebene von einem realen in ein mathematisches Modell nötig. Dies erfordert eine hohe Abstraktionsleistung, da situativ gegebene Informationen sortiert, evaluiert und in die Sprache der Mathematik überführt werden müssen (Nitsch, 2015, S. 98). Handelt es sich bei der Ausgangsdarstellung um eine verbale Situationsbeschreibung, wird zusätzlich die Symbolebene verändert: die deskriptionale Darstellung muss in eine Depiktion übersetzt werden (s. Tabelle 3.2). Zudem wird der situativ-graphische Darstellungswechsel von Bossé et al. (2011) aufgrund ihrer Charakterisierung von Funktionsrepräsentationen bzgl. deren Informationslücken, Ablenkungsfaktoren sowie Merkmalsdichte als „eher schwierig" eingestuft (Bossé et al., 2011, S. 127). Das liegt unter anderem daran, dass ein funktionaler Zusammenhang bei diesem Darstellungswechsel global zu betrachten ist (Bossé et al., 2011, S. 127). Schließlich weisen empirische Ergebnisse auf die Schwierigkeit des situativ-graphischen Darstellungswechsels hin (Gagatsis & Shiakalli, 2004; Hadjidemetriou & Williams, 2002; s. Abschnitt 3.7.3).

Daher überrascht es, dass dieser Übersetzungsprozess im Mathematikunterricht eher selten thematisiert wird:

„Während einige dieser Übersetzungsrichtungen in der Schule ausführlich behandelt werden (z. B. einen Term aufstellen S↔A), werden andere nur sporadisch angewendet (S↔G, S↔N). Dabei kann man besonders anhand der Aufgaben, in denen es um die Übersetzung zwischen Graphen und Situationen oder zwischen Tabelle und Situation geht, gut erkennen, welche Erkenntnisse Schülerinnen und Schüler im Umgang mit Funktionen tatsächlich haben, beispielsweise ob die wichtigsten Grundvorstellungen und Aspekte funktionalen Denkens ausgebildet sind." (Leuders & Naccarella, 2011, S. 20)

Leuders und Naccarella (2011) sprechen hier einen weiteren Grund zur Auswahl des inhaltlichen Fokus dieser Arbeit an. Da es sich beim situativ-graphischen Darstellungswechsel um einen Modellierungsprozess handelt (s. Abschnitt 3.7.2), ist dabei eine Verknüpfung von Mathematik und realer Welt zentral. Lernende müssen bei dieser Übersetzung nicht nur einen geübten Umgang mit externen Darstellungen besitzen, sondern ihr Funktionsverständnis anwenden. Demnach eignet sich der gewählte Fokus, um funktionales Denken zu diagnostizieren. Darüber hinaus bietet das Ausführen von Darstellungswechseln die Möglichkeit, konzeptuelles Verständnis zum Funktionsbegriff aufzubauen (s. Abschnitt 3.7; Duval, 2006, S. 128). Somit bringt der gewählte Lerngegenstand großes Potential zur Förderung funktionalen Denkens mit sich.

Letztlich besteht für den situativ-graphischen Darstellungswechsel weiterer Forschungsbedarf. Fähigkeiten von Lernenden bzgl. Repräsentationswechseln zwischen numerischen, symbolischen und graphischen Funktionsdarstellungen (z. B. Adu-Gyamfi et al., 2012, Bossé et al., 2011; Markovits et al., 1986) sowie für den entgegengesetzten Übersetzungsprozess, bei dem Graphen in einer Situation zu interpretieren sind (z. B. Clement, 1985, Hadjidemetriou & Williams, 2002; Kaput, 1992; Leinhardt et al., 1990; Li, 2006; Nitsch, 2015, S. 134), wurden vielfach untersucht. Dagegen gibt es weniger Studien, die auf Fertig- und Schwierigkeiten von Lernenden beim situativ-graphischen Darstellungswechsel blicken. Beispielsweise bemerken Leinhardt et al. (1990, S. 16): „Most of the studies that include translation tasks focus on the connections between graphical and algebraic representations of functions […]."

Will man nun den situativ-graphischen Darstellungswechsel empirisch untersuchen, stellt sich die Frage, welche kognitiven Tätigkeiten Lernende dabei ausführen, welche Vorstellungen sie dazu nutzen und inwiefern ihr funktionales Denken währenddessen beobachtbar ist. Da Lernende während dieser Übersetzung, eine funktionale Abhängigkeit innerhalb eines Sachkontextes erfassen und in eine mathematische Repräsentation überführen müssen, sind Kompetenzen aus allen drei Bereichen des funktionalen Denkens erforderlich. Um diese greifbar zu machen, wird *funktionales Denken beim situativ-graphischen Darstellungswechsel* in dieser Arbeit innerhalb der vier Bereiche: *Fähigkeiten, Vorstellungen, Fehler und Schwierigkeiten* gefasst. Dadurch sollen sowohl die fachlichen Kompetenzen von Lernenden als auch ihre Defizite sichtbar werden. Folgende Konkretisierungen werden zur Operationalisierung aus diesem Kapitel abgeleitet:

- *Fähigkeiten*: Beim situativ-graphischen Darstellungswechsel müssen Lernende bestimmte kognitive Aktivitäten ausführen. In Abschnitt 3.7.2 wird aufgezeigt, dass für die in Tätigkeitstabellen zum Wechsel zwischen Funktionsdarstellungen als „Skizzieren" beschriebene Handlung, mehrere Übersetzungsschritte notwendig sind. In jedem Fall ist die *situative Ausgangssituation zu interpretieren* und die funktionale Abhängigkeit in dieser zu erfassen, bevor die *graphische Zieldarstellung konstruiert* werden kann. Werden bereits gezeichnete Graphen etwa zur Verifikation einer Modellierung gedeutet, könnte auch die *Interpretation einer graphischen Darstellung* erfolgen (Leinhardt et al., 1990, S. 8 ff; Nitsch, 2015, S. 665 f; Zindel, 2019, S. 39).

- *Vorstellungen*: Weil Darstellungswechsel stets über interne Repräsentationen verlaufen, können die Handlungen der Lernenden während eines Darstellungswechsels Aufschluss über ihre mentalen Bilder zum Funktionsbegriff liefern (s. Abschnitt 3.7). In der deutschsprachigen Literatur werden diese mithilfe des Konzepts der Grundvorstellungen gefasst. Aus normativer Sicht existieren die drei Vorstellungen einer Funktion als Zuordnung, Kovariation oder Objekt (s. Abschnitte 3.3.1–3.3.3). Gilt es, das funktionale Denken von Lernenden zu erfassen, sind diese drei Grundvorstellungen zentral. Daneben können aus der Theorie des „Covariational Reasonings" fünf Abstufungen der Kovariationsvorstellung abgeleitet werden (s. Abschnitt 3.5). Auf der untersten Stufe werden Größenveränderungen *asynchron* betrachtet. Zunächst ändert sich eine Größe, dann die andere und so weiter. Wird die Richtung einer gemeinsamen Größenveränderung fokussiert, kann von einer *direktionalen Kovariationsvorstellung* gesprochen werden. Beispielsweise wird erkannt, dass die Füllhöhe des Wassers mit steigender Füllmenge in einem Glas zunimmt. Wird zudem der Wert dieser Veränderung bestimmt, argumentieren Lernende auf der Stufe einer *quantifizierten Kovariation*. Sie können etwa erfassen, dass die Füllhöhe um 10 Zentimeter ansteigt, wenn man 50 Milliliter Wasser hinzufügt. Bei einer *stückweisen Kovariationsvorstellung* betrachten Lernende die gemeinsame Veränderung zweier Variablen kontinuierlich, allerdings nur innerhalb abgeschlossener Intervalle. Beispielsweise stellt man sich eine Wasserzugabe von je 50 Millilitern vor und erörtert die jeweilige Veränderung der Füllhöhe. Schließlich kann bei einer *kontinuierlichen Kovariationsvorstellung* diese Größenvariation fortlaufend mental abgebildet werden (Carlson et al., 2002; Thompson & Carlson, 2017).

- *Fehler*: In Abschnitt 3.8 werden typische Fehlertypen beschrieben, die beim situativ-graphischen Darstellungswechsel auftreten können. Dazu zählen etwa der *Graph-als-Bild Fehler*, die *Missachtung der Eindeutigkeit* oder *Steigungs-Höhe-Verwechslungen*. Deren Diagnose kann zum Erfassen des funktionalen

Denkens von Lernenden beitragen, weil für diese Fehler jeweils spezifische Ursachen vermutet werden (s. Abschnitt 3.8).

- *Schwierigkeiten*: Dies gilt auch für fachliche Schwierigkeiten, die nicht als Fehler zu bewerten sind. Beispielsweise ist bekannt, dass Lernenden der Umgang mit *qualitativen oder zeitunabhängigen Funktionen* schwerfällt (s. Abschnitte 3.7.3 und 3.8.6).

Ist der Lerngegenstand des funktionalen Denkens beim situativ-graphischen Darstellungswechsel für die Untersuchung formativer Selbst-Assessmentprozesse auf diese Weise festgelegt, ist schließlich zu überlegen, wie eine Lernumgebung zu deren Initiierung aussehen kann. Da das Ziel eines solchen Tools insbesondere in der Unterstützung von Lernenden bei ihrer Selbstdiagnose sowie Förderung im Themenbereich der Funktionen liegt, kann eine digitale Umsetzung zielführend sein. Zahlreiche Forschungsergebnisse weisen auf eine lernförderliche Wirkung digitaler Medien für formatives Assessment, Selbst-Assessment sowie die Ausbildung funktionalen Denkens hin. Im nachfolgenden Kapitel 4 werden diese näher erörtert. Für die anschließende Entwicklung und Untersuchung der digitalen Lernumgebung ist insbesondere von Interesse, warum digitalen Medien ein Lernvorteil zugesprochen wird.

Digitale Medien

4

4.1 Warum digitale Medien nutzen?

Die zunehmende Digitalisierung unserer Lebens- und Arbeitswelt führt dazu, dass Kompetenzen für einen erfolgreichen Umgang mit digitalen Medien die Voraussetzung für eine Teilhabe am beruflichen und gesellschaftlichen Leben darstellen. Zur Erfüllung des schulischen Bildungsziels müssen Lernende daher auf die Anforderungen für ein Leben in der digitalen Welt vorbereitet werden (KMK, 2016a, S. 8). Daneben eröffnen digitale Medien neue Möglichkeiten, um die Qualität von Lehr- und Lernprozesse zu verbessern. Sie können das Ausmaß an Reproduktion verringern und den Fokus beim Lernen stärker auf das Entdecken und Reflektieren von Zusammenhängen lenken. Schließlich kann „die Individualisierungsmöglichkeit und die Übernahme von Eigenverantwortung bei den Lernprozessen gestärkt" werden (KMK, 2016a, S. 12). Hierdurch wird der Unterricht nicht nur besser auf die Bedürfnisse einzelner Schüler:innen ausgerichtet, sondern ihre Selbstständigkeit für ein lebenslanges Weiterlernen gefördert (KMK, 2016a, S. 14).

Aus diesen Gründen wird der Einsatz digitaler Medien im Schulunterricht in gesetzlichen Vorgaben gefordert. Die KMK (2016a) formuliert dafür zwei Ziele zur erfolgreichen Integration. Zum einen soll die Ausbildung von Kompetenzen für eine „aktive, selbstbestimmte Teilhabe in einer digitalen Welt" integrativer Bestandteil aller Fachcurricula werden (KMK, 2016a, S. 12). Zum anderen sollen digitale Lernumgebungen systematisch bei der Konzeption von Lehr- und Lernprozessen verwendet werden (KMK, 2016a, S. 12). Für das Fach Mathematik finden sich solche Forderungen auch in den Bildungsstandards. So geben die Bildungsstandards für den mittleren Schulabschluss vor, dass Schüler:innen „mathematische Werkzeuge (wie Formelsammlungen, Taschenrechner, Software) sinnvoll und verständig einsetzen" (KMK, 2004, S. 9). Die Bildungsstandards für die allgemeine Hochschul-

© Der/die Autor(en), exklusiv lizenziert durch Springer Fachmedien Wiesbaden GmbH, ein Teil von Springer Nature 2022
H. Ruchniewicz, *Sich selbst diagnostizieren und fördern mit digitalen Medien*, Essener Beiträge zur Mathematikdidaktik, https://doi.org/10.1007/978-3-658-35611-8_4

reife betonen die Verwendung digitaler Medien noch expliziter: „Die Entwicklung mathematischer Kompetenzen wird durch den sinnvollen Einsatz digitaler Mathematikwerkzeuge unterstützt" (KMK, 2015, S. 12). Diese sollen Lernende insbesondere durch ihre Möglichkeiten zur Repräsentation beim Entdecken und Verstehen mathematischer Zusammenhänge unterstützen. Zudem können digitale Medien die Ausführung routinemäßiger Handlungen verringern, große Datenmengen verarbeiten, Individualisierungen ermöglichen sowie Evaluationsmöglichkeiten bereitstellen (KMK, 2015, S. 12 f). .

Die Verwendung digitaler Medien im Mathematikunterricht dient demnach nicht dem Selbstzweck, sondern der Unterstützung von Begriffsbildung, Kompetenzerwerb und Lern- sowie Assessmentprozessen. Dennoch bleibt der Einsatz neuer Technologien oftmals eine Seltenheit. Im Rahmen der PISA Studie 2012 gaben nur etwa 28 % der deutschen Schüler:innen an, dass sie im Monat vor der Erhebung mindestens einmal digitale Medien im Mathematikunterricht nutzten. Bei weiteren 11 % wurden diese lediglich von der Lehrkraft zu Demonstrationszwecken verwendet. Damit bleibt Deutschland hinter dem OECD Durchschnitt zurück (OECD, 2015, S. 57).

Darüber hinaus lässt das eher ernüchternde Ergebnis der PISA Studie bzgl. der Schülerleistungen daran zweifeln, ob der Einsatz digitaler Medien das Mathematiklernen unterstützen kann:

> „Despite considerable investments in computers, internet connections and software for educational use, there is little solid evidence that greater computer use among students leads to better scores in mathematics […]." (OECD, 2015, S. 145)

Demzufolge stellt sich die Frage, wie wirksam die Verwendung digitaler Medien im Mathematikunterricht ist. Tabelle 4.1 fasst diesbezüglich die Ergebnisse ausge-

Tabelle 4.1 Ergebnisse ausgewählter Metastudien zur Wirksamkeit digitaler Medien im Mathematikunterricht (in Anlehnung an Drijvers, 2018, S. 166)

Metastudie	Digitale Medien im Fokus	Anzahl primärer Studien	Lernende	Anzahl der Effektstärken	Durchschnittliche (gewichtete) Effektstärke	Schlussfolgerung
Ellington (2006)	GTR ohne CAS	42	Sekundarstufe & Universität	74	g = 0.19 (Test ohne GTR)	Kein signifikanter Unterschied
					g = 0.29 (Test mit GTR)	Signifikanter Vorteil beim Lernen mit GTR
Li & Ma (2010)	Computer technology	46	Primar- & Sekundarstufe	85	d = 0.28	Moderater, aber signifikant positiver Effekt
Cheung & Slavin (2013)	Educational technology	45	Primarstufe	74	d = 0.15	Geringer positiver Effekt digitaler Medien
		29	Sekundarstufe			
Steenbergen-Hu & Cooper (2013)	Intelligent tutoring systems	34	Primar- & Sekundarstufe	65	g = 0.01–0.09	„No negative and perhaps a very small positive effect" (S. 982)
Hillmayr et al. (2020)	Digitale Medien vs. Kontrollgruppe ohne Medieneinsatz	92	Sekundarstufe	117	g = 0.65	"[…] medium positive and statistically significant effect on student learning" (S. 9)

wählter Metastudien zusammen. Insgesamt zeigt sich, dass digitale Medien einen signifikant positiven Einfluss auf Mathematikleistungen von Lernenden haben können, obwohl die Effektstärken teilweise recht gering ausfallen. Drijvers (2018) schlussfolgert: „[…] these studies do not provide an overwhelming evidence for the effectiveness of the use of digital tools in mathematics education" (Drijvers, 2018, S. 166). Obwohl derartige Metastudien den Eindruck erwecken, dass der Effekt digitaler Medien auf das Mathematiklernen hinter dem gewünschten Potential zurückbleibt, ist ihre Aussagekraft begrenzt. Zunächst synthetisieren sie sehr unterschiedliche Einzelstudien, welche sich etwa erheblich bzgl. der eingesetzten Medien, den vermittelten Inhalten, dem Alter der Lernenden oder der Interventionslänge unterscheiden. Zudem werden einige Studien, welche den Unterricht mit und ohne digitalen Medien vergleichen, methodisch kritisiert, da in den Experimentalgruppen teilweise nicht nur das verwendete Medium, sondern die gesamte Unterrichtsgestaltung im Vergleich zu den Kontrollgruppen verändert wird (Drijvers, 2018, S. 171 f; Thurm, 2020b, S. 60 ff).

Wichtiger als die Frage, ob das Lernen mit digitalen Medien die Mathematikleistungen der Schüler:innen verbessern kann, scheint eine Klärung möglicher Ursachen und Bedingungen einer Effektivität für spezifische Lehr-Lern-Situationen (Drijvers, 2018, S. 173). Daher fokussiert die vorliegende Arbeit den Einfluss bestimmter Designelemente auf das formative Selbst-Assessment sowie funktionale Denken der Lernenden. Dieses Kapitel dient zunächst der theoretischen Klärung von Potentialen und Gefahren beim Einsatz digitaler Medien für diese beiden Bereiche.

4.2   Begriffliche Grundlagen und die instrumentale Genese

Digitale Medien dienen im Unterricht als Vermittler zwischen den Schüler:innen und den mathematischen Inhalten. Sie unterstützen das Lernen, indem sie „ver-Mitteln beim Entdecken neuer Zusammenhänge, beim Systematisieren von Erkenntnissen und beim Üben" (Barzel & Weigand, 2008, S. 4). Hinsichtlich der Funktion eines Mediums unterscheidet man zwischen *digitalen Werkzeugen* und *digitalen Lernumgebungen*. Erstere sind eher universell einsetzbare Hilfsmittel zur Lösung vielfältiger Aufgabenstellungen. Dazu gehören sowohl nicht-fachspezifische Werkzeuge, wie Textverarbeitungsprogramme oder Präsentationsmedien, als auch mathematikspezifische Werkzeuge, z. B. Funktionenplotter, Computer-Algebra-Systeme (CAS), dynamische Geometriesoftware (DGS) oder grafikfähige Taschenrechner (GTR). Dagegen verfolgen digitale Lernumgebungen ein bestimmtes fachliches Ziel. Sie finden im Unterricht lokal für ein spezifisches Themengebiet Verwendung.

Sie „umfassen den medial aufbereiteten Teil einer Lernumgebung", wobei dieser alles von Aufgabenstellungen über Kommunikationsmittel bis hin zu Inhalten und Zielen umfassen kann, „was den Lernenden von außen instruiert" (Barzel et al., 2005a, S. 30). Online bereitgestellte Lernpfade, interaktive Arbeitsblätter oder das hier betrachtete SAFE Tool sind Beispiele (Barzel et al., 2005a, S. 30 ff; Barzel & Weigand, 2008, S. 5 f).

In dieser Arbeit wird der aus der englischen Sprache stammende Begriff *Tool* verwendet. Obwohl er wörtlich übersetzt mit einem Werkzeug gleichzusetzen ist, wird er hier im Sinne einer Lernumgebung gebraucht, da das SAFE Tool mit der Förderung funktionalen Denkens beim situativ-graphischen Darstellungswechsel ein spezifisches Lernziel verfolgt. Die Verwendung des Toolbegriffs ist damit zu begründen, dass dieser implizit die Wechselwirkung zwischen Nutzer:in und Medium im Sinne einer *instrumentalen Genese* beinhaltet. Damit wird ausgedrückt, dass es bei der Verwendung digitaler Medien zum Mathematiklernen nicht nur darauf ankommt, welche Handlungen und Lernziele durch die Lehrkraft oder das Design eines digitalen Mediums indendiert sind, sondern auch, wie Lernende mit diesen umgehen und für die eigene Wissenskonstruktion nutzen. Hoyles und Noss (2003) bemerken in diesem Zusammenhang: „Tools matter, they stand between the user and the phenomenon to be modeled, and shape activity structures" (Hoyles & Noss, 2003, S. 341). Der Prozess dieser wechselseitigen Beeinflussung, bei dem Lernende sich ein Tool zu eigen machen, wird als *instrumentale Genese* (*instrumental genesis*) bezeichnet (z. B. Béguin & Rabardel, 2000, Rabardel, 2002; Rezat, 2009; Trouche, 2005; Verillon & Rabardel, 1995).

Die Theorie der instrumentalen Genese beruht auf der Unterscheidung zwischen *Artefakt* und *Instrument*. Trouche (2005) definiert ein Artefakt wie folgt:

> „[A]n artefact is a material or abstract object, aiming to sustain human activity in performing a type of task (a calculator is an artefact, an algorithm for solving quadratic equations is an artefact); it is *given* to a subject." (Trouche, 2005, S. 144)

Bei einem Artefakt handelt es sich demnach um ein materielles oder symbolisches Objekt, das einem Subjekt zur Ausführung einer bestimmten Aktivität an die Hand gegeben wird. Dahingegen versteht man unter einem *Instrument* das, „what the subject *builds* from the artefact" (Trouche, 2005, S. 144). Das Instrument ist demnach ein psychologisches Konstrukt, welches erst durch die Nutzung eines Artefakts durch ein Subjekt entsteht (Verillon & Rabardel, 1995, S. 85). Es enthält sowohl Elemente des Artefakts als auch bestimmte Nutzungsweisen des Subjekts. Demzufolge kann ein vorliegendes Artefakt für unterschiedliche Nutzer:innen auch zu verschiedenen Instrumenten werden (Rezat, 2009, S. 28).

Der Prozess, in dem das Subjekt ein Instrument aus einem gegebenen Artefakt konstruiert, ist die *instrumentale Genese* (Clark-Wilson et al., 2014, S. 404). Diese beinhaltet zwei miteinander verzahnte Prozesse, welche die Wechselwirkung zwischen Subjekt und Artefakt beschreiben. Bei der *Instrumentalisierung* schreibt ein Subjekt einem Artefakt bestimmte Funktionsweisen und Einsatzmöglichkeiten zu. Dabei werden etwa Bedienelemente eines digitalen Mediums erkundet oder bestimmte Funktionalitäten bzw. Eigenschaften ausgewählt, die zur Lösung einer Aufgabe notwendig sind. Bei der *Instrumentierung* wird die Beeinflussung der Nutzungsweise eines Mediums durch das Artefakt betrachtet. Je nachdem, welche Handlungsmöglichkeiten dieses dem Subjekt bietet, müssen die sogenannten Gebrauchsschemata (*utilization schemes*) des Subjekts möglicherweise neu gebildet oder weiterentwickelt werden. Das heißt, die Nutzungsweise eines Artefakts muss zunächst mit Blick auf das Ziel der Interaktion von den Nutzer:innen verinnerlicht werden. Erst dann können zweckorientiert Handlungen auf dem Artefakt durchgeführt und es als Medium zur Vermittlung eines Sachverhalts genutzt werden (Drijvers, 2003, S. 95 ff; Haug, 2012, S. 19 ff; Rabardel, 2002, S. 103; Rezat, 2009, S. 28 ff; Trouche, 2005, S. 148 f). Haug (2012) fasst den Prozess der instrumentalen Genese in Bezug auf den Einsatz digitaler Werkzeuge[1] im Mathematikunterricht zusammen:

> „Bei der Auseinandersetzung mit einem Werkzeug im Unterricht erkundet der Lernende dessen Einsatzmöglichkeiten. Dabei erkennt er verschiedene Funktionen, die das Werkzeug beinhaltet (Instrumentalisierung). Parallel dazu entwickelt er beim Arbeiten mit dem Werkzeug unterschiedliche Nutzungsverhalten, die je nach Aufgabe individuell modifiziert werden können (Instrumentierung)." (Haug, 2012, S. 20)

In diesem Zusammenhang kann der Begriff *Tool* als „a thing somewhere on the way from artefact to instrument" verstanden werden (Monaghan et al., 2016, S. 8). Das bedeutet, dass der Toolbegriff die wechselseitige Beziehung zwischen einem digitalen Medium und dessen Nutzung durch Lernende berücksichtigt. Zudem wird beachtet, dass die instrumentale Genese einen komplexen Prozess darstellt, der nur über einen längeren Zeitraum in der Auseinandersetzung mit dem Artefakt vollzogen werden kann (Trouche, 2005, S. 144). Beim Gebrauch des Toolbegriffs wird ausgedrückt, dass Lernende zielgerichtet in der Interaktion mit einem digitalen Medium agieren müssen, ihre Handlungen jedoch auch durch das Medium selbst beeinflusst werden. Die Konstruktion eines Instruments muss dabei (noch) nicht abgeschlossen sein.

---

[1] Obwohl Haug (2012) lediglich digitale Werkzeuge betrachtet, ist seine Aussage für alle digitalen Medien gültig.

Zentral ist, dass ein digitales Medium als Tool strukturierend auf die Handlungen eines Lernenden als Subjekt wirkt. Zum einen bietet es verschiedene Funktionalitäten und Einsatzmöglichkeiten, d. h. Potentiale zur Erfassung eines mathematischen Inhalts, an. Zum anderen kann es die Aktivität von Schüler:innen einschränken, da es lediglich für bestimmte Ziele einsetzbar ist oder spezifische Handlungsweisen erfordert (Haug, 2012, S. 20; Rezat, 2009, S. 31). Aus diesem Grund ist es unumgänglich beim Einsatz digitaler Medien deren Potentiale und Gefahren für die Erreichung eines bestimmten Lernziels zu erörtern. Diese sollen im Folgenden näher betrachtet werden. Dabei fokussiert Abschnitt 4.3 die Einsatzmöglichkeiten digitaler Medien für formative Selbst-Assessments (s. Kapitel 2), wohingegen Abschnitt 4.4 auf die Ausbildung und Förderung funktionalen Denkens (s. Kapitel 3) eingeht.

4.3 Potentiale und Gefahren digitaler Medien für die Unterstützung formativer Selbst-Assessments

„Technology has potential to alter all of the aspects of the assessment process. There are new possibilities for the ways in which tasks are *selected* for use in assessments, in the way they are *presented* to students, in the ways that students *operate* while responding to the task, in the ways in which evidence generated by students is *identified*, and how evidence is *accumulated* across tasks." (Stacey & Wiliam, 2013, S. 722; Hervorhebungen im Original)

Wie Stacey und Wiliam (2013) verdeutlichen, kann der Einsatz digitaler Medien Diagnoseprozesse erheblich verändern. Dabei kommt es nicht nur darauf an, welches Medium eingesetzt wird, sondern insbesondere wie und wozu dies erfolgt. Drijvers et al. (2016) unterscheiden in diesem Zusammenhang zwei Arten der Mediennutzung. Beim *Assessment mit Technologie* (*assessment with technology*) handelt es sich um traditionelle Tests, bei denen digitale Werkzeuge erlaubt sind. Im Vergleich zur Bearbeitung ohne technische Hilfsmittel werden hierbei andere Kenntnisse und Kompetenzen der Lernenden erfasst. Beim *Assessment durch Technologie* (*assessment through technology*) dienen digitale Medien der Administration von Diagnoseaufgaben. Dadurch können größere Unterschiede zu analogen Assessments entstehen, da z. B. neue Aufgabenformate möglich werden (Drijvers et al., 2016, S. 12). Die vorliegende Arbeit fokussiert letztere Assessmentform, da ein digitales Tool zur formativen Selbstdiagnose im Vordergrund steht. In diesem Abschnitt wird der Medieneinsatz für die Bereiche formatives Assessment und Selbst-Assessment zunächst separat betrachtet, um ein Forschungsdesiderat hinsichtlich des Einsatzes digitaler Medien zum formativen Selbst-Assessment (s. Abschnitt 2.5) aufzuzeigen.

4.3.1 Einsatz digitaler Medien zum formativen Assessment

Metastudien zum Einsatz digitaler Medien für formatives Assessment evaluieren nicht nur unterschiedliche Technologien, sondern auch zahlreiche Fachgebiete. Daher verwenden sie Methoden zur deskriptiven Synthese von Forschungsergebnissen.

Maier (2014) bemerkt in einer Zusammenfassung von 37 Studien im Bereich Primar- und Sekundarstufe, dass „[s]chulpraktisch einsetzbare Systeme und gut abgesicherte Leistungseffekte" vorwiegend zur Diagnose und Förderung von Faktenwissen und prozeduralen Grundfertigkeiten existieren (Maier, 2014, S. 69). Im Fach Mathematik steht zudem die Diagnose konzeptuellen Wissens im Fokus. Hierzu nennt er digitale Medien, welche als Intelligente Tutoren Systeme eingestuft werden können (s. Abschnitt 4.3.2), oder sogenannte Audience Response Systeme (ARS), auf die im Folgenden näher eingegangen wird. Diagnosetools zum Erfassen komplexer Problemlösefähigkeiten seien eher selten (Maier, 2014, S. 74 f). Zudem identifiziert er drei Arten der formativen Nutzung diagnostischer Informationen: 1) implizit, wobei die Lehrperson oder Lernende selbst entscheiden, wie die Diagnoseergebnisse sinnvoll zum Weiterlernen verwendet werden können; 2) adaptiv, wobei das digitale Medium gezielt differenziertes Lernmaterial im Anschluss an die Diagnose bereitstellt und 3) „assessment as learning", wobei die Grenzen zwischen Diagnose und Lernen verschmelzen, indem Lernhinweise oder Hilfestellungen von der Technologie während einer Aufgabenbearbeitung bereitgestellt werden (Maier, 2014, S. 78 f).

Für dieselben Altersgruppen fassen Shute und Rahimi (2017) Ergebnisse von neun Metastudien sowie acht weiteren Untersuchungen zusammen. Sie folgern, dass computerbasiertes formatives Assessment Schülerleistungen im Unterricht verbessern kann. Dabei zielt es insbesondere auf die Bereitstellung eines zeitnahen Feedbacks für Lernende und eine Individualisierung ihrer Lernprozesse. Elaborierte Feedbackformen scheinen größere Effekte zu erzielen als reines Verifikations-Feedback (s. Abschnitt 2.3.2). Allerdings nur, wenn die Rückmeldungen von Lernenden auch genutzt und als hilfreich eingestuft werden, weshalb sie nicht zu komplex und klar zu formulieren sind. Zudem scheint ein langfristiger Einsatz technologiebasierter formativer Assessments förderlicher (Shute & Rahimi, 2017, S. 9).

McLaughlin und Yan (2017) fassen 75 Studien zum onlinebasierten formativen Assessment (OFA) zusammen. Sie identifizieren die gängisten Formate als Multiple-Choice-Tests, Eine-Minute-Aufsätze, e-Portfolios, Web-2.0-Tools (z. B. Wikis, Diskussionsforen) und ARS. Darüber hinaus folgern sie bzgl. der Effekte auf Schülerleistungen: „Online formative assessment has been shown to increase student learning and achievement. [...] The immediate and targeted feedback provided by OFA has great potential for improving student learning and achievement across grade levels and content areas" (McLaughlin & Yan, 2017, S. 568). Im Kontext höherer Bildung schlussfolgern auch Gikandi et al. (2011) in ihrer Metaanalyse, dass OFAs bedeutungsvolles Lernen insbesondere durch formatives Feedback und eine größere Einbindung der Lernenden in den Diagnoseprozess unterstützen können (Gikandi et al., 2011, S. 2333).

Konkreter sind die Ergebnisse qualitativer Fallstudien, welche die Rolle digitaler Medien beim formativen Assessment fokussieren. Zahlreiche Beispiele stammen aus dem EU-Projekt FaSMEd (s. Abschnitt 5.2.1). Dem FaSMEd Theorierahmen entsprechend können digitale Medien drei Funktionen übernehmen, um formative Assessmentprozesse zu unterstützen: Senden & Anzeigen, Verarbeiten & Analysieren oder Bereitstellen einer interaktiven Lernumgebung (s. Abbildung 2.1).

Zunächst kann eine Technologie zum Senden oder Anzeigen von Inhalten eingesetzt werden. Das heißt, sie ist Mittel der Kommunikation, z. B. indem Diagnoseaufgaben von der Lehrkraft an Handhelds der Lernenden geschickt, Antworten des Schülers an die Lehrperson übermittelt oder Bearbeitungen eines Individuums für die ganze Klasse projiziert werden. Während derartige Funktionalitäten häufig mit einer weniger zeit- und ortsabhängigen Übermittlung von Diagnoseaufgaben und -ergebnissen verbunden werden (z. B. Maier, 2014, S. 71; Stacey & Wiliam, 2013, S. 747), können sie im Unterricht zur Initiierung gehaltvoller Diskussionen führen. Wright et al. (2018) berichten, wie der Gebrauch interaktiver Whiteboards mit der Software *Reflector* (www.airsquirrels.com/reflector) es ermöglicht, in Echtzeit auf die Bearbeitung eines Lernenden zu reagieren. Indem der iPad-Bildschirm des einzelnen zentral darstellbar wird, kann die Klasse Rückmeldungen geben und gemeinsam reflektieren (Wright et al., 2018, S. 212).

Ein weiteres Potential digitaler Medien für formatives Assessment wird ersichtlich, wenn Inhalte nicht nur kommuniziert, sondern von der Technologie verarbeitet oder analysiert werden. Ein digitales Medium kann Diagnoseaufgaben z. B. adaptiv entsprechend des zuvor ermittelten Kenntnisstands zusammenstellen, um den Lernprozess zu individualisieren. Außerdem können Assessments automatisch bewertet und Feedbacks (fast) zeitgleich generiert werden. Hierdurch wird eine Überwachung des Lernfortschritts erleichtert (z. B. Nicol, 2008, S. 2; Stacey & Wiliam, 2013, S. 747). Darüber hinaus können digitale Medien die Erhebung und Präsentation diagnostischer Informationen erleichtern. Dies wird besonders deutlich, wenn man die Verwendung sogenannter Audience Response Systeme (ARS) und gleichwertiger Applikationen wie *Kahoot* (*https://kahoot.com*) und *Socrative* (*https://socrative.com*) betrachtet. Diese Medien können zur Erstellung von Kurzumfragen (*polls*) genutzt werden, da alle Schülergeräte mit einem Computer der Lehrkraft verbunden sind. Auf diese Weise können alle von Schüler:innen generierten Antworten gleichzeitig gesammelt, analysiert und unmittelbar präsentiert werden. Die Darstellung des Diagnoseergebnisses kann (je nach eingesetztem Medium) sowohl statistische Daten bzgl. der gesamten Klasse, z. B. Anteil richtiger Lösungen, als auch individualisiertes (Verifikations-)Feedback enthalten (s. Abbildung 4.1). In jedem Fall kann sie von der Lehrkraft formativ genutzt werden, um den Lehr-Lernprozess an die Bedürfnisse der Schüler:innen anzupassen. Panero und Aldon (2016) zeigen in ihrer Fallstudie, wie eine Lehrkraft der Jahrgangsstufe 9 die Software *NetSupportSchool* (www.netsupportschool.com/de) im Mathematikunterricht nutzt, um diagnostische Informationen sowie seine Interpretation der Daten unmittelbar mit seinen Schüler:innen zu teilen (Panero & Aldon, 2016, S. 70 ff). Cusi et al. (2019) analysieren dagegen, wie das ARS *IDM-TClass* von Mathematiklehrkräften in den Klassenstufen 5 und 7 eingesetzt wird, um bedeutungsvolle Diskussionen anzuregen, in denen Lernende ihre Antworten zunächst begründen sollen, bevor ein korrektes Ergebnis preisgegeben wird. Dabei sei die Orchestrierung der Lehrkraft entscheidend für den Lernerfolg bzw. die Aktivierung bestimmter formativer Assessmentstrategien. Gibt es bei der gestellten Frage z. B. eine einzige korrekte Antwort, das Ergebnis der Kurzumfrage zeigt aber eine recht gleichmäßige Verteilung gewählter Lösungen in einer Lerngruppe, so können (Fehl-)Vorstellung der Schüler:innen fokussiert werden, indem die gesamte Klasse zum Vergleich der Antworten sowie einer Erklärung der eigenen Argumentation aufgefordert wird. Wurde eine Antwortoption von einem Großteil der Schüler:innen bevorzugt, sollten zunächst die Lernenden nach ihrer Begründung gefragt werden, welche einen Fehler begangen haben. Bei Diskussionen, die durch ein solches Vorgehen der Lehrkraft initiiert wurden, wird beobachtet, dass die Schüler:innen drei Schlüsselstrategien formativen Assessments aktiv nutzen, da sie sich gegenseitig Feedback geben, als instruktionale Ressourcen füreinander auftreten und Verantwortung für den eigenen Lernprozess übernehmen (Cusi et al., 2019, S. 7 ff).

Schließlich können digitale Medien im formativen Assessmentprozess als interaktive Lernumgebungen dienen. Durch die Möglichkeit dynamische, interaktive oder verlinkte Repräsentationen zu verwenden (s. Abschnitt 4.4), können Lernende mathematische Objekte direkt variieren oder Simulationen der Problemsituation betrachten. Hierdurch können Aufgabenformate präsentiert und Schülerhandlungen aufgezeichnet werden, die komplexe Denkprozesse sichtbar machen. Drei Wege zur Unterstützung formativer Assessments durch digitale Medien werden van den Heuvel-Panhuizen et al. (2011) identifiziert: sie ermöglichen 1) den Einsatz von „High-Demand-Aufgaben", 2) einen einfacheren Zugang zu Diagnoseaufgaben für Lernende und 3), dass Schülervorstellungen sowie ihre Lösungswege sichtbar werden (van den Heuvel-Panhuizen et al., 2011, S. 167 ff). Diese Potentiale zeigen sich in vier Assessmentmodulen, welche im Rahmen von FaSMEd für die online-basierte *Digital Assessment Environment* (DAE) an der Universität Utrecht für Lernende der Jahrgangsstufen 5 und 6 entwickelt wurden. Ein Modul enthält sechs bis sieben Diagnoseaufgaben, welche sich jeweils auf eines der Themengebiete Prozente, Brüche, Stellenwertsystem oder Graphen beziehen. Das DAE stellt Lernenden für jede Aufgabe unterschiedliche Hilfsmittel (z. B. Notizzettel, Tabelle, interaktiver Prozentstreifen) zur Verfügung. Lehrkräfte erhalten das Diagnoseergebnis in Form einer Tabelle, in der nicht nur die Antworten der Lernenden inklusive eines Verifikations-Feedbacks (Antwortauswahl grün oder rot hinterlegt), sondern auch die benutzten Hilfsmittel der Lernenden (z. B. durch ein „Ja" rechts neben einer Schülerantwort) ersichtlich werden (s. Abbildung 4.1(b)). Hierdurch können sie sowohl die Aufgabenlösungen, als auch die Lösungsstrategien ihrer Schüler:innen einsehen. In einer Fragebogenstudie mit 20 Lehrkräften wird die Rolle der Lehrperson für den formativen Assessmentprozess beim Einsatz des DAEs deutlich. Obwohl 16 Lehrkräfte angaben, durch das DAE Feedback viel über den Kenntnisstand ihrer Schüler:innen gelernt zu haben und 70 % ihrer Antworten darauf hinweisen, dass sie die diagnostischen Informationen für ihren Unterricht verwenden wollen, unterscheiden sich die Kommentare erheblich im Hinblick auf die Tiefe der Informationsverarbeitung. Einige Lehrkräfte deuteten das Diagnoseergebnis eher global, wohingegen andere detaillierte Analysen einzelner Schülerantworten beschrieben. Zudem zeigt sich eine erhebliche Spannbreite der Antworten in Bezug auf die Nutzung erhobener Schülerdaten. Diese reicht von der Angabe, dass die diagnostischen Informationen nicht weiter verwendet werden, über allgemeine Angaben darüber, dass das Thema im Unterricht weiter behandelt werden müsse, bis hin zu einer spezifischen Unterrichtsplanung (van den Heuvel-Panhuizen et al., 2016, S. 3 ff).

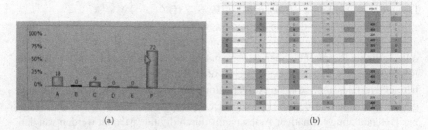

(a)   (b)

Abbildung 4.1 Darstellung diganostischer Informationen durch digitale Medien (a) Ergebnis einer Kurzumfrage mit ARS (Cusi et al., 2019, S. 20); (b) Assessmentmodul in DAE (Wright et al., 2018, S. 215)

Zusammenfassend lässt sich festhalten, dass zahlreiche Studien den Einsatz verschiedenster Technologien zum formativen Assessment (teilweise in unterschiedlichen Fachgebieten) untersuchen und mit einem positiven Einfluss auf Lernleistungen verbinden. Die Fallstudien des Projekts FaSMEd zeigen für den Mathematikunterricht, dass digitale Medien drei Hauptfunktionalitäten im formativen Assessmentprozess übernehmen können. Sie dienen als Kommunikationsmittel zum Senden und Anzeigen von Inhalten; dem Verarbeiten und Analysieren von Daten, z. B. bei der Generierung und Auswertung von Diagnoseaufgaben, -ergebnissen und/oder Feedback; als interaktive Lernumgebung, in der Lernende durch neue Aufgabenformate mathematische Inhalte erkunden können. Dabei ist zu beachten, dass die mithilfe digitaler Medien gewonnenen diagnostischen Informationen beim formativen Assessment stets von einer Lehrperson zu nutzen sind. In der Metaanalyse der FaSMEd Fallstudien wird zusammengefasst:

> „The technology can provide immediate feedback, potentially useful for teachers and students. However, the usefulness depends to a large extent on teachers' skills to benefit from it, as they often do not know how to helpfully build the feedback into their teaching, in particular for using it formatively to benefit pupil learning." (Pepin et al., 2016, S. 8)

In Bezug auf die aktive Beteiligung der Lernenden beim formativen Assessment wird vor einem übermäßigen Gebrauch von Diagnosemethoden, bei denen eine Lehrkraft die alleinige Verantwortung trägt, gewarnt: „[…] an overemphasis on teacher assessment might increase students' dependency on others rather than develop their ability to self-assess and self-correct" (Nicol & Milligan, 2006, S. 66). Daher wird im Folgenden näher betrachtet, inwiefern digitale Medien Prozesse der Selbstdiagnose unterstützen können.

4.3.2   Einsatz digitaler Medien zum Selbst-Assessment

Aufgrund der Schwierigkeit, dass der Begriff Selbst-Assessment mit einer Vielzahl an Methoden zum aktiven Einbezug Lernender in ihren Diagnoseprozess verbunden wird (s. Abschnitt 2.4), finden sich auch in der Literatur zum Einsatz digitaler Medien zu diesem Zweck zahlreiche Ansätze. Beispielsweise beschreiben Villányi et al. (2018) eine Tablet Applikation, bei der Lernende mithilfe eines Schiebereglers ausdrücken sollen, wie sicher sie glauben, eine Mathematikaufgabe lösen zu können (Villanyi et al., 2018, S. 230 f). Deratige Einschätzungen der eigenen Sicherheit durch Schüler:innen werden hier nicht betrachtet, da die vorliegende Arbeit inhalts-

bezogene Selbst-Assessments fokussiert. Zu deren technologiegestützten Initiierung werden drei Hauptmethoden beschrieben: e-Portfolios, Intelligente Tutoren
Systeme (ITS) und computerbasierte Tests.

e-Portfolios

Unter *e-Portfolios* versteht man elektronisch zusammengestellte und gespeicherte
Ansammlungen von Schülerdokumenten, welche das Wissen und die Entwicklung
eines Lernenden repräsentieren (McLaughlin & Yan, 2017, S. 564). In der Literatur
werden sie als Mittel zum Selbst-Assessment genannt, da Lernende bei ihrer Konstruktion eigene Leistungen reflektieren und Arbeitsergebnisse auswählen müssen,
die diese dokumentieren. Dadurch sind sie an Prozessen des Selbst-Monitoring und
der Selbstregulation beteiligt (Nicol & Milligan, 2006, S. 68).

Chang et al. (2013) zeigen, dass die Selbstbewertung von e-Portfolios durch
Lernende als reliable und valide Assessmentmethode angesehen werden kann. In
ihrer Studie evaluierten 72 Oberstufenschüler:innen e-Portfolios im Rahmen eines
12-wöchigen Computerkurses. Die Bewertung erfolgte mithilfe eines Evaluations-
schemas (rubric) mit 27 Kriterien (z. B. „Content appropriateness: Is the content
directly related to the purpose of the portfolio?"), die jeweils auf einer Lickert-
Skala mit einer Punktzahl zwischen 1–5 beurteilt wurden. Die Gesamtpunktzahlen
der Lernenden stimmten ohne signifikante Unterschiede sowohl mit der Beurteilung
ihrer Lehrkraft als auch mit der am Ende des Kurses erzielten Klausurnote überein
(Chang et al., 2013, S. 325 ff).

E-Portfolios bieten Lernenden die Möglichkeit, ihren eigenen Lernfortschritt zu
reflektieren, Lernziele zu formulieren und Schwierigkeiten zu identifizieren (Chang
et al., 2013, S. 325; McLaughlin & Yan, 2017, S. 564). Allerdings beansprucht diese
Methode des Selbst-Assessments einen verhältnismäßig langen Zeitraum und wird
oftmals mit Methoden des Peer- oder Lehrerassessments kombiniert (McLaughlin
& Yan, 2017, S. 564; Nicol & Milligan, 2006, S. 68).

Intelligente Tutorensysteme (ITS)

ITS sind meist online-basierte (teilweise kommerzielle), adaptive Lernumgebungen, die auf kognitiven Modellen eines Themenbereichs basieren, um Instruktionen,
Feedback und Übungsaufgaben individuell an den Kenntnisstand der Nutzer:innen
anzupassen. Dabei führen sie Lernende schrittweise durch Lösungswege, indem sie
entweder während der Aufgabenbearbeitung Hinweise und Hilfestellungen generieren oder einzelne Lösungsschritte nach der Einreichung einer Antwort erläutern
(Roll et al., 2007, S. 127; VanLehn, 2011, S. 198). Obwohl diese Systeme eher
zum Erlernen oder Vertiefen neuer Inhalte gedacht sind, werden sie im Zusammenhang mit formativen sowie Selbst-Assessments genannt (z. B. Maier, 2014, S. 74 f;

Pellegrino & Quellmalz, 2010, S. 124; Topping, 2003, S. 58). Besonders dabei ist, dass das für Lernende bereitgestellte Feedback oftmals in die Lernaktivität integriert wird (Timmis et al., 2016, S. 462).

Zahlreiche Studien weisen solchen Systemen einen positiven Effekt zur Unterstützung von Lernprozessen nach. VanLehn (2011) identifiziert in einer Metastudie eine Effektstärke von $d = 0.76$ und demnach eine ähnlich hohe Wirksamkeit, wie die eines menschlichen Tutors mit $d = 0.79$ (VanLehn, 2011, S. 209). Steenbergen-Hu und Cooper (2013) betrachten in ihrer Metaanalyse den Einfluss von ITS auf das Mathematiklernen in Primar- und Sekundarstufen. Sie fassen zusammen, dass ITS im Vergleich zu regulären Unterrichtsinstruktionen keine negativen und evtl. leicht positive Effekte erzielen ($g = 0.01 - 0.09$). Größere Effekte ($g = 0.2 - 0.6$) zeigen sich, wenn der Einfluss von ITS mit denen von Hausaufgaben oder Tutoren verglichen werden (Steenbergen-Hu & Cooper, 2013, S. 982 f). Zudem gibt es aber auch kritische Stimmen, die einen fehlenden wissenschaftlichen Konsens bzgl. der Wirksamkeit solcher Lernplattformen bemängeln (Kulik & Fletcher, 2016, S. 46).

Neben derartigen Metaanalysen finden sich Untersuchungen, welche die Wirksamkeit von spezifischen ITS zeigen. Ein prominentes Beispiel ist das englischsprachige System *ASSISTments* (*https://new.assistments.org*), welches der Unterstützung von Lernenden bei den Mathematik-Hausaufgaben dient. Lernende erhalten durch das System Hinweise und Erklärungen, um Aufgabenstellungen zu verstehen, sowie ein direktes Feedback. Zudem generiert ASSISTments eine Rückmeldung über die Schülerleistungen für Lehrkräfte. Die Wirksamkeit dieses ITS wird in einer Studie mit 2850 Schüler:innen der 7. Jahrgangsstufe festgestellt, die über einen Zeitraum von einem Schuljahr ASSISTments für ihre Hausaufgaben im Fach Mathematik nutzten. Im Schnitt setzten Lernende das ITS für die Bearbeitung von 967 Aufgaben ein. Die Ergebnisse eines standardisierten Mathematiktests am Ende des Schuljahres zeigen im Vergleich zu einer Kontrollgruppe, welche analoge Hausaufgaben bearbeitete, einen kleinen signifikanten Effekt zugunsten des ITS. Dieser fiel für leistungsschwächere größer aus als für leistungsstärkere Schüler:innen (Roschelle et al., 2016, S. 8).

Im deutschsprachigen Raum ist die Lernsoftware *Bettermarks* (*https://de.better marks.com*) ein bekanntes Beispiel für die Jahrgangsstufen 4–11. Dieses ITS stellt Lernenden Einstiegs- und Abschlusstests zur Identifikation des Lernbedarfs, Übungen, Erklärungen und Verknüpfungen zu einem digitalen Schulbuch sowie individuelle Rückmeldungen zur Verfügung. Das generierte Feedback enthält nicht nur eine Verifizierung bzgl. der Korrektheit einer Lösung, sondern auch Hinweise darüber, wie sich Lernende verbessern können, z. B. „Fasse weiter zusammen!" (Scharnagl et al., 2014, S. 4). Eine Studie mit 864 Sechstklässler:innen zum Thema Addition und Subtraktion von Brüchen zeigt einen signifikant positiven Effekt zugunsten des

ITS. Schüler:innen der Experimentalgruppe erzielten in einem Mathematiktest im Schnitt 3.06 Punkte mehr als die Proband:innen der Kontrollgruppe, welche Bettermarks nicht nutzten. Besonders leistungsstarke Schüler:innen profitierten vom ITS (Scharnagl et al., 2014, S. 7 f). Die Methodik der Studie wird jedoch kritisiert, da keine genauen Effektstärken angegeben werden (Thurm, 2020a, S. 40).

Insgesamt existiert zwar Evidenz einer positiven Wirksamkeit von ITS auf Schülerleistungen, allerdings werden Studien methodisch kritisiert. Beispielsweise finden sich größere Effekte, wenn spezifisch entwickelte Items anstelle von standardisierten Tests zur Messung von Schülerleistungen verwendet werden (Kulik & Fletcher, 2016, S. 68). Zudem sei ungeklärt, inwiefern sich bestimmte Einsatzszenarien oder Implementationen für den Schulunterricht oder außerschulisches Lernen als förderlich erweisen (Thurm, 2020a, S. 41). Darüber hinaus ist ihr Einsatz zur Selbstdiagnose fraglich. Aufgrund des integrierten Scaffoldings während der Aufgabenbearbeitung verschwimmen die Grenzen zwischen Assessment- und Lernprozessen (Timmis et al., 2016, S. 462).

Computerbasierte Selbst-Assessment-Tests
Die gängigste Methode zum Einsatz digitaler Medien beim Selbst-Assessment stellen computerbasierte Tests dar. Dabei bearbeiten Lernende eine Reihe von Diagnoseaufgaben und erhalten i. d. R. eine automatisierte Rückmeldung bzgl. ihres Lernstands in Form eines Gesamtergebnisses oder Feedback-Kommentaren (Nicol & Milligan, 2006, S. 67). Obwohl viele solcher Selbsttests kommerziell bereitgestellt werden und davor gewarnt wird, dass sie oberflächliches Lernen unterstützen könnten (Topping, 2003, S. 58), belegen zahlreiche empirische Untersuchungen deren Potential zum Mathematiklernen. Studien zu computerbasierten Selbst-Assessment-Tests können grob in vier Forschungsrichtungen unterteilt werden: Vergleich von technologie- und papierbasierter Bereitstellung, Akzeptanz durch Lernende, Wirksamkeit bzgl. der Lernleistung sowie Effektivität verschiedener Feedbackformen.

Studien, die den Effekt von technologie- versus papierbasierter Versionen derselben Tests auf Schülerleistungen untersuchen, kommen zu gemischten Ergebnissen (Stacey & Wiliam, 2013, S. 735). Wang et al. (2007) finden keine signifikanten Unterschiede in Bezug auf die Darbietungsweise von Mathematiktests in einer Metaanalyse von 44 Studien. Nikou und Economides (2016) finden einen signifikanten Anstieg der Testleistungen von sechzehnjährigen Physikschülern, wenn das Assessment auf einem mobilen Endgerät anstatt auf Papier präsentiert wird. Dagegen erweist sich ein computerbasierter Mathematiktest für Achtklässler:innen in einer Studie von Bennett et al. (2008) als signifikant schwerer gegenüber der entsprechenden Papierversion. Vermutet wird beispielsweise, dass technologiebasierte Tests die Motivation von Lernenden steigern, während die Eingabe mathematischer

Objekte über eine Tastatur ein Hinderniss darstellen könnte (Nikou & Economides, 2016, S. 1246; Stacey & Wiliam, 2013, S. 737).

Daneben wird von einer hohen Akzeptanz computerbasierter Selbst-Assessment-Tests durch Lernende berichtet:

> „Research shows that students find such tests useful as a way of checking their level of understanding and that they often make repeated attempts at such tests in order to enhance their knowledge and skill acquisition." (Nicol & Milligan, 2006, S. 67)

Ibabe und Jauregizar (2010) schließen z. B. auf eine große Akzeptanz von online Selbst-Assessment-Tests mit automatisierten Feedbacks. In ihrer Studie mit 116 Statistikstudierenden nutzten 46 % das freiwillige Selbstdiagnosematerial. Zudem bewerteten Lernende das digitale Tool in Bezug auf ihren wahrgenommenen Lernerfolg hoch (Ibabe & Jauregizar, 2010, S. 249 f).

Darüber hinaus zeigen empirische Untersuchungen, dass computerbasierte Selbst-Assessment-Tests (mit automatisiertem Feedback) einen positiven Einfluss auf das Mathematiklernen haben können. Wang (2011) untersucht die Effektivität eines dynamischen Selbst-Assessment-Systems für das Fach Mathematik (*GPAM-WATA*) im Vergleich zu herkömmlichen Online- sowie Paper-and-Pencil-Tests mit 96 Schüler:innen der 7. Jahrgangsstufe. Die Besonderheit dieses Systems liegt darin, dass Lernende Items einzeln nacheinander beantworten und im Falle einer inkorrekten Lösung graduell instruktionale Prompts (s. Abbildung 4.2) sowie weitere Alternativitems erhalten. Beim gewöhnlichen Online-Test werden alle Items bearbeitet und anschließend das gesamte Feedback auf einmal generiert, während die Papierversion von der Lehrkraft korrigiert wird. Die Interventionsstudie mit Pre- und Posttest zeigt, dass Lernende durch das adaptive Selbst-Assessment ihre Mathematikleistungen im Vergleich zu beiden Kontrollgruppen signifikant verbesserten. Vermutet wird, dass das unmittelbare Feedback, Lernenden eine schrittweise Wiederholung mathematischer Inhalte ermöglicht (Wang, 2011, S. 1062 ff). Angus und Watson (2009) zeigen für Erstsemesterstudierende eines Kurses für Wirtschaftsmathematik ($n = 1636$), dass die regelmäßige Teilnahme (alle drei Wochen) an Online-Tests mit geschlossenen Rechenaufgaben und „Correct-Response-Feedback" (s. Tabelle 2.2) einen signifikant positiven Einfluss auf ihre Klausurleistung am Ende des Semesters aufweist (Angus & Watson, 2009, S. 255 ff). Ibabe und Jauregizar (2010) weisen für 116 Psychologiestudierende einer Statistik-Vorlesung nach, dass die Häufigkeit der freiwilligen Teilnahme an online bereitgestellten Selbst-Assessment-Tests mit automatisch generiertem Feedback (insgesamt fünf Multiple-Choice-Tests mit je 25 Items) positiv mit der am Ende des Semesters erzielten Note korreliert. Ebenso hängt die Anzahl der bearbeiteten Testitems sowie die Dauer der Bearbeitungszeit mit der akademischen Leistung zusammen. Die Autoren schließen insgesamt auf einen positiven Einfluss der Selbst-Assessment-Tests auf die Performanz der Lernenden (Ibabe & Jauregizar, 2010, S. 243 ff). Zudem finden Gayo-Avello und Fernández-Cuervo (2003) in einer Studie mit 24 Mathematikstudierenden, dass Teilnehmer:innen eines einstündigen online-basierten Selbst-Assessment-Tests mit automatisiertem Feedback eine signifikant größere Verbesserung von Pre- zu Posttest zeigen als die Kontrollgruppe, welche keine Intervention erhielt (Gayo-Avello & Fernández-Cuervo, 2003).

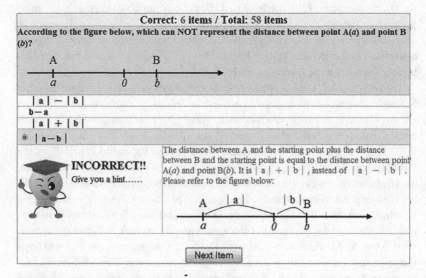

Abbildung 4.2 Typisches Item in einem computerbasierten Selbst-Assessment-Test mit automatisch generiertem Feedback (Wang, 2011, S. 1066)

Ein Beispiel für einen digitalen Selbst-Assessment-Test, der das Mathematiklernen im Bereich Funktionen unterstützt, stellt die an der TU Darmstadt forschungsbasiert entwickelte Lernumgebung *BASICS-Mathematik* (*https://basics-mathematik. de/grundwissentest/wordpress/*) zur Verfügung. Diese dient der Förderung von Grundwissen und -können beim Übergang in die Sekundarstufe II. Sie besteht aus einem online verfügbaren Diagnosetest, automatisiert generiertem Feedback und weiterführenden Fördermaterialen zu den Themenbereichen Funktionen und elementare Algebra. Der adaptive Diagnosetest enthält neben 40 Hauptlinien-, 14 zusätzliche Schleifenaufgaben, welche bei einer Falschantwort bestimmter Items

an Lernende herangetragen werden, um mögliche Fehlerursachen besser zu iden-
tifizieren. Insgesamt bearbeiten die Schüler:innen also 40–54 Items innerhalb von
60–90 Minuten. Die Antworten werden in den Formaten Multiple-Choice, Multiple-
Response oder Kurzantwort abgegeben, wobei Distraktoren mit diagnostischem
Potential gewählt und Optionen wie „Meine Antwort ist nicht dabei." integriert
wurden, um eine Lösung durch Raten zu verhindern (Roder, 2020, S. 192 ff). Der
Diagnosetest wird automatisiert evaluiert und ein Feedback für Lernende (sowie die
Lehrkraft) generiert. Dieses enthält ein Gesamtergebnis, das die Anteile richtiger
und falscher Lösungen anzeigt, bereichsspezifische Auswertungen (z. B. lineare
Funktionen) mit der Anzahl richtiger bzw. falscher Lösungen pro Themenbereich
inklusive einer Empfehlung von Fördermaterialien sowie eine aufgabenspezifische
Rückmeldung. Letztere stellt für spezifische Fehlertypen ein elaboriertes Feedback
bereit (Roder, 2020, S. 210 ff). Die Fördermaterialien können als Arbeitsblätter
im pdf-Format auf der BASICS-Homepage geöffnet oder heruntergeladen werden.
Sie bestehen jeweils aus einem Erklärkasten, welcher zentrale Informationen zu
einem Themenbereich, zugehörige Fachbegriffe und mathematische Darstellungsformen umfasst, Musterbeispielen zu typischen Aufgabenstellungen mit Erklärungen bzgl. des Lösungswegs sowie Übungsaufgaben mit zugehörigen Lösungsvor-
schlägen (Roder, 2020, S. 225 ff). Der Einsatz der Lernumgebung wurde an insgesamt fünf Gymnasien mit Schüler:innen zu Beginn der Sekundarstufe II erprobt
und evaluiert. Nachdem der Diagnosetest bearbeitet wurde, konnten Lernende in 1–
2 Doppelstunden mit dem empfohlenen Fördermaterialien arbeiten. Sechs Wochen
später wurde ein Nachtest geschrieben. Insgesamt wird ein signifikanter Anstieg
mit großer Effektstärke ($d = 0.81$) im Gesamtergebnis des Nachtests im Vergleich
zum Vortest festgestellt ($n = 336$). Lernende lösten im Schnitt vier Aufgaben
mehr (Roder, 2020, S. 305 f). Zudem zeigt die Analyse eines Evaluationsbogens
($n = 336$), dass Lernende das bereitgestellte Feedback größtenteils annehmen.
80.6 % der Schüler:innen gaben an, dass ihnen die Rückmeldung beim Erkennen
ihrer Stärken und Schwächen geholfen hat. Zudem formulierten 60 % eine kon-
struktive Reaktion auf das Feedback innerhalb eines offenen Items im Fragebogen,
z. B. „Ich bin gut in linearen Funktionen, sollte aber Gleichungen wiederholen"
(Roder, 2020, S. 280 f). Obwohl Lernende häufig ein allgemeines Lernbedürfnis
aufgrund des Feedbacks identifizierten, blieben ihre formulierten Lernziele für ein
anschließendes Weiterlernen jedoch wenig spezifisch (Roder, 2020, S. 282).

Feedbackformen in digitalen Selbst-Assessments
Auffällig ist, dass alle vorgestellten Methoden zum computerbasierten Selbst-
Assessment i. d. R. externes Feedback für Lernende bereitstellen. Wie zentral dessen
Gestaltung für eine lernförderliche Wirkung ist, wird in Abschnitt 2.3.2 diskutiert.

In Bezug auf digitale Medien zeigt eine Metaanalyse von 40 Einzelstudien mit 70 Effektstärkten, welchen Einfluss unterschiedliche Feedbackformen auf Lernergebnisse haben. Während eine reine Verifizierung bzgl. der Korrektheit einer Antwort die geringste Wirkung zeigt ($g = 0.05$) und auch die Angabe der richtigen Lösung einen kleineren Effekt aufweist ($g = 0.33$), hat elaboriertes Feedback die größte Wirksamkeit ($g = 0.49$) insbesondere für „higher order learning outcomes" (Van der Kleij et al., 2015, S. 495). Allerdings wird in der Literatur kontrovers diskutiert, inwiefern solche Rückmeldungen in den Prozess des Selbst-Assessments integriert werden dürfen.

Einerseits zeigen – wie im vorherigen Abschnitt verdeutlicht – zahlreiche Studien empirische Evidenz für eine lernförderliche Wirkung digitaler Selbstdiagnosen, wenn diese externes Feedback für Lernende bereitstellen. Zudem werden solche Rückmeldungen als entscheidende Potentiale für die Effektivität digitaler Selbst-Assessments herausgestellt. Ibabe und Jauregizar (2010) sehen z. B. den größten Vorteil darin, dass „exercises are corrected automatically and instantaneously, allowing immediate, precise and impartial feedback to student's responses" (Ibabe & Jauregizar, 2010, S. 244). Taras (2003) geht sogar einen Schritt weiter, indem sie die Rolle der Lehrkraft für den Erfolg der Selbstdiagnose betont. Sie geht davon aus, dass Lernende nicht über genügend Fachwissen verfügen, um eigene Fehler sowie deren Ursache ohne externes Experten-Feedback festzustellen. Erst mit der Zeit könnten sie mithilfe der Rückmeldungen Fähigkeiten zum selbstständigen Evaluieren ihrer Arbeit entwickeln (Taras, 2003, S. 549 ff).

Andererseits wird befürchtet, dass Lernende durch Methoden des Selbst-Assessments mit externem Feedback zu wenig Verantwortung für den eigenen Lernprozess übernehmen. Beispielsweise geben McLaughlin und Yan (2017) in Bezug auf onlinebasierte formative Assessments (OFA) zu bedenken:

> „[…] the study of complex cognitive processes developed through the use of OFA should ensure that students become independent learners by being able to transition from teacher-generated feedback to self-initiated feedback on their learning. In the studies examined for this review, the feedback delivered to students was, by and large, generated by the instructor. Within this paradigm, the teacher is still in control of student learning, students are only responding to generated questions and teacher- or student-provided feedback." (McLaughlin & Yan, 2017, S. 571 f)

Darüber hinaus wird kritisiert, dass Lernenden bei Selbstdiagnosen mit externen Rückmeldungen wenig Gelegenheit zur Selbstregulation geboten wird. Das liegt daran, dass sie weder an der Auswahl von Beurteilungskriterien noch an der Evaluation ihrer Leistung gegen diese beteiligt sind (Nicol & Milligan, 2006, S. 67). Handelt es sich bei externen Rückmeldungen um ein Verifikationsfeedback, ist davon auszugehen, dass nicht die Lernenden, sondern vielmehr das digitale Medium als Hauptakteur im Diagnoseprozess fungiert. In solchen Fällen wird ein Lernprodukt durch die Technologie bewertet, während Lernende eher als passive Empfänger der Rückmeldung gesehen werden können (Ruchniewicz & Barzel, 2019b, S. 49). Diese Gefahr verringert sich bei der Verwendung von Elaborationsfeedback, sofern dieses von Lernenden angenommen und genutzt wird. Rückmeldungen dieser Art können lernförderlicher wirken, da sie eher aktiv interpretiert und für die Regulation des weiteren Lernprozesses genutzt werden können (Nicol & Milligan, 2006, S. 70; Whitelock & Watt, 2008, S. 152). Nichtsdestotrotz betonen Nicol und Milligan (2006), dass Lernenden mehr strukturierte Gelegenheiten zur Selbstüberwachung und -evaluation eingeräumt werden müssen, da die Generierung internen Feedbacks unumgänglich für die Entwicklung eines selbstregulierten Lernens ist (Nicol & Milligan, 2006, S. 64 ff). Schließlich wird die Verwendung externer Rückmeldungen bei Selbst-Assessments kritisiert, da diese vor einer Aufgabenbearbeitung durch die Lernenden festgelegt werden. Eine Individualisierung bezogen auf die jeweilige Schülerbearbeitung ist daher nur begrenzt möglich (Nicol & Milligan, 2006, S. 67). Zudem wird lediglich das Lernprodukt evaluiert, was jedoch ggf. wenig über das mathematische Verständnis einer Person aussagt (Sangwin, 2013, S. 5).

Derartige Probleme sind durch die Verwendung spezifischer Aufgaben- und Feedbackformen zu verhindern. So können etwa *Musterlösungen* anstelle von direkten Rückmeldungen eingesetzt werden. Obwohl sie aufgabenspezifische Informationen bereitstellen (topic contingent feedback; s. Tabelle 2.2), gehen sie nicht direkt auf eine Schülerbearbeitung ein. Daher bleibt es den Lernenden überlassen, ihre eigene Antwort und ihren Bearbeitungsprozess mit dem Lösungsbeispiel zu vergleichen und sich auf diese Weise selbst zu reflektieren und zu bewerten (z. B. Leuders, 2003b, S. 320; Sangwin, 2013, S. 34).

Daneben können interaktiv-verlinkte Darstellungen oder Simulationen in Diagnoseaufgaben eingesetzt werden (s. Abschnitte 4.3.3 und 4.4). Lernende manipulieren darin mathematische Objekte und beobachten durch das digitale Medium die Auswirkungen ihrer Handlungen. Mackrell (2015) spricht in diesem Zusammenhang von einem *Direct Manipulation Feedback* (Mackrell, 2015, S. 2518). Sie betont, dass solche Rückmeldungen neutral sind, da jegliche Evaluation von den Lernenden selbst stammt, während sie entdecken, welche ihrer Aktivitäten zielführend sind (Mackrell, 2015, S. 2518). Auch Nicol und Milligan (2006) sehen die Interaktion von Lernenden mit Simulationen als effektive Methode zum Selbst-Assessment, weil die direkte Reaktion einer interaktiven Darstellung auf Schülerhandlungen den Lernenden die Selbstregulation ihrer Lernprozesse erlaubt (Nicol & Milligan, 2006, S. 67).

Ein weiterer Ansatz Lernenden externes Feedback ohne direkte Wertung bereitzustellen findet sich bei Palha (2019). Sie entwickelt eine digitale Lernumgebung zum Zeichnen qualitativer Funktionsgraphen, bei denen Lernende Füllgraphen zu vorgegebenen Vasen zeichnen sollen. Daraufhin wird ihnen Feedback in Form des *Ergebnisses des umgekehrten Darstellungswechsels* präsentiert. Das digitale Medium generiert ein Bild des Gefäßes, welches zu dem gezeichneten Füllgraphen passen würde. Die Form dieser Vase kann mit der Ursprünglichen verglichen und die eigene Aufgabenlösung daraufhin bewertet und überarbeitet werden. Eine Studie mit neun Schüler:innen der Jahrgangsstufen 10–11 zeigt, dass diese Art von Feedback den Lernenden dabei half, eigene Fehler wahrzunehmen und den funktionalen Zusammenhang zwischen den betrachteten Größen besser zu durchdringen. Allerdings waren nur etwa die Hälfte der Schüler:innen in der Lage, im Anschluss an die Rückmeldung einen korrekten Graphen zu konstruieren. Als Grund wird eine unzureichend ausgebildete Kovariationsvorstellung vermutet (Palha, 2019, S. 2904 ff).

Schließlich stellt das sogenannte *Attribute Isolation Feedback* eine weitere Form externer Rückmeldungen dar, die eingesetzt werden kann, um Lernenden die aktive Übernahme der Verantwortung für ihren Selbst-Assessmentsprozess zu erlauben. Diese Feedbackform beschreibt mathematische Eigenschaften einer Schülerantwort (s. Tabelle 2.2; Shute, 2008, S. 160). Sie wird etwa in der onlinebasierten Diagnoseplattform *STEP* verwendet, welche an der Universität Haifa entwickelt wird. STEP stellt Lernenden offene Aufgaben zum Entdecken mathematischer Inhalte bereit. Diese erfordern die Generierung dreier möglichst verschiedener Beispiele, welche vorgegebene Bedingungen erfüllen (*example eliciting tasks*). Zur Bearbeitung manipulieren Lernende interaktive Darstellungen geometrischer Figuren oder Funktionsgraphen. Haben sie drei Beispiele eingereicht, signalisiert ihnen das Feedback, welche mathematischen Eigenschaften ihre Antworten jeweils erfüllen ohne zu verifizieren, ob damit die Aufgabenbedingungen erfüllt werden. Beispielsweise ist die Abbildung eines Vierecks gegeben, bei dem Lernenende die Eckpunkte per Zugmodus verschieben können. Aufgabe ist es, Vierecke zu konstruieren, deren Mittelsenkrechten sich in einem einzigen Punkt schneiden. Als Feedback werden Merkmale wie „Rechteck" oder „alle Winkel gleich groß" zurückgemeldet (Harel et al., 2020; Olsher, 2019, S. 31 ff). Harel et al. (2020) zeigen durch Fallstudien, wie Lernende ein solches Feedback nutzten, um Hypothesen aufzustellen oder zu prüfen sowie ihre Argumentationen sprachlich stärker auf mathematische Eigenschaften anstelle von geometrischen Formen zu richten. Sie schlussfolgern, dass diese Rückmeldungsform Prozesse des Argumentierens und Begründens unterstützen kann (Harel et al., 2020).

Insgesamt zeigen die in Abschnitt 4.3.2 betrachteten Studien, wie weit das Verständnis von Selbst-Assessments insbesondere beim Einsatz digitaler Medien auseinandergeht. Unter dem Begriff werden viele Techniken mit verschiedensten Feedbacktypen, unterschiedlichen Zielen (z. B. Wiederholung, Hausaufgaben, Testvorbereitung) sowie mit und ohne Hinweisen oder Hilfestellungen während der Aufgabenbearbeitung verbunden. Auffällig ist, dass dabei Methoden überwiegen, bei denen Lernenden durch das digitale Medium externe Rückmeldungen bzgl. ihres Kenntnisstands bereitgestellt werden. Dabei wird oftmals außer Acht gelassen, dass „[z]u einer Selbstdiagnose […] auch eine selbstständige Auswertung (ohne zusätzliche Korrekturarbeiten für den Lehrer [oder die Technologie])" gehört (Leuders, 2003b, S. 320). Ein Forschungsdesiderat kann demnach hinsichtlich des Gebrauchs digitaler Medien für Selbst-Assessments, bei denen Lernende für die Beurteilung und Generierung interner Rückmeldungen sowie die Verwendung der gewonnen diagnostischen Informationen verantwortlich sind, ausgemacht werden. Solche Diagnoseprozesse werden in der vorliegenden Arbeit als formative Selbst-Assessments bezeichnet (s. Abschnitt 2.5). Zwei zentrale Potentiale bzw. Gefahren digitaler Medien zu deren Unterstützung, sollen aufgrund ihrer Relevanz für das im Rahmen dieser Arbeit entwickelte SAFE Tool abschließend betrachtet werden.

4.3.3 Neue Aufgabenformate

Im Rahmen technologiegestützter Assessments überwiegen geschlossene Aufgabenformate, wie Multiple-Choice oder die Eingabe einzelner Zahlenwerte. Dies berichten nicht nur fachübergreifende Metaanalysen zum Einsatz digitaler Medien bei (formativen) Diagnosen (z. B. Maier, 2014, S. 75; Oldfield et al., 2012, S. 7; Stödberg, 2012, S. 601). Auch mathematikspezifische Arbeiten kommen zu diesem Schluss (Dick, 2018, S. 267; Stacey & Wiliam, 2013, S. 729). Die Dominanz geschlossener Aufgabenformate ist durch diverse Vorteile zu erklären, welche mit ihnen in Bezug auf technologiegestütztes Assessment verbunden werden. Zunächst können unterschiedliche Items mit ähnlichen psychometrischen Eigenschaften automatisch generiert und zeit- sowie ortsunabhängig bereitgestellt werden (Stacey & Wiliam, 2013, S. 722). Darüber hinaus ist eine automatisierte Auswertung und die Generierung von Feedback in Echtzeit leicht durch die Technologie zu bewerkstelligen (z. B. Drijvers et al., 2016, S. 13; Oldfield et al., 2012, S. 7).

Allerdings werden insbesondere Aufgaben mit vorgegebenen Antwortmöglichkeiten kritisiert, da sie zum einen durch Strategien gelöst werden können, welche kein mathematisches Verständnis erfordern, z. B. durch Raten oder Erinnern bestimmter Distraktoren. Zum anderen erfassen sie nicht zwingend die gewünschten Kompetenzen, da Lernende durch Rückwärtsarbeiten andere mathematische Handlungen vollziehen könnten, wie in der Aufgabenstellung eigentlich vorgesehen (Sangwin, 2013, S. 3). Hinzu kommt, dass automatisiertes Feedback dadurch limitiert ist, dass es während der Itemkonstruktion festgelegt wird und wenige Möglichkeiten zur Individualisierung bereitstellt (Nicol, 2007, S. 54). Schließlich eignen sich geschlossene Items eher zum Erfassen von „lower-end cognitive skills such as the recall of basic content" (McLaughlin & Yan, 2017, S. 563) oder von prozeduralen Fertigkeiten (Maier, 2014, S. 75). Kritisiert wird, dass komplexe kognitive Prozesse durch solche Aufgabenformate kaum sichtbar werden:

> „A second possible constraint of digital assessment is that learning goals usually include higher order thinking skills such as problem solving, modelling, reasoning, and proving. Within the constraints of current digital assessment environments (limited construction room for students, hardly any options to interpret reasoning or proof), it is not easy to assess these competencies through digital means." (Drijvers et al., 2016, S. 14)

Dick (2018) pointiert dieses Problem: Je mehr Freiheiten Lernenden zur Konstruktion einer Antwort bereitgestellt werden, desto schwerer lässt sich eine Diagnoseaufgabe maschinell evaluieren (Dick, 2018, S. 271).

Ein großes Potential digitaler Medien zur Unterstützung formativer Selbst-Assessments besteht daher darin, neue Aufgabenformate zu ermöglichen und somit komplexere Kompetenzen zu erfassen. Dabei kann der Technologieeinsatz die Präsentation, Bearbeitung und Lösung einer Diagnoseaufgabe sowie die dadurch gewonnen diagnostischen Informationen verändern (Stacey & Wiliam, 2013, S. 726). Aufgabenstellungen und Problemsituationen können durch variablere Mittel dargestellt werden, z. B. durch den Einsatz von Audio-, Videoaufnahmen und Simulationen (Drijvers et al., 2016, S. 12; Maier, 2014, S. 75). Durch die Integration dynamischer, interaktiver oder verlinkter Darstellungen (s. Abschnitt 4.4) sowie die Möglichkeit, Schülerhandlungen schrittweise festzuhalten, werden reichhaltigere Aufgaben ermöglicht, die ein Erfassen von kritischem Denken, Problemlösen oder Strategienutzungen erleichtern (Pellegrino & Quellmalz, 2010, S. 119 f; Stacey & Wiliam, 2013, S. 723). So können digitale Medien etwa Zwischenschritte, Bearbeitungszeiten oder die Anzahl an Versuchen zur Aufgabenlösung festhalten, wodurch der Lösungsprozess stärker fokussiert wird (Pellegrino & Quellmalz, 2010, S. 120). Schließlich führt die größere Bandbreite an Antwortformaten, z. B. per Drag-and-drop oder Verändern interaktiver Darstellungen (s. Abschnitt 4.4.5), zu einem höheren Anteil nicht-verbaler Lösungen, sodass ein „more rounded picture of mathematical literacy" erfassbar wird (Stacey & Wiliam, 2013, S. 723). Auf diese Weise haben Lernende die Chance, ihre mathematischen Vorstellungen durch den Gebrauch unterschiedlicher Modalitäten auszudrücken (Timmis et al., 2016, S. 459).

Folgende Beispiele zeigen neue Aufgabenformate, welche Potentiale digitaler Medien zur Unterstützung von Assessmentprozessen nutzen. Dick (2018) zeigt, wie ein DGS mit integriertem CAS (TI-NSpire CAS) eingesetzt werden kann, um interaktive Diagnoseaufgaben zu erstellen, die gleichzeitig Konstruktionen durch Lernende erlauben und automatisiert evaluierbar sind. Dazu werden mathematische Objekte (Funktionsgraphen oder geometrische Figuren) präsentiert und Lernende aufgefordert, diese so zu manipulieren, dass sie vorgegebene Eigenschaften erfüllen (Dick, 2018, S. 274 ff). Ein ähnliches Aufgabenformat (*example eliciting tasks*) ist auch in der israelischen Assessmentplattform STEP zu finden (s. Abschnitt 4.3.2; Harel et al., 2020). Zudem kann der Einsatz interaktiver Darstellungen in Diagnoseaufgaben eine größere Bandbreite individueller Schülerantworten erlauben. Abbildung 4.3 zeigt ein Beispielitem aus dem australischen „smart test", in dem ein Schieberegler zur Repräsentation prozentualer Größenverhältnisse eingesetzt wird. Im Vergleich zur Papierversion desselben Items (links) lässt die computerbasierte Aufgabe (rechts) eine Vielzahl individueller Antworten zu. Des Weiteren wird eine Aufgabenlösung durch Raten eher verhindert, da diese von den Lernenden zu kon-

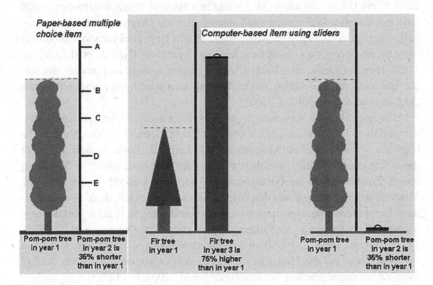

Abbildung 4.3 Beispielitem zur Verwendung interaktiver Darstellungen in digitalen Assessments (smart test; Stacey & Wiliam, 2013, S. 726)

struieren ist (Stacey & Wiliam, 2013, S. 725 f). Schließlich zeigen Bennett et al. (2007) Beispiele für die Verwendung von Simulationen in Assessmentaufgaben. Sie stellen Lernenden eine interaktive Lernumgebung zur Verfügung, in der sie Experimente planen, mithilfe einer Simulation durchführen, Tabellen oder Graphen zur Darstellung der Daten erstellen und schließlich ihre Beobachtungen interpretieren. Auf diese Weise entdecken Lernende Zusammenhänge zwischen Größen, während ihre Problemlöseprozesse erfassbar werden (Pellegrino & Quellmalz, 2010, S. 121 f).

4.3.4 Hyperlinkstruktur

Ein weiteres Potential digitaler Medien zur Unterstützung formativer Selbst-Assessments liegt in der Möglichkeit, Inhalte nichtlinear miteinander zu verknüpfen. Auf diese Weise können Aufgaben oder Informationen in eine *Hyperlinkstruktur* gebracht werden, welche es Lernenden ermöglicht, direkt und flexibel von einem Medium auf unterschiedliche Materialien zuzugreifen. Tergan (2002) bezeichnet Hypertext- und Hypermediasysteme als „durch eine nichtlineare (vernetzte) Repräsentation von Informationseinheiten in der Datenbasis" charakterisiert (Tergan, 2002, S. 99). Der Vorteil solcher Hyperlinks besteht darin, dass Schüler:innen gemäß ihrer individuellen Präferenzen und Lernstrategien auf Diagnose- und Fördermaterialien zugreifen können. „They may select from a large pool of information only those pieces necessary to meet their learning objectives" (Narciss et al., 2007, S. 1127). Hierdurch kann etwa Unterrichtszeit gespart werden, da Lernende nur solche Informationen auswählen können, die zu ihren jeweiligen Lernzielen passen (McLaughlin & Yan, 2017, S. 463).

Allerdings birgt die Verwendung von Hyperlinks auch Gefahren. Zunächst stellen vielfältige Informationsquellen sowie ihre nichtlineare Anordnung zusätzliche kognitive wie metakognitive Anforderungen an Lernende. Diese müssen die Inhalte der verknüpften Informationseinheiten auswählen und miteinander in Beziehung setzen. Zudem besteht die Gefahr, dass sie durch die Vielzahl der zugänglichen Materialien ihre Lernziele aus den Augen verlieren und sich z. B. zu lange mit für ihren Lernprozess ungeeigneten Inhalten auseinandersetzen. Hierfür wird der englischsprachige Terminus „lost in hyperspace" verwendet (Narciss et al., 2007, S. 1127 f; Tergan, 2002, S. 108). Um dem entgegenzuwirken, sollte beim Gebrauch von Hyperlinks auf die Menge der verknüpften Informationen sowie die Anzahl ihrer Verlinkungen geachtet werden (Narciss et al., 2007, S. 1127).

4.4   Potentiale und Gefahren digitaler Medien für die Ausbildung funktionalen Denkens

„Im Unterschied zu traditionellen Medien bringt der Einsatz der digitalen Medien die Möglichkeit des schnellen Erzeugens von Darstellungen, der Dynamisierung und des interaktiven Veränderns dieser Darstellungen. Zudem lassen sich verschiedene Darstellungsformen (fast) gleichzeitig erzeugen und interaktiv miteinander verknüpfen, so dass wechselseitige Abhängigkeiten zwischen ihnen dynamisch erkundet und erlebt werden können." (Schmidt-Thieme & Weigand, 2015, S. 469 f)

Die Potentiale digitaler Medien für das Mathematiklernen im Allgemeinen und die Ausbildung funktionalen Denkens im Speziellen liegen vor allem in ihren Visualisierungsmöglichkeiten. Im Vergleich zu traditionellen Unterrichtsmedien ermöglichen sie neue, veränderbare Darstellungen mathematischer Objekte. Diese bieten Lernenden wiederum neue Handlungsoptionen. Zudem können bestimmte Aktivitäten an die Technologie abgegeben oder durch die Art ihrer Gestaltung gelenkt werden. Inwiefern diese neuen Möglichkeiten digitaler Medien Potentiale für die Ausbildung funktionalen Denkens darstellen und welche Gefahren bei ihrem Einsatz zu beachten sind, wird im Anschluss erörtert. Dabei werden in den Abschnitten 4.4.1–4.4.7 zentrale Argumente für einen Technologieeinsatz im Mathematikunterricht für den Themenbereich Funktionen aufgezeigt.

4.4.1   Entlastung von Routinetätigkeiten

„The off-loading of routine or complex computations on machines [...] has an experience-enriching effect [...]" (Kaput, 1992, S. 533)

Ein Potential digitaler Medien zur Unterstützung funktionalen Denkens besteht darin, dass komplexe oder routinemäßige Rechnungen sowie Konstruktionen an sie abgegeben werden können (z. B. Barzel et al., 2005a, S. 38; Barzel, 2012, S. 32 ff; Kaput, 1992, S. 533). Wertepaare einer Funktion können z. B. automatisch berechnet oder Graphen zu Wertetabellen oder symbolischen Formeln per Knopfdruck gezeichnet, verändert oder wieder gelöscht werden.

Eine solche Auslagerung operativer oder automatisierter Aktivitäten kann deshalb zum Aufbau funktionalen Denkens beitragen, da sie „weitgehend vom Verständnis losgelöst sind, während bedeutungsvolles Lernen mit begrifflichen Aspekten assoziiert wird" (Hefendehl-Hebeker & Rezat, 2015, S. 143). Werden Routinetätigkeiten von digitalen Medien übernommen, rücken zentrale Handlungen wie das Argumentieren, Interpretieren oder Reflektieren der Inhalte stärker in den Fokus (Barzel et al., 2005a, S. 38; Heugl, 2014, S. 9). Dadurch wird Lernenden mehr Zeit und Raum für die Ausbildung angemessener Grundvorstellungen geboten (Schneider, 2002, S. 148). Beim Lösen von Aufgaben kann die Entlastung von Routinetätigkeiten zum einen die Effizienz und Zielgerichtetheit der Lernenden steigern (Haug, 2012, S. 17). Zum anderen werden neue Aufgabenformate ermöglicht, welche entdeckendes Lernen, Modellierungs- oder Problemlöseprozesse unterstützen. Beispielsweise können komplexe Modellierungen unter Einbezug realer Daten betrachtet werden, ohne dass sich Lernende in komplizierten Rechnungen verlieren (Barzel et al., 2005a, S. 38). Ferner verringert sich durch neue Technologien die gesellschaftliche Relevanz, kalkülhafte Algorithmen oder routinierte Zeichnungen durchführen zu können. Im Vergleich wird die Kompetenz zur Reflexion, welche durch den Einsatz digitaler Medien fokussiert wird, relevanter (Hefendehl-Hebeker & Rezat, 2015, S. 144). Zusammenfassend besteht das Potential digitaler Medien durch die Abgabe von Routinetätigkeiten darin, dass verständnisorientiertes Lernen stärker fokussiert wird.

> „Der Einsatz digitaler Medien im Mathematikunterricht führt zu einer Entlastung bei Routinearbeiten und ermöglicht so die Konzentration auf den mathematischen Kern einer Problemstellung." (KMK, 2016b, S. 33)

Häufig wird dieses Potential vor dem Hintergrund der *Cognitive Load Theory* (*CLT*) betrachtet (Chandler & Sweller, 1991, S. 294 ff). Diese geht davon aus, dass jeder Informationsverarbeitungsprozess kognitive Ressourcen im Arbeitsgedächtnis benötigt. Diese sind begrenzt, sodass nur eine bestimmte Menge an neuen Informationen aufgenommen und im Langzeitgedächtnis gespeichert werden kann (van Merrienboer & Sweller, 2005, S. 148 ff; Paas et al., 2003, S. 2; Sweller, 1988, S. 261 ff). Lernprozesse werden daher behindert, wenn die Kapazität des Arbeitsgedächtnisses überstrapaziert wird (de Jong, 2010, S. 106). Beim Lernen ist somit auf die kognitive Belastung (*cognitive load*) von Schüler:innen zu achten. Diese setzt sich aus drei Belastungsarten mit jeweils unterschiedlichen Quellen zusammen:

- *Intrinsische Belastung* (*intrinsic cognitive load*): wird durch die Komplexität bzw. Schwierigkeit des zu erlernenden Inhalts hervorgerufen. Die intrinsische Belastung hängt sowohl vom jeweiligen Content als auch von dem Vorwissen der Lernenden ab. Entscheidend ist die Frage, wie viele (neue) Wissenselemente simultan vom Arbeitsgedächtnis verarbeitet werden müssen. Daher kann diese Belastungsform nicht (ohne das Lernziel zu verändern) beeinflusst oder verringert werden (de Jong, 2010, S. 106; van Merrienboer & Sweller, 2005, S. 150; Paas et al., 2003, S. 1).

- *Extrinsische Belastung (extraneous cognitive load)*: wird durch die Darstellung der Inhalte im Lernmaterial hervorgerufen (de Jong, 2010, S. 106). Durch eine geeignete Gestaltung von z. B. Aufgaben oder (digitalen) Medien kann diese Form der kognitiven Belastung, welche nicht direkt zum Lernprozess beiträgt, minimiert werden (de Jong, 2010, S. 106 ff; van Merrienboer & Sweller, 2005, S. 150 f).

- *Relevante Belastung (germane cognitive load)*: wird durch den Lernprozess selbst hervorgerufen (de Jong, 2010, S. 106). Dabei handelt es sich um die kognitive Belastung, welche nötig ist, damit Lernende Informationen verarbeiten und ins Langzeitgedächtnis aufnehmen können. Auch diese Form der kognitiven Belastung kann durch die äußere Gestaltung von Lernmaterialien beeinflusst werden (van Merrienboer & Sweller, 2005, S. 162; Paas et al., 2003, S. 2).

Werden Routinetätigkeiten, die nicht direkt zur Aufgabenlösung beitragen, durch digitale Medien übernommen, verringert sich die extrinsische zugunsten der relevanten Belastung. So werden im Arbeitsgedächtnis kognitive Ressourcen frei, die zur eigentlichen Aufgabenlösung bzw. zum Entdecken, Argumentieren, Interpretieren und Reflektieren eingesetzt werden können (Walter, 2018, S. 38 ff; Weigand & Weth, 2002, S. 37).

Dennoch birgt die Abgabe von Routinetätigkeiten Gefahren für die Ausbildung funktionalen Denkens. Händische Grundfertigkeiten, wie das Zeichnen von Funktionsgraphen oder das Skalieren von Koordinatenachsen, könnten durch einen übermäßigen Gebrauch neuer Technologien verloren gehen oder gar nicht erst gelernt werden (Barzel et al., 2005a, S. 38; Barzel & Weigand, 2008, S. 7). Huntley et al. (2000) zeigen, dass Schüler:innen mit dem GTR Kompetenzen wie das Umformen symbolischer Funktionsterme weniger effektiv lernten als eine Vergleichsgruppe, die ohne digitale Medien arbeitete (Huntley et al., 2000, S. 328). Allerdings ist zu beachten, dass sich die Schülergruppen nicht nur bzgl. des eingesetzten Mediums, sondern im gesamten Curriculum unterschieden. So wurde die Kontrollgruppe ohne digitale Medien eher klassisch mit einem stärkeren Fokus auf händische Fertigkeiten unterrichtet. In der Experimentalgruppe wurden dagegen vermehrt kontextbasierte Problemsituationen, multiple Darstellungen und kooperative Gruppenarbeiten eingesetzt, um die Ausbildung von konzeptuellem Verständnis zu fördern (Huntley et al., 2000, S. 333; Thurm, 2020b, S. 51 f). Daher verwundert es zunächst nicht, dass die Kontrollgruppe in Bezug auf die getesteten händischen Fertigkeiten besser abschnitt (Huntley et al., 2000, S. 348).

Die Angst über den Verlust solcher Fähigkeiten kann allerdings durch zahl-reiche Forschungsergebnisse abgeschwächt werden. Barzel (2012) stellt in einer Metastudie zum CAS Einsatz im Mathematikunterricht heraus, dass rechnerfreie Kompetenzen mit digitalen Medien erworben werden können (Barzel, 2012, S. 39 ff). Zu einem ähnlichen Ergebnis kommen die Metastudien von Ruthven (1997) und Tall et al. (2008). Sie betonen, dass der Einsatz digitaler Medien zu einem vertief-ten Problemlöse- und Begriffsverständnis führen kann, ohne dass Schüler:innen in Bezug auf händische Routinetätigkeiten schlechter abschneiden als Vergleichsgrup-pen, die ohne technische Hilfsmittel lernen. Zudem wird deutlich, dass im Unterricht der Experimentalgruppen in den betrachteten Studien oftmals weniger Zeit mit dem Training händischer Fertigkeiten verbracht, sondern ein stärkerer Fokus auf die Ausbildung konzeptuellen Verständnisses gelegt wird (Ruthven, 1997, zitiert nach Weigand, 1999, S. 30 f; Tall et al., 2008, S. 249). Daraus resultiert, dass der Ein-satz digitaler Medien in Verbindung mit einem abgestimmten Curriculum großes Potential für die Ausbildung funktionalen Denkens sowie händischer Routinetätig-keiten mit sich bringt. Zu dieser Schlussfolgerung kommt auch Yerushalmy (1991) in einer Untersuchung zur Arbeit von Achtklässler:innen mit einer interaktiven Ler-numgebung, die graphische und symbolische Funktionsdarstellungen verlinkt (s. Abschnitt 4.4.6): „Students did spend considerably less time on learning and dril-ling the techniques of graphing and computing. In comparison to a traditional course, they spent more time observing the multiple representations of functions. However, they did not lack the graphing techniques and knowledge which they needed to solve traditional problems" (Yerushalmy, 1991, S. 55).

Ein Unterricht mit digitalen Medien sollte daher weniger Zeit mit dem Einüben händischer Fertigkeiten verbringen und komplexere Aufgaben einbinden. Da klassi-sche Aufgaben wie Kurvendiskussionen durch den Gebrauch digitaler Medien nicht mehr zur Erreichung der Lernziele beitragen, werden für ein variables und produk-tives Üben neue Formate benötigt. Diese sollen das Entdecken von Strukturen und Mustern, das Argumentieren und Begründen oder das Reflektieren anregen (Barzel et al., 2005a, S. 38; Barzel & Weigand, 2008, S. 7 f).

4.4.2   Schnelle Verfügbarkeit von Darstellungen

Ein weiteres Potential digitaler Medien für die Ausbildung funktionalen Denkens liegt in der schnellen und einfachen Verfügbarkeit von Darstellungen. Dadurch können Lernende Zugang zu verschiedenen Repräsentationsarten einer Funktion erlangen (Ferrara et al., 2006, S. 251). Das sofortige Erstellen führt dazu, dass Schüler:innen vertrauter mit den einzelnen Darstellungsformen werden und diese effizienter und häufiger nutzen können (Peschek & Schneider, 2002, S. 192). Über-wiegt im traditionellen Mathematikunterricht oftmals die Arbeit mit symbolischen Darstellungen, führt der Gebrauch digitaler Medien zu einem ausgewogeneren Ein-satz vielfältiger Darstellungsarten (Dörfler, 1991, S. 70). Darüber hinaus wird Raum für das Erkunden und Untersuchen funktionaler Abhängigkeiten durch die schnelle Verfügbarkeit von Darstellungen geschaffen. Lernende können Beispiele generie-ren sowie Hypothesen aufstellen und überprüfen (Barzel et al., 2005a, S. 40; Bar-zel, 2006, S. 245 f; Haug, 2012, S. 11). Werden etwa zahlreiche Funktionsgraphen erzeugt, sind ihre Eigenschaften leicht miteinander zu vergleichen (Schoenfeld et al., 1993, S. 63). Daher haben digitale Medien das Potential, ein erkundendes und pro-blemlösendes Arbeiten zu unterstützen (Barzel et al., 2005a, S. 40). Durch die schnelle Verfügbarkeit wird sichergestellt, dass das eigentliche Aufgabenziel nicht außer Acht gelassen wird (Barzel & Weigand, 2008, S. 5). Zudem kann die Interpre-tation von und die Kommunikation über Repräsentationen stärker fokussiert werden (Peschek & Schneider, 2002, S. 192).

Zentral für die Ausbildung funktionalen Denkens ist zudem das Argument, dass Lernende aufgrund der schnellen Verfügbarkeit von Darstellungen Grundvorstel-lungen zu Funktionen ausbilden können (s. Abschnitt 3.3). Yerushalmy (1991) betont in Bezug auf den Mehrwert von Funktionsplottern: „exposing the learner to many graphs will catalyze their ability to conceive of the graph as an entity in itself" (Yerushalmy, 1991, S. 45). Das bedeutet, dass ein schnelles Erzeugen viel-facher graphischer Funktionsdarstellungen die Ausbildung der Objektvorstellung fördern kann. Auch die Entwicklung der Kovariationsvorstellung kann durch die schnelle Verfügbarkeit von Funktionsrepräsentationen durch digitale Medien unter-stützt werden. Confrey und Smith (1994) beschreiben etwa wie Schüler:innen durch das schnelle Erstellen und Erkunden von Wertetabellen in einem Tabellenkalkulati-onsprogramm die Kovariation der Größen funktionaler Zusammenhänge entdecken können (Thurm, 2020b, S. 22):

> „The ready access that the software provides for students to create and explore various patterns in tables broadens the opportunities for them to develop a rich covariational concept of function that would be much more time-consuming and difficult with paper and pencil." (Confrey & Smith, 1994, S. 57)

Obwohl die Darstellungsvielfalt und Geschwindigkeit digitaler Medien demnach viel Potential für die Ausbildung funktionalen Denkens mit sich bringt, geht sie mit einer Unübersichtlichkeit einher, welche sich ebenso als hinderlich für Lernende erweisen kann. Arbeiten sie unreflektiert und unsystematisch, kann die Beliebigkeit und Quantität erzeugter Darstellungen überfordernd wirken (Barzel et al., 2005a,

S. 40). Weigand (1999) beobachtet etwa in einer Studie, dass Schüler:innen der elften Jahrgangsstufe im Unterricht durch die Möglichkeit des schnellen Generierens graphischer Funktionsdarstellungen mit CAS dazu verleitet wurden, vielzählige neue Graphen zu erzeugen. Diese wurden aber nicht reflektiert, weshalb er kritisiert:

> „[…] dass Lernende am Computer nicht die Ruhe und Muße aufbringen, Bildschirm-
> darstellungen zu lesen, zu interpretieren und darüber zu reflektieren. Darstellungen
> werden oft nur optisch als Bilder wahrgenommen, aber nicht als Darstellungen mathe-
> matischer Objekte hinterfragt." (Weigand, 1999, S. 47)

Zudem besteht die Gefahr, dass Lernende digitale Medien als neue Autorität wahr-nehmen. Verstehen sie nicht, wie der Computer die Repräsentationen generiert und erleben die Maschine als reine Black Box, so wird der produzierte Output nicht hin-terfragt oder validiert. Leinhardt et al. (1990) bezeichnen dies als „magic effect", den digitale Medien auf Schüler:innen ausüben, wenn diese sich zu sehr auf die Techno-logie verlassen (Leinhardt et al., 1990, S. 7). Dieser Effekt führt dazu, dass Lernende alles als richtig hinnehmen, was auf dem Bildschirm angezeigt wird. Dabei werden die Grenzen der Technologie, beispielsweise Rundungsfehler, die Beschränkung eines Bildschirmausschnitts oder die Pixelgenauigkeit einer Bildschirmauflösung, missachtet (Barzel & Weigand, 2008, S. 8). Lambert (2005) lässt z. B. Lernende einer siebten Klasse, welche noch nicht mit quadratischen Funktionen vertraut sind, Parabeln auf einem GTR plotten und anschließend auf Papier nachzeichnen. Er beobachtet, dass einige Schüler:innen treppenartige Bilder der Parabeln zeichne-ten. Ohne eine angemessene Reflexion der erzeugten Darstellungen können sich demnach Fehlvorstellungen bzgl. der Form von Graphen ausbilden (Lambert, 2005, S. 260 f). Auch Cavanagh und Mitchelmore (2000) identifizieren die Tendenz „to accept whatever was displayed in the initial window without question" als eine von drei typischen Fehlvorstellungen von Zehnt- und Elftklässler:innen, die Graphen von linearen und quadratischen Funktionen auf einem GTR-Bildschirm interpre-tieren sollten (Cavanagh & Mitchelmore, 2000, S. 118). Die Lernenden bezogen sich ohne kritische Überlegungen ausschließlich auf die visuellen Darstellungen und setzten diese nicht mit den eingegebenen, symbolischen Funktionstermen in Verbindung (Cavanagh & Mitchelmore, 2000, S. 117 f).

Um diesen Gefahren entgegen zu wirken, müssen Funktionsrepräsentationen, welche von digitalen Medien erzeugt werden, stets kritisch hinterfragt und validiert werden. Zudem ist ein systematisches Arbeiten einzuüben, damit sich Lernende nicht in einem Chaos wahllos generierter Darstellungen verlieren. Vielmehr sol-len sie lernen, eine Repräsentation gezielt als „Werkzeug des Denkens" zu nutzen (Barzel et al., 2005a, S. 39).

4.4.3   Simultane Anzeige multipler Darstellungen

Obwohl der Einsatz multipler Repräsentationen (*multiple external representations: MERs*) durchaus auch in analogen Medien verbreitet ist, wird er aufgrund der zuvor betrachteten Geschwindigkeit der Darstellungsgenerierung häufig mit digitalen Medien in Verbindung gebracht. Dabei spricht man von einer *multiplen Darstellung*, „wenn Repräsentationen gemeinsam dargestellt werden, die zwar das gleiche Bezugsobjekt besitzen, dabei aber entweder aus verschiedenen Repräsentationssystemen stammen oder unterschiedliche Eigenschaften des Objekts darstellen" (s. Abschnitt 3.6; Bauer, 2015, S. 34). Das bedeutet, dass mehr als eine Darstellung desselben (mathematischen) Objekts simultan sichtbar ist. Beispielsweise sind gleichzeitig eine Wertetabelle und ein Graph derselben Funktion angezeigt. Tritt dagegen eine einzelne Funktionsdarstellung auf, so bezeichnet man sie als *isoliert* (Bauer, 2015, S. 31 f).

Das Potential, welches MERs für die Ausbildung funktionalen Denkens haben, rührt zum einen daher, dass sie es ermöglichen ein und dieselbe Funktion in ihren unterschiedlichen „mathematical manifestations" zu untersuchen (Schoenfeld et al., 1993, S. 63). Die Lernenden generieren neues Wissen über das repräsentierte Objekt, indem sie Verbindungen zwischen den einzelnen Darstellungen konstruieren (van Someren et al., 1998, S. 3). „Auf diese Weise kann verhindert werden, dass inhaltliche Konzepte nur auf der Basis einer bestimmten Darstellungsform verstanden werden" (Vogel, 2006, S. 65). Lernende können etwa erfassen, dass eine Funktion nicht mit ihren Darstellungen gleichzusetzen ist, deren Eigenschaften fokussieren und das dahinterliegende mathematische Konzept durchdringen (Dienes, 1973, zitiert nach Ainsworth, 2006, S. 187; Sierpinska, 1992, S. 49). Dies kann auch gelingen, wenn multiple Repräsentationen einer Darstellungsart betrachtet werden. Beispielsweise könnten Lernende bei der Untersuchung multipler, graphischer Darstellungen einer Funktion, welche sich in ihren Skalierungen der Koordinatenachsen unterscheiden, die mathematischen Eigenschaften der Funktion (z. B. Schnittpunkte mit den Koordinatenachsen) erkunden und diese von visuellen Eigenschaften der Graphen (z. B. Steigungswinkel) abgrenzen (Yerushalmy, 1991, S. 45). Zum anderen werden MERs eingesetzt, um Darstellungswechsel anzuregen. Hierdurch werden Schüler:innen befähigt, Probleme schneller und effizienter zu lösen, indem sie lernen, ihr Wissen in eine zur Problemlösung geeignete Repräsentation zu übersetzen (van Someren et al., 1998, S. 3). Zudem ist die Fähigkeit zur Übersetzung zwischen verschiedenen Funktionsrepräsentationen nicht nur bei der Anwendung, sondern auch bei der Ausbildung funktionalen Denkens zentral (s. Abschnitt 3.7).

Ainsworth (1999) unterscheidet drei Rollen, die MERs im Lernprozess übernehmen können. Zunächst können sich multiple Darstellungen gegenseitig ergänzen (*complementary role*). Jede Funktionsrepräsentation beleuchtet lediglich bestimmte Aspekte oder Eigenschaften der Funktion, kann diese jedoch nie ganzheitlich darstellen (s. Abschnitt 3.6). Lernende können daher davon profitieren, dass sich mehrere Darstellungen gegenseitig komplementieren (Gagatsis & Shiakalli, 2004, S. 648). So wird verhindert, dass sie durch die Vor- und Nachteile einer isolierten Darstellung beschränkt werden (Rolfes, 2018, S. 123). Die einzelnen Repräsentationen können sich dabei hinsichtlich ihres Informationsgehalts sowie der durch sie angeregten Handlungen unterscheiden (Ainsworth, 1999, S. 135). Darüber hinaus können MERs genutzt werden, um die Fehlinterpretation einer Darstellung zu vermeiden (*constraint interpretation*). Hierfür wird meist eine (oder mehrere) bekannte Darstellung(en) verwendet, um die Interpretation einer komplexen Repräsentation zu erleichtern (Ainsworth, 1999, S. 139). Schließlich kann der Einsatz von MERs zu einem tieferen Verständnis eines Sachverhalts führen (*construct deeper understanding*). Kaput (1989) betont den Verständnisaufbau durch das Konstruieren von Verbindungen zwischen mehreren Darstellungen:

> „[…] the cognitive linking of representations creates a whole that is more than the sum of its parts […]. It enables us to ‚see' complex ideas in a new way and apply them more effectively." (Kaput, 1989, S. 179)

Dass das Lernen mit multiplen im Vergleich zu isolierten Darstellungen zu einem höheren Lernzuwachs beim funktionalen Denken führt, zeigt Rolfes (2018) in einer Interventionsstudie mit 331 Siebtklässler:innen. Während je zwei Experimentalgruppen neben der Verwendung situativer Funktionsbeschreibungen ausschließlich mit Tabellen oder Graphen arbeiteten, wurde eine dritte Schülergruppe sowohl mit numerischen als auch graphischen Repräsentationen unterrichtet. Ein Lernzuwachs der dritten Schülergruppe kann insbesondere von Zwischen- zu Nachtest festgestellt werden (Rolfes, 2018, S. 161). Hinsichtlich des Lerngegenstands unterscheidet Rolfes (2017) zwei Arten des funktionalen Denkens: *Qualitatives funktionales Denken* wird „dadurch gekennzeichnet, dass die Lösung einer Aufgabe anhand der Form des Graphen ermittelt werden kann" (Rolfes, 2018, S. 69). Dies umfasst z. B. die Fähigkeit zur Einschätzung, in welchem Intervall eine abschnittsweise linear verlaufende Funktion die größte Zunahme verzeichnet (Rolfes, 2018, S. 161). Dagegen muss beim *quantitativem funktionalen Denken* mit konkreten Funktionswerten operiert werden (Rolfes, 2018, S. 67). Die Studie zeigt, dass für die Ausbildung qualitativen funktionalen Denkens ein Lernen mit multiplen Darstellungen effektiver ist. Für quantitatives funktionales Denken werden dagegen keine Unterschiede hinsichtlich der Lerneffizienz für das Nutzen multipler im Vergleich zu graphischen Darstellungen gefunden (Rolfes, 2018, S. 159). Obwohl die Ergebnisse darauf hindeuten, dass funktionales Denken eher am Graphen als an Tabellen ausgebildet werden kann, scheint eine Kombination multipler Repräsentationsarten das Lernen am stärksten zu unterstützen (Rolfes, 2018, S. 162).

Obwohl der Einsatz multipler Darstellungen einen positiven Einfluss auf die Ausbildung funktionalen Denkens zu haben scheint, zeigen zahlreiche Studien auch eine negative Wirkung von MERs auf Lernprozesse (Ainsworth, 2006, S. 187). Beispielsweise konnten in einer Untersuchung von Ainsworth et al. (2002) Fünftkläss-ler:innen, die sowohl mit einer bildhaften als auch einer numerischen Darstellung lernten, die Genauigkeit der gerundeten Ergebnisse von Multiplikationsaufgaben schlechter einschätzen als Lernende, die nur mit der einen oder anderen Repräsentationsform arbeiteten (Ainsworth et al., 2002, S. 46). Des Weiteren stellen Boers und Jones (1994) fest, dass Erstsemesterstudierende nicht dazu in der Lage oder nicht dazu bereit waren, algebraische und graphische Informationen beim Nutzen des GTRs zur Lösung traditioneller Prüfungsaufgaben aufeinander zu beziehen (Boers & Jones, 1994, S. 515). Als Grund für den wenig erfolgreichen Werkzeugeinsatz nennen die Autoren fehlende Kompetenzen der Studierenden im Umgang mit MERs:

> „The capacity of the students to deal simultaneously with graphical and algebraic information from two independent sources, seemed to be the main obstacle for effective use." (Boers & Jones, 1994, S. 491)

Eine mögliche Gefahr beim Einsatz von MERs besteht demnach darin, dass Lernende lediglich eine der gegebenen Darstellungen nutzen und keine Verbindungen zwischen den einzelnen Repräsentationen herstellen (Ainsworth et al., 2002, S. 56; Seufert, 2003, S. 228). Um erfolgreich mit multiplen Darstellungen zu lernen, müssen sie aber die Relation zwischen den Repräsentationen erkennen sowie übereinstimmende Informationen in den verschiedenen Darstellungsformen aufeinander beziehen (Seufert et al., 2007, S. 1057).

> „Learners must interconnect the external representations and actively construct a coherent mental representation in order to benefit from [...] multiple representations." (Seufert, 2003, S. 228)

Dies erfordert nicht nur vielfältige kognitive, sondern auch metakognitive Fähigkeiten (s. Abschnitt 2.4.1). Insbesondere schwächere Schüler:innen zeigen daher Schwierigkeiten im Umgang mit multiplen Darstellungen (Seufert, 2003, S. 228 f).

Aus Sicht der Cognitive Load Theory (s. Abschnitt 4.4.1) wird angenommen, dass der Umgang mit MERs die extrinsische Belastung erhöht (Sweller et al., 1998, S. 263). Lernende müssen zwischen den Repräsentationsformen hin und her wechseln und dabei die Elemente ausfindig machen, die eine Information der anderen Darstellung widerspiegeln. Dabei kann der sogenannte *split attention effect* dafür sorgen, dass die ursprünglich fokussierte Information vergessen wird und nicht mehr im Arbeitsgedächtnis verfügbar ist (Seufert et al., 2007, S. 1059; Sweller et al., 1998, S. 277 ff). Dass besonders schwache Schüler:innen vom Einsatz multipler Darstellungen überfordert sein können, begründen Seufert et al. (2007) mit ihrem geringeren Vorwissen. Dadurch sei für sie die intrinsische Belastung bei der Arbeit mit MERs höher, etwa wenn sie nicht wissen, wie man Informationen aus einem Graphen abliest (Seufert et al., 2007, S. 1058).

Um Lernende beim Herstellen von Verbindungen zwischen einzelnen Darstellungen einer MER zu unterstützen, können Repräsentationen mithilfe digitaler Medien dynamisch miteinander verknüpft (s. Abschnitt 4.4.6) oder korrespondierende Elemente durch visuelle Fokussierungshilfen (s. Abschnitt 4.4.7) hervorgehoben werden (Seufert, 2003, S. 229).

4.4.4   Dynamisierung

„But the big revolution in teaching mathematics with technologies was the introduction of dynamicity in software: A dynamic way to control and master the virtual objects on the computer let the student explore many situations and notice what changes and what does not. And the mathematics of change is the first step on the road to calculus." (Ferrara et al., 2006, S. 257)

Ohne eine Digitalisierung können mathematische Objekte oder Situationen oftmals nur *statisch* dargestellt werden. Statische Repräsentationen werden dadurch charakterisiert, dass sie über einen fixierten Zustand verfügen. Veränderungen müssen stets vom Betrachter in die Darstellung hineingesehen werden (Kaput, 1992, S. 525).

Dahingegen liegt eine *dynamische Darstellung* vor, „wenn sich eine gezeigte Repräsentation während der Betrachtung verändert oder verändern lässt" (Bauer, 2015, S. 38). In dieser Definition wird ersichtlich, dass oftmals auch dann von einer dynamischen Darstellung gesprochen wird, wenn sich diese vom Nutzer manipulieren lässt. Im Gegensatz dazu unterscheidet Rolfes (2018) zwischen *linear-dynamischen Darstellungen*, wie z. B. Videos, bei denen eine Bildveränderung in festgelegter Reihenfolge verläuft, und *interaktiv-dynamischen Darstellungen*. Letztere können durch die Betrachter:innen verändert werden (Rolfes, 2018, S. 14 f). Da solche Handlungsmöglichkeiten nicht nur andere Konsequenzen für das Design digitaler Medien mit sich bringen, sondern auch mit bestimmten Potentialen und Gefahren für die Ausbildung funktionalen Denkens einhergehen, wird in dieser

Arbeit eine ähnliche Unterscheidung zwischen *dynamischen* und *interaktiven Darstellungen* (s. Abschnitt 4.4.5) vorgenommen. Charakteristisch für die in diesem Abschnitt betrachteten dynamischen Darstellungen ist, dass sie als Funktion der Zeit variieren. Dadurch wird die Zeit zu einer informationstragenden Dimension (Kaput, 1992, S. 525). Dynamische Repräsentationen verfügen über festgelegte Anfangssowie Zielzustände und gehen stets mit einem sequentiellen Informationszugriff einher (Kerres, 2002, S. 23). Im Gegensatz zu interaktiven Darstellungen (s. Abschnitt 4.4.5) können Lernende allerdings nur in geringem Maße, etwa durch das Starten, Anhalten, Zurückspulen und ggf. das Verringern oder Beschleunigen der Betrachtungsgeschwindigkeit, Einfluss auf den Verlauf des dargestellten Prozesses nehmen oder die Reihenfolge der Informationsaufnahme anpassen (Haug, 2012, S. 29). Im Wesentlichen ist die Sequenz der Informationsdarbietung demnach festgelegt.

Eine Dynamisierung von Darstellungen ermöglicht es zum einen, Invarianzen einfacher zu erkennen und zum anderen Veränderungsprozesse zu externalisieren. Für das funktionale Denken ist entscheidend, dass Lernende Beständigkeiten zwischen verschiedenen Repräsentationen einer Funktion erkennen, um etwa deren Eigenschaften zu identifizieren. Dazu ist die Betrachtung von Veränderungen der Funktionsdarstellungen notwendig. Dies wird durch dynamische Repräsentationen vereinfacht, da Variationen leicht erreicht werden. Darüber hinaus muss der eigentliche Veränderungsprozess nicht rein mental ablaufen, sondern wird direkt kontinuierlich beobachtbar. Ist z. B. die Verschiebung eines Funktionsgraphen von Interesse, kann diese mit all ihren Zwischenschritten als kontinuierlicher Prozess verfolgt werden (Kaput, 1992, S. 525 f). Dagegen sind beim Arbeiten mit statischen Medien etwa nur der Ausgangs- und Zielzustand des Graphen als Bildfolge verfügbar (Thurm, 2020b, S. 19). Krüger (2002) schlussfolgert, dass das Arbeiten mit statischen Medien „geistige Flexibilität [be]nötig[t], um sich stetig veränderliche Figuren vorstellen zu können" (Krüger, 2002, S. 126). Bei dynamischen Darstellungen ist diese Flexibilität nicht gefordert, da kontinuierliche Veränderungen extern beobachtbar sind.

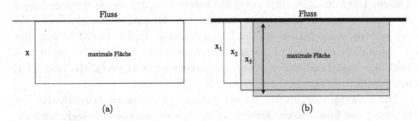

Abbildung 4.4 (a) Statische Darstellung des Zaunproblems; (b) Andeutung einer dynamischen Repräsentation desselben Problems (in Anlehnung an Kaput, 1987, S.191)

Das Externalisieren von Veränderungsprozessen durch dynamische Darstellungen hat zudem das Potential, Variablenverständnis sowie die Ausbildung dynamischer Funktionsvorstellungen zu fördern. Kaput (1987) erläutert, dass es die meisten Schüler:innen verpassen die Veränderlichkeit einer Variablen anhand statischer Darstellungen zu erfassen. Hier dient das im Mathematikunterricht häufig verwendete Zaunproblem als Beispiel. Darin soll eine rechteckige Fläche so eingegrenzt werden, dass ihr Flächeninhalt maximal wird, wobei eine Seite bereits durch einen Fluss markiert und die Gesamtlänge des Zauns bekannt ist. Betrachten Lernende eine statische Skizze der Problemsituation, in der die unbekannte Seitenlänge durch die Variable x bezeichnet wird (s. Abbildung 4.4(a)), sehen sie lediglich eine mögliche Fläche (Kaput, 1987, S. 191 f). Die Fixiertheit der Darstellung und ein fehlendes Variablenverständnis können bei solchen Situationen dazu führen, dass Lernende *Variablen* allein in ihrer Rolle als *Platzhalter* für eine bestimmte Zahl oder als *Unbekannte* in der Problemsituation, nicht aber als *Veränderliche* wahrnehmen (Drijvers, 2003, S. 66). Wird dieselbe Situation dynamisch dargestellt, kann die Variabilität der Streckenlänge x direkt beobachtet werden (s. Abbildung 4.4(b)), was das Variablenverständnis fördern kann (Kaput, 1987, S. 191 f; Kaput, 1992, S. 526). Auf diese Weise kann auch die Untersuchung funktionaler Abhängigkeiten erleichtert werden (Krüger, 2002, S. 126). Fokussieren Lernende beispielsweise die Veränderung der Zaunlänge, kann gleichzeitig die davon abhängige Variation der Weidenfläche erkundet werden. Daher ist insbesondere eine Förderung der Kovariationsvorstellung durch dynamische Darstellungen möglich (Doorman et al., 2012, S. 1249).

Darüber hinaus ist bei der Betrachtung von Potentialen durch die Dynamisierung von Relevanz, dass externe Darstellungen die Ausbildung interner Vorstellungen beeinflussen (s. Abschnitt 3.6.1). Hiebert und Carpenter (1992) formulieren dazu: „[…] the form of an external representation […] with which a student interacts makes a difference in the way the student represents the quantity or relationship internally" (Hiebert & Carpenter, 1992, S. 66). Das bedeutet, dass die Auseinandersetzung mit dynamischen (externen) Funktionsrepräsentationen dazu führen kann, dass Lernende auch mental dynamische Vorstellungen von Funktionen entwickeln. Das heißt, sie werden durch das Arbeiten mit dynamischen Darstellungen eher dazu befähigt, Bewegungen in statische Abbildungen hineinzusehen und dabei das Veränderungsverhalten der Größen zu erfassen. Nach Roth (2005) wird also das *bewegliche Denken* der Lernenden gefördert (Roth, 2005, S. 120), welches als Teilkomponente funktionalen Denkens angesehen werden kann (s. Abschnitt 3.3.1; Roth, 2005, S. 73 f).

Die bisherigen Argumente für das Potential dynamischer Darstellungen zur Unterstützung funktionalen Denkens werden aus kognitionspsychologischer Sicht durch verschiedene Rollen begründet, welche sie im Lernprozess erfüllen können.

Schnotz (2002) argumentiert, dass dynamische Repräsentationen dann lernförderlich sind, wenn sie kognitive Aktivitäten anregen oder unterstützen, und unterscheidet daher folgende Funktionen (Schnotz, 2002, S. 1 ff):

- *Ermöglichungsfunktion (enabling function)*: Eine dynamische Darstellung enthält im Gegensatz zu einer vergleichsweisen statischen Repräsentation zusätzliche Informationen. Diese können kognitive Verarbeitungsprozesse ermöglichen, welche ohne die dynamische Visualisierung nicht denkbar wären. Beispielsweise kann die Variabilität der Seitenlänge x im Zaunproblem anhand der dynamischen Darstellung (s. Abbildung 4.4(b)) entdeckt werden, was ohne ein Verständnis von Variablen als Veränderliche in der statischen Repräsentation (s. Abbildung 4.4(a)) nicht möglich wäre.

- *Erleichterungsfunktion (facilitating function)*: Durch die Externalisierung von Veränderungsprozessen, welche bei statischen Darstellungen mental ablaufen müssen, kann die kognitive Belastung der Lernenden reduziert werden. Hierdurch können zuvor komplexe kognitive Prozesse vereinfacht werden.

Auch Rolfes (2018) vermutet, dass dynamische Darstellungen dann einen Mehrwert für die Ausbildung funktionalen Denkens mit sich bringen, wenn sie eine Ermöglichungs- oder Erleichterungsfunktion erfüllen. Das ist insbesondere denkbar, wenn Aufgaben die mentale Simulation dynamischer Prozesse erfordern (Rolfes, 2018, S. 210). Müssen sich Lernende etwa die Bewegung eines Punkts in einer geometrischen Figur vorstellen, um die funktionale Abhängigkeit dadurch variierender Größen zu untersuchen, können digitale Medien durch ihre Dynamisierung unterstützend wirken. In einer Studie mit 157 Schüler:innen der Jahrgangsstufen acht und neun weist Rolfes (2018) für solche Aufgabentypen einen signifikanten Vorteil dynamischer im Vergleich zu statischen Darstellungen bzgl. ihrer Lerneffizienz für funktionales Denken nach (Rolfes, 2018, S. 208). In Bezug auf Lernprozesse im Allgemeinen vergleichen Höeffler und Leutner (2007) in einer Metastudie paarweise 76 Interventionen, in denen entweder mit dynamischen oder statischen Darstellungen gelernt wird. Insgesamt zeigt sich ein Vorteil dynamischer Repräsentationen mit einer mittleren Effektstärke von $d = 0.37$ (Höffer & Leutner, 2007, S. 726 f).

Nichtsdestotrotz kann der Einsatz dynamischer Darstellungen auch eine Gefahr für die Ausbildung funktionalen Denkens bedeuten. Bei der Ermöglichungsfunktion ist zu beachten, dass sie mit einer größeren extrinsischen Belastung einhergehen, da im Vergleich zu einer statischen Darstellung neue kognitive Prozesse angeregt werden. Zahlreiche visuelle Informationen müssen gleichzeitig im Arbeitsgedächtnis gespeichert werden, während neue Wissenselemente erscheinen und sich bereits Vorhandene verändern oder verschwinden (Höffer & Leutner, 2011, S. 210). Eine

Schwierigkeit, welche sich durch die Dynamisierung von Repräsentationen ergibt, besteht demnach in ihrer Flüchtigkeit. Die Informationen einer dynamischen Darstellung sind nicht permanent sichtbar, sondern nur vorübergehend für die Lernenden präsent (Höffer & Leutner, 2011, S. 209). Daher wird womöglich mehr Lernzeit oder Vorwissen benötigt, um hinzukommende Informationen aus der dynamischen Repräsentation verarbeiten zu können (Schnotz, 2002, S. 3). Spanjers et al. (2010) schlagen eine Segmentierung dynamischer Darstellungen zur Entlastung der kognitiven Belastung vor. Wird eine Animation stückweise wiedergegeben, z. B. indem sie vom Lernenden gestoppt und gestartet werden kann, könnte der negative Effekt einer Dynamisierung auf die extrinsische Belastung reduziert werden. Durch derart integrierte Pausen bei der Betrachtung haben Lernende mehr Zeit, Informationen aus der Repräsentation zu verarbeiten und einzelne Wissenselemente miteinander in Beziehung zu setzen (Spanjers et al., 2010, S. 415). Auf diese Weise können dynamische Darstellungen „entschleunigt" und Reflexionsprozesse angeregt werden (Barzel et al., 2005a, S. 39).

Bei der Erleichterungsfunktion muss dagegen sichergestellt werden, dass die Lernenden kognitiv aktiviert bleiben. Ist das Unterstützungsangebot durch die dynamische Visualisierung für sie unnötig, da ein Veränderungsprozess bereits mental ausgeführt werden kann, tritt womöglich ein *Hemmungseffekt* (*inhibiting effect*) auf, weil ihre relevante Belastung reduziert wird (s. Abschnitt 4.4.1; Schnotz & Rasch, 2005, S. 53). Dies kann zu einer oberflächlichen Verarbeitung der präsentierten Informationen führen (Betrancourt, 2005, S. 293). Zudem kann die Externalisierung von Veränderungen bewirken, dass Lernende zu passiv im Lernprozess sind, da sie sich dynamische Prozesse nicht mehr selbst vorstellen müssen. Um Lernende bei der Arbeit mit dynamischen Darstellungen kognitiv zu aktivieren, können sie z. B. dazu aufgefordert werden, Vorhersagen über Veränderungsprozesse zu treffen, die erst anschließend mithilfe der Repräsentation überprüft werden (Roth, 2005, S. 129).

4.4.5 Interaktivität

> „[Digital media enable] not simply to display representations but especially to allow for *actions* on those representations." (Ferrara et al., 2006, S. 242, Hervorhebung im Original)

Die durch digitale Medien ermöglichte Interaktivität birgt ein weiteres großes Potential zur Ausbildung funktionalen Denkens. Wie im Zitat von Ferrara et al. (2006) verdeutlicht, sind Lernende durch sie in der Lage, (dynamische) Funktionsdarstellungen nicht nur zu betrachten, sondern diese auch direkt zu manipulieren. Daher kann eine *interaktive Darstellung* dadurch charakterisiert werden, dass sie in Folge einer Handlung des Nutzers eine gewisse Reaktion zur Veränderung der Repräsentation (*system response*) beinhaltet. Sie fügt abhängig von der Nutzeraktivität neue Informationen zur Darstellung hinzu, auf die Betrachter dann wieder reagieren müssen. Das bedeutet, es findet eine Interaktion zwischen Nutzer:in und Repräsentation statt. So kann die eigene Informationsaufnahme durch Eingriffs- und Steuermöglichkeiten sequenziert und individuell festlegt werden (Vogel, 2006, S. 67). Dies ist bei einer dynamischen Darstellung, bei der die Sequenz der Informationsaufnahme vor der Betrachtung festgelegt ist, nicht möglich (s. Abschnitt 4.4.4). Dieses Begriffsverständnis interaktiver Darstellungen entspricht weitestgehend dem in der englischsprachigen Literatur gebrauchten Terminus *virtual manipulatives*[2] (Moyer-Packenham & Bolyard, 2016). Im Gegensatz dazu kann eine *inerte Darstellung* den Input der Nutzer lediglich anzeigen, wobei sich Zustand bzw. Informationsgehalt der Repräsentation nicht verändert (Kaput, 1992, S. 526).

Entscheidend für die Arbeit mit interaktiven Darstellungen zur Ausbildung funktionalen Denkens ist die Möglichkeit, Funktionsrepräsentationen individuell zu variieren. Hegedus und Moreno-Armella (2014) unterscheiden zwei Grade an Interaktivität, welche die Möglichkeiten der Lernenden zur Veränderung einer Repräsentation charakterisieren. Wird eine Darstellung allmählich, etwa durch die Eingabe einzelner Werte in ein Tabellenkalkulationsprogramm, abgewandelt, spricht man von einer *diskreten Interaktivität*. Dagegen können mathematische Objekte auch *kontinuierlich*, z. B. über den Zugmodus, verändert werden (Hegedus & Moreno-Armella, 2014, S. 296). Ganz gleich ob Lernende Darstellungen durch die Eingabe von Variablenwerten oder das Bewegen von Graphen variieren, treten sie in besonderer Weise mit der Technologie in einen Dialog. Ball und Barzel (2018), die drei Arten der Kommunikation beim Lernen mit digitalen Medien unterscheiden, bezeichnen diese Interaktionsweise als „communication *with* technology" (Ball & Barzel, 2018, S. 233; Hervorhebung im Original).

Zentral ist dabei vor allem die Unmittelbarkeit der Rückmeldung über die Auswirkung einer Schülerhandlung durch das digitale Medium (*direct manipulation feedback*; s. Abschnitt 4.3.2; Hoffkamp, 2011, S. 36). Diese Gleichzeitigkeit zwischen Aktion und Feedback ermöglicht Lernenden ein aktiv reflektierendes Arbeiten (Vollrath & Roth, 2012, S. 169). Eigene Hypothesen können aufgestellt und sofort getestet sowie ggf. korrigiert werden (Vollrath & Roth, 2012, S. 162). Ferner kön-

---

[2] Unter einem *virtual manipulative* versteht man: „an interactive, technology-enabled visual representation of a dynamic mathematical object, including all of the programmable features that allow it to be manipulated, that presents opportunities for constructing mathematical knowledge" (Moyer-Packenham & Bolyard, 2016, S. 3).

nen Lernende funktionale Beziehungen dadurch leicht untersuchen (Zbiek et al., 2007, S. 1174). Moyer-Packenham und Bolyard (2016) merken in Bezug auf „virtual manipulatives" dazu an, dass sie zum einen unterstützend bei der Strukturierung interner Repräsentationen wirken und diese zum anderen sichtbar machen können, was die Untersuchung eigener Hypothesen vereinfacht:

> „The dynamic movements of the visual representations and observation of the resulting outcomes support the structuring of the user's internal representation of the mathematics under study; likewise, the same movements and outcome observations can represent the user's current mathematical thinking, allowing the user to test and refine ideas." (Moyer-Packenham & Bolyard, 2016, S. 8)

Schließlich ist entscheidend, dass die Rückmeldung durch das digitale Medium und damit auch Fehler in gewissem Maße ohne negative Konsequenz bleiben. „Nicht die Interaktivität an sich, sondern die Anonymität und Sanktionsfreiheit bei der Interaktion mit Programmen spielt also eine ganz wesentliche Rolle für die Lernmotivation der Lernenden" (Schulmeister, 2001, S. 325, zitiert nach; Fest & Hoffkamp, 2013, S. 182).

Darüber hinaus stellt Interaktivität aus Sichtweise der *Embodied Cognition* ein großes Potential für das Mathematiklernen dar. Unter dieser theoretischen Perspektive wird angenommen, dass Erkenntnisse nicht nur mental gewonnen werden. Vielmehr basieren sie auf Handlungserfahrungen von Lernenden mit ihrer physikalischen und sozialen Umwelt (Drijvers, 2019, S. 11). Demnach kann das Verstehen funktionaler Abhängigkeiten davon abhängen, inwiefern Lernenden Handlungen auf gegebenen Funktionsrepräsentationen ermöglicht werden: „Simply put, cognition is shaped by the possibilities and limitations of the human body" (Alibali & Nathan, 2012, S. 250). Insbesondere neuere technische Entwicklungen können das Ausbilden funktionalen Denkens so unterstützen. War es bis vor Kurzem etwa nur möglich interaktive Funktionsdarstellungen über Tastatureingaben oder Mausbewegungen zu verändern, bieten z. B. Touchscreens neue Chancen, um sensomotorische Handlungen auf den Darstellungen auszuüben (Drijvers, 2019, S. 12).

Schließlich unterstützen interaktive Darstellungen die Ausbildung von Grundvorstellungen zu Funktionen. Sie ermöglichen es Lernenden, Repräsentationen und insbesondere Graphen zu manipulieren und zu bewegen (Ferrara et al., 2006, S. 251; Kaput, 1989, S. 185). Beispielsweise kann ein linearer Funktionsgraph per Zugmodus verschoben oder seine Steigung mithilfe eines Schiebereglers variiert werden. Durch derartige Handlungen auf dem gesamten Graphen, kann die Funktion als Objekt wahrgenommen, d. h. die Objektvorstellung funktionalen Denkens, unterstützt werden (Schoenfeld et al., 1993, S. 63). Zudem kann die Kovariationsvorstellung durch interaktive Darstellungen gefördert werden, weil diese „die dynamische Komponente funktionalen Denkens" hervorheben (Hoffkamp, 2011, S. 36).

Rolfes (2018) weist in einer Studie mit 157 Lernenden aus den Jahrgangsstufen acht und neun einen signifikanten Vorteil interaktiver gegenüber statischer Darstellungen in Bezug auf ihre Effektivität für die Ausbildung funktionalen Denkens nach (Rolfes, 2018, S. 203). Allerdings zeigen sich empirisch keine Unterschiede für den Lernerfolg, wenn mit dynamischen anstelle von interaktiven Repräsentationen gearbeitet wurde (Rolfes, 2018, S. 210). Die Annahme, dass es durch die Interaktivität möglich wird, die für eine Aufgabenstellung relevanten Einzelheiten einer Darstellung zielgenauer zu betrachten, weist die Studie nicht nach. Vermutet wird, dass Lernende bei der Arbeit mit interaktiven Repräsentationen durch „random clicking" oder das Auslassen interaktiver Elemente behindert werden (de Koning & Tabbers, 2011, S. 516). Weigand und Weth (2002) warnen sogar vor der „Gefahr des blinden Aktionismus" (Weigand & Weth, 2002, S. 33).

Allerdings weist Rolfes (2018) darauf hin, dass in seiner Untersuchung keine negativen Effekte interaktiver im Vergleich zu dynamischen Darstellungen zu finden sind. Dies hätte aufgrund einer höheren kognitiven Belastung durch die Handlungsoptionen interaktiver Repräsentationen im Sinne der *cognitive load theory* angenommen werden können (s. Abschnitt 4.4.1). Beispielsweise wird davor gewarnt, dass Lernende durch die technische Beschleunigung und die damit einhergehende Komplexität überfordert und zu einem unreflektierten Arbeiten angehalten werden können (Barzel et al., 2005a S. 39 f; Zbiek et al., 2007, S. 1177). Dass dies in der Studie von Rolfes (2018) nicht beobachtet wird, könnte auf die stark eingeschränkten Variationsmöglichkeiten der interaktiven Darstellungen zurückzuführen sein. Beispielsweise konnte lediglich ein Punkt auf einer Geraden bewegt werden (Rolfes, 2018, S. 210 f). Daraus lässt sich schließen, dass beim Design digitaler Medien genau darauf zu achten ist, welche Handlungen Lernenden auf einer interaktiven Darstellung ermöglicht werden (s. Abschnitt 4.4.7).

Darüber hinaus müssen weitere Gefahren für die Ausbildung funktionalen Denkens beim Einsatz der Interaktivität beachtet werden. So könnten Lernende durch die falsche Interpretation optischer Eindrücke, die durch ihre Handlungen auf einem Bildschirm hervorgerufen werden, Fehlvorstellungen aufbauen. Laakmann (2013) beschreibt das mögliche Auftreten einer „lokal-global Problematik", wenn Lernende mit interaktiven Darstellungen linearer Funktionen arbeiten (Laakmann, 2013, S. 260). Wird die Steigung einer Geraden mittels Zugmodus verändert, kann die Auswirkung vor allem lokal für einzelne Wertepaare sichtbar werden. Global betrachtet könnte allerdings der Eindruck entstehen, der Graph würde um den Schnittpunkt mit der y-Achse gedreht (Laakmann, 2013, S. 260). Eine ähnliche Fehlinterpretation von Graphbewegungen bei interaktiven Darstellungen durch Lernende beobachten auch Goldenberg (1988) und Pinkernell (2015). Bei der Variation des Graphen von $f(x) = x^2 + a$ mithilfe eines Schiebereglers, durch den der Wert von a verändert wird, scheint sich der Graph im Vergleich zur Normalparabel nicht nur nach oben zu verschieben. Vielmehr erweckt der gleichbleibende Bildschirmausschnitt die Illusion, dass die Parabel zudem enger wird, der Parameter a also eine Stauchung des Funktionsgraphen bewirkt. Wird die Auswirkung von a auf die Position und Form des Graphen anhand der symbolischen Darstellung oder lokal für einzelne Punkte des Graphen betrachtet, ist diese Fehlinterpretation zu widerlegen (Goldenberg, 1988, S. 148; Pinkernell, 2015, S. 2532 f).

Schließlich kann die Interaktivität einer Repräsentation ihren mathematischen Inhalt sogar verdecken. Durch die zahlreichen Optionen zum Verschieben und Variieren von Funktionsdarstellungen, könnten insbesondere Graphen lediglich als geometrische Objekte wahrgenommen werden. Dabei rückt die Interpretation der zugrundeliegenden funktionalen Abhängigkeit in den Hintergrund (Laakmann, 2013, S. 299). Ähnliches beobachtet auch vom Hofe (2004) in einer Studie, die bereits in Abschnitt 3.5 beschrieben wurde. Er stellt heraus, dass Lernende nur dann über ein umfassendes Funktionsverständnis verfügen, wenn sie in Bezug auf interaktiv veränderbare Graphen einen reflektierenden im Gegensatz zu einem manipulierenden Umgang zeigen (vom Hofe, 2004). Eine Verdeckung der mathematischen Inhalte durch Interaktivität kann aber nicht nur bzgl. graphischer Darstellungen beobachtet werden. Zbiek et al. (2007) geben zu bedenken, dass die Variation von Parametern mittels Schiebereglern dazu führen kann, dass Lernende aufgrund ihrer Handlungen allein das Bewegen des Schiebereglers wahrnehmen anstatt dies mathematisch als Verändern eines Parameters aufzufassen (Zbiek et al., 2007, S. 1177).

Insgesamt zeigen die beschriebenen Gefahren interaktiver Darstellungen für die Ausbildung funktionalen Denkens, wie wichtig es für Lernende ist, ihre Handlungen und deren Auswirkungen zu reflektieren. Dies gilt auch dann, wenn mehrere Funktionsrepräsentationen dynamisch miteinander verknüpft werden (s. Abschnitt 4.4.6).

4.4.6   Verlinkung von Darstellungen

Das Potential digitaler Medien für den Aufbau von Funktionsverständnis und die Ausbildung funktionalen Denkens wird am deutlichsten sichtbar, wenn mehrere Darstellungen einer Funktion dynamisch (oder interaktiv) miteinander verknüpft werden (Kaput, 1992, S. 530). Durch solche *verlinkten Darstellungen* wird es möglich, dass die Veränderung einer Repräsentation direkt in einer anderen reflektiert

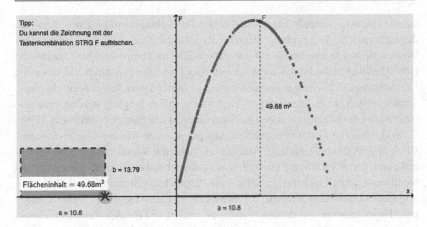

Abbildung 4.5 Verlinkte Darstellung zum Zaunproblem (*https://geogebra.org/m/KCFvj Drw*)

wird. Beispielsweise kann eine symbolische Repräsentation mit der graphischen Darstellung derselben Funktion verlinkt sein. Die Eingabe unterschiedlicher Parameter in die Funktionsgleichung bewirkt dann automatisch eine entsprechende Verschiebung des Graphen. Kaput (1992) weist darauf hin, dass die Verlinkung dabei über eine Direktionalität verfügt (Kaput, 1992, S. 530). Ist in umgekehrter Weise die graphische mit der symbolischen Darstellung verlinkt, würde man durch eine Verschiebung des Graphen unterschiedliche Funktionsgleichungen generieren. Darüber hinaus sind wechselseitige Verknüpfungen möglich. Die Direktionalität einer Verlinkung entscheidet daher über die möglichen Handlungen, welche auf der Darstellung vollzogen werden können. Damit ist die Richtung der Verlinkung nicht nur beim Design digitaler Medien, sondern auch für deren Auswahl und Einsatz entscheidend. Abbildung 4.5 zeigt z. B. eine verlinkte Darstellung zum Zaunproblem (s. Abschnitt 4.4.4). Lernende können die Länge der Rechtecksseite a und damit die eingezäunte Fläche per Zugmodus über den markierten Eckpunkt variieren und sehen gleichzeitig anhand der graphischen Repräsentation, welches Wertepaar der betrachteten Funktion zwischen Seitenlänge und Flächeninhalt sie dadurch generieren.

In der Literatur finden sich vielfältige Bezeichnungen für solche interaktiv vernetzten Darstellungen. Kaput (1992, S. 530) spricht etwa von einem *hot-link* und Ainsworth (1999, S. 133) von *dyna-linking* zwischen Repräsentationen. In deutschsprachigen Quellen wird oftmals der Begriff *Multi-Repräsentations-System* (*MRS*) verwendet (z. B. Barzel & Weigand, 2008, S. 6). Während sich diese Termini auf die charakterisierende Eigenschaft dieser Darstellungsform beziehen, nämlich die automatische Verknüpfung mehrerer Repräsentationen eines mathematischen Objekts, deuten andere bereits auf ihre Anwendung im Lernprozess hin. Ainsworth (1999) beschreibt die Funktionsweise verlinkter Darstellungen durch eine *automatic translation*, d. h. einen automatisch durchgeführten Darstellungswechsel (Ainsworth, 1999, S. 133). Durch dessen Exploration soll es möglich werden, Kompetenzen zur Übersetzung zwischen Repräsentationen zu erlangen (Ainsworth, 1999, S. 133). Heugl et al. (1996) sprechen dagegen von der *Window-Shuttle-Technik*. Diese beschreibt das simultane Arbeiten an mehreren Repräsentationen, welches erst durch deren Verlinkung ermöglicht wird. Dabei soll ein Begriff oder eine Problemlösung „durch mehrmaliges Hin- und Herpendeln (‚Shutteln') zwischen verschiedenen Darstellungsformen [...] entwickelt" werden (Heugl et al., 1996, S. 200). Eine Repräsentation soll demnach vielfältig variiert und die Auswirkungen dieser Veränderungen auf eine andere Darstellung beobachtet werden, wobei stets die Wechselwirkung zwischen den Darstellungen zu beachten ist. Diese Arbeitsweise mit verlinkten Darstellungen ermöglicht das dynamische Erkunden von Beziehungen und Abhängigkeiten zwischen einzelnen Funktionsrepräsentationen (Barzel & Weigand, 2008, S. 5). Hierdurch können mentale Verbindungen zwischen den Darstellungen und somit ein tiefes Verständnis konstruiert werden (van Someren et al., 1998, S. 3).

Dies zeigt beispielsweise Laakmann (2013) in einer Studie, in der Siebtklässler:innen graphische Darstellungen linearer Funktionen variierten und die Auswirkungen ihrer Handlungen für den symbolischen Funktionsterm beobachteten. Die Lernenden waren unter Anleitung in der Lage, qualitative Zusammenhänge zwischen der Lage von Geraden im Koordinatensystem und den Parametern in der Funktionsgleichung selbstständig zu entdecken (Laakmann, 2013, S. 249). Ähnliches kann Göbel (2021) feststellen, die den Einsatz digitaler Medien zur Konzeptualisierung von Parametern bei quadratischen Funktionen in einer Studie mit 383 Neuntklässler:innen untersucht. Lernende, die eine dynamisch verlinkte Darstellung zwischen Graph, Funktionsgleichung und Wertetabelle nutzten, fassten in ihren Merkblättern signifikant häufiger tragfähige Informationen zum Parametereinfluss zusammen als Lernende, die statische Repräsentationen verwendeten (Göbel, 2021, S. 132 ff). Insbesondere die Nutzung von Schiebereglern zur Variation der Parameterwerte einer symbolischen Darstellung und ein dazu verlinkter Graph ermöglichten es Lernenden, die Parametereinflüsse zu erfassen. Vermutet wird zum einen, dass Schieberegler das Verständnis von Parametern als Veränderliche unterstützen und somit auch deren Einfluss auf die quadratische Funktion einfacher wahrzunehmen ist. Zum anderen entspricht die horizontale Bewegung des Schiebereglers im Fall von Parameter b (Funktionsgleichung in Scheitelpunktform:

$f(x) = a(x - b)^2 + c)$ der beobachteten, horizontalen Verschiebung des Funktionsgraphen. Aus Sicht der Embodied Cognition (s. Kapitel 4.4.5) kann daher argumentiert werden, dass ein Lernvorteil durch die enge Verbindung zwischen Körperbewegung und Denkhandlung entsteht (Drijvers, 2003, S. 69; Göbel, 2021, S. 152 f).

Entscheidend für das Potenzial verlinkter Darstellungen ist das unmittelbare Feedback für Lernende. Zbiek et al. (2007) betonen, dass „[s]uch a hot link achieves a particularly high degree of immediacy in the reactive feedback provided to the user" (Zbiek et al., 2007, S. 1174). Manipulieren sie eine Repräsentation, ist die Auswirkung dieser Aktivität direkt in mindestens einer anderen Darstellung beobachtbar (Ford, 2008, S. 6; Kaput, 1989, S. 177; Zbiek et al., 2007, S. 1174). Im Gegensatz dazu müssen solche Veränderungen bei der Arbeit mit Repräsentationen, welche nicht verlinkt sind, mental konstruiert werden (Kaput, 1992, S. 530). Daher wird aus kognitionspsychologischer Sicht angenommen, dass das Potential einer solchen Verknüpfung darin liegt, die Belastung des Arbeitsgedächtnisses im Sinne der CLT zu reduzieren (s. Abschnitt 4.4.1):

> „It is hoped that if a system automatically performs the translation between representations, then the cognitive load placed on learners should be decreased and so free them to learn the relation between representations." (Ainsworth, 1999, S. 133)

Zahlreiche Studien belegen eine positive Wirkung verlinkter Darstellungen auf die Ausbildung funktionalen Denkens. Eine Auswahl wird im Folgenden vorgestellt. Resnick et al. (1994) zeigen das Potential der Verlinkung zwischen graphischer, numerischer und symbolischer Darstellung beim Problemlösen mit dem GTR. Sie ließen 34 Lernende der neunten Jahrgangsstufe unter anderem an der Zaun-Aufgabe arbeiten (s. Abschnitt 4.4.4). Obwohl die verlinkten Darstellungen nicht gleichzeitig auf dem GTR-Bildschirm sichtbar waren, stellten die Lernenden in kurzer Zeit Verbindungen zwischen den Repräsentationen her und bauten vielfältige Vorstellungen zum Funktionsbegriff auf. Beispielsweise erfassten sie, dass die verschiedenen Darstellungen dieselbe Funktion beschreiben und dass deren Eigenschaften in allen Repräsentationen erhalten bleiben. Darstellungswechsel wurden daher genutzt, um zusätzliche Informationen über die betrachtete Funktion zu generieren. Darüber hinaus wurden Funktionen sowohl als dynamisch variierende Prozesse als auch Objekte wahrgenommen (Resnick et al., 1994, S. 225 ff).

Ähnliche Ergebnisse finden Schwarz und Hershkowitz (1999) in einer Studie, die den Einführungsunterricht zum Funktionsbegriff in der neunten Klasse evaluiert. Sie kontrastieren einen eher traditionellen Unterricht ohne digitale Medien mit einer am entdeckenden Lernen orientierten Unterrichtsform, in der neben dem

Einsatz verlinkter Repräsentationen vor allem Gruppenarbeit und offene Aufgabenformate fokussiert wurden. Die Untersuchung zeigt einen signifikanten Vorteil der Lernenden, die nach der zweiten Methode mit digitalen Medien unterrichtet wurden (Schwarz & Hershkowitz, 1999, S. 377). Unterschiede zwischen den Lernenden traten vor allem beim Arbeiten mit Funktionsprototypen auf (s. Abschnitt 3.8.5). Während beide Schülergruppen prototypische Vorstellungen in dem Sinne zeigten, dass insbesondere lineare Funktionen als Beispiele genutzt wurden, zeigten die Lernenden der Gruppe mit digitalen Medien einen differenzierteren und erfolgreicheren Umgang mit diesen. Sie nutzten die Prototypen etwa als Beispiele für Funktionen mit bestimmten Eigenschaften ohne diese als exklusiv zu betrachten, als Ausgangspunkt zur Konstruktion komplexerer Graphen oder überprüften häufiger im jeweiligen Kontext, ob der Gebrauch einer bestimmten Funktionsart angemessen ist. Dagegen wurde das Lernen der Schüler:innen, die nach der traditionellen Methode unterrichtet wurden, eher durch ihre prototypischen Funktionsvorstellungen gehemmt. Sie tendierten z. B. häufiger dazu, Eigenschaften bestimmter Funktionstypen überzugeneralisieren (Schwarz & Hershkowitz, 1999, S. 385). Zudem weisen die Problemlöseprozesse sowie Argumentationen der ersten Schülergruppe auf ein tieferes Funktionsverständnis hin:

> „[…] more students learning functions in the interactive environment than in a traditional environment had rich function concept images as demonstrated in their problem solving and justifications: They successfully produced and used more examples, and their justifications included more ideas; more students were able to show understanding of invariant attributes across representatives in different representations." (Schwarz & Hershkowitz, 1999, S. 384 f)

Allerdings müssen diese Ergebnisse in der Hinsicht kritisch betrachtet werden, dass die verglichenen Schülergruppen sich nicht ausschließlich in der Benutzung digitaler oder analoger Medien unterschieden, sondern auch die Unterrichtmethoden deutlich voneinander abwichen.

Ebenso wie Resnick et al. (1994), beobachten auch Falcade et al. (2007) die Ausbildung verschiedener (Grund-)Vorstellungen zu Funktionen beim Einsatz verlinkter Darstellungen. Sie untersuchten vier Klassen der zehnten Jahrgangsstufe, die mit dynamischer Geometriesoftware arbeiteten. Es stellt sich heraus, dass eine direkte Bewegung – beispielsweise eines Punkts durch den Zugmodus – die Variabilität des veränderten Objekts darstellt[3]. Darüber hinaus führt die indirekte Bewegung, welche

---

[3] Ähnlich wie bereits in Abschnitt 4.4.4 in Bezug auf Kaput (1987) beschrieben, kann der Einsatz dynamischer oder interaktiver Darstellungen daher das Variablenverständnis von Lernenden fördern.

durch eine Verlinkung zu einer anderen Darstellung erfolgt, dazu, dass Lernende die funktionale Abhängigkeit zweier Größen erleben können. Insbesondere kann die unabhängige Größe, welche direkt verändert wird, von der abhängigen Größe, welche simultan aber indirekt variiert wird, unterschieden werden. Auf diese Weise können Lernende nicht nur die funktionale Abhängigkeit erkennen, sondern auch die Kovariation der betrachteten Größen erleben (Falcade et al., 2007, S. 319 ff).

In einer weiteren Studie zeigt Vogel (2006) die Wirksamkeit der Arbeit mit verlinkten Repräsentationen auf die Kovariationsvorstellungen von Lernenden im neunten Schuljahr beim graphisch-situativen Darstellungswechsel. In Pilot- und Hauptstudie lösten insgesamt 177 Realschulschüler:innen Aufgaben, bei denen es um die Kontextualisierung von Funktionsgraphen mit Hinblick auf die Kovariation der betrachteten Größen ging. Dabei mussten Lernende funktionale Abhängigkeiten in geometrischen Figuren beschreiben, z. B. die Höhe eines gleichschenkligen Dreiecks abhängig von der Grundseite bei konstantem Flächeninhalt. Die Schüler:innen waren in zwei Treatment- und eine Kontrollgruppe aufgeteilt, welche jeweils mit unterschiedlichen Visualisierungen arbeiteten. Die erste Treatmentgruppe (*volle Supplantation*) verfügte über eine dynamisch verlinkte Darstellung des Funktionsgraphen, der an einem gekennzeichneten Punkt mit einer ihm entsprechenden Darstellung der geometrische Figur verbunden war. Durch bewegen des Punktes auf dem Graphen, wurde auch die geometrische Figur gemäß des funktionalen Zusammenhangs variiert. Die zweite Treatmentgruppen (*reduzierte Supplantation*) konnte die zuvor beschriebene, verlinkte Darstellung vor der Aufgabenbearbeitung betrachten, hatte währenddessen aber wie die Kontrollgruppe lediglich eine graphische Darstellung zur Verfügung. Im Pre-, Post- und Follow-up-Test wurden vergleichbare Aufgaben jeweils papierbasiert ohne digitale Medien gelöst. Die Ergebnisse zeigen, dass die Lernenden beider Tretmentgruppen einen signifikant höheren Lösungserfolg im Post- und Follow-up-Test im Vergleich zum Pre-Test erzielen als die Kontrollgruppe. Interessant ist, dass sowohl leistungsschwächere wie auch leistungsstärkere Schüler:innen von beiden Treatmentformen profitierten. Zudem lässt der Vergleich zwischen der Pilotstudie, in der lediglich eine Aufgabe mithilfe der verlinkten Darstellung bearbeitet wurde, und der Hauptstudie, in der drei Aufgaben zu lösen waren, vermuten, dass der häufige Umgang mit verlinkten Repräsentationen dazu führt, dass Lernende ihre Kovariationsvorstellungen auch ohne externe Visualisierung auf andere Kontexte übertragen können (Vogel, 2006, S. 105 ff).

Lindenbauer (2018) schlussfolgert aus einer explorativen Studie mit 28 Schüler:innen der siebten Jahrgangsstufe zum Einsatz digitaler Arbeitsblätter, dass verlinkte Darstellungen Lernende beim ersten Schritt des situativ-graphischen Darstellungswechsels unterstützen können. Mithilfe solcher Repräsentationen gelingt es

Lernenden etwa, die Ausgangssituation zu verstehen und zu visualisieren sowie die abhängige Variable eines funktionalen Zusammenhangs zu identifizieren und zu beschreiben (Lindenbauer, 2018, S. 260).

Schließlich vergleicht Lichti (2019) in einer Untersuchung mit 234 Lernenden am Ende der Jahrgangsstufe sechs, inwiefern das Experimentieren mit gegenständlichen Materialen sowie interaktiven Simulationen die Ausbildung funktionalen Denkens fördern kann. Während die Materialgruppe beispielsweise echte Vasen mit Wasser befüllte und ermittelte Messwerte selbstständig in eine graphische Darstellung übertragen musste, nutzte die Simulationsgruppe eine verlinkte Repräsentation. Diese erstellte in Abhängigkeit der Schülerhandlungen auf der virtuellen Nachbildung des Experiments automatisch einen zugehörigen Funktionsgraphen (Lichti, 2019, S. 154 ff). Die Ergebnisse zeigen für beide Settings einen signifikanten Zuwachs der Schülerkompetenzen zum funktionalen Denken, wobei dieser Anstieg für die Simulationsgruppe mit einer Effektstärke von $d = 1.40$ deutlich größer ausfiel als für die Materialgruppe mit einer Effektstärke von $d = 0.85$ (Lichti, 2019, S. 199). Eine qualitative Analyse der Schülerantworten zeigt zudem, dass das eingesetzte Medium nicht nur die Argumentationen der Lernenden, sondern auch deren Vorstellungen zu Funktionen beeinflusst. Die Materialgruppe fokussierte in ihren Begründungen vermehrt die verwendeten Gegenstände, z. B. die Form der Vasen, und nahm eher Zustände in den Blick, was sich durch Äußerungen wie „Die Vase ist breit." zeigt (Lichti, 2019, S. 221). Zudem demonstrierten sie einen guten Umgang mit Wertepaaren. Insgesamt scheint die Arbeit mit gegenständlichen Materialen die Zuordnungsvorstellung der Lernenden zu unterstützen (Lichti, 2019, S. 265). Dagegen nutzte die Simulationsgruppe häufiger die graphische Funktionsdarstellung und achtete in ihren Begründungen eher auf Veränderungen, was durch Ausdrücke wie „Die Vase wird breiter." beobachtbar ist (Lichti, 2019, S. 221). Vermutet wird, dass die Arbeit mit Simulationen zu einem besseren Verständnis der Kovariation von Größen und in ersten Ansätzen zum Erfassen einer Funktion als Objekt führt (Lichti, 2019, S. 265).

Obwohl sich die zitierten Studien in vielerlei Hinsicht, z. B. im Alter der Proband:innen, in den Aufgabenstellungen oder verwendeten (digitalen) Medien, unterscheiden, kann ein gemeinsames Ergebnis festgehalten werden. Die Arbeit mit verlinkten Darstellungen kann funktionales Denken dadurch unterstützen, dass funktionale Abhängigkeiten erkannt und erlebt werden können sowie insbesondere die Kovariations- und Objektvorstellung gefördert wird.

Nichtsdestotrotz zeigen diverse Studien auch, dass der Einsatz verlinkter Darstellungen nicht ohne Gefahr für die Ausbildung funktionalen Denkens bleibt. Dreyfus und Eisenberg (1987) untersuchen den Einsatz von Verlinkungen zwischen graphischen und symbolischen Funktionsdarstellungen mit 16 Schüler:innen der elften und zwölften Jahrgangsstufe. Obwohl sie zeigen, dass die externe Verknüpfung der Darstellungen dazu beiträgt, dass Lernende auch mentale Verbindungen zwischen den Repräsentationen herstellten, scheinen die ausgebildeten Vorstellungen der Schüler:innen oftmals nicht robust zu sein:

> „[…] direct link between two representations established by software has helped the students progress towards establishing an analogous mental link. Overall, understanding of that link has, however, remained vague for more than half of the students."
> (Dreyfus & Eisenberg, 1987, S. 225)

Eine ähnliche Beobachtung machen Schoenfeld et al. (1993) bei der Analyse von Interviews mit einer leistungsstarken Lernenden im Alter von sechzehn Jahren. Sie arbeitete mit verlinkten graphischen und symbolischen Funktionsdarstellungen innerhalb der Software *Grapher*. Zunächst schien die Schülerin aufgrund ihrer richtigen Aufgabenlösungen vom Umgang mit den verlinkten Darstellungen im Hinblick auf ihre Konzeptualisierung von Funktionen zu profitieren. Sie konnte beispielsweise Steigungen und y-Achsenabschnitte aus linearen Funktionsgleichungen ablesen, Punkte plotten oder Gleichungen für lineare Funktionsgraphen erstellen. Allerdings stellen die Autoren fest, dass sie kein grundlegendes Funktionsverständnis aufbauen konnte. Die Lernende stellte z. B. trotz der durchgeführten Darstellungswechsel keine Verbindung zwischen den Darstellungsarten her, sondern betrachtete die graphische und symbolische Repräsentation einer Funktion stets separat (Schoenfeld et al., 1993, S. 113). Auch Yerushalmy (1991) stellt in einer Studie mit 35 Lernenden der achten Jahrgangsstufe, welche mit ähnlichen Visualisierungen innerhalb der Software *Function ANALYSER* arbeiteten, fest: „connection between the algebraic computations and visual representation did not occur spontaneously" (Yerushalmy, 1991, S. 42). Die meisten Lernenden nutzten zur Aufgabenlösung lediglich eine der Darstellungsarten und stellten auch zum Überprüfen ihrer Argumentation kaum Verbindungen zwischen diesen her (Yerushalmy, 1991, S. 52 f).

Aus konstruktivistischer Sicht sind solche Ergebnisse dadurch zu erklären, dass Lernende bei der Arbeit mit verlinkten Darstellungen zu passiv bleiben. Übernehmen digitale Medien die Durchführung von Darstellungswechseln, müssen diese Übersetzungsprozesse nicht mehr von den Schüler:innen ausgeführt werden. Dies ist für die Ausbildung funktionalen Denkens jedoch entscheidend (s. Abschnitt 3.7). Daher könnte ein Verständnisaufbau für „the nature of the translations" beim Einsatz digitaler Medien verhindert werden (Ainsworth, 1999, S. 133). Heid und Blum (2008) kommen zu der Schlussfolgerung:

„[...] the availability of multiple representations does not ensure enhanced learning -
what matters is the action taken on those representations as well as the reflection on
activity-effect relationships." (Heid & Blum, 2008, S. 73)

Hieraus wird ersichtlich, dass ein systematisches Variieren sowie die Fähigkeit zur
Reflexion eigener Handlungen und deren Auswirkungen – ähnlich wie beim Arbeiten mit interaktiven Repräsentationen – auch beim Umgang mit verlinkten Darstellungen entscheidend ist (z. B. Weigand & Weth, 2002, S. 33). Demzufolge sollten
Lernende zu einem systematischen und reflektierten Vorgehen angehalten werden.
Des Weiteren kann ihre Aufmerksamkeit durch eine bestimmte Gestaltung digitaler Medien auf Verbindungen zwischen einzelnen Funktionsdarstellungen gelenkt
werden. Beispielsweise können *Fokussierungshilfen* eingesetzt werden (Roth, 2005,
S. 121). Inwiefern solche Designelemente Potentiale oder Gefahren für die Ausbildung funktionalen Denkens darstellen, wird im Folgenden näher betrachtet.

4.4.7   Lenkung des Handelns

„[...] we need software where children have some freedom to express their own ideas,
but constrained in ways so as to focus their attention on the mathematics." (Hoyles,
2001, S. 33)

Schließlich erlauben es digitale Medien durch ihre Gestaltung, die Handlungen von
Lernenden zu beeinflussen. Soll etwa ein Funktionsgraph gezeichnet werden, kann
durch die Software bereits ein geeignetes Koordinatensystem oder eine Achsenskalierung vorgegeben werden. Kaput (1992) spricht in diesem Zusammenhang von
einer *Einschränkungs-Unterstützungs-Struktur* (*constraint-support structure*), da es
vom Zusammenspiel zwischen den intendierten Handlungsmöglichkeiten und der
wahrhaftig vom Benutzer ausgeführten Handlung abhängt, ob es sich bei einer solchen Vorgabe digitaler Medien um Lernchancen oder –hindernisse handelt. Wird
die Erreichung des Lernziels durch die Lenkung der Schülerhandlung unterstützt,
so spricht man von einem *Support*. Wird dagegen die Handlung eines Lernenden,
welche eigentlich bei einer Aufgabenbearbeitung zu beobachten wäre, durch die
vorgegebene Strukturierung eingeschränkt oder gar verhindert, so stellt diese ein
Constraint dar (Kaput, 1992, S. 526 f).

Ein Potential digitaler Medien zur Unterstützung funktionalen Denkens liegt
demnach darin, dass Lernprozesse durch die Mediengestaltung besser in eine vom
Designer oder der Lehrkraft intendierte Richtung gesteuert werden können (Thurm,
2020b, S. 21 f). Dabei besteht die Hoffnung, dass die ermöglichten Schülerhandlun-

gen für die Begriffsbildung bedeutungsvoller sind, als sie es ohne die vorgegebene Einschränkungs-Unterstützungs-Struktur wären. Zudem ist es möglich, Funktionsrepräsentationen so darzustellen, dass sie automatisch mathematischen Verhaltensregeln folgen. Daher sehen Zbiek et al. (2007) im Einsatz digitaler Medien im Gegensatz zu physischen Materialien eine größere Unterstützung für die Sinnstiftung der Lernenden (Zbiek et al., 2007, S. 1173 f). Zudem können Funktionsdarstellungen mithilfe von *Strukturierungs- und Fokussierungshilfen*[4] verständlicher präsentiert werden. Beispielsweise können Pfeile, Farbgebungen, Markierungen oder unterschiedliche Linienstärken verwendet werden, um die Effektivität einer Repräsentation zu steigern (Clark & Mayer, 2016, S. 84). Dabei können die Hilfen in unterschiedlicher Intensität auftreten. Roth (2005) unterscheidet in Bezug auf die Gestaltung verlinkter Darstellungen innerhalb einer DGS drei Stufen: 1) Eine Darstellung ist vollständig samt Fokussierungshilfen vorgegeben; 2) eine veränderbare (Teil-)Darstellung mit nur einzelnen Fokussierungshilfen ist vorgegenen, welche von den Lernenden ergänzt werden muss; 3) den Lernenden wird ein leeres DGS Dokument zur Verfügung gestellt, welches als digitales Werkzeug frei zu benutzten ist (Roth, 2005, S. 122). Dabei sollen die erstgenannten Varianten besonders zu Beginn einer Lernsequenz mit digitalen Medien dazu führen, dass die Aufmerksamkeit der Lernenden stärker auf „Analyse- und Argumentationsprozesse" gelenkt wird (Roth, 2005, S. 121). Das bedeutet, die Hilfen werden eingesetzt, damit relevante Informationen schneller und einfacher aus den vorgegebenen Darstellungen ausgewählt werden können (*selection*). Daneben identifizieren de Koning et al. (2009) die Betonung der zugrundeliegenden Struktur einer Repräsentation, z. B. durch Vorgabe einer Nummerierung zur Identifizierung der Reihenfolge von Teilschritten eines dynamischen Prozesses, als Funktion von Fokussierungshilfen (*organization*). Schließlich können sie die Beziehung zwischen verschiedenen Elementen einer Darstellung hervorheben (*integration*), z. B. wenn korrespondierende Elemente zweier Funktionsdarstellungen in derselben Art und Weise akzentuiert werden (de Koning et al., 2009, S. 119 ff).

Neben solchen Fokussierungshilfen, welche die Aufmerksamkeit und Informationsaufnahme der Lernenden lenken sollen, wird die EinschränkungsUnterstützungs-Struktur digitaler Medien durch die Umsetzung spezifischer *Designprinzipien* bestimmt. Diese werden in der Medien- und Mathematikdidaktik aus Forschungsergebnissen abgeleitet, um Richtlinien für die Entwicklung und Bewertung digitaler Medien zu generieren. Clark und Mayer (2016) tragen u. a. folgende

---

[4] In der englischsprachigen Literatur werden Bezeichnungen wie „visual cueing" oder „attention cueing" verwendet (z. B. Clark & Mayer, 2016, S. 84; de Koning et al., 2009, S. 113).

Prinzipien zur Gestaltung multimedialer Lernangebote zusammen (Clark & Mayer, 2016, S. 67 ff):

- *Multimedia Principle*: Anstatt nur Texte einzusetzen, sollten zusätzlich Visualisierungen verwendet werden. Diese sind dann lernförderlich, wenn sie nicht rein dekorativ sind, sondern eine Funktion im Lernprozess übernehmen. Beispielsweise können Graphen die Beziehung zwischen zwei Größen beschreiben oder Bilder dabei helfen, die Struktur eines Themengebiets oder einer Lernumgebung zu erfassen.
- *Contiguity Principle*: Korrespondierende Informationen (z. B. Beschriftung einer Abbildung) sollten räumlich und zeitlich zusammen dargestellt werden. Dieses Designprinzip hat etwa zur Konsequenz, dass zusammengehörige Inhalte möglichst zeitgleich in einem einzigen Bildschirmausschnitt und in unmittelbarer Nähe zueinander sichtbar sein sollten.
- *Coherence Principle*: Es sollten keine Informationen bereitgestellt werden, die nicht direkt zur Erreichung des Lernziels beitragen.
- *Segmenting Principle*: Komplexe Inhalte sollten in mehreren Teilen präsentiert werden. Die Informationsaufnahme aus dynamischen Darstellungen könnte z. B. durch die Möglichkeit zum Starten und Stoppen der Bewegung erleichtert werden (s. Abschnitt 4.4.4).
- *Pretraining Principle*: Dieses Designprinzip besagt, dass es neben inhaltlichem Vorwissen nützlich sein kann, die Bestandteile und Funktionsweisen einer digitalen Lernumgebung kennenzulernen, bevor damit gearbeitet wird.

Auch in mathematikdidaktischen Arbeiten lassen sich Designprinzipien für die Gestaltung digitaler Medien finden. Hoffkamp (2011) nennt zur Erstellung digitaler Lernumgebungen mit verlinkten Darstellungen von situativen und graphischen Funktionsrepräsentationen die Folgenden: „zwei Variationsstufen, Verknüpfung von Situation und Graph, Kontiguität, Sprache als Vermittler, geringer technischer Overhead und Praktikabilität" (Hoffkamp, 2011, S. 39 ff). Hohenwarter und Preiner (2007) geben u. a. folgende Richtlinien zur Gestaltung dynamischer Arbeitsblätter an: „Scrollen, statischen Text und Ablenkungen vermeiden, wenige Aufgaben, möglichst viel Interaktivität zulassen und einfache Bedienung" (Hohenwarter & Preiner, 2007, S. 21 f). Auch wenn derartige Designprinzipien stark vom jeweiligen Lernziel und der verwendeten Hard- sowie Software abhängen, lassen sich daraus bei der Entwicklung digitaler Medien Rückschlüsse ziehen, die es ermöglichen, ihre Einschränkungs-Unterstützungs-Struktur einzuschätzen. So können mögliche Arbeitsweisen von Lernenden vorhergesagt und ihr Handeln gelenkt werden.

4.5   Einsatz digitaler Medien zum formativen Selbst-Assessment funktionalen Denkens

In diesem Kapitel wurde der Einsatz digitaler Medien für formatives Assessment, Selbst-Assessment sowie die Ausbildung funktionalen Denkens fokussiert. In allen drei Bereichen gibt es empirische Evidenz dafür, dass die Nutzung digitaler Medien lernförderlich sein und Schülerleistungen verbessern kann (s. Abschnitte 4.3 und 4.4). Im Bereich *formatives Assessment* zeigen dies z. B. Metaanalysen von Gikandi et al. (2011), McLaughlin und Yan (2017) sowie Shute und Rahimi (2017). Jedoch fassen sie Ergebnisse heterogener Primärstudien zusammen, die sich etwa hinsichtlich der betrachteten Fächer, verwendeten Technologien oder deren Einsatz unterscheiden. Darüber hinaus liefern auch spezifischere Untersuchungen zum Mathematiklernen Evidenz einer positiven Wirkung. Fallstudien des EU-Projekts FaSMEd suggerieren beispielsweise, dass digitale Medien durch das Senden und Anzeigen von Inhalten, das Verarbeiten und Analysieren von Daten sowie das Bereitstellen digitaler Lernumgebungen formative Assessmentprozesse unterstützen können. Allerdings wird deutlich, dass in den Studien zum Technologieeinsatz beim formativen Assessment überwiegend davon ausgegangen wird, dass die Verantwortung für eine Nutzung diagnostischer Informationen bei der Lehrkraft liegt. Daher ist eine positive Wirkung erheblich von den diagnostischen Kompetenzen der Lehrperson abhängig (s. Abschnitt 4.3.1).

Im Bereich *Selbst-Assessment* werden ebenfalls sehr diverse Methoden des Medieneinsatzes beschrieben. Dies ist auf die Schwierigkeit zurückzuführen, eine allgemeingültige Definition von dem zu finden, was unter Selbst-Assessment zu verstehen ist (s. Abschnitt 2.4). Beispielsweise werden Techniken beschrieben, die keine inhaltliche Evaluation erfordern (z. B. Villanyi et al., 2018), und daher in dieser Arbeit nicht berücksichtigt werden. Am häufigsten wird in der Literatur zum Technologieeinsatz beim Selbst-Assessment der Gebrauch von e-Portfolios, Intelligenten Tutoren Systemen und computerbasierten Tests genannt (s. Abschnitt 4.3.2). Ein positiver Effekt auf Lernleistungen wird dabei oftmals mit der unmittelbaren Bereitstellung von Feedback für Lernende in Verbindung gebracht (z. B. Ibabe & Jauregizar, 2010; McLaughlin & Yan, 2017; Shute & Rahimi, 2017; Taras, 2003). Allerdings wird die Darbietung externer Rückmeldungen beim Selbst-Assessment auch kritisiert, weil sie Lernenden wenig Gelegenheiten zur Selbstüberwachung und -regulation bietet und eine aktive Beteiligung der Lernenden am Diagnoseprozess einschränkt (z. B. McLaughlin & Yan, 2017; Nicol & Milligan, 2006; Ruchniewicz & Barzel, 2019b). Ein Forschungsdesiderat besteht hinsichtlich der Frage, inwiefern digitale Medien Lernende bei einem formativen Selbst-Assessment (s.

Abschnitt 2.5) unterstützen können, bei dem sie ihre Kompetenzen eigenverantwortlich, inhaltsbasiert und selbstregulativ beurteilen.

Im Bereich *funktionales Denken* wird das Potential digitaler Medien vornehm-
lich in den neuen Möglichkeiten zur Visualisierung mathematischer Funktionen
gesehen. Der Technologieeinsatz erlaubt z. B. die kontinuierliche Darstellung dynamischer Prozesse sowie Interaktionen mit variierbaren und verknüpften Repräsentationen (s. Abschnitt 4.4). Obwohl mittlerweile ein wissenschaftlicher Konsens
über eine lernförderliche Wirkung besteht und auch Gefahren des Medieneinsatzes beleuchtet werden, wird oftmals zu wenig spezifiziert, welche Merkmale eines
digitalen Tools Lernvorteile verantworten. Hillmayr et al. (2020) kritisieren in einer
Metastudie:

> „Different types of interactive digital tools vary in regard to the instructional design
> features they provide and can hence be expected to differ in their impact on student
> learning. Therefore, research on the effectiveness of using digital tools in teaching and
> learning should focus more sharply on different *types* of tools." (Hillmayr et al., 2020,
> S. 2, Hervorherbung im Original)

Hinzu kommt, dass der Sprachgebrauch von Begriffen wie *dynamisch* oder *interaktiv* in der Fachliteratur nicht einheitlich erfolgt. So sprechen Autor:innen, welche die
Arbeit von Lernenden mit verlinkten Darstellungen untersuchen, z. B. von „dynamic features" (Falcade et al., 2007), „dynamischen Arbeitsblättern" (Lindenbauer,
2018), „dynamic interactive media" (Resnick et al., 1994), „interactive environ-

Tabelle 4.2 Möglichkeiten digitaler Medien zur Funktionsdarstellung

Multiple:	**Isoliert:**
Mindestens zwei unterschiedliche Darstellungen derselben Funktion werden simultan angezeigt.	Eine Funktion wird durch eine einzelne Darstellung repräsentiert.
Dynamisch:	**Statisch:**
Darstellung einer Funktion, die sich während der Betrachtung verändern lässt, ohne dass die Sequenz der Informationsdarbietung grundlegend umgestellt werden kann.	Fixierte Darstellung einer Funktion, sodass Veränderungen vom Betrachter darauf projiziert werden müssen.
Interaktiv:	**Inert:**
Dynamische Funktionsdarstellung, welche manipulierbar ist und aufgrund einer Handlung des Betrachters eine Reaktion zur Veränderung der Repräsentation beinhaltet.	Digitale Funktionsdarstellung, die den Input des Betrachters lediglich mit demselben Informationsgehalt anzeigt.

Verlinkt:

Mindestens zwei unterschiedliche Darstellungen derselben Funktion sind dynamisch miteinander verknüpft,
sodass Veränderungen einer Repräsentation automatisch in der anderen reflektiert werden.

Tabelle 4.3 Ausgewählte Potentiale und Gefahren spezifischer Merkmale digitaler Medien für formatives Selbst-Assessment und funktionales Denken

Merkmale digitaler Medien	Potentiale	Gefahren
Schnelles Sammeln und Analysieren diagnostischer Informationen	• Assessments wenig zeit- und ortsgebunden – einfache Überwachung von Lernfortschritten • Intiierung gehaltvoller Lernprozesse/Diskussionen im Unterricht • Individualisierungsmöglichkeiten, z. B. durch adaptive Tests	• Nutzung diagnostischer Informationen ist von der Lehrperson oder den Lernenden abhängig
Bereitstellen externer Feedbacks	• Insbesondere Elaborations-Feedback führt zur Leistungssteigerung • Bereitstellen zusätzlicher Informationen, die ohne ausreichendes Fachwissen, nicht verfügbar sind	• Aktive Nutzung des Feedbacks durch Lernende erforderlich • Wenig Raum für Eigenverantwortung und Selbstregulation • Begrenzte Individualisierungsmöglichkeiten
Bereitstellen neuer Aufgabenformate	• Erfassen von komplexen Kompetenzen, Lösungsstrategien und Vorstellungen	• Automatische Auswertung wird erschwert
Hyperlinks	• Individuelle Sequenzierung der Informationsdarbietung	• Kognitive Überlastung • Übermäßiger Gebrauch irrelevanter Informationen
Übernahme von Routinetätigkeiten	• Starker Fokus auf verständnisorientiertes Lernen durch kognitive Entlastung ohne Verlust händischer Fertigkeiten	• Klassische Aufgabenformaten werden überflüssig
Schnelles Generieren von Darstellungen	• Effiziente und häufige Nutzung verschiedenartiger Darstellungen • Raum zum Untersuchen funktionaler Abhängigkeiten • Förderung von Kovariations- und Objektvorstellung	• Komplexität überfordert bei unreflektiertem/-systematischem Gebrauch • Falsche Annahme einer Autorität digitaler Medien ohne Hinterfragen angezeigter Darstellungen
Einfacher Einsatz multipler Darstellungen	• Erkenntnisgewinn über repräsentierte Funktion durch Herstellen von Verbindungen zwischen ihren Darstellungen • Anregen von Darstellungswechseln	• Lernende nutzen nur eine gegebene Darstellung und stellen keine Verbindung zu anderen Repräsentationen her • Umgang erfordert metakognitive Fähigkeiten • Erhöhte kognitive Belastung
Dynamisierung	• Einfaches Erkennen von Invarianzen • Veränderungsprozesse werden extern beobachtbar • Förderung des Variablenverständnisses • Ermöglichen und/oder Erleichtern kognitiver Aktivitäten	• Menge an visuellen Informationen kann Arbeitsgedächtnis überlasten • Flüchtigkeit der präsentierten Informationen • Kognitive Aktivierung der Lernenden muss sichergestellt sein, um oberflächliche Informationsaufnahme zu vermeiden
Interaktivität	• Unmittelbare Rückmeldung über Auswirkungen eigener Handlungen auf die Funktionsdarstellung • Aufstellen und Überprüfen eigener Hypothesen wird unterstützt • Erkenntnisgewinn durch physische Handlungserfahrungen • Förderung der Kovariations- und Objektvorstellung	• Unreflektiertes Handeln oder Auslassen interaktiver Elemente • Überforderung durch Komplexität und Beschleunigung der Informationsdarbietung • Aufbau von Fehlvorstellungen durch inkorrekte Deutung optischer Eindrücke bzgl. einer interaktiven Rückmeldung
Verlinkung von Darstellungen	• Förderung von Kompetenzen zum Darstellungswechsel • Ermöglicht Erkunden und Erleben funktionaler Abhängigkeiten durch unmittelbar Rückmeldung über Auswirkungen eigener Handlungen auf eine andere Funktionsdarstellung • Entlastung kognitiver Ressourcen • Förderung der Kovariations- und Objektvorstellung	• Unreflektiertes Handeln oder Auslassen einer Darstellung • Ausgebildete Vorstellungen sind oftmals nicht robust • Verbindungen zwischen Funktionsrepräsentationen werden nicht automatisch ausgebildet, sondern sind aktiv herzustellen
Einschränkungs-Unterstützungs-Struktur	• Steuerung von Lernprozessen durch Festlegung spezifischer Handlungsmöglichkeiten • Verringerung der Komplexität/Lenkung der Konzentration durch Fokussierungshilfen und die Nutzung bekannter Designprinzipien • Schnelle Identifikation/Organisation/Vernetzung von Informationen	• Behinderung der Lernenden durch festgelegte Handlungsmöglichkeiten

ment" (Schwarz & Hershkowitz, 1999) oder „multiple representation software" (Yerushalmy, 1991). Um mögliche Potentiale und Gefahren digitaler Medien beim Mathematiklernen zu überblicken, ist es daher essentiell, zu spezifizieren, über welche Merkmale eingesetzte Medien verfügen und welche Handlungsmöglichkeiten mit diesen einhergehen. In der vorliegenden Arbeit wird begrifflich zwischen vier Darstellungsarten mathematischer Objekte durch digitale Medien unterschieden: *multiple*, *dynamisch*, *interaktiv* und *verlinkt* (s. Tabelle 4.2).

Durch die Beschreibung von Potentialen und Gefahren spezifischer Merkmale digitaler Medien für formatives (Selbst-)Assessment sowie die Ausbildung funktionalen Denkens konnte dieses Kapitel ein umfassendes Bild zum aktuellen Forschungsstand zeichnen. Dieses wird in Tabelle 4.3 zusammengefasst. Weiterer Forschungsbedarf besteht für den Einsatz digitaler Medien beim formativen Selbst-Assessment ohne externes (Verifizierungs-)Feedback. Im Assessmentbereich überwiegen derzeit Studien, die computerbasierte Tests mit größtenteils geschlossenen Items und wenig Raum für die Selbstregulation von Lernenden bieten (s. Abschnitt 4.3). Im Bereich funktionales Denken werden bei den Studien zum Technologieeinsatz besonders die graphische und symbolische Darstellungsform von Funktionen fokussiert (s. Abschnitt 4.4). Hier zeigt sich – ebenso wie in Kapitel 3 – ein Forschungsdesiderat bzgl. des situativ-graphischen Darstellungswechsels.

Teil II
Empirische Untersuchung

Rahmen der forschungsbasierten Toolentwicklung

5.1 Forschungsinteresse

5.1.1 Zielsetzung der Studie

Beschreiben formativer Selbst-Assessmentprozesse

Das Forschungsinteresse dieser Arbeit zielt auf die Untersuchung und Beschreibung formativer Selbst-Assessmentprozesse. In Kapitel 2 wurde deutlich, dass Selbstdiagnosen als Methode zur aktiven Beteiligung von Schüler:innen an ihrem Lernprozess insbesondere in der Fachliteratur zum formativen Assessment betont werden (z. B. Black & Wiliam, 1998b; Cizek, 2010, S. 4). Zudem gelten sie für die Aneignung metakognitiver sowie selbstregulativer Lernstrategien als notwendig (z. B. Heritage, 2007, S. 142; Nicol & Macfarlane-Dick, 2006, S. 207). Daher ist es verwunderlich, dass Selbst-Assessments bisher wenig Platz in der Unterrichtspraxis einnehmen (Brown & Harris, 2013, S. 367; Bürgermeister et al., 2014, S. 47 ff) und nur indirekt in gesetzlichen Vorgaben zum Mathematikunterricht gefordert werden (s. Abschnitt 2.3.3). Nichtsdestotrotz rückt Selbst-Assessment als zentrale Komponente der formativen Leistungsdiagnostik stärker in den Fokus der Forschung (McMillan, 2013, S. 9). Eine besondere Schwierigkeit hierbei ist, dass der Begriff mit vielfältigen Praktiken assoziiert wird, die sich erheblich unterscheiden in den (Andrade, 2010, S. 91; Boud & Falchikov, 1989, S. 529; Brown & Harris, 2013, S. 368 ff; McMillan & Hearn, 2008, S. 40 f; Panadero et al., 2016, S. 804; Ross, 2006, S. 6):

Elektronisches Zusatzmaterial Die elektronische Version dieses Kapitels enthält Zusatzmaterial, das berechtigten Benutzern zur Verfügung steht
https://doi.org/10.1007/978-3-658-35611-8_5

© Der/die Autor(en), exklusiv lizenziert durch Springer Fachmedien Wiesbaden GmbH, ein Teil von Springer Nature 2022
H. Ruchniewicz, *Sich selbst diagnostizieren und fördern mit digitalen Medien*,
Essener Beiträge zur Mathematikdidaktik,
https://doi.org/10.1007/978-3-658-35611-8_5

- *Methoden*: z. B. Vorhersage eigener Testergebnisse, Selbst-Benotung, Beurteilung der Qualität eigener Aufgabenbearbeitungen oder Vergleich zu Mitschüler:innen,
- *Diagnosegegenständen*: z. B. einzelne Aufgabenbearbeitungen, allgemeine Kompetenzen oder eigene Strategienutzung,
- *Beurteilungsgrundlagen*: z. B. qualitative Kriterien, quantitative Maße wie Punktzahlen oder Noten sowie relative Maße wie Ratingskalen,
- *Teilhandlungen*: z. B. Auswahl von Beurteilungskriterien, Evaluation des eigenen Lernfortschritts oder Korrektur vorheriger Aufgabenbearbeitungen,
- *Nutzer:innen diagnostischer Informationen*: nur Lernende oder auch Lehrkräfte.

Bisherige Forschungsergebnisse deuten auf einen positiven Einfluss von Selbst-Assessments auf Schülerleistungen (z. B. Brown & Harris, 2013, S. 381; Falchikov & Boud, 1989, S. 419) sowie deren Fähigkeit zum selbstregulierten Lernen hin (z. B. Brown & Harris, 2013, S. 367 f; Panadero et al., 2017, S. 8). Zudem scheinen Lernende dadurch mehr Verantwortung für den eigenen Lernprozess zu übernehmen und selbstständiger zu arbeiten (z. B. Fernholz & Prediger, 2007; Fontana & Fernandes, 1994). Positive Effekte sind vermutlich auf eine Steigerung der Motivation und Selbstwirksamkeitserwartung der Lernenden zurückzuführen (Panadero et al., 2016, S. 813; Ross, 2006, S. 6 f).

Darüber hinaus wird empirisch untersucht, inwiefern Selbst-Assessments als valide und reliable Methode zur Messung von Schülerkompetenzen angesehen werden können. Dabei wird die Genauigkeit von Selbstdiagnosen durch einen Vergleich der Schüler- mit Experten-Assessments oder Ergebnissen von Leistungstests ermittelt. Hierfür zeigen sich gemischte Ergebnisse je nach Alter oder akademischer Leistung der Schüler:innen sowie bzgl. Bewertungsgrundlagen oder Umfang eines vorherigen Trainings (z. B. Blatchford, 1997; Brown & Harris, 2013, S. 384 f; Ross, 2006, S. 3 ff). Selbst-Assessments können dagegen als stabil bzgl. verschiedener Aufgabenformate, Inhalte oder innerhalb kürzerer Zeiträume angesehen werden (Ross, 2006, S. 3).

Fraglich ist jedoch, ob die Genauigkeit von Selbst-Assessments erstrebenswert ist. Zu wenig sei darüber bekannt, welche kognitiven Prozesse bei einer Selbstdiagnose ablaufen und wie Lernende diagnostische Informationen nutzen, um – unabhängig davon, ob ihr Selbst-Assessment aus Expertensicht akkurat ist oder nicht – Schlussfolgerungen zu ziehen und ihren Lernprozess anzupassen (Andrade, 2019, S. 7; Brown & Harris, 2013, S. 338). Da das Erkennen von Fehlern und eine adäquate Einschätzung von Kompetenzen ein gewisses Maß an Kenntnissen und inhaltlichem Verständnis erfordert (Hattie & Timperley, 2007, S. 86), kann außerdem in Frage gestellt werden, ob Lernende dazu überhaupt in der Lage sind. Zudem ist ein Forschungsdesiderat bzgl. selbstgenerierter Feedbacks durch Lernende und der Frage nach deren Qualität auszumachen (s. Abschnitt 2.3.2; Andrade, 2010, S. 102). Schließlich wird kritisiert, dass viele Studien simple Formen des Selbst-Assessments, z. B. Selbst-Benotung oder Selbst-Einschätzung auf einer dreistufigen Skala (gut, mittel, schlecht), einsetzen. Dabei sei ein Fokus auf inhaltsbezogene Beurteilungskriterien zielführender (Panadero et al., 2016, S. 813).

Erfassen funktionalen Denkens beim situativ-graphischen Darstellungswechsel
Als mathematischer Inhalt der Selbst-Assessments wird in dieser Arbeit exemplarisch das funktionale Denken beim situativ-graphischen Darstellungswechsel betrachtet. Wie in Kapitel 3 betont, nimmt funktionales Denken eine zentrale Rolle innerhalb der mathematischen Grundbildung ein. Es umfasst alle Fähigkeiten und Vorstellungen, die Lernende dazu befähigen, den mathematischen Funktionsbegriff zu durchdringen und anwenden zu können. Um funktionales Denken auszubilden, müssen Kompetenzen in drei Bereichen erworben werden (s. Abschnitt 3.9):

- *Inhaltsaspekte*: Lernende müssen u. a. Definitionen, Konventionen, Beispiele und Abgrenzungen zum Funktionsbegriff kennen. Dazu gehört auch, Funktionen als mathematische Modelle einer Größenbeziehung sowie die drei Grundvorstellungen (Zuordnung, Kovariation und Objekt) als Sichtweisen zur Betrachtung einer Funktion zu verstehen.
- *Realweltliche Anwendungssituationen*: Lernende müssen funktionale Abhängigkeiten in verschiedenen Sachkontexten identifizieren und untersuchen. Dazu gehört auch, dass Funktionen zur Beschreibung verschiedener Phänomene, zum Problemlösen und zur mathematischen Modellierung genutzt werden.
- *Darstellungen*: Lernende müssen mit Funktionen in unterschiedlichen Darstellungsformen umgehen, Stärken und Schwächen dieser kennen und flexibel zwischen verschiedenen Repräsentationen wechseln können.

Aufgrund der Komplexität funktionalen Denkens wurde der Lerngegenstand weiter spezifiziert. Im Fokus dieser Arbeit steht der situativ-graphische Darstellungswechsel. Diese Auswahl ist einerseits damit zu begründen, dass Repräsentationswechsel zwischen verschiedenartigen Funktionsdarstellungen (Conversions) zur Förderung des konzeptuellen Funktionsverständnisses beitragen können (Duval, 2006, S. 128). Andererseits stellt dieser Übersetzungsprozess eine besondere Herausforderung für Lernende dar. Theoretisch kann dies z. B. durch einen Wechsel der Abstraktionsebene erklärt werden, da ein realweltliches Situationsmodell in ein mathematisches Modell zu überführen ist. Handelt es sich bei der Ausgangsdarstellung um eine verbale Beschreibung, muss zudem ein Wechsel auf Symbolebene erfolgen (s. Tabelle 3.2). Dazu müssen funktionale Abhängigkeiten bzw. die gemeinsame Veränderung zweier Größen global betrachtet werden (s. Abschnitt 3.7; Bossé et al., 2011, S. 126 ff; Nitsch, 2015, S. 98). Schließlich zeigen empirische Untersuchungen Schwierigkeiten von Lernenden beim situativ-graphischen Darstellungswechsel (Gagatsis & Shiakalli, 2004, S. 653; Hadjidemetriou & Williams, 2002, S. 76). Ein möglicher Grund hierfür ist, dass diese Übersetzungsrichtung im Mathematikunterricht seltener thematisiert wird als andere Repräsentationswechsel, etwa von Funktionsgleichung zu Graph (z. B. Bossé et al., 2011, S. 117; Leuders & Naccarella, 2011, S. 20). Dabei wird bei Übersetzungen zwischen situativen und graphischen Darstellungen das funktionale Denken von Lernenden besonders sichtbar. Da es sich hierbei um Interpretations- oder Modellierungsprozesse handelt, erfordern sie eine Verknüpfung zwischen dem realweltlichen Kontext und dem mathematischen Funktionsbegriff (z. B. Janvier, 1978, S. 3.4).

Allerdings werden weitere Forschungsarbeiten zum situativ-graphischen Darstellungswechsel benötigt. Während zahlreiche Studien die Fähigkeit von Lernenden zu Übersetzungsprozessen zwischen numerischen, symbolischen und graphischen Funktionsrepräsentationen thematisieren (z. B. Adu-Gyamfi et al., 2012; Bossé et al., 2011; Markovits et al., 1986) und Items zum graphisch-situativen Darstellungswechsel einsetzen (z. B. Clement, 1985; Hadjidemetriou & Williams, 2002; Kaput, 1992; Leinhardt et al., 1990; Nitsch, 2015), wird die hier fokussierte Übersetzungsrichtung seltener untersucht. Zwar weisen viele Studien auf mögliche Schwierigkeiten und typische Fehlertypen von Lernenden beim situativ-graphischen Darstellungswechsel hin (s. Abschnitt 3.8), jedoch verlangen eingesetzte Items selten die Konstruktion von Funktionsgraphen. Beispielsweise werden zur Identifikation des Graph-als-Bild Fehlers (s. Abbildung 3.6; Schlöglhofer, 2000, S. 17) oder der Steigungs-Höhe-Verwechslung (s. Abbildung 3.8(b); Clement, 1985, S. 4) mögliche Lösungsgraphen vorgegeben, sodass auch der umgekehrte Darstellungswechsel von Graph zur Situation bei der Problemlösung genutzt werden kann.

Reflektieren des Einsatzes digitaler Medien zur Unterstützung formativen Selbst-Assessments sowie funktionalen Denkens
Da das Selbst-Assessment in der vorliegenden Arbeit mithilfe eines digitalen Tools durchgeführt wird, ist die Interaktion von Lernenden mit diesem digitalen Medium von Interesse. Das *SAFE Tool* (**S**elbst-**A**ssessment für **F**unktionales Denken **E**lektronisches Tool[1]) wird im Rahmen dieser Studie forschungsbasiert entwickelt, da bislang keine digitale Lernumgebung verfügbar ist, die eine eigenver-

---

[1] Weitere Informationen sind unter *www.uni-due.de/bif/safe.php* zu finden.

antwortliche sowie inhaltsbezogene Selbstdiagnose und -förderung erlaubt. Eine Digitalisierung bringt in Bezug auf die Individualisierung der Förderphase den Vorteil, dass Lernende durch integrierte Hyperlinks diejenigen Materialien auswählen können, welche zu ihrem Lernstand passen. Wie in Kapitel 4 beschrieben, können die Nutzungsweisen der Lernenden von den intendierten Lernprozessen abweichen, die durch das Tooldesign oder die Lehrkraft vorgegeben sind (z. B. Kaput, 1992, S. 526 f; Rezat, 2009, S. 31). Daher ist die Erprobung und Evaluation des entwickelten Tools zentral. Hierbei soll erfasst werden, inwiefern Lernende durch die Nutzung des SAFE Tools bei ihrem Diagnose- bzw. Übersetzungsprozess unterstützt werden.

Die Lernumgebung wird digital umgesetzt, da eine Vielzahl möglicher Potentiale digitaler Medien für formative Selbst-Assessmentprozesse (s. Abschnitt 4.3) sowie die Ausbildung funktionalen Denkens (s. Abschnitt 4.4) ersichtlich sind. Diese lassen sich insbesondere auf technologie-basierte Visualisierungs- sowie Handlungsmöglichkeiten zurückführen. Zudem wird ein angemessener Umgang mit digitalen Medien als Lernziel schulischen Mathematikunterrichts und ein lebenslanges Weiterlernen zunehmend bedeutsam (z. B. KMK, 2016a).

Empirische Forschungsergebnisse weisen auf eine lernförderliche Wirkung digitaler Medien hin. Untersuchungen, welche ihren Einsatz beim formativen Assessment fokussieren, deuten auf eine Verbesserung von Schülerleistungen (z. B. Maier, 2014; McLaughlin & Yan, 2017; Shute & Rahimi, 2017). Oftmals werden dabei Präsentationsmedien, Audience Response Systeme oder interaktive Darstellungen eingesetzt. Diese unterstützen formative Assessmentprozesse durch das Senden oder Anzeigen von Informationen, die Verarbeitung gewonnener Daten oder die Bereitstellung einer interaktiven Lernumgebung (s. FaSMEd Framework, Abbildung 2.1). Diagnostische Informationen, welche technologie-gestützt erhoben werden, können beispielsweise zur Initiierung gehaltvoller Diskussionen im Klassenzimmer verwendet werden (z. B. Cusi et al., 2019; Panero & Aldon, 2016; Wright et al., 2018). Allerdings zeigt sich die Kompetenz der Lehrkraft zur Interpretation und Nutzung solcher Informationen als ausschlaggebend für die Effektivität des Medieneinsatzes (Pepin et al., 2016, S. 8).

Sollen Lernende eigene Kompetenzen technologie-gestützt einschätzen, werden in erster Linie e-Portfolios, intelligente Tutorensysteme (ITS) oder computerbasierte Tests eingesetzt (s. Abschnitt 4.3.2). Obwohl empirische Ergebnisse auf eine lernförderliche Wirkung solcher Methoden hinweisen (z. B. McLaughlin & Yan, 2017; Roder, 2020), ist ihr Einsatz zum Selbst-Assessment mit formativer Zielsetzung fraglich. Während e-Portfolios einen langen Zeitraum beanspruchen und häufig mit Peer- oder Expertendiagnosen verknüpft werden (Nicol & Milligan, 2006, S. 68), vermischen sich beim ITS Einsatz durch integrierte Hilfestellungen die Grenzen zwischen Assessment und Lernen (Timmis et al., 2016, S. 462). Bei der Betrachtung digitaler Tests dominieren Formen, die Lernenden direkt ein externes Feedback bereitstellen. Obwohl besonders elaborierten Rückmeldungen ein positiver Einfluss auf Lernleistungen nachgewiesen wird (z. B. Van der Kleij et al., 2015), wird divers diskutiert, ob externes Feedback im Rahmen (formativer) Selbst-Assessments eingesetzt werden sollte. Einerseits wird argumentiert, dass Lernende nicht über genügend Vorwissen verfügen, um eigene Fehler und deren Ursachen zu erkennen (Taras, 2003). Hinzu kommt, dass sie durch die Interpretation externer Rückmeldungen neue Erkenntnisse bzgl. ihrer Kompetenzen gewinnen können. Andererseits wird kritisiert, dass Lernende durch externe Feedbackformen zu passiv bleiben und wenig Gelegenheiten zur Selbst-Überwachung, -evaluation und -regulation erhalten (z. B. Nicol & Milligan, 2006; McLaughlin & Yan, 2017).

Für die Untersuchung des SAFE Tools, bei dem die Nutzer:innen kein (Verifizierungs-)Feedback erhalten, stellt sich daher die Frage, inwiefern Lernende eigene Kompetenzen inhaltsbezogen beurteilen und diese Informationen zur Regulation des eigenen Lernprozesses nutzen können. Dabei ist von besonderem Interesse, wie solche formativen Selbst-Assessmentprozesse durch die Interaktion mit dem SAFE Tool beeinflusst werden. Schließlich wird das mögliche Potential des SAFE Tools zur Ausbildung funktionalen Denkens fokussiert. Da das formative Selbst-Assessment keine reine Lernstandserhebung darstellt, sondern eine Förderung des funktionalen Denkens ermöglichen soll, ist zu prüfen, ob Lernfortschritte durch die Toolnutzung zu erzielen sind.

5.1.2 Forschungsfragen

Im vorherigen Abschnitt 5.1.1 wurden Erkenntnisse aus dem theoretischen Hintergrund dieser Arbeit zusammengefasst sowie Forschungslücken hinsichtlich der drei zentralen Themen formatives Selbst-Assessment, funktionales Denken und digitale Medien beschrieben. Neben der Entwicklung des SAFE Tools wurde dabei dessen empirische Evaluation als zentrales Ziel benannt. Aufgrund dieses Forschungsinteresses wird die vorliegende Studie mithilfe des Ansatzes der fachdidaktischen Entwicklungsforschung durchgeführt. Das bedeutet, dass neben einem Designprodukt (SAFE Tool) in erster Linie eine lokale Lehr-Lern-Theorie bzgl. des Untersuchungsgegenstands entstehen soll (s. Abschnitt 5.3). Dazu dient folgende übergeordnete Forschungsfrage als richtungsweisend:

> Wie kann formatives Selbst-Assessment am Beispiel situativ-graphischer Darstellungswechsel funktionaler Zusammenhänge technologie-gestützt gelingen?

Um diese Frage zu beantworten, wird sie in drei Fragestellungen unterteilt, die sich jeweils auf eine spezifische Zielsetzung aus Abschnitt 5.1.1 beziehen:

F1 **Welche a) Fähigkeiten und Vorstellungen sowie b) Fehler und Schwierigkeiten zeigen Lernende beim situativ-graphischen Darstellungswechsel funktionaler Zusammenhänge?**

F2 **Welche formativen Selbst-Assessmentprozesse können rekonstruiert werden, wenn Lernende mit einem digitalen Selbstdiagnose-Tool arbeiten?**

F3 **Inwiefern unterstützt die Nutzung eines digitalen Selbstdiagnose-Tools Lernende in ihrem a) funktionalen Denken sowie b) formativen Selbst-Assessment?**

Die hier beschriebene Studie zur Beantwortung dieser Forschungsfragen war zu Beginn an ein internationales Forschungsprojekt gebunden, welches im Folgenden vorgestellt wird.

5.2 Zugrundeliegende Forschungsprojekte

5.2.1 Das EU-Projekt FaSMEd

Anlass der Studie war das EU-Projekt FaSMEd (Raising Achievement through Formative Assessment in Science and Mathematics Education; *www.fasmed.eu*)[2]. An diesem kooperativen Forschungsprojekt waren neun Partnerinstitutionen aus acht Ländern beteiligt: University of Newcastle upon Tyne (UK), African Institute of Mathematical Sciences Schools Enrichment Centre (SA), École Normale Supérieure de Lyon (FR), National University of Ireland Maynooth (IR), Technisch-naturwissenschaftliche Universität Norwegens (NO), University of Nottingham (UK), Universität Duisburg-Essen (DE), Università delgi Studi di Torino (IT) und

---

[2] FaSMEd wurde unter der Nr. 612337 durch das 7. Forschungsrahmenprogramm der Europäischen Union gefördert.

Universität Utrecht (NL). Die Laufzeit des Projekts betrug drei Jahre (2014–2016). Ziel war es im Rahmen einer Design-basierten Forschungsmethodik (s. Abschnitt 5.3) die Verwendung digitaler Medien zum formativen Assessment im Schulunterricht mathematischer und naturwissenschaftlicher Fächer zu untersuchen. Dazu wurden verschiedenste Ansätze und Technologien entwickelt, explorativ eingesetzt, in Form von Fallstudien reflektiert, und weiterentwickelt. Beispielsweise wurde Software zur Aufnahme oder Präsentation von Schülerbildschirmen, z. B. Educreations (*www.educreations.com*) oder Showbie (*www.showbie.com*), eine onlinebasierte Plattform zur Administration und Kommunikation von Lerngruppen (Schoology, *www.schoology.com*), eine digitale Assessment-Testumgebung (DAE, van den Heuvel-Panhuizen et al., 2016), Technologien für vernetzte Klassenzimmer, z. B. IDM-TClass oder NetSupportSchool (*https://netsupportschool.com/de/*), Audience Response Systeme wie Kahoot (*https://kahoot.com/*) oder Socrative (*https://socrative.com*) sowie das im Rahmen dieser Arbeit entwickelte Selbst-Assessment Tool (SAFE) eingesetzt. Einige Forschungsergebnisse des Projekts werden in Abschnitt 4.3.1 beschrieben. Für die vorliegende Studie war die anfängliche Einbindung in FaSMEd zentral, weil sowohl die Zielsetzung zur Untersuchung des Einsatzes digitaler Medien für formatives Assessment als auch die Methode der fachdidaktischen Entwicklungsforschung durch das Projekt festgelegt wurden.

5.2.2 Bildungsgerechtigkeit im Fokus

Im Anschluss an FaSMEd war die Weiterentwicklung und Untersuchung des SAFE Tools in die zweite Förderphase (2016–2020) des Projekts BiF (**B**ildungsgerechtigkeit **i**m **F**okus; *https://www.uni-due.de/bif/*)[3] an der Universität Duisburg-Essen integriert. Dieses Qualitätspakt-Lehre-Projekt zielte auf eine Weiterentwicklung der Studieneingangsphase. Vielfältige Maßnahmen der Diagnostik, Betreuung und Kompetenzentwicklung wurden erarbeitet, um Studierende sowohl fachlich wie auch sozial-habituell schneller an der Universität zu integrieren und Studienabbrüchen entgegenzuwirken. Dabei war die Beforschung des digitalen Selbstdiagnose Tools am zweiten Teilprojekt zur Entwicklung und Integration von Blended-Learning-Szenarien beteiligt. Die Mitwirkung am BiF-Projekt wirkte sich auf die vorliegende Studie dadurch aus, dass im zweiten und vor allem dritten Zyklus Studierende in der Studieneingangsphase als Proband:innen gewählt wurden. Sie eignen sich als Zielgruppe eines digitalen Selbstdiagnose Tools insofern als eine Wieder-

---

[3] BiF wurde unter der Nr. 01PL16075 durch Mittel des Bundesministeriums für Bildung und Forschung gefördert.

holung und Wiedererarbeitung von Basiskompetenzen aus der Schulmathematik essentiell ist, um weiterführende Lerninhalte zu verstehen.

5.3   Fachdidaktische Entwicklungsforschung

Fachdidaktische Entwicklungsforschung (im Englischen: Design oder Design-based Research) „is a formative approach to research, in which a product or process (or ‚tool‘) is envisaged, designed, developed, and refined through cycles of enactment, observation, analysis, and redesign, with systematic feedback from end users" (Swan, 2014, S. 148). Es handelt sich demnach um einen Forschungsansatz, bei dem eine Lehr-Lern-Intervention (z. B. Unterrichtsmaterial, Lehrmethode, Diagnoseaufgabe) sowie dahinterstehende theoretische Annahmen innerhalb mehrerer Zyklen aus Design und Erprobung in möglichst realistischen Settings entwickelt und evaluiert wird (Prediger et al., 2012, S. 452; Swan, 2014, S. 148; van den Akker et al., 2006, S. 5).

Das Ziel besteht nicht nur in der Fertigstellung eines Designprodukts, sondern vor allem in der Weiterentwicklung *lokaler Lehr-Lern-Theorien*. Diese umfassen etwa die Beschreibung möglicher Schritte, Hürden oder Bedingungen eines Lernprozesses. Daneben soll erklärt werden, wie spezifische Designelemente den Lernprozess beeinflussen. Als lokal können derartige Theorien bezeichnet werden, da sie sich auf den jeweiligen Lerngegenstand der betrachteten Intervention beziehen. Daher sind sie nicht ohne Weiteres auf andere Inhaltbereiche übertragbar (Prediger et al., 2012, S. 455 f; Prediger et al., 2015, S. 879; Swan, 2014, S. 148 ff).

Obwohl unterschiedliche Vorgehensweisen beim Design Research denkbar sind, werden in der Literatur bestimmte Charakteristika dieser Forschungsmethode beschrieben. Fachdidaktische Entwicklungsforschung ist stets (Cobb et al., 2003, S. 9 f; Prediger et al., 2015, S. 879; Swan, 2014, S. 150; van den Akker et al., 2006, S. 5):

- *innovativ*, da dabei neue Formen von Lehr-Lern-Interventionen entstehen,
- *iterativ*, da sie in vielfachen Zyklen aus Design, Erprobung und Evaluation verläuft,
- *prozessorientiert*, da dabei das Verstehen und Verbessern von Lernprozessen sowie der Designelemente, welche diese unterstützen, im Vordergrund stehen,
- *nutzungsorientiert*, da Designprodukte in möglichst realen Settings (z. B. Klassenzimmer) vom jeweils intendierten Endnutzer getestet werden,
- *theoriegeleitet*, da einerseits das Interventionsdesign auf bestehender Theorie und Forschungsergebnissen beruht und andererseits dessen Untersuchung zur Theoriebildung beiträgt.

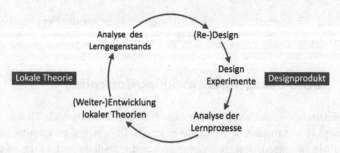

Abbildung 5.1 Typischer Verlauf einer fachdidaktischen Entwicklungsforschungsstudie (In Anlehnung an Gravemeijer & Cobb, 2006, S. 19 ff; Prediger et al., 2012, S. 453)

Typischerweise kann der Verlauf einer Design Research Studie wie in Abbildung 5.1 dargestellt werden. Zunächst gilt es, den Lerngegenstand zu analysieren, um Lernziele festzulegen, den mathematischen Inhalt zu strukturieren, bisherige Forschungsergebnisse zu evaluieren sowie Annahmen über mögliche Unterstützungsmaßnahmen für die gewünschten Lernprozesse zu treffen. Darauf basierend wird eine Lehr-Lern-Intervention entwickelt, welche in Design Experimenten erprobt wird. Die anschließende Analyse gibt Aufschluss über die tatsächlich initiierten Lernprozesse und informiert darüber, welche Designelemente diese beeinflussen. Aus solchen Erkenntnissen wird die lokale Lehr-Lern-Theorie (weiter-)entwickelt. Schließlich werden daraus Schlüsse für eine mögliche Verbesserung des Interventionsdesigns gezogen und die Veränderungen erneut empirisch getestet. Nach dem Durchlaufen mehrerer solcher Entwicklungs- und Evaluationszyklen entsteht neben dem Designprodukt eine forschungsbasierte Theorie über den Ablauf von Lernprozessen bezogen auf den spezifischen mathematischen Inhalt (Gravemeijer & Cobb, 2006, S. 19 ff; Prediger et al., 2012, S. 453 ff; 2015, S. 881).

Wie der Prozess des Design Research in der vorliegenden Studie realisiert wurde, wird im folgenden Abschnitt 5.4 thematisiert. Die verwendeten Methoden zur Datenerhebung bzw. -analyse werden in den Abschnitten 5.5 und 5.6 vorgestellt.

5.4   Studiendesign

Die Umsetzung der fachdidaktischen Entwicklungsforschung in der vorliegenden Studie ist in Abbildung 5.2 dargestellt. Im Rahmen der empirischen Untersuchung wurden drei (Haupt-)Entwicklungszyklen mit unterschiedlichen Schwerpunkten durchgeführt und ausgewertet. Dabei sind jeweils neue Versionen des SAFE Tools entwickelt und mit verschiedenen Proband:innen erprobt worden. Insgesamt wurden in aufgabenbasierten Interviews etwa 21 Stunden Videomaterial erhoben, von denen knapp 18 Stunden die Toolbearbeitungen der Proband:innen zeigen und daher zur Datenanalyse herangezogen wurden. Die Auswertungen gaben jeweils Aufschluss über mögliche Implikationen zur Weiterentwicklung des SAFE Tools und Einsichten in die Lern- sowie Assessmentprozesse der Studienteilnehmer:innen.

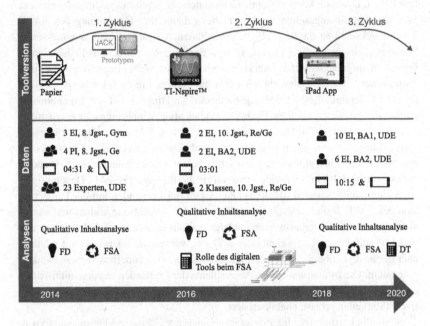

Abbildung 5.2 Gesamtverlauf der vorliegenden Design Research Studie [4]

Erster Entwicklungszyklus

Im ersten Entwicklungszyklus (s. Kapitel 6) stand die inhaltliche und strukturelle Konzeption des SAFE Tools sowie die Pilotierung enthaltener Elemente wie Aufgaben oder Beurteilungskriterien im Mittelpunkt. Aus diesem Grund wurde zunächst eine nicht-digitale Papierversion des SAFE Tools entwickelt und im Rahmen der Design Experimente mit $n = 11$ Schüler:innen der achten Jahrgangsstufe (13–15 Jahre) an einem Gymnasium und einer Gesamtschule erprobt. Diese Alters-

---

[4] Folgende Abkürzungen werden verwendet: EI: Einzelinterview, PI: Partnerinterview, Jgst.: Jahrgangsstufe, BA: Bachelor-Fachsemester, Gym: Gymnasium, Ge: Gesamtschule, Re: Realschule, UDE: Universität Duisburg-Essen, FD: Funktionales Denken, FSA: Formatives Selbst-Assessment und DT: Digitale Toolnutzung.

gruppe wurde gewählt, weil die Lernenden bereits erste Erfahrungen im Umgang mit funktionalen Zusammenhängen und graphischen Funktionsdarstellungen im Mathematikunterricht sammeln konnten. Da das SAFE Tool der Wiederholung und Wiedererarbeitung von Basiskompetenzen dienen soll, musste sichergestellt werden, dass Proband:innen den mathematischen Inhalt bereits im Unterricht behandelt haben. Dennoch können Achtklässler:innen als Novizen im Umgang mit dem Funktionsbegriff angesehen werden. Daher erlaubt ihre Bearbeitung des SAFE Tools Rückschlüsse darüber, ob die enthaltenen Aufgaben einen angemessenen Schwierigkeitsgrad aufweisen. Die Design Experimente wurden als Fallstudien in Form von aufgabenbasierten Interviews durchgeführt, wobei Einzelinterviews und Partnerinterviews zur Datenerhebung erprobt wurden. Eine vergleichende Evaluation der Potentiale dieser Erhebungsmethoden im Hinblick auf das Erkenntnisinteresse der Studie ergab, dass Einzelinterviews als gewinnbringender einzustufen sind (s. Abschnitt 6.6.2). Deshalb wurden sie in den folgenden Entwicklungszyklen exklusiv verwendet. Insgesamt standen als Datenmaterial aller Interviews im ersten Entwicklungszyklus neben den schriftlichen Aufzeichnungen der Lernenden etwas mehr als fünf Stunden Videomaterial zur Verfügung (05:04:41). Davon zeigen etwa viereinhalb Stunden (04:30:51) die Arbeit der Lernenden mit der Papierversion des SAFE Tools, weshalb sie im Rahmen der Auswertung kodiert und analysiert wurden. Die Datenauswertung erfolgte mittels qualitativer Inhaltsanalyse mit deduktiv-induktiver Kategorienbildung. Dabei wurden die Interviews auf inhaltlicher Ebene im Hinblick auf das Auftreten der Kategorien zum funktionalen Denken untersucht. Die formativen Selbst-Assessments der Lernenden wurden mithilfe des entsprechenden Kategoriensystems, welches ihre metakognitiven und selbstregulativen Tätigkeiten erfasst, charakterisiert.

Schließlich wurden die Interviews im ersten Entwicklungszyklus um eine Expertenbefragung ergänzt. Bei dieser wurden Rückmeldungen zum Tooldesign von $n = 23$ Expert:innen der Mathematikdidaktik an der Universität Duisburg-Essen erhoben. Die Expertenumfrage erlaubt eine weitere Einsicht in mögliche Potentiale und Hürden von Lernprozessen bei der Nutzung des SAFE Tools (Papierversion). Da das Expertenfeedback größtenteils aus konkreten Änderungsvorschlägen zum Tooldesigns bestand, wurde es nicht detailliert ausgewertet, sondern bei der Entwicklung der zweiten Toolversion berücksichtigt.[5]

---

[5] Die Weiterentwicklung des SAFE Tools am Ende des ersten und zweiten Entwicklungszyklus erfolgte zunächst in der Papierversion, bevor diese analoge Weiterentwicklung jeweils als Grundlage für die digitale Umsetzung diente. Im Anschluss an die Fertigstellung der iPad App im dritten Zyklus wurde die Papierversion ein weiteres Mal überarbeitet. Die finale Papierversion steht im pdf-Format unter *www.uni-due.de/bif/safe.php* zur Verfügung.

Zweiter Entwicklunsgzyklus

Im zweiten Entwicklungszyklus (s. Kapitel 7) der Studie stand die Digitalisierung des SAFE Tools im Fokus. Für die technische Umsetzung wurden zunächst zwei Möglichkeiten in Betracht gezogen und jeweils Prototypen des SAFE Tools im web-basierten Assessmentsystem *JACK* (*www.uni-due.de/zim/services/jack.php*) und in der Software *TI-Nspire^{TM}* der Firma *Texas Instruments* (*https://education.ti.com/de*) erstellt. Das Übungs- und Prüfungssystem JACK wurde vom Paluno Institut an der Universität Duisburg-Essen entwickelt und wird primär in der digitalen Hochschul-lehre verwendet. Für die technische Umsetzung des SAFE Tools bot JACK den Vorteil, dass Aufgaben innerhalb des Systems leicht und mit geringen Programmier-kenntnissen zu integrieren sind. Zudem können Antworten automatisch gespeichert und bewertet, statische Daten der Bearbeitungen bereitgestellt und ein automa-tisches Feedback für Nutzer:innen generiert werden. Durch die Möglichkeit zur Erstellung mehrstufiger Aufgaben, konnte die Hyperlinkstruktur des SAFE Tools (s. Abschnitt 7.2.1) in gewissem Maße integriert werden. Allerdings konnte beim Check nicht die gesamte Liste aller Beurteilungskriterien zeitgleich, sondern ledig-lich einzelne Checkpunkte nacheinander angezeigt werden. Eine weitere Schwie-rigkeit zur Implementation des SAFE Tools in JACK stellte die begrenzte Anzahl an möglichen und größtenteils geschlossenen Aufgabentypen dar. Neben Single- und Multiple-Choice Formaten waren im System lediglich Lückentexte, sogenannte Fill-in Aufgaben, umsetzbar. Eine Möglichkeit zum Zeichnen von Funktionsgraphen war etwa nicht gegeben. Aus diesem Grund wurde z. B. die Überprüfen-Aufgaben des SAFE Tools mittels Drop-down Menüs zur Festlegung einer Reihenfolge vorgege-bener Abbildungen von Graph-Segmenten implementiert. Dies hatte allerdings den Nachteil, dass erstellte Lösungen nicht als graphische Darstellung zu betrachten sind. Eine weitere Hürde bzgl. der Toolnutzung stellte die Tatsache dar, dass JACK ein web-basiertes System und ohne Internetzugang, d. h. in vielen Klassenzimmern, nicht nutzbar ist.

Die Software TI-Nspire^{TM} der Firma Texas Instruments stellte dagegen eine offline Lösung für die digitale Toolversion bereit, die zudem auf verschiedenen Enderäten (z. B. PC, TI-Handheld oder iPad) einsetzbar ist. Obwohl auch hier die Einbindung dynamischer Elemente schwierig blieb, konnten vier verschiedene Auf-gabenformate (Graphen erstellen, offene Antwort, Auswahl und Zuordnen) umge-setzt werden. Insbesondere das Erstellen von Funktionsgraphen wurde mithilfe einer interaktiven Darstellung ermöglicht, bei der variierbare Graph-Segmente in einem

Zeichenfeld zu positionieren sind (s. Abschnitt 7.2). Zudem konnte die gesamte Checkliste gleichzeitig präsentiert und das Selbst-Assessment im intendierten Sinne digital umgesetzt werden.

Beide Prototypen wurden vier Mathematiklehrkräften vorgestellt und die Vor- und Nachteile beider Toolversionen gemeinsam diskutiert. Dabei wurde dem TI-Nspire^{TM} Prototyp einstimmig ein größeres Potential für die Anregung formativer Selbst-Assessmentprozesse zugesprochen. Im Anschluss an diese Evaluation erfolgte die (erste vollständige) digitale Umsetzung von SAFE als TI-Nspire^{TM} Version. Diese wurde in zwei Einzelinterviews mit Lernenden der zehnten Jahrgangsstufe (15–17 Jahre) einer Real- und einer Gesamtschule erprobt. Zudem wurden die beiden Klassen der Schülerinnen ($n_1 = 28$ und $n_2 = 21$) als Quelle für Rückmeldungen zum SAFE Tool hinzugezogen. Ziel dieser zusätzlichen Klassenbefragungen war es, Feedback von einer größeren Anzahl von Lernenden als intendierte Endnutzer:innen zu berücksichtigen. Die Jahrgangsstufe zehn wurde ausgewählt, da Schüler:innen sich in diesem Schuljahr auf die zentralen Abschlussprüfungen in Nordrhein-Westfalen (NRW) vorbereiten. Daher eignen sie sich, um den Einsatz des SAFE Tools zur Wiederholung von Basiskompetenzen, deren Erwerb möglicherweise schon etwas zurückliegt, zu erproben. Zudem zeigten die Analysen der Daten aus dem ersten Zyklus, dass den Proband:innen der achten Jahrgangsstufe grundlegende Kenntnisse zum Funktionsbegriff fehlten. Es stellte sich die Frage, ob das SAFE Tool eher für Lernende mit mehr Erfahrung im Umgang mit Funktionen geeignet ist. Daher wurden außerdem zwei Studierende im zweiten Fachsemester des Bachelors Mathematik mit der Lehramtsoption HRSGe (Haupt-, Real-, Sekundar- und Gesamtschulen) interviewt. Da es auch in der Studieneingangsphase relevant ist, zentrale Inhalte aus der Schulmathematik zu wiederholen und eventuelle Lücken schnell aufzuarbeiten, sollte erörtert werden, ob sich der Einsatz des digitalen Tools für eine bestimmte Altersgruppe besser eignet. Insgesamt wurden im zweiten Zyklus etwa drei Stunden Videodaten (03:01:10) aus vier Einzelinterviews mittels qualitativer Inhaltsanalyse ausgewertet.

Da in diesem Zyklus die digitale Umsetzung von SAFE im Fokus stand und sich die formativen Selbst-Assessmentprozesse im Verlauf der Toolbearbeitung nur bei einer der vier Proband:innen merklich veränderten, erfolgten zusätzliche Fallanalysen unter Verwendung des FaSMEd Theorierahmens (s. Abschnitt 2.3.3). Damit war es möglich, die Rolle der Technologie in den rekonstruierten formativen Assessmentprozessen aufzuzeigen. Es wurde ersichtlich, dass die TI-Nspire^{TM} Version des SAFE Tools hauptsächlich zur Anzeige relevanter Informationen verwendet wird und nur im Falle einzelner Aufgaben eine interaktive Lernumgebung bereitstellt. Demnach nutzt das Tooldesign mögliche Potentiale digitaler Medien zur Unterstützung der Lernenden nicht ausreichend aus. Zudem konnten vielfältige

Hürden, welche auf die technische Umsetzung und einzelne Designentscheidungen zurückzuführen sind, identifiziert werden. Beispielsweise führte die Darstellung der Musterlösungen oder die Hyperlinkstruktur zwischen Aufgaben dazu, dass Selbst-Assessmentprozesse der Proband:innen unterbrochen oder beendet wurden (s. Abschnitt 7.4.4). Aus diesem Grund wurden keine weiteren Daten mit der TI-Nspire^{TM} Version erhoben, sondern eine technische Weiterentwicklung des SAFE Tools vorgenommen.

Dritter Entwicklungszyklus
Im dritten Entwicklungszyklus (s. Kapitel 8) stand eine größere Ausschöpfung von Potentialen digitaler Medien sowie eine möglichst intuitive Bedienung zur Unterstützung des formativen Selbst-Assessments und funktionalen Denkens von Lernenden im Fokus. Aus diesem Grund wurde das SAFE Tool als unabhängige iPad Applikation (im Folgenden: App) neu programmiert, um etwa den Einsatz interaktiver und verlinkter Darstellungen zu erweitern oder die Platzierung von Musterlösungen zu optimieren. Die App wurde in aufgabenbasierten Einzelinterviews mit $n = 16$ Studierenden der Studieneingangsphase getestet. Zehn der Lernenden befanden sich im ersten Fachsemester des Bachelors Mathematik mit der Lehramtsoption HRSGe (19–30 Jahre) und sechs weitere Proband:innen im zweiten Fachsemester desselben Studiengangs (20–27 Jahre). Da die Studierenden im ersten Semester das Thema Funktionen noch nicht im Studium thematisiert hatten, ist davon auszugehen, dass bei der ersten Probandengruppe ersichtlich wird, welche Kompetenzen und Lücken sie beim Übergang Schule-Hochschule bzgl. des situativ-graphischen Darstellungswechsels funktionaler Zusammenhänge mitbringen. Im Gegensatz dazu besuchten die Proband:innen im zweiten Semester eine Vorlesung, welche die mathematischen Inhalte des SAFE Tools adressierte. Daher sind inhaltliche Schwierigkeiten dieser Proband:innen eher auf tiefreichende Fehlvorstellungen zurückzuführen. Der Fokus auf Studierende ist durch die Mitwirkung am Projekt Bildungsgerechtigkeit im Fokus zu erklären, das auf eine Verbesserung der Studieneingangsphase zielt (s. Abschnitt 5.2.2). Da bereits bei der Interviewdurchführung deutlich wurde, dass die Proband:innen über ähnliche Kompetenzen im Umgang mit dem situativ-graphischen Darstellungswechsel verfügen und auch zu Studienbeginn noch zahlreiche Fehler auftreten, wurde auf eine weitere Datenerhebung mit Schüler:innen verzichtet.

Insgesamt wurden etwa zwölfeinhalb Stunden Videomaterial (12:26:35) aufgenommen, wobei in der Analyse ca. zehn Stunden Videodaten (10:15:19) kodiert und ausgewertet wurden, da diese Sequenzen die Arbeit der Lernenden mit dem SAFE Tool zeigen. Neben den Videos stehen die Bildschirmaufzeichnungen der verwendeten Tabletcomputer als Datenmaterial zur Verfügung. Dadurch ist sichergestellt, dass die Toolnutzung der Lernenden erfasst wird, auch wenn einzelne Handbewegungen in den Videoaufzeichnungen durch eine seitliche bzw. über die Schulter blickende Perspektive verdeckt wurden. Die Auswertung der Interviews erfolgte wie schon in den vorherigen Zyklen mittels qualitativer Inhaltsanalyse, wobei zusätzliche Kategorien zur Betrachtung spezifischer Potentiale und Gefahren der Toolnutzung gebildet wurden. Im finalen Entwicklungszyklus wurden drei Kategoriensysteme zur Datenanalyse verwendet: auf einer inhaltlich-kognitiven Ebene zur Erfassung des funktionalen Denkens, einer metakognitiv-selbstregulativen Ebene zur Erfassung der formativen Selbst-Assessmentprozesse und einer technischen Ebene zur Erfassung der digitalen Toolnutzung.

Neben dem Fokus auf Interaktionen der Proband:innen mit dem SAFE Tool sollten in der Auswertung insbesondere die formativen Selbst-Assessmentprozesse der Lernenden detailliert beschrieben werden. Dazu wurde eine typenbildende Inhaltsanalyse durchgeführt, die eine umfassende Einsicht in die (meta-)kognitiven Prozesse der Lernenden während der Selbstdiagnosen ermöglicht (s. Abschnitt 8.4.3).

5.5   Methode der Datenerhebung: aufgabenbasierte Interviews und lautes Denken

Das Forschungsinteresse dieser Arbeit liegt einerseits in der Untersuchung formativer Selbst-Assessmentprozesse. Andererseits soll das funktionale Denken von Lernenden beim situativ-graphischen Darstellungswechsel funktionaler Zusammenhänge beschrieben werden. Schließlich soll die Interaktion zwischen Lernenden und dem digitalen Tool fokussiert werden, um zu erörtern, inwiefern es sie beim Diagnose- sowie Übersetzungsprozess beeinflusst (s. Abschnitt 5.1). Daher wird zur Datenerhebung die Methode des *aufgabenbasierten Interviews* verwendet. Diese bietet sich an, weil sie einen detaillierten Fokus auf die Lern- und Bearbeitungsprozesse eines Subjekts in dessen Auseinandersetzung mit einer Aufgabenumgebung zulässt (Goldin, 2000, S. 520). Auf diese Weise kann nicht nur das aktuelle Wissen von Lernenden, sondern neben ihren Denkstrukturen und Argumentationen auch ihr Erkenntnisgewinn während des Interviews erfasst werden (Maher & Sigley, 2014, S. 579). In Bezug auf das SAFE Tool lässt sich demnach feststellen, ob das digitale Medium Lernende beim Selbst-Assessment sowie funktionalen Denken unterstützen kann. In diesem Abschnitt wird die Erhebungsmethode zunächst allgemein erläutert, bevor auf die spezifische Durchführung in der vorliegenden Studie eingegangen wird.

5.5.1 Theoretische Grundlagen zur Erhebungsmethode

Beim *aufgabenbasierten Interview* handelt es sich um eine Methode zur Erhebung qualitativer Daten, bei der ein Subjekt nicht nur in zuvor geplanter Weise mit der Interviewleiter:in, sondern insbesondere mit einer mathematischen Aufgabe bzw. Aufgabenumgebung interagiert. Goldin (2000) definiert dies wie folgt:

> „Structured, task-based interviews for the study of mathematical behavior involve minimally a subject (problem-solver) and an interviewer (the clinician), interacting in relation to one or more tasks (questions, problems, or activities) introduced to the subject by the clinician in a preplanned way." (Goldin, 2000, S. 519)

Besonders beim aufgabenbasierten Interview ist, dass das Subjekt nicht nur von der Interviewleiter:in befragt, sondern vordergründig bei der Bearbeitung von (mathematischen) Aufgaben beobachtet wird. Da das allgemeine Vorgehen auf das *klinische Interview* zurückzuführen ist, kann die Methode als Spezialfall dessen aufgefasst werden (Maher & Sigley, 2014, S. 579). Das klinische Interview gilt als halbstandardisiertes Verfahren zur Datenerhebung, da es zum einen durch den Gebrauch von Leitfragen oder der Verfolgung von Kernzielen eine Vergleichbarkeit aufweist. Zum anderen ist der Verlauf nicht strikt vorbestimmt, sodass auf die einzelnen Denkwege und Handlungen der Proband:innen spontan eingegangen werden kann (Selter & Spiegel, 1997, S. 101). Je nach Forschungsinteresse können die Interviews mehr oder weniger strukturiert sein. Das bedeutet, dass entweder ein Großteil der Fragen, Hinweise oder Anmerkungen bereits im Vorfeld festgelegt sind oder während des Interviews spontan auf das Verhalten oder die Äußerungen des Subjekts reagiert wird. Festlegungen dieser Art lassen sich meist einem Interviewleitfaden entnehmen (Goldin, 2000, S. 519; Maher & Sigley, 2014, S. 579).

Zentrales Ziel dieser Interviewform ist es, mehr über die Gedanken der Subjekte zu erfahren. Daher sollten Interviewer:innen wertende und vor allem negative Rückmeldungen vermeiden sowie ein Interesse an den Gedanken und Vorgehensweisen der Lernenden zeigen. Interventionen erfolgen selten und gezielt mit Blick auf das Forschungsinteresse (Selter & Spiegel, 1997, S. 101).

> „Zusammenfassend gesagt, sollte das Vorgehen der Interviewerin also von *bewusster Zurückhaltung* geprägt sein." (Goldin, 1997, S. 101; Hervorhebung im Original)

In aufgabenbasierten Interviews lassen sich verschiedene Techniken anwenden, um die Denkprozesse von Lernenden zu explizieren. Maher und Sigley (2014) nennen beispielsweise „offenes Prompting" sowie die in der vorliegenden Studie verwendete Methode des *lauten Denkens* (Maher & Sigley, 2014, S. 580). Dabei werden Proband:innen dazu aufgefordert und ggf. daran erinnert, ihre Gedanken, Wahrnehmungen und Empfindungen während einer Aufgabenbearbeitung auszusprechen. Durch die entstehenden Verbalisierungen sollen Erkenntnisse über die Denkweisen, Gefühle, Strategien oder Absichten der Subjekte gewonnen werden (Konrad, 2010, S. 476; van Someren et al., 1994, S. 26). Von Vorteil bei dieser Methode ist, dass Erkenntnisse über die während einer Handlung ablaufenden Kognitionen sowie strategische Aktivitäten gewonnen werden können. Zudem charakterisiert sie ein ausgeprägter Prozessbezug, da sowohl Informationen über Denkprozesse sowie zeitliche Veränderungen der Gedanken erfasst werden (Konrad, 2010, S. 485 f). Allerdings ist strittig, ob Lernende ihre kognitiv ablaufenden Prozesse ausreichend sicher verbal zum Ausdruck bringen können. Zudem ist die Frage, ob die Verbalisierung während einer Problembearbeitung die kognitive Leistung verändert, nicht ausreichend geklärt. Hierfür liegen widersprüchliche Forschungsergebnisse vor. Schließlich kann nicht von einer Vollständigkeit der Gedankenprotokolle ausgegangen werden, weil Kognitionen teilweise unterbewusst oder automatisiert erfolgen, sodass nicht alle Gedanken verbalisiert werden (Konrad, 2010, S. 486; van Someren et al., 1994, S. 26). Diesen Nachteilen muss man sich bei der Anwendung des lauten Denkens und der Analyse dadurch erhobener Daten bewusst sein.

Das gewonnene Datenmaterial kann neben Audio- und/oder Videoaufnahmen der Interaktionen zwischen Subjekt, Interviewleiter:in und der Aufgabenumgebung etwa Beobachtungsnotizen der Interviewerleiter:in oder schriftliche Aufgabenbearbeitungen des Subjekts enthalten (Maher & Sigley, 2014, S. 580).

5.5.2 Datenerhebung in der vorliegenden Studie

In dieser Studie dient das SAFE Tool als Aufgabenumgebung für die Intervention während der Interviews. Vor deren Durchführung wurde ein Interviewleitfaden erstellt, der den Ablauf der Datenerhebung strukturiert (s. Anhang 11.1 im elektronischen Zusatzmaterial).[6]

Zunächst wird den Proband:innen vermittelt, dass es während des Interviews nicht darauf ankommt, möglichst viele Aufgaben richtig zu lösen, sondern dass die Erprobung und Evaluation des Tools im Fokus steht. Zudem wird das Interesse an den Denkweisen von Lernenden bekundet und zu diesem Zweck die Methode des

---

[6] Der Interviewleitfaden wurde in jedem Entwicklungszyklus angepasst bzw. weiterentwickelt. Da sich die einzelnen Versionen nicht grundlegend voneinander unterscheiden, wird im Anhang im elektronischen Zusatzmaterial ausschließlich der Leitfaden dargestellt, welcher im dritten Zyklus verwendet wurde.

lauten Denkens erläutert und beispielhaft vorgeführt. Des Weiteren wird erklärt, dass Nachfragen durch den/die Interviewer:in keine Wertung darstellen, sondern zur Äußerung der Gedanken animieren sollen. Als zusätzliche Anregung zur Verbalisierung werden die Probanden aufgefordert alle Texte laut vorzulesen. Schließlich wird die Struktur des SAFE Tools kurz vorgestellt und die Möglichkeit zur Klärung von Fragen gegeben.

Nach einer solchen Einführung beginnen die Proband:innen mit der Bearbeitung des SAFE Tools. Währenddessen hält sich der/die Interviewer:in bewusst zurück und interveniert so wenig wie möglich. Es wird darauf geachtet, eine positive Gesprächsatmosphäre zu schaffen, damit Lernende ihre Gedanken angstfrei äußern und auch Unsicherheiten benennen. Daher werden keine Wertungen (z. B. „Falsch.", „Richtig.", „Das würde ich anders machen.") vorgenommen. Da das Ziel der Interviews im Erfassen der Gedanken von Proband:innen während ihrer Arbeit mit dem SAFE Tool liegt, werden sie bei längeren Pausen zum lauten Denken animiert (z. B. „Was überlegst du gerade?", „Ist dir klar, was du jetzt tun musst?", „Du guckst so fragend?"). Zudem erfolgen zielgerichtete Nachfragen, um die Argumentationen der Lernenden besser nachvollziehen zu können (z. B. „Kannst du mir erklären, warum du es so machst?", „Was verstehst du daran nicht?"; „Warum?"). Fragen der Proband:innen werden ausschließlich bzgl. technischer Schwierigkeiten, zur Toolstruktur oder der Bedienung beantwortet. Da Lernende vorab kein Training zum Umgang mit dem SAFE Tool, sondern lediglich eine kurze Erläuterung dessen Struktur erhalten, soll dadurch eine uneingeschränkte Toolnutzung ermöglicht werden. Inhaltliche Hinweise oder Hilfestellungen zur Problemlösung werden nicht gegeben. Stattdessen wird die Verantwortung für den Lernprozess wieder an die Lernenden abgegeben (z. B. „Was glaubst du denn?", „Mache es so, wie du denkst.", „Wie verstehst du denn die Aufgabe/den Checkpunkt?").

Im Anschluss an die Toolbearbeitung wurden die Interviews mit einer kurzen, reflektierenden Befragung der Lernenden abgeschlossen. Die Interviewdauer beträgt 27:32–76:32 Minuten. Die unterschiedlichen Längen kommen zum einen dadurch zustande, dass die Datenerhebung in Schulen mit unterschiedlich langen Schulstunden sowie an der Universität Duisburg-Essen durchgeführt wurde. Zum anderen bearbeiten die Proband:innen nach ihrem anfänglichen Selbst-Assessment im SAFE Tool verschiedene Aufgaben, welche auf den individuellen Förderbedarf der Lernenden zugeschnitten sind. Die unterschiedlichen Stichproben werden bei der Beschreibung der jeweiligen Entwicklungszyklen näher vorgestellt (s. Abschnitte 6.3, 7.3 und 8.3).

5.6   Methode der Datenauswertung: Qualitative Inhaltsanalyse

Wie in Abschnitt 5.1 verdeutlicht, besteht das Ziel der Datenauswertung in der vorliegenden Studie darin, das funktionale Denken von Lernenden sowie deren formative Selbst-Assessmentprozesse bei ihrer Arbeit mit dem SAFE Tool rückwirkend zu beschreiben. In Abschnitt 5.3 wurde diese Zielsetzung im Sinne der fachdidaktischen Entwicklungsforschung mit der (Weiter-)Entwicklung einer lokalen Lehr-Lern-Theorie in Verbindung gebracht. Demnach muss eine Auswertungsmethode gewählt werden, die sowohl theoriegeleitet als auch interpretativ arbeitet und die Abstraktion von Ergebnissen über die untersuchten Einzelfälle hinaus ermöglicht. Aus diesem Grund wird für die Analyse ablaufender Lernprozesse in den aufgabenbasierten Interviews die Methode der *qualitativen Inhaltsanalyse* verwendet. Diese erlaubt einerseits ein offenes, deutendes und in Bezug auf die Forschungsfrage spezifisches Vorgehen. Andererseits bleibt dieses durch die Systematik und Regelgeleitetheit der Methode nachvollzieh- und überprüfbar (Mayring, 2015, S. 12 f; Mayring & Fenzl, 2014, S. 544 f). Zudem erfordert sie eine Kategorienbildung, welche im Kern zur Theorieentwicklung beitragen kann, da sie u. a. die folgenden kognitiven Handlungen umfasst: „[d]ie Umwelt wahrnehmen, das Wahrgenommene einordnen, abstrahieren, Begriffe bilden, Vergleichsoperationen durchführen und Entscheidungen fällen, welcher Klasse eine Beobachtung angehört" (Kuckartz, 2016, S. 31). Im Folgenden wird die Methode der qualitativen Inhaltsanalyse zunächst im Allgemeinen beschrieben (s. Abschnitt 5.6.1), bevor auf die spezifische Umsetzung in der vorliegenden Studie eingegangen wird (s. Abschnitt 5.6.2).

5.6.1   Theoretische Grundlagen zur Auswertungsmethode

Qualitative Inhaltsanalyse bezeichnet eine Vielzahl an Verfahrensweisen zur systematischen Auswertung von „Material, das aus irgendeiner Art von Kommunikation stammt" (Mayring, 2015, S. 11). Obwohl die in den Sozialwissenschaften entsprungene Methode ursprünglich als Instrument zur reinen Textanalyse entwickelt wurde, wird sie heute „im Sinne eines erweiterten Textbegriffs" auch etwa auf Audio- oder Videomaterial angewendet (Stamann et al., 2014, S. 5). So können neben schriftlichen oder verbalen Äußerungen auch Kommunikationsmittel wie z. B. Gesten zum Analysegegenstand werden (Mayring, 2015, S. 12). Je nach Forschungskontext werden unterschiedliche qualitative (und evtl. quantitative) Analyseschritte in das empirische Vorgehen einbezogen, sodass nicht von der einen Standardmethode gesprochen werden kann. Allen Formen ist jedoch das Ziel des Textverstehens durch eine Systematisierung der Kommunikationsinhalte gemeinsam. Dieses wird durch die Ausweisung relevanter Aspekte als Kategorien und deren Zuordnung zu entsprechenden Textsegmenten verfolgt (Kuckartz, 2016, S. 26 ff; Stamann et al., 2014, S. 5). Auf diese Weise soll das Datenmaterial in Bezug auf die interessierenden Merkmale klassifizierend beschrieben, d. h. seine Komplexität im Hinblick auf die Forschungsfrage reduziert werden (Kuckartz, 2016, S. 32). Zusammenfassend lassen sich folgende Charakteristika als zentral für die qualitative Inhaltsanalyse herausstellen (Kuckartz, 2016, S. 52; Mayring & Fenzl, 2014, S. 544 ff; Mayring, 2015, S. 12 f):

- *systematisch*: Es handelt sich um eine wissenschaftliche Methode, dessen Anwendung präzise beschrieben werden kann.
- *regelgeleitet*: Die qualitative Inhaltsanalyse orientiert sich an einem zuvor festgelegten Ablaufmodell und hält die für einzelne Analyseschritte formulierten Regeln ein.
- *kategoriengeleitet*: Die Grundhandlung der Analyse besteht im Zuweisen von Kategorien zu einzelnen Textsegmenten, dem Codieren.
- *theoriegeleitet*: Die Analyse erfolgt unter einer theoretisch fundierten Fragestellung, bezieht theoretische Überlegungen ein und ihre Ergebnisse werden mit Bezug zum theoretischen Hintergrund interpretiert.
- *komprimierend*: Die Methode zielt im Hinblick auf die Forschungsfrage darauf die Komplexität des Datenmaterials zu reduzieren.
- *resümierend*: Ziel der Analyse ist nicht die Interpretation an sich, sondern das Rückschließen über den Text hinaus. Das Datenmaterial wird daher stets in ein Kommunikationsmodell eingeordnet. Das heißt, dass etwa der Entstehungskontext, die Zielgruppe oder Textproduzenten festgelegt und berücksichtigt werden.

Das zentrale Instrument der qualitativen Inhaltsanalyse ist das *Kategoriensystem*, also die Gesamtheit aller verwendeten Kategorien (Kuckartz, 2016, S. 37). Das Wort *Kategorie* stammt aus dem Griechischen und bedeutet ursprünglich soviel wie Klasse, Anklage oder Beschuldigung. In den Sozialwissenschaften kann es als „Ergebnis der Klassifizierung von Einheiten" verstanden und synonym zu Begriffen wie „Klasse, Abstraktion oder Rubrik" verwendet werden (Kuckartz, 2016, S. 31). Der kognitive Prozess der Kategorienbildung erfolgt in einem Wechselspiel zwischen Theorie (und Forschungsfrage) sowie dem konkreten Material (Mayring, 2015, S. 61). Dabei können Kategorien einerseits vor einer Analyse, aus der Theorie heraus, unabhängig von den vorliegenden Daten abgeleitet werden (*deduktive Kategorienbildung*). Andererseits können sie durch eine Verallgemeinerung des empirischen Materials definiert werden (*induktive Kategorienbildung*). Daneben sind – wie

in dieser Arbeit – Mischformen beider Verfahren zur Entwicklung des Kategoriensystems möglich (*deduktiv-induktive Kategorienbildung*; Kuckartz, 2016, S. 63 ff).

Die Kategorienbildung stellt nach Kuckartz (2016) eine von fünf zentralen Phasen der qualitativen Inhaltsanalyse dar, welche er in einem allgemeinen Ablauf-
schema organisiert. Dabei stellt er die Forschungsfrage in den Mittelpunkt der Analyse, um auszudrücken, dass sie für jeden einzelnen Analyseschritt entscheidend
ist. Zudem ordnet er die Phasen „Textarbeit, Kategorienbildung, Codierung, Analyse und Ergebnisdarstellung" prinzipiell in einer festen Sequenz an, unterstreicht
aber gleichzeitig die Möglichkeit, vielfältige Schleifen im Analyseprozess zu durchlaufen. Die einzelnen Analysephasen sind daher nicht strikt voneinander trennbar
(Kuckartz, 2016, S. 45 ff). Beispielsweise kann während der Kodierung die Notwendigkeit zur Bildung neuer Kategorien bemerkt und im Anschluss an die Überarbeitung des Kategoriensystems ein weiterer Materialdurchlauf vorgenommen werden.
Ein ähnlicher Verlauf qualitativer Inhaltsanalysen ist bei Mayring (2015) zu finden. Er expliziert in seinem „allgemeinen Ablaufmodell" allerdings eher einzelne
Schritte anstatt übergeordnete Phasen zu fokussieren (Mayring, 2015, S. 62). In der
vorliegenden Studie wird daher das Modell von Kuckartz (2016) bevorzugt und
im folgenden Abschnitt 5.6.2 dazu verwendet, die vorgenommenen Analysephasen
im Detail zu beschreiben, wobei auch die von Mayring (2015) benannten Schritte
berücksichtigt werden.

5.6.2 Datenauswertung in der vorliegenden Studie

In der vorliegenden Studie erfolgte die qualitative Inhaltsanalyse mit deduktiv-
induktiver Kategorienbildung in sechs Auswertungsphasen. Dieser Ablauf ist in
Abbildung 5.3 dargestellt. Die einzelnen Phasen der Datenauswertung werden im
Folgenden näher vorgestellt.

Phase 1: Initiierende Video- und Textarbeit
Kuckartz (2016, S. 55) beschreibt die „initiierende Textarbeit" als ersten Schritt der
qualitativen Inhaltsanalyse. Dabei soll man sich den Zielen der Datenauswertung
sowie der Forschungsfrage vergewissern, ein erstes Gesamtverständnis des Textes
entwickeln, indem etwa wichtige Abschnitte oder zentrale Begriffe markiert und
sich insgesamt intensiv „mit den Inhalten und dem sprachlichen Material eines
Textes" befasst wird (Kuckartz, 2016, S. 55 ff). Daneben betont Mayring (2015)
die Notwendigkeit, vorab das Material, d. h. den konkreten Analysegegenstand,
festzulegen und dessen Entstehung sowie formale Charakteristika zu beschreiben
(Mayring, 2015, S. 54 ff).

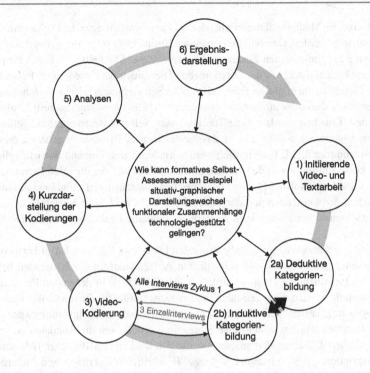

Abbildung 5.3 Ablauf der qualitativen Inhaltsanalyse in der vorliegenden Studie (in Anlehnung an Kuckartz, 2016, S. 45)

In der vorliegenden Studie werden diese Analyseschritte in der ersten Phase der initiierenden Video- und Textarbeit zusammengefasst. Gemäß der drei in Abschnitt 5.1.2 formulierten Forschungsfragen gilt es, die videographierten Interviews dahingehend zu untersuchen, welches funktionale Denken Lernende zeigen, welche formativen Selbst-Assessmentprozesse ablaufen und inwiefern die Nutzung des SAFE Tools diese beiden Komponenten beeinflusst. Aus diesem Grund werden diejenigen Sequenzen der Interviews als Material zur Analyse festgelegt, die in Bezug auf die genannten Inhalte relevante Informationen enthalten. Das heißt, dass etwa Erklärungen des Interviewverlaufs oder private Gespräche zwischen Schüler:innen, die sich nicht auf die Interaktion mit dem SAFE Tool beziehen, von der Analyse ausgeschlossen werden.

Im Hinblick auf die Entstehungssituation der Daten ist relevant, dass weder die mathematischen Inhalte noch die Selbstdiagnose oder der Umgang mit dem SAFE

Tool zuvor im Mathematikunterricht oder in Lehrveranstaltungen der Proband:innen thematisiert wurden. Obwohl die Lernenden bereits mehr oder weniger vertraut im Umgang mit funktionalen Zusammenhängen sind (s. Abschnitt 5.4), haben sie die Thematik nicht direkt vor der Datenerhebung behandelt oder wiederholt. In Bezug auf gezeigte mathematische Fähigkeiten oder Schwierigkeiten ist demnach davon auszugehen, dass diese auf bereits verinnerlichte (Fehl-)Vorstellungen zurückzuführen sind. Daneben wurden keine Trainings zum Selbst-Assessment durchgeführt, sodass angenommen werden kann, dass beobachtete Selbstdiagnoseprozesse durch die Nutzung des SAFE Tools initiiert werden. Dadurch, dass Proband:innen lediglich eine kurze Einführung in den Aufbau und die Bedienung der digitalen Lernumgebung erhalten (s. Anhang 11.1 im elektronischen Zusatzmaterial), sind Interaktionen zwischen den Lernenden und der Technologie nicht auf bereits ausgebildete Nutzungsschemata zurückzuführen, sondern als spontane Reaktionen auf das Design zu deuten.

Das Datenmaterial der aufgabenbasierten Interviews lag zunächst in Form von Videoaufnahmen vor, die von schriftlichen Aufzeichnungen der Lernenden bzw. Bildschirmaufnahmen ergänzt wurden (s. Abschnitt 5.5). In der ersten Phase der Auswertung wurden diese gesichtet, um ein erstes Gefühl für die (meta-)kognitiven und selbstregulativen Aktivitäten der Lernenden sowie deren Toolnutzung zu gewinnen. Daneben wurden stellenweise Transkripte erstellt, um die Rohdaten zu verschriftlichen. Dabei wurden größtenteils die von Kuckartz (2016) vorgeschlagenen Transkriptionsregeln verwendet, sodass z. B. wörtlich transkribiert und Äußerungen leicht geglättet ans Schriftdeutsche angepasst wurden (Kuckartz, 2016, S. 167 f). Handlungen wurden in den Transkripten ebenfalls berücksichtigt. Das ist einerseits damit zu begründen, dass die Proband:innen ihre Vorstellungen bzgl. Größenveränderungen oder graphischen Repräsentationen häufig durch Gesten ausdrückten. Andererseits kann die Nutzung des SAFE Tools durch Lernende verdeutlicht werden. Um die Anonymität der Proband:innen zu wahren, wurden ihnen alternative Namen zugeordnet. Dabei wurde auf einen vergleichbaren Wortursprung geachtet, damit im späteren Verlauf der Analyse Hypothesen in Bezug auf z. B. sprachliche, geschlechtsspezifische oder soziokulturelle Unterschiede der Interviewten möglich bleiben. Während im ersten Entwicklungszyklus zunächst alle Interviews vollständig transkribiert wurden, erwies sich im Laufe der Analysen eine direkte Kodierung des Videomaterials als effektiver. Dadurch konnte die Kategorienzuordnung einzelner Sequenzen durch das Betrachten von Gesten der Lernenden oder ihrer sprachlichen Betonungen vereinfacht werden. Aus diesem Grund wurden im späteren Verlauf nur diejenigen Schlüsselstellen transkribiert, welche in die Analysen integriert wurden.

Phase 2: Kategorienbildung

Phase 2.1: Deduktive Kategorienbildung

In der ersten Phase der Kategorienbildung wurden zunächst deduktiv Kategorien aus den theoretischen Grundlagen dieser Arbeit abgeleitet (s. Kapitel 2–4), ohne das Datenmaterial zu berücksichtigen. Diese Dimensionen zur Strukturierung der Daten orientieren sich demnach an einer „bereits vorhandenen inhaltlichen Systematisierung" (Kuckartz, 2016, S. 64). Diese gilt es für das spezifische Erkenntnisinteresse durch die Kategorienbildung herauszuarbeiten. Dazu wurde weitestgehend die von Mayring (2015) vorgeschlagene Schrittigkeit übernommen. Zunächst wurden theoriegeleitet die Hauptkategorien bzw. Strukturierungsdimensionen festgelegt. In einem zweiten Schritt wurden deren Ausprägungen, d. h. die Unterkategorien, betrachtet und das Kategoriensystem im Ganzen zusammengestellt. Schließlich galt es das Kodiermanual bestehend aus Definitionen, Ankerbeispielen und Kodierregeln zu erstellen (Mayring, 2015, S. 98). Jede Definition beinhaltet neben einer Bezeichnung der Kategorie auch ihre inhaltliche Beschreibung. Die Kodierregeln ermöglichen eine eindeutige Zuordnung und umfassen etwa eine Abgrenzung zu anderen Kategorien (Kuckartz, 2016, S. 67; Mayring, 2015, S. 97). Obwohl gefordert wird, dass deduktive Kategorien „disjunkt und erschöpfend" sein sollen, wird eine Vollständigkeit in der vorliegenden Arbeit nicht verfolgt, da sich in Phase 2.2 der Analyse eine induktive Kategorienbildung anschließt (Kuckartz, 2016, S. 67). Aus diesem Grund werden keine zusätzlichen Schritte zur A-priori-Kategorienbildung, wie z. B. ein erster Materialdurchlauf oder eine Überarbeitung des Kategoriensystems, durchgeführt (Mayring, 2015, S. 97).

Da sich das Forschungsinteresse dieser Studie auf unterschiedliche Handlungsebenen der Lernenden während ihrer Arbeit mit dem SAFE Tool bezieht (s. Abschnitte 5.1), wurden zur Analyse drei getrennte Kategoriensysteme entwickelt. Dies erwies sich einerseits aufgrund der hohen Anzahl an Kategorien und andererseits zur Trennung der Analysedimensionen als hilfreich. Das erste Kategoriensystem dient dem Erfassen des funktionalen Denkens der Proband:innen und umfasst daher ihre Aktivitäten auf einer inhaltlich-kognitiven Handlungsebene. Das zweite Kategoriensystem konzentriert sich auf die metakognitiven und selbstregulativen Handlungen, die Lernende beim formativen Selbst-Assessment durchführen. Schließlich wurden für die Analysen im dritten Entwicklungszyklus weitere Kategorien zur Erfassung der Toolnutzung auf einer technischen Handlungsebene gebildet.

1. Kategoriensystem: Funktionales Denken beim situativ-graphischen Darstellungswechsel

Das erste Kategoriensystem dient dem Erfassen des funktionalen Denkens der Proband:innen. Dieses wurde in Abschnitt 3.9 als Sammelbegriff für alle Vorstellungen und Kompetenzen definiert, welche Lernende dazu befähigen, den mathematischen Funktionsbegriff ganzheitlich zu verstehen und vielfältig anzuwenden. Ferner wurde der Fokus auf den situativ-graphischen Darstellungswechsel funktionaler Zusammenhänge begründet. Um das funktionale Denken der Proband:innen sowie deren fachliche Defizite zu erfassen, werden ihre kognitiven Handlungen bei diesem Übersetzungsprozess in vier Bereichen fokussiert: *Fähigkeiten, Vorstellungen, Fehler* und *Schwierigkeiten*. Diesen Bereichen wurden basierend auf Kapitel 3 deduktiv Kategorien hinzugefügt. Das auf diese Weise festgelegte Kategoriensystem ist in Tabelle 5.1 dargestellt. Es enthält insgesamt 15 Haupt- und 12 Unterkategorien.

Tabelle 5.1 Deduktives Kategoriensystem zum funktionalen Denken

Fähigkeiten	Vorstellungen	Fehler	Schwierigkeiten

Situative Darstellung interpretieren
• Funktionale Abhängigkeit erfassen
  - Größen identifizieren
  - Variablen erkennen
  - Richtung der Abhängigkeit bestimmen
	Zuordnung
	
	Kovariation
	• asynchron
	• direktional
	• quantifiziert
	• stückweise
	• kontinuierlich
		Graph-als-Bild Fehler
		• global
		• lokal
		
		Falsche Achsenbezeichnung
		
		Fehlerhafte Skalierung
		
		Missachtung der Eindeutigkeit
			Umgang mit qualitativer Funktion
			
			Umgang mit zeitunabhängiger Funktion

Graphische Darstellung konstruieren Graphische Darstellung interpretieren	Objekt	Übergeneralisierung/ Prototypen • Illusion der Linearität Punkt-Intervall-Verwechslung Steigungs-Höhe-Verwechslung	

Im Bereich *Fähigkeiten* werden die Hauptkategorien „Situative Darstellung interpretieren" und „Graphische Darstellung konstruieren", welche als wesentliche Schritte beim situativ-graphischen Darstellungswechsel angesehen werden können, um die Hauptkategorie „Graphische Darstellung interpretieren" ergänzt. Hierdurch sollen kognitive Tätigkeiten der Lernenden zur Validierung eines erstellten Lösungsgraphen festgehalten werden (s. Abschnitt 3.7.2). Für die Interpretation einer gegebenen Ausgangssituation wird zudem die Unterkategorie „Funktionale Abhängigkeit erfassen" formuliert. Dieser essentielle Schritt in jedem Übersetzungsprozess zwischen zwei Funktionsdarstellungen kann durch die drei von Zindel (2019, S. 39) identifizierten Verstehenselemente zum „Kern des Funktionsbegriffs" spezifiziert werden. Die beteiligten Größen eines funktionalen Zusammenhangs müssen identifiziert, deren Variabilität festgestellt und die Richtung der Abhängigkeit bestimmt werden.

Im Bereich *Vorstellungen* werden drei Hauptkategorien entsprechend der drei Grundvorstellungen zum Funktionsbegriff: „Zuordnung", „Kovariation" und „Objekt" unterschieden (s. Abschnitte 3.3.1–3.3.3). Darüber hinaus werden fünf Unterkategorien zur Kovariationsvorstellung definiert, welche sich im Wesentlichen von den fünf Stufen des „Covariational Reasonings" nach Carlson et al. (2002) sowie Thompson und Carlson (2017) ableiten (s. Abschnitt 3.5).

Im Bereich *Fehler* werden entsprechend der in Abschnitt 3.8 beschriebenen, typischen Fehlertypen im Umgang mit Funktionen, die beim situativ-graphischen Darstellungswechsel erwartbar sind, sieben Hauptkategorien unterschieden: „Graph-als-Bild Fehler", „Falsche Achsenbezeichnung", „Fehlerhafte Skalierung", „Missachtung der Eindeutigkeit", „Übergeneralisierung/ Prototypen", „Punkt-Intervall-Verwechslung" und „Steigungs-Höhe-Verwechslung". Zudem werden beim Graph-als-Bild Fehler die Unterkategorien „lokal" und „global" spezifiziert, um den jeweiligen Fehlertypen näher identifizieren zu können (s. Abschnitt 3.8.1). Schließlich soll es die Unterkategorie „Illusion der Linearität" ermöglichen, diesen Spezialfall einer Übergeneralisierung von Funktionseigenschaften zu erfassen (s. Abschnitt 3.8.5).

Der Bereich *Schwierigkeiten* komplettiert das erste Kategoriensystem. Er dient der Feststellung fachlicher Probleme der Proband:innen, die nicht direkt als Fehler zu werten sind. In den theoretischen Grundlagen dieser Arbeit konnten zwei Kategorien für diesen Bereich identifiziert werden. Zunächst zeigt sich, dass Lernenden der „Umgang mit qualitativen Funktionen", bei denen keine konkreten Zahlenwerte vorgegebenen werden, schwerfällt (s. Abschnitt 3.7.3). Zudem haben sie oftmals Schwierigkeiten im „Umgang mit zeitunabhängigen Funktionen" (s. Abschnitt 3.8.6).

2. Kategoriensystem: Formatives Selbst-Assessment beim situativ-graphischen Darstellungswechsel

Zur Operationalisierung des formativen Selbst-Assessments (FSA) wurde in Abschnitt 2.5 ein theoriebasiertes Modell mit sechs Teilschritten entwickelt, die den zentralen Fragestellungen *Wo möchte ich hin?*, *Wo stehe ich gerade?* und *Wie komme ich dahin?* zugeordnet sind (s. Abbildung 2.5). Diese Fragen wurden für das zweite, deduktiv gebildete Kategoriensystem als strukturierende Bereiche festgelegt. Da sie selbst keine metakognitiven oder selbstregulativen Handlungen beschreiben, werden sie nicht zur Kodierung herangezogen. Stattdessen wurden die sechs Teilschritte des FSA-Modells als Kategorien für die qualitative Inhaltsanalyse festgelegt.

Tabelle 5.2 Deduktives Kategoriensystem zum formativen Selbst-Assessment

Wo möchte ich hin?	Wo stehe ich gerade?	Wie komme ich dahin?
Lernziele und Beurteilungskriterien identifizieren	Diagnostische Informationen zum eigenen Lernstand erfassen	Selbst-Feedback formulieren
	Diagnostische Informationen zum eigenen Lernstand interpretieren	Entscheidung über nächsten Schritt im Lernprozess treffen
	Diagnostische Informationen zum eigenen Lernstand evaluieren	

Um eine Selbstdiagnose durchzuführen, muss zunächst eine Bezugsnorm ausgemacht werden, gegen welche die eigene Aufgabenlösung abgeglichen wird. Lernende müssen demnach „Lernziele und Beurteilungskriterien identifizieren". Daraufhin kann der eigene Lernstand gegenüber diesen bewertet werden. Hierbei können die drei Hauptkategorien „Diagnostische Informationen zum eigenen Lernstand erfassen", „interpretieren" und „evaluieren" unterschieden werden. Beim Erfassen geht es darum, eigene Lernprodukte oder Gedanken bewusst als Diagnosegrundlage wahrzunehmen. Beim Interpretieren wird festgehalten, ob Lernende z. B. eigene Aufgabenlösungen bzgl. dahinterstehender Vorstellungen analysieren oder reflektieren, welche Argumentation sie zu ihrer Lösung geführt hat. Beim Evaluieren wird schließlich eine Bewertung der eigenen Lösung vorgenommen. Das heißt, Fehler oder korrekte Merkmale werden identifiziert. Im Anschluss an diese Beurteilung muss bei einem formativen Selbst-Assessmentprozess eine Nutzung der diagnostischen Informationen im Hinblick auf den weiteren Lernprozess erfolgen. Lernende können ein „Selbst-Feedback formulieren" sowie „Entscheidungen über nächste Schritte im Lernprozess treffen". Insgesamt ergibt sich das in Tabelle 5.2 dargestellte Kategoriensystem zum Erfassen formativer Selbst-Assessments.

3. Kategoriensytem: Potentiale und Gefahren der Toolnutzung
Das dritte Kategoriensystem fokussiert die technische Handlungsebene. Das heißt, die Nutzung des digitalen Tools durch die Lernenden und die damit verbundenen Potentiale sowie Gefahren für ihre Lern- und Assessmentprozesse werden fokussiert. In Kapitel 4 wurden mögliche Vor- und Nachteile digitaler Medien sowohl für das formative Assessment (s. Abschnitt 4.3) als auch für das funktionale Denken (s. Abschnitt 4.4) theoretisch erörtert. Daraus können drei bzw. sieben Kategorien für diese Bereiche abgeleitet werden, die Tabelle 5.3 zu entnehmen sind.

Tabelle 5.3 Deduktives Kategoriensystem zu Potentialen & Gefahren der Toolnutzung

Potentiale/Gefahren der Toolnutzung für formatives Assessment	Potentiale/Gefahren der Toolnutzung für funktionales Denken
Neue Aufgabenformate	Entlastung von Routinetätigkeiten
Hyperlinkstruktur	Schnelle Verfügbarkeit von Darstellungen
Feedback	Multiple Darstellung
	Dynamische Darstellung
	Interaktive Darstellung
	Verlinkte Darstellung
	Lenkung des Handelns

Phase 2.2: Induktive Kategorienbildung

In der zweiten Phase der Kategorienbildung wurden die deduktiv festgelegten Kategoriensysteme weiterentwickelt und um Kategorien ergänzt, welche direkt am Datenmaterial entwickelt wurden. Für eine solche induktive Kategorienbildung beschreibt Kuckartz (2016) sechs Richtlinien: Zunächst sei das Ziel der Kategorienentwicklung zu bestimmen, bevor deren Art und Abstraktionsniveau festzulegen sind. Nachdem man sich mit dem Material vertraut gemacht und die Art der Kodiereinheit festgelegt hat, können die Daten sequenziell bearbeitet, vorhandene Kategorien zugeordnet oder neue ausgemacht werden. Wurde das Kategoriensystem systematisiert und organisiert, kann es final festgelegt werden (Kuckartz, 2016, S. 83 ff). In der vorliegenden Studie ergeben sich die ersten drei Schritte dieses Vorgehens in gewissem Maße bereits durch den zuvor durchgeführten Analyseschritt. Die induktive Ergänzung der deduktiv abgeleiteten Kategorien soll es ermöglichen, das funktionale Denken, formative Selbst-Assessment und die Toolnutzung der Proband:innen detaillierter zu beschreiben. Die neu gebildeten Kategorien sollen sich dabei den festgelegten Themenbereichen der deduktiven Kategoriensysteme unterordnen lassen. Als Kodiereinheiten werden jeweils Äußerungen oder Handlungen der Proband:innen festgelegt, die eine spezifische kognitive, metakognitive oder technische Aktivität im Rahmen des Erkenntnisinteresses umfassen. Diese Einheiten sind demnach nicht durch eine spezifische Dauer der jeweiligen Videosequenz bestimmt, sondern durch die Handlung der Lernenden. Für die induktive Kategorienbildung dienen die deduktiven Kategorien „als eine Art Suchraster", das es ermöglicht, relevante Stellen im Datenmaterial ausfindig zu machen (Kuckartz, 2016, S. 96).

Die induktive Kategorienbildung für die ersten beiden Kategoriensysteme erfolgte anhand der Interviews im ersten Entwicklungszyklus. Dazu wurden zunächst die drei Einzelinterviews von Robin, Linn und Tom betrachtet. Die Videosequenzen, welche ihre Arbeit mit dem SAFE Tool zeigen, machen etwa ein Drittel des Datenmaterials im ersten Zyklus aus. Anhand dieser Interviews wurden die Kategoriensysteme neu organisiert und um induktiv gebildete Kategorien ergänzt. Daraufhin erfolgte ein weiterer Materialdurchlauf aller Interviews des ersten Zyklus. Im Anschluss wurden die Kategoriensysteme final festgelegt, Kodiermanuale erstellt und in einer letzten Materialdurchsicht der bereits kodierten Videos finale Änderungen vorgenommen. In den Entwicklungszyklen zwei und drei wurden nur vereinzelt Kategorien ergänzt, die sich aufgrund des weiterentwickelten Tooldesigns als notwendig herausstellten. Die einzelnen Entwicklungen beider Kategoriensysteme werden im Folgenden näher beschrieben. Zuvor sei angemerkt, dass das dritte Kategoriensystem zur Nutzung des SAFE Tools ausschließlich bei der Datenanalyse im dritten Entwicklungszyklus verwendet wurde. Hier stand der Einsatz spezifischer Designelemente der iPad App Version von SAFE im Fokus, um Potentiale und Gefahren des digitalen Tools untersuchen zu können. Die induktive Kategorienbildung basiert demnach auf den sechszehn Einzelinterviews des dritten Zyklus.

1. Kategoriensystem: Funktionales Denken beim situativ-graphischen Darstellungswechsel

Das deduktiv festgelegte Kategoriensystem zum funktionalen Denken beim situativ-graphischen Darstellungswechsel umfasste 15 Haupt- und 12 Unterkategorien in den vier Bereichen Fähigkeiten, Vorstellungen, Fehler und Schwierigkeiten (s. Tabelle 5.1). Nach dem ersten Materialdurchgang wurde es durch induktiv gebildete Kategorien maßgeblich erweitert. Das weiterentwickelte Kategoriensystem setzt sich aus 30 Haupt- und 41 Unterkategorien zusammen (s. Tabelle 5.4).

Im Bereich *Fähigkeiten* wurde die Kategorie „Funktionale Abhängigkeit erfassen" mit ihren drei Unterkategorien in der hierarchischen Struktur des Kategoriensystems eine Ebene angehoben. Wurde zunächst angenommen, dass Lernende beim fokussierten Darstellungswechsel die funktionale Abhängigkeit zweier Größen stets in der situativen Ausgangsdarstellung erfassen müssen, zeigten die Interviews eine Unabhängigkeit dieser kognitiven Aktivität von der Darstellungsform. Beispielsweise machten Lernende funktionale Abhängigkeiten in Zuordnungsaufgaben auch anhand graphischer Repräsentationen aus. Die Kategorien „Situative Darstellung interpretieren" und „Graphische Darstellung konstruieren" wurden durch fünf bzw. sechs Unterkategorien ausdifferenziert, welche spezifischere Handlungen der Lernenden beschreiben. Darüber hinaus wurde die neue Oberkategorie „Graphische Darstellung interpretieren" mit fünf Unterkategorien als sinnvoll erachtet. Die Interviews ergaben, dass Lernende während ihrer Arbeit mit dem SAFE Tool nicht nur kognitive Fähigkeiten zeigen, die von einer situativen Ausgangsdarstellung ausgehen und zur Konstruktion eines Graphen führen. Zur Kontrolle eigener Aufgabenlösungen oder bei Zuordnungsaufgaben nehmen Proband:innen oftmals Tätigkeiten des entgegengesetzten Übersetzungsprozesses vom Graphen zur Situation vor. Dabei wird z. B. der Verlauf eines Graphen verbalisiert sowie einzelne Punkte oder

Tabelle 5.4 Kategoriensystem zum funktionalen Denken nach dem 1. Materialdurchlauf

Fähigkeiten	Vorstellungen	Fehler	Schwierigkeiten
Funktionale Abhängigkeit erfassen • Größen identifizieren • Variablen erkennen • Richtung der Abhängigkeit bestimmen **Situative Darstellung interpretieren** • Variablenwert erkennen • Variablenwert festlegen • Art der Variablenveränderung erkennen • Grad/Wert der Variablenveränderung erkennen • Änderung der „Steigung" erkennen **Graphische Darstellung konstruieren** • Achsen beschriften • Achsen skalieren • Punkt/e plotten • Art der Steigung skizzieren • Grad der Steigung skizzieren • Änderung der Steigung skizzieren **Graphische Darstellung zuordnen** **Graphische Darstellung interpretieren** • Verlauf des Graphen beschreiben • Wert des Graphen erklären • Art der Steigung erklären • Grad der Steigung erklären • Änderung der Steigung erklären	**Zuordnung** **Kovariation** • asynchron • direktional • quantifiziert • stückweise • kontinuierlich **Objekt**	**Funktionale Abhängigkeit nicht erfasst** • Falsche Größenauswahl • Richtung der Abhängigkeit vertauscht • Unpassende Annahme einer Zeitabhängigkeit **Graph-als-Bild Fehler** **Falsche Achsenbezeichnung** **Teilsituation nicht modelliert** **Missachtung des Variablenwerts** **Missachtung der Eindeutigkeit** **Missachtung der Steigungsänderung** **Punkt-Intervall-Verwechslung** **Intervall-Punkt-Verwechslung** **Steigungs-Höhe-Verwechslung** **Graphische Darstellung falsch zugeordnet**	**Umgang mit qualitativer Funktion** **Definition/Konvention graphische Darstellung** • Definition von Graph • Graph/Koordinatensystem als Tabelle bezeichnet • Achsenschnittpunkt nicht Nullpunkt • Graph ohne Koordinatensystem skizziert • Interpretation des Nullpunkts • Darstellung des Werts null **Begriff/Bezeichnung** • erste/zweite Achse • t für Variable Zeit • waagerechte Entfernung • unabhängige und abhängige Größe • konstant • gleichmäßig ansteigen • Stückzahl • v(t) für Geschwindigkeit **Andere Modellierungsannahme** **Übertragung visueller Situationseigenschaften auf graphische Darstellung** **Graph als Funktionsdarstellung** **Interpretation nicht-linearer Graphen** **Zunahme der unabhängigen Größe wahrnehmen** **Fragestellung bestimmt funktionale Abhängigkeit** **Deuten der Musterlösung mit bestehender (Fehl-)Vorstellung** **Nicht beschriebene Teilsituation betrachten**

Graph-Abschnitte im Sachkontext gedeutet. In Bezug auf alle Oberkategorien zum Interpretieren oder Konstruieren einer Funktionsrepräsentation erwies sich eine Differenzierung wie die zwischen „Art der Steigung", „Grad/Wert der Steigung" und „Änderung der Steigung" als hilfreich. Hierdurch kann erfasst werden, ob Lernende lediglich die Richtung einer gemeinsamen Größenveränderung fokussieren (steigen, fallen, konstant bleiben) oder darüber hinaus auch einen (relativen) Wert dieser Größenveränderung berücksichtigen (z. B. schnell/langsam steigen). Ferner können Fähigkeiten zum Erfassen einer Veränderung der Änderungsrate einer Funktion festgehalten werden (z. B. die Steigung nimmt immer weiter zu). Schließlich wurde die Kategorie „Graphische Darstellung zuordnen" ergänzt, um zu erfassen, dass Lernende eine Zuordnung zwischen Situation und Graph korrekt vornehmen können, auch wenn keine Begründung genannt wird.

Im Themenbereich *Vorstellungen* blieb das Kategoriensystem unverändert, da alle gezeigten Grundvorstellungen der Proband:innen einer deduktiven Kategorie zugeordnet werden konnten.

Im Bereich *Fehler* wurde die Hauptkategorie „Funktionale Abhängigkeit nicht erfassen" hinzugefügt. Oftmals fokussierten Lernende funktionale Zusammenhänge zweier Größen nicht, beispielsweise wenn sie einen Graphen als Abbild der zugrundeliegenden Situation behandelten. Hierzu konnten drei Unterkategorien identifiziert werden, welche die Fehlerursachen weiter spezifizieren. Einige Proband:innen betrachteten nicht die Größen, welche durch eine Aufgabenstellung vorgegeben werden („Falsche Größenauswahl"). Andere nahmen die umgekehrte Richtung der Abhängigkeit oder eine Zeitabhängigkeit in unpassenden Situationen an. Des Weiteren wurde die Unterscheidung des Graph-als-Bild Fehlers in lokal und global aufgehoben. Die Identifikation dieses Fehlertyps soll in erster Linie den Förderbedarf von Lernenden aufzeigen. Da oftmals dieselben Fehlerursachen für den lokalen wie globalen Graph-als-Bild Fehler vermutet werden (s. Abschnitt 3.8.1), scheint eine Differenzierung an dieser Stelle unnötig. Daneben wurden die deduktiven Kategorien „Fehlerhafte Skalierung" und „Übergeneralisierung/Prototypen" aus dem Kategoriensystem entfernt, weil diese nicht in den Interviews auftraten. Obwohl an einigen Stellen eine Bevorzugung der Lernenden für lineare Funktionen beobachtbar ist, können diese in der jeweiligen Aufgabenstellung nicht als Fehler bezeichnet werden. Neben diesen Veränderungen wurden fünf neue Hauptkategorien gebildet, welche jeweils spezifische Fehlertypen der Lernenden beschreiben. Beispielsweise konnte eine fehlende Übersetzung vorgegebener Teilsituationen („Teilsituation nicht modelliert") oder die fehlerhafte Zuordnung einer graphischen Darstellung zu einer Situation beobachtet werden.

Auch hinsichtlich der inhaltlichen *Schwierigkeiten* wurden zahlreiche Veränderungen des Kategoriensystems vorgenommen. Zunächst wurde die Kategorie „Umgang mit zeitabhängiger Funktion" entfernt, da sich diese Schwierigkeit in den Interviews nur dann äußerte, wenn Lernende in unpassenden Situationen eine Zeitabhängigkeit annahmen. Dies stellt allerdings nicht nur eine Schwierigkeit, sondern einen fachlichen Fehler dar, welcher mithilfe der neuen Kategorie „Unpassende Annahme einer Zeitabhängigkeit" erfasst wird. Darüber hinaus wurden zahlreiche Schwierigkeiten der Lernenden in Bezug auf verwendete Begriffe oder Konventionen der graphischen Darstellungsform festgestellt. Hinzu kommen acht weitere Schwierigkeiten, z. B. dadurch dass Graphen nicht als Funktionsdarstellung wahrgenommen oder nicht-lineare Graphen nicht in einer Sachsituation gedeutet werden konnten (s. Tabelle 5.4).

Um das Kategoriensystem weiter auszuschärfen sowie die Anzahl der Kategorien zu verringern, erfolgte ein weiterer Materialdurchlauf mit induktiver Kategorienbildung, bei dem alle sieben Interviews des ersten Entwicklungszyklus herangezogen wurden. Daraus resultiert das finale **Kategoriensystem zum funktionalen Denken beim situativ-graphischen Darstellungswechsel**, welches in Tabelle 5.5 dargestellt ist. Es umfasst **27 Haupt- und 29 Unterkategorien**.[7] Das zugehörige Kodiermanual mit der Definition aller Kategorien, zugehöriger Kodierregeln und Ankerbeispielen kann Anhang 11.2 im elektronischen Zusatzmaterial entnommen werden. An dieser Stellen soll nur kurz auf die Unterschiede zur vorherigen Version des Kategoriensystems eingegangen werden.

Änderungen wurden in Bezug auf die beiden Bereiche Fehler und Schwierigkeiten vorgenommen. Im Bereich *Fehler* wurde die Kategorie „Falsche Achsenbezeichnung" entfernt, da diese in allen Fällen durch eine der drei Unterkategorien zum Nicht-Erfassen einer funktionalen Abhängigkeit abgedeckt wurde. Die Kategorie „Teilsituation nicht modelliert" wurde um den entsprechenden Fehlertypen bei der Deutung einer graphischen Darstellung „Graph-Abschnitt nicht interpretiert" ergänzt. Darüber hinaus wurden zwei neue Fehlertypen in das Kategoriensystem aufgenommen. Die „fehlerhafte Modellierung" zeigt an, dass Lernende nicht wissen, wie ein bestimmtes Merkmal der gegebenen Situation graphisch zu repräsentieren ist. Beispielsweise skizziert Yadid das Stehenbleiben als Lücke im Zeit-Geschwindigkeits-Graphen. Die „Höhe-Steigungs-Verwechslung" bezeichnet das umgekehrte Phänomen zur Steigungs-Höhe-Verwechslung (s. Abschnitt 3.8.8), bei dem Lernende die Änderungsrate einer Funktion betrachten anstatt den Funktionswert zu berücksichtigen. Im Bereich *Schwierigkeiten* wurde aufgrund des Umfangs auf eine Unterscheidung von Subkategorien zu „Konvention graphischer Darstel-

---

[7] Die meisten Oberkategorien dienen der Strukturierung des Kategoriensystems und werden nicht zur Kodierung genutzt. Insgesamt werden die 52 Kategorien kodiert, die in Tabelle 5.5 mit einem vorangestellten Kode (z. B. „GaB" für die Kategorie „Graph-als-Bild") gekennzeichnet sind.

Tabelle 5.5 Finales Kategoriensystem zum funktionalen Denken beim situativ-graphischen Darstellungswechsel

Funktionales Denken beim situativ-graphischen Darstellungswechsel			
Fähigkeiten	**Vorstellungen**	**Fehler**	**Schwierigkeiten**
FA: Funktionale Abhängigkeit erfassen • Gr: Größen identifizieren • V: Variablen erkennen • RdA: Richtung der Abhängigkeit bestimmen	**Z: Zuordnung**	**FA: Funktionale Abhängigkeit nicht erfasst** • Gr: Falsche Größenauswahl • RdA: Richtung der Abhängigkeit vertauscht • uAZ: Unpassende Annahme einer Zeitabhängigkeit	**qual Fkt: Umgang mit qualitativer Funktion** **KgD: Konvention graphischer Darstellung**
Situative Darstellung interpretieren • Se: Situation erfassen • We: Variablenwert erkennen • Wf: Variablenwert festlegen • AVe: Art der Variablenveränderung erkennen • GVe: Grad/Wert der Variablenveränderung erkennen • ÄSe: Änderung der „Steigung" erkennen	**Kovariation** • aKV: asynchron • dKV: direktional • qKV: quantifiziert • sKV: stückweise • kKV: kontinuierlich **O: Objekt**	**TS: Teilsituation nicht modelliert/Graph-Abschnitt nicht interpretiert** **fM: Fehlerhafte Modellierung** **GaB: Graph-als-Bild** **MW: Missachtung des Variablenwerts**	**GaF: Graph als Funktionsdarstellung** • FbFA: Fragestellung bestimmt funktionale Abhängigkeit **B: Begriff/Bezeichnung** **aM: Andere Modellierungsannahme** **zTS: Zusätzliche Teilsituation betrachten** **Am: Aufgabe missverstehen**
Graphische Darstellung konstruieren • Ab: Achsen beschriften • As: Achsen skalieren • P: Punkt plotten • ASs: Art der Steigung skizzieren • GSs: Grad/Wert der Steigung skizzieren • ÄSs: Änderung der Steigung skizzieren		**ME: Missachtung der Eindeutigkeit** **MSÄ: Missachtung der Steigungsänderung** **P-I: Punkt-Intervall-Verwechslung** **I-P: Intervall-Punkt-Verwechslung**	
Gz: Graphische Darstellung zuordnen		**S-H: Steigungs-Höhe-Verwechslung** **H-S: Höhe-Steigungs-Verwechslung**	
Graphische Darstellung interpretieren • Gb: Verlauf des Graphen beschreiben • WGd: Wert des Graphen deuten • ASd: Art der Steigung deuten • GSd: Grad/Wert der Steigung deuten • ÄSd: Änderung der Steigung deuten		**Gz: Graphische Darstellung falsch zugeordnet**	

lung" und „Begriff/Bezeichnung" verzichtet. Ferner wurden die Kategorien „Übertragung visueller Situationseigenschaften auf graphische Darstellung", „Interpretation nicht-linearer Graphen" , „Zunahme der unabhängigen Größe wahrnehmen"
und „Deuten der Musterlösung mit bestehender (Fehl-)Vorstellung" entfernt, da die
jeweils adressierten Probleme der Proband:innen durch andere Kategorien (z. B.
Graph-als-Bild oder Punkt-Intervall-Verwechslung) sichtbar wurden. Zudem wurde
die Kategorie „Fragestellung bestimmt funktionale Abhängigkeit" als Unterkategorie zu „Graph als Funktionsdarstellung" gefasst. In beiden Fällen wird durch eine
Kodierung ausgedrückt, dass Proband:innen ein fehlendes Verständnis von Graphen als Repräsentationen einer spezifischen Abhängigkeitsbeziehung zwischen
zwei Größen aufzeigen. Die Unterkategorie deutet an, dass Lernenden nicht bewusst
ist, dass die Richtung der Abhängigkeit zwischen zwei Größen von der jeweiligen
Fragestellung abhängt (s. Abschnitt 3.2). Schließlich wurde die Kategorie „Aufgabe
missverstehen" ergänzt, um sichtbar zu machen, wann Lernende einen Arbeitsauftrag nicht erfassen.

2. *Kategoriensystem: Formatives Selbst-Assessment beim situativ-graphischen Darstellungswechsel*
Das deduktive Kategoriensystem zum formativen Selbst-Assessment (s. Tabelle
5.2) wurde im ersten Materialdurchlauf der drei Einzelinterviews mit Robin, Linn
und Tom weiterentwickelt. Dabei wurde der Bereich „Allgemeine metakognitive
und selbstregulative Aktivitäten" ergänzt. Hierdurch sollen Metakognitionen der
Lernenden genauer festgehalten werden. In Anlehnung an Cohors-Fresenborg und
Kaune (2007) wurden die drei metakognitiven Handlungen „Planung", „Monitoring" sowie „Reflexion" unterschieden. Ergänzt wurde die Kategorie „Selbstregulation", um die beim formativen Assessment wichtigen Entscheidungen zur
Gestaltung des Lernprozesses zu erfassen (s. Abschnitt 2.4.1). Ferner wurde im
Bereich *Wo möchte ich hin?* die Kategorie „Beurteilungskriterium missverstehen"
neu gebildet, um festzuhalten, wann Lernende ein betrachtetes Kriterium für ihre
Selbstdiagnose fehlerhaft auffassen. Auch die Kategorie „Musterlösung nachvollziehen/reflektieren" wurde hinzugefügt. Das Interpretieren diagnostischer Informationen im Bereich *Wo stehe ich gerade?* wurde durch drei Unterkategorien ausdifferenziert. Je nachdem, ob Lernende auf ein „eigenes Situationsmodell" oder ihre
„eigene Mathematisierung" eingehen bzw. versuchen, eine „Fehlerursache zu erörtern", wird eine dieser Subkategorien kodiert. Im Bereich *Wie komme ich dahin?*
wurde die Kategorie „Selbst-Feedback formulieren" aus dem Kategoriensystem
entfernt. Aufgrund der Interviewsituation und der verwendeten Methode des lauten Denkens (s. Abschnitt 5.5) wurden die Proband:innen dazu angehalten, Äußerungen zur Beurteilung der eigenen Aufgabenbearbeitungen vorzunehmen. Daher

Tabelle 5.6 Kategoriensystem zum formativen Selbst-Assessment nach dem 1. Materialdurchlauf

Allgemeine metakognitive & selbstregulative Aktivitäten	Teilschritte formativen Selbst-Assessments		
	Wo möchte ich hin?	Wo stehe ich gerade?	Wie komme ich dahin?
Planung	Beurteilungskriterium missverstehen	Diagnostische Informationen zum eigenen Lernstand erfassen	Entscheidung über nächsten Schritt im Lernprozess treffen
Monitoring			
Reflexion	Lernziel/Beurteilungskriterium identifizieren	Diagnostische Informationen zum eigenen Lernstand interpretieren	• Korrektur vornehmen • Aufgabe wiederholen • Info/Hilfe heranziehen • Neue Aufgabe wählen
Selbstregulation	Musterlösung nachvollziehen/ reflektieren	• Eigenes Situationsmodell beschreiben • Eigene Mathematisierung beschreiben • Fehlerursache erörtern	
		Diagnostische Informationen zum eigenen Lernstand evaluieren	

konnte anhand der Videodaten nicht eindeutig festgestellt werden, ob es sich jeweils um ein Selbst-Feedback im Sinne einer bewussten Rückmeldung handelt oder um eine Verbalisierung aufgrund des Interviews. Zur Kategorie „Entscheidung über nächsten Schritt im Lernprozess treffen" wurden schließlich vier Unterkategorien identifiziert. Lernende korrigierten eine fehlerhafte Lösung, bearbeiteten eine Aufgabe erneut, wählten eine Hilfekarte oder eine neue Übung. Insgesamt entstand das Kategoriensystem in Tabelle 5.6, welches 10 Haupt- und 7 Unterkategorien umfasst.

Im Anschluss wurde ein weiterer Materialdurchlauf aller Interviews des ersten Zyklus durchgeführt. Daraus resultierte das finale **Kategoriensystem zum formativen Selbst-Assessment beim situativ-graphischen Darstellungswechsel** (s. Tabelle 5.7). Es enthält insgesamt **7 Haupt- und 22 Unterkategorien**, von diesen 29 Kategorien werden 24 zur Kodierung genutzt. Eine detaillierte Beschreibung aller Kategorien sowie zugehörige Ankerbeispiele können dem Kodiermanual in Anhang 11.3 im elektronischen Zusatzmaterial entnommen werden. Ein großer Unterschied im Vergleich zur vorherigen Version besteht darin, dass der Bereich *Allgemeine metakognitive und selbstregulative Aktivitäten* aus dem Kategoriensystem entfernt wurde. Beim Kodieren der Daten zeigte sich, dass die Metakognitionen der Lernenden nur grob durch die Kategorien dieses Bereichs gefasst wurden. Das weiterentwickelte Kategoriensystem ermöglicht hingegen eine spezifischere Zuweisung einzelner metakognitiver Handlungen zu spezifischen Teilschritten im Selbst-Assessmentprozess.

Im Bereich *Wo möchte ich hin?* wurde die Dreiteilung der Hauptkategorien beibehalten und durch die Bezeichnungen „Beurteilungskriterium missverstehen", „identifizieren" und "verstehen" deutlicher unterschieden. Durch diese Kategorien lässt sich dokumentieren, ob Lernende ein Kriterium zur Beurteilung eigener Lösungen lediglich ausfindig machen (identifizieren) oder versuchen, dessen Hintergrund wirklich zu begreifen. Welche metakognitiven Handlungen sie dabei durchführen, wird durch die neu gebildeten Unterkategorien festgehalten. Beim Identifizieren eines Beurteilungskriteriums wird differenziert, ob Lernende eine „Musterlösung (unkommentiert) betrachten" oder eine reine „Übereinstimmung mit der Musterlösung fokussieren". Dies ist etwa der Fall, wenn bei einer Zuordnungsaufgabe die korrekte Paarung (z. B. Graph A zu Situation 3) als Bezugsnorm für die Selbstdiagnose genutzt wird. Ferner können Lernende ein „Merkmal der situativen Ausgangsdarstellung" (z. B. Der Radfahrer bleibt stehen.) oder der „graphischen Zieldarstellung" (z. B. Der Graph hat drei Nullstellen.) als Beurteilungskriterium identifizieren. Unternehmen Proband:innen Schritte, um die Bedeutung solcher Merkmale hinsichtlich des funktionalen Zusammenhangs zu deuten, werden diese unter „Beurteilungskriterium verstehen" gefasst. Wird ein Problem beim Interpretieren des Zielgraphen genau benannt, ist die erste Subkategorie zu verwenden. Ferner wird unterschieden, ob Lernende ein „gegebenes Situationsmodell nachvollziehen" (z. B. Der Radfahrer fährt erstmal los.), ein „Merkmal der graphischen Zieldarstellung auf die Situation zurückführen" (z. B. Der Graph steigt, weil der Radfahrer losfährt.) oder ein „graphisches Merkmal bzgl. des funktionalen Zusammenhangs deuten" (z. B. Der Graph steigt, weil die Geschwindigkeit mit der Zeit zunimmt, wenn der Radfahrer losfährt.). Letztlich wird durch die Unterkategorie „Funktionseigenschaft bzgl. des funktionalen Zusammenhangs deuten" festgehalten, ob Lernende eine Eigenschaft der Funktion unabhängig von der graphischen Darstellung interpretieren (z. B. Die Funktion ist eindeutig, wenn es zu jedem Zeitpunkt nur eine Geschwindigkeit gibt.). Die Bildung dieser Kategorie erwies sich als notwendig, da Proband:innen eine solche Erkenntnis teilweise nicht auf Graphen übertragen konnten.

Im Bereich *Wo stehe ich gerade?* wurden metakognitive Handlungen der Lernenden ebenfalls durch neue Unterkategorien spezifiziert. Bei dem Aspekt „Diagnostische Informationen interpretieren" wird durch die Subkategorien ausgedrückt, auf was sich eine Reflexion der Lernenden bezieht. Bleiben sie auf der Ebene der Situation („Eigenes Situationsmodell beschreiben"), interpretieren sie Merkmale des eigenen Lösungsgraphen („eGd") oder erkennen sie bereits, dass sich ihr Graph von der Musterlösung unterscheidet und interpretieren, was das abweichende Merkmal für den funktionalen Zusammenhang bedeuten würde („aGd")? Ferner werden durch die Unterkategorie „Abweichendes Merkmal des eigenen Lösungsgraphen erklären" Äußerungen festgehalten, die eine Abweichung von der Musterlösung begründen ohne einen Bezug zur funktionalen Abhängigkeit herzustellen. Dies ist z. B. zu kodieren, wenn Lernende erkennen, dass ihr Graph eine größere Steigung hat, weil sie eine andere Skalierung der Koordinatenachsen gewählt haben.

Im Bereich *Wie komme ich dahin?* wurden zwei Unterkategorien hinzugefügt, von der die erste aber nur beim Kodieren der Interviews im zweiten Zyklus verwendet wurde. Mit „Check aufrufen" wird die selbstregulative Tätigkeit beschrieben, bei der Lernende nach der Bearbeitung einer Fördereinheit im SAFE Tool zum Check zurückkehren, um von dort ihren weiteren Lernprozess zu planen. Im dritten Zyklus wurde dieser Schritt nicht separat kodiert, sondern mit einer anschließenden Entscheidung zum Öffnen einer Info bzw. Übungsaufgabe zusammengefasst. Daher taucht die Kategorie „Check aufrufen" zwar im Kodiermanual, nicht aber in Tabelle 5.7 auf. Durch „Ende der Toolbearbeitung feststellen" wird identifiziert, ob Lernende nach der Bearbeitung der Erweitern-Aufgabe im SAFE Tool den Abschluss ihrer Selbstdiagnose und -förderung realisieren. Diese Kategorie zeigt die Bereitschaft der Lernenden selbstregulativ über ihren Lernprozess zu entscheiden, obwohl kein weiteres Fördermaterial durch das Tool bereitgestellt wird.

Tabelle 5.7 Finales Kategoriensystem zum formativen Selbst-Assessment beim situativ-graphischen Darstellungswechsel

Formatives Selbst-Assessment beim situativ-graphischen Darstellungswechsel		
Wo möchte ich hin?	**Wo stehe ich gerade?**	**Wie komme ich dahin?**
Bm: Beurteilungskriterium missverstehen	**Ie: Diagnostische Informationen erfassen**	**Entscheidung über nächsten Schritt im Lernprozess treffen**
Beurteilungskriterium identifizieren • Lb: Musterlösung betrachten • Lf: Übereinstimmung mit Musterlösung fokussieren • Si: Merkmal situativer Ausgangsdarstellung identifizieren • Gi: Merkmal graphischer Zieldarstellung identifizieren **Beurteilungskriterium verstehen** • Pr: Problem bei Interpretation graphischer Zieldarstellung erläutern • Sn: Gegebenes Situationsmodell nachvollziehen • GSz: Merkmal graphischer Zieldarstellung auf Situation zurückführen • FEd: Funktionseigenschaft bzgl. des funktionalen Zusammenhangs deuten • Gd: Merkmal graphischer Zieldarstellung bzgl. des funktionalen Zusammenhangs deuten	**Diagnostische Informationen interpretieren** • Sb: Eigenes Situationsmodell beschreiben • eGd: Eigenen Lösungsgraphen bzgl. des funktionalen Zusammenhangs deuten • aGe: Abweichendes Merkmal des eigenen Lösungsgraphen erklären • aGd: Abweichendes Merkmal des eigenen Lösungsgraphen bzgl. des funktionalen Zusammenhangs deuten **Diagnostische Informationen evaluieren** • ✓: Korrektes Merkmal feststellen • ✓: Korrektes Merkmal missachten • ✗: Fehler feststellen • ✱: Fehler missachten	• K: Korrektur vornehmen • Wdh: Aufgabe wiederholen • I: Info/Hilfe heranziehen • A: Neue Aufgabe wählen • E: Ende der Toolbearbeitung feststellen

3. Kategoriensystem: Potentiale und Gefahren der Toolnutzung

Das deduktive Kategoriensystem zum Erfassen der Toolnutzung (s. Tabelle 5.3) wurde induktiv anhand des Datenmaterials im dritten Zyklus weiterentwickelt und bezieht sich daher auf die iPad App Version des SAFE Tools (s. Abschnitt 8.2). Dabei erwies sich die Unterscheidung möglicher Vor- und nach Nachteile für das Assessment oder Verstehen von Lernenden als nicht zielführend. Das finale **Kategoriensystem zu Potentialen und Gefahren der Toolnutzung**, das insgesamt **8 Haupt- und 18 Unterkategorien** enthält, wurde daher neu strukturiert.

Im ersten Bereich *Potentiale der Toolnutzung* sind Designelemente aufgeführt, die im SAFE Tool verwendet werden und aufgrund theoretischer Erkenntnisse (s. Abschnitte 4.3 und 4.4) einen Vorteil für Lernende bewirken könnten. Unter der Hauptkategorie „Neue Darstellungsmöglichkeiten" werden die Unterkategorien „multiple", „interaktive" und „verlinkte Darstellung" gefasst. Diese Kategorien werden kodiert, wenn Lernende eine dieser Repräsentationsformen während ihrer Arbeit mit dem SAFE Tool nutzen. Die Oberkategorie „Feedback" erfasst die Verwendung spezifischer Rückmeldungen durch die Proband:innen. Obwohl im SAFE Tool kein direktes Feedback eingesetzt wird, können bestimmte Inhalte gemäß der Klassifikation von Shute (2008) als Rückmeldung an die Lernenden verstanden werden (s. Tabelle 2.2). Bei der Vorgabe inhaltbezogener Beurteilungskriterien (Checkpunkte) handelt es sich um „attribute isolation feedback", da spezifische Merkmale einer Funktion hervorgehoben werden. Die Musterlösungen zeigen Lernenden eine korrekte Antwort bzgl. der zuvor bearbeiteten Fragestellung („correct answer feedback"). Zudem haben sie über die Infos Zugang zu themenspezifischen Inhalten („topic contingent feedback"). Letztlich wird über die Kategorien „Hyperlinkstruktur" und „Neues Aufgabenformat" festgehalten, wann Lernende sich eigenständig im Tool bewegen, eine Zuordnung von graphischen und situativen Darstellungen per Drag-and-drop vornehmen sowie vorgegebene Antwortoptionen über Drop-down-Menüs oder Auswahl-Buttons wählen.

Im Bereich *Gefahren der Toolnutzung* werden vier Hauptkategorien unterschieden, die Hürden der Proband:innen im Umgang mit dem SAFE Tool festhalten. Dabei kann eines von vier „interaktiven Elementen übersehen" werden oder eine von acht Schwierigkeiten mit der „Bedienung" auftreten. Darüber hinaus zeigte es sich als problematisch, dass beim Skizzieren eines Graphen neu geplottete Punkte automatisch durch eine gerade Linie mit dem zuvor gezeichneten Abschnitt verbunden werden. Schließlich hatten Lernende beim Betrachten von Musterlösungen zu Modellierungsaufgaben Schwierigkeiten, die Lösung als nur eine mögliche Antwort zu begreifen. Eine genaue Definition aller Kategorien sowie zugehörige Ankerbeispiele und Kodierregeln sind dem Kodiermanual in Anhang 11.4 im elektronischen Zusatzmaterial zu entnehmen.

Tabelle 5.8 Finales Kategoriensystem zu Potentialen & Gefahren bei der Toolnutzung

Potentiale der Toolnutzung	Gefahren der Toolnutzung
Neue Darstellungsmöglichkeiten: • Multiple Darstellung • Interaktive Darstellung • Verlinkte Darstellung	**Interaktives Element übersehen:** • Drop-down Menü zur Achsenbeschriftung • Graph löschen • Eingabe des maximalen Achsenwerts • Zusätzliche Informationsanzeige

Feedback:
• Beurteilungskriterium
  (Attribute Isolation Feedback)
• Musterlösung
  (Correct Answer Feedback)
• Themenspezifische Informationen
  (Topic Contingent Feedback)
	Bedienung:
	• Kopfzeile nicht Navigation
	• Checkpunkte abhaken
	• „Wie geht es weiter?"-Button
	• Keine Eingabe ins Zeichenfeld
	• Auswahl einer Teilaufgabe
	• Anzeige der Musterlösung
	• Zeitintensive Eingabe
	• Punkt statt Komma

Hyperlinkstruktur **Neues Aufgabenformat**	
	Automatische Verbindung zu Punkt im Graphen **Modellierungsannahmen in Musterlösung**

Phase 3: Video-Kodierung

Die Kodierung, d. h. die Zuweisung der Kategorien zu ihren Fundstellen im Daten-material, erfolgte in der Software MAXQDA direkt an den Videoaufnahmen der auf-gabenbasierten Interviews. Um die Übersicht über die zahlreichen Kategorien bei der Kodierung nicht zu verlieren, wurden allen fokussierten Themenbereichen bei der Übertragung der Kategoriensysteme in MAXQDA spezifische Farben zugeord-net. Beispielsweise sind alle Kategorien, die zum Bereich „Fähigkeiten beim funk-tionalen Denken" gehören, mit einem grünen Farbkode versehen und alle „Fehler" in rot gekennzeichnet. Auf diese Weise kann die Strukturierung der Daten schneller überblickt werden. Abbildung 5.4 zeigt den Ausschnitt einer kodierten Videose-quenz aus dem Interview eines Probanden des dritten Entwicklungszyklus. Auf der linken Bildschirmseite ist im oberen Teil die „Liste der Dokumente" zu sehen, in der alle Videodateien aufgeführt sind. Darunter befinden sich die verwendeten Kate-goriensysteme. Auf der rechten Bildschirmseite ist die geöffnete Videoaufnahme sichtbar, welche durch Markieren einzelner Sequenzen und Zuordnen der Kate-gorien per Drag-and-drop kodiert wird. Alle vergebenen Kodes einer Fundstelle sind unterhalb des Videos sichtbar. Dabei ist die vorgenommene Sequenzierung des Materials ebenfalls zu erkennen.

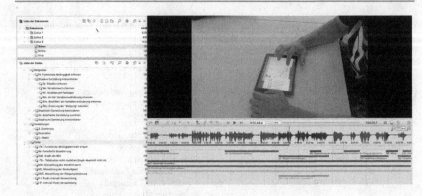

Abbildung 5.4 Beispiel der Video-Kodierung in der Software MAXQDA

In der vorliegenden Studie wird das erste Kategoriensystem zum funktionalen Denken angewandt, wenn Lernende eine Aufgabe im SAFE Tool lösen. Sobald der Bearbeitungsprozess abgeschlossen ist und sie zum Vergleich mit einer Musterlösung übergehen, werden die Kategorien zum formativen Selbst-Assessment verwendet. Um die Diagnoseprozesse näher zu beschreiben (z. B. um kenntlich zu machen, welcher Fehler erkannt oder missachtet wird), werden während der Selbstdiagnosen zusätzlich alle Kategorien der inhaltlichen Bereiche *Vorstellungen*, *Fehler* und *Schwierigkeiten* kodiert. Der Bereich *Fähigkeiten beim situativ-graphischen Darstellungswechsel* wird während der Assessmentprozesse nicht berücksichtigt, weil der Fokus hier weniger auf der Durchführung eines Übersetzungsprozesses liegt. Vielmehr stehen metakognitive und selbstregulative Handlungen im Vordergrund, die durch das zweite Kategoriensystem erfasst werden. Im dritten Entwicklungszyklus wurde darüber hinaus das gesamte Datenmaterial mithilfe des dritten Kategoriensystems zum Erfassen der Toolnutzung kodiert. Hierdurch sollen mögliche Potentiale und Gefahren des SAFE Tools sowohl für das funktionale Denken als auch das formative Selbst-Assessment sichtbar werden.

Phase 4: Kurzdarstellung der Kodierungen
Nach der Video-Kodierung wurden für alle Proband:innen zwei tabellarische Kurzdarstellungen der ihnen zugewiesenen Kategorien erstellt. Die erste Tabelle umfasst alle Kodes bzgl. des funktionalen Denkens der Lernenden, wohingegen sich die Zweite auf ihr formatives Selbst-Assessment bezieht. Dabei entspricht eine Zeile jeweils der Arbeit an einem bestimmten Toolelement. Ein Beispiel für die Kurzdarstellung zum funktionalen Denken ist in Tabelle 5.9 dargestellt. In der linken Spalte

wird ersichtlich, dass der Proband an der Überprüfen-Aufgabe (A1.1 in der Papier-version von SAFE) gearbeitet hat. Neben dem Toolelement wird die Bearbeitungs-zeit bzw. zugehörige Videosequenz spezifiziert. In der Spalte „Lösung/Kommentar" finden sich die entsprechende Aufgabenlösung oder Hinweise, wie z. B. „Nur Lesen", wenn Lernende die Informationen im SAFE Tool nicht weiter adressie-ren. Besteht eine Lösung aus verbalen Antworten oder Zuordnungen wird durch eine schwarze Schriftfarbe kenntlich gemacht, dass eine Antwort korrekt ist. Dahingegen signalisiert graue Schrift einen Fehler. In den übrigen vier Spalten werden jeweils die Kodes der Kategorien zu den Themenbereichen *Fähigkeiten, Vorstellungen, Fehler* und *Schwierigkeiten* aufgelistet, die während der Bearbeitung des spezifi-schen Toolelements beobachtet wurden. Dabei werden die *Fähigkeiten* aufgrund der hohen Anzahl an Kategorien in drei Spalten untergliedert: „FA" enthält alle Kodes der Kategorie „Funktionale Abhängigkeit erfassen", unter „Sit. Darstellung" wer-den alle Kodes der Kategorie „Situative Darstellung interpretieren" aufgelistet und „Graph. Darstellung" enthält alle Kodes der Kategorien „Graphische Darstellung konstruieren", „Graphische Darstellung zuordnen" sowie „Graphische Darstellung interpretieren". Diese Aufteilung ermöglicht eine Einschätzung der mathematischen Fertigkeiten von Lernenden bzgl. der jeweils fokussierten Repräsentationsart. Um die anschließenden Fallanalysen zu erleichtern, werden in der Tabelle nicht nur die Kodes der zugewiesenen Kategorien aufgelistet. Darüber hinaus werden in grauer Schriftfarbe zusätzliche Informationen bzgl. der Bearbeitungen ergänzt. Beispiels-weise sind in Tabelle 5.9 die vom Lernenden skizzierten Punkte (P) angegeben oder bemerkt, für welche Teilsituationen eine Punkt-Intervall-Verwechslung (P-I) stattgefunden hat.

Auch in den Kurzdarstellungen der Kodierungen zum formativen Selbst-Assessment, z. B. Tabelle 5.10, werden alle vergebenen Kategorien eines Dia-gnoseprozesses bzgl. spezifischer Toolelemente aufgelistet. Dabei wird in der lin-ken Spalte ersichtlich, auf welches Element des SAFE Tools sich das Assessment bezieht und welche Videosequenz abgebildet wird. Im Fall der Überprüfen-Aufgabe ist zudem tabellarisch dargestellt, welche Checkpunkte angekreuzt wurden (x). Für die Interviews im dritten Zyklus wird spezifiziert, ob ein Checkpunkt abgehakt (+) oder verneint (x) wurde. Ist diese Selbst-Evaluation aus Expertensicht akkurat, hat die Zeile der Tabelle einen weißen Hintergrund. Ein hellgrauer Hintergrund deu-tet an, dass Lernende sich bzgl. des entsprechenden Checkpunkts zwar inakkurat einschätzen, diese Fehleinschätzung aber wahrscheinlich auf die Formulierung des Beurteilungskriteriums zurückzuführen ist (s. CP6 in Tabelle 5.10). Wird zusätz-lich eine graue Schrift verwendet (z. B. CP10), ist eine Fehleinschätzung auf einen unbekannten Begriff zurückzuführen. Beispielsweise evaluiert die Lernende aus Tabelle 5.10 ihre Überprüfen-Lösung bzgl. CP6 akkurat, kreuzt den Checkpunkt

Tabelle 5.9 Beispiel für die Kurzdarstellung der Kodierungen zum funktionalen Denken

Toolelement	Lösung/Kommentar	FA	Fähigkeiten		Vorstellungen	Fehler	Schwierigkeiten
			Sit. Darstellung	Graph. Darstellung			
A1.1 (01:24–05:49)		FA	We (0 km/h), Wf (1–2 min, M), GVe	As P (0|M), (2|M), (4|M-1), (6|0), (7|M+3), (9|0) GSs	Z sKV	↑S (Anfahren) 2x P-I (Stehenbleiben, Anhalten)	qual. Fkt. KgD (Definition Graph)

Tabelle 5.10 Beispiel für die Kurzdarstellung der Kodierungen zum formativen Selbst-Assessment

Toolelement	Wo möchte ich hin?	Wo stehe ich gerade?	Wie komme ich dahin?
A1.1 (03:38–09:01)	Bm (CP5, CP8, CP10)	Ie (L1–L6, CP1–10)	A (A3.3)
	Lb	eGd (L6 Geschwindigkeitsabnahme)	
	Si (L4/CP5)	✓ (L1/CP2, CP9)	
	Gi (ges. Graph/CP1, L1/CP2, L2/CP3, L3/CP4, CP7, CP9)	✓ (CP10)	
		✗ (ges. Graph/CP1, L3/CP4, L5/CP6, CP7)	
	Gd (L5/CP6, L6)	✗ (L2/CP3, L4/CP5, L6, CP8)	

CP1	CP6
CP2	CP7 x
CP3	CP8
CP4 x	CP9
CP5	CP10 x

aber nicht an, weil sie Probleme mit der verneinten Formulierung in der Papierversion des SAFE Tools hat. Dahingegen kreuzt sie CP10 vermutlich an, weil sie die Begriffe „erste und zweite Achse" nicht kennt. Ein dunkelgrauer Hintergrund markiert schließlich eine inakkurate Evaluation, die als fehlerhafte Selbst-Einschätzung zu werten ist. Daneben zeigen die Kurzzusammenfassungen, welche Kategorien für die übergeordneten Fragestellungen *Wo möchte ich hin?*, *Wo stehe ich gerade?* und *Wie komme ich dahin?* vergeben wurden. Hier wird in grauer Schrift jeweils spezifiziert, für welche Checkpunkte oder Fehler eine Kategorie wie „x: Fehler erkennen" vergeben oder welche Aufgabe (A) als nächster Schritt des Lernprozesses gewählt wird (s. Tabelle 5.10). Teilweise werden die Zuweisungen der Kategorien durch prägnante Transkriptstellen ergänzt. Für die Tabellen des dritten Zyklus wird zudem spezifiziert, welche Typen formativen Selbst-Assessments, z. B. „FSA-Typ 2", in den Selbstdiagnosen auftreten (s. Abschnitt 8.4.3).

Für die Kodierungen zum dritten Kategoriensystem im letzten Zyklus wurden keine Kurzdarstellungen erstellt. Zur Beantwortung der dritten Forschungsfrage wird in Abschnitt 8.4.4 aber aufgezeigt, wie oft die Kategorien zu *Gefahren der Toolnutzung* in den Interviews auftreten. Darüber hinaus wird fokussiert, wie häufig die Kategorien zu *Potentialen der Toolnutzung* im Zusammenhang mit den Kategorien zum formativen Selbst-Assessment auftreten.

FSA-Prozessdiagramme
Im dritten Entwicklungszyklus wurden die Kodierungen zum formativen Selbst-Assessment (FSA) der Proband:innen in Bezug zur eingangsdiagnostischen Test-Aufgabe zusätzlich mithilfe von Prozessdiagrammen dargestellt. Abbildung 5.5 zeigt ein Beispiel. Darin wird zunächst die Testperson sowie die betreffende Videosequenz und deren Dauer spezifiziert. Jede vorgenommene Kodierung innerhalb dieses Segments wird durch ein Rechteck gekennzeichnet, das durch den entsprechenden Kode bezeichnet (s. Tabellen 5.5 und 5.7) und gemäß der jeweiligen Oberkategorie in einer von acht Zeilen platziert wird (s. Abbildung 5.5). Die Länge sowie Platzierung der Rechtecke entspricht dem Zeitintervall der jeweiligen Videosequenz in Bezug zur Gesamtlänge des betrachteten Assessmentprozesses. Im Vergleich zur tabellarischen Darstellung der Kodierungen (s. Tabelle 5.10) kann anhand der Prozessdiagramme nicht nur erfasst werden, ob eine Kategorie innerhalb des formativen Selbst-Assessments vorkommt. Darüber hinaus wird der genaue Ablauf und die jeweilige Dauer der Einzelschritte im FSA-Prozess der Lernenden ersichtlich.

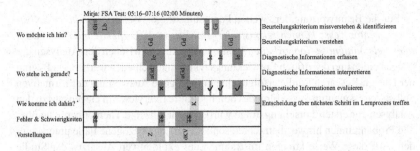

Abbildung 5.5 Beispiel für ein Prozessdiagramm zum formativen Selbst-Assessment

Phase 5: Analyse und Phase 6: Ergebnisdarstellung

In der fünften Phase der qualitativen Inhaltsanalyse erfolgte die eigentliche Datenanalyse basierend auf den zuvor vorgenommenen Kodierungen und ihren Kurzdarstellungen. Da sich das Erkenntnisinteresse für jede der drei Forschungsfragen (s. Abschnitte 5.1) unterscheidet, wurden jeweils unterschiedliche Analysemethoden zu deren Beantwortung gewählt. Die abschließende Ergebnisdarstellung erfolgte in Form verbaler Analysen sowie tabellarischer Zusammenfassungen (s. Abschnitte 6.4, 7.4 und 8.4).

Zur Beantwortung der ersten Forschungsfrage *„Welche a) Fähigkeiten und Vorstellungen sowie b) Fehler und Schwierigkeiten zeigen Lernende beim situativgraphischen Darstellungswechsel?"* wurde die Methode der „inhaltlich strukturierenden Inhaltsanalyse" verwendet (Kuckartz, 2016, S. 97). Dabei erfolgte eine kategoriengeleitete Auswertung, um personenübergreifend alle Aussagen zu einem bestimmten Thema aus dem Datenmaterial herauszufiltern und komprimiert zusammenzustellen (Kuckartz, 2016, S. 111 ff; Mayring, 2015, S. 103). Diese Analyse wurde in der vorliegenden Studie entlang der Hauptkategorien des Kategoriensystems zum funktionalen Denken vorgenommen. Für die erste Teilforschungsfrage wurden in jedem Entwicklungszyklus die Fähigkeiten der Lernenden zum „Erfassen funktionaler Abhängigkeiten", „Interpretieren situativer Ausgangsdarstellungen", „Konstruieren graphischer Zieldarstellungen", „Interpretieren graphischer Darstellungen" sowie die beobachteten „Vorstellungen" der Proband:innen adressiert (s. Abschnitte 6.4.1, 7.4.1 und 8.4.1). Zur Erörterung der zweiten Teilforschungsfrage bzgl. fachlicher Defizite der Proband:innen, wurden deren Fehler und Schwierigkeiten jeweils separat fokussiert. Ziel dieser Analysen war neben der Beschreibung aufgetretener Fehler insbesondere die Identifikation möglicher Fehlerursachen, um den Förderbedarf von Lernenden hinsichtlich des betrachteten Darstellungswechsels herauszustellen (s. Abschnitte 6.4.2, 7.4.2 und 8.4.2).

Für die Beantwortung der zweiten Forschungsfrage „*Welche formativen Selbst-Assessmentprozesse können rekonstruiert werden, wenn Lernende mit einem digitalen Selbstdiagnose-Tool arbeiten?*" muss methodisch zwischen den Analysen der ersten beiden und des dritten Entwicklungszyklus unterschieden werden. Zu Beginn der Design-Research Studie erfolgte eine fallbezogene Auswertung der formativen Selbst-Assessmentprozesse für jedes durchgeführte Interview. Im Gegensatz zu den Analysen zur ersten Forschungsfrage wurden nicht einzelne Themenbereiche über alle Proband:innen hinweg betrachtet, sondern personenbezogene Fälle unterschieden. Auf diese Weise konnten im Rahmen des explorativen Ansatzes der Studie erste Erkenntnisse über die metakognitiven und selbstregulativen Handlungen von Lernenden während ihrer FSA-Prozesse gewonnen werden (s. Abschnitte 6.4.3 und 7.4.3). Diese konnten im dritten Entwicklungszyklus für eine typenbildende Inhaltsanalyse genutzt werden (Kuckartz, 2016, S. 143 ff; Mayring, 2015, S. 103 ff). Um unterschiedliche Typen formativer Selbstdiagnosen zu unterscheiden, wurden in den FSA-Prozessdiagrammen wiederkehrende Muster identifiziert. Dabei wurde ein dreidimensionaler Merkmalsraum mit den Dimensionen „Reflexionsebene", „Identifikation eigener Fehler" und „Identifikation eigener Fehlerursachen" festgelegt. Durch die Unterscheidung spezifischer Merkmalsausprägungen konnten insgesamt sechs Typen formativen Selbst-Assessments identifiziert werden (s. Tabelle 8.3). Die abschließende Zusammenhangsanalyse thematisiert, wann bestimmte FSA-Typen auftreten und inwiefern sie akkurate Selbstbeurteilungen ermöglichen (s. Abschnitt 8.4.3).

Auch in Bezug zur dritten Forschungsfrage „*Inwiefern unterstützt die Nutzung eines digitalen Selbstdiagnose-Tools Lernende in ihrem a) funktionalen Denken sowie b) formativen Selbst-Assessment?*" änderte sich die Auswertungsmethode von einem zum nächsten Entwicklungszyklus der Studie. Im ersten Zyklus wurden neben allgemeinen Beobachtungen zum Umgang der Proband:innen mit der Papierversion des SAFE Tools personenbezogene Fälle unterschieden. Analysiert wurde, inwiefern sich das funktionale Denken bzw. das formative Selbst-Assessment der Lernenden im Verlauf ihrer Interviews verändert und welche Erkenntnisgewinne sowie Hürden jeweils zu beobachten sind (s. Abschnitt 6.4.4). Im zweiten Zyklus wurde dieses Vorgehen um Analysen mithilfe des FASMEd Theorierahmens (s. Abbildung 2.1) ergänzt. Diese zusätzliche Auswertung zur Rolle des digitalen Tools in den formativen Selbst-Assessmentprozessen der Lernenden erwies sich als hilfreich, da in den Interviews von drei der vier Proband:innen aufgrund von technischen Schwierigkeiten kaum Entwicklungen bzgl. ihrer Selbstdiagnosen sichtbar wurden (s. Abschnitt 7.4.4). Im dritten Zyklus erfolgten schließlich nur in Bezug zur Frage nach dem Einfluss der Toolnutzung auf inhaltliche Erkenntnisse der Proband:innen fallbezogene Analysen. Dahingegen wurden die Potentiale und Gefahren der Toolnutzung für ihr formatives Selbst-Assessment anhand der Häufigkeiten bestimmter Kodierungen ermittelt. Mögliche Hürden des SAFE Tools wurden über das Auftreten der entsprechenden Kategorien aufgedeckt (s. Tabelle 8.6). Die Potentiale des SAFE Tools zur Unterstützung der Proband:innen bei der Selbstdiagnose wurden daran festgemacht, wie häufig sie einzelne Designelemente für bestimmte Teilschritte formativer Selbst-Assessments verwendeten (s. Tabelle 8.7). Dadurch konnten – über den spezifischen Fall des SAFE Tools hinaus – Hypothesen über mögliche Ursachen einer Unterstützung von Lernenden durch digitale Medien abgeleitet werden (s. Abschnitt 8.4.4).

5.6.3   Güte der Auswertungsmethode

Klassischerweise wird in der (quantitativen) Forschung die Güte einer Studie hinsichtlich der drei Kriterien Validität, Reliabilität und Objektivität eingeschätzt. Für qualitative Inhaltsanalysen werden hingegen Gütekriterien zur Bestimmung einer „internen Validität" benannt. Von Interesse ist vor allem, ob sich die Studienergebnisse plausibel aus dem Datenmaterial ableiten lassen (Bortz & Döring, 2006, S. 195 ff; Kuckartz, 2016, S. 201 ff). Mayring (2016) nennt unter anderem folgende Gütekriterien, welche in der vorliegenden Studie erfüllt werden: Durch eine möglichst genaue *Verfahrensdokumentation* soll das spezifische Vorgehen zur Datenauswertung für andere nachvollziehbar werden. Mittels *argumentativer Interpretationsabsicherung* soll die eigene Auslegung der Daten begründet werden. Das bedeutet, dass gezogene Schlussfolgerungen nicht als Tatsachen gesetzt, sondern anhand ihrer Fundstellen im Datenmaterial erklärt werden. Zudem erfolgt die Auswertung *regelgeleitet*, d. h. systematisch in zuvor festgelegten Schritten. Schließlich soll mittels *Triangulation* die Qualität einer qualitativen Studie dadurch verbessert werden, dass verschiedene Analysewege zur Beantwortung einer Forschungsfrage miteinander verbunden werden. Dies kann das Heranziehen verschiedener Datenquellen, variabler Auswertungsmethoden oder multipler Theorieansätze beinhalten (Mayring, 2015, S. 125 ff; Mayring, 2016, S. 144 ff).

Neben solchen allgemeineren Gütekriterien wird für qualitative Inhaltsanalysen eine gute *Interkoder-Übereinstimmung* als Qualitätsmerkmal hervorgehoben. Diese gibt an, ob die Anwendung des für die Analyse zentralen Kategoriensystems auf die Daten zuverlässig ist. Geprüft wird, inwiefern die Zuweisung der Kategorien zu den Fundstellen im Material personenunabhängig ist. Eine hohe Übereinstimmung zwischen den Kodierungen unterschiedlicher Personen gilt als Zeichen der Objektivität (Bortz & Döring, 2006, S. 326; Kuckartz, 2016, S. 206 ff; Mayring, 2015, S. 125 ff). Zur Ermittlung einer solchen Interkoder-Übereinstimmung werden Daten häufig von zwei (oder mehr) Personen unabhängig voneinander kodiert und anschließend eine Maßzahl zum Ausdruck ihres Konsenses ermittelt. Dieses Vorgehen bleibt für qualitative Inhaltsanalysen aber nicht ohne Kritik. Kuckartz (2016) merkt etwa an, dass die Segmentierung und Kodierung der Daten oftmals in einem Schritt bewältigt werden. Bei der Berechnung von Übereinstimmungen ist daher auf die Wahl eines geeigneten Koeffizienten zu achten (Kuckartz, 2016, S. 211). Zufallskorrigierende Maßzahlen, z. B. Cohens Kappa, können nur bestimmt werden, wenn mit zuvor festgelegten Kodiereinheiten gearbeitet, d. h. Daten nicht gleichzeitig segmentiert und kodiert werden (Rädiker & Kuckartz, 2019, S. 303). Diese Voraussetzung wird in der vorliegenden Studie nicht erfüllt, weshalb ein anderes Vorgehen zur Ermittlung der Interkoder-Übereinstimmung notwendig ist.

Da die drei entwickelten Kategoriensysteme unterschiedliche Erfordernisse zur Datenkodierung mit sich bringen, wird die Intersubjektivität der damit vollzogenen Analysen getrennt voneinander betrachtet. Das dritte Kategoriensystem zum Erfassen der Toolnutzung (s. Tabelle 5.8) macht sichtbar, ob Lernende gewisse Designelemente des SAFE Tools nutzen. Die einzelnen Kategorien werden kodiert, wenn Lernende einen spezifischen Teil des Tooldesigns einsetzen. Beispielsweise wird die Kategorie „Hyperlinkstruktur" vergeben, wenn Nutzer:innen einen Button in der Navigationsleiste auswählen, um sich zwischen verschiedenen Elementen der Lernumgebung zu bewegen. Da solche Bedienungen eindeutig zu identifizieren sind, ist davon auszugehen, dass dies auch auf die Kategorienzuweisung zu den entsprechenden Videosequenzen zutrifft. An dieser Stelle wird daher auf eine Bestimmung der Interkoder-Übereinstimmung für das dritte Kategoriensystem verzichtet. Im Gegensatz dazu ist für die übrigen Kategoriensysteme zum Erfassen des funktionalen Denkens sowie formativen Selbst-Assessments nicht von einer intersubjektiv eindeutigen Segmentierung und Kodierung des Datenmaterials auszugehen.

Interkoder-Übereinstimmung für das Kategoriensystem zum funktionalen Denken
Der Umgang mit dem ersten Kategoriensystem zum Erfassen des funktionalen Denkens (s. Tabelle 5.5) erfordert genügend mathematisches Fachwissen, um ein Auftreten der Kategorien in den Äußerungen und Handlungen der Lernenden bei ihrer Arbeit mit dem SAFE Tool zu identifizieren. Zur Bestimmung einer Interkoder-Übereinstimmung wurden Videosequenzen der aufgabenbasierten Interviews daher von zwei wissenschaftlichen Mitarbeiterinnen der Mathematikdidaktik analysiert. Obwohl in der Literatur oftmals empfohlen wird, etwa 10 % des erhobenen Datenmaterials durch mehrere Personen zu kodieren, geben Rädiker und Kuckartz (2019) zu bedenken, dass die Auswahl der Daten von den Rahmenbedingungen des jeweiligen Projekts abhängt. Zum Beispiel sind die Datenmenge, Anzahl erwarteter

Kodierungen und Unterschiedlichkeit verschiedener Fälle zu bedenken (Rädiker & Kuckartz, 2019, S. 290). In der vorliegenden Studie war es insbesondere durch die hohe Anzahl der Kategorien zum Erfassen des funktionalen Denkens (56) sowie das Ausmaß der Videodaten (ca. 18 Stunden) nicht möglich, eine entsprechende Datenmenge zur Bestimmung einer Interkoder-Übereinstimmung doppelt zu kodieren. Aus diesem Grund wurden Sequenzen nach spezifischen Kriterien ausgewählt. Es werden ausschließlich Interviews aus dem dritten Entwicklungszyklus betrachtet, wobei sich die Proband:innen bzgl. ihres Geschlechts und besuchtem Fachsemester möglichst unterscheiden sollen. Da zur Beantwortung der ersten Forschungsfrage die Bearbeitungen der Test-Aufgabe (Eingangsdiagnose) fokussiert werden, beschränkt sich die Auswahl auf den Umgang der Lernenden damit. Da variable Kompetenzen zum funktionalen Denken abgedeckt werden sollten, wurden Fälle gewählt, welche nach der ersten Kodierung aufgrund der gezeigten Vorstellungen und Fehler der Proband:innen als heterogen zu bezeichnen sind. Tabelle 5.11 zeigt die Auswahl der Lernenden sowie die Charakteristika ihrer Test-Bearbeitungen. Insgesamt haben die betreffenden Videosequenzen eine Länge von etwa 22 Minuten (00:21:40). Dies entspricht 3.52 % des Datenmaterials aus dem dritten Zyklus (2.03 % der Gesamtdaten). Allerdings gilt zu bedenken, dass das erste Kategoriensystem nur dann verwendet wird, wenn Lernende eine Aufgabe im SAFE Tool bearbeiten oder eine Info-Einheit betrachten (s. Abschnitt 5.6.2 Phase 3). Das heißt, dass die gewählten Sequenzen 4.64 % der Daten des dritten Zyklus ausmachen, die mithilfe des ersten Kategoriensystems kodiert wurden.

Tabelle 5.11 Auswahl der Videosequenzen zur doppelten Kodierung funktionalen Denkens

Proband:in	Geschlecht	Fachsemester	Fehlertypen	Vorstellungen
Simon	m	2	~~TS~~, ME	sKV, 0
Amelie	w	2	~~RdA~~, H-S, MW	dKV, qKV
Mahira	w	2	H-S, P-I	Z, dKV, qKV
Jessica	w	1	~~TS~~, MW, GaB	aKV, dKV
Rene	m	1	~~TS~~, fM, ME	Z, dKV, sKV
Celine	w	1	GaB, ~~TS~~	Z, qKV, kKV, O
Elena	w	1	H-S, ~~TS~~	Z, dKV

Im Anschluss an die unabhängige Video-Kodierung beider Raterinnen wurde eine prozentuale Übereinstimmung ihrer Kategoriezuweisungen auf Segmentebene bestimmt. Dazu wurde mithilfe der Software MAXQDA eine Kodeüberlappung von mindestens 25 % festgelegt. Ein Konsens wird demnach erreicht, wenn beide Raterinnen einem Segment denselben Kode zugeordnet haben, wobei die zur Kodierung individuell ausgewählten Videosequenzen sich zu mindestens 25 % überschneiden müssen. Dieser relativ geringe Schwellenwert wurde gewählt, da die Segmentierung der Daten im Kodiermanual zum ersten Kategoriensystem (s. Anhang 11.2 im elektronischen Zusatzmaterial) kaum adressiert wird. Daher kann es zu größeren Abweichungen in der Segmentierung kommen. Wird einer Videosequenz etwa die Kategorie „Variablenwert erkennen" zugeordnet, kann eine Person das Vorlesen der entsprechenden Stelle im Aufgabentext (z. B. Der Fahrradfahrer bleibt stehen.) zur Kodierung mit einbeziehen, während eine andere allein die darauf bezogene Äußerung der Lernenden (z. B. Wenn er stehenbleibt, ist die Geschwindigkeit null.) kodiert. Insgesamt wurden von der ersten Raterin 212 Kodierungen vorgenommen, während die zweite Raterin dem ausgewählten Datenmaterial 215 Kategorien zugewiesen hat. Von diesen 427 Kodezuweisungen können 366 als übereinstimmend bezeichnet werden. Dies entspricht einer prozentualen Interkoder-Übereinstimmung von 85.71 %.

Inwiefern dieser Prozentwert als gute Übereinstimmung gilt, ist nicht anhand etablierter Grenzwerte festzumachen. Das liegt daran, dass eine prozentuale Übereinstimmung nicht nur von einer absoluten Anzahl der Kodierungen, sondern auch von Faktoren wie der Varianz unterschiedlicher Kategorien oder der Schwierigkeit einer Kategoriezuweisung zum Datenmaterial abhängt (Rädiker & Kuckartz, 2019, S. 298). Tabelle 5.12 zeigt daher auch die Verteilung der Übereinstimmungen und Nicht-Übereinstimmungen für jede vergebene Hauptkategorie. Dabei ist ersichtlich, dass besonders die Identifikation von Vorstellungen und Fehlern der Proband:innen mithilfe des ersten Kategoriensystems personenunabhängig gelingt. Die etwas höhere Abweichung in der Feststellung ihrer Fähigkeiten beim situativ-graphischen Darstellungswechsel kann möglicherweise auf Schwierigkeiten·bei der Zuweisung der Kategorien in diesem Bereich zurückgeführt werden. Nicht-Übereinstimmungen können entstehen, wenn Rater Äußerungen der Lernenden auf unterschiedliche Schritte in ihrem Übersetzungsprozess beziehen. Beispielsweise könnte ein Proband einen Abschnitt seines Zielgraphen skizzieren und anschließend eine Erklärung dazu äußern. Während eine Person die Aussage als Interpretation der graphischen Zieldarstellung wertet, könnte eine andere die nachgeschobene Erklärung als Interpretation der situativen Ausgangsdarstellung verstehen. Berücksichtigt man die große Anzahl der Kategorien, die fachlich anspruchsvolle Zuweisung zum Datenmaterial und die wenigen Vorgaben zur Segmentierung der Videoaufnahmen kann die Übereinstimmung beider Raterinnen von 85.71 % für das erste Kategoriensystem zum Erfassen des funktionalen Denkens als hohe Übereinstimmung betrachtet werden.

Tabelle 5.12 Interkoder-Übereinstimmung zweier Raterinnen bei einer Kodeüberlappung von mindestens 25 %

Kategorie	Übereinstimmung	Nicht-Übereinstimmung	Gesamt	Prozentual
Fähigkeiten	221	46	267	82.77
• Funktionale Abhängigkeit erfassen	30	6	36	83.33
• Situative Darstellung interpretieren	90	16	106	84.91
• Graphische Darstellung konstruieren	85	21	106	80.19
• Graphische Darstellung interpretieren	16	3	19	84.21
Vorstellungen	82	9	91	90.11
• Zuordnung	29	5	34	85.29
• Kovariation	49	3	52	94.23
• Objekt	4	1	5	80.00
Fehler	50	4	54	92.59
• Richtung der Abhängigkeit vertauscht	2	0	2	100.00
• Fehlerhafte Modellierung	2	0	2	100.00
• Graph-als-Bild	6	1	7	85.71
• Teilsituation nicht modelliert	12	1	13	92.31
• Missachtung des Variablenwerts	8	0	8	100.00
• Missachtung der Eindeutigkeit	10	1	11	90.91
• Punkt-Intervall-Verwechslung	2	1	3	66.67
• Höhe-Steigungs-Verwechslung	8	0	8	100.00
Schwierigkeiten	13	2	15	86.67
• Begriff/Bezeichnung	2	0	2	100.00
• Andere Modellierungsannahme	11	2	13	84.62
Gesamt	366	61	427	85.71

Interkoder-Übereinstimmung für das Kategoriensystem zum formativen Selbst-Assessment

Der Umgang mit dem zweiten Kategoriensystem zum Erfassen des formativen Selbst-Assessments (s. Tabelle 5.7) erfordert einerseits mathematisches Fachwissen, um z. B. zu beurteilen, ob Lernende beim Verstehen eines Beurteilungskriteriums ein „Gegebenes Situationsmodell nachvollziehen" oder bereits ein „Merkmal der graphischen Zieldarstellung bzgl. des funktionalen Zusammenhangs deuten". Andererseits ist ein Wissen bzgl. des jeweiligen Diagnosegegenstands notwendig, um das Selbst-Assessment von Lernenden einzuschätzen. Beispielsweise müssen Rater:innen wissen, welche Fehler bei einem zuvor ausgeführten situativ-graphischen Darstellungswechsel aufgetreten sind, um beim Betrachten der zugehörigen Selbstdiagnose zu entscheiden, ob es sich um das Erkennen oder Missachten eines korrekten Merkmals bzw. Fehlers handelt. Zudem wird eine Kategoriezuweisung dadurch erschwert, dass die Kategorien metakognitive Handlungen beschreiben, die in den Äußerungen der Proband:innen ausfindig gemacht werden müssen. Aus diesen Gründen wurde zur Bestimmung einer Interkoder-Übereinstimmung zum zweiten Kategoriensystem die Methode des konsensuellen Kodierens gewählt. Bei diesem Vorgehen werden Unstimmigkeiten zwischen verschiedenen Rater:innen fachlich diskutiert und durch Konsensbildung überwunden (Bortz & Döring, 2006, S. 328; Kuckartz, 2016, S. 216 f). Ähnlich wie beim ersten Kategoriensystem agierten zwei wissenschaftliche Mitarbeiterinnen der Mathematikdidaktik als Raterinnen. Bezogen auf die Kategorien zum formativen Selbst-Assessment wurde aber im Zweierteam eine gemeinsame Kodierung der Daten vorgenommen.

Dazu wurden Videosequenzen betrachtet, die das formative Selbst-Assessment (FSA) zur Test-Aufgabe von Proband:innen aus dem dritten Entwicklungszyklus zeigen. Fünf möglichst diverse Sequenzen wurden nach folgenden Kriterien ausgesucht. Es sollten sowohl männliche wie weibliche Proband:innen im ersten und zweiten Fachsemester betrachtet werden. Ferner sollten ihre Selbstdiagnosen unterschiedlich akkurat sein und möglichst unterschiedliche FSA-Typen beinhalten (s. Abschnitt 8.4.3). Tabelle 5.13 zeigt die getroffene Auswahl. Insgesamt haben die betreffenden Videosequenzen eine Länge von etwa 19 Minuten (00:18:47). Dies entspricht etwa 3.1 % des Datenmaterials aus dem dritten Entwicklungszyklus (1.76 % der Gesamtdaten). Allerdings verbringen die Lernenden in ihren Interviews deutlich mehr Zeit mit der Bearbeitung von Aufgaben (ca. 8 Stunden) als mit ihren Selbstdiagnosen (ca. 3 Stunden). Daher entsprechen die konsensuell kodierten Videosequenzen einem Anteil von ungefähr 10.6 % des Datenmaterials im dritten Zyklus, welches mit dem zweiten Kategoriensystem kodiert wurde. In Bezug auf die Zuweisung der Kategorien konnte im diskursiven Austausch zwischen bei-

Tabelle 5.13 Auswahl der Videosequenzen zum konsensuellen Kodieren von FSA-Prozessen

Proband:in	Geschlecht	Fachsemester	Selbst-Assessment	Identifizierte FSA-Typen
Simon	m	2	teilweise akkurat	1,2, 3,5 & 6
Mahira	w	2	akkurat	2, 3 & 6
Elena	w	1	akkurat	2&3
Jessica	w	1	teilweise akkurat	1,2, 3 &4
Emre	m	1	überwiegend akkurat	1,2,3 &6

den Raterinnen eine vollständige Übereinstimmung erzielt werden. Lediglich die Sequenzierung der Fundstellen für die Kategorien zum „Evaluieren diagnostischer Informationen" unterschied sich. Während eine Raterin das Feststellen bzw. Missachten von korrekten Merkmalen oder Fehlern als punktuelle Ereignisse wahrnahm, kodierte die andere diese metakognitiven Handlungen als längere Sequenzen von einem ersten Wahrnehmen bis hin zum Anklicken des entsprechenden Checkpunkts. Da die Länge der Kodierungen für eine spätere Identifikation formativer Selbst-Assessment-Typen keine Rolle spielt, kann über diese Abweichung hinweggesehen und von einer vollständigen Interkoder-Übereinstimmung gesprochen werden.

Erster Entwicklungszyklus (Papierversion) 6

6.1 Zielsetzung

Im ersten Zyklus der Toolentwicklung steht die inhaltliche und strukturelle Konzeption des SAFE Tools sowie die Pilotierung der enthaltenen Aufgaben, Beurteilungskriterien und Fördereinheiten im Fokus. Daher wird basierend auf der theoretischen Analyse des Lerngegenstands (s. Kapitel 3) zunächst eine analoge Papierversion des Tools erstellt (s. Abschnitt 6.2). Deren Erprobung soll sicherstellen, dass grundsätzliche Schwierigkeiten von Lernenden mit dem SAFE Tool erfasst werden, etwa in Bezug auf dessen Struktur oder Formulierungen, bevor eine technische Umsetzung in Form einer digitalen Lernumgebung erfolgt.

Daneben wird die Methode der Datenerhebung erprobt. Dazu wurden sowohl Einzel- als auch Partnerinterviews mit Lernenden durchgeführt (s. Abschnitt 6.3). Da das SAFE Tool auf die Unterstützung von Selbst-Assessmentprozessen abzielt, liegt es nahe, einzelne Proband:innen bei ihrer Interaktion mit dem Tool zu beobachten. Hierdurch können Einblicke in Lernprozesse gewonnen werden, die bei der intendierten Nutzung des Tools ablaufen können. Die Entscheidung Lernende ergänzend in Form einer Partnerarbeit mit dem SAFE Tool interagieren zu lassen, kann durch zwei mögliche Vorteile dieser Erhebungsmethode erklärt werden. Einerseits soll die Bereitstellung eines gleichberechtigten Gesprächspartners Lernenden die Angst vor der Interviewsituation nehmen und sie zur Verbalisierung ihrer Gedanken anregen, ohne dass eine Intervention der Interviewleitung notwendig ist. Andererseits können durch die Partnerarbeit soziokognitive Konflikte entstehen, wenn der/die

Elektronisches Zusatzmaterial Die elektronische Version dieses Kapitels enthält Zusatzmaterial, das berechtigten Benutzern zur Verfügung steht
https://doi.org/10.1007/978-3-658-35611-8_6

© Der/die Autor(en), exklusiv lizenziert durch Springer Fachmedien Wiesbaden GmbH, ein Teil von Springer Nature 2022
H. Ruchniewicz, *Sich selbst diagnostizieren und fördern mit digitalen Medien*, Essener Beiträge zur Mathematikdidaktik,
https://doi.org/10.1007/978-3-658-35611-8_6

Partner:in eine gegensätzliche Auffassung vertritt (Selter & Spiegel, 1997, S. 108). In letzterem Fall müssen Lernende ihre Vorstellung oder Argumentation offenlegen und gegen die des anderen abwägen, sodass möglicherweise tiefere Einblicke in ihre Denkweisen gewährt werden. Da die vorliegende Studie einen explorativen Forschungsansatz verfolgt, wurden im ersten Entwicklungszyklus beide Interviewmethoden eingesetzt, um zu erörtern, welche sich im Hinblick auf das verfolgte Forschungsinteresse als gewinnbringender herausstellt.

Nicht zuletzt zielt die Datenerhebung im ersten Entwicklungszyklus auf eine erste Analyse möglicher Lernprozesse bei der Arbeit mit dem SAFE Tool ab. Dabei stehen die drei Forschungsfragen der vorliegenden Studie (s. Abschnitt 5.1.2) im Fokus.

6.2   Das SAFE Tool: Papierversion

In den folgenden Abschnitten 6.2.1 bis 6.2.6 wird die erste Papierversion des SAFE Tools im Detail vorgestellt und Designentscheidungen bzgl. einzelner Toolelemente begründet. Insgesamt besteht die Papierversion aus 14 Karten im Din-A5-Format. Als allgemeines Designprinzip, welches bei der Entwicklung aller Toolelemente berücksichtigt wurde, kann die *Verwendung einer schülernahen Sprache* festgehalten werden. Diese lässt sich zum einen daran erkennen, dass Sachkontexte und Situationen integriert werden, die Schüler:innen aus ihrer Alltagswelt möglichst bekannt sein sollen, z. B. Schulwege, Fahrradfahrt oder Abfluss von Wasser aus einer Badewanne. Zudem werden Texte grammatikalisch einfach formuliert, beispielsweise indem wenige Nebensätze eingesetzt werden und auf die Verwendung von Fremdwörtern verzichtet wird.

6.2.1   Toolstruktur

Die Struktur des SAFE Tools basiert auf analogen Diagnose- und Fördermaterialien der Schulbuchreihe „mathewerkstatt" des Cornelsen Verlags (u. a. Leuders et al., 2014). Das Lehrwerk richtet sich an die Jahrgangsstufen 5–10 an mittleren Schulformen, weshalb der Umgang mit heterogenen Lerngruppen verstärkt berücksichtigt wird.

Die *Rechenbausteine* stellen ein Arbeitsmaterial für Lernende zu Beginn der Sekundarstufe I dar und dienen der Wiederholung und Wiedererarbeitung mathematischer Grundlagen aus der Primarstufe. Sie „setzen auf Selbstdiagnose und individuelle Förderung" mit dem Ziel, arithmetische Basiskompetenzen zu sichern und

Schüler:innen der weiterführenden Schulen „auf einen Stand" zu bringen (Prediger et al., 2011, S. 20). Lernende bearbeiten für jeden der fünfzehn Themenbereiche, z. B. Darstellen und Rechnen in der Stellentafel, zunächst eine Reihe an größtenteils geschlossenen Diagnoseaufgaben (Selbsttest), welche jeweils eine Kernkompetenz, z. B. Darstellen von Zahlen in der Stellentafel, abdeckt. Anschließend bewerten sie jede Lösung anhand einer vorgegebenen Checkliste. Diese zeigt neben der korrekten Musterlösung weitere inhaltsbezogene Beurteilungskriterien, welche auf typische Fehler hinweisen, z. B. „Ich habe mehrere Ziffern in ein Feld eingetragen." (Hußmann et al., 2011, S. 5). Für jede Aufgabe soll der Checkpunkt angekreuzt werden, der am besten zur eigenen Antwort passt. Daraufhin sind die Förderempfehlungen in Form von weiterführenden Aufgaben, welche speziell auf die Inhalte des ausgewählten Kriteriums angepasst sind, zu bearbeiten. Hierdurch sollen Lernende „bedarfsgerecht an ihren eigenen Schwierigkeiten arbeiten" (Prediger et al., 2011, S. 21). Schließlich ist der Lernerfolg in einem Nachtest zu überprüfen (Hußmann et al., 2011).

Die *Übekartei* stellt ein Arbeitsmaterial zur regelmäßigen Wiederholung der Unterrichtsinhalte aller Klassenstufen dar. Für jedes Schulbuchkapitel stehen zu ausgewählten Kernkompetenzen jeweils fünf unterschiedliche Karteikarten zur Verfügung. Die „Überprüfen" Karte stellt Schüler:innen eine diagnostische Aufgabe bzgl. der jeweiligen Kompetenz, z. B. „Kann ich zu einer Zuordnung, die durch eine Tabelle gegeben ist, einen Graphen erstellen?" zur Verfügung (Leuders et al., 2015, S. 26). Auf ihrer Rückseite ist eine Musterlösung und ein Verweis auf das Förderangebot abgebildet. Die Lernenden bestimmen ihren Förderbedarf, indem sie gemäß einer dreistufigen Skala (nicht klar, unsicher, alles klar) einschätzen, wie sicher sie sich in der getesteten Kompetenz fühlen. Entscheiden sie sich für „nicht klar", werden sie auf die „Gut zu wissen" Karte verwiesen. Diese enthält auf der Vorderseite allgemeine Erklärungen zum mathematischen Inhalt und auf der Rückseite ein Lösungsbeispiel zur Überprüfen-Aufgabe. Fühlen sich Lernende „unsicher", werden sie auf zwei zusätzliche „Üben" Karten verwiesen. Wurde eine Antwort zu den darauf enthaltenen Übungsaufgaben erstellt, kann diese mit der Lösung auf der Kartenrückseite abgeglichen werden. Für Lernende, die sich in einer Kompetenz „sicher" fühlen, gibt es eine anspruchsvollere Aufgabe auf der „Erweitern" Karte (u. a. Leuders et al., 2015).

Beide Formate werden bei der Konzeption des SAFE Tools adaptiert und erweitert. Grundsätzlich wird die Struktur und Karteikartenform der Übekartei übernommen. Dabei wird anstatt der dreistufigen Beurteilungsskala eine inhaltsbezogene Checkliste, wie diese in den Rechenbausteinen zu finden ist, integriert. Im Gegensatz zu diesen wird für das SAFE Tool allerdings eine offene Diagnoseaufgabe sowie Fördereinheiten, die sowohl Übungen als auch Erklärungen beinhalten, konzipiert. Zudem können Lernende beim Check auch mehrere Punkte ankreuzen. Aus beiden *mathewerkstatt*-Materialien werden die Ideen übernommen, Kompetenzanforderungen explizit als Frage zu formulieren (im SAFE Tool: „Kann ich zu einer gegebenen Situation einen Graphen zeichnen?") und gezielte Übungs- sowie Erweiterungsaufgaben für unterschiedliche Lernvoraussetzungen zu verwenden (z. B. Prediger et al., 2011, S. 21 f).

Struktur des SAFE Tools

Das SAFE Tool besteht aus fünf Elementen, welche in den folgenden Abschnitten 6.2.2 bis 6.2.6 näher vorgestellt werden: *Überprüfen, Check, Hilfe/Gut zu wissen, Üben* und *Erweitern* (s. Abbildung 6.1). Damit sich Lernende einfacher in der Toolstruktur zurecht finden, sind diese jeweils mit einem ikonischen Symbol gekennzeichnet. Da die Elemente Überprüfen und Check der Selbstdiagnose dienen, sind sie durch eine Lupe erkennbar. Die Hilfekarten sind mit einer Glühbirne, die Übungsaufgaben mit einem Schulheft und das Erweitern mit Zahnrädern markiert. Zusätzlich ist jede der insgesamt vierzehn Karten (in Anlehnung an die Übekartei der mathewerkstatt) mit einer Bezeichnung der Art „A1.1" versehen. Der Buchstabe A steht für die zu überprüfende Kompetenz: „Kann ich zu einer gegebenen Situation einen Graphen erstellen?", welche in der Überschrift jeder Karte abgebildet ist. Die erste Ziffer beschreibt das jeweilige Toolelement (Überprüfen/Check = 1; Hilfe = 2; Üben = 3 und Erweitern = 4). Schließlich gibt die letzte Ziffer die Reihenfolge der Karten innerhalb einer dieser Kategorien an.

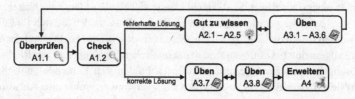

Abbildung 6.1 Struktur des SAFE Tools (Papierversion)

Lernende beginnen beim Überprüfen und bearbeiten eine offene Diagnoseaufgabe. Nachdem sie sich die Musterlösung auf der Kartenrückseite angesehen haben, fahren sie mit dem Check fort. Hier beurteilen sie ihre Aufgabenlösung anhand vorgegebener Beurteilungskriterien. Wird ein Fehler durch Ankreuzen eines Checkpunkts erkannt, werden Lernende auf eine spezifische Hilfekarte sowie Übungsaufgabe verwiesen. Dadurch ist es ihnen selbst überlassen, ob sie zunächst eine Erklärung bzgl. des mathematischen Inhalts ansehen, direkt eine Übung bearbei-

ten, oder während der Aufgabenlösung auf die Hilfe zurückgreifen wollen. Ist die
Bearbeitung einer solchen Fördereinheit abgeschlossen, werden die Lernenden auf
der Rückseite der Üben Karte erneut auf die Diagnoseaufgabe des Überprüfens verwiesen: „Gehe zurück zu A1.1. Willst du etwas an deiner Antwort ändern?" Somit
ist eine Korrektur vorheriger Fehler und eine erneute Evaluation möglich. Wird die
Aufgabe korrekt gelöst, werden Lernende im Check auf zwei weitere Üben Karten
verwiesen, welche in beliebiger Reihenfolge bearbeitet werden können. Schließlich
leiten sie die Kartenrückseiten zum Erweitern: „Wenn du A3.7 und A3.8 gelöst
hast, kannst du mit A4 weitermachen". Insgesamt wird durch diese Toolstruktur
sichergestellt, dass alle Lernenden gemäß ihrer Fähigkeiten auf ein entsprechendes
Förderangebot zugreifen können.

6.2.2 Überprüfen (A1.1)

Die Überprüfen-Aufgabe dient der Generierung des Diagnosegegenstands für das
Selbst-Assessment. Da Kompetenzen nicht direkt beobachtbar sind, muss auf sie
von einer gezeigten Performanz zurückgeschlossen werden (Büchter & Leuders,
2011, S. 166). Daher sollte die Aufgabenbearbeitung sowie -lösung möglichst viel
über das Denken der Lernenden bzgl. der zu testenden Kompetenz aussagen. Diese
Voraussetzung stellt einige Anforderungen an eine Diagnoseaufgabe, die bei ihrer
Konzeption zu berücksichtigen sind:

- *Spezifisch/valide*: Da Lernende ihre Kompetenz zum situativ-graphischen Darstellungswechsel funktionaler Zusammenhänge erfassen sollen, muss sich die
  Überprüfen-Aufgabe auf diese spezifische Kompetenz beziehen. Das heißt, sie
  muss den gewünschten Repräsentationswechsel anregen und darf diesen nicht
  durch andere Aspekte oder Fähigkeiten überlagern (Büchter & Leuders, 2011,
  S. 173; Leuders, 2003b, S. 319).
- *Kritisch*: Da vorhandene Verständnislücken und Fehlvorstellungen aufgedeckt
  werden sollen, muss die Diagnoseaufgabe Fehler zulassen, welche auf (typische)
  Fehlvorstellungen hinweisen. Das bedeutet auch, dass eine zufällige Generierung
  einer korrekten Lösung durch Lernende ausgeschlossen sein sollte (Leuders,
  2003b, S. 319).
- *Offen*: „Aufgaben für eine kompetenzorientierte Diagnose *müssen* möglichst
  umfangreiche und individuelle Eigenproduktionen von Schüler:innen herausfor-
  dern" (Landesinstitut für Schule/ Qualitätsagentur, 2006, S. 11, Hervorhebung
  im Original). Aus diesem Grund muss eine Äußerung von Lernenden unabhängig
  von vorgegebenen Antworten möglich sein (Büchter & Leuders, 2011, S. 173).

Zudem sollten Lernenden im Bearbeitungsprozess möglichst Entscheidungsfrei-
räume überlassen werden, welche sich sowohl auf die Anfangssituation, den
Lösungsweg als auch das Ergebnis beziehen können (Leuders, 2015, S. 439).

- *Differenzierend*: Da etwas über die Vorstellung der Lernenden erfahren werden soll, muss die Diagnoseaufgabe individuelle Lösungswege und Antworten
zulassen. Somit sollte sie nicht nur offen, sondern auch (selbst-)differenzierend
sein (Büchter & Leuders, 2011, S. 173). Das bedeutet, dass Lernende mit unterschiedlichen Fähigkeiten einen Zugang zur Aufgabe bekommen und eine eigene
Lösung erzielen können (Büchter & Leuders, 2011, S. 111). In der Regel erfolgt
dies, indem Lernende den Umfang und die Tiefe der Bearbeitung selbst wählen
(Leuders, 2015, S. 441).

Analyse der Überprüfen-Aufgabe

Abbildung 6.2 zeigt die Überprüfen-Aufgabe des SAFE Tools. Sie besteht aus einer
verbalen Situationsbeschreibung, einem Arbeitsauftrag sowie einem vorgegebenen
Koordinatensystem. Der Verlauf einer Fahrradfahrt wurde als Sachkontext gewählt,
da er nah an der Lebenswelt vieler Schüler:innen liegt. Zudem können bei der
Betrachtung funktionaler Abhängigkeiten in dynamischen Prozessen vermehrt typische Fehlvorstellungen auftreten (s. Abschnitt 3.8). Beispielsweise beobachtet Clement (1985) den situationsabhängigen Graph-als-Bild Fehler in einer ähnlichen
Aufgabe: „This error can occur, for example, when students are asked to draw a
graph of speed vs. time for a bicycle traveling over a hill. In classroom obser-
vations of a college science course we noted that many students simply draw a
picture of a hill" (Clement, 1985, S. 4). Um neben dieser (globalen) Fehlvorstellung
auch weitere Einsichten oder Schwierigkeiten der Lernenden zu erfassen, wurde
die Sachsituation erweitert. Dabei wurde größtenteils auf die Angabe konkreter
Variablenwerte verzichtet, um die Offenheit der Aufgabe zu gewährleisten und die
Kovariationsvorstellung der Lernenden sichtbar zu machen.

Der Arbeitsauftrag fordert zum Zeichnen eines Graphen und somit zum situativ-
graphischen Darstellungswechsel auf. In seiner Formulierung betont er den Kovariationsaspekt funktionalen Denkens (s. Abschnitt 3.3). Hierdurch soll die Aktivierung dieser Grundvorstellung angeregt werden. Darüber hinaus wird spezifiziert,
welche Größen zu betrachten sind. Während die Zeit eindeutig als unabhängige
Variable der zu modellierenden funktionalen Abhängigkeit festgelegt wird, ist die
abhängige Variable nicht eindeutig bestimmt. Sowohl die Geschwindigkeit als auch
weitere physikalische Größen, wie die zurückgelegte Strecke, kommen in Frage,
um aus dem Graphen abzulesen, „wie sich die Geschwindigkeit in Abhängigkeit
von der Zeit verändert." Diese Entscheidungsfreiheit wird durch die Vorgabe des
Koordinatensystems allerdings wieder aufgehoben. Damit wird die Aufgabe zwar

geschlossener, deren Musterlösung aber einfacher nachzuvollziehen. Zudem wird Lernenden das vermeintlich kalkülhafte Zeichnen des Koordinatenkreuzes abgenommen und die Betrachtung negativer Werte, welche im gewählten Sachkontext keinen Sinn ergeben, vermieden.

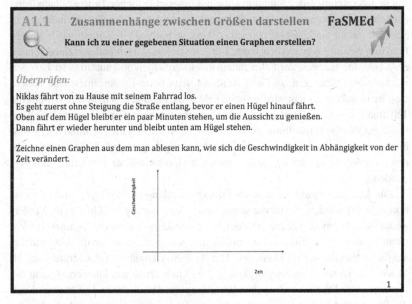

Abbildung 6.2 Überprüfen-Aufgabe (Papierversion)

Um die Aufgabe zu lösen, müssen Lernende zunächst die beschriebene funktionale Abhängigkeit erfassen. Dafür sind die Größen Zeit und Geschwindigkeit zu identifizieren, welche als Variablen verstanden und durch die Bestimmung der Richtung der Abhängigkeit miteinander in Beziehung gesetzt werden müssen (s. Abschnitt 3.3.3; Zindel, 2019, S. 45). Anschließend ist die verbale Beschreibung des Sachkontexts als situative Funktionsdarstellung zu interpretieren (s. Abschnitt 3.6.3). Das bedeutet, dass jede erkannte Teilsituation (Anfahren, Straße, Hochfahren, Stehenbleiben, Runterfahren und Anhalten) sowohl hinsichtlich der Variablenwerte als auch deren gemeinsamen Veränderung gedeutet werden muss. Da die Größe Zeit undirektional ist und bei Betrachtung der Fahrradfahrt stets voranschreitet (s. Abschnitt 3.8), ist die abhängige Größe im Fokus. Die Geschwindigkeitsvariation zu erfassen, wird allerdings dadurch erschwert, dass diese rein qualitativ beschrieben ist. Lernende müssen daher die Situationsbeschreibung mit ihren Alltagsvorstellungen in Beziehung setzen. Auf diese Weise können sie etwa das Hochfahren als Geschwindigkeitsreduktion deuten. Konkrete Funktionswerte sind lediglich in den Teilsituationen vorgegeben, in denen der Fahrradfahrer anhält. Hier muss erkannt werden, dass die Geschwindigkeit den Wert null annimmt. Eine solche Interpretation der Situation kann mit unterschiedlicher Tiefe erfolgen. Eine einfache Modellierung erfolgt z. B., wenn die Änderung der Geschwindigkeit in jedem Intervall als konstant betrachtet wird, sodass jede Teilsituation als lineare Funktion beschrieben werden kann. Für eine tiefere Auseinandersetzung können etwa einzelne Etappen der Fahrt miteinander verglichen und aufeinander bezogen werden. Dies führt u. a. zu der Erkenntnis, dass beim Runterfahren eine höhere Geschwindigkeit erreicht wird als beim Fahren auf einer geraden Straße. Wurde eine Teilsituation bzgl. der funktionalen Abhängigkeit interpretiert, ist sie anschließend in die graphische Darstellung zu übersetzen. Dazu müssen die (qualitativen) Variablenwerte korrekt auf den Koordinatenachsen abgetragen und die Steigung sowie deren Änderung gemäß der angenommenen Geschwindigkeitsänderung skizziert werden.

Zur Aufgabenlösung müssen die Grundvorstellungen Zuordnung und Kovariation aktiviert werden, wobei die gemeinsame Veränderung der Größen im Vordergrund steht. Dennoch könnte die Zuordnungsvorstellung vermehrt genutzt werden, wenn Lernende die Situation quantifizieren, indem sie sich für die Fahrradfahrt mögliche Variablenwerte überlegen. Der Radfahrer könnte auf der Straße nach 10 Minuten z. B. eine Geschwindigkeit von 18 km/h erreichen. Dies ermöglicht die Nutzung einer Tabelle als Zwischendarstellung und das Zeichnen des Graphen durch das Plotten und Verbinden einzelner Punkte. Da bei der Überprüfen-Aufgabe eine abschnittsweise definierte Funktion dargestellt werden muss, rückt die Objektvorstellung größtenteils in den Hintergrund. Lediglich bei linearen Teilabschnitten wird deutlich, dass Lernende die typische Form der Geraden mit einer konstanten Änderungsrate in Verbindung bringen müssen.

Musterlösung zur Überprüfen-Aufgabe

Abbildung 6.3 zeigt die Musterlösung der Überprüfen-Aufgabe. Darauf sind zwei mögliche Lösungsgraphen sowie sechs Erfolgskriterien abgebildet, welche bei einer korrekten Antwort auf den erstellten Graphen zutreffen müssen. Jeder dieser Punkte ist durch eine andere Farbe gekennzeichnet, welche sich in den entsprechenden Merkmalen der Lösungsgraphen wiederfindet. Die Erklärungen sind im Sinne einer Interpretation der abgebildeten Lösungsgraphen formuliert. Das heißt, dass zunächst eine Eigenschaft der Graphen beschrieben und diese anschließend in der Sachsituation gedeutet wird. Dies soll den umgekehrten Darstellungswechsel von Graph zu

Situation als Mittel zur Validierung betonen. Lernende sollen angehalten werden, ihre eigenen Lösungen nicht nur mit der Musterlösung zu vergleichen, sondern im Zeit-Geschwindigkeits-Kontext zu interpretieren, um so eventuelle Fehlvorstellungen aufzudecken.

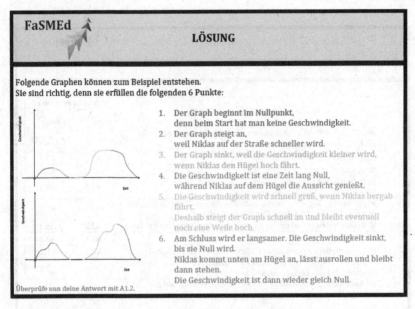

FaSMEd

LÖSUNG

Folgende Graphen können zum Beispiel entstehen.
Sie sind richtig, denn sie erfüllen die folgenden 6 Punkte:

1. Der Graph beginnt im Nullpunkt,
   denn beim Start hat man keine Geschwindigkeit.
2. Der Graph steigt an,
   weil Niklas auf der Straße schneller wird.
3. Der Graph sinkt, weil die Geschwindigkeit kleiner wird,
   wenn Niklas den Hügel hoch fährt.
4. Die Geschwindigkeit ist eine Zeit lang Null,
   während Niklas auf dem Hügel die Aussicht genießt.
5. Die Geschwindigkeit wird schnell groß, wenn Niklas bergab
   fährt.
   Deshalb steigt der Graph schnell an und bleibt eventuell
   noch eine Weile hoch.
6. Am Schluss wird er langsamer. Die Geschwindigkeit sinkt,
   bis sie Null wird.
   Niklas kommt unten am Hügel an, lässt ausrollen und bleibt
   dann stehen.
   Die Geschwindigkeit ist dann wieder gleich Null.

Überprüfe nun deine Antwort mit A1.2.

Abbildung 6.3 Musterlösung zur Überprüfen-Aufgabe (Papierversion)

6.2.3 Check (A1.2)

Der *Check* dient dem unterstützten Selbst-Assessment. Anhand von vorgegebenen Beurteilungskriterien sollen Lernende ihre Lösung zur diagnostischen Überprüfen-Aufgabe inhaltsbezogen evaluieren. Dadurch können eigene Stärken sowie Fehler identifiziert werden. Da die Checkpunkte spezifische Eigenschaften der Aufgabenlösung aufzeigen, können sie in Anlehnung an Shute (2008) als „Attribute Isolation Feedback" verstanden werden (s. Tabelle 2.2). Damit sollen sich Lernende nicht nur selbstständig beurteilen. Zudem gibt der Check Hilfestellung, um anschließend eine Entscheidung über die nächsten Schritte im eigenen Lernprozess zu treffen. Damit das Selbst-Assessment formativ ist, darf der Diagnoseprozess nicht bei einer reinen Standortbestimmung enden. Stattdessen müssen die gewonnenen diagnostischen

Informationen genutzt werden, um den Lernprozess zu adaptieren und (idealer-weise) einen Erkenntnisgewinn zu erzielen (s. Abschnitt 2.3). Daher sind für jeden Checkpunkt Hinweise auf weiterführende Förderangebote vermerkt. Hierbei ist es den Lernenden selbst überlassen, welche dieser Fördermaterialien (Hilfen und/oder Übungen) sie in welcher Reihenfolge bearbeiten.

A1.2	Zusammenhänge zwischen Größen darstellen	FaSMEd		
	Kann ich zu einer gegebenen Situation einen Graphen erstellen?			

Check:

	Wie habe ich die Aufgabe gelöst?	Wie geht es weiter?	
		Hilfe	Üben
☐	Mein Graph sieht so ähnlich aus wie die beiden Lösungsbeispiele. Ich habe alle 6 Punkte überprüft. ✔		A3.7, A3.8
☐	Mein Graph beginnt nicht im Nullpunkt.	A2.1	A3.1
☐	Mein Graph steigt zu Beginn nicht an.	A2.2	A3.3
☐	Mein Graph fällt nicht ab, um darzustellen, dass Niklas beim Hochfahren des Hügels langsamer wird.	A2.2	A3.3
☐	Mein Graph ist keine Zeit lang konstant bei einem Wert von Null, um darzustellen, dass Niklas auf dem Hügel anhält.	A2.1	A3.2
☐	Mein Graph steigt nicht an, um darzustellen, dass Niklas bergab fährt.	A2.2	A3.3
☐	Am Schluss berührt mein Graph nicht die erste Achse.	A2.1	A3.2
☐	Mein Graph sieht aus wie eine Straße mit einem Hügel am Ende.	A2.3	A3.4
☐	In meinem Graphen gibt es einzelne Zeitpunkte, zu denen ich mehrere Geschwindigkeiten eingetragen habe.	A2.4	A3.5
☐	Ich habe auf der ersten Achse die Geschwindigkeit und auf der zweiten Achse die Zeit eingetragen.	A2.5	A3.6

2

Abbildung 6.4 Check (Papierversion)

Abbildung 6.4 zeigt die vollständige Checkliste. Der erste Checkpunkt (grauer Hintergrund) wird ausgewählt, um eine richtige Lösung zu identifizieren. Durch die Formulierung „Mein Graph sieht so ähnlich aus wie die beiden Lösungsbeispiele." soll den Lernenden bewusst gemacht werden, dass es nicht *die eine* richtige Lösung gibt, sondern mehrere Graphen infrage kommen. Der Zusatz „Ich habe alle 6 Punkte überprüft." soll einen Vergleich der eigenen Antwort mit der Musterlösung anregen. Alle weiteren Checkpunkte (weißer Hintergrund) werden angekreuzt, um einen Feh-ler zu identifizieren. Dabei stimmen die ersten sechs dieser Checkpunkte (CP) mit den Kriterien der Musterlösung überein. Sie beschreiben einzelne Graph-Abschnitte einer korrekten Antwort und werden angekreuzt, wenn der eigene Graph von diesen abweicht: der Graph beginnt nicht im Nullpunkt (CP2); der Graph steigt zu Beginn nicht an (CP3); der Graph fällt nicht, wenn der Radfahrer bergauf fährt (CP4); der Graph ist zu keiner Zeit konstant bei einem Wert von null, um das Stehenbleiben darzustellen (CP5); der Graph steigt nicht, wenn der Radfahrer bergab fährt (CP6) und der Graph berührt am Schluss nicht die x-Achse (CP7). Da einige Checkpunkte auf dieselben inhaltlichen Schwierigkeiten hindeuten, verweisen teilweise mehrere Beurteilungskriterien auf dieselbe „Gut zu wissen" bzw. „Üben" Karte.[1] Die übrigen Kriterien dienen der Identifikation typischer Fehlertypen, welche im Rahmen der Überprüfen-Aufgabe erwartbar sind. Mithilfe von CP8 kann der Graph-als-Bild Fehler ausfindig gemacht werden. CP9 wird ausgewählt, um die Missachtung der Funktionseindeutigkeit festzustellen. Das heißt, im Graphen gibt es einzelne Zeitpunkte, denen mehrere Geschwindigkeiten zugeordnet wurden. Schließlich wird mit CP10 überprüft, ob die Koordinatenachsen vertauscht wurden.

6.2.4 Gut zu wissen (A2.1–A2.5)

Die fünf *Gut zu wissen* Karten des SAFE Tools dienen der Wiederholung mathematischer Inhalte bzgl. der im Check identifizierten Schwierigkeiten. Nach Shute (2008) können die Informationen der Hilfekarten daher als „Topic Contingent Feedback" bezeichnet werden (s. Tabelle 2.2). Sie enthalten Erklärungen, Hinweise und Anregungen zum mathematischen Inhalt und beziehen sich größtenteils auf die funktionale Abhängigkeit zwischen Zeit und Geschwindigkeit während der Fahrradfahrt. Durch diesen Bezug zum Kontext der Diagnoseaufgabe sollen Lernende einen einfachen Zugang zu den dargestellten Informationen erhalten.

Gut zu wissen A2.1: Nullstellen
Auf die erste Hilfekarte wird immer dann verwiesen, wenn Lernende die Nullstellen des Graphen nicht korrekt eingezeichnet haben (CP2, CP5 und CP7). Daher soll die Karte eine Erklärung darüber liefern, wann die abhängige Größe des funktionalen Zusammenhangs den Wert null annimmt. Daher enthält sie folgenden Text: „Wenn Niklas nicht mit dem Fahrrad fährt, sondern still steht, dann hat die Geschwindigkeit einen Wert von 0 km/h."

Gut zu wissen A2.2: Art der Steigung
Auf diese Gut zu wissen Karte wird immer dann verwiesen, wenn Lernende die Richtung der Steigung eines Graph-Abschnitts inkorrekt skizziert haben (CP3, CP4

---

[1] Angemerkt sei, dass Verweise auf „Gut zu wissen" Karten im Check aus Platzgründen mit „Hilfe" betitelt sind.

und CP6). Sie soll dafür sensibilisieren, dass bei einer Interpretation der Situation variable Größen betrachtet werden, welche unterschiedliche Werte annehmen. Ferner ist auf die gemeinsame Veränderung dieser Variablen zu achten. Dabei soll den Lernenden bewusst werden, wann jeweils mit einer Geschwindigkeitszu- bzw. -abnahme zu rechnen ist und wann die Größe in der Situation konstant bleibt. Daher ist folgender Informationstext abgebildet:

„Stelle dir vor, du fährst mit dem Fahrrad. Fährst du eine gerade Straße entlang, kannst du schnell fahren, also auch eine hohe Geschwindigkeit haben.

Fährst du bergauf, wirst du eher langsam – vor allem wenn der Berg steil ist. Das bedeutet, dass die Geschwindigkeit nur kleine Werte annimmt.

Fährst du bergab, wirst du sehr schnell – vor allem, wenn der Berg steil ist. Das bedeutet, dass die Geschwindigkeit große Werte annimmt."

Gut zu wissen A2.3: Graph-als-Bild Fehler

Karte A2.3 wird herangezogen, wenn der Graph-als-Bild Fehler begangen wurde (CP8). Daher sollen Lernende hier auf ihre Fehlvorstellung aufmerksam gemacht werden, den Graphen als Abbild der Sachsituation missinterpretiert zu haben. Jedoch wird auf eine direkte Rückmeldung verzichtet. Vielmehr werden Lernende aufgefordert, die Situation zu quantifizieren, d. h. mit konkreten Zahlenwerten für die Größen Zeit und Geschwindigkeit zu versehen. Da aus der Fachliteratur bekannt ist, dass dieses Vorgehen das Erkennen eines Graphen als „Menge von Zahlenpaaren" unterstützen kann (s. Abschnitt 3.8.1; Malle, 2000a, S. 5), wird somit eine Hilfe zur Selbsthilfe gegeben. Ziel ist es, dass nicht die visuellen Eigenschaften der Situation, sondern die Bedeutung der Variablen in den Fokus rücken. Durch die Quantifizierung kann die Zuordnungsvorstellung aktiviert und die Interpretation der funktionalen Abhängigkeit erleichtert werden. Bei diesem Arbeitsauftrag werden Lernende durch die Beispiele auf der Vorderseite und eine mögliche Musterlösung auf der Kartenrückseite unterstützt (s. Abbildung 6.5).

Gut zu wissen A2.4: Missachtung der Eindeutigkeit

Diese Karte fokussiert die Eindeutigkeit als zentrale Funktionseigenschaft (CP9). Lernenden soll zunächst im betrachteten Sachkontext deutlich gemacht werden, dass bei einem funktionalen Zusammenhang jedem Wert der unabhängigen Variable nur genau ein Wert der abhängigen zugeordnet werden kann. Zudem wird die Verletzung dieser Eigenschaft in der graphischen Funktionsdarstellung visualisiert. Dazu sind zwei vermeintliche Zeit-Geschwindigkeits-Graphen abgebildet, welche die Funktionseindeutigkeit verletzten. Dies wird durch eingezeichnete Hilfslinien sowie die Hervorhebung einzelner Punkte betont (s. Abbildung 6.6).

A2.3   Zusammenhänge zwischen Größen darstellen   FaSMEd

Kann ich zu einer gegebenen Situation einen Graphen erstellen?

Gut zu wissen:

Stelle dir die Fahrt von Niklas zu einzelnen Zeitpunkten vor.
Überlege, wie hoch die Geschwindigkeit jeweils ist und überprüfe an deinem Graphen, ob es passt.
Hier zwei Beispiele für den Beginn:

Beim Zeitpunkt (t=0):

Wenn Niklas losfährt, hat er
ganz zu Anfang noch gar
keine Geschwindigkeit,
also 0 km/h.

Beim Zeitpunkt (t=5):

Niklas fährt langsam los.
Seine Geschwindigkeit ist
zum Beispiel nach 5 Minuten
10 km/h.

Wenn du nicht weiter weißt, betrachte das Lösungsbeispiel auf der Rückseite.

**Wenn dein Graph von A1.1 nicht passt, überlege, warum und korrigiere deine Lösung.
Formuliere dir selbst einen Tipp, so dass du den Fehler zukünftig vermeidest.**

4

FaSMEd

LÖSUNGSBEISPIEL

Beim Zeitpunkt (t=8):

Niklas wird auf der
geraden Straße schneller.
Seine Geschwindigkeit ist
zum Beispiel nach 8
Minuten 16 km/h.

Beim Zeitpunkt (t=12):

Fährt Niklas den Berg hoch,
wird er sehr langsam.
Seine Geschwindigkeit ist
nach 12 Minuten zum
Beispiel nur noch 5 km/h.

Beim Zeitpunkt (t=23):

Fährt Niklas den Berg wieder
runter, wird er sehr schnell.
Seine Geschwindigkeit ist zum
Beispiel nach 23 Minuten 25 km/h.

Beim Zeitpunkt (t=30):

Am Schluss bleibt Niklas stehen.
Seine Geschwindigkeit ist zum
Beispiel nach einer halben Stunde
wieder 0 km/h.

Im Zeitraum zwischen 15 und 20 Minuten:

Oben bleibt er stehen und genießt zum Beispiel
fünf Minuten lang die Aussicht.
Seine Geschwindigkeit hat dann zwischen t=15
und t=20 einen Wert von 0 km/h.

Abbildung 6.5 Vorder- und Rückseite der Gut zu wissen Karte A2.3: Graph-als-Bild Fehler

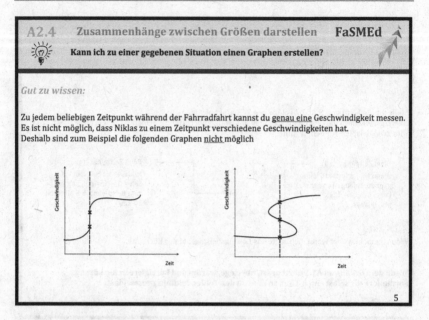

Abbildung 6.6 Gut zu wissen Karte A2.4: Missachtung der Eindeutigkeit

Gut zu wissen A2.5: Vertauschen der Achsenbeschriftungen

Die letzte Hilfekarte soll eingesetzt werden, wenn die Reihenfolge der Koordinatenachsen bei der Beschriftung vertauscht wurde (CP10). Eine solche Vertauschung deutet auf die Verwechslung von unabhängiger und abhängiger Variable hin, die als typische Fehlvorstellung von Lernenden im Umgang mit Funktionsgraphen beschrieben wird (s. Abschnitt 3.8; Busch, 2015, S. 32). Daher macht der Informationstext zunächst darauf aufmerksam, dass Graphen den (funktionalen) Zusammenhang zwischen zwei Größen darstellen: „Zusammenhänge zwischen zwei Größen (hier: Zeit und Geschwindigkeit) kannst du übersichtlich in einem Graphen darstellen." Anschließend folgt eine Erklärung bzgl. der Konvention, die unabhängige Größe auf der x-Achse und die abhängige Größe auf der y-Achse einzutragen: „Dazu musst du überlegen, welche Größe die erste (die unabhängige) und welche die zweite (die abhängige) ist. Du trägst die erste (unabhängige) Größe immer auf der ersten Achse ein und die zweite (abhängige) Größe immer auf der zweiten Achse." Schließlich werden diese Informationen auf das Beispiel der Überprüfen-Aufgabe bezogen. Hierdurch sollen Lernende angehalten werden, die innermathematische Erklärung auf den betrachteten Sachzusammenhang zu übertragen: „Für die Fahrt von Niklas willst du zeigen, wie sich die Geschwindigkeit mit der Zeit verändert. Deshalb ist die Zeit die erste (unabhängige) Größe und die Geschwindigkeit die zweite (abhängige) Größe."

6.2.5   Üben (A3.1–A3.8)

„Üben beginnt dort, wo erste Lernerfahrungen bereits gemacht wurden, ist aber prinzipiell nicht scharf abzugrenzen gegen andere Phasen des Lernens und Leistens." (Büchter & Leuders, 2011, S. 141)

Während Übungsaufgaben traditionell eher mit einer kalkülhaften Automatisierung von Rechenfertigkeiten verbunden wurden, können sie aus der Sichtweise eines produktiven Übens vielfältige Ziele verfolgen. Dazu gehören das Anwenden von Begriffen, das Festigen von Vorstellungen, das Entdecken von Strukturen, das Herstellen von Beziehungen, das Flexibilisieren von Strategien oder das Reflektieren mathematischer Verfahren (Büchter & Leuders, 2011, S. 140 ff; Leuders, 2009, S. 130 ff; Leuders, 2015, S. 439). Diese stellen bestimmte Anforderungen an die Konstruktion geeigneter Aufgaben. Leuders (2009, S. 134) nennt vier Kriterien „guter" Übungsaufgaben:

- *sinnstiftend*: Die Aufgabe sollte das Ziel der Übung möglichst transparent machen.
- *entdeckungsoffen*: Die Aufgabe sollte mathematische Tätigkeiten anregen, eigene Lösungswege sowie Entdeckungen zulassen und nicht auf ein reines Abarbeiten fester Algorithmen zielen.
- *selbstdifferenzierend*: Die Aufgabe sollte auf unterschiedlichen Kompetenzniveaus und Verständnisstufen lösbar sein.
- *reflexiv*: Die Aufgabe sollte zum Nachdenken über den Lerngegenstand oder die Lösungsstrategie anregen.

Diese wurden bei der Konzeption der acht Karten zum *Üben* im SAFE Tool berücksichtigt. Die ersten sechs Übungsaufgaben dienen als Fördermaßnahme zur Überwindung eines im Check festgestellten Fehlers. Dahingegen sollen die letzten beiden Übungsaufgaben auch von denjenigen Nutzer:innen bearbeitet werden, welche die Überprüfen-Aufgabe richtig lösen konnten. Daher zielen sie auf eine Vertiefung von Vorstellungen sowie einen Transfer auf andere Sachkontexte und funktionale Abhängigkeiten. Da Lernende nicht nur bei der eingänglichen Diagnose, sondern auch während der anschließenden Förderung eigenverantwortlich handeln sollen, ist die Anregung von Reflexionsprozessen Ziel aller Übungen. Aus diesem Grund wird zu jeder Aufgabe eine Musterlösung konzipiert. Diese ist mit der eigenen Antwort zu vergleichen, um eigene Bearbeitungen hinsichtlich ihrer Qualität bzw. Korrektheit selbst einzuschätzen. Da sich die in den Musterlösungen bereitgestellten Informationen auf den spezifischen Lerninhalt beziehen und gleichzeitig die korrekte Aufgabenlösung präsentieren, können sie als Mischung eines verifizierenden „Correct Response Feedbacks" und einem elaborierten „Topic Contingent Feedback" verstanden werden (Shute, 2008, S. 160).

Üben A3.1: Koordinatenursprung

Die erste Übungsaufgabe soll bearbeitet werden, wenn Lernende CP2 ankreuzen. Hierbei geht es um die Frage, wann ein Funktionsgraph im Koordinatenursprung beginnt. Das bedeutet, dass der Spezialfall $x = 0$ näher betrachtet wird. Dass die Interpretation einer funktionalen Abhängigkeit in diesem Fall nicht trivial ist, lässt sich etwa aufgrund einer typischen Übergeneralisierung durch Lernende vermuten (s. Abschnitt 3.8.5). Beim „origin"-Prototyp werden nur Graphen, die durch

---

A3.1   Zusammenhänge zwischen Größen darstellen   FaSMEd

 Kann ich zu einer gegebenen Situation einen Graphen erstellen?

Üben 1:

Du möchtest zu folgenden Situationen einen Graphen zeichnen.
Entscheide jeweils, ob der Graph im Nullpunkt beginnt.
Überlege dir genau, warum das so ist.

1. Der Preis für Äpfel wird im Supermarkt je nach ihrem Gewicht ermittelt.
2. Die monatlichen Stromkosten einer Familie setzen sich aus einer festen Grundgebühr und einem Preis pro verbrauchter Strommenge zusammen.
3. Wenn man beim Joggen losläuft, dann steigt der Puls gleichmäßig an.
4. Klasse 7b verkauft Waffeln auf einem Schulfest.
   Wie hoch ist der Gewinn in Abhängigkeit von der verkauften Stückzahl?
5. Beim 1500-m-Lauf wird alle 100 m gemessen, wie lange man bis dahin braucht.
6. Marie misst die Wasserhöhe beim Füllen ihrer Badewanne in Abhängigkeit von der Zeit.
7. In einem gefällten Baumstamm gehört zu jedem Lebensjahr ein Jahresring.
8. Ein Formel-1 Fahrer bremst nach der Ziellinie stark ab und fährt dann langsam eine Siegerrunde.

* Francesco soll als Hausaufgabe die Geschwindigkeit des heutigen Schulwegs in Abhängigkeit von der Zeit in einem Graphen darstellen.
  Heute startet sein Schulweg nicht zu Hause, weil er bei seinem Freund Karim übernachtet hat. Da Karim näher an der Schule wohnt, können sie schön langsam gehen.

6

Abbildung 6.7 Üben 1: Beginnt der Graph im Nullpunkt? (Papierversion)

den Nullpunkt eines Koordinatensystems verlaufen, als Repräsentation einer Funktion akzeptiert (Hadjidemetriou & Williams, 2002, S. 72). Allerdings ist diese Vorstellung als Fehlerursache der Diagnoseaufgabe ausgeschlossen, da eine korrekte Lösung durch den Nullpunkt verlaufen muss. Wahrscheinlicher ist, dass Lernende hier nicht die Anfangssituation modellieren, nicht auf den Wert der Geschwindigkeit achten oder eine falsche funktionale Abhängigkeit betrachten. Daher sollen Lernende durch die Übungsaufgabe zum einen darin unterstützt werden, die Bedeutung der graphischen Darstellung in einem Sachkontext zu erfassen. Zum anderen soll ihre Zuordnungsvorstellung aktiviert werden, damit sie einzelne Variablenwerte stärker fokussieren.

Aus diesem Grund fordert die erste Übungsaufgabe dazu auf, für verschiedene Situationsbeschreibungen jeweils zu begründen, ob ein zugehöriger Graph im Nullpunkt beginnt (s. Abbildung 6.7). Zur Lösung einer Teilaufgabe müssen Lernende zunächst die beschriebene funktionale Abhängigkeit erfassen oder in die Situation hineinsehen (die Texte zu den Situationen 3, 7 und 8 geben die zu modellierende Abhängigkeit nicht eindeutig vor). Anschließend ist der Wert der unabhängigen Variable mit null gleichzusetzen und zu überlegen, welchen Wert die abhängige Variable dabei annimmt. Beträgt dieser ebenfalls null, muss das Wertepaar $(0|0)$, d. h. der Nullpunkt des Koordinatensystems, als Punkt des Graphen identifiziert werden. Weicht der Wert von null ab, so muss man sich einen Punkt mit den Koordinaten $(0|y)$ als Anfangspunkt des zugehörigen Graphen vorstellen. Demzufolge müssen Lernende in dieser Aufgabe für verschiedene funktionale Abhängigkeiten einen situativ-graphischen Darstellungswechsel für den Spezialfall $x = 0$ vollziehen, ohne die graphische Repräsentation explizit zu erstellen. Während sie sich in der Überprüfen-Aufgabe auf die Kovariation der Größen konzentrieren mussten, steht hier die Funktion als Zuordnung und ein zugehöriger Graph als Punktmenge im Fokus. Ist diese Grundvorstellung aktiviert, könnten Lernende bei erneuter Betrachtung der Überprüfen-Aufgabe weitere Fehler aufdecken, oder die Aufgabe tiefer durchdringen.

Das eigene Ergebnis kann mit der Musterlösung auf der Kartenrückseite verglichen werden (s. Abbildung 6.8). Diese listet jeweils auf, für welche der Situationen ein zugehöriger Graph im Nullpunkt beginnen muss bzw. den Punkt $(0|0)$ nicht enthält. Zudem ist jeder Teilaufgabe eine entsprechende Begründung im jeweiligen Sachkontext beigefügt. Auf einen Bezug zum mathematischen Modell wird hier größtenteils verzichtet, damit dieser Abstraktionsschritt von den Lernenden ausgeführt wird. Auf diese Weise sollen Lernende zur Reflexion der betrachteten funktionalen Zusammenhänge angehalten werden.

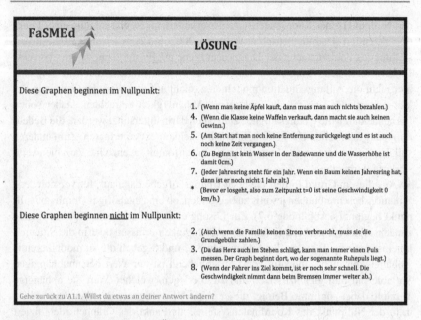

Abbildung 6.8 Musterlösung zu Üben 1 (Papierversion)

Üben A3.2: Nullstellen

Die zweite Übungsaufgabe soll Lernende unterstützen, die CP5 oder CP7 ankreuzen. Das heißt, sie haben die Nullstellen beim Überprüfen inkorrekt skizziert. Daher beschäftigt sich die Aufgabe mit der Frage, wann ein Graph den Wert null erreicht. Es wird eine neue Situation betrachtet, welche ebenfalls die Abhängigkeit zwischen Zeit und Geschwindigkeit fokussiert. Lernende sollen beschreiben, zu welchen Zeitpunkten die abhängige Größe den Wert null annimmt. Der Arbeitsauftrag lautet: „Du willst zu folgender Situation einen Graphen zeichnen, aus dem man ablesen kann, wie sich die Geschwindigkeit in Abhängigkeit von der Zeit verändert. Beschreibe, zu welchen Zeitpunkten die Geschwindigkeit einen Wert von 0 annimmt." Das bedeutet, sie sollen diejenigen Stellen x ausfindig machen, für die $f(x) = 0$ gilt. Hierzu muss folgende Situation betrachtet werden:

„Marie macht sich nach der Schule auf den Weg nach Hause. Sie geht langsam los, weil sie ihrer Freundin Jana einen Witz erzählt. Die beiden halten kurz an, weil sie so lachen müssen. Als sich Jana verabschiedet, geht Marie schneller weiter. An der nächsten Straße ist die Ampel rot. Nachdem diese auf grün springt, rennt Marie los, um ihren Bruder Ben einzuholen, den sie am Ende der Straße sehen kann. Als sie Ben erreicht, muss Marie erst einmal kurz verschnaufen. Dann gehen sie zusammen nach Hause."

Da die Situation rein qualitativ beschrieben ist, müssen die Werte der unabhängigen Variable (Zeit) nicht konkret bestimmt, sondern in der verbalen Darstellung identifiziert werden. Obwohl keine exakten Zahlenwerte anzugeben sind, wird der Fokus auf die Funktion als Zuordnung gelenkt. Lernende müssen sie lokal betrachten und ein Anhalten oder Stehenbleiben mit einem Geschwindigkeitswert von 0 km/h verbinden.

Die Aufgabenbearbeitung kann daher zum einen die Zuordnungsvorstellung der Lernenden aktivieren. Zum anderen wird die Interpretation einer Situationsbeschreibung hinsichtlich des Variablenwerts von Größen eines funktionalen Zusammenhangs (d. h. der erste Schritt im Übersetzungsprozess eines situativ-graphischen Darstellungswechsels) trainiert. Dies wird durch die Erläuterungen in der Musterlösung unterstützt. Darin wird zunächst jede gesuchte Teilsituation genannt und mit dem Wert null für die abhängige Größe Geschwindigkeit in Verbindung gebracht, z. B. „Marie bleibt an der roten Ampel stehen. Während sie wartet, dass die Ampel grün wird, hat ihre Geschwindigkeit einen Wert von 0 km/h." Stellenweise wird zudem auf die Konsequenz für die graphische Repräsentation hingewiesen, um eine Verknüpfung beider Repräsentationsformen anzuregen, z. B. „Zum Schluss kommen Marie und Ben zuhause an. Dann ist ihre Geschwindigkeit ebenfalls 0 km/h. Der Graph berührt ganz am Schluss also die erste Achse."

Üben A3.3: Art der Steigung

Diese Übung soll eingesetzt werden, wenn Lernende Schwierigkeiten haben, die Steigung des Funktionsgraphen zu bestimmen (CP3, CP4 und CP6). Das bedeutet, sie haben es (teilweise) verpasst die Situation hinsichtlich der funktionalen Abhängigkeit zwischen Zeit und Geschwindigkeit so zu interpretieren, dass sie (mindestens) die Richtung der gemeinsamen Kovariation bestimmen können. Möglicherweise liegt die Schwierigkeit der Lernenden auch darin, die gemeinsame Größenveränderung graphisch darzustellen. Da die Zeit als unidirektionale Größe in der betrachteten Situation stets zunimmt, muss für jede Teilsituation lediglich auf die Änderung der abhängigen Größe Geschwindigkeit geachtet werden. Dabei sind Ablenkungen durch visuelle Situationseigenschaften, eine fotografische Übertragung der situativen auf die graphische Darstellung, eine unzureichende Kovariationsvorstellung oder eine Kodierung in unpassenden Merkmalen des Graphen als Fehlerursachen denkbar. Die Übungsaufgabe soll daher sowohl die Kovariationsvor-

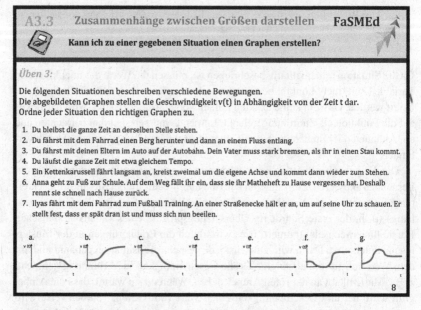

A3.3   **Zusammenhänge zwischen Größen darstellen**   **FaSMEd**

Kann ich zu einer gegebenen Situation einen Graphen erstellen?

Üben 3:

Die folgenden Situationen beschreiben verschiedene Bewegungen.
Die abgebildeten Graphen stellen die Geschwindigkeit v(t) in Abhängigkeit von der Zeit t dar.
Ordne jeder Situation den richtigen Graphen zu.

1. Du bleibst die ganze Zeit an derselben Stelle stehen.
2. Du fährst mit dem Fahrrad einen Berg herunter und dann an einem Fluss entlang.
3. Du fährst mit deinen Eltern im Auto auf der Autobahn. Dein Vater muss stark bremsen, als ihr in einen Stau kommt.
4. Du läufst die ganze Zeit mit etwa gleichem Tempo.
5. Ein Kettenkarussell fährt langsam an, kreist zweimal um die eigene Achse und kommt dann wieder zum Stehen.
6. Anna geht zu Fuß zur Schule. Auf dem Weg fällt ihr ein, dass sie ihr Matheheft zu Hause vergessen hat. Deshalb rennt sie schnell nach Hause zurück.
7. Ilyas fährt mit dem Fahrrad zum Fußball Training. An einer Straßenecke hält er an, um auf seine Uhr zu schauen. Er stellt fest, dass er spät dran ist und muss sich nun beeilen.

Abbildung 6.9 Üben 3: Wann steigt, fällt oder bleibt ein Graph konstant? (Papierversion)

stellung von Lernenden aktivieren, als auch die Verbindung zwischen einer beschriebenen Größenveränderung und ihrer graphischen Repräsentation hervorheben.

Die Aufgabe fordert Lernende auf, sieben Situationsbeschreibungen und Graphen einander zuzuordnen (s. Abbildung 6.9). Dabei bleibt der Kontext einer Untersuchung der funktionalen Abhängigkeit zwischen Zeit und Geschwindigkeit für qualitativ beschriebene Bewegungsabläufe bestehen. Die einzelnen Situationen sind im Vergleich zur Überprüfen-Aufgabe aber weniger komplex. Da die Graphen angezeigt werden, ist das Zuordnen sowohl durch den Darstellungswechsel von Situation zu Graph, als auch die umgekehrte Übersetzung von Graph zu Situation möglich. Das bedeutet, die situativen Beschreibungen können hinsichtlich der Geschwindigkeitsveränderung interpretiert und gedanklich in den Verlauf eines Graphen übertragen werden. Anschließend kann die passende Visualisierung ausgewählt werden. Andersherum können auch die graphischen Repräsentationen im Zeit-Geschwindigkeits-Kontext interpretiert und eine passende Situationsbeschreibung ausgewählt werden. Wahrscheinlich ist, dass diese beiden Lösungswege bei der Aufgabenbearbeitung in gemischter Form auftreten.

Die Musterlösung zeigt die korrekte Zuordnung: „Die folgenden Situationen und Graphen gehören zusammen: 1-d, 2-g, 3-c, 4-e, 5-a, 6-b, 7-f." Da keine Erklärung vorgegeben wird, sind Lernende bei einem festgestellten Fehler angehalten, die situativen und graphischen Darstellungen miteinander zu vergleichen, wodurch möglicherweise neue Darstellungswechsel bzw. Reflexionsprozesse angeregt werden.

Üben A3.4: Graph-als-Bild Fehler
Die vierte Üben Karte dient der Unterstützung von Lernenden, die beim Check einen Graph-als-Bild Fehler identifizieren (CP8). Das bedeutet, sie haben den Weg der Fahrradfahrt bildlich gezeichnet anstatt eine graphische Darstellung des zugrundeliegenden funktionalen Zusammenhangs zu konstruieren. Mögliche Ursachen und abgeleitete Förderempfehlungen zur Überwindung dieses Fehlertyps werden in Abschnitt 3.8.1 aufgezeigt. Diese wurden bei der Aufgabenkonzeption berücksichtigt. Bei der Übung handelt es sich um eine Adaption der Skifahrer-Aufgabe von Schlöglhofer (2000), welche häufig zur Diagnose des Graph-als-Bild Fehlers eingesetzt wird (s. Abbildung 3.7). Darin wird Lernenden die Skizze einer Skipiste präsentiert (s. Abbildung 6.10).

In Aufgabenteil a) muss ein passender Zeit-Geschwindigkeits-Graph für die Skifahrt aus drei Möglichkeiten ausgewählt werden. Dadurch wird geprüft, ob sich der Graph-als-Bild Fehler wiederholt. Zur Aufgabenlösung müssen Lernende erkennen, dass die Form des Graphen von der Skipiste abweicht. Da der Skifahrer bergab, dann bergauf und wieder bergab fährt, muss der Zeit-Geschwindigkeits-Graph zunächst steigen, dann fallen und schließlich wieder steigen. Das realistische Bild der Skipiste muss demnach in Bezug auf die Veränderung der Geschwindigkeitswerte interpretiert und die Kovariation der betrachteten Größen graphisch erkannt werden. Im Gegensatz zur Aufgabe von Schlöglhofer (2000) wurde die Situation hier quantifiziert. Das bedeutet, dass verschiedene Zeitpunkte in der Skizze markiert und die Koordinatenachsen der Graphen skaliert sind. Dadurch soll es Lernenden erleichtert werden, die Graphen als Punktmengen und somit als Repräsentationen funktionaler Abhängigkeiten zu erfassen (Malle, 2000a, S. 5).

In Aufgabenteil b) sollen Lernende die drei Abschnitte der Skifahrt getrennt voneinander betrachten. Dazu ist ein Beispiel als Lückentext formuliert. In Bezug zum ersten Abschnitt ist auszuwählen, ob der Skifahrer bergauf/bergab fährt, dadurch schneller/langsamer wird und die Geschwindigkeit daher zu-/abnimmt. Die vorgegebene Situation ist zur Aufgabenlösung demnach intervallweise zu beschreiben, zu interpretieren und die Konsequenz für das Änderungsverhalten der Größen abzuleiten. Da der Graph-als-Bild Fehler hier auftritt, wenn der Funktionsgraph global fehlinterpretiert wird, soll dadurch eine lokale Betrachtung des funktionalen Zusam-

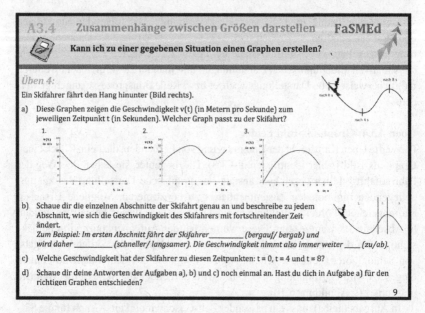

Abbildung 6.10 Üben 4: Warum ist ein Graph kein Abbild der Situation? (Papierversion)

menhangs angeregt werden. Dabei steht die Kovariation der beteiligten Größen im Fokus. Die Vorgabe des Beispieltextes verhindert es, dass sprachliche Schwierigkeiten die Aufgabe erschweren. Darüber hinaus wird sichergestellt, dass Lernende insbesondere auf die Variation der Geschwindigkeit achten und in ihrer Beschreibung nicht auf der situativen Ebene (bergab fahren) stehen bleiben. Schließlich soll das Beispiel Lernenden eine mögliche Interpretation der Situation aufzeigen.

Aufgabenteil c) fordert die Angabe der Geschwindigkeit des Skifahrers zu drei konkreten Zeitpunkten (nach 0, 4 und 8 Sekunden). Die Betrachtung des funktionalen Zusammenhangs muss nun also punktuell erfolgen. Hier steht die Funktion als Zuordnung im Mittelpunkt. Zur Aufgabenlösung müssen Lernende in dem von ihnen gewählten Graphen aus a) die Geschwindigkeitswerte zu den vorgegebenen Zeitwerten ablesen. Das heißt, sie identifizieren jeweils einen Punkt des Graphen, der z. B. durch das Wertepaar (4|y) festgelegt wird, und lesen den passenden y-Wert an der vertikalen Koordinatenachse ab.

Schließlich sollen Lernende in Aufgabenteil d) ihre Antworten zu den vorherigen Teilaufgaben reflektieren und überdenken, ob sie sich in a) für den richtigen Graphen entschieden haben. Hierdurch soll eine Verknüpfung zwischen der in b) aktivierten

Kovariationsvorstellung und der in c) fokussierten Zuordnungsvorstellung angeregt werden. Dies wird z. B. von Monk (1992) zur Überwindung des Graph-als-Bild Fehlers empfohlen. Durch den Vergleich der in c) identifizierten Zahlenwerte mit dem in b) beschriebenen Änderungsverhalten des funktionalen Zusammenhangs, könnten Lernende einen in a) begangenen Graph-als-Bild Fehler eigenständig aufdecken.

FaSMEd

LÖSUNG

a) Der 2. Graph passt zu der Skifahrt.

b) Im ersten Abschnitt,fährt der Skifahrer <u>bergab</u> und wird daher <u>schneller</u>.
Die Geschwindigkeit nimmt also immer weiter <u>zu</u>.

Im zweiten Abschnitt fährt der Skifahrer <u>bergauf</u>. Dadurch wird er <u>langsamer</u>.
Die Geschwindigkeit nimmt <u>ab</u>, der Wert von v(t) wird also <u>kleiner</u>.

Im dritten Abschnitt fährt der Skifahrer wieder <u>bergab</u>. Daher wird er wieder <u>schneller</u>.
Die Geschwindigkeit nimmt wieder <u>zu</u>, der Wert von v(t) wird also wieder <u>größer</u>.

c) <u>t=0:</u> Die Geschwindigkeit v(t) hat einen Wert von 6 m/s.
<u>t=4:</u> Der Skifahrer fährt mit einer Geschwindigkeit von 12 m/s.
<u>t=8:</u> Die Geschwindigkeit des Skifahrers beträgt etwa 8 m/s.

d) Graph 2 beschreibt die Skifahrt richtig, weil:
- er bei einer recht hohen Geschwindigkeit beginnt, da der Skifahrer am Anfang bergab fährt,
- er dann ansteigt, um darzustellen, dass der Skifahrer noch schneller wird, wenn er bergab fährt,
- er sinkt, um darzustellen, dass der Skifahrer langsamer wird, wenn er bergauf fährt,
- er wieder steigt, um darzustellen, dass der Skifahrer wieder schneller wird, wenn er am Ende bergab fährt.

Gehe zurück zu A1.1. Willst du etwas an deiner Antwort ändern?

Abbildung 6.11 Musterlösung zu Üben 4 (Papierversion)

Die Musterlösung der Aufgabe (s. Abbildung 6.11) zeigt für die Teile a) bis c) lediglich eine korrekte Antwort. Erst bei der Lösung zu Teilaufgabe d) wird eine Erklärung dafür geliefert, warum der zweite Graph zur Skifahrt passt. Dabei wird für jeden Abschnitt des Graphen erläutert, wie das dargestellte Änderungsverhalten mit der Ausgangssituation in Bezug gesetzt werden kann. Auf diese Weise soll - wie schon in der Überprüfen-Aufgabe – der umgekehrte Darstellungswechsel (graphisch-situativ) als Methode zur Verifizierung des Übersetzungsprozesses verdeutlicht werden.

Üben A3.5: Missachtung der Eindeutigkeit

Diese Übung soll eingesetzt werden, wenn Lernende beim Zeichnen des Graphen zur Überprüfen-Aufgabe, die Eindeutigkeit der Funktion missachten (CP9). Das bedeutet, dass es in ihrem Graphen mindestens einen Wert der unabhängigen Größe gibt, dem mehrere Werte der abhängigen Größe zugeordnet wurden. Demzufolge stellt ihr Graph keinen funktionalen Zusammenhang dar. In der Übungsaufgabe soll daher für zehn beschriebene Kontexte entschieden werden, ob es sich dabei um funktionale Zusammenhänge handelt. Das heißt, ob man zu der gegebenen Situation einen eindeutigen Graphen zeichnen kann (s. Abbildung 6.12).

Zur Aufgabenlösung müssen Lernende in jeder Situation zwei Größen sowie die Richtung der Abhängigkeit zwischen ihnen identifizieren. Hierbei ist neben dem konzeptuellen Verständnis einer Funktion als Modell zur Beschreibung einer Größenbeziehung auch die Sprachkompetenz der Lernenden gefordert. Sie müssen die verwendeten Sprachmittel erkennen und verstehen (Zindel, 2019, S. 3). Dies wird durch die Wahl einer einfachen Formulierung erleichtert. So werden ausschließlich die Sprachmittel „in Abhängigkeit von" oder „abhängig von" gebraucht, welche leichter zu durchdringen sind als etwa das Verb „zuordnen". Ferner werden aktive sowie wenig variierende Formulierungen genutzt (Zindel, 2019, S. 58 ff). Haben Lernende die beschriebene Abhängigkeit für eine Teilaufgabe erfasst, müssen sie entscheiden, ob diese funktional ist. Dabei ist zu überlegen, ob jedem Wert der unabhängigen Größe genau ein Wert der abhängigen zugeordnet wird. Dies erfordert auch die Berücksichtigung von Alltagsvorstellungen bzgl. der fokussierten Größen. Die Musterlösung listet jeweils die Zusammenhänge auf, zu denen man (k)einen eindeutigen Graphen zeichnen kann. Darüber hinaus wird jeweils eine kurze Begründung im jeweiligen Sachkontext gegeben (s. Abbildung 6.12).

A3.5 Zusammenhänge zwischen Größen darstellen **FaSMEd**

Kann ich zu einer gegebenen Situation einen Graphen erstellen?

Üben 5:

Zu welchen der folgenden Zusammenhänge kannst du einen eindeutigen Graphen zeichnen?
Das heißt, dass jedem Wert auf der ersten Achse immer nur <u>genau ein</u> Wert auf der zweiten Achse zugeordnet ist.

1. Die Entfernung von zuhause auf deinem Schulweg in Abhängigkeit von der Zeit.
2. Die Körpergröße abhängig von der Schuhgröße.
3. Der Preis für Wandfarbe in Abhängigkeit von der Anzahl der gekauften Eimer.
4. Der Bremsweg eines Autos abhängig von der gefahrenen Geschwindigkeit.
5. Das Gewicht eines neugeborenen Babys abhängig von seiner Körpergröße.
6. Die monatliche Durchschnittstemperatur in Essen in Abhängigkeit vom jeweiligen Monat.
7. Der Kaufpreis eines Buches in Abhängigkeit von der Anzahl seiner Seiten.
8. Der Flächeninhalt eines Quadrats in Abhängigkeit von der Kantenlänge.
9. Die Anzahl der Schülerinnen und Schüler einer Schule abhängig von der Anzahl der Lehrkräfte.
10. Die Uhrzeit an einem Tag in Abhängigkeit der aktuell gemessenen Temperatur.

10

FaSMEd

LÖSUNG

Zu diesen Situationen kannst du einen eindeutigen Graphen zeichnen:

1. (Du kannst zu jedem Zeitpunkt an genau einem Ort sein.)
3. (Du zahlst für eine beliebig gewählte Anzahl an Farbeimern genau einen bestimmten Preis.)
4. (Die Länge des Bremswegs kann für jede Geschwindigkeit eindeutig bestimmt werden.)
6. (Du kannst jedem Monat genau eine Durchschnittstemperatur zuordnen.)
8. (Du kannst für jedes Quadrat mit einer bestimmten Seitenlänge genau einen Flächeninhalt berechnen.)

Zu diesen Situationen kannst du <u>keinen</u> eindeutigen Graphen zeichnen:

2. (Zwei Personen können dieselbe Schuhgröße haben und trotzdem unterschiedlich groß sein.)
5. (Zwei Babys können bei gleicher Körpergröße unterschiedlich schwer sein.)
7. (Zwei Bücher mit der gleichen Seitenanzahl können unterschiedlich viel kosten.)
9. (In zwei Schulen mit unterschiedlich vielen Schülerinnen und Schülern können trotzdem gleich viele Lehrer arbeiten.)
10. (Eine bestimmte Temperatur kannst du häufig zu unterschiedlichen Tageszeiten messen.)

Gehe zurück zu A1.1. Willst du etwas an deiner Antwort ändern?

Abbildung 6.12 Üben 5 inklusive Musterlösung: Wann ist ein Graph eindeutig? (Papierversion)

Üben A3.6: Vertauschen der Achsenbeschriftungen

Diese Aufgabe soll Lernende unterstützen, welche die Koordinatenachsen beim Überprüfen fehlerhaft beschriften (CP10). Das heißt, dass sie vermutlich fehlende Kenntnisse bzgl. der Konventionen graphischer Funktionsdarstellungen oder ein unzureichendes Verständnis des zugrundeliegenden funktionalen Zusammenhangs aufweisen (s. Abschnitt 3.8.2). Daher soll das Beschriften der Koordinatenachsen gezielt geübt werden. Die Aufgabe gibt zehn Situationen vor, für welche jeweils die Größen zu identifizieren sind, die auf der x- bzw. y-Achse einzutragen sind, wenn man dazu Graphen zeichnen will. Im Gegensatz zu Üben 5 wurden für die Situationsbeschreibungen hier gezielt vielfältige sprachliche Variationen verwendet. Sollten sich Lernende beim Üben 5 vorrangig auf die Entscheidung konzentrieren, ob ein erfasster Zusammenhang funktional ist, liegt der Fokus hier auf der Frage danach, welche funktionale Abhängigkeit beschrieben ist. Daher werden sowohl unterschiedliche Sprachmittel zur Beschreibung der Größenbeziehungen (z. B. „hängt ab von", „bestimmt", „je ...desto", „verändert sich mit"), als auch verschiedene Satzstrukturen und grammatikalisch variierende Formulierungen (z. B. aktiv: „Die Laufgeschwindigkeit bestimmt ..." und passiv: „Die Höhe wird aufgezeichnet") genutzt (s. Abbildung 6.13).

A3.6	Zusammenhänge zwischen Größen darstellen	FaSMEd

Kann ich zu einer gegebenen Situation einen Graphen erstellen?

Üben 6:

Du willst zu den folgenden Zusammenhängen immer einen Graphen zeichnen.
Entscheide jeweils, welche Größe du auf der ersten Achse und welche Größe du auf der zweiten Achse einträgst.

1. Bei einem Prepaid-Vertrag fürs Handy hängt es vom Guthaben (Prepaid) ab, wie lange man noch telefonieren kann.
2. Der einzuhaltende Mindestabstand zum voraus fahrenden Auto auf der Autobahn hängt von der eigenen Geschwindigkeit ab.
3. Einen Monat lang wird jeden Tag die Durchschnittstemperatur ermittelt.
4. Der Flächeninhalt eines Kreises hängt von der Länge des Radius ab.
5. Die Laufgeschwindigkeit von Tim bestimmt, wie lang die Strecke ist, die er in einer halben Stunde zurücklegen kann.
6. Die Höhe eines Fallschirmspringers wird alle 2 Sekunden nach dem Sprung aus dem Flugzeug aufgezeichnet.
7. Das Gewicht eines Päckchens bestimmt, wie viel man fürs Verschicken bezahlen muss.
8. Der Abstand eines Bootes zur Küste hängt von dem Zeitpunkt der Messung ab.
9. Je tiefer der Taucher ist, desto höher ist der Wasserdruck, dem er ausgesetzt ist.
10. Die Konzentration eines eingenommenen Medikaments im Blut verändert sich mit der Zeit nach der Einnahme.

11

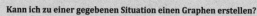

Abbildung 6.13 Üben 6: Wie werden die Achsen eines Graphen beschriftet? (Papierversion)

Zur Aufgabenlösung wird demnach das Erfassen funktionaler Abhängigkeiten in Situationsbeschreibungen mit unterschiedlichen sprachlichen Anforderungen verlangt. Dazu sind stets die beteiligten Größen, deren Variabilität und die Richtung ihrer Abhängigkeit zu identifizieren (s. Abschnitt 3.3.3; Zindel, 2019, S. 45). Anschließend müssen die gewonnenen Informationen auf die graphische Funktionsdarstellung übertragen werden.

Die Musterlösung zeigt die Zuordnung der jeweiligen Größen zu den Koordinatenachsen in tabellarischer Form ohne nähere Erklärungen. Da die zugehörige Hilfekarte A2.5 bereits Informationen über die Konventionen graphischer Funktionsdarstellungen bzgl. der Achsenbeschriftungen enthält, wurde bei der Aufgabe auf derartige Hinweise verzichtet. Darüber hinaus sollen Lernende bei einer Abweichung von der Musterlösung dazu angeregt werden, die vorgegebene Größenrelation in der entsprechenden Situation wiederzufinden.

Üben A3.7: Füllgraphen
Diese Übung dient der Vertiefung und dem Transfer von Vorstellungen bzgl. des Funktionsbegriffs. Sie wird eingesetzt, wenn Lernende die Überprüfen-Aufgabe korrekt lösen oder die spezifischen Fördereinheiten abgeschlossen haben. Dabei steht weiterhin der situativ-graphische Darstellungswechsel im Fokus. Als Kontext wird das Befüllen von Vasen mit Wasser gewählt. Dieser Sachzusammenhang wird häufig für Aufgaben zu Repräsentationswechseln zwischen Situation und Graph verwendet (z. B. Carlson, 1998, S. 123; Klinger, 2018, S. 247; Swan, 1985, S. 94). Durch die Betrachtung der Füllhöhe in Abhängigkeit von der Füllmenge wird eine zeitunabhängige Situation untersucht. Das heißt, Lernende müssen hier im Vergleich zur Überprüfen-Aufgabe die gemeinsame Veränderung zweier Größen explizit überblicken, wodurch eine Aktivierung der Kovariationsvorstellung noch zentraler wird. (s. Abschnitt 3.8.6).

In Teilaufgabe a) sind die Skizzen von sechs Vasen sowie acht mögliche Füllgraphen vorgegeben. Gefordert ist die Zuordnung der Graphen zu den passenden Gefäßen (s. Abbildung 6.14). Die Aufgabe kann – ähnlich wie Üben A3.3 – mithilfe des situativ-graphischen Darstellungswechsels, der umgekehrten Übersetzung von Graph zu Situation oder einer Mischung beider Strategien gelöst werden. In jedem Fall muss die zugrundeliegende funktionale Abhängigkeit erfasst und die Veränderung der Füllhöhe mit steigender Füllmenge beschrieben und in den graphischen Repräsentationen wiedererkannt werden. Zur Interpretation der Situation ist dabei die Vasenform zu beachten, um diese bzgl. der betrachteten Größen zu deuten.

Um diesen komplexen Übersetzungsprozess zunächst zu vereinfachen, stellen die ersten beiden Vasen zylinderförmige Gefäße dar. Ihre Breite bzw. Querschnittsfläche verändert sich von unten nach oben nicht. Daher steigt die Füllhöhe gleich-

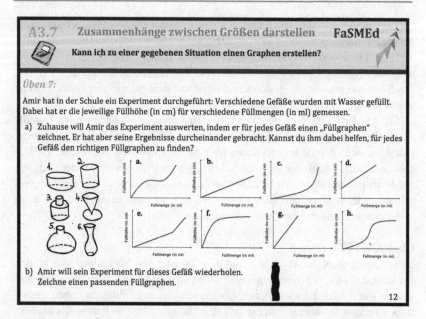

Abbildung 6.14 Üben 7: Welcher Füllgraph passt zu der welcher Vase? (Papierversion)

mäßig, d. h. linear, mit der Füllmenge. Die passenden Füllgraphen sind demnach Geraden. Da Vase 1 breiter ist als Vase 2, muss mehr Wasser in sie gefüllt werden, um dieselbe Füllhöhe zu erreichen. Das bedeutet, die Steigung der Geraden zu Vase 1 ist kleiner, weshalb Graph b zu Vase 1 und Graph g zu Vase 2 gehört. Graph d fungiert hier als Distraktor. Da diese Gerade nicht im Ursprung beginnt, wäre ein zugehöriges Gefäß zu Beginn bereits teilweise mit Wasser gefüllt, sodass dieser Graph auszuschließen ist. Vase 3 stellt eine Verbindung der zuvor betrachteten Gefäße dar. Hier ist ein schmaler Zylinder als Flaschenhals auf einen Breiteren aufgesetzt. Daher besteht der zugehörige Füllgraph aus einer zunächst langsamer steigenden Geraden, an die eine Gerade mit größerer Steigung anschließt (Graph e). Vase 4 hat die Form eines auf der Spitze stehenden Kegels. Das bedeutet, das Gefäß wird von unten nach oben immer breiter, sodass die Füllhöhe zunächst sehr schnell und dann immer langsamer mit der Füllmenge ansteigt. Dies wird in Graph f repräsentiert. Vase 5 ist unten sehr breit und wird nach oben hin schmaler. Die Füllhöhe des Wassers steigt demnach zunächst langsam und dann immer schneller an. Dies ist in Graph c dargestellt. Vase 6 ist unten breit, in der Mitte schmal und oben wieder breiter. Die Füllhöhe muss daher zunächst langsam, dann sehr schnell und wieder langsamer steigen. Daher passt Graph h, dessen Steigung zunächst klein, dann sehr groß und schließlich wieder kleiner wird. Graph a, dessen Verlauf genau andersherum beschrieben werden kann, dient als Distraktor.

Zur Aufgabenlösung ist insbesondere die Kovariationsvorstellung zu aktivieren. Im Falle der ersten drei Vasen ist der lineare Zusammenhang auch global, d. h. mithilfe der Objektvorstellung, zu erfassen. Zudem kann die Zuordnungsvorstellung zur Aufgabenlösung genutzt werden. Stellen sich Lernende das Befüllen der Vasen nicht kontinuierlich, sondern intervallweise vor, z. B. indem nacheinander je 100 Milliliter Wasser hinzugefügt werden, sind mögliche Wertepaare zu identifizieren. Allerdings ist diese Strategie eher unwahrscheinlich, da in den vorgegebenen Graphen weder die Achsen skaliert noch einzelne Punkte markiert sind. Die Musterlösung zu Teilaufgabe a) zeigt die korrekten Zuordnungen: „Die folgenden Gefäße und Graphen gehören zusammen: 1-b, 2-g, 3-e, 4-f, 5-c, 6-h". Dadurch sollen bei einer auftretenden Unstimmigkeit Reflexionsprozesse sowie Darstellungswechsel angeregt werden.

In Aufgabenteil b) steht die Kovariations- und ggf. die Objektvorstellung im Fokus. Lernende werden aufgefordert, einen Füllgraphen zur abgebildeten Vase zu zeichnen (s. Abbildung 6.14, in Anlehnung an Leuders et al., 2014, S. 48). Dazu müssen sie bei diesem wellenförmigen Gefäß erkennen, dass sich die Querschnittsfläche der Vase während des Füllvorgangs nicht verändert. Der passende Füllgraph stellt daher – wie bei einem schmalen Zylinder – eine verhältnismäßig steil steigende Gerade dar. Da der Flaschenhals schmaler ist als der Körper der Vase, kann daran ein weiteres lineares Graph-Segment mit größerer Steigung angeschlossen werden. Ein möglicher Lösungsgraph ist in der Musterlösung abgebildet (s. Abbildung 6.15).

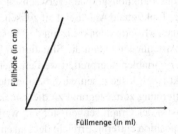

Abbildung 6.15 Musterlösung zu Üben 7b: Füllgraphen zeichnen (Papierversion)

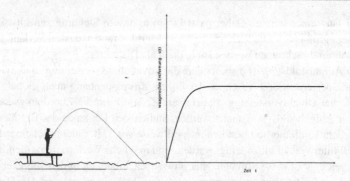

Abbildung 6.16 Üben 8 inklusive Musterlösung: Angler (Papierversion)

Üben A3.8: Angler

Die Übung verfolgt didaktisch das gleiche Ziel wie die vorherige Aufgabe. Funktionsvorstellungen sollen beim situativ-graphischen Darstellungswechsel auf einen neuen Sachkontext übertragen und vertieft werden. Die Angler-Aufgabe ist die Adaption eines ähnlichen Multiple-Choice Items (Schlöglhofer, 2000, S. 17). Die situative Ausgangsrepräsentation stellt das realistische Bild eines Anglers dar (s. Abbildung 6.16). Zudem erklärt eine Situationsbeschreibung, dass die Angel vom Stegrand aus ins Wasser geworfen wird. Aufgabe ist das Zeichnen eines Graphen, welcher den Zusammenhang zwischen der waagerechten Entfernung s(t) des Angelhakens vom Stegrand in Abhängigkeit von der Zeit t beschreibt.

Zur Aufgabenlösung muss zunächst erkannt werden, dass das Bild der Angel nicht mit dem Verlauf des Funktionsgraphen verwechselt werden darf. Stattdessen müssen Lernende die funktionale Abhängigkeit zwischen Zeit und Entfernung erfassen sowie ein geeignetes Koordinatenkreuz mit den entsprechenden Achsenbeschriftungen zeichnen. Anschließend kann die Situation in Bezug auf die gemeinsame Veränderung dieser Variablen interpretiert werden. Geht man davon aus, dass die Angel zum Zeitpunkt $t = 0$ losgelassen wird, beginnt der Graph im Koordinatenursprung, da die Entfernung zum Stegrand zu diesem Zeitpunkt noch 0 Meter beträgt. Anschließend wird der Graph schnell steigen, weil sich der Angelhaken rasch von der Ausgangsposition entfernt. Erreicht der Haken das Wasser, kann man annehmen, dass die Entfernung zum Steg konstant hoch bleibt. Hierzu ist allerdings ein gewisses Alltagswissen erforderlich, um zu erkennen, dass der Angelhaken vermutlich nicht untergehen, sondern auf dem Wasser treiben wird. Die Musterlösung zeigt neben einem möglichen Zielgraphen (s. Abbildung 6.16) eine kurze Erklärung: „Die waagerechte Entfernung s(t) des Angelhakens vom Stegrand wird zunächst schnell größer. Wenn der Angelhaken im Wasser landet, bleibt dessen Entfernung zum Steg immer gleich groß. Der Graph muss daher so aussehen". Während die Funktion bei der beschriebenen Lösungsstrategie zum Zeitpunkt $t = 0$ als Zuordnung betrachtet wird, steht insgesamt die Kovariationsvorstellung im Fokus.

6.2.6 Erweitern (A4)

Die *Erweitern*-Aufgabe dient einer Vertiefung der mathematischen Inhalte. Um einen Wissenstransfer anzuregen, wird Lernenden ein neuer Sachkontext präsentiert. Das Abfließen von Wasser aus einer Badewanne bietet sich an, weil hierbei ein dynamischer Prozess betrachtet wird, ein zugehöriger Graph jedoch nicht durch den Koordinatenursprung verläuft. Hierdurch soll der Fehlvorstellung, jeder Funktionsgraph würde durch den Punkt $(0|0)$ verlaufen, entgegengewirkt werden (s. Abschnitt 3.8). Folgende Situation ist gegeben: „In einer Badewanne sind 130 Liter (l) Wasser. Der Abfluss ist verstopft. Deswegen laufen pro Minute (min) nur 10 l Wasser ab." Zu dieser müssen Lernende beim Erweitern zwei unterschiedliche Funktionsgraphen erstellen. Das bedeutet, dieselbe Situationsbeschreibung ist hinsichtlich verschiedener funktionaler Abhängigkeiten zu interpretieren. Dabei sind jeweils andere Informationen bzgl. vorgegebener Größen aus dem Text zu identifizieren und graphisch zu kodieren. Diese Aufgabe soll dadurch erleichtert werden, dass im Vergleich zur Überprüfen-Aufgabe konkrete Funktionswerte vorgegeben sind.

Aufgabenteil a) lautet: „Zeichne einen Graphen, aus dem man ablesen kann, wie viel Liter Wasser sich zu einem bestimmten Zeitpunkt nach Öffnen des Abflusses in der Badewanne befinden." Lernende werden aufgefordert, einen Graphen der Füllmenge in Abhängigkeit von der Zeit nach Öffnen des Abflusses zu skizzieren. Diese funktionale Abhängigkeit muss zunächst erfasst und die Situationsbeschreibung hinsichtlich der Größen Zeit und Füllmenge interpretiert werden. Da sich zu Beginn 130 Liter Wasser in der Badewanne befinden, kann das Wertepaar $(0|130)$ identifiziert werden. Darüber hinaus wird in der Situationsbeschreibung die Änderungsrate der Füllmenge ersichtlich. Lernende müssen erkennen, dass diese konstant ist und es sich daher um einen linearen Zusammenhang handelt. Die Übersetzung dieser Informationen in die graphische Darstellung kann auf unterschiedliche Arten erfolgen. In jedem Fall muss zunächst ein Koordinatensystem gezeichnet, dessen Achsen etwa mit den Größen Zeit und Füllmenge sowie ihren jeweiligen Einheiten beschriftet und schließlich eine passende Skalierung vorgenommen werden. Nun kann das bereits identifizierte Wertepaar $(0|130)$ als Punkt des Graphen eingetragen werden. Anschließend könnte (mindestens) ein weiterer Punkt des Graphen bestimmt werden, indem man z. B. überlegt, dass nach einer Minute noch 120 Liter Wasser in der Badewanne sind, wenn in der ersten Minuten nach Öffnen des Abflusses 10 Liter Wasser ablaufen. Möglich ist auch die Überlegung, dass die Badewanne nach 13 Minuten leer sein muss und somit der Punkt (13|0) Teil des Graph ist. Zusätzlich zum Plotten und Verbinden zweier (oder mehrerer) Punkte ist auch das Erstellen einer Zwischendarstellung möglich. So könnten Lernende eine Wertetabelle oder Funktionsgleichung der Form $f(x) = m * x + b$ aufstellen, wenn sie die Steigung $m = -10$ und den y-Achsenabschnitt $b = 130$ in der Situationsbeschreibung erkennen. Wird die Situation bis zu einem Zeitpunkt modelliert, nachdem die Badewanne leer ist, muss an die linear fallende Gerade noch eine konstante Gerade mit Wert null angehängt werden (s. Abbildung 6.17).

Aufgabenteil b) lautet: „Zeichne einen Graphen, aus dem man ablesen kann, wie sich die Abflussgeschwindigkeit des Wassers in Abhängigkeit von der Zeit nach Öffnen des Abflusses verändert." Demnach soll zu derselben Situation ein Graph der Abflussgeschwindigkeit in Abhängigkeit von der Zeit erstellt werden. Auch hier muss die funktionale Abhängigkeit zunächst erfasst und ein geeignetes Koordinatensystem (einschließlich Achsenbeschriftung und -skalierung) erstellt werden. Da die Abflussgeschwindigkeit konstant bei einem Wert von 10 Litern pro Minute liegt bis die Badewanne leer ist, könnten Lernende direkt erkennen, dass sie eine konstante Gerade mit Wert zehn in einem Intervall von 0 bis 13 Minuten zeichnen müssen. Die Aufgabe könnte aber auch durch das Bestimmen einzelner Wertepaare oder die Konstruktion einer Zwischendarstellung (Tabelle oder Term) gelöst werden. Wie in Aufgabenteil a) könnten zudem Werte der unabhängigen Größe größer dreizehn betrachtet werden. Da ab diesem Zeitpunkt kein Wasser mehr aus der Badewanne abfließt, kann eine konstante Abflussgeschwindigkeit von 0 Litern pro Minute angenommen werden. Der Graph kann daher um eine konstante Gerade mit Wert null ab einem Zeitpunkt größer dreizehn Minuten ergänzt werden. Dabei ist zu beachten, dass es sich um eine abschnittsweise definierte Funktion handelt und die einzelnen Graph-Abschnitte nicht verbunden werden dürfen, da sonst die Funktionseindeutigkeit verletzt wird. Dies ist in der Musterlösung zu Aufgabenteil b) durch eine gestrichelte Hilfslinie angedeutet (s. Abbildung 6.17).

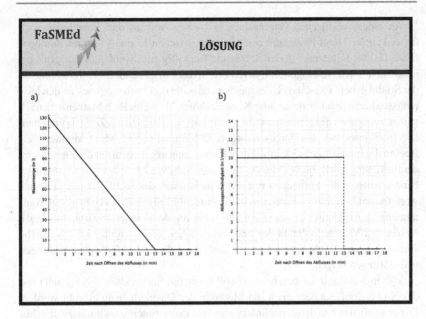

Abbildung 6.17 Musterlösung der Erweitern-Aufgabe (Papierversion)

Beide Aufgabenteile fokussieren die Zuordnungsvorstellung funktionalen Denkens, da Lernende die Zuordnung der beteiligten Größen anhand konkreter Funktionswerte betrachten, einzelne Wertepaare identifizieren und als Punkte in das Koordinatensystem eintragen müssen. Zudem muss die Kovariations- und/oder Objektvorstellung aktiviert werden, um den linearen Zusammenhang zu erfassen. Welche dieser Vorstellungen aktiviert wird, hängt von der Arbeitsweise der Lernenden ab. Betrachten sie die Veränderung der abhängigen Größen mit der Zeit und stellen dadurch fest, dass die Änderung konstant verläuft, ist die Kovariationsvorstellung aktiv. Deuten sie dagegen die Situation direkt als linearen Zusammenhang, trägt die Aktivierung der Objektvorstellung zur Aufgabenlösung bei.

6.3   Datenerhebung: Stichprobe und Durchführung

Im ersten Zyklus der Studie wurden insgesamt $n = 11$ Schüler:innen ($w = 6$; $m = 5$) aus der achten Jahrgangsstufe bei ihrer Arbeit mit dem SAFE Tool interviewt (s. Abschnitt 5.4). Die Stichprobe setzt sich wie folgt zusammen.

An einem städtischen Gymnasium in Viersen wurden drei Einzelinterviews ($w = 1$; $m = 2$) mit Proband:innen im Alter zwischen 13 und 14 Jahren durchgeführt. Da die Teilnahme an der Befragung freiwillig war, wurden diejenigen Lernenden einer Klasse ausgewählt, deren Eltern das Einverständnis zur Teilnahme an der Studie gaben. Es ist davon auszugehen, dass die drei Proband:innen zu den leistungsstärkeren Schüler:innen ihrer Klasse gehören, da sie im Fach Mathematik nach eigenen Angaben die Noten „gut" bis „sehr gut" auf dem letzten Zeugnis erzielten. Die Interviews dauerten durchschnittlich 35 Minuten (27:32–45:51 Minuten). Zu Beginn der Interviews wurde eine kurze Einweisung gegeben, in der die Zielsetzung der Befragung sowie die Struktur der Lernumgebung verdeutlicht wurden. Anschließend arbeiteten die Lernenden mit der Papierversion des SAFE Tools und beantworteten am Ende einige Fragen zu ihren (persönlichen) Eindrücken bzgl. der Toolnutzung (s. Abschnitt 5.5 sowie Anhang 11.1 im elektronischen Zusatzmaterial). Neben den Videoaufnahmen der Interviews stehen als Datenmaterial schriftliche Aufzeichnungen der Schüler:innen zur Verfügung, die ihre Aufgabenbearbeitungen und -lösungen zeigen.

Wie in Abschnitt 6.1 beschrieben, soll im ersten Entwicklungszyklus nicht nur das SAFE Tool, sondern auch die Methode der Datenerhebung erprobt werden. Daher wurden neben den Einzelinterviews vier Partnerinterviews mit je zwei Schüler:innen einer Gesamtschule der Stadt Essen durchgeführt. Die Proband:innen im Alter zwischen 13 und 15 Jahren besuchten einen Erweiterungskurs im Fach Mathematik, wobei sie aufgrund der demographischen Lage der Schule eher als leistungsschwach einzustufen sind. Nach eigenen Angaben erzielten die Proband:innen auf dem letzten Zeugnis Mathematiknoten zwischen „gut" und „mangelhaft". Bei den Interviewpaarungen wurde aufgrund dieser Angaben auf möglichst leistungshomogene Gruppen geachtet. Dies sollte verhindern, dass vermeintlich schwächere Schüler:innen die Antworten der Stärkeren übernehmen, ohne eigene Vorstellungen zu äußern. Befragt wurde ein Paar männlicher Schüler (Emil & Edison), zwei Paare weiblicher Schülerinnen (Lena & Anna; Kayra & Latisha) sowie eine gemischtgeschlechtliche Paarung (Yael & Yadid). Obwohl sich die Interviewverläufe nicht von den Einzelinterviews unterschieden, dauerten die Partnerinterviews im Schnitt etwa 50 Minuten (44:59–56:12 Minuten). Als Datenmaterial liegen neben den aufgenommenen Videodaten schriftliche Aufzeichnungen der Schülerbearbeitungen vor.

Ergänzend wurde im ersten Entwicklungszyklus eine Expertenbefragung ($n = 23$) an der Universität Duisburg-Essen durchgeführt. Diese wird in Abschnitt 6.5 näher thematisiert. Zuvor wird die Analyse der Schülerinterviews fokussiert.

6.4   Analyse der aufgabenbasierten Interviews

Wie in Abschnitt 5.6.2 beschrieben, wurden die Videoaufzeichnungen der Interviews zur qualitativen Inhaltsanalyse mithilfe der deduktiv-induktiv gebildeten Kategoriensysteme zur Erfassung des funktionalen Denkens sowie formativer Selbst-Assessmentprozesse beim situativ-graphischen Darstellungswechsel funktionaler Zusammenhänge kodiert. Im Anschluss werden die daraus generierten Ergebnisse bzgl. der in Abschnitt 5.1.2 formulierten Forschungsfragen vorgestellt.[2]

6.4.1   F1a: Fähigkeiten und Vorstellungen beim situativ-graphischen Darstellungswechsel funktionaler Zusammenhänge

Die erste Teilforschungsfrage: *„Welche Fähigkeiten und Vorstellungen zeigen Lernende beim situativ-graphischen Darstellungswechsel funktionaler Zusammenhänge?"* zielt darauf ab, die fachlichen Kompetenzen der Proband:innen vor ihrem formativen Selbst-Assessment zu erfassen. Das bedeutet, dass ihre Fähigkeiten zum funktionalen Denken als Ist-Zustand vor der Diagnose und Förderung fokussiert werden. Um diese zu beschreiben, werden die Bearbeitungen der Überprüfen-Aufgabe zu Beginn des SAFE Tools dahingehend analysiert, welche Fähigkeiten und Vorstellungen die Lernenden im Übersetzungsprozess von Situation zu Graph zeigen. Eine Zusammenstellung aller Schülerlösungen zur Überprüfen-Aufgabe ist in Tabelle 6.1 abgebildet. Darüber hinaus fasst diese alle Fähigkeiten zum situativ-graphischen Darstellungswechsel sowie Vorstellungen zum Funktionsbegriff zusammen, welche während der Bearbeitung dieser diagnostischen Aufgabe bei den Proband:innen identifiziert werden konnten. Diese werden im Folgenden näher beschrieben, wobei zunächst auf die Fähigkeiten der Lernenden eingegangen wird.

Funktionale Abhängigkeit erfassen
Um die Überprüfen-Aufgabe zu lösen, müssen Lernende zu der beschriebenen Fahrradfahrt einen passenden Zeit-Geschwindigkeits-Graphen skizzieren. Somit ist die Situation mithilfe eines mathematischen Modells zu modellieren, das die Geschwindigkeit des Fahrrads eindeutig zu jedem Zeitpunkt bestimmt. Für eine korrekte Antwort müssen Lernende erkennen, dass die Geschwindigkeit in Abhängigkeit von

---

[2] Ausgewählte Ergebnisse des ersten Entwicklungszyklus wurden bereits in folgender Publikation veröffentlicht: Ruchniewicz (2015).

Tabelle 6.1 Lösungen, gezeigte Fähigkeiten und Vorstellungen der Proband:innen des ersten Entwicklungszyklus beim Überprüfen

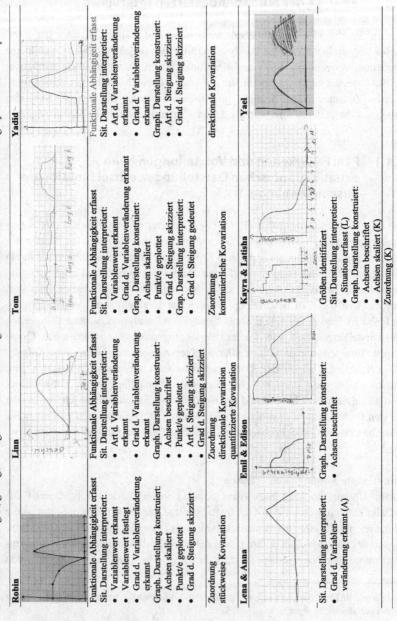

der Zeit betrachtet werden muss. Aus Tabelle 6.1 wird ersichtlich, dass lediglich die drei Schüler:innen der Einzelinterviews diese funktionale Abhängigkeit in der Ausgangssituation erfassen. Beispielsweise kann dies im Fall von Robin durch folgende Äußerung ausgemacht werden: *„Ich weiß ja nicht genau, wie schnell der jetzt wann ist."* (Robin 02:44–02:48). Bei den übrigen Proband:innen wird nicht deutlich, ob sie das Skizzieren des Graphen mit der Darstellung einer Funktion in Verbindung bringen. Während Kayra und Latisha zwar innerhalb der Aufgabenbearbeitung identifizieren, dass sie sich in der Aufgabe mit den Größen Zeit und Geschwindigkeit befassen müssen und diese korrekt auf den Koordinatenachsen eintragen, wird deren funktionale Abhängigkeit nicht weiter adressiert. Bei Emil und Edison ist zu vermuten, dass die Achsenbeschriftung nur deshalb korrekt ausgeführt wird, da sie diese unbegründet aus der Aufgabenstellung übernehmen. Während auch Yael sowie Lena und Anna keinen funktionalen Zusammenhang zur Aufgabenlösung betrachten, stellt der Fall von Yadid eine Besonderheit dar. Er scheint intuitiv eine funktionale Abhängigkeit zwischen der Zeit und der Geschwindigkeit, mit welcher der Radfahrer in die Pedale tritt (s. Abschnitt 6.4.2), zu identifizieren. Jedoch ist zu vermuten, dass er die Beziehung zwischen beiden Größen nicht bewusst betrachtet. Während er die Geschwindigkeit im Laufe beschriebener Teilsituationen berücksichtigt, schreitet die Zeit als unabhängige Größe eher zufällig voran. Daher ist bei ihm nur ein eingeschränktes Wahrnehmen der funktionalen Abhängigkeit wahrscheinlich. Dies wird z. B. in Yadids Erklärung seines Graphen ersichtlich: *„Also erstmal ginge es hier so [deutet konstante Gerade an]. Wenn ich jetzt, also wenn ich jetzt nach oben hin zeichne, dann steigert sich ja die Geschwindigkeit, nicht wahr? [...] Wir sollen eine Zeichnung machen, wie hoch er sich gesteigert hat, um den Fahrrad über den Berg hinaus zu bringen."* (Yael & Yadid 02:10–03:22).

Situative Ausgangsdarstellung interpretieren
Wurde identifiziert, welche funktionale Abhängigkeit zur Aufgabenlösung betrachtet werden muss, gilt es, alle Informationen zu dieser aus der vorgegebenen Situation zu entnehmen. Dazu muss die Ausgangsdarstellung hinsichtlich der betrachteten Funktion interpretiert werden. Auch bei diesem Übersetzungsschritt zeigen die Proband:innen der Partnerinterviews weniger Fertigkeiten (s. Tabelle 6.1). Latisha schafft es lediglich die gegebene Situation nachzuvollziehen bzw. in ihren eigenen Worten wiederzugeben: *„Erst fährt der doch hoch und danach wieder- dann bleibt der da stehen und danach fährt der wieder runter."* (Kayra & Latisha 01:03–01:09). Anna erfasst dagegen, dass mehr Zeit beim Hochfahren vergehen muss als beim Runterfahren. Demnach erkennt sie den relativen Wert der Veränderung der unabhängigen Variable Zeit. Allerdings betrachtet sie aufgrund ihres Graph-als-Bild Fehlers (s. Abschnitt 6.4.2) weder die Kovariation beider Größen, noch erkennt sie

die Richtung der Variablenveränderung für die abhängige Größe Geschwindigkeit: *„Ja, er fährt ja langsam hoch [deutet steigenden Graph-Abschnitt an] und dann schnell runter [deutet fallenden Graph-Abschnitt an]. "* (Lena & Anna 02:46–02:49). Eine ähnliche Deutung der Ausgangssituation ist bei Linn erkennbar. Sie erörtert: *„Also logisch ist ja, wenn der hier [skizziert flach steigenden Graph-Abschnitt] mehr Zeit braucht zum Hochfahren, weil das ja anstrengender ist, und weniger Zeit zum Runterfahren [skizziert steil fallenden Graph-Abschnitt], weil das ja einfach nur zum Rollen ist."* (Linn 02:45–02:59). Zusätzlich erkennt Linn, dass sich die Geschwindigkeit nicht verändert, während der Radfahrer auf dem Hügel anhält: *„Und da er ein paar Minuten stehenbleibt, muss ja irgendwie auch [skizziert konstanten Graph-Abschnitt mit Wert >0] ein Strich sein."* (Linn 03:07–03:17). Das heißt, sie erkennt die Art der Variablenveränderung für diese Teilsituation. Ebendiese Fähigkeiten sind bei Yadid beobachtbar. Er erkennt, dass der Radfahrer beim Fahren auf der Straße ohne Steigung mit etwa gleichem Tempo in die Pedale treten, sich diese Geschwindigkeit beim Hochfahren stark steigern und beim Runterfahren wieder stark verringern müsste. Daher nimmt er nicht nur die Art der Variablenveränderung wahr, sondern auch ihren Grad bzw. relativen Wert (s. Tabelle 6.1).

Weitere Fähigkeiten zur Interpretation der Ausgangssituation lassen sich in den Fällen von Robin und Tom ausmachen. Beide Probanden identifizieren anhand der Ausgangssituation z. B., wann die abhängige Größe einen Wert von null annehmen muss (Variablenwert erkennen). Robin legt darüber hinaus sogar konkrete Werte für die unabhängige Variable fest. Beispielsweise nimmt er an, dass der Radfahrer jeweils zwei Minuten auf den Hügel fährt und stehenbleibt sowie eine Minute zum Runterfahren benötigt (Robin 03:57–04:21). Anschließend erwägt er jeweils, welchen Wert die Geschwindigkeit im Vergleich zu einer *„mittleren Geschwindigkeit"* annimmt, die er beim Fahren auf der Straße ohne Steigung vermutet (Robin 02:57-05:06). Tom betrachtet die gemeinsame Veränderung der Variablenwerte dagegen kontinuierlich und orientiert sich dazu lediglich an relativen Zeitangaben wie *„Haus, Berg u[nten], Berg o[ben] und Berg h[inten]"* (Tom 02:29–03:59). Auf diese Weisen gelingt es beiden Lernenden sowohl konkrete Variablenwerte als auch die Größe der gemeinsamen Variablenveränderung von Zeit und Geschwindigkeit in der gegebenen Situation festzustellen.

Graphische Zieldarstellung konstruieren
Nachdem Informationen zur funktionalen Abhängigkeit in der situativen Darstellung identifiziert wurden, gilt es, diese graphisch zu repräsentieren. Immerhin erstellen neun von elf Proband:innen dazu ein geeignetes Koordinatensystem, wobei die Achsen größtenteils beschriftet und teilweise skaliert werden (s. Tabelle 6.1). Den drei Schüler:innen der Einzelinterviews gelingt es überdies, mindestens einen

Punkt des Graphen korrekt in das Koordinatensystem einzutragen. Sowohl Linn
als auch Tom plotten bewusst den Punkt (0|0), um darzustellen, dass der Graph zu
Beginn, d. h. nachdem noch keine Zeit vergangen ist, eine Geschwindigkeit von
0 km/h anzeigen muss: *„Ja und dann muss man hier im Nullpunkt anfangen [plottet
(0|0)].“* (Linn 03:20–03:23) und *„Das heißt, erstmal null [plottet (0|0)] […]“* (Tom
03:10–03:13). Robin plottet insgesamt sechs Punkte, welche jeweils Wertepaare des
Zeit-Geschwindigkeits-Graphen abbilden. Dazu legt er Werte für die unabhängige
Größe fest und bestimmt die Werte der abhängigen Variable in Relation zu einer
„mittleren Geschwindigkeit“, die er für das Fahren auf der Straße annimmt (Robin
02:57–02:59).

Auffällig ist, dass nur vier von elf Proband:innen Fähigkeiten beim Skizzieren des
Graphverlaufs zeigen, während die übrigen sieben Schüler:innen Skizzen der Situation anstelle von Funktionsgraphen erstellen (s. Tabelle 6.1). Obwohl Linn diesen
Fehler ebenfalls begeht, sind bei ihr dennoch Fähigkeiten zum korrekten Zeichnen
der Steigung erkennbar. Sie zeichnet für das Stehenbleiben auf dem Hügel eine konstante Gerade. Demnach stellt sie die Art der Steigung graphisch korrekt dar, obwohl
sie nicht gleichzeitig auf den Wert des Graphen achtet. Auch wenn die Konstante in
ihrem Lösungsgraphen kaum erkennbar ist, adressiert sie diesen Graph-Abschnitt
explizit und zeigt durch das Anfertigen einer Skizze vor der eigentlichen Aufgabenlösung, dass sie diese graphisch darstellen kann (Linn 03:07–03:17). Ferner wird in
Linns Lösung ersichtlich, dass der Graph zur Repräsentation des Hochfahrens eine
kleinere Steigung hat als der Abschnitt, der das Runterfahren darstellt. Demzufolge
skizziert Linn den Grad der Steigung korrekt, obwohl sie gleichzeitig deren Richtung
missachtet (Linn 02:45–02:59). Dagegen kann Yadid sowohl die Richtung als auch
die relative Größe der Steigung für den von ihm betrachteten Zusammenhang als
Graph darstellen. Allerdings repräsentiert seine Zieldarstellung nur wenige Teile der
Ausgangssituation (s. Abschnitt 6.4.2). Ähnliches gilt für Robins Graph, obwohl er
deutlich mehr Teilsituationen berücksichtigt und explizit die Kovariation des funktionalen Zusammenhangs adressiert. Da Robin beim Plotten einzelner Punkte bereits
auf die relative Größe der Geschwindigkeit zu unterschiedlichen Zeitpunkten achtet
und diese im Anschluss miteinander verbindet, wird deutlich, dass er nicht nur die
Richtung, sondern auch den relativen Wert der Steigung skizziert. Im Fall von Tom
fällt schließlich auf, dass er als einziger sogar Schwankungen der Geschwindigkeit
innerhalb einzelner Teilsituationen berücksichtigt und diese durch verschieden stark
fallende oder steigende Steigungen des Graphen repräsentiert (Tom 03:13–04:00).

Graphische Zieldarstellung interpretieren
Letztlich ist nur bei Tom eine Fähigkeit zum Interpretieren der graphischen Darstellung zu beobachten. Dieser Schüler deutet einen Teil seines Lösungsgraphen

in Bezug auf die zugrundeliegende Sachsituation. Damit vollzieht Tom den umgekehrten Darstellungswechsel von Graph zu Situation. Nach dem Anfertigen seines Lösungsgraphen adressiert er den Grad der Steigung für den Graph-Abschnitt, der das Runterfahren vom Hügel repräsentiert: *„Wobei die Steigung hier [zeigt auf den zweiten, stark steigenden Graph-Abschnitt] ist vielleicht ein wenig übertrieben. Ich glaube so schnell fährt niemand, aber da fährt er ja runter und deswegen hatte ich das so ein bisschen höher proportioniert als das hier [zeigt auf den ersten, weniger stark steigenden Graph-Abschnitt]."* (Tom 04:02–04:14). Obwohl er die y-Achse seines Graphen nicht skaliert und daher die Steigungen einzelner Graph-Abschnitte nur in Relation zueinander beurteilen kann, überprüft Tom auf diese Weise erneut seine Aufgabenlösung.

Vorstellungen beim situativ-graphischen Darstellungswechsel
Nachdem zuvor auf die gezeigten Fähigkeiten der Lernenden beim situaivgraphischen Darstellungswechsel in der Überprüfen-Aufgabe eingegangen wurde, stellt sich nun die Frage, auf welche (Grund-)Vorstellungen ihre Handlungen sowie Begründungen hinweisen. Ein Repräsentationswechsel kann nur dann erfolgreich stattfinden, wenn angemessene Vorstellungen bzgl. des dargestellten mathematischen Objekts aktiviert werden. Daher geben die Äußerungen der Lernenden Aufschluss über ihre mentalen Bilder zum Funktionsbegriff.

Bei vier Lernenden konnte eine Zuordnungsvorstellung identifiziert werden, d. h. sie betrachten den funktionalen Zusammenhang lokal als eindeutige Zuordnung einzelner Variablenwerte. Im Fall von Kayra wird etwa deutlich, dass sie das Skizzieren eines Funktionsgraphen mit dem Eintragen konkreter Wertepaare als Punkte in ein Koordinatensystem verbindet. So skaliert sie nicht nur die x-Achse des Koordinatensystems ohne zuvor konkrete Zeitpunkte zu identifizieren oder festzulegen, sondern fragt auch: *„Woher kann man denn die Geschwindigkeit ablesen?"* (Kayra & Latisha 01:57–02:55). Da es ihr nicht gelingt, die funktionale Abhängigkeit in der qualitativen Situationsbeschreibung zu erkennen, ist zu vermuten, dass ihre Zuordnungsvorstellung bislang nicht ausreicht, um den geforderten Darstellungswechsel zu vollziehen. Bei Linn zeigt sich die Zuordnungsvorstellung ausschließlich beim Plotten des Nullpunkts (s. o.). Tom erörtert die Zuordnung des Geschwindigkeitswerts null dagegen für alle Zeitpunkte, an denen der Fahrradfahrer anhält. Am ausgeprägtesten scheint diese Grundvorstellung aber bei Robin zu sein, da er zahlreiche Wertepaare des funktionalen Zusammenhangs zwischen Zeit und Geschwindigkeit bestimmt sowie als Punkte des Graphen plottet (s. Tabelle 6.1).

Eine Kovariationsvorstellung kann ebenfalls bei nur vier der elf Proband:innen beobachtet werden, wobei sie unterschiedlich ausgeprägt auftritt. Yadid fokussiert darauf, wann die Geschwindigkeit, mit welcher der Radfahrer in die Pedale tritt, konstant ist, steigt oder fällt. Damit fokussiert er ähnlich wie Linn, die für das Stehenbleiben feststellt, dass die Geschwindigkeit im Laufe der Zeit konstant bleibt, die Richtung der gemeinsamen Größenveränderung. Beide Proband:innen weisen demnach eine direktionale Kovariationsvorstellung auf. Linn zeigt zudem eine quantifizierte Vorstellung der gemeinsamen Größenveränderung von Zeit und Geschwindigkeit, indem sie eine geringere Steigung des Graphen für das Hochfahren im Vergleich zum Runterfahren identifiziert. Dagegen betrachtet Robin die Kovariation von Zeit und Geschwindigkeit stückweise, d. h. innerhalb abgeschlossener Intervalle. Für jedes Intervall von einer bzw. zwei Minuten Länge bestimmt er den Geschwindigkeitswert am Ende dieser Zeitspanne. Die Variation der Größen innerhalb dieser Zeiträume berücksichtigt er nicht. Lediglich Tom schafft es, die Kovariation der betrachteten Größen kontinuierlich aufzufassen (s. Tabelle 6.1).

Insgesamt kann festgehalten werden, dass nur wenige Proband:innen tragfähige Grundvorstellungen zum Funktionsbegriff bei ihrer Lösung der Überprüfen-Aufgabe aktivieren. Bei den meisten Lernenden sind dagegen keine oder nur unzureichend ausgebaute Vorstellungen bzgl. der funktionalen Abhängigkeit zwischen Zeit und Geschwindigkeit zu beobachten. Dies könnte der Grund dafür sein, dass nur Tom eine korrekte Aufgabenlösung erstellen konnte und insgesamt wenige Fähigkeiten zum situativ-graphischen Darstellungswechsel sichtbar wurden. Inwiefern nicht vorliegende Vorstellungen zu Fehlern bei der Aufgabenbearbeitung führten, wird im folgenden Abschnitt 6.4.2 thematisiert.

6.4.2 F1b: Fehler und Schwierigkeiten beim situativ-graphischen Darstellungswechsel funktionaler Zusammenhänge

Durch die zweite Teilforschungsfrage: *„Welche Fehler und Schwierigkeiten zeigen Lernende beim situativ-graphischen Darstellungswechsel funktionaler Zusammenhänge?"* soll das Bild über die fachlichen Kompetenzen der Proband:innen zu Beginn ihrer Arbeit mit dem SAFE Tool komplettiert werden. Der Fokus liegt hier auf den Defiziten der Lernenden. Die Untersuchung von Komplikationen beim Übersetzungsprozess sowie die Analyse möglicher Ursachen zeigt die Ausprägung ihres funktionalen Denkens. Durch die Identifikation aufgetretener Fehler und Schwierigkeiten werden darüber hinaus die Förderbedarfe der Schüler:innen aufgezeigt.

Teilsituation nicht modelliert
Der häufigste Fehlertyp, der bei zehn von elf Proband:innen beobachtet wird, ist das Nicht-Modellieren einer Teilsituation. Das bedeutet, dass einzelne Elemente

der vorgegebenen Ausgangssituation, z. B. das Anfahren zu Beginn, das Fahren auf
der Straße oder das Stehenbleiben auf dem Hügel, nicht in die graphische Zieldarstellung übersetzt werden. Robin beachtet bei seinem situativ-graphischen Darstellungswechsel z. B. nicht, dass der Radfahrer beim Losfahren zunächst schneller
werden muss. In seiner Bearbeitung erfasst er allerdings die funktionale Abhängigkeit und betrachtet diese für alle weiteren Teilsituationen weitestgehend korrekt.
Daher ist zu vermuten, dass es sich bei Robin um einen Flüchtigkeitsfehler handelt,
der durch unaufmerksames Lesen zustande gekommen ist. Denkbar wäre zudem,
dass der Proband das Anfahren des Fahrrads nicht als Teil der gegebenen Situation
wahrnimmt und es deshalb nicht in sein mathematisches Modell derselben integriert. Yadid scheint dagegen nur auf ausgewählte Teile der Ausgangssituation zu
achten. Er stellt durch seinen Zielgraphen lediglich dar, wie der Radfahrer auf der
Straße sowie den Hügel rauf- und runterfährt. Alle weiteren Details der situativen
Darstellungen finden keine Beachtung. Daher ist wahrscheinlich, dass die gegebene
Situation für Yadid zu komplex ist und er diese reduziert, um den Darstellungs-
wechsel vollziehen zu können. Bei den übrigen acht Lernenden, bei denen dieser
Fehlertyp auftrat, wurde er in Verbindung mit dem Graph-als-Bild Fehler gezeigt.
Dies lässt vermuten, dass die Lernenden nicht nur den Graphen als fotografisches
Abbild der Sachsituation deuten, sondern dabei auch so stark von visuellen Eigen-
schaften der Situation abgelenkt werden, dass sie nur auf die für sie prägnanten
Stellen der Ausgangssituation achten. Beispielsweise betrachten sowohl Emil und
Edison als auch Kayra und Latisha in ihren Interviews ausschließlich das Runterfahren vom Hügel. Linn modelliert dagegen das Fahren auf der Straße vor dem Hügel
nicht, wobei dies auch ein Flüchtigkeitsfehler sein könnte, da sie alle anderen Teilsituationen adressiert. Yael skizziert nur den Hügel, wohingegen Lena und Anna
die Straße und den Hügel zeichnen. Bei diesen Proband:innen scheint daher der
Graph-als-Bild Fehler zur Missachtung einzelner Teilsituationen der Ausgangsdarstellung zu führen. Vermutet werden kann zudem, dass Lernende die Komplexität
der Ausgangssituation reduzieren, da sie nicht in der Lage sind, alle Teilsituationen
gleichzeitig zu berücksichtigen.

Graph-als-Bild Fehler
Wie bereits im vorherigen Abschnitt angedeutet, interpretierten acht von elf Lernenden den Zielgraphen als fotografisches Abbild der Ausgangssituation. Anstatt
den Graphen zur Repräsentation der funktionalen Abhängigkeit zwischen Zeit und
Geschwindigkeit zu nutzen, stellten diese Proband:innen lediglich den Weg des Radfahrers ikonisch dar. Im Fall von Linn scheint das Fehlen konkreter Variablenwerte
in der Ausgangsdarstellung sowie die Ablenkung durch visuelle Situationseigenschaften zu diesem Fehler zu führen. Sie äußert wiederholt Schwierigkeiten beim

Erfassen der qualitativen Funktion: *„Wie lange fährt der denn hoch?"* und *„Wie soll man denn wissen, wie schnell er fährt?"* (Linn 02:12–02:14; 02:38–02:41). Daraufhin erörtert sie, dass beim Hochfahren mehr Zeit vergehen muss und daher die Steigung des Graphen flacher ausfällt. Sie erkennt zudem, dass der Graph beim Runterfahren eine größere Steigung hat, weil dabei weniger Zeit vergeht. Allerdings skizziert sie für das Hochfahren einen steigenden und für das Runterfahren einen fallenden Graph-Abschnitt. Durch ihre Argumentation wird deutlich, dass Linn eine quantifizierte Kovariationsvorstellung aktiviert, ohne gleichzeitig die direktionale Kovariation zu beachten. Zudem verknüpft sie ihre Kovariations- nicht mit einer Zuordnungsvorstellung, sodass Linn etwa nicht bemerkt, dass der steigende Graph-Abschnitt einen Anstieg der Geschwindigkeitswerte ausdrückt. Als Fehlerursache ist eine fehlende Verbindung beider Grundvorstellungen auszumachen. Bei den übrigen Proband:innen, die diesen Fehler zeigen, können dagegen kaum Vorstellungen zum Funktionsbegriff während der Bearbeitung der Überprüfen-Aufgabe beobachtet werden. Ferner ist der Graph-als-Bild Fehler bei ihnen darauf zurückzuführen, dass sie die funktionale Abhängigkeit zwischen Zeit und Geschwindigkeit gar nicht erst in der Ausgangssituation erfassen bzw. diese beim Übersetzungsprozess nicht berücksichtigen (s. Abschnitt 6.4.1). Dies wird z. B. in Yaels Aufgabenbearbeitung ersichtlich, als sie ihren Interviewpartner fragt: *„Also schreibst du jetzt- machst du da zwei Hügel hin?"* (Yael & Yadid 03:14–03:20). Im Anschluss skizziert sie die Form des Hügels anstatt einen Funktionsgraphen zu erstellen. Lena und Anna zeichnen die Straße und den Hügel sogar ohne ein zugehöriges Koordinatensystem. Schließlich stellen sowohl Emil und Edison als auch Kayra und Latisha allein das Runterfahren vom Hügel als fallenden Graph-Abschnitt dar.

Missachtung des Variablenwerts
Bei der Missachtung des Variablenwerts handelt es sich um einen Fehlertyp der lediglich bei einer Schülerin auftritt. Linn erfasst für das Stehenbleiben auf dem Hügel zwar, dass die Geschwindigkeit konstant bleibt, achtet gleichzeitig aber nicht darauf, dass die Variable einen Wert von 0 km/h annehmen muss. Sie stellt diese Teilsituation als konstante Gerade mit positivem Geschwindigkeitswert dar. Die Schülerin erkennt zwar die Art der Steigung und repräsentiert diese graphisch korrekt, allerdings beachtet sie nicht den Wert der abhängigen Variable. Da sie die Richtung der gemeinsamen Größenveränderung von Zeit und Geschwindigkeit erfasst, ist die Aktivierung einer direktionalen Kovariationsvorstellung erkennbar. Allerdings fehlt Linn zum erfolgreichen Darstellungswechsel die lokale Betrachtung der funktionalen Abhängigkeit. Als Fehlerursache kann die fehlende Aktivierung der Zuordnungsvorstellung bzw. eine fehlende Verknüpfung zwischen Zuordnungs- und Kovariationsvorstellung identifiziert werden.

Missachtung der Eindeutigkeit

Eine Missachtung der Eindeutigkeit ist bei drei Schülerlösungen erkennbar. Die Zielgraphen der betroffenen Proband:innen enthalten senkrechte Linien, sodass diese keine eindeutigen Zuordnungen darstellen können. Da keiner der drei Schüler:innen eine Begründung bzgl. der entsprechenden Graph-Abschnitte äußert, können lediglich Hypothesen zum Auftreten dieses Fehlertyps angestellt werden. Auffällig ist, dass der Fehler bei Emil, Kayra und Latisha in Kombination mit dem Graph-als-Bild Fehler auftritt. Als Fehlerursache ist daher anzunehmen, dass die Lernenden Graphen nicht als Funktionsdarstellung wahrnehmen und ihnen grundlegendes Wissen zum mathematischen Funktionsbegriff sowie seiner graphischen Repräsentation fehlt.

Punkt-Intervall-Verwechslung

Beim letzten Fehlertyp, der bei den situativ-graphischen Darstellungswechseln der Proband:innen identifiziert werden kann, handelt es sich um die Punkt-Intervall-Verwechslung. Diese tritt in Robins Fall sowohl bei der graphischen Darstellung des Stehenbleibens auf dem Hügel als auch beim Anhalten am Ende der Situation auf. Eine mögliche Fehlerursache lässt sich ausmachen, wenn man Robins Vorgehen bei der Aufgabenlösung genauer betrachtet. Er plottet zunächst einzelne Punkte des Zeit-Geschwindigkeits-Graphen, indem er jeweils bestimmte Zeitintervalle für die beschriebenen Teilsituationen festlegt und überlegt, welche Geschwindigkeit der Radfahrer im Vergleich zu einer *„mittleren Geschwindigkeit"* (M) am Situationsanfang hat (Robin 02:57–02:59). Er plottet z. B. den Punkt $(4|M-1)$ mit der Erklärung *„Zwei Minuten ohne Steigung, dann zwei Minuten hoch"* (Robin 02:24-02:38). Bei diesem Vorgehen beachtet er einerseits einzelne Wertepaare der funktionalen Abhängigkeit, d. h. er zeigt eine Zuordnungsvorstellung, und erkennt andererseits den Wert der gemeinsamen Größenveränderung. Beispielsweise nimmt er wahr, dass die Zeit beim Hochfahren um zwei Minuten voranschreitet, während sich der Geschwindigkeitswert leicht verringert. Allerdings bestimmt Robin den Wert der abhängigen Größe jeweils nur für den Zeitpunkt, der das Ende einer Teilsituation markiert. Er betrachtet die Kovariation der Variablen nur in abgeschlossenen Intervallen, d. h. er aktiviert eine stückweise Kovariationsvorstellung. Das Auftreten der Punkt-Intervall-Verwechslung kann bei Robin auf eine unzureichend ausgebildete oder aktivierte Kovariationsvorstellung zurückgeführt werden. Zudem scheinen seine Grundvorstellungen nicht ausreichend miteinander verknüpft zu sein. So erkennt Robin etwa nicht, dass „zwei Minuten Stehenbleiben" nicht als einzelner Punkt des Graphen modelliert werden kann. Der Punkt berücksichtigt nicht die Variablenveränderung innerhalb eines gesamten Zeitintervalls.

Umgang mit qualitativer Funktion

Neben den genannten Fehlertypen werden in den Interviews fachliche Schwierig-keiten der Proband:innen bei der Überprüfen-Bearbeitung ersichtlich. Vier Schü-ler:innen zeigen explizit, dass sie den Umgang mit einer qualitativen Funktion ohne Vorgabe konkreter Variablenwerte nicht gewohnt sind. So äußerte Robin beispiels-weise zu Beginn seiner Aufgabenbearbeitung: *„Ich weiß ja nicht genau, wie schnell der jetzt wann ist."* (Robin 02:44–02:48). Ähnliche Bedenken nannten sowohl Linn (s. o.) als auch Kayra: *„Woher kann man denn die Geschwindigkeit ablesen?"* (Kayra & Latisha 02:49–02:52). Yadid fragt dagegen, ob er die Koordinatenachsen mit Zahlen beschriften soll, ohne den Zweck einer solchen Skalierung auszuma-chen (Yael & Yadid 02:27–02:34). Diese Beobachtungen lassen vermuten, dass sowohl die leistungsschwächeren als auch -stärkeren Schüler:innen das Zeichnen von Funktionsgraphen i. d. R. mit dem Plotten einzelner Punkte zu vorgegebenen Wertepaaren verbinden. Wahrscheinlich ist, dass im Mathematikunterricht dieser Lernenden eher das algorithmische Vorgehen beim Skizzieren von Graphen sowie die Zuordnung einzelner Werte fokussiert wurde. Für das Funktionsverständnis birgt dies die Gefahr, dass Lernende Graphen nicht als Repräsentation mathematischer Funktionen wahrnehmen und lediglich eine Zuordnungsvorstellung ausbilden.

Konvention graphischer Darstellung

Zudem zeigen sieben von elf Schüler:innen Probleme im Umgang mit der graphi-schen Darstellung aufgrund fehlender Kenntnisse in Bezug auf deren Konventionen. Robin ist sich z. B. nicht sicher, ob er einen Graphen erstellt hat: *„Ah ne, das soll ja ein Graph sein. Gilt das als Graph?"* (Robin 05:18–05:25). Ihm scheint die Definition des Begriffs Graph nicht bekannt. Auch Edison verfügt über ein unzu-reichendes Wissen darüber, was ein Funktionsgraph ist. Er verbindet den Begriff mit einer Alltagsvorstellung und erklärt seinem Partner: *„Einfach so einen Hügel, also nicht Hügel, sondern einfach so, wie wenn Aktien steigen, äh, sinken."* (Emil & Edison 01:03–01:11). Dagegen scheinen Lena und Anna nicht zu wissen, dass ein Funktionsgraph stets ein Koordinatensystem umfassen sollte, dessen Achsen festlegen, welche funktionale Abhängigkeit dargestellt wird. Letztlich zeigen Emil, Kayra und Latisha Unsicherheiten bzgl. der Fachsprache zur graphischen Darstel-lungsart. Sie bezeichnen das Koordinatensystem bzw. den Graphen im Laufe ihrer Interviews als *„Tabelle"* (z. B. Emil & Edison 00:51–00:54). Möglicherweise wur-den die Eigenschaften der graphischen Darstellung im Mathematikunterricht der Proband:innen nicht ausreichend thematisiert.

Andere Modellierungsannahme

Eine Schwierigkeit, die sich weniger auf das fachliche Funktionsverständnis der Lernenden bezieht, sondern durch die Offenheit der Überprüfen-Aufgabe verursacht wird, besteht darin, dass Proband:innen im Vergleich zur Musterlösung andere Annahmen zur Modellierung der gegebenen Ausgangssituation treffen. Yadid betrachtet beispielsweise nicht die Geschwindigkeit des Fahrrads, sondern wählt als abhängige Variable die Geschwindigkeit, mit welcher der Radfahrer zu einem bestimmten Zeitpunkt in die Pedale treten muss. Daraus resultiert ein überwiegend korrekter Zeit-Geschwindigkeits-Graph. Diesen kann er während seines Selbst-Assessments allerdings nicht mit der Musterlösung vergleichen, weil der Begriff Geschwindigkeit für ihn anders besetzt ist.

Aufgabe missverstehen

Schwierigkeiten können schließlich dadurch entstehen, dass Lernende die Aufgabenstellung nicht verstehen oder missverstehen. Bei der Bearbeitung der Überprüfen-Aufgabe scheint nur Emil nicht bewusst zu sein, was in der Aufgabe gefordert wird: *„Also, sollen wir jetzt, äh, jetzt habe ich das nicht verstanden, also der war jetzt auf dem Hügel, war der ein paar Minuten und was sollen wir jetzt hier mit der Tabelle machen?"* (Emil & Edison 00:44–00:54). Als Ursache für sein Problem beim Überprüfen kann ein unaufmerksames Lesen der Aufgabenstellung vermutet werden. Zudem könnten Schwierigkeiten mit der Fachsprache bzw. den Konventionen der graphischen Darstellung zum Missverstehen der Aufgabe führen (s. o.). Darüber hinaus könnte Emil Schwierigkeiten beim Erfassen der qualitativen Funktion haben.

Zusammenfassung

Die identifizierten Fehler und Schwierigkeiten der Proband:innen beim situativ-graphischen Darstellungswechsel der Überprüfen-Aufgabe werden in Tabelle 6.2 zusammengefasst. Insgesamt zeigt sich, dass ein unzureichendes Funktionsverständnis sowie das Nicht-Wahrnehmen von Graphen als Funktionsrepräsentationen die zentralen Fehlerursachen darstellen. Neben fehlenden Kenntnissen zu Konventionen der graphischen Darstellung lassen sich die Fehler insbesondere auf unzureichend ausgebildete oder verknüpfte Grundvorstellungen zum Funktionsbegriff zurückführen.

Tabelle 6.2 Aufgetretene Fehler und Schwierigkeiten der Proband:innen des ersten Entwicklungszyklus beim Überprüfen

Aufgetretene Fehler/Schwierigkeiten	Betroffene Proband:innen	Mögliche Ursachen
Teilsituation nicht modelliert	Robin (Anfahren), Linn (Straße), Yael (Anfahren, Straße, Stehenbleiben), Yadid (Anfahren, Stehenbleiben, Anhalten), Lena & Anna (Anfahren, Stehenbleiben), Emil & Edison sowie Kayra & Latisha (Anfahren, Straße, Hochfahren, Stehenbleiben)	Flüchtigkeit/unaufmerksames Lesen, Nicht-Wahrnehmen einzelner Abschnitte als Teil der Situation, Komplexität der Situation, Graph-als-Bild, Ablenkung durch visuelle Situationseigenschaften
Graph-als-Bild	Linn, Yael, Lena & Anna, Emil & Edison, Kayra & Latisha	Umgang mit qualitativer Funktion, Ablenkung durch visuelle Situationseigenschaften, Nicht-Erfassen der funktionalen Abhängigkeit, Fehlende Verknüpfung zwischen Zuordnungs- und Kovariationsvorstellung
Missachtung des Variablenwerts	Linn (Stehenbleiben)	Fehlende Aktivierung der Zuordnungsvorstellung bzw. Verknüpfung von Zuordnungs- und Kovariationsvorstellung
Missachtung der Eindeutigkeit	Emil, Kayra, Latisha	Fehlendes Fachwissen bzgl. Funktionsbegriff und graphischer Darstellung
Punkt-Intervall Verwechslung	Robin (Stehenbleiben, Anhalten)	Unzureichende Kovariationsvorstellung, fehlende Verknüpfung von Zuordnungs- und Kovariationsvorstellung
Umgang mit qualitativer Funktion	Robin, Linn & Kayra („Woher soll man wissen, wie schnell er ist?"), Yadid (Skalierung)	Überbetonung der Zuordnungsvorstellung bzw. des Punkte-Plottens im Mathematikunterricht
Konvention graphischer Darstellung	Robin (Definition von Graph), Edison („wie wenn Aktien steigen/sinken"), Lena & Anna (Graph ohne Koordinatensystem), Emil, Kayra & Latisha („Tabelle")	Unzureichende Thematisierung der Eigenschaften graphischer Funktionsdarstellungen im Mathematikunterricht
Andere Modellierungsannahme	Yadid (Geschwindigkeit, mit der Radfahrer in die Pedale tritt)	Alltagsvorstellungen
Aufgabe missverstehen	Emil (Aufgabenstellung unklar)	Unaufmerksames Lesen, Fehlende Fachsprache, Umgang mit qualitativer Funktion

6.4.3 F2: Rekonstruktion formativer Selbst-Assessmentprozesse

Nachdem der Ist-Stand der Schülerkompetenzen zum funktionalen Denken in den vorherigen Abschnitten 6.4.1 und 6.4.2 ermittelt wurde, stellt sich die Frage, inwiefern die Proband:innen mithilfe des SAFE Tools in der Lage sind, diesen selbstständig zu erfassen, zu beurteilen und für ihren weiteren Lernprozess zu nutzen. Daher werden im Folgenden die formativen Selbst-Assessmentprozesse der Proband:innen in Bezug auf die Überprüfen-Aufgabe fokussiert.

Tabelle 6.3 zeigt zum einen, welche Kategorien bei der Kodierung ihrer formativen Selbst-Assessments zum Überprüfen identifiziert werden konnten.[3] Zum anderen ist dargestellt, welche Checkpunkte (CP) von den Lernenden angekreuzt wurden (s. Abschnitt 6.2.3) und inwiefern diese Selbsteinschätzung von einer Expertenbe-

---

[3] Definitionen und Ankerbeispiele der Kategorien zur Kodierung formativer Selbst-Assessmentprozesse sind dem Kodiermanual in Anhang 11.3 des elektronischen Zusatzmaterials zu entnehmen.

wertung abweicht (graue Schrift/Hintergrund, s. Abschnitt 5.6.2). Insgesamt wird deutlich, dass alle Proband:innen einen formativen Selbst-Assessmentprozess beim Betrachten der Musterlösung und Bearbeiten des Checks im SAFE Tool durchlaufen. Das ist daran zu erkennen, dass in allen Interviews metakognitive und selbstregulative Tätigkeiten in Bezug auf jede der drei Fragestellungen: *Wo möchte ich hin?*, *Wo stehe ich gerade?* und *Wie komme ich dahin?* zu finden sind. Allerdings ist Tabelle 6.3 zu entnehmen, dass diese formativen Selbst-Assessments unterschiedlich akkurat und reflexiv ausfallen.

Auffällig ist, dass Lernende in sechs der sieben Interviews Schwierigkeiten beim Check zeigen, die sich auf Formulierungen der Checkpunkte zurückführen lassen (hellgrauer Hintergrund in Tabelle 6.3; s. Abschnitt 5.6.2 Phase 4). Einerseits scheint einigen Proband:innen die Verwendung der Begriffe „erste und zweite Achse" nicht vertraut. Beide Checkpunkte, in denen diese Begriffe auftreten (CP7 & CP10) werden von Robin angekreuzt, obwohl diese Beurteilungskriterien nicht auf seine Lösung zutreffen und er diese in Bezug auf die übrigen Checkpunkte akkurat einschätzt. Auch Linn (CP10) sowie Kayra und Latisha (CP7 & CP10) kreuzen diese Beurteilungskriterien fälschlicherweise an. Daneben zeigen Proband:innen in fünf Interviews Probleme mit der negativen Formulierung der Checkpunkte. Da ein Punkt angekreuzt werden soll, um einen Fehler zu identifizieren, beschreiben diese, was eine Schülerlösung möglicherweise nicht erfüllt (s. Abschnitt 6.2.3). Allerdings verpassen es die Lernenden oftmals, die Zustimmung mit einem Beurteilungskriterium durch das Ankreuzen des Checkpunkts auszudrücken. Beispielsweise erkennt Linn bzgl. CP6: „Mein Graph steigt nicht an, um darzustellen, dass Niklas bergab fährt." einen Fehler, da sie die Aussage verneint, kreuzt den Checkpunkt aber nicht an (Linn 07:58–08:05). Ebenso verpassen es Lena und Anna CP4 und CP5 anzukreuzen. In Bezug zu CP4: „Mein Graph fällt nicht ab, um darzustellen, dass Niklas beim Hochfahren des Hügels langsamer wird." wird deutlich, dass auch sie einen Fehler identifizieren, diesen aber nicht in der intendierten Weise kenntlich machen:

Lena: „*Haben wir nicht!*"
Anna: „*Also nicht ankreuzen?*"
Lena: „*Nein.*" (Lena & Anna 07:34–07:40)

---

[4] Folgende Abkürzungen werden verwendet: CP: Checkpunkt; ✓: korrektes Merkmal erkannt; x: Fehler erkannt; durchgestrichen: jeweils korrektes Merkmal/Fehler missachtet; hellgrauer Hintergrund: inakkurater Check aufgrund einer Formulierung; dunkelgrau: inakkurater Check aufgrund fehlerhafter Selbstbeurteilung.

Tabelle 6.3 Übersicht der Kodierungen zum formativen Selbst-Assessment der Proband:innen des ersten Entwicklungszyklus beim Überprüfen[4]

Name	Check		Wo möchte ich hin?	Wo stehe ich gerade?	Wie komme ich dahin?
Robin (05:52–08:42)	CP1 / CP2 x / CP3 x / CP4 / CP5 x	CP6 / CP7 x / CP8 / CP9 / CP10 x	Beurteilungskriterium missverstanden (CP7,10) Lösung betrachtet Graph. identifiziert (CP1,2,3,8) Graph gedeutet (CP4,5,6,9)	Diag. Info erfasst (CP3–10) ✓ (CP4,6,8,9) ✔ (CP7,10) ✗ (CP1,2,3,5)	Info (A2.1) Aufgabe (A3.1)
Linn (03:38–09:01)	CP1 / CP2 / CP3 / CP4 x / CP5 /	CP6 / CP7 x / CP8 / CP9 / CP10 x	Beurteilungskriterium missverstanden (CP5,10) Lösung betrachtet Sit. identifiziert (L4/CP5) Graph. identifiziert (G/CP1, L1–3, CP2,3,4,7,9) Graph gedeutet (L5/CP6, L6)	Diag. Info erfasst (G, L1–L6, CP1–10) Eig. Graph gedeutet (L6) ✓ (L1/CP2, CP9) ✔ (CP10) ✗ (G/CP1, L3/CP4, L5/CP6, CP7) ✖ (L2/CP3, L4/CP5, L6, CP8/GaB)	Aufgabe (A3.3)
Tom (04:18–06:13)	CP1 x / CP2 / CP3 / CP4 / / CP5 / /	CP6 / CP7 / CP8 / CP9 / CP10 /	Graph. identifiziert (CP1–3) Graph gedeutet (L1–6)	Diag. Info erfasst (L1–6, CP1–3) ✓ (L1–6, CP1–3)	Aufgabe (A3.7/A3.8)
Lena & Anna (04:00–09:04)	CP1 / CP2 / CP3 x / CP4 / CP5 /	CP6 / CP7 / CP8 x / CP9 / CP10 /	Beurteilungskriterium missverstanden (Le CP2, CP6) Lösung betrachtet Sit. identifiziert (CP6) Graph. identifiziert (G/CP1, An CP2, CP3,4,5,7,8,9,10)	Diag. Info erfasst (G, CP1–CP10) Eig. Graph gedeutet (CP2,6,8) ✓ (CP2,7,9,10) ✔ (CP2,7,9,10) ✗ (G/CP1, CP3,4,5,7,8) ✖ (CP3,6,8)	Info (A2.2) Aufgabe (A3.3)
Kayra & Latisha (04:10–08:43)	CP1 / CP2 x / CP3 x / CP4 / CP5 /	CP6 x / CP7 x / CP8 x / CP9 / CP10 x	Beurteilungskriterium missverstanden (La CP5; CP6,7,9) Lösung betrachten Graph. identifizieren (CP2,3,4,5,6,8,10)	Diag. Info erfasst (G, CP2–5,7–10) Eig. Graph gedeutet (La CP5) ✓ (CP10) ✔ (CP7,10) ✗ (G, CP2,3,6, Ka CP5) ✖ (CP4,6,8/GaB,9, La CP5)	Info (A2.1) Aufgabe (A3.1)
Yael & Yadid (03:53–07:49)	CP1 / CP2 x x / CP3 / CP4 x x / CP5 /	CP6 / CP7 / CP8 x x / CP9 / CP10 /	Beurteilungskriterium missverstanden (Ya 2 Hügel, Yad stärkste Anstrengung, CP6) Lösung betrachten Graph. identifiziert (CP1–5, 7–10)	Diag. Info erfasst (CP1–10) Eig. Situationsmodell (Yad) Eig. Graph gedeutet (Yad CP4 direkt Hügel hoch) ✓ (CP9,10) ✔ (Yad CP8/GaB) ✗ (CP1,2,3,4,5,7,8) ✖ (CP3,5,6)	Aufgabe (A3.3)
Emil & Edison (02:50–06:22)	CP1 / CP2 / CP3 . / CP4 / CP5 /	CP6 x x / CP7 / CP8 / CP9 / CP10 x	Beurteilungskriterium missverstanden (Ed CP10) Lösung betrachten Graph. identifiziert (G, L1, CP2,3,6, Em CP10) Graph gedeutet (L2)	Diag. Info erfasst (G, L1–2, CP1–10) ✓ (Em CP10) ✔ (Ed CP10) ✗ (G, L1–2, CP2,3,6) ✖ (CP8/GaB)	Wiederholung (A1.1) Aufgabe (A3.1)

Ähnliches ist für Yael und Yadid in Bezug auf CP5 und CP7 erkennbar. Bezogen auf CP3: „Mein Graph steigt zu Beginn nicht an." erkennt Yadid zwar, dass sein Graph den Checkpunkt nicht erfüllt: *„Nein, das habe ich auch nicht."* (Yael & Yadid 05:35–05:37), kreuzt das Beurteilungskriterium aber nicht an. Dies kann womöglich darauf zurückgeführt werden, dass der Checkpunkt nicht auf Yaels Lösung zutrifft und sie dies erkennt. Anstatt die Checkpunkte separat für ihre unterschiedlichen Lösungen zu betrachten, einigen sich beide Interviewpartner gemeinsam, was sie im Check ankreuzen. Daher wählen sie etwa gemeinsam CP2: „Mein Graph beginnt nicht im Nullpunkt." aus, obwohl dies ausschließlich auf Yadids Lösung zutrifft. Im Fall von Emil und Edison werden die Checkpunkte zwei bis fünf nicht angekreuzt, obwohl erkannt wird, dass ihre Lösungen diesen Aussagen widersprechen. Schließlich kreuzen Kayra und Latisha CP8: „Mein Graph sieht aus wie eine Straße mit einem Hügel am Ende." an, obwohl sie dem Beurteilungskriterium nicht zustimmen und zuvor die Checkpunkte in vorgesehener Weise kennzeichnen:

> Kayra: *„Nein."*
>
> Latisha: *„Ankreuzen?"*
>
> Kayra: *„Ja, wenn wir das nicht haben, dann müssen wir ja kreuzen."* (Kayra & Latisha 07:18–07:29)

Neben dem Problem, dass Lernende aufgrund der Formulierung verunsichert sind, wann sie einen Checkpunkt ankreuzen müssen, zeigt sich, dass die Proband:innen das Ankreuzen nicht unmittelbar als Feststellen eines Fehlers wahrnehmen. Beispielsweise sagt Linn am Ende ihres Checks: *„Ja, drei Sachen stimmen. Das war also nicht sehr intelligent von mir."* (Linn 08:28–08:33), Emil äußert: *„Das Einzige, was richtig ist, ist das [zeigt auf CP6], dass es nicht ansteigt."* (Emil & Edison 05:39–05:43) oder Lena stimmt in Bezug auf CP3: „Mein Graph steigt zu Beginn nicht an." zu: *„Mhm, haben wir auch."* (Lena & Anna 05:37–05:39). Dies kann im formativen Selbst-Assessmentprozess zu Schwierigkeiten führen, da eine begründete Entscheidung über die nächsten Schritte im eigenen Lernprozess nur dann getroffen werden kann, wenn Lernende eigene Stärken oder Schwächen bewusst wahrnehmen (s. Abschnitt 2.3).

Hinzu kommt, dass das akkurate Ankreuzen der Checkpunkte aufgrund des eigenen Lösungsgraphen nicht immer zur Identifizierung von Fehlern bzw. Fehlerursachen führt. Beispielsweise markiert Linn nicht CP3: „Mein Graph steigt zu Beginn nicht an.", was auf eine korrekte Selbsteinschätzung hindeutet, da ihr Lösungsgraph zunächst ansteigt (s. Tabelle 6.1; Linn 05:47–05:50). Allerdings ist der adressierte Graph-Abschnitt in ihrer Lösung aufgrund eines Graph-als-Bild Fehlers entstanden. Er soll demnach das Hochfahren darstellen, wobei der steigende Abschnitt zu

Beginn des Lösungsgraphen die Geschwindigkeitszunahme am Anfang repräsentiert. Hierdurch wird Linn nicht auf ihren Fehler aufmerksam. Ebenso können Linn, Kayra und Latisha sowie Emil und Edison aufgrund CP8: „Mein Graph sieht aus wie eine Straße mit einem Hügel am Ende." ihren Graph-als-Bild Fehler nicht feststellen. Da sie nicht alle Teilsituationen der Zieldarstellung berücksichtigt haben, weisen ihre Graphen jeweils eine andere Form auf (s. Tabelle 6.1). Dem entgegengesetzt stimmt Yadid der Aussage zu, obwohl die Gestalt seines Graphen nicht auf einen Graph-als-Bild Fehler zurückzuführen ist.

Neben diesen allgemeinen Erkenntnissen in Bezug auf den Umgang der Proband:innen mit dem Check des SAFE Tools und die Genauigkeit ihrer Selbsteinschätzungen stellt sich die Frage, wie ihre formativen Selbst-Assessmentprozesse ablaufen. Um mögliche Voraussetzungen für ein erfolgreiches Selbst-Assessment bzw. Erkenntnisgewinne oder -hürden der Lernenden ausfindig zu machen, werden die einzelnen Fälle im Folgenden näher betrachtet.

Robin

Robin evaluiert seinen Lösungsgraphen größtenteils korrekt. Lediglich die Begriffe „erste und zweite Achse" scheinen bei CP7 und CP10 zu inakkuraten Selbstdiagnosen zu führen (s. o.). Für das Selbst-Assessment zieht er teilweise graphische Merkmale der Zieldarstellung heran, z. B. „der Graph steigt zu Beginn". Teilweise vollzieht er die Bedeutung der Zieldarstellung beim Lesen der Checkpunkte. Beispielsweise widerspricht er CP4: „Mein Graph fällt nicht ab, um darzustellen, dass Niklas beim Hochfahren des Hügels langsamer wird." sofort: *„Das stimmt nicht!"* (Robin 07:03–07:09). Ein identifiziertes oder verstandenes Beurteilungskriterium vergleicht er mit dem eigenen Lösungsgraphen (diagnostische Informationen erfassen) und identifiziert so Übereinstimmungen oder Abweichungen von den Checkpunkten. Obwohl er dadurch seine Fehler ausfindig macht, bleiben die Fehlerursachen aufgrund einer fehlenden Reflexion der eigenen Lösung unerkannt. Schließlich entscheidet er sich für eine Hilfekarte und anschließende Übung.

Linn

Linn wird durch den ersten Checkpunkt dazu animiert, ihren Graphen mit den sechs Punkten der Musterlösung zu vergleichen. Dabei scheint sie zunächst auf einzelne Merkmale der graphischen Darstellung bzw. die Teilsituationen zu achten, die sie modelliert hat oder nicht. In Bezug auf den steigenden Graph-Abschnitt am Anfang heißt es in der Musterlösung etwa: „Der Graph steigt an, weil Niklas auf der Straße schneller wird." Linn vergleicht dies mit ihrer Lösung und äußert: *„Ja, also er steigt auf jeden Fall an."* (Linn 04:50–04:58). Das bedeutet, der Fokus auf das graphische Merkmal ohne dessen Interpretation bzgl. der funktionalen Abhängigkeit zwischen Zeit und Geschwindigkeit verhindert, dass Linn ihren Graph-als-Bild Fehler identifiziert. Ein Erkenntnisgewinn ist dagegen in Bezug auf den sechsten Punkt erkennbar, da Linn den fallenden Abschnitt in ihrem Graphen korrekt als Geschwindigkeitsabnahme deutet: *„Und ich habe ja auch gelöst, dass die Geschwindigkeit dann irgendwann wieder sinkt [zeigt entlang des fallenden Abschnitts ihres Lösungsgraphen]."* (Linn 05:30–05:36). Allerdings wird ihr die Diskrepanz zu ihrer vorherigen Argumentation nicht bewusst, da sie während der Aufgabenbearbeitung den entsprechenden Graph-Abschnitt zur Darstellung des Runterfahrens verwendet. Im anschließenden Check gelingt ihr größtenteils eine akkurate Selbstevaluation, wobei sie auch hier überwiegend Merkmale der graphischen Darstellung als Beurteilungskriterien heranzieht. Dies führt dazu, dass ihr Graph-als-Bild Fehler unerkannt bleibt. Zudem übersieht sie die Missachtung des Variablenwerts bei der Modellierung des Stehenbleibens auf dem Hügel. Als Beurteilungskriterium für ihr Selbst-Assessment beachtet Linn lediglich, dass sie einen Graph-Abschnitt für die entsprechende Teilsituation skizziert hat. Sie geht nicht darauf ein, dass dieser nicht den korrekten Wert annimmt. Insgesamt kann Linn ihre Fehler und deren Ursachen demnach nicht identifizieren. Dennoch wählt sie eine neue Übungsaufgabe aufgrund der von ihr markierten Checkpunkte.

Tom

Tom vergleicht seine Antwort sofort mit der Musterlösung. Für jeden Punkt, den er aufmerksam liest, blickt er auf die entsprechende Stelle seines Lösungsgraphen und evaluiert: *„Das habe ich auch."* (Tom 04:18–05:32). Beim Ankreuzen des Checks beurteilt er seine Lösung nach dem vierten Checkpunkt bereits als korrekt. Daraufhin kreuzt er CP1 an und entscheidet sich für die beiden weiterführenden Aufgagen ohne die weiteren Checkpunkte zu beachten.

Lena und Anna

Lena und Anna achten beim Ankreuzen der Checkpunkte in erster Linie auf die Gestalt der graphischen Zieldarstellung. Eine Interpretation in Bezug auf die funktionale Abhängigkeit findet nicht statt. Obwohl sie teilweise versuchen, den eigenen Graphen zu deuten, wiederholen sie dabei den Graph-als-Bild Fehler oder zeigen sogar neue fachliche Schwierigkeiten. In Bezug auf CP2: „Mein Graph beginnt im Nullpunkt." deutet Lena den konstanten Graph-Abschnitt in ihrer Lösung: *„Aber eigentlich doch, weil das hier [zeigt entlang konstanter Geraden] gerade ist und dann ist das dann null eigentlich."* (Lena & Anna 05:30–05:35). Anstatt den Wert der Funktion in einem Punkt zu betrachten, deutet Lena hier auf die Steigung des Graphen. Das bedeutet, sie verwechselt Höhe und Steigung des Funktionsgraphen. In Bezug auf CP6: „Mein Graph steigt nicht an, um darzustellen, dass Niklas bergab fährt." verstehen die Schülerinnen das Beurteilungskriterium ebenfalls nicht. Sie berücksichtigen für ihr Selbst-Assessment nur, dass die Teilsituation des Runterfahrens dargestellt wurde, ohne auf deren korrekte Repräsenation zu achten: *„Mhm. Hier [zeigt auf fallenden Graph-Abschnitt] fährt der ja runter."* (Lena & Anna 06:08–06:17). Hierdurch gelingt es ihnen nur bedingt, ihre Fehler zu identifizieren, wohingegen die Fehlerursachen unerkannt bleiben. Im Anschluss an den Check entscheiden sich die Lernenden für das Heranziehen einer Hilfekarte.

Kayra und Latisha
Auch Kayra und Latisha fokussieren als Bezugsnorm für ihre Diagnose lediglich Merkmale der graphischen Darstellung, ohne eine entsprechende Deutung bzgl. des funktionalen Zusammenhangs vorzunehmen. Während dies für die ersten drei Checkpunkte zu einer akkuraten Selbsteinschätzung führt, erkennen sie ihren Graph-als-Bild Fehler nicht in Bezug auf CP4. Sie achten bei diesem Kriterium ausschließlich auf das Fallen des Graphen, ohne zu erkennen, dass dadurch eine Geschwindigkeitsabnahme mit fortschreitender Zeit dargestellt wird. Während Kayra für CP5: „Mein Graph ist keine Zeit lang konstant bei einem Wert von null, um darzustellen, dass Niklas auf dem Hügel anhält." erkennt, dass sie diese Teilsituation nicht modelliert haben, versucht Latisha den ersten Abschnitt ihres Graphen umzudeuten, damit er das Beurteilungskriterium erfüllt. Dabei deutet sie eine Konstante an, missachtet gleichzeitig jedoch den Funktionswert. Bei den übrigen Checkpunkten scheinen die Schüler:innen verunsichert zu sein, wann ein Checkpunkt angekreuzt werden soll. Hier gelingt kein akkurates Selbst-Assessment. Insbesondere verpassen es die Lernenden ihre Missachtung der Funktionseindeutigkeit durch CP9 wahrzunehmen. Am Ende des Assessmentprozesses entscheiden sie sich für eine Hilfekarte.

Yael und Yadid
Im Fall von Yael und Yadid wird ersichtlich, dass sie ebenfalls Merkmale der graphischen Zieldarstellung als Beurteilungsgrundlage für ihr Selbst-Assessment fokussieren. Yadid erkennt in Bezug auf CP4 zwar eine Abweichung von der Musterlösung, achtet dabei allerdings nur auf das Fallen des Graphen: *„Das habe ich nicht, weil wir haben doch direkt den Hügel hochgemalt."* (Yael & Yadid 06:09–06:16). Das bedeutet, er begründet die Fehlerursache mithilfe einer Interpretation des eigenen Graphen. Dabei bleibt er jedoch in seiner (Fehl-)Vorstellung und vollzieht die Interpretation der Musterlösung nicht nach. Fast alle Fehleinschätzungen der Lernenden können durch ein Missverstehen der Checkpunkte erklärt werden. In Bezug auf CP6: „Mein Graph steigt nicht an, um darzustellen, dass Niklas bergab fährt." wird jedoch ersichtlich, dass das gemeinsame Selbst-Assessment im Partnerinterview bei unterschiedlichen Schülerlösungen problematisch ist. Während Yael

ihren Fehler zunächst erkennt: „*Das sieht gut aus [liest CP6].*", überzeugt sie Yadid davon, dass die Aussage auf ihre Lösungen zutrifft: „*Aber bei uns steigt es doch an [zeigt auf steigenden Graph-Abschnitt seiner Lösung].*" (Yael & Yadid 06:32–06:43). Yadid evaluiert zwar seine Antwort angemessen, beachtet jedoch nicht, dass Yaels Graph aufgrund eines Graph-als-Bild Fehlers steigt. Ähnliches ist bei CP2 zu beobachten, der angekreuzt wird, obwohl er nur auf Yadids Lösung zutrifft. Am Ende des Diagnoseprozesses entscheiden sie sich ohne zusätzliche Hilfe direkt für eine neue Übungsaufgabe.

Emil und Edison

Emil und Edison blicken nur kurz auf die Musterlösung und wollen sofort die Überprüfen-Aufgabe wiederholen, ohne die bereitgestellten Informationen wahrzunehmen. Erst durch eine Anregung der Interviewerin beginnen sie die Musterlösung zu lesen und den Check zu bearbeiten. Dabei scheinen sie das Ankreuzen der Checkpunkte nicht als Feststellen von Fehlern zu verstehen. Obwohl die Schüler einigen Aussagen widersprechen, werden diese Checkpunkte nicht angekreuzt. Beispielsweise bemerkt Edison beim Lesen der Musterlösung: „*Ah, wir haben nicht bei null angefangen.*" und „*Steigt auf, weil er schneller wird [zeigt auf L2]*" (Emil & Edison 03:03–03:18). Dadurch wird ersichtlich, dass er Merkmale der graphischen Zieldarstellung – beim zweiten Punkt der Musterlösung (L2) sogar die Deutung der graphischen Darstellung bzgl. des funktionalen Zusammenhangs – als Beurteilungskriterien nutzt. Nichtsdestotrotz fokussieren die Probanden eher die Form ihrer Lösungsgraphen. Emil bemerkt in Bezug auf CP6 etwa: „*Ich glaube das hier [kreuzt CP6 an]. Das steigt bei mir gar nicht an [zeigt entlang seines fallenden Graphen].*" (Emil & Edison 04:50–05:01). Obwohl er hierdurch ein fehlerhaftes Merkmal seiner Lösung erkennt, bleibt der Graph-als-Bild Fehler als Ursache unerkannt. Zudem adressiert er nicht die Missachtung der Eindeutigkeit in seinem Lösungsgraphen (CP9). In Bezug auf die Achsenbeschriftung (CP10) missachtet Edison ein korrektes Merkmal seines Graphen, da ihm die Bezeichnungen „erste und zweite Achse" nicht geläufig sind. Emil erklärt dagegen die Bedeutung des Checkpunkts und evaluiert seinen Graphen diesbezüglich akkurat. Schließlich entscheiden sich die Probanden für das Bearbeiten einer Übungsaufgabe.

Zusammenfassung

Insgesamt zeigen die Proband:innen im ersten Entwicklungszyklus große Schwierigkeiten bei der Diagnose ihrer eigenen Überprüfen-Lösungen. Diese können teilweise auf die Formulierung der Checkpunkte zurückgeführt werden. Allerdings wird auch ersichtlich, dass Lernende insbesondere dann Fehler übersehen, wenn sie ein Beurteilungskriterium nicht verstehen. In solchen Fällen werden lediglich Teile der situativen Ausgangsdarstellung oder ein Merkmal der graphischen Zieldarstellung als Beurteilungskriterium herangezogen, ohne dessen Übersetzung in die graphische Darstellung bzw. Deutung hinsichtlich des funktionalen Zusammenhangs zu berücksichtigen. Hinzu kommt, dass kaum Fehlerursachen von den Schüler:innen identifiziert werden konnten. Das liegt neben dem Missverstehen der Beurteilungskriterien vermutlich auch an fehlenden fachlichen Kenntnissen bzw. dem Nicht-Erfassen der funktionalen Abhängigkeit (s. Abschnitt 6.4.2). Nichtsdestotrotz lässt sich beobachten, dass Lernende ohne den Check im SAFE Tool kaum über ihre eigenen Antworten nachgedacht hätten. In sechs von sieben Interviews wurde die Musterlösung zur Überprüfen-Aufgabe von den Schüler:innen unkommentiert gelesen. Yael und Yadid deuten die Abbildungen der Musterlösung sogar direkt mithilfe ihrer (Fehl-)Vorstellungen ohne den zugehörigen Text zu lesen. Yael denkt es seien *„doch zwei Hügel"* dargestellt, wohingegen Yadid fragt: *„Aber rot zeigt an, wie stark er sich anstrengt, nicht wahr? Oder ist blau die stärkste Anstrengung?"* (Yael & Yadid 04:04–04:40). Eine Verarbeitung der bereitgestellten Informationen findet nicht statt, sodass die funktionale Abhängigkeit auch beim anschließenden Lesen der Musterlösung nicht erfasst wird. Lena und Anna sowie Emil und Edison gucken gerade einmal zwei Sekunden auf die Musterlösung, erklären ihre Lösung für falsch und wollen sofort die Aufgabe wiederholen (Emil & Edison) oder nach dem Lesen des Textes eine neue Karte nehmen (Lena & Anna), ohne dass spezifische Fehler oder Fehlerursachen identifiziert wurden. Dieses Verhalten deutet darauf hin, dass es die Proband:innen nicht gewohnt sind, eigene Aufgabenlösungen selbstständig zu evaluieren. Trotzdem konnten alle Lernenden aufgrund des Checks Entscheidungen über ihre nächsten Schritte im Lernprozess treffen, auch wenn diese zunächst darauf beruhen, ob ein Checkpunkt angekreuzt wurde oder nicht, anstatt eine Reaktion auf erkannte Lernschwierigkeiten darzustellen. Inwiefern sich eine Nutzung des SAFE Tools auf die formativen Selbst-Assessmentprozesse der Lernenden auswirkt, wird im folgenden Abschnitt thematisiert. Betrachtet wird u. a., ob sich die Selbstdiagnosen bzgl. der anschließenden Förderaufgaben von den gezeigten Assessmentprozessen bei der Eingangsdiagnose unterscheiden.

6.4.4 F3: Einfluss der Toolnutzung auf das a) funktionale Denken und b) formative Selbst-Assessment der Lernenden

In Tabelle 6.4 ist dargestellt, welche Elemente des SAFE Tools von den Proband:innen genutzt wurden. Insgesamt zeigt sich, dass die Lernenden nach wenigen Hinweisen der Interviewerin zur Handhabung der verschiedenen Karten, z. B.

„*Dann schaut mal, wo ihr weitermachen könnt. [L legt den Check weg und will die nachfolgende Karte nehmen.] Das sagt euch dann hier die Tabelle, ne? [Zeigt auf den Check] Also ihr könnt jetzt hier von dem, was ihr angekreuzt habt, euch eins raussuchen und dann überlegen, ob ihr davon die Hilfe oder die Übung machen wollt.*" (Lena & Anna 08:41–08:56) oder „*[Zeigt auf Karte A3.1] Schau mal auf die Rückseite. Was steht da noch unten?*" (Robin 16:33–16:35), selbstständig mit der Toolstruktur umgehen. Alle Schüler:innen bearbeiten zunächst die Überprüfen-Aufgabe und führen anschließend den Check durch. Daraufhin entscheiden sie sich für ein Gut zu wissen oder Üben (s. Abschnitt 6.2).

Auffällig ist, dass die Hilfekarten von den Lernenden kaum in Anspruch genommen werden. Obwohl sich Robin, Lena und Anna sowie Kayra und Latisha zunächst für ein Gut zu wissen entscheiden, wird die entsprechende Karte lediglich unkommentiert gelesen oder mit einem „*Ja, klar.*" (Robin 08:37–08:39) beiseite gelegt. Daraufhin wird mit einer Übung weitergemacht ohne die gelesenen Inhalte zu reflektieren. Die übrigen Proband:innen entscheiden sich sogar direkt für die nächste Aufgabe, was darauf hindeuten kann, dass die Lernenden eher ergebnisorientiert vorgehen. Sie scheinen nicht gewohnt zu sein, Fehler aus vorherigen Aufgaben aufzuarbeiten, sondern fahren eher mit einer neuen Übung fort. Dies wird auch dadurch sichtbar, dass die Übungsaufgaben weniger danach ausgesucht werden, wo die Lernenden einen besonderen Förderbedarf für sich sehen. Vielmehr werden Karten der Reihe nach abgearbeitet, z. B. „*So jetzt irgendeins von denen einfach machen? (I: Mhm, du kannst dir eins aussuchen.) Dann fange ich ganz oben an.*" (Robin 08:22–08:31), oder aufgrund ihrer Gestaltung ausgesucht, z. B. „*Da, wo man zeichnen kann. Hier [Nimmt A3.4] können wir reinschreiben.*" (Emil & Edison 34:58–35:03). Dies könnte aber auch auf die Schwierigkeiten der Lernenden beim Check zurückgeführt werden, da das Ankreuzen der Beurteilungskriterien oftmals nicht als Feststellen von Fehlern wahrgenommen wird (s. Abschnitt 6.4.3). Allerdings ist zu beobachten, dass Lernende ihre Antworten zu den Übungsaufgaben teilweise nicht mit der Musterlösung vergleichen. Dies kommt bei Yael und Yadid für A3.2 sowie drei Teilaufgaben von A3.6, bei Kayra und Latisha für c) und d) bei Üben A3.4 sowie bei Emil und Edison für A3.1, A3.7b und die Wiederholung der Überprüfen-Aufgabe vor. Das bedeutet, dass für diese Lernenden Aufgaben nach der ursprünglichen Bearbeitung abgeschlossen scheinen und eine Überprüfung ihrer Fähigkeiten sowie mögliche Fehleranalysen oder Korrekturen nicht selbstverständlich zum Übungsprozess gehören.

Während einer Aufgabenbearbeitung kommt es aber durchaus vor, dass Lernende zu einer Hilfekarte greifen, wenn sie nicht weiterkommen. Dies ist in den Interviews von Yael und Yadid bei Üben A3.1 und A3.6, von Emil und Edison bei A3.1 sowie von Kayra und Latisha bei Üben A3.2 zu beobachten. Jedoch sind die bereitgestell-

Tabelle 6.4 Übersicht der genutzten Toolelemente im ersten Entwicklungszyklus

Probanden	Überprüfen		Check	Gut zu wissen				Üben								Erweitern
	A1.1	Wdh	A2.1	A2.2	A2.3	A2.4	A2.5	A3.1	A3.2	A3.3	A3.4	A3.5	A3.6	A3.7	A3.8	
Robin	X	X	X													X
Linn	X	X	X				X	X		X		X		X		
Tom	X	X	X													X
Yael & Yadid	X	X	X				X	X	X				X			
Emil & Edison	X	X	X					X	X	X	X				X	
Lena & Anna	X	X	X	X						X	X		X	X		
Kayra & Latisha	X	X	X	X	X				X	X	X					

ten Informationen in allen diesen Fällen für die jeweilige Aufgabenbearbeitung nicht zielführend. Da sich die Hilfekarten ausschließlich auf den Zeit-Geschwindigkeits-Kontext der Überprüfen-Aufgabe beziehen, helfen sie den Schüler:innen z. B. nicht dabei, eine neue Situation bzgl. anderer funktionaler Zusammenhänge zu deuten. Des Weiteren scheinen Lernende die Informationen nicht vom Sachkontext lösen und allgemein auf die Betrachtung funktionaler Abhängigkeiten beziehen zu können. Daher ist der seltene Gebrauch von Gut zu wissen durch die Lernenden nachvollziehbar.

Darüber hinaus fällt in Tabelle 6.4 auf, dass alle Aufgaben bis auf Üben A3.5 von mindestens zwei Lernenden bearbeitet wurden. Diese Aufgabe bezieht sich auf die Eindeutigkeit einer Funktion und sollte gelöst werden, wenn diese Eigenschaft beim Skizzieren des Graphen zur Überprüfen-Aufgabe missachtet wurde. Obwohl dieser Fehler bei drei Lernenden auftrat (s. Abschnitt 6.4.2), wurde er beim Check von keinem der betroffenen Schüler:innen erkannt. Dies könnte damit zusammenhängen, dass alle drei Proband:innen gleichzeitig einen Graph-als-Bild Fehler zeigten und daher der Graph nicht als Funktionsrepräsentation wahrgenommen wurde. Zudem könnte die große Anzahl der Checkpunkte oder der schwierige Umgang mit ihrer doppelt verneinten Formulierung zum Missachten des Fehlers führen (s. Abschnitt 6.4.3).

Schließlich wird aus der Betrachtung bearbeiteter Toolelemente durch die Proband:innen ein Problem in der Struktur des SAFE Tools ersichtlich, wenn man Robins Fall fokussiert (s. Tabelle 6.4). Beim Check kreuzt dieser fünf Checkpunkte an und identifiziert damit mögliche Fördereinheiten für seinen weiteren Lernprozess. Nachdem er die erste Fördereinheit bestehend aus Gut zu wissen A2.1 und Üben A3.1 abgeschlossen hat, die thematisieren, wann ein Funktionsgraph im Nullpunkt beginnt, wiederholt er die Überprüfen-Aufgabe. Da sein neuer Lösungsgraph korrekt ist, bearbeitet er sofort die weiterführenden Aufgaben A3.7 und A3.8 sowie das Erweitern. Dies kann Lernchancen womöglich dadurch verhindern, dass Robin die übrigen vier Fördereinheiten bzgl. seiner ursprünglich identifizierten Fehler nicht berücksichtigt.

Neben diesen allgemeinen Beobachtungen zur Nutzung des SAFE Tools gilt das Erkenntnisinteresse dieser Arbeit der Frage, inwiefern die Toolnutzung Lernende bei ihrem a) funktionalen Denken sowie b) formativen Selbst-Assessment unterstützt. Dies wird im Folgenden erörtert, indem die Fälle der einzelnen Schüler:innen näher betrachtet werden. Die Analysen basieren auf den Kodierungen der Videodaten (s. Abschnitt 5.6.2). Eine Zusammenfassung der vergebenen Kodes zum funktionalen Denken sowie formativen Selbst-Assessment ist für alle Proband:innen den Anhängen 11.5 und 11.6 im elektronischen Zusatzmaterial zu entnehmen.

F3a: Einfluss der Toolnutzung auf das funktionale Denken

Robin

In der Überprüfen-Aufgabe erfasst Robin die funktionale Abhängigkeit zwischen Zeit und Geschwindigkeit, legt passende Werte für die Größe Zeit fest und erkennt den relativen Wert der Geschwindigkeit. Insgesamt kann er mithilfe seiner Zuordnungs- und stückweisen Kovariationsvorstellung sechs Punkte der graphischen Zieldarstellung und den Grad dessen Steigung größtenteils korrekt darstellen (s. Abbildung 6.18(a)). Allerdings modelliert er das Anfahren des Fahrrads nicht und betrachtet für das Stehenbleiben einzelne Punkte anstelle von Intervallen. Zudem zeigt er eine anfängliche Verunsicherung im Umgang mit qualitativen Funktionen und bzgl. der Definition eines Graphen. Im Anschluss an die Überprüfen-Aufgabe liest Robin die erste Hilfekarte (A2.1), welche er mit *„Ja, klar.“* kommentiert und beiseite legt (Robin 08:34–08:38). In der zugehörigen Übung (A3.1) soll Robin für neun vorgegebene Situationen entscheiden, ob ein zugehöriger Graph im Nullpunkt beginnen würde. Auch in dieser Aufgabe zeigt Robin, dass er die funktionale Abhängigkeit in den beschriebenen Situationen oftmals erfassen sowie einzelne Werte funktionaler Zusammenhänge erkennen kann. Robin aktiviert zur Aufgabenlösung sichtbar seine Zuordnungsvorstellung und zeigt durch Gestik, dass er häufig situativ-graphische Darstellungswechsel ausführt, obwohl das Erstellen eines Graphen nicht explizit in der Aufgabenstellung gefordert wird. Obwohl die Aufgabe Graphen als Zuordnungen fokussiert, wird ersichtlich, dass der Proband in seiner Argumentation durchaus auch die Richtung oder den Wert der gemeinsamen Größenveränderung fokussiert. Zum Beispiel erklärt er zu Teilaufgabe sechs: „Marie misst die Wasserhöhe beim Füllen ihrer Badewanne in Abhängigkeit von der Zeit.“: *„Ja, das fängt bei null an, weil ja erst kein Wasser drin ist [zeigt auf einen Punkt am linken, unteren Ende des Tisches], und dann die Badewanne sich füllt [deutet steigenden Graphen an].“* (Robin 11:00–11:05). Allerdings ist zu beobachten, dass Robin der Umgang mit unvertrauten funktionalen Zusammenhängen schwerfällt. Er nimmt etwa zweimal eine Zeitabhängigkeit an, obwohl die Zeit jeweils nicht die unabhängige Größe darstellt. Darüber hinaus betrachtet er in der fünften Teilaufgabe ein Intervall anstatt die Funktion lokal in einem Punkt zu fokussieren: *„Äh ne, das fängt nicht bei null an, weil man ja bei dem, bei den ersten hundert Metern auch nicht null Sekunden braucht, sondern immer irgendeine Zeit.“* (Robin 10:46–10:52). Zudem scheint ihm die Konvention nicht bewusst, dass der Ursprung eines Koordinatensystems stets als Nullpunkt skaliert wird. Im Anschluss an die erste Fördereinheit wiederholt Robin die Überprüfen-Aufgabe. Diese löst er nun fehlerfrei, wobei er bewusst seine vorherigen Fehler korrigiert (s. Abbildung 6.18(b)). Im Vergleich zur ersten Bearbeitung fokussiert er weniger einzelne Punkte des Graphen,

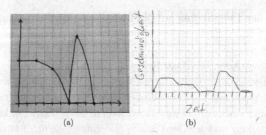

(a)   (b)

Abbildung 6.18 (a) Robins Lösung der Überprüfen-Aufgabe und (b) der Aufgabenwiederholung

sondern argumentiert stärker über die kontinuierliche Kovariation der Größen Zeit und Geschwindigkeit:

> *„Dann mache ich es wieder mit zwei Minuten, also er geht zuerst die Steigung entlang, da wird er schneller. Dann sage ich mal, mache ich es hier auch mit Zweier-Schritten. Hier wird der schneller [skizziert linear steigenden Graph-Abschnitt] und geht dann zwei Minuten in der Geschwindigkeit [skizziert konstanten Graph-Abschnitt]. Dann geht er den Hügel hoch, d. h. er wird nochmal langsamer [fallender Graph-Abschnitt]. Das geht dann auch zwei Minuten [konstanter Graph-Abschnitt]. Dann genießt er die Aussicht, also wieder auf 0 km/h und da bleibt er zwei Minuten [skizziert auf null fallenden und konstanten Graph-Abschnitt mit Wert 0]. Dann geht er den Hügel wieder runter bzw. fährt ihn runter, d. h. er wird sehr schnell [stark steigender Graph-Abschnitt], eine Minute [konstanter Graph-Abschnitt] und (.) da stand er rollt unten aus, d. h. er wird dann noch einmal langsamer [fallender Graph-Abschnitt] so, und unten bleibt er wieder stehen, d. h. wieder auf null [verlängert fallenden Graph-Abschnitt bis dieser Wert 0 erreicht] und da bis zum Ende [konstanter Graph-Abschnitt mit Wert 0]."* (Robin 17:44–18:58)

Daraufhin bearbeitet Robin die weiterführende Übungsaufgabe A3.7, in der verschiedenen Vasen passende Füllgraphen zuzuordnen sind. Auffällig ist, dass er zwar die betrachteten Größen Füllmenge und Füllhöhe an den Koordinatenachsen abliest, die funktionale Abhängigkeit jedoch nicht vollständig erfasst. Für die Zuordnung linearer Füllgraphen gelingt ihm dennoch eine korrekte Verbindung zwischen situativer und graphischer Darstellung. Dabei achtet er insbesondere auf den relativen Wert der Steigung, was auf die Aktivierung einer quantifizierten Kovariationsvorstellung hindeutet. Möglicherweise betrachtet er eher den Zusammenhang zwischen Zeit und Füllhöhe. Bei der Zuordnung nicht-linearer Füllgraphen vergleicht Robin die Form der Vasen mit den graphischen Repräsentationen, findet aber keine weitere Zuordnung. Ihm scheint dabei nicht bewusst, dass die Füllgraphen den Zusammenhang zwischen zwei Größen beschreiben. In Aufgabenteil b) gelingt es ihm allerdings, die Linearität des Füllgraphen zu erkennen und diesen korrekt zu skizzieren. Dabei wird neben der Kovariations- auch eine Objektvorstellung sichtbar. In der anschließenden Übung A3.8 versteht Robin die Aufgabenstellung nicht. Er hat Schwierigkeiten mit den Begriffen „waagerechte Entfernung" sowie „zum Zeitpunkt t". Zudem gelingt es ihm nicht die funktionale Abhängigkeit in der Ausgangssituation zu erfassen. Das liegt möglicherweise daran, dass er die Zeit nicht als veränderbare Größe wahrnimmt. Er scheint die Variable „t" lediglich als Platzhalter zu deuten (Drijvers, 2003, S. 68 f.). Daher gelingt es ihm nicht die Situation als Funktionsdarstellung zu interpretieren: *„Waagerechte Entfernung? Des Angelhakens zum Zeitpunkt? Hä? (.) Wie kann ein Angelhaken von einem Zeitpunkt entfernt sein? (..) Ist t hier etwa der Zeitpunkt, wo der ins Wasser trifft, oder was? (.) Waagerechte Entfernung? Weiß ich nicht.*" Auf Nachfrage der Interviewerin, was er an der Aufgabe schwer verständlich findet, antwortet er: *„Man weiß nicht, was Zeitpunkt t ist. Zeitpunkt t könnte im Prinzip alles sein. Es könnte der Moment sein, in dem der Angelhaken genau über dem Kopf von dem ist. Es könnte der Moment sein, in dem er mit einer Linie mit dem Steg hier ist. Es könnte der Zeitpunkt sein, wo er eintrifft, wo er auf dem Boden aufkommt. [...]*" (Robin 30:55–32:33). Im Gegensatz dazu löst er beide Teile der Erweitern-Aufgabe (A4) korrekt. Obwohl er in Aufgabe a) zunächst verunsichert ist, was mit dem „Zeitpunkt nach Öffnen des Abflusses" gemeint ist, kann er sowohl einzelne Wertepaare der funktionalen Zusammenhänge sowie den Wert der Variabalenveränderung erkennen und graphisch repräsentieren. Dabei nutzt er nicht nur seine Zuordnungs-, sondern auch seine quantifizierte Kovariationsvorstellung.

Insgesamt zeigt sich, dass Robin durch die Nutzung des SAFE Tools durchaus einen Erkenntnisgewinn im Hinblick auf den funktionalen Zusammenhang, welcher in der eingangsdiagnostischen Aufgabe fokussiert wurde, erzielen kann. Auch im Hinblick auf lineare Abhängigkeiten und Situationen mit konkreten Variablenwerten kann er zahlreiche Fähigkeiten und Vorstellungen zum funktionalen Denken zeigen. Nichtsdestotrotz gelingt ihm das Erfassen funktionaler Abhängigkeiten insbesondere für zeitunabhängige und ungewohnte Situationen oftmals nicht. Ein tiefreichendes Verständnis für den „Kern des Funktionsbegriffs" scheint ihm demnach auch im Anschluss an die Selbstförderung zu fehlen (Zindel, 2019).

Linn
Linn erfasst in der Überprüfen-Aufgabe die funktionale Abhängigkeit und beachtet teilweise die Richtung und den Grad der Steigung im Zielgraphen. Dabei zeigt sie nicht nur eine Zuordnungs-, sondern auch eine quantifizierte Kovariationsvorstellung. Allerdings modelliert sie das Fahren auf der Straße zu Beginn nicht, begeht einen Graph-als-Bild Fehler und missachtet für die graphische Darstellung des Ste-

henbleibens den Funktionswert. Diese Fehler kann sie beim Check zunächst nicht bewusst feststellen. In der anschließenden Übungsaufgabe A3.3 ordnet sie allerdings allen vorgegebenen Situationen die korrekten Zeit-Geschwindigkeits-Graphen zu. Insbesondere gelingt ihr die Interpretation der vorgegebenen Graphen bzgl. der funktionalen Abhängigkeit zwischen Zeit und Geschwindigkeit, wobei sie je nach Situation die direktionale oder quantifizierte Kovariationsvorstellung aktiviert, um entweder die Richtung oder zusätzlich die Größe der Steigung zu deuten. Lediglich ihre Erklärung bei der Zuordnung von Graph e (konstant) zu Situation 4 (gleiches Tempo) zeigt eine mögliche Schwierigkeit in ihrer Interpretation. Aus Linns Erklärung wird nicht ersichtlich, ob sie tatsächlich davon ausgeht, dass sowohl die Geschwindigkeit als auch die Zeit konstant bleiben. Allerdings zeigt sich, dass sie die Veränderung beider Größen nacheinander betrachtet, d. h. sie aktiviert hier lediglich eine asynchrone Kovariationsvorstellung: *„ [...], weil gleiches Tempo, die Geschwindigkeit ist konstant und die Zeit ist auch konstant.“* (Linn 11:55–12:00). Dennoch ist in dieser Übung ein deutlicher Erkenntnisgewinn beobachtbar. Für die zweite Situation: „Du fährst mit dem Fahrrad einen Berg herunter und dann an einem Fluss entlang.“ prüft Linn zunächst die Passung von Graph b. Dazu interpretiert sie die Art der Steigung in Bezug auf die funktionale Abhängigkeit. Als sie dabei durch visuelle Eigenschaften von Graph c abgelenkt wird, überwindet sie ihren vorherigen Graph-als-Bild Fehler. Schließlich gelingt ihr sogar die Zuordnung zum passenderen Graph g (s. Abbildung 6.19):

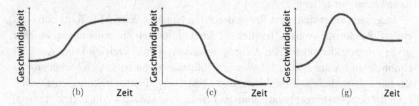

Abbildung 6.19 Mögliche Zeit-Geschwindigkeits-Graphen in Üben A3.3

„[Zeigt entlang Graph b.] Weil man ist ja eine Zeit lang konstant und dann irgendwann fährt man ja den Berg herunter und da wird die Zeit ja, also da wird man ja schneller. (.) Wobei, dann müsste man doch eigentlich das da [Graph c] nehmen, oder nicht? Wobei, nein! Die Geschwindigkeit wird ja höher! [Zeigt auf Graph b] Und dann geht es dann konstant weiter. (.) Dann wäre aber das da [Graph g] wieder logisch. (.) [Zeigt entlang Graph g] Die Geschwindigkeit wird ja höher und dann fährt man ja den Fluss entlang und da wird die Geschwindigkeit wieder langsamer. Also sage ich g.“ (Linn 10:36–11:20)

Ebenso wird in der Wiederholung der Überprüfen-Aufgabe ersichtlich, dass Linn ihren Graph-als-Bild Fehler überwunden hat. Sie argumentiert beim erneuten Skizzieren eines Zeit-Geschwindigkeits-Graphen zur Fahrradfahrt über die Richtung und den Grad der gemeinsamen Größenveränderung, d. h. sie aktiviert eine direktionale und quantifizierte Kovariationsvorstellung. Während sie zunächst das Anfahren nicht modelliert, korrigiert sie diesen Fehler. Allerdings beachtet sie sowohl beim Modellieren des Stehenbleibens als auch des Anhaltens den Funktionswert nicht. Diese Teilsituationen repräsentiert sie graphisch als konstante Gerade mit einem positiven y-Wert. Allerdings gelingt es ihr auch diesen Fehler – zumindest für das Anhalten des Fahrrads am Ende – während ihres formativen Selbst-Assessmentprozesses zu überwinden (s. u.).

Nichtsdestotrotz wird bei Üben A3.6 ersichtlich, dass Linn grundlegendes, konzeptuelles Wissen zum Funktionsbegriff fehlt. In der Aufgabe soll sie die funktionale Abhängigkeit in zehn vorgegebenen Situationen erfassen und die Achsenbeschriftungen für einen zugehörigen Graphen angeben. Obwohl ihr die Achsenbeschriftung in sechs Teilaufgaben gelingt, zeigt ihre Argumentation, dass sie die funktionale Abhängigkeit in nur einer Teilsituation erfasst. Für den Zusammenhang von Radius und Kreisfläche bestimmt sie bei Teilaufgabe vier die Richtung der Abhängigkeit und erkennt zudem die direktionale Kovariation zwischen den Variablen: *„Ja, der Flächeninhalt ist ja größer, wenn der Radius länger ist."* (Linn 20:07–20:14). Dahingegen wird in vielen Teilaufgaben ersichtlich, dass der Schülerin nicht bewusst ist, dass die funktionale Abhängigkeit durch die Fragestellung vorgegeben wird. Für die Situation in Teilaufgabe zwei: „Der einzuhaltende Mindestabstand zum vorausfahrenden Auto auf der Autobahn hängt von der eigenen Geschwindigkeit ab." argumentiert sie z. B. mithilfe einer asynchronen Kovariationsvorstellung über die Art der Veränderung der identifizierten Größen. Dabei nimmt sie deren Variabilität zwar wahr, bestimmt aber nicht die Richtung der Abhängigkeit: *„Hier [zeigt entlang der x-Achse] die Geschwindigkeit wird schneller und der Abstand wird dann höher oder tiefer."* (Linn 19:04–19:11). Zudem ist ihr möglicherweise die Konvention nicht bewusst, dass die unabhängige Variable stets auf der x-Achse dargestellt wird. Für Teilaufgabe sieben erörtert sie für das Verschicken eines Pakets korrekt: *„Je mehr Gewicht man hat, desto mehr Geld muss man zahlen"*, vertauscht dann aber dennoch die Achsenbeschriftung (Linn 21:34–21:38). Weitere Fehler sind etwa die unpassende Annahme einer Zeitabhängigkeit oder die falsche Identifikation von Größen in der situativen Ausgangsdarstellung. Diese Probleme im Erkennen des „Kerns des Funktionsbegriffs" kann Linn - ebenso wie Robin – nicht selbstständig überwinden (Zindel, 2019).

Tom

Tom zeigt bereits beim Überprüfen, dass er über vielfältige Fähigkeiten und Vorstellungen zum funktionalen Denken verfügt (s. Abschnitt 6.4.1). Dies führt er bei Üben A3.7 fort. Hier argumentiert er bei der Zuordnung linearer Füllgraphen zu zylinderförmigen Gefäßen beispielsweise über die gleichbleibende Breite sowie Querschnittsfläche der Gefäße und die dadurch begründete konstante Änderungsrate der Graphen. Damit zeigt er neben einer kontinuierlichen Kovariations- auch seine Objektvorstellung zum Funktionsbegriff. Des Weiteren ist etwa bei seiner Zuordnung von Vase vier zu Graph f (s. Abbildung 6.21) ersichtlich, dass Tom sowohl die Richtung der gemeinsamen Größenveränderung als auch die Variation der Änderungsrate berücksichtigt:

> *„[Vase] Vier steigt langsamer werdend, weil unten ist ja wenig Fläche und dann wird die Fläche ja immer größer, die man füllen muss.* (Tom 09:24–09:36)

Lediglich die Zuordnung von Vase sechs gelingt ihm nicht, vermutlich weil die Form der Vase suggeriert, dass das Gefäß im unteren Teil zunächst breiter wird, was in Graph h nicht berücksichtigt wird. Die korrekte Zuordnung kann er aufgrund der Musterlösung aber nachvollziehen (s. u.). Auch in A3.8 erfasst Tom die funktionale Abhängigkeit und stellt diese unter seinen Modellierungsannahmen graphisch korrekt dar. Bei seinem gelungenen situativ-graphischen Darstellungswechsel wird sowohl seine Kovariations- als auch seine Objektvorstellung von Funktionen sichtbar. Beim Erweitern zeigt der Schüler abermals seine Fähigkeiten zur Übersetzung zwischen Funktionsrepräsentationen, wobei ihm in Aufgabenteil b) ein Fehler unterläuft. Beim Skizzieren eines Graphen, der die Abhängigkeit zwischen Zeit und Abflussgeschwindigkeit von Wasser aus einer Badewanne darstellt, missachtet er die Eindeutigkeit der Funktion. In seiner Argumentation wird deutlich, dass Tom die Situation in zwei getrennten Intervallen von null bis dreizehn und ab dreizehn Minuten betrachtet. Das bedeutet, dass die stückweise Kovariationsvorstellung hier als Fehlerursache identifiziert werden kann: *„Das ist natürlich noch wichtig, [skizziert Senkrechte auf 0 und konstante Gerade mit Wert 0] dass nach dreizehn Minuten kein einziger Liter Wasser mehr da lang fließen kann, weil die Wanne dann leer ist."* (Tom 22:34–22:44). Diesen Fehler übersieht er schließlich auch in seinem Assessmentprozess.

Lena und Anna

Lena und Anna zeigen weder beim Überprüfen noch beim Check Vorstellungen zum Funktionsbegriff, sondern begehen einen Graph-als-Bild Fehler, modellieren mehrere Teilsituationen nicht und skizzieren die graphische Darstellung ohne Koordinatensystem (s. Abschnitte 6.4.1–6.4.2). Auch beim Lesen der gewählten Hilfekarte A2.2 zeigen sie kein Verständnis. Sie adressieren die bereitgestellten Informationen nicht, sondern fragen stattdessen, ob sie wieder einen Graphen zeichnen oder einen Check ankreuzen sollen. In der anschließenden Übung A3.3 können sie zwar die konstanten Graphen zu den korrekten Situationen zuordnen, zeigen bei ihrer Begründung der Zuordnung zwischen Situation zwei und Graph g allerdings erneut einen Graph-als-Bild Fehler. Sie interpretieren den steigenden Abschnitt des Graphen nicht, sondern deuten nur den hinteren Teil als bergab und dann entlang eines Flusses fahren. Obwohl ihnen die übrigen Zuordnungen nicht gelingen, zeigt Anna stellenweise, dass sie die funktionale Abhängigkeit zwischen Zeit und Geschwindigkeit betrachtet und die Art der Steigung in den abgebildeten Graphen durchaus deuten kann. Dabei aktiviert sie eine direktionale Kovariationsvorstellung. Beispielsweise argumentiert sie für die korrekte Zuordnung von Graph c (fallend) zu Situation drei: „Du fährst mit deinen Eltern im Auto auf der Autobahn. Dein Vater muss stark bremsen, als ihr in einen Stau kommt." Da Lena nicht auf ihre Äußerung reagiert, übernimmt sie aber den unbegründeten Vorschlag ihrer Partnerin zur Auswahl von Graph b (steigend). Dies legitimiert Anna, indem sie eine zusätzliche Teilsituation beschreibt, welche nicht in der Situationsbeschreibung auftritt: „[Zeigt auf Situation 3.] Aber der fährt ja eigentlich immer jetzt das gleiche Tempo und dann müsste er ja bremsen, [zeigt auf Graph c] dann ist der ja auch erstmal langsamer. [...] Oder b, weil vielleicht wird der nach dem Stau auch wieder schneller." (Lena & Anna 12:55–13:23).

Diese Überwindung des Graph-als-Bild Fehlers zeigt Anna ebenfalls bei der Wiederholung der Überprüfen-Aufgabe. Auch Lena führt zunächst für das Anfahren einen korrekten situativ-graphischen Darstellungswechsel durch, indem sie eine quantifizierte Kovariationsvorstellung aktiviert: „Eigentlich fährt der ja erstmal ganz normal [deutet einen steigenden Graph-Abschnitt an] mit seinem Fahrrad los." (Lena & Anna 17:13–17:19). Ab dem Hochfahren wird sie aber erneut von visuellen Situationseigenschaften abgelenkt und wiederholt ihren Graph-als-Bild Fehler: „Und dann geht der ja so einen Hügel hoch [deutet hügelförmigen Graphen an]." Anna erklärt daraufhin, warum der Graph zur Darstellung des Hochfahrens fallen muss: „Dann kommt der [Graph] ja wieder runter, weil dann die Geschwindigkeit ja runtergeht." (Lena & Anna 17:39–17:45). Im Anschluss missachtet Anna allerdings zweimal den Variablenwert, da sie für das Stehenbleiben eine Konstante mit einem positiven Funktionswert skizziert und der steigende Graph-Abschnitt, der repräsentieren soll, dass Niklas den Hügel schneller wieder runterfährt, dieselben Geschwindigkeitswerte erreicht wie zuvor beim Fahren auf der Straße. Daher lässt sich eine fehlende Verknüpfung von Zuordnungs- und Kovariationsvorstellung vermuten.

Anna setzt sich beim Üben A3.4 jedoch nicht gegen Lena durch. Obwohl sie für Aufgabenteil a) zunächst den korrekten Graphen 2 vorschlägt, entscheiden sich die Lernenden aufgrund von Lenas Graph-als-Bild Fehler für Graph 1. In Aufgabenteil b) wird deutlich, dass beide Lernenden in der situativen Ausgangsdarstellung durchaus die Richtung der gemeinsamen Kovariation zwischen den Größen Zeit und Geschwindigkeit erfassen. Lena beschreibt für den steigenden Abschnitt der Skifahrt etwa: *„Ja und dann geht der ja höher und dann ist der ja nicht mehr so schnell als wenn der runterfährt. Also deswegen wird der ja langsamer."* (Lena & Anna 22:34–22:43). Diese Einsicht übertragen die Schülerinnen allerdings nicht auf die graphische Darstellung. Dies wird ersichtlich, da sie auf Nachfrage beim Betrachten der Musterlösung den Graphen weiterhin als Situationsabbildung deuten. Das bedeutet, dass sie die Graphen nicht als Repräsentation der Beziehung zwischen zwei Größen wahrnehmen.

Dies zeigt sich erneut bei der Zuordnung von Füllgraphen zu passenden Vasen beim Üben A3.7a. Diese Aufgabe bearbeiten Lena und Anna ohne korrekte Antwort, wobei es zunächst scheint als würden sie die Zuordnungen willkürlich vornehmen. Im späteren Verlauf wird jedoch ersichtlich, dass sie nicht die funktionale Abhängigkeit zwischen Füllmenge und Füllhöhe betrachten, sondern auf visuelle Ähnlichkeiten der Vasen und Graphen (Graph-als-Bild) achten. Beispielsweise wählt Anna für Vase 4 (umgedrehter Kegel) Füllgraph c (exponentiell steigend) aus: *„4c, weil ist ja weniger und dann wird es mehr."* (Lena & Anna 33:49–33:54). Hier überträgt sie die zunehmende Breite des Gefäßes auf einen Anstieg des Füllgraphen. Auch in Aufgabenteil b) begehen die Lernenden einen Graph-als-Bild Fehler und zeichnen einen wellenförmigen Füllgraphen.

Beim Üben A3.8 interpretieren die Probandinnen zwar die situative Ausgangssituation, indem sie erkennen, dass die Entfernung der Angel mit der Zeit zunehmen muss (direktionale Kovariationsvorstellung). Allerdings können sie dieses Situationsmodell nicht in eine graphische Darstellung übersetzen, da sie eine konstante Gerade skizzieren. Möglicherweise wiederholen sie dabei ihren Graph-als-Bild Fehler, da die Graphpunkte immer weiter von der y-Achse entfernt liegen. Diesen Fehler können die Lernenden auch beim Betrachten der Musterlösung nicht überwinden, weil sie es nicht schaffen, den Lösungsgraphen bzgl. der funktionalen Abhängigkeit zu interpretieren.

Insgesamt zeigt sich, dass die Schülerinnen ihren Graph-als-Bild Fehler mithilfe des SAFE Tools nicht überwinden können. Obwohl Anna zunächst im Zeit-Geschwindigkeits-Kontext einen Erkenntnisgewinn zeigt und bei beiden Lernenden stellenweise beobachtbar ist, dass sie die Richtung der gemeinsamen Größenveränderung funktionaler Zusammenhänge in einer situativen Ausgangsdarstellung deuten können, gelingt die Übersetzung in die graphische Darstellung oftmals nicht.

Insbesondere beim Transfer auf andere Sachkontexte. Dies liegt wahrscheinlich daran, dass die Lernenden Graphen nicht als Funktionsrepräsentationen wahrnehmen.

Kayra und Latisha

Kayra und Latisha begehen beim Überprüfen einen Graph-als-Bild Fehler, modellieren zahlreiche Teilsituationen nicht und missachten die Eindeutigkeit der Funktion (s. Abschnitt 6.4.3). Ferner werden die Hilfekarten A2.1 und A2.2 von ihnen unkommentiert vorgelesen. Während Latisha auch in der ersten Übung A3.2 keine Fähigkeiten und Vorstellungen zum funktionalen Denken zeigt, vollzieht ihre Partnerin zumindest teilweise einen korrekten Darstellungswechsel von Situation zu Graph. Kayra erkennt für den beschriebenen Schulweg, wann die Geschwindigkeit ansteigt und assoziiert ein Schnellerwerden mit einem steigenden Zeit-Geschwindigkeits-Graphen. Das bedeutet, sie aktiviert eine direktionale Kovariationsvorstellung. Allerdings kann sie ein Stehenbleiben nicht in die graphische Darstellung übersetzen. Sie denkt, man müsse beim Skizzieren des Graphen im aktuellen Punkt „stehenbleiben". Dabei missachtet sie nicht nur den Funktionswert, sondern betrachtet gleichzeitig einen einzelnen Punkt, obwohl ein Intervall zu berücksichtigen ist (Punkt-Intervall-Verwechslung). Möglicherweise ist der Fehler auch auf ihren Graph-als-Bild Fehler zurückzuführen, da sie das Anhalten in der Situationsbeschreibung auf ihre Handbewegung beim Zeichnen des Graphen überträgt (Kayra & Latisha 13:23–13:28). In der folgenden Übung A3.3 ordnen die Schülerinnen zwar die beiden konstanten sowie einen weiteren Graphen den korrekten Situationen zu, allerdings geben sie keine Begründungen. Daher werden keine Funktionsvorstellungen sichtbar. Bei der fehlerhaften Zuordnung von Graph c zu Situation zwei, wiederholen sie ihren Graph-als-Bild Fehler.

Bei Üben A3.4 ist trotz mehrerer Fehler ein deutlicher Erkenntnisgewinn bei Kayra zu erkennen. Sie argumentiert für die Zuordnung von Graph 3 zur abgebildeten Skifahrt: „*Man fängt ja immer bei null an. Und weil der [Skifahrer] ja runterfährt, geht der [Graph] ja hoch. Es steigt die Geschwindigkeit ja, wenn du runterfährst. Und dann, wenn du wieder hochkommst, sinkt der ja sozusagen.*" (Kayra & Latisha 30:32–30:46). Obwohl die Schülerin hier im Gegensatz zur Musterlösung zu Beginn von einer Geschwindigkeit von 0 km/h ausgeht und den letzten Abschnitt der Skifahrt in der Übersetzung zum Graphen nicht berücksichtigt, ist eine Aktivierung der direktionalen Kovariationsvorstellung sichtbar. Diese ermöglicht es ihr, die Richtung der Graphsteigung bzgl. der Veränderung der Geschwindigkeit mit der Zeit korrekt zu interpretieren. In Aufgabenteil b) wird ersichtlich, dass beide Schülerinnen die Geschwindigkeitsänderung in der situativen Darstellung erfassen. Dennoch überlegen die Lernenden, ob Graph eins, der dieselbe Form hat wie die Skifahrt, passt. Das heißt, dass sie die graphische Darstellung nicht als Repräsentation der Beziehung zwischen zwei Größen wahrnehmen.

Beim Wiederholen der Überprüfen-Aufgabe zeigt sich letztlich, dass Latisha ihren Graph-als-Bild Fehler wiederholt. Sie skizziert unbegründet einen hügelförmigen Graphen. Die Schülerin scheint die funktionale Abhängigkeit nicht zu erfassen. Dahingegen versucht Kayra augenscheinlich über eine Deutung und graphische Darstellung der Situation nachzudenken, wird aber durch die Handlungen ihrer Partnerin zu einer schnellen Lösung gedrängt. Schließlich skizziert sie ebenfalls einen hügelförmigen Graphen. Aufgrund ihrer vorherigen Aussagen ist davon auszugehen, dass sie dabei möglicherweise nicht ein fotografisches Abbild der Situation darstellt, sondern stattdessen den Geschwindigkeitsanstieg zu Beginn, das Hochfahren sowie Stehenbleiben repräsentiert. Ob sie ihren Graph-als-Bild Fehler wirklich überwunden hat, bleibt fraglich. Deutlich wird bei beiden Schülerinnen, dass ihnen grundlegende Kenntnisse zum Umgang mit funktionalen Abhängigkeiten und ein Verständnis von Graphen als Funktionsrepräsentationen fehlen.

Yael und Yadid
Sowohl Yael als auch Yadid modellieren lediglich einen Teil der Ausgangssituation beim Überprüfen. Während Yadid für seine Modellierungsannahme eine korrekte graphische Zieldarstellung unter Aktivierung einer direktionalen Kovariationsvorstellung skizziert, begeht Yael einen Graph-als-Bild Fehler (s. Abschnitte 6.4.1–6.4.2). Bei Üben A3.3 wiederholt Yael ihren Graph-als-Bild Fehler nur bei der Zuordnung von Situation zwei zu Graph c sowie bei der Reflexion des korrekten Graphen g, wobei Yadid ihr ohne Einwände zustimmt. Während es den Lernenden gelingt, die linearen Zeit-Geschwindigkeits-Graphen den korrekten Situationen zuzuordnen, wobei sie ihre Zuordnungs- sowie direktionale Kovariationsvorstellung nutzen, sind die übrigen Antworten fehlerhaft. Dennoch gelingt es ihnen oftmals, Werte der Graphen oder die Art der Steigungen bzgl. der funktionalen Abhängigkeit zu deuten. Die Fehler sind größtenteils darauf zurückzuführen, dass einzelne Teile der Ausgangssituation nicht modelliert werden, z. B. das Anhalten des Karussells bei der Zuordnung von Situation fünf zu Graph f, oder dass sie ihre Zuordnungen legitimieren, indem sie einzelne Graph-Abschnitte mithilfe von Teilsituationen erklären, die nicht in der Aufgabenstellung inkludiert sind. Das bedeutet, dass hier weniger fachliche Fehlvorstellungen als vielmehr ein ungenaues Lesen als Fehlerursache identifiziert werden kann.

Bei Üben A3.6 wird allerdings deutlich, dass Yael und Yadid grundlegende Kenntnisse zum Funktionsbegriff und dessen graphischer Darstellung fehlen. In der Aufgabe sollen sie die Achsenbeschriftungen möglicher Graphen zu zehn vorgegebenen Situationen bestimmen. Dabei lösen sie drei Teilaufgaben korrekt. Es wird ersichtlich, dass die Lernenden nicht verstehen, dass die funktionale Abhängigkeit jeweils durch die Ausgangssituation festgelegt wird und die Richtung der Abhängigkeit nicht willkürlich oder aufgrund des Kontexts zu bestimmen ist. Ferner wählen sie als Achsenbeschriftungen oftmals Nomen aus den Situationsbeschreibungen, die keine messbaren Größen darstellen. Beispielsweise wählen sie für Situation acht: „Der Abstand eines Bootes zur Küste hängt von dem Zeitpunkt der Messung ab." die Achsenbeschriftungen *„Abstand und Messung"* bzw. *„Boot und Messung"* (Yael & Yadid 24:05–24:20). Lediglich für Teilaufgabe sieben: „Das Gewicht eines Päckchens bestimmt, wieviel man fürs Verschicken bezahlen muss." bestimmt Yadid explizit die Richtung der Abhängigkeit zwischen den Größen des betrachteten Zusammenhangs: *„Nein, warte andersrum, der Preis geht ja vom Gewicht aus ab!"* (Yael & Yadid 23:13–23:18). Insgesamt kann davon ausgegangen werden, dass die Lernenden hier funktionale Abhängigkeiten nicht in situativen Darstellungen erkennen können und Graphen zudem nicht als Repräsentationen von Beziehungen zwischen zwei Größen wahrnehmen.

Weitere Fehler beim Erfassen funktionaler Abhängigkeiten zeigen die Probanden bei Üben A3.1. Obwohl sie bei nur zwei Teilaufgaben fehlerhaft angeben, ob ein zugehöriger Graph im Nullpunkt beginnt, zeigen ihre Begründungen, dass sie in fünf von neun Situationen Probleme haben, die funktionale Abhängigkeit zu erfassen. Beispielsweise nimmt Yadid in Teilaufgabe zwei: „Die monatlichen Stromkosten einer Familie setzen sich aus einer festen Grundgebühr und einem Preis pro verbrauchter Strommenge zusammen." unpassender Weise eine Zeitabhängigkeit an und betrachtet den Zusammenhang zwischen Zeit und Stromverbrauch: *„Wenn die neu eingezogen sind, haben die noch gar keinen Strom verbraucht, aber je länger sie dort wohnen, desto mehr verbrauchen sie ja."* (Yael & Yadid 32:40–32:52). Obwohl er nicht den beschriebenen Zusammenhang adressiert, wird deutlich, dass er die Abhängigkeit zweier Größen sowohl lokal als Zuordnung wie auch die Richtung der gemeinsamen Kovariation beschreibt. Auch Yael zeigt in dieser Übung, dass sie diese beiden Grundvorstellungen aktivieren kann. Beispielsweise argumentiert sie in Teilaufgabe vier über die Zuordnung: *„Doch, man hat noch keine Waffeln verkauft, also hat man auch kein Geld."* (Yael & Yadid 35:02–35:12).

Schließlich zeigen Yael und Yadid diese Vorstellungen beim Skizzieren von Graphen bei Üben A3.2. Dabei wird ersichtlich, dass sie stellenweise die Art der Variablenveränderung für den funktionalen Zusammenhang zwischen Zeit und Geschwindigkeit graphisch korrekt repräsentieren. Zudem können die Lernenden in der Situation einige Stellen ausfindig machen, bei denen die Geschwindigkeit einen Wert von 0 km/h annehmen muss. Allerdings misslingt es beiden Lernenden diese graphisch korrekt darzustellen. Yadid möchte ein Stehenbleiben als *„Lücke oder Strich"* darstellen (Yael & Yadid 45:42–45:45). Das heißt, er begreift den Graphen hier nicht als Funktionsdarstellung. Dahingegen erkennt Yael bei der Darstellung des Stehenbleibens zwar die konstante Richtung der Variablenveränderung, missachtet aber den Funktionswert, da sie positive Funktionswerte skizziert. Zudem zeichnet sie für eine Geschwindigkeitszunahme stets hügelförmige Graph-Abschnitte, wobei sie das Fallen des Graphen nicht als Geschwindigkeitsabnahme deutet.

Insgesamt wird deutlich, dass Yael und Yadid auch nach ihrer Bearbeitung des SAFE Tools zahlreiche Lücken beim funktionalen Denken aufweisen. Insbesondere fehlt ihnen ein grundlegendes Verständnis von Graphen als Repräsentationen funktionaler Abhängigkeiten. Nichtsdestotrotz ist zumindest stellenweise für einfache Sachkontexte eine Zuordnungs- sowie direktionale Kovariationsvorstellung erkennbar. Insbesondere für Yael ist festzustellen, dass sie ihren Graph-als-Bild Fehler vom Beginn der Toolbearbeitung in den späteren Aufgaben nicht wiederholt und einzelne Graph-Abschnitte im Zeit-Geschwindigkeits-Kontext korrekt interpretiert.

Emil und Edison

Emil und Edison zeigen zunächst keine Fähigkeiten oder Vorstellungen zum Funktionsbegriff, sondern missachten beim Überprüfen zahlreiche Teilsituationen und begehen einen Graph-als-Bild Fehler (s. Abschnitte 6.4.1–6.4.2). Obwohl sie die erste Übungsaufgabe falsch verstehen, wird bei A3.1 an zwei Stellen sichtbar, dass die Lernenden für vertraute Sachkontexte funktionale Abhängigkeiten als Zuordnungen sowie Kovariationen deuten können. Emil erfasst für Teilaufgabe zwei explizit die Richtung der Abhängigkeit und zeigt dabei auch seine direktionale Kovariationsvorstellung: *„Desto mehr Strom du verbrauchst, desto mehr bezahlst du zusammen."* (Emil & Edison 08:20–08:26). Dahingegen erfasst Edison die funktionale Abhängigkeit in Situation vier und betrachtet den Zusammenhang dabei als Zuordnung: *„Zum Beispiel eine Waffel kostet einen Euro, drei Waffeln kosten drei Euro."* (Emil & Edison 09:52–09:58). Darüber hinaus gelingt es den Lernenden aber nicht, die beschriebenen Situationen als Funktionsdarstellungen oder die funktionalen Abhängigkeiten darin wahrzunehmen.

Auch die zweite Übungsaufgabe wird von den Lernenden missverstanden. Sie denken zunächst, sie müssten einen Graphen zur Situation: „die Geschwindigkeit ist null" skizzieren, bevor sie anschließend einen Graphen für den beschriebenen Schulweg zeichnen. Insbesondere beim ersten situativ-graphischen Darstellungswechsel wird deutlich, dass die Zeit als unabhängige Größe von den Schülern nur indirekt berücksichtigt wird. Beispielsweise fragt Emil beim Erstellen des Koordinatensystems: *„Nur die Geschwindigkeit oder auch die Zeit?"* (Emil & Edison 21:57-22:00). Das heißt, ihm ist nicht bewusst, dass Graphen stets die Beziehung zweier Größen repräsentieren. Zudem wird deutlich, dass beide Schüler mit „Geschwindigkeit null" lediglich einzelne Punkte des Graphen verbinden (Punkt-Intervall-Verwechslung).

Edison betrachtet den funktionalen Zusammenhang als Zuordnung, nimmt einen einzelnen Punkt allerdings nicht als graphische Darstellung wahr: *„Geschwindig-keit null? Da müssen wir ja gar nichts machen! Zum Beispiel hier [y-Achse] sind die Geschwindigkeiten, du fängst bei null an [zeigt auf Nullpunkt] und endest bei null [zeigt wieder auf Nullpunkt]."* (Emil & Edison 21:33-21:43). Dagegen erfasst Emil die Richtung der gemeinsamen Größenveränderung für positive Geschwindig-keitswerte, auch wenn er ebenfalls einzelne Nullstellen betrachtet. Er skizziert einen korrekten Graphen für die von ihm beschriebene Situation: „Losgehen, dann immer gleich laufen und dann auf null" (Emil & Edison 22:27–22:43). Beim Skizzieren eines Graphen für den beschriebenen Schulweg ist ebenfalls die Punkt-Intervall-Verwechslung für die Nullstellen beobachtbar (s. Abbildung 6.20). Nichtsdestotrotz ist im Vergleich zu den vorherigen Aufgaben ein deutlicher Erkenntnisgewinn sicht-bar, da Emil in seiner Begründung die Zuordnungs- sogar mit einer quantifizierten Kovariationsvorstellung verknüpft:

> *„Am Anfang die laufen los bei null [plottet (0|0)], laufen langsam [skizziert steigenden und konstanten Graph-Abschnitt], dann haben die sich verabschiedet und dann rennt die an der Ampel so [skizziert steil steigenden Graph-Abschnitt] richtig schnell los und dann ganz runter [skizziert auf null fallenden Graph-Abschnitt] bleibt die kurz stehen und dann laufen die locker so weiter [skizziert steigenden und dann konstant hohen Graph-Abschnitt] und dann zuhause [skizziert auf null fallenden Graph-Abschnitt] stehengeblieben."* (Emil & Edison 25:39–26:00)

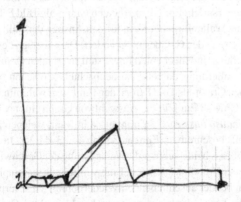

Abbildung 6.20 Emils graphische Darstellung des Schulwegs in A3.2 inklusive Korrekturen

Beim Lesen der Musterlösung fällt den Schülern auf, dass sie zwei Teilsituationen, in denen die Geschwindigkeit einen Wert von null annimmt, nicht in ihrer Antwort modelliert haben und korrigieren daraufhin ihren Graphen (s. Abbildung 6.20). In Aufgabe A3.3 ordnen die Lernenden allen beschriebenen Situationen die korrekten Graphen zu und argumentieren explizit mithilfe der Zuordnungs-, direktionalen oder quantifizierten Kovariationsvorstellung. Beispielsweise erkennt Emil für Situation zwei: *„Das heißt, so [deutet fallenden Graph an] runter, oder Geschwindigkeit höher [deutet steigenden Graph an]? Die Geschwindigkeit wird ja dann mehr!"* (Emil & Edison 30:57–31:03). Hierbei wird eine Überwindung des Graph-als-Bild Fehlers sichtbar. Diese Erkenntnis scheint allerdings nicht beständig. Bei der Zuordnung von Füllgraphen zu Vasen in A3.7a gelingt es Emil zunächst für die zylinderförmigen Vasen, die korrekte graphische Repräsentation zu wählen. Dabei argumentiert er mithilfe einer quantifizierten Kovariationsvorstellung, indem er beschreibt, dass z. B. eine schmalere Vase schneller mit Wasser gefüllt werden kann. Obwohl er auch für die übrigen Vasen versucht, den Füllprozess zu beschreiben, scheint ihm die Interpretation der Situation nicht zu gelingen, da er nicht explizit die Abhängigkeit von Füllmenge und Füllhöhe adressiert. Beispielsweise erklärt er für Vase vier (umgedrehter Kegel): *„Du schüttest rein, geht schneller. Nein, du schüttest rein und dann wird es immer breiter und breiter. Dann müsste immer mehr rein."* (Emil & Edison 38:40–38:48). Edison zeigt dagegen kein Funktionsverständnis, sondern schlägt unbegründet Graphen vor, oder erklärt seine Auswahl durch die visuelle Übereinstimmung zwischen Vase und Graph, z. B. bei der Zuordnung von Graph a zu Vase sechs. Emil übernimmt die fehlerhaften Vorschläge seines Partners schließlich. In Aufgabenteil b) widerspricht Emil dem erneuten Graph-als-Bild Fehler von Edison. Er erkennt, dass die Wellenform der Vase für den Anstieg der Füllhöhe keine Rolle spielt, da sich die Breite des Gefäßes nicht ändert. Dies übersetzt er korrekt in eine graphische Darstellung, indem er einen linear steil steigenden Graphen skizziert. In Aufgabe A3.4a ist allerdings dasselbe zu beobachten wie schon bei Üben A3.7a. Edison begeht einen Graph-als-Bild Fehler, den Emil zwar wahrnimmt, aber letztlich doch übernimmt. Obwohl Emil für die Auswahl von Graph eins noch in Frage stellt: *„Nur, weil das genauso aussieht!"*, nimmt er nicht wahr, welchen Zusammenhang die Graphen jeweils beschreiben (Emil & Edison 44:33–44:35). In Aufgabenteil b) wird aber deutlich, dass beide Schüler die Veränderung der Geschwindigkeit mit der Zeit in der gegebenen Situation erkennen. Eine Verbindung zur graphischen Darstellung gelingt ihnen bei der anschließenden Wiederholung der Überprüfen-Aufgabe. Hier skizzieren die Lernenden einen weitestgehend korrekten Graphen, wobei sie wie bereits bei A3.2 ein Anhalten jeweils als einzelnen Punkt anstatt als Intervall darstellen. Dennoch werden sowohl die Zuordnungs- als auch die direktionale wie quantifizierte Kovariationsvorstellung sichtbar.

Insgesamt ist festzustellen, dass viele fachliche Schwierigkeiten von Emil und Edison darauf zurückzuführen sind, dass sie Graphen nicht als Funktionsrepräsentationen verstehen. Während Edison allerdings immer wieder seinen Graph-als-Bild Fehler wiederholt, zeigt Emil, dass er im späteren Verlauf der Selbstförderung funktionale Abhängigkeiten (zumindest intuitiv) erfasst. Zudem gelingt es ihm wiederholt, graphische Darstellungen zu erstellen oder zu interpretieren, indem er die Richtung oder den Wert einer gemeinsamen Größenveränderung betrachtet.

Zusammenfassung
Die Analyse der Schülerinterviews hinsichtlich ihrer Kompetenzen und Schwierigkeiten beim funktionalen Denken zeigt in fast allen Fällen einen Erkenntnisgewinn der Lernenden durch die Arbeit mit dem SAFE Tool. Allerdings bleiben die Lernfortschritte oftmals unter dem erhofften Niveau, da sich Erkenntnisse häufig auf den Zeit-Geschwindigkeits-Kontext oder die situative Ausgangsdarstellung beschränken. In sechs von sieben Interviews wird ersichtlich, dass den Proband:innen grundlegende Kenntnisse zum Erfassen funktionaler Abhängigkeiten fehlen. Das bedeutet, sie haben den „Kern des Funktionsbegriffs" nicht verinnerlicht (s. Abschnitt 3.3.3; Zindel, 2019, S. 39). Ferner verstehen sie Graphen selten als Funktionsdarstellungen, da sie Probleme haben, die Beziehung zwischen zwei Größen in der graphischen Repräsentation zu erkennen oder auszudrücken. Nichtsdestotrotz zeigen die beschriebenen Fälle, dass das SAFE Tool ein individuelles Arbeiten auf unterschiedlichen Kompetenzniveaus zulässt. Beispielsweise wird die Aktivierung unterschiedlich weit reichender Kovariationsvorstellungen beobachtet oder die (teilweise) Überwindung desselben Fehlers (z. B. Graph-als-Bild) bei der Bearbeitung unterschiedlicher Übungsaufgaben sichtbar. Das Interview von Tom, der sein ausgeprägtes funktionales Denken von Beginn an zeigt, erlaubt den Schluss, dass die Lernumgebung auch für leistungsstarke Schüler:innen Gelegenheiten zur intensiven Wiederholung funktionaler Zusammenhänge bereitstellt. Der Proband aktiviert in den Übungen (z. B. A3.7) andere Grundvorstellungen zum Funktionsbegriff wie in der Überprüfen-Aufgabe und zeigt beim Erweitern einen Förderbedarf hinsichtlich der Funktionseindeutigkeit, der zuvor nicht sichtbar wurde. Aus diesem Grund lässt sich vermuten, dass sich das SAFE Tool zur individuellen Selbstförderung zum situativ-graphischen Darstellungswechsel eignet, die Instruktion durch eine Lehrkraft allerdings nicht ersetzen kann, wenn die fachlichen Lücken bzgl. des Funktionsbegriffs zu tief reichen.

F3b: Einfluss der Toolnutzung auf das formative Selbst-Assessment

Robin

Robins formativer Selbst-Assessmentprozess zum Überprüfen zeichnet sich dadurch aus, dass er seinen Graphen anhand der Checkpunkte zwar größtenteils akkurat beurteilt, die Fehlerursachen aufgrund der fehlenden Interpretation seiner eigenen Lösung oder Kognitionen beim Lösungsprozess allerdings nicht wahrnimmt (s. Abschnitt 6.4.3). Ähnliches lässt sich für seine Diagnose bei Üben A3.1 beobachten, obwohl er hier zumindest seine Annahmen zur Modellierung der vorgegebenen Situationen schildert. Er evaluiert korrekt, welche seiner Antworten von der Musterlösung abweichen, indem er jeweils eine Übereinstimmung hinsichtlich des Kriteriums „zugehöriger Graph beginnt im Nullpunkt" betrachtet und mit der eigenen Antwort abgleicht. Anschließend vollzieht er die Erklärung der Musterlösung nach und vergleicht diese mit seiner Argumentation, wobei er auf der Ebene des Situationsmodells bleibt, z. B. für den Zusammenhang Gewicht und Preis von Äpfeln im Supermarkt erklärt er: *„Nur ich dachte eher das wäre der Verkaufspreis, also nicht, wenn ich es kaufe, sondern wenn es im Regal liegt, dass das dann da steht."* (Robin 14:44–14:52). Durch diese Reflexion bleiben die eigentlichen Fehlerursachen, nämlich die Betrachtung abweichender funktionaler Abhängigkeit und die Intervall-Punkt-Verwechslung, unerkannt. Daraufhin entscheidet sich Robin für die Wiederholung des Überprüfens. Bezüglich seiner neuen Aufgabenlösung beginnt sein formativer Selbst-Assessmentprozess bereits beim Betrachten der Musterlösung. Er gleicht seinen Lösungsgraphen direkt mit jedem Punkt darauf ab, liest jeweils auch die Deutung der Graph-Abschnitte bzgl. des funktionalen Zusammenhangs vor und zeigt auf die entsprechende Stelle seiner Lösung (diagnostische Informationen erfassen), bevor er diese als korrekt beurteilt. Nachdem er den ersten Checkpunkt abhakt, entscheidet er sich für die weiterführenden Übungsaufgaben A3.7 und A3.8. In A3.7a stellt er für die korrekten Zuordnungen der Vasen eins bis drei die Übereinstimmung mit der Musterlösung fest. Für die übrigen Füllgraphen, betrachtet er jeweils die Zuordnungen, welche in der Musterlösung vorgegeben sind. Er versucht diese jeweils in der Situation zu deuten. Dies gelingt ihm für die Zuordnung von Vase vier zu Graph f zwar nur auf einer situativen Ebene, dennoch benennt er genau, wo seine Schwierigkeit beim graphisch-situativen Darstellungswechsel liegt:

> *„Ich verstehe nicht, warum das [Graph f] dann auf einmal so gerade ist. […] Ja klar, am Anfang geht es [Graph f] ruckartig hoch, aber- (..) Ich verstehe nicht, wie das gehen soll. Für den Strich hier [Konstante in Graph f], der ist ja eigentlich fast gerade,*

müsste es [Vase 4] ja bei der breitesten Stelle auch noch höher sein mit dieser Breite. "
(Robin 28:28–29:28)

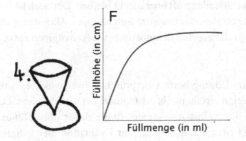

Abbildung 6.21 Vase 4 und zugehöriger Füllgraph f aus Üben A3.7 des SAFE Tools

Hier zeigt sich, dass Robin bei der Interpretation des konstanten Graph-Abschnitts die Änderungsrate mit dem Bestand der Funktion verwechselt (Höhe-Steigungs-Verwechslung). Die Darstellung der konstanten Füllhöhe wird missverstanden und im Sinne einer konstanten Gefäßbreite interpretiert. Dies würde zu einem konstanten Anstieg der Füllhöhe nicht zu einer konstanten Füllhöhe führen. Demnach verhindert Robins inhaltlicher Fehler, dass er das Beurteilungskriterium für sein Selbst-Assessment vollständig durchdringt. Allerdings zeigt sich bei seinen Äußerungen bzgl. der Füllgraphen zu den Vasen fünf und sechs, dass er weniger auf die funktionale Abhängigkeit und mehr auf die Form der Gefäße und Graphen achtet. Zur Evaluation von Aufgabenteil b) wird ebenfalls die Deutung des Graphen hinsichtlich der Situation und weniger bzgl. der funktionalen Abhängigkeit berücksichtigt. Er erkennt, dass der *„Knick"* im Lösungsgraph auf die Stelle der Vase zurückführen ist, an der der Flaschenhals beginnt, adressiert aber nicht weiter die Größen Füllmenge und Füllhöhe. Für die anschließende Aufgabe A3.8 kann Robin die Musterlösung nicht nachvollziehen, da er die funktionale Abhängigkeit aufgrund von begrifflichen Schwierigkeiten nicht erfasst. Er beschließt daher mit der Erweitern-Aufgabe A4 fortzufahren. Beim Assessment seiner Lösungsgraphen achtet er hier nicht nur auf spezifische Wertepaare der Funktion, sondern auch auf die Richtung ihrer Steigung. Darüber hinaus reflektiert er, dass seine Lösungsgraphen eine größere Steigung aufweisen oder kürzer dargestellt sind, weil er eine andere Skalierung der x-Achse im Vergleich zur Musterlösung gewählt hat: *„Nur, dass ich die Minuten nicht in einzelne Minuten, sondern in fünf, deswegen ist der [eigene Graph] steiler."* (Robin 39:56–40:00).

Insgesamt zeigt sich, dass Robin zunehmend selbstständig mit dem SAFE Tool arbeitet und das Kontrollieren der eigenen Aufgabenbearbeitung in seinen Lernprozess integriert. Die Evaluation seiner Lösungen gelingt weitestgehend, obwohl Fehlerursachen aufgrund fachlicher Schwierigkeiten und einem zu großem Fokus auf der situativen Darstellung oft unentdeckt bleiben. Dennoch ist festzustellen, dass er in seinen späteren Assessmentprozessen häufiger Aktivitäten zur Interpretation der Musterlösung oder eigener diagnostischer Informationen nutzt.

Linn

Linn evaluiert ihre Lösung beim Überprüfen teilweise akkurat und fokussiert als Beurteilungskriterien größtenteils Merkmale der graphischen Darstellung ohne diese zu deuten. Ihr Selbst-Assessment findet daher ohne Reflexionen statt. Da sie Aufgabe A3.3 richtig löst, legt sie zur Evaluation hier lediglich die Übereinstimmung ihrer Zuordnungen mit der Musterlösung zugrunde. Nachdem sie ihre Lösung beurteilt, entscheidet sie sich bewusst für die Wiederholung des Überprüfens: *„Natürlich will ich etwas an meiner Antwort ändern, ich bin ja falsch!"* (Linn 14:03–14.08). Bei der Betrachtung der Musterlösung stellt Linn zunächst aufgrund der Form ihres Graphen fest, dass erneut ein Fehler in ihrer Lösung sein muss. Diesen macht sie ausfindig, indem sie jeden Checkpunkt durchgeht und die Übereinstimmung der Aussage mit ihrem Graphen vergleicht. Bei CP5: „Mein Graph ist keine Zeit lang konstant bei einem Wert von null, um darzustellen, dass Niklas auf dem Hügel anhält." wird ihr die Missachtung des Variablenwerts für das Anhalten am Ende der Situation bewusst. Daraufhin reflektiert sie sowohl, was der entsprechende Abschnitt des Lösungsgraphen in der Situation darstellt, als auch den abweichenden Graph-Abschnitt ihrer Antwort und korrigiert selbstständig ihre graphische Zieldarstellung (s. Abbildung 6.22):

> *„Das muss hier wieder runter [skizziert fallenden und dann konstanten Graph-Abschnitt mit Wert 0], weil der hat ja keine Geschwindigkeit. Der fährt ja nicht einfach so weiter [zeigt entlang des konstant hohen Graph-Abschnitts, den sie zuvor skizziert hatte]. Der bleibt ja stehen [zeigt entlang des neu skizzierten Graph-Abschnitts mit Wert 0]."* (Linn 15:52–16:03)

Bei den übrigen Checkpunkten gelingt Linn lediglich für CP8 und CP10 keine akkurate Selbsteinschätzung. In Bezug auf CP8, der den Graph-als-Bild Fehler diagnostizieren soll, erkennt sie die eigentliche Bedeutung nicht und interpretiert die Form ihres Lösungsgraphen als „Straße mit Hügel am Ende". Dahingegen nimmt sie bei CP10 erneut die Vertauschung der Achsenbeschriftungen aufgrund begrifflicher Schwierigkeiten nicht wahr. Daher wählt sie Üben A3.6 für ihre weitere Selbstför-

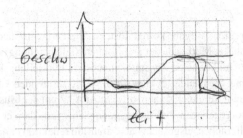

Abbildung 6.22 Linns Lösung zur Wiederholung der Überprüfen-Aufgabe inkl. Korrekturen

derung. Beim Vergleich ihrer Antwort mit der Musterlösung ist Linn nicht bewusst, welches die erste bzw. zweite Achse ist. Auf Anraten der Interviewerin nimmt sie Gut zu wissen A2.5 zur Hand. Die Informationen auf der Hilfekarte interpretiert sie allerdings fehlerhaft, sodass sie fortan die y-Achse als erste und die x-Achse als zweite Achse bezeichnet. Das bedeutet, dass sie das Evaluationskriterium für ihr Selbst-Assessment missversteht und ihre Antworten daraufhin entgegengesetzt zur fachlichen Korrektheit evaluiert. Nichtsdestotrotz gelingt ihr der Vergleich mit ihrem Erfolgskriterium für alle Teilaufgaben. Lediglich in Teilaufgabe zwei übersieht Linn, dass sie die Reihenfolge ihrer Achsenbeschriftung während der Bearbeitung vertauscht hatte. Obwohl sie zur Evaluation größtenteils die Übereinstimmung mit der Musterlösung fokussiert, korrigiert sie alle identifizierten „Fehler", indem sie die vermeintliche Vertauschung der Achsenbeschriftungen durch Pfeile in ihren Antworten markiert. Durch ihre Erklärungen zu den Teilaufgaben drei und vier wird schließlich deutlich, dass sie das Merkmal der graphischen Zieldarstellung, welches als Beurteilungskriterium identifiziert wurde, im Hinblick auf den funktionalen Zusammenhang deutet, z. B.: *„Das [Achsenbeschriftung zu 4] ist dann auch falsch rum, weil die Fläche abhängig vom Radius ist."* (Linn 27:14–27:20). Auch wenn Linns formatives Selbst-Assessment zu A3.6 aufgrund des missverstandenen Beurteilungskriteriums fachlich inkorrekt ist, zeigt die Lernende, dass sie das von ihr angenommene Evaluationskriterium in Bezug zur funktionalen Abhängigkeit setzt, mit ihrer Antwort vergleicht, diese evaluiert und ggf. korrigiert. Anschließend entscheidet sie sich bewusst dafür, nichts mehr an ihrer Überprüfen-Lösung zu ändern. Das heißt, trotz fachlicher Schwierigkeiten, lässt sich auf einer metakognitiven und selbstregulativen Ebene ein vollständiger formativer Selbst-Assessmentprozess rekonstruieren.

Tom

Da Tom die Überprüfen-Aufgabe korrekt löst, evaluiert er beim Check recht schnell seine Antwort, wobei er Merkmale der graphischen Zieldarstellung oder deren Interpretation bzgl. des funktionalen Zusammenhangs als Beurteilungskriterien heranzieht. Anschließend entscheidet er sich für die weiterführenden Übungsaufgaben A3.7 und A3.8. Beim Vergleich seiner Antwort zu A3.7 mit der Musterlösung stellt er aufgrund der vorgegebenen Zuordnungen zunächst fest, dass er für Vase sechs einen falschen Füllgraphen ausgesucht hat. Daraufhin reflektiert er nicht nur, warum der von ihm gewählte Graph nicht passen kann, sondern interpretiert auch den vorgegebenen Lösungsgraphen: *„Stimmt, hier [zeigt entlang Graph h und blickt immer wieder auf Vase 6] steigt es dann, steigt dann mal sehr schnell und steigt dann wieder sehr langsamer. Ja, das passt."* (Tom 14:43–14:50). Demnach ist ersichtlich, dass Tom die graphische Zieldarstellung in Bezug zur funktionalen Abhängigkeit deutet und das vorgegebene Lernziel verstanden hat.

Beim Überprüfen von A3.8 zeigt sich allerdings ein mögliches Problem bei der Verwendung von offenen Aufgaben zur Anregung formativer Selbst-Assessmentprozesse. In der Musterlösung wurde im SAFE Tool vereinfachend angenommen, dass sich die Angel in der vorgegebenen Situation gleichmäßig vom Steg entfernt (s. Abschnitt 6.2.5). Tom nutzt bei seiner Aufgabenbearbeitung eine andere Modellierungsannahme. Obwohl sein Graph korrekt ist, beurteilt er ein Charakteristikum seiner Antwort daher als fehlerhaft: *„Ich hatte falsch gedacht, dass der im Fallen schneller ist als im Hochgehen, aber der ist ja gleich schnell in diesem Parabelflug da."* (Tom 17:50–18:02). Dass die Abweichung seines Graphen von der Musterlösung auf unterschiedlichen Modellierungsannahmen beruht, erkennt Tom nicht. Trotzdem interpretiert er die Musterlösung hinsichtlich der funktionalen Abhängigkeit korrekt, stellt fest, dass er das Liegenbleiben der Angel im Wasser nicht modelliert hat und ergänzt die graphische Repräsentation dieser Teilsituation in seinem Graphen, bevor er sich für die nächste Aufgabe entscheidet. Im formativen Selbst-Assessmentprozess zu A4 gelingt es Tom nicht, die Missachtung der Eindeutigkeit in seinem Graphen zu Aufgabenteil b) zu diagnostizieren. Womöglich liegt das daran, dass er als Beurteilungskriterium lediglich Merkmale der graphischen Darstellung heranzieht. Beispielsweise überprüft er, ob die Anfangs- und Endpunkte sowie die Steigungen seiner Graphen mit der Musterlösung übereinstimmt. Eine Interpretation der Graphen in der Situation erfolgt nicht.

Lena und Anna

Lena und Anna achten beim Check überwiegend auf Merkmale der graphischen Zieldarstellung und wiederholen die fehlerhafte Deutung ihrer Lösung ohne die Beurteilungskriterien in Bezug zur funktionalen Abhängigkeit zu verstehen

(s. Abschnitt 6.4.3). Beim Überprüfen von Üben A3.3 wiederholen sie zunächst ihre produktorientierte Herangehensweise. Für ihr Selbst-Assessment evaluieren die beiden nur, ob ihre Zuordnungen mit denen aus der Musterlösung übereinstimmen. Dabei identifizieren sie zwar ihre Fehler, nicht aber mögliche Fehlerursachen. Anschließend wollen sie mit der Wiederholung des Überprüfens fortfahren, als eine Intervention der Interviewerin sie zur Reflexion der Musterlösung anregt. Dabei zeigen Lena und Anna, dass sie die Aufgabenlösung verstanden haben, indem sie die korrekten Graphen bzgl. der funktionalen Abhängigkeit deuten. Hierbei aktiviert Lena erstmals eine Grundvorstellung zum Funktionsbegriff. Bezüglich der Zuordnung von Situation drei zu Graph c reflektiert sie: *„ Wir hatten 3b. Der wird ja langsamer! Das ist dann [guckt auf die Musterlösung] c. Ja, weil der ja langsamer dann wird [zeigt entlang des fallenden Graphen c]."* (Lena & Anna 15:20–15:34). Lena identifiziert als Beurteilungskriterium nicht nur ein Merkmal der situativen Ausgangsdarstellung (langsamer werden), sondern kann dessen graphische Repräsentation deuten. Allerdings verpassen es die Schülerinnen zu erörtern, warum ihre Antwort die Situation nicht graphisch korrekt darstellt.

Im Anschluss an die Überprüfen-Wiederholung betrachten die Schülerinnen als Beurteilungskriterium abermals die Form der graphischen Darstellung. Dabei fällt Anna auf, dass ihr zweiter *„Hügel ein bisschen höher"* sein müsste (Lena & Anna 18:50–18:54). Das heißt, sie identifiziert ein Merkmal des Graphen als Beurteilungskriterium für ihr Selbst-Assessment und erkennt dadurch die vorherige Missachtung des Variablenwerts. Allerdings bleibt sie dabei auf der Ebene der graphischen Darstellung und interpretiert die Form des Graphen weder in Bezug zum funktionalen Zusammenhang, noch erörtert sie, warum ihre Lösung die Situation nicht adäquat beschreibt.

Bei den übrigen Aufgaben erfolgt in den Selbstdiagnosen der Schülerinnen keine Reflexion. Sie vergleichen ihre Lösungen nur im Sinne einer Ja/Nein-Übereinstimmung mit den Musterlösungen oder fokussieren die Form graphischer Zieldarstellungen ohne deren Interpretation zu beachten. Auch durch Interventionen können die Lernenden keine Fehlerursachen identifizieren, da sie die Musterlösungen und damit die Bezugsnorm für ihr Selbst-Assessment nicht verstehen.

Kayra und Latisha

Kayra und Latisha haben beim Check große Schwierigkeiten, ihre eigene Lösung zu evaluieren (s. Abschnitt 6.4.3). In den ersten beiden Übungsaufgaben nach der Eingangsdiagnose gelingt es ihnen immerhin durch einen Abgleich mit der Musterlösung die korrekten und falschen Antworten zu identifizieren. Ihre eigentlichen Fehler bzw. Fehlerursachen ermitteln die Schülerinnen jedoch nicht, da keinerlei Reflexion stattfindet. Erst beim Entdecken eines Fehlers bei Üben A3.4a versucht Kayra nachzuvollziehen, warum der von ihnen gewählte Graph drei nicht zu der Skifahrt passt. Sie deutet auf den ersten Abschnitt der abgebildeten Skipiste und anschließend auf den Nullpunkt von Graph drei und erörtert: *„Und weil der [Skifahrer] schneller wird, kann der [Graph] ja nicht bei null [anfangen]."* (Kayra & Latisha 38:42–38:49). Allerdings scheint sie die Musterlösung nicht vollständig nachzuvollziehen, weil sie den korrekten Graphen zwei nicht bzgl. der funktionalen Abhängigkeit interpretiert und auch das Nicht-Modellieren des letzten Abschnitts der Skifahrt nicht erkennt. Beim Selbst-Assessment zur Wiederholung der Überprüfen-Aufgabe, achtet Latisha erneut ausschließlich auf die Form der abgebildeten Graphen und erfasst weder die vorgegebenen Beurteilungskriterien, noch ihre eigenen Fehler.

Insgesamt zeigt sich, mit Ausnahme von A3.4a, dass die Schülerinnen lediglich eine Ja/Nein-Kontrolle eigener Antworten vornehmen, bereitgestellte Beurteilungskriterien oftmals nicht verstehen und kaum Reflexionsprozesse durch die Nutzung des SAFE Tools angeregt werden.

Yael und Yadid

Während das Selbst-Assessment bei Yael und Yadid aufgrund von Schwierigkeiten mit den Formulierungen der Checkpunkte beim Überprüfen oftmals inakkurat ist (s. Abschnitt 6.4.3), schaffen es die Lernenden bei A3.3 alle ihre Antworten korrekt zu bewerten. Dabei fokussieren sie jedoch nur, ob ihre Zuordnungen mit denen der Musterlösung übereinstimmen. Immerhin korrigieren sie ihre fehlerhaften Zuordnungen und Yael versucht zumindest für Teilaufgabe zwei die Musterlösung nachzuvollziehen. Dabei ist allerdings zu beobachten, dass sie ihren Graph-als-Bild Fehler vom Überprüfen wiederholt und zudem eine zusätzliche Teilsituation betrachtet, die nicht in der Aufgabe vorgegeben wird (Hochfahren), d. h. sie versteht die angegebene Musterlösung nicht: *„Lass uns mal draufgucken noch. [...] Zwei [blickt zu Situation 2 und Graph g] Ja, das kann wirklich sein, weil der geht ja da bergrunter, also ist das ja [zeigt auf fallenden Graph-Abschnitt] bergrunter und dann ist hier der Fluss [zeigt entlang des konstanten Graph-Abschnitts]. Weißt du, der muss auch erstmal den Berg hochfahren [zeigt auf steigenden Graph-Abschnitt]."* (Yael & Yadid 12:16–12:42). Im Anschluss entscheiden sich die Lernenden mit Üben A3.6 fortzufahren, ohne ihre übrigen Fehler zu reflektieren.

Auch beim Vergleich ihrer Antworten zu A3.6 fokussieren Yael und Yadid als Beurteilungskriterium allein eine Übereinstimmung mit der Musterlösung. Dabei erfassen sie ihre eigenen diagnostischen Informationen nur teilweise, was dazu führt, dass sie ihre Antworten nicht immer adäquat bewerten. Beispielsweise erörtert Yael für die Musterlösung von Teilaufgabe sechs: *„Sechs. [Schaut auf eigene Antwort] Dauer. [Schaut auf Musterlösung] Zeit. Dasselbe! Aber dann hätten wir das vertauschen müssen. Und hier steht: ‚Höhe des Fallschirmspringers'. Ja, also haben wir* *das [Größenauswahl] richtig, nur das [Reihenfolge] hätten wir andersrum machen müssen. [Korrigiert Reihenfolge der Achsenbeschriftung.]"* (Yael & Yadid 27:03–27:19). Das heißt, Yael erfasst ihre diagnostischen Informationen, beurteilt diese im Hinblick auf die Größenauswahl und deren Reihenfolge, stellt dadurch sowohl ein korrektes Merkmal als auch einen Fehler in ihrer Bearbeitung fest und korrigiert im Anschluss die vertauschte Reihenfolge ihrer Achsenbeschriftung. Während ihr hier also das formative Selbst-Assessment gelingt, können die Lernenden ihre Lösung zu Teilaufgabe fünf nicht angemessen beurteilen. Das liegt daran, dass sie nicht erfassen, dass ihre Achsenbeschriftungen von den angegebenen Größen in der Musterlösung abweichen. Yadid äußert: *„Ja, Ausdauer ist km/h halt."* (Yael & Yadid 27:20–27:32).

Ebenso wird bei der Wiederholung der Überprüfen-Aufgabe deutlich, wie wichtig das Erfassen der eigenen diagnostischen Informationen neben dem Identifizieren oder Verstehen eines Beurteilungskriteriums für ein akkurates Selbst-Assessment ist. Yael kann beim Betrachten der Musterlösung ein Merkmal der graphischen Zieldarstellung in Bezug auf die Ausgangssituation deuten. Durch den Vergleich mit ihrer eigenen Lösung stellt sie fest, dass sie das Stehenbleiben auf dem Hügel nicht modelliert hat. Daraufhin korrigiert sie ihre Lösung, wobei sie das Stehenbleiben allerdings als einzelnen Punkt darstellt (Punkt-Intervall-Verwechslung): *„Wir hätten dazwischen eine Pause machen müssen! [Plottet Nullpunkt]"*. Dahingegen gelingt Yadid das Selbst-Assessment nicht. Er missachtet seinen Fehler (Nicht-Modellieren des Stehenbleibens), da er weder seine eigenen diagnostischen Informationen erfasst, noch das Beurteilungskriterium versteht. Er sagt: *„Also ich habe eine Pause [zeigt auf Konstante seines Graphen]."* (Yael & Yadid 29:17–29:23). Obwohl er beim Skizzieren des Graphen durch den konstanten Graph-Abschnitt ausgedrückt hat, dass der Radfahrer beim Fahren auf der Straße mit gleicher Geschwindigkeit in die Pedale tritt, deutet er dasselbe Segment seiner Lösung hier als Pause (Nicht-Erfassen der diagnostischen Information). Darüber hinaus missachtet er bei dieser Neu-Interpretation den Wert der abhängigen Variable. Während der konstante Graph-Abschnitt in seiner Lösung einen positiven Funktionswert annimmt, muss das konstante Graph-Segment der Musterlösung, welches das Stehenbleiben des Radfahrers repräsentiert, den Wert null darstellen. Da Yadid diesen Unterschied nicht erkennt, ist davon auszugehen, dass er das Beurteilungskriterium (konstanter Graph-Abschnitt mit Wert null repräsentiert Stehenbleiben) nicht versteht. Daneben ziehen beide Lernende lediglich die Form des Graphen als Beurteilungskriterium heran, wodurch Yael ihren Graph-als-Bild Fehler und Yadid seine alternierende Modellierungsannahme nicht wahrnimmt.

Bei der Selbstdiagnose zu A3.1 schaffen es die Lernenden zwar ihre Antworten korrekt zu evaluieren, allerdings fokussieren sie lediglich eine Übereinstimmung mit der Musterlösung, d. h. die Frage, ob ein Graph im Nullpunkt beginnt. Dadurch werden sie sich ihrer Fehler bzgl. der fehlerhaft identifizierten Abhängigkeiten nicht bewusst. Dennoch ist bei Yaels Vorgehen in Teilaufgabe eins zu erkennen, dass sie die Erklärung der Musterlösung: „Wenn man keine Äpfel kauft, dann muss man auch nichts bezahlen." eigenständig in Bezug zur graphischen Darstellung inter- pretiert: *„Also fängt es im Nullpunkt an!"* (Yael & Yadid 41:15–41:24). Hierdurch wird nicht nur ihre Zuordnungsvorstellung ersichtlich, sondern auch, dass sie das Beurteilungskriterium verstanden hat. Im Anschluss führt Yadids Aussage: *„Wir können auch hier einfach die Nummern nachgucken."* (Yael & Yadid 41:24–41:27), dass die Lernenden nur noch produktorientiert auf Korrektheit evaluieren und die Erklärungen auch nicht beachten, wenn sie einen Fehler feststellen.

Emil und Edison
Emil und Edison haben vielfältige Schwierigkeiten, ihre Überprüfen-Antwort mit- hilfe des Checks zu bewerten. Dabei können sie insbesondere ihren Graph-als- Bild Fehler nicht identifizieren (s. Abschnitt 6.4.3). Die Musterlösung zu Üben A3.1 betrachten die Schüler zwar während der Aufgabenbearbeitung einige Male, ver- stehen die bereitgestellten Informationen aber nicht. Womöglich findet deswegen kein Selbst-Assessment zu dieser Übung statt. Dahingegen ist in Bezug zu Üben A3.2 ein komplexer Selbstdiagnoseprozess zu beobachten. Anhand der Musterlö- sung, welche lediglich aus verbalen Erklärungen besteht, können die Lernenden das beschriebene Situationsmodell der Musterlösung nachvollziehen und die Nullstellen ihrer Graphen als graphische Darstellung des Stehenbleibens deuten. Das heißt, sie verstehen ein Beurteilungskriterium und vergleichen dieses mit ihrem Lösungsgra- phen, den sie als Grundlage zur Diagnose heranziehen (diagnostische Informationen erfassen). Darüber hinaus interpretieren sie ihren Graphen bzgl. des funktionalen Zusammenhangs, wodurch sie an zwei Stellen das Nicht-Modellieren einer Teilsi- tuation entdecken. Daraufhin nehmen die Schüler eine Korrektur ihres Graphen vor und deuten diesen erneut, um seine Korrektheit festzustellen. Lediglich der Punkt- Intervall-Verwechslung werden sie sich nicht bewusst, wobei diese auch nicht in der Musterlösung adressiert wird. Da sie sich im Anschluss für eine neue Übungsauf- gabe entscheiden, ist hier ein vollständiger, formativer Selbst-Assessmentprozess rekonstruierbar.

Die Überprüfung ihrer Antwort zu A3.3 erfolgt dagegen ohne Reflexion. Da sie die Aufgabe korrekt gelöst haben, vergleichen sie lediglich, ob ihre Zuordnungen mit denen aus der Musterlösung übereinstimmen, stellen die Richtigkeit ihrer Ant- worten fest und entscheiden sich dann eine weitere Übungsaufgabe zu bearbeiten. Ebenso gehen sie zur Überprüfung ihrer Lösung von A3.7a vor. Dabei stellen sie ihre beiden inkorrekten Zuordnungen fest und korrigieren diese. Darüber hinaus versuchen sie für ihre Auswahl von Graph a für Vase sechs zu erörtern, warum ihre Antwort nicht passen kann. Emil interpretiert dabei den fast konstanten Graph-Abschnitt als „Stehenbleiben", kann die (fast) konstante Füllhöhe aber nicht auf die Breite oder Querschnittsfläche der Vase zurückführen, sodass ihre Fehlerursachen unerkannt bleiben. Ihren Lösungsgraphen für Aufgabenteil b) vergleichen die Schüler anschließend nicht mit der Musterlösung.

Zusammenfassung

Die Analysen der Schülerinterviews hinsichtlich ihrer formativer Selbst-Assessmentprozesse zeigen, dass es für eine reine Evaluation der Korrektheit eigener Lösungen ausreicht, eine Übereinstimmung mit Musterlösungen und Merkmalen graphischer Zieldarstellungen als Beurteilungskriterien zu fokussieren. Daneben ist ausschlaggebend, dass Lernende eigene diagnostische Informationen erfassen. Wird die eigene Antwort – wie bei der Überprüfen-Wiederholung von Yadid - entgegen der ursprünglichen Argumentation neu gedeutet, können Fehler nicht erkannt werden. Dies kam in den Interviews jedoch nur selten vor. Die meisten Proband:innen waren während der Selbstförderung in der Lage, eigene Aufgabenlösungen hinsichtlich ihrer Richtigkeit zu beurteilen. Um bestimmte Fehlertypen oder gar Fehlerursachen zu diagnostizieren sind Reflexionsprozesse allerdings unerlässlich. Schaffen es die Lernenden – wie Linn bei ihrer Überprüfen-Wiederholung – sowohl den Verlauf des Lösungsgraphen wie auch das abweichende Merkmal der eigenen Antwort bzgl. der funktionalen Abhängigkeit zu interpretieren, können Fehler eigenständig korrigiert werden. Allerdings stellen solche Reflexionen in den Schülerinterviews eine Seltenheit dar. Während die Lernenden der Einzelinterviews im Laufe der Toolbearbeitungen zunehmend solche metakognitiven Aktivitäten zeigen, kommen sie in den Partnerinterviews nur vereinzelnd vor. Dabei scheinen Lernende eher eine Musterlösung nachzuvollziehen, als die eigene Aufgabenlösung oder Argumentation infrage zu stellen. Des Weiteren zeigt sich, dass offene Modellierungsaufgaben im SAFE Tool nur bedingt zur Selbstdiagnose geeignet sind, da das Verstehen der Lernziele durch die Vorgabe nur einer Musterlösung erschwert wird (z. B. Tom A3.8). Insgesamt scheint das Tooldesign Lernende bei ihren Selbst-Assessments nicht ausreichend zur Reflexion anzuregen, sodass weiterer Entwicklungsbedarf besteht. Nichtsdestotrotz kann festgestellt werden, dass alle Proband:innen zunehmend selbstständig arbeiten und selbstregulative Entscheidungen zur Wahl des weiteren Vorgehens in ihren Lernprozess integrieren.

6.5   Expertenbefragung

Zur Evaluation der Papierversion des SAFE Tools wurden im ersten Entwicklungszyklus nicht nur die bisher präsentierten Erkenntnisse aus Schülerinterviews, sondern auch die Einschätzung von Expert:innen herangezogen. Bei Expert:innen handelt es sich um Personen, die aufgrund ihrer Beschäftigung mit einem Themenbereich eine Sonderstellung im Hinblick auf die Art und Menge der dazu verfügbaren
Informationen einnehmen (Köhler, 1992, S. 319). Ihre Befragung kann daher tiefere
Einblicke bzgl. einer Fragestellung ermöglichen. In der vorliegenden Studie wird
dadurch das Ziel verfolgt, die möglichen Potentiale und Schwierigkeiten einer Nutzung des SAFE Tools für den Erkenntnisgewinn von Lernenden ganzheitlicher zu
fassen. Darüber hinaus sollen begründete Vorschläge zur Weiterentwicklung des
Tooldesigns gewonnen werden.

     An der Expertenbefragung nahmen $n = 23$ Kolleg:innen der Universität
Duisburg-Essen aus dem Fachbereich Mathematikdidaktik teil. Darunter befanden
sich vier Professor:innen, vier Doktor:innen, zwei abgeordnete Lehrkräfte sowie
dreizehn Doktorand:innen unterschiedlicher Lehramtsformen. Die Befragung fand
im Rahmen eines zweistündigen Forschungskolloquiums statt. Zu Beginn wurde
das Forschungsvorhaben sowie die Konzeption und das Design der Papierversion
von SAFE in einem Vortrag referiert. Anschließend wurden vier Expertengruppen
von je fünf bis sechs Teilnehmer:innen gebildet und mit jeweils spezifischen Fragestellungen zu bestimmten Toolelementen beauftragt. Obwohl die Interviewdaten
zum Zeitpunkt der Expertenbefragung noch nicht ausgewertet waren, konnten erste
Erkenntnisse der Schülerinterviews bereits in der Expertenbefragung aufgegriffen
werden:

- *Gruppe 1: Überprüfen & Check*: Die erste Gruppe beschäftigte sich mit den
  Toolelementen, die der eingänglichen Selbstdiagnose dienen. Drei Fragen sollten
  diskutiert werden: 1) Welche Fehler können bei der Bearbeitung der Überprüfen-
  Aufgabe auftreten?, 2) Sind alle möglichen Fehler durch die Aussagen im Check
  abgedeckt oder fehlen noch Checkpunkte? und 3) Die Aussagen auf der Check
  Karte sind nicht disjunkt. Beispielsweise müsste ein Schüler, der den Graph-
  als-Bild Fehler macht, mehrere Punkte des Checks ankreuzen. Wie könnten die
  Aussagen formuliert werden, sodass die Zuordnung der möglichen Fehler eindeutig wird?

- *Gruppe 2: Gut zu wissen*: Die zweite Gruppe befasste sich mit den Hilfen.
  Diese dienen Lernenden als Informationsquelle zum Wiederholen mathematischer Inhalte nach dem Feststellen eines Fehlers. Folgende Fragen sollten beantwortet werden: 1) Die Gut zu wissen Karten sind nicht allgemein formuliert. Sie

beziehen sich momentan auf die Überprüfen-Aufgabe. Wie könnten die Karten umformuliert werden, sodass sie den Lernenden besser bei der Bearbeitung einer Übung helfen? und 2) Können die Gut zu wissen Karten den Lernenden bei der Überwindung des jeweiligen Fehlers helfen? Sollte etwas umformuliert werden? Fehlen wichtige Hinweise?

- *Gruppe 3: Üben & Erweitern*: Die dritte Expertengruppe analysierte die Übungs-aufgaben des SAFE Tools. Sie erhielten folgende Leitfragen: 1) Können die Üben Karten den Lernenden bei der Überwindung des jeweiligen Fehlers helfen oder wäre eine andere Fragestellung, ein anderer Kontext, etc. hilfreicher? und 2) Sollte etwas an der Formulierung der Übungen geändert werden?

- *Gruppe 4: Design*: Die vierte Expertengruppe evaluierte das SAFE Tool hin-sichtlich allgemeinerer Designentscheidungen. Folgende Fragestellungen wur-den vorgegeben: 1) Was sollte an dem Design, der Struktur und den Formulie-rungen der Lernumgebung unbedingt beibehalten werden? und 2) Was sollte an dem Design, der Struktur und den Formulierungen der Lernumgebung geändert werden?

Zusätzlich sollten alle Gruppen „sonstige Rückmeldungen zur Lernumgebung" notieren. Als Datenmaterial stehen Notizen der Expert:innen aus ihrer jeweiligen Arbeitsphase zur Verfügung. Diese wurden teilweise gesammelt dokumentiert, in Teilen aber auch direkt auf den ausgeteilten Papierkarten des SAFE Tools notiert. Darüber hinaus liegen Notizen der Autorin vor, welche einer abschließenden Dis-kussionsrunde mit allen Expert:innen entstammen.

Die Rückmeldungen der Expert:innen wurden in Bezug auf die verschiedenen Elemente des SAFE Tools sortiert und tabellarisch zusammengetragen (s. Anhang 11.7 im elektronischen Zusatzmaterial). Sie enthalten eine Vielzahl konkreter Änderungsvorschläge, deren Umsetzung bei der Beschreibung der Wei-terentwicklung des SAFE Tools näher adressiert werden (s. Abschnitt 7.2). An dieser Stelle gilt es daher lediglich, zentrale Erkenntnisse der Expertenbefragung heraus-zustellen. Zunächst ist dabei die Notwendigkeit einer konzeptuellen Überarbeitung des *Checks* als zentrales Toolelement zu nennen. Die Expert:innen kritisierten etwa die negativen Formulierungen der Checkpunkte und schlugen vor, diese positiv oder als Fragen zu verfassen. Zudem sei die Anzahl der Checkpunkte zu reduzieren und das Ankreuzen der Kriterien so zu gestalten, dass Lernende für jeden Punkt eine Zustimmung oder Ablehnung äußern. Auf diese Weise soll der Prozess des Selbst-Assessments vereinfacht werden. Darüber hinaus wurde eine strukturelle Weiterentwicklung der *Hilfen* gefordert. Diese seien einheitlich zu gestalten, indem z. B. eine allgemeine Erklärung und anschließend ein kontextuelles Beispiel oder Gegenbeispiel formuliert wird. Die Expert:innen betonten zudem die Integration von Visualisierungen, um situativ-graphische Darstellungswechsel anzuregen. In den *Üben*-Aufgaben seien mehr Begründungen einzufordern, damit die Argumentationen der Lernenden für Lehrkräfte nachvollziehbar werden. Schließlich signalisierten die Expert:innen, dass alle *Formulierungen* dahingehend zu prüfen sind, welche der drei Grundvorstellungen funktionalen Denkens diese betonen. Bei der Konzeption des SAFE Tools sei darauf zu achten, Lernenden die Möglichkeit zur Aktivierung unterschiedlicher Grundvorstellungen einzuräumen.

6.6   Fazit zum ersten Entwicklungszyklus

6.6.1   Implikationen für die Weiterentwicklung des SAFE Tools

Die Analysen der Schülerinterviews sowie die Expertenbefragung zeigen das Potential des SAFE Tools zur Förderung des funktionalen Denkens von Lernenden sowie ihrer Eigenständigkeit. Allerdings konnten nur wenige Reflexionsprozesse beim formativen Selbst-Assessment angeregt werden. Daher erweist sich eine Weiterentwicklung der Lernumgebung als notwendig. Zahlreiche Hinweise auf eine mögliche Verbesserung des Tooldesigns können aus den vorherigen Abschnitten 6.4 und 6.5 abgeleitet werden. Zentral sind vor allem folgende Aspekte:

- *Toolstruktur*: Insbesondere in Robins Fall wird deutlich, dass die bisherige Toolstruktur dazu führen kann, dass Lernende Fördereinheiten für anfangs diagnostizierte Fehler überspringen und Lernfortschritte nicht zuverlässig durch eine Wiederholung der Überprüfen-Aufgabe ermittelt werden können. Aus diesem Grund sollten Lernende nach der Bearbeitung einer Fördereinheit (Hilfe und/oder Üben) zurück zum Check gelangen, um alle identifizierten Förderbedarfe adressieren zu können.
- *Check*: Fast alle Proband:innen zeigen Schwierigkeiten beim Identifizieren eigener Fehler durch den Check im SAFE Tool. Besonders die negative Formulierung der Checkpunkte erweist sich als problematisch. Daher ist eine Überarbeitung des Checks erforderlich, wobei die Checkpunkte positiv zu formulieren sind. Dass die Vorgabe fachbezogener Beurteilungskriterien ein großes Potential zur Unterstützung des formativen Selbst-Assessments darstellt, zeigt sich daran, dass Lernende eigene Aufgabenbearbeitungen anhand von Musterlösungen oftmals als richtig oder falsch bewerten, ohne spezifische Fehlertypen oder -ursachen ausfindig zu machen.
- *Hilfen*: Bezüglich der Hilfekarten wird deutlich, dass sie Lernende nicht ausreichend bei der Bearbeitung weiterführender Übungsaufgaben unterstützen. Ihre

Beschränkung auf den Zeit-Geschwindigkeits-Kontext erschwert eine Abstraktion von Erkenntnissen zum Funktionsbegriff. Zudem regt die Fokussierung der situativen Funktionsdarstellung wenige Übersetzungsprozesse in einen Graphen an und kann – wie in Linns Fall zu beobachten – sogar dazu führen, dass Informationen fehlerhaft auf die graphische Darstellung übertragen werden. Daher sind allgemeingültige Informationen zum Umgang mit funktionalen Abhängigkeiten sowie graphische Darstellungen in allen Hilfen zu integrieren.

- *Zielgruppe*: Das SAFE Tools richtet sich an alle Lernenden, die im Mathematikunterricht das Skizzieren von Funktionsgraphen erlernt haben. Es dient der Wiederholung und -erarbeitung dieser Basiskompetenz und kann i. d. R. von Schüler:innen ab der siebten Klasse verwendet werden. Allerdings zeigen die Proband:innen der Designexperimente (8. Jahrgangsstufe) in sechs von sieben Interviews erhebliche Lücken beim Erfassen funktionaler Abhängigkeiten in Sachsituationen sowie dem Wahrnehmen von Graphen als Funktionsdarstellungen. Möglicherweise ist der Einsatz des SAFE Tools daher eher für fortgeschrittenere Schüler:innen geeignet. Designexperimente mit älteren Proband:innen könnten sich daher als gewinnbringend herausstellen.

Inwiefern diese Implikationen bei der Weiterentwicklung des SAFE Tools umgesetzt werden und wie sich die Neuerungen auf den Erkenntnisgewinn von Lernenden auswirken, wird in Kapitel 7 thematisiert. Zuvor gilt es, die Methode der Datenerhebung final zu diskutieren.

6.6.2   Reflexion der Methode zur Datenerhebung

Neben den bisher betrachteten Schlussfolgerungen für das Design dient die Erprobung des SAFE Tools im ersten Zyklus dazu, die Methode der Datenerhebung zu reflektieren. Wie in Abschnitt 6.1 beschrieben, ist infrage zu stellen, ob die aufgabenbasierten Interviews mit einzelnen Lernenden oder in Form eines Partnerinterviews durchgeführt werden sollen. Nachdem beide Verfahren erprobt wurden, wird abschließend ihr jeweiliges Potential im Hinblick auf das Erkenntnisinteresse der vorliegenden Studie diskutiert.

Da das SAFE Tool zur eigenständigen Wiederholung und -erarbeitung von Basiskompetenzen konzipiert wird, entspricht dessen Nutzung in Einzelarbeit seiner primär intendierten Anwendung. Aus diesem Grund können *Einzelinterviews* gehaltvolle Daten darüber liefern, welche Lernprozesse durch das SAFE Tool initiiert werden können. Durch diese Methode erfolgt Die Datenerhebung in einem realistischen Setting, welches der Nutzungsorientierung fachdidaktischer Entwicklungsforschung nachkommt (s. Abschnitt 5.3). Die Fälle von Robin, Linn und Tom zeigen, dass neben Erkenntnissen bzgl. ihrer mathematischen Vorstellungen und Schwierigkeiten auch Einsichten in die Selbstdiagnoseprozesse der Lernenden sowie ihre Toolnutzung gewonnen werden (s. Abschnitt 6.4). Obwohl vor der Untersuchung die Hypothese formuliert wurde, dass Lernende ihre Gedanken eher im Beisein eines gleichberechtigten Gesprächspartners verbalisieren (s. Abschnitt 6.1), erweist sich die Methode des lauten Denkens in den Einzelinterviews als gewinnbringend. Die drei Proband:innen formulieren ihre Überlegungen nach anfänglichen Nachfragen durch die Interviewleitung im späteren Verlauf weitestgehend selbstständig. Dies zeigt sich etwa in Robins Überprüfen-Bearbeitung. Nach dem Lesen der Aufgabenstellung bleibt er zunächst 40 Sekunden lang still. Nachdem die Interviewerin fragt: *„Was überlegst du jetzt?"*, beginnt Robin seine Gedanken zu äußern und beschreibt nicht nur seinen Lösungsprozess, sondern auch aufkommende Schwierigkeiten ohne weitere Interventionen (Robin 01:56–05:50).

Im Gegensatz dazu sind die Proband:innen der *Partnerinterviews* zurückhaltender, womöglich aus Scham in Anwesenheit ihrer Mitschüler:in etwas Falsches zu sagen. Dies zeigt sich etwa beim unreflektierten Übernehmen von Lösungsansätzen oder dem Warten auf die Antwort des anderen. Bei der Überprüfen-Aufgabe zeichnet Edison z. B. unkommentiert einen Graphen, während Emil auf diesen schaut und anschließend eine ähnliche Form skizziert. Daraufhin lacht er, hält sich die Hände vor seine Augen, sagt: *„Das sieht voll komisch aus."* und blickt erneut zu Edisons Lösung (Emil & Edison 01:40-02:22). Hierdurch wird Emils Unsicherheit bzgl. des mathematischen Inhalts deutlich. Allerdings ist aufgrund der fehlenden Kommunikation nicht ersichtlich, welche konkreten Vorstellungen oder Schwierigkeiten er hat. Ein weiteres Beispiel liefert die Überprüfen-Bearbeitung im Interview von Yael und Yadid. Während Yael den Graphen als bildhafte Abbildung der Situation interpretiert, wartet sie vor dem Zeichnen auf eine Absicherung durch Yadids Erklärung: *„[Blickt auf Yadids Blatt.] Also schreibst du jetzt- machst du da zwei Hügel hin?"* (Yael & Yadid 03:14–03:20).

Eine weitere Schwierigkeit der Partnerinterviews besteht darin, individuelle Vorstellungen der Proband:innen aus dem Datenmaterial zu rekonstruieren. Das kann zum einen daran liegen, dass unterschiedlich laut und deutlich gesprochen oder sich gegenseitig ins Wort gefallen wird. Zum anderen zeigen Lernende verschiedene Arbeitsgeschwindigkeiten und -weisen. Kayra und Latisha verstehen z. B. die Aufgabenstellung zu Üben A3.4c) nicht, da ihnen die Ausdrücke „$t = 0$, $t = 4$ und $t = 8$" nicht geläufig sind. Sie überlegen, ob t für die Geschwindigkeit oder *„die Sekunden"* steht. Nachdem die Interviewerin bestätigt, dass t für die Zeitpunkte steht, scheint Kayra über die Aufgabenstellung nachzudenken. Sie zeigt mit einem Stift zunächst entlang der skizzierten Skipiste und dann längs des Verlaufs von Graph c, welcher in Aufgabenteil a) von den Probandinnen als zur Skifahrt passend gewählt wurde. Latisha unterbricht dagegen ihren Arbeitsprozess: *„Ich weiß nicht weiter! Wir brauchen Hilfe [nimmt die Üben-Karte und dreht sie auf die Lösungsseite]."* (Kayra & Latisha 34:10–35:47). Latisha beendet damit die Überlegungen ihrer Partnerin und nimmt ihr die Möglichkeit, eigene Vorstellungen oder Probleme zu äußern. Ein weiteres Beispiel zeigt sich im Interview von Yael und Yadid, da er oftmals schnell auf eine Fragestellung antwortet, ohne seiner Partnerin Zeit für eigene Überlegungen einzuräumen. Bei der Benennung von Achsenbeschriftungen in Üben A3.6(2) antwortet er etwa direkt. Sie sagt: *„Warte mal!"* und liest noch die Aufgabenstellung, während er seine Antwort erneut wiederholt (Yael & Yadid 15:30–16:04).

Teilweise werden Denkprozesse der Lernenden durch die Interviewpartner:innen unterbrochen. Kayra scheint beim Überprüfen z. B. darüber nachzudenken, wie sie konkrete Geschwindigkeitswerte anhand der Situation ermitteln kann: *„Woran kann man denn die Geschwindigkeit ablesen? Hier steht ja, dass-"* Latisha drängt dagegen auf eine schnelle Aufgabenlösung: *„Gar nicht! Ich glaube das ist einfach nur so dieses- [liest Teil der Situationsbeschreibung], ich glaube es kommt einfach nur von diesem Hinauffahren, also dieses, dass es erstmal eine hohe Anzahl und danach wieder runter geht, naja. Weil sonst würden da ja irgendwelche Angaben stehen. (18 s) Ach, ich mache jetzt einfach! Hallo, wir können uns nicht so lange mit einer Aufgabe aufhalten."* Anschließend skizzieren beide einen fallenden Graphverlauf (Kayra & Latisha 02:49–04:07). In einem anderen Beispiel unterbricht Yael einen Monitoringprozess ihres Partners. Während Yadid die falsche Zuordnung von Graph g zu Situation sechs bei Üben A3.3 infrage stellt und die korrekte Lösung in Erwägung zieht, beendet Yael seinen Überwachungsprozess:

> Yadid: *„[Zeigt entlang des Verlaufs von Graph g.] Das heißt, erstmal ganz normal, danach rennt sie und danach geht sie wieder zurück. Aber es könnte auch- Haben wir schon b? (.) Es könnte aber auch b sein!"*
>
> Yael: *„Ja, dann schreiben wir einfach b in Klammern."*
>
> Yadid: *„Ja, okay."* (Yael & Yadid 11:10–11:26)

Letztlich zeigen die Interviewpartner:innen – trotz der Einteilung in vermeintlich leistungshomogene Paarungen (s. Abschnitt 6.3) – unterschiedliche Förderbedarfe, denen bei einer Partnerarbeit nicht gerecht werden kann. Zum Beispiel zeigen sowohl Lena als auch Edison gegen Ende ihrer jeweiligen Interviews Graph-als-Bild Fehler, die bei ihren Partner:innen nicht beobachtet werden.

Dennoch erweisen sich Partnerarbeiten als ergiebig zur Erfassung von Schülervorstellungen, wenn Mitschüler:innen unterschiedliche Ideen bzgl. einer Aufgabenlösung vertreten. Ein solcher soziokognitiver Konflikt kann etwa zwischen Lena und Anna bei der Wiederholung der Überprüfen-Aufgabe beobachtet werden.

Während Lena den Graph als Abbild der Situation interpretiert, zeigt Anna ihre Kovariationsvorstellung, indem sie den Verlauf des Graphen anhand der gemeinsamen Größenveränderung erklärt:

> Lena: *„Und dann geht der ja so einen Hügel hoch und dann wieder runter [deutet einen hügelförmigen Graphen an]."*
>
> Anna: *„Dann kommt der [Graph] doch herunter, weil dann die Geschwindigkeit ja runter geht."*
>
> Lena: *„Mhm. (.) Aber ich würde den so ein bisschen größer machen, den Hügel, weil so [zeigt auf den zuvor skizzierten konstanten Graph-Abschnitt] fährt der ja erstmal normal und dann, ähm, bevor er den Hügel hinauffährt."*
>
> Anna: *„Ja, das [konstanter Graph-Abschnitt] ist normal und dann fährt der ja auch schneller wieder runter, das ist ja dann der größere Hügel."* (Lena & Anna 17:39–17:58)

Eine ähnliche Situation ist im Interview von Emil und Edison bei der Zuordnung von Bewegungsbeschreibungen zu Graphen bei Üben A3.3(2) zu beobachten. Edison zeigt zunächst einen Graph-als-Bild Fehler, da er das Runterfahren mit einem fallenden Graphen in Verbindung bringt. Erst durch Emils Einwand, dass die Geschwindigkeit beim Runterfahren ansteigen müsse, korrigiert er seinen Fehler (Emil & Edison 30:55–31:05). Allerdings treten solche Szenen vergleichsweise selten auf. Häufiger werden (auch falsche) Antworten eines Partners übernommen. Beispielsweise schlägt Lena bei der Zuordnung eines Graphen zur Situation „starkes Bremsen auf der Autobahn" bei Üben A3.3(3) unbegründet Graph b oder a vor. Anna argumentiert zunächst korrekt über die Richtung der gemeinsamen Größenveränderung (direktionale Kovariationsvorstellung) und deutet auf die richtige Lösung: *„Ja, aber der fährt ja eigentlich immer das gleiche Tempo und dann muss der bremsen und dann ist der ja auch erstmal langsamer [zeigt auf Graph c]."* Da Lena aber nicht auf ihre Äußerung reagiert, übernimmt Anna schließlich Lenas Vorschlag und sie wählen den falschen Graphen b als gemeinsame Lösung (Lena & Anna 12:51–13:25). Bei der Zuordnung eines Graphen zur skizzierten Skifahrt in Üben A3.4(a) übernimmt Emil den Vorschlag von Edison Graph a zu wählen, obwohl er zuvor keinen Graph-als-Bild Fehler zeigt und noch zweifelnd anmerkt: *„Nur, weil das genauso aussieht!"* (Emil & Edison 44:16–45:22).

Insgesamt kann festgehalten werden, dass sich *Einzelinterviews* in der vorliegenden Studie als gewinnbringende Methode zur Datenerhebung erweisen. Da sie nicht nur individuelle Bearbeitungs- und Lernprozesse detailliert erfassen, sondern auch den Förderbedarfen einzelner Proband:innen gerecht werden und somit der indentierten Nutzung des SAFE Tools entsprechen, sind sie in den nachfolgenden Entwicklungszyklen der Methode des Partnerinterviews vorzuziehen.

Zweiter Entwicklungszyklus (TI-Nspire™ Version) 7

7.1 Zielsetzung

Im zweiten Zyklus der fachdidaktischen Entwicklungsforschung steht die technische Umsetzung des SAFE Tools im Mittelpunkt. Basierend auf den Erkenntnissen der Schülerinterviews sowie der Expertenumfrage im ersten Zyklus (s. Abschnitte 6.4–6.6), wird das SAFE Tool weiterentwickelt und digital umgesetzt. Eine Digitalisierung der Lernumgebung bietet sich nicht nur an, weil z. B. dynamische Visualisierungen möglich werden. Ferner kann die Hyperlinkstruktur des SAFE Tools direkt umgesetzt und Lernende so in ihrem individuellen Lernprozess unterstützt werden.

In der empirischen Untersuchung werden erneut Schülerinterviews durchgeführt, die Aufschluss über mögliche Lern- und Assessmentprozesse bei der Arbeit mit dem digitalen Tool geben sollen. Dabei steht vor allem die Frage im Vordergrund, welche Rolle die Technologie im formativen Selbst-Assessmentprozess der Lernenden spielt. Aus diesem Grund, wird die qualitative Inhaltsanalyse der Interviews um eine Analyse mithilfe des FaSMEd Theorierahmens (s. Abbildung 2.1) ergänzt. Dieser ermöglicht eine Untersuchung formativer Assessmentprozesse hinsichtlich der drei Dimensionen: Schlüsselstrategien formativen Assessments, Akteur/e im Lernprozess und Rolle der Technologie (Aldon et al. 2017, S. 553 ff; Ruchniewicz & Barzel 2019b, S. 52).

Um zusätzliche Informationen zur Bedienung und möglichen technischen Schwierigkeiten des SAFE Tools zu erhalten, wurden zwei Klassenbefragungen

Elektronisches Zusatzmaterial Die elektronische Version dieses Kapitels enthält Zusatzmaterial, das berechtigten Benutzern zur Verfügung steht
https://doi.org/10.1007/978-3-658-35611-8_7

© Der/die Autor(en), exklusiv lizenziert durch Springer Fachmedien Wiesbaden GmbH, ein Teil von Springer Nature 2022
H. Ruchniewicz, *Sich selbst diagnostizieren und fördern mit digitalen Medien*, Essener Beiträge zur Mathematikdidaktik,
https://doi.org/10.1007/978-3-658-35611-8_7

in zehnten Jahrgangsstufen unterschiedlicher Schulen durchgeführt. Dabei arbeiteten Schüler:innen jeweils 30–45 Minuten mit dem digitalen SAFE Tool. In einer anschließenden Klassendiskussion wurde das Feedback der Lernenden zu ihren Erfahrungen mit der digitalen Lernumgebung zusammengetragen. Hierdurch soll erörtert werden, inwiefern die digitale Toolversion Lernende in ihren Lern- und Assessmentprozessen unterstützen oder ggf. sogar hindern kann.

7.2 Das SAFE Tool: TI-Nspire™ Version

In den folgenden Abschnitten 7.2.1–7.2.6 wird (analog zu Abschnitt 6.2) die zweite Version des SAFE Tools vorgestellt, welche innerhalb der Software *TI-Nspire*™ der Firma *Texas Instruments*[1] umgesetzt und über die *TI-Nspire*™ *CAS App für iPad*® verwendet wird.[2]

Aufgrund der vorgenommenen Digitalisierung des SAFE Tools werden neben dem bereits eingesetzten Designprinzip *Verwendung einer schülernahen Sprache*, Weiterentwicklungen durch zusätzliche Designprinzipien begründet, welche der Mediendidaktik entspringen (s. Abschnitt 4.4.7; Clark & Mayer 2016, S. 67 ff). So werden nach Möglichkeit nicht ausschließlich Texte, sondern unterstützende, inhaltstragende Visualisierungen verwendet (*Multimediaprinzip*). Zudem wird auf die *Kontinguität* der Inhalte geachtet. Das bedeutet, dass korrespondierende Informationen in zeitlicher und räumlicher Nähe zueinander darzustellen sind. Außerdem wird beachtet, dass ausschließlich Inhalte inkludiert werden, welche zur Erreichung des Lernziels beitragen. Daher werden schmückende Darstellungen ohne fachlichen Inhalt entfernt (*Kohärenzprinzip*). Schließlich erfolgt die Präsentation komplexer Sachverhalte in mehreren Teilen, um die Informationsaufnahme zu vereinfachen (*Segmentierungsprinzip*).

Im Folgenden wird erläutert, inwiefern die Anwendung dieser Designprinzipien sowie die im ersten Entwicklungszyklus gewonnnenen Erkenntnisse zur Weiterentwicklung des SAFE Tools (s. Abschnitt 6.6.1) Veränderungen des Tooldesigns legitimieren.

---

[1] Die TI-Nspire™ Version wurde unterstützt durch Texas Instruments von Dr. Stephen Arnold programmiert.

[2] Obwohl die TI-Nspire™ Software die Verwendung des SAFE Tools prinzipiell auf unterschiedlichen Endgeräten (PC, iPad oder TI-Handheld) erlaubt, wurde in der vorliegenden Studie die Nutzung auf dem iPad bevorzugt. Der vergleichsweise große Kontaktbildschirm ermöglicht eine angenehme Lesbarkeit der Inhalte und gleichzeitig eine direkte Bedienung per Touchscreen.

7.2.1   Toolstruktur

Die TI-Nspire^{TM} Version des SAFE Tools behält die fünf Elemente der Papierversion bei: *Überprüfen, Check, Info, Üben* und *Erweitern*. Das zuvor als „Hilfe" sowie „Gut zu wissen" bezeichnete Element wird nun einheitlich mit „Info" betitelt. Diese Vereinfachung wurde nicht nur während der Expertenbefragung vorgeschlagen (s. Abschnitt 6.5). Die durchgeführten Interviews zeigen, dass sich die Lernenden durchaus in der Toolstruktur zurechtfinden (s. Abschnitt 6.4.4), allerdings erst nachdem die Handhabung durch Rückfragen mit der Interviewleitung geklärt wird. Beispielsweise fragt Robin nach dem Check, ob die Förderelemente in einer bestimmter Reihenfolge zu bearbeiten sind: *„So und jetzt irgendeins davon einfach machen?"* (Robin 08:22–08:25). Auch Lena und Anna zeigen Schwierigkeiten den Check als Wegweiser für ihren weiteren Lernprozess zu verstehen. Danach fragt Lena: *„Dann weiter oder?"* und legt die Karte zur Seite, um der Reihenfolge nach die nächste Karte A2.1 zu betrachten. Daraufhin muss interveniert und der Check in seiner strukturierenden Funktion für die anschließende Förderung erklärt werden (Lena & Anna 08:38–08:56). Diese Funktion erkennen Edison und Emil ebenfalls nicht. Sie bearbeiten die Übungen der Reihe nach oder suchen sich Aufgaben aufgrund ihrer Visualisierungen aus (Emil & Edison 35:00–35:34). Dahingegen fragt Linn nach der Bearbeitung ihrer ersten Übungsaufgabe, ob es zu dieser ebenfalls einen Check gibt: *„Gibt es da eine Kontrollkarte für?"* (Linn 13:36–13:46). Zudem ist ihr aufgrund der Nummerierung nicht direkt klar, welche Hilfekarte (A2.5) zu Üben A3.6 gehört (Linn 23:10–23:37).

Um derartigen Schwierigkeiten vorzubeugen, werden die Bezeichnungen der Toolelemente vereinfacht. Anstatt die Schreibweise der mathewerkstatt-Materialien zu verwenden (z. B. A1.1), benutzt die neue Toolversion eine einfache Nummerierung für jedes Toolelement (z. B. Info 1). Damit der Check deutlicher als Hauptelement des SAFE Tools hervorsticht, wird er nicht wie zuvor durch dasselbe ikonische Symbol wie die Überprüfen-Aufgabe markiert (Lupe), sondern erhält eine eigene Kennzeichnung (Haken und Kreuz).

Neben diesen kleinen Änderungen wird die Toolstruktur grundlegend im Hinblick auf die Reihenfolge der zu bearbeitenden Elemente weiterentwickelt (s. Abbildung 7.1). Während in der Papierversion bei einer fehlerhaften Lösung zwischen einem Gut zu wissen und Üben gewählt werden konnte, müssen Lernende in der neuen Toolversion zunächst die Info betrachten, bevor sie zum Üben gelangen. Dies hat zum einen pragmatische Gründe, da der Platz im Check der TI-Nspire^{TM} Version sehr beschränkt ist (s. Abschnitt 7.2.3). Zum anderen zeigen die Fallstudien des ersten Entwicklungszyklus, dass Lernende häufig auch dann zur Wahl einer Übungsaufgabe neigen, wenn sie zuvor einen Fehler festgestellt haben. Beispielsweise bearbeiten Edison und Emil nach dem Check ausschließlich Übungen. Linn betrachtet erst eine Hilfekarte, als sie bei der dritten Aufgabe nicht weiterkommt und die Interviewerin sie darauf verweist. Yael und Yadid wählen die Hilfen dann aus, wenn sie bei einer Übungsaufgabe nicht weiter wissen (s. Abschnitt 6.4.4). Die Änderung der Toolstruktur soll es daher ermöglichen, besser zu erfassen, ob die Infos Lernende dabei unterstützen, zuvor missachtete Grundlagen zum Funktionsbegriff zu wiederholen bzw. selbstständig zu erarbeiten.

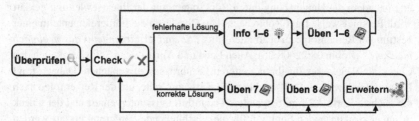

Abbildung 7.1 Struktur des SAFE Tools (TI-Nspire^TM Version)

Darüber hinaus werden Lernende nach der Bearbeitung einer Fördereinheit nicht mehr zurück zur Überprüfen-Aufgabe, sondern stattdessen wieder zum Check geleitet (s. Abbildung 7.1). Diese Designentscheidung lässt sich auf Robins Interview zurückführen (s. Abschnitt 6.4.4). Der Schüler macht darauf aufmerksam, dass eine wiederholte Bearbeitung der Überprüfen-Aufgabe im Anschluss an eine Fördereinheit das intendierte Ziel verfehlen kann. Da die Musterlösung bereits beim Überprüfen zur Verfügung steht, ist bei einer Aufgabenwiederholung nicht ersichtlich, ob korrigierte Fehler auf einen Lernzuwachs oder auf die Erinnerung der Lernenden zurückzuführen ist. Nach der Bearbeitung von Üben A3.1 erwidert Robin auf die Frage, ob er etwas an seiner Überprüfen-Antwort ändern will: *„Na klar, das kann ich auch schnell ändern, die [Lösung] habe ich jetzt hier [zeigt auf die Überprüfen-Musterlösung] auch gesehen!"* (Robin 16:46–16:49). Hinzu kommt, dass er nach der Wiederholung erneut den Check für seine nun richtige Lösung ausfüllt. Stellte er beim ersten Ankreuzen der Checkpunkte mehrere Fehler in seiner Bearbeitung der Diagnoseaufgabe fest, so führt die Wiederholung des Checks dazu, dass er die übrigen, für ihn relevanten Fördereinheiten nicht mehr in Erwägung zieht. Stattdessen fährt er mit Üben A3.7 fort (Robin 19:03–20:17). Die Änderung der Toolstruktur soll daher sicherstellen, dass Lernende die Möglichkeit erhalten, zunächst alle diagnostizierten Schwierigkeiten zu addressieren, bevor sie weiterführende Übungsaufgaben bearbeiten.

Schließlich führt die Digitalisierung des SAFE Tools zu strukturellen Veränderungen, die den Umgang mit dem Tool erleichtern sollen. Während Lernende bei Nutzung der Papierversion die passende Karte selbst heraussuchen müssen, werden durch die Software Hyperlinks zwischen einzelnen Toolelementen vorgegeben (s. Abschnitt 4.3.4). So können sie nach der Überprüfen-Aufgabe ausschließlich zur Musterlösung und anschließend zum Check gelangen. Dort kann passend zu einem Checkpunkt die zugehörige Info ausgewählt und von dort die intendierte Übung erreicht werden. Wird ein Checkpunkt beim Selbst-Assessment angekreuzt, ist der zugehörige Info-Button automatisch ausgeblendet (s. Abbildung 7.4). Auf diese Weise verringert sich die Auswahl möglicher Fördereinheiten für die Lernenden, sodass eine leichtere Orientierung in der Toolstruktur möglich ist. Dasselbe Ziel wird dadurch verfolgt, dass der Button „Mehr? Ü7", der zur siebten Übung führt, erst eingeblendet wird, wenn zuvor alle Checkpunkte abgehakt werden (s. Abschnitt 7.2.3). Die Navigation zwischen den weiterführenden Übungsaufgaben Üben 7, Üben 8 und Erweitern erfolgt aus Platzgründen über denselben Button im Check. Nachdem Lernende Üben 7 bearbeitet haben, gelangen sie über den „zurück"-Button wieder zum Check. Dort ist im Anschluss der Button „Mehr? Ü8" sichtbar. Nach dieser Übungsaufgabe ersetzt ihn an derselben Stelle der „Erweitern"-Button, mit dem Lernende zur letzten Aufgabe gelangen.

7.2.2   Überprüfen

Eine Bildschirmaufnahme der neuen Überprüfen-Aufgabe ist in Abbildung 7.2 dargestellt. Im Textfeld auf der linken Seite des Bildschirms ist die Aufgabenstellung platziert. Im Vergleich zur Papierversion ist die Reihenfolge des Arbeitsauftrags und der Situationsbeschreibung vertauscht. Hierdurch erhalten Lernende bereits beim ersten Lesen die Möglichkeit die funktionale Abhängigkeit im gegebenen Kontext zu erfassen. Zudem wurden die ersten beiden Sätze der Situationsbeschreibung gemäß den Vorschlägen der Expert:innen verändert, damit die Anfangssituation eindeutiger zu modellieren ist (s. Abschnitt 6.5).

Auf der rechten Seite des Bildschirms befindet sich ein interaktives Graph-Feld, mit dem die Lösung erstellt wird. Darin sind Koordinatenachsen vorgegeben, welche jeweils über die Auswahl einer von drei Größen (Zeit, Geschwindigkeit, Entfernung) in einem Drop-down-Menü beschriftet werden können. Während die Achsenbeschriftung in der Papierversion vorgegeben war, ist sie hier Teil der Diagnoseaufgabe. Dadurch wird die Aufgabenstellung zunächst offener, weil die abhängige Variable nicht mehr eindeutig vorgegeben wird (s. Abschnitt 6.2.2). Um eine gewisse Vergleichbarkeit der Schülerantworten zu gewährleisten, wird diese Offenheit durch

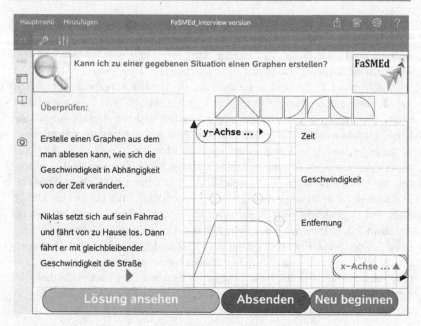

Abbildung 7.2 Überprüfen-Aufgabe (TI-Nspire™ Version)

die Vorgabe von Auswahloptionen beschränkt. Dass die Achsenbeschriftung in eine Diagnoseaufgabe zum situativ-graphischen Darstellungswechsel integriert werden sollte, zeigt sich anhand von identifizierten Schwierigkeiten der Lernenden im ersten Entwicklungszyklus. Nicht nur das Erfassen funktionaler Abhängigkeiten in Sachsituationen, sondern auch deren graphische Darstellung bereitete Proband:innen in fünf von sieben Interviews Probleme (s. Abschnitt 6.4.2). Um mögliche Fehlvorstellungen in Bezug auf die Mathematisierung von Sachkontexten mithilfe des Funktionsbegriffs oder die Konventionen graphischer Funktionsdarstellungen bereits in der Überprüfen-Aufgabe erfassbar zu machen, sollen Lernende die betrachteten Größen den Koordinatenachsen zuordnen. Hierzu werden sie entgegen des Vorschlags der Expert:innen allerdings nicht direkt aufgefordert (s. Abschnitt 6.5). Um möglichst wenig Text zu verwenden, werden Lernende indirekt durch die Pfeil-Symbole auf den Buttons der Drop-down-Menüs zur Achsenbeschriftung angehalten (s. Abbildung 7.2).

Zudem steht das Skizzieren eines Funktionsgraphen für die vorgegebene Fahrradfahrt weiterhin im Fokus. Da das direkte Zeichnen eines Graphen innerhalb der

TI-Nspire™ Software nicht umsetzbar war, wurde eine Alternative zur Eingabe der Graphen entwickelt. Diese ist an die Arbeit von Yerushalmy (1997) im Zusammenhang mit der Software „The Algebra Sketchbook" angelehnt. Diese Lernumgebung zielt auf die Unterstützung von Lernenden beim Modellieren von Sachsituationen mithilfe mathematischer Funktionen. Durch die Verwendung verschiedener symbolischer und sprachlicher Hilfsmittel soll damit die Bildung von Situationsmodellen geübt werden (Yerushalmy 1997, S. 212 ff). Das digitale Medium macht davon Gebrauch, dass jeder beliebige Funktionsgraph als Zusammensetzung von nur sieben Symbolen darstellbar ist (Yerushalmy 1997, S. 257). Diese Idee wird in der TI-Nspire™ Version des SAFE Tools übernommen. Darin kann ein Lösungsgraph durch das Zusammensetzen beweglicher und variierbarer Graph-Segmente erstellt werden.[3] Dazu stehen Lernenden sieben verschiedene Segmente zur Verfügung (s. Abbildung 7.2): linear steigend, linear fallend, konstant, steigend mit steigender Änderungsrate, steigend mit fallender Änderungsrate, fallend mit fallender Änderungsrate und fallend mit steigender Änderungsrate. Diese können beliebig in das Zeichenfeld hineingezogen, dort platziert oder per Drag-and-Drop wieder verschoben werden. Zudem ist jedes Graph-Segment variabel. Berührt man den Bereich innerhalb des roten Kreises, der zwei Kästchen oberhalb des Endpunkts eines Graph-Segments platziert ist, kann in die gewünschte Richtung gezogen und der Graph z. B. gestreckt werden. Zum Löschen der bisherigen Eingabe kann der „Neu beginnen"-Button betätigt werden. Über den „Lösung ansehen"-Button gelangen Lernende zur Musterlösung.

Musterlösung zur Überprüfen-Aufgabe
Diese besteht – wie in der Papierversion – aus einer graphischen Visualisierung sowie einer Erklärung. Auf der rechten Bildschirmseite ist anstelle des interaktiven Graph-Felds die Abbildung eines möglichen Lösungsgraphen zu sehen (derselbe Graph ist in kleinerem Format auch im Check dargestellt, s. Abbildung 7.4). Dass hier im Vergleich zur Papierversion nur eine Abbildung genutzt wird, ist vor allem durch den beschränkten Platz (insbesondere bei Verwendung der Software auf einem Computer) zu erklären. Zudem scheinen die Proband:innen im ersten Entwicklungszyklus lediglich auf den oberen Lösungsgraphen zu achten. Ein Vergleich beider Graph-Verläufe erfolgt in keinem Interview. Im Textfeld auf der linken Bildschirmseite wird zunächst auf Anraten der Expert:innen darüber informiert, dass mannigfaltige Graphen als Aufgabenlösung in Frage kommen. Die anschließende Erklärung ist nicht länger in Form von Punkten für einzelne Graph-Abschnitte formuliert, son-

---

[3] Daher wird im Arbeitsauftrag dieser Toolversion von „Erstellen" und nicht von „Zeichnen" gesprochen.

dern interpretiert markante Charakteristika des Lösungsgraphen (Nullstellen sowie unterschiedliche Steigungsarten) in der Sachsituation. Dabei wird jeweils Bezug auf den Wert der abhängigen Größe oder die gemeinsame Veränderung der betrachteten Größen genommen. Schließlich werden jedem graphischen Merkmal (z. B. der Graph steigt) diejenigen Stellen der Situationsbeschreibung zugeordnet, die dadurch zu modellieren sind (s. Abbildung 7.3).

Es gibt viele richtige Lösungen für die Überprüfen-Aufgabe. Dein Graph könnte zum Beispiel so aussehen wie auf dem Bild rechts. Dieser Graph ist richtig, denn:

Der Graph nimmt den Wert null an, wenn Niklas stehenbleibt und damit eine Geschwindigkeit von 0 km/h hat, also: ganz zu Beginn, wenn er oben auf dem Hügel anhält und ganz am Ende.

Der Graph steigt, wenn Niklas auf dem Fahrrad schneller wird und die Geschwindigkeit somit zunimmt, also: vom Start bis er die Geschwindigkeit erreicht, mit der er die Straße entlangfährt, und wenn er den Hügel hinunterfährt.

Der Graph bleibt gleich, wenn sich die Geschwindigkeit von Niklas über einen längeren Zeitpunkt nicht verändert, also: wenn er mit gleichbleibender Geschwindigkeit die Straße entlangfährt und wenn er den Hügel runterfährt.

Der Graph fällt, wenn Niklas langsamer wird und die Geschwindigkeit somit abnimmt, also: wenn er den Hügel hinauffährt und wenn er nach dem Runterfahren langsamer wird, um anzuhalten.

Abbildung 7.3 Text der Musterlösung zur Überprüfen-Aufgabe (TI-Nspire™ Version)

Diese Formulierung soll nicht nur die Grundvorstellungen Zuordnung und Kovariation aktivieren, sondern auch wechselseitige Darstellungswechsel zwischen Situation und Graph anregen. Die vorgenommene Zusammenfassung der sechs Punkte aus der Papierversion ist durch den Umgang der Proband:innen mit der Musterlösung zu erklären. Sie fokussierten eher die graphische Darstellung und schienen durch den umfangreichen Text überfordert. Oftmals erfolgte eine Evaluation der eigenen Aufgabenbearbeitung bereits wenige Sekunden nach der Betrachtung des Lösungsgraphen (s. Abschnitt 6.4.3). Das bedeutet, die Lernenden zogen hauptsächlich die graphische Darstellung als Beurteilungsgrundlage heran, ohne auf die schriftlichen Erklärungen zu achten. Dem soll durch die Zusammenfassung der Erläuterungen entgegengewirkt werden.

Dass Lernende durch die Musterlösung durchaus zur Reflexion der eigenen Aufgabenlösung angeregt werden, zeigen die Interviews von Linn und Tom. Während Linn die Musterlösung zunächst unkommentiert liest, wird sie durch den ersten Checkpunkt animiert, diese erneut heranzuziehen und jeden der sechs Punkte mit ihrer Aufgabenlösung zu vergleichen (Linn 03:40–05:43). Eine solche Evaluation führt Tom bereits beim ersten Betrachten der Musterlösung eigenständig durch. Allerdings führt dieser Reflexionsprozess dazu, dass er beim Check nur die ersten drei Checkpunkte überprüft. Da er seinen Graphen bereits als richtig einstuft und sich die ersten sechs Checkpunkte mit den sechs Punkten der Musterlösung überschneiden, werden die Checkpunkte acht bis zehn, welche zusätzliche Beurteilungs-

kriterien bereitstellen, nicht wahrgenommen (Tom 04:20–06:10). Um das formative
Selbst-Assessment zu vereinfachen und sicherzustellen, dass Lernende dabei alle
Evaluationskriterien berücksichtigen, wird in der TI-Nspire^{TM} Version nicht nur die
Erklärung der Musterlösung umformuliert, sondern auch mehrere Checkpunkte zu
groberen Kategorien zusammengefasst.

7.2.3   Check

Der überarbeitete Check ist in Abbildung 7.4 dargestellt. Auf der rechten Seite
ist sowohl die eigene Antwort zur Überprüfen-Aufgabe, wie auch ein möglicher
Lösungsgraph, der den Lernenden bereits aus der Musterlösung bekannt ist, abgebildet. Diese beiden ikonischen Darstellungen sollen es Lernenden erleichtern, ihre
eigene Lösung anhand der Beurteilungskriterien, die in Form von Checkpunkten
auf der linken Bildschirmseite abgebildet sind, zu bewerten. Während die verschiedenen Karteikarten in der Papierversion des SAFE Tools nebeneinander gelegt und
gleichzeitig genutzt werden konnten, ist dies bei der digitalen Version nicht möglich. Daher wurde bei der Digitalisierung sichergestellt, dass Lernende während
des Checks direkten Zugang zur eigenen Aufgabenlösung haben, ohne zwischen
unterschiedlichen Bildschirmseiten hin- und herwechseln zu müssen.

Der größte Unterschied zur Papierversion (s. Abbildung 6.4) liegt in der Formulierung und Auswahl der Checkpunkte. Im ersten Entwicklungszyklus wird sowohl
in den Schülerinterviews (s. Abschnitt 6.4.3) als auch der Expertenbefragung (s.
Abschnitt 6.5) deutlich, dass die negativ formulierten Checkpunkte zu Schwierigkeiten beim formativen Selbst-Assessment führen können. Aufgrund der Verneinung
fiel es Lernenden sichtlich schwer, ihre Lösungen mithilfe der genannten Kriterien zu beurteilen. Um sie bei diesem Diagnoseprozess besser zu unterstützen, sind
die Checkpunkte in der TI-Nspire^{TM} Version des SAFE Tools positiv formuliert.
Sie beginnen jeweils mit: „Ich habe erkannt, dass ...", damit das Ankreuzen als
Zustimmung mit der jeweiligen Aussage verstanden wird. Das Ankreuzen eines
Checkpunkts ist mit dem Feststellen einer korrekten Eigenschaft des eigenen Graphen gleichzusetzen. Eine Aufgabenlösung gilt dann als vollständig richtig, wenn
alle Punkte abgehakt werden können.

Darüber hinaus wird die Anzahl der Beurteilungskriterien von zehn auf sechs
reduziert. Der erste Checkpunkt der Papierversion entfällt, da eine korrekte Lösung
nun durch Ankreuzen aller Checkpunkte kenntlich gemacht wird. Die übrigen
Checkpunkte werden auf Anraten der Expert:innen zu übergeordneten Beurtei-
lungskategorien zusammenfasst (s. Abschnitt 6.5). Daher bezieht sich der erste
Checkpunkt nun auf die Anzahl der Nullstellen im Lösungsgraph (zuvor CP2,

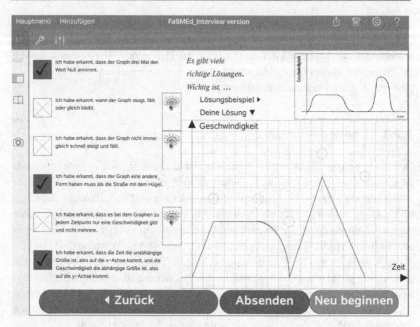

Abbildung 7.4 Check (TI-Nspire™ Version)

CP5 und CP7). Das zweite Kriterium soll den Fokus der Lernenden auf die Art der Steigung einzelner Graph-Abschnitte lenken (zuvor CP3, CP4, CP5 und CP6). Checkpunkt drei wurde als neues Beurteilungskriterium hinzugefügt und bezieht sich auf den (relativen) Wert der Steigung. In den Schülerinterviews deutet es auf eine tiefer reichende Interpretation der Situation, wenn Lernende erörtern, wie stark die Geschwindigkeit mit der Zeit steigt oder fällt. Beispielsweise berücksichtigen Robin und Tom in ihren Lösungen zur Überprüfen-Aufgabe, dass die Geschwindigkeit beim Runterfahren schneller steigen muss als beim Fahren auf der Straße. Linn erkennt, dass beim Hochfahren mehr Zeit vergehen muss als beim Runterfahren (s. Abschnitt 6.4.1). Solche Überlegungen sollen durch Ankreuzen des dritten Beurteilungskriteriums anerkannt werden. Der vierte Checkpunkt entspricht dem vorherigen CP8 und dient der Feststellung eines Graph-als-Bild Fehlers. Allerdings wird die Formulierung dieses Kriteriums verändert. Das ist damit zu begründen, dass die Expert:innen die Wortwahl „sieht so aus wie" als zu unspezifisch kritisierten (s. Abschnitt 6.5). Diese Befürchtung bestätigt sich z. B. im Interview von Linn. Sie erfasst die Bedeutung des Checkpunkts nicht und kreuzt diesen bei der Wiederholung der Überprüfen-Aufgabe mit folgender Begründung an: „*Kann man das [korrigierte Überprüfen-Lösung] als eine Straße mit einem Hügel bezeichnen? Ich glaube schon.*" (Linn 16:20–16:26), obwohl sie beim Zeichnen des Graphen keinen Graph-als-Bild Fehler begeht (s. Abschnitt 6.4.4). Daher lautet der neu formulierte Checkpunkt: „Ich habe erkannt, dass der Graph eine andere Form haben muss als die Straße mit dem Hügel." Checkpunkt fünf entspricht CP9 und bezieht sich auf die Eindeutigkeit des Funktionsgraphen. Schließlich stimmt der sechste Checkpunkt größtenteils mit CP10 überein, da sich beide auf die Achsenbeschriftung beziehen. Im Gegensatz zur Papierversion wird von „x- und y-Achse" anstelle von „erster und zweiter Achse" gesprochen. Das liegt daran, dass Lernende in drei von sieben Interviews Schwierigkeiten mit diesem Begriff zeigen und die Vertauschung der Achsenbeschriftung in CP10 nicht wahrnehmen (s. Abschnitte 6.4.2, 6.4.3 und 6.4.4). Zudem betont die neue Formulierung, dass die unabhängige sowie abhängige Größe in der Situation zu identifizieren sind. Hierdurch sollen Lernende zur Interpretation des Graphen als Darstellung einer funktionalen Abhängigkeit angeregt werden.

7.2.4 Info

Die TI-Nspire™ Version des SAFE Tools enthält sechs Info-Einheiten, welche jeweils einem der Checkpunkte entspricht. Sie dienen bei einem festgestellten Fehler der Wiederholung oder -erarbeitung mathematischer Inhalte bzgl. eines spezifischen Merkmals graphischer Funktionsdarstellungen oder eines bestimmten Fehlertyps. Im Vergleich zur Papierversion wurden alle Infos überarbeitet und einheitlich strukturiert. Sie enthalten nun eine innermathematische Erklärung, eine beispielhafte Spezifizierung bezogen auf die funktionale Abhängigkeit zwischen Zeit und Geschwindigkeit in der Überprüfen-Aufgabe sowie mindestens eine graphische Darstellung, um den Sachverhalt zu illustrieren und Repräsentationswechsel anzuregen. Hierdurch soll Lernenden zum einen eine klare Struktur für ihren Lernprozess in der Selbst-Förderphase bereitgestellt werden. Zum anderen wird eine Ablösung vom Zeit-Geschwindigkeits-Kontext ermöglicht, damit grundlegende Erkenntnisse bzgl. des Funktionsbegriffs stärker in den Fokus rücken.

Diese grundlegenden Veränderungen der Infos werden nicht nur den Forderungen der Expert:innen nach mehr Struktur und Visualisierung gerecht (s. Abschnitt 6.5), sondern stellen eine Reaktion auf sichtbar gewordene Schwierigkeiten der Lernenden im ersten Zyklus dar. Wie in Abschnitt 6.4.4 angemerkt, nutzten die Proband:innen nur selten die Hilfekarten des SAFE Tools. Hindernisse zeigen sich aber auch, wenn diese herangezogen wurden. Beispielsweise lesen Lernende die Informationen unreflektiert vor. Dies wird z. B. im Interview von Kayra und Latisha deutlich. Sie lesen Info A2.2 vor, bearbeiten dann Üben A3.2 und greifen im Anschluss erneut zur Hilfekarte A2.2. Erst nach etwa der Hälfte des Texts stellt Latisha fest: *„Das haben wir schon gelesen. "*, woraufhin die Hilfekarte erneut ohne Reflexion der Inhalte weggelegt wird (Kayra& Latisha 16:00–16:41). Des Weiteren zeigt sich in Linns Interview, dass Hilfekarten missverstanden werden können. Sie interpretiert die Informationen aus A2.5 fehlerhaft und vertauscht infolgedessen die Koordinatenachsen miteinander, was zu einem inakkuraten Selbst-Assessment führt (s. Abschnitt 6.4.4). Hier hätte eine Visualisierung die Fehlinterpretation womöglich verhindert. Schließlich zeigt das Interview von Yael und Yadid, dass Lernende Schwierigkeiten dabei haben können, Inhalte der Hilfen vom Zeit-Geschwindigkeits-Kontext zu abstrahieren und auf andere Situationen zu übertragen. Die Lernenden ziehen bei Üben A3.1 und A3.6 eine Hilfe heran, um ein konkretes Problem während der Aufgabenbearbeitung zu lösen. Allerdings helfen ihnen beide Karten nicht dabei, den jeweils neuen Sachkontext zu interpretieren (s. Abschnitt 6.4.4).

Info 1: Nullstellen

Info eins soll von Lernenden herangezogen werden, die den ersten Checkpunkt nicht abgehakt haben, d. h. sie haben nicht erkannt, dass ein Lösungsgraph zur Überprüfen-Aufgabe dreimal den Wert null erreicht. Daher bezieht sich diese Info auf die Frage, wann ein Graph eine Nullstelle annimmt. In Abbildung 7.5 ist ein Teil (allgemeine Erklärung und Visualisierung) von Info eins dargestellt. Durch die Formulierung der allgemeinen Erklärung soll der Graph nicht nur als Repräsentation einer Abhängigkeit zwischen Größen betont, sondern auch ein Zusammenhang zwischen den Werten der abhängigen Größe und deren graphischer Darstellung akzentuiert werden. Das bedeutet, dass Info eins auf die Aktivierung der Zuordnungsvorstellung von Lernenden zielt. Dies wird durch das Beispiel des Zeit-Geschwindigkeits-Kontexts unterstützt. Durch Antippen des Pfeils unten im Textfeld gelangen Nutzer:innen zu folgender Erläuterung: „Beispiel: Wenn Niklas nicht mit dem Fahrrad fährt, sondern still steht, dann hat die Geschwindigkeit einen Wert von 0 km/h. Bei der Fahrt von Niklas nimmt der Graph also drei Mal den Wert null an (siehe Bild rechts)." Die Abbildung auf der rechten Bildschirmseite komplettiert die Info, indem sie die Nullstellen im Graphen der Musterlösung durch Einkreisen hervorhebt. Dies soll die Komplexität der Abbildung im Sinne einer Fokussierungshilfe verringern (s. Abschnitt 4.4.7; Clark & Mayer 2016, S. 84). Zusätzlich ist gemäß des Multimedia- sowie des Kontinguitätsprinzips in unmittelbarer Nähe der graphischen Darstellung eine entsprechende Interpretation dieser Graphstellen in der Sachsituation integriert (s. Abbildung 7.5).[4]

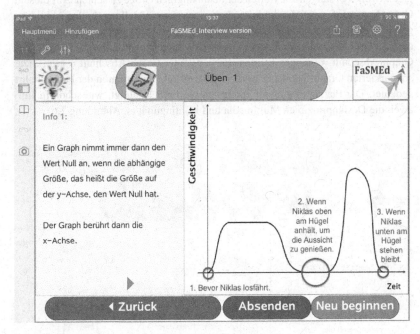

Abbildung 7.5 Info 1: Nullstellen (TI-Nspire™ Version)

Info 2: Art der Steigung

Info 2 richtet sich an Lernende, die durch das Nicht-Ankreuzen des zweiten Check-punkts einen Fehler bzgl. der Steigung ihres Lösungsgraphen feststellen. Die Info besteht – gemäß dem Segmentierungsprinzip – aus drei unterschiedlichen Bild-schirmseiten, welche jeweils einen allgemeinen Erklärtext auf der linken und eine zugehörige Visualisierung auf der rechten Seite enthalten. Diese beziehen sich auf jeweils eine Steigungsrichtung, d. h. auf die Frage, wann ein Graph steigt, fällt oder konstant bleibt. Abbildung 7.6 zeigt die Info bzgl. einer positiven Steigung des Gra-phen. Die beiden anderen Teilinfos können durch Antippen der Pfeile im unteren

---

[4] Im SAFE Tool sind die Kreise und Interpretationen zusätzlich durch eine rote Schriftfarbe hervorgehoben.

Bereich des Textfelds erreicht werden und sind parallel aufgebaut und formuliert. Zur Evaluation der Steigungsrichtung ist besonders auf die Veränderung der abhängigen Größe bei steigenden Werten der unabhängigen Größe zu achten. Aus diesem Grund betont Info zwei die direktionale Kovariationsvorstellung. In den Abbildungen sind die entsprechenden Graph-Abschnitte jeweils in einer spezifischen Farbe dargestellt (1. Infoseite: steigender Graph-Abschnitt = blau; 2. Infoseite: fallender Graph-Abschnitt = orange; 3. Infoseite: konstanter Graph-Abschnitt = grün). Die so markierten Graph-Segmente werden zudem bzgl. der Situation der Fahrradfahrt gedeutet. Die Platzierung dieser Interpretation berücksichtigt, wie schon in Info zwei, die Designprinzipien Multimedia und Kontinguität (s. Abbildung 7.6).

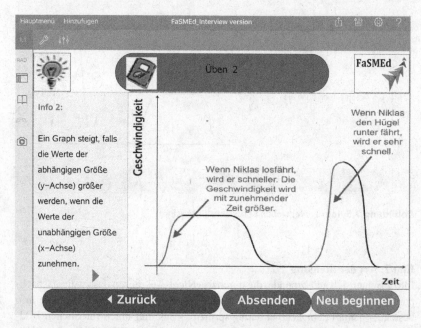

Abbildung 7.6 Erste Seite von Info 2: Art der Steigung (TI-Nspire™ Version)

Info 3: Grad der Steigung

Wie in Abschnitt 7.2.3 beschrieben wird Checkpunkt drei neu zum SAFE Tool hinzugefügt, um das korrekte Zeichnen von unterschiedlich großen Werten für die Graphsteigung zu berücksichtigen. Das bedeutet, Lernende haben nicht nur die grobe

Richtung einer Kovariation, sondern auch die (relative) Größe der gemeinsamen Variablenveränderung erkannt. Daher beschäftigt sich die zugehörige Info drei mit der Frage, wann ein Graph schneller oder langsamer steigt bzw. fällt. Dies soll Lernende unterstützen, die keine verschiedenen „Grade der Steigung" im Lösungsgraphen zur Überprüfen-Aufgabe skizzieren. Sie sollen im Informationstext zunächst darüber aufgeklärt werden, dass die Steigung eines Graphen unterschiedlich groß ausfallen kann. Darüber hinaus wird der Wert einer gemeinsamen Größenveränderung fokussiert: „Ein Graph kann unterschiedlich schnell steigen und fallen. Das liegt daran, dass sich die Werte der abhängigen Größe (y-Achse) unterschiedlich stark verändern können, wenn die Werte der unabhängigen Größe (x-Achse) zunehmen." Diese Information wird anhand der steigenden Graph-Abschnitte im Zeit-Geschwindigkeits-Kontext der Überprüfen-Aufgabe verdeutlicht: „Beispiel: Der Graph von der Fahrradfahrt steigt schneller, wenn Niklas den Hügel hinunter fährt, als wenn er von zu Hause losfährt (siehe Bild)." Mithilfe dieser Erklärung und der zugehörigen Abbildung 7.7 sollen Lernende erfassen, dass man beim Zeichnen eines Funktionsgraphen nicht nur auf die Richtung der gemeinsamen Größenveränderung, sondern auch auf deren Größe achten muss. Damit betont Info drei die direktionale sowie quantifizierte Kovariationsvorstellung (s. Abschnitt 5.6.2).

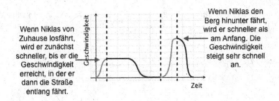

Abbildung 7.7 Visualisierung in Info 3: Grad der Steigung (TI-Nspire^{TM} Version)

Info 4: Graph-als-Bild Fehler

Info vier richtet sich an Lernende, die mithilfe von Checkpunkt vier einen Graph-als-Bild Fehler feststellen. Daher soll auf diese Fehlvorstellung aufmerksam gemacht und Graphen als abstrakte Darstellungen von Größenbeziehungen hervorgehoben werden. Wurden Lernende in der Papierversion nur indirekt mit der Verwechslung von Situation und Graph konfrontiert und aufgefordert die Fahrradfahrt zu quantifizieren (s. Abschnitt 6.2.4), ist die Formulierung der Info in der TI-Nspire^{TM} Version direkter. Das ist einerseits auf die Anmerkungen der Expert:innen zurückzuführen, die infrage stellten, ob ein integrierter Arbeitsauftrag die didaktische Funktion der Hilfekarten als Informationsträger behindert (s. Abschnitt 6.5). Andererseits bestätigt sich diese Befürchtung im Interview von Kayra und Latisha. Während Kayra zunächst keine Aufgabenstellung auf Hilfekarte A2.3 erkennt, achtet Latisha nicht auf die Aufforderung zur Quantifizierung der Situation, sondern nur auf den abschließenden Arbeitsauftrag, der einen Vergleich mit der eigenen Überprüfen-Lösung erfordert. Hierdurch erkennen sie zwar, dass ihre Graphen nicht im Nullpunkt beginnen, nicht aber ihre Verwechslung zwischen situativer und graphischer Repräsentation. Eine Interpretation ihrer Graphen bzgl. der funktionalen Abhängigkeit wird durch A2.3 bei diesen Lernenden nicht angeregt. Möglicherweise führt der Arbeitsauftrag die eher produktorientierten Schülerinnen dazu, wichtige Informationen auf der Hilfekarte zu vernachlässigen (Kayra & Latisha 23:42–29:10).

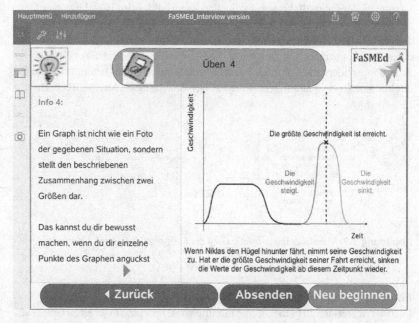

Abbildung 7.8 Info 4: Graph-als-Bild Fehler (TI-Nspire^{TM} Version)

    Daher enthält Info vier eine direktere Erklärung (ohne Aufgabenstellung), welche aus drei Teilen besteht. Im ersten Teil sollen Lernende dafür sensibilisiert werden, dass es sich bei Graphen nicht um fotografische Abbildungen einer Situation handelt (s. Abbildung 7.8). Der zweite Teil lautet vollständig: „Das kannst du dir bewusst machen, wenn du einzelne Punkte des Graphen anguckst und überlegst, was sie in der Situation bedeuten. Alle Punkte zusammen bilden den Graphen." Hier wird die graphische Darstellung als Punktmenge beschrieben. Demnach wird zur lokalen Betrachtung des funktionalen Zusammenhangs geraten, was die Zuordnungsvorstellung der Lernenden aktivieren soll. Der dritte Teil der Erklärung zielt auf die Kovariationsvorstellung: „Am Graphen kannst du nicht nur einzelne Punkte ablesen und in der gegebenen Situation deuten, sondern auch erkennen, wie sich die abhängige Größe (y-Achse) mit der unabhängigen Größe (x-Achse) verändert." Dass hier zwei Grundvorstellungen zum Funktionsbegriff betont werden hat mehrere Gründe. Aus der Literatur ist bekannt, dass eine mangelnde Zuordnungs- sowie Kovariationsvorstellung als Ursache des Graph-als-Bild Fehlers infrage kommt (s. Abschnitt 3.8.1; z. B. Oehrtman et al. 2008, S. 12). Dies zeigt sich empirisch ebenso bei Linns Überprüfen-Bearbeitung (s. Abschnitt 6.4.2). Zudem wird in der Expertenbefragung zu einer stärkeren Verknüpfung beider Grundvorstellungen geraten (s. Abschnitt 6.5).

Info vier wird durch die beispielhafte Übertragung des Lerngegenstands auf den Zeit-Geschwindigkeits-Kontext der Überprüfen-Aufgabe vervollständigt. Dazu wird folgender Text bereitgestellt: „Beispiel: Stellst du dir die Fahrt von Niklas zu einzelnen Zeitpunkten vor, kannst du überlegen, wie hoch die Geschwindigkeit jeweils ist. Überlege auch, wie sich die Werte der Geschwindigkeit vorher und nachher verändern." Durch das Beispiel sollen Lernende demnach zunächst zu einer punktweisen Interpretation des Graphen bzw. Quantifizierung der Situation angehalten werden. Im Anschluss wird der Fokus auf die Kovariation der Größen gelenkt, um die Verknüpfung der Grundvorstellungen erneut anzuregen. Derartige Überlegungen werden in der Abbildung auf der rechten Bildschirmseite für einen Punkt des Graphen angestellt. Dabei wird der Zeitpunkt betrachtet, bei dem der Radfahrer die höchste Geschwindigkeit erreicht (s. Abbildung 7.8).

Info 5: Missachtung der Eindeutigkeit

Info fünf fokussiert die Funktionseindeutigkeit. Lernende sollen unterstützt werden, die diese Funktionseigenschaft beim Zeichnen des Überprüfen-Graphen missachtet und daher nicht Checkpunkt fünf abgehakt haben. Im Gegensatz zur Papierversion (s. Abschnitt 6.2.4) wird aufgrund der Neustrukturierung eine allgemeingültige innermathematische Erklärung ergänzt. Diese definiert zunächst den Begriff des funktionalen Zusammenhangs und identifiziert einen zugehörigen Graphen als eindeutig: „Gibt es zu einem Wert der unabhängigen Größe (x-Achse) genau einen Wert der abhängigen Größe (y-Achse), nennt man den Zusammenhang zwischen beiden Größen funktionalen Zusammenhang. Ein Graph, der einen funktionalen Zusammenhang darstellt, heißt eindeutig." Anschließend wird diese Begriffsklärung anhand der Fahrradfahrt verdeutlicht: „Beispiel: Der Graph zu der Fahrt von Niklas ist eindeutig. Zu jedem beliebigen Zeitpunkt kannst du genau eine Geschwindigkeit messen. Es ist nicht möglich, dass Niklas zu einem Zeitpunkt verschiedene Geschwindigkeiten hat. Der Zusammenhang zwischen Zeit und Geschwindigkeit ist daher funktional." Dieses Beispiel wird durch die Abbildung eines Lösungsgraphen zum Überprüfen ergänzt. Letztlich wird die Verletzung der Funktionseindeutigkeit durch zwei Gegenbeispiele visualisiert (s. Abbildung 7.9). Die zugehörige Erklärung lautet: „Gegenbeispiel: Die beiden Graphen rechts stellen keinen funktionalen Zusammenhang dar, da einem Wert der unabhängigen Größe mehrere Werte der abhängigen Größe zugeordnet sind. Die Graphen sind daher nicht eindeutig. Sie können den Zusammenhang zwischen Zeit und Geschwindigkeit nicht darstellen." Demnach wird die Funktionseindeutigkeit in Info fünf nicht nur erläutert und anhand eines Sachkontexts verdeutlicht, sondern deren graphische Repräsentation hervorgehoben. Da für die betrachtete Eigenschaft insbesondere die Vorstellung einer Funktion als Zuordnung entscheidend ist, soll Info fünf Lernende zur Aktivierung dieser Grundvorstellung anregen.

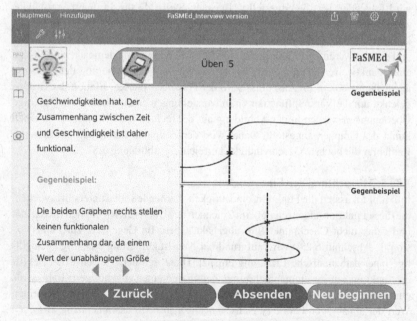

Abbildung 7.9 Info 5: Missachtung der Eindeutigkeit (TI-Nspire^{TM} Version)

Info 6: Achsenbeschriftung

Info sechs richtet sich an Lernende, welche die Koordinatenachsen beim Überprüfen inkorrekt beschriftet und daher Checkpunkt sechs nicht abgehakt haben. Dieser Fehler kann zum einen darauf hindeuten, dass Lernende die funktionale Abhängigkeit in der Situationsbeschreibung nicht erfassen oder den Graphen nicht als Repräsentation einer Größenbeziehung verstehen. Zum anderen kommen fehlende Kenntnisse bzgl. der graphischen Funktionsdarstellung als Fehlerursache in Frage. Daher sollen Lernende durch Info sechs auf die Rolle von Graphen zur Darstellung funktionaler Abhängigkeiten aufmerksam gemacht werden. Zudem wird die Konvention zum Eintragen der unabhängigen Größe auf der x-Achse und der abhängigen Größe auf der y-Achse adressiert. Folgende Erklärung dient diesem Zweck: „Willst du den Zusammenhang zwischen zwei Größen übersichtlich in einem Graphen darstellen, musst du die Werte der Größen als Punkte in ein Koordinatensystem eintragen. Dazu musst du überlegen, welche Größe die unabhängige und welche die davon abhängige ist. Du trägst die unabhängige Größe immer auf der x-Achse ein und die abhängige Größe immer auf der y-Achse." Damit Lernende die Koordinatenachsen nicht verwechseln, wird diese Information durch Abbildung 7.10 ergänzt. Hierdurch soll eine Vertauschung der Achsen, wie im Interview von Linn (s. Abschnitt 6.4.4), verhindert werden.

Schließlich wird in Info sechs Bezug zum Kontext der Überprüfen-Aufgabe genommen, um die Übertragung des mathematischen Lerngegenstands auf eine Anwendungssituation zu verdeutlichen. Daher wird folgender Text integriert: „Beispiel: Bei der Fahrradfahrt von Niklas wird der Zusammenhang von zwei Größen beschrieben: Zeit und Geschwindigkeit. Mit dem Graphen willst du zeigen, wie sich die Geschwindigkeit mit der Zet verändert. Deshalb ist die Zeit die unabhängige Größe und die Geschwindigkeit die davon abhängige Größe. Die Zeit steht also auf der x-Achse und die Geschwindigkeit auf der y-Achse."

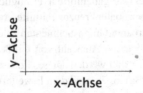

Abbildung 7.10 Visualisierung in Info 6: Achsenbeschriftung (TI-Nspire™ Version)

7.2.5   Üben

Ebenso wie in der Papierversion des SAFE Tools dienen die acht Übungsaufgaben der neuen Toolversion der individuellen Förderung von Lernenden und der Anregung von Reflexionsprozessen (s. Abschnitt 6.2.5). Die ersten sechs Übungen korrespondieren jeweils mit der Thematik eines Checkpunkts und einer Info. Im Vergleich zur Papierversion wurde die Übungsaufgabe A3.1 zur Frage, wann ein Graph im Koordinatenursprung beginnt, entfernt. Da der zugehörige Checkpunkt mit zwei weiteren Evaluationskriterien, welche sich auf die Nullstellen des Graphen beziehen, zusammengefasst wurde (s. Abschnitt 7.2.3), ist eine Übungsaufgabe, welche sich ausschließlich auf den Koordinatenursprung konzentriert, in der neuen Toolversion nicht erforderlich. Daneben wird eine neue Übungsaufgabe (Üben drei) konzipiert, die das hinzugefügte Beurteilungskriterium in Checkpunkt drei adressiert (s. Abschnitt 7.2.3). Die Übungen sieben und acht stellen – wie in der Papierversion – Transferaufgaben für Lernende dar, die das Überprüfen korrekt gelöst oder alle für sie relevanten Fördereinheiten bereits bearbeitet haben. Daher sollen sie eine Vertiefung von Vorstellungen zum Funktionsbegriff und die Anwendung von Übersetzungshandlungen zwischen situativer und graphischer Funktionsdarstellung in anderen Sachkontexten ermöglichen (s. Abschnitt 6.2.5). Spezifische Änderungen bzgl. der Aufgaben werden im Folgenden beschrieben und begründet.

Zuvor werden die Neuerungen adressiert, die sich aufgrund der Digitalisierung des SAFE Tools für alle Übungsaufgaben ergeben. Für die digitale Umsetzung der Aufgaben ist entscheidend, auf welche Weise Lernende diese bearbeiten und ihre Antworten eingeben können. Das heißt, dass sowohl das Aufgabenformat wie auch mögliche Interaktionen zwischen Nutzer:innen und Tool zu berücksichtigen sind. Die TI-Nspire™ Version des SAFE Tools beinhaltet vier unterschiedliche Aufgabentypen, welche teilweise miteinander kombiniert werden:

- *Graph erstellen*: Dieses Aufgabenformat ermöglicht es, Graphen innerhalb eines vorgegebenen Koordinatenkreuzes mithilfe von sieben unterschiedlichen verschieb- und veränderbaren Graph-Segmenten zu erstellen. Die Koordinatenachsen können dabei über die Auswahl von Größen in aufgabenspezifischen Drop-down-Menüs beschriftet werden. Dieses Format wird beim Überprüfen (s. Abschnitt 7.2.2), Üben 3a), 6), 7b) und dem Erweitern verwendet.
- *Offene Antwort*: Dieses Aufgabenformat ermöglicht es, eine frei formulierte Lösung über die Tastatur des genutzten Endgeräts (z. B. iPad) in ein Textfeld einzugeben. Dieses Format wird beim Üben 3b) und 3c) verwendet.
- *Auswahl*: Dieses Aufgabenformat ermöglicht es, die Situationen aus einer Liste auszuwählen, für die eine bestimmte Frage bejaht wird. Dazu wählen Lernende

durch Antippen einen Zahlen-Button am oberen Bildschirmrand aus. Im Textfeld darunter erscheint die mit der entsprechenden Ziffer korrespondierende Situationsbeschreibung. Soll diese im Zusammenhang mit der gestellten Frage (z. B. Lässt sich hierzu ein eindeutiger Graph zeichnen?) als Antwort ausgewählt werden, ist der Button ein zweites Mal anzutippen. Ein wiederholtes Tippen hebt die Auswahl auf, sodass Lernenden die Möglichkeit zur Korrektur geboten wird. Ob eine Situationsbeschreibung gewählt wurde, ist anhand der Hintergrundfarbe zu erkennen. Die Buttons, die noch nicht betätigt wurden, erscheinen grün. Wurde ein Button gelesen aber nicht ausgewählt, hat er einen blauen Hintergrund. Ein ausgewählter Button erscheint in schwarz. Dieses Format wird bei den Aufgaben Üben 1 und 5 verwendet.

- *Zuordnen*: Dieses Aufgabenformat ermöglicht es, verschiedene Situationsbeschreibungen und graphische Abbildungen einander zuzuordnen. Dazu wählen Lernende durch Antippen einen Zahlen-Button aus einer Liste am oberen Bildschirmrand aus. Die Ziffer auf dem Button entspricht einer bestimmten Situationsbeschreibung in der Aufgabe. Anschließend kann eine graphische Darstellung durch Antippen aus einer Liste auf der rechten Bildschirmseite zugeordnet werden. Dieses Format wird bei den Aufgaben Üben 2, 4a) und 7a) verwendet.

Üben 1: Nullstellen

Bei der ersten Übungsaufgabe handelt es sich um die Weiterentwicklung von Karte A3.2 der Papierversion des SAFE Tools. Lernenden wird eine neue Situationsbeschreibung präsentiert, welche wie die Überprüfen-Aufgabe in Bezug auf die Abhängigkeit zwischen Zeit und Geschwindigkeit zu interpretieren ist. Dabei sind die Zeitpunkte zu identifizieren, für die ein zugehöriger Graph den Wert null annimmt, d. h. eine Nullstelle hat. Durch die Aufgabe soll die Zuordnungsvorstellung der Lernenden aktiviert werden, da sie spezifische Zeitpunkte der Situation betrachten müssen. Zudem wird die Interpretation einer Sachsituation hinsichtlich der gegebenen Größenabhängigkeit, also der erste Schritt im situativ-graphischen Übersetzungsprozess, geübt (s. Abschnitt 6.2.5). Im Gegensatz zur Papierversion wurde die Situationsbeschreibung hier in verschiedene Teilsituationen untergliedert. Jeder Textabschnitt entspricht einer Ziffer, die über einen Button am oberen Bildschirmrand ausgewählt werden kann. Haben Lernende eine Teilsituation identifiziert, für die der zugehöriger Graph eine Nullstelle annimmt, so drücken sie den zugehörigen Button zweimal bis sein Hintergrund schwarz wird (s. Abbildung 7.11).

Während sich die Musterlösung zu Üben A3.2 in der Papierversion lediglich auf den Zeit-Geschwindigkeits-Kontext bezog (s. Abbildung 6.7), wird in der TI-Nspire™ Version eine allgemeine Erklärung ergänzt. Wie schon bei den Infos, soll hierdurch eine Ablösung vom spezifischen Kontext unterstützt werden. Die Mus-

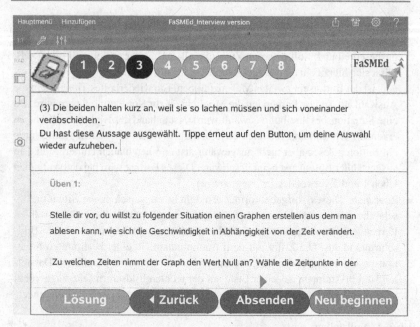

Abbildung 7.11 Üben 1: Wann erreicht ein Graph den Wert null? (TI-Nspire™ Version)

terlösung enthält nun folgende Erläuterung: „Der Graph nimmt dann den Wert null an, wenn die abhängige Größe, also die Geschwindigkeit, den Wert null hat. Das heißt immer dann, wenn Marie still steht und sich nicht bewegt. Ihre Geschwindigkeit ist dann 0 km/h." Anschließend werden die Teilsituationen aufgezählt, auf die diese Aussage zutrifft. Neben einer Kontrolle der eigenen Lösung sollen Lernende durch die neue Formulierung der Musterlösung dabei unterstützt werden, Funktionsgraphen als Darstellungen von Größenabhängigkeiten zu erfassen, da sich dies als besondere Herausforderung für Schüler:innen im ersten Entwicklungszyklus herausstellte (s. Abschnitt 6.4.2).

Üben 2: Art der Steigung
Üben zwei entspricht größtenteils Karte A3.3 der Papierversion des SAFE Tools. An dieser Stelle sei daher auf die Aufgabenanalyse in Abschnitt 6.2.5 verwiesen. Da die Übung nun digital im Format einer *Zuordnen*-Aufgabe umgesetzt ist (s. o.), wird der Wortlaut des Arbeitsauftrags um einen Bedienhinweis erweitert: „Ordne jeder Situation den richtigen Graphen zu, indem du zunächst die Situation oben und

dann den passenden Graphen durch Antippen auswählst." Abbildung 7.12 zeigt
eine Bildschirmaufnahme der Übung. Darin sind die bisherigen Zuordnungen des
Nutzers anhand der Nummern rechts oben bei den entsprechenden Graphen zu
erkennen. Der Nutzer hat Situation vier oben in der Liste ausgewählt, was farb-
lich durch einen veränderten Hintergrund des Buttons kenntlich gemacht wird. Die
Zuordnung zu einem der Graphen auf der rechten Seite erfolgt im nächsten Schritt
durch das Antippen der entsprechenden Abbildung.

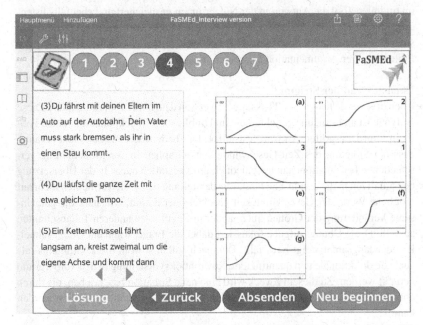

Abbildung 7.12 Üben 2: Wann steigt, fällt oder bleibt ein Graph konstant? (TI-Nspire™
Version)

Die Interviews im ersten Zyklus zeigen, dass bei der Bearbeitung dieser Übungsaufgabe falsche Zuordnungen trotz einer korrekten Argumentation zustande kommen können. Beispielsweise ordnen Lena und Anna der fünften Situation Graph
c zu, *„weil es wird ja langsamer und kommt dann* [*zum Stehen*]*"* (Lena & Anna
13:49–14:00). Obwohl sie hier bei ihrer Interpretation der Situation das Anfahren
des Karussells nicht beachten, repräsentiert der gewählte Graph ihr Situationsmodell. Eine vollständig korrekte Aufgabenlösung ist daher nur zu erzielen, wenn

genau die Teilsituationen modelliert werden, die in den Situationsbeschreibungen explizit genannt sind. Zudem ist ein Abwägen der Zuordnungen im Vergleich zu den übrigen Situationen und Graphen erforderlich. Diese bewusst beibehaltene Schwierigkeit der Übungsaufgabe kann womöglich durch die digitale Umsetzung des SAFE Tools verringert werden. Da die Antworten direkt durch das Antippen der Graphen eingegeben werden, sind Änderungen leicht vorzunehmen.

Wie schon in der Papierversion besteht die Musterlösung aus einer Liste der korrekten Zuordnungen, z. B. „Situation (1) gehört zu Graph (f)." Ergänzend werden im digitalen Tool die Antworten der Nutzer:innen gespeichert und ebenfalls listenartig angezeigt, z. B. „Du hast Situation (1) den Graph (d) zugeordnet." Hierdurch soll Lernenden eine Möglichkeit zum Erkennen eigener Fehler sowie ein Anreiz zur Reflexion ihrer Argumentationen geboten werden.

Üben 3: Grad der Steigung

Üben drei wurde neu für die TI-Nspire^{TM} Version des SAFE Tools konzipiert. Diese Aufgabe ist an Lernende gerichtet, die im Hinblick auf Checkpunkt drei einen Fehler in ihrer Überprüfen-Antwort feststellen. Das bedeutet, sie haben nicht erkannt, dass die Steigung des Zeit-Geschwindigkeits-Graphen in der Modellierung verschiedener Teilsituationen unterschiedlich groß ausfallen muss. In der Übersetzung der situativen in die graphische Funktionsdarstellung haben sie vermutlich nicht auf mögliche Werte der Geschwindigkeit geachtet oder darauf, wie stark die gemeinsame Veränderung der Größen miteinander in Relation zu anderen Teilabschnitten ausfällt. Diese Übungsaufgabe fokussiert daher die Frage, wann ein Graph schneller oder langsamer steigt bzw. fällt. Demnach sollen sowohl die Zuordnungs- als auch die direktionale und quantifizierte Kovariationsvorstellung in den Vordergrund gerückt werden. Zu diesem Zweck wird eine neue Situation beschrieben, die durch unterschiedlich stark steigende bzw. fallende Graph-Abschnitte modelliert werden kann:

> „Carlo schüttet Wasser aus einer Flasche in ein Glas. Zuerst schüttet er vorsichtig wenig Wasser in das Glas. Dann kippt er sehr viel Wasser auf einmal hinein bis das Glas voll ist. Während Carlo wieder den Deckel auf die Flasche schraubt, lässt er das volle Glas auf dem Tisch stehen. Dann trinkt er das halbe Glas in kleinen Schlucken aus, wobei er sich etwas Zeit lässt. Den Rest des Wassers trinkt er fast auf einmal."

Zu untersuchen ist die Füllhöhe des Wassers im Glas abhängig von der Zeit. Damit wird eine andere funktionale Abhängigkeit adressiert als beim Überprüfen, in der die Zeit aber ebenfalls die unabhängige Größe darstellt. Da davon auszugehen ist, dass Lernenden der Umgang mit zeitabhängigen Situationen relativ leicht fällt (s.

Abschnitt 3.8.6), wird hierdurch ein Transfer bisheriger Überlegungen zum situativ-graphischen Darstellungswechsel ermöglicht. Zudem ist zu vermuten, dass Lernende bei dem neuen Kontext nicht durch visuelle Situationseigenschaften abgelenkt werden. Da das Befüllen des Glases mit einer Zunahme des Graphen und das Leeren entsprechend mit einer Abnahme modelliert wird, sind hier keine Graph-als-Bild Fehler zu erwarten. Lernenden wird somit der Fokus auf die gemeinsame Größenveränderung erleichtert.

In Teilaufgabe (1) ist ein Zeit-Füllhöhe-Graph zur gegebenen Situation zu erstellen. Lernende werden demnach zum situativ-graphischen Darstellungswechsel aufgefordert, wobei die Kovariationsvorstellung durch die Formulierung des Arbeitsauftrags hervorgehoben wird (s. Abbildung 7.13). Zur Aufgabenlösung müssen Lernende zunächst die funktionale Abhängigkeit zwischen Zeit und Füllhöhe erfassen. Das heißt, diese Größen müssen identifiziert, als variabel verstanden und die Richtung ihrer Abhängigkeit bestimmt werden (s. Abschnitt 3.3.3; Zindel, 2019, S. 45). Anschließend können die Koordinatenachsen über eine Auswahl in den

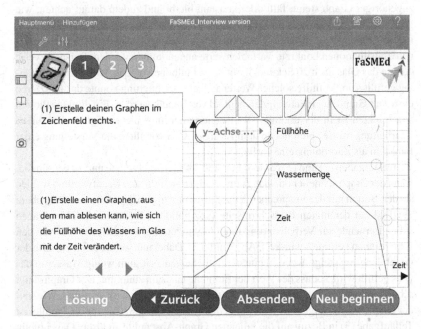

Abbildung 7.13 Üben 3: Wann steigt oder fällt ein Graph schneller bzw. langsamer? (TI-Nspire™ Version)

Drop-down-Menüs mit den entsprechenden Größen beschriftet werden (Auswahl-möglichkeiten s. Abbildung 7.13). Hierbei ist insbesondere die Vorstellung einer Funktion als Zuordnung zu aktivieren. Daraufhin sind die fünf beschriebenen Teil-situationen bezüglich der funktionalen Abhängigkeit zu interpretieren und graphisch zu repräsentieren. Dies kann über eine qualitative Deutung der Situation erfolgen. Beispielsweise ist der Information „Carlo schüttet zunächst wenig Wasser ein" zu entnehmen, dass die Füllhöhe im Glas während der ersten Teilsituation nur gering zunimmt. Demnach ist sie durch einen langsam steigenden Graph-Abschnitt zu modellieren. Nimmt man an, dass das Wasser gleichmäßig eingegossen wird, kann dies durch eine flach steigende Gerade, d. h. durch eine lineare Funktion mit klei-ner, positiver Steigung, dargestellt werden. Das entsprechende Graph-Stück kann im Graph-Feld ausgewählt, platziert und die Steigung entsprechend variiert werden. Dies gilt es ebenso für die übrigen vier Teilsituationen anzustellen, sodass insge-samt ein Lösungsgraph wie etwa in Abbildung 7.13 entsteht. Bei der beschriebenen Lösungsstrategie werden die direktionale und quantifizierte Kovariationsvorstel-lung der Lernenden beansprucht. Sie müssen für jede Teilsituation erfassen, ob ein zugehöriger Graph steigt, fällt oder konstant bleibt und zudem darauf achten, wie groß die Steigung jeweils ausfällt. Alternativ könnte die Aufgabe gelöst werden, indem Lernende die Situation quantifizieren. Das bedeutet, dass für die einzel-nen Teilsituationen konkrete Variablenwerte angenommen werden. Beispielsweise könnte das Glas nach 20 Sekunden mit einer Füllhöhe von 250 Millilitern vollstän-dig gefüllt sein. Mithilfe solcher Wertepaare als Orientierung könnte das Platzieren einzelner Graph-Segmente im Zeichenfeld vereinfacht werden. Ein direktes Plotten von Punkten ist in der digitalen Toolversion allerdings nicht möglich. Bei dieser Bearbeitungsweise spielt neben dem Alltagswissen vor allem die Vorstellung einer Funktion als Zuordnung eine Rolle.

Teilaufgaben (2) und (3) fordern Lernende auf zu beschreiben und zu begründen, wann der Graph schneller oder langsamer steigt bzw. fällt. Zur Beantwortung wählen sie den Button mit der entsprechenden Zahl aus und tippen ihre Antwort in das obere Textfeld auf der linken Bildschirmseite (s. Abbildung 7.13). Beide Teilaufgaben sollen Lernende zur Verbalisierung ihrer Argumentation anregen, wie dies von den Expert:innen gefordert wurde (s. Abschnitt 6.5). Dabei müssen sie erfassen, dass der Graph langsam steigt, wenn in einem relativ langen Zeitraum wenig Wasser in das Glas gefüllt wird, sodass der Wert der Füllhöhe langsam zunimmt. Der Graph steigt schnell, wenn die Füllhöhe in einem relativ kurzen Zeitraum stark zunimmt. Wie steil der Graph steigt, hängt vom Wert der gemeinsamen Größenzunahme ab. Parallel ist Teilaufgabe (3) in Bezug auf die fallenden Graph-Abschnitte zu lösen. Dabei bleibt stets das Graph-Feld aus der ersten Teilaufgabe auf der rechten Bildschirmseite sichtbar und kann als visuelles Hilfsmittel genutzt werden. Auf diese Weise soll

die wechselseitige Betrachtung und Verknüpfung der situativen und graphischen
Funktionsdarstellung unterstützt werden.

Dieses Ziel verfolgt ebenso die Musterlösung. Zu Teilaufgabe (1) besteht diese
aus der Abbildung eines möglichen Lösungsgraphen. Darin sind zwei Hilfslinien zur Markierung der Füllhöhe für das volle und halbvolle Glas eingezeichnet.
Dadurch sollen Lernende nicht nur zur Reflexion der eigenen Lösung, sondern auch
zum umgekehrten Darstellungswechsel angeregt werden, indem sie den Graphen
im Sachkontext interpretieren müssen, um die Lösung nachzuvollziehen. Erst die
Lösungstexte der zweiten und dritten Teilaufgabe liefern eine verbale Erklärung für
den Verlauf des Lösungsgraphen.

Üben 4: Graph-als-Bild Fehler
Üben vier richtet sich an Lernende, die im Check einen Graph-als-Bild Fehler feststellen. Es handelt sich größtenteils um eine digitale Umsetzung von Karte A3.4 der
Papierversion, wobei nur wenige Änderungen vorgenommen wurden (s. Abschnitt
6.2.5). Dargestellt ist das realistische Bild einer Skipiste, zu der in Aufgabenteil a)
ein passender Zeit-Geschwindigkeits-Graph aus drei möglichen Abbildungen ausgewählt werden soll. In der TI-Nspire^{TM} Version des SAFE Tools wurde dies im
Aufgabenformat *Auswahl* umgesetzt. Das bedeutet, dass Lernende ihre Antwort
durch das Antippen des gewählten Graphen zum Ausdruck bringen.

In Teilaufgabe b) soll für drei Abschnitte der Skifahrt beschrieben werden, wie
sich die Geschwindigkeit mit der Zeit verändert. Dabei soll die direktionale Kovariationsvorstellung der Lernenden aktiviert werden. Ihre Antwort können Lernende
über ein freies Textfeld eingeben. Im Vergleich zur Papierversion wurde der beispielhafte Lückentext zum ersten Graph-Abschnitt weggelassen. Obwohl die Intention
in der sprachlichen Unterstützung der Lernenden lag, zeigen die Interviews, dass
Schüler:innen die Aufgabenstellung aufgrund des Beispiels missverstanden. Lena
und Anna beschrieben die Geschwindigkeitsänderungen für alle drei Abschnitte
der Skifahrt korrekt, füllten im Text aber jeweils nur eine Lücke pro Abschnitt aus,
obwohl sich der gesamte Text allein auf den ersten Pistenabschnitt bezieht (Lena &
Anna 21:54–23:08). Edison und Emil betrachteten allein den ersten Abschnitt der
Skifahrt, da sie hierfür direkt den Lückentext ausfüllen konnten. Erst nach einem
Hinweis der Interviewerin wurde die gemeinsame Größenveränderung von Zeit
und Geschwindigkeit für die übrigen Pistenabschnitte betrachtet (Emil & Edison
46:10–48:06). Auch Kayra und Latisha fokussierten bei der Aufgabenbearbeitung
ausschließlich den ersten Abschnitt der Skifahrt (Kayra & Latisha 31:34–34:02).

In Teilaufgabe c) soll die funktionale Abhängigkeit lokal betrachtet werden,
um die Zuordnungsvorstellung der Lernenden zu aktivieren. Daher müssen sie aus
dem in a) gewählten Graphen ablesen, welche Geschwindigkeit der Skifahrer zu drei

unterschiedlichen Zeitpunkten hat. Allerdings zeigten alle Schüler:innen, welche die Aufgabe während der Interviews im ersten Entwicklungszyklus bearbeiteten (Lena & Anna, Emil & Edison und Kayra & Latisha), Schwierigkeiten beim Verstehen der Aufgabenstellung. Da die Lernenden nichts mit Bezeichnungen der Art $t = 0$ zur Festlegung eines bestimmten Zeitpunkts anfangen konnten (s. Abschnitt 6.4.2), wurde die Aufgabenstellung wie folgt umformuliert: „Welche Geschwindigkeit hat der Skifahrer nach 0 Sekunden, nach 4 Sekunden und nach 8 Sekunden?"

Teilaufgabe d) wurde in der TI-Nspire™ Version des SAFE Tools weggelassen, da die vorherigen Antworten der Lernenden zwar gespeichert, aber nicht übersichtlich auf einer Bildschirmseite präsentiert werden konnten. Das liegt daran, dass in derselben Übungsaufgabe die Formate *Auswahl* und *offene Antwort* verwendet wurden. Die Musterlösung enthält daher bereits für Aufgabenteil a) eine Erklärung, warum der zweite Graph zur Skifahrt passt, welche in der Papierversion erst in Teilaufgabe d) präsentiert wurde.

Üben 5: Missachtung der Eindeutigkeit

Üben fünf entspricht einer digitalen Umsetzung von Karte A3.5 der Papierversion des SAFE Tools (s. Abschnitt 6.2.5), wobei das Aufgabenformat *Auswahl* verwendet wird. Ähnlich wie bei Üben eins sind über das Antippen von Zahlenbuttons diejenigen Situationen ausfindig zu machen, für die ein eindeutiger Graph skizziert werden kann. Im Vergleich zur Papierversion wurden die Bezeichnungen „erste und zweite Achse" in der Aufgabenstellung weggelassen und stattdessen die Begriffe „unabhängige und abhängige Größe" verwendet. Wie bereits beim Check beschrieben, scheinen die Proband:innen der Interviews mit der zuvor gewählten Formulierung nicht vertraut (s. Abschnitt 7.2.3). Ansonsten blieb die Übungsaufgabe der Papierversion sowie ihre Musterlösung in der neuen Toolversion unverändert.

Üben 6: Achsenbeschriftung

Üben sechs soll von Lernenden bearbeitet werden, die beim Überprüfen die Koordinatenachsen des Graphen falsch beschriftet haben. Das bedeutet, sie hatten entweder Schwierigkeiten, die funktionale Abhängigkeit in der Situationsbeschreibung zu identifizieren oder diese entsprechend den Konventionen der graphischen Funktionsdarstellung auszudrücken. Daher soll die Achsenbeschriftung in dieser Aufgabe geübt werden. Wie schon im Check und in der vorherigen Übungsaufgabe wurden die Bezeichnungen „erste und zweite Achse" ersetzt. An dieser Stelle wird in der TI-Nspire™ Version ausschließlich von „x- und y-Achse" gesprochen. Da in der Expertenbefragung angemerkt wurde, dass die Aufgabe durch eine Visualisierung eines Koordinatenkreuzes ergänzt werden sollte (s. Abschnitt 6.5), wurde die Aufgabe im Format *Graph erstellen* umgesetzt. Auf diese Weise wird Lernenden die

Darstellung eines Koordinatensystems präsentiert, deren Achsenbeschriftungen sie für jede der zehn Situationen mithilfe von Drop-down-Menüs aussuchen können. Die Auswahl der acht Größen, welche für die Achsenbeschriftungen jeweils infrage kommen, ist für alle Teilaufgaben identisch (s. Abbildung 7.14).

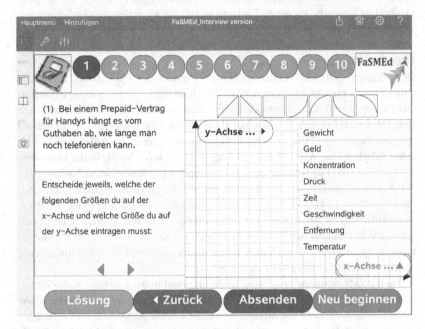

Abbildung 7.14 Üben 6: Wie werden die Koordinatenachsen eines Funktionsgraphen beschriftet? (TI-Nspire™ Version)

Die Auswahl wurde ergänzt, um Lernende beim Erkennen der Abhängigkeit zweier Größen in einer Situationsbeschreibung stärker zu unterstützen. In den Schülerinterviews von Linn sowie Yael und Yadid wird deutlich, dass Schüler:innen bei der Aufgabenbearbeitung teilweise Begriffe als Achsenbeschriftungen wählen, welche weder die beschriebene funktionale Abhängigkeit reflektieren noch messbare Größen darstellen (s. Abschnitt 6.4.4). Beispielsweise legte Linn für Situation acht: „Der Abstand eines Bootes zur Küste hängt von dem Zeitpunkt der Messung ab." die Begriffe „Messung" und „Abstand" als Beschriftungen für x- und y-Achse fest (Linn 21:54–22:03). Yael und Yadid wählten für Situation fünf: „Die Laufgeschwindigkeit von Tim bestimmt, wie lang die Strecke ist, die er in einer halben Stunde zurück-

legen kann." die Beschriftungen „x = Ausdauer" und „y = Kilometer pro Stunde",
weil *„mit einer guten Ausdauer könnte er zum Beispiel 20 km rennen"* (Yael &
Yadid 21:41–21:56). Scheinbar ist ihnen nicht bewusst, dass die Achsenbeschriftungen eines Graphen stets messbare Größen repräsentieren, deren Reihenfolge die
Abhängigkeitsbeziehung zwischen diesen Variablen festlegt. Durch die Vorgabe
möglicher Größen in der neuen Toolversion soll die Modellierung der Situationen
erleichtert werden.

Üben 7: Füllgraphen

Die Füllgraphen-Aufgabe in der TI-Nspire^TM Version des SAFE Tools ist größtenteils identisch zur Papierversion A3.7 (s. Abschnitt 6.2.5). Teilaufgabe a) ist im Format *Zuordnen* umgesetzt. Lernende wählen zunächst einen Zahlenbutton am oberen
Bildschirmrand aus, der jeweils einer abgebildeten Vase entspricht. Anschließend
wird der zugehörige Füllgraph durch Antippen zugeordnet. Im Aufgabentext wird
daher lediglich eine Anleitung dieses Vorgehens ergänzt: „Wähle in der Liste oben
ein Gefäß aus und tippe dann auf den Füllgraphen für dieses Gefäß." Wichtig bei
der digitalen Umsetzung ist, dass Lernende die Möglichkeit erhalten, die Abbildung der Vasen sowie Graphen gleichzeitig auf einem Bildschirm (ohne Vor- bzw.
Zurückblättern) zu betrachten. Aus diesem Grund kann die Abbildung der Vasen
durch „Weiterblättern" im Textfeld aufgerufen werden, wenn Lernende die Aufgabenstellung zu Ende gelesen haben, wobei die möglichen Füllgraphen gleichzeitig
auf der rechten Bildschirmseite zu sehen sind.

Da die Zahlenbuttons am oberen Bildschirmrand in Aufgabenteil a) der Zuordnung von Vasen und Füllgraphen dienen, konnten sie in dieser Aufgabe nicht wie
zuvor zur Auswahl einer Teilaufgabe verwendet werden. Aufgabenteil b) wird daher
ebenfalls durch Weiterblättern über die Pfeil-Symbole im Textfeld erreicht. Da die
Aufgabe im Skizzieren eines Füllgraphen zu einer abgebildeten Vase besteht, ist
sie im Format *Graph erstellen* umgesetzt. Zur Achsenbeschriftung muss je eine der
Größen Zeit, Wassermenge und Füllhöhe aus den Drop-down-Menüs ausgewählt
werden. Der Graph wird über die variierbaren Graph-Segmente zusammengesetzt.
Die größte Veränderung im Vergleich zur Papierversion besteht in der Gestaltung
des Graphen, der die Musterlösung für Teilaufgabe b) bildet. Robins Interview
macht deutlich, dass sich die Steigungen beider Geraden-Abschnitte in der zuvor
verwendete Darstellung zu wenig voneinander unterscheiden (s. Abbildung 6.15).
Er äußert bei dem Vergleich seiner eigenen mit der Musterlösung: *„Ich glaube
da [zeigt auf den Graphen der Musterlösung] ist gar kein Knick. Oder ist da ein
Knick?"* (Robin 28:00–28:09). Um solchen Unsicherheiten vorzubeugen, wird der
erste Graph-Abschnitt, welcher die funktionale Abhängigkeit für den wellenförmigen Korpus der Vase modelliert, in der neuen Toolversion flacher dargestellt, sodass

der steilere Geraden-Abschnitt für den Flaschenhals deutlicher zu erkennen ist (s. Abbildung 7.15).

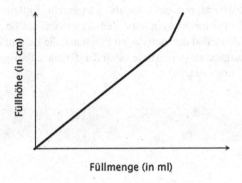

Abbildung 7.15 Musterlösung zu Üben 7b: Füllgraph zeichnen (TI-Nspire™ Version)

Üben 8: Golf

In der Papierversion des SAFE Tools ist auch die Angler-Aufgabe A3.8 an Nutzer:innen adressiert, welche die Überprüfen-Aufgabe korrekt gelöst oder zuvor alle relevanten Fördereinheiten bearbeitet haben. Sie dient der Vertiefung von Funktionsvorstellungen beim situativ-graphischen Darstellungswechsel und dem Transfer von Übersetzungstätigkeiten auf einen neuen Sachkontext (s. Abschnitt 6.2.5). Jedoch zeigten sowohl die Schülerinterviews wie auch die Expertenbefragung, dass sich die Aufgabe nur bedingt zur Erreichung dieser Zielsetzung eignet. Die Expert:innen befürchteten, dass die Aufgabenstellung zu offen ist. Dadurch, dass vielfältige Graphen als Antwort infrage kommen, ist besonders die Darstellung nur eines Lösungsgraphen kritisch zu betrachten. Wird zur Modellierung der Situation etwa angenommen, dass die Angel beim Auswerfen zunächst nach hinten über den Kopf geworfen wird, so müsste die Entfernung zum Stegrand zunächst negative Werte annehmen und die Form des Graphen stark von der Musterlösung abweichen (s. Abschnitt 6.5). Auch in den Interviews wird ersichtlich, dass die Offenheit der Aufgabenstellung eine Hürde im Lernprozess darstellen kann. Tom macht bei der Erstellung seines Zeit-Entfernungs-Graphen die Annahme, dass die Geschwindigkeit der Angel zu Beginn langsamer ist als im fallenden Teil der Flugkurve. Daher skizziert er zwei linear steigende Graph-Abschnitte, wobei der zweite eine größere Steigung aufweist. Obwohl seine Lösung somit als korrekt bewertet werden kann, glaubt er aufgrund der Musterlösung, bei der andere Modellierungsannahmen zugrundeliegen, dass er einen Fehler gemacht hat. Darüber hinaus deuten Robins Aussagen zur Angler-Aufgabe darauf hin, dass Lernende aufgrund der Formulierungen Schwierigkeiten beim Erfassen der betrachteten funktionalen Abhängigkeit haben können. Er versteht offenbar nicht, welche Größe als „waagerechte Entfernung" bezeichnet wird und hat zudem Schwierigkeiten die Zeit als variable Größe zu verstehen (s. Abschnitt 6.4.4). Aufgrund der vielfältigen Probleme, die sich im Zusammenhang mit der Angler-Aufgabe zeigten, wurde sie in der digitalen Toolversion durch eine weniger offene Übung ersetzt.

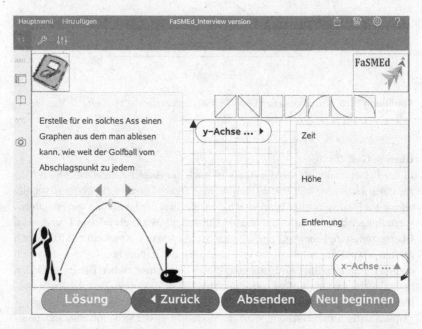

Abbildung 7.16 Üben 8: Welche Entfernung hat der Golfball mit der Zeit nach dem Abschlag? (TI-Nspire^TM Version)

Die neue Übungsaufgabe soll eine weitere Möglichkeit zum Erfassen des Graph-als-Bild Fehlers bieten, im Vergleich zum Überprüfen einen anderen funktionalen Zusammenhang fokussieren und eine realistische Darstellung zur Situationsbeschreibung verwenden (s. Abschnitt 7.2.6). In Anlehnung an eine Aufgabe von Swan (1985, S. 74) wird das Abschlagen eines Golfballs als Kontext gewählt. Lernende erhalten folgenden Arbeitsauftrag: „Trifft ein Spieler beim Golf mit einem

Schlag in das Loch, so nennt man seinen Schlag ein Ass. Erstelle für ein solches Ass
einen Graphen, aus dem man ablesen kann, wie weit der Golfball vom Abschlagspunkt zu jedem Zeitpunkt nach dem Abschlag entfernt ist." Darüber hinaus wird
eine Skizze der Flugkurve bereitgestellt (s. Abbildung 7.16). Im Gegensatz zur
Angler-Aufgabe wird hier nicht länger die waagerechte Entfernung eines Objekts,
sondern seine direkte Entfernung von einem bestimmten Punkt fokussiert. Die Formulierung der Fragestellung beschreibt die Zeit als variable Größe. Auf diese Weise
sollen Schwierigkeiten bei der Aufgabenanalyse, wie sie in Robins Interview aufgetreten sind, vermieden werden. Zudem ist die Lösung der Aufgabe durch die
abgebildete Flugbahn des Golfballs eindeutiger. Wurde in der Angler-Aufgabe nur
der Endzustand des zu modellierenden Prozesses ikonisch abgebildet, unterstützt
die Darstellung in der neuen Aufgabenversion Lernende dabei, die beschriebene
Bewegung des Balls zu visualisieren.

Zur Aufgabenlösung müssen Lernende die funktionale Abhängigkeit zwischen
Zeit und Entfernung in der gegebenen Situation erfassen. Daraufhin können die
Koordinatenachsen beschriftet werden, indem je eine Größe aus den Drop-down-
Menüs (Zeit, Höhe und Entfernung) ausgewählt wird. Die Höhe dient als Distraktor,
weil Lernende diese im Fall eines Graph-als-Bild Fehlers, bei dem die Flugkurve
des Balls als Lösung dargestellt wird, auf der y-Achse betrachten. Anschließend
kann die Übersetzung der Situation in eine graphische Darstellung erfolgen. Dazu
gilt es, die Situation hinsichtlich der funktionalen Abhängigkeit zu interpretieren.
Da die Zeit ab dem Abschlag betrachtet wird, ist davon auszugehen, dass der Graph
im Nullpunkt beginnt, da der Abstand des Balls nach 0 Sekunden noch 0 Meter
betragen muss. Danach wird die Entfernung des Golfballs vom Abschlagspunkt
ansteigen bis der Ball im Loch landet, woraufhin die Entfernung konstant hoch
bleibt. Die konkrete Modellierung der zunehmenden Entfernung hängt von den
jeweils getroffenen Modellierungsannahmen ab. Die Musterlösung enthält einen
kurzen Text zur Erklärung sowie die Abbildung eines möglichen Lösungsgraphen.

7.2.6 Erweitern

Die Erweitern-Aufgabe entspricht einer digitalen Umsetzung von A4 der Papierversion des SAFE Tools (s. Abschnitt 6.2.6) im Format *Graph erstellen* mit kleinen Veränderungen in der beschriebenen Situation. Darin wird folgende Angabe
weggelassen: „Der Abfluss ist verstopft. Deswegen laufen pro Minute (min) nur
10 l Wasser ab." Stattdessen wird dieser Text präsentiert: „Nach Öffnen des Abflusses laufen pro Minute 10 l Wasser ab." Das ist zum einen damit zu begründen,
dass die Expert:innen die Information über den verstopften Abfluss für die Aufgabe

als unnötig und möglicherweise irreführend einschätzten (s. Abschnitt 6.5). Zum anderen bestätigte sich diese Befürchtung im Interview von Robin. Ihn irritierte diese Information bei der Aufgabenlösung, da nicht eindeutig erkennbar war, ob das Wasser direkt nach dem Öffnen des Abflusses aus der Badewanne rauslaufen würde oder erst, wenn die Verstopfung aufgelöst ist: *„Also man öffnet ja den Abfluss, aber er ist dann trotzdem noch verstopft, oder ist mit Öffnen des Abfluss gemeint, dass man die Verstopfung rausmacht?"* (Robin 36:52–36:59). Darüber hinaus blieb die Aufgabe unverändert. Über zwei Zahlenbuttons kann jeweils ein Graph-Feld für Teilaufgabe a) bzw. b) ausgewählt werden, in denen parallel zu vorherigen *Graph erstellen* Aufgaben gearbeitet wird. In beiden Teilaufgaben lautet die Auswahl der Größen zur Beschriftung der Koordinatenachsen: Zeit, Wassermenge und Abflussgeschwindigkeit. Als Musterlösung werden in der TI-Nspire™ Version dieselben Graphen verwendet wie bereits in der ersten Toolversion (s. Abschnitt 6.2.6).

7.3   Datenerhebung: Stichprobe und Durchführung

Im zweiten Zyklus der Studie wurden $n = 2$ Schülerinnen ($w = 2$; $m = 0$) der zehnten Jahrgangsstufe einer städtischen Real- sowie Gesamtschule im Alter von sechzehn Jahren und $n = 2$ Studierende ($w = 1$; $m = 1$) im zweiten Bachelor Fachsemester Mathematik mit der Lehramtsoption HRSGe (Haupt-, Real-, Sekundar- und Gesamtschulen) im Alter von 20 und 22 Jahren interviewt. Die Schülerinnen arbeiteten etwa 30 Minuten (26:05–34:27) mit der TI-Nspire™ Version des SAFE Tools. Die Interviews der Studierenden waren dagegen zeitlich nicht durch bestimmte Schulstunden begrenzt, sodass die Proband:innen im Schnitt ca. 68 Minuten (57:31–79:39) mit der Toolbearbeitung verbrachten. Die Befragungen fanden jeweils in den Schulen der Lernenden oder in den Räumlichkeiten der Universität Duisburg-Essen statt. Der Ablauf der Datenerhebung unterschied sich im Vergleich zum ersten Entwicklungszyklus (s. Abschnitt 6.3) lediglich darin, dass die kurze Erklärung zu Beginn Hinweise zur Navigation zwischen einzelnen Toolelementen in der digitalen Lernumgebung enthielt. Auf eine ausführliche Schilderung der Bedienung für die einzelnen Aufgabentypen oder ein Training wurde bewusst verzichtet, um zu erörtern, inwiefern der Umgang mit dem SAFE Tool für Lernende intuitiv möglich ist (Interviewleitfaden; s. Anhang 11.1 im elektronischen Zusatzmaterial).

Neben den vier Einzelinterviews wurde die Datenerhebung im zweiten Zyklus um zwei Klassenbefragungen ergänzt. Da die technische Umsetzung des SAFE Tools im Fokus stand (s. Abschnitt 7.1), galt es, Rückmeldungen zum Umgang mit der digitalen Lernumgebung von einer größeren Schülerzahl zu generieren. Dazu wurde eine Realschulklasse ($n_1 = 28$) und eine Gesamtschulklasse ($n_2 = 21$) der zehnten Jahrgangsstufe (15–17 Jahre) befragt, die sich zum Zeitpunkt der Erhebung auf die zentralen Abschlussprüfungen des Landes NRW vorbereiteten. Das SAFE Tool sollte im Mathematikunterricht eingesetzt werden, um Inhalte zu Darstellungswechseln zwischen Funktionsrepräsentationen zu wiederholen. Gleichzeitig wurde Lernenden mitgeteilt, dass sich das Tool in der Entwicklung befindet und durch die Testung insbesondere technische sowie Bedienungsschwierigkeiten ausfindig gemacht werden sollten. Die Befragungen fanden jeweils in den Klassenräumen der Schüler:innen statt. In der besuchten Realschule stand eine Doppelstunde von 90 Minuten und in der Gesamtschule eine Schulstunde von 60 Minuten für die Klassenbefragung zur Verfügung. Zu Beginn wurde jeweils der Aufbau sowie die Bedienung des Tools anhand von Bildschirmaufnahmen erläutert und Fragen der Lernenden geklärt. Im Anschluss arbeiteten die Lernenden in Einzel- oder Partnerarbeit für 30–45 Minuten mit dem SAFE Tool. Anschließend wurden die Eindrücke der Lernenden in einer Klassendiskussion ausgetauscht. Als Daten der Klassenbefragungen stehen Notizen der Autorin zur Verfügung, welche das Feedback der Lernenden aus den Klassendiskussionen zusammenfassen.

7.4   Analyse der aufgabenbasierten Interviews

Die Videodaten der aufgabenbasierten Interviews wurden mithilfe der Kategoriensysteme zum Erfassen des funktionalen Denkens und formativer SelbstAssessmentprozesse kodiert. Anschließend wurden die aufgetretenen Kategorien für alle Proband:innen tabellarisch nach Aufgabe bzw. Toolelement zusammengetragen (s. Abschnitt 5.6.2 und Anhänge 11.8 sowie 11.9). Die daraus generierten Erkenntnisse werden im Folgenden entsprechend der in Abschnitt 5.1.2 formulierten Forschungsfragen dargestellt. Diese qualitative Inhaltsanalyse wird bzgl. der dritten Forschungsfrage nach dem Einfluss der Toolnutzung um ausgewählte Fallanalysen formativer (Selbst-)Assessmentprozesse mithilfe des FASMEd Theorierahmens ergänzt. Dabei wird fokussiert, welche Rolle das SAFE Tool in den Diagnoseprozessen der Lernenden spielt (s. Abschnitt 2.3.3).[5]

---

[5] Ausgewählte Ergebnisse des zweiten Entwicklungszyklus wurden bereits in folgenden Publikationen veröffentlicht: Ruchniewicz (2016); Ruchniewicz (2017a); Ruchniewicz (2017b); Ruchniewicz (2018) sowie Ruchniewicz & Barzel (2019b).

7.4.1   F1a: Fähigkeiten und Vorstellungen beim situativ-graphischen Darstellungswechsel funktionaler Zusammenhänge

Die erste Forschungsfrage: *„ Welche a) Fähigkeiten und Vorstellungen sowie b) Fehler und Schwierigkeiten zeigen Lernende beim situativ-graphischen Darstellungswechsel funktionaler Zusammenhänge?"* zielt darauf, den fachlichen Ist-Zustand der Proband:innen in Bezug auf das mathematische Lernziel des SAFE Tools zu ermitteln. Daher werden die Bearbeitungen der Überprüfen-Aufgabe im Sinne einer Eingangsdiagnose betrachtet. In diesem Abschnitt werden die Fähigkeiten und Vorstellungen der Lernenden fokussiert, welche mit ihren Überprüfen-Lösungen in Tabelle 7.1 zusammengefasst sind und im Folgenden näher vorgestellt werden.

Funktionale Abhängigkeit erfassen
Um die situative Ausgangssituation der Überprüfen-Aufgabe in einen Graphen zu übersetzen, müssen Lernende zunächst eine funktionale Abhängigkeit in der Situation erfassen, um diese mithilfe der graphischen Funktionsdarstellung zu repräsentieren. Da die Aufgabe offen formuliert ist, kommt sowohl die funktionale Abhängigkeit zwischen den Größen Zeit und Geschwindigkeit wie auch Zeit und Entfernung in Frage (s. Abschnitt 7.2.2). Diese Größen müssen in der Situationsbeschreibung identifiziert, als variabel wahrgenommen und die Richtung deren Abhängigkeit bestimmt werden (s. Abschnitt 3.3.3; Zindel, 2019). Dies gelingt von den Proband:innen des zweiten Entwicklungszyklus nur Felix (s. Tabelle 7.1). Er betrachtet die funktionale Abhängigkeit zwischen Zeit und Entfernung, was beispielsweise in folgendem Transkriptausschnitt sichtbar wird: *„Beim Hügel wird das ja langsamer, das heißt in mehr Zeit bringt der ja weniger Strecke zurück, wenn man jetzt sagt, x-Achse ist Zeit und y-Achse ist die Entfernung in Metern, die er zurückgelegt hat."* (Felix 03:31–03:45). Dahingegen nimmt Ayse den Zusammenhang zwischen Zeit und Geschwindigkeit nur indirekt wahr. Sie beschreibt zwar die Richtung der gemeinsamen Kovariation beider Größen für Teile der Ausgangssituation, beschriftet aber weder die Koordinatenachsen der graphischen Darstellung, noch adressiert sie die funktionale Abhängigkeit. Diese wird auch von Nicole nicht direkt angesprochen. Sie erklärt lediglich, dass der Radfahrer beim Fahren auf der Straße und beim Stehenbleiben eine konstante Geschwindigkeit haben muss und stellt dies mithilfe konstanter Graph-Abschnitte dar. Für die übrigen Teilsituationen gelingt es ihr allerdings nicht, die funktionale Abhängigkeit wahrzunehmen und auch die Koordinatenachsen werden von ihr fehlerhaft beschriftet (s. Tabelle 7.1). Obwohl die Achsenbeschriftung im Fall von Selda gelingt, scheint sie lediglich die beteiligten Größen zu identifizieren, ohne die funktionale Abhängigkeit zwischen diesen zu erfassen. Bei der Benennung der Achsen erklärt sie: *„Ich muss, glaube ich, hier*

Tabelle 7.1 Lösungen, gezeigte Fähigkeiten und Vorstellungen der Proband:innen des zweiten Entwicklungszyklus beim Überprüfen

Proband:in	Überprüfen-Lösung	Fähigkeiten	Vorstellungen
Nicole	*(Graph: Achsen „Zeit", „Geschwindigkeit")*	Funktionale Abhängigkeit erfasst (indirekt für Konstanz) Situative Darstellung interpretiert: • Art der Variablenveränderung erkannt (Konstanz) Graphische Darstellung konstruiert: • Art der Steigung skizziert (Konstanz)	direktionale Kovariation (Konstanz)
Selda	*(Graph: Achsen „Zeit", „Geschwindigkeit")*	Größen erkannt Situative Darstellung interpretiert: • Variablenwert erkannt (0 km/h zu Beginn) Graphische Darstellung konstruiert: • Achsen beschriftet	
Ayse	*(Graph: Achsen „y-Achse …", „x-Achse …")*	Funktionale Abhängigkeit erfasst (indirekt) Situative Darstellung interpretiert: • Art der Variablenveränderung erkannt Graphische Darstellung konstruiert: • Art der Steigung skizziert Graphische Darstellung interpretiert: • Art der Steigung gedeutet	direktionale Kovariation (Stehenbleiben, Runterfahren)
Felix	*(Graph: Achsen „Entfernung", „Zeit")*	Funktionale Abhängigkeit erfasst Situative Darstellung interpretiert: • Variablenwert erkannt (0 = Startpunkt) • Art der Variablenveränderung erkannt • Grad/Wert der Variablenveränderung erkannt • Änderung der Steigung erkannt Graphische Darstellung konstruiert: • Achsen beschriftet • Punkt/e geplottet (0|0) • Grad/Wert der Steigung skizziert • Änderung der Steigung skizziert	Zuordnung direktionale Kovariation quantifizierte Kovariation Objekt

[zeigt auf x-Achse] *die Zeit und hier* [zeigt auf y-Achse] *die Geschwindigkeit, wie lange er dann halt braucht."* (Selda 02:06–02:14). Auch im weiteren Verlauf ihrer Bearbeitung adressiert die Schülerin weder die Zuordnung, noch die Veränderung dieser Größen.

Situative Ausgangsdarstellung interpretieren

Im Übersetzungsprozess von Situation zu Graph müssen, im Anschluss an das Erfassen der funktionalen Abhängigkeit, Informationen bzgl. dieser Größenbeziehung ausfindig gemacht und gedeutet werden. Beispielsweise gilt es, die Beschreibung einer Teilsituation, wie „der Radfahrer fährt bergauf", dahingehend zu interpretieren, dass Schlüsse über die gemeinsame Veränderung beider Variablen vorgenommen werden können. Auch bei diesem Schritt des situativ-graphischen Darstellungswechsels zeigt Felix die meisten Fähigkeiten. Selda erfasst lediglich, dass die Geschwindigkeit zu Beginn der Situation einen Wert von null annehmen muss. Nicole erkennt die Richtung der Variablenveränderung für die Teilsituationen, in denen die Geschwindigkeit konstant bleibt. Ayse gelingt diese Interpretation für nur zwei der sechs Teilsituationen (Stehenbleiben und Runterfahren). Dahingegen erkennt Felix nicht nur den Variablenwert der Entfernung am Situationsanfang, sondern kann sowohl die Richtung als auch den relativen Wert der gemeinsamen Veränderung von Zeit und Entfernung in der gesamten Ausgangssituation erfassen. Beispielsweise beschreibt er für das Stehenbleiben auf dem Hügel die Art der Variablenveränderung: *„Die Entfernung bleibt ja gleich, das heißt, er bleibt immer noch gleich entfernt vom Startpunkt."* (Felix 04:39–04:43). Zudem erkennt er z. B. für das Hochfahren den relativen Wert dieser Veränderung: *„Beim Hügel wird das ja langsamer, das heißt, in mehr Zeit bringt der ja weniger Strecke zurück, [...]"* (Felix 03:31–03:39). Hinzu kommt, dass der Student nicht nur die Kovariation der Größen Zeit und Entfernung berücksichtigt, sondern darüber hinaus die Änderung der Geschwindigkeit korrekt benennt. Das bedeutet, er erfasst die Variation der Größe, die in seinem Graphen die Steigung darstellt. So beschreibt er etwa, dass die Geschwindigkeit beim Fahren auf den Straße konstant bleibt oder beim Runterfahren zunimmt.

Graphische Zieldarstellung konstruieren

Wurde ein Merkmal der funktionalen Abhängigkeit erkannt, welches in der situativen Ausgangsdarstellung vorgegeben ist, gilt es, dieses anschließend graphisch zu repräsentieren. Bei diesem Übersetzungsschritt gelingt Selda lediglich die Achsenbeschriftung. Nicole und Ayse schaffen es jeweils die Art der Steigung für wenige Teilsituationen im Graphen darzustellen. So wählt Nicole konstante Graph-Abschnitte aus, um eine gleichbleibende Geschwindigkeit zu repräsentieren, und

Ayse kann das Stehenbleiben sowie die Geschwindigkeitszunahme beim Runterfahren graphisch darstellen. Im Fall von Felix sind dagegen weitere Fähigkeiten erkennbar. Er beschriftet die Achsen und plottet bewusst den Punkt (0|0). Zudem wählt und verändert er Graph-Segmente so, dass sie für (fast) jede Teilsituation nicht nur zeigen, welchen relativen Wert die Steigung haben muss, sondern auch die Änderung der Steigung berücksichtigt ist. Beispielsweise wählt er für das Fahren mit konstanter Geschwindigkeit zu Beginn bewusst einen konstant steigenden Graph-Abschnitt und zur Darstellung der Geschwindigkeitsabnahme beim Hochfahren einen steigenden Graph-Abschnitt mit abnehmender Steigung, wobei die größere Entfernungszunahme für die erste im Vergleich zur zweiten Teilsituation ebenfalls repräsentiert ist (s. Tabelle 7.1). Die Übersetzung in den Graphen gelingt dem Schüler lediglich für das Runterfahren vom Berg nicht. Obwohl er die situative Ausgangsdarstellung korrekt interpretiert, wählt Felix bei der Übersetzung ein Graph-Segment, welches zwar die zunehmende Änderungsrate (Geschwindigkeit) aber nicht den zunehmenden Funktionswert (Entfernung) darstellt: *„Und da jetzt wieder die Entfernung vom Startpunkt steigt, weil er ja runterfährt, müsste das hier so dieser- [platziert fallendes Graph-Segment mit steigender Änderungsrate] also situationsbedingt ist das richtig, weil der von der Entfernung her und von der Zeit weniger Zeit braucht, um dieselbe Entfernung zurückzulegen wie vorher.“* (Felix 05:41–05:58).

Vorstellungen beim situativ-graphischen Darstellungswechsel
Die von den Lernenden gezeigten Fähigkeiten sind eng mit den (Grund-)Vorstellungen verbunden, die sie während einer Aufgabe zum situativ-graphischen Darstellungswechsel aktivieren. Sind ihre mentalen Repräsentationen zum Funktionsbegriff nicht ausreichend ausgebildet oder vernetzt, kann die funktionale Abhängigkeit nicht erfolgreich übersetzt werden. Daher liefern die Äußerungen der Proband:innen Hinweise über ihre verwendeten Vorstellungen (s. Abschnitt 3.7).

Da Felix der einzige Proband ist, der bewusst eine funktionale Abhängigkeit betrachtet, ist es nicht verwunderlich, dass sich auch nur bei ihm eine Zuordnungsvorstellung zum Funktionsbegriff zeigt. Beim Begründen seiner Modellierung des Stehenbleibens erklärt er: *„Die Entfernung bleibt ja gleich, das heißt er bleibt immer noch gleich entfernt vom Startpunkt, wenn das hier der Startpunkt ist unten [zeigt auf Nullpunkt] bei null.“* (Felix 04:39–04:46). Durch die Interpretation des Punkts (0|0) sowie das Wahrnehmen desselben Variablenwerts für die Entfernung zeigt der Proband, dass er den funktionalen Zusammenhang hier lokal betrachtet. Gleichzeitig ist seine direktionale Kovariationsvorstellung aktiviert, weil er die Konstanz erkennt.

Nicole erfasst die Richtung der gemeinsamen Größenveränderung ebenfalls für das Stehenbleiben auf dem Hügel: *„ Und weil er oben ein paar Minuten stehenbleibt, nehme ich wieder einen geraden Graphen [platziert konstantes Graph-Segment mit Wert >0]."* (Nicole 01:27–01:34). Durch die fehlerhafte Platzierung des Graph-Abschnitts wird allerdings ersichtlich, dass Nicole ihre direktionale Kovariationsvorstellung im Gegensatz zu Felix nicht mit einer Zuordnungsvorstellung verknüpft. Ebenso ist eine Verknüpfung dieser Grundvorstellungen bei Ayse fraglich. Sie platziert zwar ein konstantes Graph-Segment zur Repräsentation des Stehenbleibens auf der x-Achse, aber diese Wahl scheint bei ihr eher zufällig: *„Bleibt der erstmal stehen, sagen wir mal [platziert konstantes Graph-Segment in der Mitte des Zeichenfelds], oder am besten hierhin [verschiebt das Graph-Segment an den Nullpunkt]."* (Ayse 03:40–03:50). Immerhin erfasst die Probandin die Richtung der gemeinsamen Kovariation auch bei der Modellierung des Runterfahrens: *„Ja und die Geschwindigkeit steigt ja langsam mal [platziert steigendes Graph-Segment mit steigender Änderungsrate]."* (Ayse 04:05–04:14). Dahingegen reicht die Kovariationsvorstellung von Felix weiter, da er auch den relativen Wert der Größenveränderung in Betracht zieht (quantifizierte Kovariationsvorstellung). Zum Beispiel erkennt er, dass die Geschwindigkeit beim Runterfahren stärker zunehmen muss als in den vorherigen Teilsituationen (s. o.).

Schließlich ist Felix der einzige Proband, der eine Funktion als eigenständiges Objekt betrachtet. Dies wird etwa deutlich, da er zur Darstellung der gleichbleibenden Geschwindigkeit beim Fahren auf der Straße explizit eine lineare Funktion wählt: *„Das heißt, es müsste erstmal eine Gerade haben, weil es ja eine gleich beschleunigende Bewegung ist."* (Felix 01:52–01:59).

Insgesamt zeigen die Proband:innen im zweiten Zyklus mit Ausnahme von Felix nur wenige Fähigkeiten und Vorstellungen zum Funktionsbegriff beim situativ-graphischen Darstellungswechsel der Überprüfen-Aufgabe. Inwiefern das Fehlen tragfähiger Vorstellungen die aufgetretenen Fehler und Schwierigkeiten der Lernenden erklären, wird im Folgenden näher erörtert.

7.4.2   F1b: Fehler und Schwierigkeiten beim situativ-graphischen Darstellungswechsel funktionaler Zusammenhänge

Während im vorherigen Abschnitt fokussiert wurde, welche Kompetenzen funktionalen Denkens die Proband:innen bei der Überprüfen-Aufgabe zeigen, wird hier thematisiert, welcher Förderbedarf bei ihnen noch sichtbar wird. Daher werden im Folgenden die Fehler und Schwierigkeiten der Lernenden beim Bearbeiten der eingangsdiagnostischen Aufgabe im SAFE Tool beschrieben. Darüber hinaus gilt es, mögliche Fehlerursachen ausfindig zu machen.

Teilsituation nicht modelliert
Der erste Fehlertyp besteht im Nicht-Modellieren einer Teilsituation. Das bedeutet, dass Lernende Informationen der situativen Ausgangsdarstellung nicht in der graphischen Zieldarstellung repräsentieren, sodass Source- und Target-Darstellung nicht dieselbe mathematische Funktion abbilden (s. Abschnitt 3.7). Dies tritt im Interview einer Lernenden wiederholt auf. Ayse fokussiert in ihrem Übersetzungsprozess lediglich zwei der sechs beschriebenen Teilsituationen (Stehenbleiben und Runterfahren). Daher kann vermutet werden, dass es der Probandin aufgrund der Komplexität der Ausgangssituation misslingt, einen vollständigen Darstellungswechsel vorzunehmen. Sie scheint ihre kognitive Belastung durch eine Reduktion des Aufgabenumfangs verringern zu wollen. Obwohl auch Felix die Teilsituation des Anfahrens nicht separat modelliert, stellt dies in seinem Fall keinen Fehler dar. Da er die funktionale Abhängigkeit zwischen Zeit und Entfernung betrachtet, können alle Abschnitte der Ausgangssituation in seinem Zielgraphen wiedergefunden werden.

Richtung der Abhängigkeit vertauscht
Dieser Fehler beschreibt das Phänomen, dass Lernende die umgekehrte Richtung der Abhängigkeit zwischen zwei Größen annehmen. Er wird in Nicoles Interview sichtbar, als sie die Reihenfolge der Achsenbeschriftungen vertauscht. Als Fehlerursache könnte vermutet werden, dass die Schülerin die funktionale Abhängigkeit zwischen Zeit und Geschwindigkeit nicht bewusst erfasst (s. Abschnitt 7.4.1). Zudem ist denkbar, dass ihr Fachwissen um die Konventionen graphischer Funktionsdarstellungen fehlt, da Nicole zumindest indirekt für die konstanten Graph-Abschnitte die Veränderung der Geschwindigkeit mit der Zeit betrachtet, diese Beziehung graphisch aber inkorrekt repräsentiert. Ihr scheint nicht bewusst zu sein, dass die unabhängige Variable stets auf der x-Achse und die davon abhängige auf der y-Achse darzustellen ist.

Graph-als-Bild Fehler
Der Graph-als-Bild Fehler tritt in zwei der vier Interviews auf, wobei sich jeweils unterschiedliche Ursachen vermuten lassen. Nicole skizziert den Graphen als Abbild der Situation für das Hoch- sowie Runterfahren. Da sie für viele andere Teilsituationen eine Konstanz der Geschwindigkeit mit der Zeit erfassen kann, scheint eine Ablenkung durch visuelle Situationseigenschaften als Fehlerursache plausibel. Dahingegen zeigt Selda keinerlei Vorstellungen zum Funktionsbegriff. Sie erklärt

zwar, dass die Achsen mit den Größen Zeit und Geschwindigkeit zu beschriften sind (s. Abschnitt 7.4.1), ist dann aber durch das Fehlen konkreter Zahlenwerte verunsichert. Sie scheint den Graphen nicht als Repräsentation der Beziehung zweier Größen zu verstehen.

Missachtung des Variablenwerts

Dieser Fehlertyp tritt auf, wenn Lernende zwar die Veränderung der Größen berücksichtigen, gleichzeitig aber nicht auf den Funktionswert achten. Beispielsweise erkennt Nicole für das Fahren auf der Straße, dass die Geschwindigkeit konstant bleibt. Allerdings missachtet sie bei der Übersetzung in die graphische Darstellungsform, dass die abhängige Variable einen positiven Wert annehmen muss: *„Ich fange jetzt mit einem geraden, konstanten Graphen an [platziert zwei konstante Graph-Segment ab dem Nullpunkt hintereinander auf der x-Achse], zwei Stück davon, weil der ja zuhause losfährt und dann bleibt der ja erstmal bei der Geschwindigkeit.“* (Nicole 00:54–01:11). Die Aussage der Schülerin macht deutlich, dass sie den Geschwindigkeitsanstieg für das Anfahren zu Beginn nicht wahrnimmt. Daher könnte eine unzureichende Kovariationsvorstellung der Grund für ihren Fehler sein. Zudem ist offensichtlich, dass sie die (relativen) Werte der betrachteten Größen nicht adressiert. Aus diesem Grund ist eine fehlende Verknüpfung zwischen Zuordnungs- und Kovariationsvorstellung als weitere Fehlerursache denkbar. Dies könnte auch im Fall von Ayse vermutet werden. Sie korrigiert ihren Fehler zwar, indem sie das Graph-Segment zur Repräsentation des Stehenbleibens verschiebt, dies scheint aber eher willkürlich als bewusst zu geschehen (s. o.).

Höhe-Steigungs-Verwechslung

In der Literatur wird unter dem Begriff der Steigungs-Höhe-Verwechslung ein Fehler beschrieben, bei dem Lernende den Funktionswert anstelle der Änderungsrate betrachten (s. Abschnitt 3.8.8). Im Interview von Felix ist das umgekehrte Phänomen zu erkennen. Der Student betrachtet die Steigung eines Graphen, wobei der Funktionswert missachtet wird. Obwohl er die Kovariation der Entfernung mit der Zeit in der Situation korrekt beschreibt, achtet er bei der Übersetzung in die graphische Darstellung lediglich auf die Zunahme der Geschwindigkeit (Steigung). Ihm fällt nicht auf, dass er in der Zieldarstellung eine Verringerung der Entfernung abbildet: *„Und da jetzt wieder die Entfernung vom Startpunkt steigt, weil er ja runterfährt, müsste das hier so dieser- [platziert fallendes Graph-Segment mit steigender Änderungsrate] also situationsbedingt ist das richtig, weil der von der Entfernung her und von der Zeit weniger Zeit braucht, um dieselbe Entfernung zurückzulegen wie vorher.“* (Felix 05:41–05:58). Da dieser Fehler für die übrigen Graph-Abschnitte allerdings nicht wiederholt wird, ist als Fehlerursache zu vermuten, dass der Proband im komplexen Prozess des Darstellungswechsels seine Zuordnungsvorstellung nicht ausreichend mit seiner Kovariationsvorstellung verbindet.

Umgang mit qualitativer Funktion

Neben den zuvor beschriebenen Fehlern zeigen sich weitere fachliche Schwierigkeiten der Proband:innen. Zunächst ist ersichtlich, dass Selda der Umgang mit einer qualitativen Funktion ohne Vorgabe konkreter Wertepaare schwerfällt. Zu Beginn ihrer Aufgabenbearbeitung fragt sie in Bezug zur Skalierung der Koordinatenachsen: *„Geschwindigkeit, da muss von null bis [zeigt auf Nullpunkt und dann entlang der y-Achse]- Steht da ansonsten nicht immer Zahlen?"* (Selda 02:46–02:52). Da sie im Anschluss einen Graph-als-Bild Fehler begeht (s. o.), ist zu vermuten, dass sie das Skizzieren von Graphen nicht als Repräsentation einer mathematischen Funktion wahrnimmt. Die Schülerin scheint das Plotten einzelner Punkte zu erwarten und findet offenbar keine tragfähige Lösungsstrategie für die Überprüfen-Aufgabe. Möglicherweise verhindert eine Überbetonung der Zuordnungsvorstellung im Mathematikunterricht der Probandin eine tiefere Durchdringung des Funktionsbegriffs.

Aufgabe missverstanden

Dass Lernende Graphen nicht selbstverständlich als Funktionsdarstellung begreifen, zeigt sich auch in Nicoles Interview. Sie beginnt einen Graphen zu skizzieren, ohne die eigentliche Aufgabenstellung gelesen zu haben. Zwar könnte vermutet werden, dass Nicole direkt eine funktionale Abhängigkeit in die Sachsituation hineinsehen kann. Allerdings zeigt ihre Bearbeitung, dass sie die Koordinatenachsen erst auf Anraten beschriftet und dabei die Größenbezeichnungen der x- und y-Achse vertauscht (s. o.). Allgemein scheint der Lernenden nicht bewusst, dass die jeweilige Fragestellung vorgibt, welche Größenbeziehung betrachtet werden muss (s. Abschnitt 3.2.1).

Zusammenfassung

Tabelle 7.2 fasst die identifizierten Fehler und Schwierigkeiten sowie deren möglichen Fehlerursachen der Proband:innen im zweiten Entwicklungszyklus in der Eingangsdiagnostik zusammen. Die Tatsache, dass in vier Interviews fünf verschiedene Fehlertypen und zwei Schwierigkeiten sichtbar wurden, zeigt, wie schwierig der situativ-graphische Darstellungswechsel funktionaler Zusammenhänge ist. Dabei können vielfältige Probleme – wie bereits im ersten Entwicklungszyklus (s. Abschnitt 6.4.2) – auf das Nicht-Erfassen funktionaler Abhängigkeiten sowie unzureichend ausgebildete oder verknüpfte Grundvorstellungen zum Funktionsbegriff zurückgeführt werden.

Tabelle 7.2 Aufgetretene Fehler und Schwierigkeiten der Proband:innen des zweiten Entwicklungszyklus beim Überprüfen

Aufgetretene Fehler/Schwierigkeiten	Betroffene Proband:innen	Mögliche Ursachen
Teilsituation nicht modelliert	Ayse (Anfahren, Straße, Hochfahren, Anhalten), Felix (Anfahren)	Komplexität der Situation, Betrachtung der funktionalen Abhängigkeit Zeit/Entfernung
Richtung der Abhängigkeit vertauscht	Nicole (Achsenbeschriftungen vertauscht)	Funktionale Abhängigkeit nicht erfasst, Konvention graphischer Darstellung unbekannt
Graph-als-Bild	Nicole (Hoch- und Runterfahren), Selda	Ablenkung durch visuelle Situationseigenschaften, Umgang mit qualitativer Funktion, Graph wird nicht als Funktionsrepräsentation verstanden, Fehlende Aktivierung von Grundvorstellungen zum Funktionsbegriff
Missachtung des Variablenwerts	Nicole (Straße und Stehenbleiben), Ayse (Stehenbleiben korrigiert)	Unzureichende Kovariationsvorstellung, Fehlende Verknüpfung zur Zuordnungsvorstellung
Höhe-Steigungs-Verwechslung	Felix (Runterfahren)	Fehlende Verknüpfung von Zuordnungs- und Kovariationsvorstellung
Umgang mit qualitativer Funktion	Selda („Stehen da ansonsten nicht immer Zahlen?")	Überbetonung des Plottens einzelner Punkte im Mathematikunterricht
Aufgabe missverstanden	Nicole (Beginnt Graph ohne Aufgabenstellung zu lesen)	Fehlendes Grundwissen

7.4.3 F2: Rekonstruktion formativer Selbst-Assessmentprozesse

Dieser Abschnitt fokussiert die Frage, inwiefern die Proband:innen dazu in der Lage sind, ihre eigenen Stärken und Schwächen zu ermitteln. Dazu werden die metakognitiven und selbstregulativen Tätigkeiten der Lernenden während ihrer Betrachtung der Überprüfen-Musterlösung sowie des Checks näher untersucht. Ziel ist die Rekonstruktion und differenzierte Beschreibung formativer Selbst-Assessmentprozesse bzgl. der eingangsdiagnostischen Aufgabe im SAFE Tool.

Tabelle 7.3 zeigt eine Zusammenfassung der hier relevanten Kategorien, die in der Kodierung des Datenmaterials identifiziert wurden. Daneben signalisiert die Darstellung, welche Checkpunkte die Lernenden im SAFE Tool ausgewählt haben und inwiefern ihre Evaluationen mit einer Experteneinschätzung übereinstimmen (s. Abschnitt 5.6.2). Da für alle Proband:innen Kodierungen bezüglich jeder der drei Fragestellungen: *Wo möchte ich hin?*, *Wo stehe ich gerade?* und *Wie komme ich dahin?* vorgenommen wurden, können für alle Studienteilnehmer:innen des zwei-

Tabelle 7.3 Übersicht der Kodierungen zum formativen Selbst-Assessment der Proband:innen des zweiten Entwicklungszyklus beim Überprüfen[6]

Name	Check	Wo möchte ich hin?	Wo stehe ich gerade?	Wie komme ich dahin?
Nicole (02:31–06:22)	CP1 — CP4; CP2 x CP5; CP3 — CP6	Beurteilungskriterium missverstanden (CP5)	Diag. Info erfasst (CP2, CP5, CP6/Ab)	Korrektur (CP6/Ab)
		Lösung betrachtet Graph. identifiziert (CP2 „da war ja noch so ein Graph", CP6/Ab)	✔ (CP5) ✘ (CP6/Ab) ✘̶ (CP2)	Info (Info 6)
Selda (06:07–11:54)	CP1 — CP4 x; CP2 x CP5 x; CP3 x CP6 x	Beurteilungskriterium missverstanden (CP2 wegen GaB, CP3, CP4 Alltagsvorstellung, CP5)	Diag. Info erfasst (CP1, CP2, CP4, CP5) Eig. Graph gedeutet (konstanter Graph-Abschnitt)	Info (Info 6 & 1)
		Lösung betrachtet Graph. identifiziert (CP1)	✔ (CP5, CP6) ✔ (CP6 korrigiert) ✘ (CP1) ✘̶ (CP2, CP3, CP4/GaB)	
Ayse (04:36–08:26)	CP1 — CP4; CP2 x CP5; CP3 — CP6	Beurteilungskriterium missverstanden (Musterlösung: TS, MW, GaB; CP1 kor.; CP2)	Diag. Info erfasst (erster Graph-Abschnitt, CP1)	Info (Info 3)
		Lösung betrachtet Graph. identifiziert (CP1) Graph gedeutet (steigende Geschwindigkeit)	✔ (CP3, CP4, CP5, CP6) ✘ (CP1) ✘̶ (T̶S̶, MW, GaB; CP1, CP2/T̶S̶, CP6)	
Felix (06:34–11:17; 22:20–23:20)	CP1 x CP4 x; CP2 x CP5 x; CP3 x CP6 x	Beurteilungskriterium missverstanden (CP3)	Diag. Info erfasst (Ab, ersten beiden Abschnitte des eig. Graphen, CP1, GP3, CP5, CP6)	Korrektur (MW) Info (Info 4 auf Anraten)
		Lösung betrachtet Problem geäußert (CP4) Graph. auf Sit. zurückgeführt (Geschwindigkeit als Größe für y-Achse) Funktionseigenschaft bzgl. fkt. Abhängigkeit gedeutet (CP5) Graph. identifiziert (Lösungsgraph, CP1, CP2, CP3, CP6)	Abw. eig. Graph erklärt (y-Achse Entfernung/CP6) Eig. Graph gedeutet (ersten beiden Abschnitte, CP1 „nur einmal null") ✔ (Ab, eig. G, CP1, CP3, CP4, CP5, CP6) ✘̶ (CP2/H-S)	Aufgabe (Üben 7)

ten Entwicklungszyklus formative Selbst-Assessmentprozesse rekonstruiert werden (s. Abschnitt 2.5). Allerdings verlaufen die Diagnoseprozesse sehr unterschiedlich. Daher werden sie im Folgenden näher beschrieben und schließlich vergleichend zusammengefasst.

---

[6] Folgende Abkürzungen werden verwendet: CP: Checkpunkt; ✓: korrektes Merkmal erkannt; x: Fehler erkannt; durchgestrichen: jeweils korrektes Merkmal/Fehler missachtet; hellgrauer Hintergrund: inakkurater Check aufgrund einer Formulierung; dunkelgrau: inakkurater Check aufgrund fehlerhafter Selbstbeurteilung.

Nicole

Nicole liest sich die Musterlösung zum Überprüfen ohne Kommentar durch und geht selbstständig zum Check über. Dort stellt sie mithilfe des sechsten Checkpunkts ihren Fehler bzgl. der vertauschten Achsenbeschriftungen fest und deutet zudem eine Korrektur an: *„Die Geschwindigkeit und die Zeit waren ja falsch. Da [zeigt auf die x-Achse] hätte ja die Zeit hingemusst und da [zeigt auf y-Achse] die Geschwindigkeit, also fällt das [zeigt auf CP6] schon mal weg, weil ich das ja nicht erkannt habe."* (Nicole 05:22–05:31). Als Beurteilungskriterium zieht die Schülerin hier lediglich ein Merkmal der graphischen Darstellung heran. Das erklärt, warum Nicole ihren Fehler zwar ausfindig macht und korrigiert, aber nicht die dahinter liegende Fehlerursache erfasst.

Während ihr bei Checkpunkt sechs die indentierte Nutzung des Checks bewusst ist, gelingt es ihr für die übrigen Beurteilungskriterien nicht, das Abhaken der Punkte als Feststellen eines korrekten Merkmals zu begreifen. Beispielsweise kreuzt sie den fünften Checkpunkt: „Ich habe erkannt, dass es bei dem Graphen zu jedem Zeitpunkt nur eine Geschwindigkeit gibt und nicht mehrere." nicht an, obwohl sie der Aussage für ihre Lösung zustimmt. Das bedeutet, sie übersieht hier ein korrektes Merkmal ihrer Antwort, auch wenn sie den Checkpunkt missversteht. Da sie damit evaluiert, dass sie korrekt erkannt hat, dass die Geschwindigkeit nicht immer gleich bleibt, hätte sie das Beurteilungskriterium anklicken müssen. Diese Fehlnutzung des Checks zeigt sich auch dadurch, dass sie Checkpunkt zwei auswählt, damit aber einen Fehler zum Ausdruck bringen möchte: *„Ich überlege jetzt, was ich anklicke, weil ich ja gerade die Lösung gesehen habe und da war ja noch so ein Graph [deutet den zweiten hügelförmigen Graph-Abschnitt der Musterlösung an] und den hatte ich ja jetzt nicht und jetzt überlege ich, was ich am besten davon nehmen kann. [...] Aber ich würde jetzt das [klickt CP2 an] nehmen mal."* (Nicole 05:09–06:02). Auch hier legt sie lediglich die äußere Form des Lösungsgraphen als Beurteilungskriterium zugrunde, ohne diese hinsichtlich der funktionalen Abhängigkeit zu deuten.

Anschließend entscheidet sich Nicole aber bewusst dafür, die Info zu Checkpunkt sechs anzuschauen, da sie diesbezüglich einen Fehler festgestellt hat. Obwohl ihr formativer Selbst-Assessmentprozess demnach nur für ein Beurteilungskriterium akkurat ausfällt und keinerlei Reflexion möglicher Fehlerursachen enthält, zeigt sie durch ihre Selbstregulation die Bereitschaft, ihren Lernprozess für den identifizierten Fehler fortzusetzen.

Selda

Selda liest die Musterlösung unkommentiert und geht eigenständig zum Check über. Bei ihrem Selbst-Assessment zeigt sie allerdings einige Schwierigkeiten aufgrund des Missverstehens vorgegebener Beurteilungskriterien. Zum Beispiel hakt sie Checkpunkt zwei: „Ich habe erkannt, wann der Graph steigt, fällt oder konstant bleibt." ab und missachtet dabei einen Fehler. Bei der Interpretation ihres Lösungsgraphen deutet sie diesen erneut als Situationsabbild: *„Also ich habe es ja halt erkannt, ne? Wenn entweder das halt steigt [zeigt auf steigenden Graph-Abschnitt] oder wenn der dann wieder runtergeht [zeigt auf fallenden Graph-Abschnitt], oder so."* (Selda 08:00–08:09). Auch Checkpunkt fünf, der eigentlich die Funktioneindeutigkeit adressiert, wird von der Schülerin falsch verstanden. Sie denkt, dadurch würde erörtert, ob es ein Intervall gibt, in dem der Radfahrer mit konstanter Geschwindigkeit fährt. Obwohl sie hier nicht das intendierte Beurteilungskriterium heranzieht, zeigt die Lernende bei der Interpretation des konstanten Graph-Abschnitts in ihrer Lösung eine direktionale Kovariationsvorstellung. Hatte sie denselben Abschnitt während der Aufgabenbearbeitung noch als geradeaus Fahren gedeutet (Graph-als-Bild), gelingt es ihr beim Check die Richtung der Geschwindigkeitsänderung mit der Zeit zu realisieren: *„Also, dass der halt, sagen wir mal jetzt in einer- in fünf Minuten oder so [zeigt auf konstanten Graph-Abschnitt] immer nur die gleiche Geschwindigkeit hat."* (Selda 09:51–10:01). Zudem ist ihre Evaluation in Bezug auf ihr Verständnis des Checkpunktes akkurat.

Dies gilt allerdings nicht für die Checkpunkte drei, vier und sechs. Checkpunkt drei wird ohne Begründung angekreuzt, obwohl sie in ihrer Lösung nicht berücksichtigt hat, dass die Geschwindigkeit unterschiedlich stark steigen oder fallen kann. Das heißt, hier werden die eigenen diagnostischen Informationen nicht erfasst und ein Fehler übersehen. Ebenso missachtet sie ihren Graph-als-Bild Fehler durch das Abhaken von Checkpunkt vier. Diesen deutet Selda über ihre Alltagsvorstellung und nimmt seine Bedeutung für die graphische Funktionsdarstellung nicht wahr: *„Ja und das hier auch [hakt CP4 ab], weil die Form halt, wenn man das so normal auf der Straße macht oder so, ist viel anders als hier auf dem Graph."* (Selda 11:30–11:42). Durch das Nicht-Ankreuzen von Checkpunkt sechs missachtet die Probandin dagegen ein korrektes Merkmal ihrer Lösung, da sie die Koordinatenachsen richtig beschriftet hat.

Dies wird ihr erst beim anschließenden Lesen von Info sechs bewusst, woraufhin sie zum Check zurückgeht, Checkpunkt sechs abhakt und sich im Folgenden für Info eins entscheidet. Hierdurch zeigt Selda nicht nur einen hohen Grad an Selbstregulation, sondern dass sie das SAFE Tool in ihrem formativen Selbst-Assessmentprozess unterstützt (s. auch Abschnitt 7.4.4).

Ayse
Ayse versucht beim Betrachten der Musterlösung zunächst den abgebildeten Zielgraphen in der Situation zu interpretieren. Dabei deutet sie im ersten Schritt den Nullpunkt und den steigenden Graph-Abschnitt am Anfang gemäß ihrer eigenen

Überprüfen-Antwort als Stehenbleiben und steigende Geschwindigkeit beim Runterfahren (s. Abschnitt 7.4.1). Das bedeutet, sie nimmt zwar einen korrekten Darstellungswechsel vor und zeigt dabei eine direktionale Kovariationsvorstellung, bemerkt aber nicht, dass sie vier Teilsituationen der Ausgangssituation nicht berücksichtigt hat. Da sie deswegen die übrigen Graph-Abschnitte der Musterlösung nicht erklären kann, nimmt sie eine Umdeutung vor. Dabei missachtet sie allerdings den Funktionswert des konstanten Graph-Abschnitts, den sie nun als Stehenbleiben interpretiert, und begeht einen Graph-als-Bild Fehler, den sie allerdings selbst in Frage stellt:

> *„Ja, bleibt der stehen, dann wird der hoch [zeigt auf Nullpunkt und entlang des ersten steigenden Graph-Abschnitts der Musterlösung] [...] Ja, also die Seite verstehe ich zum Beispiel nicht [zeigt auf den rechten hügelförmigen Teil des Lösungsgraphen], aber okay hier [zeigt entlang der ersten Abschnitte des Lösungsgraphen] kommt der erstmal und dann bleibt der eine Minute lang, oder paar Minuten stehen, ja und kommt der runter- für mich ist es ja dann steigt die Geschwindigkeit [zeigt entlang des zweiten steigenden Graph-Abschnitts] anstatt sinkt [zeigt entlang des ersten fallenden Graph-Abschnitts].“* (Ayse 04:55–05:27)

In dieser Äußerung wird deutlich, dass Ayse zwar versucht die Musterlösung nachzuvollziehen, d. h. Beurteilungskriterien für ihr Selbst-Assessment zu erfassen, ihr dies aufgrund einer unzureichend gefestigten Kovariationsvorstellung aber nicht gelingt. Auf Anraten der Interviewerin liest sie anschließend die Erklärung. Hierbei scheint ihr zwar die Kovariation der Größen bewusst, z. B.: *„Genau, wenn der langsam wird, dann sinkt die Geschwindigkeit.“* (Ayse 06:11–06:16), allerdings bringt sie diese Erkenntnis weder mit den einzelnen Teilsituationen der Ausgangssituation noch mit der graphischen Zieldarstellung in Verbindung. Darüber hinaus ist Ayse die Funktion des Checks nicht bewusst. Sie kreuzt zunächst die Checkpunkte eins und zwei an, weil sie äußern will, dass sie die entsprechenden Aspekte in der Musterlösung verstanden hat. Beispielsweise sagt sie: *„Ja, das [CP2] kann man sagen, also [liest: ,Ich habe erkannt, wann der Graph steigt, fällt oder konstant bleibt.'] jetzt nach der Lösung natürlich besser verstanden, ne?“* (Ayse 06:37–06:47). Erst nach einem Hinweis erkennt die Studentin, dass sie ihre Lösung mithilfe des Checks bewerten soll. Daraufhin entfernt sie den Haken bei Checkpunkt eins wieder, da sie diesbezüglich einen Fehler in ihrer Überprüfen-Antwort feststellt. Die übrigen Checkpunkte liest sie allerdings ohne Kommentar durch, wählt aber kein weiteres Beurteilungskriterium aus. Daher ist zu vermuten, dass Ayse die Nutzung des Checks nicht erfasst, diverse korrekte Aspekte ihrer Lösung oder die Bedeutung der Checkpunkte nicht erkennt. Eine konkrete Ursache für ihre Schwierigkeiten bei der Selbstdiagnose kann aus dem Interview nicht abgeleitet werden.

Felix

Felix fällt beim Betrachten der Musterlösung auf, dass darin der Zusammenhang zwischen Zeit und Geschwindigkeit fokussiert wird, wohingegen er die funktionale Abhängigkeit zur Entfernung modelliert hat. Demnach erklärt er ein abweichendes Merkmal des eigenen Lösungsgraphen und evaluiert diesen gleichzeitig als korrekt. Darüber hinaus interpretiert er den vorgegebenen Lösungsgraphen bzgl. der funktionalen Abhängigkeit. Dabei wird nicht nur deutlich, dass er Beurteilungskriterien zur Überprüfen-Aufgabe versteht, sondern dass der Schüler über eine direktionale Kovariationsvorstellung verfügt. Dadurch kann er seinen anfänglichen Fehler während des graphisch-situativen Darstellungswechsel (Missachtung des Variablenwerts) selbstständig korrigieren:

> *„[Zeigt beim Erklären entlang der entsprechenden Graph-Abschnitte.] Erstmal steigt seine Geschwindigkeit, danach bleibt er ja stehen, deswegen- Moment! Das [y-Achse] ist die Geschwindigkeit, das heißt er braucht erstmal eine Zeit um anzufahren und dann konstant zu fahren, dann erreicht der den Berg und wird wieder langsamer, dann ist der oben auf dem Berg drauf und fährt dann wieder vom Berg runter (.) und das [zeigt auf letzten, fallenden Graph-Abschnitt] verstehe ich nicht. Ist das der Bremsweg hier der?"* (Felix 07:19–07:41)

Diese Vermutung kann er bestätigen, nachdem er sich auf Anraten der Interviewerin die Erklärung durchgelesen hat. Im anschließenden Check gelingt es ihm seine Lösung bzgl. des ersten Checkpunktes akkurat zu beurteilen. Er zeigt, dass er nicht nur das vorgegebene Beurteilungskriterium versteht, sondern gleichzeitig auch seine eigene Aufgabenlösung diesbezüglich deuten kann: *„[Liest CP1.] Kommt ja darauf an, wie man den skaliert, wenn man jetzt Entfernung nimmt oder die Geschwindigkeit. Wenn man die reine Entfernung nimmt, dass wird der [Graph] nur einmal null, wenn man startet. Wenn man die Geschwindigkeit nimmt, dann schon [drei Nullstellen], weil der [Radfahrer] nimmt ja immer null an, wenn der stehenbleibt, also keine Geschwindigkeit mehr hat. [...]* (Felix 09:03–09:32). In Bezug zu Checkpunkt zwei missachtet er dagegen seinen vorherigen Fehler (Höhe-Steigungs-Verwechslung, s. Abschnitt 7.4.2). Er stimmt sofort nach dem Lesen mit der Aussage überein, ohne die eigene Lösung hinsichtlich dieser Aussage zu kontrollieren. Das bedeutet, dass Felix die eigenen diagnostischen Informationen hier weder erfasst noch interpretiert. Den dritten Checkpunkt hakt Felix ab und stellt dadurch ein korrektes Merkmal seiner Aufgabenbearbeitung fest, da er das Beurteilungskriterium: *„Ich habe erkannt, dass der Graph nicht immer gleich schnell steigt und fällt."* korrekt deutet und dabei seine Objektvorstellung zeigt: *„Wenn der immer gleich schnell steigt oder fällt, dann wäre das eine Gerade und keine Kurve."* (Felix 10:20–10:27). Allerdings scheint diese Erkenntnis nicht stabil, da er anschließend erklärt, die Aussage würde bedeuten, dass die Geschwindigkeit des Radfahrers nicht während der gesamten Fahrt konstant ist (Beurteilungskriterium missverstehen). Auch die Aussage von Checkpunkt vier kann er zunächst nicht verstehen, woraufhin er auf Anraten der Interviewerin die zugehörige Fördereinheit bearbeitet. Anschließend kehrt er zum Check zurück und hakt den Checkpunkt ab. Auch in Bezug zu den Checkpunkten fünf und sechs gelingt es Felix, korrekte Merkmale seiner Aufgabenlösung festzustellen. In beiden Fällen wird ersichtlich, dass er das jeweilige Beurteilungskriterium versteht und dieses mit seiner Lösung abgleicht. Beispielsweise erklärt er bzgl. Ccheckpunkt fünf die Funktionseindeutigkeit hinsichtlich des Zusammenhangs zwischen Zeit und Geschwindigkeit: *„Man kann ja nicht, wenn man ein Skifahrer ist – wie hier bei dem Beispiel gerade eben – man kann ja nicht sowohl 6 Meter pro Sekunde als auch 8 Meter pro Sekunde gleichzeitig fahren. [...] Sonst ist es ja keine Funktion, sondern eine Abbildung. Bei einer Funktion ist es ja so, dass du ein- zu einer unabhängigen Größe eine abhängige Größe hast."* (Felix 22:35–22:56).

Zusammenfassung

Alle Proband:innen des zweiten Entwicklungszyklus durchlaufen einen formativen Selbst-Assessmentprozess bzgl. ihrer Überprüfen-Antworten. Positiv hervorzuheben ist, dass drei der vier Lernenden im Anschluss an die Selbstdiagnose bewusst eine zu ihrer Diagnose passende Fördereinheit auswählen. Lediglich Ayse scheint zu einer beliebigen Info zu greifen. Allerdings gelingt nur Felix eine weitestgehend akkurate Selbsteinschätzung. Obwohl er bei der Aufgabenbearbeitung einen anderen funktionalen Zusammenhang betrachtet wie in der Musterlösung, gelingt es ihm, den Lösungsgraphen korrekt zu interpretieren. Zudem kann er die Beurteilungskriterien verstehen und auf die von ihm gewählte funktionale Abhängigkeit übertragen. Allerdings verpasst er es in Bezug zu Checkpunkt zwei seine eigenen diagnostischen Informationen zu erfassen oder zu interpretieren, sodass seine Höhe-Steigungs-Verwechslung bei der Modellierung des Runterfahrens unentdeckt bleibt.

Dagegen können die formativen Selbst-Assessmentprozesse der drei Probandinnen als größtenteils inakkurat bezeichnet werden. Die Schwierigkeiten der Lernenden können allerdings auf unterschiedliche Ursachen zurückgeführt werden. In Nicoles Fall scheint der Umgang mit dem Check unklar. Sie denkt womöglich, dass nur ein Checkpunkt ausgewählt werden soll. Hinzu kommt, dass sie ausschließlich Merkmale der graphischen Zieldarstellung als Beurteilungskriterien heranzieht. Hierdurch kann sie zwar die Vertauschung der Achsenbeschriftungen erkennen und korrigieren, erfasst den Graph insgesamt aber nicht als funktionale Abhängigkeit zwischen Zeit und Geschwindigkeit. Allerdings fällt auf, dass Nicole sehr eigenständig und selbstregulativ vorgeht. Sie geht selbstständig von der Musterlösung zum

Check über, korrigiert ihren identifizierten Fehler und wählt bewusst die passende
Info dazu für ihren weiteren Lernprozess aus. Ebenso wie Nicole hat auch Ayse
Probleme im Umgang mit dem Check. Sie kreuzt zunächst die Checkpunkte danach
an, ob sie die Aussagen in der Musterlösung nachvollziehen konnte und führt daher
kein Selbst-Assessment durch. Nach einem kurzen Hinweis, erkennt sie aber ihren
Fehler bzgl. der Anzahl der Nullstellen (CP1), adressiert die übrigen Checkpunkte
aber nicht weiter. Vermutlich hat Ayse Schwierigkeiten die Komplexität der Situation in einem mathematischen Modell zu fassen. Bereits in der Aufgabenbearbeitung
betrachtet die Studentin lediglich zwei der sechs Teilsituationen in der Ausgangsdarstellung. Obwohl sie versucht den Lösungsgraphen hinsichtlich der funktionalen
Abhängigkeit zwischen Zeit und Geschwindigkeit zu deuten, gelingt ihr dies nicht,
woraufhin sie neue, schwerwiegendere Fehler (z. B. Missachtung des Variablenwerts, Graph-als-Bild) begeht, um die vom SAFE Tool präsentierten Informationen
zu erklären. Demzufolge könnten eine hohe kognitive Belastung sowie unzureichend gefestigte Grundvorstellungen zum Funktionsbegriff zu Ayses Schwierigkeiten beim Selbst-Assessment führen. Selda hingegen versteht einen Großteil der
vorgegebenen Beurteilungskriterien falsch. Beispielsweise deutet sie Checkpunkt
zwei im Sinne ihrer Fehlvorstellung (Graph-als-Bild). Allerdings wird bei Seldas
Check zum ersten Mal in ihrem Interview eine Kovariationsvorstellung aktiviert, als
sie den konstanten Graph-Abschnitt in ihrer Lösung als gleichbleibende Geschwindigkeit deutet. Außerdem schafft sie es, ihren vermeintlichen Fehler hinsichtlich
der Achsenbeschriftung beim Lesen der passenden Info ausfindig zu machen und
korrigiert selbstständig ihre vorherige Selbsteinschätzung.

Obwohl die Mehrzahl der Proband:innen Schwierigkeiten bei der Selbstdiagnose
zeigt, sind auch in diesen Fällen lernförderliche Aspekte während der formativen Selbst-Assessessmentprozesse zu erkennen. Inwiefern ihre oftmals inakkuraten
Selbst-Evaluationen ihren weiteren Lernprozess beeinflussen, wird im folgenden
Abschnitt 7.4.4 adressiert.

7.4.4   F3: Einfluss der Toolnutzung auf das a) funktionale Denken und b) formative Selbst-Assessment der Lernenden

Tabelle 7.4 zeigt, welche Elemente der TI-Nspire^{TM} Version des SAFE Tools die
Proband:innen des zweiten Entwicklungszyklus während ihrer Interviews bearbeitet
haben. Auffällig im Vergleich zum ersten Zyklus (s. Abschnitt 6.4.4) ist, dass Lernende durch die veränderte Toolstruktur (s. Abschnitt 7.2.1) oftmals eine komplette
Fördereinheit aus passender Info und Übung nutzen. Hinzu kommt, dass die Pro-
band:innen in der neuen Version erst zu den weiterführenden Aufgaben gelangten,

Tabelle 7.4 Übersicht der genutzten Toolelemente im zweiten Entwicklungszyklus[7]

Probanden	Überprüfen	Check	Info						Üben								Erweitern
			1	2	3	4	5	6	1	2	3	4	5	6	7	8	
Nicole	X	X	X						X	X				X				
Selda	X	X	X						X	X					a			
Ayse	X	X	X			X			X	X		X		X	a	X		X
Felix	X	X				X						X			a	X		X

wenn alle Checkpunkte abgehakt wurden. Dadurch werden oftmals mehrere Fördereinheiten zu spezifischen Fehlern bearbeitet. Dabei nutzen Lernende die Infos deutlich häufiger zum Erkenntnisgewinn als zuvor, was auf die neue Gestaltung zurückgeführt werden kann (s. Abschnitt 7.2.4). Während Felix und Nicole die Infos lediglich lesen und die zugehörigen Abbildungen betrachten, nutzen Selda und Ayse die graphischen Visualisierungen zur Reflexion. So können beide Probandinnen anhand des Graphen in Info eins ihre vorherige Interpretation des Lösungsgraphen korrigieren und erkennen, dass eine Nullstelle des Zeit-Geschwindigkeits-Graphen ein Stehenbleiben modelliert, weil der Graph dort einen Wert von null annimmt. Zudem reflektiert Selda mithilfe von Info sechs ihren vorherigen Selbst-Assessmentprozess, da sie die Reihenfolge der Achsenbeschriftung als Beurteilungskriterium identifiziert (s. u.).

Zudem ist auffällig, dass Lernende im zweiten Entwicklungszyklus häufiger Fördereinheiten auswählen, die zu (vermeintlich) identifizierten Fehlern oder Schwierigkeiten passen. Nicole und Selda wählen die Fördereinheiten bzgl. der Nullstellen und Achsenbeschriftungen, nachdem sie hierzu Fehler in ihren Überprüfen-Lösungen identifiziert haben. Felix fragt in Bezug zum vierten Checkpunkt: *„Wie ist das zu verstehen?"* und wählt auf Anraten der Interviewerin: *„Vielleicht schaust du dir den Infokasten dazu an?"* die Fördereinheit zum Graph-als-Bild Fehler aus (Felix 11:11–11:17). Obwohl er diesen Fehler zuvor nicht begangen hat, erweist sich die Fördereinheit für ihn daher als sinnvoll, um das Beurteilungskriterium für seine Selbstdiagnose besser verstehen zu können. Auch Ayse wählt explizit die Fördereinheit zur Achsenbeschriftung aus, weil ihr die Bedeutung des zugehörigen Checkpunkts zunächst nicht klar ist: *„Ich weiß nicht, was genau damit gemeint ist [wählt Info 6]*. (Ayse 26:25–26:28).

In den Interviews fällt allerdings auf, dass Lernende häufiger Hinweise zur Bedienung des SAFE Tools benötigen, um sich in der Hyperlinkstruktur zurecht zu finden. Beispielsweise fragt Selda nach Üben eins: *„Und jetzt?"* (Selda 17:43–18:02). Daraufhin muss sie dreimal den „zurück"-Button betätigen, um zum Check zu gelangen.

---

[7] Folgende Abkürzungen werden verwendet: X: genutztes Toolelement; a: nur Teilaufgabe a) beachtet.

Zudem werden Lernende auf die Übungsaufgaben zu einer Info hingewiesen: *„Oben ist immer noch eine Übung, da kannst du dann eine Übung dazu machen, zu diesem Bereich."* (Ayse 08:48–08:52). Darüber hinaus erweist sich die Struktur der weiterführenden Übungsaufgaben (Üben sieben, Üben acht und Erweitern) als problematisch. Da die Übungen vom Check aus jeweils über denselben Button erreicht werden und Lernende nach deren Musterlösungen über den „zurück"-Button direkt zum Check gelangen (und nicht wie bei den anderen Übungen zurück zur Aufgabe), wird der Umgang mit den letzten drei Aufgaben im SAFE Tool erschwert. Beispielsweise möchte Ayse nach dem Feststellen eines Fehlers bei Üben 7a erneut die Füllgraphen und Vasen in der Aufgabe betrachten, gelangt über den „zurück"-Button aber zum Check und wird daher in ihrem Selbst-Assessmentprozess unterbrochen. Um zur Aufgabe zurückzugelangen, muss die Lernende sich durch die beiden anderen Erweiterungsaufgaben klicken, was ihr nur mithilfe der Interviewerin gelingt.

Auch die Handhabung der einzelnen Aufgabenformate erweist sich als wenig intuitiv, da Lernende wiederholt Erklärungen zur Bedienung des SAFE Tools benötigen. Bei den *Graph erstellen*-Aufgaben scheint die Achsenbeschriftung nicht auf den ersten Blick zu gelingen. So beschriftet Nicole die Koordinatenachsen beim Überprüfen erst nach einem Hinweis der Interviewerin. Dagegen nimmt Ayse beim Überprüfen, Üben drei a) und Üben acht keine Achsenbeschriftung vor. Zudem lassen sich bereits ausgewählte Bezeichnungen nur über den „Neu beginnen"-Button ändern, der die bisherige Aufgabenbearbeitung aber komplett löscht. Darüber hinaus zeigt Ayse Schwierigkeiten im Umgang mit den einzelnen Graph-Segmenten, da sie diese nur schwer zu der gewünschten Form zusammensetzen kann. Sie fragt bei Teilaufgabe a) von Üben drei sogar: *„Kann man das per Hand zeichnen?"* (Ayse 15:06–15:10). Aber auch bei den anderen Proband:innen zeigen sich Schwierigkeiten, da einzelne Graph-Abschnitte nach einer Variation verrutschen oder das exakte Platzieren dadurch erschwert wird, dass man das Graph-Segment dabei antippen muss, der eigene Finger aber die Sicht auf das Koordinatensystem einschränkt. Schließlich zeigt sich für die Erweitern-Aufgabe, dass eine Möglichkeit zur Skalierung der Achsen hilfreich wäre, wenn exakte Variablenwerte vorgegeben sind. Felix zeigt bei der ersten Erweitern-Teilaufgabe etwa auf eine Stelle der y-Achse und legt fest: *„Also hier oben irgendwo ist 130."* (Felix 49:01–49:07) oder Ayse fragt in Bezug zur Skalierung: *„Kann man das beschriften?"* (Ayse 63:00–63:02).

Ebenso zeigen sich Probleme bei den Aufgabenformaten *offene Antwort, Auswahl* sowie *Zuordnen*. So muss etwa die Bedienung des SAFE Tools in Bezug auf die Auswahl einer Teilaufgaben über die Zahlenbuttons im oberen Bildschirmbereich erklärt werden. Hinzu kommt, dass man z. B. bei Teilaufgabe a) von Üben vier nicht gleichzeitig die Abbildung der Skipiste und der möglichen Zeit-Geschwindigkeits-Graphen betrachten kann: *„Kann ich den Graphen von dem Skifahrer nochmal* *sehen?"* (Felix 12:53–12:59) oder bei Teilaufgabe a) von Üben sieben mehrfach über die Pfeile im Textfeld weitergeblättert werden muss, um die Vasen und möglichen Füllgraphen auf einem Bildschirm zu sehen. Zudem sollen in Teilaufgabe c) von Üben vier Werte aus einem Graphen abgelesen werden, der nicht gleichzeitig mit dem Textfeld zur Eingabe der Ergebnisse sichtbar ist.

Obwohl diese allgemeinen Erkenntnisse zur Toolnutzung durchaus positive Veränderungen im Vergleich zur Papierversion aufzeigen, erweist sich die Bedienung der TI-Nspire™ Version des SAFE Tools aus den genannten Gründen als komplizierter. Inwiefern dies die Lern- bzw. Selbst-Assessmentprozesse der Proband:innen im einzelnen beeinflusst, wird in den folgenden Abschnitten erörtert.

F3a: Einfluss der Toolnutzung auf das funktionale Denken

Zunächst werden die Videosequenzen der aufgabenbasierten Interviews, welche die Selbstförderung der Proband:innen nach dem Check zeigen, daraufhin untersucht, ob diese durch die Toolnutzung Erkenntnisgewinne bzgl. des Lerngegenstands erzielen. Fokussiert wird, inwiefern die beim Überprüfen aufgetreten Fehler überwunden oder neue Einsichten zum Funktionsbegriff erlangt werden. Das heißt, es wird erörtert, inwiefern sich das funktionale Denken der Lernenden im Laufe der Toolnutzung verändert.

Nicole

Nicole stellt beim Überprüfen nur die Art der Steigung (Konstanz) für die entsprechenden Teilsituationen graphisch korrekt dar und zeigt ansonsten einen Graph-als-Bild Fehler sowie eine Missachtung des Variablenwerts. Obwohl sie die funktionale Abhängigkeit zwischen Zeit und Geschwindigkeit zumindest teilweise adressiert, vertauscht sie die Achsenbeschriftungen im Graphen. Diesen Fehler kann sie bei ihrer Selbstdiagnose zwar identifizieren und korrigieren, dessen Fehlerursache bleibt allerdings unerkannt (s. Abschnitte 7.4.1–7.4.3).

Zu Beginn ihrer Selbstförderung liest sie Info sechs (Achsenbeschriftung) unkommentiert und geht zur passenden Übungsaufgabe. Hier löst sie sechs von zehn Teilaufgaben korrekt, wobei sich erneut Schwierigkeiten bzgl. der Reihenfolge der Achsenbeschriftungen zeigen. Zum Beispiel erfasst Nicole die Richtung der funktionalen Abhängigkeit im Sachkontext für die erste Teilsituation: *„Wenn man ein Prepaid-Handy hat, kann man ja nur solange telefonieren, wie man Geld hat."* (Nicole 08:39–08:44). Allerdings gelingt es der Schülerin nicht, diese Erkenntnis in der graphischen Zieldarstellung zu repräsentieren. Sie beschriftet die x-Achse mit Zeit und die y-Achse mit Geld. Ähnliches ist bei Teilaufgabe fünf zu beobachten. Obwohl Nicole erklärt: *„Weil die Geschwindigkeit gibt ja an, wie weit der laufen* *kann.*" (Nicole 17:24–17:28), vertauscht sie im Graphen die Achssenbeschriftungen. Daher kann vermutet werden, dass der Schülerin Kenntnisse zum Umgang mit der graphischen Darstellungsform fehlen und sie sich der Konvention, die unabhängige Variable stets auf der x-Achse einzutragen, nicht bewusst ist. Jedoch scheint sie an anderer Stelle nicht ausreichend zu verstehen, dass die funktionale Abhängigkeit jeweils von der Fragestellung abhängt und nicht allein aus dem Kontext erschlossen werden kann. Für die beschriebene Abhängigkeit des Abstands zum vorausfahrenden Auto von der eigenen Geschwindigkeit (Teilaufgabe zwei), wird Nicole beim Erfassen der funktionalen Abhängigkeit von ihrer Alltagsvorstellung abgelenkt: *„Ich habe jetzt Zeit als Ypsilon genommen, da man ja nur, wenn man schneller fährt, wie hier auf der x-Achse, dann muss man dann weiter den Abstand haben, damit man, wenn man bremst, immer noch die Zeit hat, also die Zeit hat zu bremsen und nicht sofort dagegen knallt gegen das nächste Auto.*" (Nicole 10:51–11:13). In der Aussage der Probandin wird zumindest ihre direktionale Kovariationsvorstellung ersichtlich, weil sie erfasst, dass der Abstand mit steigender Geschwindigkeit zunehmen muss. Darüber hinaus zeigt Nicole etwa in Teilaufgabe neun, dass sie die Richtung der gemeinsamen Abhängigkeit zweier Größen durchaus wahrnehmen kann: *„Der Druck steigt ja oder sinkt, wie weit er davon entfernt- also wie die Entfernung ist, also von der Wasseroberfläche.*" (Nicole 22:23–22:33). Im Vergleich zur Überprüfen-Aufgabe, schafft die Lernende es bei Üben sechs insgesamt mehr Fähigkeiten und Vorstellungen bei der Erfassung funktionaler Abhängigkeiten in Sachsituationen und der Beschriftung von Koordinatenachsen zu zeigen. Da ihr anfänglicher Fehler aber erneut auftritt, kann sie diesen mithilfe der Fördereinheit des SAFE Tools nicht gänzlich überwinden.

Im Anschluss wählt Nicole die erste Fördereinheit bzgl. der Nullstellen aus. Sie liest den Text von Info eins und zeigt jeweils auf die umkreisten Nullstellen in der Abbildung während sie die Erklärung dazu vorliest. Die in der TI-Nspire^{TM} Version ergänzte graphische Visualisierung in der Info sowie die darin enthaltenen Fokussierungshilfen helfen der Schülerin offenbar, ihre Aufmerksamkeit auf die einzelnen Nullstellen der Musterlösung zu lenken. Dann geht sie zur ersten Übung weiter. Hier zeigt die Lernende Schwierigkeiten im Umgang mit dem Aufgabenformat (Auswahl). Sie will für jede Teilsituation über die Zahlenbuttons bestimmen, wie oft ein zugehöriger Graph die *„Null-Achse trifft"* (Nicole 26:14–26:16). Während der Übung wird ersichtlich, dass Nicole denkt, die Graphen müssen zu jeder Teilsituation bei null beginnen, d. h. sie betrachtet stets zusätzliche Situationsmerkmale, welche nicht in der Aufgabe vorgegebenen sind. Trotzdem gelingt es der Schülerin, die Stellen der Situationsbeschreibung auszumachen, in der ein Stehenbleiben beschrieben ist, welches sie zudem mit einer Nullstelle des Graphen verbindet. Allerdings benennt sie den Wert der Geschwindigkeit nicht explizit, sondern bleibt auf der

Ebene des Alltagskontextes. Da ihr die Mathematisierung hier nicht bewusst scheint, kann (noch) nicht von einer Zuordnungsvorstellung gesprochen werden, auch wenn sie die Nullstellen des Zeit-Geschwindigkeits-Graphen durchaus als Stehenbleiben deutet. Über ihre Gesten wird allerdings eine direktionale Kovariationsvorstellung sichtbar. Beispielsweise deutet sie für Teilsituation fünf: „Wegen einer roten Ampel muss Marie an der nächsten Straße anhalten." einen hügelförmigen Graphen an, weil sie das Steigen bzw. Fallen der Geschwindigkeit mit der Zeit wahrnimmt: *„Weil Marie ja läuft [deutet von null steigenden Graph-Abschnitt an] und dann bleibt die ja halt stehen [deutet auf null fallenden Graph-Abschnitt an], weil sie ja an der Ampel stehenbleiben muss."* (Nicole 29:18–29:28). Obwohl der Schülerin die Mathematisierung beim situativ-graphischen Darstellungswechsel insgesamt nicht wahrnimmt, lassen sich in ihrer Bearbeitung von Üben eins demnach erste Anzeichen für eine Überwindung ihres anfänglichen Graph-als-Bild Fehlers ausmachen. Dies wird auch nach dem Lesen der Musterlösung ersichtlich. Hier adressiert sie zum erstem Mal den Wert der Geschwindigkeit, sodass der Ansatz einer Zuordnungsvorstellung sichtbar wird: *„Halt dass Marie die Null-Achse berührt, wenn sie sich halt nicht bewegt, also wenn sie stehenbleibt oder auf etwas wartet, also wenn die Geschwindigkeit 0 km/h beträgt."* (Nicole 32:02–32:15).

Insgesamt zeigt sich in Nicoles Selbstförderung, dass sie Schwierigkeiten dabei hat, Graphen als Funktionsdarstellungen wahrzunehmen. Während es ihr beim Bearbeiten der sechsten Fördereinheit nur stellenweise gelingt, funktionale Abhängigkeiten in verschiedenen Kontexten zu bestimmen, lenkt die Aufgabe ihre Aufmerksamkeit vermehrt auf den Zusammenhang zweier Größen. Bei ihrer Beschäftigung mit Fördereinheit eins wird schließlich die Aktivierung der Zuordnungs- sowie direktionalen Kovariationsvorstellung ersichtlich. Insbesondere die graphische Abbildung in der Info und die präsentierte Musterlösung scheinen bei Nicole erste Erkenntnisgewinne im Zeit-Geschwindigkeits-Kontext der Überprüfen-Aufgabe zu ermöglichen.

Selda
Selda identifiziert beim Überprüfen zwar die beteiligten Größen des funktionalen Zusammenhangs, zeigt darüber hinaus aber keine Vorstellungen zum Funktionsbegriff, sondern erstellt ihre Lösung aufgrund eines Graph-als-Bild Fehlers (s. Abschnitte 7.4.1–7.4.2). Auch im Check wird der Graph erneut als Situationsabbild interpretiert. Dennoch kann die Schülerin einen Fehler bzgl. der Anzahl der Nullstellen feststellen, wobei sie allein auf dieses graphische Merkmal achtet (s. Abschnitt 7.4.3).

Die Betrachtung von Info eins ermöglicht es Selda im Anschluss, eine Fehlerursache ausfindig zu machen. Dazu reflektiert sie ihre ursprüngliche Argumentation, wobei sie die Abbildung in Info eins als Hilfe heranzieht (s. Abbildung 7.17). Dann deutet sie die zweite Nullstelle der vorgegebenen Musterlösung als Stehenbleiben und erkennt, dass die Geschwindigkeit währenddessen einen Wert von null annehmen muss. Das bedeutet, hier wird eine Zuordnungsvorstellung aktiviert. Zudem macht Selda das Nicht-Modellieren einer Teilsituation bzw. die Missachtung des Variablenwerts als Ursache für ihren Fehler aus. Obwohl sie nicht erfasst, dass ihre Lösung auf der Deutung des Graphen als Situationsabbild beruht, könnte diese Einsicht einen ersten Schritt zur Überwindung ihres Graph-als-Bild Fehlers darstellen:

> *„Also, und zwar ich hatte das ja nicht, also ich habe das ja sozusagen hier gemacht, dass Niklas auf der Straße fährt [zeigt auf der Abbildung zu Info 1 entlang des ersten steigenden Graph-Abschnitts] und dann hier den Hügel entlang [zeigt auf den konstanten Graph-Abschnitt] und dann stoppt er ja, aber ich habe dann halt so, dass er wieder zurückgeht gemacht [zeigt entlang des ersten fallenden Graph-Abschnitts], ich habe das nicht mit dem- mit der zweiten null gemacht, wenn Niklas oben auf dem Hügel steht, dann hat er ja keine Geschwindigkeit mehr."* (Selda 13:46–14:06).

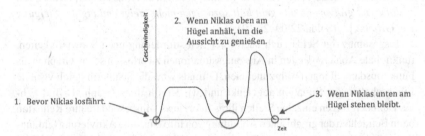

Abbildung 7.17 Abbildung aus Info 1 in der TI-Nspire™ Version des SAFE Tools

In der anschließenden Übungsaufgabe kann Selda im Zeit-Geschwindigkeits-Kontext alle Teile einer neuen Situationsbeschreibung auswählen, bei denen die Geschwindigkeit einen Wert von null annimmt. Das bedeutet, hier wird ebenfalls eine Zuordnungsvorstellung angebahnt. Die Schülerin achtet beim Erfassen der Situation stärker auf die Werte der Geschwindigkeit zu verschiedenen Zeitpunkten, erfasst die funktionale Abhängigkeit jedoch nicht explizit.

Dies gelingt ihr bei der Zuordnung von Füllgraphen zu Vasen bei der ersten Teilaufgabe von Üben sieben ebenfalls nicht. Obwohl sichtbar wird, dass sie die beiden relevanten Größen identifiziert, achtet sie bei vielen Zuordnungen eher auf eine Ähnlichkeit zwischen der Gefäßform und den Graphen als die funktionale Abhängigkeit zu berücksichtigen (Graph-als-Bild Fehler). Beispielsweise begründet Selda die korrekte Zuordnung von Graph e zur dritten Vase damit, dass ein

„*kleineres*" Graph-Segment abgebildet wird, was sie mit dem kleineren Vasenteil in Verbindung bringt (Selda 23:35–23:49). Ferner scheint sie die funktionale Abhängigkeit zwischen Füllmenge und Füllhöhe nicht zu erfassen. Bei Seldas Zuordnung von Vase vier (umgedrehter Kegel) zu Graph d (steigende Gerade, die bei einem Wert $y_0 > 0$ beginnt) deutet sie den Wert der Füllhöhe (y_0) zu Beginn als Füllmenge, d. h. sie vertauscht die Richtung der Abhängigkeit: „*Das* [Vase 4] *ist ja spitz und dann wird das jetzt nicht von null aus gefüllt* [zeigt auf den Punkt (0|0) in Graph d] *sozusagen, weil das ja so eine Spitze ist* [...] *und dann erst ab einer bestimmten Menge* [zeigt auf Punkt (0|y_0) in Graph d] *kommt das* [Füllhöhe] *dann.*" (Selda 21:03–21:25). Dennoch gelingt es der Schülerin stellenweise bei der Zuordnung linearer Füllgraphen eine direktionale bzw. quantifizierte Kovariationsvorstellung zu aktivieren. So erkennt sie, dass die Füllhohe für die zweite Vase (schmaler Zylinder) mit der Füllmenge zunehmen muss: „*Dann füllt das halt auf und das wird dann immer mehr.*" (Selda 20:10–20:13). Beim Vergleich der Füllgraphen für die beiden zylinderförmigen Vasen eins (breiter) und zwei (schmaler) erkennt sie zusätzlich den Grad der Veränderung: „*Zwei ist ja- also ein ist ja so etwas kleiner als die zwei, zwei ist viel größer und das geht halt sozusagen mehr* [*zeigt entlang der Steigung von Graph g*]." (Selda 22:09–22:19).

Insgesamt zeigt Selda auch nach ihrer Selbstförderung noch Schwierigkeiten, funktionale Abhängigkeiten in Ausgangssituationen zu erfassen sowie Graphen als Funktionsdarstellungen wahrzunehmen. Oftmals wird die Schülerin durch visuelle Eigenschaften der Situation abgelenkt und wiederholt ihren Graph-als-Bild Fehler. Dennoch zeigen einzelne Stellen ihres Interviews – insbesondere ihre Reflexion beim Betrachten der graphischen Abbildung von Info eins – die Aktivierung (anfänglicher) Grundvorstellungen zum Funktionsbegriff. Obwohl sie ihren Graph-als-Bild Fehler mithilfe des SAFE Tools nicht gänzlich überwinden kann, sind Anzeichen für einen Erkenntnisgewinn gegeben.

Ayse

Ayse reduziert den Darstellungswechsel beim Überprüfen auf zwei der vorgegebenen Teilsituationen. Beim Betrachten der Musterlösung versucht sie zwar den Lösungsgraphen zu deuten, dies gelingt ihr aufgrund einer unzureichenden Kovariationsvorstellung allerdings nicht. Nach dem Check, bei dem sie lediglich ihren Fehler bzgl. der Anzahl der Nullstellen bewusst identifiziert (s. Abschnitte 6.4.1–7.4.3), wählt sie Info drei.

Zu Beginn ihrer Selbstförderung sieht sich die Studentin Info drei nur kurz an, wobei sie die Erklärung nicht liest, sondern nur auf die Abbildung achtet. Anschließend geht sie zum Check zurück und wählt Info eins. Hier wird ein Erkenntnisgewinn sichtbar. Ayse gelingt es, den konstanten Abschnitt des Lösungsgraphen, der das

Stehenbleiben modelliert, zu deuten. Das heißt, sie kann den situativ-graphischen Darstellungswechsel für diese Teilsituation nachvollziehen, was ihr beim Betrachten der Musterlösung zuvor nicht gelang. Im Vergleich zu dieser bietet die Abbildung in der Info eine Erklärung bzgl. der Nullstellen (s. Abbildung 7.17). Diese bringt die Lernende zu der Erkenntnis: *„Wenn der am Hügel bleibt [zeigt auf den zweiten eingekreisten Graph-Abschnitt, der das Stehenbleiben auf dem Hügel modelliert], heißt das, die Person bewegt sich ja gar nicht, deshalb ist ja auch auf der x-Achse, ne?"* (Ayse 09:06–09:14). Ayse erkennt hier sowohl die Konstanz der gemeinsamen Größenveränderung, als auch den Wert des Graphen. Die anschließende Übungsaufgabe kann die Lernende fehlerfrei lösen.

Bei der Bearbeitung von Üben drei zeigt Ayse allerdings, dass sie – wie schon beim Überprüfen – eine vorgegebene Situation vereinfacht, um eine graphische Darstellung zu konstruieren. Ferner scheint ihr nicht immer bewusst, welche Größenbeziehung ein bestimmter Graph wiederspiegelt. In der Aufgabe soll ein Graph der Füllhöhe in Abhängigkeit von der Zeit für das Füllen eines Wasserglases erstellt werden. Ayse betrachtet zu Beginn den Zusammenhang zwischen Zeit und Geschwindigkeit aus der Überprüfen-Aufgabe. Sie skizziert für die ersten Teilsituationen einen adäquaten Graphen (s. Abbildung 7.18(a)), indem sie die Richtung und den Grad der gemeinsamen Größenveränderung betrachtet (quantifizierte Kovariationsvorstellung). Als sie die restliche Situationsbeschreibung liest, findet jedoch eine Umdeutung des Graphen statt. Sie erstellt eine neue Skizze (s. Abbildung 7.18(b)) mit der Begründung: *„Erstmal schüttet der ganz normal und danach schüttet er ganz viel [zeigt entlang des steigenden Graph-Abschnitts mit zunehmender Änderungsrate], also es steigt ja dann richtig und, ähm, ja warum, weil*

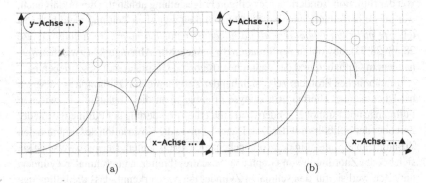

(a)   (b)

Abbildung 7.18 Ayses (a) erster Lösungsansatz (Zeit/Geschwindigkeit) und (b) Lösungsgraph (Zeit/Füllhöhe) zur ersten Teilaufgabe von Üben 3

er auf einmal ja dann schüttet und danach sinkt dann [*zeigt entlang des fallen-den Graph-Abschnitts*], *weil er die halbe Flasche, oder Wasser dann trinkt.*" (Ayse 19:20–19:41). Wahrscheinlich adressiert sie nun die Zeit und Füllhöhe des Was-sers im Glas, macht dies jedoch nicht explizit. Ferner missachtet sie zwei der fünf beschriebenen Teilsituationen, die in ihrem Zielgraphen nicht modelliert werden. Dies fällt ihr aber auf, als sie die Musterlösung betrachtet. Sie interpretiert die einzelnen Abschnitte des Lösungsgraphen, deutet auf den konstant hohen Graph-Abschnitt (volles Glas steht auf dem Tisch) und stellt fest: *„Ja, okay. Das fehlte mir dann.*" (Ayse 23:36–23:29). Zudem interpretiert sie den letzten Abschnitt der Mus-terlösung im Sachkontext: *„Wenn der dann später alles austrinken würde, hätte man dann gar nichts mehr in der Flasche.*" (Ayse 23:42–23:49) und benennt explizit, dass der Graph die Füllhöhe beschreibt.

Nach der Übung kehrt Ayse zum Check zurück und geht die einzelnen Punkte erneut durch. Da ihr nicht bewusst ist, was unter Checkpunkt sechs zu verstehen ist, wählt sie die zugehörige Info und nach dem Lesen Üben sechs aus. Wurde in der bisher beschriebenen Selbstförderung von Ayse ein Erkenntnisgewinn sichtbar, so zeigt sich nun ein grundlegendes Problem der Studentin beim Erfassen funk-tionaler Abhängigkeiten. In der Übung soll sie für zehn Situationsbeschreibungen die Achsen eines zugehörigen Graphen beschriften. Obwohl ihr das in sechs von zehn Fällen gelingt, wird deutlich, dass Ayse ausschließlich über ihre direktionale Kovariationsvorstellung argumentiert. Beispielsweise erklärt sie bei der Zuweisung der Größen Zeit und Konzentration zur x- und y-Achse in Teilaufgabe zehn, dass die Konzentration eines Medikaments nach der Einnahme mit der Zeit ansteigen muss, da es vom Körper nach und nach aufgenommen wird (Ayse 38:32–38:56). Dabei ist der Studentin nicht bewusst, dass die Richtung der Abhängigkeit nicht von der Situation, sondern der jeweiligen Fragestellung abhängt. Dies erklärt auch, warum sie in Teilaufgabe eins die Abhängigkeit zwischen Zeit und Geld betrach-tet: *„Je mehr ich telefoniere, desto höher ist natürlich meine Rechnung.*" (Ayse 28:48–28:53), obwohl in der Situation die umgekehrte Abhängigkeit zwischen vor-handenem Guthaben und der dadurch verfügbaren Gesprächszeit beschrieben ist.

Ein ähnliches Problem zeigt sich bei der Zuordnung von Füllgraphen zu Vasen bei Üben sieben. Hierbei erfasst Ayse offenbar nicht die Abhängigkeit zwischen Füllmenge und Füllhöhe, sondern betrachtet die Veränderung der Füllmenge mit der Zeit oder der Füllhöhe mit der Zeit. Daher kann sie die Kovariation des funktionalen Zusammenhangs nicht in den vorgegebenen Graphen deuten. Beispielsweise ist sie sich bei der Zuordnung von Graph e zu Vase drei (breiter, dann schmaler Zylinder) unsicher, weil sie für den schmalen Zylinder der Vase erkennt, dass die Füllmenge dort weniger wird, Graph e (der den Zusammenhang Füllmenge/Füllhöhe darstellt) jedoch weiter zunimmt (Ayse 42:30–42:48). Ebenso skizziert sie bei Üben acht die

Flugbahn des Golfballs (Graph-als-Bild Fehler), da sie die funktionale Abhängigkeit zwischen Zeit und Entfernung nicht in der Aufgabenstellung wahrnimmt. Sie fragt zwar: *„Was will [man] denn hier eigentlich wissen?"* (Ayse 53:18–53:21), deutet ihren Graphen dann aber zunächst als steigende Geschwindigkeit, korrigiert diese Aussage und erklärt den Verlauf als Darstellung der Höhe in Abhängigkeit von der Zeit. Diesen Fehler kann sie mithilfe der Musterlösung in einem formativen Selbst-Assessmentprozess auf mehrfache Nachfrage der Interviewerin überwinden, indem sie sowohl eine Zuordnungs- wie auch direktionale Kovariationsvorstellung aktiviert. Ayse erkennt, dass der Lösungsgraph die Beziehung zwischen Zeit und Entfernung darstellt. Daraufhin deutet sie den Endpunkt (x|y) des Lösungsgraphen sowie ihres eigenen Graphen (x|0) in Bezug auf den funktionalen Zusammenhang: *„Und ich bin davon ausgegangen, dass das Loch nicht auf der, nicht da oben ist* [zeigt auf Endpunkt (x|y) des Lösungsgraphen], *sondern auf der x-Achse ist, aber das geht ja gar nicht! [...] Um die Entfernung in Betracht zu nehmen, muss es ja eigentlich hier sein* [zeigt auf Punkt (x|y)]. *Nach sage ich jetzt mal zwei Minuten ist dann die Entfernung zehn Meter, äh, hundert Meter oder so. [...] Also es kann ja nicht sein, wenn ich nach zwei Minuten einen Ball werfe und einfach null Entfernung ist."* (Ayse 59:22–61:52). Zudem erklärt die Lernende über die Richtung der gemeinsamen Größenveränderung, warum der fallende Graph-Abschnitt in ihrer Antwort fehlerhaft ist: *„Und dann habe ich gezeichnet, dass es [der Graph] nach unten kommt, aber kann ja nicht sein, weil die Entfernung wird ja mehr!"* (Ayse 61:15–61:26).

Allerdings zeigt sie beim Erweitern erneut Schwierigkeiten beim Konstruieren graphischer Darstellungen. So beschriftet sie für Teilaufgabe eins die y-Achse mit der „Abflussgeschwindigkeit", obwohl nach der Wassermenge gefragt wird. Des Weiteren erkennt sie die Konstanz der Abflussgeschwindigkeit zwar in der situativen Ausgangsdarstellung, kann diese aber nicht in die graphische Zieldarstellung übersetzen. Insgesamt scheint sie demnach Probleme zu haben, Graphen als Funktionsrepräsentationen wahrzunehmen. Nichtsdestotrotz wird an vielen Stellen deutlich, dass vor allem die graphischen Visualisierungen, die der Probandin bei Info eins oder in den Musterlösungen des SAFE Tools präsentiert werden, sie zur Interpretation der Graphen hinsichtlich funktionaler Abhängigkeiten anregen. Hierdurch kann sie verschiedene Grundvorstellungen zum Funktionsbegriff aktivieren und Erkenntnisgewinne erzielen.

Felix
Felix zeigt bereits beim Überprüfen vielfältige Fähigkeiten und Vorstellungen beim situativ-graphischen Darstellungswechsel. Er betrachtet den funktionalen Zusammenhang zwischen Zeit und Entfernung. Diesbezüglich kann er die situative Aus-

gangsdarstellung korrekt interpretieren. Bei der Übersetzung in den Graphen unterläuft ihm lediglich bei der Modellierung des Runterfahrens ein Fehler, da er einen fallenden Graph-Abschnitt wählt, obwohl er eine Entfernungszunahme beschreibt (Höhe-Steigungs-Verwechslung, s. Abschnitte 7.4.1–7.4.2). Obwohl er diesen Fehler beim Check nicht erkennt, kann man aufgrund seiner Selbstförderung davon ausgehen, dass es sich um einen Flüchtigkeitsfehler handelt, weil der Student durchaus in der Lage ist, die Veränderung zweier Größen miteinander zu erörtern und graphisch darzustellen. Da Felix nicht weiß, wie der vierte Checkpunkt zu verstehen ist, wählt er auf Anraten der Interviewerin die zugehörige Info und bearbeitet nach dem Lesen Üben vier.

Felix löst Übung vier korrekt, wobei er z. B. bei der Zuordnung eines Graphen zur Skifahrt sowohl seine Zuordnungs- wie auch kontinuierliche Kovariationsvorstellung aktiviert. Dies wird ersichtlich, weil er den funktionalen Zusammenhang in beiden Darstellungsformen lokal für einzelne Zeitpunkte betrachtet und die Veränderung beider Größen miteinander fortlaufend berücksichtigt:

> *„Er ist ja am Anfang an so einem Hang, und der fährt ja dann runter* [deutet fallenden *Abschnitt der Skipiste an*], *das heißt, die Geschwindigkeit nimmt dann erstmal zu von null Sekunden bis vier Sekunden, weil da der Hügel aufhört, also der Abhang und dann geht erst der Hügel los und während des Hügels wird man ja langsamer* [zeigt *entlang des steigenden Abschnitts der Skipiste*], *das heißt die Geschwindigkeit* [...] *nimmt wieder ab bis zur achten Sekunde, weil dann der Hügel seinen (.) Zenit erreicht hat. Zenit, ähm? Die Spitze des Hügels da. Und dann muss die Geschwindigkeit ja wieder zunehmen* [zeigt *entlang des zweiten steigenden Graph-Abschnitts von Graph b*], *weil er* [Skipiste] *ja wieder abnimmt, also von der Steigung her, deswegen der zweite Graph.“* (Felix 13:23–14:14)

Auch die Zuordnung von Füllgraphen zu Vasen bei Üben sieben gelingt Felix weitestgehend ohne Fehler. Lediglich bei seiner Wahl von Graph a für Vase sechs macht er andere Modellierungsannahmen als in der Musterlösung und kommt daher zu einem anderen Ergebnis. Während seiner Bearbeitung wird ersichtlich, wie komplex die kognitiven Aktivitäten des Probanden sind, um eine Übersetzung der situativen in die graphische Funktionsdarstellung vorzunehmen. Beispielhaft kann sein Übersetzungsprozess anhand der Zuordnung von Graph c zu Vase fünf erläutert werden (s. Abbildung 7.19). Im ersten Schritt beschreibt Felix die Form der Vase. Das bedeutet, er erfasst die gegebene Situation. Im Anschluss interpretiert er diese im Hinblick auf die funktionale Abhängigkeit, die er zuvor in den dargestellten Graphen ausfindig gemacht hat. Im dritten Schritt wird ein passender Füllgraph ausgewählt und schließlich durch eine Interpretation des Graphen verifiziert. Da sich Felix während seiner Begründung den Füllprozess der Vase kontinuierlich vorstellen kann, explizit auf die gemeinsame Größenveränderung von Füllmenge und Füllhöhe eingeht und die Unterschiede im Grad der Steigung für unterschiedliche Vasenabschnitte erfasst, ist eine Aktivierung der kontinuierlichen Kovariationsvorstellung zu beobachten:

> *„Bei der fünften [Vase] ist das ja so ein, fast schon wie so eine Flasche oder wie so eine Halbkugel mit einem Zylinder obendrauf. Und das hat eine ziemlich große Grundfläche, deswegen steigt die Füllhöhe erst langsam, aber die Füllmenge ist immer mehr, also es [Füllmenge] wird schnell groß und dann am Ende hier [zeigt auf oberen Teil von Vase 5] wird es [Füllen der Vase] immer schneller, also es wird immer weniger Füllhöhe- äh, von der Füllmenge, aber von der Füllhöhe wird es immer größer. […] Ich denke, dass c schon richtig ist bei der fünf, weil man ja hier sieht, dass die Füllmenge erst rapide ansteigt [zeigt auf flach steigenden Graph-Abschnitt] und die Füllhöhe nicht richtig mitkommt. Also da unten in diesem Bottich, da kommt erst sehr viel Wasser rein, bevor die Höhe ansteigt und danach sobald ungefähr die Hälfte erreicht wird hier [zeigt auf den oberen Teil von Vase 5 und dann auf den steiler steigenden Graph-Abschnitt von Graph c] von der Füllmenge her- von der Füllhöhe her, wird es ja schneller, weil der Platz, womit das füllt, wird ja weniger, d. h. das Wasser kommt schneller hinein."*
> (Felix 30:02–31:16)

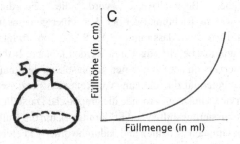

Abbildung 7.19 Vase 5 und zugehöriger Füllgraph c aus Üben 7a des SAFE Tools

Diese kontinuierliche Kovariationsvorstellung zeigt Felix erneut beim Bearbeiten von Üben acht. Bei dieser Aufgabe skizziert er einen korrekten Zeit-Entfernungs-Graphen für einen Golfschlag, wobei er neben der Richtung der gemeinsamen Größenveränderung (Entfernung nimmt mit der Zeit zu) auch auf die Änderung der Steigung achtet (nimmt z. B. an, dass die Zunahme der Entfernung bis zum Hochpunkt der Flugkurve abnimmt, weil der Ball langsamer wird). Seine Interpretation der Situation kann er in die graphische Darstellungsform übersetzen und seinen kurzzeitigen Graph-als-Bild Fehler überwinden. Als er von der abgebildeten Flugkurve abgelenkt wird und vermutet, dass es sich dabei bereits um den gesuchten Zeit-Entfernungs-Graphen handelt, interpretiert er den Endpunkt der Flugkurve in der

gegebenen Situation. Dabei stellt er durch diese lokale Betrachtung des Zusammenhangs (Zuordnungsvorstellung) fest, dass die Flugkurve nicht der Graph sein kann,
da der Endpunkt einen Entfernungswert von null darstellt, was bedeuten würde,
dass der Golfball wieder am Startpunkt wäre (Felix 34:41–42:41). Schließlich löst
er auch die Erweitern-Aufgabe fehlerfrei.

Insgesamt setzt sich Felix während seiner Selbstförderung intensiv mit funktionalen Abhängigkeiten auseinander und aktiviert vielfältige Vorstellungen zum
Funktionsbegriff. Besonders die Bearbeitung der Übungsaufgaben drei, sieben und
acht erlaubt ihm, situativ-graphische Darstellungswechsel funktionaler Zusammenhänge zu trainieren.

Zusammenfassung

Die Analyse des funktionalen Denkens der Proband:innen bei ihrer Selbstförderung mit der TI-Nspire[TM] Version des SAFE Tools zeigt in allen Fällen des
zweiten Zyklus klare Erkenntnisgewinne auf. Dies ist vor allem daran erkennbar,
dass die Lernenden während ihrer Toolnutzung mehr und tieferreichende Grundvorstellungen zum Funktionsbegriff aktivieren als bei der eingangsdiagnostischen
Überprüfen-Aufgabe. Beispielsweise wird die Zuordnung einzelner
Variablenwerte sowie die Richtung oder der Wert einer gemeinsamen Größenveränderung erkannt. Dies zeigt, dass mithilfe des SAFE Tools tragfähige Grundvorstellungen zum Funktionsbegriff angebahnt werden können. Insbesondere die im
Vergleich zur Papierversion neu integrierten graphischen Abbildungen in den Info-
Einheiten scheinen Potential zur Anregung von Reflexionsprozessen zu besitzen. In
drei von vier Interviews nutzten Lernende die graphische Darstellung von Info eins
(inklusive ihrer Fokussierungshilfen und Erklärungen), um die Nullstellen des Zeit-
Geschwindigkeits-Graphen zu deuten und dadurch vorherige Fehler oder -ursachen
ausfindig zu machen. Zudem bieten die Übungsaufgaben und zugehörigen Musterlösungen Lernenden in allen Interviews Gelegenheiten zur intensiven Auseinandersetzung mit funktionalen Zusammenhängen. Dabei betrachteten Proband:innen im
Verlauf ihrer Toolnutzung vermehrt die Beziehung zwischen zwei Größen. Allerdings zeigen sich in drei der vier Interviews grundlegende Schwierigkeiten beim
Erfassen funktionaler Abhängigkeiten. Daher kann vermutet werden, dass diesen
Lernenden grundlegende Fachkenntnisse zum Funktionsbegriff fehlen, die durch
das SAFE Tool alleine nicht erarbeitet werden können. Sind diese Grundlagen – wie
bei Felix – vorhanden, eignet sich die Lernumgebung zur individuellen Wiederholung und Förderung. Insbesondere durch die verschiedenen Aufgaben, welche sich
zunächst auf den Zeit-Geschwindigkeits-Kontext beziehen und anschließend einen
Transfer erfordern, setzt sich Felix intensiv und unter Aktivierung verschiedenster
Grundvorstellungen mit dem Funktionsbegriff auseinander.

F3b: Einfluss der Toolnutzung auf das formative Selbst-Assessment

Letztlich fokussiert die Analyse der Interviews die Frage, inwiefern die Nutzung des SAFE Tools die formativen Selbst-Assessments der Lernenden beeinflusst. Betrachtet man die Videokodierungen ihrer Selbstdiagnosen zu den bearbeiteten Förderaufgaben (s. Anhang 11.9 im elektronischen Zusatzmaterial), lassen sich jedoch nur im Fall von Ayse deutliche Veränderungen im Vergleich zum Check feststellen.

Ayse

Ayse zeigt beim formativen Selbst-Assessment zur Überprüfen-Aufgabe große Schwierigkeiten, da es ihr nicht gelingt die Musterlösung zu interpretieren und sie beim Check eine Mehrzahl der Beurteilungskriterien missversteht. Daher kann sie lediglich einen Fehler in Bezug auf die Anzahl der Nullstellen (CP1) ausfindig machen. Zudem beschränkt sie sich größtenteils auf eine reine Ja/Nein-Evaluation, ohne mögliche Fehlerursachen zu reflektieren (s. Abschnitt 7.4.3). Dies verändert sich im Laufe ihrer Arbeit mit dem SAFE Tool. Zunächst ist festzustellen, dass ihr Assessment zu Üben eins sich zwar ebenfalls darauf fokussiert, ob ihre Antwort mit der Musterlösung übereinstimmt, allerdings ist ersichtlich, dass sie das herangezogene Beurteilungskriterium verstanden hat. Ayse erkennt, dass der Zeit-Geschwindigkeits-Graph dann eine Nullstelle hat, wenn in der zugehörigen Situation keine Bewegung erfolgt. Ebenso versteht sie beim Betrachten des Lösungsgraphen von Üben drei, dass sie eine Teilsituation in ihrer Antwort nicht berücksichtigt hat und der letzte Graph-Abschnitt das vollständige Leeren des Wasserglases modelliert. Das heißt, dass sich ihr formativer Selbst-Assessmentprozess bei den ersten beiden Übungsaufgaben dahingehend verändert, dass Ayse das gewünschte Lernziel bzw. die Erfolgskriterien verstärkt nachvollzieht. Die Lernende erfasst im Vergleich zum Check mehr Informationen bzgl. der Frage „Wo möchte ich hin?". Dadurch gelingt es der Probandin, ihre Antworten akkurat zu beurteilen, obwohl das Zustandekommen eigener Fehler nicht näher adressiert wird. Ferner ist nach anfänglichen Hinweisen der Interviewerin eine Zunahme ihrer Selbstregulation zu beobachten.

Im Anschluss an die ersten beiden Fördereinheiten geht Ayse erneut jeden Checkpunkt durch. Dabei erörtert sie etwa, dass ihre Überprüfen-Lösung Checkpunkt fünf bzgl. der Eindeutigkeit erfüllt. Dass sie das Beurteilungskriterium verstanden hat, wird ersichtlich, da sie erklärt, dass die Geschwindigkeit jeweils von der Zeit vorgegeben wird (Ayse 25:50–25:55). Demnach aktiviert Ayse die Zuordnungsvorstellung, um die Bedeutung des Checkpunkts zu erfassen. Ferner wählt die Lernende bewusst Info sechs, da sie den passenden Checkpunkt nicht versteht: „*Ich weiß nicht genau, was damit gemeint ist [wählt Info 6].*" (Ayse 26:25–26:28). Nach dem Lesen der Info entscheidet sie sich für das Bearbeiten der zugehörigen Übung, um ihr Verständnis zu prüfen: „*Ja, das ist mir eigentlich auch klar. (.) Bei Üben [klickt auf*

Üben 6] dann gucken wir mal, ob ich das wirklich verstanden habe. " (Ayse 27:37–
27:47). Hierdurch ist erkennbar, dass Ayse die Struktur des SAFE Tools erfasst hat.
Sie nutzt die einzelnen Toolelemente bewusst für den eigenen Lern- sowie Assessmentprozess und entscheidet selbstregulativ über ihre nächsten Schritte.

Der Vergleich ihrer Antwort zu Üben sechs gelingt aber nicht. Vermutlich übersieht sie ihre Fehler, da ihre Antworten nicht gleichzeitig mit der Musterlösung
angezeigt werden. Die Platzierung der Musterlösung behindert ihre Selbstdiagnose
auch bei Üben sieben. Als sie einen Fehler bzgl. der Zuordnung desselben Füllgraphen zu den ersten Vasen feststellt, tippt Ayse auf „zurück", um die Abbildungen
erneut zu betrachten, gelangt dadurch aber zum Check. Nachdem das gewünschte
Toolelemente mithilfe der Interviewerin aufgerufen wird, kann sie die Musterlösung
nachvollziehen: *„Ah okay, weil das [zeigt auf Vase 2] ist ja schmaler und das [zeigt
auf Vase 1] ist ja breiter. Stimmt, das kann ja nicht gleich sein. (.) Die Höhe wird
schneller erreicht [zeigt auf Graph g], weil es halt schmaler und länger- ja größer
ist, sage ich mal und das [Vase 1] ist ja breiter, deshalb ist die zwei schneller als die
erste [gefüllt].* " (Ayse 48:33–48:57). Allerdings wiederholt sich diese technische
Schwierigkeit nach der Identifikation eines Fehlers bzgl. Vase vier, woraufhin Ayse
ihren Diagnoseprozess abbricht und zu Üben acht übergeht.

Bei ihrer Interpretation der Musterlösung zur Golfaufgabe gelingt es Ayse
schließlich, ihren Graph-als-Bild Fehler zu überwinden, indem sie nicht nur den
Verlauf des Lösungsgraphen durch die Aktivierung einer Zuordnungs- sowie direktionalen Kovariationsvorstellung deutet. Zudem erfasst sie, warum ihr Graph fehlerhaft war (s. o.). Das bedeutet, dass sie bei diesem formativen Selbst-Assessment
erstmalig eine Fehlerursache ausmacht und die Frage „Wo stehe ich gerade?" reflektiert. Dies gelingt ihr ebenfalls bei der Selbstdiagnose zur Erweitern-Aufgabe, bei
der sie in Teilaufgabe a feststellt, dass in der Aufgabe nach dem Ablassen des
Badewassers gefragt war, wohingegen sie von der Füllmenge ausgegangen ist. Für
Teilaufgabe b) erklärt die Studentin, dass sie zwar eine konstante Abflussgeschwindigkeit identifiziert hat, sich dies graphisch jedoch nicht vorstellen konnte.

Insgesamt ist während Ayses Toolbearbeitung bzgl. ihrer formativen Selbst-
Assessmentprozesse eine deutliche Entwicklung erkennbar. Nicht nur ihre Selbst-
regulation nimmt während der Nutzung des SAFE Tools zu. Ferner beinhalten ihre
Diagnoseprozesse zunehmend mehr Reflexionen. Dabei adressiert sie zunächst die
Frage nach den Lernzielen und nimmt erst für die letzten beiden Aufgaben ihre
eigene Aufgabenlösung zusätzlich in den Blick. Genau für diese formativen Selbst-
Assessmentprozesse ist ersichtlich, dass es der Lernenden gelingt, nicht nur eigene
Fehler sondern auch zu einem gewissen Grad deren Ursachen zu identifizieren. So ist
der Lernenden bei der Golfaufgabe vielleicht nicht bewusst, dass sie beim Erstellen
ihres Zeit-Entfernungs-Graphen durch visuelle Eigenschaften der Situation abge-

lenkt war. Dennoch kann sie durch die Reflexion ihres Graphen begründen, warum dieser den funktionalen Zusammenhang nicht repräsentieren kann. Allerdings zeigen sich für Ayses Diagnoseprozesse zu Üben sechs und sieben auch Hindernisse durch die Toolnutzung. Diese könnten erklären, warum eine ähnliche Entwicklung bei den übrigen Proband:innen des zweiten Zyklus nicht zu beobachten ist.

Nicole, Selda und Felix
Nicole und Selda bleiben in ihren Selbst-Assessments während der Selbstförderung stets bei einem Ja/Nein-Vergleich, um die Korrektheit einer Aufgabenlösung dadurch festzustellen, ob ihre Antwort mit der Musterlösung übereinstimmt. Dabei stellen sie zwar teilweise eigene Fehler fest, identifizieren jedoch keine Fehlerursachen. Obwohl Nicole eigenständig und selbstregulativ agiert, scheint das SAFE Tool sie nicht zur Reflexion anzuregen. Dies könnte an der Darstellung der Musterlösungen liegen. Bei Üben sechs wird Nicole lediglich die korrekte Achsenbeschriftung ohne eine Erklärung präsentiert, wohingegen ihr bei Üben eins nur die Teilsituationen angezeigt werden, für die ein zugehöriger Funktionsgraph den Wert null annehmen würde. Beide Musterlösungen helfen ihr nicht dabei, die funktionalen Abhängigkeiten zu erfassen oder eine Übersetzung in die graphische Darstellung vorzunehmen. In Seldas Fall kommt bei Üben sieben hinzu, dass sie durch den „zurück"-Button direkt zum Check zurückgeleitet wird, ohne noch einmal zur Aufgabe zu gelangen, um die Vasen und Füllgraphen erneut zu betrachten. Zudem werden die Zuordnungen der Lernenden im Tool lediglich als Liste der Form: „Du hast der Vase 1 den Graph b zugeordnet." gespeichert. In der Musterlösung werden aber zunächst alle korrekten Zuordnungen und darunter alle Zuordnungen der Nutzer angezeigt, sodass häufig zwischen mehreren Bildschirmseiten hin- und hergewechselt werden muss, um seine Antworten mit der Musterlösung zu vergleichen. Daher fragt Selda beim Vergleich ihrer Antworten zur ersten Teilaufgabe von Üben sieben etwa: *„Ich glaube, ich hatte das auch so, oder?"* (Selda 24:13–24:16).

Dies ist im Interview von Felix ebenso problematisch. Obwohl er bereits beim Check zahlreiche Reflexionen und somit ein umfassendes formatives Selbst-Assessment zeigt (s. Abschnitt 7.4.3), ist die Selbstdiagnose bei den übrigen Aufgaben im SAFE Tool erschwert. Das liegt zum einen daran, dass er nicht gleichzeitig auf einem Bildschirm die Musterlösung sowie seine eigene Lösung betrachten kann. Er fragt während des Selbst-Assessments zu Üben acht z. B.: *„Wie sah der Lösungsgraph nochmal aus?"* (Felix 45:17–45:19). Zum anderen bearbeitet er in erster Linie die weiterführenden Aufgaben (Üben 7, Üben 8 und Erweitern), bei denen er nicht zwischen Aufgabe und Musterlösung hin- und herspringen kann, sondern direkt zurück zum Check geleitet wird. Dennoch gelingt es Felix in seinen Assessmentprozessen zu Üben acht und dem Erweitern, jeweils ein Beurteilungskriterium zu verstehen. Dazu interpretiert er ein Merkmal der graphischen Zieldarstellung bzgl. des funktionalen Zusammenhangs und erklärt abweichende Merkmale seiner Lösungen. So erörtert er für seinen Lösungsgraphen der Golfaufgabe: *„Ja gut, meiner war ein bisschen steiler (I: Was bedeutet das, dass deiner steiler war?) Dass meiner die Entfernung schneller zurückgelegt hat in einer kürzeren Zeit, also dass er schneller war quasi als der Ball, dieser Golfball, den dieser Golfer [zeigt auf Musterlösung] geschlagen hat."* (Felix 43:07–43:27). Bei Teilaufgabe a) des Erweiterns erklärt er, dass sein Graph von der Musterlösung abweicht, weil er von einer anderen Skalierung der x-Achse ausgegangen ist: *„Ja gut, ich habe jetzt bei meiner Lösung angenommen, dass hier hinten direkt am Ende der Skala [zeigt auf das Ende der x-Achse] die dreizehn ist und deswegen keine Gerade mehr gezeichnet, aber der Sinn ist ja derselbe."* (Felix 52:32–52:41). Im Fall von Felix sind daher Selbst-Assessmentprozesse zu beobachten, die zwar einen hohen Grad an Reflexion aufweisen, allerdings ist fraglich, ob diese durch das SAFE Tool initiiert wurden, oder ob das Tool nicht eher hinderlich auf Felix metakognitive Aktivitäten wirkt.

Notwendigkeit weiterer Analysen
Aufgrund der genannten technischen Schwierigkeiten ergaben die Analysen der formativen Selbst-Assessmentprozesse von Nicole, Selda und Felix nur wenige Erkenntnisse hinsichtlich des Zusammenspiels zwischen den metakognitiven Aktivitäten der Lernenden und dem SAFE Tool. Es lässt sich vermuten, dass die Darstellung der Musterlösungen sowie die Hyperlinkstruktur der Lernumgebung die Proband:innen während ihrer Selbstförderung eher daran hindert formative Selbst-Assessmentprozesse durchzuführen. Allerdings ist nicht ersichtlich, welche Toolelemente sich als förderlich erweisen. Um die Rolle des SAFE Tools während der Diagnoseprozesse der Lernenden besser zu verstehen, werden daher im Folgenden zusätzliche Analysen mithilfe des FaSMEd Theorierahmens (s. Abschnitt 2.3.3) angeschlossen. Erfasst die qualitative Inhaltsanalyse, ob sich die formativen Selbst-Assessmentprozesse der Proband:innen im Verlauf ihrer Arbeit mit dem SAFE Tool verändern, so ermöglicht der FaSMEd Theorierahmen eine gleichzeitige Erörterung von Selbstdiagnose und Toolnutzung. Dazu werden sowohl diejenigen Schlüsselstrategien formativen Assessments ausfindig gemacht, welche die Lernenden aktiv nutzen, als auch die jeweilige Rolle des digitalen Tools bestimmt.

Für die Analysen wurden Fallbeispiele aus den Interviews von Nicole und Selda ausgewählt. Das ist damit zu begründen, dass beide Probandinnen ähnliche Überprüfen-Lösungen angefertigt haben, dahinter aber jeweils unterschiedliche Kompetenzen und Fehler stecken (s. Abschnitte 7.4.1 und 7.4.2). Daher könnte ein Vergleich ihrer Selbsteinschätzungen interessant sein. Berufen sich beide Lernende auf rein äußerliche Merkmale ihrer Lösungsgraphen, so könnte vermutet werden, dass ihre Selbst-Assessmentprozesse ähnlich verlaufen. Gelingt es den Schülerinnen, eigene Gedanken zu reflektieren, dürften sich ihre Selbstdiagnosen klar voneinander abgrenzen.

Nicoles formativer Selbst-Assessmentprozess bzgl. der Achsenbeschriftung (CP6)

Nicole bearbeitet die Überprüfen-Aufgabe und wählt über die Drop-down-Menüs Achsenbeschriftungen aus. Das heißt, die Lernende (Akteur) demonstriert ihre Fähigkeiten zum Skizzieren von Funktionsgraphen zu gegebenen Situationen (FA-Strategie 2), während ihr das SAFE Tool durch sein Graphfeld sowie die Auswahl-Menüs eine interaktive Lernumgebung bereitstellt (Funktionalität 3). Nachdem sie die Musterlösung gelesen hat, geht die Probandin zum Check über. Die Schülerin adressiert selbstständig den sechsten Checkpunkt: „Ich habe erkannt, dass die Zeit die unabhängige Größe ist, also auf die x-Achse kommt, und die Geschwindigkeit die abhängige Größe ist, also auf die y-Achse kommt." Nicole stellt fest, dass diese Aussage nicht auf ihren Lösungsgraphen zutrifft, und korrigiert ihre Antwort: *„Die Geschwindigkeit und die Zeit waren ja falsch. Da [zeigt auf die x-Achse] hätte ja die Zeit hingemusst und da [zeigt auf y-Achse] die Geschwindigkeit, also fällt das [zeigt auf CP6] schon mal weg, weil ich das ja nicht erkannt habe."* (Nicole 05:22–05:31). Dadurch ist nicht nur ersichtlich, dass die Schülerin das Beurteilungskriterium verstanden hat (FA-Strategie 1). Darüber hinaus vergleicht sie auch selbstständig ihre Antwort mit der Aussage, reflektiert so ihre Aufgabenlösung und übernimmt Eigenverantwortung für ihren Lernprozess (FA-Strategie 5). Außerdem formuliert sie ein Selbst-Feedback, welches nicht nur ihren Fehler verifiziert, sondern zudem die korrekte Antwort enthält. Demzufolge handelt es sich um ein Verifikations-Feedback, welches nur bedingt als lernförderlich betrachtet werden kann (s. Abschnitt 2.3.2). Daher kann von einer teilweisen Nutzung der dritten FA-Schlüsselstrategie „lernförderliche Rückmeldung geben" ausgegangen werden. Das SAFE Tool stellt ihr währenddessen Informationen in Form des Checkpunkts bereit (Funktionalität 1), welche ihre Reflexion anregen. Daraufhin entscheidet sich Nicole bewusst zum Heranziehen weiterführender Hinweise bzgl. ihres festgestellten Fehlers, indem sie Info sechs als nächsten Schritt auswählt (FA-Strategie 5).

Da sie den Text von Info sechs unkommentiert liest, können keine Annahamen bzgl. ihres Lernprozesses gemacht werden. Nichtsdestotrotz stellt ihr das SAFE Tool weitere fachliche Informationen bereit, d. h. es tritt in seiner Anzeigefunktion auf (Funktionalität 1). Im Anschluss arbeitet Nicole nach einem Hinweis der Interviewerin an der zugehörigen Üben-Aufgabe, wodurch sie Evidenz bzgl. des eigenen Verständnisses zur unabhängigen und abhängigen Variable funktionaler Abhängigkeiten generiert (FA-Strategie 2). Das SAFE Tool stellt ihr die entsprechende

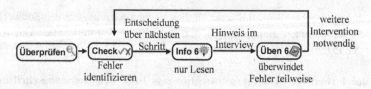

Abbildung 7.20 Struktur von Nicoles formativen Selbst-Assessmentprozess bzgl. CP6

Aufgabe sowie Musterlösung bereit (Funktionalität 1). Die Übung beinhaltet zehn Situationen, die funktionale Abhängigkeiten zwischen zwei Größen beschreiben. Die Lernende wird dazu aufgefordert, zu jeder Situation die Achsen eines Koordinatensystems zu beschriften. Dabei konnten vorgegebene Größen durch Antippen in den Drop-down-Menüs ausgewählt werden (Funktionalität 3). Nicole löst sechs der zehn Teilaufgaben korrekt. Dabei zeigt sie keine Schwierigkeiten, wenn eine Größe zeitabhängig ist. Kann die Zeit nicht als unabhängige Variable identifiziert werden, fällt es ihr jedoch schwer, die y-Achse zu beschriften. Obwohl sie die Richtung der Abhängigkeit in situativen Darstellungen oftmals korrekt erkennt, kann sie dies nicht auf die graphische Darstellungsform übertragen (s. Abschnitt 7.4.4). Nicole kann zwei ihrer vier Fehler selbstständig erkennen, indem sie ihre Antworten mit der vom SAFE Tool präsentierten Musterlösung (Funktionalität 1) vergleicht. Daraufhin geht die Schülerin zum Check zurück und hakt das zugehörige Beurteilungskriterium ab (FA-Strategie 5).

Zusammenfassend kann Nicoles Arbeit mit dem SAFE Tool bzgl. der Achsenbeschriftung wie in Abbildung 7.20 dargestellt werden. Sie löst eine Diagnoseaufgabe; identifiziert einen Fehler, indem sie ein Beurteilungskriterium versteht und mit der eigenen Aufgabenbearbeitung vergleicht; formuliert sich selbst eine Rückmeldung, wobei sie ihren Fehler korrigiert und wählt den nächsten Schritt in ihrem Lernprozess aus. Obwohl sie ihren Fehler durch die Fördereinheit nicht vollständig überwinden kann, unterstützt sie das SAFE Tool dabei, ihre Bearbeitungen auf einer metakognitiven Ebene zu reflektieren und Verantwortung für den eigenen Lernprozess zu übernehmen. Die Schülerin nutzt demzufolge vier Schlüsselstrategien formativen Assessments. Das SAFE Tool tritt dabei in erster Linie als Medium zur Anzeige relevanter Informationen auf. Im Fall der Diagnose- und Übungsaufgabe stellt es zudem eine interaktive Lernumgebung bereit. Insgesamt kann der Assessmentprozess von Nicole mithilfe des FaSMEd Theorierahmens wie in Abbildung 7.21 charakterisiert werden. Jeder der hervorgehobenen Quader betont, inwiefern die drei Dimensionen

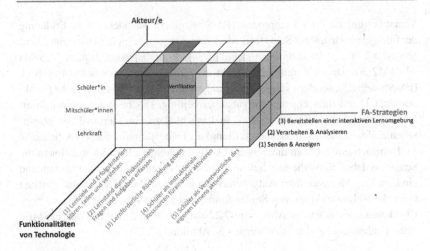

Abbildung 7.21 Charakterisierung von Nicoles formativen Selbst-Assessmentprozess bzgl. CP6 und Seldas formativen Selbst-Assessmentprozess bzgl. CP1

des Theorierahmens während einer Sequenz in Nicoles rekonstruiertem formativen Assessmentprozess interagieren.[8]

Seldas formativer Selbst-Assessmentprozess bzgl. der Achsenbeschriftung (CP6)

Selda (Schülerin) skizziert beim Überprüfen einen Graphen zu der gegebenen Situation und gewinnt dadurch Informationen über ihren eigenen Kenntnisstand (FA-Strategie 2). Dabei stellt das SAFE Tool eine interaktive Lernumgebung bereit (Funktionalität 3). Die Schülerin identifiziert zwar die beteiligten Größen der Funktion und beschriftet die Achsen korrekt, begeht beim Übersetzungsprozess allerdings den Graph-als-Bild Fehler (s. Abschnitte 7.4.1–7.4.2). Beim Check kreuzt sie das Beurteilungskriterium zur Achsenbeschriftung nicht an, obwohl sie diese korrekt ausgeführt hat. Während das SAFE Tool ihr ein fachbezogenes Erfolgskriterium durch den Checkpunkt anzeigt (Funktionalität 1), stellt Selda einen vermeintlichen Fehler ihrer Überprüfen-Antwort fest und entscheidet sich eigenständig zum Heranziehen weiterer Lernmaterialien in Form von Info sechs. Das heißt, sie übernimmt

---

[8] Weitere Informationen zur Nutzung des FaSMEd Theorierahmens als Analyseinstrument sind in Ruchniewicz & Barzel (2019b) zu finden. Die deutsche Übersetzung der fünf Schlüsselstrategien formativen Assessments wurde in dieser Arbeit von Schuetze et al. (2018, S. 70) übernommen.

Verantwortung für ihren Lernprozess (FA-Strategie 5). Nachdem sie die Erklärung der Info gelesen hat, stellt Selda fest: *„Ach, das war- ja, das [geht zurück zum Check und hakt CP6 ab] ist dann auch richtig, weil ich das ja genauso hatte."* (Selda 12:44–12:50). Damit formuliert sie nicht nur ein verifizierendes Selbst-Feedback (FA-Strategie 3), sondern vergleicht die angezeigten Inhalte aus Info sechs (Funktionalität 1) mit ihrer eigenen Aufgabenbearbeitung. Das bedeutet, sie reflektiert ihre eigene Lösung (FA-Strategie 5) und macht dazu ein Merkmal der graphischen Zieldarstellung (Achsenbeschriftung) als Erfolgskriterium aus (FA-Strategie 1). Demnach unterstützen die vom SAFE Tool bereitgestellten Informationen die Schülerin dabei, ihr vorheriges Selbst-Assessment eigenständig zu korrigieren und ein korrektes Merkmal ihrer Aufgabenlösung zu identifizieren. Zusammenfassend kann die Rekonstruktion von Seldas formativen Selbst-Assessmentprozess bzgl. Checkpunkt sechs wie in Abbildung 7.22 dargestellt und mithilfe des FaSMEd Theorierahmens charakterisiert werden (s. Abbildung 7.23).

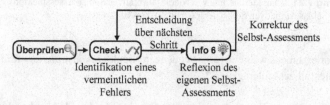

Abbildung 7.22 Struktur von Seldas formativen Selbst-Assessmentprozess bzgl. CP6

Seldas formativer Selbst-Assessmentprozess bzgl. der Nullstellen (CP1)

Nach dem Lesen des ersten Checkpunkts: „Ich habe erkannt, dass der Graph zweimal den Wert null annimmt." stellt Selda in Bezug auf die Anzahl der Nullstellen einen Fehler in ihrer Überprüfen-Lösung fest: *„Ist aber nur bei mir halt zweimal [zeigt auf die beiden Nullstellen ihres Lösungsgraphen.]"* (Selda 10:30–10:37). Dabei zeigt das SAFE Tool Informationen an (Funktionalität 1), welche die Schülerin benötigt, um ein Merkmal der graphischen Zieldarstellung als Beurteilungskriterium für ihr Selbst-Assessment auszumachen (FA-Strategie 1), ihre eigenenen diagnostischen Informationen diesbezüglich zu erfassen sowie zu evaluieren (FA-Strategie 5) und ein verifizierendes Selbst-Feedback zu formulieren (FA-Strategie 3). Anschließend entscheidet sich Selda für das Heranziehen weiterführenden Lernmaterials bzgl. des identifizierten Fehlers (FA-Strategie 5). Durch das Lesen von Info eins wird die Lernende dazu angehalten, ihre Argumentation während der Überprüfen-Bearbeitung

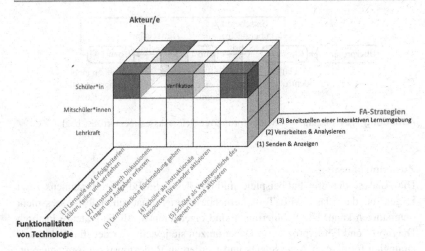

Abbildung 7.23 Seldas formative Selbst-Assessmentprozess bzgl. der Nullstellen (CP1)

zu reflektieren. Sie nutzt zudem die vom SAFE Tool bereitgestellte Abbildung (Funktionalität 1), um ihre Gedanken rückblickend zu verbalisieren und erkennt, dass sie das Anhalten auf dem Hügel nicht korrekt modelliert hat, da der Fahrradfahrer beim Anhalten keine Geschwindigkeit haben kann (s. Abschnitt 7.4.4). Bei dieser Reflexion zeigt Selda erneut, dass sie Verantwortung für ihren eigenen Lernprozess übernehmen kann (FA-Strategie 5). In der anschließenden Übung wählt die Schülerin für eine neue Situationsbeschreibung alle Teilsituationen aus, bei denen die Geschwindigkeit null wird. Damit bahnt sie nicht nur eine Zuordnungsvorstellung an (s. Abschnitt 7.4.4), sondern erfasst neue Informationen bzgl. ihres Lernstands (FA-Strategie 2), während ihr das SAFE Tool die Übung bereitstellt (Funktionalität 1). Darüber hinaus stellt die Lernende durch einen Vergleich der eigenen mit der präsentierten Musterlösung (Funktionalität 1) die Richtigkeit ihrer Lösung fest. Schließlich kehrt sie zum Check zurück und wählt eine neue Übungsaufgabe (FA-Strategie 5).

Insgesamt kann der formative Selbst-Assessmentprozess von Selda wie in Abbildung 7.24 zusammengefasst werden. Da sich ihr Diagnoseprozess mithilfe des FaSMEd Theorierahmens genauso charakterisieren lässt wie der von Nicole bzgl. CP6, kann eine große Ähnlichkeit der formativen Selbst-Assessmentprozesse beider Schülerinnen identifiziert werden, obwohl sie sich jeweils auf unterschiedliche Beurteilungskriterien beziehen (s. Abbildung 7.21).

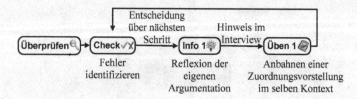

Abbildung 7.24 Struktur von Seldas formativen Selbst-Assessmentprozess bzgl. CP1

Zusammenfassung

Die Analyse der drei Fallbeispiele mithilfe des FaSMEd Theorierahmens zeigt insgesamt, dass das SAFE Tool Lernende beim formativen Selbst-Assessment unterstützen kann. Die Schülerinnen sind eigenverantwortliche Akteure in ihren Diagnose- und Förderprozessen. Dabei nutzen sie jeweils vier der fünf Schlüsselstrategien formativen Assessments und werden zu Reflexionsprozessen angeregt, durch die sie Fehler zumindest teilweise überwinden oder ihr vorheriges Selbst-Assessment korrigieren. Das SAFE Tool übernimmt dabei hauptsächlich die Funktion des Anzeigens relevanter Informationen. Lediglich zur Bearbeitung einer Aufgabe stellt es Lernenden eine interaktive Lernumgebung zur Verfügung. Daher kann vermutet werden, dass die TI-Nspire™ Version des SAFE Tools mögliche Potentiale digitaler Medien zur Unterstützung von Lernenden in ihren Lern- und Diagnoseprozessen (s. Kapitel 4) nicht ausreichend ausschöpft. Diese Hypothese wird ebenso durch die Ergebnisse der qualitative Inhaltsanalyse bzgl. Forschungsfrage drei b) gestützt (s. o.). Hierbei wurde eine Vielzahl an technischen Schwierigkeiten im Umgang mit dem SAFE Tool identifiziert, welche die Proband:innen insbesondere in den Fördereinheiten bei ihren formativen Selbst-Assessmentprozessen behindern. Vermutlich ist dies der Grund, warum nur in Ayses Fall eine positive Veränderung der Selbstdiagnoseprozesse beobachtet werden konnte.

7.5   Klassenbefragungen

Um eine größere Anzahl von Rückmeldungen bezüglich der technischen Umsetzung und Bedienung des SAFE Tools von mehreren Nutzer:innen zu generieren, erfolgten im zweiten Entwicklungszyklus zwei Klassenbefragungen, bei denen Lernende der zehnten Jahrgangsstufe die TI-Nspire™ Version ausprobieren und beurteilen konnten. Das Feedback der Schüler:innen ist in Tabelle 7.5 zusammengefasst.

Tabelle 7.5 Feedback der Klassen zur TI-Nspire™ Version des SAFE Tools

Toolelement	Klassenfeedback
Toolstruktur	– Schülerinnen wünschen sich ein Hauptmenü, um eine bessere Übersicht bei der Auswahl von Aufgaben zu erhalten.
	– Viele Schülerinnen wünschen sich zusätzlich externes Feedback durch das digitale Tool. Dieses soll ihre Lösungen gemäß den Kategorien richtig und falsch evaluieren. Sie sind es nicht gewohnt sich selbst einzuschätzen und empfinden dies als schwer. In der Realschulklasse fanden es nur 3 von 28 Lernenden besser, sich selbst zu evaluieren.
	– Die Lernenden der Realschulklasse beschreiben die Bedienung des Tools als „einfach" und das Design als „übersichtlich". Dahingegen empfinden die Schülerinnen der Gesamtschulklasse die Bedienung als „schwierig".
Überprüfen	– Die Graph-Segmente werden mit einem roten Hintergrund markiert, um anzuzeigen, dass sie bewegt bzw. verändert werden. Dies assoziieren die Lernenden allerdings mit einem Fehler.
	– Einzelne Graph-Segmente lassen sich nicht löschen. Um einzelne Graph-Segmente auszutauschen, haben die Lernenden ihre gesamten Graphen gelöscht und neu begonnen. Dadurch entstand Frustration. Die Schülerinnen haben nicht herausgefunden, dass sich die einzelnen Graph-Segmente oben aus dem Zeichenfeld schieben lassen.
	– Die einzelnen Graph-Segmente lassen sich nur schwer an der gewünschten Stelle platzieren und justieren, weil der eigene Finger teilweise die Sicht auf das Koordinatensystem blockiert.
	– Die Lernenden benutzen hauptsächlich die drei linearen Graph-Segmente.
Check	– Das „Absenden" löscht den eigenen Graphen, sodass man diesen nicht mehr mit der Musterlösung und den Checkpunkten vergleichen kann.
Info 1	– Die Info hat geholfen zu verstehen, wann der Graph den Wert null erreicht.
Üben	– Die Lernenden wünschen sich eine bessere Erklärung der Aufgabenstellungen. Insbesondere die Textaufgaben und die Bedienung der Aufgaben vom Typ „Auswahl" und „Zuordnen" fällt ihnen schwer.
	– Die Schülerinnen fänden „Tipps" als Unterstützung bei den Übungsaufgaben hilfreich.
	– Das Hin- und Herspringen zwischen der Aufgabe und der Lösung ist umständlich.
	– Bei den „Graph erstellen" Aufgaben können die Achsenbeschriftungen nicht verändert werden, ohne den kompletten Graphen zu löschen.
	– Einzelne Texte werden in englischer Sprache angezeigt (z. B. Üben 1 Situation 7).
Anmerkungen	– Die Lernenden empfinden es als positiv im eigenen Tempo zu arbeiten.
	– Die Schüler:innen finden die Arbeit mit dem SAFE Tool schwer, ohne zuvor den mathematischen Inhalt wiederholt zu haben. Sie beschreiben eine geringe Motivation aufgrund des Gefühls keine „Starthilfe" zu bekommen.
	– An einigen Stellen wurden Rechtschreibfehler identifiziert.
	– Die Schülerinnen fanden es interessant mit digitalen Medien (iPads) zu arbeiten, allerdings hat sich das Programm häufig „aufgehängt" und musste neu gestartet werden, was ihnen den Spaß am Tool genommen hat. Beispielsweise bleibt ein bestimmter Text oder eine Abbildung an einer Bildschirmposition und verdeckt wichtige Features zur Aufgabenbearbeitung.
	– Die Aufgaben enthalten sehr viel Text.

Insgesamt zeigt sich, dass die Lernenden den Einsatz digitaler Medien als motivierend empfinden. Allerdings wurden einige Schwierigkeiten in der Bedienung des SAFE Tools ausfindig gemacht, die zu einer Frustration der Lernenden führten. Beispielsweise konnten die Achsenbeschriftungen oder einzelne Graph-Segmente in den Zeichenaufgaben nicht separat verändert oder gelöscht werden, sodass die Schüler:innen eine Aufgabenbearbeitung teilweise mehrfach neu beginnen mussten. Zudem erwies sich die Bedienung des Tools im Hinblick auf zwei der vier Aufgabenformate (Auswahl und Zuordnung) als nicht intuitiv. Daher lässt sich vermuten, dass die TI-Nspire™ Version nicht ohne eine ausführlichere Anleitung oder ein vorheriges Training gewinnbringend eingesetzt werden kann.

Im Hinblick auf die Unterstützung des Tools beim formativen Selbst-Assessment werden einige Hürden sichtbar. Insbesondere die Tatsache, dass eigene Aufgabenlösungen während der Selbstförderung nicht parallel zur Musterlösung angezeigt werden, sondern durch ein Vor- und Zurückspringen zwischen mehreren Bildschirmseiten betrachtet werden müssen, hindert die Lernenden an der Selbsteinschätzung. Zudem sind sie es nicht gewohnt, eigene Kompetenzen selbstständig einzuschätzen oder zu wiederholen. Die Mehrheit der Realschulklasse äußerte etwa den Wunsch nach einem externen Verifikationsfeedback durch das digitale Medium. Allerdings zeigen empirische Studien, dass diese Art von Feedback nicht lernförderlich ist (s. Abschnitte 2.3.2 und 4.3.2). Anscheinend ist vielen Lernenden nicht bewusst, dass eine reine Evaluation nach richtig oder falsch sie kaum in ihrem Erkenntnisgewinn unterstützen kann. Stattdessen gilt es die Ursachen eigener Fehler aufzudecken und diese als Lerngelegenheiten wahrzunehmen. Da eine solche Haltung in beiden Klassen der Befragung nicht präsent ist, lässt sich eine Notwendigkeit zur Durchführung von häufigeren Selbst-Assessments und eine Abgabe von mehr Eigenverantwortung an die Schüler:innen beim Mathematiklernen vermuten. Im Hinblick auf das SAFE Tool scheint eine einfachere Bedienung der digitalen Lernumgebung sowie das Ermöglichen eines schnellen Vergleichs zwischen eigenen Antworten und Musterlösungen notwendig, um Lernende besser zu unterstützen. Wenden die Nutzer:innen zu viele Kognitionen dafür auf, die Handhabung des Tools zu erörtern, bleibt wenig Raum zur Adressierung des eigentlichen Lernziels.

7.6 Implikationen zur Weiterentwicklung des SAFE Tools

Die Analysen der aufgabenbasierten Interviews im zweiten Entwicklungszyklus haben gezeigt, dass die TI-Nspire™ Version des SAFE Tools zur Förderung des funktionalen Denkens von Lernenden beim situativ-graphischen Darstellungswechsel sowie zur Unterstützung ihres formativen Selbst-Assessments geeignet ist. Allerdings konnte bereits bei der sehr kleinen Stichprobe eine Reihe von Designelementen identifiziert werden, die eine Bedienung des Tools für Lernende erschwert und sie vor allem in ihren Diagnoseprozessen sowie ihrer Selbstregulation einschränkt. Dies wurde ebenso in den Klassenbefragungen ersichtlich, bei denen die Schüler:innen insbesondere Schwierigkeiten in der Toolbedienung rückmeldeten und sich eine Evaluation durch die Technologie wünschten. Deutlich wurde daher auch, dass Lernende es nicht gewohnt sind, eigene Aufgabenbearbeitungen zu beurteilen und sich dabei zu sehr auf die Korrektheit einer Lösung beschränken. Aus diesen Gründen ist eine Weiterentwicklung des SAFE Tools erforderlich, um die Nutzer:innen geführt an ein selbstständiges Lernen heranzuführen. Zahlreiche Hinweise zu möglichen Verbesserungen des Designs können aus den vorangehenden Abschnitten 7.4 und 7.5 abgeleitet werden. Im Fokus stehen insbesondere die folgenden Aspekte:

- *Toolstruktur*: Im Vergleich zur Papierversion wurde festgestellt, dass Lernende häufiger komplette Fördereinheiten aus Info und passender Übung bearbeiten. Allerdings waren in Bezug auf die Navigation zu unterschiedlichen Tooelementen zahlreiche Hinweise durch die Interviewleitung nötig. Daher ist eine intuitivere Gestaltung der Auswahlmöglichkeiten weiterer Lernmaterialien nach dem Check sowie der Weiterarbeit nach einer Fördereinheit erforderlich. Zudem ist die Hyperlinkstruktur zwischen den weiterführenden Aufgaben (Üben 7, Üben 8 und Erweitern) zu verändern, damit Lernende selbstständig zwischen den Aufgaben und Musterlösungen wechseln können.
- *Bedienung & Navigation*: Die Bedienung des SAFE Tools stellte eine große Herausforderung für die Lernenden dar und konnte von ihnen nicht ohne Hinweise der Interviewleiterin erfolgen. Zudem wurde z. B. von Schülern einer Klassenbefragung ein Hauptmenü zur Navigation gefordert. Für die Weiterentwicklung des SAFE Tools ist daher eine intuitive Handhabung zu fokussieren, die durch ein Video-Tutorial zur Bedienung ergänzt werden kann. Dadurch haben Lernende die Möglichkeit, selbstständig technische Navigationsschwierigkeiten zu überwinden und eigenständiger mit SAFE zu arbeiten.
- *Check*: Auch in der TI-Nspire^{TM} Version traten einige Schwierigkeiten dabei auf zu entscheiden, wann ein Checkpunkt anzukreuzen ist. Insbesondere für das erste (Anzahl der Nullstellen) und letzte Beurteilungskriterium (Achsenbeschriftung) wurde aber beobachtet, dass die Vorgabe inhaltlicher Referenzpunkte zur Evaluation der eigenen Lösung Lernende dabei unterstützen kann, eigene Fehler zu identifizieren und durch die weiterführenden Fördermaterialien zu adressieren (z. B. bei Selda und Ayse). Um das Verfahren beim Check für Nutzer:innen zu vereinfachen, sollte zukünftig für jeden Punkt eine Ja/Nein-Auswahl ermöglicht werden, um die Zustimmung oder Ablehnung klar zu kommunizieren.

- *Musterlösungen*: Die größten Schwierigkeiten im Umgang mit der neuen Toolversion zeigten Lernende – neben der Bedienung – bei der Verwendung von Musterlösungen der Fördermaterialen. Zum einen stellte sich die räumlich getrennte Darstellung der eigenen und der Musterlösung als hinderlich dar, weil Vergleiche nur durch mehrmaliges Vor- und Zurückblättern ermöglicht wurden. Hier verstößt das Tooldesign zu sehr gegen das Kontinguitätsprinzip. Zum anderen scheinen Lernende Informationen der Musterlösungen, welche rein sprachlich dargeboten werden, nicht zur Reflexion anzuregen (z. B. Achsenbeschriftungen bei Üben 6 im Fall von Ayse). Beinhaltet eine Musterlösung dagegen eine graphische Funktionsrepräsentation, werden Inhalte eher interpretiert (z. B. Lösungsgraph bei Üben 3a im Fall von Ayse). Daher sollte die Gestaltung aller Musterlösungen auf die Verwendung multipler Darstellungsformen geprüft werden, um Übersetzungsprozesse stärker anzuregen.

- *Ausnutzen der Potentiale digitaler Medien*: Insbesondere durch die Analysen mit dem FaSMEd Theorierahmen wird ersichtlich, dass die TI-Nspire™ Version des SAFE Tools mögliche Potentiale digitaler Medien in zu geringem Maße ausnutzt. Da seine Funktionalität hauptsächlich in der Anzeige relevanter Informationen identifiziert wurde, stellt sich die Frage nach dem Mehrwert beim Einsatz digitaler Medien im Vergleich zu einer vergleichbaren Papierversion. Aus der Literatur ist z. B. bekannt, dass interaktive und verlinkte Repräsentationen lernförderlich wirken können (s. Kapitel 4). Bei der Weiterentwicklung des Tooldesigns wird daher verstärkt auf die Einbindung solcher Mittel zur Ausschöpfung des Potentials digitaler Medien geachtet.

Dritter Entwicklungszyklus (iPad App)   8

8.1 Zielsetzung

Der dritte Entwicklungszyklus des SAFE Tools fokussiert eine möglichst intuitive Bedienung sowie eine größere Ausschöpfung der Potentiale digitaler Medien zur Unterstützung von Lernenden. Während die TI-Nspire™ Version einen ersten Schritt zur Digitalisierung der Lernumgebung darstellt, gilt es nun, zentrale Elemente des Tooldesigns zu optimieren. Nutzer:innen sollen möglichst wenige kognitive Ressourcen für die Handhabung des digitalen Mediums aufbringen, damit ihre inhaltsbezogenen (Meta-)Kognitionen genügend Raum einnehmen können. Daher wird das SAFE Tool basierend auf den Erkenntnissen der Interviews und der Klassenbefragungen aus dem zweiten Zyklus dieser Design Research Studie (s. Abschnitte 7.4–7.5), aber auch unter Berücksichtigung empirischer Erkenntnisse zur Mediennutzung beim Mathematiklernen (s. Kapitel 4) weiterentwickelt. Zudem werden teilweise Ergebnisse aus den Fallanalysen des ersten Entwicklungszyklus (s. Abschnitt 6.4) herangezogen.

Die Analysen der Design Experimente fokussieren in diesem Zyklus vor allem die Beschreibung und Charakterisierung der formativen Selbst-Assessments. Dabei soll ersichtlich werden, welche metakognitiven und selbstregulativen Strategien von Lernenden während ihrer Selbstdiagnosen eingesetzt werden. Ein weiterer Schwerpunkt liegt auf der Toolnutzung der Proband:innen. Die Analysen sollen aufzeigen, inwiefern das digitale Medium Lernende bei ihren Lern- sowie Assessmentprozessen unterstützt oder behindert.

Elektronisches Zusatzmaterial Die elektronische Version dieses Kapitels enthält Zusatzmaterial, das berechtigten Benutzern zur Verfügung steht
https://doi.org/10.1007/978-3-658-35611-8_8

© Der/die Autor(en), exklusiv lizenziert durch Springer Fachmedien Wiesbaden GmbH, ein Teil von Springer Nature 2022
H. Ruchniewicz, *Sich selbst diagnostizieren und fördern mit digitalen Medien*, Essener Beiträge zur Mathematikdidaktik,
https://doi.org/10.1007/978-3-658-35611-8_8

8.2   Das SAFE Tool: iPad Applikation

In den folgenden Abschnitten 8.2.1–8.2.6 wird (analog zu den Abschnitten 6.2 und 7.2) die dritte Version des SAFE Tools vorgestellt, welche als unabhängige Applikation (im Folgenden: App) für Tabletcomputer der Firma Apple (iPads) umgesetzt wurde.[1] Die Neuprogrammierung unabhängig von der TI-Nspire™ Software erschien sinnvoll, da viele Neuerungen im Tooldesign darauf zielen, das Layout sowie die Bedienung des SAFE Tools möglichst einfach zu gestalten. Des Weiteren soll die Interaktivität der Nutzer:innen mit dem digitalen Medium erhöht werden.

Im Vergleich zur vorherigen Toolversion wurden für die Weiterentwicklung von SAFE daher zwei zusätzliche Designprinzipien verwendet. Einerseits soll die iPad App Version eine möglichst *intuitive Bedienung* des Tools ermöglichen. Andererseits soll die *Interaktivität* zwischen Lernenden und dem digitalen Medium erweitert werden. Neben diesen neu formulierten Designprinzipien orientiert sich die Toolentwicklung weiterhin an den Prinzipien, welche bereits im zweiten Zyklus angewandt wurden. Neben der *Verwendung einer schülernahen Sprache* sollen nur Inhalte integriert werden, welche zum Lernziel beitragen (*Kohärenzprinzip*). Darüber hinaus wird die Aufnahme komplexer Sachverhalte durch eine portionierte Präsentation vereinfacht (*Segmentierungsprinzip*). Schließlich werden zwei Designprinzipien im Vergleich zur TI-Nspire™ Version verstärkt in den Blick genommen. Insbesondere bei der Darstellung von Musterlösungen sollte die *Kontinuität*, d. h. die räumliche und zeitliche Nähe zusammengehöriger Inhalte (z. B. die eigene Aufgabenbearbeitung und die Musterlösung), sowie die Verwendung unterschiedlicher Repräsentationsformen, z. B. verbale Erklärung sowie graphische Visualisierung (*Multimediaprinzip*), erhöht werden (s. Abschnitte 4.4.7 und 7.6).

Inwiefern diese Designprinzipien sowie die im zweiten Entwicklungszyklus gewonnenen Erkenntnisse zur Weiterentwicklung des SAFE Tools genutzt wurden, um Designentscheidungen für die iPad App zu treffen, wird im Folgenden erläutert.[2]

---

[1] Für die Programmierung der App wurde die Firma *The Virtual Dutchmen* beauftragt.

[2] An dieser Stelle sei angemerkt, dass zahlreiche Designentscheidungen und didaktische Analysen zum SAFE Tool bereits im Zuge der Vorstellung der ersten beiden Versionen in den Abschnitten 6.2 und 7.2 beschrieben wurden. Daher fokussieren die Ausführungen in diesem Kapitel allein Aspekte der Weiterentwicklung beim Tooldesign.

8.2.1   Toolstruktur

Die iPad App des SAFE Tools behält die fünf Elemente der vorherigen Versionen bei: *Test, Check, Info, Üben* und *Erweitern*. Die diagnostische Aufgabe, welche zuvor als „Überprüfen" bezeichnet wurde, wird nun „Test" genannt. Dies soll einerseits eine einheitliche Bezeichnung in der deutschen und englischsprachigen Version schaffen. Andererseits kann die Namensänderung durch den begrenzten Platz auf dem iPad Bildschirm begründet werden. Darüber hinaus ändert sich die Toolstruktur der iPad App (s. Abbildung 8.1) im Vergleich zur vorherigen Version im Hinblick auf die Auswahl zwischen Info und Üben, wenn ein Fehler mithilfe des Checks identifiziert wird. Lernende können in der neuen Toolversion – wie bereits in der Papierversion – zwischen Info und Üben auswählen. Da das Layout des Checks sowie die Navigation im SAFE Tool grundsätzlich vereinfacht wurde (s. u.), erlaubt die iPad App eine Integration dieser Wahlmöglichkeit, was in der TI-Nspire^TM Version nicht auf einer Bildschirmseite umzusetzen war. Obwohl die vorgegebene Reihenfolge aus Info und anschließender Übung in der vorherigen Version auch dadurch begründet war, dass Lernende im ersten Entwicklungszyklus die Hilfekarten zu wenig nutzten, gilt es in der dritten Toolversion, die Eigenständigkeit der Lernenden zu maximieren. Durch das vereinfachte Layout und die direkte Hyperlinkstruktur zwischen Check, Info und Üben wird es den Lernenden erleichtert, zusammenhängende Fördermaterialien ausfindig zu machen und zwischen den einzelnen Elementen hin- und herzuwechseln. Daher wird hier wieder mehr Verantwortung zur Selbstregulation an die Toolnutzer:innen abgegeben.

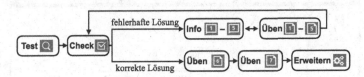

Abbildung 8.1 Struktur des SAFE Tools (iPad App)

Eine weitere Änderung der Hyperlinkstruktur in der iPad App des SAFE Tools bezieht sich auf die Fördereinheiten für Lernende mit einer korrekten Test-Lösung. Mussten die weiterführenden Aufgaben in der vorherigen Toolversion stets über den Check ausgewählt werden, können Lernende nun direkt von einer Übung zur nächsten gelangen (s. Abbildung 8.1). Dies soll die Schwierigkeiten verhindern, welche die Proband:innen im zweiten Entwicklungszyklus zeigten. Beispielsweise bearbeiteten Selda, Ayse und Felix jeweils nur Teilaufgabe a) bei Üben sieben, weil sie nach der Musterlösung direkt zum Check zurückgeleitet wurden. Zudem wurde z. B. in Ayses Fall ersichtlich, dass die vorherige Toolstruktur sie in ihrem formativen Selbst-Assessmentprozess zu dieser Übungsaufgabe unterbrochen hat (s. Abschnitt 7.4.4).

Darüber hinaus wurde das gesamte Layout sowie die Navigation in der iPad App weiterentwickelt. Die Design Experimente im zweiten Zyklus zeigen, dass Lernende oftmals Unterstützung brauchen, um sich in der vorherigen Toolstruktur zurechtzufinden (s. Abschnitt 7.4.4). Auch in den Klassenbefragungen wurde das Design von Schüler:innen als „unübersichtlich" und die Bedienung als „kompliziert" bezeichnet (s. Abschnitt 7.5). Um Lernenden das Zurechtfinden in der SAFE Tool App zu erleichtern, wurden folgende Designelemente integriert, welche z. B. in der Bildschirmaufnahme von Üben 3c (s. Abbildung 8.2) zu sehen sind:

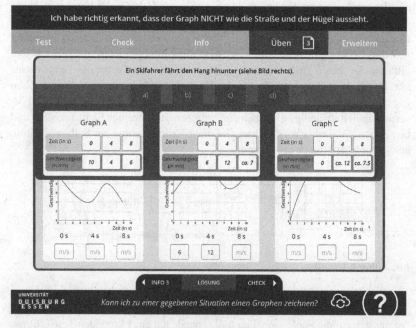

Abbildung 8.2 Musterlösung zu Üben 3c im SAFE Tool (iPad App)

- *Dynamische Gliederung*: Das Layout jeder Bildschirmseite ist durch eine dunkelblaue Kopf- und Fußzeile sowie eine in grau gehaltene zweite Kopfzeile eingerahmt. Die blaue Kopfzeile enthält entweder die zu diagnostizierende Kompetenz: „Kann ich zu einer gegebenen Situation einen Graphen zeichnen?" oder im Fall der Fördereinheiten zu einem spezifischen Checkpunkt das zugehörige Beurteilungskriterium (z. B. „Ich habe richtig erkannt, dass der Graph NICHT wie die Straße und der Hügel aussieht."). Für diese Fördereinheiten ist das Lernziel in der Fußzeile sichtbar (s. Abbildung 8.2). Die graue Kopfzeile dient als Übersicht der einzelnen Toolelemente. Dabei wird dasjenige Element durch einen blauen Hintergrund und die Anzeige des zugehörigen Symbols hervorgehoben, bei dem sich die Lernenden derzeit befinden. Beispielsweise ist in Abbildung 8.2 ersichtlich, dass Üben 3 des SAFE Tools bearbeitet wird.

- *Navigationsleiste*: Über der Fußzeile ist mittig die Navigationsleiste positioniert. Diese zeigt jeweils an, zu welchem Toolelement Lernende vor- bzw. zurückblättern können. Im Beispiel von Üben 3 können Nutzer:innen in der Hyperlinkstruktur entweder zur passenden Info 3 zurückgehen oder durch ein Vorwärtsblättern zum Check gelangen (s. Abbildung 8.2). Durch die Vorgabe von jeweils zwei Optionen wird die Navigation über die Hyperlinkstruktur für Lernende vereinfacht. Handelt es sich um eine Üben- oder Erweitern-Aufgabe, ist in der Mitte der zusätzliche Button „Lösung" integriert. Darüber kann die Anzeige der Musterlösung beliebig ein- und ausgeblendet werden.
- *Tutorial-Video*: Um Lernenden die Möglichkeit zu bieten, Schwierigkeiten bei der Bedienung eigenständig zu überwinden, wurde ein Videotutorial integriert. Dieses kann über das Fragezeichen auf der rechten Seite der Fußzeile aufgerufen und wieder geschlossen werden. Das Erklärvideo zeigt verschiedene Bildschirmaufnahmen des SAFE Tools, in denen die einzelnen Elemente sowie Handlungsmöglichkeiten für Nutzer:innen aufgezeigt werden.

8.2.2 Test

Die Test-Aufgabe der iPad App Version des SAFE Tools ist in Abbildung 8.3 dargestellt. Dabei handelt es sich um eine offene Diagnoseaufgabe, die den Kenntnisstand der Lernenden erörtern soll. Die Aufgabenstellung unterscheidet sich im Vergleich zur TI-Nspire™ Version allein im Operator „zeichne" anstatt „erstelle", da die Lösung in der App nicht durch das Zusammensetzen einzelner Graph-Segmente, sondern durch direktes Zeichnen mit dem Finger auf den Bildschirm eingegeben wird. Hierdurch soll Lernenden der Ausdruck eigener Gedanken beim situativgraphischen Darstellungswechsel erleichtert werden. Im zweiten Zyklus zeigten die Proband:innen wiederholt Probleme bei der Handhabung der Graph-Segmente, da die exakte Platzierung etwa dadurch erschwert wurde, dass die eigene Hand die Sicht auf das Koordinatensystem einschränkt oder nicht die richtigen Graph-Abschnitte

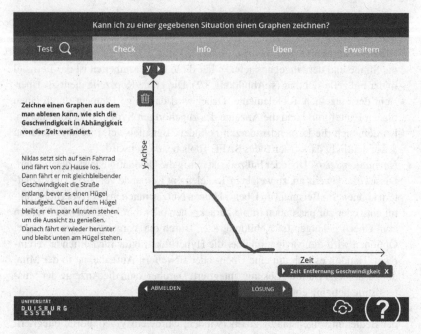

Abbildung 8.3 Test-Aufgabe des SAFE Tools (iPad App).eps

gewählt wurden, um den gewünschten Verlauf darzustellen (s. Abschnitte 7.4.4 und 7.5). In der neuen Toolversion wird daher Ayses Wunsch nachgegangen: *„Kann man das per Hand zeichnen?"* (Ayse 15:06–15:10). Dadurch soll der Fokus der Lernenden von der Toolbedienung wieder verstärkt auf den inhaltlichen Darstellungswechsel gelenkt werden. Die Koordinatenachsen können weiterhin über eine Auswahl von Größen in Drop-down-Menüs beschriftet werden. Im Gegensatz zur vorherigen Toolversion, bei der eine getroffene Auswahl nicht rückgängig gemacht werden konnte, ist die Veränderung einer Beschriftung über das jeweilige Drop-down-Menü möglich (s. Abschnitt 7.4.4 und Abbildung 8.3). Schließlich kann der skizzierte Graph über den Button mit dem Mülleimer-Symbol gelöscht werden.[3]

---

[3] Da sich die Test-Aufgabe nur im Hinblick auf die Art der Lösungseingabe von der vorherigen Toolversion unterscheidet, sei an dieser Stelle auf die didaktische Analyse der Aufgabe in Abschnitt 7.2.2 verwiesen.

Musterlösung der Test-Aufgabe

Die Musterlösung zur Test-Aufgabe wurde in der App grundlegend verändert. Anstelle einer statischen Visualisierung und einem zugehörigen Erklärungstext besteht die neue Musterlösung aus einer dynamischen Simulation der Fahrradfahrt, welche mit einem möglichen Lösungsgraphen verknüpft ist. Auf eine verbale Erklärung wird komplett verzichtet, um Reflexionsprozesse anzuregen. Stattdessen soll die Simulation Lernende in ihrem Darstellungswechsel von der Situation zum Graphen dadurch unterstützen, dass Zusammenhänge zwischen beiden Darstellungsarten hergestellt werden können. Gleichzeitig gilt es, die Interaktivität zwischen Nutzer:innen und SAFE Tool zu erhöhen. In den Abschnitten 4.4.4 und 4.4.6 wurde beschrieben, dass dynamischen sowie verlinkten Darstellungen viele Potentiale zur Unterstützung funktionalen Denkens eingeräumt werden. Diese sollen im Tooldesign genutzt werden, um Lernenden den Zusammenhang zwischen der zu modellierenden Situation und dem Graphen als Funktionsdarstellung verständlich zu machen. Dadurch sollen Fehldeutungen des Lösungsgraphen, wie z. B. im Fall

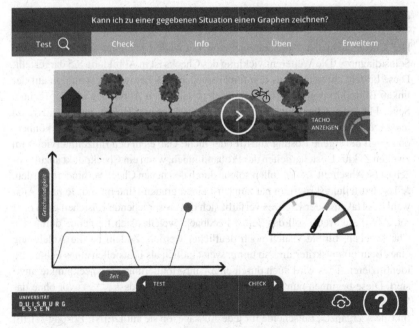

Abbildung 8.4 Dynamisch-verlinkte Simulation als Musterlösung zur Test-Aufgabe (iPad App)

von Ayse (s. Abschnitt 7.4.3), verhindert werden. Die Simulation kann durch die Lernenden beliebig oft gestartet und gestoppt werden. Hierdurch ist nicht nur zu beobachten, wie sich die Größen des funktionalen Zusammenhangs miteinander verändern. Auch der Fokus auf einzelne Punkte des Graphen wird so möglich. Beispielsweise wurde die Simulation in Abbildung 8.4 zu einem Zeitpunkt gestoppt, an dem das Fahrrad bergabfährt. Der zugehörige Punkt des Zeit-Geschwindigkeits-Graphen zeigt für den entsprechenden Zeitpunkt einen relativ hohen Geschwindigkeitswert. Das bedeutet, die Musterlösung kann (je nach Verwendung) sowohl die Kovariations- wie auch Zuordnungsvorstellung von Lernenden unterstützen. Zusätzlich kann ihr Fokus auf die (relativen) Werte der Geschwindigkeit bzw. ihre Veränderung mit der Zeit gelenkt werden, da die Nutzer:innen sich einen qualitativen Tachometer anzeigen lassen können. Dieser visualisiert während der Simulation dynamisch die Veränderung der Geschwindigkeit und lenkt die Aufmerksamkeit möglicherweise stärker auf die Kovariation des fokussierten funktionalen Zusammenhangs (s. Abbildung 8.4).

8.2.3   Check

Der Check dient der Unterstützung von Lernenden bei ihrer inhaltsbezogenen Selbstdiagnose. Die Weiterentwicklung des Checks ist in Abbildung 8.5 dargestellt. Diese besteht zum einen aus den fünf vorgegebenen Beurteilungskriterien auf der linken Bildschirmseite und einer multiplen, statischen Abbildung auf der rechten Seite. Für jeden Checkpunkt sind zwei Buttons (grüner Haken und rotes Kreuz) integriert, über die Lernende zu dieser spezifischen Aussage entscheiden können, ob sie auf die eigene Lösung zutrifft oder nicht. Gab es in den Einzelinterviews im zweiten Zyklus Unsicherheiten der Proband:innen, wann ein Checkpunkt anzukreuzen ist (s. Abschnitt 7.4.3), sollen solche durch den neuen Check verhindert werden. Jedes Beurteilungskriterium hat zunächst einen grauen Hintergrund. Je nach Auswahl des Hakens oder Kreuzes verfärbt sich das entsprechende Kästchen grün oder rot. Auf diese Weise soll das Selbst-Feedback, welches sich Lernende durch den Check geben, für sie visuell noch deutlicher werden. Zudem ist die Ablehnung eines Beurteilungskriteriums so unmissverständlich als Feststellen eines Fehlers zu identifizieren. Dies wird auch durch eine Umformulierung der Checkpunkte anvisiert. Diese beginnen nun mit „Ich habe richtig erkannt, dass ..." (zuvor ohne das Wort „richtig"). Schließlich wird die neue Toolversion durch einen Arbeitsauftrag im Check ergänzt: „Entscheide für jede Aussage, ob sie auf DEINE Lösung zutrifft oder nicht." Alle diese Designentscheidungen dienen einer intuitiveren und eindeutigeren Nutzung des Checks.

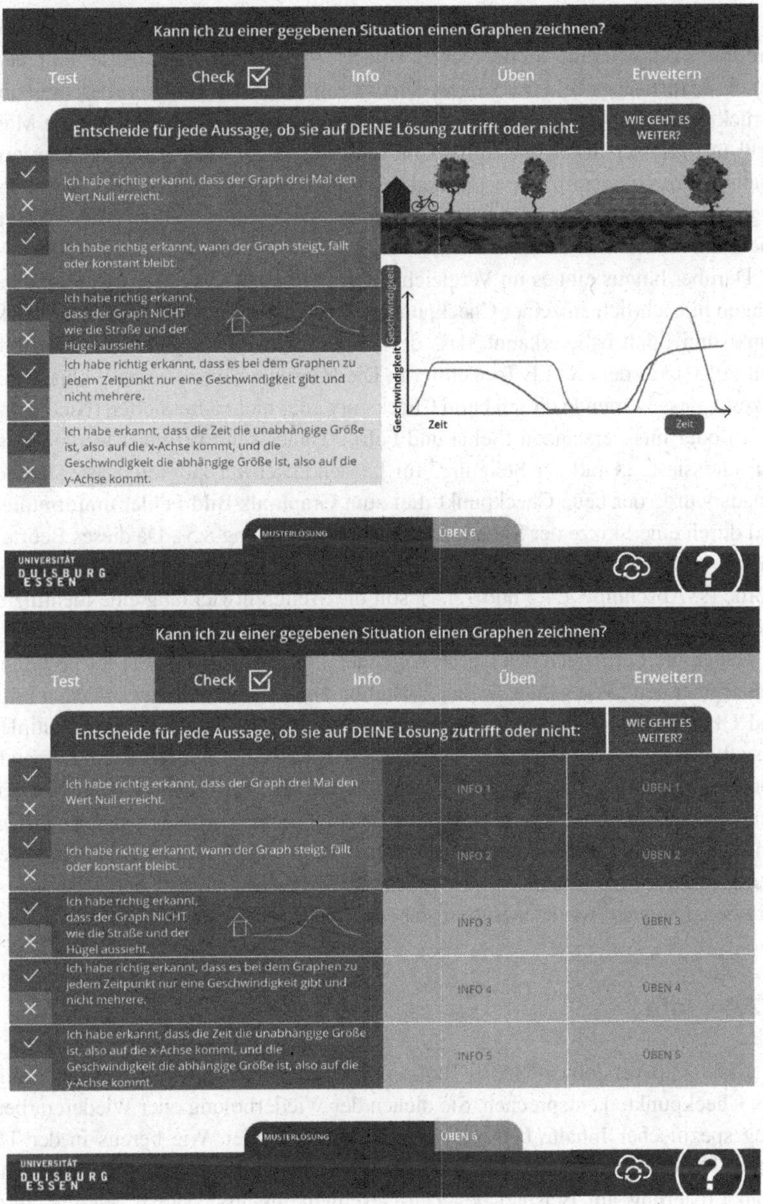

Abbildung 8.5 Check (iPad App)

Um Lernende bei ihrem Selbst-Assessment weiter zu unterstützen, wurde die multiple Visualisierung auf der rechten Bildschirmseite eingefügt. Diese zeigt nicht nur ein realistisches Bild des Weges, den das Fahrrad in der Situationsbeschreibung zurücklegt. Darunter ist ein Koordinatensystem platziert, in dem sowohl die Musterlösung als auch die eigene Aufgabenlösung abgebildet wird. Dadurch sollen zum einen Übersetzungsprozesse zwischen der situativen und graphischen Darstellung angeregt werden. Zum anderen sind Vergleiche der eigenen mit der Musterlösung leicht durchzuführen.

Darüber hinaus gibt es im Vergleich zur vorherigen Toolversion zwei Veränderungen hinsichtlich einzelner Checkpunkte. Zunächst wurde der ehemalige Checkpunkt drei („Ich habe erkannt, dass der Graph nicht immer gleich schnell steigt und fällt.") aus dem SAFE Tool entfernt. Die Interviews im zweiten Zyklus haben gezeigt, dass Lernende diesen beim Check entweder nicht adressierten (Nicole und Ayse) oder missverstanden (Selda und Felix). Daher kann vermutet werden, dass der adressierte „Grad der Steigung" für Lernende schwer zu greifen ist. Darüber hinaus wurde der neue Checkpunkt drei zum Graph-als-Bild Fehler umformuliert und durch eine Skizze der Situation ergänzt (s. Abbildung 8.5). Da dieses Beurteilungskriterium in den Interviews von Selda, Ayse und Felix nicht richtig verstanden wurde (s. Abschnitte 7.4.3 und 7.4.4), soll die Weiterentwicklung eine Identifizierung des Graph-als-Bild Fehlers zukünftig erleichtern.

Haben die Lernenden den Check vollendet, können sie bei einem festgestellten Fehler über den „Wie geht es weiter?"-Button eine Liste der auszuwählenden Info- und Üben-Einheiten einsehen. Diese erscheint als Tabelle anstelle der multiplen Visualisierung auf der rechten Bildschirmseite neben den Checkpunkten. Lernende können jeweils die Toolelemente auswählen, die zu den rot markierten Beurteilungskriterien gehören. Die übrigen Auswahlmöglichkeiten zu den grün hinterlegten Checkpunkten werden automatisch vom Tool deaktiviert, um die Steuerung des Lernprozesses für Lernende zu vereinfachen. Wurden schließlich alle Beurteilungskriterien abgehakt, wird der Button „Üben 6" in der Navigationsleiste aktiviert.

8.2.4   Info

Die iPad App Version des SAFE Tools enthält fünf Info-Einheiten, welche jeweils den Checkpunkten entsprechen. Sie dienen der Wiederholung oder Wiedererarbeitung spezifischer Inhalte bei einem festgestellten Fehler. Wie bereits in der TI-Nspire[TM] Version enthalten alle Infos eine allgemeingültige Erklärung sowie eine Konkretisierung am Beispiel des Zeit-Geschwindigkeits-Kontexts aus der Test-Aufgabe. Hinzu kommt die Integration graphischer Abbildungen zur Anregung wechselseitiger Darstellungswechsel. Diese Struktur wird beibehalten, da die Interviewanalysen im zweiten Zyklus aufzeigen, dass Lernende zentrale Erkenntnisse anhand der Infos des SAFE Tools gewinnen können. Beispielsweise korrigierten Selda und Ayse mithilfe von Info eins ihre vorherige Fehldeutung der Nullstellen am vorgegebenen Lösungsgraphen zur Test-Aufgabe. Zudem fällt im Vergleich zur Papierversion auf, dass die Info-Einheiten häufiger Reflexionsprozesse anregten (s. Abschnitt 7.4.4).

Im Vergleich zur vorherigen Toolversion wird die Übersichtlichkeit der Infos dadurch erhöht, dass die Inhalte fast aller dieser Fördereinheiten auf einer einzelnen Bildschirmseite platziert werden, sodass kein Hin- und Herblättern erforderlich ist. Lediglich bei Info zwei wurden gemäß dem Segmentierungsprinzip drei separate Seiten zur Erklärung einer steigenden, fallenden oder konstanten Funktionssteigung beibehalten. Darüber hinaus werden die graphischen Darstellungen in den ersten drei Info-Einheiten interaktiv gestaltet. Waren die Erklärungen bzgl. spezifischer Graph-Abschnitte in der zweiten Toolversion direkt in eine statische Repräsentation integriert, können Lernende diese durch Antippen der entsprechenden Zahlen-Buttons eigenständig aufrufen. Dies soll die Aufmerksamkeit der Nutzer:innen auf die Interpretation einzelner Graph-Abschnitte lenken und die Interaktion mit dem SAFE Tool erhöhen.

Info 1: Nullstellen

Info eins ist an Lernende gerichtet, die beim Test nicht alle Nullstellen berücksichtigt haben und daher den ersten Checkpunkt ankreuzen. Der Informationstext hat sich im Vergleich zur vorherigen Toolversion nicht geändert und konzentriert sich abermals auf die Zuordnungsvorstellung funktionaler Zusammenhänge. Auch die graphische Abbildung aus der Musterlösung ist weiterhin sichtbar. Anstatt verbale Erklärungen zu den Nullstellen statisch in diese Visualisierung zu integrieren (s. Abbildung 7.5), werden sie in der neuen Toolversion erst angezeigt, wenn Lernende einen von drei Zahlen-Buttons betätigen, die direkt an der jeweiligen Nullstelle des Graphen platziert sind. Dadurch soll der Fokus der Lernenden stärker auf eine der Nullstellen gelenkt und ihre Interaktionsmöglichkeiten mit dem SAFE Tool erhöht werden.

Info 2: Art der Steigung

Info zwei adressiert die drei unterschiedlichen Steigungsarten, die ein Funktionsgraph aufweisen kann (s. Abbildung 8.6). Sie ist an Lernende gerichtet, die Checkpunkt zwei ankreuzen, weil sie beim Test (stellenweise) die Richtung der gemeinsamen Variablenveränderung fehlerhaft in ihrer graphischen Zieldarstellung skizziert haben. Daher fokussiert die Fördereinheit insbesondere die Kovariationsvorstellung. Ebenso wie bei Info eins besteht die größte Veränderung zur vorherigen Toolver-

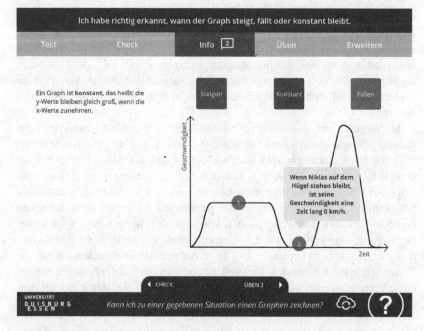

Abbildung 8.6 Info 2: Art der Steigung (iPad App)

sion in der interaktiven Gestaltung der drei graphischen Visualisierungen. Jeder Steigungsart ist in Info zwei eine spezifische Farbe zugeordnet (steigen = blau, konstant = grün, fallen = orange). Über die entsprechenden Buttons im oberen Bildschirmbereich können Lernende eine der drei Kovariationsrichtungen auswählen. Im Textfeld auf der linken Seite ist die allgemeine innermathematische Erklärung zu finden. Daneben wird der Sachverhalt anhand des Beispiels der Test-Musterlösung erläutert. Im Lösungsgraphen werden dazu die passenden Abschnitte in der entsprechenden Farbe hervorgehoben und mit einem Zahlen-Button markiert. Durch Antippen können Lernende eine Erklärung zu dem entsprechenden Graph-Abschnitt aufrufen (s. Abbildung 8.6). Auf diese Weise wird es den Nutzer:innen ermöglicht, die Deutung einzelner Graph-Abschnitte in der Situation nachzuvollziehen.

Info 3: Graph-als-Bild Fehler

Info drei richtet sich an Lernende, die durch das Ankreuzen von Checkpunkt drei einen Graph-als-Bild Fehler identifizieren (s. Abbildung 8.7). Dieser wird oft-

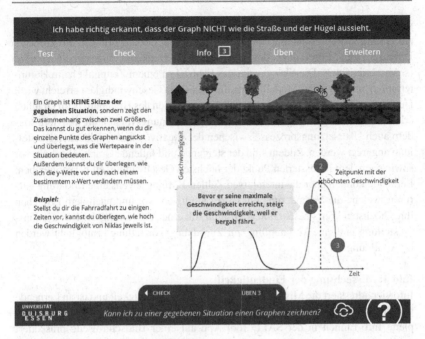

Abbildung 8.7 Info 3: Graph-als-Bild Fehler (iPad App)

mals begangen, wenn Lernende von visuellen Eigenschaften der Situation abgelenkt werden und den Graphen daher nicht als Repräsentation einer funktionalen Abhängigkeit deuten. Daher soll die Fördereinheit den Graphen als Funktionsdarstellung hervorheben und die Zuordnungs- sowie Kovariationsvorstellung von Lernenden aktivieren (s. Abschnitte 3.8.1 und 7.4.2). Um diese stärker zu betonen, wird die Erklärung im Vergleich zur TI-Nspire^{TM} Version leicht variiert. Anstelle der Formulierung: „Ein Graph ist nicht wie ein Foto der gegebenen Situation, sondern stellt den beschriebenen Zusammenhang zwischen zwei Größen dar.", welche durch die Wortwahl „wie ein" einen Vergleich beinhaltet und daher uneindeutig scheint, beschreibt die neue Formulierung den Sachverhalt unmissverständlicher: „Ein Graph ist KEINE Skizze der gegebenen Situation, sondern zeigt den Zusammenhang zwischen zwei Größen." Neben dieser Betonung von Graphen als Funktionsdarstellungen beinhaltet die Erklärung weiterhin sowohl den Hinweis, einzelne Punkte wie auch Graph-Abschnitte in der gegebenen Situation zu interpretieren.

Das Beispiel des Zeit-Geschwindigkeits-Graphen enthält nun neben einer graphischen Abbildung, die im Vergleich zur vorherigen Toolversion interaktiv gestaltet ist, auch eine Situationsskizze. Anstatt einer isolierten Darstellung wird demnach eine multiple Repräsentation integriert, da solchen Visualisierungen ein größeres Potential zur Förderung des funktionalen Denkens zugesprochen wird (s. Abschnitt 4.4.3). Die Skizze zeigt das Fahrrad zu einem Zeitpunkt beim Herunterfahren, an dem in der Modellierung die maximale Geschwindigkeit erreicht wird. Durch eine Hilfslinie soll Lernenden die Interpretation des Hochpunkts im Graphen erleichtert werden. Dadurch soll nicht nur die Zuordnungsvorstellung aktiviert, sondern auch Übersetzungsprozesse zwischen der situativen und graphischen Darstellung angeregt werden. Zudem sind der steigende und fallende Graph-Abschnitt vor sowie nach dem fokussierten Punkt der höchsten Geschwindigkeit hervorgehoben. Lernende können über die interaktiven Zahlen-Buttons jeweils eine Erklärung aufrufen, welche die Veränderung der Geschwindigkeit vor und nach dem Erreichen ihres höchsten Werts beschreibt. Hierdurch soll eine Aktivierung der Kovariationsvorstellung und eine Verknüpfung zur Zuordnungsvorstellung ermöglicht werden (s. Abbildung 8.7).

Info 4: Missachtung der Eindeutigkeit
Info vier adressiert die Missachtung der Funktionseindeutigkeit und ist an Lernende gerichtet, die in Bezug zu Checkpunkt vier einen Fehler feststellen. Damit die komplette Info-Einheit in der SAFE Tool App auf einer Bildschirmseite präsentiert werden kann, wurde der Text im Vergleich zur vorherigen Version reduziert. Daher wird lediglich der Begriff *funktionaler Zusammenhang* als eindeutige Zuordnung definiert, anstatt darüber hinaus die Bezeichnung *eindeutig* für graphische Darstellungen eines solchen Zusammenhangs einzuführen. Dadurch wird eine Gegenüberstellung der abgebildeten Beispiele und Gegenbeispiele vereinfacht. Diese sollen Lernenden ermöglichen, die fokussierte Funktionseigenschaft sowie deren Verletzung graphisch schneller zu identifizieren (s. Abbildung 8.8). Da in dieser Fördereinheit insbesondere auf eine lokale Betrachtung funktionaler Zusammenhänge hingewiesen wird, liegt der Fokus auf der Zuordnungsvorstellung von Funktionen.

Info 5: Achsenbeschriftung
Info fünf thematisiert die Achsenbeschriftung und richtet sich an Lernende, die beim Check das fünfte Beurteilungskriterium angekreuzt haben. Die Erklärung betont, dass Graphen stets den Zusammenhang zwischen zwei voneinander abhängigen Größen darstellen. Des Weiteren wird die Konvention hervorgehoben, dass die unabhängige Größe stets auf der x-Achse einzutragen und entsprechend die abhängige Größe auf der y-Achse zu repräsentieren ist. Im Vergleich zur vorherigen Toolversion gibt es nur kleine Veränderungen zur Vereinfachung des Textes (s. Abschnitt 7.2.4). Zudem wird die Abbildung aus der TI-Nspire[TM] Version, die lediglich ein

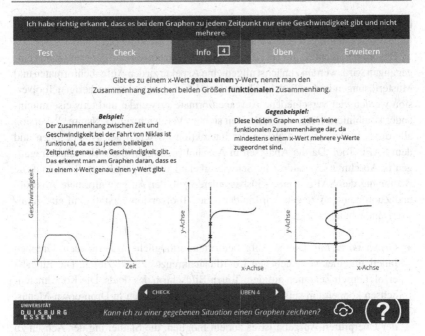

Abbildung 8.8 Info 4: Missachtung der Eindeutigkeit (iPad App)

Koordinatenkreuz zeigt, dessen Achsen mit „x-Achse" und „y-Achse" beschriftet sind (s. Abbildung 7.10), durch den Graphen der Test-Musterlösung ersetzt. Dadurch soll die Identifikation der Zeit als unabhängige und der Geschwindigkeit als abhängige Größe in der Beispielsituation vereinfacht werden. Demnach zielt die Info verstärkt auf das Erkennen funktionaler Abhängigkeiten. Das liegt daran, dass in den Interviews im zweiten Zyklus oftmals das Erfassen funktionaler Abhängigkeiten sowie das Wahrnehmen von Graphen als Funktionsdarstellungen als Fehlerursachen der Lernenden festgestellt werden konnte (s. Abschnitte 7.4.2 und 7.4.4).

8.2.5 Üben

Die sieben Übungsaufgaben des SAFE Tools dienen der individuellen Förderung und Anregung von Reflexionsprozessen. Dabei entsprechen die ersten fünf Aufgaben jeweils einem Checkpunkt bzw. einer Info und adressieren spezifische Fehlertypen. Zwei weitere Übungen thematisieren situativ-graphische Darstellungswechsel in verschiedenen Sachkontexten und dienen dem Wissenstransfer und einer Vertiefung von Vorstellungen zum Funktionsbegriff (s. Abschnitte 6.2.5 und 7.2.5).

Bevor im Folgenden auf spezifische Änderungen einzelner Übungsaufgaben eingegangen wird, werden zunächst allgemeine Aspekte zu den Aufgabenformaten und Musterlösungen in der iPad App betrachtet. Ebenso wie in der vorherigen Toolversion werden vier verschiedene Aufgabenformate verwendet und teilweise miteinander kombiniert. Diese unterscheiden sich im Vergleich zur TI-Nspire^{TM} Version allerdings in der Art und Weise der Interaktion zwischen den Nutzer:innen und dem SAFE Tool. Da die Analysen in Abschnitt 6.4.4 sowie die Klassenbefragungen (s. Abschnitt 7.5) zahlreiche Schwierigkeiten von Lernenden in Bezug auf die Bedienung des SAFE Tools – insbesondere bzgl. der Aufgabenformate Auswahl und Zuordnen – aufzeigen, wird in der neuen Toolversion verstärkt auf eine intuitive Handhabung geachtet:

- *Graph skizzieren*: Dieses Aufgabenformat ermöglicht es Lernenden, Graphen innerhalb eines vorgegebenen Koordinatenkreuzes zu skizzieren. Die Eingabe erfolgt durch Zeichnen auf dem Touch-Bildschirm des iPads. Die Koordinatenachsen können teilweise über die Auswahl von Größen in Drop-down-Menüs, teilweise durch das Eintippen in ein offenes Textfeld beschriftet werden. Im Fall der Überprüfen-Aufgabe ist es zudem möglich, die Skalierung der Achsen zu wählen (s. Abschnitt 8.2.6). Dieser Aufgabentyp wird bei folgenden Toolelementen verwendet: Test, Üben 6b), Üben 7 und Erweitern.

- *Offene Antwort/Zahlenwert*: Dieses Aufgabenformat ermöglicht es Lernenden, einen Text oder einen Zahlenwert über die Tastatur des Tabletcomputers einzutippen. Dieses Format findet insbesondere dann Verwendung, wenn Lernende eine Aufgabenantwort begründen sollen. Das Format wird bei Üben 1, Üben 2, Üben 3c) und Üben 4 verwendet.

- *Auswahl*: Dieses Aufgabenformat wird eingesetzt, um Lernenden die Auswahl zwischen mehreren vorgegebenen Antwortmöglichkeiten zu gewähren. Diese Entscheidung erfolgt aber nicht mehr durch das Antippen bestimmter Zahlen-Buttons. Vielmehr können Lernende (je nach Aufgabe) ihre Lösung entweder durch das Antippen spezifischer Antwort-Buttons (z. B. kann bei Üben 3b für jeden Abschnitt einer Skifahrt angegeben werden, ob der Skifahrer schneller/langsamer wird) oder einer Option in Drop-down-Menüs zum Ausdruck bringen. Hierdurch soll ein größerer Fokus auf kognitive Prozesse ermöglicht werden, indem die Zeit zur Eingabe einer Antwort verringert wird. Dieses Aufgabenformat wird bei Üben 3a), b) und d) sowie bei Üben 4 und Üben 5 verwendet.

- *Zuordnen*: Dieses Aufgabenformat ermöglicht es, verschiedene Graphen per Drag-and-drop zu spezifischen Situationsbeschreibungen zuzuordnen. Da sich die graphischen Darstellungen dynamisch verschieben lassen, sind sie in vorgegebenen Antwortfeldern zu platzieren. Auf diese Weise ist nicht nur eine intuitive Aufgabenbearbeitung, sondern auch eine schnelle Korrektur möglich. Das Format wird im SAFE Tool für Üben 2 und Üben 6a) verwendet.

Neben diesen Veränderungen hinsichtlich der Bearbeitungsmöglichkeiten von Übungsaufgaben, werden insbesondere deren Musterlösungen in der neuen Toolversion überarbeitet. Die vorherigen Design Experimente zeigen, dass Selbst-Assessmentprozesse von Lernenden verhindert oder unterbrochen werden können, wenn ein Vergleich zwischen der eigenen Antwort und einer vorgegebenen Musterlösung durch deren Gestaltung oder Platzierung erschwert wird (s. Abschnitt 7.4.4). Ein Fokus bei der Weiterentwicklung des Tooldesigns liegt daher auf einer zeitlichen und/oder räumlichen Nähe eigener Antworten sowie Musterlösungen. Darüber hinaus werden häufiger multiple Darstellungsarten in die Musterlösungen der Übungsaufgaben integriert, um Übersetzungsprozesse und damit mögliche Erkenntnisgewinne anzuregen.

Üben 1: Nullstellen

Die erste Übungsaufgabe stellt eine Weiterentwicklung von Üben eins aus der TI-Nspire^{TM} Version des SAFE Tools dar. Bei dieser Aufgabe sollen Lernende für verschiedene Teile einer neuen Situationsbeschreibung entscheiden, ob ein zugehöriger Zeit-Geschwindigkeits-Graph den Wert null erreicht (s. Abschnitt 7.2.5). Während der Interviews wurde sie von drei Probandinnen bearbeitet. Nicole, Selda und Ayse identifizierten alle Teilsituationen, in denen die Geschwindigkeit einen Wert von null annimmt. Bei ihren Äußerungen blieben die Lernenden allerdings oft auf der Ebene des Sachkontextes, ohne die graphische Darstellung oder die funktionale Abhängigkeit explizit zu adressieren (s. Abschnitt 7.4.4). Daher ist zu vermuten, dass sich die Aufgabe nur bedingt dazu eignet, die Zuordnungsvorstellung zum Funktionsbegriff zu aktivieren. Zudem können Nullstellen zwar im bekannten Zeit-Geschwindigkeits-Kontext identifiziert werden, allerdings bleibt weiterhin fraglich, ob die Lernenden damit den Wert null der abhängigen Größe eines funktionalen Zusammenhangs verbinden.

Aus diesen Gründen wird die Fragestellung der Aufgabe verändert. In der iPad App sollen Lernende für drei vorgegebene Situationen mit verschiedenen Kontexten jeweils die Anzahl der Nullstellen eines zugehörigen Graphen bestimmen und ihre Antwort begründen. Die fokussierte Abhängigkeit wird jeweils durch Angaben wie z. B. „Der Graph zeigt, wie sich Maries Geschwindigkeit im Laufe der Zeit verändert." spezifiziert. Über die Zahlen-Buttons 1)–3) kann die jeweilige Teilaufgabe ausgewählt werden. Die Aufgabenlösung wird in die offenen Antwortfelder

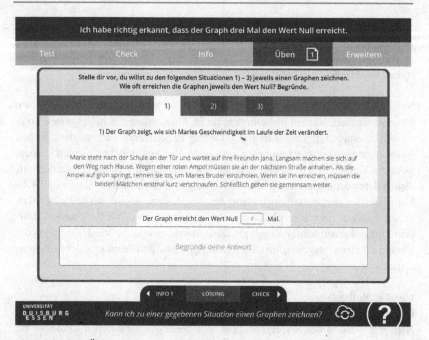

Abbildung 8.9 Üben 1: Wann erreicht ein Graph den Wert null? (iPad App)

eingegeben (s. Abbildung 8.9). Während die erste Teilaufgabe den bereits bekannten Zeit-Geschwindigkeits-Kontext aus der Test-Aufgabe aufgreift (entspricht einer gekürzten Fassung der vorherigen Übungsaufgabe), ermöglichen die anderen beiden Situationsbeschreibungen einen Transfer auf neue Zusammenhänge. In Teilaufgabe zwei wird eine Urlaubsfahrt beschrieben, für die der Zusammenhang zwischen der Entfernung vom Zielort Venedig und der Entfernung vom Ausgangspunkt Köln zu betrachten ist. In der dritten Teilaufgabe ist das Befüllen eines Wasserglases beschrieben und die funktionale Abhängigkeit zwischen Zeit und Füllmenge ist zu fokussieren (entspricht der vorherigen Aufgabe Üben drei).

Zur Aufgabenlösung ist für jede Teilaufgabe zunächst essentiell, diese funktionale Abhängigkeit in den Ausgangsdarstellung zu erfassen. Im Anschluss gilt es, diejenigen Stellen in den Situationsbeschreibungen zu identifizieren, für welche die abhängige Größe den Wert null annimmt. Das bedeutet im ersten Fall, zu erkennen, dass die Geschwindigkeit immer dann null wird, wenn Marie auf ihrem Schulweg anhält. Bei Teilaufgabe zwei ist zu erörtern, dass die Entfernung zum Urlaubsort null beträgt, wenn dieser erreicht wird. In Teilaufgabe drei ist die Füllmenge im Wasserglas immer null, wenn es leer ist. Da die funktionalen Zusammenhänge jeweils lokal zu betrachten sind, müssen Lernende zur Aufgabenlösung eine Zuordnungsvorstellung aktivieren. Darüber hinaus wird die Interpretation einer situativen Darstellung hinsichtlich einer funktionalen Abhängigkeit, d. h. der erste Schritt des situativ-graphischen Darstellungswechsels, trainiert.

Die Musterlösungen der einzelnen Teilaufgaben können, wenn der entsprechende Zahlen-Button ausgewählt ist, über den Button „Lösung" in der Navigationsleiste aufgerufen und wieder ausgeblendet werden. Sie enthalten jeweils einen Antwort-satz, der die zu betrachtende funktionale Abhängigkeit beschreibt und die gesuchte Anzahl an Nullstellen hervorhebt. Zudem ist eine graphische Darstellung abgebildet, die zur Modellierung der beschriebenen Situation geeignet ist. Darin sind die einzelnen Nullstellen durch Zahlen-Buttons hervorgehoben, welche angetippt werden können, um eine Erklärung zu diesen spezifischen Stellen der Graphen aufzurufen (s. Abbildung 8.10). Durch diese interaktive Gestaltung der Musterlösungen, welche neben der situativen auch graphische Repräsentationen enthält, soll der Fokus von

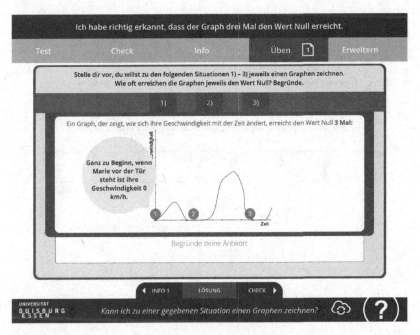

Abbildung 8.10 Musterlösung zur ersten Teilaufgabe von Üben 1 (iPad App)

Lernenden nicht nur auf die Größen des funktionalen Zusammenhangs und einzelne Punkte des Graphen gelenkt, sondern insbesondere Darstellungswechsel zwischen Situation und Graph angeregt werden.

Üben 2: Art der Steigung

Üben zwei entspricht einer interaktiven Umsetzung der Übungsaufgabe aus den vorherigen Toolversionen (s. Abschnitte 6.2.5 und 7.2.5). Die Auswahl einer Teilaufgabe bzw. Situation erfolgt über die Zahlen-Buttons 1)–7), während ein passender Graph in das vorgesehene Lösungsfeld verschoben werden kann. In der SAFE Tool App wird neben der Zuordnung eine Begründung eingefordert, die über das offene Textfeld eingetippt werden kann. Im Vergleich zur vorherigen Toolversion wurden zudem die Achsenbeschriftungen der graphischen Darstellungen verändert. Anstatt die Kürzel t und $v(t)$ zu verwenden, mit denen insbesondere Lernende im ersten Entwicklungszyklus Schwierigkeiten zeigten (s. Abschnitt 6.4.4), werden direkt die Größen Zeit und Geschwindigkeit genutzt (s. Abbildung 8.11).

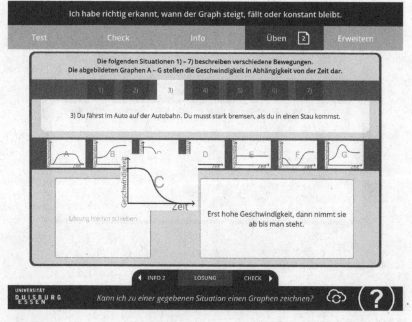

Abbildung 8.11 Üben 2: Wann steigt, fällt oder bleibt ein Graph konstant? (iPad App)

Die jeweiligen Musterlösungen können über die Navigationsleiste ein- und ausgeblendet werden und ermöglichen durch die Position der Antwortfelder einen einfachen Vergleich mit der eigenen Aufgabenlösung (s. Abbildung 8.12). Durch die Integration einer situativen Begründung, welche in den vorherigen Toolversionen fehlte, sollen wechselseitige Darstellungswechsel zwischen Situation und Graph angestoßen und ein Nachvollziehen der Musterlösung vereinfacht werden.

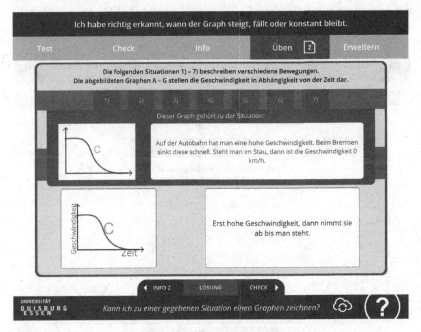

Abbildung 8.12 Musterlösung zur dritten Teilaufgabe von Üben 2 (iPad App)

Üben 3: Graph-als-Bild Fehler
Die dritte Übungsaufgabe ist an Lernende gerichtet, die beim Test einen Graphals-Bild Fehler begehen. Sie unterscheidet sich zu ihren vorherigen Versionen nur in einer veränderten Achsenbeschriftung der Graphen in Teilaufgabe a) sowie der Bedienung im SAFE Tool. Für eine didaktische Analyse sei daher an dieser Stelle auf die Abschnitte 6.2.5 und 7.2.5 verwiesen. Eine Besonderheit der App Version stellt die dynamische Darstellung der Ausgangssituation dar. Wurde zuvor eine statische Skizze der Skifahrt zur Präsentation der Situation genutzt, so wird diese nun als

dynamische Simulation realisiert. Dadurch können sich Lernende den Verlauf der Abfahrt nicht nur explizit ansehen, sondern auch an beliebiger Stelle anhalten, um die Situation zu unterschiedlichen Zeitpunkten zu betrachten. Hierdurch soll die kognitive Belastung der Nutzer:innen verringert werden, indem sie die Bewegung des Skifahrers nicht mehr in die statische Repräsentation hineinsehen müssen (s. Abschnitt 4.4.4). Außerdem wurde ein Pfeil in die Darstellung integriert, um die Modellierungsannahme anzudeuten, dass der Skifahrer zum Zeitpunkt null bereits mit einer relativ hohen Geschwindigkeit fährt (s. Abbildung 8.13). Dies wurde z. B. im Interview von Kayra und Latisha nicht wahrgenommen (s. Abschnitt 6.4.4).

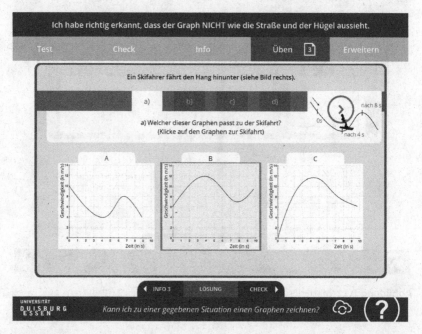

Abbildung 8.13 Üben 3a: Warum ist der Graph kein Abbild der Situation? (iPad App)

Teilaufgabe b) wurde dahingehend verändert, dass für jeden der drei Abschnitte der Skifahrt eine Antwort zur Beschreibung der gemeinsamen Größenveränderung von Zeit und Geschwindigkeit als Lückentext angezeigt wird (zuvor Textfeld zur eigenen Eingabe). Über das Antippen spezifischer Auswahl-Buttons kann dieser jeweils vervollständigt werden. Für alle Teilabschnitte müssen auf diese Weise jeweils drei Antworten gegeben werden, z. B.: „Im 1. Abschnitt fährt der Skifahrer bergauf/bergab und wird daher schneller/langsamer. Die Geschwindigkeit nimmt also mit der Zeit zu/ab." Durch das veränderte Aufgabenformat sollen zum einen die Zeit zur Eingabe verringert und Korrekturen vereinfacht werden. Zum anderen soll sichergestellt werden, dass Lernende die Kovariation für alle Teilabschnitte der Skifahrt betrachten. Dies konnte in drei Partnerinterviews des ersten Zyklus beispielsweise nicht beobachtet werden (s. Abschnitt 6.4.4).

Teilaufgabe c) fokussiert auch in dieser Toolversion die Zuordnungsvorstellung. Lernende sollen für vorgegebene Zeitwerte die zugehörigen Werte der Geschwindigkeit aus den drei möglichen Lösungsgraphen ablesen. Wurde dazu in der TI-Nspire^{TM} Version ein offenes Textfeld zur Verfügung gestellt, erfolgt die Eingabe in der iPad App über separate Antwort-Felder, welche jeweils unterhalb der graphischen Darstellungen platziert wurden und einen Darstellungswechsel von Graph zu Tabelle vereinfachen (s. Abbildung 8.2).

Teilaufgabe d), welche Teil der Papierversion nicht aber der TI-Nspire^{TM} Version war, wird erneut in das SAFE Tool integriert. Dadurch, dass die App zuvor eingegebene Antworten aus den Teilaufgaben a)–c) speichert und auf einer Bildschirmseite anzeigt, können Lernende ihre Bearbeitungen noch einmal reflektieren und ggf. auf einen in Teilaufgabe a) begangenen Graph-als-Bild Fehler aufmerksam werden.

Üben 4: Missachtung der Eindeutigkeit

Üben vier richtet sich an Lernende, die beim Test die Funktionseindeutigkeit missachtet und daher den vierten Checkpunkt angekreuzt haben. Sie skizzieren beim Test also einen Graphen, der keinen funktionalen Zusammenhang repräsentiert. In der Übungsaufgabe soll daher das Erkennen funktionaler Zusammenhänge in situativen sowie graphischen Darstellungen trainiert werden. Aufgrund der Kürzung bei Info vier (s. Abschnitt 8.2.4) wird die Frage „Zu welchen der folgenden Zusammenhänge kannst du einen eindeutigen Graphen zeichnen?" nicht weiter verwendet. Der neue Arbeitsauftrag fokussiert die Identifikation funktionaler Zusammenhänge und fordert Lernende auf, ihre jeweilige Auswahl zu begründen, welche über die entsprechenden Buttons kenntlich gemacht wird. Wurden in den vorherigen Toolversionen zehn Situationsbeschreibungen präsentiert, die jeweils eine Abhängigkeit zwischen zwei Größen beschreiben, so werden in der iPad App nur sechs verbale Beschreibungen verwendet. Die übrigen vier Teilaufgaben präsentieren graphische Darstellungen, für die ebenfalls zu entscheiden ist, ob sie einen funktionalen Zusammenhang zeigen (s. Abbildung 8.14). Durch diese Aufgabenerweiterung wird das Erfassen funktionaler Abhängigkeiten auch anhand graphischer Darstellungen geübt. Dies soll Lernende darin schulen, die Missachtung der Funktionseindeutigkeit graphisch wahrzunehmen.

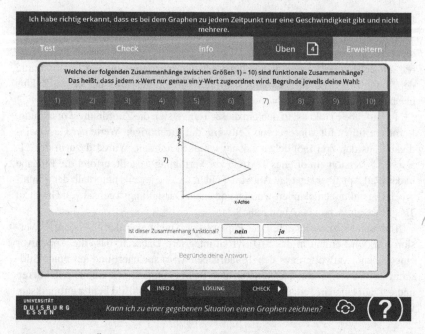

Abbildung 8.14 Üben 4: Welcher Zusammenhang ist funktional? (iPad App)

Um die Aufgabe zu lösen, muss Lernenden bewusst sein, dass bei einem funktionalen Zusammenhang jedem Wert einer unabhängigen Größe jeweils genau ein Wert einer abhängigen Größe zugeordnet wird. Diese Definition ist auch Info vier zu entnehmen. Anschließend ist in den Situationsbeschreibungen jeweils die vorgegebene Abhängigkeit zu identifizieren und zu überlegen, ob es sich dabei um eine funktionale Abhängigkeit handeln kann. Dazu sind nicht nur Fachkenntnisse zum Funktionsbegriff, sondern auch Sprachkompetenzen und Alltagsvorstellungen der Lernenden gefordert (s. Abschnitt 6.2.5). Bei den Teilaufgaben, in denen ein Graph vorgegeben ist, muss der Begriff *eindeutige Zuordnung* darüber hinaus auf die graphische Repräsentation übertragen werden. Lernende müssen feststellen, dass eine Verletzung der Eindeutigkeit bedeutet, dass es im Graphen x-Werte gibt, denen mehr als ein y-Wert zugeordnet wurde. Das heißt, dass es Punkte des Graphen gibt, welche auf einer vertikalen Geraden liegen.

Üben 5: Achsenbeschriftung

Üben fünf soll denjenigen Lernenden eine Selbstförderung ermöglichen, die in der Test-Aufgabe die Koordinatenachsen fehlerhaft beschriftet haben. Daher sollen sie sich bei der Übung vorstellen, zu zehn Situationsbeschreibungen jeweils einen Graphen zu zeichnen. Die Aufgabe besteht nicht darin, den gesamten situativ-graphischen Darstellungswechsel zu vollziehen, sondern jeweils die Beschriftung der Koordinatenachsen zu bestimmen (s. Abschnitt 6.2.5). Dazu können bestimmte Größen in zwei Drop-down-Menüs ausgewählt werden (s. Abbildung 8.15). Diese Vorgabe soll einen Vergleich der eigenen mit der Musterlösung vereinfachen, da im ersten Entwicklungszyklus sichtbar wurde, dass Lernende in ihrem Selbst-Assessment zu dieser Aufgabe behindert werden, wenn sie andere Größenbezeich-nungen als in der Musterlösung wählen. Zudem wurde in Linns Fall ersichtlich, dass die Selbstdiagnose nicht möglich ist, wenn Lernende die Reihenfolge der Achsen-beschriftungen in einer verbalen Musterlösung vertauschen (s. Abschnitte 6.4.4 und 7.2.5). Aus diesem Grund wird die Musterlösung in der iPad App in Form graphi-scher Abbildungen visualisiert, was in der vorherigen Toolversion aus Platzgründen nicht möglich war. Dadurch wird ein einfacher Vergleich zwischen eigener Antwort und Musterlösung ermöglicht (s. Abbildung 8.15).

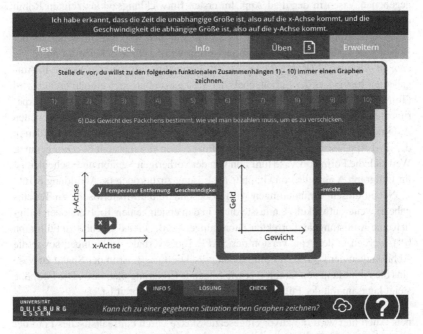

Abbildung 8.15 Üben 5: Wie werden die Koordinatenachsen eines Funktionsgraphen beschriftet? (iPad App)

Üben 6: Füllgraphen

Die Füllgraphen-Aufgabe dient – wie in den vorherigen Toolversionen (s. Abschnitte 6.2.5 und 7.2.5) – der Vertiefung und Übertragung eigener Fähigkeiten und Vorstellungen auf einen neuen Sachkontext. Die Aufgabe ist für Lernende zugänglich, die alle Checkpunkte abgehakt haben, weil sie entweder die Test-Aufgabe korrekt gelöst oder zuvor alle Fördereinheiten zu ihren identifizierten Fehlern bearbeitet haben. In Teilaufgabe a) sollen Füllgraphen zu verschiedenen Vasen zugeordnet werden. Erfolgte diese Zuordnung in der TI-Nspire™ Version des SAFE Tools eher statisch durch Antippen von Zahlen-Buttons und einer Abbildung des entsprechenden Graphen, ist dieser Prozess in der iPad App dynamischer gestaltet. Lernende können die abgebildeten Füllgraphen per Drag-and-drop hin- und herschieben und jeweils in einem Antwortfeld oberhalb der passenden Vase platzieren. Durch die räumliche Nähe sollen Darstellungswechsel zwischen situativer und graphischer Repräsentation angeregt werden. Zudem ermöglicht die interaktive Bedienung schnelle Korrekturen. Während die abgebildeten Füllgraphen aus den vorherigen Toolversionen übernommen werden, ändern sich die Bilder der vorgegebenen Vasen in der iPad App. Im ersten Entwicklungszyklus zeigten Robin und Tom Schwierigkeiten, die Form der Gefäße aufgrund ungenauer Skizzen zu erfassen (s. Abbildung 6.14). Beispielsweise war sich Robin nicht sicher, ob der Boden von Vase vier auch mit Wasser gefüllt wird: *„Diese Scheibe da unten bei vier, ist das auch?"* (Robin 24:16–24:20). Tom nahm aufgrund der Skizze in Aufgabenteil b) an, dass der Flaschenhals der Vase ganz oben noch einmal breiter wird (Tom 13:47–13:50). Obwohl solche Interpretationsprobleme bei den Design Experimenten im zweiten Entwicklungszyklus nicht beobachtet wurden, sollen die neuen Abbildungen derartigen Schwierigkeiten vorbeugen. Aus diesem Grund werden in der iPad App Version des SAFE Tools Bilder realer Vasen anstatt Skizzen genutzt. Weil sich die Form von Vase fünf nun von der vorherigen Version unterscheidet, ist ihr Füllgraph A anstelle von Graph C als Lösung zuzuordnen (s. Abbildung 8.16).

Neben diesen Veränderungen wird insbesondere die Musterlösung zu Teilaufgabe a) weiterentwickelt. Umfasste diese in den ersten beiden Toolversionen lediglich eine Auflistung der korrekten Zuordnungen (z. B. „Gefäß 1 gehört zu Füllgraph b."), werden in der App Version des SAFE Tools verbale Erklärungen sowie die Abbildungen der korrekten Füllgraphen präsentiert (z. B. ist in der Spalte zu Vase eins die Abbildung von Graph B sowie folgende Erklärung platziert: „Die Füllhöhe steigt langsam mit der Füllmenge an, weil die Vase sehr breit ist.").

In Teilaufgabe b) ist ein Füllgraph zu einem wellenförmigen Gefäß zu zeichnen. Auch hier wird die zuvor eingesetzte Skizze durch ein realistisches Foto der Vase ersetzt. Der Graph wird direkt mit dem Finger auf den Bildschirm skizziert. Darüber hinaus können die vorgegebenen Koordinatenachsen über offene Textfel-

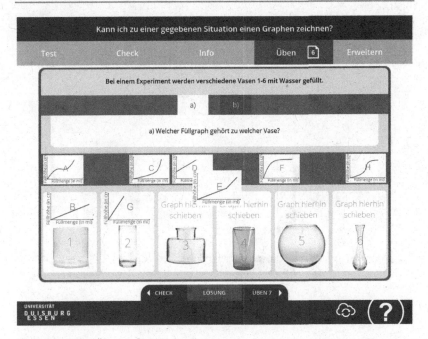

Abbildung 8.16 Üben 6a: Welcher Füllgraph passt zu welcher Vase? (iPad App)

der beschriftet werden. Die größte Veränderung wird allerdings hinsichtlich der Musterlösung vorgenommen. In der vorherigen Toolversion wurde sie als statische Darstellung eines möglichen Lösungsgraphen präsentiert (s. Abbildung 7.15). In der App Version wird sie – ähnlich wie bei der Test-Aufgabe – als dynamisch-verlinkte Simulation realisiert. Lernende können diese über den Start/Stopp-Button steuern. Beim Abspielen der Simulation beginnt sich die Vase von unten nach oben mit „Wasser" zu füllen und gleichzeitig entsteht links der zugehörige Füllgraph, der den Zusammenhang zwischen der Füllmenge und der Füllhöhe des Wassers in der Vase beschreibt. Außerdem ist im selben Koordinatensystem die eigene Aufgaben-lösung dargestellt, sodass diese einfach mit der Musterlösung zu vergleichen ist (s. Abbildung 8.17). Die Simulation kann beliebig oft angehalten werden, um einzelne Punkte des Graphen zu fokussieren und den Zusammenhang zwischen Füllmenge und Füllhöhe lokal zu betrachten. Auf diese Weise soll es insbesondere Lernen-den mit einem Graph-als-Bild Fehler (z. B. Lena & Anna und Edison im ersten Zyklus) ermöglicht werden, durch eine Reflexion der Musterlösung die funktionale Abhängigkeit dieser Größen zu erfassen.

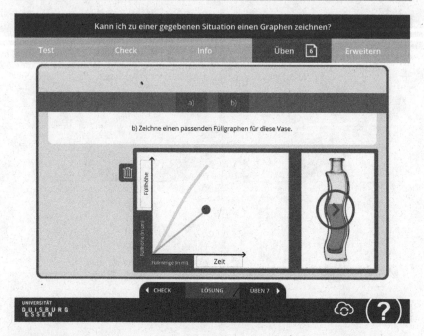

Abbildung 8.17 Dynamisch-verlinkte Simulation als Musterlösung zu Üben 6b (iPad App)

Üben 7: Golf

Bei der siebten Übungsaufgabe handelt es sich um die Golf-Aufgabe, welche
bereits in der vorherigen Toolversion eingesetzt wurde. Sie dient einer Vertiefung
und Übertragung von Fähigkeiten zum situativ-graphischen Darstellungswechsel
auf einen neuen Sachkontext und soll zudem die Diagnose eines Graph-als-Bild
Fehlers ermöglichen. In der iPad App ist der Lösungsgraph allerdings nicht über
zusammensetzbare Graph-Segmente darzustellen, sondern kann direkt auf dem
Tabletbildschirm skizziert werden. Daher wird der Operator „erstelle" durch das
Wort „zeichne" ersetzt. Darüber hinaus werden die Koordinatenachsen nicht weiter
über eine Auswahl in Drop-down-Menüs, sondern mithilfe von offenen Textfeldern
beschriftet. Da es sich bei der Übung um eine Erweiterungsaufgabe handelt, soll
der Übersetzungsprozess nicht durch die Vorgabe möglicher Größen vereinfacht
werden. Zudem ist zu überprüfen, ob Lernende den funktionalen Zusammenhang
zwischen Zeit und Entfernung in der Situation erfassen.

Dass sich Üben sieben als Erweiterungsaufgabe eignet, zeigen die Beispiele von
Ayse und Felix. In beiden Fällen aktivieren die Lernenden vielfältige Grundvor-

stellungen zum Funktionsbegriff und reflektieren ihre situativ-graphischen Darstellungswechsel ausgiebig. Obwohl Ayse einen Graphen erstellt, der wie die Flugbahn des Balls aussieht und über dessen Höhe argumentiert, kann sie ihren Graph-als-Bild Fehler mithilfe ihrer Zuordnungs- und direktionalen Kovariationsvorstellung beim Vergleich ihrer Antwort mit der Musterlösung überwinden. Auch Felix wird während der Aufgabenbearbeitung kurzzeitig von der Form der Flugbahn abgelenkt, argumentiert dann aber über die Zuordnung sowie kontinuierliche Veränderung der Entfernung mit der Zeit. Schließlich skizziert der Proband einen korrekten Lösungsgraphen (s. Abschnitt 7.4.4). Daher wird die Aufgabenstellung im Vergleich zur vorherigen Toolversion nicht wesentlich verändert, weshalb an dieser Stelle auf die Aufgabenanalyse in Abschnitt 7.2.5 verwiesen sei.

8.2.6   Erweitern

Für die Erweitern-Aufgabe werden ebenfalls nur wenige Änderungen im Vergleich zur vorherigen Toolversion vorgenommen (s. Abschnitt 7.2.6). Der Arbeitsauftrag besteht darin, zwei unterschiedliche funktionale Abhängigkeiten in derselben Situation zu erfassen und in die graphische Darstellungsform zu übersetzen. Dazu ist das Ablaufen von Wasser aus einer Badewanne beschrieben. Während in der TI-Nspire^{TM} Version des SAFE Tools zunächst nach dem Zusammenhang zwischen Zeit und Wassermenge gefragt wird, ist die Reihenfolge der Teilaufgaben in der neuen Toolversion vertauscht. Dies soll den Zugang zur Aufgabe erleichtern. In Ayses Interview fiel auf, dass sie unabhängig von der Aufgabenstellung bereits in Teilaufgabe a) den Zusammenhang zwischen Zeit und Abflussgeschwindigkeit betrachtet (s. Abschnitt 7.4.4). Obwohl dies womöglich mit einem ungenauen Lesen des Arbeitsauftrags zusammenhängt, ist das Erfassen dieser funktionalen Abhängigkeit in der Situationsbeschreibung („In einer Badewanne sind 130 Liter Wasser. Nach Öffnen des Abflusses laufen pro Minute 10 Liter Wasser ab.") vermutlich einfacher, da die Geschwindigkeit während des Abfließens konstant bleibt. Zur Eingabe der Lösungsgraphen wird das Aufgabenformat *Graph skizzieren* verwendet, wobei die Achsenbeschriftung ohne Vorgabe ausgewählter Größen über offene Textfelder erfolgt. Darüber hinaus werden die Koordinatenachsen um eine Möglichkeit zu deren Skalierung erweitert. Im Interview von Felix zeigte sich, dass er die Achsen aufgrund der vorgegebenen Größenwerte skaliert, z. B. *„Also hier irgendwo ist 130 [zeigt auf das obere Ende der y-Achse]."* (Felix 49:01–49:07), aber im SAFE Tool keine Möglichkeit hat, dies kenntlich zu machen. In der App Version wird daher eine viergeteilte Skalierung der Koordinatenachsen vorgegeben, welche zunächst in Zehner-Schritten angezeigt wird. Über ein zusätzliches Antwortfeld kann jeweils der gewünschte maximale Wert einer Größe eingegeben werden. Die Skalierung passt sich im Anschluss automatisch an diesen maximalen Wert der x- bzw. y-Achse an. Die Graphen der Musterlösung ändern sich im Vergleich zur vorherigen Toolversion nicht, werden aber direkt neben der eigenen Aufgabenlösung platziert, um einen Vergleich zu vereinfachen (s. Abbildung 8.18).

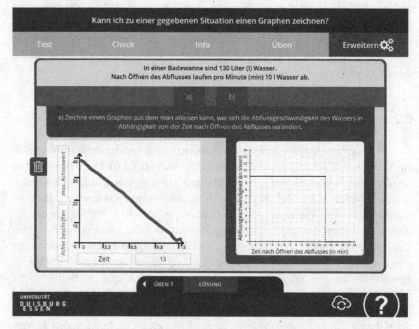

Abbildung 8.18 Erweitern a) inklusive Musterlösung (iPad App)

8.3   Datenerhebung: Stichprobe und Durchführung

Im dritten Zyklus der Studie wurden insgesamt $n = 16$ Student:innen ($w = 10$; $m = 6$) in der Studieneingangsphase des Bachelors Mathematik mit der Lehramtsoption HRSGe (Haupt-, Real-, Sekundar- und Gesamtschulen) während ihrer Arbeit mit der iPad App Version des SAFE Tools interviewt. Der Fokus auf Studierende ist aufgrund der Mitwirkung am Projekt „Bildungsgerechtigkeit im Fokus" zur Verbesserung der Studieneingangsphase zu erklären (s. Abschnitt 5.2.2). Da das SAFE

Tool zur Wiederholung und Wiedererarbeitung von Basiskompetenzen konzipiert wird, ist es nicht nur für Schüler:innen, sondern auch für diese Zielgruppe gut geeignet. Zudem zeigen die Interviews der dritten Stichprobe, dass bei diesen Lernenden ähnliche Kompetenzen und Schwierigkeiten in Bezug auf den mathematischen Inhalt auftreten, wie bei den Schüler:innen in den vorherigen Entwicklungszyklen (s. Abschnitte 8.4.1 und 8.4.2). Die Datenerhebung fand in den Räumlichkeiten der Universität Duisburg-Essen statt. Die Stichprobe setzt sich wie folgt zusammen.

Zehn Interviews wurden mit Studierenden im ersten Fachsemester durchgeführt ($w = 5$; $m = 5$). Die Lernenden waren zwischen 19 und 30 Jahre alt, wobei 80 % der Stichprobe zu der Altersgruppe der 19–21 Jährigen zählten. Die Studierenden besuchten die Veranstaltung „Elementargeometrie" und konnten durch die Teilnahme am Interview vier Punkte für ihre Klausurzulassung erhalten. Dies entsprach der Abgabe einer Hausübung, d. h. in der entsprechenden Woche des Semesters konnte die Bearbeitung eines Übungszettels der Veranstaltung durch das Interview ersetzt werden. Die Teilnahme war freiwillig. Da die Studierenden im ersten Fachsemester neben dieser lediglich die Veranstaltung "Arithmetik" besuchten, kann davon ausgegangen werden, dass ihnen Inhalte zum Funktionsbegriff zuletzt in der Schule begegnet sind. Das bedeutet, dass das SAFE Tool bei diesen Probanden insbesondere zur Diagnose und Wiedererarbeitung von Basiskompetenzen aus der Schulmathematik eingesetzt wird. Die Interviews dauerten durchschnittlich 42 Minuten (26:03–61:21 Minuten).

Daneben wurden sechs Interviews mit Studierenden im zweiten Fachsemester durchgeführt ($w = 5$; $m = 1$). Das Alter der Lernenden lag zwischen 20 und 27 Jahren, wobei zwei Drittel der Stichprobe 20–21 Jahre alt war. Die Probanden besuchten die Veranstaltung „Algebra und Funktionen", sodass die mathematischen Inhalte des SAFE Tools diesen Lernenden vertrauter waren als den bisherigen Probanden in diesem Zyklus. Daher kann vermutet werden, dass sich in der Diagnose der Kompetenzen dieser Lernenden weniger Fehler durch das Vergessen von Schulinhalten einschleichen, sondern tiefer liegende (Fehl-)Vorstellungen zum Vorschein kommen. Die Teilnahme am Interview wurde den Lernenden als freiwilliges Zusatzangebot zum Üben der Veranstaltungsinhalte im Hinblick auf die Klausurvorbereitung angeboten. Die Interviews dauerten im Schnitt 58 Minuten (41:24–64:32 Minuten).

Wie bereits in den ersten beiden Entwicklungszyklen erhielten die Proband:innen zu Beginn der Interviews eine kurze Einführung in den Aufbau des SAFE Tools und den Ablauf der Datenerhebung. Daraufhin arbeiteten sie selbstständig mit der App und wurden durch die Interaktionen der Interviewleiterin dazu animiert, ihre Gedanken zu äußern. Im Anschluss an die Toolbearbeitung erfolgte eine abschließende Reflexion. Details zum Interviewverlauf können dem Leitfaden entnommen werden (s. Anhang 11.1 im elektronischen Zusatzmaterial). Neben den Videoaufzeichnungen stehen als Datenmaterial für alle Interviews Bildschirmaufnahmen der Lernenden zur Verfügung.

8.4   Analyse der aufgabenbasierten Interviews

Die sechzehn videographierten Interviews wurden mithilfe der Kategoriensysteme zum Erfassen des 1) funktionalen Denkens, 2) formativen Selbst-Assessments sowie der 3) Potentiale und Gefahren einer Toolnutzung kodiert. Zur Beantwortung der ersten Forschungsfrage werden die Kodierungen in Bezug auf das erste Kategoriensystem fokussiert. Dabei stehen die fachlichen Kompetenzen der Lernenden zum situativ-graphischen Darstellungswechsel im Fokus (s. Abschnitte 8.4.1 und 8.4.2). Forschungsfrage zwei nimmt die metakognitiven und selbstregulativen Handlungen der Proband:innen während ihrer Selbstdiagnosen in den Blick. Durch die Analyse der Kodierungen zum zweiten Kategoriensystem werden sechs Typen formativen Selbst-Assessments identifiziert und deren Auftreten während der Interviews erörtert (s. Abschnitt 8.4.3). Schließlich wird zur Beantwortung der dritten Forschungsfrage die Toolnutzung der Proband:innen fokussiert. Dabei werden nicht nur mögliche Erkenntnisgewinne durch die Nutzung des SAFE Tools aufgezeigt. Darüber hinaus werden Potentiale und Gefahren spezifischer Designelemente zur Unterstützung der Lernenden diskutiert.[4]

8.4.1   F1a: Fähigkeiten und Vorstellungen beim situativ-graphischen Darstellungswechsel

Die erste Teilforschungsfrage *„Welche Fähigkeiten und Vorstellungen zeigen Lernende beim situativ-graphischen Darstellungswechsel funktionaler Zusammenhänge?"* adressiert die Kompetenzen der Proband:innen bzgl. des Lernziels des SAFE Tools. Sie soll den Ist-Stand des funktionalen Denkens von Lernenden erfassen, bevor diese mithilfe des digitalen Mediums eine Selbstdiagnose und -förderung durchführen. Um zu erörtern, über welche mathematischen Fertigkeiten sie bei der Übersetzung einer situativen in eine graphische Funktionsdarstellung verfügen und welche Vorstellungen bzgl. des Funktionsbegriffs sie dabei nutzen, werden die

---

[4] Ausgewählte Ergebnisse des dritten Entwicklungszyklus wurden bereits in folgenden Publikationen veröffentlicht: Ruchniewicz (2019); Ruchniewicz und Barzel (2019a); Ruchniewicz und Göbel (2019) sowie Ruchniewicz (2020).

Bearbeitungsprozesse der Test-Aufgabe in den Interviews näher betrachtet. Dabei liegt der Fokus der Analyse in diesem Abschnitt auf den Kodierungen der entsprechenden Videosequenzen zu den Themenbereichen „Fähigkeiten" und „Vorstellungen" des Kategoriensystems zur Erfassung des funktionalen Denkens beim situativ-graphischen Darstellungswechsel (s. Abschnitt 5.6.2). Diese sind zusammen mit den Aufgabenlösungen der Proband:innen in den Tabellen 8.1a und 8.1b wiedergegeben. Dazu sei angemerkt, dass hier aus Platzgründen nur die zentralen Vorstellungen der Lernenden berücksichtigt werden. Beispielsweise argumentiert Simon zu Beginn der Test-Bearbeitung über die Richtung der gemeinsamen Größenveränderung (direktionale Kovariationsvorstellung), während insgesamt seine stückweise Kovariationsvorstellung überwiegt. Daher wird nur letztere in Tabelle 8.1a aufgeführt. Die übrigen Kodierungen sind Anhang 11.10 im elektronischen Zusatzmaterial zu entnehmen.

Funktionale Abhängigkeit erfassen
Um den in der Test-Aufgabe geforderten Darstellungswechsel durchführen zu können, müssen Lernende zunächst eine funktionale Abhängigkeit in der Ausgangssituation erfassen. Das heißt, sie müssen die beteiligten Größen, deren Variabilität sowie die Richtung ihrer Abhängigkeit bestimmen. Da die Aufgabe offen gestellt ist, kommen sowohl die Betrachtung der Abhängigkeit zwischen Zeit und Geschwindigkeit als auch der Fokus auf die Beziehung zwischen Zeit und zurückgelegter Entfernung in Frage (s. Abschnitt 8.2.2). Insgesamt erfassen 13 von 16 Proband:innen eine passende funktionale Abhängigkeit für die Test-Aufgabe. Davon fokussieren elf Lernende den Zusammenhang zwischen Zeit und Geschwindigkeit (Meike, Mara, Amelie, Mahira, Mirja, Simon, Jessica, Christoph, Elena, Emre und Rene). Nur eine Studierende (Celine) betrachtet den zurückgelegten Weg in Abhängigkeit von der Zeit. Dahingegen verbindet Cem mit der Größe „Geschwindigkeit" anscheinend das Tempo, mit dem der Radfahrer in die Pedale tritt. Beispielsweise erläutert er für das Hochfahren: *„Weil er auf einen Hügel drauf fährt, muss er ja ein bisschen mehr beschleunigen, damit er da überhaupt hochkommt. Deshalb würde ich sagen, dass dann da eine Steigung ist seiner Geschwindigkeit."* (Cem 01:36–01:48). Für das Runterfahren nimmt er hingegen an: *„Da muss er auch nicht so viel Gas geben, weil es geht bergab."* (Cem 02:19–02:25). Das heißt, dass auch Cem eine angemessene funktionale Abhängigkeit für die Aufgabenstellung zwischen den Größen „Zeit" und „Geschwindigkeit des Tretens" erfasst, die bei der Aufgabenkonzeption nicht antizipiert wurde. Auffällig ist zudem, dass nur in sechs Fällen die Richtung der funktionalen Abhängigkeit explizit bestimmt wird (s. Tabellen 8.1a und 8.1b). Beispielsweise erklärt Simon: *„Okay, also das erste, was ich jetzt rauslese, ist, dass ich die Geschwindigkeit habe und die soll [in] Abhängigkeit von der Zeit sein und dann*

steht da darunter wahrscheinlich eine Situation." (Simon 00:21–00:33). Dahingegen betrachten die übrigen sieben Proband:innen, die eine funktionale Abhängigkeit erfasst haben, diese zwar während ihres Darstellungswechsels, adressieren die
Abhängigkeitsrichtung aber nicht explizit. Dies könnte im Fall von Amelie etwa zu
ihrer Höhe-Steigungs-Verwechslung führen. Obwohl sie bei der Interpretation der
Ausgangssituation die Abhängigkeit zwischen Zeit und Geschwindigkeit betrachtet
und auch die y-Achse mit „Geschwindigkeit" beschriftet, stellt sie beim Skizzieren
des Graphen den zurückgelegten Weg in Abhängigkeit von der Zeit dar (s. Abschnitt
8.4.2).

Bei den drei Studierenden, die keine adäquate Abhängigkeit erfassen, kann kein
einheitliches Vorgehen beobachtet werden. Nils skizziert die funktionale Abhängigkeit zwischen Entfernung und Geschwindigkeit des Radfahrers, ohne auf die
Aufgabenstellung zu achten. Merle betrachtet den Graphen offenbar als Abbild
der beschriebenen Situation (Graph-als-Bild Fehler) und nimmt keine funktionale
Abhängigkeit wahr. Das wird besonders dadurch deutlich, dass sie lediglich eine
variable Größe betrachtet: *„Ich muss jetzt den Weg von dem Niklas einzeichnen.*
Die x-Achse wird dann wahrscheinlich der Weg sein, den er hinter sich gebracht
hat." (Merle 00:36–00:46). Schließlich fokussiert Anika einen Zusammenhang, der
nicht funktional ist. Sie betrachtet die „Strecke" als unabhängige und die „Zeit" als
abhängige Größe (s. Tabelle 8.1b).

Insgesamt kann festgehalten werden, dass die Mehrzahl der Proband:innen eine
funktionale Abhängigkeit in der situativen Ausgangsdarstellung erfassen kann, welche für die Test-Aufgabe zielführend ist. Allerdings wird diese nur von etwa einem
Drittel der Lernenden explizit bestimmt.

Situative Ausgangsdarstellung interpretieren
Nachdem eine passende funktionale Abhängigkeit identifiziert wurde, ist die
beschriebene Ausgangssituation bezüglich dieser zu interpretieren. Das bedeutet,
dass Informationen aus der situativen Darstellung entnommen und im Hinblick auf
deren Bedeutung für den funktionalen Zusammenhang zwischen den beiden identifizierten Variablen gedeutet werden muss. Bezüglich dieses Übersetzungsschritts zeigen alle Proband:innen mehrere Fähigkeiten, wobei es 7 von 16 Lernenden gelingt,
die gesamte Ausgangssituation korrekt zu interpretieren (Meike, Mara, Amelie,
Mahira, Christoph, Elena und Rene). Das ist daran zu erkennen, dass sie für jede
beschriebene Teilsituation eine kognitive Tätigkeit zu deren Interpretation zeigen.
Von diesen Lernenden achtet lediglich Elena nicht darauf, dass die Geschwindigkeit
beim Runterfahren vermutlich schneller sein muss als beim Fahren auf der Straße.
Dies zeugt aber nicht unbedingt von einem Fehler, da man beispielsweise annehmen kann, dass der Radfahrer beim Runterfahren stärker bremst (andere Modellie-

Tabelle 8.1 a) Lösungen, Fähigkeiten und Vorstellungen der Proband:innen des dritten Entwicklungszyklus beim Test

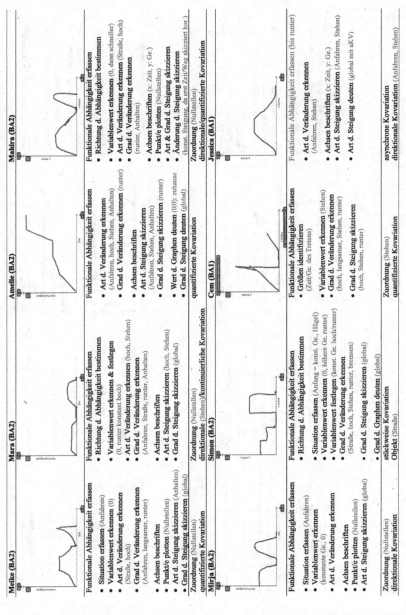

Meike (BA2)

Funktionale Abhängigkeit erfassen
- Situation erfassen (Anfahren)
- Variablenwert erkennen (0)
- Art d. Veränderung erkennen (Straße, hoch)
- Grad d. Veränderung erkennen (Anfahren, langsamer, runter)
- Achsen beschriften
- Punkt/e plotten (Nullstellen)
- Art d. Steigung skizzieren (Anhalten)
- Grad d. Steigung skizzieren (global)

Zuordnung (Nullstellen)
quantifizierte Kovariation

Mara (BA2)

Funktionale Abhängigkeit erfassen
- Richtung d. Abhängigkeit bestimmen
- Variablenwert erkennen & festlegen (0, runter konstant hoch)
- Art d. Veränderung erkennen (hoch, Stehen)
- Grad d. Veränderung erkennen (Anfahren, Straße, runter, Anhalten)
- Achsen beschriften
- Art d. Steigung skizzieren (hoch, Stehen)
- Grad d. Steigung skizzieren (global)

Zuordnung (Nullstellen)
direktionale (Stehen)/kontinuierliche Kovariation

Amelie (BA2)

Funktionale Abhängigkeit erfassen
- Art d. Veränderung erkennen (Anfahren, hoch, Stehen, Anhalten)
- Grad d. Veränderung erkennen (runter)
- Achsen beschriften
- Art d. Steigung skizzieren (Anfahren, Stehen, Anhalten)
- Grad d. Steigung skizzieren (runter)
- Wert d. Graphen deuten (0/0): zuhause
- Grad d. Steigung deuten (global)

quantifizierte Kovariation

Mahira (BA2)

Funktionale Abhängigkeit erfassen
- Richtung d. Abhängigkeit bestimmen
- Variablenwert erkennen (0, dann schneller)
- Art d. Veränderung erkennen (Straße, hoch)
- Grad d. Veränderung erkennen (runter, Anhalten)
- Achsen beschriften (x: Zeit; y: Ge.)
- Punkt/e plotten (Nullstellen)
- Art & Grad d. Steigung skizzieren
- Änderung d. Steigung skizzieren (konst. Steigung, da erst Zeit/Weg skizziert kor.)

Zuordnung (Nullstellen)
direktionale/quantifizierte Kovariation

Mirja (BA2)

Funktionale Abhängigkeit erfassen
- Situation erfassen (Anfahren)
- Variablenwert erkennen (konstante Ge., 0)
- Art d. Veränderung erkennen
- Achsen beschriften
- Punkt/e plotten (Nullstellen)
- Art d. Steigung skizzieren (global)

Zuordnung (Nullstellen)
direktionale Kovariation

Simon (BA2)

Funktionale Abhängigkeit erfassen
- Richtung d. Abhängigkeit bestimmen
- Situation erfassen (Anfang = konst. Ge., Hügel)
- Variablenwert erkennen (0, höhere Ge. runter)
- Variablenwert festlegen (konst. Ge. hoch/runter)
- Grad d. Veränderung erkennen (Straße, hoch, Stehen, runter, bremsen)
- Art d. Steigung skizzieren (global)
- Grad d. Graphen deuten (global)

stückweise Kovariation
Objekt (Straße)

Cem (BA1)

Funktionale Abhängigkeit erfassen
- Größen identifizieren (Zeit/Ge. des Tretens)
- Variablenwert erkennen (Stehen)
- Grad d. Veränderung erkennen (hoch, langsamer, Stehen, runter)
- Grad d. Steigung skizzieren (hoch, Stehen, runter)

Zuordnung (Stehen)
quantifizierte Kovariation

Jessica (BA1)

Funktionale Abhängigkeit erfassen (bis runter)
- Art d. Veränderung erkennen (Anfahren, Stehen)
- Achsen beschriften (x: Zeit; y: Ge.)
- Art d. Steigung skizzieren (Anfahren, Stehen)
- Art d. Steigung deuten (global mit aKV)

asynchrone Kovariation
direktionale Kovariation (Anfahren, Stehen)

Tabelle 8.1 b) Fortsetzung: Lösungen, Fähigkeiten und Vorstellungen der Proband:innen des dritten Entwicklungszyklus beim Test

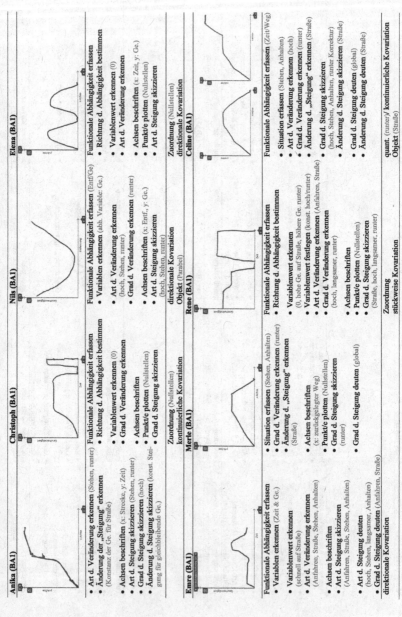

Anika (BA1)

- Art d. Veränderung erkennen (Stehen, runter)
- Änderung der „Steigung" erkennen (Konstanz der Ge. für Straße)
- Achsen beschriften (x: Strecke, y: Zeit)
- Art d. Steigung skizzieren (Stehen, runter)
- Grad d. Steigung skizzieren (hoch)
- Änderung d. Steigung skizzieren (konst. Steigung für gleichbleibende Ge.)

Christoph (BA1)

Funktionale Abhängigkeit erfassen
- Richtung d. Abhängigkeit bestimmen
  - Variablenwert erkennen (0)
  - Grad d. Veränderung erkennen
- Achsen beschriften
- Punkt/e plotten (Nullstellen)
- Grad d. Steigung skizzieren

Zuordnung (Nullstellen)
kontinuierliche Kovariation

Nils (BA1)

Funktionale Abhängigkeit erfassen (Entf/Ge)
- Variablen erkennen (abh. Variable: Ge.)
  - Art d. Veränderung erkennen (hoch, Stehen, runter)
  - Grad d. Veränderung erkennen (runter)
- Achsen beschriften (x: Entf., y: Ge.)
- Art d. Steigung skizzieren (hoch, Stehen, runter)

direktionale Kovariation
Objekt (Parabel)

Elena (BA1)

Funktionale Abhängigkeit erfassen
- Richtung d. Abhängigkeit bestimmen
  - Variablenwert erkennen (0)
  - Art d. Veränderung erkennen
- Achsen beschriften (x: Zeit, y: Ge.)
- Punkt/e plotten (Nullstellen)
- Art d. Steigung skizzieren

Zuordnung (Nullstellen)
direktionale Kovariation

Emre (BA1)

Funktionale Abhängigkeit erfassen
- Variablen erkennen (Zeit & Ge.)
- Art d. Veränderung erkennen (schnell auf Straße)
- Achsen beschriften (Anfahren, Straße, Stehen, Anhalten)
- Art d. Steigung skizzieren (Anfahren, Straße, Stehen, Anhalten)
- Art d. Steigung deuten (hoch, Stehen, langsamer, Anhalten)
- Grad d. Steigung deuten (Anfahren, Straße)

direktionale Kovariation

Merle (BA1)

- Situation erfassen (Stehen, Anhalten)
- Grad d. Veränderung erkennen (runter)
- Änderung d. „Steigung" erkennen (Straße)
- Achsen beschriften (x: zurückgelegter Weg)
- Punkt/e plotten (Nullstellen)
- Grad d. Steigung skizzieren (runter)
- Grad d. Steigung deuten (global)

Rene (BA1)

Funktionale Abhängigkeit erfassen
- Richtung d. Abhängigkeit bestimmen
- Variablenwert erkennen (0, hohe Ge. auf Straße, höhere Ge. runter)
- Variablenwert festlegen (konst. hoch/runter)
- Art d. Veränderung erkennen (Anfahren, Straße)
- Grad d. Veränderung erkennen (hoch, langsamer, runter)
- Achsen beschriften
- Punkt/e plotten (Nullstellen)
- Grad d. Steigung skizzieren (Straße, hoch, langsamer, runter)

Zuordnung
stückweise Kovariation

Celine (BA1)

Funktionale Abhängigkeit erfassen (Zeit/Weg)
- Situation erfassen (Stehen, Anhalten)
- Art d. Veränderung erkennen (hoch)
- Grad d. Veränderung erkennen (runter)
- Änderung d. „Steigung" erkennen (Straße)
- Grad d. Steigung skizzieren (hoch, Stehen, Anhalten, runter Korrektur)
- Änderung d. Steigung skizzieren (Straße)
- Grad d. Steigung deuten (global)
- Änderung d. Steigung deuten (Straße)

quant. (runter)/ kontinuierliche Kovariation
Objekt (Straße)

rungsannahme). Vier weitere Studierende (Mirja, Simon, Cem und Celine) deuten die situative Darstellung im Hinblick auf die von ihnen betrachteten funktionalen Abhängigkeiten korrekt, adressieren das Anfahren und in Cems Fall das Anhalten am Ende aber nicht. Das heißt, sie berücksichtigen nicht alle Teilsituationen. Den übrigen Lernenden gelingt es nur für einzelne Abschnitte der Ausgangssituation die situative Funktionsrepräsentation zu deuten. Die beobachteten Fähigkeiten aller Studienteilnehmer:innen zur Deutung der Ausgangssituation werden im Folgenden detaillierter betrachtet.

Um die Situation nachzuvollziehen, geben fünf Proband:innen einzelne Teile der beschriebenen Fahrradfahrt in ihren eigenen Worten wieder (Situation erfassen, s. Tabellen 8.1a und 8.1b). Dies zeigt eine erste Auseinandersetzung mit der Situation, beinhaltet aber noch keine Einsicht der zu betrachtenden Größenbeziehung. Zehn Interviewteilnehmer:innen gelingt es, mindestens einen konkreten Variablenwert in der Situationsbeschreibung ausfindig zu machen (Meike, Mara, Mahira, Mirja, Simon, Cem, Christoph, Elena, Emre und Rene). Meistens wird erkannt, dass die Geschwindigkeit einen Wert von null beträgt, wenn der Radfahrer anhält. Beispielsweise beschreibt Mirja: *„Und oben auf dem Hügel bleibt der ein paar Minuten stehen. Das heißt, da hat der gar keine Geschwindigkeit dann."* (Mirja 04:27–04:37). Mara, Simon und Rene machen zudem Modellierungsannahmen, die den Wert der abhängigen Variable für bestimmte Teilsituationen festlegen. Sie gehen etwa davon aus, dass der Radfahrer beim Runterfahren für eine gewisse Zeit mit einer konstant hohen Geschwindigkeit fährt.

Neben einer solchen Quantifizierung der Situation, konzentrieren sich die meisten Lernenden bei ihrer Situationsdeutung auf die Veränderung der Geschwindigkeit während der Fahrradfahrt. Dabei gelingt es 15 von 16 Proband:innen, zumindest für einzelne Teilsituationen die Richtung der Variablenveränderung zu identifizieren. Allein Merle missachtet die Art der Kovariation beider Größen während der gesamten Aufgabenbearbeitung. Andere Lernende deuten einzelne Teilsituationen dagegen explizit im Hinblick auf die Kovariationsrichtung, z. B.: *„[Liest Situationsbeschreibung bis: ‚Dann fährt er mit gleichbleibender Geschwindigkeit.'] Das ist das erste Signalwort für mich. Das heißt, ich habe jetzt erstmal eine Geschwindigkeit, die bleibt äh gleich."* (Simon 00:39–00:48) oder *„Also erstmal fängt der bei null an, würde ich mal sagen, also bei einer Geschwindigkeit null und dann fährt der ja erstmal ein bisschen schneller, damit der auf eine gewisse Geschwindigkeit kommt, und dann bleibt das konstant. [. . .] So und jetzt kommt ein Hügel, d. h. die Geschwindigkeit verringert sich."* (Mahira 04:07–04:32). Daneben gelingt es 11 von 16 Lernenden, neben der Richtung einer gemeinsamen Größenveränderung auch deren relativen Wert (Grad) für mindestens eine Teilsituation zu erkennen (Meike, Mara, Amelie, Mahira, Simon, Cem, Christoph, Nils, Merle, Rene und

Celine). Dies wird durch Äußerungen deutlich, wie z. B.: *„So, wenn der Losfährt* [...] *hätten wir dann erstmal einen langsamen Start, dann gibt der ja ein bisschen Gas und fährt dann mit gleichbleibender Geschwindigkeit weiter."* (Christoph 01:14–01:27). Durch die Wortwahl „erstmal einen langsamen Start" und „dann gibt er ein bisschen Gas" wird ersichtlich, dass Christoph hier den relativen Wert der Geschwindigkeitsvariation mit der Zeit betrachtet. Oftmals ist bei der Interpretation des Runterfahrens ein solcher Fokus auf die quantitative Größe der Kovariation erkennbar, z. B.: *„Da er ja auf einem Hügel ist und dann wieder runterfährt, heißt das, er wird ganz schnell schnell."* (Mahira 05:06–05:12) oder *„Das heißt, er ist ja jetzt auf jeden Fall schneller den Hügel hinunter, auch schneller als er vorher war."* (Amelie 04:04–04:09).

Graphische Darstellung konstruieren

Im Anschluss an die Interpretation der situativen Ausgangsdarstellung können die identifizierten Informationen über die funktionale Abhängigkeit graphisch dargestellt werden. Diese Konstruktion einer Zielrepräsentation ist der finale Übersetzungsschritt beim situativ-graphischen Darstellungswechsel. Dieser scheint eine besondere Herausforderung für Lernende darzustellen. Obwohl elf Proband:innen die situative Darstellung überwiegend korrekt interpretiert haben, können nur 2 von 16 Interviewteilnehmer:innen einen korrekten Zielgraphen skizzieren (Mara und Christoph). Daneben modelliert Mirja in ihrem Graphen lediglich das Anfahren des Radfahrers nicht. Elena modelliert das Fahren mit konstanter Geschwindigkeit nicht und berücksichtigt nicht, dass das Fahrrad beim Runterfahren voraussichtlich schneller sein wird als beim Fahren auf der Straße, was aber je nach Modellierungsannahme nicht als Fehler zu werten ist. Zudem berücksichtigt Celine für das Runterfahren zunächst die Art der Steigung nicht. Sie skizziert einen fallenden Zeit-Entfernungs-Graphen, was sie später aber eigenständig korrigiert. Insgesamt können demnach 5 von 16 Lösungen der Test-Aufgabe als grundsätzlich korrekt eingestuft werden. Trotz dieses geringen Anteils richtiger Lösungsgraphen zeigt ein Großteil der Proband:innen vielfältige Fähigkeiten bezüglich dieses Übersetzungsschritts.

Die Achsen des vorgegebenen Koordinatensystems beschriften 13 von 16 Lernenden. Lediglich Simon, Cem und Celine weisen den Koordinatenachsen keine Größen zu. Da in ihren Interviews jeweils ersichtlich wird, dass die Studierenden bestimmte funktionale Abhängigkeiten betrachten, ist aber zu vermuten, dass sie von bestimmten Achsenbeschriftungen ausgehen, diese aber nicht explizit machen. Darüber hinaus plotten sieben Proband:innen einzelne Punkte als Teil ihrer Zielgraphen (Meike, Mahira, Mirja, Christoph, Elena, Merle und Rene). Dies erfolgt, wenn die Lernenden einzelne Nullstellen in ihrer Lösung markieren. Beispielsweise erklärt Elena: *„Ich würde starten, dass Niklas, der bewegt sich nicht, also ganz am Anfang* *ist der bei null [zeigt auf den Punkt (0|0)].“* (Elena 01:04–01:11). Beim Skizzieren des übrigen Graph-Verlaufs gelingt es 6 von 16 Proband:innen für mindestens zwei Teilsituationen die Art der Steigung zu repräsentieren (Mirja, Jessica, Anika, Nils, Elena und Emre). Sie achten beim Zeichnen jeweils darauf, ob der Graph steigt, fällt oder konstant bleibt. Mirja erläutert ihr Vorgehen bei der Modellierung des Hochfahrens etwa wie folgt: *„Also, weil er jetzt einen Hügel hochgeht, verlangsamt der sich, glaube ich, also würde ich hier auch nochmal runter [skizziert fallenden Graph-Abschnitt].“* (Mirja 04:13–04:27). Acht Lernenden gelingt es daneben größtenteils, die relative Größe der Steigung darzustellen (Meike, Mara, Mahira, Simon, Cem, Christoph, Rene und Celine). Beispielsweise erläutert Mara beim Zeichnen ihres Lösungsgraphen: *„[Liest: ‚Danach fährt der wieder herunter und bliebt unten am Hügel stehen.‘] Und da müsste die Geschwindigkeit ja extrem schnell steigen [skizziert steil steigenden Graph-Abschnitt], dann wäre er schnell aber auch gleichbleibend [skizziert konstant hohen Graph-Abschnitt] und dann bleibt der ja unten am Hügel stehen [skizziert stark auf 0 fallenden Graph-Abschnitt und kurzen konstanten Graph-Abschnitt mit Wert 0].* (Mara 02:30–02:45). Schließlich zeigt Celine, die den zurückgelegten Weg in Abhängigkeit von der Zeit betrachtet, dass sie beim Skizzieren ihres Lösungsgraphen die Änderung der Steigung berücksichtigt. Das Fahren mit konstanter Geschwindigkeit auf der Straße modelliert sie z. B. explizit mithilfe eines linearen Graph-Segments, um die Konstanz der Streckenzunahme zu repräsentieren (s. Tabelle 8.1b).

Gegenüber diesen kognitiven Fähigkeiten, welche die meisten Proband:innen beim Konstruieren der graphischen Zieldarstellung zumindest für einzelne Teilsituationen zeigen, stellen die Fälle von Amelie, Anika und Merle eine Besonderheit dar. Amelie betrachtet zwar den Zusammenhang zwischen Zeit und Geschwindigkeit, stellt letztere allerdings als Änderungsrate ihres Zielgraphen dar (Höhe-Steigungs-Verwechslung, s. Abschnitt 8.4.2). Anika zeigt für einzelne Teilsituationen, dass sie sowohl die Richtung als auch die Größe der Steigung eines Graphen skizzieren kann. Darüber hinaus repräsentiert sie für das Fahren mit konstanter Geschwindigkeit explizit auch die konstante Änderung der Steigung. Allerdings stellt sie in ihrem Lösungsgraphen die Zeit in Abhängigkeit vom zurückgelegten Weg dar. Demnach ist fraglich, ob sie graphische Darstellungen generell als Funktionsrepräsentation begreift. Letztlich skizziert Merle für das Runterfahren einen steileren Graph-Abschnitt als zur Modellierung des Hochfahrens (Grad der Steigung skizzieren). Dabei lässt sie die Beziehung zwischen Zeit und Geschwindigkeit aber außer Acht und betrachtet den Graphen als Abbild der Realsituation (s. Abschnitt 8.4.2). Aus diesen Gründen kann bei drei der Lernenden nur von eingeschränkten Fähigkeiten zum Konstruieren der graphischen Zieldarstellung gesprochen werden.

Graphische Zieldarstellung interpretieren

Neben den zuvor beschriebenen Fähigkeiten der Proband:innen beim situativ-graphischen Darstellungswechsel kann bei 6 der 16 Studierenden beobachtet werden, dass sie am Ende des Übersetzungsprozesses den skizzierten Graphen noch einmal in Bezug zur Ausgangssituation deuten (Amelie, Simon, Jessica, Emre, Merle und Celine). Beispielsweise beschreibt Amelie: *„Zuerst von zuhause los [zeigt entlang ihres ersten konstant steigenden Graph-Abschnitts]. Dann den Hügel hinauf ist er langsamer [zeigt entlangs des zweiten flacher steigenden Graph-Abschnitts]. Dann bleibt er stehen [zeigt entlang des konstant hohen Graph-Abschnitts] und fährt dann wieder runter [zeigt auf den steil steigenden und konstant hohen Graph-Abschnitt]. Ja, dann wäre das so jetzt der Graph."* (Amelie 04:24–04:34). Dabei wird ersichtlich, dass bei Amelie während dieser Deutung dieselbe Fehlvorstellung auftritt wie beim Skizzieren des Graphen. Sie beschreibt die Geschwindigkeitsänderung, stellt diese graphisch allerdings als Steigung dar, obwohl sie die y-Achse mit „Geschwindigkeit" beschriftet hat. Einzig im Fall von Celine ist zu beobachten, dass das Interpretieren des eigenen Zielgraphen dazu führt, dass ein zuvor begangener Fehler erkannt und korrigiert wird. Die Studentin deutet für das Runterfahren, welches sie zunächst als fallenden Graph-Abschnitt modelliert hat: *„Wenn er den Hügel hinabfährt, ist er sehr wahrscheinlich schneller als am Anfang, da die abfallende Steigung ja quasi mit ihm arbeitet, und er dann schneller wieder unten ankommt als er vorher, ja- als am Anfang. Und. Ah, ja, alles klar! Ich habe meinen Fehler gefunden. Er legt ja trotzdem noch mehr Weg zurück [deutet steigenden Graph-Abschnitt an]. Ich hätte weiter nach oben zeichnen müssen."* (Celine 02:14–02:45).

Vorstellungen beim situativ-graphischen Darstellungswechsel

Die gezeigten Fähigkeiten beim situativ-graphischen Darstellungswechsel sind eng mit den (Grund-)Vorstellungen der Lernenden verbunden. Aktiviert jemand z. B. eine direktionale Kovariationsvorstellung während der Aufgabenbearbeitung, wird die Richtung der gemeinsamen Größenveränderung des funktionalen Zusammenhangs betrachtet. Dies äußert sich dann darin, dass die Art der Variablenveränderung in der Situation erkannt und als Steigungsart im Zielgraphen repräsentiert werden kann. Die Äußerungen und Handlungen der Lernenden können demzufolge Aufschluss darüber geben, welche Vorstellungen zum Funktionsbegriff sie während der Aufgabenbearbeitung aktiv nutzen. Insgesamt ist eine solche Aktivierung von Funktionsvorstellungen bei 14 von 16 Proband:innen sichtbar. Merle und Anika betrachten dagegen während der gesamten Test-Bearbeitung keine funktionale Abhängigkeit, sodass von ihnen keine Vorstellungen zum Funktionsbegriff gezeigt werden. Bei den übrigen Proband:innen unterscheiden sich die zur Aufgabenlösung aktivierten Grundvorstellungen zum Teil erheblich.

Eine Zuordnungsvorstellung ist bei 7 von 16 Proband:innen während der Bearbeitung der Test-Aufgabe zu beobachten (Meike, Mara, Mahira, Mirja, Cem, Christoph, Elena und Rene). Das bedeutet, die Lernenden betrachten eine funktionale Abhängigkeit lokal als Zuordnung einzelner Variablenwerte. Beispielsweise erkennt Mahira, dass die Geschwindigkeit zum Zeitpunkt, an dem der Radfahrer anhält, einen Wert von null annehmen muss und stellt dies als Nullstelle dar: *„[Liest: ‚Oben auf dem Hügel bleibt er ein paar Minuten stehen.‘] Okay. Das heißt, die wird, also die Geschwindigkeit wird null [skizziert auf null fallenden Graph-Abschnitt]."* (Mahira 04:45–04:57).

Daneben aktivieren vierzehn Studierende eine Kovariationsvorstellung, wobei sich deren Ausprägungen sichtlich unterscheiden. Jessica verfügt zwar zunächst über eine direktionale Kovariationsvorstellung beim Betrachten des Anfahrens und des Fahrens auf der Straße. Dann verfällt sie allerdings in einen Graph-als-Bild Fehler und deutet ihren Graphen mit einer *asynchronen Kovariationsvorstellung.* Die Probandin erklärt: *„Und die Geschwindigkeit ändert sich ja [zeigt entlang des steigenden Graph-Abschnitts], also er fährt ja hoch, das heißt, die Geschwindigkeit ändert sich. Und dann bleibt der kurz stehen [zeigt entlang des konstant hohen Graph-Abschnitts], also ändert sich die Geschwindigkeit ja nicht in der Zeit. Und dann fährt der den Berg wieder runter [zeigt entlang des fallenden Graph-Abschnitts]."* (Jessica 01:44–01:58). Diese Aussage zeigt, dass die Studentin hier eine sehr rudimentäre Kovariationsvorstellung gebraucht, bei der sie lediglich darauf achtet, ob sich die abhängige Größe verändert oder nicht. Dabei schenkt Jessica der Art dieser Veränderung keinerlei Aufmerksamkeit. Dagegen ist bei fünf weiteren Interviewteilnehmer:innen die Aktivierung einer *direktionalen Kovariationsvorstellung* zu beobachten (Mahira, Mirja, Nils, Elena und Emre). Bei der Übersetzung der gegebenen Situation in einen Funktionsgraphen fokussieren sie die Richtung der gemeinsamen Größenveränderung. Zum Beispiel beschreibt Elena beim Zeichnen ihres Lösungsgraphen: *„Also er wird erst schneller und wieder langsamer. Dann bleibt er oben stehen. Dann wird der wieder schneller und dann bleibt der wieder stehen."* (Elena 01:58–02:18). Vier Student:innen nutzen eine *quantifizierte Kovariationsvorstellung* während der Aufgabenbearbeitung (Meike, Mahira, Amelie und Cem). Sie berücksichtigen neben der Richtung auch die (relative) Größe bzw. den Wert der Veränderung zweier Größen eines funktionalen Zusammenhangs. Mahira beschreibt etwa für das Runterfahren: *„Da er oben auf einem Hügel ist und dann wieder runterfährt, heißt das, er wird ganz schnell schnell. Somit [Liest: ‚und bleibt dann unten am Hügel stehen.‘ Skizziert stark steigenden und dann stark auf null fallenden Graph-Abschnitt]."* (Mahira 05:06–05:22). Simon und Rene scheinen Änderungen der Variablen dagegen in abgeschlossenen Intervallen zu betrachten. Das heißt, sie aktivieren eine *stückweise Kovariationsvorstellung.* In Simons Fall ist dies etwa

daran zu erkennen, dass er für jede Teilsituation von einer sofortigen Geschwindigkeitsänderung ausgeht, z. B.: *„Was passiert als nächstes? [Liest: ‚bevor es einen
Hügel hinaufgeht'] Okay, er fährt also einen Hügel hinauf, ich denke mal, dann
wird er langsamer fahren. [...] Ich denke mal, dass er dann trotzdem mit der gleichen Geschwindigkeit diesen Hügel hochfährt. Das heißt, die ist relativ abrupt geht
die runter, aber dann gleich."* (Simon 01:32–02:05). Im späteren Verlauf seines
Interviews wird Simons stückweise Kovariationsvorstellung noch deutlicher: *„Ich
bin davon ausgegangen, dass die neue Geschwindigkeit immer sofort erreicht wird.
Ich bin nicht davon ausgegangen, dass sich die Geschwindigkeit langsam ändert.
Ich habe sofort mit einer neuen Geschwindigkeit losgelegt."* (Simon 06:35–06:54).
Im Interview von Rene wird dieselbe Grundvorstellung insbesondere anhand seines
Lösungsgraphen beobachtbar. Er verbindet die konstanten Abschnitte seines Graphen, welche die Geschwindigkeit des Radfahrers für verschiedene Teilsituationen
repräsentieren, durch (fast) senkrechte Geraden (s. Tabelle 8.1b). Schließlich zeigen drei Lernende die Aktivierung einer *kontinuierlichen Kovariationsvorstellung*,
indem sie die Veränderung der abhängigen Größe mit der Zeit für alle Teilsituationen der Test-Aufgabe fortwährend beschreiben und skizzieren (Mara, Christoph
und Celine).

Schließlich ist bei drei Lernenden die Aktivierung einer Objektvorstellung zu
beobachten (Simon, Celine und Nils). Bei Simon und Celine bezieht sich diese auf
lineare Funktionen. Sie verbinden explizit eine konstante Variablenveränderung mit
der graphischen Darstellung einer Geraden. Dies äußert sich, indem sie explizit
Begriffe wie „Gerade" oder „linear" zur Argumentation benutzen. Beispielsweise
erklärt Simon: *„Das heißt, da ich Geschwindigkeit habe abhängig von der Zeit,
würde ich erstmal eine konstante Geschwindigkeit haben und ich versuche jetzt mal
[skizziert konstant hohen Graph-Abschnitt] eine Zeit lang eine Gerade zu ziehen."*
(Simon 01:15–01:31). Nils hat dagegen die typische Parabelform der graphischen
Darstellung einer quadratischen Funktion im Fokus seiner Aufmerksamkeit: *„Wenn
er den Berg ja hochfährt, wird er langsamer. Dann bleibt er stehen. Und dann wird
er ja schneller, weil er den Berg wieder runterfährt. Dann wäre es ja im Endeffekt
eine nach unten geöffnete Parabel."* (Nils 02:08–02:20).

Zusammenfassung

Insgesamt zeigen die Proband:innen des dritten Entwicklungszyklus zahlreiche
Fähigkeiten zum situativ-graphischen Darstellungswechsel funktionaler Zusammenhänge. Dabei stellt das Konstruieren der graphischen Zieldarstellung scheinbar den schwierigsten Übersetzungsschritt dar. Obwohl es elf Studierenden gelingt,
die situative Ausgangsdarstellung überwiegend korrekt zu interpretieren, erstellen
nur fünf Proband:innen eine weitestgehend fehlerfreie Zieldarstellung. Möglicher-

weise ist den Lernenden während der Bearbeitung der Test-Aufgabe nicht in aus-
reichendem Maße bewusst, dass es sich beim Zielgraphen um die Darstellung einer
Größenbeziehung handelt. Obwohl die meisten Studienteilnehmer:innen eine funktionale Abhängigkeit während der Aufgabenbearbeitung betrachten, bestimmen nur
sechs von ihnen diese explizit. Auffällig ist zudem, dass die Lernenden verschiedenste Grundvorstellungen zum Funktionsbegriff während des Übersetzungsprozesses aktivieren. Dabei ist die Art der Vorstellung allerdings nicht entscheidend
für den Erfolg beim Darstellungswechsel. Den Tabellen 8.1a und 8.1b ist z. B. zu
entnehmen, dass Meike mit der Kombination aus einer Zuordnungs- und quantifizierten Kovariationsvorstellung eine weitestgehend korrekte Lösung erreicht,
während Cem mit denselben Vorstellungen einen fehlerhaften Lösungsgraphen
skizziert. Die Fehler der Proband:innen sind immer dann zu verzeichnen, wenn sie
ihre Vorstellungen bei der Interpretation einer Teilsituation oder dem Zeichnen eines
Graph-Abschnitts außer Acht lassen. Daraus resultiert die Erkenntnis, dass vor allem
eine konsequente Betrachtung der funktionalen Abhängigkeit während aller Übersetzungsschritte entscheidend für einen erfolgreichen situativ-graphischen Darstellungswechsel ist. Dies zeigt sich insbesondere auch im nächsten Abschnitt 8.4.2, der
die Fehler und Schwierigkeiten der Proband:innen sowie deren möglichen Ursachen
fokussiert.

8.4.2   F1b: Fehler und Schwierigkeiten beim situativ-graphischen Darstellungswechsel funktionaler Zusammenhänge

Die zweite Teilforschungsfrage *„Welche Fehler und Schwierigkeiten zeigen Lernende beim situativ-graphischen Darstellungswechsel funktionaler Zusammenhänge?"* zielt ebenfalls auf das Erfassen der fachlichen Kompetenzen von Lernenden vor ihrem Selbst-Assessment. Daher werden hier ebenfalls die Bearbeitungen
der eingangsdiagnostischen Test-Aufgabe in den Blick genommen. Im Gegensatz
zur ersten Forschungsfrage werden aber die Defizite der Proband:innen fokussiert
und mögliche Fehlerursachen erörtert. Die Analyse in diesem Abschnitt vervollständigt somit das Bild des Ist-Zustands in Bezug auf ihre Kompetenzen zum funktionalen Denken beim Repräsentationswechsel von Situation zu Graph. Darüber
hinaus erlaubt sie die Identifikation möglicher Förderbedarfe der Lernenden.

Funktionale Abhängigkeit nicht erfasst
Ein Fehlertyp besteht darin, dass Lernende während der Bearbeitung keine funktionale Abhängigkeit erfassen, die zu einer Lösung der Test-Aufgabe beiträgt. Dieser

wird von insgesamt vier Proband:innen gezeigt (Amelie, Anika, Nils und Merle), wobei Amelie ihren Fehler selbstständig korrigiert. Nils betrachtet die funktionale Abhängigkeit zwischen dem zurückgelegten Weg bzw. der Entfernung und der Geschwindigkeit des Radfahrers. Bei diesem Vorgehen kann argumentiert werden, dass die Entfernung eine zeitabhängige Größe darstellt und daher ein Entfernungs-Geschwindigkeits-Graph die Aufgabenstellung: „Zeichne einen Graphen aus dem man ablesen kann, wie sich die Geschwindigkeit in Abhängigkeit von der Zeit verändert!" indirekt erfüllt. Allerdings wird in seinen Äußerungen deutlich, dass der Student weniger auf die Aufgabenstellung achtet. Vielmehr scheint er in der Vergangenheit betrachtete Beispiele auf die vorliegende Aufgabe zu übertragen: *„Weil normalerweise ist es ja also Strecke [zeigt entlang der x-Achse], Geschwindigkeit [zeigt entlang der y-Achse], oder?"* (Nils 00:49–00:54). Das heißt, sein Fehler liegt hier in der *falschen Größenauswahl* durch seine Festlegung der Entfernung als unabhängige Größe ohne einen Bezug zur Zeit herzustellen. Dies ist wahrscheinlich auf ein ungenaues Lesen bzw. eine Übergeneralisierung früherer Beispiele zurückzuführen. Dagegen betrachten die drei Studentinnen mit diesem Fehler durchaus zur Aufgabe passende Größen. Allerdings *vertauschen sie die Richtung deren Abhängigkeit*. Amelie beschriftet zunächst die x-Achse mit „Geschwindigkeit" und die y-Achse mit „Zeit", bevor sie die Achsenbeschriftung nach dem Skizzieren des ersten Graph-Abschnitts vertauscht. Anika skizziert einen Weg-Zeit-Graphen, betrachtet also keinen funktionalen Zusammenhang. Merle vermutet ebenfalls den „zurückgelegten Weg" auf der x-Achse, ohne eine zweite, abhängige Größe zu benennen. Daher kann bei diesen Lernenden in Frage gestellt werden, ob sie sich der Konvention bewusst sind, dass bei einer graphischen Funktionsdarstellung stets die unabhängige Variable auf der x-Achse und die abhängige Variable auf der y-Achse eingetragen wird. Darüber hinaus ist als Fehlerursache zu vermuten, dass sie Graphen nicht als Repräsentation der Beziehung zwischen zwei Größen verstehen. Merle erklärt beispielsweise: *„Ich muss jetzt den Weg von dem Niklas einzeichnen."* (Merle 00:36–00:40). Sie betrachtet demnach keine funktionale Abhängigkeit, sondern erstellt eine Skizze der Ausgangssituation (Graph-als-Bild Fehler).

Teilsituation nicht modelliert
Ein Fehler, der bei der Hälfte der Studienteilnehmer:innen auftritt, ist die fehlende Modellierung einzelner Teilsituationen. Sechs Proband:innen stellen das Anfahren zu Beginn nicht in ihren Zielgraphen dar (Simon, Mirja, Anika, Cem, Nils und Rene). Zudem beachten je drei Studierende nicht das Fahren mit konstanter Geschwindigkeit auf der Straße (Jessica, Nils und Elena) oder das Anhalten am Ende der Situation (Anika, Cem und Nils). Oftmals kann dies als Flüchtigkeitsfehler angesehen werden, der auf ein ungenaues Lesen der Aufgabenstellung zurückzuführen ist.

Beispielsweise beschreibt Elena beim Skizzieren ihres Zielgraphen: *„Also er wird erst schneller, dann wieder langsamer, dann bleibt er oben stehen [...] "* (Elena 01:58–02:07). Das Fahren mit konstanter Geschwindigkeit wird hierbei übersprungen. Obwohl mit diesem Phänomen keine tiefgründigen Fehlvorstellungen verbunden sind, ist es im Kontext eines Darstellungswechsels durchaus kritisch betrachten. Wird eine Teilsituation bei der Modellierung nicht berücksichtigt, wird sie in der graphischen Zieldarstellung nicht repräsentiert. Das führt dazu, dass wichtige Informationen im Übersetzungsprozess verloren gehen und die Ausgangs- sowie Zieldarstellung nicht dasselbe mathematische Objekt repräsentieren (s. Abschnitt 3.7). Im Sinne von Adu-Gyamfi et al. (2012) hält ein solcher Darstellungswechsel der Gleichheitsprüfung (*Equivalence Verification*) nicht stand (s. Abbildung 3.4, Adu-Gyamfi et al., 2012, S. 161 ff). Daher sprechen die Autoren von einem „Preservation Error" und bemerken: „This usually happens when unidentified, yet key, attributes of the source representation are not properly coded in the target representation." (Adu-Gyamfi et al., 2012, S. 164). Daher kann als Fehlerursache auch eine unzureichende Interpretation der situativen Ausgangsdarstellung angenommen werden. Dies ist zum Beispiel im Fall von Mirja zu beobachten. Sie nimmt das Anfahren zwar als Teil der Situation wahr, deutet es aber nicht im Hinblick auf den funktionalen Zusammenhang: *„Also, da er von zuhause dann losfährt und dann halt mit konstanter Geschwindigkeit fährt, würde ich dann hier erstmal eine gerade Linie ziehen [skizziert konstant hohen Graph-Abschnitt]. "* (Mirja 03:55–04:05). Im Fall von Rene kann eine weitere Fehlerursache identifiziert werden. Obwohl er das Anfahren korrekt bzgl. der funktionalen Abhängigkeit deutet, repräsentiert er die Teilsituation nicht in der graphischen Zieldarstellung. Sein Fehler ist daher nicht auf die Interpretation der Ausgangssituation, sondern auf die Konstruktion der Zieldarstellung zurückzuführen: *„Wenn der von zuhause aus losfährt, hat der ja erstmal die Geschwindigkeit null, das heißt, der muss beschleunigen. Da wir jetzt aber nicht wissen, wie weit die Strecke ist, setzen wir einfach schonmal direkt die gleichbleibende Geschwindigkeit an. "* (Rene 01:10–01:21). Das bedeutet, der Student macht eine Modellierungsannahme, die für die Aufgabenstellung nicht zielführend ist.

Fehlerhafte Modellierung

Ein weiterer Fehler, der im Interview von Rene auftritt, ist die fehlerhafte Modellierung einer Teilsituation. Das bedeutet, Informationen aus der situativen Ausgangsdarstellung werden inkorrekt in der graphischen Zieldarstellung wiedergegeben. Im Interview des Studenten wird deutlich, dass er das Stehenbleiben auf dem Hügel nicht als konstanten Geraden-Abschnitt mit Wert null, sondern als Lücke in seinem Graphen skizziert: *„Obendrauf wird der dann ein bisschen Stehenbleiben, das heißt, die Geschwindigkeit geht auf null [skizziert auf null fallenden Graph-Abschnitt, der*

*im Punkt (x₁|0) endet]. So. Danach wird die Linie kurze Zeit unterbrochen und er
fährt runter. Ich denke, beim Runterfahren wird er ein bisschen schneller sein als
seine Anfangsgeschwindigkeit [skizziert ab dem Punkt (x₂ | 0) einen steigen-
den Graph-Abschnitt]."* (Rene 01:40–01:58). Scheinbar verbindet Rene zwar das
Stehenbleiben mit einem Geschwindigkeitswert von null, kann die Konstanz der
abhängigen Größe mit der Zeit aber nicht erkennen. Daher kommt die fehlende
Aktivierung einer Kovariationsvorstellung als Fehlerursache in Frage.

Graph-als-Bild Fehler

Der Graph-als-Bild Fehler tritt bei 4 von 16 Proband:innen im dritten Entwicklungszyklus auf. Obwohl alle Lernenden diesen Fehler in Bezug zum Hoch- und/oder
Runterfahren des Hügels begehen und daher anzunehmen ist, dass sie jeweils von
visuellen Situationseigenschaften abgelenkt werden, scheinen die Fehlerursachen
tiefreichender. Interessanterweise lässt sich in jedem der vier Fälle eine andere Feh-
lerherkunft identifizieren. Jessica betrachtet zunächst den Zusammenhang zwischen
Zeit und Geschwindigkeit mit einer direktionalen Kovariationsvorstellung und skizziert einen steigenden Graph-Abschnitt, um die Geschwindigkeitszunahme des Radfahrers bis zum Berg darzustellen, und dann einen konstanten Graph-Abschnitt, um
zu zeigen, dass sich die Geschwindigkeit beim Stehenbleiben nicht verändert (Teilsituation nicht modelliert; Missachtung des Variablenwerts). Beim Modellieren des
Runterfahrens wird sie scheinbar von visuellen Eigenschaften der Situation abgelenkt, da sie einen fallenden Graph-Abschnitt skizziert (s. Tabelle 8.1a). Als sie den
Verlauf ihres Graphen noch einmal erklären soll, interpretiert sie sogar den steigenden Graph-Abschnitt als Hochfahren. Dabei fällt auf, dass sie zur Begründung
lediglich fokussiert, ob sich die Geschwindigkeit in einem Abschnitt verändert oder
nicht: *„Die Geschwindigkeit ändert sich ja [zeigt entlang des steigenden Graph-
Abschnitts], also er fährt ja hoch, d. h. die Geschwindigkeit ändert sich. Und dann
bleibt der kurz stehen, also ändert sich die Geschwindigkeit ja nicht [zeigt entlang
des konstanten Graph-Abschnitts] in der Zeit. Und dann fährt der den Berg wieder
runter [zeigt entlang des fallenden Graph-Abschnitts]."* (Jessica 01:44–01:58). Das
bedeutet, dass sie hier auf der Stufe einer asynchronen Kovariation argumentiert, bei
der sie nicht einmal die Richtung der Größenveränderung adressiert. Daher könnte
in Jessicas Fall eine unzureichend ausgebildete Kovariationsvorstellung den Fehler
erklären.

Dagegen scheint bei Celine das Gegenteil zu gelten. Sie achtet beim Zeichnen
des Graph-Abschnitts, der das Runterfahren modelliert, zunächst nur auf den relativen Wert der gemeinsamen Größenveränderung ohne deren Richtung zu berücksichtigen: *„[Skizziert steil fallenden Graph-Abschnitt.] Danach fährt der wieder
herunter, das müsste sehr wahrscheinlich schneller sein als am Anfang."* (Celine

01:14–01:29). Durch ihren Fokus auf die quantifizierte Kovariation, scheint sie deren Richtung (direktionale Kovariationsvorstellung) zu vernachlässigen. Diesen Fehler kann sie im späteren Interviewverlauf korrigieren, indem sie bei der Interpretation des Graphen die Richtung der Variablenveränderung erfasst: *„Ah, ja, alles klar! Ich habe meinen Fehler gefunden. Er legt ja trotzdem noch mehr Weg zurück [deutet steigenden Graph-Abschnitt an]. Ich hätte weiter nach oben zeichnen müssen."* (Celine 02:34–02:45).

Im Gegensatz zu den erstgenannten Probandinnen, scheint Merle keinerlei Grundvorstellungen zum Funktionsbegriff während der Test-Bearbeitung zu aktivieren. Sie erklärt zwar, dass der Graph fürs Runterfahren steiler sein müsste, betrachtet den Graphen aber insgesamt als *„den Weg von dem Niklas"* (Merle 00:37–00:39). Das bedeutet, sie versteht den Graphen nicht als Funktionsdarstellung, sondern skizziert global ein fotografisches Abbild der Ausgangssituation. Dass sie dabei die zurückgelegte Strecke bzw. die Zeit in Abhängigkeit von den gefahrenen Höhenmetern darstellt, ist ihr nicht bewusst.

Schließlich scheint die Ursache für Emres Graph-als-Bild Fehler in einer kognitiven Überlastung des Arbeitsgedächtnisses, d. h. einem zu großen Cognitive Load (s. Abschnitt 4.4.1), zu liegen. Er übersetzt die ersten beiden Teilsituationen korrekt in die graphische Darstellung. Ab der Modellierung des Hochfahrens tritt jedoch der Graph-als-Bild Fehler auf. Obwohl Emre einen Widerspruch in seiner Lösung feststellt und erkennt, dass ein steigender Graph-Abschnitt eine Geschwindigkeitszunahme repräsentiert, gelingt es ihm nicht, seinen Graphen zu korrigieren: *„Ja, das Problem ist jetzt, ich habe jetzt hoch gezeichnet, weil ich jetzt eigentlich damit sagen wollte, dass der auf einen Hügel hochgeht, weil es da nach oben geht, aber da steht eigentlich auch nicht, ob der jetzt schnell nach oben fährt, weil das ist ja eigentlich für die Geschwindigkeit."* (Emre 03:26–03:39). Trotz der Aktivierung einer direktionalen Kovariationsvorstellung kann er den Graph-als-Bild Fehler hier nicht überwinden. Die Fehlerursache wird im späteren Interviewverlauf deutlich. Emre erklärt, dass er sich nicht gleichzeitig die Situation vorstellen und die Veränderung der Geschwindigkeit skizzieren konnte. Das bedeutet, sein Arbeitsgedächtnis wurde beim situativ-graphischen Darstellungswechsel überlastet.

Missachtung des Variablenwerts

Ein Fehlerphänomen, das in den Interviews des dritten Entwicklungszyklus bei fünf Studierenden auftritt, ist die Missachtung des Variablenwerts (Amelie, Mara, Jessica, Nils und Emre). Dabei berücksichtigen die Lernenden den Wert der abhängigen Variablen beim Skizzieren eines Funktionsgraphen nicht. In allen Fällen bezieht sich dieser Fehler auf die Modellierung des Stehenbleibens auf dem Hügel und teilweise auch auf das Anhalten am Ende der vorgegebenen Situation. Typischerweise können Erklärungen, wie die von Jessica, beobachtet werden: *„Und dann würde er ja hier kurz stehenbleiben [skizziert konstant hohen Geraden-Abschnitt], sodass sich das [zeigt entlang des konstanten Graph-Abschnitts] halt nicht ändert."* (Jessica 01:24–01:29). Sie zeigt, dass die Studentin eine direktionale Kovariationsvorstellung zum Darstellungswechsel heranzieht. Sie fokussiert die Art der gemeinsamen Größenveränderung, verknüpft diese Vorstellung allerdings nicht mit einer Zuordnungsvorstellung. Dass die fehlende Verknüpfung dieser Grundvorstellungen die Ursache dieses Fehlers ausmacht, zeigt auch das Beispiel von Mara. Zur Modellierung des Stehenbleibens skizziert auch sie zunächst einen konstanten Geraden-Abschnitt mit positivem Geschwindigkeitswert. Allerdings kann die Studentin dies selbstständig korrigieren, indem sie die Zuordnungsvorstellung aktiviert: *„Oben auf dem Hügel bleibt er ja ein paar Minuten stehen, dann ist wieder gleichbleibend [skizziert konstant hohen Graph-Abschnitt]. Moment! (.) Ja, doch. Aber dann müsste das beim Nullpunkt sein!"* (Mara 02:01–02:16). Selbst Nils, der die Geschwindigkeit in Abhängigkeit von der Entfernung skizziert, erkennt nicht, dass der Punkt, welcher in seinem Graphen das Stehenbleiben modelliert (Tiefpunkt der Parabel), auf der x-Achse liegen müsste. Obwohl er den funktionalen Zusammenhang hier lokal in einem Punkt betrachtet, wird demnach auch bei ihm keine Zuordnungsvorstellung aktiviert. Darüber hinaus kann die Missachtung des Variablenwerts im Zusammenhang mit weiteren Fehlertypen auftreten. Amelie beschriftet zwar die y-Achse mit „Geschwindigkeit", stellt diese Größe aber als Steigung des Graphen dar. Bei ihr kann die Höhe-Steigungs-Verwechslung demnach als Fehlerursache vermutet werden (s. u.). In ähnlicher Weise kann in Emres Fall sein Graph-als-Bild Fehler neben der fehlenden Aktivierung der Zuordnungsvorstellung als Fehlerursache ausgemacht werden: *„Und dann bleibt der hier hinter dem Hügel stehen [zeigt entlang des konstant hohen Graph-Abschnitts] und die Zeit geht dann natürlich weiterhin weiter vorbei, ja. Aber nicht ganz unten, weil ganz unten wäre der dann wieder zuhause, denke ich mal, weil der unten angefangen hat."* (Emre 04:07–04:17). Die x-Achse wird von dem Studenten hier nicht mit dem Variablenwert null verbunden, sondern in der Situation als „zuhause" fehlgedeutet.

Missachtung der Eindeutigkeit
Dieser Fehler beschreibt eine Verletzung der Funktionseindeutigkeit. Das heißt, einem Wert der unabhängigen Variablen werden mehrere Werte der abhängigen Variablen zugeordnet. Dies tritt bei fünf Proband:innen auf (Meike, Simon, Cem, Anika und Rene). In den Fällen von Simon und Rene ist ihre stückweise Kovariationsvorstellung als Fehlerursache zu identifizieren. Beide Studenten gehen davon aus, dass sich die Geschwindigkeit zu Beginn einer Teilsituation abrupt verändert und dann für diesen Abschnitt konstant bleibt. Das bedeutet, sie betrachten die

Variation mit der Zeit in abgeschlossenen Intervallen. Simon erklärt z. B.: *„Ich bin davon ausgegangen, dass die neue Geschwindigkeit immer sofort erreicht wird."* (Simon 06:35–06:42). Obwohl sie die Ausgangssituation mit dieser Vorstellung korrekt interpretieren, stellen sie diese graphisch inkorrekt dar. Während Rene nur für das Anhalten am Ende die Funktionseindeutigkeit missachtet, indem er eine senkrechte Gerade in seinen Graphen integriert, passiert Simon dieser Fehler für alle Teilsituationen (s. Tabelle 8.1a). Dass der Fehler insbesondere bei der Konstruktion der graphischen Zieldarstellung entsteht, lässt eine Übergeneralisierung bekannter Funktionsbeispiele als Fehlerursache vermuten. Beide Lernende ziehen es nicht in Erwägung, einen diskreten Graphen, der eine eher ungewohnte Form abbildet, zu skizzieren. Auffällig ist, dass die Proband:innen diesen Fehler im späteren Selbst-Assessment graphisch nicht wahrnehmen, obwohl z. B. Simon in der Situation explizit beschreibt, dass es zu jedem Zeitpunkt nur eine Geschwindigkeit geben kann, da sonst die Funktion nicht eindeutig sei (s. Abschnitt 8.4.3). Möglicherweise erfasst er die Senkrechten daher nicht als Teil seiner graphischen Zieldarstellung.

Bei Meike und Cem ist dagegen eine fehlende Verknüpfung von Zuordnungs- und Kovariationsvorstellung als Fehlerursache auszumachen. Beispielsweise erklärt Cem beim Zeichnen eines senkrechten Graph-Abschnitts zur Modellierung des Stehenbleibens auf dem Hügel: *„Die Geschwindigkeit geht runter auf null, weil er sich ja nicht bewegt."* (Cem 01:56–01:58). Er erkennt, dass der Graph auf den Wert null fallen muss, aber nicht, dass dies über ein Zeitintervall geschieht, da sonst einem Zeitpunkt mehrere Geschwindigkeitswerte zugeordnet wären.

Schließlich resultiert Anikas Fehler aus ihrer Wahl der Achsenbeschriftungen und der Tatsache, dass sie mit ihrem Zielgraphen keine funktionale Abhängigkeit darstellt. Obwohl sie den Zusammenhang zwischen Zeit und Weg untersucht, trägt sie die Entfernung auf der x-Achse ein (Richtung der Abhängigkeit vertauscht). Um das Stehenbleiben auf dem Hügel zu modellieren, betrachtet Anika die Richtung der gemeinsamen Größenveränderung: *„Dann bleibt er auf dem Hügel ein paar Minuten stehen, da verbraucht er Zeit ohne Weg [skizziert senkrecht steigenden Geraden-Abschnitt]."* (Anika 01:03–01:13). Da sie die Zeit auf der y-Achse abträgt, stellt sie diese Teilsituation graphisch als Senkrechte dar. Wobei ihr hier in gewissem Maße ein korrekter Übersetzungsschritt gelingt, können der Studierenden fehlende Grundkenntnisse bezüglich des Funktionsbegriffs vorgeworfen werden. Ihr scheint etwa nicht bewusst, dass die Test-Aufgabe eine Modellierung der Situation mithilfe des Funktionsbegriffs erfordert.

Punkt-Intervall-Verwechslung
Eine Punkt-Intervall-Verwechslung ist bei Mahira und Meike während der Modellierung des Stehenbleibens zu erkennen. Die Probandinnen stellen eine Teilsituation,

welche als ganzes Intervall von Nullstellen zu repräsentieren wäre, graphisch als einzelnen Punkt dar. Bei Mahira scheint dies auf einem Flüchtigkeitsfehler zu beruhen. Sie skizziert ansonsten einen fehlerfreien Zielgraphen und scheint beim Darstellungswechsel die entsprechende Textstelle in gewissem Maße zu überspringen. Sie skizziert zu der Teilsituation „Oben auf dem Hügel bleibt er ein paar Minuten stehen, […]" zunächst einen auf null fallenden Graph-Abschnitt und überspringt diese Textzeile beim weiteren Lesen der Situationsbeschreibung „[…] um die Aussicht zu genießen. Danach fährt er wieder herunter […]". Auch Meike plottet für das Stehenbleiben lediglich eine einzelne Nullstelle. Aufgrund ihres Vorgehens könnten mehrere Fehlerursachen vermutet werden: *„Oben auf dem Hügel bleibt der ein paar Minuten stehen, da müsste die Geschwindigkeit ja ganz runtergehen. [Skizziert auf null fallenden Graph-Abschnitt, verweilt mit Finger auf Nullstelle und liest Situationsbeschreibung erneut: ‚Oben auf dem Hügel bleibt er ein paar Minuten stehen.] Habe ich eingezeichnet!"* (Meike 02:38–02:56). Zunächst ist denkbar, dass auch sie einen Flüchtigkeitsfehler begeht, da sie sehr schnell über die Textstelle hinwegsieht. Im Gegensatz zu Mahira wiederholt Meike beim Lesen allerdings den Text und äußert explizit, dass sie die Teilsituation bereits repräsentiert hat. Da sie den Variablenwert der Geschwindigkeit erkennt, ist davon auszugehen, dass sie hier eine Zuordnungsvorstellung aktiviert. Allerdings scheint sich die Studentin zu sehr auf diese zu fokussieren, wodurch die Kovariation der Größen des funktionalen Zusammenhangs außer Acht gelassen werden. Als Fehlerursache ist daher eine fehlende Verknüpfung beider Grundvorstellungen zu vermuten.

Höhe-Steigungs-Verwechslung

Eine Höhe-Steigungs-Verwechslung tritt auf, wenn Lernende den Wert der abhängigen Größe graphisch als Steigung darstellen. Ebenso wie bei der umgekehrten Steigungs-Höhe-Verwechslung, die in der Literatur seit den 1970er Jahren beschrieben wird (s. Abschnitt 3.8.8), handelt es sich bei diesem Fehler um eine Vertauschung von Funktionswert und Änderungsrate. Im Gegensatz zu dem bekannten Fehlerphänomen wird allerdings nicht der Funktionswert anstelle der Änderungsrate betrachtet, sondern andersherum die Steigung anstelle des Funktionswerts. Zudem unterscheiden sich die Fehler darin, dass bei der Steigungs-Höhe-Verwechslung oftmals nur ein einzelner Punkt eines Graphen im Fokus steht, während die Höhe-Steigungs-Verwechslung für ein gesamtes Intervall auftritt. Im dritten Zyklus der vorliegenden Studie ist dieser Fehlertyp bei fünf Studierenden zu beobachten. Mahira, Cem und Elena skizzieren zu Beginn jeweils konstant steigende Graphen, um ein Fahren mit konstanter Geschwindigkeit darzustellen, obwohl sie die Geschwindigkeit als abhängige Variable betrachten. Amelie nutzt dieses Vorgehen während des gesamten Darstellungswechsels. Emre erklärt, dass er zu Beginn einen steiler steigenden

Geraden-Abschnitt zeichnet, weil der Fahrradfahrer schnell fährt. Er verwechselt demnach ebenfalls die Steigung mit dem Funktionswert (s. Tabelle 8.1a). In den Interviews dieser Proband:innen können verschiedene Hinweise zu möglichen Fehlerursachen ausfindig gemacht werden.

Einerseits könnte das Problem darin begründet liegen, dass die Lernenden missachten, welche funktionale Abhängigkeit sie durch den Graphen repräsentieren wollen. Dies wird im Fall von Mahira besonders deutlich, die ihren anfänglichen Fehler korrigieren kann, indem sie die funktionale Abhängigkeit erfasst, die ihr Graph darstellt: *„Ich würde jetzt hier so anfangen [skizziert konstant steigenden Graph-Abschnitt]. (..) Ach ne, Moment! Das ist jetzt die Abhängigkeit vom Weg."* (Mahira 03:35-03:49). Im Anschluss gelingt es ihr, den zuvor gezeichneten Graph-Abschnitt in Bezug auf die Geschwindigkeit umzudeuten: *„Also erstmal fängt der bei null an, würde ich mal sagen, also bei einer Geschwindigkeit null und dann fährt der ja erstmal ein bisschen schneller, damit er auf eine gewisse Geschwindigkeit kommt [...]"* (Mahira 04:07–04:16). Andererseits lässt sich vermuten, dass die Lernenden vertrauter im Umgang mit Zeit-Weg-Diagrammen sind. Daher könnte eine Fehlerursache in der Übergeneralisierung ihrer Handlungen beim situativ-graphischen Darstellungswechsel liegen. Zudem erwägen McDermott et al. (1987) als Ursache für die Steigungs-Höhe-Verwechslung, dass Lernende nicht immer abrufen können, durch welches Merkmal einer graphischen Darstellung eine bestimmte Größe dargestellt wird (s. Abschnitt 3.8.8; McDermott et al., 1987, S. 504). Dies könnte in den Fällen von Amelie, Elena und Emre auch bei diesem Fehlertypen vermutet werden, da sie nicht weiter auf den Zusammenhang zwischen graphischer Repräsentation und abhängiger Größe eingehen. Schließlich fällt auf, dass diese drei Proband:innen beim Zeichnen der entsprechenden Graph-Abschnitte jeweils eine Kovariationsvorstellung aktivieren und sich auf die Veränderung der Geschwindigkeit konzentrieren. Dabei wird der Variablenwert nicht berücksichtigt. Das bedeutet, dass eine fehlende Verknüpfung zwischen Zuordnungs- und Kovariationsvorstellung als Fehlerursache plausibel ist.

Konvention graphischer Darstellung
Neben den bisher beschriebenen Fehlern sind in den Test-Bearbeitungen der Proband:innen weitere fachliche Schwierigkeiten auszumachen, die im Folgenden adressiert werden. Nils und Emre zeigen jeweils Probleme mit Blick auf die Konventionen der graphischen Darstellungsform. Nils nennt die y-Achse an einer Stelle in seinem Interview *„x-Achse"*, was aber vermutlich auf einen Flüchtigkeitsfehler zurückzuführen ist (Nils 00:44–00:46). Dagegen ist Emre offenbar nicht bewusst, dass die Achsenbeschriftung von der jeweiligen funktionalen Abhängigkeit vorgegeben wird, die man graphisch darstellen möchte. Bei der Überlegung, welche

Größe auf welcher Koordinatenachse einzutragen ist, äußert er: *„Okay, dann würde ich sagen Beschriftung erstmal am besten. Boah, wie war das jetzt nochmal? Ich glaube Zeit war immer unten? Ja, Zeit war meistens unten."* (Emre 00:42–00:55). Das bedeutet, dass er Merkmale ihm bekannter Funktionsbeispiele aus früheren Instruktionen auf die neue Aufgabe überträgt, ohne die Aufgabenstellung zu beachten. Daher könnte eine Übergeneralisierung die Ursache für Emres Unsicherheit sein. Zudem ist möglich, dass dem Studenten grundlegende Kenntnisse zur Nutzung des Funktionsbegriffs als mathematisches Modell bzw. seiner graphischen Repräsentation als Darstellung einer Größenbeziehung fehlen.

Graph als Funktionsdarstellung

Eine solche grundlegende Problematik zeigt sich auch bei Anika und Merle, die den zu erstellenden Zielgraphen nicht als Funktionsrepräsentation wahrnehmen. Anika beschriftet die Achsen so, dass sie keinen funktionalen Zusammenhang betrachtet und ihr Graph keine adäquate Lösung für die Test-Aufgabe darstellt. Merle zeichnet dagegen den Weg der Fahrradfahrt. Das heißt, sie erstellt eine Skizze der Situation anstatt diese in einen Funktionsgraphen zu übersetzen (s. o.). Bei beiden Lernenden sind fehlende Grundkenntnisse zum Funktionsbegriff zu vermuten.

Fragestellung bestimmt funktionale Abhängigkeit

Eine weitere Schwierigkeit der Proband:innen wird in den Interviews von Nils und Emre sichtbar. Bei der Auswahl von Achsenbeschriftungen für die graphische Zieldarstellung wählen sie die Betrachtung einer funktionalen Abhängigkeit aufgrund von ihnen bekannten Beispielen. Den Lernenden scheint nicht bewusst, dass die zu modellierende Funktion von der jeweiligen Fragestellung vorgegeben wird. Nils beschreibt: *„Wahrscheinlich ist jetzt die x-Achse [zeigt auf die y-Achse] die Höhe des Berges gemeint, oder? Weil normalerweise ist das ja [zeigt entlang x-Achse] Strecke [zeigt entlang y-Achse] Geschwindigkeit, oder? (I: Was steht denn in der Aufgabe?) Ja, hier steht nur x und y, normalerweise sind die Achsen ja schon beschriftet mit Strecke, Geschwindigkeit, so wie man die Aufgaben von den Büchern kennt."* (Nils 00:44–01:05). Aufgrund seiner Äußerung ist eine Übergeneralisierung der Achsenbeschriftungen als Ursache für seine Schwierigkeiten zu vermuten. Zudem ist denkbar, dass der Student die Aufgabenstellung übersieht, da er sich ausschließlich auf die graphische Darstellung bezieht. Dafür spricht, dass er im späteren Interview, nachdem er die Auswahlmöglichkeiten in den Drop-down-Menüs betrachtet hat, sagt: *„Im Endeffekt könnte man jetzt mehrere Sachen machen. Man könnte jetzt einfach auch andere Abhängigkeiten nehmen."* (Nils 02:00–02:06). Bei Emre scheint dagegen eine Übergeneralisierung wahrscheinlicher, da er die x-Achse beschriftet, weil die *„Zeit war meistens unten"* (Emre 00:53–00:55). Nichtsdestotrotz könnte diese Schwierigkeit der Lernenden auf ein tiefreichenderes Problem hindeuten, wenn sie nicht verinnerlicht haben, dass Funktionen zur Modellierung gerichteter Abhängigkeiten zwischen zwei Größen genutzt werden.

Andere Modellierungsannahme
Schließlich ist die Annahme bestimmter Modellierungsvoraussetzungen, die von der im SAFE Tool präsentierten Musterlösung abweichen, als fachliche Schwierigkeit zu nennen. Obwohl es sich hierbei nicht um ein Problem der Lernenden mit der Test-Aufgabe per se handelt, könnte dieses Phänomen dazu führen, dass es den Proband:innen in der anschließenden Selbstdiagnose schwer fällt, ihre eigene Antwort mit der Musterlösung zu vergleichen. Daher kann es hilfreich sein, diese abweichenden Modellierungsannahmen der Proband:innen zu erfassen. In den Design Experimenten des dritten Zyklus treten solche bei sieben Lernenden auf. Drei Studierende nehmen jeweils für bestimmte Teilsituationen (Hoch- und/oder Runterfahren) eine konstante Geschwindigkeit an (Mara, Simon und Rene). Beispielsweise erklärt Rene für das Hochfahren: *„Und dabei [beim langsamer Fahren] hält er wahrscheinlich relativ konstant seine Geschwindigkeit."* (Rene 01:35–01:40). Dies zeigt, dass die Lernenden hier Annahmen über die Situation treffen, um diese durch eine Quantifizierung greifbarer zu machen. Dagegen modelliert Elena das Runterfahren vom Hügel mit einem Graph-Abschnitt, der weniger stark ansteigt als beim Darstellen des Fahrens auf der Straße. Da die Studentin lediglich auf die Richtung der gemeinsamen Größenveränderung achtet: *„Dann wird der wieder schneller [skizziert steigenden Graph-Abschnitt]."* (Elena 02:08–02:15), ist zu vermuten, dass es sich hierbei um eine Missachtung des Variablenwerts handelt. Ebenso könnte der Verlauf ihres Graphen auf eine abweichende Modellierungsannahme hinweisen. Beispielsweise könnte vermutet werden, dass der Radfahrer bergab stärker bremst und daher langsamer fährt. Allerdings macht Elena in ihrem Interview eine solche Annahme nicht explizit. Letztlich ist bei drei Proband:innen zu beobachten, dass sie eine funktionale Abhängigkeit betrachten und graphisch darstellen, die vom Graphen in der Musterlösung abweicht (Mahira, Cem und Celine). Während Mahira nur für das Anfahren einen Zeit-Weg-Graphen skizziert, den sie anschließend als Zeit-Geschwindigkeits-Graph umdeutet und fortsetzt, zeichnet Celine global einen Zeit-Entfernungs-Graphen. Cem stellt dagegen die Geschwindigkeit, mit welcher der Radfahrer in die Pedale tritt, in Abhängigkeit von der Zeit dar (s. Abschnitt 8.4.1). Durch ihre Größenauswahl haben die Zielgraphen der Proband:innen eine andere Form als der Graph in der Musterlösung, was eine Identifikation eigener Stärken und Schwächen erschweren kann.

Zusammenfassung

Tabelle 8.2 fasst die in diesem Abschnitt adressierten Fehler und Schwierigkeiten der sechzehn Proband:innen aus dem dritten Entwicklungszyklus bei der Bearbeitung der Test-Aufgabe zusammen. Darüber hinaus werden alle identifizierten Fehlerursachen aufgeführt. Insgesamt kann festgestellt werden, dass der situativ-graphische Darstellungswechsel für Lernende eine besondere Herausforderung darstellt. Obwohl die Proband:innen als Studierende des Faches Mathematik (mit Lehramtsoption) mit dem Inhalt der Aufgabe sehr vertraut sein müssten, können in der vorliegenden Studie neun unterschiedliche Fehlertypen und vier fachliche Schwierigkeiten in den Interviews beobachtet werden. Hinzu kommt, dass Fehler sehr divers sind und bei jedem Schritt während des Übersetzungsprozesses von Situation zu Graph vorkommen. Auffällig ist, dass viele verschiedene Fehlerarten auf unzureichend ausgebildete oder verknüpfte Grundvorstellungen zum Funktionsbegriff zurückzuführen sind. Allerdings führen auch komplexe Vorstellungen zu bestimmten Fehlern. Beispielsweise ist die Fokussierung einer stückweisen Kovariationsvorstellung bei Simon und Rene als Ursache für die graphische Missachtung der Funktionseindeutigkeit zu identifizieren. Daneben scheinen Lernende oftmals Merkmale bekannter Funktionen auf den Zielgraphen beim Test zu übertragen, auch wenn dadurch die Aufgabenstellung außer Acht gelassen wird (Übergeneralisierung). Schließlich ist insbesondere ein fehlendes Verständnis einer Funktion als mathematisches Modell einer Größenbeziehung und eines Graphen als deren Repräsentation als häufige Fehlerursache hervorzuheben. Insgesamt zeigen sieben Proband:innen – etwa die Hälfte – fachliche Probleme beim Erfassen dieser essentiellen Grundlagen. Inwiefern es den Lernenden gelingt mithilfe des SAFE Tools ihre Fehler selbstständig zu identifizieren und zu überwinden, wird in den folgenden Abschnitten 8.4.3 und 8.4.4 untersucht.

8.4.3   F2: Rekonstruktion formativer Selbst-Assessmentprozesse

Die zweite Forschungsfrage *„Welche formativen Selbst-Assessmentprozesse können rekonstruiert werden, wenn Lernende mit einem digitalen Selbstdiagnose-Tool arbeiten?"* fokussiert die Selbst-Assessments der Lernenden. Erörtert werden soll, inwiefern die Proband:innen dazu in der Lage sind, ihre eigenen Kompetenzen zum situativ-graphischen Darstellungswechsel mithilfe des SAFE Tools zu erfassen. Dabei ist erstmal nicht nur von Interesse, ob eine Selbstdiagnose aus fachlicher

Tabelle 8.2 Aufgetretene Fehler und Schwierigkeiten der Proband:innen des dritten Entwicklungszyklus bei der Test-Aufgabe

Aufgetretene Fehler/Schwierigkeiten	Betroffene Proband:innen	Mögliche Ursachen
Falsche Größenauswahl	Nils (Entfernung als unabhängige Größe)	Flüchtigkeit/ungenaues Lesen, Übergeneralisierung
Richtung der Abhängigkeit vertauscht	Amelie (korrigiert), Anika (Strecke/Zeit), Merle (x-Achse = zurückgelegter Weg)	Konvention graphischer Darstellung unklar, Graph wird nicht als Funktionsdarstellung verstanden
Teilsituation nicht modelliert	Simon (Anfahren), Mirja (Anfahren), Anika (Anfahren, Anhalten), Jessica (Straße, Cem (Anfahren, Anhalten), Nils (Anfahren, Straße, Anhalten), Elena (Straße), Rene (Anfahren)	Flüchtigkeit/ungenaues Lesen, Interpretation der situativen Ausgangsdarstellung unzureichend, Unpassende Modellierungsannahme
Fehlerhafte Modellierung	Rene (Stehenbleiben als Lücke im Graphen)	Fehlende Kovariationsvorstellung
Graph-als-Bild	Jessica (runter, bei Wdh. der Erklärung global), Celine (runter korrigiert), Merle, Emre (hoch, runter, Anhalten)	Ablenkung durch visuelle Situationseigenschaften, Asynchrone oder quantifizierte Kovariationsvorstellung, Graph wird nicht als Funktionsdarstellung verstanden, Kognitive Überlastung des Arbeitsgedächtnisses
Missachtung des Variablenwerts	Amelie (Stehenbleiben, Anhalten), Mara (Stehenbleiben korrigiert), Jessica (Stehenbleiben), Nils (Stehenbleiben), Emre (Stehenbleiben, Anhalten)	Fehlende Verknüpfung von Zuordnungs- und Kovariationsvorstellung, Höhe-Steigungs-Verwechslung, Graph-als-Bild
Missachtung der Eindeutigkeit	Simon, Meike (Stehenbleiben, Anhalten), Anika (Stehenbleiben), Cem (Stehenbleiben), Rene (Anhalten)	Stückweise Kovariationsvorstellung, Übergeneralisierung, Fehlende Verknüpfung von Zuordnungs- und Kovariationsvorstellung, Nicht-funktionaler Zusammenhang
Punkt-Intervall-Verwechslung	Mahira (Stehenbleiben), Meike (Stehenbleiben)	Flüchtigkeit/ungenaues Lesen, Fehlende Verknüpfung von Zuordnungs- und Kovariationsvorstellung
Höhe-Steigungs-Verwechslung	Mahira (Straße korrigiert), Amelie, Cem (Straße), Elena (Anfahren mit konstanter Ge.), Emre (Anfahren: schneller fahren = steiler Graph)	Funktionale Abhängigkeit graphisch nicht beachtet, Übergeneralisierung, Graphische Größendarstellung verkannt, Fehlende Verknüpfung von Zuordnungs- und Kovariationsvorstellung
Konvention graphischer Darstellung	Nils ("x-Achse" für y-Achse), Emre (Achsenbeschriftung wird durch funktionale Abhängigkeit bestimmt)	Flüchtigkeit/ungenauer Sprachgebrauch, Übergeneralisierung, Fehlendes Grundwissen
Graph als Funktionsdarstellung	Anika (Strecke/Zeit: nicht-funktionale Abhängigkeit), Merle ("Weg von Niklas einzeichnen")	Fehlendes Grundwissen
Fragestellung bestimmt funktionale Abhängigkeit	Nils (vermutet erst y-Achse = Höhe, dann Strecke/Ge.), Emre ("Ich glaube Zeit war immer unten.")	Flüchtigkeit/ungenaues Lesen, Übergeneralisierung, Fehlendes Grundwissen
Andere Modellierungsannahme	Mara (konstante Ge. runter), Simon & Rene (konstante Ge. hoch/runter), Elena (runter langsamer als auf Straße), Mahira (skizziert zunächst Zeit/Weg kor.), Cem (Zeit/Ge. des Tretens), Celine (Zeit/Entfernung)	Quantifizieren der Situation, Direktionale Kovariationsvorstellung, Andere Größenauswahl

Sicht akkurat einzustufen ist. Vielmehr sollen die kognitiven Prozesse beschrieben werden, die während einer Selbstdiagnose ablaufen (s. Abschnitt 5.1). Daher werden im Folgenden die metakognitiven und selbstregulativen Handlungen der Proband:innen während deren Beurteilung der eigenen Test-Aufgabenbearbeitung fokussiert. Das bedeutet, dass die Kodierungen des Kategoriensystems zum Erfassen formativer Selbst-Assessments für die Interviewsequenzen betrachtet werden, welche die Lernenden im Umgang mit der Test-Musterlösung sowie dem Check zeigen. Diese wurden, wie in Abschnitt 5.6.2 beschrieben, als Prozessdiagramme dargestellt und dienen als Grundlage der Analyse (s. Anhang 11.12 im elektronischen Zusatzmaterial).

Anhand der Prozessdiagramme ist zunächst festzustellen, dass alle Proband:innen bei der Beurteilung ihrer Lösung zur Test-Aufgabe einen formativen Selbst-Assessmentprozess durchlaufen. Das ist dadurch erkennbar, dass jedem Interview Kategorien in Bezug auf alle drei zentralen Fragestellungen: *Wo möchte ich hin?*, *Wo stehe ich gerade?* und *Wie komme ich dahin?* zugeordnet wurden (s. Abschnitt 2.5). Allerdings scheinen die Selbstdiagnosen sehr unterschiedlich zu verlaufen, da verschiedene metakognitive sowie selbstregulative Handlungen in den Interviews identifiziert werden (s. Anhang 11.12 im elektronischen Zusatzmaterial). Um die formativen Selbst-Assessmentprozesse besser beschreiben zu können, wurde daher in den Prozessdiagrammen nach wiederkehrenden Mustern bzgl. der vorgenommenen Kodierungen gesucht. Durch die Festlegung eines dreidimensionalen Merkmalraums konnten sechs Typen formativen Selbst-Assessments (FSA) identifiziert werden (s. Tabelle 8.3). Diese Typen stellen keine Charakterisierung der Lernenden dar, sondern unterscheiden sich im Hinblick auf die von ihnen verwendeten (meta-)kognitiven Handlungen. Sie dienen der Charakterisierung der formativen Selbst-Assessmentprozesse. Die erste Dimension des Merkmalraums spezifiziert, auf welcher *Reflexionsebene* Lernende bei der Evaluation der eigenen Lösung bzgl. eines spezifischen Beurteilungskriteriums argumentieren. Sie umfasst die Ausprägungen „keine", wenn keinerlei Hinweise auf eine stattfindende Reflexion ersichtlich sind, „Musterlösung", wenn Lernende die vorgegebene Musterlösung, ein Evaluationskriterium oder das zu erreichende Lernziel reflektieren, sowie „eigene Bearbeitung", wenn sie die eigene Lösung oder Argumentation überdenken. Auch die Kombination „Musterlösung und eigene Bearbeitung" ist in den aufgabenbasierten Interviews zu beobachten. Die zweite Dimension *Identifikation eigener Fehler* mit ihren Ausprägungen „möglich" und „nicht möglich" gibt an, ob das Erkennen eines Fehlers während des Assessments durch die vorgenommenen Metakognitionen prinzipiell denkbar ist. Schließlich bezieht sich die dritte Dimension

Tabelle 8.3 Typen formativer Selbst-Assessments

FSA-Typ	Definition	Reflexionsebene	Identifikation eigener Fehler	Identifikation eigener Fehlerursachen	Beispiel
1 fehlerbehaftet	Die Evaluation der eigenen Lösung gelingt nicht, weil das Beurteilungskriterium missverstanden und/oder eigene diagnostische Informationen nicht wahrgenommen werden. Es findet keine Reflexion statt.	Keine	Nicht möglich	Nicht möglich	Rene skizziert senkrechte Geraden in seinem Lösungsgraphen. In seinem Assessment wird deutlich, dass er den zugehörigen Checkpunkt nicht versteht und auch die diagnostischen Informationen seiner Lösung bzgl. der Funktionseindeutigkeit nicht wahrnimmt: „[Liest CP4: „Ich habe richtig erkannt, dass es zu jedem Zeitpunkt nur eine Geschwindigkeit gibt und nicht mehrere.'] Ja, das ist bergauf nicht möglich." (03:17–03:24)
2 verifizierend	Die Evaluation der eigenen Lösung basiert auf einem reinen Ja/Nein-Abgleich eigener diagnostischer Informationen mit einem identifizierten Beurteilungskriterium. Es findet keine Reflexion statt.	Keine	Möglich	Nicht möglich	Amelie skizziert einen Zeit-Entfernungs-Graphen, obwohl sie die y-Achse mit „Geschwindigkeit" beschriftet. In ihrem Assessment zu Checkpunkt eins achtet sie nur auf das graphische Merkmal „drei Nullstellen". Sie erkennt einen Fehler, ohne eine mögliche Ursache zu erörtern: „[Liest CP1: „Ich habe richtig erkannt, dass der Graph drei Mal den Wert null erreicht."] Nein, das ist ja leider gar nicht bei mir außer einmal." (05:21–05:31)
3 zielreflektierend	Die Evaluation der eigenen Lösung basiert auf einem Vergleich eigener diagnostischer Informationen mit einem Beurteilungskriterium. Eine Reflexion findet ausschließlich bzgl. der Musterlösung/der Beurteilungskriterien statt.	Musterlösung	Möglich	Nicht vollständig	Amelie reflektiert die Bedeutung von Checkpunkt vier bzgl. der graphischen Zieldarstellung. Sie versteht das Beurteilungskriterium, geht gleichzeitig aber nicht auf ihre eigene Lösung ein: „[Liest CP4: „Ich habe richtig erkannt, dass es zu jedem Zeitpunkt nur eine Geschwindigkeit gibt und nicht mehrere.'] Ja, das ist klar, es geht ja nicht gerade hoch [deutet senkrechte Gerade an], also würde ich schon sagen ja." (05:55–06:08)
4 selbstreflektierend	Die Evaluation der eigenen Lösung basiert auf einem Vergleich eigener diagnostischer Informationen mit einem Beurteilungskriterium. Eine Reflexion findet ausschließlich bzgl. der eigenen Lösung/des eigenen Bearbeitungsprozesses statt.	Eigene Bearbeitung	Möglich	Nicht vollständig	Cem nimmt die Form einer Situationsskizze als Beurteilungskriterium für Checkpunkt drei wahr, ohne diese bzgl. des Zeit-Geschwindigkeits-Kontexts zu deuten. Er skizziert einen Abschnitt des eigenen Graphen: „[Liest CP3: „Ich habe richtig erkannt, dass der Graph nicht wie die Straße und der Hügel aussieht.'] Ja, weil würde ich das jetzt genau wie die Straße zeichnen, dann hätte ich ja eine Gerade und dann den Hügel und dann einen Hochpunkt und dann geht es wieder runter und so habe ich es ja nicht eingezeichnet, da [zeigt auf Graph-Abschnitt, der in seiner Lösung das Stehenbleiben modelliert] ist ja die Konstante mit dem Stehenbleiben und so. Dementsprechend ist das auch richtig." (05:01–05:30)
5 ursachenreflektierend	Zur Evaluation der eigenen Lösung werden sowohl Merkmale der Musterlösung/der Beurteilungskriterien als auch der eigenen Lösung/des eigenen Bearbeitungsprozesses reflektiert. Allerdings können nicht alle Fehler/Fehlerursachen ausfindig gemacht werden.	Musterlösung und eigene Bearbeitung	Möglich	Nicht vollständig	Simon nimmt für jede Teilsituation an, dass sich die Geschwindigkeit sofort ändert und über das gesamte Zeitintervall konstant bleibt. Er skizziert jedoch keinen diskreten Graphen, sondern missachtet die Eindeutigkeit. In seinem Assessment erkennt er, dass seine Lösung von der Musterlösung abweicht, weil er von einer sofortigen Geschwindigkeitsänderung ausgegangen ist, während sich die abhängige Größe im Lösungsgraphen allmählich ändert, führt dies aber auf seine Modellierungsannahme zurück anstatt die Missachtung der Eindeutig zu erfassen: „Okay, und dann wird auch wieder [angenommen], wenn der den Hügel hochfährt, dass er nicht direkt auf der Geschwindigkeit ist, wo er den Hügel hochfährt, sondern dass die Geschwindigkeit versetzt langsamer wird. Also ist [es] nicht konstant, wie er den Hügel hochfährt." (04:24–04:44)
6 diagnostizierend	Zur Evaluation der eigenen Lösung werden sowohl Merkmale der Musterlösung/der Beurteilungskriterien als auch der eigenen Lösung/des eigenen Bearbeitungsprozesses reflektiert. Eigene Fehlerursachen werden identifiziert oder korrekte Aspekte begründet nachvollzogen.	Musterlösung und eigene Bearbeitung	Möglich	Möglich	Mahira skizziert das Stehenbleiben als einzelnen Punkt (Punkt-Intervall Verwechslung). In ihrem Assessment wird deutlich, dass sie sowohl den konstanten Abschnitt der Musterlösung als auch die Abweichung ihres Graphen bzgl. der funktionalen Abhängigkeit deutet: „[Liest CP2: „Ich habe richtig erkannt, wann der Graph steigt, fällt oder konstant bleibt."] Ähm, ja. Im Prinzip schon, aber die Dauer, also mit der Variablen mit der Zeit, also ich hätte viel länger entlang der Null- äh, entlang der x-Achse gehen müssen, als er ein paar Minuten stehenbleibt." (06:52–07:26)

Identifikation eigener Fehlerursachen mit ihren Ausprägungen „möglich", „nicht vollständig" und „nicht möglich" auf das eigenständige Feststellen der hinter einem Fehler liegenden Ursachen. Mithilfe dieses Merkmalraums lassen sich folgende FSA-Typen unterscheiden (s. Tabelle 8.3).

Typ 1: Fehlerbehaftetes formatives Selbst-Assessment

Das fehlerbehaftete formative Selbst-Assessment zeichnet sich dadurch aus, dass Lernenden die Evaluation der eigenen Aufgabenlösung misslingt, weil sie ein Beurteilungskriterium missverstehen und/oder die eigenen diagnostischen Informationen nicht wahrnehmen. Zudem findet während der Bewertung des eigenen Lernprodukts keine Reflexion statt. Das bedeutet, dass durch den ersten FSA-Typ weder ein Fehler noch dessen Ursachen adäquat identifiziert werden kann.

In den Prozessdiagrammen lassen sich die FSA-Typen durch die Einträge in den obersten fünf Zeilen identifizieren, welche die Kodierungen bzgl. der Fragestellungen *Wo möchte ich hin?* und *Wo stehe ich gerade?* enthalten.[5] FSA-Typ 1 zeichnet sich durch eins der in Abbildung 8.19 dargestellten Kodiermuster aus. Da dieser Typ auftritt, wenn Lernende ein Beurteilungskriterium missverstehen und/oder die eigenen diagnostischen Informationen bzgl. dieses Kriteriums nicht erkennen, zeichnen sich die Kodierungen oftmals durch ein „Bm" (Beurteilungskriterium missverstehen) in der obersten Zeile aus. Wurde dieser Kode vergeben, können auch Einträge in der zweiten oder dritten Zeile auftreten. Diese zeigen, dass metakognitive Handlungen zum Verstehen eines Beurteilungskriteriums unternommen wurden, z. B. „FEd" (Funktionseigenschaft bzgl. des funktionalen Zusammenhangs deuten) im zweiten Beispiel, oder diagnostische Informationen bzgl. des fehlerhaften Kriteriums erkannt wurden („Ie"). Wurde in der obersten Zeile - wie im dritten Fall – kein „Bm" kodiert, darf in der dritten Zeile allerdings kein „Ie" eingetragen sein, da sonst bereits der zweite FSA-Typ vorliegen würde. Charakteristisch für Typ 1 ist schließlich der Eintrag in der fünften Zeile. Dort muss ersichtlich werden, dass ein Fehler oder ein korrektes Merkmal der eigenen Lösung missachtet wurde, d. h. hier ist ein durchgestrichener Kode eingetragen (s. Abbildung 8.19 und Anhang 11.3 im elektronischen Zusatzmaterial).

---

[5] In den Interviews entscheiden sich Lernende häufig erst am Ende des Checks, welches Element des SAFE Tools sie als nächstes bearbeiten. Daher wird die sechste Zeile der Prozessdiagramme, die Kodierungen zur Fragestellung *Wie komme ich dahin?* enthält, an dieser Stelle außer Acht gelassen. Allerdings gilt zu beachten, dass eine Kodierung bzgl. der hier dargestellten Oberkategorie „Entscheidung über nächsten Schritt im Lernprozess treffen" essentiell ist, damit ein Selbst-Assessment als formativ bezeichnet werden kann (s. Abschnitt 5.6.2).

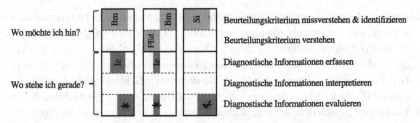

Abbildung 8.19 Muster zur Identifikation von FSA-Typ 1 in einem FSA-Prozessdiagramm[6]

Der erste FSA-Typ lässt sich beispielsweise in den Interviews von Anika, Rene und Simon beobachten. Anika skizziert einen Entfernungs-Zeit-Graphen als Test-Lösung und missachtet dabei die Funktionseindeutigkeit, da sie die Zeit als abhängige Größe auf der y-Achse darstellt (s. Tabelle 8.1b). In Bezug zum vierten Checkpunkt kann sie dies jedoch nicht erkennen, weil sie das Beurteilungskriterium im Check missversteht: „*[Liest CP4: ‚Ich habe richtig erkannt, dass es bei dem Graphen zu jedem Zeitpunkt nur eine Geschwindigkeit gibt und nicht mehrere.'] Ja, bei mir gibt es ja mehrere Geschwindigkeiten, also der fährt ja nicht immer gleich schnell. [Kreuzt CP4 an.]*" (Anika 03:20–03:30). Anika deutet das Beurteilungskriterium demnach nicht im Sinne der Funktionseindeutigkeit, d. h. zu jedem x-Wert gibt es genau einen y-Wert, sondern glaubt, derselbe Geschwindigkeitswert müsse während der gesamten Fahrradfahrt auftreten. Obwohl sie darauf bezogen diagnostische Informationen in ihrer Aufgabenbearbeitung erfasst („*bei mir gibt es ja mehrere Geschwindigkeiten*"), übersieht sie ihren Fehler (falsche Größenauswahl) aufgrund des missverstandenen Beurteilungskriteriums. Auch Rene versteht die Bedeutung des vierten Checkpunkts nicht: „*[Liest CP4.] Ja, das ist berauf nicht möglich. [Hakt CP4 ab.]*" (Rene 03:17–03:24). Obwohl er senkrechte Geradenabschnitte in seinem Zielgraphen zur Test-Aufgabe skizziert (s. Tabelle 8.1b), erkennt er mithilfe des Checks seinen Fehler (Missachtung der Eindeutigkeit) nicht. Im Gegensatz zu Anika erfasst er aber nicht einmal diagnostische Informationen bzgl. seiner Lösung. Die inakkurate Selbst-Evaluation, welche er durch das Abhaken des Checkpunkts vornimmt, basiert allein auf einem vermeintlichen Verstehen des Beurteilungskriteriums. Simon zeigt hingegen, dass er die Bedeutung des Check-

---

[6] Folgende Abkürzungen werden verwendet: Bm: Beurteilungskriterium missverstehen; Si: Merkmal situativer Ausgangsdarstellung identifizieren; FEd: Funktionseigenschaft bzgl. des funktionalen Zusammenhangs deuten; Ie: Diagnostische Informationen erfassen; x (durchgetrichen): Fehler missachtet; ✓ (durchgetrichen): korrektes Merkmal missachtet. Definitionen dieser Kategorien sind dem Kodiermanual zu entnehmen (s. Anhang 11.3 im elektronischen Zusatzmaterial).

punkts in der situativen Funktionsdarstellung versteht und mit seiner Argumentation während der Aufgabenbearbeitung vergleicht: *„[Liest CP4.] Ja! [Hakt CP4 ab.] (I: Was verstehst du denn unter diesem Checkpunkt?) Dass das eine Funktion ist, die eindeutig ist. Das heißt ja, dass man zu einem bestimmten Zeitpunkt nur eine Geschwindigkeit annimmt, oder dass der Radfahrer die Geschwindigkeit annimmt.“* (Simon 07:29–07:57). Allerdings kann er das Erfüllen oder Nicht-Erfüllen dieser Funktionseigenschaft in der graphischen Repräsentation nicht erkennen. Das heißt, er versteht das Beurteilungskriterium graphisch nicht, wodurch auch er seinen Fehler (Missachtung der Eindeutigkeit) nicht identifiziert. Auf Nachfrage, wie man die Eindeutigkeit anhand des Graphen erkennen kann, äußert Simon: *„Es wird halt kein Punkt zweimal angenommen. Es ist halt ein Graph. Es ist eine eindeutig definierte Funktion, also er ist nicht- (.) Er ist stetig vielleicht.“* (Simon 08:07–08:21).

Zudem tritt der erste FSA-Typ auch in Verbindung mit anderen Beurteilungskriterien auf. Zum Beispiel ähnelt Jessicas Selbst-Assessment bzgl. Checkpunkt zwei der zuvor beschriebenen Selbstdiagnose von Anika. Die Studentin skizziert in der Test-Aufgabe einen hügelförmigen Zeit-Geschwindigkeits-Graphen, da sie einen Graph-als-Bild Fehler begeht (s. Tabelle 8.1a). Beim Check äußert sie: *„Ich habe erkannt, dass der Graph steigt, fällt oder konstant bleibt. [Hakt CP2 ab.]“* (Jessica 02:54–03:01). Obwohl sie hier die unterschiedlichen Steigungsarten in ihrer Aufgabenlösung wahrnimmt (Diagnostische Informationen erfassen), missachtet Jessica ihren Graph-als-Bild Fehler, weil sie das Beurteilungskriterium missversteht. Der Checkpunkt lautet: „Ich habe richtig erkannt, *wann* der Graph steigt, fällt oder konstant bleibt.“ Die Studentin beachtet aber nicht, was die Art der Steigung jeweils für die funktionale Abhängigkeit bedeutet und welche Teilsituationen etwa durch einen steigenden Graph-Abschnitt darzustellen sind.

Typ 2: Verifizierendes formatives Selbst-Assessment
Beim verifizierenden formativen Selbst-Assessment basiert die Evaluation der eigenen Aufgabenbearbeitung auf einem reinen Ja/Nein-Abgleich mit einem zuvor identifizierten Beurteilungskriterium. Dabei findet weder auf Ebene der Musterlösung bzw. des Beurteilungskriteriums noch in Bezug auf die eigene Lösung oder Argumentation eine Reflexion statt. Demnach ist bei FSA-Typ 2 zwar eine Identifikation von Fehlern oder korrekten Merkmalen der eigenen Aufgabenbearbeitung möglich, Fehlerursachen können jedoch nicht ausfindig gemacht werden.

In den Prozessdigrammen kann FSA-Typ 2 anhand des in Abbildung 8.20 dargestellten Musters identifiziert werden. Durch den Eintrag „Gi" (Merkmal graphischer Zieldarstellung identifizieren) in der ersten Zeile wird ersichtlich, dass ein Beurteilungskriterium (z. B. Der Graph hat drei Nullstellen.) ausfindig gemacht wird. Die Kodes „Si" (Merkmal situativer Ausgangsdarstellung identifizieren) und „Lf"

(Übereinstimmung mit Musterlösung fokussieren) sind ebenfalls denkbar. Da keine Kodierung in der zweiten Zeile vermerkt ist, wird deutlich, dass die Bedeutung des fokussierten Evaluationskriteriums für den funktionalen Zusammenhang nicht weiter betrachtet wird. In der dritten Zeile ist durch die Kategorie „Ie" (Diagnostische Informationen erfassen) festgehalten, dass das Auftreten des Kriteriums in der eigenen Lösung aber überprüft wird (z. B. Mein Graph hat drei Nullstellen.). Wie die eigene Lösung zustande kommt, wird allerdings nicht überprüft (z. B. Warum hat mein Graph drei Nullstellen?), da keine Kodierung in Zeile vier auftritt. Schließlich wird durch einen Eintrag in der fünften Zeile ersichtlich, dass Lernende ihre Lösung hinsichtlich des betrachteten Kriteriums evaluieren, d. h. als richtig oder falsch bewerten. Je nachdem, ob diese Selbst-Einschätzung akkurat ist oder nicht, können hier die Kodes der Kategorien „Fehler/ korrektes Merkmal erkennen" oder „Fehler/ korrektes Merkmal missachten" auftreten (s. Abbildung 8.20 und Anhang 11.3 im elektronischen Zusatzmaterial).

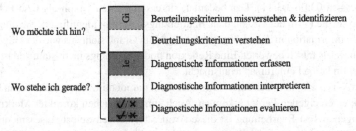

Abbildung 8.20 Muster zur Identifikation von FSA-Typ 2 in einem FSA-Prozessdiagramm[7]

In den aufgabenbasierten Interviews tritt FSA-Typ 2 häufig auf. Beispielsweise stellt Amelie, die beim Test einen Zeit-Entfernungs-Graphen skizziert, obwohl sie die y-Achse mit „Geschwindigkeit" beschriftet (s. Tabelle 8.1a), in Bezug zum ersten Checkpunkt fest: *„[Liest CP1: ‚Ich habe richtig erkannt, dass der Graph dreimal den Wert erreicht.'] Nein, das ist ja leider gar nicht bei mir, außer einmal [Zeigt auf die einzige Nullstelle (0|0) in ihrem Graphen.]."* (Amelie 05:21–05:31). Das bedeutet, Amelie identifiziert das Beurteilungskriterium „drei Nullstellen" ohne zu erörtern, was dieses in der vorgegebenen Situation oder für die funktionale Abhängigkeit

---

[7] Folgende Abkürzungen werden verwendet: Gi: Merkmal graphischer Zieldarstellung identifizieren; Ie: Diagnostische Informationen erfassen; x (durchgetrichen): Fehler erkannt (missachtet); ✓ (durchgetrichen): korrektes Merkmal erkannt (missachtet). Definitionen dieser Kategorien sind dem Kodiermanual in Anhang 11.3 im elektronischen Zusatzmaterial zu entnehmen.

bedeutet (Merkmal graphischer Zieldarstellung identifizieren). Zudem erfasst sie die diagnostischen Informationen ihrer eigenen Lösung bzgl. des Kriteriums, indem sie erkennt, dass ihr Graph nur eine Nullstelle enthält und auf diese deutet (Diagnostische Informationen erfassen). Allerdings findet auch in Bezug zur eigenen Aufgabenbearbeitung keine Reflexion statt, da sie nicht überlegt, warum ihr Graph nur eine Nullstelle enthält oder was der Punkt im Zeit-Geschwindigkeits-Kontext repräsentiert. Schließlich stellt Amelie ihren Fehler mithilfe des Checks fest, ermittelt dabei aber keine Fehlerursache. Dasselbe ist etwa bei Cem zu beobachten. Er äußert zum ersten Checkpunkt: *„[Liest CP1.] Okay, meiner hat nur zweimal den Wert null erreicht [Zeigt auf die Nullstellen in seinem Lösungsgraphen.]. Das heißt, es stimmt nicht [Kreuzt CP1 an.]."* (Cem 04:20–04:30). Bei Jessica, die einen hügelförmigen Graphen als Test-Lösung zeichnet (s. Tabelle 8.1a), ist FSA-Typ 2 bzgl. des dritten Checkpunkts (Ich habe richtig erkannt, dass der Graph nicht wie die Straße und der Hügel aussieht.) festzustellen. Sie sagt: *„Ich habe nicht erkannt, dass der Graph nicht aussieht wie die Straße und der Hügel."* und kreuzt den dritten Checkpunkt an (Jessica 03:06–03:11). Das bedeutet, sie erkennt ihren Graph-als-Bild Fehler, indem sie die Form des Graphen als Beurteilungskriterium identifiziert, die diagnostische Information in ihrer Lösung erfasst („Mein Graph sieht aus wie der Hügel.") und diese als falsch bewertet. Eine Reflexion findet allerdings nicht statt, sodass die Studentin keine Fehlerursache ausmacht.

FSA-Typ 2 kann in den Interviews aber nicht nur identifiziert werden, wenn Lernende einen eigenen Fehler erkennen. Auch zum Ausmachen korrekter Merkmale der eigenen Test-Bearbeitung ist diese Art des formativen Selbst-Assessments zu beobachten. Meike äußert in Bezug zum dritten Checkpunkt z. B.: *„[Liest CP3.] Ja, ich glaube schon. Es kann ja nicht so [Deutet die beschriebene Form des Graphen aus einer Geraden mit einem Hügel am Ende an. Blickt auf ihren Lösungsgraphen. Hakt CP3 ab.]."* (Meike 05:08-05:16). Meike macht demnach die Form des Graphen als Beurteilungskriterium aus und vergleicht diese mit ihrer Antwort (Diagnostische Informationen erfassen), was durch den Blick auf die eigene Lösung ersichtlich wird. Dann beurteilt sie dieses Merkmal der eigenen Aufgabenbearbeitung als korrekt. Ähnliches ist auch zu beobachten, wenn Lernende einen Checkpunkt vorlesen und im Anschluss direkt abhaken. Beispielsweise sagt Elena bzgl. Checkpunkt vier nur: *„[Liest CP4: ‚Ich habe richtig erkannt, dass es bei dem Graphen zu jedem Zeitpunkt nur eine Geschwindigkeit gibt und nicht mehrere.'] Das habe ich auch. [Hakt CP4 ab.]"* (Elena 03:51–03:58).

Dass die metakognitiven Aktivitäten, die bei FSA-Typ 2 zu beobachten sind, nicht immer zu einer akkuraten Selbst-Einschätzung führen, zeigt etwa der Fall von Anika. Beim Betrachten der Musterlösung sagt sie: *„Okay, die haben hier andere Einheiten genommen für die x- und die y-Achse. (I: Und was macht das dann?)*

*Dadurch sieht halt die Funktion anders aus, weil die haben halt Zeit und Geschwin-
digkeit genommen und ich habe Strecke und Zeit genommen."* (Anika 01:53–02:13).
In dieser Videosequenz wird deutlich, dass Anika die Achsenbeschriftung als Beurteilungskriterium identifiziert und die von ihr gewählten Größen als diagnostische
Informationen wahrnimmt. Zudem erkennt sie die Abweichung von der Musterlösung. Allerdings beurteilt sie diese nicht als Fehler, obwohl in der Aufgabenstellung
vorgegeben ist, dass der Graph die Geschwindigkeit in Abhängigkeit von der Zeit
darstellen soll.

Typ 3: Zielreflektierendes formatives Selbst-Assessment
Das zielreflektierende formative Selbst-Assessment zeichnet sich dadurch aus, dass
Lernende während ihrer Selbstdiagnose die Musterlösung nachvollziehen oder die
Bedeutung eines Beurteilungskriteriums überdenken. Eine Reflexion der eigenen
Aufgabenbearbeitung findet allerdings nicht statt. Das bedeutet, durch den Ver-
gleich mit der Musterlösung können Fehler oder korrekte Merkmale identifiziert,
Fehlerursachen aber nur bedingt ausfindig gemacht werden.

In den Prozessdiagrammen ähnelt FSA-Typ 3 dem Kodiermuster des verifizierenden formativen Selbst-Assessments (Typ 2), allerdings ist nun eine Kodierung
in der zweiten statt der ersten Zeile zu verzeichnen (s. Abbildung 8.21). Da sich
FSA-Typ 3 durch eine Reflexion der Musterlösung bzw. des Evaluationskriteriums
auszeichnet, muss eine Kodierung bzgl. der Oberkategorie „Beurteilungskriterium
verstehen" im Diagnoseprozess auftreten. Diese kann beispielsweise auf das Interpretieren der graphischen Zieldarstellung bzgl. des funktionalen Zusammenhangs
hindeuten („Gd"). Reicht die Reflexion weniger tief, ist das Auftreten einer anderen Unterkategorie, wie „Sn" (Gegebenes Situationsmodell nachvollziehen) oder
„GSz" (Merkmal graphischer Zieldarstellung auf Situation zurückführen), ebenso
möglich. Neben dem Eintrag in der zweiten Zeile ist zur Identifikation von FSA-
Typ 3 der Eintrag „Ie" (Diagnostische Informationen erfassen) in der dritten und
ein beliebiger Eintrag in der fünften Zeile notwendig. Hierdurch wird ersichtlich,
dass Lernende eigene diagnostische Informationen wahrnehmen und als richtig oder
falsch bewerten (s. Abbildung 8.21 und Anhang 11.3 im elektronischen Zusatzmaterial).

In den aufgabenbasierten Interviews ist das zielreflektierende formative Selbst-
Assessment etwa bei Elena zu beobachten. Sie verwendet diesen FSA-Typ, um einen
Fehler bzgl. des zweiten Checkpunkts festzustellen: *„[Liest CP2: ,Ich habe richtig
erkannt, wann der Graph steigt, fällt oder konstant bleibt.'] Nicht ganz, weil die
gleichbleibende Geschwindigkeit [Zeigt entlang des konstanten Graph-Abschnitts
der Musterlösung, welcher das Fahren auf der Straße modelliert.] das habe ich
nicht erkannt. [Kreuzt CP2 an.]"* (Elena 03:33–03:45). Die Studentin interpre-

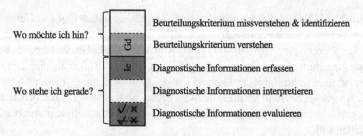

Abbildung 8.21 Muster zur Identifikation von FSA-Typ 3 in einem FSA-Prozessdiagramm[8]

tiert hier, dass der konstante Graph-Abschnitt in der Musterlösung das Fahren mit einer gleichbleibenden Geschwindigkeit darstellt (Merkmal graphischer Zieldarstellung bzgl. des funktionalen Zusammenhangs deuten). Das bedeutet, sie versteht das Beurteilungskriterium. Zudem erkennt sie, dass sie diese Teilsituation in ihrem Lösungsgraphen nicht berücksichtigt hat (Diagnostische Informationen erfassen) und bewertet daraufhin ihre Aufgabenbearbeitung (Fehler erkennen). Eine Reflexion der eigenen Lösung findet allerdings nicht statt. So wird nicht final ersichtlich, warum Elena dieser Fehler unterläuft.

FSA-Typ 3 kann in den Interviews ebenso beobachtet werden, wenn Lernende ein korrektes Merkmal der eigenen Aufgabenbearbeitung identifizieren. Beispielsweise reflektiert Mahira die Bedeutung des Beurteilungskriteriums, das durch Checkpunkt vier vorgegeben wird, ohne dabei auf ihre eigene Test-Lösung einzugehen: *„[Liest CP4: ‚Ich habe richtig erkannt, dass es bei dem Graphen zu jedem Zeitpunkt nur eine Geschwindigkeit gibt und nicht mehrere.'] Ja, das habe ich auch erkannt, weil das macht ja eine Funktion aus, dass es zu jedem x-Wert nur einen y-Wert gibt."* (Mahira 07:45-08:05). Die Studentin deutet hier die Bedeutung der Funktionseigenschaft „Eindeutigkeit" bzgl. eines funktionalen Zusammenhangs (FEd). Darüber hinaus erfasst sie, dass ihr Lösungsgraph diese Eigenschaft erfüllt, und bewertet die eigene Aufgabenbearbeitung hinsichtlich dieses Kriteriums als korrekt (*„Ja, das habe ich auch erkannt."*). Bei Amelie ist die Reflexion sogar noch

---

[8] Folgende Abkürzungen werden verwendet: Gd: Merkmal graphischer Zieldarstellung bzgl. des funktionalen Zusammenhangs deuten; Ie: Diagnostische Informationen erfassen; x (durchgetrichen): Fehler erkannt (missachtet); ✓ (durchgetrichen): korrektes Merkmal erkannt (missachtet). Definitionen dieser Kategorien sind dem Kodiermanual in Anhang 11.3 im elektronischen Zusatzmaterial zu entnehmen.

ausgeprägter, da sie die Bedeutung des Checkpunkts auch in Bezug zur graphischen Funktionsdarstellung setzt: *„[Liest CP4.] Ja, das ist klar, es geht ja nicht gerade hoch [Deutet senkrechte Gerade an.], also würde ich schon sagen ja."* (Amelie 05:55-06:08). Im Gegensatz zu Mahira deutet Amelie hier ein Merkmal der graphischen Zieldarstellung bzgl. des funktionalen Zusammenhangs (Gd), weil sie erkennt, dass ein senkrechter Geraden-Abschnitt bedeuten würde, dass einem einzelnen Zeitpunkt mehrere Geschwindigkeitswerte zugeordnet sind. Dies erkennt auch Cem: *„Man kann nicht zur selben Zeit zwei verschiedene Geschwindigkeiten haben. Das habe ich jetzt auch nicht so gedacht, deshalb würde ich auch richtig sagen. [Hakt CP4 ab.] (I: Wie würde sich das denn graphisch äußern, wenn man das verletzen würde?) Das würde dann wahrscheinlich ein Strich sein, einfach (.) senkrecht."* (Cem 05:47-06:08). Obwohl Cem die Bedeutung des Beurteilungskriteriums reflektiert, missachtet er hier seinen Fehler, da er zuvor einen senkrechten Geraden-Abschnitt skizziert hat (s. Abschnitte 8.4.1 und 8.4.2). Das liegt vermutlich daran, dass er zwar die eigenen Gedanken während der Aufgabenbearbeitung als diagnostische Informationen wahrnimmt (*„Das habe ich auch nicht so gedacht."*), das Beurteilungskriterium in seinem Zielgraphen aber nicht überprüft.

Typ 4: Selbstreflektierendes formatives Selbst-Assessment
Beim selbstreflektierenden formativen Selbst-Assessment zeigt sich das umgekehrte Phänomen wie beim dritten FSA-Typ. Während der Evaluation der eigenen Aufgabenbearbeitung bzgl. eines spezifischen Beurteilungskriteriums wird zwar die eigene Lösung oder die eigene Argumentation reflektiert, eine Reflexion der Musterlösung findet jedoch nicht statt. Das bedeutet, dass Fehlerursachen auch bei FSA-Typ 4 nur unvollständig aufgedeckt werden.

In den Prozessdiagrammen lässt sich FSA-Typ 4 anhand des in Abbildung 8.22 dargestellten Musters erkennen. Dabei tritt eine Kodierung in der ersten Zeile auf, die darauf deutet, dass ein Beurteilungskriterium missverstanden („Bm") oder lediglich identifiziert („Lb", „Lf", „Si" oder „Gi") wird. In der zweiten Zeile ist kein Kode festgehalten, da bei diesem FSA-Typ keine Reflexion bzgl. des Lernziels stattfindet. Allerdings werden eigene diagnostische Informationen erfasst (Eintrag „Ie" in der dritten Zeile) und interpretiert (beliebiger Eintrag in Zeile vier). Das bedeutet, die eigene Aufgabenlösung oder Argumentation wird noch einmal nachvollzogen und ggf. infrage gestellt. Beispielsweise wird das eigene Situationsmodell beschrieben („Sb") oder ein Abschnitt des eigenen Lösungsgraphen bzgl. des funktionalen Zusammenhangs gedeutet („eGd"). Schließlich zeigt der Eintrag in Zeile fünf, ob Lernende einen Fehler oder ein korrektes Merkmal der eigenen Aufgabenlösung feststellen oder missachten (s. Abbildung 8.22 und Anhang 11.3 im elektronischen Zusatzmaterial).

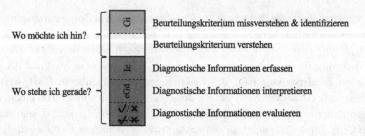

Abbildung 8.22 Muster zur Identifikation von FSA-Typ 4 in einem FSA-Prozessdiagramm[9]

In den Interviewdaten kann FSA-Typ 4 etwa bei Cem beobachtet werden, der bei seiner Selbstdiagnose bzgl. Checkpunkt drei zwar Merkmale der eigenen Antwort jedoch nicht des Zielgraphen reflektiert: *„[Liest CP3: ‚Ich habe richtig erkannt, dass der Graph nicht wie die Straße und der Hügel aussieht.'] Ja, weil würde ich das jetzt genau wie die Straße zeichnen, dann hätte ich ja eine Gerade und dann den Hügel und dann einen Hochpunkt und dann geht es wieder runter [Deutet die beschriebene Form des graphen an.] und so habe ich es ja nicht eingezeichnet, da [Zeigt auch den Graph-Abschnitt, der in seiner Lösung das Stehenbleiben modelliert.] ist ja die Konstante mit dem Stehenbleiben und so. Dementsprechend ist das auch richtig."* (Cem 05:01–05:30). Zunächst ist erkennbar, dass Cem als Beurteilungskriterium identifiziert, dass der Graph eine andere Form haben muss als der beschriebene Fahrradweg. Obwohl er sich diesen bildlich vorstellt, reflektiert er nicht, was dieser abweichende Verlauf für den funktionalen Zusammenhang bedeuten würde. Auch der dargestellte Lösungsgraph wird nicht in der Situation gedeutet. Dies unternimmt er lediglich für den Abschnitt seines Graphen, der das Stehenbleiben modelliert (Eigenen Lösungsgraphen bzgl. des funktionalen Zusammenhangs deuten). Im Hinblick auf das Beurteilungskriterium erfasst er die diagnostischen Informationen seiner Antwort also nicht nur („Mein Graph sieht nicht aus wie die Straße und der Hügel."), sondern interpretiert sie teilweise („Der konstante Graph-Abschnitt mit Wert null stellt das Stehenbleiben dar."). Schließlich ist ersichtlich, dass er ein korrektes Merkmal seines Graphen feststellt.

---

[9] Folgende Abkürzungen werden verwendet: Gi: Merkmal graphischer Zieldarstellung identifizieren; Ie: Diagnostische Informationen erfassen; eGd: Abweichendes Merkmal des eigenen Lösungsgraphen bzgl. des funktionalen Zusammenhangs deuten; x (durchgetrichen): Fehler erkannt (missachtet); ✓ (durchgetrichen): korrektes Merkmal erkannt (missachtet). Definitionen dieser Kategorien sind dem Kodiermanual in Anhang 11.3 im elektronischen Zusatzmaterial zu entnehmen.

Im Gegensatz zu Cem stellt Meike mithilfe von FSA-Typ 4 eine Abweichung von der Musterlösung fest. Diese führt sie aufgrund einer unzureichenden Reflexion allerdings auf eine falsche Fehlerursache zurück. In Bezug zu Checkpunkt zwei äußert sie: *„[Liest CP2: ‚Ich habe richtig erkannt, wann der Graph steigt, fällt oder konstant bleibt.'] Halbmäßig, weil da [Zeigt auf den Punkt (x_1 | 0), der in ihrer Lösung das Stehenbleiben modellieren soll.] habe ich das ja zum Beispiel nicht eingezeichnet."* (Meike 04:52–05:04). Dies zeigt, dass die Studentin die Art der Steigung als Beurteilungskriterium identifiziert. Zudem nimmt sie wahr, dass in ihrem Lösungsgraphen ein konstanter Graph-Abschnitt fehlt (Diagnostische Informationen erfassen). Diesen Fehler erkennt sie, führt ihn aber offenbar auf das Nicht-Modellieren der entsprechenden Teilsituation zurück (*„da habe ich das nicht eingezeichnet"*). Obwohl Meike hierdurch die Abweichung des eigenen Graphen erklärt (aGe), identifiziert sie die eigentliche Fehlerursache nicht. Während der Aufgabenbearbeitung hatte sie durchaus das Stehenbleiben des Fahrradfahrers berücksichtigt, jedoch stellte sie dies graphisch als einzelnen Punkt anstatt als ganzen Graph-Abschnitt dar (Punkt-Intervall-Verwechslung). Dies bleibt in ihrem Selbst-Assessment unentdeckt.

Typ 5: Ursachenreflektierendes formatives Selbst-Assessment
Beim ursachenreflektierenden formativen Selbst-Assessment werden sowohl Merkmale der Musterlösung als auch der eigenen Aufgabenbearbeitung reflektiert. Allerdings gelingt dies nicht vollständig, sodass nicht alle Fehler oder Fehlerursachen ausfindig gemacht werden.

In den Prozessdiagrammen lässt sich FSA-Typ 5 durch eines der in Abbildung 8.23 dargestellten Kodiermuster erkennen. Das linke Beispiel stellt eine Selbstdiagnose dar, bei der ein Fehler erkannt wird (Eintrag in der fünften Zeile), die Fehlerursache durch eine unzureichende Reflexion jedoch nicht aufgedeckt wird. Das ist daran zu erkennen, dass die Einträge in der zweiten und vierten Spalte, in denen jeweils Kodierungen zu den Kategorien „Beurteilungskriterium verstehen" bzw. „Diagnostische Informationen interpretieren" eingetragen werden, nicht auf die Deutung des Zielgraphen oder des eigenen Lösungsgraphen bzgl. des funktionalen Zusammenhangs hindeuten („Gd" in der zweiten bzw. „eGd" oder „aGd" in der vierten Spalte). Dies ist bei dem rechten Beispiel zwar gegeben, jedoch weist der Eintrag in der fünften Zeile in diesem Fall darauf hin, dass nicht alle Fehler während des Selbst-Assessments identifiziert wurden. Zusätzlich zu den dargestellten Kodierungen sind daher auch Einträge in der ersten Zeile möglich. Diese können etwa aufzeigen, dass Teile des Beurteilungskriteriums nicht verstanden oder nicht in Bezug zum funktionalen Zusammenhang gesetzt werden (s. Abbildung 8.23 und Anhang 11.3 im elektronischen Zusatzmaterial).

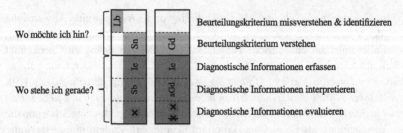

Abbildung 8.23 Muster zur Identifikation von FSA-Typ 5 in einem FSA-Prozessdiagramm[10]

In den Interviews des dritten Entwicklungszyklus kann FSA-Typ 5 beispielsweise bei Celine und Simon beobachtet werden. Im Fall von Celine, die beim Test
zunächst einen Zeit-Entfernungs-Graphen skizziert, führt diese Art des formativen
Selbst-Assessments zwar dazu, dass sie eine Abweichung von der Musterlösung
erkennt, allerdings bewertet sie diese als Fehler und beschließt die Test-Aufgabe
erneut zu bearbeiten, obwohl ihre ursprüngliche Lösung korrekt ist. Nachdem sich
die Studentin die Musterlösung ansieht, äußert sie, dass es um die Geschwindigkeit
und nicht um den Weg gehen müsse (Celine 04:05–04:08). Die Lernende erfasst
anhand der Achsenbeschriftungen der Musterlösung, dass die funktionale Abhängigkeit zwischen Zeit und Geschwindigkeit dargestellt ist (Merkmal graphischer
Zieldarstellung bzgl. des funktionalen Zusammenhangs deuten). Zudem beschreibt
Celine ihr eigenes Situationsmodell, indem sie aussagt, den zurückgelegten Weg
fokussiert zu haben. Sie nimmt also nicht nur wahr, dass die Achsenbeschriftung in
ihrem Graph abweicht (Diagnostische Informationen erfassen), sondern versucht,
die eigene Lösung zu interpretieren. Diese Reflexion bleibt allerdings auf der Ebene
des Situationsmodells. Den eigenen Lösungsgraphen deutet die Studentin nicht.
Dies könnte erklären, warum Celine nicht erkennt, dass die Geschwindigkeit in
ihrer Lösung als Steigung des Graphen dargestellt wird. Stattdessen stuft sie ihre
Antwort als falsch ein und entscheidet sich dazu, die Aufgabe erneut zu bearbeiten.

Auch in Simons Interview ist FSA-Typ 5 bereits beim Betrachten der Musterlösung auszumachen. Er sieht sich die Simulation der Fahrradfahrt an, stoppt diese als
das Fahrrad auf dem Hügel ist und sagt: *„Okay, und dann wird auch wieder [ange-*

---

[10] Folgende Abkürzungen werden verwendet: Lb: Musterlösung betrachten; Sn: Gegebenes
Situationsmodell nachvollziehen; Gd: Merkmal graphischer Zieldarstellung bzgl. des funktionalen Zusammenhangs deuten; Ie: Diagnostische Informationen erfassen; Sb: Eigenes Situationsmodell beschreiben; aGd: Abweichendes Merkmal des eigenen Lösungsgraphen erklären; x (durchgetrichen): Fehler erkannt (missachtet). Definitionen dieser Kategorien sind dem
Kodiermanual in Anhang 11.3 im elektronischen Zusatzmaterial zu entnehmen.

nommen], wenn der den Hügel hochfährt, dass er nicht direkt auf der Geschwin-
digkeit ist, wo er den Hügel hochfährt, sondern dass er, dass die Geschwindigkeit
versetzt langsamer wird. Also ist es nicht konstant, wie er den Hügel hochfährt.“
(Simon 04:21–04:44). Der Student reflektiert hier zunächst seine eigene Aufgabenlösung. Er beschreibt, dass sein Graph für das Hochfahren einen sofortigen
Geschwindigkeitswechsel darstellt. Im Anschluss wird repräsentiert, dass das Fahrrad mit einer konstanten Geschwindigkeit bergauf fährt. Somit deutet Simon ein von
der Musterlösung abweichendes Merkmal des eigenen Lösungsgraphen in Bezug
auf den funktionalen Zusammenhang. Darüber hinaus reflektiert der Student die
Form des präsentierten Graphen in der Musterlösung. Er erkennt, dass die abhängige Größe *„versetzt langsamer wird“* (Merkmal graphischer Zieldarstellung bzgl.
des funktionalen Zusammenhangs deuten). Obwohl er hier die Abweichung der
eigenen Antwort von der Musterlösung wahrnimmt, bewertet er dies nicht als Fehler. Stattdessen führt Simon den Unterschied der Graphen auf seine abweichende
Modellierungsannahme zurück (Der Radfahrer fährt mit konstanter Geschwindigkeit bergauf.). Dass er bei seiner Antwort die Eindeutigkeit der Funktion missachtet
(s. Abschnitt 8.4.2), fällt dem Studenten nicht auf. FSA-Typ 5 tritt demnach auf, weil
Simon sowohl die Musterlösung als auch die eigene Bearbeitung reflektiert, dabei
aber seinen eigentlichen Fehler (Missachtung der Eindeutigkeit) nicht erkennt.

Ähnliches ist bei Simons Selbst-Evaluation zu Checkpunkt eins (drei Nullstellen)
erkennbar: *„ [Liest CP1.] Ich gucke mal, habe ich das? (..) Hm, schwer zu sagen. Ich*
bin bei meiner Lösung davon ausgegangen, dass er, dass die Geschwindigkeit direkt
erreicht wird, also beginnt schon bei null, dann habe ich eigentlich (.) hm, das ist
schwer zu sagen, ich mache mal ja. [Hakt CP1 ab.]“ (Simon 05:26–06:01). Durch
seine Erklärung wird ersichtlich, dass Simon erkennt, dass der Graph dann eine
Nullstelle hat, wenn dem Radfahrer ein Geschwindigkeitswert von null zugeordnet
werden kann (Gd). Darüber hinaus nimmt er wahr, dass sein Graph nur zwei Nullstellen enthält (Ie). Er interpretiert den Anfangspunkt seines Graphen, indem er sagt,
dass die Geschwindigkeit, mit welcher der Radfahrer konstant auf der Straße fährt,
sofort erreicht würde (aGd). Dies zeigt, dass Simon sowohl die Musterlösung als
auch den einen Graphen bzgl. der funktionalen Abhängigkeit reflektiert. Obwohl er
die Abweichung von der Musterlösung dadurch begründet nachvollzieht, bewertet
er seine Antwort abschließend als korrekt. Dass er durch seine Modellierungsannahme jedoch nicht dieselbe Funktion durch seinen Zielgraphen darstellt, welche
durch die situative Ausgangsdarstellung beschrieben ist, fällt Simon nicht auf. Daher
kann sein formatives Selbst-Assessment noch nicht als FSA-Typ 6 bezeichnet werden.

Typ 6: Diagnostizierendes formatives Selbst-Assessment

Beim diagnostizierenden formativen Selbst-Assessment gelingt es Lernenden, sowohl Merkmale der Musterlösung oder des betrachteten Evaluationskriteriums wie auch der eigenen Aufgabenlösung oder Argumentation zu reflektieren. Dadurch werden nicht nur eigene Fehler, sondern auch deren Ursachen identifiziert bzw. korrekte Merkmale der eigenen Aufgabenbearbeitung begründet nachvollzogen.

In den Prozessdiagrammen kann FSA-Typ 6 anhand des in Abbildung 8.24 dargestellten Musters identifiziert werden. Es zeichnet sich durch den Eintrag „Gd" (Merkmal graphischer Zieldarstellung bzgl. des funktionalen Zusammenhangs deuten) in der zweiten Zeile aus. Dieser zeigt, dass der Lösungsgraph in Bezug auf die funktionale Abhängigkeit interpretiert und das jeweilige Beurteilungskriterium daher verstanden werden. Zudem erfassen Lernende die eigenen diagnostischen Informationen in Bezug auf das Evaluationskriterium (Eintrag „Ie" in der dritten Zeile). Hinzu kommt eine Reflexion der eigenen Lösung, die durch einen Eintrag in der vierten Zeile kenntlich gemacht wird. Beispielsweise wird ein Merkmal des eigenen Lösungsgraphen bzgl. des funktionalen Zusammenhangs interpretiert („eGd" oder „aGd"). Auch die Erklärung, wie ein abweichendes Merkmal des eigenen Lösungsgraphen zustande kommt („aGe"), ist denkbar. Schließlich wird durch ein Kreuz oder Haken in der fünften Zeile ersichtlich, dass ein Fehler oder korrektes Merkmal der eigenen Lösung festgestellt wird (s. Abbildung 8.24 und Anhang 11.3 im elektronischen Zusatzmaterial).

Typische Beispiele für FSA-Typ 6 sind etwa im Interview von Mahira zu beobachten. In Bezug zum ersten Checkpunkt (drei Nullstellen) gelingt es der Lernenden, ein korrektes Merkmal ihrer Lösung zu identifizieren: *„[Liest CP1.] Also in meiner Zeichnung ist das auch so. Ich habe dreimal die x-Achse sozusagen berührt, am Anfang, dann als er auf dem Berg stehenbleibt und dann am Ende als er nach dem Berg stehenbleibt. Also würde ich sagen, ich habe es erkannt. [Hakt CP1 ab.]"* (Mahira 06:26-06:52). Durch ihre Aussage wird deutlich, dass Mahira nicht nur das Beurteilungskriterium versteht, da sie die Nullstellen des Graphen mit dem Stehenbleiben des Fahrrads in Verbindung bringt (Gd). Darüber hinaus erfasst sie die diagnostischen Informationen ihres Graphen in Bezug auf die Anzahl der Nullstellen (Ie). Außerdem reflektiert Mahira, was die einzelnen Nullstellen ihres Lösungsgraphen im Kontext der Fahrradfahrt jeweils repräsentieren (eGd). Neben der Evaluation ihrer Lösung erfolgt in ihrem Selbst-Assessmentprozess demnach sowohl eine Reflexion auf Ebene des Lernziels wie auch der eigenen Aufgabenbearbeitung. Auf ähnliche Weise kann Mahira in Bezug zum zweiten Checkpunkt nicht nur ihren Fehler (Punkt-Intervall-Verwechslung, s. Abschnitt 8.4.2), sondern auch dessen Ursache eigenständig diagnostizieren: *„[Liest CP2: ‚Ich habe richtig erkannt, wann der Graph steigt, fällt oder konstant bleibt.'] Ähm, ja. (.) Im Prinzip schon,*

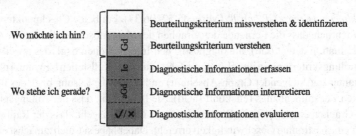

Abbildung 8.24 Muster zur Identifikation von FSA-Typ 6 in einem FSA-Prozessdiagramm[11]

aber (.) die Dauer, also mit der Variablen mit der Zeit! Also, ich hätte viel länger entlang der x-Achse gehen müssen [zeigt in der multiplen Darstellung auf die Nullstelle ihrer Lösung], als er ein paar Minuten stehenbleibt." (Mahira 06:53–07:26). Dies zeigt, dass die Lernende den konstanten Graph-Abschnitt mit Wert null in der Musterlösung als Modellierung des Stehenbleibens deutet (Gd). Zudem erfasst sie, dass ihre Lösung zur Darstellung derselben Teilsituation nur einen einzelnen Punkt enthält (Ie). Daraufhin deutet sie dieses abweichende Merkmal ihrer Lösung im Sachkontext. Durch die Aussage *„aber die Dauer, mit der Variablen mit der Zeit"* wird ersichtlich, dass die Studentin erkennt, dass ihre Nullstelle das Vergehen der Zeit nicht situationsgerecht repräsentiert (aGd). Schließlich kann Mahira aufgrund dieser Reflexion ihren Fehler selbst korrigieren (*„Ich hätte viel länger entlang der x-Achse gehen müssen."*).

Dies lässt sich ebenso im Fall von Mirja beobachten, die sowohl den ersten wie auch den zweiten Checkpunkt verneint, da sie das Anfahren des Radfahrers in ihrer Test-Lösung nicht modelliert hat (s. Tabelle 8.1a): *„[Liest CP1.] Ähm ja, da ich jetzt davon ausgegangen bin, dass der direkt mit einer bestimmten Geschwindigkeit losgeht, würde ich hier dann nein sagen, weil ich hab dann hier [zeigt auf die Nullstellen ihrer Lösung] nur die beiden Nullstellen. [Kreuzt CP1 an. Liest CP2.] Ja, also hier am Anfang [zeigt auf den konstanten Graph-Abschnitt zu Beginn ihrer Lösung] ist ja dann wieder das Problem, dass ich halt davon ausgegangen bin, dass der direkt mit einer bestimmten Geschwindigkeit losfährt und deswegen hier [zeigt entlang des steigenden Graph-Abschnitts zu Beginn der Musterlösung] hätte man dann noch steigend zeichnen sollen. Deswegen würde ich dann hier auch erstmal*

---

[11] Folgende Abkürzungen werden verwendet: Gd: Merkmal graphischer Zieldarstellung bzgl. des funktionalen Zusammenhangs deuten; Ie: Diagnostische Informationen erfassen; aGd: Abweichendes Merkmal des eigenen Lösungsgraphen bzgl. des funktionalen Zusammenhangs deuten; x: Fehler erkannt; ✓: korrektes Merkmal erkannt. Definitionen dieser Kategorien sind dem Kodiermanual in Anhang 11.3 im elektronischen Zusatzmaterial zu entnehmen.

nein klicken. [Kreuzt CP2 an.]" (Mirja 05:52–06:37). Für beide Checkpunkte wird offensichtlich, dass die Lernende den Graphen der Musterlösung in Bezug zur Ausgangssituation deutet (Gd), die diagnostischen Informationen bzgl. des jeweiligen Beurteilungskriteriums in ihrer Lösung erfasst (nur zwei Nullstellen bzw. am Anfang konstanter statt steigender Graph-Abschnitt) und die eigene Lösung bzgl. des funktionalen Zusammenhangs reflektiert (aGd). Sie beschreibt, dass der Anfangspunkt ihres Graphen einen positiven Wert hat, weil sie davon ausgeht, dass der Radfahrer direkt eine bestimmte Geschwindigkeit erreicht. Daher habe sie auch zunächst einen konstanten Graph-Abschnitt skizziert. Hierdurch gelingt es Mirja, die Entstehung ihres Fehlers aufzudecken und ihre Test-Lösung zu korrigieren (*„hier hätte man dann noch steigend zeichnen sollen"*).

Wie häufig treten die einzelnen FSA-Typen auf?
Nachdem die sechs identifizierten Typen formativen Selbst-Assessments sowie typische Beispiele aus dem Datenmaterial vorgestellt wurden, stellt sich die Frage, inwiefern sich die Diagnoseprozesse der Lernenden durch die FSA-Typen charakterisieren lassen bzw. wie häufig die einzelnen Typen auftreten. Um dies zu beantworten, wurden alle sechzehn FSA-Prozessdiagramme zum formativen Selbst-Assessment der Proband:innen bzgl. der Test-Aufgabe untersucht. Anhang 11.12 im elektronischen Zusatzmaterial ist zu entnehmen, welche FSA-Typen jeweils in Bezug auf welches Beurteilungskriterium während einer Selbstdiagnose identifiziert wurden. Betrachtet man diese Darstellungen, dann fällt auf, dass in jedem Prozess mindestens zwei verschiedene FSA-Typen vorkommen. In Abbildung 8.25 sind beispielhaft die Prozessdiagramme von Mirja und Meike dargestellt. Während bei Mirja drei unterschiedliche FSA-Typen gefunden wurden, können bei Meike die FSA-Typen eins bis fünf identifiziert werden. Demnach können die formativen Selbst-Assessmentprozesse der Lernenden nicht eindeutig einem bestimmten FSA-Typ zugeordnet werden. Vielmehr treten während der Selbstdiagnosen unterschiedliche Formen in Bezug auf verschiedene Beurteilungskriterien auf. Dies zeigt, dass Lernende während der Beurteilung einer einzigen Aufgabenbearbeitung viele unterschiedliche metakognitive sowie selbstregulative Tätigkeiten nutzen.

Wie häufig gerade reflexive Handlungen auftreten, lässt sich festmachen, indem man untersucht, wie oft die einzelnen FSA-Typen während der Selbstdiagnosen der Lernenden vorkommen. Insgesamt konnte in den sechzehn formativen Selbst-Assessmentprozessen 127 Mal das Auftreten eines FSA-Typs identifiziert werden. Das bedeutet, dass die Lernenden 127 Mal eine Beurteilung eigener Lösungen bzgl. eines spezifischen Kriteriums vorgenommen haben. Die Verteilung der unterschiedlichen Arten formativen Selbst-Assessments ist in Abbildung 8.26 dargestellt. Darin ist zu erkennen, dass FSA-Typ 2, das verifizierende formative Selbst-Assessment,

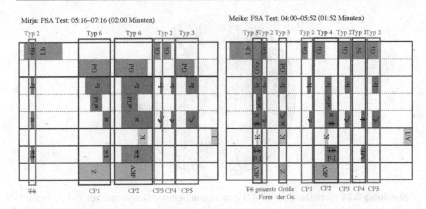

Abbildung 8.25 FSA-Prozessdiagramme zur Test-Aufgabe von Mirja und Meike

mit etwa 45 % am häufigsten auftritt. Das bedeutet, dass Lernende oftmals nur ein Beurteilungskriterium identifizieren und ihre Aufgabenbearbeitung hinsichtlich des Erfüllens oder Nicht-Erfüllens beurteilen. In ca. 10 % der Fälle tritt FSA-Typ 1, das fehlerbehaftete formative Selbst-Assessment, auf. Hierbei verstehen Lernende das Kriterium zur Evaluation ihrer Aufgabenbearbeitung nicht oder nehmen die diagnostischen Informationen in ihrer Aufgabenlösung nicht wahr. Etwa 17 % der Selbst-Beurteilungen können FSA-Typ 3 zugesprochen werden, bei dem Lernende eine Reflexion der vorgegebenen Musterlösung oder des Beurteilungskriteriums vornehmen. Dagegen tritt FSA-Typ 4, bei dem die eigene Lösung reflektiert wird, deutlich seltener auf (ca. 8 % der 127 Selbsteinschätzungen). Die FSA-Typen 5 und 6 kommen im Vergleich zu den anderen Selbstdiagnose-Formen mit je etwa 10 % ebenfalls verhältnismäßig selten vor. Diese beiden Typen zeichnen sich durch einen hohen Grad an Reflexion aus, da Lernende dabei sowohl auf der Ebene des Lernziels wie auch der eigenen Aufgabenlösung interpretative Tätigkeiten zeigen.

Insgesamt ist festzustellen, dass Lernende in ihren formativen Selbst-Assessmentprozessen nur in etwa 45 % der Beurteilungen hinsichtlich eines spezifischen Kriteriums metakognitive Aktivitäten zur Reflexion nutzen (FSA-Typen 3–6). Etwa genauso oft werden diagnostische Informationen der eigenen Aufgabenbearbeitung nur durch den Ja/Nein-Vergleich mit einem zuvor identifizierten Beurteilungskriterium evaluiert (Typ 2). Inwiefern dies einen Einfluss auf die Güte der Selbstdiagnosen hat, wird im Folgenden näher erörtert.

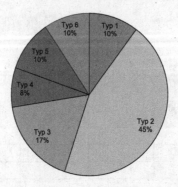

Abbildung 8.26 Verteilung der FSA-Typen in den Selbst-Assessments zur Test-Aufgabe

Hängt eine akkurate Selbstdiagnose vom jeweiligen FSA-Typ ab?

Um die Güte der Selbst-Assessments einzuschätzen, wurden die Diagnosen der Proband:innen mit den zuvor identifizierten Kompetenzen und Schwierigkeiten der Lernenden beim situativ-graphischen Darstellungswechsel in Bezug zur Test-Aufgabe (s. Abschnitte 8.4.1 und 8.4.2) verglichen. Auf diese Weise konnte jede Selbst-Evaluation der Lernenden aus Expertensicht als akkurat oder inakkurat bewertet werden. Abbildung 8.27 zeigt die Verteilung der (in diesem Sinne) korrekten Selbst-Assessments für jeden der sechs FSA-Typen sowie für alle 127 Selbstbewertungen. Insgesamt können 89 Selbst-Evaluationen als akkurat bezeichnet werden. Dies entspricht etwa 70 %. Demnach gelingt es Lernenden mithilfe des SAFE Tools, ihre eigenen Test-Lösungen zum Großteil adäquat zu beurteilen. Betrachtet man die FSA-Prozesse als Ganzes, so kann lediglich bei 9 der 16 Proband:innen (ca. 56 %) von einem überwiegend akkuraten Selbst-Assessment gesprochen werden. Die Prozessdiagramme dieser Lernenden (Amelie, Celine, Emre, Merle, Elena, Christoph, Mara, Mirja und Mahira) enthalten nur maximal eine Kodierung, die das Missachten eines Fehlers oder korrekten Merkmals ihrer Lösungsgraphen anzeigt (s. Anhang 11.12 im elektronischen Zusatzmaterial).

Da sich FSA-Typ 1 durch das Missverstehen von Evaluationskriterien oder das Übersehen diagnostischer Informationen und infolgedessen eine fehlerhafte Beurteilung der eigenen Lösung auszeichnet, ist es naheliegend, dass alle Selbst-Assessments dieses Typs inakkurat sind. Ebenso ist FSA-Typ 6 dadurch charakterisiert, dass es Lernenden gelingt, die eigene Antwort durch eine Reflexion der Musterlösung sowie der eigenen Aufgabenbearbeitung adäquat zu beurteilen. Daher sind alle Selbst-Assessments vom Typ 6 erwartungsgemäß akkurat (s. Abbildung 8.27).

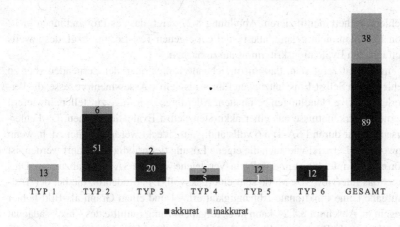

Abbildung 8.27 Zusammenhang zwischen den FSA-Typen und einer akkuraten Selbst-Evaluation

Bemerkenswert ist, dass 51 der 57 Beurteilungen, die dem verifizierenden formativen Selbst-Assessment zugeordnet wurden (Typ 2), als akkurat zu bewerten sind. Obwohl Lernende hierbei lediglich ein Beurteilungskriterium identifizieren – ohne dessen Bedeutung für den funktionalen Zusammenhang verstehen zu müssen – und ihre Aufgabenlösung hinsichtlich des Erfüllens dieses Kriteriums evaluieren, führt diese Art des Selbst-Assessments somit in knapp 90 % der Fälle zu einer akkuraten Beurteilung des eigenen Lösungsgraphen. Ähnliches ist für FSA-Typ 3, das ziel-reflektierende Selbst-Assessment, zu beobachten. 20 der 22 Selbst-Bewertungen, die diesem Typen zugeschrieben wurden, sind als akkurat einzustufen. Das bedeutet, dass Lernende auch dann eigene Aufgabenbearbeitungen überwiegend korrekt einschätzen, wenn sie die präsentierte Musterlösung oder ein vorgegebenes Beurteilungskriterium reflektieren, die eigene Lösung aber nicht explizit adressieren.

Dahingegen scheint die alleinige Reflexion der eigenen Aufgabenbearbeitung für eine adäquate Selbstbeurteilung eher hinderlich. Die Selbst-Assessments, die FSA-Typ 4 zugeschrieben wurden, führen nur in 50 % der Fälle zu einer akkuraten Bewertung. Vermutet werden kann, dass Lernende Merkmale der eigenen Aufgabenbearbeitung wiederholt mithilfe ihrer bestehenden Fehlvorstellungen interpretieren, wenn sie die Bedeutung eines Beurteilungskriteriums nicht erfassen. Dass das Umdeuten der eigenen Aufgabenlösung eine besondere Herausforderung darstellt, zeigt auch die hohe Anzahl inakkurater Selbst-Assessments bei FSA-Typ 5. Diese Art der Selbstdiagnose tritt auf, wenn Lernende sowohl Merkmale der Musterlösung als auch der eigenen Antwort reflektieren, dabei aber entweder nicht alle Fehler oder

Fehlerursachen identifizieren. Abbildung 8.27 zeigt, dass es Proband:innen in 12 von 13 Fällen nicht gelang, alle Fehler der eigenen Test-Lösung bzgl. des jeweils betrachteten Evaluationskriteriums auszumachen.

Insgesamt zeigt sich, dass unzureichende Reflexionen der Lernenden eher zu fehlerhaften Selbst-Einschätzungen führen als Selbst-Assessmentprozesse, die keinerlei reflexive Handlungen beinhalten. Allerdings ist infrage zu stellen, inwiefern Lernende Erkenntnisse aus einer akkuraten Selbst-Evaluation ziehen. Da Fehlerursachen nur durch FSA-Typ 6 vollständig aufgedeckt werden können, d. h. wenn sowohl das Lernziel wie auch die eigene Lösung tiefgründig reflektiert werden, ist von einer Empfehlung reiner Ja/Nein-Vergleiche wie bei FSA-Typ 2 abzuraten. Dies zeigt das Interview von Merle sehr eindrucksvoll. Die Studentin, die bei der Test-Aufgabe keine funktionale Abhängigkeit erfasst und einen Graph-als-Bild Fehler begeht (s. Abschnitt 8.4.2), kann ihre Aufgabenlösung mithilfe des Checks adäquat einschätzen. In Bezug auf alle Checkpunkte kann bei Merle FSA-Typ 2 beobachtet werden (s. Anhang 11.12 im elektronischen Zusatzmaterial). Das bedeutet, sie identifiziert ein Beurteilungskriterium sowie die entsprechenden diagnostischen Informationen in ihrer Lösung und bewertet diese, z. B.: *„[Liest CP1.] Habe ich nicht erkannt."* (Merle 02:26–02:32). Als die Studentin im Anschluss an ihr akkurates Selbst-Assessment gefragt wird, wie sie dabei vorgegangen sei, antwortet Merle, dass sie die Form ihres Lösungsgraphen mit der des vorgegebenen Graphen in der Musterlösung verglichen habe. Auf die Frage, ob sie den Graphen der Musterlösung nachvollziehen könne, äußert sie: *„Jein, weil in der Musterlösung nochmal die Geschwindigkeit ansteigt, also entweder hört es vorher irgendwann auf, wo ich zumindest denke gerade, dass er den Hügel wieder runtergefahren ist und dann würde noch ein Hügel kommen. Also der hintere Teil der Musterlösung ergibt für mich gerade keinen Sinn, weil er ja quasi losfährt, auf dem Hügel bleibt und wieder runterfährt [deutet den Verlauf ihres Graphen an]."* (Merle 04:41–05:08). Dies zeigt, dass Merle auch nach einer akkuraten Selbstbewertung von der Richtigkeit ihrer Aufgabenbearbeitung überzeugt ist und ihre Fehler nicht erkennt. Allerdings wählt die Studentin dank ihrer akkuraten Beurteilung im SAFE Tool ein für sie angemessenes Fördermaterial. Ob sich dessen Bearbeitung im weiteren Lernprozess der Studentin positiv auf ihren Erkenntnisgewinn auswirkt, gilt es zur Beantwortung von Forschungsfrage 3a zu klären (s. Abschnitt 8.4.4). Zuvor sei festgehalten, dass Lernende sich mithilfe von FSA-Typ 2 zwar größtenteils akkurat einschätzen, eigene Fehlerursachen hierdurch aber nicht aufgedeckt werden. Dazu sind tiefgründige Reflexionen des Lernziels sowie der eigenen Aufgabenlösung erforderlich.

Wann kommen Reflexionen in den formativen Selbst-Assessments vor?
Wann solche Reflexionen vorkommen, kann anhand der FSA-Typen identifiziert werden. Das Lernziel wird bei den Typen drei, fünf und sechs reflektiert. Die Reflexion der eigenen Aufgabenlösung ist bei den Typen vier, fünf und sechs zu beobachten. Anhand der identifizierten FSA-Typen (s. Anhang 11.12 im elektronischen Zusatzmaterial) können daher Vermutungen über das Auftreten metakognitiver Handlungen zur Reflexion angestellt werden. Da ein FSA-Typ jeweils für die Selbstbeurteilung der Lernenden bzgl. eines einzelnen Kriteriums ausgemacht wird, kann untersucht werden, ob gewisse Evaluationskriterien Reflexionen vermehrt hervorrufen oder hindern. Tabelle 8.4 zeigt, wie oft die einzelnen FSA-Typen in den Selbst-Assessments der Proband:innen je nach Beurteilungskriterium auftreten. Neben der vorgegebenen Checkliste werden hier die Beurteilungskriterien aufgeführt, welche die Lernenden selbst beim Betrachten der Musterlösung adressieren. Dabei ist ersichtlich, dass solche spontanen Selbst-Evaluationen im Vergleich zum Check eher selten vorkommen. Insgesamt 94 der 127 Selbstbewertungen (74 %), die in den sechzehn Interviews beobachtet wurden, beziehen sich auf ein durch den Check festgelegtes Kriterium. Die Vorgabe inhaltsbezogener Kriterien zur Überprüfung einer Aufgabenlösung scheint Lernende also durchaus zum Selbst-Assessment anzuregen.

Dabei ist auffällig, dass die FSA-Typen 5 und 6, die sich durch einen hohen Grad an Reflexion auszeichnen, eher durch die ersten beiden Checkpunkte hervorgerufen werden. Diese beziehen sich auf die Anzahl der Nullstellen bzw. die Art der Steigung. Daneben treten diese FSA-Typen etwa auf, wenn Lernende einzelne Abschnitte des Lösungsgraphen deuten oder die fehlende Modellierung einer Teilsituation adressieren. Dahingegen scheint Checkpunkt drei, der sich auf die Gesamtform des Graphen beim Graph-als-Bild Fehler bezieht, eher eine reine Verifikation hervorzurufen. Warum die Form des Lösungsgraphen vom Weg des Fahrrads abweichen muss, wird von den Proband:innen i. d. R. nicht erörtert. Auch bezüglich der Checkpunkte vier und fünf sind weniger oft Assessmentprozesse zu beobach-

Tabelle 8.4 Auftreten der FSA-Typen nach dem berücksichtigten Beurteilungskriterium

FSA-Typen	vorgegebene Beurteilungskriterien					zusätzlich betrachtete Beurteilungskriterien								
	CP1	CP2	CP3	CP4	CP5	gesamte Form	Graph deuten	TS	betrachtete Abhängigkeit	Wert der Ge.	P-I	AdS	ÄdS	GaB
1 fehlerhaft		3	3	5								1	1	
2 verifizierend	12	6	14	8	7	5		2	1		1	1		
3 zielreflektierend	1	1		5	9	1	1	2		2				
4 selbstreflektierend	1	5	2							1		1		
5 ursachenreflektierend	1	1			1	1	2	3	2				2	
6 diagnostizierend	5	3			1		1	1						1

ten, welche „beidseitige" Reflexionen beinhalten. Neben FSA-Typ 2 tritt vor allem Typ 3 auf, bei dem Lernende lediglich die Musterlösung oder das vorgegebene Kriterium reflektieren, nicht jedoch ihre eigene Aufgabenbearbeitung. Scheinbar halten es die Lernenden nicht für notwendig, den eigenen Lösungsgraphen bzgl. seiner Eindeutigkeit oder im Hinblick auf die Achsenbeschriftung zu reflektieren. Dies wird häufiger durch Checkpunkt 2 angeregt, d. h. wenn Lernende die Steigung ihrer Graphen interpretieren müssen. Schließlich fällt im Zusammenhang mit Checkpunkt vier das vergleichsweise häufige Auftreten von FSA-Typ 1 auf. Dies lässt vermuten, dass die Lernenden anhand des Checkpunkts nicht erfassen, dass es um die Eindeutigkeit der Funktion geht oder sie diese nicht in ihren graphischen Aufgabenlösungen ausmachen können. Insgesamt scheinen sich demnach leichte Tendenzen der Proband:innen zur Reflexion anhand bestimmter Beurteilungskriterien auszumachen. Allerdings ist ungewiss, warum bestimmte inhaltliche Aspekte solche Metakognitionen anregen.

In den Interviews lassen sich jedoch Hinweise darauf finden, dass reflexive Handlungen vermehrt nach einem kurzen Impuls der Interviewleitung genutzt werden.[12] Bei fünf Proband:innen kann beobachtet werden, wie sich die FSA-Typen in Bezug auf einzelne Checkpunkte verändern, nachdem eine Erklärung ihrer Selbst-Assessments eingefordert wurde (Jessica, Nils, Celine, Emre und Merle). Beispielsweise ist Jessicas Selbstdiagnose bzgl. Checkpunkt eins zunächst FSA-Typ 2 zuzuordnen, da sie das Beurteilungskriterium lediglich erfasst und das Nicht-Erfüllen in ihrer Lösung erkennt: *„Ich habe nicht erkannt, dass der Graph dreimal den Wert erreicht."* (Jessica 02:46–02:52). Als die Studentin gefragt wird, warum die von ihr verneinten Checkpunkte falsch waren, reflektiert sie die Bedeutung des ersten Checkpunkts: *„Das mit dem dreimal Werten bei null, das sieht man ja in der Musterlösung, dass die Geschwindigkeit ja [zeigt auf die Nullstellen in der Musterlösung.] am Anfang null ist und, wenn er oben auf dem Berg ist, null ist, und dann am Ende wieder null ist."* (Jessica 04:17–04:30). Hierbei handelt es sich daher um FSA-Typ 3. Ähnliches ist im Interview von Celine zu beobachten. Auch ihr Selbst-Assessment zum ersten Checkpunkt entspricht zunächst FSA-Typ 2: *„[Liest CP1.] Nein! [Kreuzt CP1 an.]"* (Celine 05:42–05:50). Im Anschluss an den Check wird die Studentin gefragt, warum sie den ersten Checkpunkt verneint hat. Daraufhin antwortet sie: *„Ich habe es so gezeichnet, dass es ab dem er ist auf der konstanten Geschwindigkeit also gezeichnet wird. Und ich habe halt ab der konstanten Geschwindigkeit angefangen und nicht ab dem Wert null, somit erreiche ich halt nur zweimal die null. Und deswegen habe ich es halt falsch gemacht."* (Celine 06:37–07:06). Hier-

---

[12] Nachfragen der Interviewleitung werden in den FSA-Prozessdiagrammen durch ein Fragezeichen gekennzeichnet (s. Anhang 11.12 im elektronischen Zusatzmaterial).

bei wird deutlich, dass Celine sowohl die erste Nullstelle des Lösungsgraphen in der Situation deutet („*ab dem Wert null*"), als auch die Abweichung ihres eigenen Graphen im Zeit-Geschwindigkeits-Kontext interpretiert („*ich habe ab der konstanten Geschwindigkeit angefangen*"). Daher kann ihre zweite Beurteilung in Bezug zum ersten Checkpunkt FSA-Typ 6 zugeordnet werden.

Diese Beispiele zeigen, dass Lernende zu reflexiven Handlungen angeregt werden können, wenn die Interviewleitung sie zu einer Erklärung ihrer Selbstdiagnosen auffordert. Das spricht dafür, dass Selbst-Assessments durch Trainings dahingehend verbessert werden können, dass häufiger Begründungen integriert und sowohl die eigene wie auch Musterlösungen reflektiert werden. Eine Instruktion der Lernenden im Vorfeld ihrer Selbst-Assessments oder ein Prompting währenddessen könnte das Auftreten des diagnostizierenden formativen Selbst-Assessments (Typ 6) erhöhen. Schließlich ist zu vermuten, dass hierdurch auch die Nutzung selbstregulativer Strategien verbessert werden kann. In den sechzehn Diagnoseprozessen zur Test-Aufgabe konnte nur bei vier Student:innen die Korrektur der eigenen Aufgabenlösung beobachtet werden. Zudem wählen etwa gleich viele Lernende nach dem Check das Heranziehen einer Hilfe sowie das Bearbeiten einer weiterführenden Übungsaufgabe scheinbar unabhängig vom Ausgang des vorangehenden Selbst-Assessments (s. Anhang 11.12 im elektronischen Zusatzmaterial). Ein Training könnte dazu führen, dass Lernende bewusster und begründeter Entscheidungen für ihren weiteren Lernprozess treffen.

Zusammenfassung

Es können sechs Typen formativen Selbst-Assessments danach unterschieden werden, ob Lernende während ihrer Diagnose durch metakognitive sowie selbstregulative Handlungen eigene Fehler oder Fehlerursachen identifizieren und Merkmale der eigenen Aufgabenbearbeitung und/oder Musterlösung reflektieren. Insgesamt können in den sechzehn Selbst-Assessmentprozessen der Proband:innen 127 Selbstbeurteilungen bzgl. spezifischer Kriterien beobachtet werden, die jeweils einem FSA-Typen zuzuordnen sind. Dabei tritt das verifizierende formative Selbst-Assessment (Typ 2), bei dem Lernende ein Beurteilungskriterium lediglich identifizieren und ihre Aufgabenlösung hinsichtlich des (Nicht-)Erfüllens evaluieren, in 45 % der Fälle auf. Ebenso häufig kommen FSA-Typen vor, bei denen Lernende Reflexionen vornehmen. Allerdings ist Typ 6, bei dem sowohl das Lernziel wie auch die eigene Lösung tiefgründig reflektiert werden, nur bei 10 % der Selbstbeurteilungen zu beobachten. Dies sagt allerdings nicht viel über die Güte der Selbstbewertungen aus. Insgesamt konnten die Proband:innen in 70 % der Fälle eine akkurate Selbst-Evaluation vornehmen. Dabei führen neben FSA-Typ 6 vor allem die Typen 2 und 3, bei denen keine oder einzig eine Reflexion der Musterlösung auftritt, zu akkuraten

Selbstbewertungen. Obwohl Lernende mithilfe einer solchen Selbstdiagnose angemessene Fördermaterialien auswählen, ist ein Erkenntnisgewinn hierdurch nicht gesichert, da Fehler oder dahinterstehende Ursachen verborgen bleiben. Allerdings gibt es Anzeichen dafür, dass die Vorgabe inhaltsbezogener Beurteilungskriterien Lernende zum Selbst-Assessment anregt und die Nutzung reflexiver sowie selbstregulativer Handlungen durch Trainings verbessert werden können.

8.4.4 F3: Einfluss der Toolnutzung auf das a) funktionale Denken und b) formative Selbst-Assessment der Lernenden

Tabelle 8.5 zeigt, welche Elemente des SAFE Tools die Proband:innen des dritten Entwicklungszyklus nutzen. Erkennbar ist, dass alle Lernenden den Test, Check und die Transfer- (Üben 6 und Üben 7) sowie Erweitern-Aufgaben bearbeiten. Das neue Design weist im Vergleich zu den ersten beiden Toolversionen besonders bei der Bedienung des Checks einen positiven Effekt auf. Wussten die Proband:innen der ersten Zyklen oftmals nicht, wann ein Checkpunkt angekreuzt werden soll, gelingt dies durch die grünen Haken und roten Kreuze in der iPad App (s. Abschnitt 8.2.3) bei allen Lernenden problemlos. Zudem spiegelt die Auswahl der Studierenden ihr Selbst-Assessment wieder. Nur in einem von insgesamt 80 Fällen (fünf Checkpunkte pro Proband:in), wird ein Checkpunkt angekreuzt, obwohl die eigene Lösung zuvor im Hinblick auf das Kriterium als korrekt bewertet wurde. Ein solcher Widerspruch zwischen Selbstdiagnose und Verschriftlichung wurde in den ersten beiden Zyklen häufiger beobachtet (s. Abschnitte 6.4.3 und 7.4.3).

Während die Studierenden im zweiten Fachsemester (oberer Tabellenteil) nur die ersten beiden Fördereinheiten in ihrem Lernprozess bearbeiten, nutzen die Erstsemester-Studierenden das volle Spektrum an Fördermaterialien. Allerdings werden auch von dieser Gruppe vorwiegend die ersten Fördereinheiten bzgl. der Nullstellen und Steigungsarten betrachtet. Die Materialien zum Graph-als-Bild Fehler (Info/Üben 3) werden von drei Studierenden, die übrigen Fördereinheiten zur Funktionseindeutigkeit (Info/Üben 4) und der Achsenbeschriftung (Info/Üben 5) von je zwei Lernenden genutzt. Schließlich wiederholen zwei Studentinnen (Anika und Celine) die Test-Aufgabe während ihrer Interviews.

Bezogen auf die Toolbedienung benötigen dreizehn Studierende einen Hinweis zu der Platzierung des „Wie geht es weiter?"-Buttons (s. Tabelle 8.6). Die anschließende Auswahl der Infos oder Übungen erfolgt dann aber intuitiv. Insgesamt wählen die Proband:innen 23 Mal ein aufgrund ihrer Test-Bearbeitungen geeignetes Toolelement zur Weiterarbeit aus. Zehnmal werden Fördereinheiten aufgrund eines nicht erfassten Fehlers übersprungen. In einem weiteren Fall entscheidet sich Rene

Tabelle 8.5 Übersicht der genutzten Toolelemente im dritten Entwicklungszyklus[13]

Probanden	Test	Check	Info					Üben							Erweitern
			1	2	3	4	5	1	2	3	4	5	6	7	
Meike	X	X	X					X					X	X	X
Mara	X	X	X					X					X	X	X
Amelie	X	X	X	st				X	X				X	X	X
Mahira	X	X	X					X					X	X	X
Mirja	X	X	X	X				X	X				X	X	X
Simon	X	X		st				X					X	X	X
Cem	X	X						X					X	X	X
Jessica	X	X	X		X	X		1		X	X		X	X	X
Anika	2X	X			X	X	X		X	X	X	X	X	X	X
Christoph	X	X											X	X	X
Nils	X	X	X	st				X	X	X		X	X	X	X
Elena	X	X	X					X					X	X	X
Emre	X	X	X	X				X	X				X	X	X
Merle	X	X	X	st	X			X	X	X			X	X	X
Rene	X	X											X	X	X
Celine	2X	X						X					X	X	X

bewusst dazu, die erste Fördereinheit nicht zu bearbeiten, da er seinen Fehler bereits nachvollzogen hat und bei sich keinen Förderbedarf bzgl. der Nullstellen sieht. Zweimal werden zusätzliche Fördereinheiten bearbeitet, da die zugehörigen Checkpunkte angekreuzt wurden, wenngleich die Proband:innen bzgl. der betroffenen Kriterien keinen Fehler begangen haben. Obwohl es demnach stellenweise zum Übersehen relevanter Lernmaterialien durch die Studierenden kommt, wählen sie überwiegend geeignete Toolelemente für ihren Kenntnisstand.

Lediglich zwei Proband:innen (Cem und Celine) bearbeiten Üben eins ohne die zugehörige Info anzusehen, während alle anderen – wie bereits bei der TI-Nspire™ Version (s. Abschnitt 7.4.4) – komplette Fördereinheiten aus Info und Übung nutzen. Allerdings fällt etwa bei Info zwei auf, dass die Bedienung vieler interaktiver Elemente, die durch Anklicken zusätzliche Informationen anzeigen, von den Lernenden nicht intuitiv gebraucht werden. So betrachten vier Studierende ausschließlich den Text bzgl. steigender Graph-Abschnitte, ohne die Möglichkeit zum Aufrufen von Informationen zu den anderen Steigungsarten zu bemerken. Zwei weiteren gelingt dies nur nach einem Hinweis durch die Interviewleiterin. Ebenso selten werden die interaktiven Elemente in den graphischen Darstellungen der ersten drei Info-Einheiten verwendet (s. Abschnitt 8.2.4). Insgesamt wird die Teilkategorie

---

[13] Folgende Abkürzungen werden verwendet: X: genutztes Toolelemente; 2X: Aufgabe zweimal bearbeitet; st: nur Info bzgl. steigender Graph-Abschnitte betrachtet; 1: nur Teilaufgabe 1) bearbeitet.

„Interaktive Informationsanzeige" als Hürde bei der Toolnutzung 18 Mal kodiert (s. Tabelle 8.6). Positiv hervorzuheben ist aber, dass die Proband:innen die Info-Einheiten genauso häufig nur durchlesen (zwölfmal), wie sie zur Reflexion zu nutzen (elfmal).

Tabelle 8.6 Anzahl kodierter Videosegmente zur Kategorien „Hürden der Toolnutzung"[14]

Gefahren der Toolnutzung	Häufigkeit
Interaktives Element übersehen	40
• Drop-down Menü zur Achsenbeschriftung	17
• Graph löschen	3
• Eingabe des maximalen Achsenwerts	2
• Interaktive Informationsanzeige	18
Bedienung	180
• Kopfzeile nicht Navigation	15
• Checkpunkte abhaken	19
• „Wie geht es weiter?"-Button	13
• Keine Eingabe ins Zeichenfeld	30
• Auswahl einer Teilaufgabe	12
• Anzeige der Musterlösung	23
• Zeitintensive Eingabe	66
• Punkt statt Komma	2
Automatische Verbindung zu Punkt im Graphen	6
Modellierungsannahmen in Musterlösung	10

Bei den Übungsaufgaben scheint die Auswahl der Teilaufgaben überwiegend intuitiv für Lernende. Allein Jessica übersieht die weiteren Teilaufgaben bei Üben eins und bearbeitet ausschließlich die erste Teilaufgabe. Dies passiert auch Nils, der erst beim Bearbeiten der dritten Übung bemerkt, dass die Aufgaben mehrere Arbeitsaufträge enthalten können. Daraufhin geht er zu den ersten Übungsaufgaben zurück. Bei anderen Lernenden reicht ein kurzer Hinweis zur Bedienung, damit sie im Folgenden alle Teilaufgaben selbstständig aufrufen.

Die Eingabe eigener Antworten scheint im Tooldesign der iPad App im Vergleich zur vorherigen Version intuitiver für die Lernenden abzulaufen. Mussten sie bei den Zuordnungsaufgaben zuvor erst eine Situation über die Zahlen-Buttons auswählen und dann auf den entsprechenden Graphen klicken (s. Abschnitt 7.2.5), erfolgt die Zuweisung nun problemlos per Drag-and-drop. Ebenso einfach ist die Bedienung der Aufgabenformate „offene Antwort" und „Auswahl". Wenngleich sich das Eintippen der eigenen Begründung in vielen Fällen als zeitintensiv erweist (s. Tabelle 8.6).

[14] Definitionen und Ankerbeispiele zu den Kategiorien des dritten Kategoriensystems zum Erfassen der Potentiale und Gefahren bei der Toolnutzung sind dem Kodiermanual in Anhang 11.4 im elektronischen Zusatzmaterial zu entnehmen.

Allein bei den „Graph skizzieren"-Aufgaben fallen einige Schwierigkeiten der Lernenden zur Toolbedienung auf. So wurden die Drop-down-Menüs zur Achsenbeschriftung insgesamt 17 Mal während der Interviews übersehen, dreimal fiel Lernenden nicht auf, wie ein Graph zu löschen ist, und zweimal wird nicht erkannt, dass die Eingabe eines maximalen Achsenwerts die Koordinatenachsen skaliert. Zudem wurde 30 Mal beobachtet, dass die Eingabe in das Zeichenfeld nicht problemlos verlief. Wollten die Lernenden direkt im Ursprung oder links neben der y-Achse mit ihrem Graphen beginnen, wurde ihre Zeichnung teilweise nicht in der App wiedergegeben. Letztlich stellte es sich in sechs Fällen als hinderlich heraus, dass das digitale Medium automatisch eine geradlinige Verbindung erstellt, wenn ein Punkt ins Zeichenfeld eingegeben wird (s. Tabelle 8.6). Hierdurch wird in Renes Test-Lösung etwa die fehlerhafte Modellierung des Stehenbleibens auf dem Hügel nur schwer wahrnehmbar (s. Abschnitt 8.4.3).

Die Musterlösungen zu den Förderaufgaben können die Lernenden selbstständig nutzen, um ihre Antworten zu überprüfen. Allerdings müssen sie insgesamt 23 Mal zu Beginn ihrer Selbstförderungen auf die Platzierung einer Musterlösung hingewiesen werden (s. Tabelle 8.6). Ähnliches ist im Zusammenhang mit der Navigation des SAFE Tools zu erkennen. Während viele Lernende anfangs vermuten, dass das Vor- und Zurückgehen zwischen Toolelementen über die Kopfleiste erfolgt (s. Tabelle 8.6), bedienen sie das Tool nach kurzen Hinweisen auf die Navigationsleiste im unteren Bildschirmbereich selbstständig. Dies ist etwa im Interview von Simon zu erkennen. Nachdem er die Diagnoseaufgabe im Test gelöst hat, fragt er: *„Okay, muss ich jetzt irgendwas drücken, oder?"* Daraufhin wird ihm erklärt, dass er sich in der Navigationsleiste bei „Lösung" in der Toolstruktur vorwärts bewegen kann. Nachdem er sich die Simulation zur Musterlösung angesehen hat, kann der Student selbstständig zum Check übergehen: *„Gut, ich mache mal weiter [Klickt in der Navigationsleiste auf ‚Check']."* (Simon 03:12–05:17).

Letztlich erweist sich das Abhaken der Checkpunkte nach einer Bearbeitung spezifischer Fördereinheiten, um die weiterführenden Aufgaben freizuschalten, als sperrig. Alle Proband:innen bis auf Christoph, der alle Kriterien aufgrund seiner korrekten Lösung abhakt, benötigen diesbezüglich einen Hinweis zur Toolbedienung. Allerdings ist im Vergleich zur ersten Toolversion positiv hervorzuheben, dass Lernende hierdurch erst alle passenden Fördereinheiten bearbeiten, bevor sie zu den Transferaufgaben gelangen (s. Abschnitt 6.4.4). Daher ist eine Änderung des Designs nicht ratsam. Stattdessen sollten Lernende vor der Toolnutzung mit grundlegenden Aspekten der Bedienung vertraut gemacht und auch auf das Aussehen interaktiver Elemente sowie die Platzierungen des „Wie geht es weiter?"-Buttons, der Teilaufgaben und der Musterlösungen hingewiesen werden. Die Interviews zeigen, dass die Proband:innen diese Designelemente selbstständig nutzen können, nachdem sie einmal wahrgenommen haben, wie sie zu handhaben sind. Insgesamt zeigen diese allgemeinen Erkenntnisse zur Nutzung des SAFE Tools, dass das Design – unter der Voraussetzung einer vorherigen Unterweisung – eine intuitive und selbstständige Bearbeitung erlaubt. Inwiefern sich die Nutzung von SAFE auf das funktionale Denken und formative Selbst-Assessment der Lernenden auswirkt, wird in den folgenden Abschnitten erörtert.

F3a: Einfluss der Toolnutzung auf das funktionale Denken

Um den Einfluss der Toolnutzung auf das funktionale Denken der Proband:innen einzuschätzen, werden die aufgabenbasierten Interviews zunächst daraufhin untersucht, welche Erkenntnisse die Lernenden während ihrer Arbeit mit dem SAFE Tool gewinnen können. Dazu wird zusammengefasst, welche Kompetenzen und Schwierigkeiten sie während der Test-Bearbeitung haben (s. Abschnitte 8.4.1–8.4.3). Anschließend werden die Selbstförderungen fokussiert. Für die Fallanalysen dienen die Kurzzusammenfassungen der Kodierungen zum funktionalen Denken als Grundlage (s. Anhang 11.10 im elektronischen Zusatzmaterial). Im Folgenden sollen nicht alle Aufgabenbearbeitungen detailliert beschrieben, sondern lediglich prägnante Merkmale der Lernprozesse aufgezeigt werden.

Meike

Meike zeigt beim Test vielfältige Fähigkeiten zum situativ-graphischen Darstellungswechsel und kann mithilfe ihrer Zuordnungs- sowie quantifizierten Kovariationsvorstellung einen größtenteils korrekten Lösungsgraphen erstellen. Allerdings missachtet sie die Funktionseindeutigkeit, was ihr beim Check nicht auffällt. Das Stehenbleiben des Radfahrers modelliert sie als Punkt, anstatt einen konstanten Graph-Abschnitt zu skizzieren. Dies reflektiert sie und kreuzt daher Checkpunkt zwei an. Beim Betrachten von Info zwei erläutert die Studentin, dass sie nicht beachtet habe, dass der Radfahrer auf dem Hügel verweilt und geht zur zugehörigen Übungsaufgabe (Meike 05:52–06:16). Das Zuordnen von Zeit-Geschwindigkeits-Graphen zu beschriebenen Bewegungsabläufen gelingt der Probandin ohne Fehler. Im Anschluss an diese Fördereinheit bearbeitet Meike die weiterführenden Aufgaben (Üben 6 und Üben 7). Auch diese löst sie überwiegend korrekt, wobei sie neben der Zuordnungs- und Objektvorstellung von Funktionen, stellenweise über eine kontinuierliche Kovariationsvorstellung argumentiert. Allein bei der ersten Teilaufgabe von Üben sechs achtet sie bei der Zuordnung von Graph C (exponentiell wachsend) zu Vase drei (breiter, dann schmaler Zylinder) nur auf die gemeinsame Größenveränderung von Füllmenge und -höhe, ohne die konstante Steigung zu beachten. Auch diesen Fehler kann Meike mithilfe der Musterlösung eigenständig erklären.

Beim anschließenden Erweitern tritt die Missachtung der Eindeutigkeit aber erneut auf. Um darzustellen, dass die Abflussgeschwindigkeit des Wassers nach dreizehn Minuten plötzlich von dem Wert zehn Liter pro Minute auf null fällt, integriert die Lernende eine Senkrechte in ihren Lösungsgraphen. Auch beim Vergleich mit der Musterlösung fällt Meike die Verletzung der Funktionseigenschaft nicht auf. Insgesamt zeigt ihr Interview, dass die Studentin ihre anfängliche Punkt-Intervall-Verwechslung überwinden und im weiteren Verlauf ihrer Selbstförderung zahlreiche Vorstellungen zum Funktionsbegriff aktivieren kann. Die Funktionseindeutigkeit wird allerdings wiederholt missachtet, sodass dieser Fehler nicht mithilfe des SAFE Tools überwunden wird.

Mara
Mara löst die Test-Aufgabe ohne Fehler und zeigt dabei neben der Zuordnungs- auch verschiedene Formen der Kovariationsvorstellung. Während ihrer Selbstförderung bearbeitet sie zunächst die beiden Zuordnungsaufgaben (2 und 6a) korrekt. Hierbei werden erneut zahlreiche Fähigkeiten zur Übersetzung zwischen situativen und graphischen Darstellungen sowie Vorstellungen zum Funktionsbegriff sichtbar. Beim Skizzieren eines Füllgraphen zu einer gewellten Vase (Üben 6b) beachtet die Studentin jedoch nicht, dass der Graph für beide Vasenteile eine lineare Steigung haben muss. Obwohl sie erkennt, dass die Vase bis zum Flaschenhals dieselbe Breite hat und oben schmaler wird, zeichnet sie nur für den unteren Teil eine Gerade. Beim Vergleich mit der Musterlösung kann sie aber erklären: „ […], *weil das erst konstant ist und jetzt abrupt schneller wird.*" (Mara 28:48–28:53). Trotz des Fokus auf die quantifizierte Kovariation, nimmt sie hier die Größen des funktionalen Zusammenhangs nicht ausreichend in den Blick. In ihrer Argumentation bleibt aus, dass der Graph für beide Vasenteile eine konstante Steigung besitzt, da die Füllhöhe bei einer gleichbleibenden Gefäßbreite konstant mit der Füllmenge steigt. Bei Üben sieben gelingt es der Probandin wieder fehlerfrei eine gegebene Situation in einen Funktionsgraphen zu übersetzen. Auch beim Erweitern zeigt sie zahlreiche Fähigkeiten zum Darstellungswechsel. Allerdings skizziert sie in der ersten Teilaufgabe die Beziehung der abfließenden Wassermenge in Abhängigkeit von der Zeit, obwohl die y-Achse mit „Abflussgeschwindigkeit l/min" beschriftet wird. Hier scheint die Studentin von einem gängigen Aufgabenformat auszugehen, ohne auf den genauen Arbeitsauftrag zu achten. Insgesamt zeigt Mara, dass sie über ein umfassendes funktionales Denken verfügt, dieses aber nicht immer fehlerfrei abrufen kann, sondern sich durchaus mit den Sachkontexten und funktionalen Abhängigkeiten auseinander setzen muss, um einen Darstellungswechsel erfolgreich zu bewältigen.

Amelie

Amelie interpretiert die Ausgangssituation der Test-Aufgabe korrekt, skizziert aber einen Zeit-Entfernungs-Graphen, obwohl sie die y-Achse mit „Geschwindigkeit" beschriftet. Das bedeutet, sie verwechselt die Steigung des Graphen mit dem Funktionswert. Obwohl ihr dieser Fehler beim Check nicht auffällt, kreuzt sie entsprechend ihrer Lösung die ersten beiden Checkpunkte an. Beim Betrachten von Info eins deutet Amelie die Nullstellen des Lösungsgraphen bzgl. der funktionalen Abhängigkeit: *„[Liest: ,Immer, wenn er nicht mit dem Fahrrad fährt, sondern stehenbleibt, erreicht er die Geschwindigkeit 0 km/h.'] Gut, das ist klar. Das heißt dreimal, weil er zuhause ist [zeigt nacheinander auf die Nullstellen im Lösungsgraphen] und zweimal stehenbleibt."* (Amelie 06:42–06:55). In der zugehörigen Übungsaufgabe löst sie zwei von drei Teilaufgaben korrekt, wobei sie jeweils angibt und begründet, wieviele Nullstellen ein Graph zu einer vorgegebenen Situation hat. Dabei ist eine Aktivierung der Zuordnungsvorstellung zu beobachten. Für den Zusammenhang Entfernung von Venedig in Abhängigkeit von der Entfernung von Köln bei einer Urlaubsreise nimmt Amelie allerdings zwei Nullstellen an, da „die Entfernung" beim Start in Köln null sei und am Ende wieder, wenn sie in Venedig ankommen (Amelie 22:19–23:00). Dabei nimmt die Studentin nicht wahr, dass sie jeweils unterschiedliche Größen als abhängige Variable betrachtet. Dies wird ihr beim Vergleich mit der Musterlösung bewusst: *„Ja gut, die sind nur einmal in Venedig. Ich hatte die unabhängige Größe mitgezählt."* (Amelie 24:05–24:11).

Im Anschluss an diese Fördereinheit liest sie Info zwei und geht zu Üben zwei weiter. Die Zuordnung der Zeit-Geschwindigkeits-Graphen zu den Bewegungsabläufen gelingt größtenteils korrekt, wobei sie neben der Zuordnungs- auch die direktionale sowie quantifizierte Kovariationsvorstellung aktiviert. Ausschließlich bei der Zuordnung von Graph B (konstante Geschwindigkeit, steigend, konstant höherer Wert) zu Situation zwei („Du fährst mit dem Fahrrad einen Berg herunter und dann mit gleichbleibender Geschwindigkeit an einem Fluss entlang."), verwechselt sie erneut die Steigung des Graphen mit seinem Funktionswert: *„Weil ich ja irgendwann beim Ausrollen langsamer werde [zeigt auf die Stelle, bei der die Steigung des Graphen abnimmt]."* (Amelie 11:10–11:15). Dabei deutet sie die abnehmende Steigung als langsamer werden, ohne zu bedenken, dass ein steigender Graph-Abschnitt für eine Geschwindigkeitszunahme steht. Obwohl Amelie den Grund für ihren Fehler beim Vergleich mit der Musterlösung nicht erkennt, interpretiert sie den Graphen dabei korrekt: *„Ich bin davon ausgegangen, dass ja meine Geschwindigkeit einfach schneller wird [zeigt auf den steigenden Graph-Abschnitt]."* (Amelie 19:32–19:37).

Bei den weiterführenden Übungsaufgaben zeigt Amelie zahlreiche Fähigkeiten zur Übersetzung zwischen situativen und graphischen Darstellungen, wobei sie stellenweise alle drei Grundvorstellungen zum Funktionsbegriff in ihren Argumentationen nutzt. Beispielsweise wird bei der Zuordnung von Füllgraphen zu Vasen (Üben 6a) ihre direktionale Kovariations- sowie Objektvorstellung sichtbar: *„Also, ich glaube auf jeden Fall beim Ersten und Zweiten steigt die Füllhöhe konstant mit der Füllmenge."* (Amelie 28:58–29:06). Allerdings bleibt sie auch dabei nicht fehlerfrei. Bei zwei Zuordnungen achtet sie zwar auf die Größe der gemeinsamen Variablenveränderung, z. B. *„Hier [Vase 6] brauche ich am Anfang etwas mehr [Wasser] und danach schneller."* (Amelie 31:15–31:20), berücksichtigt aber jeweils nicht die Änderung der Steigung. Daher ordnet sie etwa der zylinderförmigen Vase drei den kurvenförmigen Graphen H zu, der eigentlich zur gewölbten Vase sechs gehört. Bei der ersten Teilaufgabe des Erweiterns möchte die Studentin ausdrücken, dass die Abflussgeschwindigkeit des Wassers nach dem Öffnen des Abflusses für einen kurzen Moment ansteigt, bevor sie auf dem konstanten Wert von zehn Litern pro Minute bleibt, missachtet graphisch aber die Funktionseindeutigkeit. Insgesamt zeigt sich in Amelies Interview durchaus ein Erkenntnisgewinn hinsichtlich des Lerngegenstands. Obwohl sie ihren anfänglichen Fehler (Höhe-Steigungs-Verwechslung) nicht erfasst und sogar wiederholt, zeigt sie im späteren Verlauf ihrer Selbstförderung, dass sie vor allem situative oder graphische Ausgangssituationen hinsichtlich verschiedener funktionaler Abhängigkeiten interpretieren kann. Dabei aktiviert sie bei der Arbeit mit dem SAFE Tool nicht nur die Kovariationsvorstellung wie in der Test-Aufgabe, sondern betrachtet Funktionen während der Förderung vermehrt auch als Zuordnungen und stellenweise als Objekte. Nichtsdestotrotz scheint ihr das vollständige Erfassen oder Darstellen von Informationen in graphischen Repräsentationen Schwierigkeiten zu bereiten.

Mahira
Mahira skizziert beim Test einen überwiegend korrekten Zeit-Geschwindigkeits-Graphen, wobei sie das Stehenbleiben auf dem Hügel als Punkt anstelle eines Intervalls darstellt. Diesen Fehler kann sie während ihres Selbst-Assessments reflektieren und daraufhin die zweite Fördereinheit zum Weiterarbeiten auswählen. Auch beim Lesen von Info zwei reflektiert die Studentin erneut ihre Schwierigkeiten: *„[Liest Erklärung zur zweiten Nullstelle der Abbildung in Info 2.] Ja, da hatte ich ja meinen Fehler, also das war viel zu kurz."* (Mahira 10:14–10:18). Die zugehörige Übungsaufgabe löst sie fehlerfrei, wobei sie erneut ihre Zuordnungs-, direktionale sowie quantifizierte Kovariationsvorstellung zeigt. Bei den weiterführenden Übungsaufgaben scheint der Transfer auf einen neuen Sachkontext zunächst nicht gänzlich zu gelingen, da sie zwei Gefäßen bei Üben sechs die falschen Füllgraphen zuteilt. Bei der Zuordnung von Graph C (exponentiell wachsend) zu Vase sechs (unten breit, mittig schmal, oben breiter) wird aber ersichtlich, dass sie lediglich den obersten Teil von Vase sechs bei ihrer Modellierung nicht berücksichtigt. Für die unteren Vasen-

teile erkennt sie, dass die Füllhöhe zunächst langsamer und dann schneller mit der Füllmenge steigen muss und wählt einen Graphen, der dies repräsentiert (Mahira 33:50–34:19). Teilaufgabe zwei löst sie korrekt, obwohl sie den Flaschenhals der Vase in ihrem Lösungsgraphen nicht modelliert. Ebenso kann sie für den Golfschlag bei Üben sieben einen richtigen Zeit-Entfernungs-Graphen zeichnen. Beim Erweitern beschriftet sie die y-Achse bei Teilaufgabe eins zwar mit „Geschwindigkeit", skizziert aber – wie Mara – einen Graphen, der die abfließende Wassermenge in Abhängigkeit von der Zeit zeigt. Diesen Fehler kann sie beim Vergleich mit der Musterlösung selbstständig erfassen: *„Also, wie schon gesagt, die Abflussgeschwindigkeit bleibt konstant, das habe ich auch richtig gedacht, aber ich habe es falsch eingezeichnet."* (Mahira 51:10–51:24). Insgesamt zeigt Mahiras Interview, dass sie ihren anfänglichen Fehler (Punkt-Intervall-Verwechslung) während der Arbeit mit dem SAFE Tool überwindet. Zudem demonstriert sie während der gesamten Toolbearbeitung zahlreiche Fähigkeiten zum situativ-graphischen Darstellungswechsel, die wiederholt auf ihre Zuordnungs- sowie Kovariationsvorstellung zurückzuführen sind. Dennoch deuten die vereinzelten Fehler darauf, dass die bereitgestellten Fördermaterialien auch für Leistungsstärkere herausfordernd sein können.

Mirja

Mirja skizziert an sich einen korrekten Zeit-Geschwindigkeits-Graphen für die Situation der Test-Aufgabe, modelliert dabei aber das Anfahren des Fahrrads nicht. Da sie dies beim Check erkennt, wählt sie die ersten beiden Fördereinheiten im SAFE Tool aus. Beim Betrachten von Info eins identifiziert sie ihren Fehler bzgl. der ersten Nullstelle erneut: *„[Liest Erklärung zur ersten Nullstelle: ‚Bevor er losfährt, ist seine Geschwindigkeit 0 km/h.'] Genau die hatte ich ja nicht."* (Mirja 07:56–08:00). Bei der Übungsaufgabe kann sie für zwei Situationen erkennen, wie viele Nullstellen ein zugehöriger Graph haben muss. Für die Abhängigkeit der Entfernung von Venedig und der Entfernung von Köln geht sie aber – wie Amelie – von zwei Nullstellen aus. Dies kann Mirja beim Abgleich mit der Musterlösung aber reflektieren: *„Hier [zeigt auf Koordinatenursprung] die Entfernung von Venedig aus ist ja immer noch sehr hoch und am Ende ist dann nur eine Nullstelle."* (Mirja 15:25–15:34). Auch beim Betrachten von Info zwei reflektiert die Studentin erneut ihren anfänglichen Fehler: *„[Liest Erklärung zum ersten steigenden Graph-Abschnitt: ‚Wenn Niklas losfährt, wird er schneller. Die Geschwindigkeit wird mit der Zeit größer.'] Genau, das war ja dann mein Fehler, dass ich hier dann einfach direkt die Konstante durchgezogen habe."* (Mirja 18:37–18:46). Beim Üben zwei kann die Studentin für alle Bewegungsabläufe korrekte Zeit-Geschwindigkeits-Graphen zuordnen. Bei zwei Situationen unterscheiden sich ihre Antworten aufgrund anderer Modellierungsannahmen von der Musterlösung, was sie aber begründet nachvollzieht. Der

Wissenstransfer auf andere Sachkontexte scheint bei den weiterführenden Aufgaben problemlos zu gelingen. Allerdings achtet sie beim Erweitern einmal nicht auf die Fragestellung und skizziert statt der Abflussgeschwindigkeit die abnehmende Wassermenge mit der Zeit. Auch diesen Fehler kann die Lernende beim Vergleich mit der Musterlösung selbstständig erfassen und den präsentierten Graphen korrekt bzgl. des funktionalen Zusammenhangs deuten. Insgesamt scheint Mirja ihren anfänglichen Fehler durch die Arbeit mit dem SAFE Tool zu überwinden.

Simon
Obwohl Simon die Ausgangssituation der Test-Aufgabe korrekt interpretiert und auch beim Übertragen in die graphische Zieldarstellung tragfähige Vorstellungen sichtbar werden, führt seine stückweise Kovariationsvorstellung dazu, dass er die Funktionseindeutigkeit missachtet. Dies nimmt er in der graphischen Repräsentation jedoch nicht wahr. Obwohl er beim Check situativ erfasst: „ […], *dass das eine Funktion ist, die eindeutig ist. Das heißt ja, dass man zu einem bestimmten Zeitpunkt nur eine Geschwindigkeit annimmt.*" (Simon 07:45–07:54), erkennt der Student nicht, dass die senkrechten Abschnitte in seinem Graphen eben diese Eigenschaft verletzen. Zudem modelliert er das Anfahren des Radfahrers nicht. Diesen Fehler kann er während des Checks erkennen und wählt daraufhin Üben zwei aus. Die Zuordnung der Zeit-Geschwindigkeits-Graphen zu verschiedenen Bewegungsabläufen ist fehlerfrei, wobei er alle drei Grundvorstellungen zum Funktionsbegriff zur Begründung nutzt.

Dass ihm dies auch in anderen Kontexten gelingt, zeigt er bei der Zuordnung von Füllgraphen zu passenden Vasen (Üben 6). Beispielsweise erklärt er mithilfe einer kontinuierlichen Kovariationsvorstellung: „*Ein umgekehrter Kegel, wenn der gefüllt wird, müsste die Füllhöhe erst stärker ansteigen und dann immer nachlassen, also die Steigung müsste erst höher sein und dann niedriger, weil der Kegel ja breiter wird nach oben hin.*" (Simon 24:10–24:34). Allerdings vertauscht der Student die Graphen der ersten beiden zylinderförmigen Gefäße. Er erkennt, dass man für die breitere Vase „*mehr Wasser [braucht], um eine Füllhöhe zu erreichen*" (Simon 22:40–22:47), ordnet dieser aber den steileren Graphen zu. Das heißt, er verwechselt die Größe der Steigung mit dem Funktionswert (Höhe-Steigungs-Verwechslung). Diesen Fehler kann er beim Vergleich mit der Musterlösung reflektieren: „*Ich habe die breite Vase mit der großen Steigung zugeordnet und die schmale Vase mit der kleinen Steigung. Es ist aber genau umgekehrt, weil die schmale Vase sich ja schneller füllt.*" (Simon 35:15–35:28).

Die übrigen Aufgaben löst der Proband weitestgehend korrekt, wobei auch er beim Erweitern einmal die Aufgabenstellung übersieht. Nichtsdestotrotz zeigt er zahlreiche Fähigkeiten zum situativ-graphischen Darstellungswechsel und tragfähige Vorstellungen zum Funktionsbegriff. Dabei wiederholt er aber einmal die Missachtung der Funktionseindeutigkeit. Diesen Fehler scheint Simon während der Arbeit mit dem SAFE Tool nicht zu überwinden. Allerdings bearbeitet er auch nicht die dafür vorgesehene Fördereinheit, weil er den Fehler graphisch nicht erkennen kann. Während der Selbstförderung wird aber sichtbar, dass er die gemeinsame Kovariation zweier Größen nicht nur in abgeschlossenen Intervallen (stückweise) betrachten kann. Stellenweise aktiviert er während seiner Toolnutzung – wie beim Zuordnen der Füllgraphen – die kontinuierliche Kovariationsvorstellung. Daher kann angenommen werden, dass das SAFE Tool ihn bei der Überwindung des Fehlers (wenn auch nicht gänzlich) unterstützt.

Cem

In seiner Test-Lösung modelliert Cem das Anfahren sowie Anhalten nicht, verwechselt für das Fahren mit konstanter Geschwindigkeit den Funktionswert mit der Steigung (Höhe-Steigungs-Verwechslung) und nimmt zudem an, dass der Radfahrer beim Hochfahren des Hügels mehr beschleunigen muss und beim Runterfahren *„nicht so viel Gas"* gibt (Cem 02:21–02:24). Demnach betrachtet er als abhängige Variable nicht die Geschwindigkeit des Fahrrads, sondern die Kraft, mit welcher der Radfahrer in die Pedale tritt (andere Modellierungsannahme). Schließlich missachtet er beim Zeichnen des Graphen an einer Stelle die Funktionseindeutigkeit. Während er beim Check viele Fehler nicht identifiziert, kreuzt Cem den ersten Checkpunkt an, da er erkennt, dass sein Graph nur zwei Nullstellen aufweist. Bei Üben eins erfasst der Student für zwei Teilaufgaben die funktionalen Abhängigkeiten, kann die Anzahl der Nullstellen angeben und die Lösungsgraphen im Kontext deuten. Bei der dritten Teilaufgabe gelingt es ihm aber auch beim Vergleich mit der Musterlösung nicht, die beschriebene funktionale Abhängigkeit wahrzunehmen. Stattdessen geht er von dem zuvor betrachteten Zusammenhang zwischen Zeit und Geschwindigkeit aus.

Der Transfer auf andere Sachkontexte gelingt auch bei Üben sechs nur bedingt. Obwohl er alle Füllgraphen den richtigen Vasen zuordnet, betrachtet er dabei den Zusammenhang zwischen Zeit und Füllmenge, anstatt die Beziehung zwischen Füllmenge und Füllhöhe zu adressieren. Auch bei der zweiten Teilaufgabe stellt er die Füllmenge in Abhängigkeit von der Zeit dar. Dass die graphischen Repräsentationen in den Musterlösungen eine andere Funktion zeigen, erkennt Cem nicht. Dahingegen erfasst er für die übrigen Förderaufgaben im SAFE Tool die beschriebenen funktionalen Abhängigkeiten in der jeweiligen Ausgangssituation und übersetzt diese weitestgehend korrekt. Insbesondere beim Erweitern fällt auf, dass sich der Student intensiv damit befasst, was sein Zielgraph darstellt. Obwohl er zunächst eine linear steigende Gerade zeichnet, welche die abfließende Wassermenge mit der Zeit beschreibt, korrigiert er diesen Fehler eigenständig: *„Ne, nicht so [löscht den gezeichneten Graphen], sondern nach Öffnen des Abflusses fließt ja pro Minute zehn Liter, d. h. die muss so [skizziert konstante Gerade mit Wert 10] gerade sein."* (Cem 25:41–25:55). Allerdings missachtet der Proband erneut die Eindeutigkeit. Er skizziert eine Senkrechte nach dreizehn Minuten, um auszudrücken, dass kein Wasser mehr abfließt, nachdem die Badewanne leer ist. Diesen Fehler kann Cem durch seine Arbeit mit dem SAFE Tool nicht überwinden.

Insgesamt reflektiert er aber häufiger, welche Größenbeziehung durch einen Graphen repräsentiert, wird. Hierdurch kann er die wiederholte Höhe-Steigungs-Verwechslung beim Erweitern selbstständig korrigieren. Obwohl der Student demnach nicht alle Schwierigkeiten mithilfe der Lernumgebung adressiert, hilft ihm die Toolnutzung, Graphen als Funktionsdarstellungen wahrzunehmen sowie wechselseitig zwischen situativen und graphischen Repräsentationen zu übersetzen. Dabei aktiviert er neben der Zuordnungs- oftmals auch eine direktionale oder quantifizierte Kovariationsvorstellung.

Jessica
Jessica skizziert beim situativ-graphischen Darstellungswechsel zur Test-Aufgabe das Fahren auf der Straße nicht, missachtet den Funktionswert bei der Modellierung des Stehenbleibens und begeht einen Graph-als-Bild Fehler. Während ihres Selbst-Assessments kreuzt sie drei Checkpunkte an, zu denen sie die zugehörigen Fördereinheiten bearbeitet. Bezüglich der Nullstellen liest die Studentin Info eins durch und löst die erste Teilaufgabe von Üben eins korrekt. Allerdings übersieht Jessica die beiden anderen Teilaufgaben und fokussiert nicht die Variablenwerte von Zeit und Geschwindigkeit, um die Anzahl der Nullstellen zu bestimmen. Stattdessen achtet sie darauf, wann jemand in der vorgegebenen Situation stehenbleibt. Das heißt, sie fokussiert den Sachkontext, ohne eine Mathematisierung vorzunehmen.

Bei der Skifahrer-Aufgabe (Üben 3) kann die Probandin ihren wiederholten Graph-als-Bild Fehler eigenständig korrigieren. Obwohl sie zunächst einen Graphen auswählt, der wie die Skipiste aussieht, entscheidet sie sich schließlich für den korrekten Zeit-Geschwindigkeits-Graphen: *„Ich würde doch nicht sagen, dass das A ist. Ich würde eher sagen, das ist B, weil er, wenn er runterfährt, dann steigt die Geschwindigkeit ja [...]"* (Jessica 08:22–08:47).

In Bezug auf die Funktionseindeutigkeit gibt Jessica die präsentierten Inhalte von Info vier in ihren eigenen Worten wieder: *„Hier wird erklärt, dass wenn es zu jedem x-Wert genau einen y-Wert gibt, dass das dann ein funktionaler Zusammenhang ist. Also es gibt halt immer zu einem Zeitpunkt nur eine Geschwindigkeit."* (Jessica 11:50–12:02). Trotz dieser Erkenntnis fällt es der Lernenden schwer, in der anschließenden Übung zu begründen, warum die beschriebenen Zusammenhänge funktional sind oder nicht. Beispielsweise erklärt sie, dass es sich bei der ‚Uhrzeit in

Abhängigkeit von der aktuell gemessenen Temperatur' nicht um einen funktionalen Zusammenhang handelt, weil es vorkäme, *„dass es abends nochmal wärmer wird als es mittags war"* (Jessica 14:30–14:33). Für sechs von zehn Zusammenhängen gelingt ihr die Begründung aber, z. B. für das Volumen eines Würfels abhängig von seiner Kantenlänge: *„Desto größer die Kantenlängen sind, desto größer wird ja auch das Volumen."* (Jessica 14:04–14:18).

Üben sechs zeigt, dass sie den funktionalen Zusammenhang zwischen Füllmenge und -höhe nicht erfasst. Stattdessen betrachtet sie allein die Füllmenge (vermutlich abhängig von der Zeit). Jessica ordnet Vase vier (umgedrehter Kegel) etwa Graph C (exponentiell steigend) zu, weil die Füllmenge erst gering sei, weil das Gefäß unten schmaler ist, und nach oben hin zunehmen würde. Ihren Fehler kann die Studentin auch beim Vergleich mit der Musterlösung nicht identifizieren. Für die übrigen Aufgabenkontexte erfasst Jessica die funktionalen Abhängigkeiten. Das könnte daran liegt, dass dort stets die Zeit als unabhängige Variable fungiert. Beim Erweitern missachtet sie aber die konstante Abflussgeschwindigkeit, vermutlich weil sie die Aufgabe nicht gründlich liest. Insgesamt zeigt Jessicas Interview, dass der Studentin ein tiefreichendes Verständnis für Graphen als Darstellung funktionaler Größenbeziehungen fehlt. Insbesondere bei zeitunabhängigen oder unbekannten Kontexten gelingt es ihr nicht, die Abhängigkeit der beschriebenen Variablen zu fokussieren. Dennoch überwindet sie - zumindest für zeitabhängige Zusammenhänge – ihren anfänglichen Graph-als-Bild Fehler mithilfe des SAFE Tools. Das wird nicht nur anhand von Üben drei deutlich, sondern auch dadurch, dass sie bei den Darstellungswechseln zu allen weiterführenden Aufgaben nicht durch die visuellen Situationseigenschaften abgelenkt wird. Stattdessen betrachtet die Studentin die Art der Größenveränderung und kann diese graphisch darstellen. Dabei ist stets die Aktivierung einer direktionalen Kovariationsvorstellung zu erkennen.

Anika

Anika zeigt bei der Test-Aufgabe, dass sie Graphen nicht unbedingt als Funktionsdarstellungen wahrnimmt. Sie skizziert einen nicht-funktionalen Zusammenhang, da sie die Entfernung auf der x-Achse und die Zeit auf der y-Achse einträgt. Obwohl sie die Ausgangssituation größtenteils korrekt bzgl. dieser Größenbeziehung deutet und in eine graphische Darstellung übersetzt, adressiert sie nicht, woran man in ihrem Lösungsgraphen – wie in der Aufgabenstellung gefordert – die Geschwindigkeit in Abhängigkeit von der Zeit erkennen kann. Dies wird ihr auch beim Betrachten der Musterlösung nicht bewusst, da sie lediglich bemerkt: *„Okay, die haben hier andere Einheiten genommen für die x- und die y-Achse."* (Anika 01:53–01:57). Beim Check verneint sie die letzten drei Beurteilungskriterien, sodass sie ihre Selbstförderung mit dem Lesen von Info drei beginnt. Die zugehörige Skifahrer-Aufgabe löst die Studentin korrekt. Dabei zeigt Anika, dass sie eine Situation sowie Funktionsgraphen bzgl. des Zeit-Geschwindigkeits-Kontexts interpretieren und Wertepaare ablesen kann. Sie betrachtet die Größenbeziehung sowohl mithilfe der Zuordnungsvorstellung, z. B. „ *[Liest Zahlenwerte aus Graph A ab.] Nach vier Sekunden ist die Geschwindigkeit bei vier [Kilometern pro Stunde]*" (Anika 07:48–07:52), als auch mit einer direktionalen Kovariationsvorstellung, z. B. „*[Deutet den Graphen zum ersten Abschnitt der Skifahrt(bergab).] In der ersten Zeit nimmt die Geschwindigkeit zu.*" (Anika 05:30–05:34).

Dahingegen gelingt es ihr bei Üben vier oftmals nicht, die beschriebenen Abhängigkeiten zu erfassen und zu erklären, warum es sich um funktionale Zusammenhänge handelt oder nicht. Ebenso wird bei Üben fünf deutlich, dass es der Lernenden große Probleme bereitet, vorgegebene Größenbeziehungen zu erfassen. Obwohl sie nur für drei Teilaufgaben die falschen Achsenbeschriftungen auswählt, zeigen ihre Erklärungen für viele Kontexte, dass ihr ein Verständnis für Graphen als Darstellung mathematischer Modelle zur Beschreibung spezifischer Abhängigkeiten fehlt. Ebensowenig ist Anika bewusst, dass die Reihenfolge der Achsenbeschriftungen von der jeweiligen Fragestellung abhängt. Beispielsweise beschriftet sie für die Situation „Der Abstand eines Bootes zur Küste hängt von dem Zeitpunkt der Messung ab." die x-Achse mit „Entfernung" und die y-Achse mit „Zeit". Anika begründet: „*Also, desto weiter die Entfernung, desto mehr Zeit ist das dann.*" (Anika 27:54–27:58). Scheinbar übernimmt sie die Größen entsprechend der Reihenfolge, mit welcher sie in der Situationsbeschreibung auftreten, anstatt die Beziehung der Variablen zu erörtern.

Aufgrund ihrer vielen Schwierigkeiten wird Anika von der Interviewleiterin nach diesen Fördereinheiten gebeten, die Test-Aufgabe zu wiederholen. Dabei wird ersichtlich, dass die Studentin nun den Zusammenhang zwischen Zeit und Geschwindigkeit betrachtet sowie die Ausgangssituation diesbezüglich korrekt interpretiert. Bei der Übersetzung in die graphische Darstellung verwechselt sie für das Fahren mit konstanter Geschwindigkeit aber Steigung und Höhe. Zudem missachtet die Studentin bei der Modellierung des Stehenbleibens mehrfach den Variablenwert, da sie eine konstant hohe Geschwindigkeit skizziert. Dies ist durch ihren Fokus auf die Richtung der Kovariation zurückzuführen. Sie erklärt, dass beim Stehenbleiben „Zeit ohne Geschwindigkeit" vergehe (Anika 35:43–35:50). Den Fehler kann sie bei der Interpretation der Musterlösung selbstständig erkennen: „*Ich habe quasi vergessen, oder nicht beachtet, dass bei null [zeigt auf die zweite Nullstelle des Lösungsgraphen], weil der ja steht und eine Pause macht, also ich habe quasi die Pause nicht drin. Und ich habe nicht drin, dass er am Ende fertig ist [zeigt auf die dritte Nullstelle des Lösungsgraphen]. Also bei mir fährt der noch anscheinend weiter.*" (Anika 37:08–37:23). Bei dieser Reflexion wird eine Aktivierung der Zuordnungsvorstellung deutlich, die während der Aufgabenbearbeitung ausblieb.

Die weiterführenden Förderaufgaben deuten darauf hin, dass Anika grundlegende Fertigkeiten, wie z. B. das Plotten einzelner Punkte oder das Skizzieren der Steigungsart, für zeitabhängige Zusammenhänge korrekt ausführt. Allerdings achtet sie beim Erweitern erneut nicht darauf, welche funktionale Abhängigkeit beschrieben wird. Für den ungewohnten Kontext der Füllgraphen-Übung gelingt es ihr nicht, den funktionalen Zusammenhang zu erkennen. Daher achtet sie auf visuelle Eigenschaften der Vasen und versucht diese in den Graphen wiederzufinden (Graph-als-Bild Fehler). Insgesamt werden in Anikas Interview grundlegende Lücken in Bezug auf das funktionale Denken ersichtlich. Diese kann die Probandin während ihrer Arbeit mit dem SAFE Tool nicht alleine schließen. Stellenweise gelingt es ihr aber, eigene Fehler zu überwinden (Missachtung des Variablenwerts) oder wechselseitig zwischen situativen und graphischen Funktionsrepräsentationen zu wechseln (Skifahrer-Aufgabe).

Christoph

Christoph löst die Test-Aufgabe korrekt und nutzt dabei seine Zuordnungs- sowie kontinuierliche Kovariationsvorstellung. Während seiner Selbstförderung bearbeitet er sofort die weiterführenden Transferaufgaben (Üben 6 und Üben 7). Das Zuordnen von Füllgraphen zu Gefäßen gelingt ihm ebenfalls problemlos. Während der Aufgabenbearbeitung werden nicht nur zahlreiche Fähigkeiten zum Interpretieren situativer und graphischer Funktionsrepräsentationen deutlich. Zudem ist erkennbar, dass er alle Grundvorstellungen zum Funktionsbegriff aktivieren kann. Beispielsweise argumentiert er bei den zylinderförmigen Vasen über die Zuordnungsvorstellung: *„Bei eins haben wir ein breites Glas, d. h. ich habe schon eine große Füllmenge bei niedriger Füllhöhe.“* (Christoph 07:22–07:31) oder die Objektvorstellung: *„Das hat halt durchgehend dieselbe Breite, deswegen ist der Graph dann auch weiterhin gerade.“* (Christoph 08:23–08:28). Dahingegen basiert z. B. seine Erklärung zu Vase sechs auf einer quantifizierten Kovariationsvorstellung: *„Aber wir haben ja hier in der Mitte diese Einwölbung, wodurch dann die Füllmenge zwar immer noch steigt, aber dazu die Füllhöhe proportional extrem steigt, deswegen der Graph dann erstmal stark nach oben geht und nur wenig nach rechts.“* (Christoph 11:38–11:54).

Ebenso kann der Student für die übrigen Aufgaben korrekte Graphen für die gegebenen Situationen skizzieren. Bei der ersten Teilaufgabe des Erweiterns fällt allerdings auf, dass er graphisch die Funktionseindeutigkeit missachtet. Christoph möchte darstellen, dass es nach dreizehn Minuten keine Abflussgeschwindigkeit mehr geben kann, weil die Badewanne dann leer ist. Daher zeichnet er eine Senkrechte in seinen Lösungsgraphen. Obwohl er bemerkt, dass dies in graphischen

Darstellungen nicht üblich ist, erkennt er seinen Fehler nicht: *„Und hier hinten hätten wir da jetzt theoretisch bei dreizehn einfach einen Abbruch [skizziert senkrechten Geraden-Abschnitt zur x-Achse], weil da ist kein Wasser mehr drinnen, d. h. die Abflussgeschwindigkeit ändert sich dann nicht mehr. Wobei man das wahrscheinlich gar nicht so zeichnen würde."* (Christoph 24:29–24:42). Insgesamt zeigt Christoph in seinem Interview aber ein umfassende Kompetenzen zum funktionalen Denken, wobei er im späteren Verlauf seiner Toolnutzung im Vergleich zum Test zusätzliche Fähigkeiten und Vorstellungen zum Funktionsbegriff nutzt.

Nils

Beim Test skizziert Nils den Zusammenhang zwischen Entfernung und Geschwindigkeit, ohne auf die Aufgabenstellung zu achten. Zudem modelliert er mehrere Teile der Ausgangssituation nicht und missachtet für den Tiefpunkt seines Graphen, der das Stehenbleiben repräsentiert, den Wert der abhängigen Größe. Dies ist vermutlich auf eine fehlende Aktivierung der Zuordnungsvorstellung zurückzuführen. Seiner Fehler wird sich der Student beim Check nicht bewusst: *„Im Endeffekt habe ich jetzt nur einen anderen Graphen zu anderen Bedingungen gezeichnet."* (Nils 03:47–03:50). Dennoch kreuzt er seiner Lösung entsprechend die Checkpunkte eins, zwei sowie fünf an und bearbeitet die zugehörigen Fördereinheiten. Dabei liest er die Infos nur kurz und geht zu den Übungsaufgaben weiter.

Bei Üben eins gelingt es ihm für zwei von drei Teilaufgaben, die funktionalen Abhängigkeiten zu erfassen und die Anzahl der Nullstellen für einen zugehörigen Graphen zu ermitteln. Beim zweiten Kontext geht er hingegen von der zuvor betrachteten Abhängigkeit zwischen Zeit und Geschwindigkeit aus, was er mithilfe der Musterlösung erkennt: *"Ja, also da geht es ja generell nur um die Entfernung von Venedig und denen sozusagen, wenn sie von Köln losfahren, und die ist halt nur einmal null, wenn sie angekommen sind."* (Nils 20:47–20:57). Bei der Übung aktiviert er daher die Vorstellung einer Funktion als Zuordnung. Bei Üben zwei werden zahlreiche Fähigkeiten des Students zum Interpretieren von Funktionsgraphen ersichtlich, die er mithilfe der Zuordnungs-, direktionalen und quantifizierten Kovariationsvorstellung deutet. Lediglich eine von sieben Zuordnungen der Zeit-Geschwindigkeits-Graphen zu verschiedenen Bewegungen gelingt nicht. Diesen Fehler kann er mithilfe der Musterlösung selbstständig reflektieren. Bei Üben fünf ist sichtbar, dass Nils die Richtung der Abhängigkeit eines funktionalen Zusammenhangs nicht als durch die Fragestellung gegeben versteht. Obwohl er für sieben von zehn Situationen korrekte Achsenbeschriftungen für einen zugehörigen Graphen wählt, argumentiert er häufig über die Kovariation der Größen, z. B. für den Wasserdruck in Abhängigkeit von der Tiefe eines Tauchers: *„Je tiefer der halt ist, desto höher ist ja dementsprechend der Druck, der aufgebaut wird."* (Nils 16:07–16:12), oder Verallgemeinerungen, z. B. für den Zusammenhang von Zeit und Höhe beim Fallschirmspringen: *„Also an sich kenne ich es halt von Beispielen, dass man unten [zeigt auf x-Achse] halt die Zeit hat und zu jedem Zeitpunkt ist ja die Höhe anders."* (Nils 14:49–14:55).

Bei den weiterführenden Förderaufgaben gelingt es Nils größtenteils Darstellungswechsel zwischen Situationen und Graphen vorzunehmen. Gelegentlich übersieht er dabei einzelne Teilsituationen oder Graph-Abschnitte, die er jedoch beim Vergleich mit der Musterlösung korrekt interpretiert. Ebenso erkennt der Proband, dass er beim Erweitern die Wassermenge anstelle der Abflussgeschwindigkeit betrachtet hat. Insgesamt ist in Nils Interview ein Erkenntnisgewinn dadurch erkennbar, dass er den funktionalen Zusammenhang zweier Größen zunehmend mithilfe der Zuordnungs- und Kovariationsvorstellung betrachtet. Daher ist zu vermuten, dass er seinen anfänglichen Fehler (Missachtung des Variablenwerts) durch die Arbeit mit dem SAFE Tool überwindet. Dennoch wird insbesondere bei Üben fünf deutlich, dass ihm ein grundlegendes Verständnis darüber fehlt, dass es von der jeweiligen Fragestellung abhängt, welche Abhängigkeitsbeziehung durch einen Graphen zu repräsentieren ist.

Elena
Elena skizziert einen überwiegend korrekten Lösungsgraphen zur Test-Aufgabe, bei dem sie allein das Fahren auf der Straße nicht modelliert. Dies kann sie mithilfe der Musterlösung reflektieren: *„Es ist sehr ähnlich, wie ich es gedacht habe, aber am Anfang steht da ‚mit einer gleichbleibenden Geschwindigkeit'. Das erklärt, warum hier [zeigt auf konstanten Graph-Abschnitt] eine gerade Linie ist."* (Elena 02:53–03:03). Daraufhin kreuzt die Lernende Checkpunkt zwei an und bearbeitet die Fördereinheit bzgl. der Steigungsarten. Beim Betrachten von Info zwei interpretiert die Studentin noch einmal den Verlauf des Lösungsgraphen. Bei der Übungsaufgabe zeigt sie vielfältige Fähigkeiten zur Interpretation von Situationen und Funktionsgraphen im Zeit-Geschwindigkeits-Kontext, wobei sie neben der Zuordnungs- auch die direktionale sowie quantifizierte Kovariationsvorstellung nutzt. Allerdings missachtet sie bei der Zuweisung von Graph C (auf null fallend, dann konstant) zu Situation zwei („Du fährst mit dem Fahrrad einen Berg hinunter und dann mit gleichbleibender Geschwindigkeit an einem Fluss entlang.") den Wert der abhängigen Variable: *„Also, wenn ich einen Berg runterfahre, bin ich ja erst schneller und dann mit gleichbleibender Geschwindigkeit einen Fluss entlang [ordnet Graph C zu]."* (Elena 05:58–06:11). Obwohl sie erkennt, dass der Graph für das Runterfahren eine hohe Geschwindigkeit haben (Zuordnung) und am Ende eine Konstante enthalten muss (Kovariation), fehlt hier eine Verknüpfung beider Grundvorstellungen.

Beim Betrachten der Lösung kann sie den abgebildeten Graphen korrekt deuten, geht aber nicht weiter auf die Ursache ihres Fehlers ein.

Bei Üben sechs kann Elena die funktionale Abhängigkeit benennen: *„die Füllhöhe in Abhängigkeit von der Füllmenge"* (Elena 21:57–22:00) und die Form der Vasen beschreiben. Allerdings gelingt es ihr weder diese noch die abgebildeten Graphen bzgl. des funktionalen Zusammenhangs zu interpretieren. Dies schafft sie erst beim Betrachten der Musterlösung, z. B. für Vase sechs: *„Bei der letzten Vase, die ist ja unten breiter und wird dann schmaler und obenhin dann wieder ein bisschen breiter, deswegen steigt es erst langsam an, dann relativ schnell und obenhin wieder langsamer."* (Elena 26:10–26:26). Für die zweite Teilaufgabe sowie die restlichen vier Förderaufgaben, übersetzt Elena die situativen Ausgangsdarstellungen fehlerfrei in graphische Repräsentationen. Insgesamt zeigt sich, dass die Probandin stellenweise Schwierigkeiten hat, die Abhängigkeit zweier Größen korrekt in einem Graphen darzustellen oder zu erfassen. Die Arbeit mit dem SAFE Tool hilft ihr wiederholt dabei, Funktionsgraphen zu interpretieren und tragfähige Funktionsdarstellungen zu aktivieren sowie miteinander zu verknüpfen.

Emre
Beim Test übersetzt Emre die ersten Teilsituationen korrekt in die graphische Zieldarstellung, wird ab dem Hochfahren allerdings von visuellen Merkmalen der Situation abgelenkt und begeht den Graph-als-Bild Fehler. Diesen kann er beim Betrachten der Musterlösung selbstständig erfassen und erklären, dass er sich nicht gleichzeitig die Situation vorstellen und die Form des Graphen visualisieren konnte. Aufgrund des Checks, wählt der Student die ersten beiden Fördereinheiten aus. Zunächst liest er beide Infos und ordnet bei der zweiten Übung fünf von sieben Graphen korrekt den Bewegungsabläufen zu. Seine Fehler sind auf Ungenauigkeiten in der Modellierung zurückzuführen. Zum Beispiel bedenkt er nicht, dass ein Radfahrer nach dem Runterfahren eines Hügels noch einmal langsamer werden müsste, bevor er mit gleichbleibender Geschwindigkeit weiterfährt. Bei Üben eins bestimmt Emre die Anzahl der Nullstellen für Graphen zu zwei der drei Situationen. Für die Dritte kann er die funktionale Abhängigkeit zwischen zwei verschiedenen Entfernungen nicht erfassen.

Auch bei der Zuordnung der Füllgraphen betrachtet er vermutlich einen anderen Zusammenhang (Zeit/Füllmenge). Des Weiteren hat er sichtbare Schwierigkeiten, die abgebildeten Graphen bzgl. der Variablen zu deuten. So ordnet er Vase sechs etwa einen linear steil ansteigenden Graphen zu, *„weil es da am schnellsten geht"* (Emre 32:20–32:22). Er erkennt, dass eine schmale Vase mit einem schnellen Anstieg des Wassers verbunden ist. Allerdings achtet er nicht darauf, wie sich die Füllhöhe mit zunehmender Füllmenge verändert. Beim Skizzieren eines Füllgraphen für die zweite Teilaufgabe wird der Student erneut von visuellen Situationseigenschaften abgelenkt. Aufgrund seiner Erklärung, kann zunächst auf eine Wiederholung des Graph-als-Bild Fehlers geschlossen werden: *„Ich habe jetzt versucht, etwas ähnliches wie die Vase eigentlich nachzuahmen."* (Emre 39:24–39:29). Später erläutert er aber, dass er durch die Wellenform davon ausgeht, dass sich die Vase in der Mitte langsamer füllen muss, was er in seinem Graphen durch eine abnehmende Steigung adäquat repräsentiert. Für die übrigen Förderaufgaben führt der Proband größtenteils korrekte Repräsentationswechsel durch, bei denen er jeweils eine direktionale Kovariationsvorstellung nutzt. Allerdings zeichnet er beim Erweitern nicht die Abflussgeschwindigkeit, sondern die abfließende Wassermenge mit zunehmender Zeit. Dafür aktiviert er bei dieser Übung auch die Vorstellung einer Funktion als Zuordnung.

Insgesamt kann Emre seinen Graph-als-Bild Fehler mithilfe des SAFE Tools eigenständig erkennen und überwinden. Obwohl er auch im späteren Verlauf seines Interviews mehrfach durch visuelle Situationsmerkmale verunsichert wird, scheinen seine Schwierigkeiten eher im bewussten Erfassen und Fokussieren funktionaler Abhängigkeiten zu liegen als in der Verwechslung der Graphen mit der Situation. Darüber hinaus zeigt der Student, dass er insbesondere für zeitabhängige Situationen tragfähige Grundvorstellungen zum Darstellungswechsel aktiviert.

Merle
Beim Test begeht Merle den Graph-als-Bild Fehler und erklärt, dass sie *„den Weg von dem Niklas einzeichnen"* müsse (Merle 00:36–00:40). Dabei vermutet sie den „zurückgelegten Weg" auf der x-Achse, während sie die y-Achse nicht adressiert. Anscheinend versteht die Lernende den Graphen nicht als Darstellung einer Funktion als mathematisches Modell zur Beschreibung einer Größenbeziehung. Ihren Fehler kann die Studentin anhand der Musterlösung nicht ausmachen, kreuzt beim Check aber die ersten drei Punkte an. Ihre Bearbeitung der zugehörigen Fördereinheiten zeigt, dass Merle funktionale Abhängigkeiten durchaus erfassen und situativgraphische Darstellungswechsel ausführen kann. Bei Üben eins hat sie noch Schwierigkeiten, die beschriebenen Zusammenhänge wahrzunehmen und die Anzahl der Nullstellen für einen zugehörigen Graphen zu bestimmen. Dies gelingt ihr nur bei einer von drei Teilaufgaben. Dagegen ordnet sie bei Üben zwei allen Situationen die korrekten Graphen zu. Sie argumentiert nicht nur über die Zuordnungsvorstellung, z. B. *„Wenn man einen Berg runterfährt, dann haben wir auf jeden Fall erstmal eine hohe Geschwindigkeit* (Merle 14:40–14:46), sondern auch über die Kovariationsvorstellung, z. B. für das Fahren in einen Stau auf der Autobahn: *„Das heißt, ich fahre wahrscheinlich mit einer relativ konstanten Geschwindigkeit und dann fällt die, als ich bremsen muss."* (Merle 16:06–16:12). Üben drei löst die Studen-

tin korrekt, wobei sie erneut einzelne Wertepaare deutet sowie die Richtung der gemeinsamen Größenveränderung von Zeit und Geschwindigkeit für die Skifahrt erfasst.

Bei Üben sechs gelingt es ihr hingegen nicht, die funktionale Abhängigkeit zwischen Füllmenge und Füllhöhe zu identifizieren. Stattdessen betrachtet sie den Füllvorgang der Vasen, wobei sie eher auf die Veränderung der Füllhöhe mit der Zeit achtet. Beispielsweise beschreibt sie für die schmale Stelle von Vase sechs, dass diese *„relativ zügig voll werden sollte"* (Merle 28:26–28:30). Bei Üben sieben skizziert Merle zwar einen Graphen, der aussieht wie die Flugkurve des Golfballs, dennoch ist nicht von einer Wiederholung des Graph-als-Bild Fehlers auszugehen. Sie beschriftet die Koordinatenachsen mit „Entfernung" und „Höhe". Dadurch repräsentiert ihr Graph einen zur Situation passenden funktionalen Zusammenhang, allerdings wird in der Aufgabe nach der Entfernung in Abhängigkeit von der Zeit gefragt. Ein ähnlicher Fehler passiert Merle beim Erweitern. Sie skizziert die abnehmende Wassermenge anstelle der Abflussgeschwindigkeit mit der Zeit. Insgesamt zeigt ihr Interview, dass sie Funktionsgraphen zunehmend als Darstellung funktionaler Zusammenhänge deutet. Dabei kann sie häufig eine Zuordnungs- oder Kovariationsvorstellung aktivieren. Daher ist anzunehmen, dass die Studentin ihren Graph-als-Bild Fehler durch ihre Selbstförderung mit dem SAFE Tool überwindet. Allerdings ist ihr oftmals nicht bewusst, dass die jeweilige Fragestellung vorgibt, welche funktionale Abhängigkeit zu betrachten ist.

Rene

In seiner Test-Lösung modelliert Rene das Anfahren des Radfahrers nicht, stellt das Stehenbleiben als Lücke im Graphen dar (fehlerhafte Modellierung) und missachtet stellenweise die Funktionseindeutigkeit. Dennoch erkennt er beim Check allein den ersten Fehler. Der Student entscheidet sich trotz Ankreuzen des zugehörigen Checkpunkts dazu, direkt die weiterführenden Aufgaben zu bearbeiten, da er wüsste, dass er die Teilsituation vergessen habe und hierzu keinen weiteren Förderbedarf sieht (Rene 03:50–04:20).

Beim Transfer auf den neuen Füllgraphen-Kontext zeigt Rene, dass er situativ-graphische Darstellungswechsel mithilfe seiner Kovariations- sowie Objektvorstellung durchführen kann. Allein für Vase sechs wählt er einen falschen Graphen, da er den obersten Vasenteil nicht modelliert. Dies kann er beim Vergleich mit der Musterlösung reflektieren. Das Nicht-Beachten einzelner Teilsituationen kommt im weiteren Verlauf seiner Selbstförderung wiederholt vor. Beispielsweise modelliert er den Flaschenhals beim Zeichnen des Füllgraphen in Üben sechs nicht oder beachtet die gleichbleibende Entfernung nicht, wenn der Golfball bei Üben sieben im Loch liegen bleibt. Diese Modellierungsabweichungen kann er aber stets nachvollziehen.

Bei allen Förderaufgaben ist ersichtlich, dass er die funktionalen Abhängigkeiten schnell erfasst, die Ausgangssituation interpretiert und die graphische Zieldarstellung korrekt anfertigt. Dabei benutzt er vielfältige Grundvorstellungen zum Funktionsbegriff, z. B. die kontinuierliche Kovariationsvorstellung bei Üben sieben. Dies ist erkennbar, da er einen steigenden Graphen skizziert, dessen Steigung immer weiter abnimmt. Dazu erklärt Rene, dass die Geschwindigkeit des Golfballs, die im Graphen als Steigung darstellt ist, beim Abschlag sehr hoch sei und anschließend durch den Luftwiderstand immer weiter gebremst würde (Rene 12:15–13:48).

Auffällig ist, dass er beim Erweitern konstante Geraden-Abschnitte mit Wert null skizziert, um darzustellen, dass die Abflussgeschwindigkeit bzw. Wassermenge über einen längeren Zeitraum einen Wert von null annimmt. Seinen anfänglichen Fehler bei der Modellierung der Nullstelle scheint er durch die Arbeit mit dem SAFE Tool zu überwinden. Zudem ist eine vielfältige Aktivierung tragfähiger Grundvorstellungen und eine intensive Auseinandersetzung mit funktionalen Abhängigkeiten zu beobachten. Allein die Missachtung der Eindeutigkeit scheint auch während der Selbstförderung ein Problem zu bleiben. Beim Betrachten der Musterlösung zur ersten Teilaufgabe des Erweiterns erkennt der Student nicht, dass es sich bei der gestrichelten Hilfslinie nicht um einen Teil des Lösungsgraphen handeln kann: *„Bei dem geht es hier halt ganz steil nach unten."* (Rene 18:11–18:14), was er als Abnahme der Abflussgeschwindigkeit deutet, da am Ende nur noch ein Rest Wasser abfließen würde.

Celine

Celine skizziert beim Test zunächst einen korrekten Zeit-Entfernungs-Graphen. Beim Betrachten der Musterlösung stellt sie fest, dass dort die Geschwindigkeit als abhängige Variable dargestellt ist. Daher geht sie zurück und bearbeitet die Test-Aufgabe erneut, wobei sie lediglich das Anfahren des Fahrrads nicht modelliert. Daraufhin kreuzt sie den ersten Checkpunkt bzgl. der Anzahl der Nullstellen an und wählt Üben eins aus. Diese Aufgabe kann sie fehlerfrei lösen, wobei sie alle funktionalen Abhängigkeiten erfasst und insbesondere über die Zuordnungs- und direktionale Kovariationsvorstellung argumentiert. Ebenso gelingen ihr das Zuordnen und Skizzieren von Füllgraphen zu vorgegebenen Vasen (Üben 6). Bei Üben sieben wählt sie eine von der Aufgabenstellung abweichende Größe als abhängige Variable. Sie betrachtet die Entfernung des Golfballs vom Loch anstelle des Abstands zum Abschlagspunkt. Nichtsdestotrotz zeigt sie auch hier ihre Fähigkeiten zum situativ-graphischen Darstellungswechsel und kann ihren Fehler beim Vergleich mit der Musterlösung selbstständig korrigieren. Die übrigen Förderaufgaben löst die Studentin fehlerfrei, wobei stellenweise alle Grundvorstellungen zum Funktionsbegriff aktiviert werden. Insgesamt hat Celine während ihrer Arbeit mit dem SAFE Tool kaum inhaltliche Schwierigkeiten, sondern zeigt ihre Kompetenz zum funktionalen Denken. Während der Toolbearbeitung setzt sie sich intensiv mit funktionalen Abhängigkeiten auseinander und setzt vielfältige Vorstellungen zum Funktionsbegriff ein.

Zusammenfassung

Die Fallanalysen der sechzehn Interviews zeigen, dass sich das SAFE Tool zur Förderung des funktionalen Denkens eignet. Bei allen Proband:innen sind durch die Toolnutzung Erkenntnisgewinne zu beobachten. Einerseits fokussieren sie im Verlauf ihrer Selbstförderung verstärkt funktionale Abhängigkeiten zweier Größen und interpretieren Graphen als deren Repräsentationen. Andererseits werden häufiger verschiedenartige Grundvorstellungen zum Funktionsbegriff aktiviert und miteinander verknüpft. Beispielsweise ist bei Simon erkennbar, dass er die Kovariation beim Test lediglich stückweise betrachtet, wohingegen er im späteren Interviewverlauf stellenweise eine kontinuierliche Kovariationsvorstellung aktivieren kann. Bei Nils und Merle ist etwa zu beobachten, dass sie zunehmend sowohl die Zuordnungs- als auch die Kovariationsvorstellung während eines situativ-graphischen Darstellungswechsels nutzen.

Darüber hinaus gelingt es vielen Proband:innen Fehler mithilfe des SAFE Tools eigenständig zu überwinden. Meike und Mahira können eine Punkt-Intervall-Verwechslung erkennen; Mirja, Rene und Elena erfassen, dass sie eine Teilsituation nicht modelliert haben; Jessica, Emre und Merle können ihren Graph-als-Bild Fehler aufdecken; Cem sieht, dass er die Steigung mit dem Funktionswert vertauscht hat (Höhe-Steigungs-Verwechslung); Anika, Nils und Elena überwinden die Missachtung des Variablenwerts und Rene korrigiert die fehlerhafte Modellierung einer Konstanten mit Wert null. Des Weiteren zeigen die Fälle von Mara, Mahira, Christoph und Celine, dass sich das SAFE Tool ebenso für Leistungsstärkere eignet. Auch diese Lernenden setzen sich während ihrer Arbeit mit dem SAFE Tool intensiv mit funktionalen Abhängigkeiten und situativ-graphischen Darstellungswechseln auseinander.

Schließlich kann vermutet werden, dass die Toolnutzung Lernende bei der Modellierung von Sachsituationen unterstützen und Übergeneralisierungen entgegenwirken kann. In den Interviews wird ersichtlich, dass die Proband:innen beim situativ-graphischen Darstellungswechsel oftmals zur Vereinfachung einer Situation neigen oder von Standardaufgaben ausgehen. Beispielsweise betrachten 9 von 16 Proband:innen nicht den Flaschenhals beim Zeichnen eines Füllgraphen zur zweiten Teilaufgabe von Üben sechs. Die Hälfte der Studierenden geht bei Üben sieben von einer linearen Beziehung zwischen Zeit und Entfernung des Golfballs aus. Beim Erweitern zeichnen 10 von 16 Lernenden einen Graphen für die abfließende oder in der Badewanne befindliche Wassermenge anstatt – wie in der Aufgabe gefordert – die Abflussgeschwindigkeit des Wassers zu beachten. Zudem ignorieren elf Student:innen, wie sich die Größen der funktionalen Zusammenhänge beim Erweitern verhalten, nachdem die Badewanne leer ist. Solche Ungenauigkeiten in der Modellierung können die Proband:innen häufig durch einen Vergleich mit den Musterlösungen erkennen. Allerdings müssen sie dabei verstehen, dass es sich bei dem präsentierten Graphen nur um eine mögliche Aufgabenlösung handelt, die von den getroffenen Modellierungsannahmen abhängt. Tabelle 8.6 ist zu entnehmen, dass ebendies während der Interviews im dritten Zyklus zehnmal nicht gelungen ist. Um die Lernenden besser bei der Interpretation einer Musterlösung zu unterstützen, ist hier weiterer Entwicklungsbedarf für das Tooldesign auszumachen.

Die beschriebenen Lernfortschritte sind insbesondere auf die Möglichkeit zum direkten Vergleich einer eigenen Antwort mit der jeweiligen Musterlösung und dem Gebrauch multipler (Lösungsgraph und Erklärung) sowie interaktiver Darstellungen (Simulation der Ausgangssituation und Lösungsgraph) zurückzuführen. Während es Lernenden in den ersten beiden Entwicklungszyklen schwerfiel, eigene Antworten der Förderaufgaben mit den Musterlösungen zu vergleichen, oder diese bei einer rein verbalen Erklärung für eine Reflexion zu nutzen (s. Abschnitte 6.4.4 und 7.4.4), gelingt dies bei der Arbeit mit der iPad App vielen Proband:innen.

Allerdings wird in den Fallanalysen auch deutlich, dass die Lernenden nicht alle ihre Fehler und Schwierigkeiten beim situativ-graphischen Darstellungswechsel mithilfe des SAFE Tools selbstständig überwinden können. Auffällig ist, dass die Missachtung der Funktionseindeutigkeit von 6 der 16 Student:innen in ihren Zielgraphen nicht wahrgenommen wird (Meike, Simon, Cem, Jessica, Christoph und Rene). Zudem kann Amelie die Höhe-Steigungs-Verwechslung während ihrer Toolbearbeitung nicht korrigieren. Daneben haben u. a. Jessica, Anika, Emre und Amelie Probleme, funktionale Abhängigkeiten in vorgegebenen Situation (oder Graphen) zu erfassen. Nils und Merle ist nicht bewusst, dass die Richtung der Abhängigkeit von der jeweiligen Fragestellung bestimmt wird. Daneben fällt es Lernenden teilweise schwer, Graphen als Repräsentationen mathematischer Modelle zur Beschreibung einer Größenbeziehung zu verstehen (z. B. Anika, Amelie und Elena). Solche grundlegenden Lücken im funktionalen Denken können Lernende durch die Toolnutzung nicht selbstständig aufarbeiten.

F3b: Einfluss der Toolnutzung auf das formative Selbst-Assessment
Abschließend soll fokussiert werden, inwiefern die Toolnutzung Lernende bei ihrem formativen Selbst-Assessment unterstützt. In den ersten beiden Entwicklungszyklen wurde dazu (basierend auf den Kodierungen zum formativen Selbst-Assessment) untersucht, inwiefern sich die Diagnoseprozesse einzelner Proband:innen während ihrer Arbeit mit dem SAFE Tool verändern. Dabei wurde ersichtlich, dass Lernende

im Verlauf ihrer Interviews zunehmend selbstständig arbeiten. Allerdings wurden Aufgabenlösungen häufig nur nach ihrer Korrektheit evaluiert, obgleich die Nutzung reflexiver Handlungen zur Selbstdiagnose bei wenigen Lernenden zunahm. Zudem konnten zahlreiche Merkmale des Tooldesigns identifiziert werden, die Proband:innen beim eigenständigen Assessment behindern (s. Abschnitte 6.4.4 und 7.4.4). Obwohl diese Erkenntnisse wichtige Hinweise zur Weiterentwicklung des SAFE Tools lieferten, soll im dritten Zyklus auf eine detaillierte Beschreibung personenbezogener Einzelfälle verzichtet werden. Vielmehr stellt sich die Frage, wie sich die Nutzung bestimmter Designelemente auf das formative Selbst-Assessment der Lernenden auswirkt. Dadurch wird nicht die Verwendung der gesamten Lernumgebung fokussiert, sondern im Detail erörtert, welche Aspekte des Tooldesigns von Lernenden in welcher Weise genutzt werden. Dies kommt der Forderung nach, mögliche Ursachen einer Effektivität digitaler Medien zu klären (Drijver, 2018, S. 173, s. Abschnitt 4.1).

Die folgenden Analysen nehmen daher spezifische Designelemente des SAFE Tools näher in den Blick. Diskutiert wird, inwiefern sie Lernende in ihrem formativen Selbst-Assessment unterstützen oder hindern. Mögliche Gefahren der Toolnutzung wurden zu Beginn dieses Teilkapitels bereits im Zusammenhang mit Tabelle 8.6 genannt und werden daher nur kurz adressiert. Um das Potential spezifischer Toolelemente einzuschätzen, wird untersucht, für welche Teilschritte formativen Selbst-Assessments sie von den Proband:innen verwendet werden. Dazu wird betrachtet, wie viele Videosequenzen auftreten, für die eine Überschneidung von Kodierungen der Kategorien zu „Potentialen der Toolnutzung" (3. Kategoriensystem s. Tabelle 5.8) sowie zum „formativen Selbst-Assessment" (2. Kategoriensystem s. Tabelle 5.7) festzustellen ist (s. Tabelle 8.7).[15] Eine Besonderheit stellt die Kategorie „Diagnostische Informationen explizieren" dar, die hier ergänzt wurde. Sie erwägt, dass Lernende beim Bearbeiten bestimmter Aufgabenformate (Graph skizzieren, Zuordnen und Auswahl) ihr (funktionales) Denken technologiegestützt sichtbar machen können. Eine Nutzung der entsprechenden Übungen kann demnach als erster Schritt des Selbst-Assessments aufgefasst werden. Da hierzu keine Kodierung erfolgte, wurde die „Kodeüberschneidung" anhand der Anzahl bearbeiteter Aufgaben durch die Studienteilnehmer:innen (s. Tabelle 8.5) ermittelt. Beispielsweise wurde 82 Mal eine Übungsaufgabe bearbeitet, bei der Lernende eine interaktive Darstellung zum Explizieren ihrer Lösungsgraphen einsetzen (Test, Üben 6b, Üben 7 und Erweitern). Die übrigen Einträge in Tabelle 8.7 sind so zu

---

[15] Angemerkt sei, dass die Unterkategorie „Lb: Musterlösung betrachten" der Kategorie „Beurteilungskriterium identifizieren" in Tabelle 8.7 nicht berücksichtigt wurde. Diese wird kodiert, wenn Lernende eine Musterlösung unkommentiert ansehen, sodass nicht vom Wahrnehmen eines Beurteilungskriteriums auszugehen ist.

verstehen, dass im Datenmaterial z. B. sieben Sequenzen zu finden sind, bei denen sich die Kodierungen der Kategorie „multiple Darstellung" und „Beurteilungskriterium missverstehen" überschneiden. Da jedes Designelement mehrfach im SAFE Tool verwendet wird (s. Abschnitt 8.2), lassen sich Hypothesen über präferierte Nutzungsweisen nicht nur über die gesamte Stichprobe, sondern auch über einzelne Repräsentationen, Feedbacks oder Aufgaben hinweg ableiten.

Die identifizierten Nutzungsweisen spezifischer Toolelemente durch die Proband:innen werden nachfolgend anhand von Beispielen erläutert und in Bezug zu den in Abschnitt 8.4.3 eingeführten Typen formativen Selbst-Assessments gesetzt. Neben Tabelle 8.7 dienen dazu die Kurzzusammenfassungen der Kodierungen zum formativen Selbst-Assessment (s. Anhang 11.11 im elektronischen Zusatzmaterial) als Grundlage.

Gefahren der Toolnutzung

Zu Beginn dieses Teilkapitels wurde bereits auf zahlreiche Hürden der Proband:innen im Umgang mit dem SAFE Tool hingewiesen. Tabelle 8.6 ist zu entnehmen, wie häufig einzelne Kategorien zu den „Gefahren der Toolnutzung" beobachtet wurden. Positiv hervorzuheben ist, dass es sich bei den meisten Problemen um einfache Bedienschwierigkeiten oder das Übersehen interaktiver Elemente handelt. Solche Hürden können durch kleinere Anpassungen des Tooldesigns und/oder ein kurzes Training zu Beginn des Selbst-Assessments verhindert werden (s. Abschnitt 8.5). Zusätzlich konnten zwei Hindernisse identifiziert werden, die Lernende aus unterschiedlichen Gründen in ihrem Selbst-Assessment beeinträchtigen. Beim Aufgabentyp „Graph skizzieren" wird ein neu geplotteter Punkt automatisch durch eine gerade Verbindungslinie mit dem zuvor skizzierten Graphen verbunden. Im SAFE Tool nutzen Lernende dieses Aufgabenformat überwiegend dazu, ihre Kompetenzen zum situativ-graphischen Darstellungswechsel zu explizieren. Die automatische Veränderung ihrer Eingabe durch das digitale Medium kann demnach wichtige *diagnostische Informationen in einer Aufgabenlösung verdecken.* Beispielsweise will Rene beim Test das Stehenbleiben auf dem Hügel im Zeit-Geschwindigkeits-Graphen als Lücke repräsentieren. Dass der Student seinen Fehler beim Check nicht wahrnimmt, liegt vermutlich an dem vom Tool produzierten Graph-Abschnitt (Rene 01:46–01:52). Ähnliches konnte insgesamt sechsmal während der Interviews beobachtet werden. Schließlich wurden zehn Fälle ausgemacht, bei denen Lernende eine korrekte Lösung als falsch bewertet haben, da sie anhand der Musterlösung im SAFE Tool nicht erkannten, dass es sich bei dem Zielgraphen lediglich um eine mögliche Modellierung der Ausgangssituation handelt. Das bedeutet, die Proband:innen konnten aufgrund der Gestaltung einer Musterlösung *keine geeigneten Beurteilungskriterien für ihr Selbst-Assessment ausmachen.* Um diese Gefahr zukünftig zu ver-

Tabelle 8.7 Zusammenhang spezifischer Designelemente des SAFE Tools und einzelner Teilschritte formativer Selbst-Assessments (Anzahl von Überscheidungen bei der Video-Kodierung)

Teilschritte formativer Selbst-Assessments	Wo möchte ich hin?			Wo stehe ich gerade?				Wie komme ich dahin?	
Toolelement	Beurteilungskriterium missverstehen	Beurteilungskriterium identifizieren	Beurteilungskriterium verstehen	Diagnostische Informationen explizieren	Diagnostische Informationen erfassen	Diagnostische Informationen interpretieren	Diagnostische Informationen evaluieren	Korrektur vornehmen/ Wiederholung	Info/Aufgabe wählen
Multiple Darstellung	7	59	127	/	157	51	181	4	/
Interaktive Darstellung	/	3	15	82	15	5	16	18	/
Verlinkte Darstellung	4	27	30	/	50	26	65	4	/
Beurteilungskriterium	11	60	27	/	88	17	116	3	/
Musterlösung	12	216	175	/	334	86	387	11	/
Themenspez. Information	/	/	14	/	7	3	7	2	/
Hyperlinkstruktur	/	/	/	/	/	/	/	21	117
Neues Aufgabenformat	/	/	2	36	/	/	/	3	/

meiden, sollte entweder auf die Verwendung offener Aufgaben (z. B. Golf-Aufgabe Üben 7) verzichtet oder eine Thematisierung getroffener Modellierungsannahmen in den Musterlösungen ergänzt werden.

Potentiale multipler Darstellungen

Im SAFE Tool werden multiple Funktionsdarstellungen beim Check, den Info-Einheiten vier und fünf sowie in diversen Musterlösungen verwendet (s. Abschnitt 8.2). Dabei handelt es sich um Abbildungen, die eine funktionale Abhängigkeit durch mehrere Darstellungsformen repräsentieren, beispielsweise ein Graph sowie eine zugehörige Situationsskizze (s. Abschnitt 4.5). Tabelle 8.7 ist zu entnehmen, dass multiple Darstellungen von den Proband:innen sowohl zur Bestimmung eines Beurteilungskriteriums als auch zum Erfassen und Bewerten eigener diagnostischer Informationen, selten auch zur Korrektur verwendet werden.

Siebenmal wird beobachtet, dass Proband:innen einen Aspekt zur Evaluation ihrer Lösung beim Betrachten einer multiplen Darstellung missverstehen. Beispielsweise deutet Emre beim Nachvollziehen der Musterlösung zu Üben zwei den steigenden Abschnitt eines Zeit-Geschwindigkeits-Graphen zunächst als Hochfahren, bevor er sich verbessert: *„Bei zwei müsste die Lösung G sein, denn er fährt einen Berg erstmal hoch [zeigt auf steigenden Graph-Abschnitt]. Ist halt auch schneller."* (Emre 21:05–21:11). Deutlich häufiger gelingt es Lernenden, ein Beurteilungskriterium zu identifizieren oder sogar nachzuvollziehen. Beim Überprüfen seiner Antworten zur ersten Teilaufgabe von Üben sechs deutet Cem etwa den Verlauf eines Lösungsgraphen mithilfe der bereitgestellten Erklärung: *„F [Zeigt auf Graph F] hatten wir bei der vierten. [Liest: ‚Die Vase wird nach obenhin wieder breiter, daher steigt die Füllhöhe zunächst schnell an und dann immer langsamer mit der Füllmenge an.'] Ja!"* (Cem 19:23–19:34). Da der Student nicht nur den Lösungsgraphen bzgl. des funktionalen Zusammenhangs deutet, sondern ebenso die Korrektheit seiner eigenen Zuordnung feststellt, handelt es sich hierbei um einen zielreflektierenden formativen Selbst-Assessmentprozess (Typ 3). Cems Beispiel zeigt demnach auch, dass Lernende multiple Darstellungen häufig zum Evaluieren eigener Antworten nutzen (insgesamt 181 Mal).

Vergleichbar oft kann beobachtet werden, wie Lernende diagnostische Informationen anhand einer multiplen Darstellung erfassen. Dies ist vor allem für die multiple Repräsentation im Check wiederholt zu erkennen. Die Abbildung stellt sowohl die situative Ausgangsdarstellung zur Test-Aufgabe als auch den Zielgraphen der Lernenden sowie die Musterlösung dar (s. Abschnitt 8.2.3). Oftmals wird ein Beurteilungskriterium mithilfe eines Checkpunkts identifiziert, woraufhin die multiple Darstellung betrachtet wird, um diesbezüglich Abweichungen zwischen der eigenen und der Musterlösung ausfindig zu machen. Mirja nutzt die Abbildung etwa, um ihren Graphen hinsichtlich der Steigungsarten zu überprüfen: „*[Liest CP2: ,Ich habe richtig erkannt, wann der Graph steigt, fällt oder konstant bleibt.] Ja, also hier am Anfang [zeigt in der multiplen Darstellung auf den konstanten Graph-Abschnitt zu Beginn ihrer Lösung] ist ja wieder das Problem, dass ich davon ausgegangen bin, dass der direkt mit einer bestimmten Geschwindigkeit losfährt, und deswegen. Hier [zeigt entlang des steigenden Graph-Abschnitts der Musterlösung] hätte man dann noch steigend zeichnen sollen und deswegen würde ich hier ,nein' klicken. [Kreuzt CP2 an.]*" (Mirja 06:14–06:37). Hier wird ersichtlich, dass die Studentin die diagnostischen Informationen ihrer Antwort nicht nur erfasst (konstante Steigung am Anfang), sondern auch erklärt, warum sie diesen Graph-Abschnitt skizziert hat. Eine solche Interpretation diagnostischer Informationen beim Betrachten multipler Darstellungen kommt im Vergleich zum reinen Erfassen in etwa einem Drittel der Fälle vor (51 bzw. 157 überschneidende Videosegmente). Eine Korrektur der eigenen Aufgabenbearbeitung, wie sie Mirja anhand der Abbildung beschreibt („*Hier hätte man dann noch steigend zeichnen sollen.*") wird in den Interviews nur viermal beobachtet.

Eine ähnliche Verwendung multipler Darstellungen ist auch in Amelies Interview zu erkennen. Sie hat beim Üben zwei der Situation „Du fährst mit dem Fahrrad einen Berg herunter und dann mit gleichbleibender Geschwindigkeit an einem Fluss entlang." den Graphen B (steigend, dann konstant hoch) zugeordnet. Beim Überprüfen ihrer Antwort fällt ihr zunächst anhand der graphischen Darstellung (Graph G) auf, dass diese nicht mit der Musterlösung übereinstimmt (diagnostische Informationen erfassen und Fehler feststellen). Daraufhin liest sie die passende Erklärung für die Zuordnung von Graph G zur Situation durch. Die multiple Repräsentation in der Musterlösung nutzt die Studentin, um den Lösungsgraphen hinsichtlich der funktionalen Abhängigkeit zu interpretieren (Beurteilungskriterium verstehen). Gleichzeitig erklärt Amelie anhand ihres eigenen Zielgraphen, warum dieser die Ausgangssituation nicht plausibel repräsentieren kann (diagnostische Informationen interpretieren):

„*[Öffnet die Musterlösung und zeigt auf den von ihr gewählten Graphen B.] Das kann jetzt eigentlich schon nicht passen. Genau. Liest: ,Du fährst den Berg herunter-'. Liest leise weiter.] Ja, okay. Deswegen [Zeigt auf den fallenden Graph-Abschnitt von Graph G]. (I: Ist dir klar, warum?) Ja! (I: Kannst du einmal formulieren, was du falsch gemacht hast?) Genau, ich bin davon ausgegangen, dass ja meine Geschwindigkeit einfach schneller wird [zeigt entlang ihres Graphen B]. Das Problem ist halt mit der Erklärung, dass das nicht ganz dazu passt. Die Erklärung, die dazu gehört, ist, dass ich runterfahre, deswegen steigt meine Geschwindigkeit halt an [zeigt auf den steigenden Abschnitt von Graph G], weil ich rolle halt runter und muss mich dafür auch noch nicht einmal anstrengen. Und beim Ausrollen werde ich langsamer, d. h. [zeigt auf*

den steigenden und dann fallenden Abschnitt in Graph G] erstmal bin ich kurz auf-
ja, dieser Geschwindigkeitswechsel von so ganz schnell auf langsam, deswegen habe
ich diesen Berg. Genau und weil ich dann wieder mit konstanter Geschwindigkeit
fahre, habe ich dann [zeigt auf den konstanten Abschnitt von Graph G] diese Kurve."
(Amelie 19:16–20:09)

Insgesamt kann ein solches Vorgehen bei vielen Studierenden beobachtet werden.
Beim Vergleichen eigener Antworten mit einer Musterlösung wird zunächst deren
Korrektheit anhand einer isolierten Darstellung (im SAFE Tool oftmals Graphen)
bewertet (FSA-Typ 2: verifizierend). Wird ein Fehler festgestellt, ziehen die Pro-
band:innen teilweise die zweite Darstellung (z. B. verbale Erklärung) hinzu, um
die präsentierte Musterlösung zu verstehen (FSA-Typ 3: zielreflektierend). Wird
darüber hinaus – wie in Amelies Fall – erörtert, warum die eigene Antwort falsch
sein muss, findet eine Interpretation eigener diagnostischer Informationen statt. Auf
diese Weise können multiple Darstellungen Lernende wie Mirja und Amelie beim
diagnostizierenden formativen Selbst-Assessment (Typ 6) unterstützen.

Potentiale interaktiver Darstellungen
Interaktive Darstellungen erlauben es Nutzer:innen, Handlungen auf ihnen durchzuführen und die Repräsentationen so zu verändern (s. Abschnitt 4.5). Im SAFE
Tool werden sie bei den „Graph skizzieren"-Aufgaben (Test, Üben 6b, Üben 7 und
Erweitern), den Infos eins bis drei sowie der Musterlösung zu Üben eins verwendet.
Daher überrascht es nicht, dass sie von allen Lernenden häufig zum Ausdruck ihres
(funktionalen) Denkens genutzt werden (82 Mal; s. Tabelle 8.7). Dies wird z. B.
während Simons Interview deutlich. Beim Lösen der Test-Aufgabe skizziert er für
jede Teilsituation einen Abschnitt des Zielgraphen, der seinen Vorstellungen zum
Funktionsbegriff und Modellierungsannahmen entspricht. Im Anschluss deutet er
den Verlauf seines Graphen erneut, um sicherzustellen, dass die erstellte Lösung
seiner Argumentation entspricht: *„Ich gehe nochmal durch. [Liest Situationsbe-*
schreibung: ‚Niklas setzt sich auf sein Fahrrad, fährt von zu Hause los.' Zeigt auf
ersten, konstant hohen Graph-Abschnitt. ‚Mit gleichbleibender Geschwindigkeit auf
der Straße entlang, bevor es einen Hügel hinausgeht.' Zeigt entlang der nächsten
Graph-Abschnitte. Liest restliche Beschreibung. Blickt auf Graphen.] Mhm. Joa, das
könnte passen." (Simon 03:21–03:40). Demnach hilft die Darstellung dem Studenten, diagnostische Informationen zur eigenen Kompetenz einen situativ-graphischen
Darstellungswechsel durchzuführen, explizit sichtbar zu machen.

Viel seltener werden interaktive Repräsentationen zum Identifizieren oder Verstehen eines Beurteilungskriteriums verwendet (3 bzw. 15 Mal). Beispielsweise
klickt Merle in der Musterlösung zur dritten Teilaufgabe von Üben eins, die als

Lösungsgraph präsentiert wird, nacheinander auf die beiden Zahlen-Buttons, um eine Erklärung bezüglich der Nullstellen des Graphen aufzurufen. Hierdurch unterstützt sie die interaktive Darstellung beim Verstehen eines Beurteilungskriteriums: *„[Öffnet die Erklärung zur ersten Nullstelle.] Genau, wenn das Glas umfällt [zeigt auf die erste Nullstelle des Lösungsgraphen] hat es einmal null. [Öffnet die Erklärung zur zweiten Nullstelle.] Und wenn man es leertrinkt, dann auch wieder. [Geht zurück zum Check und wählt Info 2 aus.]“* (Merle 13:10–13:24). Die Studentin nutzt die Musterlösung demzufolge für ein zielreflektierendes formatives Selbst-Assessment (Typ 3).

Ähnlich selten setzen die Studierenden interaktive Darstellungen während ihrer Selbstdiagnosen ein, um diagnostische Informationen zu erfassen und zu evaluieren. Beispielsweise identifiziert Mirja anhand der interaktiven Darstellung in Info 1 einen Fehler bezüglich ihrer Test-Lösung. Nachdem sie sich den Text durchgelesen hat, betrachtet die Studentin den abgebildeten Lösungsgraphen und öffnet durch Antippen eine Erklärung bzgl. der ersten Nullstelle: *„[Öffnet Erklärung zur ersten Nullstelle in Info 1. Liest: ‚Bevor er losfährt, ist seine Geschwindigkeit 0 km/h.‘] Genau, den [zeigt auf die erste Nullstelle des Graphen] hatte ich ja dann nicht.“* (Mirja 07:54–08:01). Die Lernende führt hier ein verifizierendes Selbst-Assessment aus (FSA-Typ 2). Dass Proband:innen interaktive Darstellungen zum Interpretieren einer eigenen Aufgabenlösung oder Argumentation nutzen, wird nur fünfmal beobachtet. Mirja vollzieht bei Info zwei durch das interaktive Öffnen einzelner Erklärungen zu den Abschnitten der graphischen Repräsentation etwa die Musterlösung zur Test-Aufgabe nach, z. B.: *„Und Fallen? [Tippt auf den ‚Fallen‘-Button. Öffnet die Erklärung zum ersten fallenden Graph-Abschnitt. Liest: ‚Wenn er den Hügel hinauffährt, wird er langsamer. Die Geschwindigkeit wird mit der Zeit kleiner.‘ Zeigt entlang des fallenden Graph-Abschnitts.]“* (Mirja 19:24–19:32).

Vergleichsweise oft ist aber ein Gebrauch interaktiver Darstellungen zur Korrektur oder Wiederholung eigener Aufgabenbearbeitungen zu erkennen (18 Mal). Beispielsweise nutzt Celine die interaktive Darstellung in der Test-Aufgabe, um ihren zuvor skizzierten Zeit-Entfernungs-Graphen zu löschen und einen neuen Zeit-Geschwindigkeits-Graphen zu zeichnen (Celine 03:52–04:57).

Potentiale verlinkter Darstellungen
Verlinkte Darstellungen beinhalten eine dynamische Verknüpfung zwischen zwei Repräsentationen (s. Abschnitt 4.5). Im SAFE Tool werden verlinkte Funktionsdarstellungen in den Musterlösungen zum Test und Üben sechs b) eingesetzt. Beide Aufgabenstellungen erfordern einen situativ-graphischen Darstellungswechsel. Die Musterlösungen simulieren die jeweilige Ausgangssituation (Fahrradfahrt oder Befüllen einer Vase mit Wasser) und präsentieren dynamisch verknüpft einen

möglichen Lösungsgraphen. Während sich Jessica die Simulation zum Test unkommentiert ansieht und Anika die Musterlösung zu Üben sechs b) überspringt, ist in allen anderen Fällen eine Nutzung dieser Toolelemente zu erkennen.

Viermal führt die Betrachtung einer verlinkten Darstellung aber dazu, dass ein Beurteilungskriterium missverstanden wird. Zum Beispiel deutet Anika die ersten beiden Graph-Abschnitte der Test-Lösung mit ihrer Fehlvorstellung, d. h. sie verwechselt die Steigung des Graphen mit dem Wert der abhängigen Variable: *„Hier habe ich auch, dass er erst mit gleichbleibend- dass er erstmal fährt [zeigt auf den steigenden Graph-Abschnitt]. Dann habe ich das auch [zeigt auf den konstant hohen Graph-Abschnitt], dass er auf dem Hügel stehenbleibt."* (Anika 36:40–36:47). Der alleinige Fokus der Studentin liegt hier auf der graphischen Darstellung. Eine Verbindung zur simulierten Situation stellt sie zunächst nicht her. Dies gelingt ihr erst im Anschluss, als sie den konstanten Graph-Abschnitt mit Wert null bzgl. der funktionalen Abhängigkeit deutet: *„Aber dann habe ich nicht, also auf dem Hügel stehen, habe ich nicht als null [zeigt auf den konstanten Graph-Abschnitt mit Wert 0].* (Anika 36:47–36:53). Darüber hinaus gelingt es ihr den konstant hohen Graph-Abschnitt als Fahren mit konstanter Geschwindigkeit zu erfassen. Die verlinkte Darstellung hilft der Lernenden demzufolge beim Verstehen eines Beurteilungskriteriums (Art der Steigung) zur Beurteilung der eigenen Test-Antwort. Zudem vollzieht sie die Interpretation des eigenen Lösungsgraphen noch einmal nach. Insgesamt wird also ein diagnostizierender Selbst-Assessmentprozess (Typ 6) initiiert.

Blickt man genauer darauf, welche Typen formativer Selbst-Assessments durch verlinkte Darstellungen ausgelöst werden (s. Anhang 11.11 im elektronischen Zusatzmaterial), fällt Folgendes auf. FSA-Typ 1 wird nur einmal hervorgerufen. Cem äußert in Bezug zur Test-Aufgabe: *„Also am Ende muss er doch wieder beschleunigen."* (Cem 03:02–03:06). Dabei missachtet der Student, dass er in seiner Lösung die Geschwindigkeitszunahme korrekt dargestellt, aber vergessen hat, das Stehenbleiben des Fahrrads am Ende zu modellieren. Das verifizierende formative Selbst-Assessment (Typ 2), bei dem Lernende ein Merkmal der Zieldarstellung lediglich identifizieren und die eigene Lösung diesbezüglich als richtig oder falsch bewerten, tritt in Verbindung mit der Test-Musterlösung neunmal, bei Üben sechs b) zehnmal auf. Eine zusätzliche Reflexion der Musterlösung (FSA-Typ 3) wird bei drei bzw. sieben Proband:innen beobachtet. Zum Beispiel deutet Christoph den steileren Abschnitt des Lösungsgraphen zu Üben sechs b), der die Beziehung von Füllmenge und Füllhöhe für den schmaleren Hals der abgebildeten Vase darstellt, im Sachkontext: *„[Betrachtet Simulation.] Ach, klar! Da ist mir jetzt auch aufgefallen, was ich nicht beachtet habe. Wir haben oben [zeigt auf Flaschenhals] noch das eine Stück.* (Christoph 14:23–14:32). Anschließend geht der Student zur Aufgabenbearbeitung zurück und korrigiert seine Antwort. Darüber hinaus sind relativ viele Fälle zu beobachten (jeweils zehn), bei denen verlinkte Darstellungen – wie bei Anika – nicht nur zur Reflexion der Musterlösung, sondern auch der eigenen Aufgabenbearbeitung führen (FSA-Typen 5 und 6). Demzufolge kann die Nutzung des SAFE Tools metakognitive Aktivitäten anregen, die oftmals in einem Erkenntnisgewinn resultieren. Dies demonstrieren folgende Beispiele.

Simon modelliert in seiner Test-Lösung das Anfahren des Radfahrers nicht und geht davon aus, dass sich die Geschwindigkeit zu Beginn einer neuen Teilsituation abrupt ändert und dann über das gesamte Zeitintervall konstant bleibt (stückweise Kovariationsvorstellung; s. Abschnitte 8.4.1 und 8.4.2). Beim Betrachten der Musterlösung startet und stoppt der Student die verlinkte Darstellung mehrfach, um sowohl den Lösungsgraphen als auch die eigene Aufgabenbearbeitung zu reflektieren:

> *„[Startet Simulation. Stoppt Simulation als das Fahrrad beginnt bergauf zu fahren.] Okay, also das Erste, was ich gesehen habe ist, dass jetzt angenommen wird, dass nicht, also dass er nicht direkt mit gleicher Geschwindigkeit losfährt, sondern das von zu Hause Losfahren ist auch ein eigener Zeitabschnitt. Das heißt, dass man das, also man muss das mit berechnen, dass er erst anfahren muss und nicht direkt auf einer Geschwindigkeit ist. [Startet Simulation. Stoppt Simulation als das Fahrrad auf dem Hügel stehenbleibt.] Okay, und dann wird auch wieder, wenn der den Hügel hochfährt, dass er nicht direkt auf der Geschwindigkeit ist, wo er den Hügel hochfährt, sondern dass er, dass die Geschwindigkeit versetzt langsamer wird. Also ist es nicht konstant, wie er den Hügel hochfährt. [Startet Simulation.]"* (Simon 03:46–04:44)

In diesem Transkriptausschnitt wird deutlich, dass Simon die verlinkte Darstellung jeweils zur Identifikation bestimmter Merkmale des Graphen in der Musterlösung nutzt, die er im Hinblick auf die funktionale Abhängigkeit zwischen Zeit und Geschwindigkeit deutet (Beurteilungskriterium verstehen). Zunächst stellt er fest, dass der präsentierte Zielgraph mit einem steigenden Graph-Abschnitt beginnt, den er als Modellierung des Anfahrens erkennt. Anschließend geht er darauf ein, dass *„die Geschwindigkeit versetzt langsamer wird"*, d. h. er fokussiert den relativen Wert der Steigung. Zudem vergleicht er diese Beurteilungskriterien jeweils mit seiner eigenen Argumentation. Der Student interpretiert den ersten, konstanten Abschnitt des eigenen Zielgraphen: *„also dass er nicht direkt mit gleicher Geschwindigkeit losfährt"*, und sieht, dass er die Geschwindigkeitsänderung anders modelliert hat. Allerdings erkennt Simon für das zweite Beurteilungskriterium nicht, dass er graphisch die Funktionseindeutigkeit missachtet hat. Stattdessen schiebt er die abweichende Form seines Zielgraphen auf die durchaus legitime Modellierungsannahme, dass der Radfahrer mit konstanter Geschwindigkeit bergauf oder -ab fährt (korrektes Merkmal missachten). Daher ist sein formativer Selbst-Assessmentprozess bzgl. des „Grad der Steigung" als FSA-Typ 5 einzustufen, wohingegen FSA-Typ 6 zur Identifikation und Aufklärung der fehlenden Modellierung genutzt wird. Insgesamt initiiert die verlinkte Darstellung aber in beiden Fällen, dass sich der Proband kognitiv wie metakognitiv mit dem Lerngegenstand auseinandersetzt.

In ähnlicher Weise nutzt auch Emre die verlinkte Repräsentation in der Musterlösung, um einen Fehler seiner Test-Bearbeitung durch einen diagnostizierenden formativen Selbst-Assessmentprozess (Typ 6) aufzudecken. Der Student skizziert das Anfahren und konstante Fahren auf der Straße korrekt, wird ab dem Hochfahren aber durch visuelle Situationseigenschaften abgelenkt und begeht für die restliche Situation den Graph-als-Bild Fehler (s. Abschnitt 8.4.2). Nachdem er sich die Simulation komplett angesehen hat, äußert der Student:

> *„Ja, also hier [zeigt auf den ersten fallenden Graph-Abschnitt der Musterlösung] war jetzt genau das, wo vorhin mein Fehler war! Ich hatte vorhin sofort hoch gezeichnet, weil er ja auf einen Berg hochfährt, aber die Geschwindigkeit ist ja meistens eigentlich nicht mehr so hoch, also er fährt nicht mehr so schnell wie vorher, weil er auf den Berg erstmal hochfahren muss, und deshalb geht das [zeigt entlang des ersten fallenden Graph-Abschnitts] auch eigentlich richtig runter. Und dann [zeigt entlang des stark steigenden Graph-Abschnitts der Musterlösung] wieder hoch eigentlich, weil wenn man von oben nach unten fährt, fährt man viel schneller eigentlich runter und deshalb geht auch die Geschwindigkeit hoch. Und das ist halt der Unterschied [zeigt erst auf die situative und dann die graphische Darstellung], den ich vorhin im Kopf eigentlich auch so hatte, aber ich konnte das mir nicht so vorstellen [zeigt auf den Funktionsgraphen]."*
> (Emre 06:06–06:45)

Emre reflektiert hier nicht nur den Lösungsgraphen in Bezug zur funktionalen Abhängigkeit, z. B. deutet er den fallenden Graph-Abschnitt als Geschwindigkeitsabnahme beim Hochfahren. Darüber hinaus erkennt der Student die Verwechslung von visuellen Situationseigenschaften mit dem Funktionsgraphen als Fehlerursache. Schließlich beschreibt er sein Problem, gleichzeitig die Ausgangssituation visualisieren und diese in eine graphische Darstellung übersetzen zu müssen. Demnach unterstützt ihn die verlinkte Repräsentation in seinem Darstellungswechsel dadurch, dass kognitive Ressourcen, die der Student für die Visualisierung der Situation aufgebracht hat, durch die Verlinkung der Darstellungen frei werden, damit er die Kovariation der funktionalen Abhängigkeit fokussieren kann.

Aus Tabelle 8.7 geht hervor, dass die Proband:innen verlinkte Darstellungen ähnlich häufig zur Identifikation wie zum Verstehen eines Beurteilungskriteriums nutzen (27 bzw. 30 Mal). Eine Interpretation der eigenen Argumentation (wie bei Anika, Simon und Emre) ist etwa halb so oft zu beobachten, wie das reine Wahrnehmen und Evaluieren eigener diagnostischer Informationen (wie bei Christoph).

Schließlich sind vier Fälle aufgetreten, bei denen Studierende eine verlinkte Repräsentation nutzen, um eine Korrektur der eigenen Aufgabenbearbeitung vorzunehmen.

Potentiale der Checkpunkte

Die Vorgabe inhaltsbezogener Beurteilungskriterien wird im SAFE Tool durch die fünf Checkpunkte realisiert (s. Abschnitt 8.2.3). Tabelle 8.7 ist zu entnehmen, dass elf Videosequenzen ausfindig gemacht wurden, in denen ein Beurteilungskriterium beim Lesen eines Checkpunkts missverstanden wird. Dies betrifft je dreimal die Checkpunkte zwei (Steigungsart) und drei (Graph-als-Bild). Fünfmal wird der vierte Punkt missverstanden, mit dem die Funktionseindeutigkeit überprüft werden soll. In erster Linie nutzen die Proband:innen diese Toolelemente aber zur Bewertung der eigenen Test-Bearbeitungen. Dabei werden die Checkpunkte häufig betrachtet, um eine Selbst-Evaluation vorzunehmen sowie explizit sichtbar zu machen (116 Mal). Beispielsweise liest Mahira den dritten Checkpunkt, äußert daraufhin ihre Selbstbeurteilung und hält ihre Entscheidung durch das Abhaken fest: „*[Liest CP3: ‚Ich habe richtig erkannt, dass der Graph nicht wie die Straße und der Hügel aussieht.'] Ja, das habe ich erkannt. [Hakt CP3 ab.].*" (Mahira 07:38–07:46). Hier werden zwei weitere Rollen des Checkpunkts im verifizierenden Assessmentprozess (FSA-Typ 2) der Probandin sichtbar. Um ihre Aufgabenbearbeitung zu evaluieren, nimmt die Studentin anhand der Aussage offenbar wahr, dass die Form des Graphen von einer Skizze der Fahrradstrecke abweichen muss. Das heißt, Mahira identifiziert ein Beurteilungskriterium. Eine solche gemeinsame Kodierung der Kategorien „Beurteilungskriterium" und „Beurteilungskriterium identifizieren" tritt insgesamt 60 Mal auf. Um eine Übereinstimmung mit der vorgegebenen Aussage festzustellen, muss sich Mahira letztlich an die Form ihres Lösungsgraphen erinnern. Das bedeutet, sie erfasst diagnostische Informationen bezüglich der Form ihres Graphen. Dies kommt in den Interviews 88 Mal vor.

Oftmals nutzen Lernende zur Betrachtung der eigenen Aufgabenbearbeitung aber auch die multiple Darstellung im Check. In diesen Fällen werden die Checkpunkte zur Identifikation eines Beurteilungskriteriums herangezogen. Anschließend betrachten die Proband:innen die abgebildeten Graphen, um eigene diagnostische Informationen zu erfassen und/oder zu interpretieren. Abschließend fokussieren sie erneut den Checkpunkt, um eine Selbst-Evaluation vorzunehmen. Dieser Prozess kann etwa bei Elena beobachtet werden: „*[Liest CP2: ‚Ich habe richtig erkannt, wann der Graph steigt, fällt oder konstant bleibt.' Blickt zur multiplen Darstellung.] (.) Joa, nicht ganz, weil [zeigt auf den konstanten Abschnitt der Musterlösung, der das Fahren auf der Straße modelliert, und gleichzeitig auf die Stelle in ihrem Graphen, der dort keine Konstante enthält] die gleichbleibende Geschwindigkeit das habe ich nicht erkannt. [Kreuzt CP2 an.]"* (Elena 03:33–03:45). Die Studentin nutzt demnach einen zielreflektierenden FSA-Prozess (Typ 3) zur Beurteilung ihrer Test-Antwort. Dieselbe Nutzung eines Checkpunkts sowie der multiplen Darstellung kann aber auch andere Typen formativer Selbstdiagnosen auslösen. Zum Beispiel ist in Mirjas Interview ein diagnostizierendes formatives Selbst-Assessment (Typ 6) erkennbar: *„[Liest CP1: ,Ich habe richtig erkannt, dass der Graph dreimal den Wert null erreicht.' Blickt zur multiplen Darstellung.] Ähm, ja da ich jetzt davon ausgegangen bin, dass er direkt mit einer bestimmten Geschwindigkeit losgeht [zeigt auf den ersten, konstanten Graph-Abschnitt ihrer Lösung], würde ich hier [zeigt auf CP1] dann ,nein' sagen, weil ich hab dann hier nur die beiden Nullstellen [zeigt auf die Nullstellen ihres Lösungsgraphen. Kreuzt CP1 an.]."* (Mirja 05:52–06:11). Obwohl die Studentin nur den abweichenden Graph-Abschnitt ihrer Lösung bzgl. des funktionalen Zusammenhangs interpretiert, wird durch ihre Aussage und Gestik ersichtlich, dass sie Nullstellen mit einem Geschwindigkeitswert von null verbindet. Daher ist nicht nur von der Reflexion ihrer eigenen Argumentation, sondern auch vom Verstehen des Beurteilungskriteriums auszugehen.

Für diese beiden Teilschritte formativer Selbst-Assessments setzen Proband:innen stellenweise auch die Checkpunkte ein. Insgesamt können 27 Kode-überschneidungen zur Kategorie „Beurteilungskriterium verstehen" und 17 zur Kategorie „Diagnostische Informationen interpretieren" festgestellt werden. Ers-teres ist etwa bei Mahiras Nutzung des vierten Checkpunkts erkennbar: *„[Liest CP4: ,Ich habe richtig erkannt, dass es bei dem Graphen zu jedem Zeitpunkt nur eine Geschwindigkeit gibt und nicht mehrere.'] Ja, das habe ich auch erkannt, weil das macht ja eine Funktion aus, dass es zu jedem x-Wert nur einen y-Wert gibt. [Hakt CP4 ab.]"* (Mahira 07:46–08:05). Da sie die Bedeutung des vorgegebenen Beurteilungskriterium reflektiert, braucht die Studentin den Checkpunkt hier für ein formatives Selbst-Assessment des Typs 3. Die Deutung eigener diagnostischer Informationen wird z. B. bei Rene erkennbar, der den zweiten Checkpunkt für ein selbstreflektierendes formatives Selbst-Assessment (Typ 4) verwendet: *„[Liest CP2 bzgl. Steigungsarten.] Ja gut, die Anfangsbeschleunigung habe ich jetzt außer Acht gelassen, aber eigentlich vom Prinzip habe ich es trotzdem verstanden. [Hakt CP2 ab.]"* (Rene 02:56–03:10). Durch seine Reflexion wird dem Studenten bewusst, dass er den ersten Teil der Ausgangssituation nicht in seinem Graphen repräsentiert hat. Dennoch entscheidet er sich dazu, das Beurteilungskriterium abzuhaken, weil ihm bewusst sei, wann ein Graph steigt, fällt oder konstant bleibt.

Eine Korrektur eigener Aufgabenbearbeitungen wird schließlich nur dreimal während einer Nutzung eines Checkpunkts beobachtet. Dazu nutzen Lernende im Vergleich häufiger eine interaktive Darstellung oder Musterlösung (s. Tabelle 8.7).

Potentiale von Musterlösungen

Musterlösungen werden den Nutzer:innen für jede Aufgabe im SAFE Tool präsentiert. Da ihnen kein direktes Feedback bzgl. der eigenen Antworten bereitgestellt wird, sollen sich Lernende anhand der Musterlösungen selbst beurteilen. Dabei bestehen die präsentierten Aufgabenlösungen häufig aus einer verbalen Erklärung sowie einer graphischen Darstellung, die teilweise interaktiv oder verlinkt ist. Allein bei den beiden Erweitern-Aufgaben werden ausschließlich Lösungsgraphen ohne verbale Erläuterungen bereitgestellt. Aus diesem Grund stimmen die Potentiale der Musterlösungen zur Unterstützung der Lernenden beim formativen Selbst-Assessment größtenteils mit denen der zuvor betrachteten Darstellungsformen überein. In den Interviews des dritten Entwicklungszyklus wurden Musterlösungen 216 Mal von Proband:innen zum Identifizieren eines Beurteilungskriteriums genutzt. In 175 Fällen wurde das Beurteilungskriterium reflektiert und nur zwölfmal führte die Betrachtung einer Musterlösung zum Missverstehen. Proband:innen erfassten 334 Mal eigene diagnostische Informationen anhand einer präsentierten Aufgabenlösung und nahmen 387 Mal eine Selbst-Evaluation vor. Die Interpretation eigener diagnostischer Informationen konnte 86 Mal durch das Betrachten von Musterlösungen hervorgerufen werden. Schließlich wurde elfmal beobachtet, dass Lernende eigene Aufgabenbearbeitungen anhand der Musterlösungen korrigieren (s. Tabelle 8.7). Insgesamt zeigt sich, dass Lernende die Musterlösungen für zahlreiche Teilschritte ihrer formativen Selbst-Assessments einsetzen, wobei eine Klärung der Fragen „Wo möchte ich hin?" und „Wo stehe ich gerade?" im Fokus stehen.

Potentiale themenspezifischer Informationen

Die fünf Info-Einheiten des SAFE Tools stellen Lernenden themenspezifische Informationen bereit, die zum Wiederholen bestimmter Inhalte nach dem Feststellen eines Fehlers dienen. Die Interviews im dritten Entwicklungszyklus zeigen, dass Proband:innen die Infos genauso häufig unkommentiert durchlesen bzw. betrachten (12 Mal), wie sie zur Reflexion zu nutzen (11 Mal). Dabei können folgende Teilschritte formativen Selbst-Assessments beobachtet werden. Am häufigsten wird eine themenspezifische Information genutzt, um eine Musterlösung bzw. ein Beurteilungskriterium nachzuvollziehen. Eine Überschneidung der Kodierungen „Themenspezifische Information" und „Beurteilungskriterium verstehen" tritt 14 Mal auf (s. Tabelle 8.7). Beispielsweise erkennt Jessica beim Lesen von Info drei, *„dass ein Graph keine Skizze ist. Also, dass der halt nur angibt, wie sich die Geschwindigkeit ändert und nicht die Strecke, die gefahren wird."* (Jessica 07:06–07:41). Die Studentin erfasst demnach ein mögliches Beurteilungskriterium zum Graph-als-Bild Fehler, auch wenn sie diese Information nicht auf ihren eigenen Lösungsgraphen beim Test bezieht. Ebenso kann die Probandin beim Lesen von Info vier die Eindeutigkeit als wichtige Funktionseigenschaft begreifen: *„Okay, also hier wird erklärt, dass wenn es zu jedem x-Wert genau einen y-Wert gibt, dass das dann ein funktionaler Zusammenhang ist. Also es gibt halt immer zu einem Zeitpunkt nur eine Geschwindigkeit."* (Jessica 11:33–12:03).

Seltener werden die bereitgestellten Infos verwendet, um auch eigene diagnostische Informationen zu erfassen und zu evaluieren (7 Mal). In diesen Fällen erinnern sich die Lernenden an ihre Test-Lösungen und vergleichen Merkmale der Musterlösung, welche sie beim Betrachten der Info-Einheit nachvollzogen haben, mit ihrem eigenen Zielgraphen. Zum Beispiel ist ein solcher zielreflektierender formativer Selbst-Assessmentprozess (Typ 3) im Interview von Mirja zu beobachten. Die Studentin liest Info eins und nutzt die interaktive Darstellung darin, um zu reflektieren, wann ein Graph eine Nullstelle hat. Daraufhin identifiziert sie einen Fehler der eigenen Test-Bearbeitung: *„[Liest Info eins. Klickt auf den Button mit der Ziffer eins, welcher die Erklärung bzgl. der ersten Nullstelle im Graphen öffnet. Liest: ‚Bevor er losfährt, ist seine Geschwindigkeit 0 km/h.] Genau, den [Nullpunkt] hatte ich ja dann nicht. [Zeigt auf Punkt (0 | 0).]"* (Mirja 07:21–08:01). Dreimal gelingt es Lernenden darüber hinaus eigene diagnostische Informationen zu interpretieren. Bei ihnen löst das Betrachten einer Info einen diagnostizierenden formativen Selbst-Assessmentprozess aus (Typ 6). Dies kann in Mirjas Interview z. B. in Bezug zu Info zwei beobachtet werden: *„[Liest Info zwei. Nutzt interaktive Darstellung, um Erklärungen für einzelne Graph-Abschnitte aufzurufen. Liest: ‚Wenn Niklas losfährt, wird er schneller. Die Geschwindigekeit wird mit der Zeit größer.'] Genau, das war ja dann mein Fehler, dass ich hier dann direkt die Konstante durchgezogen habe [deutet konstant hohen Graph-Abschnitt an]. Also, das [zeigt auf steigenden Graph-Abschnitt] hätte mir dann noch gefehlt."* (Mirja 18:30–18:51). Dadurch, dass die Probandin auf den steigenden Graph-Abschnitt zeigt und sagt, dass ihr dieser noch gefehlt habe, wird in Mirjas Beispiel auch die Korrektur ihrer eigenen Antwort sichtbar. Dies kann im Zusammenhang mit den Infos allerdings nur zweimal festgestellt werden (s. Tabelle 8.7).

Potentiale der Hyperlinkstruktur

Die Verwendung der Hyperlinkstruktur wird immer dann in den Kodierungen festgehalten, wenn sich Lernende selbstständig im SAFE Tool bewegen und damit ihre Selbstregulation zeigen. Insgesamt kann die Kategorie in den Interviews 256 Mal gefunden werden. Beispielsweise wenn Proband:innen eigenständig von der Musterlösung zur Test-Aufgabe zum Check weitergehen oder die Musterlösung zu einer Übungsaufgabe öffnen. In den Selbst-Assessmentprozessen spielt die Hyperlinkstruktur besonders in Bezug auf die Frage „Wo möchte ich hin?" eine Rolle. So nutzen die Proband:innen die Hyperlinkstruktur des SAFE Tools 21 Mal, um zu einer Aufgabenbearbeitung zurückzukehren, um diese zu wiederholen oder eine Korrektur vorzunehmen. Beispielsweise geht Celine nach dem Betrachten der Test-Musterlösung eigenständig zum Test zurück, sieht sich die Aufgabenstellung erneut an, löscht ihre vorherige Aufgabenlösung und skizziert einen neuen Lösungsgraphen. Anschließend navigiert sie sich erneut zur Musterlösung (Celine 03:55-05:09). Zudem kann 117 Mal beobachtet werden, dass Lernende die Hyperlinkstruktur dazu nutzen, eine neue Info-Einheit oder Übungsaufgabe für ihre Selbstförderung auszuwählen. Nach dem Check klickt Simon z. B. nach einem Hinweis der Interviewleitung auf den „Wie geht es weiter?"-Button und entscheidet sich bewusst für eine Übungsaufgabe: *„Ah, okay. Jetzt kann ich Sachen, die ich falsch gemacht habe, üben. Dann machen wir das doch mal. [Wählt Üben 2 aus.]"* (Simon 08:55–09:03). Beim formativen Selbst-Assessment unterstützt die Hyperlinkstruktur Lernende demnach in ihrer selbstregulativen Auswahl der als nächstes zu betrachtenden Fördermaterialien.

Potentiale neuer Aufgabenformate

Das Aufgabenformat „Auswahl" wird im SAFE Tool beim Üben drei bis fünf eingesetzt. Dabei werden Lernenden jeweils Antwortoptionen vorgegeben, die sie durch Antippen auswählen können. Das Format „Zuordnen" findet beim Üben zwei und Üben sechs a) Verwendung. Hierbei können graphische Abbildungen per Drag-and-drop einer Situationsbeschreibung oder Vasenabbildung zugewiesen werden (s. Abschnitt 8.2.5). Im formativen Selbst-Assessmentprozess setzen Lernende diese Toolelemente hauptsächlich ein, um das eigene (funktionale) Denken zum Ausdruck zu bringen (36 Mal, s. Tabelle 8.7). Dass die Proband:innen durch ihre Nutzung dieser Aufgabenformate die eigene Argumentation ausdrücken, wird etwa ersichtlich, wenn man sich ihre Antworten zu den „Zuordnen"-Aufgaben ansieht (s. Anhang 11.10 im elektronischen Zusatzmaterial). Während der Bearbeitung dieser Übungen haben Lernende 19 Mal die Zuordnung eines Graphen zu einer Situation verändert. Die intuitive Bedienung dieser Aufgabenformate ermöglicht somit nicht nur beim Feststellen eines Fehlers (3 Mal), sondern auch während der Aufgabenbearbeitung eine einfache Korrektur.

Ein großes Potential der „Zuordnen"-Aufgaben wird in Renes Interview sichtbar. Als er seine Antworten zu Üben sechs a) mit der Musterlösung vergleicht, stellt der Student fest, dass er für Vase vier (umgedrehter Kegel) einen falschen Füllgraphen ausgewählt hat. Daraufhin schiebt er den korrekten Graphen in das Antwortfeld über der Vase, um so direkt die situative und graphische Repräsentation vergleichen zu können. Anschließend liest er sich die Erklärung in der Musterlösung durch und betrachtet erneut die Zuordnung. Dabei deutet er den Lösungsgraphen bzgl. der funktionalen Abhängigkeit und erklärt, warum ihm Graph F als Antwort nicht passend erschien: *„[Sieht sich die Musterlösung zu Üben 6a an und vergleicht durch Ein-/Ausklappen die eigenen Zuordnungen.] Ist aber denke ich- nein! Die beiden sind falsch. [Schiebt seine Antworten zu den Vasen vier und sechs zurück in die Graphenleiste und platziert die in der Musterlösung zugeordneten Füllgraphen in die Antwortfelder.] (...) Also bei F hätte ich jetzt hier nicht gedacht [zeigt auf den nahezu konstanten Graph-Abschnitt am Ende von Graph F], dass bei der Füllmenge so lange dieselbe Höhe geblieben ist."* (Nils 29:40–30:25). Obwohl eine solche Nutzung des Aufgabenformats zum Verstehen eines Beurteilungskriteriums bzw. Lösungsgraphen beim Selbst-Assessment nur zweimal auftritt (s. Tabelle 8.7), sind Erkenntnisgewinne durch die unmittelbare Nähe der situativen und graphischen Darstellung während einer Aufgabenbearbeitung häufiger zu beobachten.[16] Zum Beispiel ordnet Amelie Vase vier zunächst Graph A (schnell, langsam, schnell steigend) zu. Als sie den Graphen oberhalb der Vase platziert hat, vergleicht sie noch einmal die Passung ihrer Zuordnung. Offenbar erkennt die Studentin, dass bei Graph A die Füllhöhe am Ende wieder schneller mit der Füllmenge steigt, was nicht zur Vase passt, die nach oben immer breiter wird: *„Dann habe ich hier [zeigt auf Vase 4] am Anfang schneller und hinterher langsamer. [Ordnet Graph A zu.] Es wird hier schneller [zeigt entlang des ersten Abschnitts von Graph A] und dann- [zeigt auf die beiden anderen Graph-Abschnitte] Ach, ne! [Schiebt Graph A zurück in die Graphenleiste. Zeigt entlang Vase 4.] Am Anfang wird es schneller und danach wird es langsamer, weil die Fläche größer wird. Das heißt, der Graph würde passen [Ordnet Graph F zu. Zeigt entlang Graph F.] Es geht erst sehr schnell und dann wird es immer langsamer."* (Amelie 30:26–31:04). Vermutet werden kann, dass die Platzierung der Antworten, Lernende zu wechselseitigen Darstellungswechseln zwischen den Repräsentationen anregt und diese durch die räumliche Nähe unterstützt.

Zusammenfassung

Die Nutzung des SAFE Tools durch die Proband:innen des dritten Zyklus zeigt zahlreiche Potentiale zur Unterstützung formativer Selbst-Assessments. Dabei verwenden Lernende das digitale Tool bei allen Teilschritten ihrer Diagnosen. Tabelle 8.8 fasst zusammen, welche Toolelemente jeweils für eine spezifische metakognitive oder selbstregulative Handlung eingesetzt werden.

Die in verschiedenen Übungen verwendeten interaktiven Darstellungen sowie neuen Aufgabenformate dienen hauptsächlich dem (nonverbalen) Ausdruck des eigenen (funktionalen) Denkens. Lernende nutzen diese Elemente, um Antworten zu generieren und seltener auch zu korrigieren. Vermutet werden kann darüber

---

[16] Die Kategorien zum formativen Selbst-Assessment werden nicht während der Bearbeitungsprozesse kodiert (s. Abschnitt 5.6.2).

Tabelle 8.8 Nutzung spezifischer Designelemente beim formativen Selbst-Assessment

Nutzung des SAFE Tools beim FSA	Designelemente
Wo möchte ich hin?	
• Aufrufen einer Musterlösung	Hyperlinkstruktur
• Identifikation eines Beurteilungskriteriums	Checkpunkte, Musterlösungen (inkl. multiple, interaktive & verlinkte Dar.)
• Reflexion einer Musterlösung/ eines Beurteilungskriteriums	Checkpunkte, Musterlösungen (inkl. multiple, interaktive & verlinkte Dar.), themenspezifische Informationen, neues Aufgabenformat (Zuordnung)
Wo stehe ich gerade?	
• (Nonverbaler) Ausdruck des eigenen (funktionalen) Denkens	Interaktive Darstellung, neue Aufgabenformate (Auswahl, Zuordnung)
• Erfassen eigener diagnostischer Informationen	Multiple, interaktive & verlinkte Darstellungen, Checkpunkte, Musterlösungen, themenspezifische Informationen
• Reflexion eigener diagnostischer Informationen	Multiple, interaktive & verlinkte Darstellungen, Checkpunkte, Musterlösungen, themenspezifische Informationen
• Selbst-Evaluation	Checkpunkte, Musterlösungen (inkl. multiple, interaktive & verlinkte Dar.)
• Explikation der Selbst-Evaluation	Checkpunkte
Wie komme ich dahin?	
• Korrektur/Wiederholung eigener Aufgabenbearbeitung	Hyperlinkstruktur, interaktive Darstellung, neue Aufgabenformate (Auswahl, Zuordnung), Musterlösungen (inkl. multiple, interaktive & verlinkte Dar.)
• Auswahl einer neuen Information/ Übungsaufgabe	Hyperlinkstruktur

hinaus, dass Aufgaben, die eine räumlich nahe Abbildung verschiedener Funktions-repräsentationen per Drag-and-drop ermöglichen, Darstellungswechsel anregen.

Die verlinkten Darstellungen, die in zwei Musterlösungen auftreten, werden von den Lernenden am häufigsten zum Erfassen und Evaluieren eigener diagnostischer Informationen verwendet. Eine Reflexion der dazu genutzten Beurteilungskriterien sowie der eigenen Aufgabenbearbeitung kommt in etwa der Hälfte der Fälle vor.

Die multiple Darstellung im Check wird oftmals zur Identifikation eigener diagnostischer Informationen verwendet. Dahingegen werden multiple Darstellungen in den Infos oder Musterlösungen auch zum Ausfindigmachen von Beurteilungskriterien oder zur Selbst-Evaluation genutzt. Positiv scheint, dass Lernende Bezugsnormen zur eigenen Beurteilung anhand von multiplen Darstellungen etwa doppelt so häufig reflektieren, wie diese lediglich zu identifizieren. Die Interviews zeigen, dass eine Reflexion oftmals nach dem Feststellen eines Fehlers auftritt. Das heißt, Lernende versuchen selbstständig eine Musterlösung nachzuvollziehen und Fehlerursachen ausfindig zu machen.

Für die Checkpunkte ist eher eine reine Verifikation eigener Antworten zu beobachten. Dabei wird ein Beurteilungskriterium identifiziert, dessen Auftreten in der eigenen Lösung erfasst und anschließend bewertet. Allerdings scheint beim Check besonders die Kombination aus vorgegebenen Beurteilungskriterien und der multiplen Darstellung zielführend. Während Lernende die Checkpunkte oftmals zum

Identifizieren eines Evaluationskriteriums einsetzen, wird die Abbildung betrachtet, um eigene diagnostische Informationen zu erfassen oder Reflexionen bzgl. des Lernziels und/oder der eigenen Bearbeitung vorzunehmen. Schließlich wird die resultierende Selbstbewertung durch das Abhaken oder Ankreuzen des Checkpunkts ausgedrückt.

Die Info-Einheiten werden insgesamt relativ selten von den Proband:innen eingesetzt. Im Falle einer Nutzung dienen sie überwiegend der Reflexion eines Lernziels und werden nur etwa halb so oft auf eigene Aufgabenbearbeitungen bezogen.

Letztlich wird die Hyperlinkstruktur des digitalen Mediums gebraucht, um selbstregulativ zu agieren. Darüber werden Musterlösungen zur Überprüfung eigener Antworten geöffnet, neue Fördermaterialien zur Weiterarbeit ausgewählt oder seltener auch Bearbeitungen zur Korrektur aufgerufen.

Neben diesen Potentialen werden durch die Interviews vier mögliche Gefahren einer Nutzung des SAFE Tools für das formative Selbst-Assessment sichtbar. Tabelle 8.6 zeigt, dass die Proband:innen häufiger Schwierigkeiten mit der Bedienung des digitalen Mediums hatten. Dies stellt eine Hürde für ihre Eigenständigkeit und Selbstregulation während der Diagnose und Förderung dar. Zudem wurden interaktive Elemente im Tooldesign teilweise übersehen. Dadurch verpassen es die Proband:innen eventuell Reflexionen bzw. Selbst-Assessments durchzuführen, welche durch die übersprungenen Inhalte initiiert werden könnten. Schwerwiegender scheint die automatische, geradlinige Verbindung, die beim Plotten eines Punktes in das Zeichenfeld der „Graph skizzieren"-Aufgaben generiert wird. Die Datenanalyse zeigt, dass hierdurch diagnostische Informationen über den Kenntnisstand der Lernenden verdeckt und Fehler im schlimmsten Fall übersehen werden. Letztlich erweist sich die Gestaltung der Musterlösungen bei Modellierungsaufgaben als hinderlich. Einige Proband:innen erfassten nicht, dass es sich jeweils nur um eine mögliche Lösung handelt, die von den Modellierungsannahmen abhängt. Ihr formatives Selbst-Assessment wird demnach behindern, weil keine geeigneten Beurteilungskriterien identifiziert werden.

8.5   Implikationen zur möglichen Weiterentwicklung des SAFE Tools

Insgesamt zeigen die Interviews im dritten Entwicklungszyklus, dass das Tooldesign der iPad App im Vergleich zur TI-Nspire™ Version erhebliche Vorteile mit sich bringt. Die Lernenden konnten nach wenigen Hinweisen selbstständig mit der Hyperlinkstruktur des SAFE Tools umgehen. Zudem funktioniert der Selbst-Check durch die Möglichkeit, jeden Checkpunkt abzuhaken oder anzukreuzen ohne Probleme. Des Weiteren wählten Lernende häufig passende Fördereinheiten aufgrund ihres Checks, sodass das Tool sie in ihrer Selbstregulation unterstützt. Die Bedienung der Aufgabenformate erweist sich als intuitiv und die Platzierung der Musterlösungen ermöglicht einen einfachen Vergleich mit eigenen Antworten. Nichtsdestotrotz wurden einigen Schwierigkeiten der Lernenden im Umgang mit dem Tool ausfindig gemacht. Um Nutzer:innen auf alle interaktiven Elemente, das Abhaken der Checkpunkte nach Beenden einer Fördereinheit oder die Platzierung der Musterlösungen aufmerksam zu machen, empfiehlt sich daher ein kurzes Training im Vorfeld der Toolnutzung (s. Abschnitt 8.4.4). Darüber hinaus können folgende Vorschläge für eine mögliche Weiterentwicklung des SAFE Tools abgeleitet werden:

- *Bedienung & Navigation:* Tabelle 8.6 ist zu entnehmen, dass Lernende recht häufig versuchen, das SAFE Tool über die Kopfzeile anstatt der Navigationsleiste am unteren Bildschirmrand zu bedienen. Daher wäre eine Platzierung der Navigation im oberen Bildschirmbereich womöglich von Vorteil.
- *Aufgabenformat „Graph skizzieren":* Insbesondere in Bezug auf die Test-Aufgabe fällt auf, dass einige Proband:innen die Drop-down-Menüs zur Achsenbeschriftung übersehen. Diese könnten mit „Achse hier beschriften" bezeichnet werden anstatt sie lediglich mit „x" bzw. „y" zu kennzeichnen (s. Abbildung 8.3). Darüber hinaus sollte die Eingabe eines Graphen bereits neben den Koordinatenachsen erfolgen. Proband:innen hatten wiederholt das Problem, dass ein gezeichneter Graph vom Tool nicht angezeigt wurde, wenn sie etwa versuchten, im Ursprung mit dem Skizzieren zu beginnen (s. Tabelle 8.6). Auf diese Weise könnte beim Erweitern auch die Achsenskalierung direkt von den Nutzer:innen vorgenommen werden. Obwohl es den meisten Proband:innen gelingt, die Koordinatenachsen über die Eingabe eines maximalen Achsenwerts zu skalieren, bemängelten einige die Ungenauigkeit, die durch eine automatische Vierteilung der Achsen hervorgerufen werden kann (s. Abbildung 8.18). Des Weiteren könnte zur Korrektur des eigenen Graphen neben dem „Mülleimer"-Button, über den Lernende ihren gesamten Graphen löschen können, auch ein „Radiergummi" zur gezielten Ausbesserung einzelner Abschnitte integriert werden. Beispielsweise fällt bei Meike auf, dass sie sich darüber ärgert, dass ihr gesamter Graph gelöscht wird, obwohl sie nur den letzten Abschnitt anpassen wollte: *„Kann man das ein bisschen wegmachen, weil das ist jetzt? (I: Ja [zeigt auf Mülleimer-Symbol] hier.) [Klickt auf Mülleimer und löscht ihren Graphen.] Oh!"* (Meike 02:14– 02:20). Schließlich darf das Tool nicht automatisch geplottete Punkte mit zuvor skizzierten Graph-Abschnitten der Lernenden verbinden. Wie im Beispiel von Rene ersichtlich wird, kann das digitale Medium dadurch ein Erfassen diagnosti-

scher Informationen in den Lösungen der Nutzer:innen erschweren (s. Abschnitt 8.4.4).

- *Test*: Die Interviews von Celine, Nils, Cem und Anika zeigen, dass es Lernenden schwerfällt, eigene Kompetenzen anhand der Test-Bearbeitung einzuschätzen, wenn eine von der Musterlösung abweichende funktionale Abhängigkeit betrachtet wird. Die offen formulierte Test-Aufgabe führt in Celines Fall dazu, dass sie einen korrekten Zeit-Entfernungs-Graphen löscht. Nils erkennt die Missachtung des Variablenwerts für den Tiefpunkt der von ihm skizzierten Parabel nicht. Cem bemerkt nicht, dass er nicht von der Geschwindigkeit des Fahrrads, sondern von der Beschleunigung der Pedale ausgeht. Anika versteht nicht, dass ihr Graph keinen funktionalen Zusammenhang zeigt. Diese Fälle lassen vermuten, dass eine geschlossenere Formulierung der eingangsdiagnostischen Test-Aufgabe von Vorteil ist. Dies könnte Lernenden das Selbst-Assessment beim Check erheblich erleichtern.

- *Check*: In den Interviews fällt auf, dass besonders Checkpunkt vier bzgl. der Funktionseindeutigkeit häufiger missverstanden oder nicht in Bezug zur graphischen Darstellung gesetzt wird (s. Abschnitte 8.4.3 und 8.4.4). Aus diesem Grund sollte der Checkpunkt um einen zweiten Satz ergänzt werden: „Ich habe richtig erkannt, dass es bei dem Graphen zu jedem Zeitpunkt nur eine Geschwindigkeit gibt und nicht mehrere. Das bedeutet, dass mein Graph KEINE senkrechten Geraden enthält." Diese Aussage kann – wie bereits beim dritten Checkpunkt – durch eine durchgestrichene Abbildung ergänzt werden, die einen Graphen zeigt, der die Eindeutigkeit nicht erfüllt. Darüber hinaus wird in den Interviews wiederholt ersichtlich, dass Lernende einzelne Teilsituationen einer Ausgangsdarstellung nicht modellieren (s. Tabelle 8.2). Diesbezüglich könnte ein neuer Checkpunkt hinzugefügt werden: „Ich habe alle Teile der Situation in meinem Graphen dargestellt." Eine zugehörige Fördereinheit könnte die Modellierungskompetenzen von Lernenden weiter schulen.

- *Musterlösungen bei Modellierungsaufgaben*: Ebenso wie beim Test kommt es in den Übungsaufgaben, in denen eine Ausgangssituation mithilfe eines Graphen zu modellieren ist (insbesondere Üben 7), häufiger vor, dass Lernende korrekte Lösungen als falsch bewerten. Sie verstehen nicht, dass es sich bei der präsentierten Musterlösung nur um eine mögliche Antwort zur gestellten Aufgabe handelt. Beispielsweise skizziert Simon unter verschiedenen Modellierungsannahmen korrekte Zielgraphen für die Golf-Aufgabe, erkennt aber nicht, dass beide Antworten richtig sein können (Simon 39:49–45:36; s. Anhang 11.10 im elektronischen Zusatzmaterial). Bei der Integration offener Aufgaben sind die Musterlösungen daher so umzugestalten, dass die jeweils getroffenen Modellierungsannahmen präsent werden. Beispielsweise könnten für die Golf-Aufgabe mehrere Annahmen über die Geschwindigkeit des Balls vorgegeben werden, z. B. „Ball bewegt sich mit konstanter Geschwindigkeit" oder „Ball ist beim Abschlag schnell, später durch den Luftwiderstand langsamer und am Ende aufgrund der Erdanziehungskraft wieder schneller". Je nachdem, welche Modellierungsannahme die Nutzer:innen auswählen, könnte ein anderer Lösungsgraph angezeigt werden. Eine derart interaktive Gestaltung von Musterlösungen könnte nicht nur Reflexionsprozesse anregen, sondern auch die Modellierungskompetenzen der Lernenden stärken.

- *Texteingabe*: Bei den Übungsaufgaben, bei denen Lernende ihre Antwort begründen sollen (Üben 1, 2 und 4), verbringen die Proband:innen eine lange Zeit mit dem Eintippen bzw. der Verschriftlichung ihrer Argumentationen. Dies wird z. B. bei Mahiras Bearbeitung von Üben zwei deutlich. Die Lernende löst die Aufgabe korrekt und benötigt dafür insgesamt 14 Minuten und 26 Sekunden. Davon braucht die Studentin alleine 8 Minuten und 25 Sekunden zur Eingabe ihrer Begründungen in die offenen Antwortfelder, obwohl sie ihre Argumentation mündlich bereits offengelegt hat. Auch Meike, die dieselbe Aufgabe in 17 Minuten und 54 Sekunden korrekt löst, benötigt 10 Minuten und 50 Sekunden nur für das Eintippen ihrer Begründungen. Die Bearbeitungszeit könnte in beiden Fällen also um ca. 60 % verkürzt werden, indem das Tooldesign alternative Möglichkeiten zur Lösungseingabe bereitstellt. Denkbar ist etwa eine handschriftliche Eingabe oder eine Diktierfunktion, die mittels Spracherkennung eine mündliche Aussage der Lernenden speichert oder verschriftlicht. Dies könnte besonders sprachlich schwachen Nutzer:innen zu Gute kommen.

Zusammenfassung und Diskussion 9

9.1 Zusammenfassung und Diskussion zentraler Ergebnisse

In den vorherigen Kapiteln 6 bis 8 werden die aufgabenbasierten Interviews der Proband:innen für jeden Entwicklungszyklus und somit jede Version des SAFE Tools (Papier, TI-Nspire™ und iPad App) separat analysiert. Da das (digitale) Tool zur Wiederholung und Wiedererarbeitung einer Basiskompetenz aus der Schulmathematik dient, wurde dessen Einsatz mit Lernenden unterschiedlicher Altersgruppen erprobt. Im ersten Zyklus wurden elf Schüler:innen der achten Jahrgangsstufe befragt. Im zweiten Zyklus nahmen zwei Schülerinnen der zehnten Jahrgangsstufe sowie zwei Studierende im zweiten Bachelor-Fachsemester (Mathematik mit Lehramtsoption) an der Studie teil. Im dritten Zyklus wurden ebenfalls Lernende in der Studieneingangsphase interviewt, die sich im ersten und zweiten Bachelor-Fachsemester desselben Studiengangs befanden (s. Abschnitt 5.4). Im Anschluss erfolgt eine Zusammenfassung und Diskussion zentraler Ergebnisse zu den drei Forschungsfragen dieser Arbeit (s. Abschnitt 5.1.2), welche eine Verknüpfung aller Entwicklungszyklen bezweckt.

Elektronisches Zusatzmaterial Die elektronische Version dieses Kapitels enthält Zusatzmaterial, das berechtigten Benutzern zur Verfügung steht
https://doi.org/10.1007/978-3-658-35611-8_9

© Der/die Autor(en), exklusiv lizenziert durch Springer Fachmedien Wiesbaden GmbH, ein Teil von Springer Nature 2022

H. Ruchniewicz, *Sich selbst diagnostizieren und fördern mit digitalen Medien*,
Essener Beiträge zur Mathematikdidaktik,
https://doi.org/10.1007/978-3-658-35611-8_9

9.1.1   Welche a) Fähigkeiten und Vorstellungen sowie b) Fehler und Schwierigkeiten zeigen Lernende beim situativ-graphischen Darstellungswechsel funktionaler Zusammenhänge?

Ein Ziel der vorliegenden Studie besteht im Erfassen des funktionalen Denkens von Lernenden beim situativ-graphischen Darstellungswechsel. Während zahlreiche empirische Untersuchungen von Fähigkeiten zu Übersetzungen zwischen numerischen, symbolischen und graphischen Funktionsrepräsentationen berichten (z. B. Adu-Gyamfi et al., 2012; Bossé et al., 2011) oder Items einsetzen, die eine Interpretation graphischer Darstellungen erfordern (z. B. Clement, 1985; Hadjidemetriou & Williams, 2002; Kaput, 1992; Leinhardt et al., 1990; Nitsch, 2015), fehlen Untersuchungen zur situationsbasierten Konstruktion von Funktionsgraphen (s. Kapitel 3). Daher gilt es, die Kompetenzen von Lernenden für den Darstellungswechsel von Situation zu Graph sowie die dazu verwendeten Vorstellungen zum Funktionsbegriff zu beschreiben. Darüber hinaus werden fachliche Defizite identifiziert, um einen möglichen Förderbedarf in diesem Themenbereich festzustellen (s. Abschnitt 5.1.1). Zur Beantwortung der ersten Forschungsfrage wird das funktionale Denken der Proband:innen während ihrer Bearbeitung der eingangsdiagnostischen Überprüfen- bzw. Test-Aufgabe im SAFE Tool fokussiert (s. Abschnitte 6.2.2, 7.2.2 und 8.2.2).

F1a) Welche Fähigkeiten und Vorstellungen zeigen Lernende beim situativ-graphischen Darstellungswechsel funktionaler Zusammenhänge?
Die Analysen in den Abschnitten 6.4.1, 7.4.1 und 8.4.1 zeigen, dass die Proband:innen in den ersten beiden Entwicklungszyklen insgesamt über weniger Kompetenzen zum funktionalen Denken verfügen als die Teilnehmer:innen des dritten Zyklus. Dies überrascht nicht, da jeweils Lernende unterschiedlicher Altersstufen befragt wurden (s. o.). Vermutlich hatten die Achtklässler:innen aus dem ersten Zyklus weniger Zeit zur Ausbildung tragfähiger Vorstellungen zum Funktionsbegriff und vielfältiger Kompetenzen zum Darstellungswechsel als die Studierenden, welche im letzten Zyklus untersucht wurden. Dennoch fällt in Bezug auf die gezeigten Fähigkeiten der Lernenden beim situativ-graphischen Darstellungswechsel über alle drei Stichproben hinweg Ähnliches auf:

- *Funktionale Abhängigkeit erfassen*: Während die Mehrheit der Lernenden beim Darstellungswechsel in der eingangsdiagnostischen Aufgabe eine funktionale Abhängigkeit zwischen zwei Größen implizit berücksichtigt, bestimmen diese nur wenige Proband:innen explizit.

  Im ersten Zyklus untersuchen sechs von elf Schüler:innen den Zusammenhang zwischen Zeit und Geschwindigkeit. Dabei gelingt es nur drei von ihnen, diese Größenbeziehung bewusst zu erfassen. Im zweiten Zyklus schafft dies ein Proband, wobei drei von vier Lernenden die funktionale Abhängigkeit implizit betrachten. Im dritten Zyklus können 13 der 16 Studierenden eine zur Test-Aufgabe passende funktionale Abhängigkeit betrachten. Allerdings explizieren nur sechs Proband:innen die Richtung der Abhängigkeit.

- *Ausgangssituation interpretieren*: Fähigkeiten zur Interpretation einer Ausgangssituation sind bei vielen Lernenden (insbesondere im dritten Zyklus) zu beobachten.

  Im ersten Zyklus gelingt es zwei von elf Schüler:innen fehlerfrei, die gegebene Situation bzgl. der funktionalen Abhängigkeit zu deuten. Zwei Proband:innen erkennen stellenweise die Richtung der Geschwindigkeitsveränderung, während drei Schüler:innen deren relativen Wert einschätzen. Im zweiten Zyklus gelingt nur einem der vier Proband:innen eine vollständige Interpretation der situativen Ausgangsdarstellung. Daneben können zwei Proband:innen die Kovariationsrichtung der betrachteten Größen für einzelne Teilsituationen erkennen. Ferner wird in zwei Aufgabenbearbeitungen berücksichtigt, dass die Geschwindigkeit am Anfang der Situation einen Wert von null annimmt. Im dritten Zyklus gelingt es 11 von 16 Studierenden die Ausgangssituation überwiegend korrekt zu deuten, wobei alle Proband:innen immerhin für einzelne Teilsituationen Fähigkeiten bzgl. dieses Übersetzungsschrittes zeigen. Dabei identifizieren insgesamt zehn Lernende bestimmte Variablenwerte, fünfzehn Student:innen bestimmen die Richtung der gemeinsamen Größenveränderung und elf Proband:innen fokussieren deren relativen Wert.

- *Zielgraphen konstruieren*: Die Konstruktion des Zielgraphen stellt eine größere Herausforderung für Lernende dar.

  Im ersten Zyklus gelingt es nur einem von elf Schüler:innen einen korrekten Graphen zu skizzieren, wobei drei weitere Lösungen Ansätze einer korrekten Übersetzung aufweisen. Dabei plotten drei Proband:innen einzelne Punkte des Zielgraphen, während es vier Lernenden gelingt (stellenweise) die Richtung sowie den Grad der Steigung zu skizzieren. Im zweiten Zyklus gelingt es nur den beiden Studierenden, ihre Situationsdeutungen überwiegend korrekt in eine graphische Darstellung zu übertragen. Eine der Schüler:innen zeichnet immerhin für das Stehenbleiben des Fahrrads einen konstanten Graph-Abschnitt. Auch im dritten Zyklus sind nur 5 von 16 Zielgraphen weitestgehend korrekt. Insgesamt gelingt es jeweils etwa der Hälfte aller Proband:innen einzelne Punkte der graphischen Darstellung zu plotten, die Richtung der Steigung stellenweise zu skizzieren sowie beim Zeichnen den relativen Wert der Steigung wiederzugeben.

- *Zielgraphen interpretieren*: Die Interpretation eines zuvor erstellten Zielgraphen, d. h. das Durchführen eines graphisch-situativen Darstellungswechsel zur Kontrolle der eigenen Übersetzung von Situation zu Graph, ist bei nur wenigen Proband:innen zu erkennen.

  Diese Übersetzungshandlung ist nur bei einem leistungsstarken Schüler im ersten Zyklus und sechs Studierenden im dritten Zyklus zu beobachten. Auffällig ist, dass beim umgekehrten Darstellungswechsel häufig dieselben (Fehl-)Vorstellungen wie im Übersetzungsprozess aktiviert werden. Nur eine Studentin kann hierdurch einen zuvor begangenen Fehler identifizieren und korrigieren.

Die Beobachtung, dass das Erfassen funktionaler Abhängigkeiten eine besondere Herausforderung für Lernende verschiedener Altersstufen darstellt, stimmt mit bisherigen Forschungsergebnissen überein. Sierpinska (1992) beschreibt als epistemologische Hürde zum Verstehen des Funktionsbegriffs, dass beim Betrachten von Veränderungsprozessen häufig nicht darauf geachtet wird, was sich verändert bzw. welche funktionale Abhängigkeit in einer Funktionsdarstellung repräsentiert ist (Sierpinska, 1992, S. 33 ff). Ebenso erläutert Zindel (2019), dass das Erkennen von unabhängiger und abhängiger Variable eine besondere Schwierigkeit darstellt. Sie spricht davon, dass Lernende den „Kern des Funktionsbegriffs" erfassen müssen (Zindel, 2019, S. 39).

Dass die Proband:innen zahlreichere Fähigkeiten zur Interpretation einer Ausgangssituation im Vergleich zur Konstruktion eines Zielgraphen zeigen, könnte mit der unterschiedlichen Komplexität kognitiver Handlungen bei diesen Übersetzungsschritten zusammenhängen. Während man sich im ersten Übersetzungsschritt auf vorgegebene Informationen stützten kann, ist im zweiten eine neue Repräsentation zu generieren (s. Abschnitt 3.7; Leinhardt et al., 1990, S. 12; Nitsch et al., 2015, S. 675). Dies erfordert Kenntnisse darüber, wie spezifische Funktionseigenschaften in einem Graphen darzustellen sind (Adu-Gyamfi et al., 2012, S. 162). Zudem werden kognitive Ressourcen benötigt, um sich die identifizierten Merkmale einer Ausgangsdarstellung einzuprägen und gleichzeitig deren Repräsentation in der Zieldarstellung verbildlichen zu können. Gelingt dies – wie im Beispiel von Emre in der Einleitung dieser Arbeit – nicht, können Fehler im Übersetzungsprozess auftreten (s. u.).

Neben den Fähigkeiten, die Lernende bei der Übersetzung einer gegebenen Situation in einen zugehörigen Funktionsgraphen zeigen, fokussiert die erste Teilforschungsfrage dahinterliegende (Grund-)Vorstellungen, die auf das Funktionsverständnis der Proband:innen schließen lassen:

- *Aktivierte Grundvorstellungen im 1. Zyklus*: Im ersten Zyklus können sechs von elf Proband:innen keine tragfähigen Vorstellungen zum Funktionsbegriff während der Diagnoseaufgabe aktivieren. Insgesamt nutzen nur je vier Schüler:innen die Zuordnungs- oder Kovariationsvorstellung. Dabei fällt auf, dass die Lernenden beim Betrachten der Kovariation zweier Größen unterschiedliche Aspekte fokussieren. Während ein Schüler die Richtung der Größenveränderung in den Blick nimmt, fokussiert eine Lernende die relativen Werte der Geschwindigkeitsänderung. Ein anderer Proband betrachtet die Veränderung der Geschwindigkeit stückweise, d. h. in abgeschlossenen Intervallen. Dagegen gelingt es nur einem Schüler, die Kovariation des funktionalen Zusammenhangs kontinuierlich aufzufassen.
- *Aktivierte Grundvorstellungen im 2. Zyklus*: Im zweiten Entwicklungszyklus kann eine der vier Schüler:innen beim Überprüfen keine Vorstellungen zum Funktionsbegriff zeigen. Zwei Probandinnen nutzen stellenweise eine direktionale Kovariationsvorstellung. Ferner gelingt es einem Studenten, alle drei Grundvorstellungen zum Funktionsbegriff während der Aufgabenbearbeitung zu nutzen, wobei er Richtung und Wert der Kovariation berücksichtigt.
- *Aktivierte Grundvorstellungen im 3. Zyklus*: Im dritten Zyklus zeigen zwei der sechzehn Student:innen keinerlei Vorstellungen zum Funktionsbegriff beim Bearbeiten der Diagnoseaufgabe zu Beginn des SAFE Tools. Sieben Lernende betrachten die funktionale Abhängigkeit als Zuordnung, wohingegen vierzehnmal eine Kovariations- und dreimal eine Objektvorstellung verwendet werden. Ähnlich wie bei den Achtklässler:innen der ersten Stichprobe reichen Einblicke in die gemeinsame Größenveränderung bei den Studierenden unterschiedlich tief. Eine Studentin betrachtet ausschließlich, ob sich die Geschwindigkeit mit der Zeit verändert oder nicht (asynchrone Kovariation). Fünf Studierende fokussieren die Richtung der Veränderung, vier weitere deren (relativen) Wert (direktionale bzw. quantifizierte Kovariation). Bei zwei Studenten ist eine stückweise Betrachtung der Kovariation in abgeschlossenen Intervallen zu beobachten. Lediglich drei Lernende betrachten die Veränderung der Variablen kontinuierlich.

Diese Ergebnisse zeigen, dass Lernende – unabhängig von ihrer Altersstufe – verschiedenartige Grundvorstellungen bei der Übersetzung einer Situation in einen Graphen nutzen können. Jedoch scheinen diese bei den älteren Proband:innen im Schnitt ausgeprägter und vielseitiger. Des Weiteren verwenden Lernende aller Stichproben vorwiegend die Kovariationsvorstellung beim situativ-graphischen Darstellungswechsel zur Diagnoseaufgabe im SAFE Tool. Die von den Proband:innen gezeigten Ausprägungen dieser Vorstellung lassen sich, mithilfe der in dieser Arbeit vorgenommen Anpassung der Stufen des „Covariational Reasoning" nach Carlson et al. (2002) sowie Thompson und Carlson (2017) an die deutschsprachige Grundvorstellungstheorie (s. Abschnitt 3.4 und Anhang 11.2 im elektronischen Zusatzmaterial), treffend beschreiben. Dass selbst Studierende sehr unterschiedliche Aspekte gemeinsamer Größenveränderungen fokussieren und diese selten kontinuierlich betrachten, wird ebenso in einer Studie von Carlson et al. (2002, S. 372 f) berichtet. Dahingegen überrascht es, dass die Lernenden im Vergleich nur selten eine Zuordnungsvorstellung aktivieren. Obwohl die Aufgabenstellung beim Überprüfen bzw. Test so formuliert ist, dass die Kovariation akzentuiert wird (s. Abschnitt 6.2.2), kann ein Auftreten der Vorstellung einer Funktion als Zuordnung erwartet werden. Das liegt daran, dass der Zuordnungsaspekt aufgrund der geläufigen (Dedekind'schen) Funktionsdefinition in der Schulmathematik stark betont wird (s. Abschnitt 3.3.1; Malle, 2000b, S. 8). Ferner wird von einer Tendenz der Lernenden gesprochen, Graphen punktweise, d. h. mithilfe einer Zuordnungsvorstellung, zu betrachten (z. B. Leinhardt et al., 1990, S. 37; Monk, 1992). Dass dies für die Proband:innen der vorliegenden Studie nicht zutrifft, hängt vermutlich mit der Verwendung einer überwiegend qualitativen Ausgangssituation zusammen, die kaum konkrete Variablenwerte vorgibt. Hierdurch wird die Kovariationsvorstellung von Lernenden eher aktiviert als die Zuordnungs- oder Objektvorstellung.

F1b) Welche Fehler und Schwierigkeiten zeigen Lernende beim situativ-graphischen Darstellungswechsel funktionaler Zusammenhänge?
Die Analysen in den Abschnitten 6.4.2, 7.4.2 und 8.4.2 fokussieren fachliche Defizite der Lernenden bei ihrer Bearbeitung der Diagnoseaufgabe zu Beginn des SAFE Tools. Tabelle 9.1 fasst zusammen, wie häufig einzelne Fehler sowie Schwierigkeiten in den jeweiligen Entwicklungszyklen auftreten und welche zentralen Fehlerursachen zu identifizieren sind. Die Diversität der Fehler in allen drei Stichproben verdeutlicht die Komplexität und Schwierigkeit des situativ-graphischen Darstellungswechsels. Um diese Übersetzung auszuführen, sind zahlreiche kognitive Aktivitäten erforderlich (s. Abschnitt 9.1.1). Diese Beobachtung machen beispielsweise auch Hadjidemetriou und Williams (2002), die den situativ-graphischen Darstellungs-

Tabelle 9.1 Häufigkeit aufgetretener Fehler und Schwierigkeiten aller Proband:innen sowie identifizierte Ursachen

Aufgetretene Fehler/ Schwierigkeiten	Anzahl betroffener Proband:innen			Zentrale Fehlerursachen
	1. Zyklus (n = 11)	2. Zyklus (n = 4)	3. Zyklus (n = 16)	
Funktionale Abhängigkeit nicht erfasst	7	1	/	Nicht-Erfassen funktionaler Abhängigkeiten, Graph nicht Funktionsdarstellung, Konventionen graphischer Darstellung
• Falsche Größenauswahl	N/A	/	1	
• Richtung der Abhängigkeit vertauscht	N/A	1	3	
Teilsituation nicht modelliert	10	2	8	Flüchtigkeit, unzureichende Interpretation der Situation, unpassende Modellierungsannahme
Fehlerhafte Modellierung	N/A	N/A	1	Fehlende Aktivierung der Kovariationsvorstellung
Graph-als-Bild	8	2	4	Ablenkung durch visuelle Situationseigenschaften, Nicht-Erfassen der funktionalen Abhängigkeit, unzureichende Kovariationsvorstellung, fehlende Verknüpfung von Zuordnungs- und Kovariationsvorstellung, kognitive Überlastung des Arbeitsgedächtnis
Missachtung des Variablenwerts	1	2	5	Fehlende Verknüpfung von Zuordnungs- und Kovariationsvorstellung
Missachtung der Eindeutigkeit	3	/	5	Fehlendes Fachwissen, stückweise Kovariationsvorstellung, fehlende Verknüpfung von Zuordnungs- und Kovariationsvorstellung
Punkt-Intervall Verwechslung	1	/	2	Flüchtigkeit, unzureichende Kovariationsvorstellung, fehlende Verknüpfung von Zuordnungs- und Kovariationsvorstellung
Höhe-Steigungs-Verwechslung	/	1	5	Nicht-Beachten der funktionalen Abhängigkeit im Graphen, Fehlende Aktivierung der Zuordnungsvorstellung
Umgang mit qualitativer Funktion	4	1	/	Überbetonung von Kalkül und Zuordnungsvorstellung
Graph als Funktionsdarstellung	/	/	4	Fehlendes Fachwissen, Übergeneralisierung
Konvention graphischer Darstellung	7	/	2	Fehlendes Fachwissen, Übergeneralisierung, Flüchtigkeit
Andere Modellierungsannahme	1	/	7	Andere Größenauswahl, Quantifizieren der Situation
Aufgabe missverstanden	1	1	/	Fehlendes Fachwissen

wechsel auf der obersten Performanzstufe beim Umgang mit Funktionen platzieren (Hadjidemetriou & Williams, 2002, S. 76). In der vorliegenden Studie fällt auf, dass sowohl bei den jüngeren als auch älteren Proband:innen größtenteils dieselben Fehlertypen – wenn auch in unterschiedlicher Häufigkeit – auftreten:

- *Nicht-Erfassen funktionaler Abhängigkeiten*: Das Erfassen der funktionalen Abhängigkeit stellt für die Achtklässler:innen im ersten Zyklus die größte Herausforderung dar. Jedoch zeigen auch die Studierenden im dritten Zyklus Schwierigkeiten dabei, den Kern des Funktionsbegriffs zu identifizieren (Zindel, 2019, S. 39). Teilweise scheint ihnen die Konvention, unabhängige Variablen stets auf der x-Achse einzutragen, nicht geläufig zu sein. Häufiger wird ein Graph jedoch nicht als Funktionsdarstellung wahrgenommen. Dieses Problem beobachtet beispielsweise auch vom Hofe (2004) in einer Fallstudie, bei der Lernende graphische Darstellungen in einer digitalen Lernumgebung eher im Sinne eines Gegenstands manipulierten, ohne sie in Bezug auf die zugrundeliegende funktionale Abhängigkeit zu reflektieren (vom Hofe, 2004, S. 54).
- *Teilsituation nicht modelliert*: Die fehlende Modellierung einzelner Teile der Ausgangssituation kommt in allen drei Zyklen häufig vor. Dabei überspringen Proband:innen Merkmale der situativen Darstellung, interpretieren diese nicht im Hinblick auf den funktionalen Zusammenhang oder entscheiden sich gezielt dazu, diese nicht zu modellieren. Demnach kann dieser Fehlertyp nicht auf bestimmte Fehlvorstellungen zurückgeführt werden. Dennoch ist er nicht zu vernachlässigen. Ein betroffener Übersetzungsprozess hält einer „Gleichheitsprüfung" nicht stand, da Ausgangs- und Zieldarstellung nicht dasselbe mathematische Objekt repräsentieren (Adu-Gyamfi et al., 2012, S. 163 ff.; s. Abschnitt 3.7.2). Daher sind solche situativ-graphischen Darstellungswechsel nicht vollständig.
- *Graph-als-Bild Fehler*: Dieser Fehlertyp kommt bei den Schüler:innen im ersten und zweiten Zyklus häufiger vor als bei den befragten Studierenden. Eine ähnliche Beobachtung machen beispielsweise Hofmann und Roth (2018, S. 820). Dass das Auftreten dieses Fehlers aber auch bei älteren Lernenden zu erwarten ist, zeigen etwa die Studien von Nitsch (2015) und Klinger (2018). Da in der eingangsdiagnostischen Aufgabe des SAFE Tools ein dynamischer Prozess betrachtet wird, können Lernende leicht durch visuelle Distraktoren abgelenkt werden (z. B. Janvier, 1978, S. 82; Nitsch, 2015, S. 142). Als gängige Fehlerursache wird in der vorliegende Studie das Betrachten eines Graphen als Situationsabbild festgestellt. Dies ist in erster Linie darauf zurückzuführen, dass die graphische Darstellung nicht als Repräsentation einer funktionalen Abhängigkeit wahrgenommen wird. Diese Fehlerursache vermuten auch Carlson et al.

(2010, S. 116). Im Interview von Emre wird darüber hinaus ersichtlich, dass eine Verwechslung von Situation und Graph auch durch ein überlastetes Arbeitsgedächtnis zu begründen ist (s. Abschnitt 8.4.2). Schließlich werden eine unzureichend ausgebildete Kovariationsvorstellung oder eine fehlende Verknüpfung von Zuordnungs- und Kovariationsvorstellung als Ursachen des Graph-als-Bild Fehlers identifiziert. Diese Ergebnisse stimmen mit der Fachliteratur überein (Monk, 1992, S. 193; s. Abschnitt 3.8.1).

- *Missachtung des Variablenwerts*: Dieser Fehler, bei dem Lernende den Wert der abhängigen Größe nicht berücksichtigen, ist ebenfalls auf eine fehlende Verknüpfung von Grundvorstellungen zurückgeführt. Bei den jüngeren Proband:innen tritt er eher in Zusammenhang mit dem Graph-als-Bild Fehler auf. Beispielsweise wird ein Stehenbleiben auf dem Hügel im Zeit-Geschwindigkeits-Graphen als Konstante mit einem positiven Geschwindigkeitswert dargestellt, weil zuvor das Hochfahren mit einem steigenden Graph-Segment repräsentiert wurde. Häufiger ist dieser Fehlertyp jedoch bei den älteren Proband:innen im dritten Zyklus zu beobachten. Bei ihnen wird deutlich, dass der Fehler zustandekommt, wenn die Studierenden allein die Kovariation zweier Größen fokussieren, ohne auf die Werte der abhängigen Variable zu achten. Dieses Ergebnis ist aufgrund der bislang vermuteten Tendenz von Lernenden, Funktionen eher lokal mithilfe der Zuordnungsvorstellung zu betrachten, überraschend (s. o.).

- *Missachtung der Eindeutigkeit*: Als mögliche Ursache dieses Fehlers ist die stückweise Kovariationsvorstellung zu identifizieren. Betrachten Lernende Veränderungen in abgeschlossenen Intervallen, stellen sie sich eine abrupte Veränderung der abhängigen Variable zu Beginn eines neuen Intervalls vor. Der Fehler besteht letztlich aus einer inkorrekten Übertragung dieser Vorstellung in die graphische Darstellung. Das Auftreten einer Missachtung der Eindeutigkeit überrascht aufgrund bisheriger Forschungsergebnisse nicht (s. Abschnitt 3.8.4; Kerslake, 1982, S. 128 f; Kösters, 1996, S. 9 ff; Tall & Bakar, 1992, S. 41 f). Beispielsweise berichtet Kösters (1996), dass Lernende Prototypen von Funktionsgraphen verinnerlichen, die nicht abrupt abbrechen und keine Sprünge aufweisen. Das bedeutet, nur ein regelmäßiger Graph wird als solcher akzeptiert (Kösters, 1996, S. 13). Die vorliegende Studie kann durch die hier identifizierte Fehlerursache weiter zur Erklärung dieses Fehlers beitragen.

- *Höhe-Steigungs-Verwechslung*: In den Interviews der Studierenden im zweiten und dritten Zyklus fällt häufiger die Höhe-Steigungs-Verwechslung auf. Dabei interpretieren Lernende die Ausgangssituation zwar korrekt, stellen eine Veränderung der abhängigen Größe aber nicht als Funktionswert, sondern als Steigung des Graphen dar. Beispielsweise wird die Geschwindigkeit abhängig von der Zeit betrachtet und für das Hochfahren beschrieben, dass die Geschwindigkeit abnimmt. Zur Modellierung wird aber ein steigender Geraden-Abschnitt mit einem niedrigen Steigungswert skizziert. Vermutet werden kann, dass Lernende hierbei nicht beachten, welche funktionale Abhängigkeit sie zeichnen. Zudem ist eine fehlende Aktivierung der Zuordnungsvorstellung als Fehlerursache zu beobachten. Während dieser Fehlertyp in der Literatur nur selten beschrieben wird (Clement, 1985, S. 3 f; Janvier, 1978), berichten viele vom gegenteiligen Phänomen. Bei der Interpretation eines Graphen fokussieren Lernende dabei einen Funktionswert, anstatt die Steigung in einem Punkt zu betrachten (Hadji-demetriou & Williams, 2002, S. 80 ff; Leinhardt et al., 1990, S. 37). Obwohl es sich bei beiden Fehlern um eine Verwechslung von Bestand und Änderungsrate einer Größe handelt (Roth, 2005, S. 107), scheinen sie sich grundlegend vonein-ander zu unterscheiden. Während die Steigungs-Höhe-Verwechslung eher auf die punktweise Betrachtung eines Graphen zurückzuführen ist (Bell & Janvier, 1981, S. 37), fehlt bei der Höhe-Steigungs-Verwechslung die Aktivierung der Zuord-nungsvorstellung gänzlich. Die Ergebnisse der vorliegenden Arbeit suggerieren demnach die Existenz zweier unterschiedlicher Fehlertypen in Bezug auf die Verwechslung zwischen Funktionswert und der Steigung eines Graphen.

In Bezug auf die *fachlichen Schwierigkeiten* der Proband:innen fällt im ersten Zyklus vor allem die Unsicherheit der Schüler:innen im Umgang mit graphischen Funk-tionsdarstellungen insbesondere in Verbindung mit dem qualitativen Kontext auf. Zwar scheinen die Lernenden mit dem Plotten und Verbinden einzelner Punkte ver-traut, jedoch ist ihnen nicht bewusst, dass es sich bei einem so erstellten Graphen um eine Funktionsrepräsentation handelt, die eine bestimmte Abhängigkeitsbeziehung beschreibt. Im Gegensatz dazu zeigen sich bei den Studierenden im dritten Zyklus eher dadurch Probleme, dass sie im Vergleich zur Musterlösung andere Model-lierungsannahmen treffen, die sie häufig aber nicht bewusst reflektieren. Darüber hinaus ist auch bei ihnen ersichtlich, dass sie Graphen teilweise nicht als Funktions-darstellungen wahrnehmen oder nicht realisieren, dass die Richtung der betrachteten Abhängigkeit jeweils von der Fragestellung einer Aufgabe abhängt.

9.1.2　Welche formativen Selbst-Assessmentprozesse können rekonstruiert werden, wenn Lernende mit einem digitalen Selbstdiagnose-Tool arbeiten?

Das zweite Ziel dieser Arbeit besteht im Beschreiben formativer Selbst-Assessmentprozesse, die von den Proband:innen bzgl. ihrer situativ-graphischen

Darstellungswechsel durchgeführt werden. Dies kommt unter anderem der Forderung nach, dass sich Forschungsarbeiten zum Thema Selbstdiagnose stärker auf die dabei ablaufenden mentalen Prozesse beziehen sollen (Andrade, 2019, S. 9 f). Während ihr Einsatz mit einem positiven Einfluss auf Lernleistungen und verbesserten Fähigkeiten zum selbstregulierten Lernen verbunden wird (Brown & Harris, 2013, S. 381 ff), fokussieren viele Studien die Frage nach der Genauigkeit oder Stabilität von Selbst-Assessments (z. B. Blatchford, 1997, S. 346 ff; Ross et al., 2002b, S. 49; Ross, 2006, S. 2 ff). Dabei ist nicht ausreichend geklärt, ob Lernende auch von inakkuraten Selbstdiagnosen profitieren können (Panadero et al., 2016, S. 817). Zudem ist unklar, wie sie diagnostische Informationen in ihrem eigenen Lernprozess verwenden (Andrade, 2019, S. 7; Brown & Harris, 2013, S. 388). Ebenso wird für formatives Assessment eine lernförderliche Wirkung gezeigt (Black & Wiliam, 1998b, S. 141; Kingston & Nash, 2011, S. 33 f; Schütze et al., 2018, S. 697). In diesem Bereich thematisieren Untersuchungen oftmals die Frage, wie Lehrkräfte Diagnosen einsetzen, um ihren Unterricht besser an die Bedürfnisse der Schüler:innen anzupassen (z. B. Cusi et al., 2019, S. 7 ff; Panero & Aldon, 2016, S. 70 ff). Lernenden wird hierbei nur wenig Selbstverantwortung eingeräumt (Ruchniewicz & Barzel, 2019b, S. 49). Daher untersucht die vorliegende Studie formative Selbst-Assessments, bei denen Proband:innen selbstständig und eigenverantwortlich agieren. Die Analysen in den Abschnitten 6.4.3, 7.4.3 und 8.4.3 beziehen sich auf die Selbstdiagnosen der Proband:innen zur eingangsdiagnostischen Aufgabe mithilfe des Checks im SAFE Tool (s. Abschnitte 6.2.3, 7.2.3 und 8.2.3). Da sich das Design der Checks in den einzelnen Versionen von SAFE erheblich voneinander unterscheidet, werden die Ergebnisse zur zweiten Forschungsfrage im Folgenden zyklenweise zusammengefasst.

Erster Entwicklungszyklus

Im ersten Zyklus kann für alle Schüler:innen ein formatives Selbst-Assessment (FSA) bzgl. der Diagnoseaufgabe ausgemacht werden. In den Interviewsequenzen, die ihre Auseinandersetzung mit der Musterlösung zur Überprüfen-Aufgabe und dem Check zeigen, sind bei den Proband:innen jeweils Kodierungen bzgl. aller drei zentralen Teilschritte („Wo möchte ich hin?", „Wo stehe ich gerade?" und „Wie komme ich dahin?") zu finden (s. Tabelle 6.3). Allerdings zeigen Lernende in sechs der sieben Interviews Schwierigkeiten im Umgang mit dem Check. Insgesamt wurden von den elf Proband:innen 83 Entscheidungen zum (Nicht-)Ankreuzen eines Checkpunkts gefällt. Davon können 52 (62.65 %) Selbst-Evaluationen als akkurat bezeichnet werden. Das falsche (Nicht-)Ankreuzen eines Beurteilungskriteriums kann häufig auf die negative Formulierung der Checkpunkte und seltener auch auf eine falsche Selbstbewertung oder unbekannte Begriffe zurückgeführt werden.

Allerdings fällt auf, dass die Schüler:innen das Ankreuzen der Kriterien nicht unbedingt als Feststellen von Fehlern begreifen. Zudem fallen die Selbst-Assessments der leistungsstärkeren Gymnasiast:innen überwiegend akkurat aus, wohingegen sich die Selbstdiagnosen der Gesamtschüler:innen als größtenteils inakkurat erweisen.

Bezüglich ihrer metakognitiven Aktivitäten ist festzustellen, dass die Lernenden Evaluationskriterien für ihr Selbst-Assessment (Merkmale der situativen Ausgangs- oder graphischen Zieldarstellung) häufig nur identifizieren. Eine Interpretation der Musterlösung bzgl. des funktionalen Zusammenhangs findet kaum statt. Das Auftreten identifizierter Kriterien wird im eigenen Graphen überprüft, was auf ein Erfassen diagnostischer Informationen hindeutet. Daraufhin erfolgt eine Evaluation als richtig oder falsch. Insgesamt können die Proband:innen des ersten Zyklus dabei 23 korrekte Merkmale und 32 Fehler in ihren Überprüfen-Lösungen ausmachen. Allerdings werden elf korrekte Aspekte und 16 Fehler übersehen. Das liegt daran, dass ein Beurteilungskriterium missverstanden oder allein auf das Aussehen des Zielgraphen geachtet wird, ohne diesen als Funktionsdarstellung zu deuten. Noch seltener als Reflexionen der Musterlösung ist die Interpretation eigener Zielgraphen zu beobachten. Wird der eigene Graph doch interpretiert, wiederholen sich oftmals vorherige Fehlvorstellungen oder es wird eine Umdeutungen der eigenen Lösung vorgenommen. Eine Aufklärung von Fehlerursachen findet daher nicht statt.

Nichtsdestotrotz ist festzustellen, dass sich die Proband:innen aufgrund des Checks intensiver mit ihrer Aufgabenbearbeitung auseinandersetzen. Während die Musterlösung in sechs von sieben Interviews unkommentiert gelesen wird, beginnt eine Thematisierung deren Inhalte erst beim Check. Zudem entscheiden sich alle Schüler:innen im Anschluss für eine Hilfekarte oder Übungsaufgabe, auch wenn diese Selbstregulation häufig nicht durch das Ergebnis ihrer Selbstdiagnosen beeinflusst wird (s. Abschnitt 6.4.4).

Zweiter Entwicklungszyklus
Auch im zweiten Zyklus können FSA-Prozesse bzgl. der Überprüfen-Aufgabe für alle Lernenden rekonstruiert werden. Insgesamt treffen die vier Proband:innen 24 Entscheidungen zum (Nicht-)Ankreuzen eines Checkpunkts. Davon sind nur zehn (41.67 %) Selbstbewertungen aus fachlicher Sicht akkurat. Betrachtet man die Assessmentprozesse im Ganzen, ist nur eine der vier Selbstdiagnosen überwiegend korrekt in Bezug zur gezeigten Aufgabenbearbeitung. Drei Lernende scheinen auch bei den positiv formulierten Checkpunkten in der TI-Nspire^{TM} Version von SAFE unsicher, wann sie einen Checkpunkt ankreuzen sollen.

Dennoch sind in allen Selbstdiagnosen zahlreiche metakognitive und selbstregulative Handlungen der Proband:innen erkennbar. Obgleich Beurteilungskriterien auch im zweiten Zyklus teilweise missverstanden oder lediglich Merkmale der graphischen Zieldarstellung als Bezugsnormen herangezogen werden, ist bei den beiden Studierenden eine Interpretation der Musterlösung zu beobachten. Alle Lernenden nehmen das Auftreten des zuvor identifizierten oder nachvollzogenen Kriteriums in der eigenen Lösung wahr und evaluieren diese. Dabei wird zehnmal ein korrektes Merkmal und dreimal ein Fehler festgestellt. Sieben richtige Aspekte und zehn Fehler werden übersehen. Daneben kann bei zwei Proband:innen eine Interpretation der eigenen Aufgabenbearbeitung beobachtet werden.

Insgesamt beinhalten die FSA-Prozesse im zweiten Zyklus häufiger Reflexionen im Vergleich zur ersten Stichprobe, obwohl die Selbstdiagnosen weniger akkurat ausfallen. Zudem können zahlreichere Handlungen zur Selbstregulation festgestellt werden. Zwei Lernende nehmen eine Korrektur der eigenen Lösung vor. Drei von vier Proband:innen entscheiden sich im Anschluss an den Check bewusst für eine passende Fördereinheit. Daher ist zu vermuten, dass die formativen Selbst-Assessments trotz ihrer mäßigen Güte einen positiven Effekt auf den Erkenntnisgewinn sowie die Selbstständigkeit der Lernenden haben.

Dritter Entwicklungszyklus: Sechs Typen formativer Selbst-Assessments
Im dritten Zyklus wurden anhand der Kodierungen zum formativen Selbst-Assessment (FSA) der Proband:innen bzgl. der Test-Aufgabe sechs verschiedene Diagnosetypen identifiziert. Während alle diese Prozesse eine Entscheidung der Lernenden über ihre Weiterarbeit im digitalen Tool beinhalten, unterscheiden sie sich jeweils in den metakognitiven Handlungen der Proband:innen (s. Abschnitt 8.4.4; Tabelle 8.3):

- *Typ 1: Fehlerbehaftetes FSA*: Die Evaluation der eigenen Lösung misslingt, weil Beurteilungskriterien missverstanden und/oder eigene diagnostische Informationen nicht wahrgenommen werden. Es findet keine Reflexion statt.
- *Typ 2: Verifizierendes FSA*: Die Evaluation der eigenen Lösung basiert auf einem reinen Ja/Nein-Abgleich eigener diagnostischer Informationen mit einem identifizierten Beurteilungskriterium. Es findet keine Reflexion statt.
- *Typ 3: Zielreflektierendes FSA*: Die Evaluation der eigenen Lösung basiert auf einem Vergleich eigener diagnostischer Informationen mit einem Beurteilungskriterium. Eine Reflexion findet ausschließlich bzgl. der Musterlösung/des Beurteilungskriteriums statt.
- *Typ 4: Selbstreflektierendes FSA*: Die Evaluation der eigenen Lösung basiert auf einem Vergleich eigener diagnostischer Informationen mit einem Beurteilungskriterium. Eine Reflexion findet ausschließlich bzgl. der eigenen Lösung/des Bearbeitungsprozesses statt.

- *Typ 5: Ursachenreflektierendes FSA*: Zur Evaluation der eigenen Lösung werden sowohl Merkmale der Musterlösung/des Beurteilungskriteriums als auch der eigenen Lösung/des eigenen Bearbeitungsprozesses reflektiert. Allerdings können nicht alle Fehler oder -ursachen ausfindig gemacht werden.
- *Typ 6: Diagnostizierendes FSA*: Zur Evaluation der eigenen Lösung werden sowohl Merkmale der Musterlösung/des Beurteilungskriteriums als auch der eigenen Lösung/des eigenen Bearbeitungsprozesses reflektiert. Eigene Fehlerursachen werden identifiziert oder korrekte Aspekte der eigenen Bearbeitung begründet nachvollzogen.

Im dritten Zyklus treten in den sechzehn untersuchten Diagnoseprozessen zur Test-Aufgabe insgesamt 127 Selbstbeurteilungen zu spezifischen Kriterien auf. Davon sind 89 Selbstbewertungen (70 %) akkurat. Ebenso wie in den vorherigen Zyklen scheinen nicht alle Proband:innen ihre Arbeit gleich gut einzuschätzen. Als überwiegend akkurat können neun von sechzehn Selbstdiagnosen bezeichnet werden. Dabei funktioniert der Umgang mit dem Check bei allen Lernenden ohne Probleme. Die Selbst-Assessments verteilen sich wie folgt auf die einzelnen FSA-Typen: Typ 1: 10 %, Typ 2: 45 %, Typ 3: 17 %, Typ 4: 8 %, Typ 5: 10 % und Typ 6: 10 %. Am häufigsten verwenden die Proband:innen demnach ein verifizierendes Assessment, bei dem sie ein Beurteilungskriterium lediglich identifizieren, dessen Auftreten innerhalb der eigenen Lösung wahrnehmen (diagnostische Informationen erfassen) und anschließend eine Evaluation nach richtig oder falsch vornehmen (Typ 2). Genauso häufig werden Formen der Selbstdiagnose eingesetzt, bei der zusätzlich eine Reflexion stattfindet (Typen 3–6). Dabei werden vorgegebene Musterlösungen oder Beurteilungskriterien häufiger interpretiert (Typen 3, 5 & 6) als eigene Aufgabenlösungen oder Vorstellungen (Typen 4–6). Das diagnostizierende FSA (Typ 6), bei dem Lernende eigene Fehlerursachen oder korrekte Merkmale durch Reflexionen eigener Bearbeitungen sowie der Musterlösung bzw. des Beurteilungskriteriums aufdecken, kommt verhältnismäßig selten vor.

Daneben zeigt sich, dass die formativen Selbst-Assessments der Studierenden je nach FSA-Typ, d. h. bezogen auf die verwendeten Metakognitionen, unterschiedlich akkurat ausfallen. Aufgrund der Definitionen beinhaltet FSA-Typ 1 immer eine fehlerhafte und FSA-Typ 6 immer eine korrekte Selbst-Evaluation. Die Selbstdiagnosen der FSA-Typen 2 und 3 sind zu ca. 90 % korrekt in Bezug auf die jeweilige Aufgabenbearbeitung. Dagegen sind die Assessments der Lernenden beim Auftreten der Typen 4 (50 %) und 5 (8 %) eher inakkurat. Vermutet werden kann, dass einfache Assessmentprozesse, die keine oder nur Reflexionen bzgl. vorgegebener Informationen zum Lernziel enthalten, eine zuverlässige Bewertung eigener Bearbeitungen und das Erkennen von Fehlern zulassen. Positiv daran ist, dass die Lernenden im

Anschluss für sie passende Fördermaterialien zur Weiterarbeit auswählen. Allerdings ist der Erkenntnisgewinn bei solchen Selbst-Assessments eingeschränkt, weil Fehlerursachen unentdeckt bleiben. Zu deren Identifikation sind Reflexionen der eigenen Bearbeitung sowie der Musterlösung notwendig.

In Bezug auf die selbstregulativen Handlungen der Lernenden ist festzustellen, dass vier Proband:innen eine Korrektur der eigenen Lösung vornehmen. Des Weiteren werden überwiegend passende Fördermaterialen zur Weiterarbeit ausgesucht (23 Mal). Seltener wird eine Fördereinheit aufgrund eines nicht erkannten Fehlers übersprungen (10 Mal) oder wegen der Missachtung eines korrekten Merkmals zusätzliche Materialien bearbeitet (2 Mal).

Diskussion der Ergebnisse zu Forschungsfrage 2
Vergleicht man die Ergebnisse aller Zyklen lässt sich die Tendenz ausmachen, dass Selbst-Assessments bei älteren und leistungsstärkeren Lernenden häufiger akkurat ausfallen. Diese Erkenntnis entspricht bisherigen Forschungsergebnissen (Brown & Harris, 2013, S. 384 f; Ross, 2006, S. 3 ff). Zudem kann die vergleichsweise hohe Genauigkeit der Selbstdiagnosen im dritten Zyklus dadurch begründet werden, dass Lernende beim Check inhaltsbezogene Beurteilungskriterien einsetzen (Brown & Harris, 2013, S. 385; Panadero et al., 2016, S. 815). Diese konnten von den Proband:innen der ersten beiden Zyklen vermutlich aufgrund ihrer Schwierigkeiten im Umgang mit den Checkpunkten nicht ausreichend genutzt werden.

Ferner lässt sich die Hypothese ableiten, dass auch inakkurate Selbst-Assessments eine lernförderliche Wirkung haben. Dies vermuten bereits Falchikov und Boud (1989, S. 427). Die vorliegende Studie zeigt, dass Lernende durch simple (verifizierende) Formen der Selbstdiagnose zwar häufiger eine akkurate Selbstbewertung erzielen und dadurch eher geeignete Fördermaterialien auswählen. Eine Aufklärung eigener Fehlerursachen oder ein begründetes Nachvollziehen eigener Aufgabenbearbeitungen kann aber nur stattfinden, wenn Assessmentprozesse hinreichende Reflexionen beinhalten. Obwohl dies in den analysierten Interviews selten vorkommt, ist zu beobachten, dass Lernende bei ihrer Arbeit mit dem SAFE Tool selbstständig Fehler identifizieren und überwinden können. Damit kann Taras (2003) widersprochen werden, die davon ausgeht, dass Selbst-Assessments durch Lernende nur unter Verwendung externer Feedbacks, die durch Lehrpersonen oder digitale Medien bereitgestellt werden, möglich sind (Taras, 2003, S. 549 ff).

9.1.3 Inwiefern unterstützt die Nutzung eines digitalen Selbstdiagnose-Tools Lernende in ihrem a) funktionalen Denken sowie b) formativen Selbst-Assessment?

Das dritte zentrale Ziel dieser Arbeit besteht darin, die Nutzung des SAFE Tools durch die Proband:innen zu untersuchen. Der aktuelle Forschungsstand weist auf eine lernförderliche Wirkung des Einsatzes digitaler Medien zum formativen Assessment sowie Selbst-Assessment hin (z. B. Gikandi et al., 2011; McLaughlin & Yan, 2017; Shute & Rahimi, 2017). Ebenso wird von einem großen Potential zur Förderung funktionalen Denkens berichtet, wobei insbesondere Visualisierungsmöglichkeiten und die Dynamisierung sowie Verknüpfung von Darstellungen positiv hervorgehoben werden (z. B. Doorman et al., 2012; Ferrara et al., 2006; Schmidt-Thieme & Weigand, 2015; Yerushalmy, 1991; Zbiek et al., 2007). Allerdings kann aufgrund der Verwendung eines digitalen Mediums noch nicht auf seine Effektivität geschlossen werden. Ein Erkenntnisgewinn hängt immer von der spezifischen Interaktion zwischen Nutzer:in und Medium ab (z. B. Drijvers, 2003, S. 95 ff; Kaput, 1992, S. 526 f; Rabardel, 2002, S. 103; Rezat, 2009, S. 28 ff). Aus diesem Grund gilt es, die spezifischen Merkmale digitaler Lernumgebungen ausfindig zu machen, die zu einer lernförderlichen Wirkung führen (Hillmayr et al., 2020, S. 2). Dadurch können die Ursachen und Bedingungen für einen effektiven Einsatz digitaler Medien in der spezifischen Lehr-Lern-Situation geklärt werden (Drijvers, 2018, S. 173). Die Folgenden Erläuterungen fassen die Ergebnisse der Analysen aus den Abschnitten 6.4.4, 7.4.4 sowie 8.4.4 zusammen und diskutieren, inwiefern sich eine Nutzung des SAFE Tools positiv auf die Lern- und Diagnoseprozesse der Proband:innen auswirkt.

F3a) Inwiefern unterstützt die Nutzung eines digitalen Selbstdiagnose-Tools Lernende in ihrem funktionalen Denken?
Betrachtet man die Selbstförderungen der Lernenden mithilfe des SAFE Tools im *ersten Zyklus* können bei acht von elf Proband:innen nennenswerte Erkenntnisgewinne beobachtet werden. Die Lernfortschritte bleiben allerdings auf einem niedrigen Niveau. Erkenntnisse beschränken sich meist auf einfache, zeitabhängige Kontexte und das Interpretieren vorgegebener Situationen oder Graphen. Übersetzungen in die graphische Darstellung sowie der Transfer auf anspruchsvollere Kontexte gelingen in der Regel nicht. Dennoch können stellenweise Zuordnungs- und direktionale (bei Emil teilweise auch quantifizierte) Kovariationsvorstellungen aktiviert sowie Graph-als-Bild Fehler im anfänglichen Zeit-Geschwindigkeits-Kontext überwunden werden. Dazu scheinen Lernende vor allem die Übungsaufgaben und deren Musterlösungen des Tools einzusetzen. In sechs der sieben Interviews wird ersicht-

lich, dass den Proband:innen auch nach der Toolnutzung grundlegende Fähigkeiten zum Erfassen funktionaler Abhängigkeiten und zum Wahrnehmen von Graphen als Funktionsdarstellungen fehlen. Lediglich Tom kann in seinem Interview vielfältige Kompetenzen und Vorstellungen zum funktionalen Denken zeigen. Er aktiviert während seiner Selbstförderung zahlreiche Grundvorstellungen zum Funktionsbegriff und nutzt in den Aufgaben verschiedenste Fähigkeiten zum situativ-graphischen Darstellungswechsel. Dies zeigt, dass das SAFE Tool ein individuelles Arbeiten auf unterschiedlichen Leistungsniveaus erlaubt. Hierbei scheint es eher für Lernende empfehlenswert, die über ein grundlegendes Verständnis des Funktionsbegriffs verfügen.

Die Interviews im *zweiten Zyklus* zeigen, dass alle Proband:innen während ihrer Selbstförderung Erkenntnisse gewinnen können. Die Lernenden aktivieren bei ihrer Arbeit mit den Fördereinheiten im Vergleich zur eingangsdiagnostischen Aufgabe mehr und tiefreichendere Grundvorstellungen. In drei von vier Fällen beschränken sich Lernfortschritte auf simplere Sachkontexte und beziehen sich oftmals auf das Interpretieren vorgegebener Situationen oder Graphen. Diesen Lernenden scheint ein grundlegendes Verstehen von Funktionen und deren graphischen Repräsentationen zu fehlen. Dennoch gelingt es ihnen stellenweise die Zuordnung einzelner Variablenwerte und die Richtung oder den (relativen) Wert einer gemeinsamen Größenveränderung zu erkennen und in eine andere Darstellungsart zu übersetzen. Dadurch kann vermutet werden, dass das SAFE Tool zur Ausbildung tragfähiger Grundvorstellungen zum Funktionsbegriff beitragen kann. Dass sich das digitale Tool auch zur Förderung von Leistungsstärkeren eignet, zeigt der Fall von Felix. Er nutzt bei der Toolbearbeitung zahlreiche Fähigkeiten zum situativ-graphischen Darstellungswechsel, wobei er in den verschiedenen Aufgaben sehr unterschiedliche Grundvorstellungen aktiviert und sich intensiv mit funktionalen Abhängigkeiten auseinandersetzt. Während auch im zweiten Zyklus eher die Übungsaufgaben im SAFE Tool zur Selbstförderung eingesetzt werden, können zwei Probandinnen (Selda und Ayse) einen Erkenntnisgewinn durch die in Info eins bereitgestellten Informationen sowie die enthaltene multiple Funktionsdarstellung (graphisch inklusive situative Erklärung der Nullstellen; s. Abschnitt 7.2.4) erzielen.

Im *dritten Zyklus* wird besonders deutlich, dass sich das SAFE Tool zur Förderung des funktionalen Denkens eignet. Lernfortschritte sind in allen Interviews erkennbar. Die Proband:innen konzentrieren sich im Verlauf ihrer Selbstförderungen stärker auf die funktionale Abhängigkeit zweier Größen und interpretieren Graphen zunehmend als deren Darstellungen. Unterschiedliche Grundvorstellungen zum Funktionsbegriff werden vermehrt aktiviert und miteinander verknüpft. Des Weiteren gelingt es vielen Proband:innen eigene Fehler mithilfe des SAFE Tools zu identifizieren und selbstständig zu überwinden. Auch für Lernende, die in der Eingangsdiagnose keine fachlichen Probleme aufzeigen, eignet sich das Tool. Auch die Leistungsstärkeren setzen sich während der Toolnutzung intensiv mit funktionalen Zusammenhängen auseinander und trainieren Kompetenzen zum situativ-graphischen Darstellungswechsel in verschiedenen Kontexten.

Schließlich ist zu vermuten, dass eine Bearbeitung des SAFE Tools Lernende bzgl. ihrer Modellierungskompetenzen unterstützen und Übergeneralisierungen entgegenwirken kann. Während die Lernenden bei den Modellierungsaufgaben häufig von linearen Abhängigkeiten ausgehen und Teilsituationen bei der Übersetzung in eine graphische Repräsentation auslassen, gelingt es ihnen vermehrt, solche Aspekte beim Vergleich mit den Musterlösungen zu reflektieren.

Die beschriebenen Erkenntnisse sind insbesondere auf die Möglichkeit zum direkten Vergleich einer eigenen mit der jeweiligen Musterlösung und den Gebrauch multipler sowie interaktiver und verlinkter Darstellungen in den Info-Einheiten und Musterlösungen zurückzuführen. Allerdings fällt auf, dass einige Fehler – insbesondere die Missachtung der Funktionseindeutigkeit oder das Nicht-Erfassen funktionaler Abhängigkeiten – von den Proband:innen nicht mithilfe des SAFE Tools aufgearbeitet werden. Geht es um das Wahrnehmen einer Funktion als Modell einer spezifischen Abhängigkeitsbeziehung zwischen zwei variablen Größen und Graphen als deren Repräsentationen, zeigen selbst Studierende des Faches Mathematik (mit Lehramtsoption) Verständnisschwierigkeiten, die sie nicht eigenständig überwinden können.

Diskussion der Ergebnisse zu Forschungsfrage 3a

Diese Ergebnisse passen in das Bild bisheriger Forschungsarbeiten. Als großes Potential digitaler Medien zur Förderung des funktionalen Denkens wird der Einsatz multipler (z. B. Ainsworth, 1999, S. 135 ff; Kaput, 1989, S. 179), interaktiver (z. B. Ferrara et al., 2006, S. 251; Zbiek et al., 2007, S. 1174) sowie verlinkter Darstellungen (z. B. Falcade et al., 2007, S. 319 ff; Resnick et al., 1994, S. 225 ff) beschrieben (s. Abschnitt 4.4). Solche Visualisierungen finden sich vor allem in der iPad App von SAFE bei verschiedenen Info-Einheiten, Aufgabenformaten und Musterlösungen. Auffällig ist, dass die Lernenden der dritten Stichprobe, die mit der App gearbeitet haben, am meisten von der Toolnutzung profitieren. Daher ist zu vermuten, dass diese Designelemente Lernende beim Erfassen funktionaler Abhängigkeiten, dem Ausführen von Darstellungswechseln zwischen situativen und graphischen Repräsentationen sowie dem Aktivieren und Ausbilden tragfähiger Grundvorstellungen unterstützen. Allerdings ist zu beachten, dass es sich bei den Proband:innen im dritten Zyklus um Studierende handelt. Im Vergleich zu den Achtklässler:innen, die im ersten Zyklus interviewt wurden, zeigen diese Lernenden durchschnittlich umfangreichere Kompetenzen zum funktionalen Denken.

Eine mögliche Hürde der Toolnutzung besteht darin, dass Lernende für einen Erkenntnisgewinn selbstständig Verbindungen zwischen verschiedenen Funktionsdarstellungen konstruieren müssen (Heid & Blum, 2008, S. 73; van Someren et al., 1998, S. 3). Dass dies nicht spontan geschieht, auch wenn z. B. verlinkte Repräsentationen eingesetzt werden, zeigen etwa Untersuchungen von Schoenfeld et al. (1993, S. 113) sowie Yerushalmy (1991, S. 42 ff). Eine fehlende Verknüpfung zwischen den präsentierten Funktionsdarstellungen kann erklären, warum die Proband:innen eigene Fehler (z. B. die Missachtung der Eindeutigkeit) beim Betrachten von Musterlösungen teilweise nicht erkennen.

F3b) Inwiefern unterstützt die Nutzung eines digitalen Selbstdiagnose-Tools Lernende in ihrem formativen Selbst-Assessment?

Betrachtet man die Selbstdiagnosen der Proband:innen des *ersten Zyklus* während ihrer Selbstförderung mit dem SAFE Tool ist festzustellen, dass sie oftmals nur die Korrektheit der eigenen Aufgabenbearbeitung durch den Vergleich mit bereitgestellten Musterlösungen ermitteln. Obwohl diese Selbst-Evaluation häufig gelingt, können spezifische Fehlertypen oder -ursachen dadurch nicht aufgedeckt werden. Hierzu sind Reflexionen erforderlich, die sich bestenfalls sowohl auf die Musterlösung als auch die eigene Antwort beziehen. Gelingt ein solches Selbst-Assessment, wie z. B. bei Linn in Bezug auf ihre Wiederholung der Überprüfen-Aufgabe, können Fehler selbstständig korrigiert und überwunden werden.

Allerdings sind solche Reflexionen nur selten zu beobachten. Während die drei Proband:innen der Einzelinterviews im Laufe ihrer Toolbearbeitung diese metakognitiven Handlungen vermehrt in ihre Selbstdiagnosen einbeziehen, kommen sie in den vier Partnerinterviews nur vereinzelt vor. Zudem vollziehen Lernende eher eine gegebene Musterlösung als eigene Aufgabenbearbeitungen anzuzweifeln. Bei offenen Modellierungsaufgaben misslingt dies jedoch. Dabei scheint den Proband:innen die Interpretation eines Lösungsgraphen besonders schwerzufallen. Insgesamt regt die Arbeit mit den Musterlösungen im SAFE Tool die Stichprobe des ersten Zyklus nur bedingt zu umfangreichen Selbstdiagnosen an, auch wenn für die Einzelinterviews ein zunehmender Einsatz von Reflexionen zu beobachten ist. Jedoch lässt sich erkennen, dass alle Lernenden zunehmend selbstständig arbeiten und selbstregulative Entscheidungen für ihre Weiterarbeit treffen.

Im *zweiten Zyklus* lässt sich nur bei einer der vier Proband:innen eine deutliche Entwicklung in Bezug auf ihre formativen Selbst-Assessmentprozesse beobachten. Während Ayse beim ersten Selbst-Assessment zur eingangsdiagnostischen Aufgabe viele Beurteilungskriterien missversteht und sich auf eine Evaluation bzgl. der Korrektheit beschränkt, integriert sie im Verlauf ihrer Selbstförderung zunehmend reflexive Handlungen in ihre Selbstdiagnosen. Diese beziehen sich zu Beginn ausschließlich auf die Musterlösungen, wobei sie für die letzten beiden Aufgaben auch eigene Bearbeitungen hinterfragt. Dass eine solche Entwicklung bei den übrigen Proband:innen ausbleibt, ist vermutlich auf das Tooldesign der TI-Nspire^{TM} Version zurückzuführen. Einerseits erschwert die Anordnung der Musterlösungen Lernenden einen direkten Vergleich mit ihren Antworten. Andererseits beinhalten die Musterlösungen oftmals nur eine isolierte Darstellung ohne Erklärung, sodass kaum Reflexionen angeregt werden. Diese Erkenntnisse der qualitativen Inhaltsanalyse werden im zweiten Zyklus um Fallanalysen mithilfe des FaSMEd Theorierahmens ergänzt, welche die Rolle des digitalen Mediums während des Selbst-Assessments aufklären (s. Abbildung 2.1). Dadurch zeigt sich, dass die Nutzung des SAFE Tools Lernende bei der Selbstdiagnose unterstützt, indem es sie zur Verwendung von vier Schlüsselstrategien formativen Assessments (Beurteilungskriterien verstehen, Lernstand erfassen, Feedback geben und Verantwortung für den eigenen Lernprozess übernehmen) anregt. Dabei wird das Tool insbesondere zum Anzeigen relevanter Informationen verwendet. Demnach schöpft die TI-Nspire^{TM} Version von SAFE mögliche Vorteile digitaler Medien zur Erleichterung von Selbstdiagnosen nicht aus.

Im *dritten Zyklus* fokussieren die Analysen verstärkt, wie spezifische Designelemente der iPad App von den Proband:innen für einzelne Teilschritte ihrer formativen Selbst-Assessments eingesetzt werden. Auf diese Weise sind Potentiale und Gefahren der Toolnutzung für ihre Selbstdiagnosen zu identifizieren. Als Hürden können Bedienschwierigkeiten gezählt werden, die auf ein fehlendes Training zum Umgang mit dem Tool zurückzuführen sind. Hierdurch kann die Selbstständigkeit und -regulation der Lernenden eingeschränkt werden. Zudem führt ein Übersehen interaktiver Elemente dazu, dass Informationen übersprungen werden, die möglicherweise Reflexionen oder Selbstdiagnosen auslösen. Obgleich in der SAFE App multiple, interaktive sowie verlinkte Darstellungen in den Musterlösungen verwendet werden, stellt sich deren Gestaltung bei Modellierungsaufgaben weiterhin als Gefahr für das formative Selbst-Assessment heraus. Da nur eine mögliche Antwort präsentiert wird, ist die Bestimmung geeigneter Beurteilungskriterien schwierig für Lernende. Schließlich ist beim Zeichnen der Funktionsgraphen zu beobachten, dass diagnostische Informationen verdeckt werden können, wenn ein digitales Medium geplottete Punkte automatisiert verbindet.

Zahlreiche Potentiale des SAFE Tools können durch die integrierten Darstellungsarten, Info-Einheiten und Musterlösungen, Hyperlinks, die Vorgabe inhaltsspezifischer Beurteilungskriterien sowie die Verwendung bestimmter Aufgabenformate begründet werden. Diese Designelemente nutzen die Proband:innen jeweils für unterschiedliche Teilschritte ihrer Selbst-Assessments (s. Tabellen 8.7 und 8.8). Interaktive Repräsentationen und neue Aufgabenformate (z. B. Zuordnen per Drag-and-drop) werden von den Proband:innen vor allem zur Generierung und teilweise zur Korrektur ihrer Lösungen verwendet. Das bedeutet, sie bieten die Möglichkeit, das eigene funktionale Denken (nonverbal) zum Ausdruck zu bringen und diagnostische Informationen zu erheben. Zudem gibt es Anzeichen dafür, dass Darstellungswechsel zwischen Situationen und Graphen angeregt werden, wenn Lernende diese Funktionsrepräsentationen mittels Zugmodus nebeneinander platzieren können.

Zur Klärung des Lernziels sowie eigener diagnostischer Informationen verwenden die Proband:innen Checkpunkte, Infos und Musterlösungen im SAFE Tool sowie die darin enthaltenen Darstellungen. Die Checkpunkte werden überwiegend zum Identifizieren eines Beurteilungskriteriums sowie zum Erfassen und Evaluieren eigener diagnostischer Informationen genutzt. Seltener wird die Bedeutung eines vorgegebenen Kriteriums für die funktionale Abhängigkeit erörtert, eine Reflexion der eigenen Test-Bearbeitung ist anhand der Checkpunkte kaum zu beobachten. Das könnte daran liegen, dass Lernende diese häufig in Kombination mit der multiplen Darstellung im Check nutzen (s. Abschnitt 8.2.3). Dabei identifizieren die Proband:innen anhand des Checkpunkts ein Beurteilungskriterium, nutzen dann die multiple Darstellung zum Erfassen diesbezüglicher Informationen in der eigenen Aufgabenbearbeitung, wobei seltener auch Merkmale ihres Lösungsgraphen oder der Musterlösung interpretiert werden, und drücken ihre Selbstbewertung letztlich mithilfe des Checkpunkts aus.

Die Info-Einheiten werden insgesamt recht selten verwendet. Lernende betrachten sie ebenso häufig unkommentiert (zwölfmal), wie sie als Reflexionsanlass zu nutzen (elfmal). Tritt eine Reflexion auf, bezieht sich diese häufiger auf die präsentierte Musterlösung zur Test-Aufgabe als auf die eigene Bearbeitung. Themenspezifische Informationen tragen daher vorwiegend zur Beantwortung der Frage „Wo möchte ich hin?" bei.

Die bereitgestellten Musterlösungen dienen den Proband:innen häufig zur Selbst-Evaluation. Das heißt, Lernende vergleichen die eigene Aufgabenbearbeitung und beurteilen sie zunächst nach ihrer Korrektheit. Wird dabei ein Fehler festgestellt, findet anschließend eine Reflexion statt. Diese nimmt etwa doppelt so häufig die Musterlösung in den Blick wie eigene Ergebnisse. Bei den verlinkten Darstellungen, die in zwei Musterlösungen auftreten, ist eine Interpretation eigener diagnostischer Informationen etwa bei der Hälfte aller Selbstbeurteilungen zu beobachten. Dagegen ist diese metakognitive Handlung beim Betrachten einer multiplen Darstellung nur in ungefähr einem Drittel der Selbst-Evaluationen festzustellen. Multiple Darstellungen scheinen Lernende eher zur Reflexion einer Musterlösung anzuregen. Bei deren Ansicht werden Beurteilungskriterien doppelt so häufig reflektiert wie identifiziert.

Die Hyperlinkstruktur des SAFE Tools wird gebraucht, um selbstregulativ zu agieren. Damit bewegen sich Proband:innen zwischen verschiedenen Toolelementen, rufen Musterlösungen auf oder kehren zu einer Aufgabenbearbeitung zurück, um eine Reflexion oder Korrektur vorzunehmen.

Diskussion der Ergebnisse zu Forschungsfrage 3b
Insgesamt zeigt sich, dass die einzelnen Toolelemente und insbesondere deren Zusammenspiel im SAFE Tool Lernende in allen Teilschritten des formativen Selbst-Assessments unterstützen können. Durch die Hyperlinks wird eine Individualisierung der Selbstförderung möglich. Ähnliches wird auch in anderen Forschungsarbeiten berichtet (McLaughlin & Yan, 2017, S. 463; Narciss et al., 2007, S. 1127). Zudem finden sich Quellen, die einen Vorteil digitaler Medien beim Assessment darin sehen, dass neue Aufgabenformate Lernenden vielseitigere und multimodale Möglichkeiten zum Ausdruck ihrer Vorstellungen bereitstellen (Stacey & Wiliam, 2013, S. 723 ff; Timmis et al., 2016, S. 459). Dies kann beim SAFE Tool anhand der „Zuordnen"-, „Auswahl"- und „Graph skizzieren"-Aufgaben gezeigt werden. Proband:innen nutzen diese Formate teilweise auch zur Korrektur ihrer Aufgabenbearbeitungen. Dabei stellt es sich zur Anregung von Darstellungswechseln zwischen Funktionsrepräsentationen als hilfreich heraus, dass Lernende durch das digitale Tool befähigt werden, die Position einzelner Abbildungen per Dragand-drop zu variieren. Dass das Schaffen einer räumlichen Nähe zwischen Darstellungen das Herstellen von Verbindungen zwischen diesen erleichtert, ist durch das Gestaltungsprinzip der Kontinguität zu erklären. Durch die Platzierung der Repräsentationen müssen Lernende weniger kognitive Ressourcen zum Feststellen einer Zusammengehörigkeit aufwenden (Clark & Mayer, 2016, S. 89 ff).

Durch eine räumliche Nähe zusammengehöriger Inhalte wird es den Proband:innen zudem ermöglicht, eigene Aufgabenbearbeitungen direkt mit einer Musterlösung zu vergleichen. Der Einsatz von Musterlösungen beim Selbst-Assessment wird von verschiedenen Autoren vorgeschlagen, da sie themenspezifische Informationen ohne ein direktes Feedback bereitstellen (Leuders, 2003a, S. 320; Sangwin, 2013, S. 34; Shute, 2008, S. 160). Dies gilt im SAFE Tool ebenso für die Info-Einheiten und vorgegebenen Checkpunkte. Die Analysen im dritten Entwicklungszyklus zeigen, dass diese Designelemente von Lernenden zum Identifizieren oder Refkletieren von Beurteilungskriterien sowie zum Erfassen, Interpretieren und Evaluieren eigener diagnostischer Informationen verwendet werden. Am häufigsten tritt dabei eine rein evaluierende Selbstdiagnose auf, wobei Reflexionen der Musterlösung insbesondere bei den Infos und Lösungen, welche multiple Darstellungen präsentieren, verbreitet sind. Das liegt womöglich daran, dass multiple Darstellungen Lernenden helfen, indem ihre Informationen sich gegenseitig ergänzen, sie die Fehlinterpretation einer Repräsentation verhindern oder die Konstruktion eines tieferen Verständnisses ermöglichen (Ainsworth, 1999, S. 135 ff; Gagatsis & Shiakalli, 2004, S. 648; Kaput, 1989, S. 179).

Seltener stellen Proband:innen eigene Aufgabenbearbeitungen infrage. Dies scheint vor allem durch verlinkte Darstellungen begünstigt. Vermutlich sind Musterlösungen durch die Verlinkung zweier Funktionsdarstellungen einfacher zu erfassen, sodass mehr kognitive Ressourcen zum Interpretieren eigener Aufgabenbearbeitungen zur Verfügung stehen (Ainsworth, 1999, S. 133; Kaput, 1992, S. 530; van Someren et al., 1998, S. 3). Da die verschiedenen Darstellungsarten im SAFE Tool in unterschiedlichen Aufgaben Verwendung finden, wird ein Vergleich hervorgerufener Metakognitionen erschwert. Daher ist nicht final festzustellen, ob der Einsatz einer Repräsentationsart bestimmte metakognitive oder selbstregulative Aktivitäten hervorruft. Aufgrund der Studienergebnisse lässt sich aber die Hypothese formulieren, dass multiple Darstellungen vermehrt Reflexionen einer Musterlösung auslösen, während verlinkte Darstellungen Reflexionen eigener Aufgabenbearbeitungen begünstigen. Der Einsatz interaktiver Darstellungen zur Aufgabenbearbeitung scheint das Vornehmen von Korrekturen zu fördern.

Schließlich stellt sich für die Proband:innen als Herausforderung dar, Musterlösungen zu Modellierungsaufgaben zu erfassen. Vermutet werden kann, dass ihnen die zugrundeliegenden Annahmen beim Betrachten der Musterlösung nicht bewusst werden. Hier könnte die Verwendung interaktiver Simulationen hilfreich sein. Bennett et al. (2007) zeigen etwa, wie interaktive Lernumgebungen in Assessmentaufgaben eingesetzt werden, bei denen Lernende bestimmte Kennwerte einstellen, die dann in einer Simulation und deren Auswertung verwedet werden (Bennett et al., 2007, S. 20; Pellegrino & Quellmalz, 2010, S. 119 f). Dies ließe sich auf die Gestaltung von Musterlösungen übertragen, sodass je nach Eingabe oder Auswahl verschiedener Annahmen für das Situationsmodell unterschiedliche Zielgraphen angezeigt werden könnten.

9.2   Methodische Stärken und Grenzen der vorliegenden Studie

In der vorliegenden Arbeit wird der Ansatz der fachdidaktischen Entwicklungsforschung verwendet. Dieser ermöglicht es nicht nur, ein Designprodukt (das SAFE Tool) forschungsbasiert zu konstruieren, sondern erlaubt daneben die Weiterentwicklung lokaler Lehr-Lern-Theorien (s. Abschnitt 5.3). In Bezug auf das primäre Erkenntnisinteresse zur Untersuchung formativer Selbst-Assessments zum situativgraphischen Darstellungswechsel erweisen sich aufgabenbasierte Einzelinterviews und das laute Denken zur Datenerhebung als gewinnbringend. Hierdurch werden kognitive, metakognitive und selbstregulative Handlungen der Proband:innen sowie ihre Interaktionen mit dem SAFE Tool sichtbar. Die Auswertungsmethode der qualitativen Inhaltsanalyse mit deduktiv-induktiver Kategorienbildung bietet sich an, um detaillierte Einblicke in die Lern- und Assessmentprozesse zu gewinnen, die während einer Toolnutzung ablaufen. Einerseits wird hierdurch eine Anbindung an bestehende Theorien und Forschungserkenntnisse gewährleistet. Andererseits kann durch die Kategorienbildung am Datenmaterial zur Theoriebildung beigetragen werden. Diese wird zusätzlich durch das iterative Vorgehen unterstützt, da von einem Entwicklungszyklus zum nächsten nicht nur das Tooldesign, sondern auch die Methodik der Datenauswertung ausgeschärft wurde. Die präsentierte Studie kann durch die vorgenommenen Analysen einen Beitrag auf drei unterschiedlichen Ebenen leisten:

- *Kognitive Ebene*: Es werden nicht nur Erkenntnisse über die Kompetenzen, Vorstellungen und Fehler von Lernenden beim situativ-graphischen Darstellungswechsel funktionaler Zusammenhänge gewonnen, sondern auch eine Möglichkeit zur Operationalisierung funktionalen Denkens aufgezeigt.
- *Metakognitiv-selbstregulative Ebene*: Es werden nicht nur Erkenntnisse über die mentalen Prozesse von Lernenden bei einem formativen Selbst-Assessment gewonnen, sondern auch ein Modell zu dessen Operationalisierung vorgestellt. Eine spezifischere Unterscheidung einzelner Diagnoseprozesse erfolgt durch die Identifikation von sechs Typen formativen Selbst-Assessments.
- *Technische Interaktionsebene*: Es werden nicht nur Erkenntnisse über die Nutzung des SAFE Tools gewonnen, sondern auch abgeleitet, welche spezifischen Designelemente Lernende in welcher Weise bei ihrem formativen Selbst-Assessment sowie der Ausbildung eines funktionalen Denkens unterstützen können.

Demnach zeigen sich zahlreiche Stärken der eingesetzten Methoden. Ebenso gilt es aber, deren Grenzen zu berücksichtigen. Zunächst ist festzuhalten, dass sich Aussagen über erzielte Ergebnisse auf den spezifischen Lerngegenstand situativ-graphischer Darstellungswechsel und den Einsatz des SAFE Tools in einem Interviewsetting beschränken. Eine Übertragbarkeit auf die Diagnose und Förderung anderer mathematischer Basiskompetenzen sowie abweichender Einsatzszenarien des digitalen Mediums, z. B. im Klassenunterricht oder außerschulischen Lernorten, ist nur bedingt möglich. Diese müsste in weiteren Untersuchungen erörtert werden. Ebenso kann die Validierung resultierender Theorieelemente, wie z. B. die Typen formativer Selbst-Assessments oder das FSA-Modell, Anlass für weitere

Forschungsarbeiten liefern. Darüber hinaus ist zu beachten, dass die Erkenntnisse auf eine geringe Anzahl von Interviews zurückzuführen sind. Inwiefern sich eine positive Wirksamkeit der Nutzung des SAFE Tools statistisch verallgemeinerbar oder langfristig zeigt, müsste in einer größer angelegten Interventionsstudie mit Kontrollgruppe, Prä-, Post- und gegebenenfalls Follow-Up-Tests ermittelt werden. Ferner ist fraglich, ob sich die Ergebnisse mit anderen Proband:innen reproduzieren lassen. Beispielsweise könnte das Auftreten unterschiedlicher Typen formativer Selbst-Assessments vom jeweiligen Kenntnisstand oder dem Alter von Lernenden abhängen. Obwohl die sehr heterogenen Stichproben in den einzelnen Entwicklungszyklen vermuten lassen, dass sich das SAFE Tool zur Wiederholung von Basiskompetenzen für Lernende unterschiedlicher Alters- und Niveaustufen eignet, ist der Zusammenhang möglicher Effekte und Einsatzvoraussetzungen nicht ausreichend geklärt.

Teil III
Resümee

10.1 Fazit

Formatives Assessment bezeichnet die prozessbegleitende Diagnose von Lernleistungen, die darauf abzielt, unterrichtliche Instruktionen und darüber individuelles Lernen zu verbessern (Black & Wiliam, 2009, S. 9; Schütze et al., 2018, S. 698). Es wird empirisch mit einer Leistungssteigerung verbunden, wobei in der Fachliteratur stets eine aktive Einbindung der Lernenden gefordert wird (Black & Wiliam, 1998b, S. 144; Cizek, 2010, S. 3 ff; Schütze et al., 2018, S. 697 ff). Durch Selbst- und Peer-Assessments sollen sie metakognitive sowie selbstregulative Strategien ausbilden und so auf ein lebenslanges Lernen vorbereitet werden (Heritage, 2007, S. 142; Nicol & Macfarlane-Dick, 2006, S. 207). Allerdings scheinen Selbstdiagnosen in der Schulpraxis bislang wenig Platz einzunehmen (Brown & Harris, 2013, S. 367; Bürgermeister et al., 2014, S. 47 ff). Aus diesem Grund wird dieser Teilprozess formativen Assessments in der vorliegenden Arbeit fokussiert.

Für den Begriff *Selbst-Assessment* ist allerdings keine einheitliche Definition ersichtlich. Im breiteren Verständnis werden unter der Bezeichnung zahlreiche Praktiken beschrieben, die u. a. eine Selbsteinschätzung, -benotung, -überwachung und -regulation durch Lernende beinhalten können (z. B. Andrade, 2010, S. 91 f; Brown & Harris, 2013, S. 368; Boud & Falchikov, 1989, S. 529 f; McMillan & Hearn, McMillan & Hearn 2008, S. 41). Für die Durchführung von Selbst-Assessments bieten digitale Medien zahlreiche Potentiale. Beispielsweise können Hyperlinks eine individualisierte Diagnose und Förderung ermöglichen oder dynamische Repräsentationen verwendet werden, um die Interaktion von Lernenden mit einer Diagnoseaufgabe zu verändern (McLaughlin & Yan, 2017, S. 463; Stacey & Wiliam, 2013, S. 722 ff). Dabei fällt auf, dass insbesondere beim Einsatz digitaler Medien Methoden Verwendung finden, die Lernenden eine Evaluation ihrer Lösungen vorgeben,

© Der/die Autor(en), exklusiv lizenziert durch Springer Fachmedien Wiesbaden GmbH, ein Teil von Springer Nature 2022
H. Ruchniewicz, *Sich selbst diagnostizieren und fördern mit digitalen Medien*, Essener Beiträge zur Mathematikdidaktik, https://doi.org/10.1007/978-3-658-35611-8_10

ihnen Feedbacks bereitstellen und bei denen die Lehrkraft (oder die Technologie) über die nächsten Schritte ihres Lernprozesses entscheiden (s. Abschnitt 4.3). Es wird argumentiert, dass Schüler:innen nicht über ausreichend Fachwissen verfügen, um eigene Kompetenzen angemessen zu beurteilen. Daher seien sie auf externe Rückmeldungen angewiesen, durch die sie neue Einsichten über ihren Kenntnisstand gewinnen können (Taras, 2003, S. 549 ff). Dagegen wird kritisiert, dass Lernende bei solchen Formen des Selbst-Assessments kognitiv wenig aktiviert werden und kaum Gelegenheiten zum Einsatz metakognitiver sowie selbstregulativer Handlungen erhalten (Nicol & Milligan, 2006, S. 67; McLaughlin & Yan, 2017, S. 571 f). Ferner sei wenig darüber bekannt, welche kognitiven Prozesse bei einem Selbst-Assessment ablaufen und wie Lernende diagnostische Informationen für ihren weiteren Lernprozess nutzen (Andrade & Du, 2007, S. 162; Andrade, 2019, S. 7 ff; Brown & Harris, 2013, S. 338).

Aus diesen Gründen wird der Begriff *formatives Selbst-Assessment* in der vorliegenden Arbeit als Synthese der Termini formatives Assessment und Selbst-Assessment verstanden. Darunter werden metakognitive und selbstregulative Prozesse gefasst, bei denen Lernende eigenverantwortlich (und ohne externe Rückmeldungen) diagnostische Informationen zu ihrem Lerstand erfassen, interpretieren, bzgl. inhaltlicher Beurteilungskriterien bewerten und nutzen, um begründete Entscheidungen für weitere Schritte im eigenen Lernprozess treffen zu können. Ein Ziel der vorliegenden Arbeit besteht darin, solche Diagnoseprozesse zu untersuchen. Da dazu eine Lernumgebung benötigt wird, die ebensolche Assessments initiiert, wurde der Ansatz des *Design Research* gewählt (s. Abschnitt 5.3). Aufgrund des bereits angedeuteten Potentials neuer Technologien zur Unterstützung von Lernenden bei der Selbstdiagnose lag die Entwicklung eines digitalen Tools zum formativen Selbst-Assessment nahe. Diese Lernumgebung soll eine eigenständige Wiederholung und Wiedererarbeitung von Basiskompetenzen aus der Schulmathematik nach einer Behandlung im Unterricht ermöglichen.

Als Lerngegenstand wurde beispielhaft der *situativ-graphische Darstellungswechsel* funktionaler Zusammenhänge gewählt. Zur Ausführung dieses Übersetzungsprozesses sind zentrale Kompetenzen zum *funktionalen Denken* nötig. Dieser didaktische Sammelbegriff bezeichnet alle Fähigkeiten und Vorstellungen, die Lernende dazu befähigen, den mathematischen Funktionsbegriff ganzheitlich zu verstehen und vielfältig anzuwenden. Da bei der Übersetzung einer situativen Ausgangsdarstellung in die graphische Zieldarstellung eine mathematische Modellierung erfolgt, eignet sich der gewählte Lerngegenstand in besonderer Weise zur Untersuchung formativer Selbst-Assessments. Dabei müssen Lernende ihr Funktionsverständnis anwenden, sodass (Grund-)Vorstellungen zum Funktionsbegriff sichtbar werden. Gleichzeitig wird das funktionale Denken bei der Durchführung von Darstellungswechseln gefördert (s. Kapitel 3). Während zahlreiche Studien die Fähigkeiten von Lernenden bei der Übersetzung zwischen numerischen, symbolischen und graphischen Funktionsrepräsentationen in den Blick nehmen (u. a. Bossé et al., 2011; Leinhardt et al., 1990) oder eine Interpretation vorgegebener Graphen erfordern (u. a. Hadjidemetriou & Williams, 2002; Nitsch, 2015), wurde der situativ-graphische Darstellungswechsel bislang wenig erforscht. Die vorliegende Studie möchte daher das funktionale Denken von Lernenden bei dieser Übersetzung näher beschreiben.

Neben der Frage nach den Fähigkeiten und Selbstdiagnosen der Lernenden, gilt das Erkenntnisinteresse schließlich ihrer *digitalen Toolnutzung*. Wird als Entwicklungsziel dieser Arbeit das Design des SAFE Tools[1] zum formativen Selbst-Assessment von Basiskompetenzen zum funktionalen Denken festgelegt, ist zur Evaluation des digitalen Tools entscheidend, welche Lern- sowie Diagnoseprozesse dadurch initiiert werden. Weil eine lernförderliche Wirkung von der Art und Weise der Nutzung abhängt, ist zu untersuchen, wie Lernende mit spezifischen Merkmalen des Designs interagieren. Hieraus lassen sich Aussagen über mögliche Potentiale und Gefahren einer Toolnutzung ableiten (u. a. Drijvers, 2018; Hillmayr et al., 2020).

Zur Entwicklung und Untersuchung des SAFE Tools wurden in der vorliegenden Studie drei Designzyklen durchgeführt, in denen jeweils unterschiedliche Toolversionen entworfen, mit verschiedenen Proband:innen erprobt und auf Grundlage von Analysen der initiierten Lernprozesse weiterentwickelt wurden. Die Datenerhebung erfolgte durch aufgabenbasierte Interviews und die Methode des lauten Denkens. Im ersten Zyklus wurde eine Papierversion des SAFE Tools von elf Achtklässler:innen zweier Schulen ausprobiert. Im zweiten Zyklus arbeiteten je zwei Schüler:innen der zehnten Jahrgangsstufe und zwei Student:innen des zweiten Bachelor Fachsemesters (Mathematik mit Lehramtsoption HRSGe) mit einer digitalen Toolversion innerhalb der Software TI-Nspire[TM]. Im dritten Zyklus wurde die iPad App Version des SAFE Tools von sechzehn Studierenden im ersten oder zweiten Fachsemester desselben Studiengangs verwendet. Die Videodaten der Interviews wurden primär per qualitativer Inhaltsanalyse mit deduktiv-induktiver Kategorienbildung ausgewertet. Mithilfe der entwickelten Kategoriensysteme erfolgt die Auswertung auf drei Ebenen: 1) Auf einer inhaltlich-kognitiven Ebene werden die Kompetenzen der Lernenden im Hinblick auf den Lerngegenstand fokussiert. 2) Auf einer metakognitiv-selbstregulativen Ebene werden die Selbstdiagnosen der Lernenden thematisiert. 3) Auf einer technischen Ebene wird die Interaktion der Lernenden mit dem digitalen Tool adressiert. Insgesamt soll als übergeordnete Forschungsfrage beantwortet wer-

---

[1] SAFE ist das Akronym für **S**elbst-**A**ssessment für **F**unktionales Denken ein **E**lektronisches Tool.

den, wie formatives Selbst-Assessment am Beispiel situativ-graphischer Darstellungswechsel funktionaler Zusammenhänge technologie-gestützt gelingen kann.

Fazit zur ersten Forschungsfrage: Welche a) Fähigkeiten und Vorstellungen sowie b) Fehler und Schwierigkeiten zeigen Lernende beim situativ-graphischen Darstellungswechsel funktionaler Zusammenhänge?
Beim situativ-graphischen Darstellungswechsel funktionaler Zusammenhänge handelt es sich um einen komplexen Modellierungsprozess, bei dem Lernende eine funktionale Abhängigkeit erfassen, eine situative Ausgangsdarstellung interpretieren und eine graphische Zieldarstellung konstruieren müssen. Die Proband:innen der vorliegenden Studie zeigen, dass sie über zahlreiche Fähigkeiten bzgl. aller Teilschritte dieses Darstellungswechsels verfügen und dabei vielfältige Grundvorstellungen zum Funktionsbegriff aktivieren. In Bezug auf die Diagnoseaufgabe im SAFE Tool verwenden Lernende hauptsächlich unterschiedliche Ausprägungen der Kovariationsvorstellung, vermutlich weil ihnen eine qualitative Situationsbeschreibung ohne Vorgabe konkreter Variablenwerte präsentiert wird. Beim betrachteten Repräsentationswechsel liegen ihre Stärken besonders in der Deutung situativer Ausgangsdarstellungen. Deren vollständig korrekte Übersetzung in einen Zielgraphen gelingt dagegen nur wenigen.

Obwohl eine Vielzahl unterschiedlicher Fehlertypen für die fokussierte Übersetzung identifiziert werden, sind diese widerum auf nur wenige Ursachen zurückzuführen. Einerseits sind unzureichend ausgebildete, aktivierte oder miteinander verknüpfte Grundvorstellungen für die Fehler verantwortlich. Beispielsweise können der Graph-als-Bild Fehler, die Missachtung des Variablenwerts sowie die Punkt-Intervall-Verwechslung darauf beruhen, dass Lernende keine Verbindung zwischen Zuordnungs- und Kovariationsvorstellung herstellen. Andererseits fehlt oftmals ein grundlegendes Verständnis dafür, dass es sich bei Funktionen um mathematische Modelle zur Beschreibung spezifischer Abhängigkeitsbeziehungen zwischen Größen handelt. Ebenso werden Graphen teilweise nicht als Repräsentationen solcher funktionaler Abhängigkeiten verstanden. Demnach realisieren viele Lernende nicht, „that it is not the representations that are translated but rather the ideas or constructs expressed in them" (Adu-Gyamfi et al., 2012, S. 159).

Für eine erfolgreiche Ausführung des situativ-graphischen Darstellungswechsels ist daher vor allem eine konsequente Fokussierung der funktionalen Abhängigkeit bei allen Übersetzungsschritten entscheidend. Dies ist allerdings nur mit ausgeprägten Kompetenzen zum funktionalen Denken möglich, über die viele Proband:innen der vorliegenden Studie noch nicht ausreichend verfügen.

Fazit zur zweiten Forschungsfrage: Welche formativen Selbst-Assessment-prozesse können rekonstruiert werden, wenn Lernende mit einem digitalen Selbstdiagnose-Tool arbeiten?
Beim formativen Selbst-Assessment verwenden Lernende verschiedene metako-gnitive und selbstregulative Handlungen, um eigene Aufgabenbearbeitungen oder Vorstellungen zu beurteilen. Die Diagnose beinhaltet dabei stets mindestens eine Aktivität zur Klärung jeder der drei zentralen Fragen: *Wo möchte ich hin?*, *Wo stehe ich gerade?* und *Wie komme ich dahin?* Diese reichen vom Identifizieren oder Reflektieren eines Beurteilungskriteriums über das Erfassen, Interpretieren und Evaluieren eigener diagnostischer Informationen bis hin zum Treffen von Ent-scheidungen über den nächsten Schritt im eigenen Lernprozess. Formatives Selbst-Assessment (FSA) kann demnach mithilfe des FSA-Modells operationalisiert wer-den (s. Abbildung 10.1).

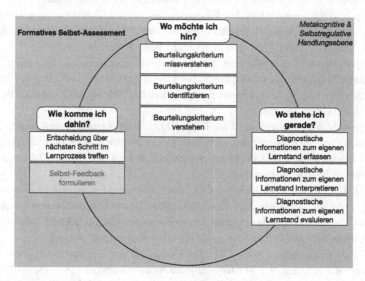

Abbildung 10.1 Formatives Selbst-Assessment Modell

Dieses Modell wurde in Abschnitt 2.5 theoretisch hergeleitet und kann hier aufgrund der empirischen Erkenntnisse weiterentwickelt werden. Während sich die Teilschritte des Diagnoseprozesses in Bezug auf die Frage *Wo möchte ich hin?* anhand der induktiv gebildeten Kategorien weiter ausdifferenzieren lassen, bestätigen die Interviews das Auftreten der übrigen Teilschritte in den FSA-

Prozessen der Proband:innen. Die im Modell dargestellten FSA-Teilschritte entsprechen den Hauptkategorien des Kategoriensystems zum Erfassen formativer Selbst-Assessments. In Bezug auf den Lerngegenstand des SAFE Tools lassen dich diese durch die induktiv gebildeten Subkategorien weiter spezifizieren (s. Tabelle 5.7). Das Formulieren eines Selbst-Feedbacks kann Teil des formativen Selbst-Assessments von Lernenden sein, wurde aufgrund der verwendeten Methoden in dieser Studie allerdings außer Acht gelassen (s. Abschnitt 5.6.2).

Je nachdem, welche der im FSA-Modell enthaltenen Metakognitionen in einem Diagnoseprozess auftreten und wie gut diese aus fachlicher Sicht gelingen, können sechs unterschiedliche Typen formativen Selbst-Assessments identifiziert werden:

- *Typ 1: Fehlerbehaftetes FSA*: Die Evaluation der eigenen Lösung misslingt, weil Beurteilungskriterien missverstanden und/oder eigene diagnostische Informationen nicht wahrgenommen werden. Es findet keine Reflexion statt.
- *Typ 2: Verifizierendes FSA*: Die Evaluation der eigenen Lösung basiert auf einem reinen Ja/Nein-Abgleich eigener diagnostischer Informationen mit einem identifizierten Beurteilungskriterium. Es findet keine Reflexion statt.
- *Typ 3: Zielreflektierendes FSA*: Die Evaluation der eigenen Lösung basiert auf einem Vergleich eigener diagnostischer Informationen mit einem Beurteilungskriterium. Eine Reflexion findet ausschließlich bzgl. der Musterlösung/des Beurteilungskriteriums statt.
- *Typ 4: Selbstreflektierendes FSA*: Die Evaluation der eigenen Lösung basiert auf einem Vergleich eigener diagnostischer Informationen mit einem Beurteilungskriterium. Eine Reflexion findet ausschließlich bzgl. der eigenen Lösung/des eigenen Bearbeitungsprozesses.
- *Typ 5: Ursachenreflektierendes FSA*: Zur Evaluation der eigenen Lösung werden sowohl Merkmale der Musterlösung/des Beurteilungskriteriums als auch der eigenen Lösung/des eigenen Bearbeitungsprozesses reflektiert. Allerdings können nicht alle Fehler oder -ursachen ausfindig gemacht werden.
- *Typ 6: Diagnostizierendes FSA*: Zur Evaluation der eigenen Lösung werden sowohl Merkmale der Musterlösung/des Beurteilungskriteriums als auch der eigenen Lösung/des eigenen Bearbeitungsprozesses reflektiert. Eigene Fehlerursachen werden identifiziert oder korrekte Aspekte der eigenen Bearbeitung begründet nachvollzogen.

Auffällig ist, dass Lernende am häufigsten eine reine Verifikation korrekter Merkmale oder Fehler vornehmen (FSA-Typ 2). Dies führt zwar oft zu akkuraten Selbstbeurteilungen und daraufhin zu der Auswahl angemessener Fördermaterialien, kann aber nicht zur Aufklärung möglicher Fehlerursachen beitragen. Hierzu sind

FSA-Prozesse erforderlich, die korrekte Reflexionen bzgl. des Lernziels sowie der eigenen Aufgabenbearbeitung beinhalten. Obwohl solche Diagnoseprozesse (FSA-Typ 6) nur selten vorkommen, zeigt ihr Auftreten, dass Lernende mithilfe des SAFE Tools eigenständig dazu in der Lage sind, ihre Kompetenzen zu beurteilen, eigene Fehler zu identifizieren und zu überwinden.

Fazit zur dritten Forschungsfrage: Inwiefern unterstützt die Nutzung eines digitalen Selbstdiagnose-Tools Lernende in ihrem a) funktionalen Denken und b) formativen Selbst-Assessment?

Bei der Nutzung des SAFE Tools werden Lernende sowohl in ihrem funktionalen Denken als auch formativen Selbst-Assessment unterstützt. In Bezug auf ihre fachlichen Kompetenzen sind bei fast allen Proband:innen Lernfortschritte erkennbar. Insbesondere im dritten Zyklus wird deutlich, dass sich Lernende im Laufe ihrer Toolnutzung stärker auf funktionale Abhängigkeiten konzentrieren, vielseitigere Grundvorstellungen zum Funktionsbegriff aktivieren und auch getroffene Modellierungsannahmen beim situativ-graphischen Darstellungswechsel reflektieren. Diese Förderung des funktionalen Denkens ist auf die Nutzung der Info-Einheiten, Förderaufgaben und Musterlösungen im SAFE Tool zurückzuführen, die jeweils multiple, interaktive oder verlinkte Funktionsdarstellungen beinhalten. Für einen Erkenntnisgewinn müssen verschiedene Repräsentationen aber aktiv bzgl. des funktionalen Zusammenhangs gedeutet und miteinander in Beziehung gesetzt werden. Fehlt Lernenden ein grundlegendes Verständnis von Funktionen als Modell zur Beschreibung spezifischer Größenbeziehungen, bleiben eigene Fehler, z. B. die Missachtung der Eindeutigkeit, unentdeckt.

In Bezug auf ihr formatives Selbst-Assessment wird deutlich, dass Lernende unterstützt durch die Vorgabe inhaltsbezogener Beurteilungskriterien, themenspezifischer Informationen und Musterlösungen, welche multiple, interaktive oder verlinkte Funktionsdarstellungen bereitstellen, eigene Aufgabenbearbeitungen recht zuverlässig selbst beurteilen. Obwohl Reflexionen bzgl. des Lernziels oder eigener Kompetenzen dabei seltener auftreten als verifizierende Selbst-Assessments, werden sie vermutlich durch die Nutzung multipler sowie verlinkter Darstellungen angeregt. Wichtig ist, dass eigene Aufgabenbearbeitungen direkt mit einer Musterlösung verglichen werden können. Die Hyperlinkstruktur ermöglicht ein individuelles, selbstreguliertes Arbeiten und wird von den Lernenden genutzt, um neue Förereinheiten auszuwählen. Zudem rufen sie darüber Musterlösungen auf oder kehren zu einer Aufgabenstellung zurück, um Korrekturen vorzunehmen.

Das Selbst-Assessment kann allerdings nur gelingen, wenn Beurteilungskriterien nicht missverstanden und diagnostische Informationen in den eigenen Aufgabenbearbeitungen wahrgenommen werden. Dies gelingt in den Interviews oftmals nicht, wenn Musterlösungen zu offenen Modellierungsaufgaben lediglich einen möglichen Lösungsgraphen vorgeben. Die Lernenden erfassen hierbei selten zugrundeliegende Modellierungsannahmen, wodurch es teilweise zu inadäquaten Selbstdiagnosen kommt. Um nicht nur eigene Fehler zu identifizieren, sondern dahinter liegende Fehlerursachen aufzudecken oder korrekte Merkmale eigener Lösungen begründet nachzuvollziehen, ist entscheidend, dass Lernende nicht nur die präsentierte Musterlösung reflektieren, sondern auch die eigene Aufgabenbearbeitung hinterfragen. Dass dies mithilfe des SAFE Tools gelingen kann, zeigen die Ergebnisse der vorliegenden Studie.

10.2   Ausblick

10.2.1 Erweiterung des Tooldesigns: Integration einer Lehrerseite

Um die Einsatzmöglichkeiten eines Tools zum formativen Selbst-Assessment im Mathematikunterricht zu erweitern, scheint die Integration einer Lehrerseite hilfreich. Das digitale Medium könnte die Eingaben der Lernenden während ihrer eigenständigen Bearbeitung des Diagnosetools speichern und für die Lehrkraft verfügbar machen. Dadurch könnten Lehrkräfte die diagnostischen Informationen nutzen, die durch eine Toolbearbeitung der Schüler:innen gewonnen werden, um ihren Unterricht an deren Bedürfnisse anzupassen. Des Weiteren wäre denkbar, alle Schülerlösungen zur eingangsdiagnostischen Aufgabe im Klassenverband vergleichend zu reflektieren oder deren Beurteilungen mithilfe der Checkliste in Partner- oder Gruppenarbeit vorzunehmen. Dass ein solcher Einsatz digitaler Medien zur Initiierung gehaltvoller Diskussionen führen kann, zeigen etwa die in Abschnitt 4.3.1 beschriebenen Fallstudien des FaSMEd-Projekts (Cusi et al., 2019, S. 7 ff; Panero & Aldon, 2016, S. 70 ff). Jedoch ist empirisch nicht ausreichend geklärt, inwiefern solche Einsatzszenarien zu (nachhaltigen) Lernerfolgen führen oder Lehrkräfte in der Lage sind, von einem Diagnosetool bereitgestellte diagnostische Informationen zu erfassen und formativ zu verwenden (z. B. van den Heuvel-Panhuizen et al., 2016, S. 3 ff; Pepin et al., 2016, S. 8 ff). Diesbezüglich ist ein Forschungsdesiderat zu identifizieren. In Bezug auf die Entwicklung einer Lehrerseite für das SAFE Tool wurden im präsentierten Dissertationsprojekt erste Versuche unternommen. An dieser Stelle folgt ein kurzer Erfahrungsbericht, um auf besondere Herausforderungen beim Tooldesign hinzuweisen.

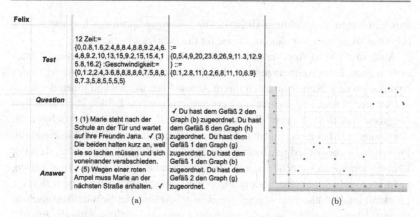

Abbildung 10.2 (a) Ausschnitt einer Lehrertabelle der TI-Nspire™ Version des SAFE Tools; (b) Beispiel für die Rekonstruktion einer Schülerlösung als Punktmenge

In der TI-Nspire™ Version von SAFE (s. Kapitel 7) wurde eine Möglichkeit für Lehrpersonen zum Erstellen eigener Klassenlisten per Cloud integriert. Durch einen „Absenden"-Button in der Bedienoberfläche des Tools, können Lernende während ihrer Toolnutzung, eigene Eingaben an die Lehrkraft übermitteln (z. B. Abbildung 7.2). Damit ihre Daten in die Tabelle der Lehrkraft übertragen werden, müssen die Nutzer:innen für jede bearbeitete Aufgabe erneut den Button zum Absenden drücken. Zudem ist es erforderlich, einen Internetbrowser aufzurufen, in die Eingabezeile zu klicken und die „Einfügen"-Taste zu drücken. Daraufhin wird den Nutzer:innen die erfolgreiche Datenübermittlung signalisiert. Dieses Vorgehen wird Lehrkräften auf der Homepage *http://compasstech.com.au/FaSMED/* schriftlich und anhand von Videos erläutert. Obwohl auf diese Weise Schülerantworten nach Klassen festgehalten werden können, sind die einzelnen Schritte in der praktischen Nutzung wenig intuitiv. Daher lässt sich vermuten, dass ein erfolgreicher Einsatz der Lehrerseite nur in Verbindung mit vorherigen Instruktionen von Lehrkräften sowie Schüler:innen stattfinden kann.

Hinzu kommt, dass nicht alle diagnostischen Informationen in der Lehrertabelle erfassbar sind. Während beispielsweise relativ schnell ersichtlich wird, welche Optionen Lernende in einem Drop-down-Menü oder bei den Auswahl-Aufgabe ausgewählt und welche Texte sie in offene Antwortfelder getippt haben, sind graphische Darstellungen nicht sichtbar. Diese werden nur als Punktreihen gespeichert (s. Abbildung 10.2(a)). Die Lehrkraft kann diese Wertepaare durch Kopieren und Einfügen in die TI-Nspire™ Software graphisch in einem Koordinatensystem anzeigen lassen (s. Abbildung 10.2(b)). Die Lösungsgraphen der Lernenden sind auf diese Weise aber nur nährungsweise für die Lehrkraft zugänglich.

Auch in der iPad App Version des SAFE Tools (s. Kapitel 8) wurde die Integration einer Lehrerseite angestrebt. Lehrkräfte können nach Anmeldung in der Applikation neue Nutzer:innen zu ihrem Account hinzufügen und ihnen die Rolle der Schüler:in zuweisen. Bearbeiten Lernende nun das SAFE Tool, können sie ihre Eingaben über den „Wolken"-Button in der Fußzeile der Bedienoberfläche (z. B. Abbildung 8.3) bei bestehender Internetverbindung an die Lehrkraft übermitteln. Im Vergleich zur vorherigen Toolversion bietet sich dadurch der Vorteil, dass der Übermittlungsprozess nicht für jede Aufgabe separat und die Datenübertragung nicht über einen Internetbrowser erfolgen muss. Innerhalb der App, kann sich die Lehrkraft im Anschluss die sogenannte „Cover"-Ansicht der Schülerliste ansehen, die eine Übersicht aller Lösungsgraphen der Lernenden zur Test-Aufgabe zeigt (s. Abbildung 10.3). Klickt die Lehrkraft auf einen Lernenden, wird sie in die Schüleransicht des SAFE Tools geführt. Durch Vor- und Zurückblättern in der Hyperlinks-

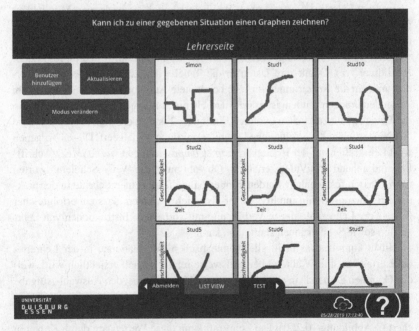

Abbildung 10.3 Cover-Ansicht der Lehrerseite in der iPad App Version des SAFE Tools

truktur kann sie dort für jedes Toolelement die Eingaben des Lernenden betrachten. Weil dieses Vorgehen für große Schülerzahlen ungeeignet scheint, kann zusätzlich eine Übersichtstabelle der Eingaben für die gesamte Klasse über eine Datenbank der Universität Duisburg-Essen aufgerufen werden. Dies hat allerdings den Nachteil, dass nur bestimmte Mitarbeiter:innen einen Zugang zur Datenbank haben und die Excel-Tabellen an Lehrpersonen weitergegeben werden müssen. Ebenso wie in der vorherigen Toolversion werden auch in diesen Übersichten graphische Informationen nicht direkt wiedergegeben, sondern können ausschließlich über die iPad App betrachtet werden.

Zusammenfassend zeigen diese Erfahrungen zur Entwicklung einer Lehrerseite für digitale Tools zum formativen Selbst-Assessment, dass zunächst grundlegende Fragen zur Datenübermittlung und -speicherung zu klären sind. Als größte Herausforderung stellt sich jedoch nicht die automatische Speicherung der Schülerdaten heraus. Vielmehr ist eine geeignete Lösung zur übersichtlichen Darstellung der diagnostischen Informationen für Lehrkräfte zu finden.

10.2.2 Konsequenzen für die Praxis

Die vorliegende Studie hat gezeigt, dass Lernende ihre Kompetenzen zum situativ-graphischen Darstellungswechsel funktionaler Zusammenhänge durch eine relativ kurze Nutzung des SAFE Tools selbstständig fördern können. Zudem können formative Selbst-Assessments durch das digitale Tool angeregt und in dem Sinne verbessert werden, dass diese Prozesse häufiger Reflexionen bzgl. einer Musterlösung oder eigenen Aufgabenbearbeitung beinhalten. Allerdings wurde in den geführten Interviews auch deutlich, dass es für viele Proband:innen zunächst ungewohnt ist, sich selbst zu beurteilen. Zudem zeigt die Dominanz verifizierender Assessmentprozesse, dass metakognitive Fähigkeiten wenig ausgebildet sind. Offenbar bestätigt sich hier die Beobachtung, dass Selbstdiagnosen in der Unterrichtspraxis bislang wenig Platz einnehmen (Brown & Harris, 2013, S. 367; Bürgermeister et al., 2014, S. 47 ff). Überwiegen während der Schulzeit allerdings Evaluationen von außen, kann das Bildungsziel, Schüler:innen auf ein lebenslanges Lernen vorzubereiten, nicht erfüllt werden. Metakognitive und selbstregulative Strategien können nur ausgebildet und Verantwortung für den eigenen Lernprozess übernommen werden, wenn Schüler:innen mit dem Einsatz von Selbstdiagnose vertraut werden (Barzel et al., 2019, S. 79 f; Fernholz & Prediger, 2007, S. 504; Moser Opitz & Nührenberger 2015, S. 14). Für die Schulpraxis ist daher ein regelmäßiger Einsatz von (digitalen) Medien, welche formative Selbst-Assessments initiieren können, dringend erforderlich.

Des Weiteren scheinen Instruktionen zum Durchführen von Selbstdiagnosen sowohl in der Schulpraxis als auch der Lehrerausbildung sinnvoll. Forschungsergebnisse belegen, dass Lernende durch Trainings nicht nur fachliche Leistungen verbessern (Fontana & Fernandes, 1994, S. 408 ff; Ross et al., 2002b, S. 48 ff), sondern auch eine höhere Genauigkeit ihrer Selbst-Assessments erreichen, weil sie lernen, inhaltsbezogene Aspekte der eigenen Bearbeitung zu fokussieren und Evaluationskriterien zu überdenken (Ramdass & Zimmerman, 2008, S. 25 ff; Ross, 2006, S. 6 ff; Topping, 2003, S. 64). Die vorliegende Studie liefert Hinweise darüber, dass bereits kurze Aufforderungen zur Erklärung einer Selbstdiagnose in den Interviews oder eine Bearbeitung und eigenständige Überprüfung mehrerer Förderaufgaben im SAFE Tool dazu führen, dass Lernende vermehrt Reflexionen in ihre formativen Selbst-Assessments einbinden. Dies lässt darauf schließen, dass sich die Vermittlung metakognitiver und selbstregulativer Strategien recht einfach in Unterrichtssituationen einbinden lassen.

In Bezug auf das funktionale Denken zeigt die vorliegende Studie, dass Lernenden verschiedenster Alters- und Kompetenzstufen ein grundlegendes Verständnis für Funktionen als mathematische Modelle zur Beschreibung von Größenbeziehungen und Graphen als deren Repräsentation fehlen. Während kalkülhafte Fertigkeiten, wie das Plotten und Verbinden einzelner Punkte, beim situativ-graphischen Darstellungswechsel beherrscht werden, sind zahlreiche Fehlertypen auf die Missachtung funktionaler Abhängigkeiten zurückzuführen. Zudem zeigt sich, dass Grundvorstellungen zum Funktionsbegriff teilweise nicht ausreichend ausgebildet und selten miteinander verknüpft sind. Daher sollte der Mathematikunterricht das konzeptuelle Verstehen des Funktionsbegriffs stärker fokussieren. Insbesondere sollten vielfältige, ungewohnte und zeitunabhängige Sachkontexte betrachtet, die Richtung der Abhängigkeit zweier Größen explizit adressiert und je nach Fragestellung gewechselt werden. Ferner sollte das Interpretieren qualitativer Graphen und Modellieren qualitativer Situationen eingebunden, der Wechsel zwischen verschiedenartigen Funktionsdarstellungen angeregt sowie das Betrachten von Funktionen aus Sichtweise verschiedener Grundvorstellungen geübt werden.

10.2.3 Weiterführende Forschungsfragen

Die vorgestellte Studie leistet einen ersten Beitrag zur Operationalisierung des Begriffs formatives Selbst-Assessment sowie der Fragestellung, welche kognitiven Aktivitäten während solcher Diagnoseprozesse ablaufen. Empirisch bleibt zu klären, ob das präsentierte FSA-Modell sowie die sechs Typen formativen Selbst-

Assessments ebenso für andere Lerngegenstände, andere Proband:innen oder bei einer größeren Stichprobe zu beobachten sind.

In Bezug auf das SAFE Tool wurde im dritten Zyklus weiterer Entwicklungsbedarf hinsichtlich der Gestaltung von Musterlösungen zu offenen Modellierungsaufgaben ausgemacht. Eine anschließende Studie könnte daher erörtern, welches Design dazu führt, dass digitale Medien Lernende bei der Selbstdiagnose bzgl. solcher Aufgaben unterstützen.

Bezogen auf die Selbst-Assessments wäre es interessant, Lernende an der Festlegung von Beurteilungskriterien zu beteiligen. Beispielsweise definieren Boud & Falchikov (1989) Selbst-Assessments als Prozesse, bei denen Lernende an der Auswahl von Evaluationskriterien sowie der Beurteilung eigener Performanzen auf deren Grundlage involviert sind (s. Abschnitt 2.4). Hierdurch könnten sie mehr Verwantwortung für den eigenen Lernprozess übernehmen und selbstregulative Strategien stärker fokussieren. Inwiefern eine solche Kriterienwahl innerhalb eines digitalen Selbst-Assessment Tools umzusetzen ist und Lernende dazu in der Lage sind, die inhaltliche Bezugsnorm für ihre Selbstdiagnose eigenständig festzulegen, bleibt zu untersuchen.

· Darüber hinaus wäre eine Kombination verschiedener Ansätze des (formativen) Selbst-Assessments interessant. Während das Potential digitaler Medien für Selbstdiagnosen oftmals in der unmittelbaren Bereitstellung externer Feedbacks gesehen wird (z. B. Nicol & Milligan, 2006, S. 65 ff; Stacey & Wiliam, 2013, S. 733 ff; Van der Kleij et al., 2015, S. 495), kann die vorliegende Studie zeigen, dass sie Lernenden auch bei einer selbstverantwortlichen Diagnose eigener Kompetenzen ohne externe Rückmeldungen unterstützen können. Um die Vorteile beider Ansätze zum Selbst-Assessment zu nutzen, bräuchte es die Entwicklung und Untersuchung digitaler Tools, welche sowohl Selbst- als auch Fremd-Feedbacks in den Diagnoseprozess einbinden. Beispielsweise könnten Lernende sich zunächst – wie beim SAFE Tool – eigenständig einschätzen und ihr Selbst-Assessment anschließend mit einer externen Expertenrückmeldung abgleichen. Eine spannende Anschlussfrage wäre daher, ob sich ein solches Zusammenspiel interner und externer Feedbacks als förderlich für Lern- und Assessmentprozesse herausstellt.

Schließlich zeigt die vorliegende Arbeit, wie fachdidaktisch fundierte Selbstdiagnose-Tools Lernende in ihrem selbstständigen und eigenverantwortlichen Assessment unterstützten können. Bislang überwiegen digitale Angebote, die Lernenden eine Evaluation ihrer Aufgabenbearbeitungen sowie Rückmeldungen vorgeben. Dabei bleiben sie eher (passive) Empfänger diagnostischer Informationen und auf deren Analyse basierender Entscheidungen zum Weiterlernen. Die Interaktion der Proband:innen mit dem SAFE Tool demonstriert, dass inhaltsbezogene Selbstdiagnosen und -förderungen mithilfe digitaler Medien möglich sind. Lernende nutzen dabei metakognitive und selbstregulative Strategien, um eigene Fehler zu korrigieren, korrekte Aspekte eigener Lösungen begründet nachzuvollziehen und eigenverantwortlich Entscheidungen über ihren Lernprozess zu treffen. Die vorliegende Studie verdeutlicht allerdings auch, dass solche Diagnosen für Lernende ungewohnt sind. Um ein eigenverantwortliches, individuelles Lernen zu unterstützen, müssen daher weitere Angebote zur Initiierung formativer Selbst-Assessments geschaffen und regelmäßig eingesetzt werden.

Literaturverzeichnis

Adu-Gyamfi, K., Stiff, L. V. & Bossé, M. J. (2012). Lost in Translation: Examining Translation Errors Associated With Mathematical Representations. *School Science and Mathematics*, *112*(3), 159–170. https://doi.org/10.1111/j.1949-8594.2011.00129.x

Ainsworth, S. (1999). The functions of multiple representations. *Computers & Education*, *33*(2–3), 131–152. https://doi.org/10.1016/s0360-1315(99)00029-9

Ainsworth, S. (2006). DeFT: A conceptual framework for considering learning with multiple representations. *Learning and Instruction*, *16*(3), 183–198. https://doi.org/10.1016/j.learninstruc.2006.03.001

Ainsworth, S., Bibby, P. & Wood, D. (2002). Examining the effects of different multiple representational systems in learning primary mathematics. *Journal of the Learning Sciences*, *11*(1), 25–61.

Aldon, G., Cusi, A., Morselli, F., Panero, M. & Sabena, C. (2017). Formative assessment and technology: reflections developed through the collaboration between teachers and researchers. In G. Aldon, F. Hitt, L. Bazzini & U. Gellert (Hrsg.), *Mathematics and Technology* (S. 551–578). Springer International Publishing. https://doi.org/10.1007/978-3-319-51380-5

Alibali, M. W. & Nathan, M. J. (2012). Embodiment in Mathematics Teaching and Learning: Evidence From Learners' and Teachers' Gestures. *Journal of the Learning Sciences*, *21*(2), 247–286. https://doi.org/10.1080/10508406.2011.611446

Andrade, H. (2010). Students as the definitive source of formative assessment: academic self-assessment and the self-regulation of learning. In H. L. Andrade & G. J. Cizek (Hrsg.), *Handbook of formative assessment* (S. 90–105). Routeledge Taylor & Francis Group.

Andrade, H. (2019). A critical review of research on student self-assessment. *Frontiers in education*, *4*(87), 1–13.

Andrade, H. & Brookhart, S. M. (2016). The role of classroom assessment in supporting selfregulated learning. In D. Laveault & L. Allal (Hrsg.), *Assessment for Learning: Meeting the Challenge of Implementation* (S. 293–309). Springer International Publishing.

Andrade, H. & Du, Y. (2007). Student responses to criteria-referenced self-assessment. *Assessment & Evaluation in Higher Education*, *32*(2), 159–181. https://doi.org/10.1080/02602930600801928

Angus, S. D. & Watson, J. (2009). Does regular online testing enhance student learning in the numerical sciences? Robust evidence from a large data set. *British Journal of Educational Technology*, *40*(2), 255–272.

© Der/die Herausgeber bzw. der/die Autor(en), exklusiv lizenziert durch Springer   577
Fachmedien Wiesbaden GmbH, ein Teil von Springer Nature 2022
H. Ruchniewicz, *Sich selbst diagnostizieren und fördern mit digitalen Medien*,
Essener Beiträge zur Mathematikdidaktik,
https://doi.org/10.1007/978-3-658-35611-8

Arcavi, A. (2003). The role of visual representations in the learning of mathematics. *Educational Studies in Mathematics*, *52*(3), 215–241. https://doi.org/10.1023/A:1024312321077

Ball, L. & Barzel, B. (2018). Communication when learning and teaching mathematics with technology. In L. Ball, P. Drijvers, S. Ladel, H.-S. Siller, M. Tabach & C. Vale (Hrsg.), *Uses of Technology in Primary and Secondary Mathematics Education: Tools, Topics and Trends* (S. 227–244). Springer International Publishing.

Barzel, B. (2006). *Mathematikunterricht zwischen Konstruktion und Instruktion: Evaluation einer Lernwerkstatt im 11. Jahrgang mit integriertem Einsatz von Computeralgebra* (Diss.). Fakultät für Mathematik, Universität Duisburg-Essen. http://duepublico.uni-duisburgessen. de/servlets/DocumentServlet?id=13537

Barzel, B. (2012). *Computeralgebra im Mathematikunterricht: Ein Mehrwert – aber wann?* Waxmann.

Barzel, B., Ball, L. & Klinger, M. (2019). Students' Self-Awareness of Their Mathematical Thinking: Can Self-Assessment Be Supported Through CAS-Integrated Learning Apps on Smartphones? In G. Aldon & J. Trgalová (Hrsg.), *Technology in Mathematics Teaching. Selected Papers of the 13th ICTMT Conference* (S. 75–91). Springer Nature Switzerland. https://doi.org/10.1007/978-3-030-19741-4_4

Barzel, B. & Ganter, S. (2010). Experimentell zum Funktionsbegriff. *Praxis der Mathematik in der Schule*, *52*(31), 14–19.

Barzel, B., Hußmann, S. & Leuders, T. (2005a). *Computer, Internet & Co im Mathematikunterricht*. Cornelsen Scriptor.

Barzel, B., Hußmann, S. & Leuders, T. (2005b). Der „Funktionenführerschein": Wie Schüler und Schülerinnen das Denken in Funktionen variantenreich wiederholen und festigen können. *Praxis der Mathematik in der Schule*, *47*(2), 20–25.

Barzel, B. & Weigand, H.-G. (2008). Medien vernetzen. *Mathematik Lehren*, *146*, 4–10.

Bauer, A. (2015). *Argumentieren mit multiplen und dynamischen Repräsentationen*. Würzburg University Press. https://www.ebook.de/de/product/25196397/andreas_bauer_ argumentieren_mit_multiplen_und_dynamischen_repraesentationen.html

Béguin, P. & Rabardel, P. (2000). Designing for instrument-mediated activity. *Scandinavian Journal of Information Systems*, *12*(1), 173–190.

Bell, A. & Janvier, C. (1981). The interpretation of graphs representing situations. *For the Learning of Mathematics*, *2*(1), 34–41.

Bell, B. & Cowie, B. (2001). The characteristics of formative assessment in science education. *Science Education*, *85*(5), 536–553. https://doi.org/10.1002/sce.1022

Bennett, R. E. (2011). Formative assessment: a critical review. *Assessment in Education: Principles, Policy & Practice*, *18*(1), 5–25. https://doi.org/10.1080/0969594x.2010.513678

Bennett, R. E., Braswell, J., Oranje, A., Sandene, B., Kaplan, B. & Yan, F. (2008). *Does it matter if I take my mathematics test on computer? A second empirical study of mode effects in NAEP*. http://www.jtla.org

Bennett, R. E., Persky, H., Weiss, A. R. & Jenkins, F. (2007). *Problem solving in technology-rich environments: A report from the NAEP technology-based assessment project, research and development series*. National Center for Education Statistics, US Departement of Education.

Bernholt, S., Rönnebeck, S., Ropohl, M., Köller, O. & Parchmann, I. (2013). *Report on current state of the art in formative and summative assessment in IBE in STM: Part I*. Department of Science Education, University of Copenhagen.

Betrancourt, M. (2005). The Animation and Interactivity Principles in Multimedia Learning. In R. Mayer (Hrsg.), *The Cambridge Handbook of Multimedia Learning* (S. 287–296). Cambridge University Press.

Black, P., Harrison, C., Lee, C., Marshall, B. & Wiliam, D. (2004). Working inside the Black Box: Assessment for Learning in the Classroom. *Phi Delta Kappan, 86*(1), 8–21. https://doi.org/10.1177/003172170408600105

Black, P. & Wiliam, D. (1998a). Assessment and Classroom Learning. *Assessment in Education: Principles, Policy & Practice, 5*(1), 7–74. https://doi.org/10.1080/0969595980050102

Black, P. & Wiliam, D. (1998b). Inside the Black Box: Raising Standards through Classroom Assessment. *Phi Delta Kappan, 80*(2), 139–144, 146–148.

Black, P. & Wiliam, D. (2009). Developing the theory of formative assessment. *Educational Assessment, Evaluation and Accountability, 21*(1), 5–31. https://doi.org/10.1007/s11092-008-9068-5

Blatchford, P. (1997). Students' Self Assessment of Academic Attainment: accuracy and stability from 7 to 16 years and influence of domain and social comparison group1. *Educational Psychology, 17*(3), 345–359. https://doi.org/10.1080/0144341970170308

Blum, W. & Kirsch, A. (1979). Zur Konzeption des Analysisunterrichts in Grundkursen. *Mathematikunterricht, 25*(3), 6–24.

Boers, M. A. M. & Jones, P. L. (1994). Students' use of graphics calculators under examination conditions. *International Journal of Mathematical Education in Science and Technology, 25*(4), 491–516. https://doi.org/10.1080/0020739940250403

Bortz, J. & Döring, N. (2006). *Forschungsmethoden und Evaluation für Human- und Sozialwissenschaftler.* Springer.

Bossé, M. J., Adu-Gyamfi, K. & Cheetham, M. R. (2011). Assessing the difficulty of mathematical translations: Synthesizing the literature and novel findings. *International Electronic Journal of Mathematics Education, 6*(3), 113–133.

Boud, D. & Falchikov, N. (1989). Quantitative studies of student self-assessment in higher education: a critical analysis of findings. *Higher Education, 18*(5), 529–549. https://doi.org/10.1007/bf00138746

Brown, A. L. (1978). Knowing When, Where, and How to Remember: A Problem of Metacognition. In R. Glaser (Hrsg.), *Advances in Instructional Prychology* (S. 77–165). Erlbaum.

Brown, G. & Harris, L. R. (2013). Student self-assessment. In J. H. McMillan (Hrsg.), *SAGE Handbook of Research on Classroom Assessment* (S. 367–393). SAGE Publications.

Büchter, A. (2008). Funktionale Zusammenhänge erkunden. *Mathematik Lehren, 148*, 4–10.

Büchter, A. (2011). Funktionales Denken entwickeln – von der Grundschule bis zum Abitur. In A. S. Steinweg (Hrsg.), *Medien und Materialien: Tagungsband des AK Grundschule in der GDM 2011* (S. 9–4). University of Bamberg Press.

Büchter, A. & Henn, H.-W. (2010). *Elementare Analysis: Von der Anschauung zur Theorie.* Spektrum.

Büchter, A. & Leuders, T. (2011). *Mathematikaufgaben selbst entwickeln: Lernen fördern – Leistung überprüfen* (5. Aufl.). Cornelsen Scriptor.

Bürgermeister, A., Klieme, E., Rakoczy, K., Harks, B. & Blum, W. (2014). Formative Leistungsbeurteilung im Unterricht: Konzepte, Praxisberichte und ein neues Diagnoseinstrument für das Fach Mathematik. In M. Hasselhorn, W. Schneider & U. Trautwein (Hrsg.), *Lernverlaufsdiagnostik* (S. 41–60). Hogrefe Verlag.

Bürgermeister, A. & Saalbach, H. (2018). Formatives Assessment: Ein Ansatz zur Förderung individueller Lernprozesse. *Psychologie in Erziehung und Unterricht*, 65(3), 194–205.

Busch, J. (2015). Graphen „laufen" eigene Wege: Was bei Funktionen schiefgehen kann. *Mathematik Lehren, 190*, 30–32.

Busch, J., Barzel, B. & Leuders, T. (2015). Die Entwicklung eines Instruments zur kategorialen Beurteilung der Entwicklung diagnostischer Kompetenzen von Lehrkräften im Bereich Funktionen. *Journal für Mathematik-Didaktik, 36*(2), 315–337. https://doi.org/10.1007/s13138-015-0079-8

Carlson, M., Jacobs, S., Coe, E., Larsen, S. & Hsu, E. (2002). Applying covariational reasoning while modeling dynamic events: A framework and a study. *Journal for Research in Mathematics Education, 33*(5), 352–378.

Carlson, M., Oehrtman, M. & Engelke, N. (2010). The precalculus concept assessment: A tool for assessing students' reasoning abilities and understandings. *Cognition and Instruction, 28*(2), 113–145. https://doi.org/10.1080/07370001003676587

Carlson, M. P. (1998). A cross-sectional investigation of the development of the function concept. In A. H. Schoenfeld, J. Kaput, E. Dubinsky & T. Dick (Hrsg.), *Research in collegiate mathematics education* (S. 114–162). AMS.

Castillo-Garsow, C., Johnson, H. L. & Moore, K. C. (2013). Chunky and smooth images of change. *For the learning of mathematics, 33*(3), 31–37.

Castillo-Garsow, C. C. (2010). *Teaching the Verhulst model: A teaching experiment in covariational reasoning and exponential growth* (Diss.). Arizona State University.

Castillo-Garsow, C. C. (2012). Continuous quantitative reasoning. In L. H. R. Mayes R. Bonillia & S. Belbase (Hrsg.), *Quantitative reasoning: Current state of understanding* (S. 55–73). University of Wyoming.

Cavanagh, M. & Mitchelmore, M. (2000). Graphics calculators in mathematics learning: Studies of student and teacher understanding. In M. O. J. Thomas (Hrsg.), *Proceedings of the 24th International Conference on Technology in Mathematics Education* (S. 112–119). Auckland Institute of Technology.

Chandler, P. & Sweller, J. (1991). Cognitive Load Theory and the Format of Instruction. *Cognition and Instruction, 8*(4), 293–332. https://doi.org/10.1207/s1532690xci0804_2

Chang, C.-C., Liang, C. & Chen, Y.-H. (2013). Is learner self-assessment reliable and valid in a web-based portfolio environment for high school students? *Computers & Education, 60*(1), 325–334.

Cizek, G. J. (2010). An introduction to formative assessment: history, characteristics, and challenges. In H. L. Andrade & G. J. Cizek (Hrsg.), *Handbook of formative assessment* (S. 3–17). Routledge.

Clark, R. C. & Mayer, R. E. (2016). *E-Learning and the Science of Instruction: Proven Guidelines for Consumers and Designers of Multimedia Learning.* Wiley.

Clark-Wilson, A., Robutti, O. & Sinclair, N. (Hrsg.). (2014). *The Mathematics Teacher in the Digital Era: An International Perspective on Technology Focused Professional Development.* Springer. https://doi.org/10.1007/978-94-007-4638-1

Clement, J. (1985). Misconceptions in graphing. In L. Streefland (Hrsg.), *Proceedings of the 9th Conference of the International Group for the Psychology of Mathematics Education* (S. 369–375). PME.

Cobb, P., Confrey, J., diSessa, A., Lehrer, R. & Schauble, L. (2003). Design Experiments in Educational Research. *Educational Researcher*, *32*(1), 9–13. https://doi.org/10.3102/0013189X032001009

Cohors-Fresenborg, E. & Kaune, C. (2007). *Kategoriensystem für metakognitive Aktivitäten beim schrittweise Argumentieren im Mathematikunterricht.* Arbeitsbericht Nr. 44. Osnabrück: Forschungsinstitut für Mathematikdidaktik.

Confrey, J. (1990). A Review of the Research on Student Conceptions in Mathematics, Science, and Programming. *Review of Research in Education*, *16*(1), 3–56. https://doi.org/10.3102/0091732x016001003

Confrey, J. & Smith, E. (1994). Exponential functions, rates of change, and the multiplicative unit. *Educational Studies in Mathematics*, *26*(2), 135–164. https://doi.org/10.1007/BF01273661

Cusi, A., Morselli, F. & Sabena, C. (2019). The use of polls to enhance formative assessment processes in mathematics classroom discussions. In G. Aldon & J. Trgalová (Hrsg.), *Technology in Mathematics Teaching. Selected Papers of the 13th ICTMT Conference* (S. 7–30). Springer Nature.

De Bock, D., Van Dooren, W., Janssens, D. & Verschaffel, L. (2007). *The illusion of linearity: From analysis to improvement.* Springer.

de Jong, T. (2010). Cognitive load theory, educational research, and instructional design: some food for thought. *Instructional Science*, *38*(2), 105–134. https://doi.org/10.1007/s11251-009-9110-0

de Koning, B. B. & Tabbers, H. K. (2011). Facilitating Understanding of Movements in Dynamic Visualizations: an Embodied Perspective. *Educational Psychology Review*, *23*(4), 501–521. https://doi.org/10.1007/s10648-011-9173-8

de Koning, B. B., Tabbers, H. K., Rikers, R. M. J. P. & Paas, F. (2009). Towards a Framework for Attention Cueing in Instructional Animations: Guidelines for Research and Design. *Educational Psychology Review*, *21*(2), 113–140. https://doi.org/10.1007/s10648-009-9098-7

Deci, E. L. & Ryan, R. M. (2008). Self-Determination Theory: A Macrotheory of Human Motivation, Development, and Health. *Canadian Psychology*, *49*(3), 182–185. https://doi.org/10.1037/a0012801

DeMarois, P. & Tall, D. (1996). Facets and layers of the function concept. In L. Puig & A. Gutiérrez (Hrsg.), *Proceedings of the 20th Conference of the International Group for the Psychology of Mathematics Education* (S. 297–304). PME.

Dick, T. P. (2018). Using dynamic CAS and geometry to enhance digital assessment. In L. Ball, P. Drijvers, S. Ladel, H.-S. Siller, M. Tabach & C. Vale (Hrsg.), *Uses of Technology in Primary and Secondary Mathematics Education* (S. 267–288). Springer International Publishing.

Dienes, Z. (1973). *The six stages in the process of learning mathematics.* NFER-Nelson.

Dinsmore, D. L., Alexander, P. A. & Loughlin, S. M. (2008). Focusing the Conceptual Lens on Metacognition, Self-regulation, and Self-regulated Learning. *Educational Psychology Review*, *20*(4), 391–409. https://doi.org/10.1007/s10648-008-9083-6

Doorman, M., Drijvers, P., Gravemeijer, K., Boon, P. & Reed, H. (2012). Tool use and the development of the function concept: From repeated calculations to functional thinking. *International Journal of Science and Mathematics Education*, *10*(6), 1243–1267. https://doi.org/10.1007/s10763-012-9329-0

Dörfler, W. (1991). Der Computer als kognitives Werkzeug und kognitives Medium. In W. Peschek, W. Dörfler, E. Schneider & K. Wegenkittl (Hrsg.), *Computer – Mensch – Mathematik* (S. 51–76). Teubner.

Dreyfus, T. & Eisenberg, T. (1987). On the deep structure of functions. In J. C. Bergeron, N. Herscovics & C. Kieran (Hrsg.), *Proceedings of the 11th International Conference for the PME* (S. 190–196). PME.

Drijvers, P. (2003). *Learning algebra in a computer algebra environment: Design research on the understanding of the concept of parameter.* Utrecht University.

Drijvers, P. (2018). Empirical evidence for benefit? Reviewing quantitative research on the use of digital tools in mathematics education. In L. Ball, P. Drijvers, S. Ladel, H.-S. Siller, M. Tabach & C. Vale (Hrsg.), *Uses of technology in primary and secondary mathematics education: Tools, topics and trends* (S. 161–176). Springer.

Drijvers, P. (2019). Embodied instrumentation: combining different views on using digital technology in mathematics education. In U. T. Jankvist, M. van den Heuvel-Panhuizen & M. Veldhuis (Hrsg.), *Proceedings of the Eleventh Congress of the European Society for Research in Mathematics Education* (S. 8–28). Freudenthal Group & Freudenthal Institute, Utrecht University; ERME.

Drijvers, P., Ball, L., Barzel, B., Heid, M. K., Cao, Y. & Maschietto, M. (2016). *Uses of technology in lower secondary mathematics education: A concise topical survey.* Springer Open. https://doi.org/10.1007/978-3-319-33666-4

Drijvers, P., Thurm, D., Vandervieren, E., Klinger, M., Moons, F., van der Ree, H., Mol, A., Barzel, B. & Doorman, M. (2021). Distance mathematics teaching in Flanders, Germany and the Netherlands during COVID-19 lockdown. *Educational Studies in Mathematics.* https://doi.org/10.1007/s10649-021-10094-5

Drollinger-Vetter, B. (2011). *Verstehenselemente und strukturelle Klarheit – Fachdidaktische Qualität der Anleitung von mathematischen Verstehensprozessen im Unterricht.* Waxmann.

Dubinsky, E. & Harel, G. (1992). The nature of the process conception of function. In G. Harel & E. Dubinsky (Hrsg.), *The concept of function: Aspects of epistemology and pedagogy* (S. 85–106). Mathematical Association of America.

Duval, R. (1999). Representation, vision and visualization: Cognitive functions in mathematical thinking: Basic issues for learning. In F. Hitt & M. Santos (Hrsg.), *Proceedings of the 21st annual meeting of the North American Chapter of the International Group for the Psychology of Mathematics Education* (S. 3–36). PME.

Duval, R. (2000). Basic issues for research in mathematics education. *Proceedings of the Conference of the International Group for the Psychology of Mathematics Education (24th, Hiroshima, Japan, July 23–27, 2000),* 1, 55–69.

Duval, R. (2006). A cognitive analysis of problems of comprehension in a learning of mathematics. *Educational Studies in Mathematics,* 61(1–2), 103–131. https://doi.org/10.1007/s10649-006-0400-z

Falcade, R., Laborde, C. & Mariotti, M. A. (2007). Approaching functions: Cabri tools as instruments of semiotic mediation. *Educational Studies in Mathematics,* 66(3), 317–333. https://doi.org/10.1007/s10649-006-9072-y

Falchikov, N. & Boud, D. (1989). Student Self-Assessment in Higher Education: A Meta-Analysis. *Review of Educational Research,* 59(4), 395–430. https://doi.org/10.3102/00346543059004395

Fernholz, J. & Prediger, S. (2007). „... weil meist nur ich weiss, was ich kann!" Selbstdiagnose als Beitrag zum eigenverantwortlichen Lernen. *Praxis der Mathematik in der Schule, 49*(15), 14–18.

Ferrara, F., Pratt, D. & Robutti, O. (2006). The role and uses of technologies for the teaching of algebra and calculus. In A. Gutiérrez & P. Boero (Hrsg.), *Handbook of Research on the Psychology of Mathematics Education: Past, Present, Future* (S. 237–273). Sense.

Fest, A. & Hoffkamp, A. (2013). Funktionale Zusammenhänge im computerunterstützten Darstellungstransfer erkunden. In J. Sprenger, A.Wagner & M. Zimmermann (Hrsg.), *Mathematik lernen, darstellen, deuten, verstehen: Didaktische Sichtweisen vom Kindergarten bis zur Hochschule* (S. 177–189). Springer Spektrum. https://doi.org/10.1007/978-3-658-01038-6_14

Fischbein, E. (1983). Intuition and analytical thinking in mathematics education. *Zentralblatt für Didaktik der Mathematik, 15*(2), 68–74.

Flavell, J. (1976). Metacognitive aspects of problem solving. In L. B. Resnick (Hrsg.), *The nature of intelligence* (S. 231–236). Wiley.

Flavell, J. H. (1979). Metacognition and cognitive monitoring: A new area of cognitive-developmental inquiry. *American Psychologist, 34*(10), 906–911. https://doi.org/10.1037/0003-066x.34.10.906

Fontana, D. & Fernandes, M. (1994). Improvements in mathematics performance as a consequence of self-assessment in Portuguese primary school pupils. *British Journal of Educational Psychology, 64*(3), 407–417. https://doi.org/10.1111/j.2044-8279.1994.tb01112.x

Ford, S. J. (2008). *The Effect of Graphing Calculators and a Three-Core Representation Curriculum on College Students' Learning of Exponential and Logarithmic Functions* (Diss.). North Carolina State University.

Freudenthal, H. (1983). *Didactical phenomenology of mathematical structures.* Kluwer.

Gagatsis, A. & Shiakalli, M. (2004). Ability to Translate from One Representation of the Concept of Function to Another and Mathematical Problem Solving. *Educational Psychology, 24*(5), 645–657. https://doi.org/10.1080/0144341042000262953

Ganter, S. (2013). *Experimentieren – ein Weg zum Funktionalen Denken: Empirische Untersuchung zur Wirkung von Schülerexperimenten.* Verlag Dr. Kovač.

Gayo-Avello, D. & Fernández-Cuervo, H. (2003). *Online self-assessment as a learning method.* http://di002.edv.uniovi.es/~dani/publications/extended-icalt2003.pdf

Gikandi, J. W., Morrow, D. & Davis, N. E. (2011). Online formative assessment in higher education: A review of the literature. *Computers & Education, 57*, 2333–2351.

Göbel, L. (2021). *Technology-Assisted Guided Discovery to Support Learning: Investigating the Role of Parameters in Quadratic Functions.* Springer Spektrum.

Goldenberg, E. P. (1988). Mathematics, metaphors, and human factors: Mathematical, technical, and pedagogical challenges in the educational use of graphical representation of functions. *Journal of Mathematical Behavior, 7*(2), 135–173.

Goldin, G. A. (2000). A scientific perspective on struktured, task-based interviews in mathematics education research. In A. E. Kelly & R. A. Lesh (Hrsg.), *Handbook of research design in mathematics and science education* (S. 517–545). Erlbaum.

Goldin, G. A. & Kaput, J. J. (1996). A joint perspective on the idea of representation in learning and doing mathematics. In L. P. Steffe, P. Nesher, P. Cobb, G. A. Goldin & B. Greer (Hrsg.), *Theories of mathematical learning* (S. 397–430). Lawrence Erlbaum.

Gravemeijer, K. & Cobb, P. (2006). Design research from a learning design perspective. In J. van den Akker, K. Gravemeijer, S. McKenney & N. Nieveen (Hrsg.), *Educational design research* (S. 17–51). Routledge.

Gray, E. M. & Tall, D. O. (1994). Duality, ambiguity, and exibility: A „proceptual" view of simple arithmetic. *Journal for Research in Mathematics Education, 25*(2), 116–140.

Greefrath, G., Oldenburg, R., Siller, H.-S., Ulm, V. & Weigand, H.-G. (2016). *Didaktik der Analysis: Aspekte und Grundvorstellungen zentraler Begriffe.* Springer Spektrum. https://doi.org/10.1007/978-3-662-48877-5

Gutzmer, A. (Hrsg.). (1905). *Reformvorschläge für den mathematischen und naturwissenschaftlichen Unterricht* (Bd. 1). Teubner.

Hadjidemetriou, C. & Williams, J. (2002). Children's graphical conceptions. *Research in Mathematics Education, 4*(1), 69–87. https://doi.org/10.1080/14794800008520103

Hadjidemetriou, C. & Williams, J. (2010). The Linearity Prototype for Graphs: Cognitive and Sociocultural Perspectives. *Mathematical Thinking and Learning, 12*(1), 68–85. https://doi.org/10.1080/10986060903465939

Hamann, T. (2011). „Macht Mengenlehre krank?" Die Neue Mathematik in der Schule. In R. Haug & L. Holzäpfel (Hrsg.), *Beiträge zum Mathematikunterricht 2011: Vorträge auf der 45. Tagung für Didaktik der Mathematik vom 21.02.2011 bis 25.02.2011 in Freiburg* (S. 347–350). WTM.

Harel, R., Olsher, S. & Yerushalmy, M. (2020). Designing online formative assessment that promotes students' reasoning processes. In B. Barzel, R. Bebernik, L. Göbel, M. Pohl, H. Ruchniewicz, F. Schacht & D. Thurm (Hrsg.), *Proceedings of the 14th International Conference on Technology in Mathematics Teaching – ICTMT 14: Essen, Germany, 22nd to 25th of July 2019* (S. 181–188). Universität Duisburg-Essen.

Harlen, W. (2007). *Assessment of Learning.* SAGE Publications.

Hasselhorn, M. (1992). Metakognition und Lernen. *Lernbedingungen und Lernstrategien: welche Rolle spielen kognitive Verstehensstrukturen?* (S. 35–63). Narr.

Hasselhorn, M. & Labuhn, A. S. (2008). Metakognition und selbstreguliertes Lernen. In W. Schneider & M. Hasselhorn (Hrsg.), *Handbuch der Pädagogischen Psychologie* (S. 28–37). Hogrefe Verlag.

Hattie, J. (1999). *Influences on student learning.* University of Auckland, New Zealand. https://cdn.auckland.ac.nz/assets/education/about/research/documents/influences-on-student-learning.pdf

Hattie, J. & Timperley, H. (2007). The Power of Feedback. *Review of Educational Research, 77*(1), 81–112. https://doi.org/10.3102/003465430298487

Haug, R. (2012). *Problemlösen lernen mit digitalen Medien: Förderung grundlegender Probleml ösetechniken durch Einsatz dynamischer Werkzeuge.* Vieweg+Teubner.

Hefendehl-Hebeker, L. & Rezat, S. (2015). Algebra: Leitidee Symbol und Formalisierung. *Handbuch der Mathematikdidaktik* (S. 117–148). Springer.

Hegedus, S. & Moreno-Armella, L. (2014). Information and Communication Technology (ICT) Affordances in Mathematics Education. In S. Lerman (Hrsg.), *Encyclopedia of Mathematics Education* (S. 295–299). Springer.

Heid, M. K. & Blum, G. W. (Hrsg.). (2008). *Research on technology and the teaching and learning of mathematics: Research syntheses* (Bd. 1). Information Age.

Herget, W., Malitte, E. & Richter, K. (2000). Funktionen haben viele Gesichter – auch im Unterricht! In L. Flade & W. Herget (Hrsg.), *Mathematik: Lehren und Lernen nach TIMSS: Anregungen für die Sekundarstufen* (S. 115–124). Volk und Wissen.

Heritage, M. (2007). Formative Assessment: What Do Teachers Need to Know and Do? *Phi Delta Kappan, 89*(2), 140–145. https://doi.org/10.1177/003172170708900210

Heritage, M. (2013). Gathering evidence of student understanding. In J. H. McMillan (Hrsg.), *SAGE Handbook of Research on Classroom Assessment* (S. 179–195). SAGE Publications.

Heugl, H. (2014). *Mathematikunterricht mit Technologie: Ein didaktisches Handbuch mit einer Vielzahl an Aufgaben.* Veritas.

Heugl, H., Klinger, W. & Lechner, J. (1996). *Mathematikunterricht mit Computeralgebra-Systemen: Ein didaktisches Lehrbuch mit Erfahrungen aus dem österreichischen DERIVE-Projekt.* Addison-Wesley.

Hiebert, J. & Carpenter, T. P. (1992). Learning and teaching with understanding. In D. A. Grouws (Hrsg.), *Handbook of research on mathematics teaching and learning: A project of the National Council of Teachers of Mathematics* (S. 65–97). Macmillan.

Hillmayr, D., Ziernwald, L., Reinhold, F., Hofer, S. I. & Reiss, K. M. (2020). The potential of digital tools to enhance mathematics and science learning in secondary schools: A context-specific meta-analysis. *Computers & Education, 153*, 1–25.

Höfer, T. (2008). *Das Haus des funktionalen Denkens: Entwicklung und Erprobung eines Modells für die Planung und Analyse methodischer und didaktischer Konzepte zur Förderung des funktionalen Denkens.* Franzbecker.

Hoffkamp, A. (2011). *Entwicklung qualitativ-inhaltlicher Vorstellungen zu Konzepten der Analysis durch den Einsatz interaktiver Visualisierungen: Gestaltungsprinzipien und empirische Ergebnisse* (Dissertation). Technische Universität Berlin.

Höffler, T. N. & Leutner, D. (2007). Instructional animation versus static pictures: A meta-analysis. *Learning and Instruction, 17*(6), 722–738. https://doi.org/10.1016/j.learninstruc.2007.09.013

Höffler, T. N. & Leutner, D. (2011). The role of spatial ability in learning from instructional animations: Evidence for an ability-as-compensator hypothesis. *Computers in Human Behavior, 27*(1), 209–216. https://doi.org/10.1016/j.chb.2010.07.042

Hofmann, R. & Roth, J. (2018). Von der Situation zum Graph und umgekehrt: Hindernisse und Schülervorstellungen. In F. D. der Mathematik der Universität Paderborn (Hrsg.), *Beiträge zum Mathematikunterricht 2018* (S. 819–822). WTM.

Hohenwarter, M. & Preiner, J. (2007). Creating mathlets with open source tools. *The Journal of Online Mathematics and Its Applications*, 7, ID1574. https://www.maa.org/external_archive/joma/Volume7/Hohenwarter2/2007_joma_mathlets.pdf.

Hoyles, C. (2001). Steering between Skills and Creativity: A Role for the Computer? *For the Learning of Mathematics, 21*(1), 33–39.

Hoyles, C. & Noss, R. (2003). What can digital technologies take from and bring to research in mathematics education. In A. J. Bishop, M. A. Clements, C. Keitel, J. Kilpatrick & F. K. S. Leung (Hrsg.), *Second international handbook of mathematics education* (S. 323–349). Kluwer.

Humenberger, H. & Schuppar, B. (2019). *Mit Funktionen Zusammenhänge und Veränderungen beschreiben.* Springer. https://doi.org/10.1007/978-3-662-58062-2

Huntley, M. A., Rasmussen, C. L., Villarubi, R. S., Sangtong, J. & Fey, J. T. (2000). Effects of Standards-Based Mathematics Education: A Study of the Core-plus Mathematics Project Algebra and Functions Strand. *Journal for Research in Mathematics Education, 31*(3), 328–361. https://doi.org/10.2307/749810

Hußmann, S., Leuders, T. & Prediger, S. (2007). Schülerleistungen verstehen: Diagnose im Alltag. *Praxis der Mathematik in der Schule, 49*(15), 1–8.

Hußmann, S., Prediger, S., Barzel, B. & Leuders, T. (Hrsg.). (2011). *Mathewerkstatt 5 – Rechenbausteine – Selbsttest*. Cornelsen.

Ibabe, I. & Jauregizar, J. (2010). Online self-assessment with feedback and metacognitive knowledge. *Higher Education, 59*(2), 243–258. https://doi.org/10.1007/s10734-009-9245-6

Iori, M. (2017). Objects, signs, and representations in the semio-cognitive analysis of the processes involved in teaching and learning mathematics: A Duvalian perspective. *Educational Studies in Mathematics, 94*(3), 275–291. https://doi.org/10.1007/s10649-016-9726-3

Janvier, C. (1978). *The interpretation of complex cartesian graphs representing situations: Studies and teaching experiments* (Dissertation). Nottingham University.

Janvier, C. (1987). *Translation processes in mathematics education: Problems of representation in the teaching and learning of mathematics*. Lawrence Erlbaum.

Janvier, C. (1998). The notion of chronicle as an epistemological obstacle to the concept of function. *Journal of Mathematical Behavior, 17*(1), 79–103.

Kaput, J. J. (1987). Towards a theory of symbol use in mathematics. In C. Janvier (Hrsg.), *Problems of representation in the teaching and learning of mathematics* (S. 159–195). Lawrence Erlbaum.

Kaput, J. J. (1989). Linking representations in the symbol systems of algebra. In S. Wagner & C. Kieran (Hrsg.), *Research issues in the learning and teaching of algebra* (S. 167–194). Erlbaum.

Kaput, J. J. (1992). Technology and Mathematics Education. In D. Grouws (Hrsg.), *Handbook of Research on Mathematics Teaching and Learning*. NCTM.

Kenney, P. A. & Silver, E. A. (1993). Student self-assessment in mathematics. In N. L. Webb & A. F. Coxford (Hrsg.), *Assessment in the mathematics classroom, K-12 [1993 Yearbook of the National Council of Teachers of Mathematics]* (S. 229–238). National Council of Teachers of Mathematics.

Kerres, M. (2002). Technische Aspekte multi- und telemedialer Lernangebote. In L. J. Issing & P. Klisma (Hrsg.), *Information und Lernen mit Multimedia und Internet: Lehrbuch für Studium und Praxis* (S. 19–27). Beltz PVU.

Kerslake, D. (1977). The understanding of graphs. *Mathematics in School, 6*(2), 22–25.

Kerslake, D. (1982). Graphs. In K. M. Hart (Hrsg.), *Children's understanding of mathematics: 11–16* (S. 120–136). Murray.

Kingston, N. & Nash, B. (2011). Formative Assessment: A Meta-Analysis and a Call for Research. *Educational Measurement: Issues and Practice, 30*(4), 28–37. https://doi.org/10.1111/j.1745-3992.2011.00220.x

Klenowski, V. (1995). Student Self-evaluation Processes in Student-centred Teaching and Learning Contexts of Australia and England. *Assessment in Education: Principles, Policy & Practice, 2*(2), 145–163. https://doi.org/10.1080/0969594950020203

Klinger, M. (2018). *Funktionales Denken beim Übergang von der Funktionenlehre zur Analysis*. Springer Spektrum.

Kluger, A. N. & DeNisi, A. (1996). The effects of feedback interventions on performance: A historical review, a meta-analysis, and a preliminary feedback intervention theory. *Psychological Bulletin, 119*(2), 254–284. https://doi.org/10.1037/0033-2909.119.2.254

KMK (Sekretariat der Ständigen Konferenz der Kultusminister der Länder der Bundesrepublik Deutschland) (Hrsg.). (2004). *Bildungsstandards im Fach Mathematik für den Mittleren Schulabschluss: Beschluss vom 4.12.2003*. Kluwer.

KMK (Sekretariat der Ständigen Konferenz der Kultusminister der Länder der Bundesrepublik Deutschland) (Hrsg.). (2015). *Bildungsstandards im Fach Mathematik für die Allgemeine-Hochschulreife (Beschluss der Kultusministerkonferenz vom 18.10.2012)*. Kluwer.

KMK (Sekretariat der Ständigen Konferenz der Kultusminister der Länder der Bundesrepublik Deutschland). (2016a). *Bildung in der digitalen Welt: Strategie der Kultusministerkonferenz*. KMK.

KMK (Sekretariat der Ständigen Konferenz der Kultusminister der Länder der Bundesrepublik Deutschland). (2016b). *Entwurf: Strategie der Kultusministerkonferenz „Bildung in der digitalen Welt"*. https://www.kmk.org/leadmin/Dateien/pdf/PresseUndAktuelles/2016/Entwurf_KMK-Strategie_Bildung_in_der_digitalen_Welt.pdf

Köhler, G. (1992). Methodik und Problematik einer mehrstufigen Expertenbefragung. In J. H. P. Hoffmeyer-Zlotnik (Hrsg.), *Analyse verbaler Daten: über den Umgang mit qualitativen Daten* (S. 318–332). Westdeutscher Verlag.

Kokol-Voljč, V. (1996). *Didaktische Untersuchungen zum Funktionsbegriff* (Dissertation). Universität Klagenfurt.

Konrad, K. (2005). *Förderung und Analyse von selbstgesteuertem Lernen in kooperativen Lernumgebungen: Bedingungen, Prozesse und Bedeutung kognitiver sowie metakognitiver Strategien für den Erwerb und Transfer konzeptuellen Wissens*. Universität Weingarten.

Konrad, K. (2010). Lautes Denken. In G. Mey & K. Mruck (Hrsg.), *Handbuch qualitative Forschung in der Psychologie* (S. 476–490). VS Verlag für Sozialwissenschaften.

Kösters, C. (1996). Was stellen sich Schüler unter Funktionen vor? *Mathematik Lehren, 75*, 9–13.

Krabbendam, H. (1982). The non-quantitative way of describing relations and the role of graphs: Some experiments. In G. van Barnveld & H. Krabbedam (Hrsg.), *Report 1* (S. 125–146). Foundation for Curriculum Development, The Netherlands.

Krüger, K. (2000a). *Erziehung zum funktionalen Denken: Zur Begriffsgeschichte eines didaktischen Prinzips*. Logos.

Krüger, K. (2000b). Kinematisch-funktionales Denken als Ziel des höheren Mathematikunterrichts – das Scheitern der Meraner Reform. *Mathematische Semesterberichte, 47*, 221–241.

Krüger, K. (2002). Funktionales Denken – „alte" Ideen und „neue" Medien. In W. Herget, R. Sommer, H.-G. Weigand & T. Weth (Hrsg.), *Medien verbreiten Mathematik: Bericht über die 19. Arbeitstagung des Arbeitskreises „Mathematikunterricht und Informatik" in der Gesellschaft für Didaktik der Mathematik e.V.* (S. 120–127). Franzbecker.

Kuckartz, U. (2016). *Qualitative Inhaltsanalyse: Methoden, Praxis, Computerunterstützung* (3. Auf.). Beltz.

Kuhnke, K. (2013). *Vorgehensweisen von Grundschulkindern beim Darstellungswechsel: Eine Untersuchung am Beispiel der Multiplikation im 2. Schuljahr*. Springer Spektrum. https://doi.org/10.1007/978-3-658-01509-1

Kulik, J. A. & Fletcher, J. D. (2016). Effectiveness of Intelligent Tutoring Systems: A Meta-Analytic Review. *Review of Educational Research, 86*(1), 42–78.

Laakmann, H. (2013). *Darstellungen und Darstellungswechsel als Mittel zur Begriffsbildung: Eine Untersuchung in rechner-unterstützten Lernumgebungen.* Springer Spektrum. https://doi.org/10.1007/978-3-658-01592-3

Lambert, A. (2005). Ich sehe was, was Du nicht siehst: Computerdarstellungen reflektieren. In B. Barzel, S. Humann & T. Leuders (Hrsg.), *Computer, Internet & Co im Mathematikunterricht* (S. 256–268). Cornelsen Scriptor.

Landesinstitut für Schule/ Qualitätsagentur (Hrsg.). (2006). *Kompetenzorientierte Diagnose: Aufgaben für den Mathematikunterricht.* Klett.

Leinhardt, G., Zaslavsky, O. & Stein, M. K. (1990). Functions, graphs, and graphing: Tasks, learning, and teaching. *Review of Educational Research, 60*(1), 1–64. https://doi.org/10.3102/00346543060001001

Leuders, T. (Hrsg.). (2003a). *Mathematik-Didaktik: Praxishandbuch für die Sekundarstufe I und II.* Cornelsen Scriptor.

Leuders, T. (2003b). Mathematikunterricht auswerten. In T. Leuders (Hrsg.), *Mathematik-Didaktik: Praxishandbuch für die Sekundarstufe I und II* (S. 292–322). Cornelsen Scriptor.

Leuders, T. (2009). Intelligent üben und Mathematik erleben. In T. Leuders, L. Hefendehl-Hebeker & H.-G. Weigand (Hrsg.), *Mathemagische Momente* (S. 130–143). Cornelsen.

Leuders, T. (2015). Aufgaben in Forschung und Praxis. In R. Bruder, L. Hefendehl-Hebeker, B. Schmidt-Thieme & H.-G. Weigand (Hrsg.), *Handbuch der Mathematikdidaktik* (S. 435–460). Springer Spektrum.

Leuders, T. & Naccarella, D. (2011). „Zeichne, was du denkst – erkläre, was du zeichnest": Mit Graphen und Fragen zur Diagnose funktionalen Denkens. *Praxis der Mathematik in der Schule, 53*(38), 20–26.

Leuders, T. & Prediger, S. (2005). Funktioniert's? – Denken in Funktionen. *Praxis der Mathematik in der Schule, 47*(2), 1–7.

Leuders, T., Prediger, S., Barzel, B. & Hußmann, S. (Hrsg.). (2014). *Mathewerkstatt 7 – Schulbuch.* Cornelsen.

Leuders, T., Prediger, S., Barzel, B. & Hußmann, S. (Hrsg.). (2015). *Mathewerkstatt Übekartei – Mittlerer Schulabschluss – Allgemeine Ausjabe 7.* Schuljahr. Cornelsen.

Leutner, D. & Leopold, C. (2006). Selbstregulation beim Lernen aus Sachtexten. In H. Mandl & H. F. Friedrich (Hrsg.), *Handbuch Lernstrategien* (S. 162–171). Hogrefe Verlag.

Li, X. (2006). *Cognitive analysis of students' errors and misconceptions in variables, equations, and functions* (Dissertation). Texas A&M University.

Lichti, M. (2019). *Funktionales Denken fördern* (Diss.). Universität Koblenz-Landau. Springer Fachmedien Wiesbaden. https://doi.org/10.1007/978-3-658-23621-2

Lindenbauer, E. (2018). *Students' conceptions and effects of dynamic materials regarding functional thinking* (Diss.). Johannes Kepler Universität Linz.

Mackrell, K. (2015). Feedback and formative assessment with Cabri. In K. Krainer & N. Vondrová (Hrsg.), *Proceedings of the 9th Congress of the European Society for Research in Mathematics Education* (S. 2517–2523). Charles University in Prague, Faculty of Education; ERME.

Maher, C. A. & Sigley, R. (2014). Task-based interviews in mathematics education. In S. Lerman (Hrsg.), *Encyclopedia of Mathematics Education* (S. 579–581). Springer Science; Business Media.

Maier, U. (2014). Computergestützte, formative Leistungsdiagnostik in Primar- und Sekundarschulern: Ein Forschungsüberblick zu Entwicklung, Implementation und Effekten. *Unterrichtswissenschaft, 42*(1), 69–86.

Malle, G. (2000a). Funktionen untersuchen – ein durchgängies Thema. *Mathematik Lehren, 103*, 4–7.

Malle, G. (2000b). Zwei Aspekte von Funktionen: Zuordnung und Kovariation. *Mathematik Lehren, 103*, 8–11.

Markovits, Z., Eylon, B.-S. & Bruckheimer, M. (1986). Functions Today and Yesterday. *For the Learning of Mathematics, 6*(2), 18–28.

Mayring, P. (2015). *Qualitative Inhaltsanalyse: Grundlagen und Techniken* (12. Auf.). Beltz.

Mayring, P. (2016). *Einführung in die qualitative Sozialforschung* (6. Auf.). Beltz.

Mayring, P. & Fenzl, T. (2014). Qualitative Inhaltsanalyse. In N. Baur & J. Blasius (Hrsg.), *Handbuch Methoden der empirischen Sozialforschung* (S. 543–556). Springer.

McDermott, L. C., Rosenquist, M. L. & van Zee, E. H. (1987). Student difficulties in connecting graphs and physics: Examples from kinematics. *American Journal of Physics, 55*, 503–513. https://doi.org/10.1119/1.15104

McLaughlin, T. & Yan, Z. (2017). Diverse delivery methods and strong psychological benefits: A review of online formative assessment. *Journal for Computer Assisted Learning, 33*, 562–574.

McMillan, J. H. (2010). The Practical Implications of Eductional Aims and Contexts for Formative Assessment. In H. L. Andrade & G. J. Cizek (Hrsg.), *Handbook of formative assessment* (S. 41–58). Routledge.

McMillan, J. H. (2013). Why we need research on classroom assessment. In J. H. McMillan (Hrsg.), *SAGE Handbook of Research on Classroom Assessment* (S. 3–16). SAGE Publications.

McMillan, J. H. & Hearn, J. (2008). Student self-assessment: The key to stronger student motivation and higher achievement. *Educational Horizons, 87*(1), 40–49.

Monaghan, J., Trouche, L. & Borwein, J. M. (Hrsg.). (2016). *Tools and mathematics: Instruments for learning*. Springer. https://doi.org/10.1007/978-3-319-02396-0

Monk, S. (1992). Students' understanding of a function given by a physical model. In G. Harel & E. Dubinsky (Hrsg.), *The concept of function: Aspects of epistemology and pedagogy* (S. 175–193). Mathematical Association of America.

Moser Opitz, E. & Nührenberger, M. (2015). Diagnostik und Leistungsbeurteilung. *Handbuch der Mathematikdidaktik* (S. 491–512). Springer Spektrum.

Moyer-Packenham, P. S. & Bolyard, J. J. (2016). Revising the Definition of Virtual Manipulative. In P. S. Moyer-Packenham (Hrsg.), *International Perspectives on Teaching and Learning Mathematics with Virtual Manipulatives* (S. 3–23). Springer.

MSB NRW. (2004). *Kernlehrplan für die Realschule in Nordrhein-Westfalen – Mathematik* MSB NRW (Ministerium für Schule, Jugend und Kinder des Landes Nordrhein-Westfalen). (Hrsg.), *Kernlehrplan für die Realschule in Nordrhein-Westfalen – Mathematik*. Ritterbach.

Müller-Philipp, S. (1994). *Der Funktionsbegriff im Mathematikunterricht: Eine Analyse für die Sekundarstufe I unter Berücksichtigung lernpsychologischer Erkenntnisse und der Einbeziehung des Computers als Lernhilfe*. Waxmann.

Narciss, S., Proske, A. & Koerndle, H. (2007). Promoting self-regulated learning in web-based learning environments. *Computers in Human Behavior, 23*, 1126–1144.

NCTM (National Council of Teachers of Mathematics) (Hrsg.). (1995). *Assessment standards for school mathematics*. NCTM.

Nicol, D. (2007). E-assessment by design: using multiple-choice tests to good effect. *Journal of Further and Higher Education, 31*(1), 53–64.

Nicol, D. (2008). *Technology-supported Assessment: A Review of Research* [Unveröffentlichtes Manuskript verfügbar unter http://www.reap.ac.uk/resources.html].

Nicol, D. & Macfarlane-Dick, D. (2006). Formative assessment and self-regulated learning: a model and seven principles of good feedback practice. *Studies in Higher Education, 31*(2), 199–218. https://doi.org/10.1080/03075070600572090

Nicol, D. & Milligan, C. (2006). Rethinking technology-supported assessment practices in relation to the seven principles of good feedback practice. In C. Bryan & K. Clegg (Hrsg.), *Innovative Assessment in Higher Education* (S. 65–78). Routledge.

Nikou, S. A. & Economides, A. A. (2016). The impact of paper-based, computer-based and mobile-based self-assessment on students' science motivation and achievement. *Computers in Human Behavior, 55*, 1241–1248.

Nitsch, R. (2014). Schülerfehler verstehen: Typische Fehlermuster im funktionalen Denken. *Mathematik Lehren, 187*, 8–11.

Nitsch, R. (2015). *Diagnose von Lernschwierigkeiten im Bereich funktionaler Zusammenhänge: Eine Studie zu typischen Fehlermustern bei Darstellungswechseln*. Springer Spektrum. https://doi.org/10.1007/978-3-658-10157-2

Nitsch, R., Fredebohm, A., Bruder, R., Kelava, A., Naccarella, D., Leuders, T. & Wirtz, M. (2015). Students' competencies in working with functions in secondary mathematics education: Empirical examination of a competence structure model. *International Journal of Science and Mathematics Education, 13*(3), 657–682. https://doi.org/10.1007/s10763-013-9496-7

OECD (Organisation for Economic Co-operation and Development) (Hrsg.). (2015). *Students, computers and learning: Making the connection*. OECD.

Oehl, W. (1970). *Der Rechenunterricht in der Hauptschule* (4. Aufl.). Schroedel.

Oehrtman, M., Carlson, M. & Thompson, P. (2008). Foundational reasoning abilities that promote coherence in students' function understanding. In M. P. Carlson & C. Rasmussen (Hrsg.), *Making the Connection* (S. 27–42). Mathematical Association of America. https://doi.org/10.5948/upo9780883859759.004

Oldfield, A., Broadfoot, P., Sutherland, R. & Timmis, S. (2012). *Assessment in a digital age: a research review*. Graduate School of Education, University of Bristol. http://www.bristol.ac.uk/education/research/sites/tea/publications/index.html

Olsher, S. (2019). Making good practice common using computer-aided formative assessment. In G. Aldon & J. Trgalová (Hrsg.), *Technology in Mathematics Teaching. Selected Papers of the 13th ICTMT Conference* (S. 31–47). Springer Nature.

Oser, F., Hascher, T. & Spychiger, M. (1999). Lernen aus Fehlern Zur Psychologie des „negativen" Wissens. *Fehlerwelten*, 11–41. https://doi.org/10.1007/978-3-663-07878-4_1

Paas, F., Renkl, A. & Sweller, J. (2003). Cognitive Load Theory and Instructional Design: Recent Developments. *Educational Psychologist, 38*(1), 1–4. https://doi.org/10.1207/s15326985ep3801_1

Padberg, F. & Wartha, S. (2017). *Didaktik der Bruchrechnung*. Springer Spektrum. https://doi.org/10.1007/978-3-662-52969-0

Palha, S. (2019). Why digital tools may (not) help by learning about graphs in dynamic events? In U. T. Jankvist, M. van den Heuvel-Panhuizen & M. Veldhuis (Hrsg.), *Proceedings of the Eleventh Congress of the European Society for Research in Mathematics Education* (S. 2900–2924). Freudenthal Group & Freudenthal Institute, Utrecht University; ERME.

Palmer, S. E. (1978). Fundamental aspects of cognitive representation. In E. Rosch & B. Lloyd (Hrsg.), *Cognition and categorization* (S. 259–303). Lawrence Erlbaum.

Panadero, E., Brown, G. T. L. & Strijbos, J.-W. (2016). The Future of Student Self-Assessment: a Review of Known Unknowns and Potential Directions. *Educational Psychology Review*, *28*(4), 803–830. https://doi.org/10.1007/s10648-015-9350-2

Panadero, E., Jonsson, A. & Botella, J. (2017). Effects of self-assessment on self-regulated learning and self-efficacy: Four meta-analyses. *Educational Research Review*, *22*, 74–98. https://doi.org/10.1016/j.edurev.2017.08.004

Panero, M. & Aldon, G. (2016). How teachers evolve their formative assessment practices when digital tools are involved in the classroom. *Digital Experiences in Mathematics Education*, *2*(1), 70–86.

Pellegrino, J. W. & Quellmalz, E. S. (2010). Perspectives on the integration of technology and assessment. *Journal of Research on Technology in Education*, *43*(2), 119–134.

Pepin, B., Sikko, S. A., Cyvin, J., Immaculata Febri, M., Gjøvik, Ø. & Staberg, R. L. (2016). *D5.2 Cross comparative analysis of country studies.* https://research.ncl.ac.uk/fasmed/deliverables/Deliverable%20D5.2%20Cross%20Comparative%20study%20of%20case%20studies.pdf

Peschek, W. & Schneider, E. (2002). CAS in general mathematics education. *Zentralblatt für Didaktik der Mathematik*, *34*(5), 189–195.

Pinkernell, G. (2015). Reasoning with dynamically linked multiple representations of functions. In K. Krainer & N. Vondrová (Hrsg.), *CERME 9 – Ninth Congress of the European Society for Research in Mathematics Education* (S. 2531–2537). CERME.

Pintrich, P. R. (2000). The Role of Goal Orientation in Self-Regulated Learning. In M. Boekaerts, P. R. Pintrich & M. Zeidner (Hrsg.), *Handbook of Self-Regulation* (S. 451–502). Academic Press.

Prediger, S., Gravemeijer, K. & Confrey, J. (2015). Design research with a focus on learning processes: an overview on achievements and challenges. *ZDM Mathematics Education*, *47*, 877–891.

Prediger, S., Hußmann, S., Leuders, T. & Barzel, B. (2011). „Erst mal alle auf einen Stand bringen ...“ Diagnosegeleitete und individualisierte Aufarbeitung arithmetischen Basiskönnens. *Pädagogik*, *63*(5), 20–24.

Prediger, S., Link, M., Hinz, R., Hußmann, S., Ralle, B. & Thiele, J. (2012). Lehr-Lernprozesse initiieren und erforschen: Fachdidaktische Entwicklungsforschung im Dortmunder Modell. *Der mathematische und naturwissenschaftliche Unterricht*, *65*(8), 452–457.

Prediger, S. & Wittmann, G. (2009). Aus Fehlern lernen – (wie) ist das möglich? *Praxis der Mathematik in der Schule*, *51*(27), 1–8.

Pummer, A. (2000). *Neuere Theorieansätze und empirische Untersuchungen zur Didaktik des Funktionsbegriffes* (Unveröffentlichte Diplomarbeit). Universität Wien.

Rabardel, P. (2002). People and technology: a cognitive approach to contemporary instruments.

Radatz, H. (1980). Fehleranalysen im Mathematikunterricht. Springer. https://doi.org/10.1007/978-3-663-06824-2

Rädiker, S. & Kuckartz, U. (2019). *Analyse qualitativer Daten mit MAXQDA: Text, Audio und Video.* Springer VS.

Rakoczy, K., Pinger, P., Hochweber, J., Klieme, E., Schütze, B. & Besser, M. (2019). Formative assessment in mathematics: Mediated by feedback's perceived usefulness and students' self-efficacy. *Learning and Instruction, 60,* 154–165. https://doi.org/10.1016/j.learninstruc.2018.01.004

Ramaprasad, A. (1983). On the definition of feedback. *Behavioral Science, 28*(1), 4–13. https://doi.org/10.1002/bs.3830280103

Ramdass, D. & Zimmerman, B. J. (2008). Effects of Self-Correction Strategy Training on Middle School Students' Self-Efficacy, Self-Evaluation, and Mathematics Division Learning. *Journal of Advanced Academics, 20*(1), 18–41. https://doi.org/10.4219/jaa-2008-869

Resnick, Z., Schwarz, B. & Hershkowitz, R. (1994). Global thinking "between and within" function representations in a dynamic interactive medium. In J. P. da Ponte & J. F. Matos (Hrsg.), *Proceedings of the 18th Conference of the International Group for the Psychology of Mathematics Educationth International Conference for the Psychology of Mathematics Education (PME)* (S. 225–232). Program Committee of the 18th PME Conference.

Rezat, S. (2009). *Das Mathematikbuch als Instrument des Schülers: Eine Studie zur Schulbuchnutzung in den Sekundarstufen.* Vieweg+Teubner.

Roder, U. (2020). *Ein Förderkonzept zu mathematischem Grundwissen und Grundkönnen am Übergang in die Sekundarstufe II. Theoriebasierte Entwicklung, exemplarische Umsetzung und Ersterprobung der Lernumgebung BASICS-Mathematik.* Springer Spektrum.

Rolfes, T. (2017). *Der Einfluss von statischen und dynamischen Repräsentationen auf das funktionale Denken* (Diss.). Universität Koblenz-Landau.

Rolfes, T. (2018). *Funktionales Denken* (Diss.). Universität Koblenz-Landau. Springer Fachmedien Wiesbaden. https://doi.org/10.1007/978-3-658-22536-0

Roll, I., Aleven, V., McLaren, B. M. & Koedinger, K. R. (2007). Designing for metacognition – applying cognitive tutor principles to the tutoring of help seeking. *Metacognition and Learning, 2,* 125–140.

Roschelle, J., Feng, M., Murphy, R. F. & Mason, C. A. (2016). Online mathematics homework increases student achievement. *AERA Open, 2*(4), 1–12.

Ross, J. A. (2006). The reliability, validity, and utility of self-assessment. *Practical Assessment, Research and Evaluation, 11*(10), 1–13.

Ross, J. A., Hogaboam-Gray, A. & Rolheiser, C. (2002a). Self-Evaluation in grade 11 mathematics: Effects on achievement and student beliefs about ability. In D. McDougall (Hrsg.), *OISE Papers on Mathematics Education* (S. 71–86). University of Toronto.

Ross, J. A., Hogaboam-Gray, A. & Rolheiser, C. (2002b). Student Self-Evaluation in Grade 5–6 Mathematics Effects on Problem- Solving Achievement. *Educational Assessment, 8*(1), 43–58. https://doi.org/10.1207/s15326977ea0801_03

Roth, J. (2005). *Bewegliches Denken im Mathematikunterricht.* Franzbecker.

Rott, B. (2013). *Mathematisches Problemlösen: Ergebnisse einer empirischen Studie* (Diss.). Gottfried Wilhelm Leibniz Universität Hannover.

Ruchniewicz, H. (2015). Diagnose und Förderung in Selbstlernphasen im Themenbereich Funktionales Denken. In F. Caluori, H. Linneweber-Lammerskitten & C. Streit (Hrsg.), *Beiträge zum Mathematikunterricht 2015* (S. 764–767). WTM.

Ruchniewicz, H. (2016). Mehr als richtig oder falsch: Entwicklung eines digitalen Tools zur Selbstdiagnose und -förderung im Bereich Funktionales Denken. In D. I. für Mathematik und Informatik der PH Heidelberg (Hrsg.), *Beiträge zum Mathematikunterricht 2016* (S. 811–814). WTM.

Ruchniewicz, H. (2017a). Can I sketch a graph based on a given situation? – Developing a digital tool for formative self-assessment. In G. Aldon & J. Trgalová (Hrsg.), *Proceedings of the 13th International Conference on Technology in Mathematics Teaching* (S. 75–85). <hal-01632970>.

Ruchniewicz, H. (2017b). Mehr als richtig oder falsch: Entwicklung eines digitalen Tools zur Selbstdiagnose und -förderung. In U. Kortenkamp & A. Kuzle (Hrsg.), *Beiträge zum Mathematikunterricht 2017* (S. 1417–1418). WTM.

Ruchniewicz, H. (2018). Das SAFE Tool: Digitales Selbst-Assessment im Bereich des Funktionalen Denkens. In F. D. der Mathematik der Universität Paderborn (Hrsg.), *Beiträge zum Mathematikunterricht 2018* (S. 1531–1534). WTM.

Ruchniewicz, H. (2019). Forschungsbasierte Entwicklung eines digitalen Tools zum Selbst-Assessment funktionalen Denkens. In A. Frank, S. Krauss & K. Binder (Hrsg.), *Beiträge zum Mathematikunterricht 2019* (S. 1409). WTM.

Ruchniewicz, H. (2020). Fehlertypen und mögliche Ursachen beim situativ-graphischen Darstellungswechsel von Funktionen. In H.-S. Siller, W. Weigel & J. F. Wörler (Hrsg.), *Beiträge zum Mathematikunterricht 2020* (S. 781–784). WTM.

Ruchniewicz, H. & Barzel, B. (2019a). Digital media support functional thinking: How a digital self-assessment tool can help learners to grasp the concept of function. In U. T. Jankvist, M. van den Heuvel-Panhuizen & M. Veldhuis (Hrsg.), *Proceedings of the Eleventh Congress of the European Society for Research in Mathematics Education* (S. 2916–2924). Freudenthal Group & Freudenthal Institute, Utrecht University und ERME.

Ruchniewicz, H. & Barzel, B. (2019b). Technology Supporting Student Self-Assessment in the Field of Functions: A Design-Based Research Study. *Technology in Mathematics Teaching. Selected Papers of the 13th ICTMT Conference* (S. 49–74). Springer Nature.

Ruchniewicz, H. & Göbel, L. (2019). Wie digitale Medien funktionales Denken unterstützen können: Zwei Beispiele. In A. Büchter, M. Glade, R. Herold-Blasius, M. Klinger, F. Schacht & P. Scherer (Hrsg.), *Vielfältige Zugänge zum Mathematikunterricht. Konzepte und Beispiele aus Forschung und Praxis* (S. 249–262). Springer Spektrum.

Ruiz-Primo, M. A. & Li, M. (2013). Examining Formative Feedback in the Classroom Context: New Research Perspectives. In J. H. McMillan (Hrsg.), *SAGE Handbook of Research on Classroom Assessment* (S. 215–232). SAGE Publications.

Ruthven, K. (1997). *Computer algebra systems (CAS) in advances-level mathematics: A report to SCAA School of Education*. University of Cambridge.

Sadler, D. R. (1989). Formative assessment and the design of instructional systems. *Instructional Science, 18*(2), 119–144. https://doi.org/10.1007/bf00117714

Saldanha, L. & Thompson, P. W. (1998). Re-thinking covariation from a quantitative perspective: simultaneous continuous variation. In S. B. Berensah & W. N. Coulombe (Hrsg.), *Proceedings of the Annual Meeting of the Psychology of Mathematics Education – North America* (S. 298–304). North Carolina State University.

Sangwin, C. (2013). *Computer aided assessment of mathematics*. Oxford University Press.

Scharnagl, S., Evanschitzky, P., Streb, J., Spritzer, M. & Hille, K. (2014). Sixth graders benefit from educational software when learning about fractions: A controlled classroom study. *Numeracy, 7*(1), 1–14.

Schlöglhofer, F. (2000). Vom Foto-Graph zum Funktions-Graph. *Mathematik lehren, 103*, 16–17.

Schmidt-Thieme, B. & Weigand, H.-G. (2015). Medien. In R. Bruder, L. Hefendehl-Hebeker, B. Schmidt-Thieme & H.-G. Weigand (Hrsg.), *Handbuch der Mathematikdidaktik* (S. 461–490). Springer Spektrum. https://doi.org/10.1007/978-3-642-35119-8

Schneider, E. (2002). Kommunikationsfähigkeit mit Expert/inn/en und Computeralgebrasysteme. In S. Prediger, K. Lengnink & F. Siebel (Hrsg.), *Mathematik und Kommunikation* (S. 137–149). Verlag Allgemeine Wissenschaft.

Schnotz, W. (2002). *Enabling, facilitating, and inhibiting effects in learning from animated pictures.* https://www.researchgate.net/profile/Wolfgang_Schnotz/publication/228951211_Enabling_facilitating_and_inhibiting_effects_in_learning_from_animated_pictures/links/5a546acdaca2725638cbad97/Enabling-facilitating-and-inhibiting-effects-in-learning-from-animated-pictures.pdf

Schnotz, W. (2011). *Pädagogische Psychologie. Kompakt* (2. Auflage). Beltz PVU.

Schnotz, W. & Bannert, M. (1999). Einflusse der Visualisierungsform auf die Konstruktion mentaler Modelle beim Text- und Bildverstehen. *Zeitschrift für Experimentelle Psychologie, 46*(3), 217–236.

Schnotz, W. & Rasch, T. (2005). Enabling, facilitating, and inhibiting effects of animations in multimedia learning: Why reduction of cognitive load can have negative results on learning. *Educational Technology Research and Development, 53*(3), 47–58. https://doi.org/10.1007/bf02504797

Schoenfeld, A. H., Smith, J. P. & Arcavi, A. (1993). Learning: The Microgenetic Analysis of One Student's Evolving Understanding of a Complex Subject Matter Domain. In R. Glaser (Hrsg.), *Advances in instructional Psychology* (S. 55–176). Routledge.

Schoy-Lutz, M. (2005). *Fehlerkultur im Mathematikunterricht. Theoretische Grundlegung und evaluierte unterrichtspraktische Erprobung anhand der Unterrichtseinheit Einführung in die Satzgruppe des Pythagoras.* Franzbecker.

Schulmeister, R. (2001). *Virtuelle Universität: Virtuelles Lernen.* Oldenbourg.

Schütze, B., Souvignier, E. & Hasselhorn, M. (2018). Stichwort: Formatives Assessment. *Zeitschrift für Erziehungswissenschaft, 21*(4), 697–715. https://doi.org/10.1007/s11618-018-0838-7

Schwank, I. (1996). Zur Konzeption prädikativer versus funktionaler kognitiver Strukturen und ihrer Anwendung. *Zentralblatt für Didaktik der Mathematik, 28*(6), 168–183.

Schwank, I., Armbrust, S. & Libertus, M. (2003). Prädikative versus funktionale Denkvorgänge beim Konstruieren von Algorithmen. *Zentralblatt für Didaktik der Mathematik, 35*(3), 79–85.

Schwarz, B. & Dreyfus, T. (1995). New actions upon old objects: A new ontological perspective on functions. *Educational Studies in Mathematics, 29*(3), 259–291. https://doi.org/10.1007/BF01274094

Schwarz, B. B. & Hershkowitz, R. (1999). Prototypes: Brakes or levers in learning the function concept? The role of computer tools. *Journal for Research in Mathematics Education, 30*(4), 362–389.

Selter, C. & Spiegel, H. (1997). *Wie Kinder rechnen.* Klett.

Seufert, T. (2003). Supporting coherence formation in learning from multiple representations. *Learning and Instruction*, *13*(2), 227–237. https://doi.org/10.1016/s0959-4752(02)00022-1

Seufert, T., Jänen, I. & Brünken, R. (2007). The impact of intrinsic cognitive load on the effectiveness of graphical help for coherence formation. *Computers in Human Behavior*, *23*(3), 1055–1071. https://doi.org/10.1016/j.chb.2006.10.002430

Sfard, A. (1991). On the dual nature of mathematical conceptions: Reflections on processes and objects as different sides of the same coin. *Educational Studies in Mathematics*, *22*(1), 1–36. https://doi.org/10.1007/BF00302715

Shavelson, R. J., Young, D. B., Ayala, C. C., Brandon, P. R., Furtak, E. M., Ruiz-Primo, M. A., Tomita, M. K. & Yin, Y. (2008). On the Impact of Curriculum-Embedded Formative Assessment on Learning: A Collaboration between Curriculum and Assessment Developers. *Applied Measurement in Education*, *21*(4), 295–314. https://doi.org/10.1080/08957340802347647

Shute, V. J. (2008). Focus on Formative Feedback. *Review of Educational Research*, *78*(1), 153–189. https://doi.org/10.3102/0034654307313795

Shute, V. J. & Rahimi, S. (2017). Review of computer-based assessment for learning in elementary and secondary education. *Journal of Computer Assisted Learning*, *33*, 1–19.

Sierpinska, A. (1992). On understanding the notion of function. In G. Harel & E. Dubinsky (Hrsg.), *The concept of function: Aspects of epistemology and pedagogy* (S. 25–58). Mathematical Association of America.

Sjuts, J. (2003). Metakognition per didaktisch-sozialem Vertrag. *Journal für Mathematik-Didaktik*, *24*(1), 18–40. https://doi.org/10.1007/bf03338964

Spanjers, I. A. E., van Gog, T. & van Merriënboer, J. J. G. (2010). A Theoretical Analysis of How Segmentation of Dynamic Visualizations Optimizes Students' Learning. *Educational Psychology Review*, *22*(4), 411–423. https://doi.org/10.1007/s10648-010-9135-6

Spiegelhauer, J. (2017). *Bedeutung und Förderung funktionalen Denkens im Kontext des Unterrichts aus mathematikhistorischer, fachdidaktischer und unterrichtspraktischer Perspektive* (Diss.). Martin-Luther-Universität Halle-Wittenberg.

Stacey, K. & Wiliam, D. (2013). Technology and assessment in mathematics. In M. A. K. Clements, A. J. Bishop, C. Keitel, J. Kilpatrick & F. K. S. Leung (Hrsg.), *Third international handbook of mathematics education* (S. 721–751). Springer Science; Business Media.

Stallings, V. & Tascione, C. (1996). Student Self-Assessment and Self-Evaluation. *The Mathematics Teacher*, *89*(7), 548–554.

Stamann, C., Janssen, M. & Schreier, M. (2014). Qualitative Inhaltsanalyse: Versuch einer Begriffsbestimmung und Systematisierung. *Forum Qualitative Sozialforschung*, *17*(3), 1–16.

Steenbergen-Hu, S. & Cooper, H. (2013). A meta-analysis of the effectiveness of intelligent tutoring systems on K-12 students' mathematical learning. *Journal of Educational Psychology*, *105*(4), 970–987.

Stödberg, U. (2012). A research review of e-assessment. *Assessment & Evaluation in Higher Education*, *37*(5), 591–604.

Stölting, P. (2008). *Die Entwicklung funktionalen Denkens in der Sekundarstufe I: Vergleichende Analysen und empirische Studien zum Mathematikunterricht in Deutschland und Frankreich* (Dissertation). Universität Regensburg / Université Paris Diderot.

Stoppel, H.-J. (2019). *Beliefs und selbstreguliertes Lernen: Eine Studie in Projektkursen der Mathematik in der gymnasialen Oberstufe.* Springer Spektrum. https://doi.org/10.1007/978-3-658-24913-7

Straumberger, W. (2018). Using Self-assessment for Individual Practice in Math Classes. *Classroom Assessment in Mathematics*, 45–60. https://doi.org/10.1007/978-3-319-73748-5_4

Swan, M. (1982). The teaching of functions and graphs. In G. van Barneveld & H. Krabbendam (Hrsg.), *Conference on functions: Report 1* (S. 151–165). Foundation for Curriculum Development, The Netherlands.

Swan, M. (Hrsg.). (1985). *The language of functions and graphs: An examination module for secondary schools.* Shell Centre for Mathematical Education.

Swan, M. (2014). Design research in mathematics education. In S. Lerman (Hrsg.), *Encyclopedia of Mathematics Education* (S. 148–152). Springer Science; Business Media.

Sweller, J. (1988). Cognitive Load During Problem Solving: Effects on Learning. *Cognitive Science*, *12*(2), 257–285. https://doi.org/10.1207/s15516709cog1202_4

Sweller, J., van Merrienboer, J. J. G. & Paas, F. G. W. C. (1998). Cognitive Architecture and Instructional Design. *Educational Psychology Review*, *10*(3), 251–296. https://doi.org/10.1023/a:1022193728205

Tall, D. & Bakar, M. (1992). Students' mental prototypes for functions and graphs. *International Journal of Mathematical Education in Science and Technology*, *23*(1), 39–50. https://doi.org/10.1080/0020739920230105

Tall, D., Smith, D. & Piez, C. (2008). Technology and calculus. In M. K. Heid & G. W. Blum (Hrsg.), *Research on technology and the teaching and learning of mathematics: Research syntheses* (S. 207–258). Information Age.

Tall, D. & Vinner, S. (1981). Concept image and concept definition in mathematics with particular reference to limits and continuity. *Educational Studies in Mathematics*, *12*(2), 151–169.

Taras, M. (2003). To feedback or not to feedback in student self-assessment. *Assessment & Evaluation in Higher Education*, *28*(5), 549–565.

Tergan, S.-O. (2002). Hypertext und Hypermedia: Konzeption, Lernmöglichkeiten, Lernprobleme und Perspektiven. In L. J. Issing & P. Klimsa (Hrsg.), *Information und Lernen mit Multimedia und Internet: Lehrbuch für Studium und Praxis* (S. 98–112). Beltz PVU.

Thompson, D. R., Burton, M., Cusi, A. & Wright, D. (2018). Formative Assessment: A Critical Component in the Teaching-Learning Process. In D. R. Thompson, M. Burton, A. Cusi & D. Wright (Hrsg.), *Classroom Assessment in Mathematics* (S. 3–8). Springer International Publishing.

Thompson, P. W. & Carlson, M. P. (2017). Variation, covariation, and functions: Foundational ways of thinking mathematically. In J. Cai (Hrsg.), *Compendium for research in mathematics education* (S. 421–456). National Council of Teachers of Mathematics.

Thurm, D. (2020a). *Digitale Mathematik-Lernplattformen in Deutschland.* Unveröffentlichtes Manuskript einer Expertise im Auftrag der Deutschen Telekom-Stiftung.

Thurm, D. (2020b). *Digitale Werkzeuge im Mathematikunterricht integrieren. Zur Rolle von Lehrerüberzeugungen und der Wirksamkeit von Fortbildungen.* Springer Spektrum.

Timmis, S., Broadfoot, P., Sutherland, R. & Old field, A. (2016). Rethinking assessment in a digital age: opportunities, challenges and risks. *British Educational Research Journal*, *42*(3), 454–476.

Topping, K. (2003). Self and Peer Assessment in School and University: Reliability, Validity and Utility. In M. Segers, F. Dochy & E. Cascaller (Hrsg.), *Optimising New Modes of Assessment: In Search of Qualities and Standards* (S. 55–87). Springer. http://dx.doi.org/10.1007/0-306-48125-1_4

Trouche, L. (2005). An instrumental approach to mathematics learning in symbolic calculators environments. In D. Guin, K. Ruthven & L. Trouche (Hrsg.), *The didactical challenge of symbolic calculators: Turning a computational device into a mathematical instrument* (S. 137–162). Springer Science; Business Media.

van den Akker, J., Gravemeijer, K., McKenney, S. & Nieveen, N. (2006). Introducing educational design research. In J. van den Akker, K. Gravemeijer, S. McKenney & N. Nieveen (Hrsg.), *Educational design research* (S. 3–7). Routledge.

van den Heuvel-Panhuizen, M., Friso-van den Bos, I. & Abels, M. (2016). *Formative assessment in mathematics education by using technology*. https://research.ncl.ac.uk/fasmed/disseminationactivity/FORMATIVE%20ASSESSMENT%20IN%20MATHEMATICS%20EDUCATION%20BY%20USING%20TECHNOLOGY%20paper.pdf

van den Heuvel-Panhuizen, M., Kolovou, A. & Peltenburg, M. (2011). Using ICT to improve assessment. In Association of Mathematics Educators (Hrsg.), *Assessment in the mathematics classroom: Yearbook 2011* (S. 165–185). World Scientific.

Van der Kleij, F. M., Feskens, R. C. W. & Eggen, T. J. H. M. (2015). Effects of feedback in a computer-based learning environment on students' learning outcomes: A meta-analysis. *Review of Educational Research, 85*(4), 475–511.

van Merrienboer, J. J. G. & Sweller, J. (2005). Cognitive Load Theory and Complex Learning: Recent Developments and Future Directions. *Educational Psychology Review, 17*(2), 147–177. https://doi.org/10.1007/s10648-005-3951-0

van Oers, B. (2014). Scaffolding in Mathematics Education. In S. Lerman (Hrsg.), *Encyclopedia of Mathematics Education* (S. 535–538). Springer Science; Business Media LLC.

van Someren, M. W., Barnard, F., Yvonne & Sandberg, J. A. (1994). *The think aloud method: A practical guide to modelling cognitive processes*. Academic Press.

van Someren, M. W., Boshuizen, H. P. A., de Jong, T. & Reimann, P. (1998). Introduction. In M. W. van Someren, P. Reimann, H. P. A. Boshuizen & T. de Jong (Hrsg.), *Learning with multiple representations* (S. 1–5). Pergamon.

VanLehn, K. (2011). The relative effectiveness of human tutoring, intelligent tutoring systems, and other tutoring systems. *Educational Psychologist, 46*(4), 197–221.

Veenman, M. V. J., van Hout-Wolters, B. H. A. M. & Aerbach, P. (2006). Metacognition and learning: conceptual and methodological considerations. *Metacognition and Learning, 1*(1), 3–14. https://doi.org/10.1007/s11409-006-6893-0

Verillon, P. & Rabardel, P. (1995). Cognition and Artefacts: A Contribution to the Study of Thought in Relation to Instrumented Activity. *European journal of psychology of education: a journal of education and development, 10*(1), 77–101.

Villanyi, D., Martin, R., Sonnleitner, P., Siry, C. & Fischbach, A. (2018). A tablet-computer-based tool to facilitate accurate self-assessments in third- and fourth-graders. *International Journal of Emerging Technologies in Learning, 13*(10), 225–251.

Vinner, S. (1983). Concept definition, concept image and the notion of function. *International Journal of Mathematical Education in Science and Technology, 14*(3), 293–305. https://doi.org/10.1080/0020739830140305

Vinner, S. & Dreyfus, T. (1989). Images and definitions for the concept of function. *Journal of Research in Mathematics Education*, *20*(4), 356–366.

Vinner, S. & Hershkowitz, R. (1980). Concept images and common cognitive paths in the development of some simple geometrical concepts. *Proceedings of the fourth international conference for the psychology of mathematics education* (S. 177–184). University of California.

Vogel, M. (2006). *Mathematisieren funktionaler Zusammenhänge mit multimediabasierter Supplanation: Theoretische Grundlegung und empirische Untersuchung*. Franzbecker.

Vollrath, H.-J. (1989). Funktionales Denken. *Journal für Mathematik-Didaktik, 10*(1), 3–37. https://doi.org/10.1007/BF03338719

Vollrath, H.-J. (2014). Funktionale Zusammenhänge. In Linneweber-Lammerskitten (Hrsg.), *Fachdidaktik Mathematik: Grundbildung und Kompetenzaufbau im Unterricht der Sek. I und II* (S. 112–125). Kallmeyer.

Vollrath, H.-J. & Roth, J. (2012). *Grundlagen des Mathematikunterrichts in der Sekundarstufe* (2. Auflage). Spektrum.

vom Hofe, R. (1992). Grundvorstellungen mathematischer Inhalte als didaktisches Modell. *Journal für Mathematik-Didaktik, 13*(4), 345–364. https://doi.org/10.1007/BF03338785

vom Hofe, R. (1995). *Grundvorstellungen mathematischer Inhalte*. Spektrum.

vom Hofe, R. (2001). Investigations into students' learning of applications in computer-based learning environments. *Teaching Mathematics and Its Applications, 20*(3), 109–119.

vom Hofe, R. (2003). Grundbildung durch Grundvorstellungen. *Mathematik Lehren, 118*, 4–8.

vom Hofe, R. (2004). „Jetzt müssen wir das Ding noch stauchen!" – Über den manipulierenden und reflektierenden Umgang mit Funktionen. *Mathematikunterricht, 50*(6), 46–56.

vom Hofe, R. & Blum, W. (2016). „Grundvorstellungen" as a category of subject-matter didactics. *Journal für Mathematik-Didaktik, 37*(1), 225–254. https://doi.org/10.1007/s13138-016-0107-3

vom Hofe, R., Lotz, J. & Salle, A. (2015). Analysis: Leitidee Zuordnung und Veränderung. In R. Bruder, L. Hefendehl-Hebeker, B. Schmidt-Thieme & H.-G. Weigand (Hrsg.), *Handbuch der Mathematikdidaktik* (S. 149–184). Springer Spektrum. https://doi.org/10.1007/978-3-642-35119-8

Vygotsky, L. S. (1978). Interaction between learning and development. In M. Gauvain & M. Cole (Hrsg.), *Readings on the Development of Children* (S. 34–40). Scientific American Books.

Walter, D. (2018). *Nutzungsweisen bei der Verwendung von Tablet-Apps: Eine Untersuchung bei zählend rechnenden Lernenden zu Beginn des zweiten Schuljahres*. Springer Spektrum.

Wang, S., Jiao, H., Young, M. J., Brooks, T. & Olson, J. (2007). A meta-analysis of testing mode effects in grade K–12 mathematics tests. *Educational and Psychological Measurement, 67*(2), 219–238.

Wang, T.-H. (2011). Implementation of Web-based dynamic assessment in facilitating junior high school students to learn mathematics. *Computers & Education, 56*(1), 1062–1071.

Weigand, H.-G. (1999). Eine explorative Studie zum computerunterstützten Arbeiten mit Funktionen. *JMD, 20*(1), 28–55.

Weigand, H.-G. (2015). Begriffsbildung. In R. Bruder, L. Hefendehl-Hebeker, B. Schmidt-Thieme & H.-G. Weigand (Hrsg.), *Handbuch der Mathematikdidaktik* (S. 255–278). Springer Spektrum. https://doi.org/10.1007/978-3-642-35119-8

Weigand, H.-G. & Weth, T. (2002). *Computer im Mathematikunterricht: Neue Wege zu alten Zielen.* Spektrum.

Whitelock, D. & Watt, S. (2008). Reframing e-assessment: adopting new media and adapting old frameworks. *Learning, Media and Technology, 33*(3), 151–154.

Wiliam, D. (2010). An integrative summary of the research literature and implications for a new theory of formative assessment. In H. L. Andrade & G. J. Cizek (Hrsg.), *Handbook of formative assessment* (S. 18–40). Routledge.

Wiliam, D. & Thompson, M. (2008). Integrating assessment with learning: What will it take to make it work? In C. A. Dwyer (Hrsg.), *The future of assessment: Shaping teaching and learning* (S. 53–82). Erlbaum.

Winter, F. (2004). *Leistungsbewertung. Eine neue Lernkultur braucht einen anderen Umgang mit Schülerleistungen.* Schneider Verlag Hohengehren.

Wittmann, G. (2008). *Elementare Funktionen und ihre Anwendungen.* Springer Spektrum.

Wright, D., Clark, J. & Tiplady, L. (2018). Designing for Formative Assessment: A Toolkit for Teachers. In D. R. Thompson, M. Burton, A. Cusi & D. Wright (Hrsg.), *Classroom Assessment in Mathematics: Perspectives from Around the Globe* (S. 207–228). Springer International Publishing.

Yerushalmy, M. (1991). Student perceptions of aspects of algebraic function using multiple representation software. *Journal for Computer Assisted Learning, 7*(1), 42–57.

Yerushalmy, M. (1997). Mathematizing verbal descriptions of situations: A language to support modeling. *Cognition and Instruction, 15*(2), 207–264.

Yzmo. (2007). *Queen Mary 2-Titanic.svg.* https://commons.wikimedia.org/wiki/File:Queen_Mary_2-Titanic.svg

Zbiek, R. M., Heid, M. K., Blume, G. W. & Dick, T. P. (2007). Research on technology in mathematics education: A perspective of constructs. In F. K. Lester (Hrsg.), *Second handbook of research on mathematics teaching and learning* (S. 1169–1207). Information Age.

Zimmerman, B. J. (2000). Attaining self-regulation: A social cognitive perspective. In M. Boekaerts, P. R. Pintrich & M. Zeidner (Hrsg.), *Handbook of Self-Regulation* (S. 13–41). Academic Press.

Zindel (2019). *Den Kern des Funktionsbegriffs verstehen: Eine Entwicklungsforschungsstudie zur fach- und sprachintegrierten Förderung.* Springer Spektrum. https://doi.org/10.1007/978-3-658-25054-6

Zindel, C. (2020). Identifikation von Teilprozessen des situationsbezogenen funktionalen Denkens in der Sekundarstufe I. *mathematica didactica, 43*(1), 1–19.

Zulma Lanz, M. (2006). Aprendiazje autorregulado: El lugar de la cognicón, la metacognición y la motivación [Self-regulated learning: the place of cognition, metacognition and motivation]. *Estudios Pedagógicos, 32*(2), 121–132. http://dx.doi.org/10.4067/S0718-07052006000200007

Printed in the United States
by Baker & Taylor Publisher Services

Printed in the United States
by Baker & Taylor Publisher Services